U0162117

# 地月空间工程

张育林 著

国防工业出版社
·北京·

**图书在版编目(CIP)数据**

地月空间工程 / 张育林著. — 北京: 国防工业出版社, 2022.9

ISBN 978 - 7 - 118 - 12528 - 3

Ⅰ.①地…　Ⅱ.①张…　Ⅲ.①空间科学-普及读物
Ⅳ.①V1 - 49

中国版本图书馆 CIP 数据核字（2022）第 155146 号

※

国防工业出版社 出版发行

（北京市海淀区紫竹院南路 23 号　邮政编码 100048）

雅迪云印（天津）科技有限公司印刷

新华书店经售

*

**开本** 787 × 1092　1/16　**印张**　37¼　**字数** 874 千字

2022 年 9 月第 1 版第 1 次印刷　**印数** 1 – 2000 册　**定价** 248.00 元

---



国防书店：(010)88540777　　发行邮购：(010)88540776
发行传真：(010)88540755　　发行业务：(010)88540717

# 前 言 | PREFACE

现代宇航科学和火箭科学的先驱齐奥尔科夫斯基曾经说过，地球是人类的摇篮，但人类不可能永远被束缚在摇篮之中。地球是人类文明的发源地，但随着工业化、信息化和全球化浪潮的不断发展，作为人类文明摇篮的地球不堪重负。人类对发展地球空间的竞争已经到了空前的境地。构建人类命运共同体是解决人类面临的全球性问题的唯一正确道路。广阔无垠的宇宙空间和无限的太阳系物质资源，为人类突破地球空间的限制提供了最有希望的方向。月球是太阳系中离地球最近的天体，是当代航天技术可以有效构建运输体系的地外资源聚集区。地月空间是继陆地和海洋之后，人类生存空间拓展的又一广阔领域。地月空间的建设与开发可以为人类在地球上形成的巨大过剩产能提供无限的释放空间，从而推动人类文明的发展进入一个全新的阶段。在人类载人登月 50 年之后，全世界载人航天的发展目光再次聚焦到月球。但这一轮的载人月球探测不是简单为了登月而登月，而是以月球资源的开发利用为明确目标，是对月球建设和地月空间工业化的实地勘察，是对人类文明向地月空间拓展的前沿探索。新时代的中国载人航天理所当然要把支撑人类利益向地月空间拓展作为出发点。在人类探索月球、发展地月空间的伟大征程中，中华民族理应作出更大的贡献。

2018 年 10 月，中国载人航天工程在西安举办了“载人航天学术大会”，作者在会上作了“推动人类命运共同体向地月空间拓展”的学术报告。2019 年 4 月 24 日是第三个“中国航天日”，作者在长沙举行的“中国航天大会”上作了题为“发展地月空间”的主题报告，对地月空间发展的若干重要问题作了分析。2019 年 5 月，作者及其团队在国防科技大学为航空宇航科学与技术学科的博士研究生做了以“发展地月空间”为题的系列讲座，系统探讨了地月空间发展相关的科学技术和工程问题。以这些报告和课程材料为基础，形成了这本《地月空间工程》。本书重点总结了国内外在地月空间工程和地月经济发展领域的最新进展，系统反映了作者学术团队在地月空间工程领域的重要研究成果。在本书的撰写过程中，蒋超博士、刘红卫博士、程子龙博士、高永飞博士和张大曦博士生、李泰博博士生、胡瑞军博士生、周昊博士生分别负责有关章节的资料整理工作，刘红卫博士和张大曦博士生还为全书编辑做了大量工作。在他们之中，有的曾经是作者科研团队的博士研究生，有的目前正在攻读博士学位，他们都为团队在这一领域的科研攻关和本书的撰写做出了重要贡献。事实上，本书部分章节就是他们的博士论文或者研究的主要内容。

本书可以作为航空宇航科学与技术学科的研究生和科技工作者的技术参考。由于作者的水平所限，如有错误之处，请批评指正。

作　者

2020 年 5 月 8 日于北京

# 目　录 | CONTENTS

## 第1章 地月空间



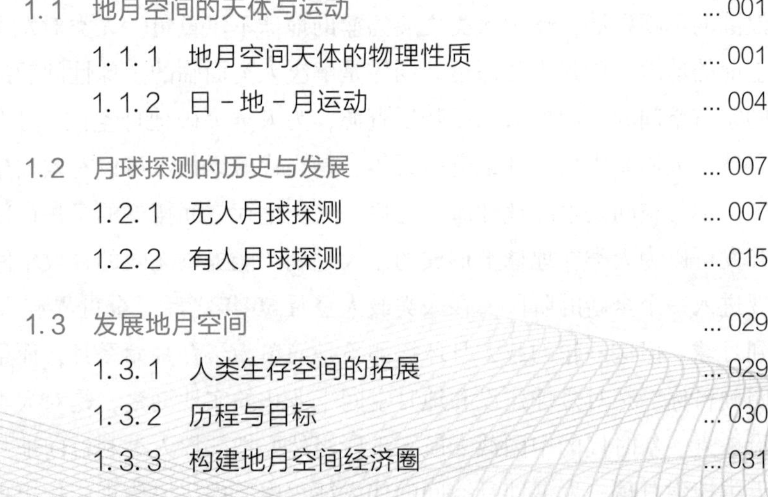

## 第2章 地月空间轨道

## 第 7 章 地月空间基础设施

## 第9章 月球建设

## 第 10 章 近地小天体的资源利用与防御

# 第1章 地月空间

## 1.1 地月空间的天体与运动

### 1.1.1 地月空间天体的物理性质

地月空间可划分为近地空间、月球空间和地月转移空间，其间主要包括地球、月球、近地小天体、微流星等天体。由于不仅太阳引力影响月球的运动，而且太阳风、太阳磁暴等也影响地月空间环境，所以将太阳也纳入地月空间天体。太阳、地球、月球在银河系内的运动如图 1－1－1 所示。

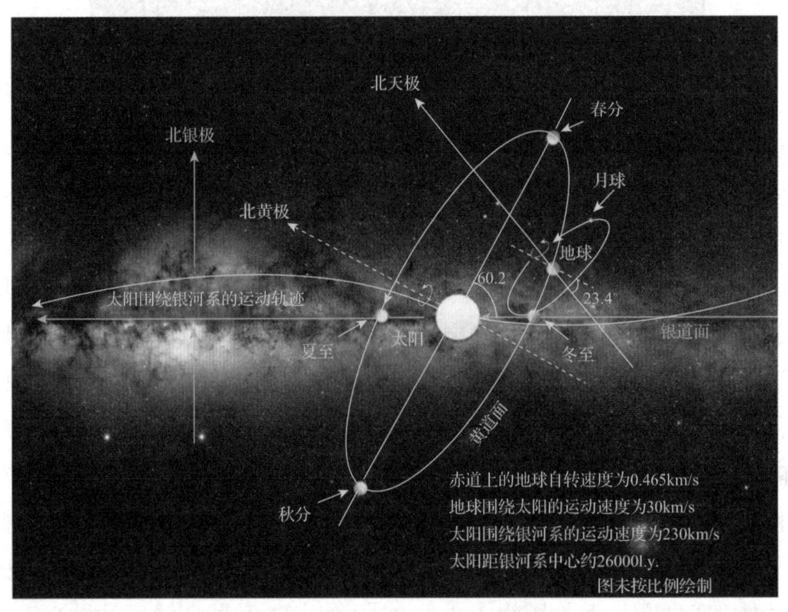


图1－1－1 太阳、地球、月球在银河系内的运动

太阳是太阳系的中心天体，直径大约为 $1.392 \times 10^6$ km(是地球的 109 倍)，质量大约为 $2 \times 10^{30}$ kg(是地球的 $3.3 \times 10^5$ 倍)，占太阳系总质量的 99.86%。太阳距离地月空间约 $1.5 \times 10^8$ km。太阳从里至外，由核心、辐射区、对流层、光球层、色球层、日冕层构成。太

阳活动是太阳大气层里一切活动现象的总称，主要有太阳风、太阳黑子和太阳耀斑。太阳活动时强时弱，平均以 11 年为周期。处于活动剧烈期的太阳会辐射出大量紫外线、X 射线、粒子流，因而往往会引起地球上极光、磁暴和电离层扰动等现象。

地球质量约为 $5.965\times10^{24}$kg，赤道半径为 6378.137km。地球磁场为偶极型，近似于把一个磁铁棒放在地球中心，地磁北极处于地理南极附近，地磁南极处于地理北极附近。磁极与地理极不完全重合，存在磁偏角。当太阳风到达地球附近时，与地球磁场发生作用，把地球磁场的磁力线吹得向后弯曲。但是地磁场的磁压阻滞了等离子体流的运动，使得太阳风不能侵入地球大气而绕过地磁场继续向前运动，于是便形成一个空腔，地磁场就被包含在这个空腔内。太阳风对地球磁场的影响如图 1-1-2 所示。

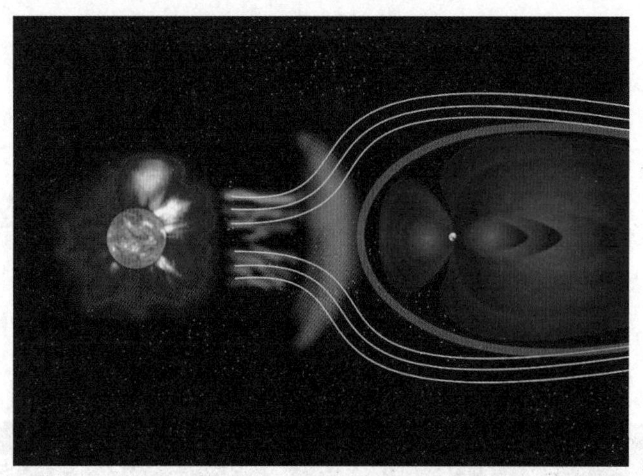

图1-1-2 太阳风对地球磁场的影响

由于太阳风对地球磁场的影响，地球磁场向远离太阳的一方偏转，形成磁尾。地球磁尾伸展很长，可达月球轨道。月球在满月前约 3 天进入磁尾，在满月后约 3 天退出磁尾，如图 1-1-3所示。月球在经过地球磁尾时，如同通过一张巨大的由地球磁场捕获的带电粒子组成的“等离子体被单”，那些较轻的粒子和电子会散布在月球表面，从而使月球带负电荷。在月球阳面，这种效应会由于光子撞击释放负电荷而抵消；在月球阴面，电子会越聚越多，导致电压攀升到数千伏。由此产生的尘埃粒子会阻碍飞行器正常运行，甚至擦伤航天员的工作面板。

月球，古时又称太阴、玄兔、婵娟、玉盘，为地球的卫星，是太阳系第五大卫星。月球并非标准球体，可近似为一个三轴椭球体。根据现代测量结果，月球参考椭球体的赤道半径为 1738km，相当于地球半径的 27.25%。月球质量为 $7.349\times10^{22}$kg，平均密度为 3.34g/cm$^3$，为地球平均密度(5.52g/cm$^3$)的 60%。月球相对于地球更接近球形，其体积约为地球的 2%。月球表面为超高真空，大气压为 $1.3\times10^{-10}$kPa；白天最高温度达 160℃，夜间温度低至 -180℃。由月球的质量和大小可知，其表面重力加速度为 1.623m/s$^2$，只有地球的 1/6，也正因此脱离月球的逃逸速度比脱离地球的逃逸速度(11.2km/s)小得多，只有 2.38km/s，而这个速度远小于气体分子在月面高温下的热运动速度，因此气体能轻易地从月球表面逃逸。

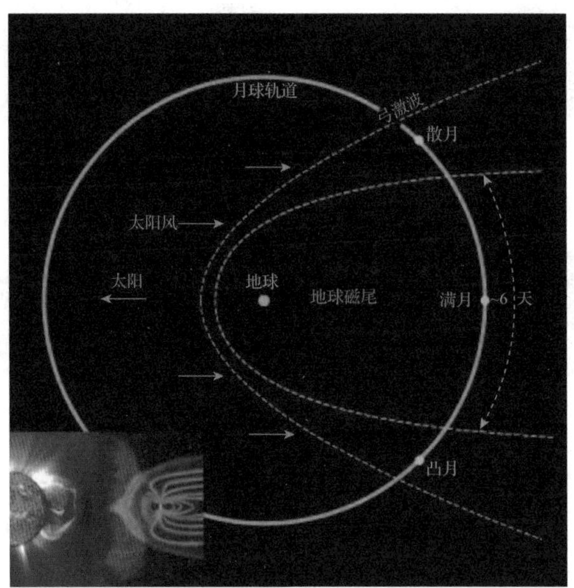


图1-1-3 地球磁尾对月球的影响

月球自转周期也为27.32天，月昼和月夜分别约为14天；月球公转周期也为27.32天。由于月球自转周期同公转周期相同，故月球始终只有一面对着地球，如图1-1-4所示。这种现象是由潮汐锁定引起的。如图1-1-5所示，由于地球对月球的潮汐力作用，月球质心与月球形心并不重合，且靠近于地球一侧。记$\omega_M$为月球自转角速度，$\omega_{MR}$为月球公转角速度，当$\omega_M < \omega_{MR}$时，地球对月球的引力具有月球自转的加速力矩；反之当$\omega_M > \omega_{MR}$时，地球对月球的引力可以形成月球自转的减速力矩，从而最终使得$\omega_M = \omega_{MR}$，即月球的自转角速度等于月球的公转角速度。实际上，这类现象在太阳系内广泛存在。例如水星与太阳锁定，火卫一、火卫二与火星锁定，最极端的例子是冥王星与卡戎星互相锁定。

(a)月球正面　　(b)月球背面

图1-1-4 月球正面和月球背面

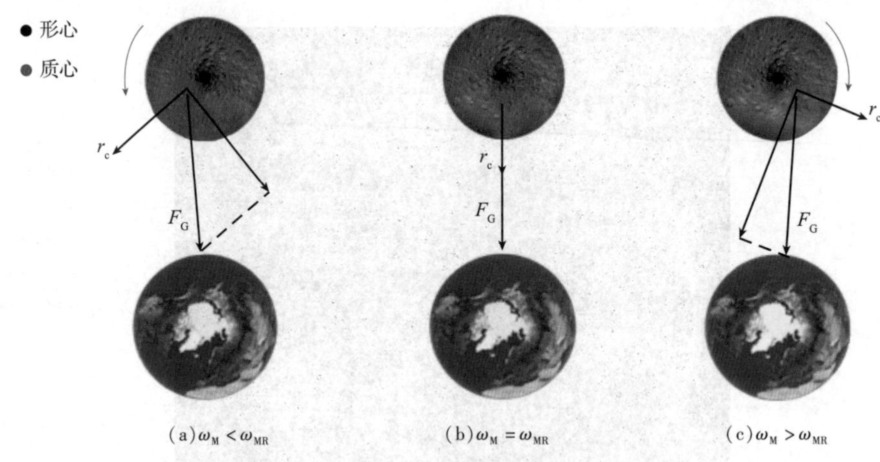


图1-1-5 潮汐锁定原理图

月球质量密度的状况表明其内部结构与地球内部结构有较大的差别。月球的内部结构可分为月壳、月幔和月核。月壳在月球正面的平均厚度约为65km，在月球背面的平均厚度约为100km。月球岩石圈的厚度约为800km，它包含月壳和上月幔，岩石圈下部为软流圈，它构成下月幔。软流圈一直扩展到距月面超过1400km的深处，抵达月核。月核的直径可能只有400km左右，但是月核是否存在目前还有争论[1]。

月球表面总体上可以分为月海和高地。月海是月面上宽广的平原，即肉眼在月面上看到的暗黑色斑块，约占月表面积的17%。绝大多数月海分布在月球正面，约占月球正面的一半。只有东海、莫斯科海和智海位于月球背面。月球表面最大的月海是风暴洋，位于月球正面北半球西侧，面积约为$5\times10^6$km$^2$。大多数月海具有圆形封闭的特点，圆形封闭的月海大多被山脉所包围。典型的例子是雨海，其四周环绕着亚平宁、高加索、阿尔卑斯、朱拉和喀尔巴阡等山脉。月海平原被玄武岩质熔岩所覆盖，地势比月球高地要低得多，如静海和澄海比月球平均水准面低1700m左右。高地是指月球表面高出月海的地区，一般高出月球水准面2～3km，面积约占月表面积的83%。在月球正面，高地的总面积和月海的总面积大体相等；在月球背面，高地面积要大得多。

撞击坑是月球表面的显著特征，是指布满月球表面的大大小小、密密麻麻的圆形凹坑构造，占月球表面积的7%～10%。月球上直径大于1km的撞击坑达33000多个。特别地，位于南极附近的贝利撞击坑直径为295km；最深的是牛顿撞击坑，深度达8.788km。月球背面的结构和正面差异较大，撞击坑数量较多，且未发现质量瘤(Mascon)。质量瘤区域比周边区域具有更强的引力。

### 1.1.2 日-地-月运动

地球绕太阳公转的轨道面称为黄道面，地球赤道面与黄道面的夹角为23.4°。

月球绕地球公转的轨道面称为白道面。白道面与黄道面并不重合，其夹角约为5.14°；

月球绕地球的运动不仅受到地球中心引力的影响，同时还受到其他天体引力尤其是太阳引力的作用。地球对月球的引力加速度为 0.0028m/s$^2$，而太阳对月球的引力加速度为 0.0059m/s$^2$，故月球绕地球的运动是一个复杂的三体问题。在日心惯性坐标系下，月球的运动实际上可以看作受地球引力扰动的绕日运动，如图 1－1－6 所示。

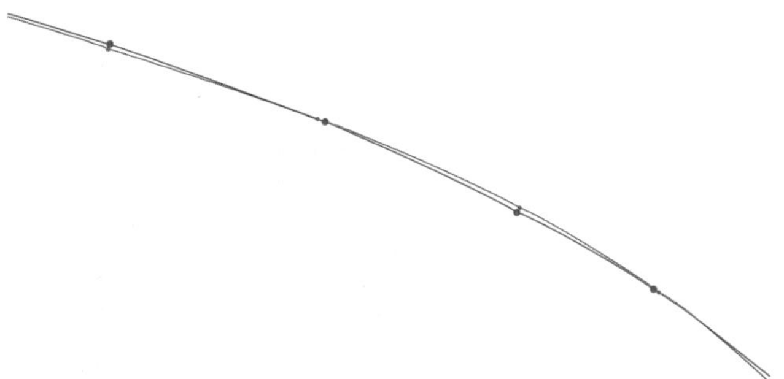

图1－1－6　地球（蓝色）和月球（灰色）在日心惯性坐标系下的运动

月球绕地球运动轨道的平均半长轴、平均偏心率分别为

$$\begin{cases} \bar{a}_{\mathrm{M}} = 384400\ \mathrm{km} \\ \bar{e}_{\mathrm{M}} = 0.054900 \end{cases} \tag{1－1－1}$$

如图 1－1－7 所示，白道面在太阳引力的作用下，在惯性空间内并非保持定向，其与黄道面的交线(白黄交线，AN 与 DN 的连线)沿着黄道面与月球运行相反的方向向西移动；

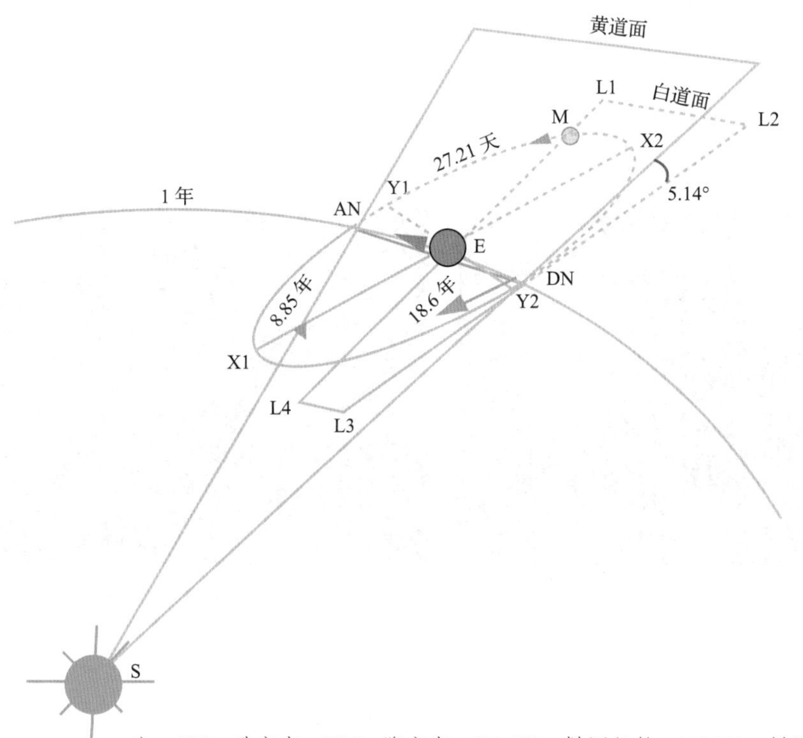


注：AN—升交点；DN—降交点；X1-X2—椭圆长轴；Y1-Y2—椭圆短轴。

图1－1－7　白道面在日心惯性坐标系下的进动

白黄交线每年移动19°21′，约18.6年完成一周，该现象称为交点退行。另外，月球轨道的拱线在日心惯性空间内也以8.85年为周期，沿着月球运行方向运动。由于交点退行，白道面与地球赤道面的夹角(白赤交角)也存在周期性变化，其以18.6年为周期，在18.5°～28.5°的范围内变化，如图1-1-8所示。由JPL行星星历可知，白赤交角在2025年达到最大值28.5°，在2034年达到最小值18.5°。在地心惯性坐标系下，月球围绕地球的运动轨迹在18.6年内，如图1-1-9所示。

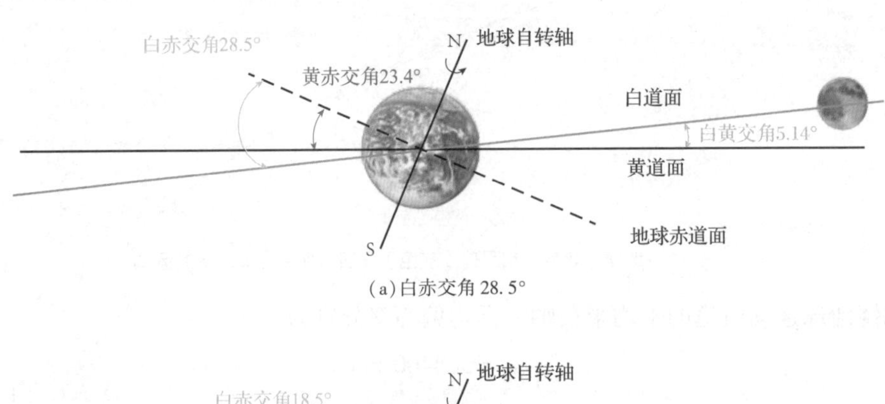


(a) 白赤交角28.5°

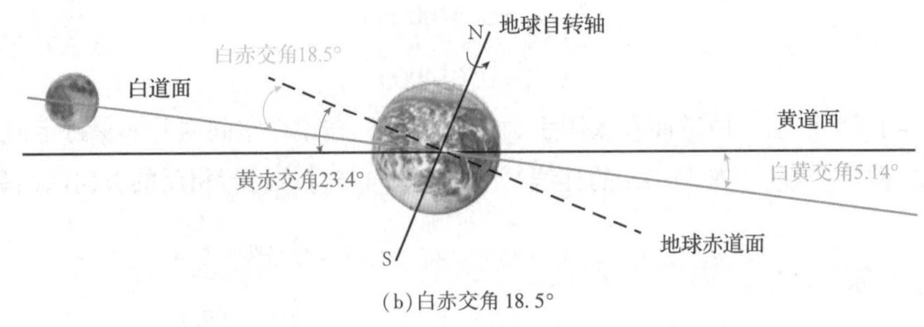


(b) 白赤交角18.5°

图1-1-8 白赤交角达到极值时的白道面空间指向变化

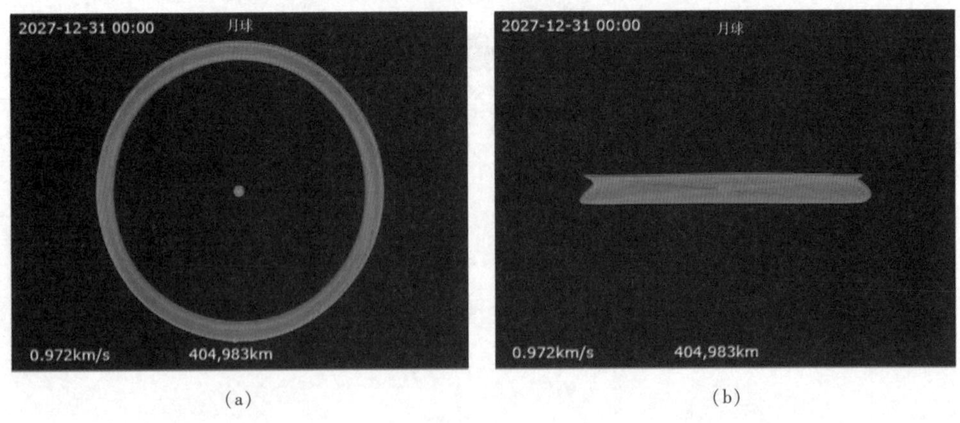


(a) (b)

图1-1-9 月球围绕地球在18.6年内的运动轨迹

日食是月球运动到太阳和地球中间，恰好处于日地连线遮挡太阳光所形成的现象；月食是月球运行到日地延长线时，处于地球本影或半影区所形成的现象。正是由于白黄交角(5.14°)

的存在，使得日食、月食并非每个月都发生；也正是由于交点退行现象的存在，才使得日食、月食有可能发生，当且仅当白黄交线与日地连线近似重合时，才会有日食或月食现象。

## 1.2 月球探测的历史与发展

### 1.2.1 无人月球探测

自1958年9月23日人类第一次将月球探测器送至月球附近以来，世界上共出现过两轮月球探测的高峰期。截至目前，各国共进行了133次月球探测任务，其中仅有美国的6次“阿波罗”任务完成载人登月[2]。世界范围内的月球探测活动如图1－2－1所示。

第一轮月球探测高峰期从1958年持续至1976年，其间美国和苏联开展了一场以月球探测为中心的太空竞赛。美国共发射54个月球探测器，包括“先驱者”(Pioneer)、“徘徊者”(Ranger)、“勘测者”(Surveyor)、“月球轨道器”(Lunar Orbiter)等无人月球探测器和“阿波罗”(Apollo)载人飞船；无人月球探测为美国成功开展“阿波罗”载人登月奠定了基础。

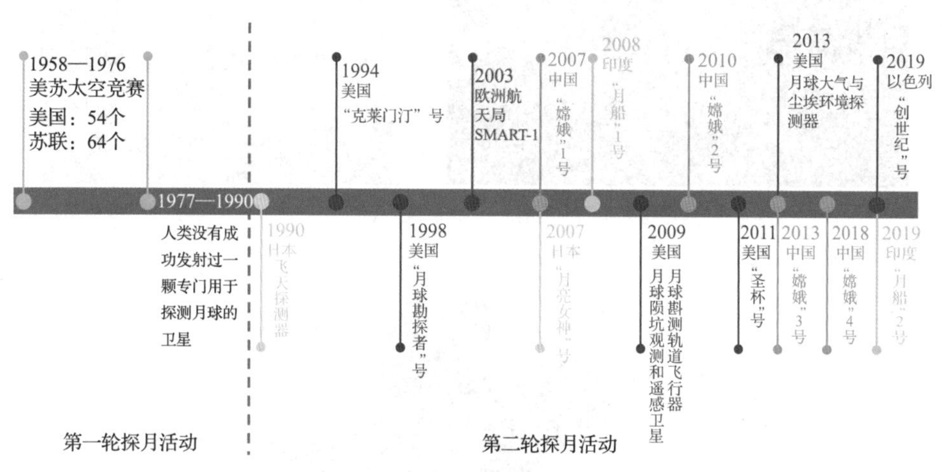

图1－2－1 世界范围内的月球探测活动

“先驱者”系列探测器(图1－2－2)1958—1960年共执行9次任务，原计划用于实现近月飞行，但仅“先驱者”4号部分成功，在离月球约60000km处掠过，其他全告失败。

“徘徊者”系列探测器的主要目标是对月球成像，并实现月面硬着陆。1962—1965年共执行7次任务，其中“徘徊者”7～9号在撞毁前拍摄了大量月球图片。“勘测者”系列探测器(图1－2－3)的主要任务是进行月面软着陆试验，探测月球并为“阿波罗”载人登月选择着陆点。该系列探测器1966—1968年共发射7次，其中两次失败。“勘测者”1号软着月于费兰斯提德平原，发回了11100张照片；“勘测者”3号软着月于风暴洋，对月壤进行了分析；“勘测者”5号软着月于静海，发回了18000张照片；“勘测者”6号软着月于中央湾，发回了

300065 张照片；“勘测者”7 号软着月于第谷坑，发回了 21274 张照片，对高原土壤进行探测并发回了化学分析数据。“勘测者”3 号和“勘测者”7 号除装有电视摄像机外，还装有月面取样用的小挖土机，可掘洞取出岩样进行分析；“勘测者”5～7 号都带有扫描设备，用以测定月壤化学成分。

“月球轨道器”系列探测器(图 1－2－4)的主要任务是对月球表面进行全面、详细的观测，为“阿波罗”载人登月选择着陆点，同时通过对“月球轨道器”的跟踪，验证并评估了载人空间飞行测控网和“阿波罗”飞船轨道确定程序。“月球轨道器”系列自 1966 年 8 月至 1967 年 8 月共执行 5 次任务，拍摄的月球图像约占月球表面积的 99%，分辨率优于 60m，“月球轨道器”1 号首次发现了月球重力场质量瘤，“月球轨道器”5 号完成月球背面的覆盖观测，获得预选区域的中分辨率(20m)和高分辨率(2m)图像。

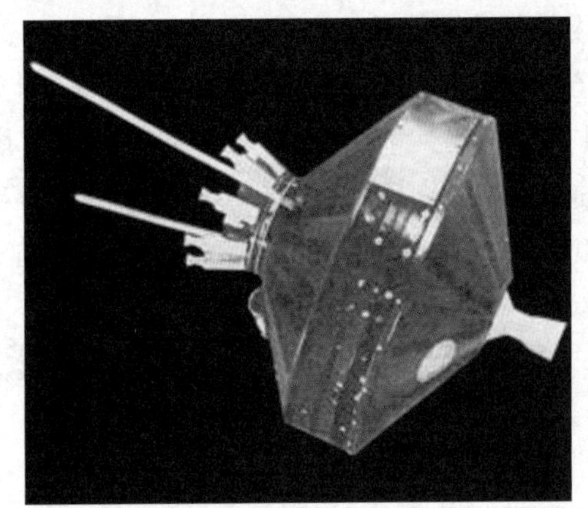

图1－2－2 “先驱者”系列探测器

图1－2－3 “勘测者”系列探测器

图1－2－4 “月球轨道器”系列探测器

苏联共发射了 64 个“月球”（Luna)号探测器，其中 16 次完成既定任务，7 次软着陆，3 次取样返回。“月球”号系列探测器的发射时间及任务执行情况如表 1－2－1 所列。苏联月球探测计划始于 1959 年。第一代探测器包括“月球”1 号、“月球”2 号、“月球”3 号，质量分别为 361.3kg、390.2kg、278.5kg，由“月球”号火箭发射并直接飞往月球，图 1－2－5 为“月球”1 号探测器。第二代探测器包括“月球”4～14 号，净质量为 1.42～1.55t，由“闪电”(Molniya)号火箭发射，先进入低地球轨道，在月球附近进行轨道校正和减速，图1-2-6为“月球”4号探测器。第三代探测器包括“月球”15～24号，净质量为5.7t，由“质子”号火箭发射。为准确降落月面预定点，第三代探测器在充分继承第二代的基础上，增加了多次轨道校正程序。

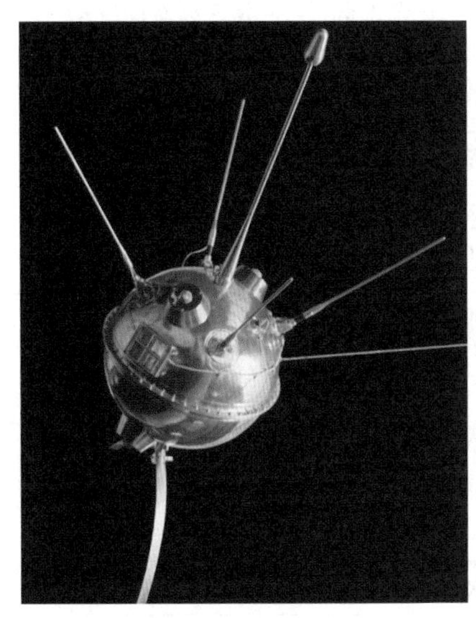

图1-2-5 “月球”1号探测器

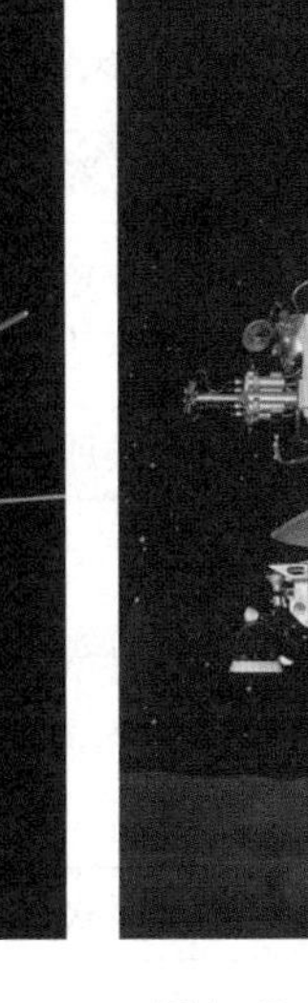

图1-2-6 “月球”4号探测器

苏联“月球”号探测器经历了飞越、硬着陆、软着陆、环绕、取样返回和月球车探测等阶段。“月球”1号首次飞掠月球；“月球”2号首次实现了月球硬着陆；“月球”9号采用直接落月的方式，首次实现了月面软着陆，其中登月舱质量为100kg；“月球”10号首次实现月球环绕飞行，进入了1015km×349km的环月轨道；如图1-2-7所示，“月球”16号首次实现了月球取样返回，从月球带回101g月壤；如图1-2-8所示，“月球”17号首次实现无人“月球车”探测，月球车行驶了10.5km。1959—1976年，苏联通过数十年月球探测，绘制了较为精确的月面地图和月球地质图，收集了详细的月球物理、化学分析数据，取得了发射、导航、控制、通信和相关领域的丰富知识和经验。

图1-2-7 “月球”16号无人取样返回

图1-2-8 “月球”17号任务的月球车

表 1－2－1　“月球”号系列探测器的发射时间及任务执行情况

| 任务名称 | 发射时间 | 任务执行情况 |
|---|---|---|
| “月球”1 号 | 1959 年 1 月 2 日 | 第一个到达月球附近的探测器(约 5995km)；<br>由于上面级点火时刻错误，致使探测器从月球附近掠过而进入日心轨道，成为第一个人造日心轨道探测器；<br>测量月球和地球的磁场、宇宙射线，发现月球磁场几乎为零；测量到“太阳风” |
| “月球”2 号 | 1959 年 9 月 12 日 | 第一个硬着陆的月球探测器(3.3km/s) |
| “月球”3 号 | 1959 年 10 月 4 日 | 携带两台光学相机，拍摄了 29 张照片；<br>首次实现月球背面成像(6200km) |
| “月球”4 号 | 1963 年 4 月 2 日 | 首次尝试月面软着陆，但由于中途修正失败而失败 |
| “月球”5 号 | 1965 年 5 月 9 日 | 尝试月面软着陆；该软着陆方式与“阿波罗”任务不同，并不先进入环月轨道 |
| “月球”6 号 | 1965 年 6 月 8 日 | |
| “月球”7 号 | 1965 年 10 月 4 日 | |
| “月球”8 号 | 1965 年 12 月 3 日 | |
| “月球”9 号 | 1966 年 1 月 31 日 | 首次月面软着陆成功，登月舱 100kg |
| “月球”10 号 | 1966 年 3 月 31 日 | 首次实现环月飞行，在轨飞行 56 天，绕月 460 圈；<br>未携带成像设备；<br>除开展月球空间环境探测外，还测定月球表面是否存在薄层气体介质，测定月球重力场，首次发现月球质量瘤 |
| “月球”11 号 | 1966 年 8 月 24 日 | 环月飞行：163.5km × 1193.6km |
| “月球”12 号 | 1966 年 10 月 22 日 | 环月飞行的成像卫星(部分成功)，测定月球重力场 |
| “月球”13 号 | 1966 年 12 月 21 日 | 实现月面软着陆；<br>着陆舱与“月球”9 号相似，但增加了两个折叠臂，折叠臂的端部安装有科学探测装置，其中一个用于分析月壤成分，另一个装有机械式探测器，用于测量月壤机械强度 |
| “月球”14 号 | 1968 年 4 月 7 日 | 与“月球”12 号相似，实现环月飞行(160km × 870km)；<br>对地球和月球相对质量进行更精确的测量；<br>随着月球位置变化，研究地球与“月球”14 号之间无线电信号的稳定性；<br>测量重力场，测量宇宙射线等 |
| “月球”15 号 | 1969 年 7 月 13 日 | 尝试月球取样返回，试落克里苏海时撞毁 |
| “月球”16 号 | 1970 年 9 月 12 日 | 第一次实现无人月壤取样(101g)并自动返回 |
| “月球”17 号 | 1970 年 11 月 10 日 | 第一次实现无人“月球车”探测(行驶 10.5km) |

续表

| 任务名称 | 发射时间 | 任务执行情况 |
| --- | --- | --- |
| “月球”18号 | 1971年9月2日 | 尝试取样返回失败 |
| “月球”19号 | 1970年9月28日 | 先进的环月卫星，测定月球空间环境 |
| “月球”20号 | 1972年2月14日 | 实现无人月壤取样(30g)并自动返回 |
| “月球”21号 | 1973年1月12日 | “月球车”2号实现42km的漫游行驶 |
| “月球”22号 | 1974年3月29日 | 环月卫星 |
| “月球”23号 | 1974年10月28日 | 尝试取样返回失败 |
| “月球”24号 | 1976年8月9日 | 实现无人月壤取样(170g)并自动返回 |

第二轮月球探测高峰期始于1994年，美国、日本、欧洲航天局(ESA)、中国、印度等先后发射了无人月球探测器[3]。

(1)美国。

美国于1994年1月25日发射“克莱门汀”(Clementine)号月球探测器，该探测器由弹道导弹防御组织和美国国家航空航天局(NASA)共同执行，用于绘制高分辨率的月球地质和月貌图，并测试长时间暴露在太空环境下科学仪器和卫星组件的状态。该探测器于2月19日进入月球极轨道，基于紫外、红外、可见光探测器，在平均分辨率为100Pix(紫外可见光)和200Pix(近红外)的情况下，完成了接近完整的全月面多光谱绘图。该图可反映每个像素内的主要矿物以及表面的氧化铁和氧化钛浓度，揭示了月球地壳的成分多样性。探测器搭载的激光高度计成功地绘制了水平分辨率为100km、高度分辨率为40m的月球地形图。这也是第一张精确的月球地形图。事实上，它揭示了许多月球陨石坑和盆地的真实范围，包括巨大的南极艾特肯盆地，约2400km×2000km，深度达13km。“克莱门汀”号月球探测器的另一个惊人发现是寻找到了在月球南极的陨石坑中有冰存在的证据。

“月球勘探者”(Lunar Prospector)(图1-2-9)于1998年1月7日在美国卡纳维拉尔角空军基地发射升空。该探测器在三个径向科学吊杆上安装了五个科学探测载荷，包括伽马射线

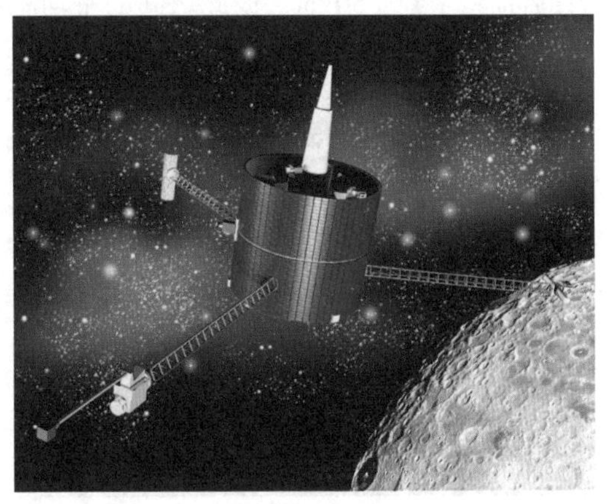

图1-2-9 “月球勘探者”探测器

谱仪、中子谱仪、磁强计、电子反射计和 α 粒子谱仪。“月球勘探者”在环月极轨道上利用中子谱仪对月球表面进行扫描，分析发现了月球上存在冰的证据。数据表明，月球两极都存在冰，南极的冰储量更多一些。

NASA 于 2009 年 6 月 19 日发射月球勘测轨道飞行器、月球陨坑观测和遥感卫星，这是美国“重返月球”战略计划的第一步，为美国下一步载人探月以及探索太阳系提供重要数据。这是自 1998 年后近 10 年间美国首个目标为月球的航天任务。月球勘测轨道飞行器的首要任务是勘测月球的资源，并决定未来载人探月可能的登陆地点。图 1－2－10 为月球勘测轨道飞行器拍摄得到的“阿波罗”11 号和“阿波罗”14 号的着陆点高清图片。月球陨坑观测和遥感卫星的首要任务是在月球表面实施两次撞击，探测月球表面的深坑以及在地表之下寻找月球水冰存在的线索。这两个飞行器是 NASA 外层空间探索计划重返月球的先锋。

（a）“阿波罗”11 号着陆点　　（b）“阿波罗”14 号着陆点

图1－2－10　月球勘测轨道飞行器拍摄得到的“阿波罗”号的着陆点高清图片

“圣杯”号（GRAIL）月球探测器于 2011 年 8 月 10 日在佛罗里达州的卡纳维拉尔角空军基地搭乘“德尔塔”－2 型运载火箭发射升空。“圣杯”号月球探测器由“圣杯”A 和“圣杯”B 两个姊妹探测器组成，如图 1－2－11 所示，它们利用 3 个半月的时间沿低能耗转移轨道到达月球。2 个探测器以编队飞行方式环绕月球轨道，通过测量彼此间的距离变化确定月球的重力场。2 个探测器距离月表的标称高度为 50km，彼此之间的平均距离为 200km。

图1－2－11　编队飞行的“圣杯”号月球探测器

（2）日本。

2007 年 9 月 14 日，“月亮女神”号探测器由 H－2A 火箭在距东京以南约 1000km 的鹿儿岛县种子岛航天中心发射升空。该探测器长度和宽度各为 2.1m，高度为 4.8m，质量约为 3t，包括一个主探测器和两个子探测器。“月亮女神”的月球主探测器在离月球表面大约 100km 的轨道上环绕飞行。2 个子探测器被释放出去，一个主要保障各探测器与地面的通信工作，另一个负责测量月球的重力场。“月亮女神”探测器设计的主要科学目标有三个：一是探索月球和地球的起源，研究月球的形成和演化过程；二是观测月球的空间环境；三是利用月球观测外太空。为实现这些科学目标，“月亮女神”探测器共搭载 15 种有效载荷，主要包括 X 射线谱仪、伽马射线谱仪、多光谱成像仪、连续光谱测量仪、地形测绘相机、激光高度计、测月雷达、月球磁强计、带电粒子谱仪、等离子体分析仪、上层大气和等离子体成像仪等，还有中继子卫星、VLBI 射电源子卫星以及高清摄像机。

（3）欧洲航天局。

SMART－1 号是欧洲航天局于 2003 年 9 月 27 日发射的首枚月球探测器，如图 1－2－12 所示，探测器质量为 366.9kg，采用一台静态等离子推进器。其主要目的是演示太阳能电推进器用于深空探测的可行性和实际性能，该推进系统可能成为欧洲航天局未来深空探测任务的首选。

图 1－2－12　SMART－1 小推力月球探测器

探测器利用光学仪器对月球表面进行图像提取，并对月球表面物质存在的主要化学成分进行了详细的分析。2006 年 9 月 3 日，SMART－1 成功撞击月球，圆满完成了整个探测任务。SMART－1 利用小推力推进系统从地球停泊轨道直接加速飞向月球，充分验证了小推力飞行器用于深空探测的有效性。

第二轮月球探测高峰期各国和组织的月球探测任务如表 1－2－2 所列。

表 1-2-2　第二轮月球探测高峰期各国和组织的月球探测任务

| 国家/组织 | 任务名称 | 年份 | 任务内容 |
|---|---|---|---|
| 美国 | "克莱门汀"号 | 1994 | 月球和近地小行星 1620 探测任务 |
| | "月球勘探者"号 | 1998 | 绘制月球成分和引力分布图 |
| | 月球勘测轨道飞行器 | 2009 | 美国"重返月球"战略计划的第一步 |
| | 月球陨坑观测和遥感卫星 | 2009 | 获取数字的标高地图，用于机器人月球登陆器在月球着陆时着陆点的定位；<br>证实永久处于背面的月球陨坑是否可能存在水以及可能存在的水的形态 |
| | "圣杯"号 | 2011 | 对月球重力场展开研究 |
| | 月球大气与尘埃环境探测器 | 2013 | 探测月球大气层的散逸层和周围的尘埃 |
| 日本 | "飞天"号 | 1990 | 验证航天器轨道精确确定和控制、高效数据传输技术；<br>进行月球借力飞行实验；<br>利用地球进行大气制动实验；<br>验证"飞天"探测器上携带的"羽衣"子卫星进入月球轨道的技术；<br>测量地月间的宇宙尘埃 |
| | "月亮女神"号 | 2007 | 探索月球和地球的起源；<br>研究月球的形成和演化过程；<br>观测月球的空间环境；<br>从月球观测外太空 |
| 欧洲航天局 | SMART-1 | 2003 | 基于电推进系统实现小推力地月转移 |
| 中国 | "嫦娥"1 号 | 2007 | 获取月球表面三维立体影像；<br>分析月球表面有用元素含量和物质类型的分布特点；<br>探测月壤厚度；<br>探测地月空间环境 |
| | "嫦娥"2 号 | 2010 | 获得了分辨率优于 10m 的月球表面三维影像、月球物质成分分布图等；<br>完成进入日地拉格朗日 L2 点环绕轨道进行深空探测等试验；<br>飞越小行星 4179 |
| | "嫦娥"3 号 | 2013 | 实现月球正面软着陆 |
| | "嫦娥"4 号 | 2018 | 实现月球背面软着陆 |
| 印度 | "月船"1 号 | 2008 | 实现月面硬着陆 |
| | "月船"2 号 | 2019 | 原计划实现月球南极软着陆 |
| 以色列 | "创世纪"号 | 2019 | 原计划实现月球正面软着陆 |

## 1.2.2 有人月球探测

在有人月球探测方面，除美国成功实施“阿波罗”计划完成有人登月外，各航天大国或组织也先后制定了探测计划。2004 年美国公布的“星座”计划，宣布让美国航天员在 2018—2020 年重返月球，并在月球建立基地；同年欧洲航天局也公布了“曙光”计划，提出在 2020 年前后开展有人月球、火星以及小行星的探测任务；2005 年日本宇宙航空研究开发机构(Japan Aerospace Exploration Agency，JAXA)公布了“JAXA 2025 年长期规划”，提出在 2025 年前完成有人月球探测和月球太阳能基地的建设；2006 年印度也提出在 2020 年前后实现载人登月；俄罗斯于 2007 年公布了“2006—2040 年远期航天发展规划”，提出在 2025 年实现有人月球探测，并于 2028—2032 年建立有人月球基地。

### 1.2.2.1 美国“阿波罗”计划

“阿波罗”计划是美国在与苏联太空竞赛期间制定的载人登月计划，由时任美国总统肯尼迪于 1961 年 5 月 25 日对外公布，是目前为止唯一实现载人登月的月球探测任务。该计划自 1961 年 5 月始，至 1972 年最后一次载人登月飞行，共把 12 名航天员送至月球并成功返回地面。“阿波罗”8 号飞船首次实现了载人环月飞行；“阿波罗”10 号飞船首次实现了全飞行器(携带月面着陆器)的载人环月飞行；“阿波罗”11 号飞船首次实现了载人登月，迈出了人类的一大步。除“阿波罗”13 号飞船由于服务舱燃料电池液氧箱爆炸中止了登月任务外，“阿波罗”12～17 号飞船均成功实现了载人登月。“阿波罗”载人登月任务历次着陆点如图 1-2-13所示。

图1-2-13 “阿波罗”载人登月任务历次着陆点

“阿波罗”登月任务采用“土星”5 号运载火箭，该火箭满载时质量约为 3038t，起飞推力达 3408t。该火箭第一级由 5 台 F1 液氧煤油发动机构成，单台推力达 680t，第二级由 5 台 J-2液氢液氧发动机构成，第三级由 1 台 J-2 液氢液氧发动机提供动力，真空推力达 100t。

“阿波罗”飞船执行登月任务，主要是由指令舱、服务舱和登月舱构成，依靠登月舱完成月面上升和下降任务，指令舱和服务舱完成地月转移和天地往返。登月任务飞行模式为直接奔月和月球轨道交会方法，“土星”5 号运载火箭将“阿波罗”飞船组合体直接发射到低地球轨道，由运载火箭末级二次点火执行载人飞船组合体的地月转移加速，在奔月之前载人飞船需要掉头与安装在火箭末级防护罩内的登月舱对接。载人飞船组合体到达月球附近时，由飞船服务舱执行近月制动进入绕月轨道，航天员在轨转移至登月舱。随后登月舱依靠下降级提供动力着陆月球，执行月球探测任务。完成月面探测任务后，登月舱上升级执行月面上升，在环月轨道与载人飞船对接完成航天员在轨转移，载人飞船在服务舱推动下进行月地转移，地球再入前与服务舱分离，指令舱依靠大气减速及降落伞制动后返回地球。

### 1. 无人飞行任务

NASA 进行了多次无人的“阿波罗”任务，以测试飞船和火箭的性能。第一批无人任务始于 1961 年，主要使用“土星”1 号测试 H1 发动机和制导系统。在其后的行动中，“土星”1 号携带了一个指令舱/服务舱样板，用于分析航天器的空气动力学参数。NASA 还使用更小型的火箭测试发射逃生系统和着陆降落伞。

在被称为“阿波罗”1 号的灾难发生之前，共有三次无人的“阿波罗/土星”测试飞行。在“阿波罗”1 号(原名为 AS－204)之后，任务开始用“阿波罗”序列命名。由于已经做过三次无人飞行测试(AS－201、AS－203、AS－202)，故“阿波罗”1 号之后便命名为“阿波罗”4 号、“阿波罗”5 号、“阿波罗”6 号等。

AS－201 任务是一型指令舱/服务舱/登月舱和“土星”1B 火箭的第一次发射，展示了服务推进系统的能力，测试了登月舱和指令舱推力系统以及指令舱安全返航的能力。AS－202 任务是一型指令舱/服务舱的第二次无人飞行。AS－203 任务并未携带指令舱/服务舱和登月舱，目标是测试 S－IVB 火箭的再启动能力。“阿波罗”4 号任务是第一次测试“土星”5 号运载火箭的发射装置。“阿波罗”5 号任务第一次携带登月舱进入太空，测试了登月舱分离上升级和下降级的能力。“阿波罗”6 号任务是最后一次无人飞行任务，验证了“土星”5 号和“阿波罗”飞船载人飞行的能力。

### 2. 有人飞行任务

#### 1)“阿波罗”1 号

第一次有人任务名为“阿波罗/土星”(AS－204)，原定于 1967 年 2 月 21 日发射，但由于发射排练测试灾难而取消。测试事故发生在 1967 年 1 月 27 日，三名航天员——弗吉尔·格里索姆(Virgil Grissom)、爱德华·怀特(Edward White)和罗杰·查菲(Roger Chafee)牺牲。为了悼念这一悲剧，这次试验任务重新命名为“阿波罗”1 号。

#### 2)“阿波罗”7 号

1968 年 10 月 11 日，“阿波罗”7 号在肯尼迪航天中心起飞。本次任务的指挥官为沃尔特·

施艾拉(Walter Schirra)，指令舱驾驶员为唐·艾斯利(Donn Eisele)、登月舱驾驶员为沃尔特·坎宁安(Walter Cunningham)。这是唯一使用“土星”1B 号火箭发射的有人任务。

“阿波罗”7 号的任务目标是在载人情况下测试指令舱/服务舱的绕地飞行。这次任务历经 11 天，绕地 163 圈，航天员在指令舱进行了第一次来自太空的电视直播。这次任务的成功让 NASA 决定在两个月后将“阿波罗”8 号送入月球轨道。

3)“阿波罗”8 号

1968 年 12 月 21 日，“阿波罗”8 号在肯尼迪航天中心由“土星”5 号运载火箭发射升空。本次任务的指挥官为弗兰克·波尔曼(Frank Borman)，指令舱驾驶员为吉姆·洛威尔(James Lovell)，登月舱驾驶员为威廉姆·安德斯(William Anders)。

“阿波罗”8 号首次实现了载人环月飞行，且第一次使用“土星”5 号运载火箭进行发射。“阿波罗”8 号继“阿波罗”7 号验证指令舱可进行太空飞行之后，进一步验证了其往返月球的可行性。由于该次任务并无月球登陆计划，故飞船并未携带登月舱，而是在相应位置安装了“登月测试模块”。“阿波罗”8 号任务第一次从月球拍摄的地球画面如图 1－2－14 所示。

图1－2－14 “阿波罗”8 号任务第一次从月球拍摄的地球画面

4)“阿波罗”9 号

“阿波罗”9 号是“阿波罗”计划的第 3 次载人飞行任务，于 1969 年 3 月 3 日由“土星”5 号运载火箭发射升空，共执行了 10 天的地球轨道任务。主要任务目标是测试登月舱的太空飞行。航天员包括杰斯·麦可迪维特(James McDivitt)、大卫·史考特(David Scott)、罗杰·史维考特(Russell Schweickart)。该次任务是“土星”5 号的第二次载人发射，也是登月舱的第一次载人发射。该次任务实现了登月舱和指令舱/服务舱的两次交会对接，航天员进行了 37min 的太空行走。

5)“阿波罗”10 号

“阿波罗”10 号是“阿波罗”计划中第四次载人飞行任务。本次任务是第二次环绕月球的载人任务，首次将登月舱带入月球轨道进行测试。该次任务于 1969 年 5 月 18 日从肯尼迪航天中心由“土星”5 号运载火箭发射升空。航天员包括托马斯·斯塔福德(Thomas Stafford)、约翰·杨(John Young)、尤金·塞尔南(Eugene Cernan)。

“阿波罗”10 号是人类首次带着一套完整的“阿波罗”航天器(“阿波罗”8 号未携带登月舱)环绕月球，也可以称得上是登月最后的“彩排”(两个月后“阿波罗”11 号成功登月)。斯塔福德和塞尔南操纵的登月舱离月球最近时仅 15.6km，除了最后的降落过程(“阿波罗”10 号的登月舱并不能真正降落)，“阿波罗”10 号执行了真正登月所需要完成的一切步骤，从执行任务的航天员到指挥中心的控制人员，都对登月的过程进行了一次演习。

6)“阿波罗”11 号

“阿波罗”11 号是“阿波罗”计划的第五次载人任务，于 1969 年 7 月 16 日在肯尼迪航天中心由“土星”5 号运载火箭发射升空，是人类历史上第一次登月任务，三名执行此任务的航天员分别为指令长阿姆斯特朗(Neil Armstrong)、指令舱驾驶员迈克尔·科林斯(Michael Collins)、登月舱驾驶员巴兹·奥尔德林(Buzz Aldrin)。

1969 年 7 月 21 日 5 时 17 分，在离开地球 5 天之后，登月舱顺利降落在月球北纬 0°41′15″、东经 23°26′17″处静海的一角。21 日 11 时 56 分，阿姆斯特朗第一个走下舷梯，踏上了月球的土地。阿姆斯特朗发表了著名的宣言：“这是我个人的一小步，却是人类的一大步。”18min 后，奥尔德林也踏上了月球的土地(图 1-2-15)。之后，二人立即开始执行一系列预定任务：安装太阳风探测仪、激光角反射镜、月震测量仪，如图 1-2-16 ~ 图 1-2-18 所示。随后采集了岩石标本 21kg(图 1-2-19)，装入登月舱上升舱中。在月球停留 21h36min 后，二人进入上升舱中。在飞行 19000km 后与母舱实现对接(图 1-2-20)，航天员携带岩石样本返回至指令舱。7 月 22 日 1 时 56 分开始进入返回地球程序，于 7 月 25 日 1 时 50 分安全降落在南太平洋预定海面。

图1-2-15 奥尔德林站在登月舱的踏板上

图1-2-16 奥尔德林从登月舱中取出早期“阿波罗”科学实验包

图1-2-17　奥尔德林站在早期“阿波罗”科学实验包附近

图1-2-18　激光角反射镜

图1-2-19　“阿波罗”11号带回岩石样本

图1-2-20　登月舱返回“阿波罗”飞船

7)“阿波罗”12号

“阿波罗”12号是“阿波罗”计划中的第六次载人任务，是人类历史上第二次载人登月任务。“阿波罗”12号于1969年12月14日在肯尼迪航天中心由“土星”5号运载火箭发射升空。任务成员包括皮特·康拉德（Pete Conrad）、理查德·戈尔登(Richard Gordon)、艾伦·比恩（Alan Bean）。

该次任务的着陆点位于风暴洋，距离“阿波罗”11号着陆点以西2080km，距离“勘测者”3号着陆点仅183m。航天员康拉德和比恩在月球表面度过了31.5h，完成了两次舱外活动。活动期间访问了“勘探者”3号，拆除了部分零件，如图1-2-21所示。另外，康拉德和比恩还通过徒步行走约1300m(图1-2-22)，进行了地质勘测，并采集了35kg的标本，包括从月面以下0.7m深处取出的样品。航天员在月球布设了用于勘测太阳风、磁场以及月震活动的设备，这些设备自身具有能源系统，可长时间向地球传输数据。航天员最终在1969年12月24日返回地球。

图1-2-21 康拉德从“勘探者”3号拆下摄像头带回

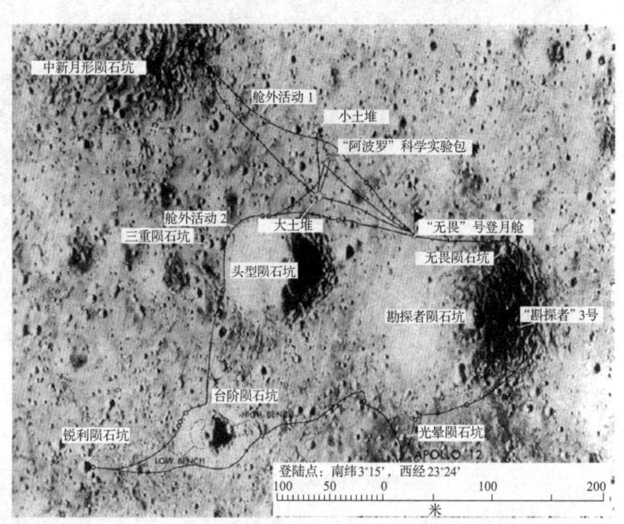


图1-2-22 康拉德和比恩的行走路线

8)“阿波罗”13号

“阿波罗”13号是“阿波罗”计划中的第三次载人登月任务，于1970年4月11日2时13分从肯尼迪航天中心由“土星”5号运载火箭发射。航天员包括吉姆·洛威尔(Jim Lovell)、杰克·斯威格特(Jack Swigert)和弗莱德·海斯(Fred Haise)。

在“阿波罗”13号任务进行到接近56h，距离地球321860km时，服务舱的二号液氧储箱发生爆炸，导致飞船供电系统全部失效。航天员不得不放弃原定计划转向紧急救生。在地面指挥中心科学家和工程师们的努力下，拟出了方案并经过地面实验室模拟仿真验证。该次计划调整为继续飞抵月球，借助月球引力返回至地球。三名航天员于1970年4月17日安全返回地球。该次任务被称为“最伟大的失败”。

9)“阿波罗”14号

“阿波罗”14号是“阿波罗”计划中的第八次载人任务，也是人类历史上第三次成功的载人登月任务。该次任务于1971年1月31日从肯尼迪航天中心由“土星”5号运载火箭发射升空。航天员包括艾伦·谢泼德(Alan Shepard)、斯图尔特·罗萨(Stuart Roosa)、艾德加·米切尔(Edgar Mitchell)。

航天员在该次任务中于月面再次布设了科学设备，探索月貌并带回了42.28kg样本。为了帮助航天员携带材料，该次任务携带了多部件设备运输车(Modularized Equipment

Transporter，MET)，如图 1 -2 -23 所示。该车是一辆两轮手推车，同时也是一个便携的工作台。这是第一次也是唯一一次在月球上使用 MET。本次任务另一个令人印象深刻的场景是谢泼德在月球上击打高尔夫球；尽管航天服带来了很大的限制，但谢泼德还是将球打出了数百米。

图1-2-23 “阿波罗”14 号任务中使用的多部件设备运输车

航天员在月面停留了 33.5h 后，返回至指令舱/服务舱。之后，登月舱再次与指令舱/服务舱分离，撞向月面，以便获得撞击后的效果。1971 年 2 月 9 日，航天员安全返回地球。

10)“阿波罗”15 号

“阿波罗”15 号是“阿波罗”计划中的第九次载人任务，也是人类历史上第四次成功的载人登月任务。“阿波罗”15 号还是“阿波罗”计划中首次 J 任务——与前几次任务相比在月球上停留更久，科学研究的比例更大。该次任务于 1971 年 7 月 26 日在肯尼迪航天中心由“土星”5 号运载火箭发射升空。

任务指令长大卫·斯科特(David Scott)和登月舱驾驶员詹姆斯·艾尔文(James Irwin)在月球表面停留了 3 天，在登月舱外的时间总长为 18.5h。两名航天员驾驶的历史上第一辆月球车(图 1 -2 -24)使他们在月球上穿越的距离比前几次任务远了很多。他们共收集了约 77kg 的月球岩石标本。

图1-2-24 斯科特驾驶“阿波罗”15 号月球车

与此同时，指令舱驾驶员阿尔弗莱德·沃尔登(Alfred Worden)留在指令舱中环绕月球，使用科学仪器模块(Scientific Instrument Module，SIM)中的全景相机、伽马射线光分计、绘图相机、激光高度计、质谱仪以及任务后发射的子卫星等设备对月球表面环境进行了详细研究。当航天员完成月面预定任务后，他们发射了一颗小卫星 PFS－1，用来测量月球的电离层、粒子和磁场环境。在释放卫星 1h 后飞船点火，于 1971 年 8 月 7 日返回至北太平洋预定着陆区。

11)“阿波罗”16 号

“阿波罗”16 号是“阿波罗”计划中的第十次载人航天任务，也是人类历史上第五次成功登月的任务。该次任务的目的地是月球上的笛卡尔高原地区。这个地区多山丘和洼地，具有月貌的典型特征。这也是第一次探索该类型地区。

“阿波罗”16 号于 1972 年 4 月 16 日 12 时 54 分由“土星”5 号运载火箭从肯尼迪航天中心发射。航天员包括指挥官约翰·杨(John Young)、指令舱驾驶员肯·麦丁力(Ken Mattingly)、登月舱驾驶员查尔斯·杜克(Charles Duke)。这次探索给约翰·杨和查尔斯·杜克提供了 71h 的月面停留时间，这期间共进行了三次舱外活动，总计时长超过 20h。第一次舱外活动的任务是卸下月球车并启动系统，第二次和第三次舱外活动主要是在指定地点进行地质探索和采集 95.71kg 的样本。在任务结束时，月球车共行驶了 27.1km。

在月地返回过程中，同样释放了一颗小卫星 PFS－2，用于收集地月磁场相互作用、月球附近尘埃构成等信息。麦丁力在月地返回过程中进行了太空行走，取回了服务舱上的胶片盒。1972 年 4 月 27 日航天员返回地球。

12)“阿波罗”17 号

“阿波罗”17 号于 1972 年 12 月 7 日由“土星”5 号火箭发射升空，这是“阿波罗”计划中唯一一次夜间发射。航天员包括指令长尤金·塞尔南(Eugene Cernan)、指令舱驾驶员罗纳德·埃万斯(Ron Evans)和登月舱驾驶员哈里森·施密特(Harrison Schmitt)(“阿波罗”计划中的唯一执行任务的科学家)。1972 年 12 月 11 日，登月舱降落在陶拉斯－利特罗山谷，两名航天员在那里进行了三次月面活动，总计时长 22h，并采集了 110.52kg 的岩石样本。这是“阿波罗”计划中最后一次任务。

本次任务的着陆点位于陶拉斯－利特罗山谷，这是一个月表颜色较深、位于三个高耸的山丘之间的地带，如图 1－2－25 所示。任务前的月球照片显示在三座山脚下有一些凸起，意味着在这个地区也许会有岩床标本。这个地区还有一个山崩遗迹以及若干撞击坑。作为一次 J 类型的任务，“阿波罗”17 号第三次使用了月球车。三次月表探索时间分别长达 7.2h、7.6h 以及 7.3h。“阿波罗”17 号是唯一携带了引力仪的任务。引力仪非常敏感，可以检测到引力的微弱变化，从而帮助人们更好地了解月球内部构成。1972 年 12 月 19 日，航天员安全返回地球。

图 1-2-25　“阿波罗”17 号任务的着陆点

### 1.2.2.2　苏联有人月球探测计划

在美国着手实施“阿波罗”登月计划的同时，苏联也在积极开展载人登月系统的论证，于 1964 年 8 月 3 日提出了“N1 - L3”登月计划，试图赶在美国“阿波罗”登月成功之前把苏联航天员送上月球并安全返回，该计划构成如图 1 - 2 - 26 所示。

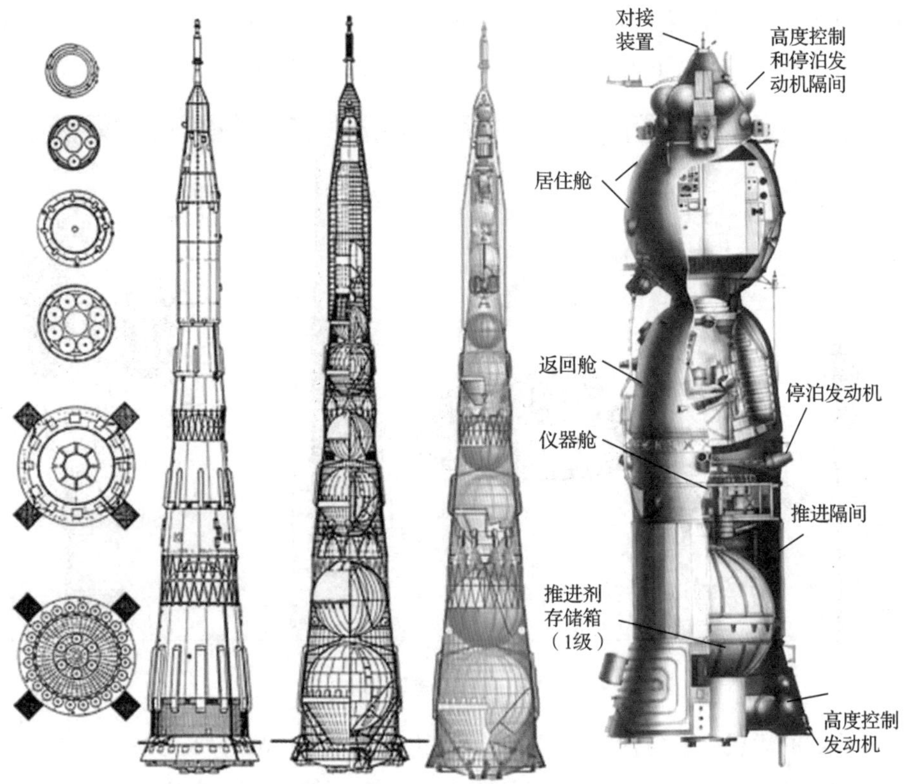


图 1-2-26　N1 - L3 计划构成

该计划的运载火箭为苏联 N1 火箭，登月系统由“联盟”号 L3 载人飞船和 LK 登月舱构成，登月方案为直接奔月方案。N1 火箭共有五级，全箭采用液氧煤油作为推进剂，前三级将飞船送入地球轨道，后两级实现载人飞船的地月转移。第一级由 30 台 NK－15 液氧煤油发动机并联而成，总推力达到 4620t；第二级由 8 台 NK－15V 发动机组成，总推力达到 1434t；第三级由 4 台 NK－19 发动机组成，总推力达到 160t；第四级由 1 台 NK－9V 发动机组成，真空推力为 44t；第五级采用 1 台 RD－58 发动机，真空推力为 8t。1970 年，由于前两次火箭发射失利，苏联开始考虑改进和升级 N1 火箭的发动机方案，将火箭前四级的发动机分别替换为 NK－33、NK－43、NK－39 和 NK－31 发动机。然而后续两次发射试验仍然失败，经过四次发射失败后，“N1－L3”计划宣告失败。1976 年 2 月，苏联正式取消了“N1－L3”载人登月计划，月球探测也随之进入了宁静期。2007 年，俄罗斯公布了“2006—2040 年远期航天发展规划”，提出在 2025 年实现载人登月，2028—2032 年建立一座有人居住的月球基地，2040 年建立航天员月球常驻基地。目前，俄罗斯正在抓紧研制和测试新一代运载火箭“安加拉”和新型载人航天器“快船”号。

### 1.2.2.3 美国“星座”计划

1989 年，美国时任总统乔治·布什在纪念“阿波罗”载人登月 20 周年时提出重返月球计划，该计划提出美国将在月球建立永久基地，并以此为基地向火星进发。2004 年 1 月 14 日小布什政府公布“新太空探索计划”，将研制下一代航天器，并计划于 2020 年前实现美国航天员重返月球。该计划后来更名为“星座”计划，其构成如图 1－2－27 所示。

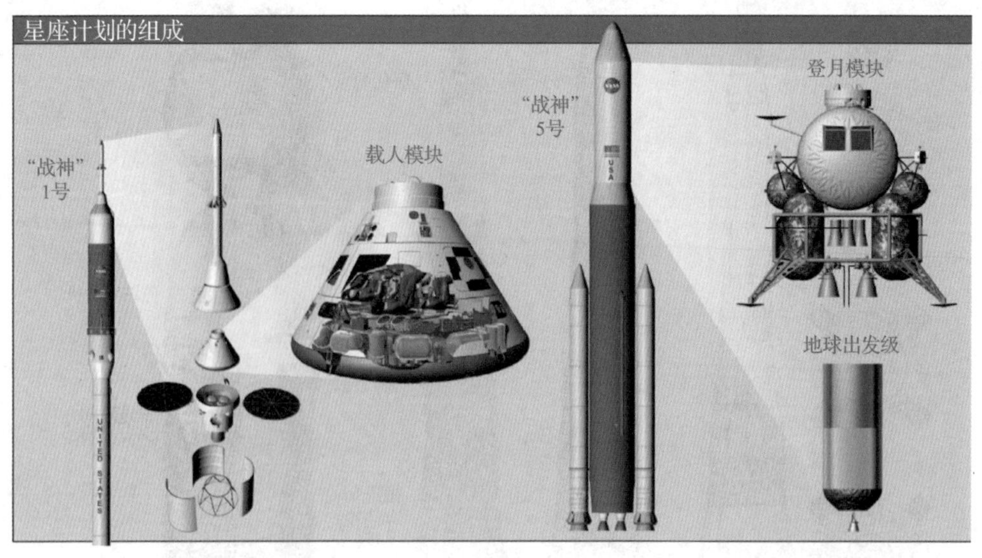


图 1－2－27 “星座”计划构成

“星座”计划的运载火箭包括“战神”1 号载人运载火箭和“战神”5 号货运运载火箭。“战神”1 号运载火箭第一级为由航天飞机的助推火箭改进得到的五段式固体助推火箭，助推火箭的真空推力达 1485t，第二级采用 1 台 J－2X 液氢液氧发动机。“战神”5 号运载火箭第一级采用两个五段式固体助推火箭，芯一级采用 5 台 RS－68 液氢液氧发动机，单台真空推力达 330t；第二级采用 1 台 J－2X 液氢液氧发动机，单台真空推力达 133t。登月系统由“猎户座”(Orion)载人探索飞行器和“牵牛星”月球着陆器构成。“猎户座”载人探索飞行器与“阿波罗”飞船相似，但是内部空间比“阿波罗”飞船大 2.5 倍，采用复合材料使得质量显著降低，可以容纳 4～6 名航天员。“星座”计划的飞行模式为低地球轨道和月球轨道交会对接，即先后将登月舱和飞船发送到低地球轨道对接，组合体共同进入奔月轨道，后续任务模式与“阿波罗”登月方式相仿。由于成本高昂、研发进度严重滞后以及安全可靠性考虑不周等问题，“星座”计划于 2010 年被奥巴马政府取消。

#### 1.2.2.4　美国“阿尔忒弥斯”计划

“阿尔忒弥斯”计划是由美国国家航空航天局、美国商业航天公司以及欧洲航天局等国际合作伙伴开展的一项正在进行的航天飞行计划，其目标为在 2024 年前实现一名男航天员和第一名女航天员的月球南极登陆。“阿尔忒弥斯”计划将是实现在月球上建立可持续人类驻留这一长期目标的第一步，同时也为商业公司建立月球经济圈奠定基础，并最终将人类送至火星。

在该计划中，空间发射系统(Space Launch System，SLS)作为运载火箭，将“猎户座”飞船送入月球轨道；飞船随后与运行于月球轨道上的“深空门户”轨道站对接；航天员从“深空门户”轨道站出发，搭乘新的月面着陆系统实现月面着陆；航天员在完成月球探测任务后，返回至“深空门户”轨道站；最终再次搭乘“猎户座”飞船返回地球。

在实现航天员重返月球之前，一系列科学仪器将通过商业月球计划投送至月球表面，以开展技术验证。设想于 2020 年执行“阿尔忒弥斯”－1 任务，实现无人的空间发射系统与“猎户座”飞船组合飞行；于 2022 年执行“阿尔忒弥斯”－2 任务，首次实现载人的空间发射系统与“猎户座”飞船组合飞行；最终于 2024 年，执行“阿尔忒弥斯”－3 任务，将航天员送至月球，如图 1－2－28 所示。

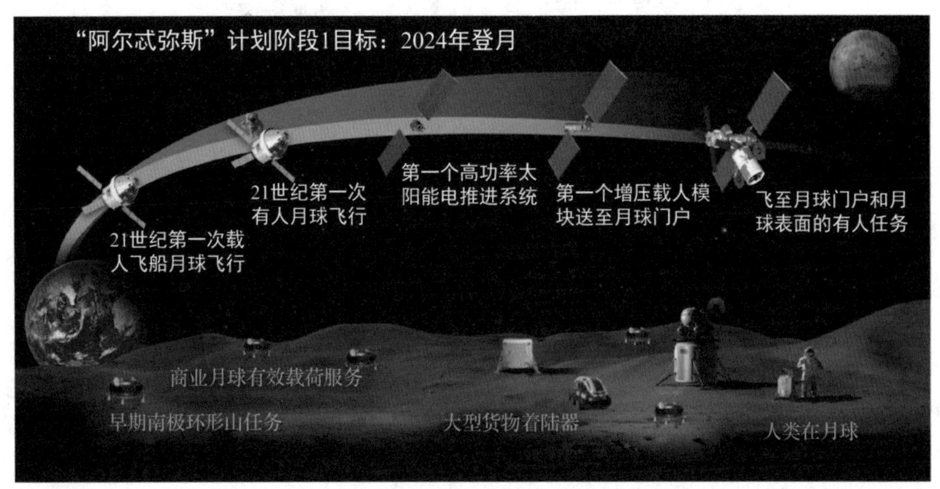


图 1－2－28　“阿尔忒弥斯”计划

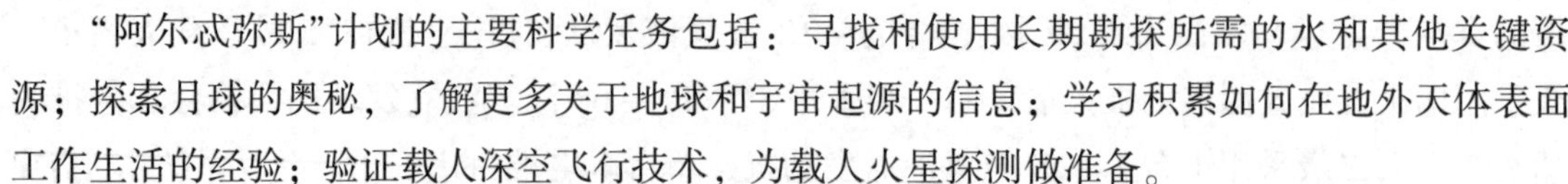
“阿尔忒弥斯”计划的主要科学任务包括：寻找和使用长期勘探所需的水和其他关键资源；探索月球的奥秘，了解更多关于地球和宇宙起源的信息；学习积累如何在地外天体表面工作生活的经验；验证载人深空飞行技术，为载人火星探测做准备。

#### 1.2.2.5 有人月球探测飞行模式的发展

##### 1. “阿波罗”计划飞行模式

20 世纪 60—70 年代，美国“阿波罗”计划取得了巨大成功，其所采用的月球探测飞行模式为直接奔月 + 环月轨道交会对接[4]，即利用“土星”5 重型运载火箭将“阿波罗”载人飞船和登月舱组合体送入轨道高度为 180km 的地球低轨停泊轨道，短暂驻留后进入奔月轨道。“阿波罗”载人飞船在到达月球附近时施加近月制动进入月球低轨道；而后登月舱与“阿波罗”载人飞船分离，进入动力下降的月面着陆段。在完成月球探测任务后，登月舱上升级离开月球表面进入月球低轨道，与“阿波罗”载人飞船在月球低轨道交会对接；最后“阿波罗”载人飞船施加月地转移速度增量进入月地返回轨道，并最终再入地球大气层返回地面。

苏联登月计划所采用的载人月球探测飞行模式与“阿波罗”计划相同[5]。

##### 2. “星座”计划飞行模式

2004 年，美国提出重返月球并建立月球基地的“星座”计划。为此，NASA 成立了探测系统体系研究小组，从近地出发质量规模、安全性、可靠性方面研究了载人月球探测的飞行模式[6]。报告指出，载人月球探测的飞行模式按照是否进行近地交会对接或近月交会对接，可以分为四类[7]，如图 1－2－29 所示。

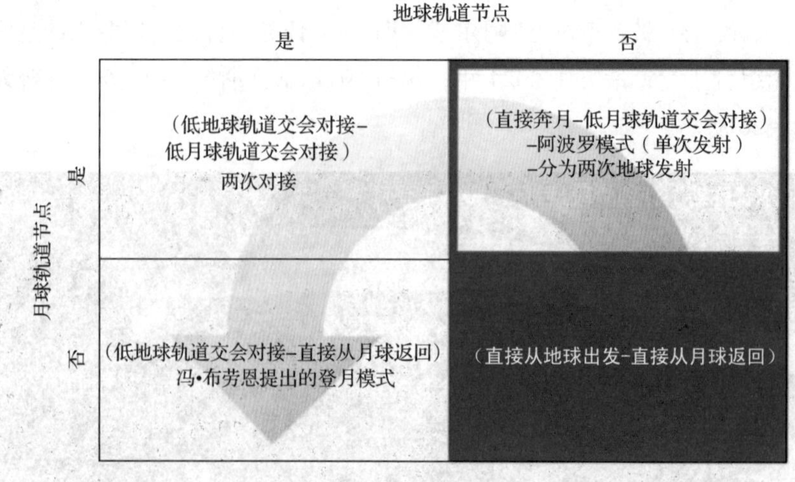


图 1－2－29　载人月球探测飞行模式的分类[7]

第一类为直接从地球出发－直接从月球返回。该飞行模式中载人飞船直接从地球出发，直接降落在月球表面，并最终直接从月球表面返回地球。研究表明，该模式所需的运载火箭需要具有200t的低地球轨道运载能力。

第二类为直接奔月+月球低轨道交会对接。该模式即为“阿波罗”计划所采用的飞行模式。

第三类为低地球轨道交会对接+月球低轨道交会对接。该模式为探测系统体系研究小组重点研究的对象，并作为“星座”计划中载人月球探测的飞行模式，如图1－2－30所示。“星座”计划首次提出了“人货分运”的思想，即通过两次发射任务，分别利用载人运载火箭“战神”1号将载人飞船送至低地球轨道，利用运载火箭“战神”5号将地球出发级（earth departure stage）和登月舱（lunar surface access module）组合体发射至低地球轨道，在低地球轨道实现载人飞船与地球出发级、登月舱的交会对接。而后地球出发级施加近地出发速度增量，将载人飞船和登月舱组合体送入奔月轨道，地球出发级在进入奔月轨道后与组合体分离。在达到月球附近时，载人飞船施加近月制动速度增量使得组合体进入月球低轨道。再后，登月舱与载人飞船分离，开始动力下降并降落于月球表面；航天员在完成月球探测任务后搭乘登月舱上升级和运行于月球低轨道的载人飞船交会对接。最后载人飞船与登月舱上升级分离，施加月地返回速度增量进入月地返回轨道，并安全返回地面。

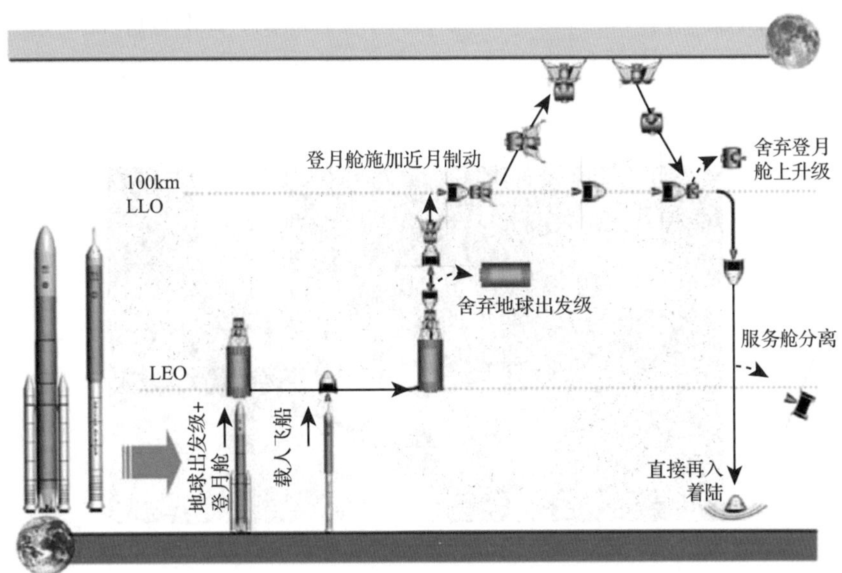


图1－2－30 低地球轨道交会对接＋低月球轨道交会对接的“星座”计划飞行模式[7]

第四类为低地球轨道交会对接+直接从月球返回。该模式中月球表面的上升下降均依靠载人飞船，即载人飞船从低地球轨道出发后直接落于月球表面或直接从月球表面起飞返回地球。该模式对载人飞船的技术要求较高，且载人飞船从月球表面起飞返回地球的速度增量需求达2400m/s。

### 3. 空间资源支持下的可持续有人月球探测

随着载人月球探测飞行模式研究的不断深化，载人月球探测的可持续性发展，即载人月球探测如何成为一项既可以在现有条件下顺利开展，又可以为全球经济发展提供新的增长点、符合未来经济发展方向的人类工程，成为各航天大国研究论证的重点。

一是这些研究论证体现在载人月球探测应基于已有的空间基础设施，或基于现有成熟的空间建造技术[8]在地月空间建设空间站。早在1987年，NASA便委托兰利研究中心(Langley Research Center)“自由”号空间站办公室研究并评估了载人月球探测任务对“自由”号空间站总体方案设计的影响[9]。NASA喷气推进实验室(JPL)的Thronson等提出在地月L1点建造Gateway空间站，以及基于国际空间站和地月L1点Gateway空间站的载人月球探测体系方案，指出了其在转移速度增量、空间应急、地月空间长期驻留方面的优势[10]。文献[11－12]开展了基于地月空间不同轨道空间站的载人月球探测方案研究。近年来，为支持可持续载人月球探测的发展，美国NASA、俄罗斯能源公司和各航天组织通过国际合作[13]的方式纷纷提出了深空居住舱、月球轨道空间站等概念，即在月球附近部署小型的空间基础设施，以支持航天员的深空在轨驻留、月面着陆器的重复使用、月表机器人的遥操作等，建造深空居住舱或月球轨道空间站的方案则继承相关已有成熟技术[14]。其中最具代表性的是NASA于2017年3月宣布的“深空之门”(Deep Space Gateway，DSG)建造计划[15](2019年改名为“月球轨道平台－门户”(Lunar Orbital Platform-Gateway，LOP-G)，图1－2－31)。该月球轨道空间站计划运行于地月L2近直线轨道[16]，作为无人或有人月球南极探测、未来载人火星深空运输系统的中转站[17]。

图1－2－31 月球轨道平台－门户

二是体现在载人月球探测飞行模式中空间飞行器的可重复使用。与地球表面往返低地球轨道的天地往返不同，载人月球探测中的各类飞行器无须穿越地球大气层，这对飞行器的气动载荷、热防护等降低了要求，也为减少地月空间飞行器可重复使用的成本提供了可能。Axdahl等[18]对含有在轨燃料存储舱的可重复使用月球运输方案进行了研究，结果显示，与空间探索体系研究中的方案进行对比，可以降低30%的运输成本。Murtazin[19]和Cheng等[20]分别针对载人飞船月地返回空间站的大气减速方案进行了分析和优化，研究表明，在满足热流密度、过载等指标的要求下，载人飞船的可重复使用是可行的。除了对载人飞船的重复使用研究外，月面着陆器的重复使用也得到了广泛关注。Rusty[21]对可重复使用的月面着陆器进行了初样设计，洛克希德·马丁公司的Cichan等[22]则对基于月球轨道平台－门户的载人重复使用月面着陆器进行了概念研究。

三是体现在将地月空间作为未来载人火星探测的试验场，并在地月空间建立经济圈。美国 NASA 于 2015 年发布的报告指出，在载人火星探测的第二阶段将地月空间作为验证深空长期驻留等技术的试验场[23]。美国联合发射联盟(United Launch Alliance, ULA)提出了一种基于先进低温上面级[24]的地月空间运输体系，用于运输来源于月球或小行星的燃料，以建设自给自足的、可持续发展的地月空间经济圈[25]。

综上所述，可持续发展、可重复使用的载人月球探测飞行模式已成为未来载人探月的发展方向，也必将影响各国载人航天的下一步发展策略。

# 1.3 发展地月空间

现代宇航科学和火箭科学的先驱齐奥尔科夫斯基曾经说过，地球是人类的摇篮，但人类不可能永远被束缚在摇篮之中。地球是人类文明的发源地，虽然人类仰望星空、梦想飞天的尝试从来就没有停止过，但人类文明始终都完全依靠地球摇篮的哺育。

## 1.3.1 人类生存空间的拓展

进入 21 世纪，工业化、信息化和全球化的浪潮使得人类的生产力达到了空前水平，人类开发利用地球资源的能力得到极大提升，这一方面使得人类的生产与生活资料得到了极大丰富，另一方面又使得作为人类文明摇篮的地球不堪重负。由于地球的环境资源承载能力所限，全球化大规模现代生产所带来的环境污染、资源枯竭、生态恶化和气候变化已经成为人类必须共同面对的全球性问题。愈演愈烈的贸易争端和难民潮，更突出显现了人类对地球发展空间竞争的残酷性。地球的环境资源承载能力有限，是导致各种全球性问题的根本原因。

现代航天飞行为人类提供了认识地球和自身的全新视角。在浩瀚的宇宙空间中，地球不过是沧海一粟，生活在地球上的人类都有一个共同的名字，那就是“地球人”。地球人在渺小的星球上休戚与共，是一个完完全全的命运共同体。构建人类命运共同体是解决人类面临的全球性问题的唯一正确道路。广阔无垠的宇宙空间和无限的太阳系物质资源，为人类突破地球发展空间的限制提供了最有希望的方向。月球是太阳系中离地球最近的天体，是当代航天技术可以有效构建运输体系的地外资源聚集区。在地球上，人类在对适于生命繁衍的所有大陆进行了广泛的开发之后，极地和深海也已经成为新的战略领域。地球上已经没有第八块大陆供人类去发现。地月空间是继陆地和海洋之后，人类生存空间拓展的又一广阔领域。

地月空间是指包括近地空间、月球空间和地月转移空间在内的宇宙空间(图 1－3－1)。地月空间是一个物理空间。地月系统三体问题描绘了地月空间的动力学特征，以及 5 个平动点及其附近的特殊运动规律，这些特征和规律为地月空间的飞行、驻留和基础设施建设提供了科学依据。

图1-3-1 地月空间

在地月空间内可以用经济的方式到达月球表面和近地小天体，这是地月空间开发和建设的物质基础。根据相关研究，月球具备发展太空“硅”经济的基础，可以为太空太阳能电站建设提供几乎全部建设材料；月球有可能存在大量水资源，为月球定居和火箭推进剂的生产提供支持；月球岩石和月壤物质可以为月球工业化提供丰富的玄武岩纤维、玻璃等建筑原材料；近地小天体蕴含巨大的工业金属和铂系贵金属储藏量。由于地月空间的特殊物理特性，这些资源在地月空间的运输费用远远低于从地球表面通过发射而运输的费用，可以有效支持地月空间的大规模工业化和基础设施建设。

地月空间的建设与开发可以为人类在地球上形成的巨大过剩产能提供无限的释放空间，从而推动人类文明的发展进入一个全新的阶段。

### 1.3.2 历程与目标

载人航天工程是人类文明发展进入太空时代的奠基工程。中国载人航天工程从载人飞船起步，通过实施载人飞船工程、空间实验室工程，从仅有低地球轨道 8 吨级运载能力的实际出发，独立自主地突破了载人天地往返、出舱活动、组合体运行(图 1-3-2)等一系列关键技术。在此基础上，又发展了中型货物运载火箭和 13 吨级的货运飞船，从而构建了完整的载人航天技术体系。

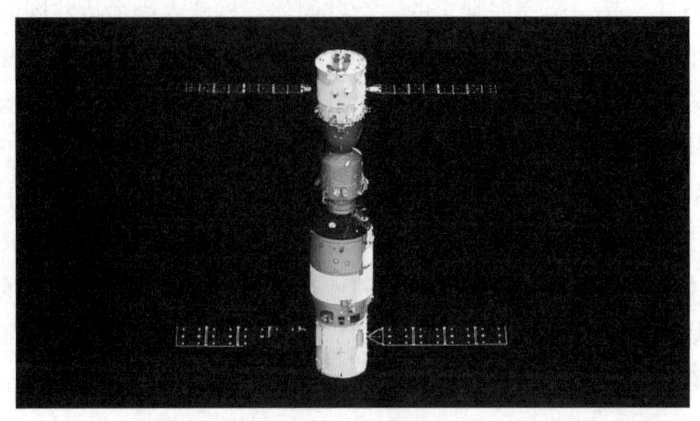

图1-3-2 “天宫”二号空间实验室与“神舟”十一号载人飞船在轨组合体

空间实验室飞行任务取得圆满成功，2 名航天员在轨飞行 33 天，实现了人员在轨中期驻留，突破了利用货运飞船进行在轨物资补给和推进剂补加等关键技术。

通过前期的研制与建设，载人飞船和货运飞船的技术体系已经完成构建，基于 20 吨级舱段的空间站研制建设全面展开，总体上突破了所涉及的关键技术，各舱段和机械臂工程研制进展顺利。三舱构型空间站预计到 2022 年完成发射建设，届时中国载人航天工程将全面实现“三步走”战略所确定的任务目标。

在空间站完成建设之后，中国载人航天的前进脚步绝不会停留在低地球轨道（LEO）上，中国人探索太空的脚步一定会走得更快、更远。实现中国人登陆月球的伟大壮举，是新时代中国载人航天工程矢志不渝的宏伟目标。

中国人的飞天梦想历史久远，1000 多年前的唐代小说《酉阳杂俎》就有“君知月乃七宝合成乎？月势如丸，其影，日烁其凸处也。常有八万二千户修之，予即一数”的生动描写，其中对月球形态的认识按照今天的观点也是科学的，关于八万两千户人口常驻月球进行建设的描述更是充满大胆幻想。

探索和开发月球是发展地月空间的关键一步。新时代的载人月球探测，始终要把支撑人类发展利益向地月空间拓展作为出发点。在人类探索月球、发展地月空间的伟大征程中，中华民族理应做出更大的贡献。

发展新一代载人火箭，将载人登月所需的地月转移飞行器和载荷送入地球轨道，是实施载人登月工程的基础和前提。载人月球探测对载人火箭 LEO 的运载能力和地月转移轨道最小运载能力提出了新要求。比照当前国际运载火箭技术水平，新一代载人火箭 LEO 运载效率和地月转移轨道运载效率应努力向世界先进水平看齐。要实现这些目标，必须突破先进运载火箭总体设计技术、新型箭体结构材料和制造技术、一体化综合电子信息系统、减载控制与智能自主飞行技术等一系列关键技术。

新一代载人飞船采用当前国际上普遍采用的两舱段设计，通过配置不同的推进舱，即可满足 LEO 空间站人员往返和载人登月任务的需要。飞船返回舱主体可以重复使用。

在空间实验室飞行任务中，利用“长征”七号火箭首飞对新一代载人飞船返回舱的缩比模型进行了再入飞行验证。新型回收系统进行了多轮空投试验。通过“长征”5 号 B 火箭首飞搭载，对新一代载人飞船进行了模拟月球返回轨道再入条件的试验验证。

### 1.3.3　构建地月空间经济圈

以发展地月空间为目的的载人月球探测，不是为了登月而登月，新时代的载人月球探测肩负着拓展人类生存空间的历史使命，是对月球建设和地月空间工业化的实地勘查，是对人类文明向地月空间拓展的前沿探索。

第一，发展地月空间，要推动载人航天由“地球中心”向地月空间发展的转变。这种转变既是思维方式的转变，也是建设模式的转变。“地球中心”的思维模式，出发点和落脚点都在地球上，由地球控制太空的一切，看不到地月空间的发展优势，更不会自觉地顺应人类生存空间向地月空间拓展的发展需要。

从太空运输能量消耗的角度来看，在地月空间之中，地球处于“引力深井”的底部，如图1－3－3，由地球表面进入地月空间，需要消耗巨大的能量，从而付出极大的代价。这是人类开发利用太空的最大瓶颈。地球静止轨道(GEO)处于地球“引力深井”的井口，从这里出发，地月空间是辽阔无垠的“引力平原”。这个“引力平原”一端高悬于位于地球表面的巨大消费市场的上空，另一端则连接着月球和近地小天体等资源基地。在这个“引力平原”之上，可以用相对地球而言很小的代价往返月球表面和近地小天体，这是在地月空间建立经济可行的物流体系的基础。

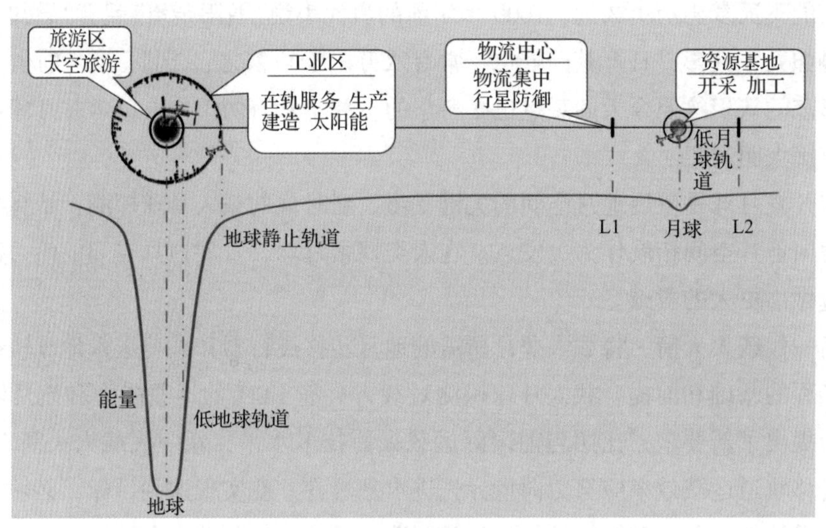


图1－3－3 地月空间经济圈示意图

可以预见，在相当长的一个历史时期内，太空经济的主体消费市场仍将继续处于地球表面，太空工业化的工业园区将主要集中在地球静止轨道上。利用地月空间的低成本物流所提供的原材料，可以在地球静止轨道上建设大规模空间太阳能电站和其他大型基础设施，从而为地球表面的消费者提供商品和服务。

随着太空工业化的进程不断发展，地月空间的人员值守、居住和旅行的规模也将随之不断扩大，地月空间和月球表面最终将成为人类生存的新空间。

第二，地月空间的发展要脚踏实地，一切从国情出发。当前，中国载人航天工程只具备8吨级规模载人飞船LEO天地往返能力，发展具有载人地月转移能力的运载火箭是载人月球探测的当务之急，但新一代载人运载火箭的技术路线和总体规模需要科学决策。中国载人航天工程以当时的航天运载能力和技术水平为出发点，集中精力解决载人相关的逃逸救生和火箭可靠性问题，用很少的经费投入和不太长的时间周期实现了载人天地往返技术的重大突破，就是一条值得认真总结的宝贵经验。

“长征”2号F火箭采用了“长征”系列运载火箭通用的主体动力系统和箭体结构布局，

火箭芯一级捆绑 4 个助推器形成 8 台 YF－20 发动机助推段并联工作，二级以 1 台 YF－20 的高空状态为主动力。“长征”2 号 F 火箭的所有可靠性增长措施，最终都可以传递到“长征”系列火箭的各个型号。“长征”系列火箭的每一次发射，都可以为载人火箭增加 5～9 个发动机的成功子样，这在世界载人航天领域是具有鲜明特色的发展模式。

我国新一代载人火箭应该继承和发展这些独特经验和特色，以现有大中型火箭的动力系统和箭体结构为基础，发展可以兼顾空间站运营与载人月球探测任务的载人火箭和飞船系统。新一代载人火箭还应该努力实现与卫星发射火箭的“可靠性孪生”，从而在载人飞行任务频率较低的情况下能为载人火箭可靠性的快速持续增长提供有效的途径。同时，这也是载人月球探测火箭及其研制、生产、发射等技术设施在经济上可持续的必然选择。

第三，勇于创新，为人类载人月球探测和地月空间发展提供中国智慧和中国方案。中国是世界上独立自主构建了完整的载人航天技术体系的三个国家之一。中国的载人月球探测研究是在研制建设 LEO 空间站的同时开展的，并极有可能在空间站运营的过程中并行实施。这在世界载人航天领域是前所未有的。如何统筹好空间站建设运营与载人月球探测，做到发展路线上有突破、实施模式上有特色、技术体系上有创新、经济负担上可承受，既是发展机遇，也充满了风险挑战。

世界载人航天 58 年的发展成就之一，是主要航天强国已经可靠掌握了地球表面到 LEO 空间站的天地往返技术，并实现了 LEO 空间站的持续运行和人员的常态化在轨驻留。在人类走向地月空间的进程中，如何对待 LEO 空间站这笔技术遗产，是将其作为历史的一页信手翻过，还是作为走向 LEO 以远的桥头堡和太空港，是值得认真研究的重大战略问题。

地球表面到 LEO 空间站之间的天地往返，由于跨大气层飞行的物理本质，运载火箭与再入飞行器需要克服强烈的气动热和气动力载荷以及强大的地球引力的影响。而地月转移与月球空间没有大气和太大的引力作用。在这两个区域运行的航天器具有完全不同的环境影响，如何科学区分这两个区域的飞行任务，按照飞行环境特点进行飞行器设计，也是重大的工程问题。

由地球 LEO 空间站出发，基于现有的化学推进技术和结构材料水平，不管是到达地月空间的驻留轨道还是月球表面，无论是采用完全动力飞行还是部分采用大气制动，地月空间飞行器实现可重复往返已经不存在重大的技术障碍。实现地月转移运输系统的可重复使用，可以极大提升地月空间的运输效率、降低运输成本、减少地月空间发展对地球资源的依赖，具有重大的经济意义。

建设 LEO 空间站，一体化实施空间站运营与载人月球探测，探索建立以 LEO 空间站为太空港的可重复使用地月空间运输体系，是中国载人航天值得着力探索的重大创新问题，也是中国载人航天为人类地月空间发展提供中国智慧的重要机遇。

第四，充分发挥人工智能与机器人在载人月球探测和地月空间发展中的作用。当前，人工智能和机器人技术迎来了又一轮发展热潮。地月空间和月球的环境严酷性以及其中的人力资源的极端稀缺性，为人工智能和机器人的发展提供了广阔空间。利用机器人对航天员进行辅助，可以大大提高载人月球探测的范围和效率。机器人有可能是月球基础设施建设和月球资源开采与加工的主体力量。在月球发展可以自我复制和自我进化的机器人社会，有可能成为人工智能和机器人发展的高级阶段。地月空间的航行和基础设施的运行，实时性强、情况多变、区域广阔、距离遥远，对飞行器和太空基础设施的智能自主飞行与运行提出了很高要求。可以预见，月球建设和地月空间发展与人工智能和机器人的发展将是一个长期的相互促进过程。

第五，地月空间的发展成果要惠及普通大众。人类一切经济活动都是创造、转化、实现价值，以满足普通大众物质文化生活的需要。地月空间的发展也不例外。月球建设和地月空间发展能否最终形成一个可持续的经济圈，关键在于能否生产出可以满足大众需求的价值，并使其得到有效分配。在探索太空经济和商业航天的时候，如何实现航天领域的专业自豪感与普通大众的获得感之间的平衡，是摆在全世界航天产业面前的共同课题。要以人民为中心，努力面向普通大众，创造太空时代的物质和文化生活方式，推进人类生产和生活活动向地月空间拓展。人类生存空间向地月空间的拓展，是全人类的宏伟事业，这不仅需要骨干航天企业的巨舰乘风破浪，更需要创业型航天企业的小舟奋勇争流，从而培育和形成强大的太空产业，为可持续发展的地月经济圈的形成深植根基[26]。

---

[1] 刘林，王歆. 月球探测器轨道力学[M]. 北京：国防工业出版社，2006.

[2] 廖小刚，王岩松. 2018年国外载人航天发展综述[J]. 载人航天，2019，25(1)：122-127.

[3] 陈善广. 载人航天技术[M]. 北京：中国宇航出版社，2018.

[4] Reeves D M, Scher M D, et al. The Apollo Lunar Orbit Rendezvous Architecture Decision Revisited [R]. JOURNAL OF SPACECRAFT AND ROCKETS, 2006, 43(4): 910-915.

[5] Erickson A S. Revisiting the U. S. -Soviet space race: Comparing two systems in their competition to land a man on the moon [J]. Acta Astronautica, 2018, 148: 376-384.

[6] Stanley D, Cook S, et al. Exploration Systems Architecture Study: Overview of Architecture and Mission Operations Approach [C]// SpaceOps 2006 Conference, June 19-23, 2006, American Institute of Aeronautics and Astronautics, Rome, Italy: AIAA 2006-5935: 1-14.

[7] Stanley D O. NASA's Exploration Architecture Study Final Report: TM-2005-214062 [R]. National Aeronautics and Space Administration, 2005.

[8] Kanipe D B, Hyland D C. Investigation of the Potential for Human Travel into Deep Space Using Current, or Imminently, Available Technology [C]// AIAA SPACE 2014 Conference and Exposition, 4-7 August 2014, American Institute of Aeronautics and Astronautics, San Diego, CA. AIAA 2014-4238: 1-20.

[9] Llewellvn C P, Brender K D. Technology development, demonstration, and orbital support requirements for manned lunar and Mars missions: NASA-TM-101666 [R]. National Aeronautics and Space Administration, 1990.

[10] Thronson H, Geffre J, et al. The Lunar L1 Gateway Concept: Supporting Future Major Space Science Facilities: CP-2003-212233 [R]. National Aeronautics and Space Administration, 2004.

[11] 彭祺擘. 基于空间站支持的载人登月方案研究[D]. 长沙：国防科学技术大学，2007.

[12] 彭坤，杨雷. 利用地月间空间站的载人登月飞行模式分析 [J]. 宇航学报，2018，39(5)：471－481.

[13] Duggan M, Lobykin A, et al. Concepts for Joint International Exploration Modules [C]// 67th International Astronautical Congress, September 26－30, 2016, International Astronautical Federation, Guadalajara, Mexico: IAC-16, B3, 7, 3, x34924.

[14] Raftery M, Derechin A. Exploration Platform in the Earth-Moon Libration System based on ISS [C]// 63rd International Astronautical Congress, October 01, 2012, International Astronautical Federation, Naples: IAC-12－B3. 1.

[15] Stakem P. Lunar Orbital Platform-Gateway [M]. Open Library: PRRB Publishing, 2018.

[16] Whitley R, Martinez R. Options for staging orbits in cislunar space [C]// 2016 IEEE Aerospace Conference, 5－12 March 2016, IEEE, MT, USA: 16121824.

[17] Foust J. Gateway or bust: NASA's plan for a 2024 lunar landing depends on a much-criticized orbital outpost [J]. IEEE Spectrum, 2019, 56(7): 32－37.

[18] Axdahl E L, Gaebler J, et al. Reusable Lunar Transportation Architecture Utilizing Orbital Propellant Depots [C]// AIAA SPACE 2009 Conference & Exposition, September 14－17, 2009, National Institute of Aerospace, Pasadena, California. AIAA 2009－6711, 1－17.

[19] Murtazin R. New Generation Space Transportation System for Lunar Space Exploration Program [C]// 67th International Astronautical Congress, 2016, International Astronautical Federation, Guadalajara, Mexico: IAC-16－D2. 4. 7: 1－6.

[20] Zilong C, Zhaokui W, et al. Analysis and Optimization of Lunar Exploration Architecture Based on Reusable Human Spacecraft [J]. Journal of Spacecraft and Rockets, 2018, 56(3): 910－918.

[21] Rusty G W. Preliminary Design of Reusable Lunar Lander Landing System [D]. Sweden: Luleå University of Technology, 2017.

[22] Cichan T, A. B S, et al. Concept for a Crewed Lunar Lander Operating from the Lunar Orbiting Platform-Gateway [C]// 69th International Astronautical Congress, October 1－5, 2018, International Astronautical Federation, Bremen, Germany: IAC-19－A5. 1. 2x51568: 1－9.

[23] NASA. NASA's Journey to Mars-Pioneering Next Steps in Space Exploration: NP-2015－08－2018－HQ [R]. National Aeronautics and Space Administration, 2015: 8－20.

[24] Le Bar J, Cady E. The Advanced Cryogenic Evolved Stage (ACES)-A Low-Cost, Low-Risk Approach to Space Exploration Launch [C]// Space 2006 AIAA SPACE Forum, September 19－21, 2006, American Institute of Aeronautics and Astronautics, San Jose, California: AIAA 2006－7454: 1－15.

[25] ULA. On Orbit Refueling: Supporting a Robust Cislunar Space Economy [EB/OL]. (2018－04－04)[2020－05－28]. https: //sciences. ucf. edu/class/wp-content/uploads/sites/58/2017/04/ULA-UCF. pdf.

[26] 张育林. 发展地月空间 [C]// 中国航天大会，中国宇航学会 & 中国航天基金会，中国长沙，2019 年 4 月 24 日.

# 第2章 地月空间轨道

##  月球空间坐标系

月球空间坐标系 $o\text{-}xyz$ 由坐标系基本平面和坐标轴空间指向决定。基本平面确定了 $xy$ 平面的位置，坐标轴指向确定了坐标系的空间指向。常用的月球空间坐标系[1]包括月心平地球赤道坐标系、月心平赤道坐标系、月心白道坐标系和月固坐标系。

月心平地球赤道坐标系为惯性坐标系，以月球质心为原点，以地球平赤道面为基本平面，$x$ 轴指向平春分点方向。实际上，月心平地球赤道坐标系与地心惯性坐标系(地心平赤道坐标系)平行，且存在如下转化关系：

$$\boldsymbol{R}_{\mathrm{M}}^{\mathrm{e}} = \boldsymbol{R}_{\mathrm{E}} - \boldsymbol{R}_{\mathrm{E,m}} \tag{2-1-1}$$

$$\boldsymbol{V}_{\mathrm{M}}^{\mathrm{e}} = \boldsymbol{V}_{\mathrm{E}} - \boldsymbol{V}_{\mathrm{E,m}} \tag{2-1-2}$$

式中：$\boldsymbol{R}_{\mathrm{M}}^{\mathrm{e}}$、$\boldsymbol{V}_{\mathrm{M}}^{\mathrm{e}}$ 分别为飞行器在月心平地球赤道坐标系下的位置和速度矢量；$\boldsymbol{R}_{\mathrm{E}}$、$\boldsymbol{V}_{\mathrm{E}}$ 分别为飞行器在地心平赤道坐标系下的位置和速度矢量；$\boldsymbol{R}_{\mathrm{E,m}}$，$\boldsymbol{V}_{\mathrm{E,m}}$分别为月球在地心平赤道坐标系下的位置和速度矢量。

月心平赤道坐标系为惯性坐标系，以月球质心为原点，以月球平赤道面为基本平面，$x$ 轴指向平春分点方向。该坐标系用于研究月球探测器在惯性空间内的运动。月心平赤道坐标系下的位置和速度矢量分别记为 $\boldsymbol{R}_{\mathrm{M}}^{\mathrm{c}}$、$\boldsymbol{V}_{\mathrm{M}}^{\mathrm{c}}$。

月心白道坐标系为惯性坐标系，以月球质心为原点，以某时刻的月球白道面为基本平面，$x$ 轴沿该时刻月球位置矢量。月心白道坐标系下的位置和速度矢量分别记为 $\boldsymbol{R}_{\mathrm{M}}^{\mathrm{m}}$、$\boldsymbol{V}_{\mathrm{M}}^{\mathrm{m}}$。

月固坐标系为非惯性坐标系，以月球质心为原点，基本平面为月球真赤道面，$x$ 轴指向平均地球方向(定义为经度原点方向)。由于潮汐锁定的作用，月球始终只有固定半个球面面向地球(月球正面)，因此月固坐标系相对于地球和月球的位置关系基本保持不变。月固坐标系下的位置和速度矢量分别记为 $\boldsymbol{R}_{\mathrm{M}}^{\mathrm{f}}$、$\boldsymbol{V}_{\mathrm{M}}^{\mathrm{f}}$。

月心平地球赤道坐标系中的位置和速度矢量 $\boldsymbol{R}_{\mathrm{M}}^{\mathrm{e}}$、$\boldsymbol{V}_{\mathrm{M}}^{\mathrm{e}}$ 与月固坐标系中的位置和速度矢量

$\boldsymbol{R}_{\mathrm{M}}^{\mathrm{f}}$、$\boldsymbol{V}_{\mathrm{M}}^{\mathrm{f}}$ 存在如下转换关系：

$$\boldsymbol{R}_{\mathrm{M}}^{\mathrm{f}}=\boldsymbol{M}\boldsymbol{R}_{\mathrm{M}}^{\mathrm{e}} \tag{2-1-3}$$

$$\boldsymbol{V}_{\mathrm{M}}^{\mathrm{f}}=\boldsymbol{M}\boldsymbol{V}_{\mathrm{M}}^{\mathrm{e}}+\boldsymbol{M}'\boldsymbol{R}_{\mathrm{M}}^{\mathrm{e}} \tag{2-1-4}$$

式中

$$\boldsymbol{M}=\boldsymbol{M}_z(\Lambda)\boldsymbol{M}_x(i_{\mathrm{s}})\boldsymbol{M}_z(\Psi) \tag{2-1-5}$$

其中：$\Psi$、$i_{\mathrm{s}}$、$\Lambda$ 为月球物理天平动的三个欧拉角，其数值及对应的变化率 $\Psi'$、$i'_{\mathrm{s}}$、$\Lambda'$ 可由 JPL 精密星历 DE405[2] 直接给出，$\boldsymbol{M}_x$、$\boldsymbol{M}_z$ 分别为 $x$ 方向和 $z$ 方向的旋转矩阵。

月心平地球赤道坐标系中的位置和速度矢量 $\boldsymbol{R}_{\mathrm{M}}^{\mathrm{e}}$、$\boldsymbol{V}_{\mathrm{M}}^{\mathrm{e}}$ 与月心平赤道坐标系中位置和速度矢量 $\boldsymbol{R}_{\mathrm{M}}^{\mathrm{c}}$ 和 $\boldsymbol{V}_{\mathrm{M}}^{\mathrm{c}}$ 存在如下转换关系：

$$\begin{aligned}\boldsymbol{R}_{\mathrm{M}}^{\mathrm{c}}&=\boldsymbol{N}\boldsymbol{R}_{\mathrm{M}}^{\mathrm{e}}\\ \boldsymbol{V}_{\mathrm{M}}^{\mathrm{c}}&=\boldsymbol{N}\boldsymbol{V}_{\mathrm{M}}^{\mathrm{e}}\end{aligned} \tag{2-1-6}$$

式中

$$\boldsymbol{N}=\boldsymbol{M}_z(-\Omega_{\mathrm{m}})\boldsymbol{M}_x(-I_{\mathrm{m}})\boldsymbol{M}_z(\Omega_{\mathrm{m}})\boldsymbol{M}_x(\varepsilon) \tag{2-1-7}$$

其中：$\Omega_{\mathrm{m}}$ 为月球轨道的升交点平黄经；$I_{\mathrm{m}}$ 为月球赤道面与黄道面的夹角；$\varepsilon$ 为地球赤道的黄赤交角[3]。它们可表示为

$$\Omega_{\mathrm{m}}=125.044555556^\circ-1934.1361850^\circ T+0.0020767^\circ T^2 \tag{2-1-8}$$

$$I_{\mathrm{m}}=1.542222^\circ \tag{2-1-9}$$

$$\varepsilon=23.439291-0.01300417T-0.00000016T^2 \tag{2-1-10}$$

这里：$T$ 为地球动力学时(TDT)对应的 J2000 儒略世纪数。

设 $t$ 时刻月球在地心平赤道坐标系下的轨道倾角、升交点赤经、纬度幅角分别为 $i_{\mathrm{E,m}}$、$\Omega_{\mathrm{E,m}}$、$u_{\mathrm{E,m}}$，则月心平地球赤道坐标系下的位置和速度矢量 $\boldsymbol{R}_{\mathrm{M}}^{\mathrm{e}}$、$\boldsymbol{V}_{\mathrm{M}}^{\mathrm{e}}$ 与月心白道坐标系下的位置和速度矢量 $\boldsymbol{R}_{\mathrm{M}}^{\mathrm{m}}$、$\boldsymbol{V}_{\mathrm{M}}^{\mathrm{m}}$ 存在如下转换关系：

$$\begin{cases}\boldsymbol{R}_{\mathrm{M}}^{\mathrm{m}}=\boldsymbol{M}_z(u_{\mathrm{E,m}})\boldsymbol{M}_x(i_{\mathrm{E,m}})\boldsymbol{M}_z(\Omega_{\mathrm{E,m}})\boldsymbol{R}_{\mathrm{M}}^{\mathrm{e}}\\ \boldsymbol{V}_{\mathrm{M}}^{\mathrm{m}}=\boldsymbol{M}_z(u_{\mathrm{E,m}})\boldsymbol{M}_x(i_{\mathrm{E,m}})\boldsymbol{M}_z(\Omega_{\mathrm{E,m}})\boldsymbol{V}_{\mathrm{M}}^{\mathrm{e}}\end{cases} \tag{2-1-11}$$

## 2.2 三体问题

三体问题是多体问题 $N=3$ 时的简单特例，是天体力学中的基本力学模型，用于研究三个可视为质点的天体在相互之间万有引力作用下的运动规律。三体问题最早由牛顿提出，之后欧拉、拉格朗日、拉普拉斯、泊松、雅可比、庞加莱等纷纷投入到三体问题的研究中。直到今天，数学界终于承认，三体问题不能精确求解，即无法预测所有三体问题的数学情景，只有几种特殊情况已研究。

欧拉在 1765 年发现了三体问题的 3 个共线解，这 3 个质点始终共线且绕质心做圆锥曲线运动。在求解过程中，欧拉创立了质心旋转坐标系。拉格朗日在 1772 年求解得到了 2 个

三角特解，即这3个质点始终保持等边三角形构型。欧拉在1772年定义了三体问题的另一种特殊情况——限制性三体问题(本书第2.3节将详细阐述)。下面简单推导三体问题存在的3个共线解和两个三角特解如图2-2-1所示，三个质点的质量分别为$m_1$、$m_2$和$m_3$，三质点的质心为$o$，质心至质点的矢量分别为$\boldsymbol{R}_1$、$\boldsymbol{R}_2$和$\boldsymbol{R}_3$，且有

$$\begin{cases}\boldsymbol{R}_{13}=\boldsymbol{R}_3-\boldsymbol{R}_1\\ \boldsymbol{R}_{12}=\boldsymbol{R}_2-\boldsymbol{R}_1\\ \boldsymbol{R}_{23}=\boldsymbol{R}_3-\boldsymbol{R}_2\end{cases}\tag{2-2-1}$$

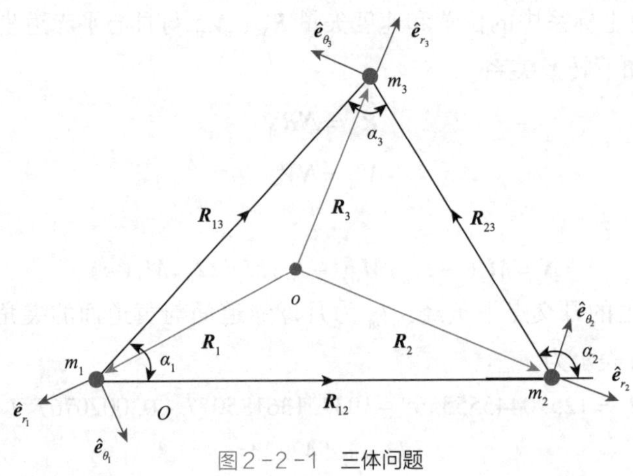

图2-2-1 三体问题

将质心作为惯性坐标系原点，则有

$$m_1\boldsymbol{R}_1+m_2\boldsymbol{R}_2+m_3\boldsymbol{R}_3=0\tag{2-2-2}$$

三个质点的运动满足

$$m_i\ddot{r}_i=G\sum_{j=1,j\neq i}^{3}\frac{m_im_j}{\boldsymbol{R}_{ij}^3}\boldsymbol{R}_{ij}=\boldsymbol{F}_i\tag{2-2-3}$$

式中：$G$为万有引力常量；$\boldsymbol{R}_i$为质点$i$相对质心的矢量；$\boldsymbol{F}_i$为作用在质点$i$的合力。

记

$$M=m_1+m_2+m_3\tag{2-2-4}$$

由(2-2-2)可知

$$\begin{cases}M\boldsymbol{R}_1=-m_2\boldsymbol{R}_{12}-m_3\boldsymbol{R}_{13}\\ M\boldsymbol{R}_2=m_1\boldsymbol{R}_{12}-m_3\boldsymbol{R}_{23}\\ M\boldsymbol{R}_3=m_1\boldsymbol{R}_{13}+m_2\boldsymbol{R}_{23}\end{cases}\tag{2-2-5}$$

进一步有

$$\begin{cases}M^2R_1^2=m_2^2R_{12}^2+m_3^2R_{13}^2+2m_2m_3\boldsymbol{R}_{12}\boldsymbol{R}_{13}\\ M^2R_2^2=m_1^2R_{12}^2+m_3^2R_{23}^2-2m_1m_3\boldsymbol{R}_{12}\boldsymbol{R}_{23}\\ M^2R_3^2=m_1^2R_{13}^2+m_2^2R_{23}^2+2m_1m_2\boldsymbol{R}_{13}\boldsymbol{R}_{23}\end{cases}\tag{2-2-6}$$

在这里，拉格朗日限制三体构型保持不变，即$R_{12}$、$R_{13}$、$R_{23}$具有相同的变化规律

$$\frac{R_{12}}{R_{12_0}}=\frac{R_{13}}{R_{13_0}}=\frac{R_{23}}{R_{23_0}}=f(t) \tag{2-2-7}$$

式中：$f(t)$为时变函数，用于刻画$R_{12}$、$R_{13}$、$R_{23}$的变化规律。不失一般性，记$f(0)=1$。另外，由于三体构型保持不变，故$\alpha_1$、$\alpha_2$、$\alpha_3$为常数（图2-2-1）。将式（2-2-7）代入式（2-2-6），可得

$$M^2R_1^2=f^2(t)(m_2^2R_{12_0}^2+m_3^2R_{13_0}^2+2m_2m_3R_{12_0}R_{13_0}\cos\alpha_1) \tag{2-2-8}$$

从而有

$$R_1(t)=R_{1_0}f(t) \tag{2-2-9}$$

类似地，可得

$$R_2(t)=R_{2_0}f(t) \tag{2-2-10}$$

$$R_3(t)=R_{3_0}f(t) \tag{2-2-11}$$

对于这样一个无外力作用下的三体系统，其角动量守恒，即

$$\boldsymbol{H}=\sum_{i=1}^{3}\boldsymbol{R}_i\times m_i\dot{\boldsymbol{R}}_i=\text{const} \tag{2-2-12}$$

进一步假设三个质点的初始位置速度位于以$\boldsymbol{H}$为法矢量的平面内，则三个质点的运动共面。将质点的位置、速度、加速度在轨道坐标系$\{\hat{\boldsymbol{e}}_{r_i},\ \hat{\boldsymbol{e}}_{\theta_i},\ \hat{\boldsymbol{e}}_{3_i}\}$中表示，有

$$\begin{cases}\boldsymbol{R}_i=R_i\hat{\boldsymbol{e}}_{r_i}\\ \dot{\boldsymbol{R}}_i=\dot{R}_i\hat{e}_{r_i}+R_i\omega\hat{\boldsymbol{e}}_{\theta_i}\\ \ddot{\boldsymbol{R}}_i=(\ddot{R}_i-R_i\omega^2)\hat{\boldsymbol{e}}_{r_i}+(2\dot{R}_i\omega+R_i\dot{\omega})\hat{\boldsymbol{e}}_{\theta_i}\end{cases} \tag{2-2-13}$$

由于三个质心的构型保持不变，故三个质心的角速度满足

$$\boldsymbol{\omega}_1=\boldsymbol{\omega}_2=\boldsymbol{\omega}_3=\boldsymbol{\omega}=\omega\boldsymbol{e}_3 \tag{2-2-14}$$

结合式（2-2-9）~式（2-2-11），式（2-2-12）可改写为

$$H=\sum_{i=1}^{3}(m_ir_{i_0}^2)f^2\omega\boldsymbol{e}_3 \tag{2-2-15}$$

由于角动量$\boldsymbol{H}$为常矢量，故式（2-2-15）意味着$f^2(t)\omega(t)$为常数。而每个质点的角动量

$$\boldsymbol{H}_i=\boldsymbol{R}_i\times m_i\dot{\boldsymbol{R}}_i=m_ir_{i_0}^2f^2\omega\,\boldsymbol{e}_3 \tag{2-2-16}$$

故$\boldsymbol{H}_i$也为常矢量，从而有

$$\dot{\boldsymbol{H}}_i=\boldsymbol{R}_i\times m_i\ddot{\boldsymbol{R}}_i=\boldsymbol{R}_i\times\boldsymbol{F}_i=\boldsymbol{0} \tag{2-2-17}$$

结合式（2-2-2）和式（2-2-3），式（2-2-17）有

$$\begin{cases}\boldsymbol{R}_1\times\boldsymbol{R}_2\left(\dfrac{1}{R_{12}^3}-\dfrac{1}{R_{13}^3}\right)=0\\ \boldsymbol{R}_2\times\boldsymbol{R}_3\left(\dfrac{1}{R_{23}^3}-\dfrac{1}{R_{12}^3}\right)=0\\ \boldsymbol{R}_3\times\boldsymbol{R}_1\left(\dfrac{1}{R_{13}^3}-\dfrac{1}{R_{23}^3}\right)=0\end{cases} \tag{2-2-18}$$

从而有

$$R_{12}=R_{13}=R_{23} \tag{2-2-19}$$

对应等边三角形构型，或者

$$\begin{cases}\boldsymbol{R}_1 \times \boldsymbol{R}_2 = 0 \\ \boldsymbol{R}_2 \times \boldsymbol{R}_3 = 0 \\ \boldsymbol{R}_3 \times \boldsymbol{R}_1 = 0\end{cases} \tag{2-2-20}$$

对应共线构型。

## 2.3 地月空间动力学模型

### 2.3.1 圆锥曲线拼接模型

圆锥曲线拼接模型基于双二体模型提出，用于解析求解地月空间转移轨道或星际转移轨道。双二体模型利用了影响球的概念，将两个相互作用的主天体引力场几何地分割为两个独立的中心引力场。例如，在地月双二体模型中，月球影响球（Lunar Sphere of Influence，LSOI）将地月空间引力场分割为地球中心引力场和月球中心引力场。在月球影响球之外仅考虑地球中心引力，在月球影响球之内仅考虑月球中心引力。月球影响球的概念将复杂的三体问题转化为两个经典的二体问题，有利于简化地月空间转移轨道的设计。基于圆锥曲线拼接模型的地月空间转移轨道设计可分为如下步骤：

（1）求解地心段转移轨道；

（2）求解月心段转移轨道；

（3）在月球影响球处拼接地心段和月心段转移轨道，即满足

$$\begin{cases}\boldsymbol{R}_{\mathrm{E,LSOI}} = \boldsymbol{R}^{\mathrm{e}}_{\mathrm{M,LSOI}} + \boldsymbol{R}_{\mathrm{E,m}} \\ \boldsymbol{V}_{\mathrm{E,LSOI}} = \boldsymbol{V}^{\mathrm{e}}_{\mathrm{M,LSOI}} + \boldsymbol{V}_{\mathrm{E,m}}\end{cases} \tag{2-3-1}$$

式中：$\boldsymbol{R}_{\mathrm{E,LSOI}}$、$\boldsymbol{V}_{\mathrm{E,LSOI}}$分别为地心平赤道坐标系下，转移轨道在月球影响球处的位置和速度矢量；$\boldsymbol{R}^{\mathrm{e}}_{\mathrm{M,LSOI}}$、$\boldsymbol{V}^{\mathrm{e}}_{\mathrm{M,LSOI}}$分别为月心平地球赤道坐标系下，转移轨道在月球影响球处的位置和速度矢量；$\boldsymbol{R}_{\mathrm{E,m}}$、$\boldsymbol{V}_{\mathrm{E,m}}$分别为月球在地心平赤道坐标系下的位置和速度矢量。

通常，月球影响球的半径 $\rho_{\mathrm{LSOI}} = 66200\mathrm{km}$。

### 2.3.2 地月系统圆限制性三体问题

#### 1. 圆限制性三体问题

三体问题中，当第三天体的质量可以忽略不计，即第三天体对其他两个主天体运动的影响可以忽略时，三体问题可简化为限制性三体问题。该系统中包含质量分别为 $m_1$、$m_2$ 的两个主天体 $P_1$、$P_2$ 和一个质量可忽略的小天体或飞行器 $P$。由于飞行器对两个主天体运动的影响可以忽略，因此两个主天体的运动为绕其共同质心的二体运动，其对应解为一个圆形运动或椭圆形运动。当两主天体绕其质心做圆周运动时，相应的系统动力学问题称为圆限制性三体问题。

在地月系统中，地球质量 $m_1 = 5.965 \times 10^{24}$ kg，月球质量 $m_2 = 7.35 \times 10^{22}$ kg，地月飞行器的质量 $m \ll m_2 < m_1$；月球绕地球运动的偏心率约为 0.0549，可近似为圆周运动，故地月飞行器的运动可近似用圆限制性三体模型来刻画。下面以地月圆限制性三体问题为例对其进行描述。

如图 2-3-1 所示，设 $\boldsymbol{R}_1$、$\boldsymbol{R}_2$、$\boldsymbol{R}$ 分别为两主天体 $P_1$、$P_2$ 和飞行器 $P$ 的位置矢量，则 $P$ 点的运动方程为

$$\frac{\mathrm{d}^2\boldsymbol{R}}{\mathrm{d}t^2} = -G\frac{m_1}{R_{13}^3}\boldsymbol{R}_{13} - G\frac{m_2}{R_{23}^3}\boldsymbol{R}_{23} \tag{2-3-2}$$

式中 $\boldsymbol{R}_{13} = \boldsymbol{R} - \boldsymbol{R}_1$；$\boldsymbol{R}_{23} = \boldsymbol{R} - \boldsymbol{R}_2$；$R_{13} = \|\boldsymbol{R}_{13}\|$；$R_{23} = \|\boldsymbol{R}_{23}\|$；$G$ 为万有引力常量。

注意到在质心惯性坐标系中讨论问题时，相应的动力学方程式(2-3-2)为一个时变系统，分析时比定常系统要复杂得多。因此在讨论圆限制性三体问题时，引入质心旋转坐标系，将时变动力学系统转化为一个自治动力学系统，方便系统动力学分析。例如，在地月圆限制性三体问题中，定义地月质心旋转坐标系 $o$-$xyz$(图 2-3-1)：$o$，地月质心；$x$ 轴，地月连线方向；$y$ 轴，月球相对地球运动的迹向；$z$ 轴，与 $x$、$y$ 轴构成右手坐标系。

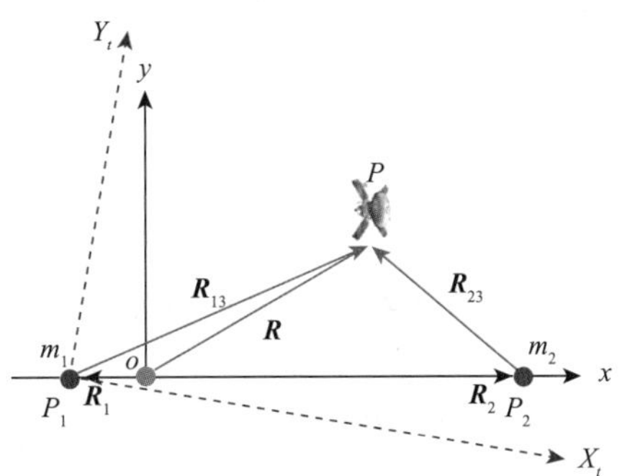

图 2-3-1 地月质心旋转坐标系和地心白道惯性坐标系

根据相对导数与绝对导数的关系，可得

$$\frac{\mathrm{d}^2\boldsymbol{R}}{\mathrm{d}t^2} = \frac{\delta^2\boldsymbol{R}}{\delta t^2} + \boldsymbol{\omega} \times (\boldsymbol{\omega} \times \boldsymbol{R}) + 2\boldsymbol{\omega} \times \frac{\delta\boldsymbol{R}}{\delta t} + \frac{\mathrm{d}\boldsymbol{\omega}}{\mathrm{d}t} \times \boldsymbol{R} \tag{2-3-3}$$

式中：$\boldsymbol{\omega}$ 为地月系统围绕其质心的旋转角速度矢量。

结合式(2-3-2)和式(2-3-3)，可得

$$\frac{\delta^2\boldsymbol{R}}{\delta t^2} + 2\boldsymbol{\omega} \times \frac{\delta\boldsymbol{R}}{\delta t} = -G\left(\frac{m_1}{R_{13}^3}\boldsymbol{R}_{13} + \frac{m_2}{R_{23}^3}\boldsymbol{R}_{23}\right) - \boldsymbol{\omega} \times (\boldsymbol{\omega} \times \boldsymbol{R}) \tag{2-3-4}$$

为便于表示和数值积分，将式(2-3-4)中的物理量做归一化处理。选择地月间的距离 $L$ 为单位长度(LU)，质量 $m_1$、$m_2$ 之和为特征质量，并定义

$$\mu = \frac{m_2}{m_1 + m_2} \tag{2-3-5}$$

$$r_1 = \frac{R_{13}}{L},\quad r_2 = \frac{R_{23}}{L},\quad r = \frac{R}{L} \tag{2-3-6}$$

$$\tau = t\sqrt{\frac{G(m_1 + m_2)}{L^3}} = t\omega = \frac{t}{\mathrm{TU}} \tag{2-3-7}$$

式中：TU 为单位时间。

从而式(2-3-4)可表示为

$$\begin{bmatrix}\ddot{x}\\\ddot{y}\\\ddot{z}\end{bmatrix}+2\begin{bmatrix}-\dot{y}\\\dot{x}\\0\end{bmatrix}=-\frac{(1-\mu)}{r_1^3}\begin{bmatrix}x+\mu\\y\\z\end{bmatrix}-\frac{\mu}{r_2^3}\begin{bmatrix}x-1+\mu\\y\\z\end{bmatrix}+\begin{bmatrix}x\\y\\0\end{bmatrix} \tag{2-3-8}$$

式中：$[x, y, z]^{\mathrm{T}}$，$[\dot{x}, \dot{y}, \dot{z}]^{\mathrm{T}}$ 分别为地月质心旋转坐标系下的位置和速度矢量；$r_1$、$r_2$ 满足

$$r_1^2=(x+\mu)^2+y^2+z^2,\ r_2^2=(x-1+\mu)^2+y^2+z^2 \tag{2-3-9}$$

引入势函数

$$\widetilde{U}=\frac{1}{2}(x^2+y^2)+\frac{1-\mu}{r_1}+\frac{\mu}{r_2} \tag{2-3-10}$$

式中：第一项为引力势；第二项为转动势。

则式(2-3-8)可进一步改写为

$$\begin{bmatrix}\ddot{x}\\\ddot{y}\\\ddot{z}\end{bmatrix}+2\begin{bmatrix}-\dot{y}\\\dot{x}\\0\end{bmatrix}=\begin{bmatrix}\widetilde{U}_x\\\widetilde{U}_y\\\widetilde{U}_z\end{bmatrix}=\nabla\widetilde{U} \tag{2-3-11}$$

式中

$$\begin{cases}\widetilde{U}_x=x-\dfrac{(1-\mu)(x+\mu)}{r_1^3}-\dfrac{\mu(x-1+\mu)}{r_2^3}\\\widetilde{U}_y=y\left(1-\dfrac{1-\mu}{r_1^3}-\dfrac{\mu}{r_2^3}\right)\\\widetilde{U}_z=z\left(-\dfrac{1-\mu}{r_1^3}-\dfrac{\mu}{r_2^3}\right)\end{cases} \tag{2-3-12}$$

记地月质心旋转坐标系下的位置 $\boldsymbol{r}=[x, y, z]^{\mathrm{T}}$、速度矢量 $\boldsymbol{v}=[\dot{x}, \dot{y}, \dot{z}]^{\mathrm{T}}$，则圆限制性三体模型的动力学方程可写为

$$\begin{cases}\dot{\boldsymbol{r}}=\boldsymbol{v}\\\dot{\boldsymbol{v}}+\boldsymbol{h}(\boldsymbol{v})=\nabla\widetilde{U}\end{cases} \tag{2-3-13}$$

式中

$$\boldsymbol{h}(\boldsymbol{v})=[-2\dot{y}\quad 2\dot{x}\quad 0]^{\mathrm{T}} \tag{2-3-14}$$

方程(2-3-13)不存在解析解，仅能进行数值求解。

地月圆限制性三体问题中的归一化参数如表2-3-1所列。

**表2-3-1　地月圆限制性三体问题中的归一化参数**

| 物理量 | 数值 |
|---|---|
| 质量参数 $\mu$ | $1.2150568\times10^{-2}$ |
| 单位长度(LU)/m | $3.84405\times10^{8}$ |
| 单位速度(VU)/(m/s) | $1.02323\times10^{3}$ |
| 单位时间(TU)/s | $3.75676967\times10^{5}$ |

势函数 $\widetilde{U}$ 决定的势能曲面如图 2－3－2 所示。

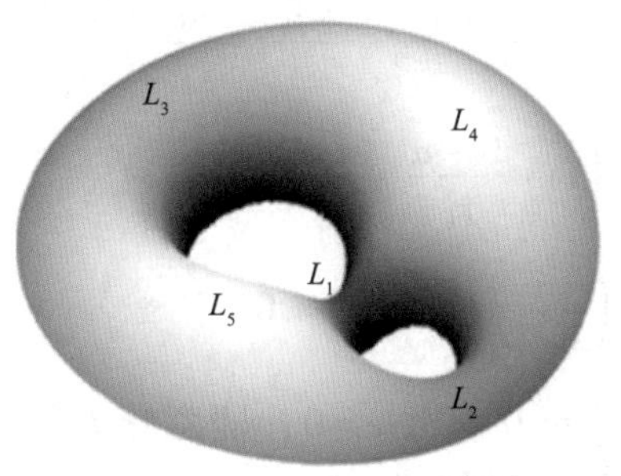


图2－3－2 质心旋转坐标系下势函数 $\widetilde{U}$ 决定的势能曲面

为了直观地显示地月转移轨道，定义地心白道惯性坐标系 $O-X_\tau Y_\tau Z_\tau$（图 2－3－1）：$O$，地球质心；$X_\tau$ 轴，$\tau$ 时刻月球位置矢量 $\boldsymbol{R}_{\mathrm{E,M}}$ 的方向；$Y_\tau$ 轴，白道面角动量 $\boldsymbol{h}_{\mathrm{M}}$ 的方向；$Z_\tau$ 轴，与 $X_\tau$、$Y_\tau$ 轴构成右手坐标系。则地月质心旋转坐标系中位置矢量 $\boldsymbol{r}$、速度矢量 $\boldsymbol{v}$ 与对应地心白道惯性坐标系下位置和速度矢量 $\tilde{\boldsymbol{R}}_{\mathrm{E}}^{\mathrm{m}}$、$\tilde{\boldsymbol{V}}_{\mathrm{E}}^{\mathrm{m}}$ 的转换关系可以表示为

$$\begin{cases}\boldsymbol{r}=\boldsymbol{M}_z(\tau)\tilde{\boldsymbol{R}}_{\mathrm{E}}^{\mathrm{m}}-[\mu,0,0]^{\mathrm{T}}\\ \boldsymbol{v}=\boldsymbol{M}_z(\tau)\tilde{\boldsymbol{V}}_{\mathrm{E}}^{\mathrm{m}}+\boldsymbol{M}_z'(\tau)\tilde{\boldsymbol{R}}_{\mathrm{E}}^{\mathrm{m}}\end{cases} \tag{2-3-15}$$

式中：$\boldsymbol{M}_z'(\tau)$ 为 $z$ 方向旋转矩阵的导数。

1）雅可比（Jacobi）积分

不同于二体问题存在 6 个相互独立的积分常数，质心旋转坐标系下的圆限制性三体问题仅存在唯一积分常数，即雅可比积分。

由方程（2－3－11）可得

$$\dot{x}\ddot{x}+\dot{y}\ddot{y}+\dot{z}\ddot{z}=\dot{x}\widetilde{U}_x+\dot{y}\widetilde{U}_y+\dot{z}\widetilde{U}_z \tag{2-3-16}$$

即

$$\begin{cases}\dfrac{1}{2}\dfrac{\mathrm{d}}{\mathrm{d}\tau}(v^2)=\dfrac{\mathrm{d}\widetilde{U}}{\mathrm{d}\tau}\\ v^2=\dot{x}^2+\dot{y}^2+\dot{z}^2\end{cases} \tag{2-3-17}$$

从而有

$$2\widetilde{U}-v^2=\mathrm{const} \tag{2-3-18}$$

2）平动点

圆限制性三体问题存在 5 个特解，对应 5 个平动点。所谓平动点，即在质心旋转坐标系中速度及加速度都为零；在惯性坐标系中，该点绕质心的角速度与两主天体绕质心的角速度相等，即两主天体在该点处的引力差提供了该点绕质心做圆周运动的向心加速度，且圆周运动的角速度与两主天体绕质心的角速度相等。

在质心旋转坐标系中，平动点有

$$\dot{x}=\dot{y}=\dot{z}=\ddot{x}=\ddot{y}=\ddot{z}=0 \tag{2-3-19}$$

也即满足

$$\begin{cases}\widetilde{U}_x = x - \dfrac{(1-\mu)(x+\mu)}{r_1^3} - \dfrac{\mu(x-1+\mu)}{r_2^3} = 0 \\ \widetilde{U}_y = y\left(1 - \dfrac{1-\mu}{r_1^3} - \dfrac{\mu}{r_2^3}\right) = 0 \\ \widetilde{U}_z = z\left(-\dfrac{1-\mu}{r_1^3} - \dfrac{\mu}{r_2^3}\right) = 0\end{cases} \tag{2-3-20}$$

因为 $-(1-\mu)/r_1^3 - \mu/r_2^3 \neq 0$，故 $z=0$，即意味着平动点位于 $o-xy$ 平面。另外，式(2-3-20)成立还存在以下两种情况：

$$\begin{cases}x - \dfrac{1-\mu}{(x+\mu)^2} + \dfrac{\mu}{(x-1+\mu)^2} = 0 \\ x - \dfrac{1-\mu}{(x+\mu)^2} - \dfrac{\mu}{(x-1+\mu)^2} = 0,\ y = 0 \\ x + \dfrac{1-\mu}{(x+\mu)^2} + \dfrac{\mu}{(x-1+\mu)^2} = 0\end{cases} \tag{2-3-21}$$

$$\begin{cases}1 - \dfrac{1-\mu}{r_1^3} - \dfrac{\mu}{r_2^3} = 0 \\ x - \dfrac{(1-\mu)(x+\mu)}{r_1^3} - \dfrac{\mu(x-1+\mu)}{r_2^3} = 0\end{cases},\ y \neq 0 \tag{2-3-22}$$

分别对应三个共线平动点和两个三角平动点，其中三角平动点与两个主天体构成等边三角形，如图 2-3-3 所示。

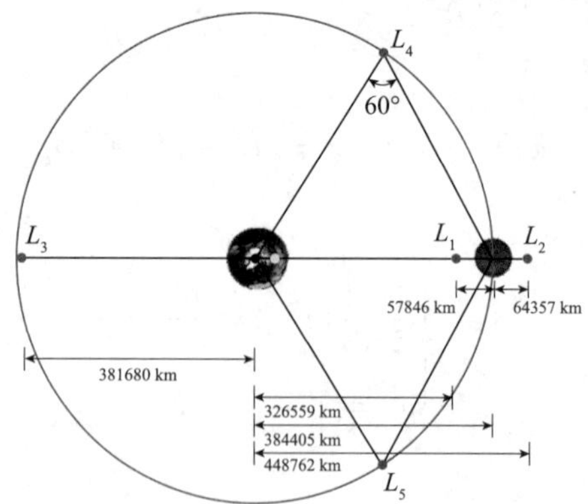


图2-3-3 地月系统中的平动点

对于地月圆限制性三体问题，平动点横坐标及对应的雅可比积分如表 2-3-2 所列，其中 $C_i(i=1,2,\cdots,5)$ 分别为平动点 $L_i(i=1,2,\cdots,5)$ 的雅可比积分。

**表 2-3-2 地月圆限制性三体问题中平动点的横坐标及相应的雅可比积分**

| | $L_1$ | $L_2$ | $L_3$ | $L_4$ | $L_5$ |
|---|---|---|---|---|---|
| $x\|_{L_i}$ (LU) | 0.837367772 | 1.155270268 | -1.005062638 | 0.4878494 | 0.4878494 |
| $C_i$ | 3.200343883 | 3.184163250 | 3.024150064 | 3.0 | 3.0 |

3)零速度面

由式(2-3-18)可知，当速度 $v=0$ 时，可得

$$2\widetilde{U}(x, y, z)=J \tag{2-3-23}$$

其定义了一个曲面，该曲面指出了初始状态雅可比积分为 $J$ 时飞行器所能到达的最大范围，该曲面定义为零速度面。由式(2-3-23)可知，零速度面随雅可比积分的变化而变化。图2-3-4为不同雅可比积分下对应的零速度面。

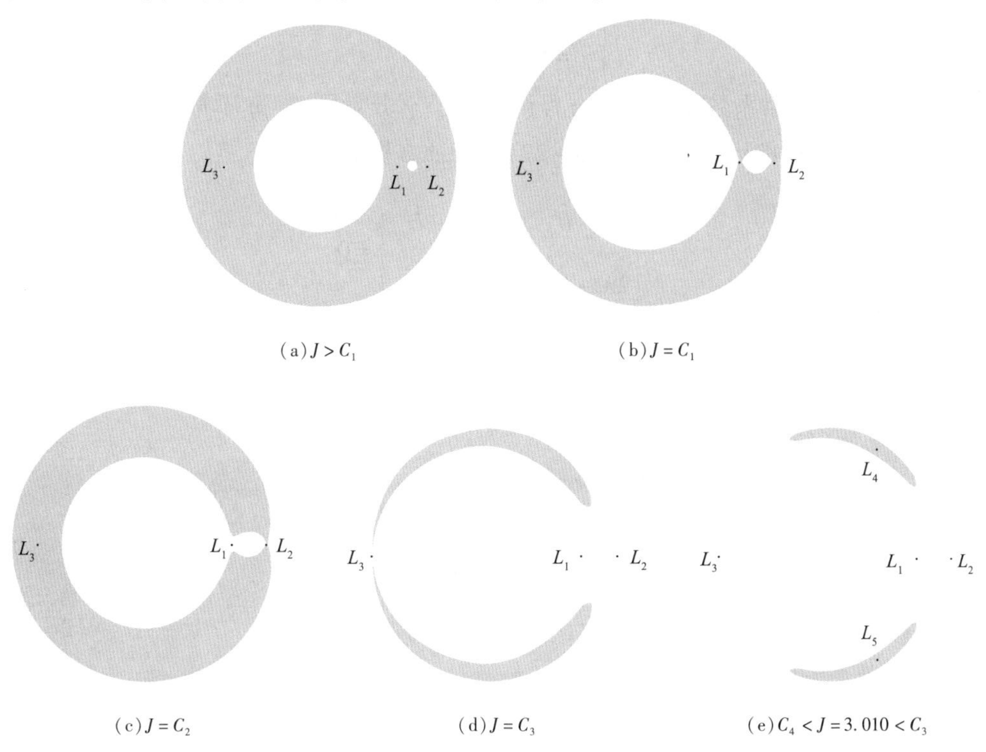


图2-3-4 不同雅可比积分下的零速度面

## 2. 平动点附近的稳定性[4]

对于圆限制性三体问题，记平动点$(x_0, y_0, z_0)$的初始扰动为

$$\Delta x=\xi, \ \Delta y=\eta, \ \Delta z=\gamma \tag{2-3-24}$$

将其代入方程(2-3-11)，可得

$$\begin{cases}\ddot{\xi}-2\dot{\eta}=\hat{U}_{xx}^0\xi+\hat{U}_{xy}^0\eta+\hat{U}_{xz}^0\gamma+O(2)\\ \ddot{\eta}+2\dot{\xi}=\hat{U}_{yx}^0\xi+\Omega_{yy}^0\eta+\hat{U}_{yz}^0\gamma+O(2)\\ \ddot{\gamma}=\hat{U}_{zx}^0\xi+\hat{U}_{zy}^0\eta+\hat{U}_{zz}^0\gamma+O(2)\end{cases} \tag{2-3-25}$$

式中：$O(2)$为$\xi$、$\eta$、$\zeta$的二阶以上小量；$\hat{U}_{xx}^0$、$\hat{U}_{xy}^0$等为$\hat{U}$的二阶导数在平动点处的取值。由于

$$\begin{cases} \hat{U}_{xy}^0 = \hat{U}_{yx}^0 \\ \hat{U}_{xz}^0 = \hat{U}_{zx}^0 = \hat{U}_{yz}^0 = \hat{U}_{zy}^0 = 0 \end{cases} \tag{2-3-26}$$

故忽略高阶项后，式(2-3-25)可改写为

$$\begin{cases} \ddot{\xi} - 2\dot{\eta} = \hat{U}_{xx}^0 \xi + \hat{U}_{xy}^0 \eta \\ \ddot{\eta} + 2\xi = \hat{U}_{yx}^0 \xi + \Omega_{yy}^0 \eta \\ \ddot{\gamma} = \hat{U}_{zz}^0 \gamma \end{cases} \tag{2-3-27}$$

式(2-3-27)为常系数线性齐次方程组。由于 $\gamma$ 分量同 $\xi$、$\eta$ 不耦合，且为简谐振动，故下面只讨论 $xy$ 平面的运动。式(2-3-27)的特征方程为

$$\begin{vmatrix} \lambda^2 - \hat{U}_{xx}^0 & -2\lambda - \hat{U}_{xy}^0 \\ 2\lambda - \hat{U}_{xy}^0 & \lambda^2 - \hat{U}_{yy}^0 \end{vmatrix} = 0 \tag{2-3-28}$$

即

$$\lambda^4 + (4 - \hat{U}_{xx}^0 - \hat{U}_{yy}^0)\lambda^2 + (\hat{U}_{xx}^0 \hat{U}_{yy}^0 - \hat{U}_{xy}^{02}) = 0 \tag{2-3-29}$$

1) 共线平动点

对于共线平动点而言，存在

$$\begin{cases} \hat{U}_{xx}^0 = 1 + 2C_0 > 0 \\ \hat{U}_{yy}^0 = 1 - C_0 < 0 \\ \hat{U}_{xy}^0 = 0 \end{cases} \tag{2-3-30}$$

式中

$$C_0 = \frac{1-\mu}{r_1^3} + \frac{\mu}{r_2^3} \tag{2-3-31}$$

则方程(2-3-29)存在一对实根和一对复根，从而共线平动点是不稳定的。

2) 三角平动点

对于三角平动点，存在

$$\begin{cases} \hat{U}_{xx}^0 = \dfrac{3}{4} \\ \hat{U}_{yy}^0 = \dfrac{9}{4} \\ \hat{U}_{xy}^0(L_4) = \dfrac{3\sqrt{3}}{2}\left(\dfrac{1}{2} - \mu\right) \\ \hat{U}_{xy}^0(L_5) = -\dfrac{3\sqrt{3}}{2}\left(\dfrac{1}{2} - \mu\right) \end{cases} \tag{2-3-32}$$

此时，特征方程式(2-3-29)可改写为

$$\lambda^4+\lambda^2+\frac{27}{4}\mu(1-\mu)=0 \tag{2-3-33}$$

记 $S=\lambda^2$，则有

$$\begin{cases} S_1=\dfrac{1}{2}\{-1+[1-27\mu(1-\mu)]^{\frac{1}{2}}\} \\ S_2=\dfrac{1}{2}\{-1-[1-27\mu(1-\mu)]^{\frac{1}{2}}\} \end{cases} \tag{2-3-34}$$

相应的特征根为

$$\begin{cases} \lambda_{1,2}=\pm\sqrt{S_1} \\ \lambda_{3,4}=\pm\sqrt{S_2} \end{cases} \tag{2-3-35}$$

易知，当

$$0<1-27\mu(1-\mu)<1 \tag{2-3-36}$$

时，特征根为两对共轭复根。对应地存在临界值 $\mu_0=0.038520896504551\cdots$。

对于地月系统，由于 $\mu=1.2150568\times10^{-2}<\mu_0$，故地月系统的三角平动点是稳定的。

### 3. 周期/拟周期轨道[4]

这里讨论共线平动点附近的周期和拟周期运动。

结合式(2-3-27)和式(2-3-30)，有

$$\begin{cases} \ddot{\xi}-2\dot{\eta}-(1+2C_0)\xi=0 \\ \ddot{\eta}+2\dot{\xi}-(1-C_0)\eta=0 \\ \ddot{\gamma}+C_0\gamma=0 \end{cases} \tag{2-3-37}$$

方程(2-3-37)的解可表示为

$$\begin{cases} \xi=C_1\mathrm{e}^{d_1t}+C_2\mathrm{e}^{-d_1t}+C_3\cos d_2t+C_4\sin d_2t \\ \eta=\alpha_1C_1\mathrm{e}^{d_1t}-\alpha_1C_2\mathrm{e}^{-d_1t}-\alpha_2C_3\sin d_2t+\alpha_2C_4\cos d_2t \\ \gamma=C_5\cos d_3t+C_6\sin d_3t \end{cases} \tag{2-3-38}$$

其中三个特征频率 $d_1$、$d_2$、$d_3$ 与系统的 $\mu$ 值相关，具有关系式

$$\begin{cases} d_1=\sqrt{(\sqrt{9C_0^2-8C_0}+C_0-2)/2} \\ d_2=\sqrt{(\sqrt{9C_0^2-8C_0}-C_0+2)/2} \\ d_3=\sqrt{C_0} \end{cases} \tag{2-3-39}$$

式(2-3-38)中的 $C_i(i=1,2,\cdots,6)$ 是由初始条件确定的。由于 $d_1>0$，故方程(2-3-37)的解，即式(2-3-11)的线性化解是不稳定的。但可以通过设置初始条件使得 $C_1=C_2=0$，从而使得线性解达到稳定。此时式(2-3-38)可表示为

$$\begin{cases}\xi(t) = \alpha\cos(\omega_0 t + \phi_1) \\ \eta(t) = \kappa\alpha\sin(\omega_0 t + \phi_1) \\ \gamma(t) = \beta\cos(\nu_0 t + \phi_2)\end{cases} \tag{2-3-40}$$

式中：$\omega_0 = d_2$；$\nu_0 = d_3$；$\kappa = -\alpha_2$；$\alpha$、$\beta$ 分别为平面和垂直振幅。通常 $\omega_0$、$\nu_0$ 不可通约，式(2-3-40)对应拟周期运动，在空间为一条李萨茹(Lissajous)轨道。

此外，$C_1$、$C_2$ 取值的不同组合可以给出共线平动点附近不同类型的运动(图 2-3-5)：

(1)周期轨道或拟周期轨道：$C_1 = C_2 = 0$。

(2)渐近稳定轨道：$C_1 = 0$，$C_2 \neq 0$。渐近稳定轨道是渐近至周期或拟周期轨道，图 2-3-5 中所示渐近稳定轨道对应 $C_2 < 0$。

(3)渐近不稳定轨道：$C_1 \neq 0$，$C_2 = 0$。渐近不稳定轨道是从周期或拟周期轨道发散出去，其逆向推演为渐近稳定轨道。

(4)穿越轨道：$C_1 \cdot C_2 < 0$。当 $C_1 > 0$，$C_2 < 0$ 时，对应下半区的穿越轨道；当 $C_1 < 0$，$C_2 > 0$ 时，对应上半区的穿越轨道。

(5)非穿越轨道：$C_1 \cdot C_2 > 0$。当 $C_1 > 0$，$C_2 > 0$ 时，对应右侧的非穿越轨道；当 $C_1 < 0$，$C_2 < 0$ 时，对应左侧的非穿越轨道。

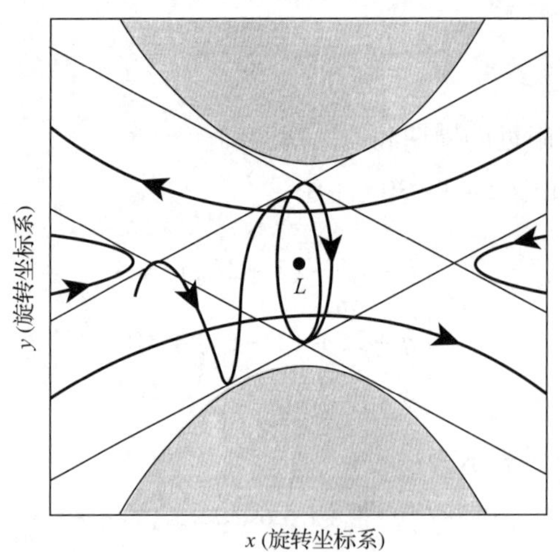


图 2-3-5　共线平动点附近的动力学特征在 xy 平面上的投影

从线性近似解的角度来看，由于 $\omega_0$、$\nu_0$ 不可通约，共线平动点附近只存在拟周期轨道。但事实并非如此。由于两个频率 $\omega$、$\nu$ 是振幅 $\alpha$、$\beta$ 的函数，因此当振幅 $\alpha$、$\beta$ 增大到一定程度时，由于高阶扰动项的影响，$\alpha$、$\beta$ 的某些组合可能会使 $\omega = \nu$。此时便形成了周期轨道，这类轨道称为晕轨道(halo orbit)。晕轨道的最低阶形式为三阶，其高阶形式可由低阶晕轨道利用递推形式生成：

$$\begin{cases}\xi = a_{21}A_x^2 + a_{22}A_z^2 - A_x\cos\tau_1 + (a_{23}A_x^2 - a_{24}A_z^2)\cos2\tau_1 + (a_{31}A_x^3 - a_{32}A_xA_z^2)\cos3\tau_1 \\ \eta = kA_x\sin\tau_1 + (b_{21}A_x^2 - b_{22}A_z^2)\sin2\tau_1 + (b_{31}A_x^3 - b_{32}A_xA_z^2)\sin3\tau_1 \\ \gamma = \delta_n A_z\cos\tau_1 + \delta_n d_{21}A_xA_z(\cos2\tau_1 - 3) + \delta_n(d_{32}A_zA_x^2 - d_{31}A_z^3)\cos3\tau_1\end{cases} \tag{2-3-41}$$

不过，在实际应用中没有必要具体给出三阶以上形式的晕轨道，因为即便是高阶解，也只是圆限制性三体问题模型下构造的。对于实际动力学模型还存在很多摄动因素，这些因素往往比高次项的影响更显著。在具体航天任务轨道设计中，即使是严格的三阶或更高阶晕轨道，也只是目标轨道的初始值，还必须在其基础上引入摄动因素对初始轨道进行改进。

图 2-3-6 给出了共线平动点附近周期/拟周期轨道在 $xy$ 平面上的截线，包括晕轨道、李萨茹轨道、李雅普诺夫轨道。

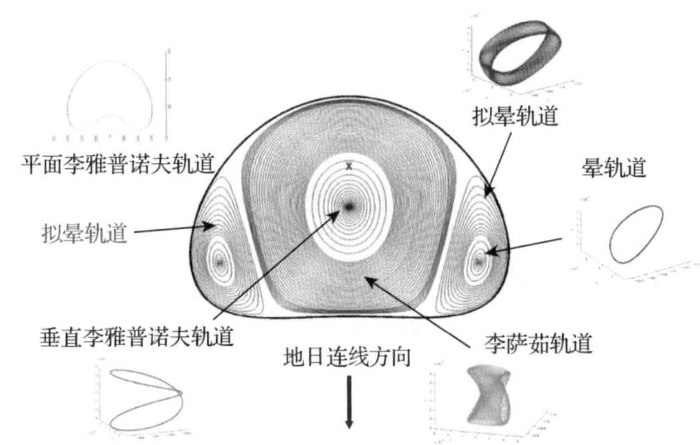


图2-3-6　共线平动点附近周期/拟周期轨道在 $xy$ 平面上的截线

4. 不变流形

共线平动点附近的周期/拟周期轨道本质上是条件稳定轨道，在其上任意位置设置不同指向的微小误差，其后续的运动规律可能完全不同。微小误差沿着某些特定的指向，能够形成如下集合(如图 2-3-7)：

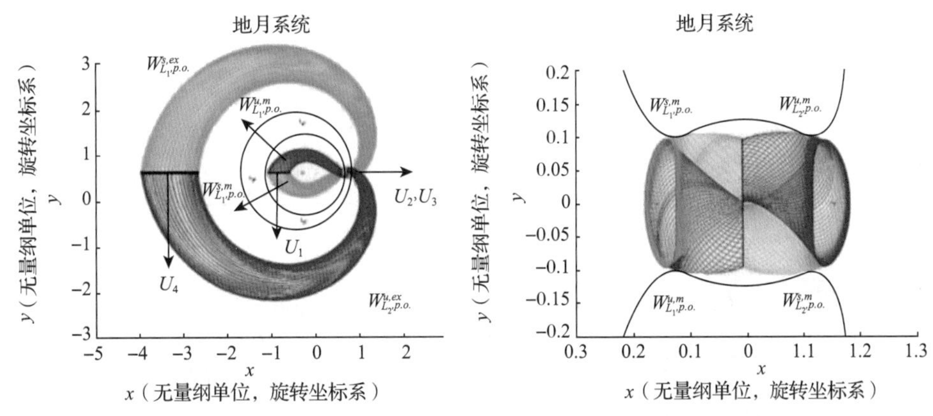


图2-3-7　地月系统圆限制性三体问题中的不变流形

(1) 中心流形：周期/拟周期轨道(布置共线平动点附近的空间探测器)。

(2) 稳定流形：渐近稳定轨道(可作为深空探测的节能过渡通道)。

(3) 不稳定流形：渐近不稳定轨道(可作为深空探测的节能过渡通道)。

通常，将渐近稳定轨道的集合称为稳定流形，渐近不稳定轨道的集合称为不稳定流形。平动点周期轨道的不变流形包括稳定流形和不稳定流形。在不稳定流形上，飞行器的运动远离周期轨道；在稳定流形上，飞行器的运动趋于周期轨道。

由于某些平动点周期轨道可能存在两对不稳定特征根和两对稳定特征根，因此以 $\boldsymbol{\lambda}_u$ 和 $\lambda_s$ 表示不稳定特征根和稳定特征根，相应的特征矢量记为$\boldsymbol{e}_u$ 和$\boldsymbol{e}_s$。在平动点周期轨道上沿特征矢量方向施加一个状态扰动，则可以得到不变流形的积分初值。

对于不稳定流形的计算为

$$\boldsymbol{X}_0^u = \boldsymbol{X}_0 \pm d\boldsymbol{e}_u \tag{2-3-42}$$

对于稳定流形的计算为

$$\boldsymbol{X}_0^s = \boldsymbol{X}_0 \pm d\boldsymbol{e}_s \tag{2-3-43}$$

式中：$\boldsymbol{X}_0^u$ 为不稳定流形的初值；$\boldsymbol{X}_0^s$ 为稳定流形的初值；$\boldsymbol{X}_0$ 为平动点周期轨道上的任意点；$d$ 为状态扰动因子；$\boldsymbol{e}_u$ 为不稳定特征矢量；$\boldsymbol{e}_s$ 为稳定特征矢量。

在地月系统中，月球是小质量天体，地月平动点的不变流形可以到达月球附近，因此基于不变流形的低能耗转移轨道设计也是研究热点。

### 2.3.3 高精度动力学模型

圆锥曲线拼接模型基于双二体假设对地月空间动力学进行建模；圆限制性三体模型虽同时考虑了地心引力和月心引力，但模型中月球绕地球的运动被假设为理想的圆周运动，且地球非球形摄动、大气阻力和太阳第三体引力摄动等其他摄动力对载人月球探测的转移轨道设计精度都有不可忽略的影响，轨道设计结果也无法直接应用于工程实际。因此，本节考虑地球中心引力、月球中心引力、地球 $J_2$ 摄动、地球大气阻力摄动、太阳第三体引力摄动，在地心平赤道坐标系下建立飞船在地月空间飞行的高精度动力学模型。设飞船在地心平赤道坐标系下的位置矢量 $\boldsymbol{R}_E=[x,\ y,\ z]^T$、速度矢量$\boldsymbol{V}_E=[v_x,\ v_y,\ v_z]^T$，则有

$$\begin{cases}
\dot{x} = v_x \\
\dot{y} = v_y \\
\dot{z} = v_z \\
\dot{v}_x = -\dfrac{\mu_E x}{R_E^3}\left[1+\dfrac{3}{2}J_2^E\left(\dfrac{\rho_E}{R_E}\right)^2\left(1-5\dfrac{z^2}{R_E^2}\right)\right]-\dfrac{\mu_M(x-x_{E,m})}{R_M^3}-\dfrac{\mu_S(x-x_{E,S})}{R_S^3} \\
\qquad -\dfrac{\mu_M x_{E,m}}{R_{EM}^3}-\dfrac{\mu_S x_{E,S}}{R_{ES}^3}-\dfrac{1}{2}\left(\dfrac{C_D S}{m}\right)A_\rho v v_x \\
\dot{v}_y = -\dfrac{\mu_E y}{R_E^3}\left[1+\dfrac{3}{2}J_2^E\left(\dfrac{\rho_E}{R_E}\right)^2\left(1-5\dfrac{z^2}{R_E^2}\right)\right]-\dfrac{\mu_M(y-y_{E,m})}{R_M^3}-\dfrac{\mu_S(y-y_{E,S})}{R_S^3} \\
\qquad -\dfrac{\mu_M y_{E,m}}{R_{EM}^3}-\dfrac{\mu_S y_{E,S}}{R_{ES}^3}-\dfrac{1}{2}\left(\dfrac{C_D S}{m}\right)A_\rho v v_y \\
\dot{v}_z = -\dfrac{\mu_E z}{R_E^3}\left[1+\dfrac{3}{2}J_2^E\left(\dfrac{\rho_E}{R_E}\right)^2\left(3-5\dfrac{z^2}{R_E^2}\right)\right]-\dfrac{\mu_M(z-z_{E,m})}{R_M^3}-\dfrac{\mu_S(z-z_{E,S})}{R_S^3} \\
\qquad -\dfrac{\mu_M z_{E,m}}{R_{EM}^3}-\dfrac{\mu_S z_{E,S}}{R_{ES}^3}-\dfrac{1}{2}\left(\dfrac{C_D S}{m}\right)A_\rho v v_z
\end{cases} \tag{2-3-44}$$

式中：$\boldsymbol{R}_{E,m}$、$\boldsymbol{R}_{E,s}$分别为月球、太阳在地心惯性坐标系下的位置矢量，$\boldsymbol{R}_{E,m}=[x_{E,m}, y_{E,m}, z_{E,m}]^T$，$\boldsymbol{R}_{E,S}=[x_{E,S}, y_{E,S}, z_{E,S}]^T$，均可由 JPL DE405 星历获取；$\mu_E$、$\mu_M$、$\mu_S$ 分别为地球、月球、太阳的引力常数；$\rho_E$ 为地球平均半径；$J_2^E$ 为地球的 $J_2$ 摄动项；$A_\rho$ 为飞船在当前位置的大气密度；$C_D$ 为飞行器的阻力系数；$S/m$ 为飞行器的迎风面质比；$R_E$、$R_M$、$R_S$ 分别为飞行器距地球、月球、太阳的距离；$R_{EM}$，$R_{ES}$分别为地月、地日距离。

## 2.4 环月轨道

### 2.4.1 月球重力场

由于无法准确给出月球的具体形状和内部质量分布，月球重力场的数学模型同样只能用球谐展开式来表达。在月固坐标系中，具体形式为

$$V=\frac{GM}{r}\left\{1+\sum_{l=2}^{\infty}\sum_{m=0}^{l}\left(\frac{R_e}{r}\right)^l\bar{P}_{lm}(\sin\varphi)[\bar{C}_{lm}\cos m\lambda+\bar{S}_{lm}\sin m\lambda]\right\} \tag{2-4-1}$$

式中：$G$ 为万有引力常数；$M$ 为月球质量；$GM$ 为月球引力常数；$R_e$ 为参考椭球体的赤道半径；$r$、$\lambda$、$\varphi$ 为空间点在月固坐标系下的球坐标分量，分别是月心距、经度和纬度；$\bar{P}_{lm}$是缔合勒让德多项式，注意，这里 $\bar{P}_{lm}$是归一化形式；相应的球谐展开式系数 $\bar{C}_{lm}$和 $\bar{S}_{lm}$为归一化系数，其大小反映月球形状不规则和质量分布不均匀的程度。

$\bar{P}_{lm}$、$\bar{C}_{lm}$和 $\bar{S}_{lm}$与相应的非归一化 $P_{lm}$、$C_{lm}$和 $S_{lm}$关系为

$$\begin{cases}\bar{P}_{lm}(\sin\varphi)=P_{lm}(\sin\varphi)/N_{lm}\\ \bar{C}_{lm}=C_{lm}N_{lm}\\ \bar{S}_{lm}=S_{lm}N_{lm}\end{cases} \tag{2-4-2}$$

$$\begin{cases}N_{lm}=[(l+m)!/((1+\delta)(2l+1)(l-m)!)]^{\frac{1}{2}}\\ \delta=\begin{cases}0, m=0\\ 1, m\neq 0\end{cases}\end{cases} \tag{2-4-3}$$

月球是自转较慢的弹性体，相对于地球而言更接近球形，因此它的扁率 $J_2$ 比地球小，且小将近 1 个量级。此外，其他球谐项系数 $\bar{C}_{lm}$和 $\bar{S}_{lm}$相对 $\bar{C}_{2,0}$而言并不太小，基本上相差 1～2个量级，而不像地球那样相差 3～4 个量级。但月球南北两半球的不对称性比地球大，这从反映南北非对称性的奇次带谐项系数 $\bar{C}_{2l-1,0}(l\geqslant 2)$的大小可以看出，例如$|\bar{C}_{3,0}/\bar{C}_{2,0}|=O(10^{-1})$，而地球相应项比值的量级为 $10^{-3}$。这些特征使绕月轨道器特别是月球低轨道飞行器，在月球非球形引力摄动下的轨道变化特征与人造地球卫星有明显差别。

月球引力场的另一个特征是质量瘤的存在(图 2-4-1)，它反映在非球形引力位高阶项

系数中有些起伏。质量瘤的成因主要有两种：一是外因，即认为质量瘤是一些密度比初始月壳的密度大的小天体坠落在月表形成；另一种是内因，即认为月球自身演化的产物。

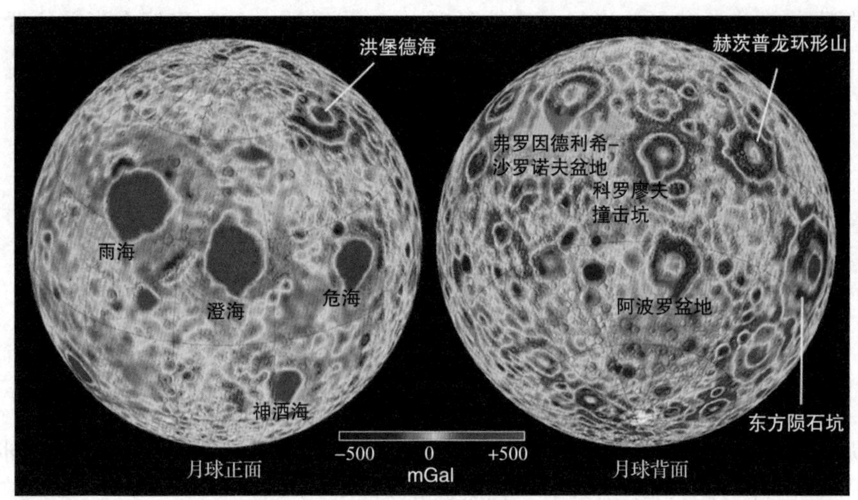


图2-4-1 月球的引力异常分布

## 2.4.2 环月轨道的变化特征

对于低地球轨道卫星，大气耗散作用使卫星的轨道能量耗损，轨道不断变小变圆，最后降至地球的稠密大气中被烧毁，终结其轨道寿命。对于月球而言不存在大气，月球卫星的轨道寿命不同于地球卫星的轨道寿命。

尽管在保守力摄动下，月球低轨道卫星的轨道半径只有变幅较小的短周期变化，也不会以轨道变小的形式使卫星撞上月球结束其轨道寿命，但其轨道的近月距 $r_p = a(1-e)$ 有可能降至月球轨道半径 $r_p = R_m$。显然，偏心率不存在长期变化，但如果有变化较大的长周期变化，偏心率就有可能大到使近月距降至 $r_p = R_m$。这便是月球低轨道卫星终结轨道运行的另一种力学机制。较为典型的是，对于一个运行于 50km 环月轨道的探测器，其在 50 天之后便由于近月距小于月球半径而撞击月球表面，结束寿命，如图 2-4-2 所示。

图 2-4-3 给出了不同环月轨道高度下，偏心率变化幅值与环月轨道倾角的关系。

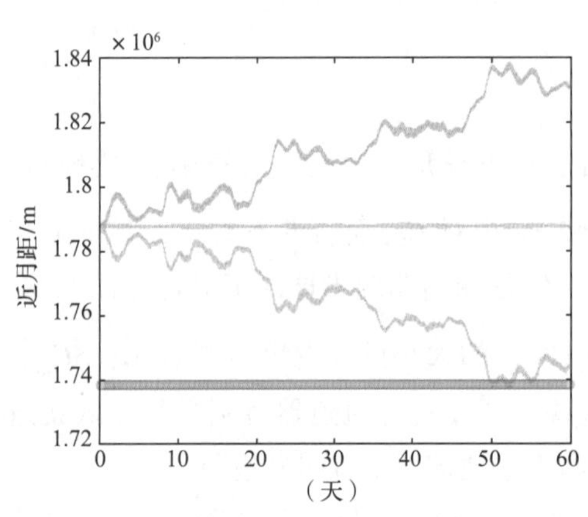


图2-4-2 50km 环月轨道近月距的演化

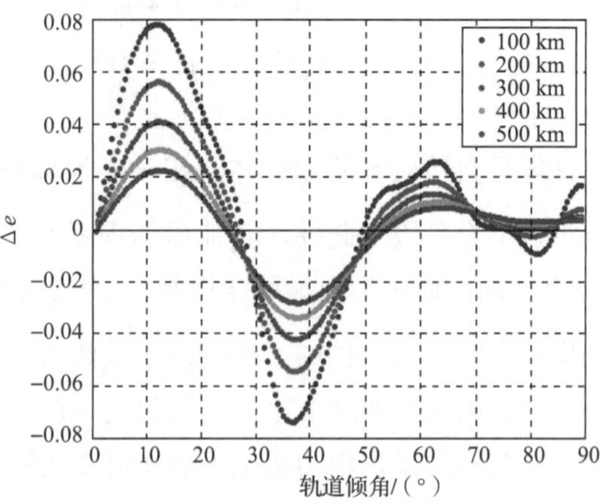


图2-4-3 不同环月轨道高度下，偏心率变化幅值与环月轨道倾角的关系

从图2－4－3中可以看出，关于偏心率变化幅值，对应极小值有五个稳定区，即 $i$ 为0°、28°、50°、77°、85°。

事实上，仅仅对于低轨环月轨道存在轨道寿命的问题。对于初始平均高度100km的近圆低轨环月卫星，在运行过程中，轨道偏心率增大到0.055，近月点高度即可降至0。但若将初始平均高度升至200km，则即使偏心率增大至0.1，近月点高度只降低190km，也不至于撞击月球。但实际上，如图2－4－3所示，无论是对于100km环月圆轨道还是对于200km环月圆轨道，偏心率变化幅值相差并不大，因此对于200km的近圆低轨环月卫星，就不存在近月点高度降至0而与月球相撞的轨道寿命问题。

## 2.5 地月空间驻留轨道

空间驻留轨道是空间基础设施建设的必选地。如图2－5－1所示，地月空间驻留轨道包括近地空间的低地球轨道、中轨道、静止轨道，月球空间的月球低轨道及其他三体问题周期轨道。本节重点讨论月球空间的三体问题周期轨道。

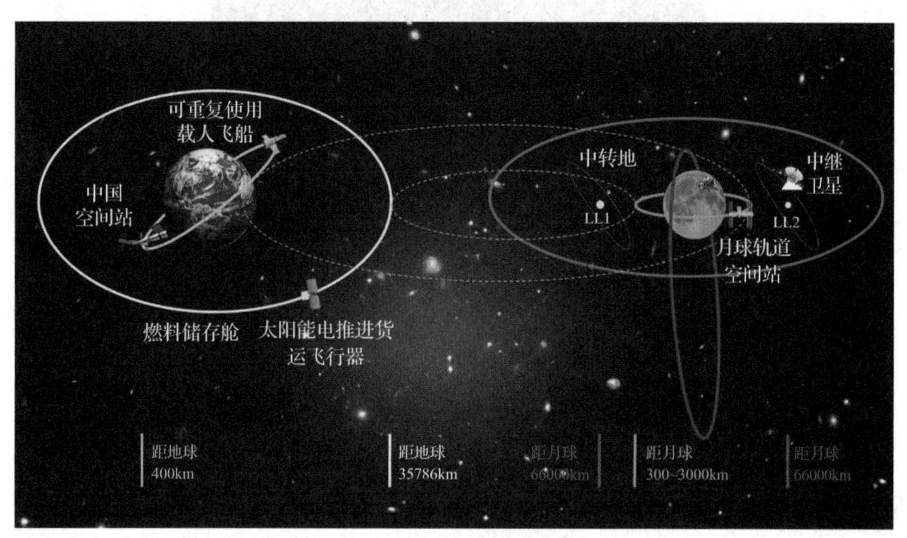


图2－5－1 地月空间驻留轨道

如前所述，圆限制性三体系统下存在五个特解，对应于五个平动点，分别为共线平动点和三角平动点，在动力学方面表现为鞍点和中心点。在共线平动点附近，存在中心流形（实际上为条件稳定轨道）和不变流形（稳定流形和不稳定流形）。在三角平动点附近，存在长周期轨道、短周期轨道等。平动点附近的周期轨道，因附近不存在大气，没有空间碎片、原子氧的侵袭，空间物资运输也较为方便，且不会被月球遮挡，为地月空间任务提供了理想的驻留地。这其中较为典型的周期轨道包括地月平动点晕轨道（Halo Orbit）、近直线轨道（Near

Rectilinear Orbit，NRO）、远距离逆行轨道（Distant Retrograde Orbit，DRO），它们都是地月限制性三体模型中的周期轨道。图 2－5－2 为地月旋转坐标系下三种轨道的示意图。

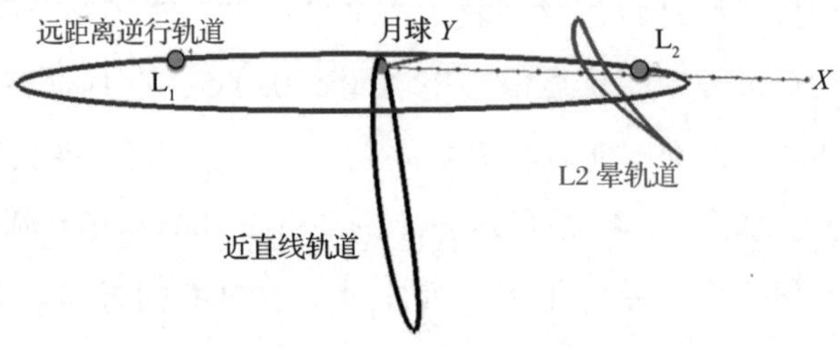


图 2－5－2　地月平动点晕轨道、近直线轨道及远距离逆行轨道

## 2.5.1　地月平动点晕轨道

晕轨道是存在于共线平动点附近的周期轨道。“晕”借自日晕或月晕（图 2－5－3）这种太阳或月球周围出现光环的气象现象。对于运行于地月平动点晕轨道的航天器，从地球上看，其运动呈现为围绕月球的视运动。

图 2－5－3　月晕：晕轨道名字的由来

晕轨道的计算方法可以分为近似解析解和数值解两大类。早在 20 世纪 70 年代，Richardson 利用摄动法得到了晕轨道的三阶近似解析解（见第 2.3.2 节），但这种解得到的晕轨道与实际动力学模型中的晕轨道有较大的差别（图 2－5－4），其精度无法满足任务需求，需借助数值方法获得高精度的轨道初值。数值方法则是普渡大学 Howell 等提出的基于状态转移矩阵的晕轨道微分修正算法。

下面简单介绍晕轨道微分修正算法。记 $\boldsymbol{S}=[\boldsymbol{r}^{\mathrm{T}},\ \boldsymbol{v}^{\mathrm{T}}]^{\mathrm{T}}=[x,\ y,\ z,\ \dot{x},\ \dot{y},\ \dot{z}]^{\mathrm{T}}$，将方程式（2－3－11）改写为状态空间形式

$$\dot{\boldsymbol{S}}=\boldsymbol{f}(\boldsymbol{S}) \tag{2-5-1}$$

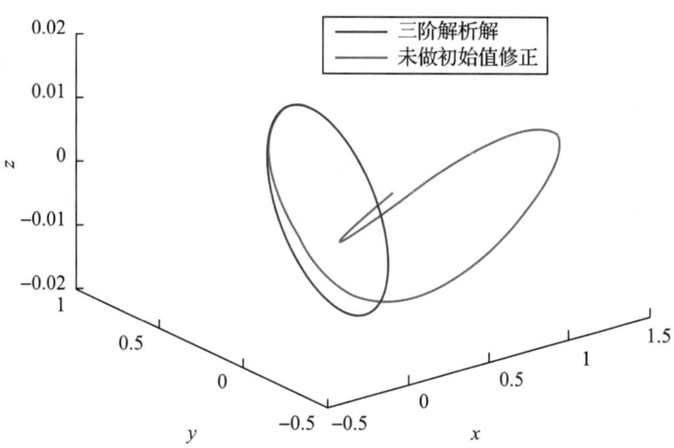


图2-5-4　三阶近似解析解作为初值积分得到的轨道无法满足任务需求

式中

$$\boldsymbol{f}(\boldsymbol{S})=[\dot{x},\ \dot{y},\ \dot{z},\ \Omega_x,\ \Omega_y,\ \Omega_z]^{\mathrm{T}}$$

其中

$$\begin{cases}\Omega_x=2\dot{y}+x-\dfrac{(1-\mu)(x+\mu)}{r_1^3}-\dfrac{\mu(x-1+\mu)}{r_2^3}\\ \Omega_y=-2\dot{x}+y-\dfrac{(1-\mu)y}{r_1^3}-\dfrac{\mu y}{r_2^3}\\ \Omega_z=-\dfrac{(1-\mu)z}{r_1^3}-\dfrac{\mu z}{r_2^3}\end{cases}\tag{2-5-2}$$

对方程式(2-5-1)做变分，则有

$$\delta\dot{\boldsymbol{S}}(t)=\frac{\partial\boldsymbol{f}(\boldsymbol{S}(t))}{\partial\boldsymbol{S}}\delta\boldsymbol{S}(t)=\boldsymbol{A}(t)\delta\boldsymbol{S}(t)\tag{2-5-3}$$

式中：$\boldsymbol{A}(t)$为$\boldsymbol{f}(\boldsymbol{S})$的雅可比矩阵。

变分方程式(2-5-3)具有解

$$\delta\boldsymbol{S}(t_1)=\boldsymbol{\Phi}(t_1,t_0)\delta\boldsymbol{S}(t_0)\tag{2-5-4}$$

将式(2-5-4)代入式(2-5-3)可得状态转移矩阵方程为

$$\dot{\boldsymbol{\Phi}}(t,t_0)=A(t)\boldsymbol{\Phi}(t,t_0)\tag{2-5-5}$$

将式(2-5-1)和式(2-5-5)联立，给定初始条件$S(t_0)=S_0$，$\boldsymbol{\Phi}(t_0,t_0)=I_{6\times6}$，可积分求解得到状态变量和状态转移矩阵时间序列，即

$$\begin{cases}\dot{\boldsymbol{S}}=\boldsymbol{f}(\boldsymbol{S})\\ \dot{\boldsymbol{\Phi}}(t,t_0)=A(t)\boldsymbol{\Phi}(t,t_0)\end{cases},S(t_0)=S_0,\boldsymbol{\Phi}(t_0,t_0)=I_{6\times6}\tag{2-5-6}$$

晕轨道关于$xz$平面对称，故轨道经过$xz$平面处有$\dot{x}=\dot{z}=0$。在$t=0$时刻，选取初始状态$\boldsymbol{S}_0=[x_0,\ 0,\ z_0,\ 0,\ v_{y_0},\ 0]^{\mathrm{T}}$，积分至与$xz$平面相交。若$\boldsymbol{S}_0$满足精度要求，则$\boldsymbol{S}_{\mathrm{f}}^{\mathrm{d}}=[x_{\mathrm{f}}^{\mathrm{d}},\ 0,\ z_{\mathrm{f}},\ 0,\ v_{y\mathrm{f}}^{\mathrm{d}},\ 0]^{\mathrm{T}}$。若$\boldsymbol{S}_0$不满足精度要求，则通过积分方程式(2-5-6)得到通过$xz$

平面时刻的状态矢量$\boldsymbol{S}_{\mathrm{f}}=[x_{\mathrm{f}},\ 0,\ z_{\mathrm{f}},\ v_{x_{\mathrm{f}}},\ v_{y_{\mathrm{f}}},\ v_{z_{\mathrm{f}}}]^{\mathrm{T}}$和状态转移矩阵$\boldsymbol{\Phi}(t_{\mathrm{f}},\ t_0)$，计算$\Delta S_{\mathrm{f}}=\boldsymbol{S}_{\mathrm{f}}^{\mathrm{d}}-\boldsymbol{S}_{\mathrm{f}}$，由$\Delta\boldsymbol{S}_0=\boldsymbol{\Phi}^{-1}(t_{\mathrm{f}},\ t_0)\Delta\boldsymbol{S}_{\mathrm{f}}$计算初始状态$\boldsymbol{S}_0$的修正量，修正初始状态为$\boldsymbol{S}_0+\Delta\boldsymbol{S}_0$。重复上述过程可以得到满足精度的初始状态。

需要注意的是，初始状态$\boldsymbol{S}_0$并非任意选取，而应尽量选取接近周期轨道的初始状态。通常的做法是选取三阶近似解析解作为初始值。图2-5-5给出了基于三阶解析解、利用微分修正算法得到的地月L1点附近的晕轨道。

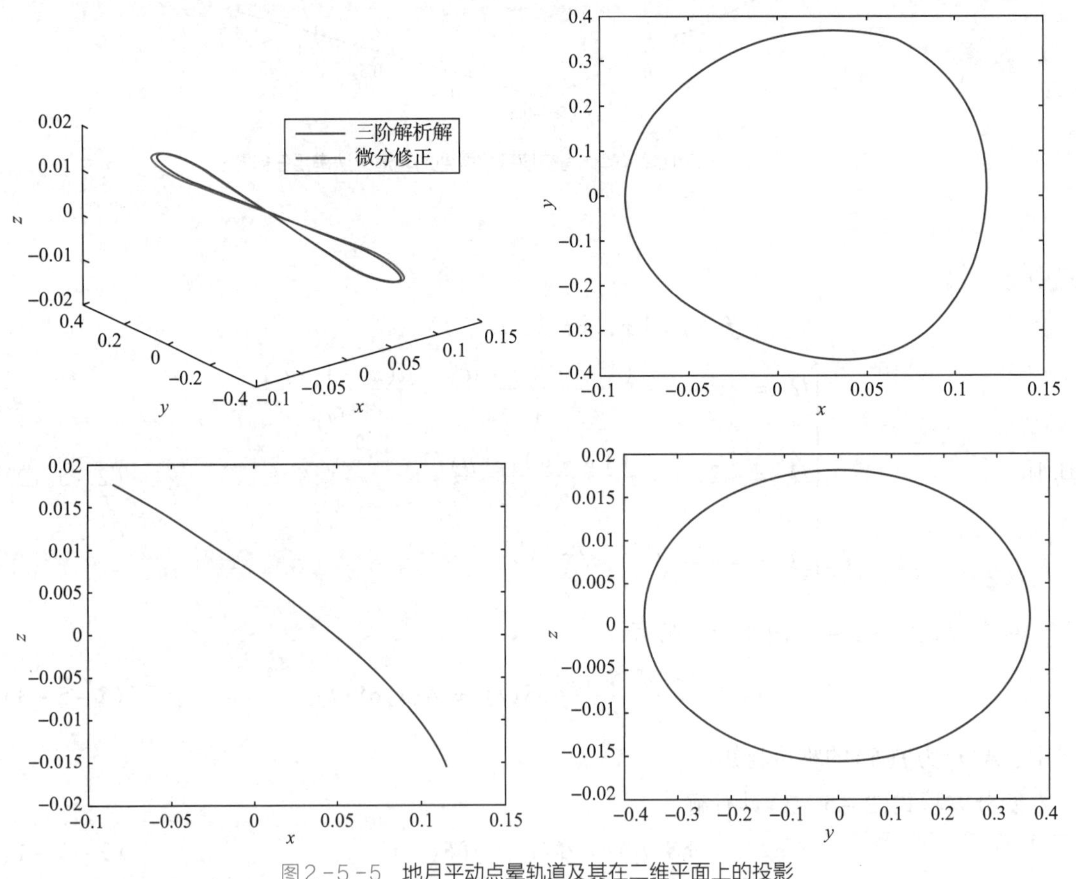

图2-5-5 地月平动点晕轨道及其在二维平面上的投影

平动点晕轨道因特殊的空间位置和动力学特征已在深空探测中得到越来越多的应用，这些应用主要包括以下两个方面：

一是利用这些轨道相对主天体不变的几何构形将探测器定点在共线平动点附近。如地月系L2点可以作为用于对月球背面观测的探测器的理想定点。由于地月平动点晕轨道是不稳定的，因此如何克服不稳定性构造探测器的目标轨道使得探测器可以长时间围绕共线平动点而不离去，以及如何在消耗较小能量的前提下对探测器进行控制使它们能保持在目标轨道附近，都是实现这类应用必须解决的问题。

20世纪60年代，有学者提出利用L2点的晕轨道进行月球背面的探测。“阿波罗”17号飞船最初的着陆点也选在月球背面，计划在地月L2晕轨道布置一颗中继卫星，以支持着陆任务(与“嫦娥”4 号任务相似)。后来由于经费削减，着陆点改为朝向地球的一面，地月 L2 晕轨道上的中继卫星任务也随之被取消。Farquhar 提出在地月 L2 晕轨道建立月球空间站[5]。

2018 年 5 月 21 日发射升空的“嫦娥”4 号中继卫星“鹊桥”便运行在地月平动点晕轨道上，为“嫦娥”4 号着陆器和月球车提供地月中继通信支持，如图 2-5-6 所示。

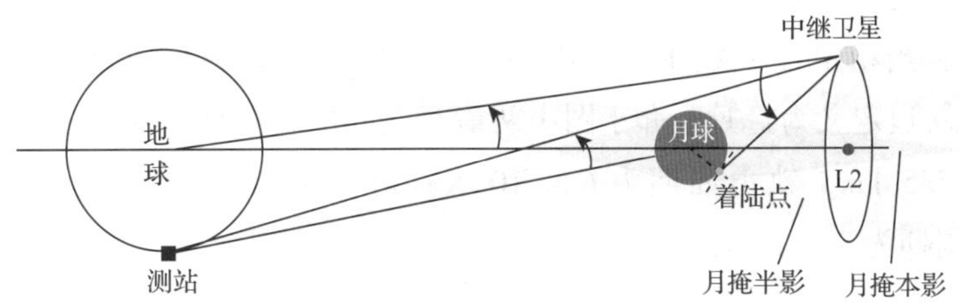


图2-5-6 地月平动点晕轨道的空间几何条件示意图

另一类应用正好相反，即如何利用共线平动点的不稳定性实现深空探测器的节能过渡。当探测器在地月平动点晕轨道运行时，一个小扰动即可使探测器远离平动点，实现探测器低能耗转移，这实际上是对晕轨道不变流形的应用。在月球 L1 门户概念中，将地月 L1 晕作为去往地月空间以外的中转地，利用地月 L1 晕轨道的不稳定流形将飞行器从地月空间送往其他行星。

“阿尔忒弥斯”任务是第一个针对地月系平动点轨道的航天任务，是 THEMIS 任务的拓展。“阿尔忒弥斯”任务将 THEMIS 任务中的两个航天器 THEMIS-B 和 THEMIS-C，利用月球近旁转向及其地月节能转移技术，经过一系列复杂变轨机动，使其最终沿着稳定流形进入地月平动点晕轨道(图 2-5-7)。图 2-5-8 给出了航天器 THEMIS-B 从地月系 L1 晕轨道过渡到 L2 点附近的轨道段，转移过程充分利用了三体系统平动点动力学，如不变流形转移等。该任务的成功实施充分显示了三体系统动力学在地月系平动点任务中的重要应用。

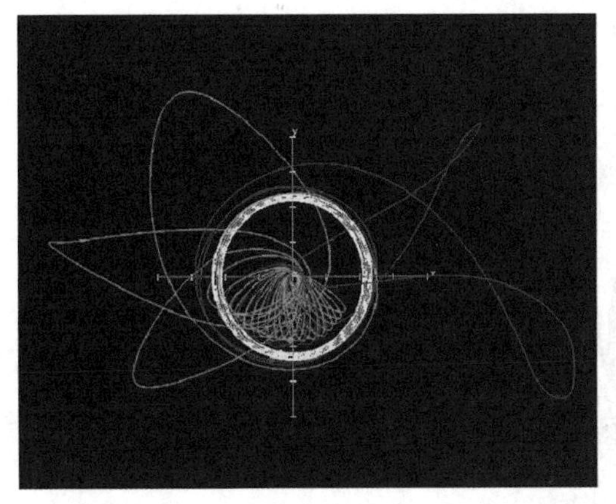

图2-5-7 “阿尔忒弥斯”任务轨道示意图

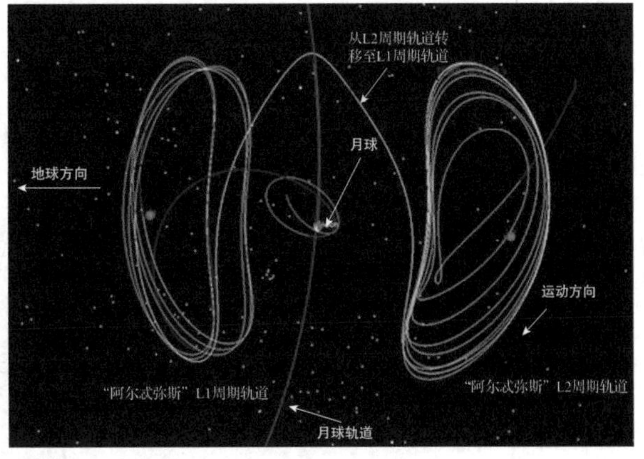


图2-5-8 地月 L1 平动点与 L2 平动点之间的低能耗转移轨道

### 2.5.2 近直线轨道

近直线轨道是特殊的共线平动点晕轨道，包含于平动点晕轨道族。图2－5－9和图2－5－10给出了地月晕轨道族稳定性参数随近月距的变化。其中稳定性参数用于衡量晕轨道族的稳定性，当稳定性参数在±1附近时，表明该轨道稳定，参数越大，轨道越不稳定。这里近直线轨道定义为近月距介于图中两箭头之间的轨道族；对于L2近直线轨道，近月距为1850～17350km，轨道周期为6～10天；对于L1近直线轨道，近月距为900～19000km，轨道周期为8～10天。

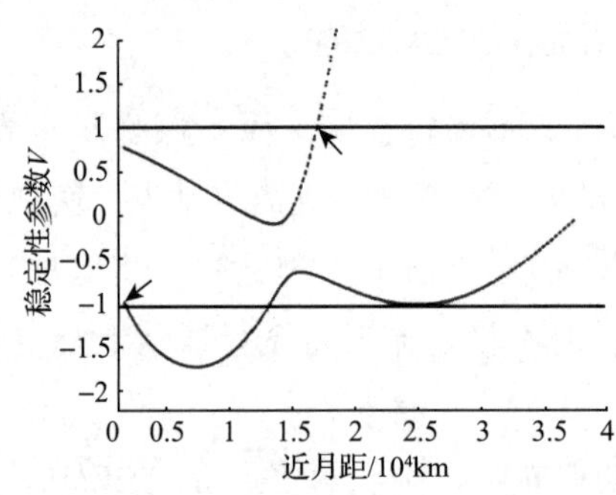


图2－5－9 地月L2晕轨道族的稳定性参数[6]

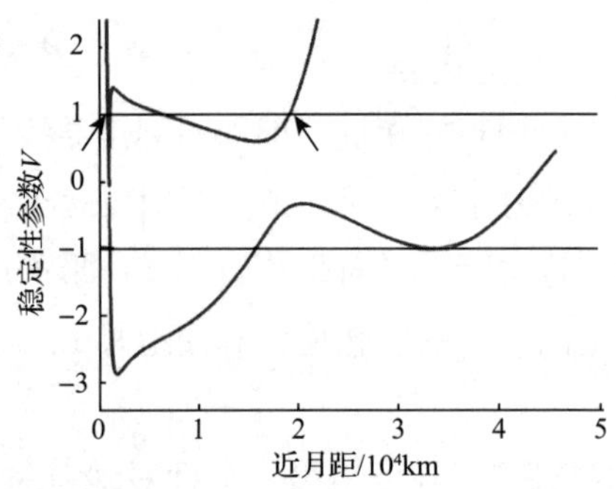


图2－5－10 地月L1晕轨道族的稳定性参数

由于晕轨道可分属于不同共线平动点，且有关于$xy$平面对称的南北两族，故近直线轨道也可分为不同平动点的南北近直线轨道，如图2－5－11所示。

在地月旋转系下，近直线轨道近似为一条月球极轨道，可以覆盖月球两极。不同的是，其轨道面始终与地月连线近似垂直，因此运行于近直线轨道上的卫星可以连续对地通信。另外，从轨道稳定性的角度考虑，近直线轨道较L1/L2晕轨道稳定。当近月距小于15000km时，L2近直线轨道较L1近直线轨道稳定。

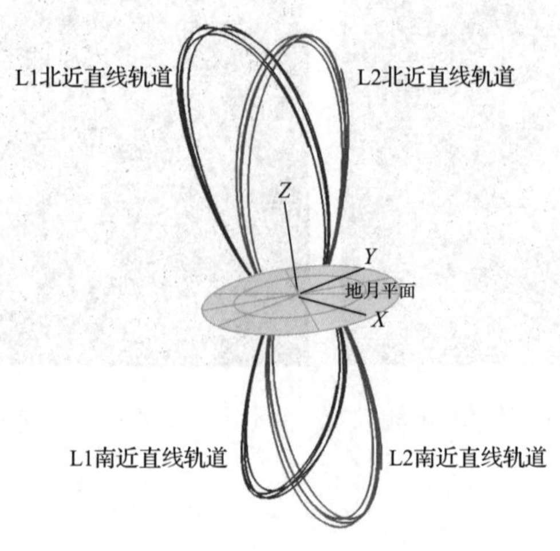


图2－5－11 地月平动点近直线轨道[7]

图2－5－12给出了从200km近地圆轨道出发转移至近直线轨道的转移轨道，其中近地出发所需要的速度增量为3.124km/s。图2－5－13给出了转移至不同近月距的近直线轨道，所需要的近月制动速度增量及相应的转移时间。从图2－5－13中可以看出，至少需要0.8km/s的近月制动速度增量，对应的转移时间为5.65天。

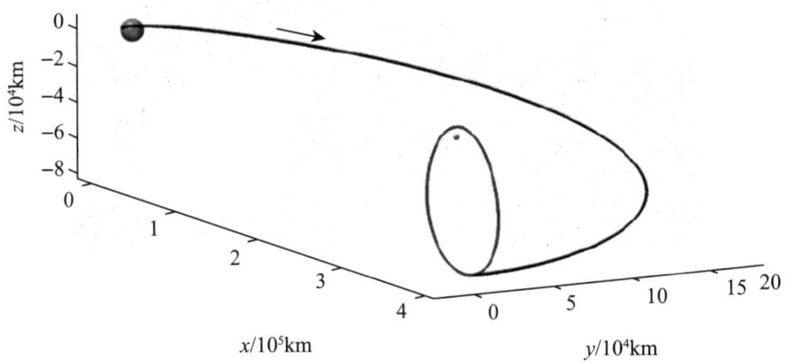


图2－5－12　200km近地圆轨道出发至近直线轨道的转移轨道

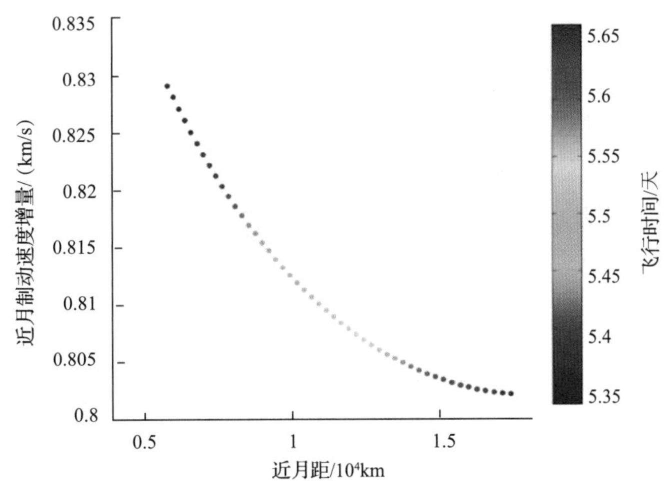


图2－5－13　转移至不同近月距近直线轨道所需要的近月制动速度增量及相应的转移时间

NASA约翰逊空间中心的Ryan Whitley等从转移能耗、月面可达、轨道维持能耗等方面对近直线轨道、低月球轨道、地月平动点晕轨道、远距离逆行轨道等地月驻留轨道进行了评估，最终得出结论是：将近直线轨道作为深空居住舱的任务轨道。2017年3月28日，NASA载人飞行主管比尔·格斯滕迈尔在咨询委员会上通报了空间发射系统(SLS)火箭及其后续任务的初步计划。他着重介绍了运行在地月空间近直线轨道上的“深空门户站”(图2－5－14)。这将是一个美国主导下国际合作的载人航天前哨站，堪称载人深空探索领域的“国际空间站”，也是未来航天员前往火星的出发地。

图2-5-14　运行于近直线轨道的“深空门户站”

另外，由于运行于近直线轨道上的卫星可以连续对地通信，因此近直线轨道上可以布置月球两极中继通信星座，用于对月球两极探测提供中继服务。

## 2.5.3　远距离逆行轨道

与近直线轨道相似，远距离逆行轨道也是平动点晕轨道族中特殊的一类轨道。一般定义超过 L1 或 L2 点的逆行轨道为远距离逆行轨道。在质心旋转坐标系下，运行于远距离逆行轨道的飞行器围绕第二主天体做逆行运动。图 2-5-15 给出了不同雅可比常数下的远距离逆行轨道及对应的轨道周期。雅可比常数越大，对应的能量越小，远距离逆行轨道的幅值越小，对应的轨道周期越小。

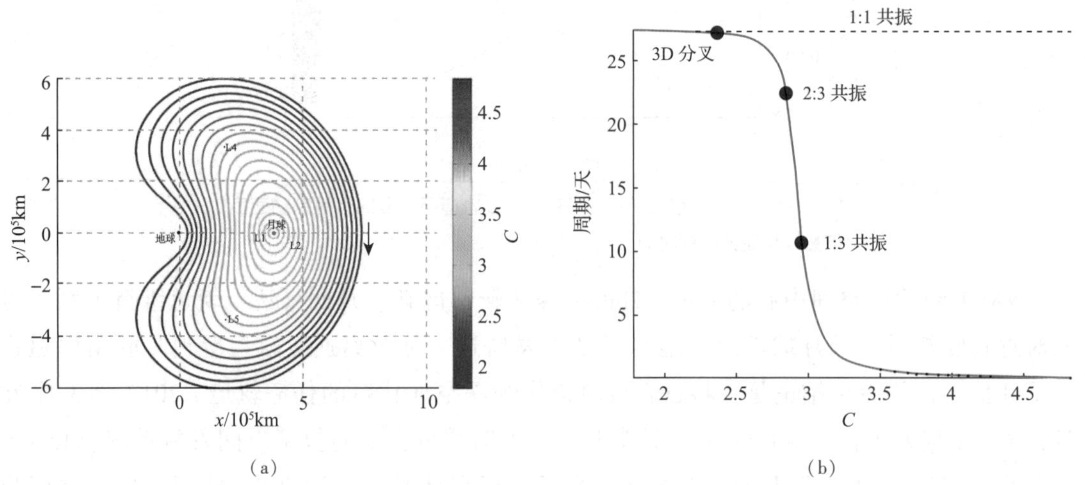


图2-5-15　远距离逆行轨道几何形状与轨道周期随雅可比常数的变化[8]

从近地出发转移至远距离逆行轨道主要有两种形式：一种为经由 L1 李雅普诺夫轨道(图 2-5-16)，该种转移方式下，地月转移所需速度增量为3.6～4.2km/s。随着远距离逆行轨道的幅值增大，所需速度增量减小；

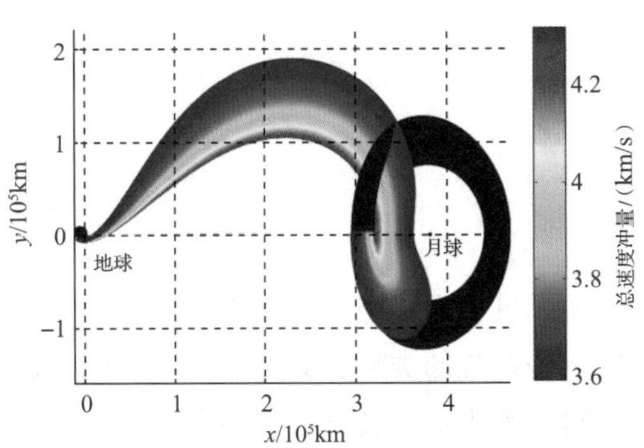


图 2-5-16　从近地出发经由 L1 李雅普诺夫轨道转移至远距离逆行轨道

另一种为经由月球背面转移至远距离逆行轨道的转移轨道(图 2-5-17)，该种转移方式下，所需的速度增量较第一种小，为 3.4～3.7km/s，且随着远距离逆行轨道幅值的增大，所需速度增量不断减小。

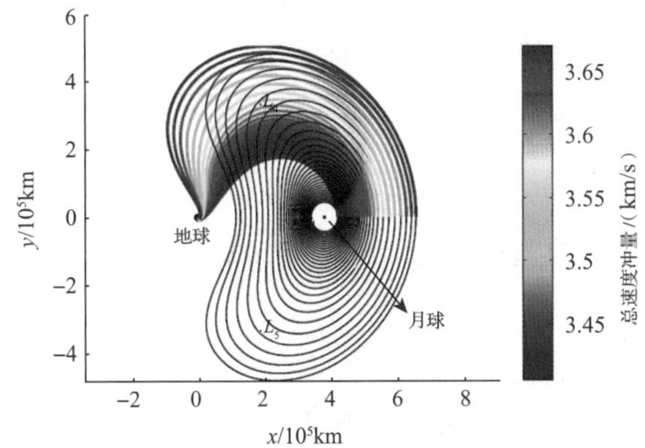


图 2-5-17　从近地出发经由月球背面转移至远距离逆行轨道

远距离逆行轨道具有高度的稳定性，可以长期(几十年甚至几百年)保持稳定。因此，在 NASA 小行星重定向任务(Asteroid Redirect Mission)中，远距离逆行轨道被选为存放被捕获小行星的目标轨道(图 2-5-18)。

图 2-5-18　小行星重定向任务中的远距离逆行轨道

另外，在空间发射系统的首飞任务中，远距离逆行轨道被选为不载人完整版“猎户座”飞船的目标环月轨道，飞船经过 26～40 天的飞行后返回地球。在该次任务中也将验证空中客车公司为“猎户座”飞船开发的服务舱。

# 2.6 地月转移轨道

地月转移轨道用于转移航天员、运输空间基础设施、补给物资等，是可持续开发地月空间的太空公路。根据飞行器推进系统的类型，如化学推进、电推进、核推进等，地月转移轨道可以分为双脉冲地月转移轨道和小推力转移轨道。图 2 –6 –1 给出了不同比冲推进系统提供不同速度增量所需的燃耗比。由图 2 –6 –1 可知，在提供相同速度增量的情况下，化学推进系统所需的燃耗比要高于电推进系统，但化学推进由于提供的推力大，可以实现瞬间的能量积累，实现地月转移所需的转移时间要远小于电推进系统。

双脉冲地月转移轨道基于化学推进的瞬间大推力发动机实现，主要用于地月载人飞船的转移；小推力地月转移轨道则基于电推进、核推进等高比冲、小推力推进器实现，主要用于货运飞船等对转移时间无约束的无人货运转移任务。

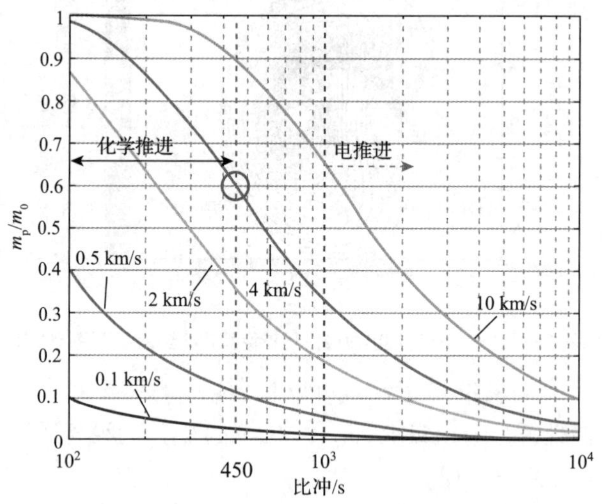


图 2 –6 –1 推进系统比冲与速度增量对应燃耗比关系

## 2.6.1 转移动力学

由于用于近似地月系统动力学的圆限制性三体模型具有高度的非线性，地月系统内的动力学演化对于初始值非常敏感，表现为初始条件扰动的指数增长，这在动力学系统理论中称为混沌。图 2 –6 –2 给出了地月系统中的混沌轨道[9]。

虽然这类混沌轨道的运动很难进行长期预测，但其轨道保持控制是相对容易的。研究表明，利用小脉冲或连续推力的轨道控制方法（OGY 方法或 Pyragas 方法），就可以通过极小的代价使飞行器的运动脱离混沌状态，沿着周期轨道运动。例如，图 2 –6 –2 中的混沌轨道可以通过轨道控制方法使得拐点 6 和 1、7 和 2、8 和 3、9 和 4 重合，从而成为一条周期轨道。

在地月系统中还存在一类特殊轨道，当飞行器沿其运动时能够重复接近地月系统中的一

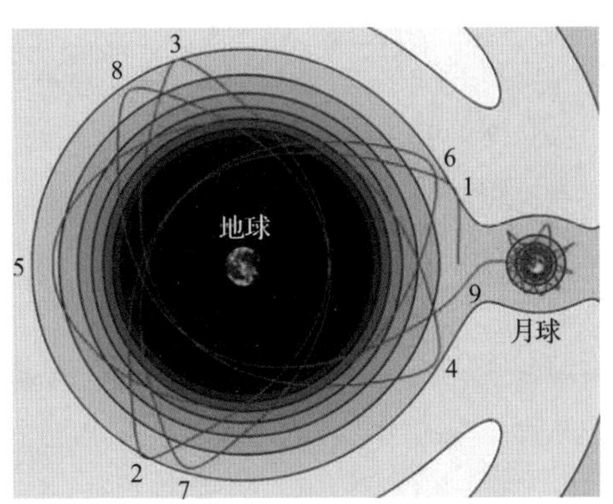


图2-6-2　地月系统中的混沌轨道

个或两个主天体，这类轨道称为和解轨道(Rapprochement Orbit)。如图 2-6-3 所示，运行在这类轨道上的飞行器，在地球和月球之间的对称闭合曲线上无限地穿梭。在地月空间中存在大量的和解轨道，但如前所述，其对初始值都非常敏感，都具有混沌特性。不过对于和解轨道的控制是非常容易的。

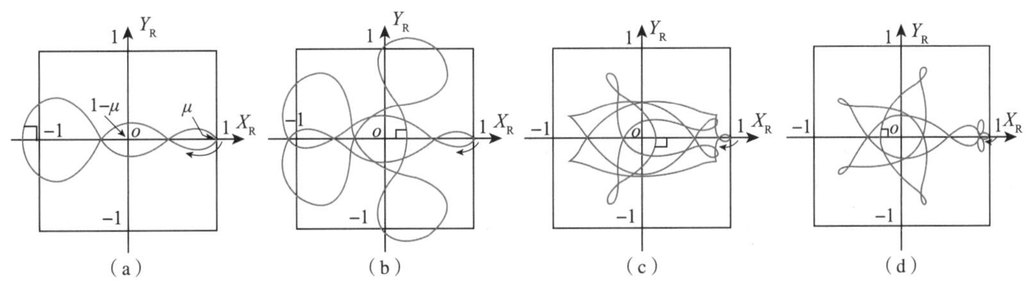


图2-6-3　地月系统中典型的和解轨道

和解轨道的主要应用为地月转移轨道的设计，如地月低能耗转移轨道、自由返回轨道的设计。图 2-6-4 给出了基于和解轨道设计得到的从 185km 近地停泊轨道出发到达地月 $L_2$ 点的低能耗转移轨道，转移所需速度增量为 3.474km/s，而双脉冲直接转移所需的速度增量为 4.379km/s。图 2-6-5 给出了基于和解轨道设计得到的地月自由返回轨道。图中所述的轨道关于地月连线完全对称。实际“阿波罗”任务中采用的自由返回轨道为满足大气再入条件，会有一定的不对称，这可以通过偏置近月点实现。

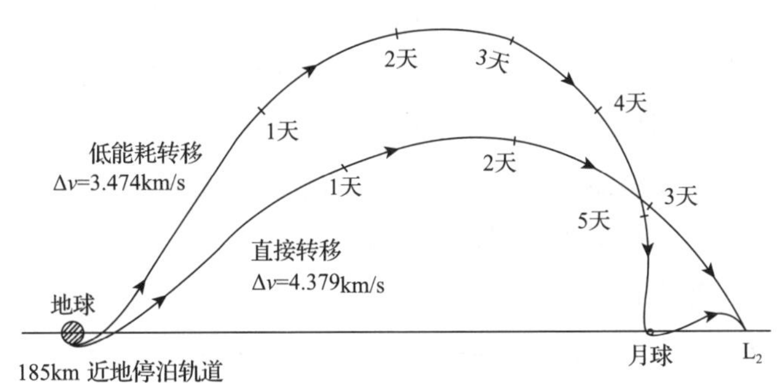


图2-6-4　基于和解轨道设计的从近地出发到达地月 $L_2$ 平动点的转移轨道

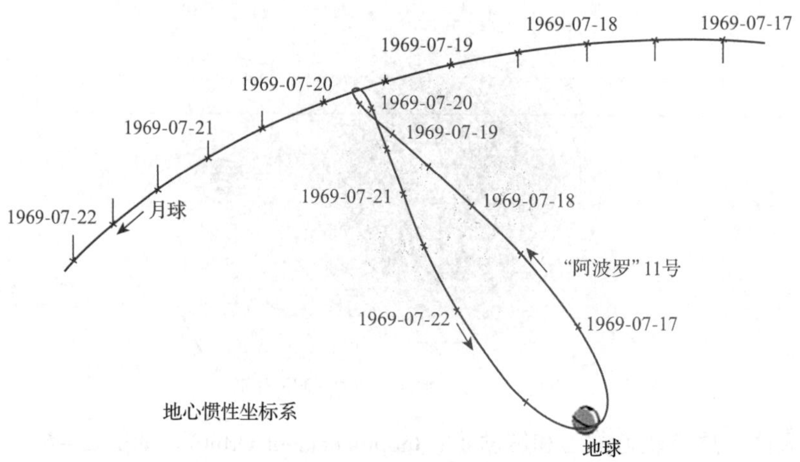


图2-6-5 基于和解轨道设计的地月自由返回轨道

## 2.6.2 双脉冲地月转移轨道

载人飞船采用化学推进完成地月或月地转移。化学推进可以提供较大的推力，在较短的时间内可以为飞船提供较大的速度增量，因此化学推进在数学模型中近似为脉冲式推进。脉冲式地月转移是指在地球停泊轨道施加一次近地出发速度增量进入地月转移轨道，而后在近月施加一次近月制动速度增量以进入月球低轨道；而脉冲式月地转移则是指在月球低轨道施加一次月地转移速度增量以进入月地转移轨道，最后再入地球大气返回地面。脉冲式地月或月地直接转移轨道区别于低能耗转移轨道，其转移时间短、可靠性比较高，因此更适用于具有航天员生命保障需求的载人月球探测任务。

### 2.6.2.1 设计模型

脉冲式地月或月地直接转移轨道，无论是在理论研究还是在工程实践中都积累了较多的经验和方法，其所基于的轨道设计模型主要包括圆锥曲线拼接模型、圆限制性三体模型或高精度动力学模型。不同模型下的轨道设计，计算精度不同，设计的难度也有所不同。

圆锥曲线拼接模型通过引入月球影响球的概念，将地月空间动力学模型在物理上划分为月球影响球以外的地心引力场和月球影响球以内的月心引力场两个部分。圆锥曲线拼接模型虽在精度上相对于其他模型较差，但其利用二体问题中的相关理论进行分段解析求解，使得在无初始值的条件下可以对轨道进行快速求解，不仅适合于对各类转移轨道的特征分析，而且可用于对各类任务模式的快速分析与论证。基于圆锥曲线拼接模型，Robinson[10]、Li[11]等分别针对月地转移轨道设计提出了解析的设计算法。

圆限制性三体模型是三体问题的一类特殊问题，在描述地月空间动力学时，同时考虑了地球中心引力和月球中心引力，因此相对于圆锥曲线拼接模型，圆限制性三体模型拥有更高的精度。但圆限制性三体模型下的动力学方程无解析解，需要通过微分修正算法或优化算法进行求解。算法中的初始值一般需要由经验或低精度动力学模型下的轨道设计结果给出，Utku 等专门针对圆限制性三体模型下的初始值进行了研究[12]，Lv 等通过定义最小近月距截面来估计双脉冲地月转移轨道的初始状态[13]。基于圆限制性三体问题，Mengali 等给出了理论上实现双脉冲地月转移所需的最小速度增量[14]。

高精度动力学模型在考虑地月中心引力的同时，考虑了地月空间中的其他摄动力，故其轨道设计精度比其他两类模型最高。不过与圆限制性三体模型相似，该模型下的轨道设计不存在解析解，同样需要由低精度模型求解初值，进而借助优化算法进行设计参数的修正。Yim 等首先在二体模型假设下通过设计解析计算方法获得月地转移轨道的初始值，而后借助微分修正算法对设计值进行高精度模型的参数修正[15]。

### 2.6.2.2　轨道类型

脉冲式地月或月地转移轨道可以分为一般转移轨道，以及为满足载人月球探测中航天员安全性需求的自由返回轨道、混合轨道、多段自由返回轨道。一般转移轨道是指仅需满足近地停泊轨道和近月距约束的地月转移轨道，或仅需满足月球停泊轨道和地球大气再入条件约束的月地转移轨道。“阿波罗”15 号、“阿波罗”16 号以及“阿波罗”17 号均采用一般转移轨道[16]。Topputo 对此类轨道进行了归纳总结，给出了一系列轨道设计结果[17]。

自由返回轨道(图 2－6－6)是指载人飞船从地球停泊轨道出发进入地月转移轨道后，到达月球附近时不施加近月制动可以再次返回至地球并再入大气的飞行轨道。该轨道对于飞行器而言具有较高的安全性，在“阿波罗”早期任务中作为载人飞船的飞行轨道，如“阿波罗”8 号、“阿波罗”10 号和“阿波罗”11 号任务。但由于自由返回轨道不仅需要满足低地球轨道出发的约束，同时需要满足近月距、再入大气等一系列约束条件，其设计难度较大，发射机会也比较少，而且仅可以到达月球赤道附近的区域，因此在“阿波罗”11 号任务之后便不再使用。

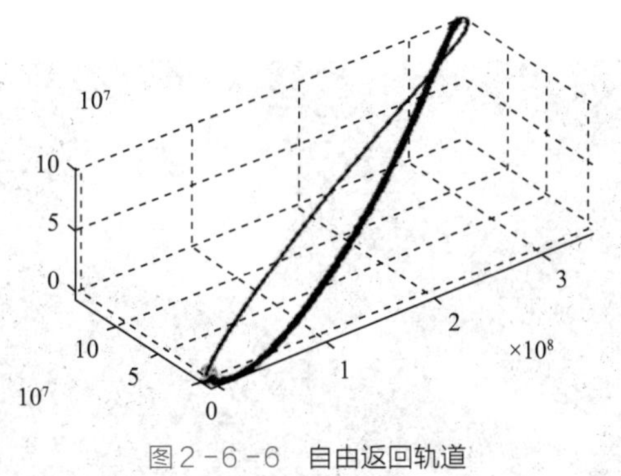


图 2－6－6　自由返回轨道

针对自由返回轨道仅可以到达月球赤道附近的缺陷，进一步提出了混合轨道的概念(图 2－6－7)。该轨道基于自由返回轨道提出，分为自由返回段和非自由返回段。载人飞船从地球停泊轨道出发后首先进入一条自由返回轨道，在飞行一段时间各项参数正常的情况下施加一次中途轨道修正，进入一条非自由返回轨道。混合轨道可以到达任意轨道倾角的月球低轨道，且中途变轨时间越早，所需的速度增量越小[18]。该类型轨道在“阿波罗”12 号、“阿波罗”13 号和“阿波罗”14 号任务中得到采用。

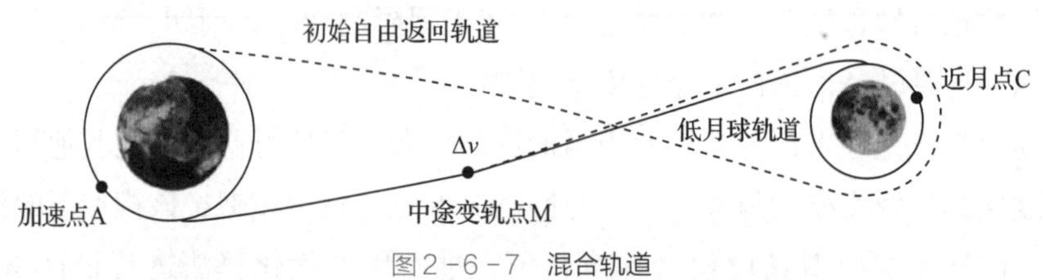


图2-6-7 混合轨道

更进一步，针对混合轨道在中途轨道修正后失去自由返回性质的缺点，文献[19]提出了多段自由返回轨道的概念。不同于混合轨道，多段自由返回轨道由两条自由返回轨道拼接得到：两段轨道满足位置连续的约束条件，速度连续则通过中途脉冲变轨实现。多段自由返回轨道具有相对于自由返回轨道较宽的发射窗口与可达月球低轨道范围的优势，且在飞船到达月球附近时不施加近月制动的条件下仍然可以安全返回至地球。但正如文献[19]所指出的那样，多段自由返回轨道在到达月球极轨道附近时所需的速度增量比其他类型轨道大 0.8km/s 左右，这对运载能力的要求较高。

综上，无论是在动力学模型方面还是在轨道类型方面，脉冲地月或月地转移轨道已经得到了较充分的研究。

## 2.6.3 小推力地月转移轨道

小推力地月转移因低燃耗、高载荷比的特点受到了广泛的关注。欧洲航天局于 2003 年 9 月 27 日发射的 SMART-1 便是基于推力约为 70mN、比冲为 1500s 的静态等离子推力器进行地月转移的(图 2-6-8)。这是目前为止首颗，也是唯一用于执行地月转移任务的小推力飞行器。

图2-6-8 欧洲航天局 SMART-1 任务

SMART-1 探测器推力器比冲虽高，但能够产生的推力较小(毫牛至牛)，提供的推力加速度一般为 $10^{-4} \sim 10^{-3}\,\mathrm{m/s^2}$。飞行器在小推力作用下，轨道设计需解决如下两个问题：①

连续小推力作用下的动力学方程没有解析解，如何给出飞行过程中的推力方向、推力大小以及施加推力的时机；②无论是化学推进系统还是小推力推进系统，月球捕获都是一个共性的问题。小推力推进系统无法施加脉冲形式的瞬间近月制动，飞行器在到达月球附近时如何确保被月球捕获。

1. 研究现状

小推力转移轨道设计可以建模为优化燃料消耗或转移时间的变分问题，求解该问题的方法可以分为[20]间接法(indirect method)、直接法(direct method)和混合法(hybrid method)。间接法基于庞特里亚金极值原理将变分问题转化为一个两点边值问题和一阶必要条件，进而通过打靶法求解两点边值问题中的协态变量，以获得小推力转移轨道。直接法则将变分问题离散化，转换为一个包含多节点多优化变量的非线性优化问题，从而基于非线性优化算法通过最小化性能指标来求解小推力转移轨道。混合法是前两种方法的混合，其利用非线性优化算法求解两点边值问题离散化后的协态变量序列。

间接法与直接法和混合法不同，需求解两点边值问题中协态变量的初始值，以满足一阶必要条件。该方法的模型虽然简单，但由于本质上是由七个协态变量初始值确定一条复杂的转移轨迹，故对于协态变量具有很高的敏感性。再者，协态变量不具有物理意义，无法直观给定初始值，这也为两点边值问题的求解带来了困难。为解决该问题，有学者对协态变量的初始值估计[21]进行了研究，但因为初始值的估计大多基于二体模型，故这类方法并不适用于小推力地月转移轨道设计。另外，同伦方法也被用于降低间接法求解小推力转移轨道的难度，其通过构造较易求解的问题来迭代逼近原问题[22]。文献[23]基于间接法研究了LEO-LLO之间的燃料最优小推力转移轨道设计，其设计前提是在出发点提供进入地月转移轨道的速度增量；文献[24]采用间接法通过三维变量的全局搜索得到了不同转移时间下的燃料最优小推力地月转移轨道，其计算需求较大。

对于直接法和混合法，有必要为其采用的非线性优化算法提供初始值，包括离散时间节点上的状态、控制变量或协态变量。由于动力学方程高度非线性、问题求解规模较大，初始和终端边界条件之间简单的线性插值对于小推力地月转移轨道的求解并不适用。通常，一种三段式小推力轨道拼接(three-stageapproach)法[25]被应用于直接法或间接法的初始轨道设计。该方法分别对近地段、近月段和地月过渡段进行轨道设计，而后以状态连续为约束条件对三段轨道进行拼接。文献[26]以SMART-1任务为例，将地球同步转移轨道(GTO)出发的小推力地月转移轨道设计问题转化为一个包含211031个优化变量、146285个约束条件的带约束非线性优化问题，并利用序列二次规划方法对该问题进行了求解，文献[26]初始轨道由三段式小推力轨道拼接法给出。文献[27]利用直接法对初始加速度大于$1\times10^{-3}\,m/s^2$的最短飞行时间小推力地月转移轨道进行了求解。由于初始加速度较大，文献[27]中的初始轨道并没有考虑边界条件约束。

除上述轨迹优化方法以外，成形法[28]也应用于小推力转移轨道设计。成形法[29]利用基函数对小推力转移轨道进行参数化表示，以动力学方程和边界条件为约束，求解转移轨道中的未知参数，从而得到小推力转移轨道。Taheri 等基于有限傅里叶级数对小推力转移轨道进行逼近，并通过设计平面小推力地月转移轨道和三维的星际小推力转移轨道验证了成形法的有效性。另外，一种基于李雅普诺夫稳定性定理、通过构建李雅普诺夫函数的反馈控制方法也应用于小推力转移轨道设计，不过该方法主要用于中心天体引力下的小推力转移轨道设计[30]。

2. 间接法

以笛卡儿坐标系下的动力学模型为例讨论小推力转移轨道设计的间接法。

$$\begin{cases} \dot{\boldsymbol{r}} = \boldsymbol{v} \\ \dot{\boldsymbol{v}} = -\dfrac{\mu}{r^3}\boldsymbol{r} + \dfrac{T}{m}\boldsymbol{u} + \boldsymbol{f}_{\mathrm{p}} \\ \dot{m} = -\dfrac{T}{I_{\mathrm{sp}}g_0} \end{cases} \tag{2-6-1}$$

式中：$\boldsymbol{r}$、$\boldsymbol{v}$ 分别为飞行器的位置和速度矢量；$m$ 为飞行器和推进剂的总质量；$\mu$ 为中心天体引力系数；$T$ 为推力幅值；$\boldsymbol{u}$ 为推力方向的单位矢量；$\boldsymbol{f}_{\mathrm{p}}$ 为除发动机推力加速度之外的摄动加速度；$g_0$ 为海平面重力加速度；$I_{\mathrm{sp}}$为发动机比冲。

1) 时间最优问题

以飞行时间最短为优化指标：

$$J = \int_{t_0}^{t_{\mathrm{f}}} 1\,\mathrm{d}t \tag{2-6-2}$$

式中：$t_0$、$t_{\mathrm{f}}$ 分别为初始时刻和结束时刻。

在状态方程式(2-6-1)的约束下，哈密顿函数为

$$H = 1 + \boldsymbol{\lambda}_r\boldsymbol{v} + \boldsymbol{\lambda}_v\left(-\frac{\mu}{r^3}\boldsymbol{r} + \frac{T}{m}\boldsymbol{u} + \boldsymbol{f}_{\mathrm{p}}\right) - \lambda_{\mathrm{m}}\frac{T}{I_{\mathrm{sp}}g_0} \tag{2-6-3}$$

由极大值原理可知，最优控制律使得哈密顿函数取极小值，因此最优控制的方向和大小分别为

$$\boldsymbol{u} = -\frac{\boldsymbol{\lambda}_v}{\|\boldsymbol{\lambda}_v\|} \tag{2-6-4}$$

$$\begin{cases} T = T_{\max}, & \rho < 0 \\ T = 0, & \rho > 0 \\ T \in [0, T_{\max}], & \rho = 0 \end{cases} \tag{2-6-5}$$

式中：$\rho$ 为开关函数，且有

$$\rho = -\|\boldsymbol{\lambda}_v\|\frac{I_{\mathrm{sp}}g_0}{m} - \lambda_{\mathrm{m}} \tag{2-6-6}$$

协态变量满足的微分方程为欧拉－拉格朗日方程，其形式为

$$\begin{cases}\dot{\boldsymbol{\lambda}}_r = \dfrac{\mu}{r^3}\boldsymbol{\lambda}_v - \dfrac{3\mu \boldsymbol{r}\cdot\boldsymbol{\lambda}_v}{r^5}\boldsymbol{r} - \lambda_v \cdot \dfrac{\partial \boldsymbol{f}_p}{\partial \boldsymbol{r}} \\ \dot{\boldsymbol{\lambda}}_v = -\boldsymbol{\lambda}_r \\ \dot{\lambda}_m = -T\dfrac{\|\boldsymbol{\lambda}_v\|}{m^2}\end{cases} \tag{2-6-7}$$

由于通常对航天器的末端质量没有约束，即末端质量自由，根据横截条件可知末端质量协态值为0，即

$$\lambda_m(t_{\mathrm{f}}) = 0 \tag{2-6-8}$$

从式(2－6－7)可以看出，质量协态的导数小于或等于零，故质量协态在整个过程中都大于或等于零。从而由式(2－6－6)可知，开关函数恒小于零。由式(2－6－5)可知，控制力总是取最大值，即时间最优控制问题对应推力满推，其状态方程和协态方程的右端项连续且可导。

2)燃料最优问题

以燃料消耗最小化为指标，其指标函数为

$$J = \frac{T_{\max}}{I_{\mathrm{sp}}g_0}\int_{t_0}^{f} u\mathrm{d}t \tag{2-6-9}$$

为方便起见，将推力归一化。

构建哈密顿函数

$$H = \frac{T_{\max}}{I_{\mathrm{sp}}g_0}u + \boldsymbol{\lambda}_r\boldsymbol{v} + \boldsymbol{\lambda}_v\left(-\frac{\mu}{r^3}\boldsymbol{r} + \frac{T_{\max}u}{I_{\mathrm{sp}}g_0}\boldsymbol{\alpha} + \boldsymbol{f}_{\mathrm{p}}\right) - \lambda_{\mathrm{m}}\frac{T_{\max}}{I_{\mathrm{sp}}g_0}u \tag{2-6-10}$$

由极大值原理可知，最优控制律使得哈密顿函数取最小值，从而最优控制力的方向和大小分别为

$$\boldsymbol{\alpha} = -\frac{\boldsymbol{\lambda}_v}{\|\boldsymbol{\lambda}_v\|} \tag{2-6-11}$$

$$\begin{cases} u = 1, & \rho < 0 \\ u = 0, & \rho > 0 \\ u \in [0,\ 1], & \rho = 0 \end{cases} \tag{2-6-12}$$

式中：$\rho$ 为开关函数，且有

$$\rho = 1 - \|\boldsymbol{\lambda}_v\|\frac{I_{\mathrm{sp}}g_0}{m} - \lambda_{\mathrm{m}} \tag{2-6-13}$$

通常开关函数只在有限个数的孤立点处为零，因此归一化的最优控制力幅值 $u$ 很少会在有限长度的时间区间上取介于0～1之间的值。这种控制称为 Bang-Bang 控制。这样就导致状态方程和协态方程右端项不连续。

3. 直接法

小推力轨道优化问题可以首先描述为一个连续的、无穷维的最优控制问题，之后直接法再将最优控制问题转化为一个离散的有限维非线性规划问题。

非线性规划问题可以概括为一般形式：

$$\begin{cases}\min f(x_1,x_2,\cdots,x_n)\\ \mathrm{ceq}_i(x)=0,\ i=1,\cdots,p\\ c_j(x)\leqslant 0,\ j=1,\cdots,q\end{cases} \tag{2-6-14}$$

式中：$x=[x_1,\ x_2,\ \cdots,\ x_n]$为模型的决策变量；$f(x_1,\ x_2,\ \cdots,\ x_n)$为这组决策变量的目标函数；$\mathrm{ceq}(x)=0$为等式约束，$c(x)\leqslant 0$为不等式约束。

为了将连续的最优控制问题转化为离散的非线性规划问题，首先需要将连续的时间区间$[t_0,\ t_f]$离散成$N$个点$[t_1,\ t_2,\ \cdots,\ t_N]$，然后将连续的状态和控制曲线在离散网格点上的值以及优化变量(如飞行时间)构成决策变量$x=[x_1,\ x_2,\ \cdots,\ x_n]$，之后只要能够将最优控制问题中连续的目标函数和约束函数用离散的决策变量来表示，就完成了最优控制问题向非线性规划问题的转化。

直接法可以分成两大类：

(1)直接配点法

$$\boldsymbol{c}_i=\sum_{j=0}^{s-1}a_j\boldsymbol{x}_{i+j}-h\cdot\boldsymbol{f}(\boldsymbol{x}_i,\boldsymbol{u}_i)=0,i=1,2,\cdots,N \tag{2-6-15}$$

每一个离散点都存在约束方程。

(2)直接打靶法

$$\boldsymbol{c}_\mathrm{k}=\boldsymbol{x}(t_\mathrm{f}^{(k)})-\mathrm{RK}(\boldsymbol{x}(t_0^{(k)}),\boldsymbol{u}),k=1,2,\cdots,K \tag{2-6-16}$$

式中：RK代表数值积分。

[1] 全国空间科学及其应用标准化技术委员会. 月球空间坐标系：GB/T 30112－2013 [S]. 北京：中国标准出版社，2014.

[2] NASA Jet Propulsion Laboratory [EB/OL]. (1997－12－22)[2020－05－28]. https：//ssd. jpl. nasa. gov.

[3] 刘林，王歆. 月球探测器轨道力学 [M]. 北京：国防工业出版社，2006.

[4] 刘林，侯锡云. 深空探测轨道理论与应用 [M]. 北京：电子工业出版社，2015.

[5] Farquhar，R. W.，A Halo-Orbit Lunar Station [J]. Astronautics and Aeronautics，1972，10：59－63.

[6] Zimovan，E. M.，Howell，K. C.，Davis，D. C.，Near Reatilinear Halo Orbits and Their Application in Cislunar Space [C]// Yury N. Razoumny，Filippo Graziani，Anna D. Guerman and Jean-Michel Contant. Volume 161 of the Advances in the Astronautical Sciences Series—Third IAA Conference on Dynamics and Control of Space Systems，May 30—June 1，2017，Moscow，Russia：IAA-AAS-Dycoss3－125.

[7] Williams，J.，Lee，D. E.，Whitley，R. J.，Targeting Cislunar Near Rectilinear Halo Orbits for Human Space

Exploration [C]. Jay W. McMahon, Frederick W. Leve, Yanping Guo and Jon. Volume 160 of the Advances in the Astronautical Sciences Series—AAS/AIAA Spaceflight Mechanics Meeting, Feb. 5 - 9, 2017, San Antonio, Texas: AAS 17 - 267.

[8] Capdevila, L., Guzzetti, D., et. al., Various Transfer Options From Earth Into Distant Retrograde Orbits In The Vicinity Of The Moon [C]// Eds: Roby S. Wilson, Renato Zanetti, Donald L. Mackison and Ossama Abdelkhalik. Volume 152 of Advances in the Astronautical Sciences Spaceflight Mechanics—AAS/AIAA Spaceflight Mechanics Meeting, Jan. 26 - 30, 2014, Santa Fe, NM: AAS 14 - 467.

[9] Ulrich W. Astronautics—The Physics of Space Flight [M]. 3rd Edition, Switzerland: Springer Press, 2018.

[10] Robinson S, Geller D. A Simple Targeting Procedure for Lunar Trans-Earth Injection [C]// AIAA Guidance, Navigation, and Control Conference, August 10 - 13, 2009, American Institute of Aeronautics and Astronautics, Chicago, Illinois: AIAA 2009 - 6107: 1 - 25.

[11] Li J, Gong S, et al. Analytical design methods for determining Moon-to-Earth trajectories [J]. Aerospace Science and Technology, 2015, 40: 138 - 149.

[12] Utku A, Hagen L, et al. Initial condition maps of subsets of the circular restricted three-body problem phase space [J]. Celestial Mechanics and Dynamical Astronomy, 2015, 123(4): 387 - 410.

[13] Lv M, Tan M, et al. Design of two-impulse Earth-Moon transfers using differential correction approach [J]. Aerospace Science and Technology, 2017, 60: 183 - 192.

[14] Mengali G, Quarta A A. Optimization of Bi-impulsive Trajectories in the Earth-Moon Restricted Three-Body System [J]. Journal of Guidance, Control, and Dynamics, 2005, 28(2): 209 - 216.

[15] Yim S-Y, Gong S, et al. Generation of launch windows for high-accuracy lunar trajectories [J]. Advances in Space Research, 2015, 56(5): 825 - 836.

[16] NASA Johnson Space Center. Apollo program summary report: JSC-09423 [R]. NASA: Houston, Texas, 1975.

[17] Topputo F. On optimal two-impulse Earth-Moon transfers in a four-body model [J]. Celestial Mechanics and Dynamical Astronomy, 2013, 117(3): 279 - 313.

[18] 彭祺擘. 考虑应急返回能力的载人登月轨道优化设计及特性分析 [D]. 长沙: 国防科学技术大学, 2012.

[19] 李京阳. 载人登月多段自由返回轨道及受摄交会问题研究 [D]. 北京: 清华大学, 2015.

[20] Betts J T. Survey of Numerical Methods for Trajectory Optimization [J]. Journal of Guidance, Control, and Dynamics, 1998, 21(2): 193 - 207.

[21] Lee D, Bang H, et al. Optimal Earth-Moon Trajectory Design Using New Initial Costate Estimation Method [J]. Journal of Guidance Control & Dynamics, 2012, 35(5): 1671 - 1676.

[22] Haberkorn T, Martinon P, et al. Low Thrust Minimum-Fuel Orbital Transfer: A Homotopic Approach [J]. Journal of Guidance Control & Dynamics, 2004, 27(6): 1046 - 1060.

[23] Pérez-Palau D, Epenoy R. Fuel optimization for low-thrust Earth-Moon transfer via indirect optimal control [J]. Celestial Mechanics & Dynamical Astronomy, 2018, 130(2): 21.

[24] Oshima K, Campagnola S, et al. Global search for low-thrust transfers to the Moon in the planar circular restricted three-body problem [J]. Celestial Mechanics & Dynamical Astronomy, 2017, 128(2 - 3): 303 - 322.

[25] Kluever C A, Pierson B L. Optimal low-thrust three-dimensional Earth-moon trajectories [J]. Journal of Guidance Control & Dynamics, 1995, 18(4): 830 - 837.

[26] Betts J T, Erb S O. Optimal Low Thrust Trajectories to the Moon [J]. Siam Journal on Applied Dynamical

Systems, 2003, 516(2): 144 - 170.

[27] Herman A L, Conway B A. Optimal, Low-Thrust, Earth-Moon Orbit Transfer [J]. Journal of Guidance Control & Dynamics, 1996, 21(1): 141 - 147.

[28] Petropoulos A E, Longuski J M. Shape-Based Algorithm for the Automated Design of Low-Thrust, Gravity Assist Trajectories [J]. Journal of Spacecraft & Rockets, 2004, 41(5): 787 - 796.

[29] Taheri E, Abdelkhalik O. Fast Initial Trajectory Design for Low-Thrust Restricted-Three-Body Problems [J]. Journal of Guidance Control & Dynamics, 2015, 38(11): 1 - 15.

[30] Petropoulos A. Low-Thrust Orbit Transfers Using Candidate Lyapunov Functions with a Mechanism for Coasting. AIAA/AAS Astrodynamics Specialist Conference and Exhibit, Guidance, Navigation, and Control and Co-located Conferences: American Institute of Aeronautics and Astronautics, 2004.

# 第 3 章　地月空间推进

推进技术是执行地月空间飞行任务的基础。地月空间飞行任务大多从地球出发进入地月空间，为了克服巨大的地心引力，推进系统选用推力较大且技术成熟的化学火箭。但是随着地月空间活动的逐步增多以及技术的不断进步，未来地月空间推进不仅需要从地球出发的大推力推进系统，而且需要能在地月之间真空地带高效飞行的推进系统，如小推力的电推进系统或核推进系统。本章首先简要介绍火箭推进的基本原理以及火箭推进性能的相关知识，之后介绍电推进技术和核推进技术。此外，地月空间推进还涉及重复使用运载系统及关键技术、天体表面的智能自主着陆等问题，这部分将在本章结尾介绍。

## 3.1 火箭推进原理

### 3.1.1 火箭反作用原理

火箭推进的基本原理建立在动量守恒定律基础上，动量守恒定律的描述为“如果一个闭环系统所受的外力之和为零或不受外力，那么这个系统的总动量保持不变”。可用下式表示：

$$p(t_0) = p(t_+) \tag{3-1-1}$$

在火箭发动机工作过程中，火箭是一个连续变质量系统。假设火箭在真空中飞行，火箭整体不受外力作用，火箭在时刻 $t$ 的质量为 $m$，在惯性坐标系下的速度为 $v$，如图 3-1-1(a)所示。在时刻 $t+\mathrm{d}t$，火箭排出高速气体的质量为 $m_\mathrm{p}$，排气速度为 $v_\mathrm{ex}$，火箭的质量变为 $m-m_\mathrm{p}$，惯性坐标系下的速度变为 $v+v_\mathrm{ex}$，如图 3-1-1(b)所示。注意，从数学意义上来讲，火箭的质量为 $m$，那么排出物质后的质量应该为 $m+\mathrm{d}m$，而排出物质的质量为 $-\mathrm{d}m>0$。为了保持一致性，本书对火箭质量 $m$ 和推进剂质量 $m_\mathrm{p}$ 进行区分，单位时间内排出物质(推进剂或推进剂燃烧产物)的质量 $\mathrm{d}m_\mathrm{p} = -\mathrm{d}m$，这意味着火箭的质量变化率为负值：$\dot{m} = -\dot{m}_\mathrm{p} < 0$。

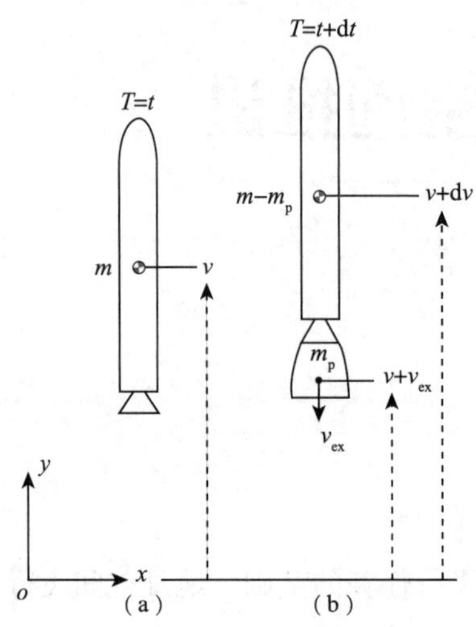


图3-1-1 火箭推进基本原理示意图

根据动量守恒定律，火箭在两个不同时刻的动量保持恒定：

$$\begin{aligned} mv &= -\mathrm{d}m(v+v_{\mathrm{ex}}) + (m+\mathrm{d}m)(v+\mathrm{d}v) \\ &= mv - v\mathrm{d}m - v_{\mathrm{ex}}\mathrm{d}m + v\mathrm{d}m + m\mathrm{d}v + \mathrm{d}m\mathrm{d}v \\ &= mv - v_{\mathrm{ex}}\mathrm{d}m + m\mathrm{d}v + \mathrm{d}m\mathrm{d}v \end{aligned} \tag{3-1-2}$$

式中：$\mathrm{d}m\mathrm{d}v$ 这一项为二阶小量，可以忽略。

因此，可得

$$v_{\mathrm{ex}}\frac{\mathrm{d}m}{\mathrm{d}t} = m\frac{\mathrm{d}v}{\mathrm{d}t} \tag{3-1-3}$$

即

$$\dot{m}v_{\mathrm{ex}} = m\dot{v} \tag{3-1-4}$$

根据牛顿第二定律 $F = m\dot{v}$，排出物质对火箭产生的力等于质量流量乘以排出速度 $F_{\mathrm{m}} = \dot{m}v_{\mathrm{ex}}$，这部分力称为动量推力(momentum thrust force)。

式(3-1-4)可改写为

$$\frac{\mathrm{d}v}{\mathrm{d}t} = -\frac{1}{m}\frac{\mathrm{d}m}{\mathrm{d}t}v_{\mathrm{ex}} \tag{3-1-5}$$

式(3-1-5)积分，可得

$$\int_{t_0}^{t} 1\mathrm{d}t = -v_{\mathrm{ex}}\int_{t_0}^{t}\frac{\mathrm{d}m}{m} \tag{3-1-6}$$

则可以得到火箭在一段时间内的速度改变量为

$$\Delta v = v(t_{\mathrm{f}}) - v(t_0) = -v_{\mathrm{ex}}\ln\frac{m(t_{\mathrm{f}})}{m(t_0)} = -v_{\mathrm{ex}}\ln\frac{m_{\mathrm{f}}}{m_0} \tag{3-1-7}$$

式(3-1-7)就是著名的理想火箭方程，表示火箭的速度改变量正比于排气速度和首末质量比的对数。该方程最早由苏联的康斯坦丁·齐奥尔科夫斯基推导得出，因此被称为齐奥尔科夫斯基方程。

火箭动量推力公式还可以基于牛顿第二定律推导得出。火箭在 $\mathrm{d}t$ 时间内排出物质的动

量 $dp = dm_p v_{ex}$，根据牛顿第二定律，等效力 $F_{eq} = \frac{dp}{dt} = \dot{m}_p v_{ex}$，根据牛顿第三定律可知排出物质对火箭的反作用力 $F_m = -F_{eq} = -\dot{m}_p v_{ex} = \dot{m} v_{ex}$。尽管这种推导方式更简洁，但动量守恒定律更深刻地揭示了火箭推进中反作用原理的本质，因此建议通过动量守恒定律理解火箭反作用原理。火箭动量推力也可写成标量形式，即

$$F_m = \dot{m}_p v_{ex} = -\dot{m} v_{ex} \tag{3-1-8}$$

需要注意的是：由于 $\dot{m} = -\dot{m}_p < 0$，因此动量推力 $F_m$ 与 $v_{ex}$ 共线且反向；排出速度 $v_{ex}$ 与火箭速度 $v$ 不一定共线。

### 3.1.2 火箭运动方程

上一节推导了火箭反作用的基本原理，是在理想条件下获得的火箭推力表达式，只考虑了火箭在真空环境下不受外力或外力合力为零时得到的结果。在实际飞行过程中，火箭运动不仅受到排出物质的动量推力，还会受到气动力、重力、喷管出口压力等其他力的作用，因此火箭实际飞行过程中的受力和运动情况更为复杂。

根据动量定理，火箭的动量变化率刚好等于外力的合力，即

$$\begin{aligned} F_{ext} &= \frac{dp}{dt} \\ &= \frac{[(m+dm)(v+dv)+(-dm)(v+v_{ex})]-mv}{dt} \\ &= m\frac{dv}{dt} - \frac{dm}{dt}v_{ex} \end{aligned} \tag{3-1-9}$$

火箭所受的外部作用力可以分为体作用力和面作用力(图3-1-2[1])，即

$$F_{ext} = \iiint_V f_V dV + \iint_A f_S dA \tag{3-1-10}$$

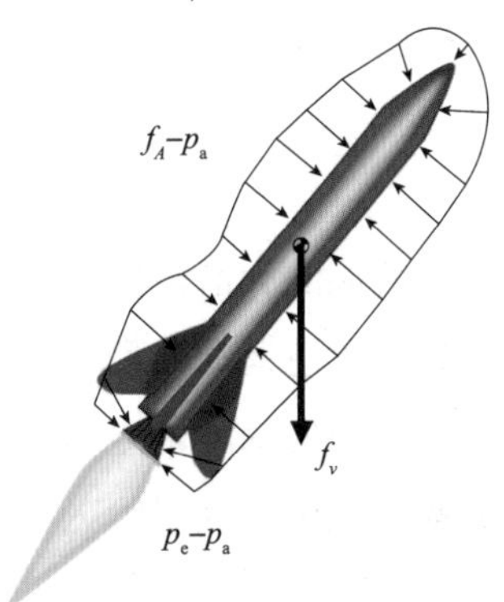


图3-1-2 火箭运动受力分析

当火箭在地球大气层飞行时，面作用力主要为大气压力，体作用力主要为地球引力，即

$$\begin{aligned} F_{ext} &= \iiint_V f_V dV + \iint_A f_S dA \\ &= m\boldsymbol{g}_E + \iint_S (f_A - p_a) dA + \iint_S p_a dA \end{aligned} \tag{3-1-11}$$

式中：$\boldsymbol{g}_{\mathrm{E}}$ 为地球引力加速度矢量；$p_{\mathrm{e}}$ 为发动机喷管出口压力；$p_{\mathrm{a}}$ 为环境静压力；$f_A$ 为面压力；$f_V$ 为体作用力。

由于火箭表面是一个封闭面，因此静压力在火箭表面上的积分为0，即 $\iint_S p_{\mathrm{a}} \mathrm{d}A = 0$。将剩余面作用力分为两部分，一部分为喷管出口面上的力，另一部分为除去喷管出口面上的力，即

$$\begin{aligned} F_{\mathrm{ext}} &= m\boldsymbol{g}_{\mathrm{E}} + \iint_{A_{\mathrm{e}}} (p_{\mathrm{e}} - p_{\mathrm{a}}) \mathrm{d}A + \iint_{A-A_{\mathrm{e}}} (f_A - p_{\mathrm{a}}) \mathrm{d}A \\ &= m\boldsymbol{g}_{\mathrm{E}} - (p_{\mathrm{e}} - p_{\mathrm{a}}) A_{\mathrm{e}} \boldsymbol{i}_{\mathrm{e}} + \iint_{A-A_{\mathrm{e}}} (f_{\mathrm{A}} - p_{\mathrm{a}}) \mathrm{d}A \end{aligned} \tag{3-1-12}$$

式中：$A_{\mathrm{e}}$ 为喷管出口面积；$\boldsymbol{i}_{\mathrm{e}}$ 为喷管出口法向单位矢量，与物质排出方向相同。式中第二项是由喷管出口压力与环境压力差所导致的推力，因此称为压力推力(pressure thrust force)。压力推力的标量形式为

$$F_{\mathrm{p}} = (p_{\mathrm{e}} - p_{\mathrm{a}}) A_{\mathrm{e}} \tag{3-1-13}$$

另记 $\iint_{A-A_{\mathrm{e}}} (f_{\mathrm{A}} - p_{\mathrm{a}}) \mathrm{d}A$ 为$f_{\mathrm{aero}}$，此项为火箭除去喷管出口之外受到的面力之和，这部分代表的是通常意义上的气动力。一般情况下，将气动力分解为沿速度反方向的气动阻力(简称阻力)和垂直于速度方向的气动升力(简称升力)，即

$$f_{\mathrm{aero}} = F_{\mathrm{D}} \boldsymbol{i}_{\mathrm{D}} + F_{\mathrm{L}} \boldsymbol{i}_{\mathrm{L}} \tag{3-1-14}$$

$$F_{\mathrm{L}} = \frac{1}{2} C_{\mathrm{L}} S_{\mathrm{ref}} \rho v^2 \tag{3-1-15}$$

$$F_{\mathrm{D}} = \frac{1}{2} C_{\mathrm{D}} S_{\mathrm{ref}} \rho v^2 \tag{3-1-16}$$

式中：$\boldsymbol{i}_{\mathrm{L}}$ 为升力方向的单位矢量，指向火箭飞行轨迹的切法向方向；$\boldsymbol{i}_{\mathrm{D}}$ 为火箭的阻力方向的单位矢量，指向火箭速度 $v$ 的相反方向；$C_{\mathrm{L}}$、$C_{\mathrm{D}}$ 分别为升力系数和阻力系数；$S_{\mathrm{ref}}$为气动参考面积。

在工程实践中，通常利用无燃气喷流的火箭模型进行风动试验来确定飞行器的升力系数和阻力系数，在这种情况下，要得到与火箭运动方程一致的升力系数和阻力系数，则应该在试验结果的处理中扣除喷管出口面积上的气动力试验的贡献值。

综合前面的推导，可以得到火箭在地球大气层中飞行时火箭运动方程为

$$m\frac{\mathrm{d}v}{\mathrm{d}t} = \frac{\mathrm{d}m}{\mathrm{d}t} v_{\mathrm{ex}} + m\boldsymbol{g}_{\mathrm{E}} + (p_{\mathrm{e}} - p_{\mathrm{a}}) A_{\mathrm{e}} \boldsymbol{i}_{\mathrm{e}} + f_{\mathrm{aero}} \tag{3-1-17}$$

整合为

$$m\dot{v} = -\boldsymbol{i}_{\mathrm{e}} [-\dot{m} v_{\mathrm{ex}} + (p_{\mathrm{e}} - p_{\mathrm{a}}) A_{\mathrm{e}}] + m\boldsymbol{g}_{\mathrm{E}} + f_{\mathrm{aero}} \tag{3-1-18}$$

如果将火箭水平固定在试车台上，则火箭在水平方向上不受重力，气动力合力为零，火箭受到试车台的作用力为

$$F_{\mathrm{T}} = \dot{m}_{\mathrm{p}} v_{\mathrm{ex}} + (p_{\mathrm{e}} - p_{\mathrm{a}}) A_{\mathrm{e}} \tag{3-1-19}$$

$F_{\mathrm{T}}$ 就是火箭的推力。

火箭在地月空间中的真空中飞行时，受到的作用力可进一步简化为

$$F_{\mathrm{T}} = \dot{m}_{\mathrm{p}} v_{\mathrm{ex}} + p_{\mathrm{e}} A_{\mathrm{e}} \tag{3-1-20}$$

## 3.2 火箭性能

从理想火箭方程可以看出，单级火箭可提供的速度增量主要由两方面决定，一是推进性能，二是结构效率。本节首先介绍推进性能相关参数，包括总冲、有效排气速度、特征速度和推力系数等，然后介绍结构效率相关参数，包括结构比、质量比、推进剂比和有效载荷比等，最后对单级火箭和多级火箭进行对比分析。

### 3.2.1 有效排气速度与比冲

根据第3.1.2节的推导可知，发动机的推力不仅与喷管出口的速度有关，还与喷管出口压力和环境压力有关，即

$$F_{\mathrm{T}} = \dot{m}_{\mathrm{p}} v_{\mathrm{e}} + (p_{\mathrm{e}} - p_{\mathrm{a}}) A_{\mathrm{e}} \tag{3-2-1}$$

可以看出，排气速度与质量流量的关系比较复杂，因此一般定义有效排气速度为

$$v_{\mathrm{e}} = \frac{F_{\mathrm{T}}}{\dot{m}_{\mathrm{p}}} = v_{\mathrm{ex}} + \frac{(p_{\mathrm{e}} - p_{\mathrm{a}}) A_{\mathrm{e}}}{\dot{m}_{\mathrm{p}}} \tag{3-2-2}$$

这样，推力可以表达为质量流量和有效排气速度的乘积，$F_{\mathrm{T}} = \dot{m}_{\mathrm{p}} v_{\mathrm{e}}$。有效排气速度的单位是m/s。在工程实践中，往往用另一个参数——比冲来表征有效排气速度。比冲是有效排气速度和地表重力加速度之比，即

$$I_{\mathrm{sp}} = \frac{v_{\mathrm{e}}}{g_0} \tag{3-2-3}$$

比冲的单位是s，代表的含义是单位推进剂产生的冲量，是衡量火箭发动机效率的重要物理参数。写成下式更容易理解，比冲是地表单位重量推进剂所产生的冲量，即

$$I_{\mathrm{sp}} = \frac{m v_{\mathrm{e}}}{m g_0} \tag{3-2-4}$$

各种不同类型的推进系统的比冲和排气速度范围变化很大，典型范围如表3-2-1所列。

**表 3-2-1　各种推进系统的比冲和排气速度范围**

| 类型 | 比冲/s | 排气速度/(m/s) |
|---|---|---|
| 冷气推进 | 10～120 | 100～1150 |
| 单组元化学推进 | 100～250 | 980～2450 |
| 双组元化学推进 | 200～500 | 2000～4900 |
| 核热推进 | 600～1000 | 5900～9800 |
| 电推进 | 1000～10000 | 9800～98000 |

比冲主要由火箭发动机决定。火箭发动机有很多种类型，主要有冷气推进器、固体火箭发动机、液体火箭发动机、混合火箭发动机、电推进发动机和核推进发动机等，不同发动机具有不同的结构，如图 3-2-1 所示。冷气推进是空间推进中比冲相对较低的一类推进方式，冷气推进没有经过复杂的燃烧过程，排出气体的动能也较小，因此比冲最低，通常用作姿态控制发动机。化学推进是最常用的推进技术，包括单组元推进、双组元推进、三组元推进等，其中：单组元化学推进往往蕴含的化学能比双组元更小，但比冷气推进要高很多，大部分固体火箭推进剂属于单组元化学推进；双组元推进是目前最为常见的推进系统，常见的推进剂组合包括液氢/液氧（$LH_2$/LOX）、液氧/甲烷（LOX/$LCH_4$）、液氧/煤油（LOX/RP-1）、甲基肼/四氧化二氮（MMH/$N_2O_4$）等。核热火箭是利用核能加热推进剂的推进系统，由于核能源的单位能量非常高，推进剂就能获得更高的动能，因此比冲更高。电推进技术的原理与前面所述的各类推进系统原理存在差别，其特征是利用电能加速推进剂，是目前比冲最高的推进系统，关于电推进技术的知识将在第 3.3 节进行介绍。

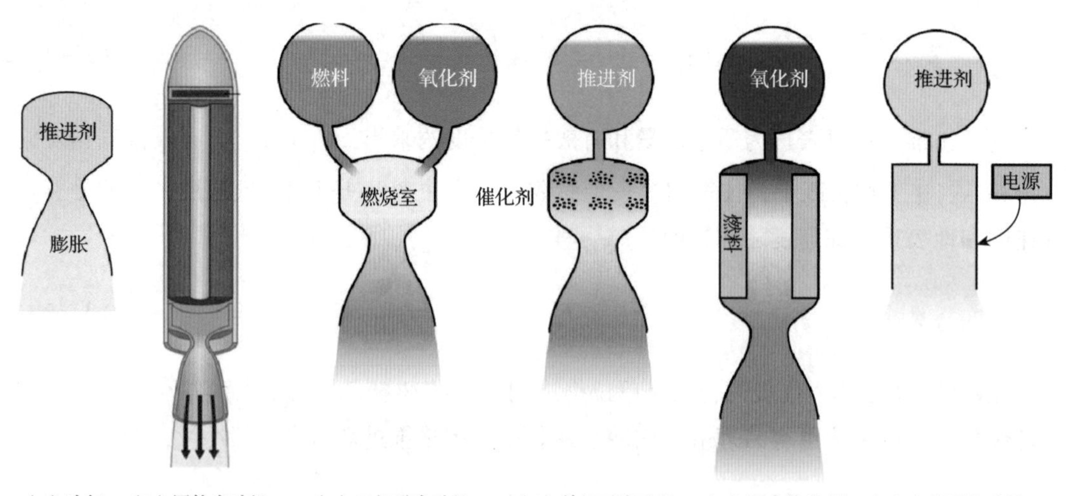


（a）冷气推进器　（b）固体发动机　（c）双组元发动机　（d）单组元发动机　（e）混合推进剂发动机　（f）电推进发动机

图3-2-1　不同类型火箭发动机示意图

除了部分电推进发动机以外，其他类型的火箭发动机都有一个共同的部件——拉瓦尔喷管（收缩扩张喷管，converging / diverging nozzle 或 Laval nozzle）。拉瓦尔喷管是由收缩段和膨胀段组成的流动通道，是保证推进剂或推进剂燃烧产物气体分子能够以超声速喷出的机构。火箭发动机的工作原理如图3-2-2所示。（该流动过程对发动机内的燃烧和流动过程进行了很多假设，例如：化学燃烧产物的化学组成单一，遵循理想气体定律；所有推进剂都当作气体，固态或液态对工作过程的影响忽略不计；整个燃烧和流动过程绝热，与燃烧室和喷管无热交换；等等。这些假设使得发动机内部的工作机理能够得到有效且简化的描述。）

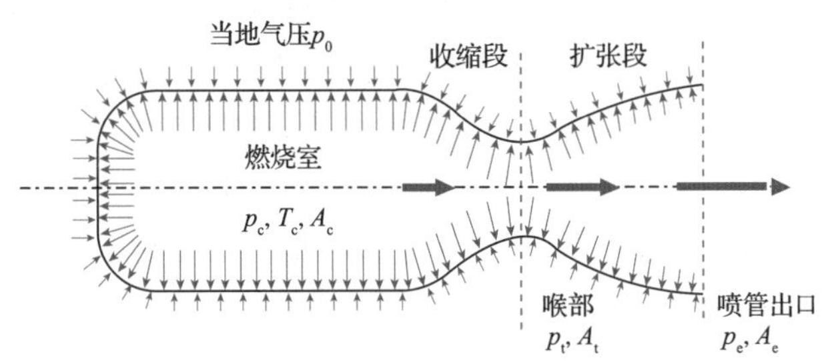


图3-2-2　火箭发动机流动示意图

推进剂在燃烧室中发生高温、高压化学反应，燃烧产物沿着喷管先收缩后扩展，速度不断增加最后高速喷出。由于整个过程的时间非常短，虽然存在大量的热传导过程，但发动机内的气体流动过程一般仍可近似为等熵过程。

### 3.2.2　特征速度与推力系数

比冲是单位重量推进剂能够产生的推力，是决定推进系统性能的关键参数。比冲大小正比于有效排气速度，而有效排气速度与推进剂化学能、燃烧效率和喷管效率等很多因素相关，本节介绍特征速度(Characteristic Velocity)和推力系数(Thrust Coefficient)的概念，分析比冲与燃烧室设计和喷管设计之间的关系。

如图3-2-3是发动机内气体流动过程中温度、压力和速度的变化过程，整个过程中温度不断降低、速度不断升高，这是由推进剂内能转化为燃烧产物动能的过程。

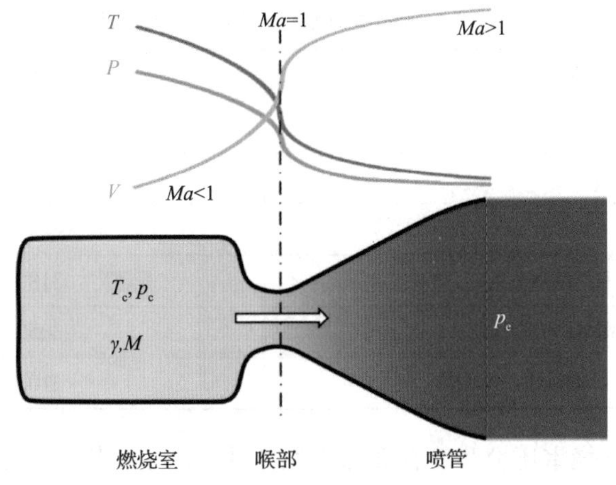


图3-2-3　发动机内气体流动过程示意图

特征速度为

$$c^* = \frac{p_c A_t}{\dot{m}} = \sqrt{\frac{RT_c}{\gamma}}\left[\frac{\gamma+1}{2}\right]^{\frac{\gamma+1}{2(\gamma-1)}} \tag{3-2-5}$$

式中：$\gamma$ 为燃烧产物的比热比；$T_c$ 为燃烧室温度；$R$ 为燃烧产物的气体常数，是理想气体常数与燃烧产物平均分子量的比值，$R = R_A/M$。

从式(3-2-5)中可以看出，特征速度主要与推进剂燃烧产物和燃烧室温度有关，而与喷管无关，因此特征速度衡量的是推进剂和燃烧室的属性。燃烧室温度越高，特征速度越大。在温度和平均分子量确定的情况下，特征速度随 $\gamma$ 的增加而减小，如图 3-2-4 为 $M=20$g/mL、$T_c=3500$K 时特征速度随比热比的变化情况，可以看出比热比对特征速度的影响其实比较小，变化范围在 10% 左右。对特征速度影响最大的是燃烧室温度和平均分子质量，特征速度与燃烧室温度的开方成正比，与平均分子质量的开方成反比。

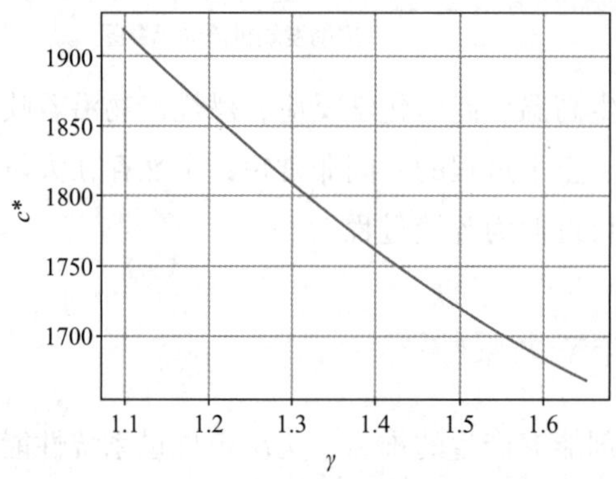


图3-2-4 特征速度随比热比增加而减小

燃烧室温度主要与燃烧室压力和推进剂有关，一般情况下燃烧室压力越大，燃烧越充分，燃烧室温度越高。不同的推进剂组合燃烧室温度有一定范围，如表 3-2-2 所列。可以看到，双组元推进剂的燃烧室温度一般在 3000K 以上，发动机燃烧室在工作期间面临高温、高压的巨大挑战，对材料提出了非常高的要求。

**表 3-2-2 不同推进剂组合的燃烧室温度范围**

| 推进剂种类 | 燃烧室温度/K |
|---|---|
| 液氢/液氧($LH_2$/ LOX) | 3100～3650 |
| 液氧/甲烷(LOX / $LCH_4$) | 3140～3570 |
| 液氧/煤油(LOX / RP-1) | 3240～3740 |
| 偏二甲肼/液氧(UDMH / LOX) | 3180～3640 |
| 甲基肼/四氧化二氮(MMH / $N_2O_4$) | 3050～3400 |
| 偏二甲肼/四氧化二氮(UDMH / $N_2O_4$) | 3100～3450 |

推力系数是给定燃烧室压力和喷管喉部面积条件下产生的推力，表征了将燃烧室内推进剂的能量转化为推力的效率，用来衡量喷管的性能。推力系数为

$$C_F = \gamma\sqrt{\frac{2}{\gamma-1}\left(\frac{\gamma+1}{2}\right)^{\frac{\gamma+1}{1-\gamma}}}\sqrt{1-\left(\frac{p_e}{p_c}\right)^{\frac{\gamma-1}{\gamma}}} \tag{3-2-6}$$

可以看出，推力系数与燃烧产物的比热比与喷管出口、燃烧室压力之比两个值有关。图3－2－5给出了三种比热比条件下，推力系数与压力比值之间的关系。压力比值越大，代表发动机出口压力越小，出口面积越大，喷管扩张比越大。随着压力比值的扩大，推力系数不断上升，但压力比值越大时，推力系数上升的速度越小。

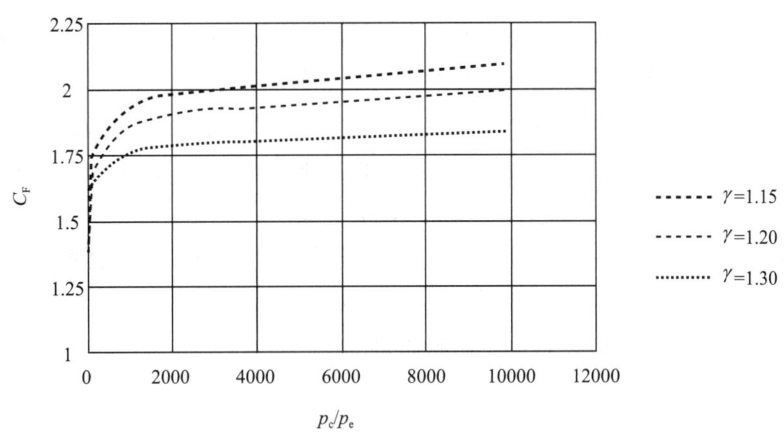


图3－2－5　推力系数与压力比值的关系

推力系数说明了在相同的推进剂、燃烧室条件下，喷管扩张比越大，比冲就越高，但达到一定程度后，继续增加扩张比会带来极大的质量惩罚，因此需要对扩张比和质量进行折中设计。如图3－2－6是“猛禽”发动机的真空版本和海平面版本，两者采用了相同的设计理念，最主要的不同在于喷管膨胀比，分别为200:1和40:1，在真空条件下，为了达到更高的推进性能，喷管扩张比设计得很大；在海平面，扩张比设计得较小。

(a)真空版本　　(b)海平面版本

图3－2－6　“猛禽”发动机

综合前述推导，比冲可以表示为推进剂燃烧产物、燃烧室和喷管参数的表达式，这个式子阐明了比冲与燃烧室和喷管设计的简化关系，是发动机设计和分析中常用的公式之一，即

$$I_{sp} = \frac{1}{g_0}C_F c^* = \frac{1}{g_0}\sqrt{\frac{2\gamma}{\gamma-1}\frac{R}{M}T_c\left[1-\left(\frac{p_e}{p_c}\right)^{\frac{\gamma-1}{\gamma}}\right]} \tag{3-2-7}$$

### 3.2.3 单级火箭与多级火箭

火箭推进性能主要是指发动机的性能，而火箭整体的性能则是由其有效载荷能力决定的，这不仅与发动机性能有关，还与火箭的结构质量和级数有关。本节首先介绍火箭的结构比、质量比、载荷比和推进剂比四个重要指标，然后对单级火箭和多级火箭进行讲解。

火箭的初始质量 $m_0$ 等于火箭的结构质量、推进剂质量和有效载荷质量之和，即

$$m_0 = m_s + m_p + m_l \tag{3-2-8}$$

火箭推进剂消耗完毕的最终质量 $m_f$ 等于火箭自身的结构质量和有效载荷质量之和，即

$$m_f = m_s + m_l \tag{3-2-9}$$

将火箭的质量比定义为最终质量与初始质量的比，即

$$\mu = \frac{m_f}{m_0} \tag{3-2-10}$$

将火箭的结构比定义为

$$\varepsilon = \frac{m_s}{m_s + m_p} \tag{3-2-11}$$

将火箭的载荷比定义为

$$\lambda = \frac{m_l}{m_0} \tag{3-2-12}$$

将火箭的推进剂比定义为

$$\varphi = \frac{m_p}{m_0} \tag{3-2-13}$$

容易证明存在关系

$$\begin{aligned} &\varphi + \mu = 1 \\ &(1-\varepsilon)(1-\lambda) = \varphi \end{aligned} \tag{3-2-14}$$

可得

$$\begin{aligned} \Delta v &= -v^* \ln\frac{m_f}{m_0} \\ &= -v^* \ln\mu \\ &= -v^* \ln[(1-\varepsilon)\lambda + \varepsilon] \\ &= -v^* \ln[(1-\lambda)\varepsilon + \lambda] \end{aligned} \tag{3-2-15}$$

则有

$$\mu = e^{-\frac{\Delta v}{v^*}} \tag{3-2-16}$$

在很多情况下，特定任务所需的速度增量是基本确定的，而结构比受材料和工艺水平限制也可大致确定取值范围，经常需要在已知速度增量需求和结构比的条件下确定有效载荷比，即

$$\lambda = \frac{\mu - \varepsilon}{1 - \varepsilon} = \frac{e^{-\frac{\Delta v}{v^*}} - \varepsilon}{1 - \varepsilon} \tag{3-2-17}$$

如图 3-2-7 所示，横轴为速度增量与有效排气速度的比值，纵轴为载荷比，共绘制了 7 种结构比条件下的载荷比曲线。

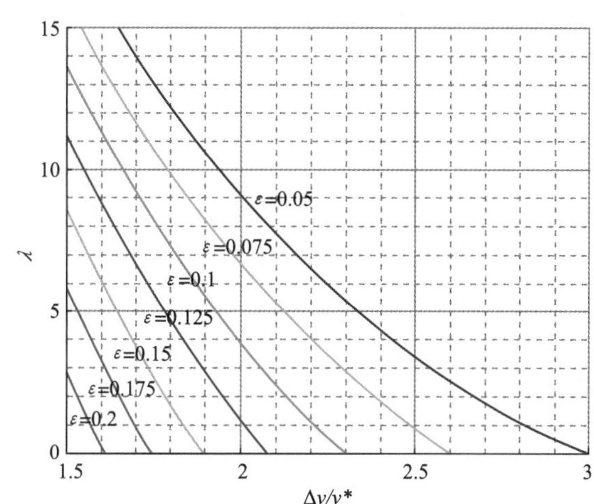


图3-2-7 不同推进能力需求条件下结构比对载荷比的影响

从地面出发进入地球轨道所需的速度增量一般在 9000m/s 以上，而化学推进火箭的有效排气速度大致取值范围为 2500～4500m/s。在理想情况下，单级入轨所需速度增量与有效排气速度之比$\frac{\Delta v}{v^*}>2$，从图 3-2-7 中可以看出，结构比小于 0.125 才有可能实现单级入轨，结构比越小，载荷比越高。然而实际情况是，由于地球大气层的作用，有效排气速度往往比真空条件下的排气速度小很多，因此单级入轨对结构比要求比理想条件下更高。目前，有效排气速度最高的是液氢液氧推进系统，结构比一般大于 0.05，单级入轨的有效载荷比小于 5%。这是目前单级入轨火箭所面临的一个主要困境，即使有能力单级入轨，运载能力也十分有限。

从图 3-2-8 可以更好地看出单级入轨所要求的速度增量和结构比之间的关系。假设单级入轨需要的速度增量为 9100m/s，横轴为火箭的质量比，不同颜色曲线代表不同的比冲。曲线与 $\Delta v$ = 9100m/s 的交点表示临界质量比，只有低于该质量比才有可能实现单级入轨。液氢液氧的比冲可达到 450s，单级入轨的质量比需要小于 0.13，但由于液氢的密度极低，并且需要大量的绝热材料，液氧液氢火箭的结构比很难做到 0.1 以下；液氧煤油的比冲可做到 350s，单级入轨需要的质量比需要小于 0.075，大部分液氧煤油火箭的结构比在 0.05 以上，有效载荷比会很低。这也说明了单级入轨是有可能实现的，但性价比极低，因此到目前为止都没有实际的单级入轨火箭。

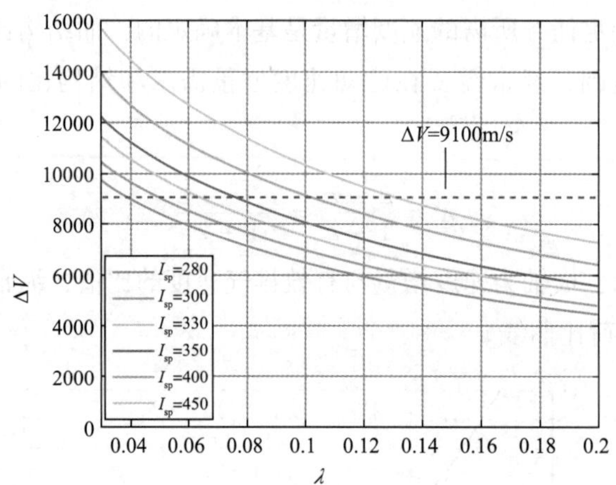


图3-2-8 火箭质量比与速度增量的关系

由于单级火箭的运载能力有限，因此目前的发射任务都选用多级火箭。多级火箭由多个单级火箭串联或并联而成。多级火箭每一级的推进剂燃烧完之后，就将这个级的推进系统以及结构同火箭分离并抛弃，由其之上的一级继续工作推进火箭飞行，直至火箭的所有级工作完毕并最终与有效载荷分离(也有部分火箭的最后一级与有效载荷不分离而保持在轨道上，如“快舟”火箭)。如果将第 $i+1$ 级的初始质量看作第 $i$ 级的载荷，则有

$$\begin{aligned} m_{o,i} &= m_{s,i} + m_{p,i} + m_{l,i} \\ m_{l,i} &= m_{o,i+1} (i = 1, \cdots, n-1) \end{aligned} \tag{3-2-18}$$

则第 $n$ 级的载荷为多级火箭的有效载荷 $m_l$，即

$$m_{l,n} = m_l \tag{3-2-19}$$

对于第 $i$ 级火箭，定义质量比

$$\mu_i = \frac{m_{o,i} - m_{p,i}}{m_{o,i}} \tag{3-2-20}$$

载荷比

$$\lambda_i = \frac{m_{l,i}}{m_{o,i}} = \frac{m_{o,i+1}}{m_{o,i}} \tag{3-2-21}$$

推进剂比为

$$\varphi_i = \frac{m_{p,i}}{m_{o,i}} \tag{3-2-22}$$

结构比为

$$\varepsilon_i = \frac{m_{s,i}}{m_{s,i} + m_{p,i}} \tag{3-2-23}$$

多级火箭的总有效载荷比为

$$\lambda_{tot} = \frac{m_{l,n}}{m_{o,1}} = \frac{m_{l,n}}{m_{o,n}} \times \frac{m_{o,n}}{m_{o,n-1}} \times \cdots \times \frac{m_{o,3}}{m_{o,2}} \times \frac{m_{o,2}}{m_{o,1}} \tag{3-2-24}$$

则可得

$$\lambda_{tot} = \prod_{i=1}^{i=n} \lambda_i \tag{3-2-25}$$

在自由空间中，第 $i$ 级火箭的速度增量为

$$v_i = -v_i^* \ln\mu_i \tag{3-2-26}$$

可以证明

$$\mu_i = \varepsilon_i(1-\lambda_i)+\lambda_i \tag{3-2-27}$$

由于第 $i+1$ 级火箭的初始速度等于第 $i$ 级火箭的最终速度，即

$$v_{o,i+1} = v_{f,i} \tag{3-2-28}$$

因此多级火箭可以提供的总的速度增量为

$$v_{tot} = v_{f,n} - v_{o,1} = (v_{f,n} - v_{o,n}) + (v_{f,n-1} - v_{o,n-1}) + \cdots + (v_{f,1} - v_{o,1}) \tag{3-2-29}$$

则有

$$v_{tot} = \sum_{i=1}^{i=n} v_i = -\sum_{i=1}^{i=n} v_i^* \ln\mu_i \tag{3-2-30}$$

从而可得

$$v_{tot} = -\sum_{i=1}^{i=n} v_i^* \ln[\varepsilon_i(1-\lambda_i)+\lambda_i] \tag{3-2-31}$$

对比不同的结构效率，最优载荷比与级数的关系如图3-2-9所示。图中部分结构比对应的单级火箭的载荷比小于0，这意味着这种结构比不可能实现单级入轨。从图3-2-9中可以看出，二级或三级火箭一般可实现可接受的载荷比，更多的级数带来的结构比增加很小，这也是大部分火箭是两级或三级的原因。

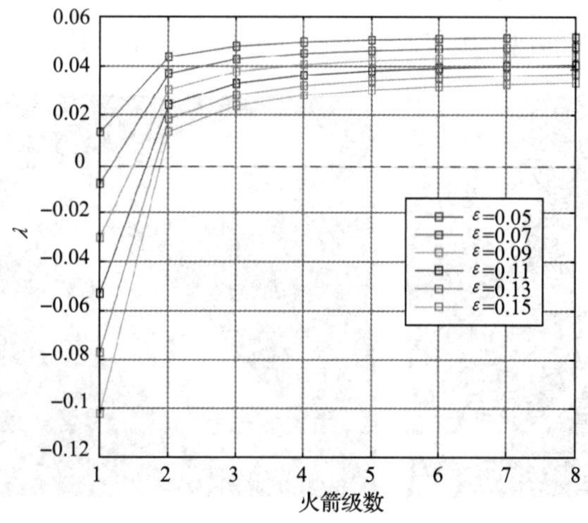


图3-2-9 火箭级数与最优载荷比

## 3.3 电推进技术

传统的航天器推进技术是指利用化学能将飞行器送入空间预定轨道和实现在轨机动技术，主要包括液体化学推进和固体化学推进，相关研制工作可以追溯到1926年罗伯特·戈达德制造的世界上第一台液体火箭发动机，它以汽油和液氧为推进剂。发展到21世纪，化学推进系统的理论知识框架和工程应用体系已趋于成熟，基于化学推进系统的地面发射场和测控系统等配套设施也已完善。但是，随着人类利用和探索宇宙空间的深度(针对近地轨道卫星，延长卫星寿命、改善在轨性能、提高载荷比、减少发射成本)和范围(深空探测)的延伸，传统的化学推进系统由于能量密度(比冲)低已经无法满足空间探索的需求。受限于存储在化学推进剂里的能量，单纯依靠化学推进系统为卫星提供动力已接近极限。除了传统化学火箭以外，空间推进技术还有电推进技术、太阳能推进技术、激光推进技术、核推进技术等。这些推进技术的主要特点是比冲很高，可达千秒甚至上万秒，是未来航天推进技术的必然选择，也是推动地月空间发展不可或缺的先进技术，接下来两节将分别对电推进技术和核推进技术进行介绍。

电推进技术是将电能转化为推进剂动能的推进技术。从1902年苏联的康斯坦丁·齐奥尔科夫斯基和1906年美国的罗伯特·戈达德两位火箭专家分别提出电推进的概念以来，电推进技术已经有了100多年的历史，其发展历程可大致分为四个阶段：1902—1964年为概念提出和原理探索阶段，美国、英国、德国分别研制出离子电推进系统样机，苏联研制了霍尔电推进系统样机；1964—1980年为地面和飞行试验阶段，美国于1964年和1970年分别完成了离子推进器技术试验(SERT-1航天器和SERT-2航天器，图3-3-1)，苏联完成了静态等离子推进器(SPT)，即霍尔电推进飞行试验；1980—2000年为航天器初步应用阶段，苏联的霍尔电推进和美国的离子电推进相继投入应用，日本、德国等其他国家的电推进系统

(a)SERT-1

(b)SERT-2

图3-3-1　SERT-1推进器和SERT-2航天器

也开始飞行试验；2000 年至今为电推进技术和应用快速发展阶段[2]，截至 2019 年，已有超过 500 个航天器利用电推进进行轨道保持或轨道机动。按照技术发展水平估计，未来先进电推进系统可提供 100km/s 的速度增量。

电推进技术不依赖于推进剂内能，电推进系统的比冲很容易实现高出化学推进系统 1 个数量级的比冲，相同质量推进剂可以提供 10 倍甚至更高的速度增量，从而大幅度增加有效载荷、降低系统质量以及延长工作寿命，因此在空间推进领域具有十分广阔的应用前景。电推进技术的普遍特点是比冲高但推力低，在地面起飞和月面上升下降等推力要求大的应用场景中还不够成熟，但在地月空间的真空地带大有用武之地。

典型的电推进系统通常由五个部分组成：转换装置，将电能转换为适合电推进系统的电压、频率、脉冲率和电流；推力器，将电能转化为推进剂的动能(在电推进系统中，产生推力的装置通常称为推力器，其意义类似于化学火箭中的发动机)；推进剂系统，用于存储、计量和输送推进剂或推进剂填充物；控制系统，用于控制动力和推进剂流量等。此外，部分电推进系统还安装有推力矢量控制单元。根据工作原理，电推进技术可以分为电热型、静电型和电磁型三大类。

## 3.3.1 电热型电推进技术

电热型电推进系统的基本工作原理是将电能转化为推进剂的热能，按照加热形式又分为电阻加热型和电弧加热型。

电阻加热型利用电阻产生热量，从而使推进剂膨胀，并通过拉瓦尔喷管向后喷出，如图 3－3－2所示。这种电推进系统只需要携带一种推进剂，结构简单，是最早一批应用的电推进系统，早在 1965 年就已搭载 Vela 军用卫星进入太空。功率达到数百瓦，比冲较低，一般在 250s 左右，常用于卫星轨道机动、近地轨道卫星离轨和姿态控制等。

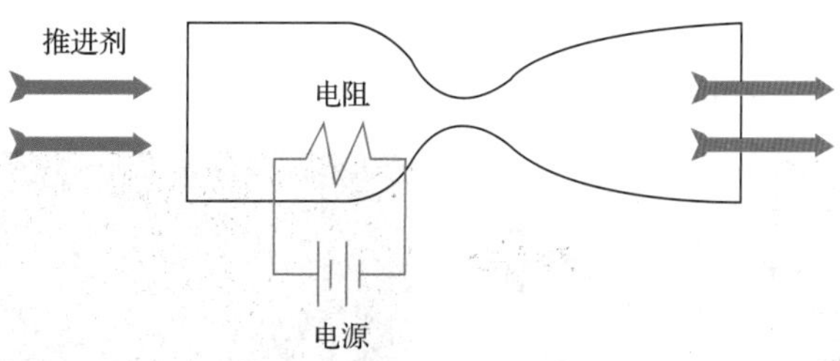


图3－3－2 电阻加热型电推进系统结构

电弧加热型电推进技术利用高压电极在推进剂通道中形成电弧，利用电弧对推进剂进行加热，如图 3－3－3 所示。推进剂通常选用肼类和氨类推进剂，由于电弧比电阻的功率和温度更高，且较长的电弧通道可以持续加热推进剂，因此电弧加热型电推进要比电阻加热型的效率更高，功率达到上千瓦，比冲也已经可以做到 520s 以上。

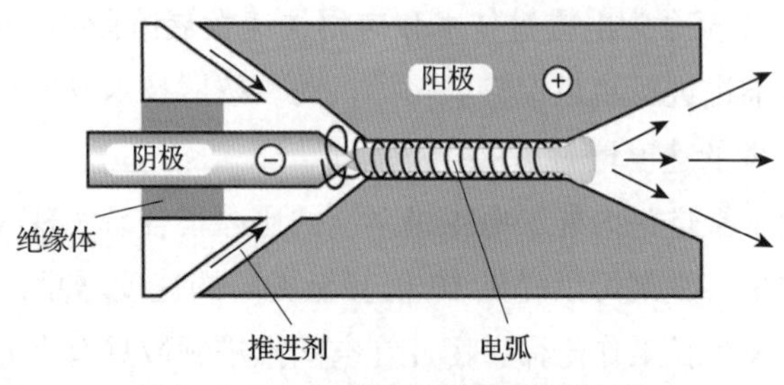

图3-3-3 电弧加热型电推进系统结构

## 3.3.2 静电型电推进技术

静电型电推进也称为电场推进，利用静电场对带电粒子的加速作用形成推力，也就是库仑力。静电型电推进系统喷出的是高速冷气体，分为离子推进器(图3-3-4)和霍尔效应推进器(图3-3-5)两种类型。

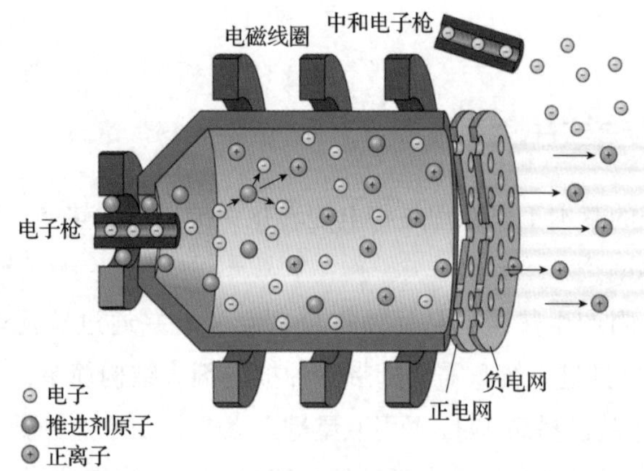

图3-3-4 离子推进器结构原理图

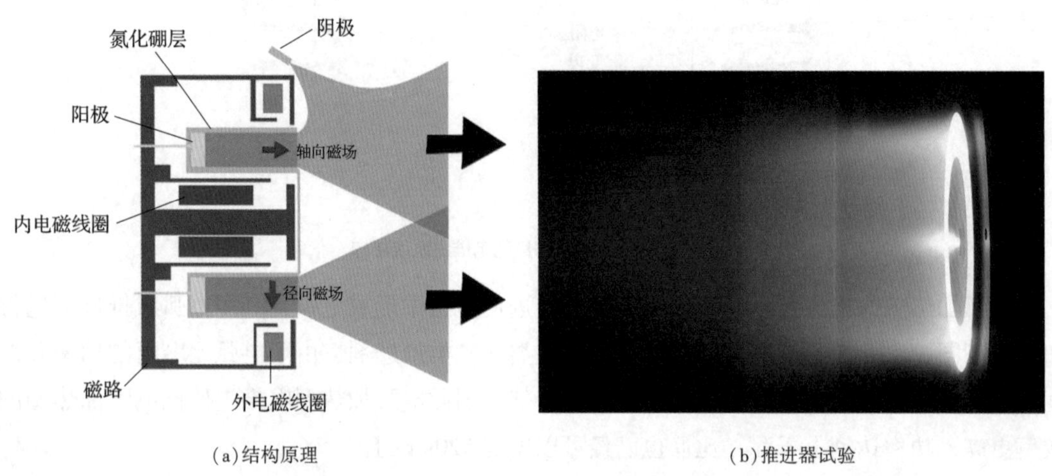

(a)结构原理 (b)推进器试验

图3-3-5 霍尔效应推进器结构原理图及NASA的6kW霍尔效应推进器试验图

离子推进器从电子枪里发射出高速电子，反应室里充满了惰性气体(一般用氙)。电子击中氙分子的电子后把它电离成阳离子，在反应室的末端是正电网和负电网，两个网中间存在很大的电势差。当阳离子到达正、负电网之间的时候，会被这个电势差极大地加速并向后喷出。最后，还有一个喷出电子的电极来中和掉阳离子，让排气达到电中性。网格静电离子推进器通常利用氙气。气态推进剂开始时不带电荷。离子推进器的效率很高，可达60%～80%；排气速度可达20～50km/s，但推力很小，一般为20～250mN。因此，离子推进器一般适用于需要长期加速的真空飞行器，可以持续加速数年时间，将航天器推进到极高的速度。

霍尔效应是电磁效应的一种，由美国物理学家霍尔于1879年发现，并因此得名。霍尔效应是指当电流垂直于外磁场通过半导体时，载流子发生偏转，垂直于电流和磁场的方向会产生一个附加电场，从而在半导体的两端产生电势差。霍尔效应推进器通过圆柱形阳极与形成阴极的带负电的等离子体之间的电势来加速离子。大部分推进剂(通常是氙气)在阳极附近流入，在这里被离子化并流向阴极，在电子离开时吸收电子以中和电子束并以高速离开推进器。

### 3.3.3 电磁型电推进技术

电磁型电推进技术的基本原理是利用电磁力来加速推进剂，即洛伦兹力。相比其他电推进技术，电磁型推进的推力更大，比冲更高。电磁型推进包括磁等离子推进器、脉冲等离子推进器、脉冲感应推进器等。

磁等离子(Magneto plasma dynamic，MPD)推进器也称为洛伦兹力加速器或磁等离子电弧推进器(图3－3－6)。直径几厘米的推力器就能产生几牛的推力，相比之下，30cm直径的离子推进器或霍尔推进器也只能产生0.1N左右的推力。MPD可连续或近乎连续地产生推力。磁等离子推进器结构很像电弧加热型电推进，但原理完全不同。MPD的推进剂注入推力器后，经过电离后成为离子，又进一步在电弧的作用下达到等离子态。原先气体状态的推进剂是绝缘体，但到了等离子态就会变成导体，这时候阳极外壁和阴极中心之间被导通，进而产生电流。同时，等离子产生的磁场形成一个绕着负极中心的环，两者共同作用产生洛伦兹力，将推进剂加速喷出。

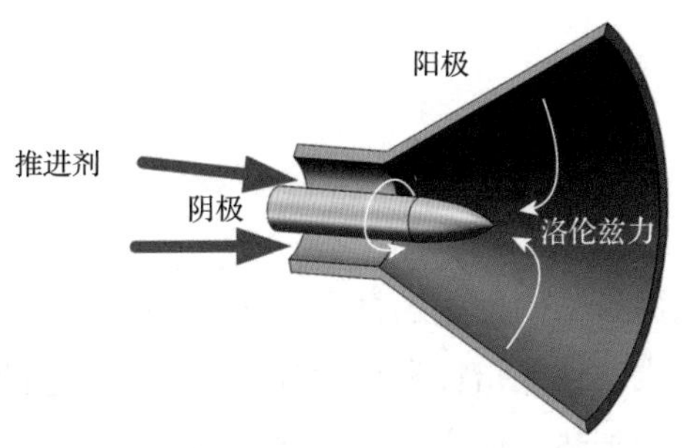


图3－3－6 磁等离子推进器原理结构

脉冲等离子推进器(Pulsed Plasma Thruster，PPT)使用的推进剂是固态的特氟龙，内部安装两条平行导轨，分别作为阴极和阳极，其中一条导轨上安装有点火器。阴极和阳极将特氟龙电离生成等离子体并对之进行加速，随着特氟龙不断被消耗，弹簧将特氟龙不断推向导轨末端(图 3-3-7)。

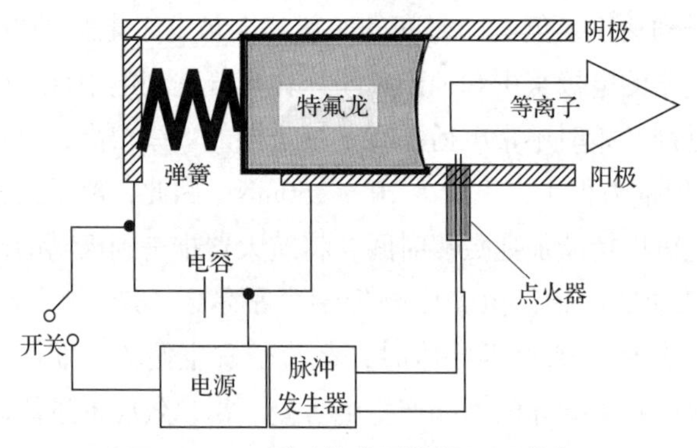

图3-3-7 脉冲等离子推进器原理结构

本书共介绍了 6 种电推进系统，表 3-3-1 对这些电推进系统的典型技术参数进行了汇总，并将之与化学火箭进行对比。可以看出，无论是哪种电推进技术，目前产生的推力仍然很小，但比冲却比化学火箭高得多，特别是磁等离子推力器。相信随着推力的不断增加，电推进技术在地月空间中必将获得越来越广泛的应用。

**表 3-3-1 不同类型电推进系统的典型技术参数汇总**

| 类型 | 推力范围/mN | 比冲/s | 推力器效率/% | 推进时间 | 典型推进剂 |
|---|---|---|---|---|---|
| 热阻加热型 | 200～300 | 200～350 | 65～90 | 数月 | $NH_3$，$N_2H_4$，$H_2$ |
| 电弧加热型 | 200～1000 | 400～800 | 30～50 | 数月 | $H_2$，$N_2$，$N_2H_4$，$NH_3$ |
| 离子推力器 | 0.01～500 | 1500～8000 | 60～80 | 数年 | Xe，Kr，Ar，Bi |
| 霍尔推力器 | 0.01～2000 | 1500～2000 | 30～50 | 数月 | Xe，Ar |
| 脉冲等离子推力器 | 0.05～10 | 600～2000 | 10 | 数年 | 特氟龙 |
| 磁等离子推力器 | 0.001～2000 | 2000～5000 | 30～50 | 数周 | Ar，Xe，$H_2$，Li |
| 化学火箭 | $30～7\times10^9$ | 200～450 | 87～97 | 数分钟 | $N_2H_4$，MMH，$N_2O_4$ |

##  3.4 核推进技术

核推进技术是利用核能进行空间推进的技术，分为核热推进和核电推进，这两种技术具有不同的工作原理、结构组成、性能指标和技术难点。核热推进的基本原理是利用核反应堆裂变反应产生的热能对推进剂加热，使之达到高温、高压状态后从喷管高速喷出产生推力，最大比冲为 1000s 左右，推力可达几吨，远大于电推进系统，与化学火箭推进相当，技术难点是核燃料高温腐蚀、核裂变产物释放造成的放射性污染等难以处理。

核能源的质量密度极高，以核能驱动的核推进具有巨大的潜力，是人类进行地月空间探

索的强有力工具。固堆核热推进及以固堆空间核电源驱动的核电推进是在近期可预期实现空间应用的核推进技术，目前已完成了多套设计方案。这些方案表明，基于现有技术状态，就能以比化学推进少得多的代价实现地月空间推进。

图 3－4－1 绘出了五种不同初始推重比 $\gamma$ 情况下核电推进航天器的质量特性曲线，其中的核电推进系统总比质量 $\mu$ 取当前技术水平下可预期实现的值 20kg/kW。可以看到：核电推进曲线与化学推进、核热推进曲线存在交点，超过某个总速度增量后，核电推进系统的有效载荷比高于化学/核热推进系统，但在此之前则核电推进没有优势。另外，如果需要的速度增量分别超过 10km/s 和 20km/s，化学推进、核热推进已经不能携带有效载荷，而核电推进只要初始推重比 $\gamma$ 值足够低，核电推进仍然可用。从图中还可以看到，初始推重比 $\gamma$ 值对核电推进航天器质量特性曲线的位置影响显著：$\gamma$ 值越高，能实现的有效载荷比越低，大于某个值后将无法携带有效载荷，这是核电推进系统的总质量太大导致的。尽管超过某个总速度增量后，核电推进的有效载荷比高于核热推进，但要在合理的有效载核比情况下达到此目的，$\gamma$ 值必须很小。如图中交点④：若希望在不低于 0.3 的有效载荷比下优于核热推进，则应 $\gamma$ 小于 $4\times10^{-5}$。

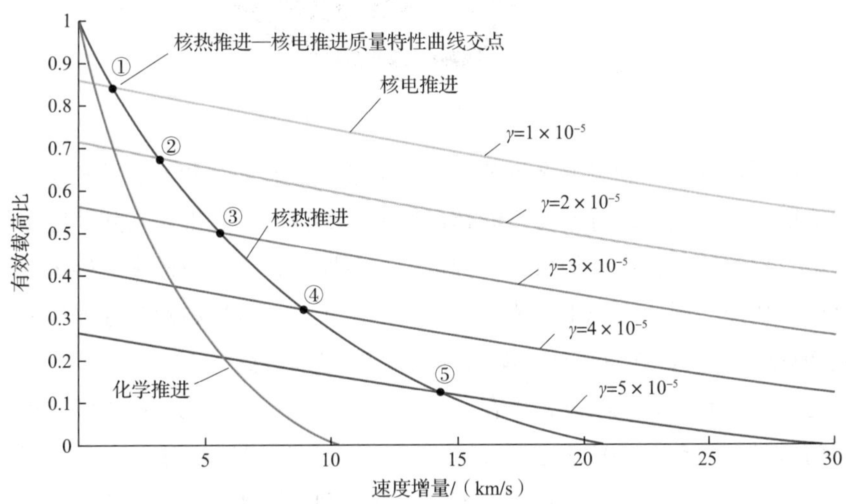


注：计算条件为比冲 $I_{sp}$ = 450s（化学）/950s（核热）/9000s（核电）；推进系统推重比 $\varepsilon$ = 30（化学）/6（核热）/0.001（核电）；初始推重比 $\gamma$ = 0.1（化学）/0.1（核热）/（1～5）$\times10^{-5}$（核电）；储箱比质量 = 0.1（所有）；核电推进系统总质量（核电源 + 电推力器 + PPU + 结构）/电源输出电功率比 $\mu$ = 20kg/kW；核电源功率处理单元（PPU）效率 = 90%；电推力器效率 = 70%。

图 3－4－1　采用化学推进、核热推进和核电推进三种推进技术的航天器质量特性[3]

### 3.4.1　核热推进技术

核热推进又称为核热火箭发动机，利用核反应堆的裂变热能将推进剂加热到很高的温度，然后使高温、高压推进剂经喷管排出，从而产生推进动力。由于核反应堆所具有的能量远高于化学推进剂所含有的热能，因此核热火箭能够将推进剂加热到更高的温度，从而使有效排气速度更高。

核热推进的原理如图 3-4-2 所示，泵将推进剂从储箱中抽出，并通过管道将其送入与喷管相连的环腔。经过堆芯加热的高温、高压推进剂进入喷管加速喷出，产生推进动力。此外，部分高速推进剂被引流至驱动泵。核热推进的能量传递和转换过程为：核燃料发生裂变反应产生的裂变能在堆芯内转换为热能，而后经传导、对流等方式传递给推进剂，使推进剂的温度升高、内能增加。高温推进剂从反应堆排出后，进入收缩扩张喷管，其内能大部分转换为定向动能，使推进剂以很高的速度喷出，从而产生推力。

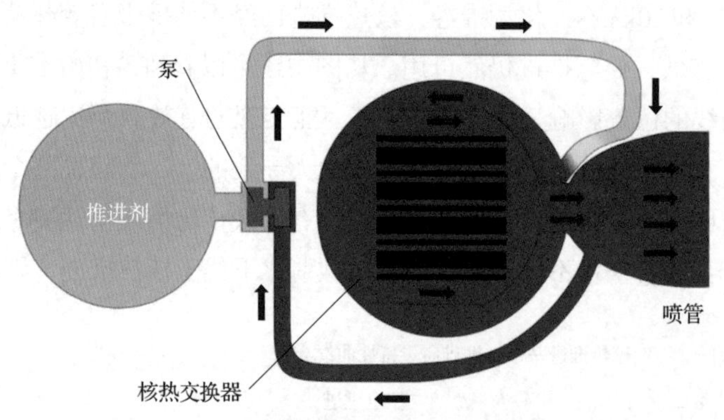


图3-4-2 核热推进系统原理结构

核热推进的反应堆按照燃料形态可分为固态堆芯、液态堆芯和气态堆芯 3 种[4]。固态堆芯的核燃料为固态，反应堆运行温度不能超过燃料的熔点。固态堆芯与陆地应用的核反应堆形态相同，燃料形状固定，易于约束，与推进剂分界明显，可形成固定的推进剂流道，便于与推进剂之间的传热，因此实现难度相对较小。但由于固态核燃料耐受温度较低，只能将推进剂加热到 3000 K 左右，导致该种类型的核热推进比冲较低。

液态堆芯的核燃料为熔融状态，不存在熔化问题，但不能汽化。由于液态堆芯的运行温度更高，可将推进剂加热到 5000K 左右，故可获得更高的比冲。对于液态堆芯而言，熔融状态燃料的形成、熔融状态燃料的包容和控制，推进剂与熔融燃料之间的高效传热等问题很难解决。

气态堆芯的燃料为等离子气态，采用磁场等方式将燃料约束在堆芯内。气态燃料不与包容材料直接接触，温度可达到上万摄氏度，比冲可达到 5000s 以上。气态堆芯的问题在于高温燃料难约束、燃料损失率较高、除燃料外的结构温度过高、喷管难以承受高温等。对于液态堆芯的核热推进，仅开展了概念研究，技术成熟度很低。对于气态堆芯核热推进，在 20 世纪中期开展了理论分析，采用铀箔片模拟气态铀进行了临界试验，采用氟利昂和空气模拟了燃料与推进剂之间的流动传热，但此后未再进行深入研究，技术成熟度也较低。而对于固态堆芯的核热推进，不仅进行了大量的方案设计和理论分析，而且研发出了耐高温的燃料元件，建成了地面原型样机，并进行了大量的启动运行试验，技术成熟度最高，始终是研究的主要方向。

### 3.4.2 核电推进技术

核电推进的工作原理是将核反应堆产生的热能转换成电能，利用电能将推进剂离子化并高速喷出，从而产生推力。如图3-4-3所示，核电推进系统主要由核反应堆、热电转换系统、热排放系统、电源管理与分配系统和推进系统五部分组成，其中核反应堆和热电转换系统又统称为空间核电源。

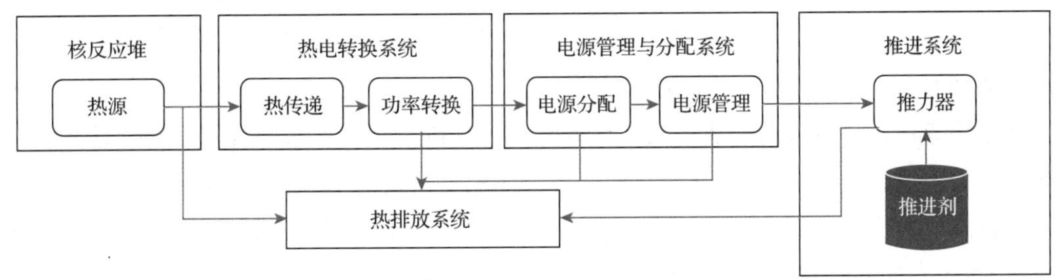


图3-4-3 核电推进系统组成

核反应堆是将核燃料能量转换为热能的装置，目前用于空间推进的核反应堆均为核裂变类型，包括中子增殖堆、反应堆控制系统和屏蔽系统三个部分。核反应堆燃料有很多种，最常用的是Pu-239和U-235，燃料丰度均在90%以上。

热电转换系统的功能是将核反应堆产生的热能转换成电能，主要有静态转换和动态转换。静态转换利用材料的物理属性将热能转换为电能(如热电子、热离子和热光子转换)转换效率为4%~10%。动态转换利用旋转机械将热工转换为电能，转换效率高于静态转换，为10%~30%。

热排放系统的功能是将反应堆、热电转换、电推力器和飞船电子元器件等组件产生的废热排放到空间中。绝大多数热电转换系统的效率低于30%，其余热量必须排放到宇宙空间中。空间的唯一散热方式是热辐射，目前主要有热管辐射冷却器、泵循环液态金属冷却器、液滴散热器三种类型的散热器，其中热管辐射冷却结构简单，目前应用最广。

电源管理与分配系统的功能是对核电源的电能进行集中管理，将电能分配给大功率电推进系统和其他有效载荷。

推进系统的主要功能是利用电能将推进剂电离并高速喷出，从而产生推力，这里的推进系统就是电推进系统。核电推进采用核电源将核能转换为电能，可为大功率电推进系统供电，将推进剂电离加速并高速喷出产生推力，具有高效能、高速度增量、极高比冲(可达10000s)、长寿命等特点，可以大幅缩短任务周期、提高有效载荷比，核电推进技术结合核能的高能量密度和电推进的高比冲优势，是目前的研究热点和重要发展方向。

## 3.5 运载火箭重复使用技术

未来地月空间探索需要大量的往返运输，不仅包括天地往返运输，也包括从月面出发到地球静止轨道的往返运输。运载火箭重复使用是开展大规模地月空间火箭的基本要求，无论是天地往返运输、月面－月球轨道往返运输，还是月球到 GEO 的往返运输等，都要求运载火箭能够重复使用，只有如此才能有效降低运输成本，大规模的地月空间活动才有可能实现。

文献[5]对月球基地建设的运输成本进行了分析。初步考虑月球基地的寿命周期为 10 年，货运任务每 4 个月进行一次，载人任务每 3 个月进行一次，假设着陆器同时具备载人和货运的能力，那么共需要执行 70 次月面任务，飞船共需发射 70 次。假设可重复使用月面着陆器的研制成本为 120 亿元，产品成本为 20 亿元，同时假设月面着陆器每次执行完月面任务返回 L2 点空间站进行维修维护的费用为 5 亿元。根据可重复使用航天器在全寿命任务周期内的成本计算模型，可以得到月球基地任务中可重复使用月面着陆器和飞船的成本与可重复使用次数的关系如图 3－5－1 所示。

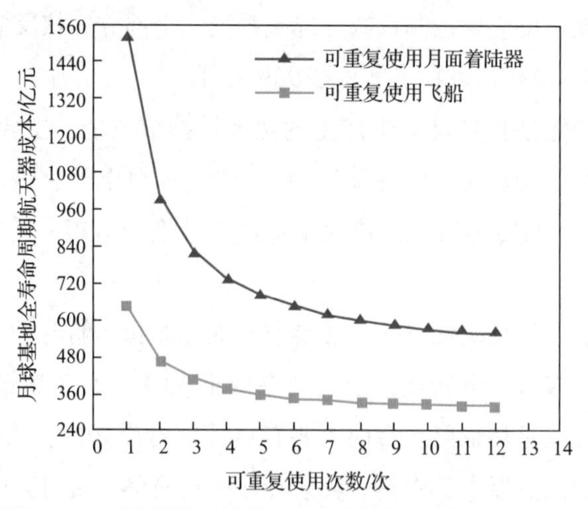


图 3－5－1 月球基地任务航天器成本与可重复使用次数的关系

目前，大部分的重复使用技术研究主要集中在天地往返运载器方面，一般分为水平回收的带翼重复使用运载器（如航天飞机）和动力垂直返回的运载器（如“猎鹰”9 号），而用于月球探索的运载器目前只能采用有动力的垂直着陆方式（如“阿波罗”任务中的月面着陆器）。根据目前的技术发展进度，本节首先介绍天地往返中垂直起降重复使用运载器的发展过程，然后介绍重复使用运载相关的关键技术，以帮助读者对未来地月空间推进技术发展有一个整体的了解。

早在 20 世纪 60 年代，Philip Bono 提出单级可重复使用垂直起降（Vertical Take-off Vertical Landing，VTVL）运载器的概念以及一系列设计方案。其中：ROOST（Recoverable One-Stage Orbital Space Truck）运载器方案携带可充气式阻力锥，在返回时打开，用于保护航天器和减速，最终以33.5m/s的速度坠入海面，重复使用成本较高(图3-5-2(a))；ROMBUS(Reusable Orbital Module-Booster & Utility Shuttle)运载器方案将8个液氢储箱置于箭体外部，起飞后液氢储箱成对分离并由降落伞回收，芯级通过发动机反推和降落伞辅助进行减速，并采用四个可伸缩的着陆支架进行软着陆(图3-5-2(b))。

苏联曾在1985年开展了VTVL可重复使用运载器“Zarya”的相关研究工作(图3-5-2(c))，可将5～6名航天员或1500kg货物送入近地空间站，返回过程中由降落伞辅助进行减速，即将着陆时打开发动机阵列进行制动。由于经费不足，该运载器的研究计划于1989年被搁置，研制期间未开展过飞行测试。

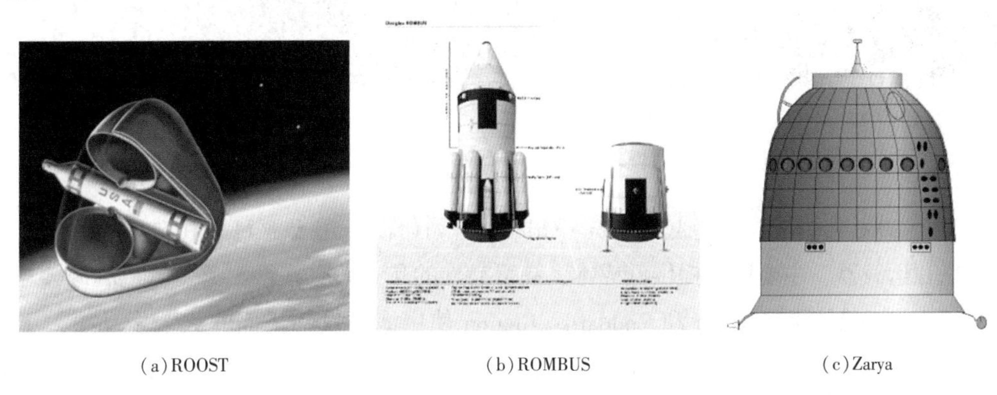

(a)ROOST　(b)ROMBUS　(c)Zarya

图3-5-2　ROOST、ROMBUS和Zarya运载器

20世纪90年代，美国麦道公司(McDonnell Douglas)研制了单级入轨可重复使用运载器三角帆(Delta Clipper Experimental，DC-X)，采用液氢液氧推进剂组合，目标是验证VTVL能力。DC-X不具备入轨能力，起飞时和着陆时头部向上，再入时头部朝下。麦道公司于1993—1995年开展了一系列飞行试验，验证了起飞、悬停、机动、着陆能力。1996年，NASA接管该项目，对DC-X的硬件和飞行控制系统进行了升级，更名为DC-XA(Delta Clipper Experimental Advanced)，并开展了4次飞行试验，为VTVL技术留下了丰富的技术经验(图3-5-3(a))。

1998年，日本宇宙航空研究开发机构开展了可重复使用飞行器测试(Reusable Vehicle Testing，RVT)项目(图3-5-3(b))，至2009年共研制了4个版本飞行器，开展地面测试和飞行试验14次，2003年首次成功实现垂直着陆。最新版本的RVT使用超轻复合材料降低结构质量，姿控系统和主推进系统均采用液氢液氧推进剂，主推进系统由4台发动机组成，着陆时使用其中2台发动机进行减速、4个着陆支柱进行软着陆。RVT计划可将100kg载荷送到100km高度，每天执行5次发射。

近年来，商业航天公司在VTVL运载器研制和技术发展中起到了非常重要的作用。美国Masten Space Systems公司研制了一系列可重复使用VTVL运载器，其中Xombie和Xioe(图3-5-3(c)、(d))在NASA登月飞行器挑战赛中分别获得过亚军和冠军，Xioe在往返比赛中的着陆位置平均精度达到0.19m，此外Masten Space Systems还利用Xaero进行VTVL亚轨道RLV技术验证和积累。

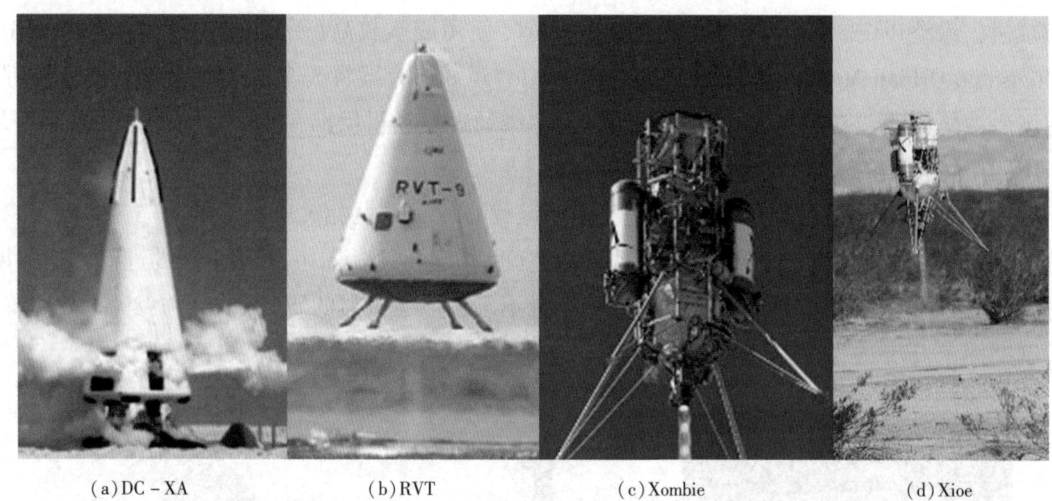


(a) DC - XA　(b) RVT　(c) Xombie　(d) Xioe

图 3-5-3　DC-XA、RVT、Xombie 和 Xioe

成立于 2000 年的美国蓝色起源(Blue Origin)公司研制了用于亚轨道和轨道飞行的可重复使用 VTVL 运载器，主要用于提供低成本、高可靠性的私人太空旅行服务。蓝色起源公司早期研制了低空试验飞行器 Charon 和 Goddard：Charon 使用涡喷发动机而非火箭发动机，于 2005 年完成 VTVL 试验验证，最大飞行高度 96m；Goddard 于 2006—2007 年成功执行了 3 次飞行测试。蓝色起源公司的第一台亚轨道飞行器“新谢泼德”(New Shepard)由助推级和乘员舱两部分串联而成(图 3-5-4(a))，助推级垂直起飞将乘员舱送入太空并分离，之后助推级利用火箭动力减速垂直着陆，而乘员舱则利用降落伞减速返回，2015—2016 年共开展了 5 次飞行试验，其中只有第一次失败，原因是液压系统故障导致着陆时冲击过大而损毁。2015 年 11 月的第 2 次飞行，“新谢泼德”飞过了卡门线并成功实现助推级的垂直软着陆，这是世界上首次亚轨道运载器的垂直软着陆回收。2016 年 1 月第三次飞行，“新谢泼德”首次实现箭体助推级的重复使用，并再次成功回收。蓝色起源公司的轨道运载器“新格伦”(New Glenn)为两级构型(图 3-5-4(b))，其中一级由 7 台 BE-4 液氧甲烷发动机驱动，具备 VTVL 能力。

成立于 2002 年的太空科技探索(Space Exploration Technologies，SpaceX)公司定位于降低太空发射成本和火星移民。为了降低发射成本，SpaceX 公司早期对伞降式回收进行了尝试，但两次伞降回收试验均以失败告终，此后开始转向 VTVL 回收方案。2012 年起，SpaceX 公司利用试验飞行器“蚱蜢”(Grass hopper)开展了低空低速的 VTVL 试验(图 3-5-4(c))，到 2013 年“蚱蜢”退役时共成功开展 8 次飞行试验。之后，SpaceX 研制了更大的 F9R Dev 开展高空高速 VTVL 飞行试验，“蚱蜢”和 F9R Dev 两款试验机验证了 VTVL 变推力控制和导航、制导与控制技术。2015 年 12 月 21 日，SpaceX 成功实现轨道运载器“猎鹰”9(Falcon 9)的一级软着陆(图 3-5-4(d))；2016 年 4 月，海上平台一级回收成功；2017 年 3 月，利用回收后的“猎鹰”9 火箭一级进行了二次发射，实现真正意义上的重复使用；同年，SpaceX 宣布研发两级“大猎鹰”(Big Falcon)(图 3-5-4(e))，其一级和二级均可垂直着陆、重复使用，计划用于载人绕月飞行和火星探测等任务。

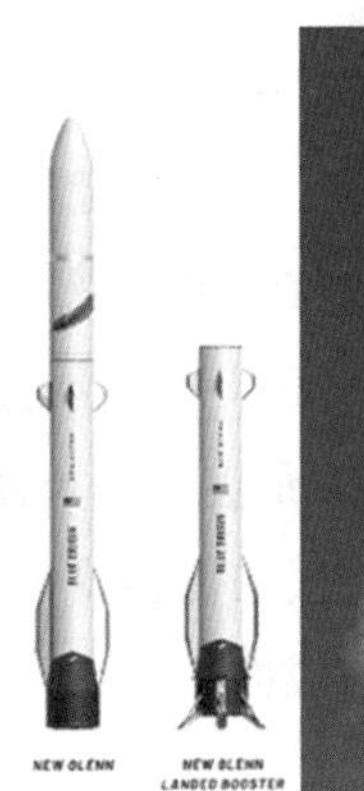

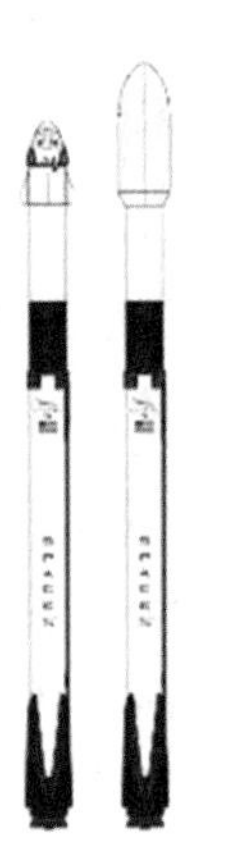
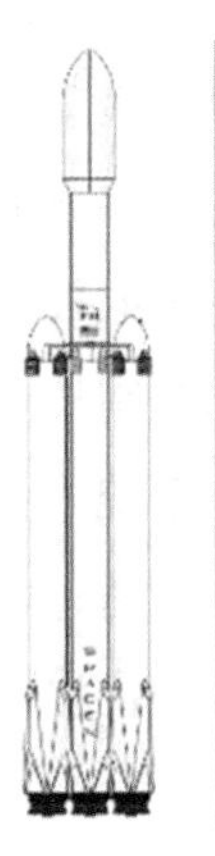

(a)“新谢泼德” (b)“新格伦” (c)“蚱蜢” (d)“猎鹰”9 (e)“猎鹰”重型 (f)“大猎鹰”

图3-5-4 “新谢泼德”“新格伦”“蚱蜢”“猎鹰”9、“猎鹰”重型和“大猎鹰”

国内近年来也针对火箭动力着陆运载器开展了大量研究工作。2018 年 10 月，中国航天科技集团一院 12 所航天智能技术创新中心和宇航智能控制技术国家级重点实验室基于“孔雀”验证平台开展了火箭垂直回收技术验证试验，验证了在线轨迹规划、高精度相对导航、制导与控制等关键技术；八院计划在“长征”六号运载火箭的基础上研制“长征”六号 X 运载火箭，该运载火箭一级安装了四个栅格舵和着陆腿，计划采用垂直着陆方式进行回收；民营航天企业翎客航天是国内最早开始研究运载火箭 VTVL 技术的机构之一，2018 年 1 月翎客航天 RLV－T3 火箭成功实现悬停、平移和垂直软着陆；蓝箭航天、星际荣耀等民营航天企业也计划以 VTVL 为基础开展火箭的回收与可重复使用。

重复使用运载火箭是未来大规模的地月空间活动的基础。目前重复使用仍然面临许多技术难题，主要的关键技术包括发动机重复使用技术、先进导航制导与控制技术、着陆系统设计技术、返场快速自主检测与维护技术等[6]。

(1)发动机重复使用技术。发动机的重复使用是实现运载火箭重复使用的关键。与一次性发动机相比，重复使用的发动机需要经历多次起动、关机、主级运行以及转工况等工作过程，不仅需要各个关键部件长时间处于高速旋转、易腐蚀以及高温、高压的工作环境下，而且需要经受大范围工况变化的影响。为了满足多次重复使用的需求，重复使用发动机在性能、可靠性、安全性、维修性、成本、使用次数和寿命等有更高的要求，因此重复使用发动机的设计和生产难度很大。目前可重复使用发动机主要面临两个方面问题：一是由于设计过分保守导致材料的性能无法得以充分利用；二是由于过分强调材料某方面的性能而导致不期望故障的发生以及过度减少可用寿命。

航天飞机发动机的最初设计目标是在不需要大规模维修的情况下进行 55 次飞行，但实际情况是每飞行 1 次就要进行全系统维护，甚至需要更换涡轮泵系统等关键部件，这不仅延长了发射周期，更增加了航天飞机的运行成本。

近年来，为了提高发动机的运行可靠性、降低维护成本，国际上开展了众多的技术专题研究，包括发动机健康监控技术和减损控制技术等。发动机的健康监控包括故障检测、故障诊断以及故障控制等多方面内容，它可以通过检测、识别、定位、评估与隔离发现发动机可能的运行故障，并采取故障报警、紧急关机等容错控制策略措施，从而将故障引起的损失程度降到最低。减损控制技术则是在保证任务完成的基础上，通过适当降低系统性能指标来达到有效减少或抑制系统中关键部件的损伤发展，从而实现延长系统工作寿命的一种控制策略。减损控制器可以通过对发动机系统中关键部件损伤传感器信号的识别以及发动机系统总体性能指标进行合理优化和权衡，从而确定系统的减损控制率，达到增强系统可靠性、耐用性的要求。

(2)先进导航制导与控制技术。为了确保运载火箭能够以稳定的姿态、按照最优轨迹飞回预定的降落场(地面或月面)，需要具备先进制导导航与控制能力。地球往返返回过程中，可以依赖 GPS 导航、惯性导航以及各种地面测量设备对返回过程进行引导，返回过程中的主要问题是大气会带来很强的不确定性，需要强大的实时在线轨迹规划能力。在月面着陆过程中，由于没有大气的影响，火箭的参数和状态的不确定性较小，但存在导航困难的问题，目前主要依赖图像导航和惯性导航，亟待更多先进制导导航与控制技术提升地月空间飞行的安全性和可靠性。

(3)着陆系统设计技术。着陆支撑是运载火箭子级垂直返回过程的最后一个步骤，也是决定回收成功与否的关键所在。运载火箭的着陆支撑技术的主要难点体现在缓冲装置设计、着陆支撑机构构型优化和着陆支撑机构展开锁定等，是确保火箭安全回收的重要环节。同时，着陆系统只在着陆时起作用，在整个飞行过程中都是“死重”，因此必须严格限制着陆系统的质量，这对材料和结构设计也提出了非常高的挑战。

(4)返场快速自主检测与维护技术。重复使用运载火箭着陆后，应当只需经过简单维修和加注燃料就能再次使用，这是降低成本、提高发射频次的关键技术。返场后需要在短时间内对箭体状态进行检测分析与维修，传统方法主要是通过拆卸箭上产品进行逐个检测，出现故障主要通过依靠人力进行故障分析定位，且通常为了复现问题需要做大量的重复试验，这将对发射周期与成本造成较大影响，特别是在月球上着陆的重复使用火箭，不可能依赖大型机器和大量人力进行监测和维护，而应研究自主检测与维护技术，综合应用机器人技术、人工智能、健康监测技术、自主加注技术等完成地面和月面着陆后的返场快速检测和维护问题。

地月空间的运载火箭重复使用还面临很多其他问题，亟待航天人大胆创新、努力拼搏，共同构建地月空间重复使用运输体系。

## 3.6 天体表面智能自主着陆技术

天体表面着陆是一件非常有挑战性的任务，精准着陆是未来开展地外天体探索的第一步，不只是在地球和月球表面着陆时会面临此类问题，在火星和其他地外天体的探索中同样需要精准着陆技术。如图 3－6－1 是 5 次成功的火星着陆的着陆椭圆区域，5 次着陆的时间线从 1976 年延续到 2012 年，每一次着陆精度都有明显提升。着陆精度越高，运载器的安全性就越高，可以探索的范围就越大。

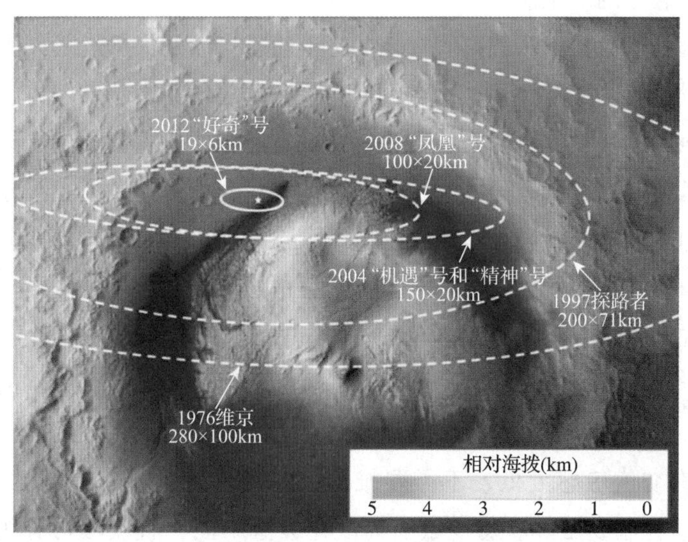


图 3－6－1　1976—2012 年 5 次成功的火星着陆的精度范围

在各天体表面着陆面临的难题各有特点，但着陆技术是共通的，因此本节所讨论的智能自主着陆技术适用范围不仅限于地月空间中的着陆问题（地球和月球），也包括火星等其他地外天体。在天体表面着陆面临的技术挑战主要有如下四个方面：

（1）不确定性强。地球和火星等天体表面存在大气，气体的流动性很强，火箭的制导和控制都会受到大气流动的影响变得不准确，特别是地外天体导航信息不够准确，这些都会给火箭着陆带来很大影响。此外，火箭本身的结构振动、推力扰动等诸多因素也是不确定的。

（2）控制实时性要求高。各种不确定因素导致控制的实时性要求非常高，着陆算法必须能够针对飞行状况进行实时调整。特别在接近天体表面的动力着陆段，需要对前期累计偏差具备较强的适应能力，在较短的工作时间内控制运载火箭消除前期积累误差，然后完成着陆。

（3）误差容忍度小。在大部分着陆过程中，必须第一次就取得成功，否则火箭会因为撞击天体表面而损坏，即使能够进行第二次尝试，但两次尝试之间会消耗大量推进剂。火箭必须能够以接近0的速度到达天体表面，还必须保持运载火箭的姿态稳定，这种要求非常严苛，不允许任何失误。

(4)环境未知。地外天体着陆通常会面临未知环境，由人工干预的方式决定着陆点是不切实际的，必须要求运载器具有较强的自主性，自主决定着陆地点、着陆轨迹和飞行控制。

不确定性强、控制实时性要求高和误差容忍度小等特点使得天体表面着陆是一个动态的、高精度的控制过程，而地外天体环境未知的问题使得运载器的着陆智能自主性需求变得尤为突出，能否适应未知环境是智能自主性的标志，未来地月空间推进必然要求运载器具有智能自主性，具有较强的决策能力。

智能自主着陆技术是指不依赖离线规划的标准轨迹，而是根据运载火箭实时的运动状态和飞行环境，以满足后续飞行过程中复杂约束条件和着陆任务终端条件为目标，在线规划飞行轨迹或制导指令的方法，其中的智能自主性体现在运载器不需要人工干预，就可以根据自身状态和环境参数应对离线规划可能无法预料到的场景，如偏差过大、部分动力系统故障等异常状况。智能自主着陆技术结合运载火箭实时状态和能力，统筹考虑整个飞行过程，对于环境不确定性强且存在严格约束的任务，具有很强的适应性和鲁棒性。

智能自主着陆技术的本质是实时求解最优控制问题，求解方法一般分为直接法和间接法。直接法是采用参数化方法将连续空间的最优控制问题求解转化为非线性规划(Nonlinear programming，NLP)问题，进而通过优化算法求解非线性规划问题来获得最优轨迹。直接法具有初值敏感度低、不需要推导一阶最优性条件、收敛性好、易于程序化等优点，根据火箭控制变量和状态变量的离散化方法不同，直接法可分为离散控制变量、离散状态变量、离散控制与状态变量三大类。间接法的基本思想是基于庞特里亚金极大值原理将最优控制问题转换为哈密顿两点边值问题，然后利用直接法中的各类参数化方法进行参数化，最后利用优化算法进行求解。间接法求解的精度较高，且最优解满足一阶最优性必要条件，但存在收敛域小、共轭变量初值估计的难度高等不足，导致间接法的推导过程十分复杂，难以实时应用。

在实时求解最优控制问题的研究中，常用的方法包括凸优化、伪谱法、同伦方法和模型预测控制等。其中，凸优化的在线轨迹优化是目前研究的热点，这是因为凸优化方法具有局部最优解就是全局最优解的性质，只要将轨迹规划问题转化为等价的凸优化问题，就可迅速收敛得到全局最优解。这种优异的性质使得利用该方法可在多项式时间内完成轨迹优化问题的求解，且能保证求解结果的最优性。通过凸优化，大量的航天器轨迹优化问题可转化为凸优化问题。Behcet Acıkmese 等人基于无损凸优化的思想，通过引入松弛变量将非凸约束转化为松弛凸约束，可将火星软着陆轨迹优化问题转化为凸优化问题。该算法在 NASA 的自主下降与上升动力飞行测试台(Autonomous Descent and Ascent Powered - Flight Test bed，ADAPT)项

目中得到了验证，利用 Xombie 飞行器进行大范围机动飞行，关键技术之一为“基于燃料最优的大范围移动制导方法”（Guidance for Fuel Optimal Large Diverts，G－GOLD），采用定制的SOCP 求解器可在 100ms 的计算周期内在线生成轨迹，并将着陆精度控制在米级。此外，SpaceX 的“猎鹰”9 号也采用的凸优化的方法，实现在陆上着陆时精度为 15m，在海上平台着陆的精度达到 30m[7]；NASA 在 2017 年的一项研究中提出的算法可以保证着陆精度达到20m[8]。

---


[1] George P. Sutton, Oscar Biblarz. Rocket Propulsion Elements [M]. 9th ed. USA: John Wiley & Sons, 2016.

[2] 张伟文，张天平. 空间电推进的技术发展及应用 [J]. Space International，国际太空，2015(3)：1－8.

[3] 廖宏图. 核推进的空间应用浅析[J]. 火箭推进(Journal of Rocket Propulsion)，2016，42(3)：6－14.

[4] 解家春，霍红磊，苏著亭，等. 核热推进技术发展综述 [J]. 深空探测学报. 2017，4(5)：417－429.

[5] 李志杰，果琳丽，张柏楠，等. 可重复使用航天器任务应用与关键技术研究 [J]. 载人航天，2016，22(5)：570－575.

[6] 冯韶伟，马忠辉，吴义田，等. 国外运载火箭可重复使用关键技术综述 [J]. 导弹与航天运载技术，2014(5)：82－86.

[7] Blackmore, L. Autonomous Precision Landing of Space Rockets/Lars Blackmore [C]// Frontiers of Engineering: Reports on Leading-Edge Engineering from the 2016 Symposium, National Academy of Engineering. Washington, DC: The National Academies Press, 2017.

[8] Carson J M, Johnson A E, Hines G D, et al. GN&C Subsystem Concept for Safe Precision Landing of the Proposed Lunar MARE Robotic Science Mission [C]// AIAA Guidance, Navigation, & Control Conference. January 4－8, 2016, California, USA: AIAA 2016－0100: 1－15.

# 第 4 章　载人地月往返运输系统

## 4.1 载人地月往返运输系统概述

载人地月往返运输系统主要由运载火箭、载人飞船、月面着陆器以及轨道空间站等空间基础设施组成，通过各个部分的协作完成航天员的天地往返、地月转移和月面往返运输任务。载人地月往返运输系统构成与主要功能如表 4-1-1 所列。

**表 4-1-1　载人地月往返运输系统**

| 系统构成 | 主要功能 |
|---|---|
| 运载火箭 | 将载人飞船和月面着陆器等载荷发射到近地轨道 |
| 载人飞船 | 为航天员天地往返和地月往返提供轨道转移动力 |
| 月面着陆器 | 为环月轨道进入、航天员月面上升和下降提供轨道转移动力 |
| 空间站 | 为飞船和月面着陆器提供通信导航、停靠补给等服务 |

载人地月往返运输系统可以按照执行任务区域划分为天地往返运输系统、地月转移运输系统和月面往返运输系统，如图 4-1-1 所示。

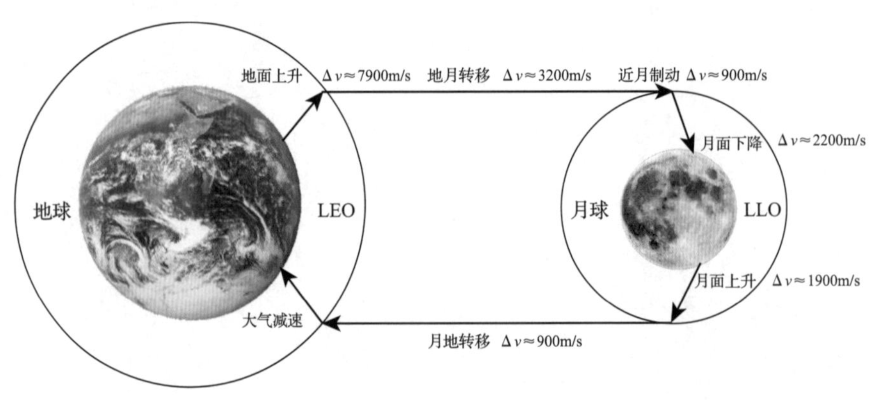


图 4-1-1　地月往返运输系统构成

天地往返运输系统是地月往返运输系统在近地空间的组成部分，主要任务是实现航天员及载荷在近地轨道和地面之间往返运输。天地往返运输的最大特点是需要突破和再入大气，因此天地往返运输系统需要有强大的热防护系统。地月转移运输系统提供地月转移、近月制动和月地转移动力等，主要任务是实现航天员及载荷在地月空之间的转移。地月之间转移没有大气阻力，也不需要克服行星表面引力势阱，对飞行器推进系统的推力大小、热防护系统需求较小，对于载荷等货运运输可以采用小推力、电推力等手段来减小飞行器质量规模。月面往返运输系统是地月往返运输系统在近月空间的组成部分，主要任务是实现航天员及载荷在月面和环月轨道之间的往返运输。因为月球重力环境仅有地球的1/6且月表没有大气，为保证登月舱月面上升和下降的稳定性，对登月舱的发动机的变推力控制提出了更高要求。空间站作为地月运输系统中的基础空间设施，可以为探月飞行器提供通信导航、物资补给、救援支持等服务，有利于提高运输体系的安全可靠性和续航能力，为飞行器的重复使用提供可能。

“阿波罗”计划是人类开展地月往返运输的唯一成功实践，它利用强大的“土星”5号运载火箭、“阿波罗”飞船和登月舱实现了载人登月的创举。“星座”计划是“阿波罗”计划之后公开的、最为系统完善的载人月球探测方案[1]，在经过多方案对比分析后，“星座”计划提出的地月空间运输体系飞行模式如图4-1-2所示。

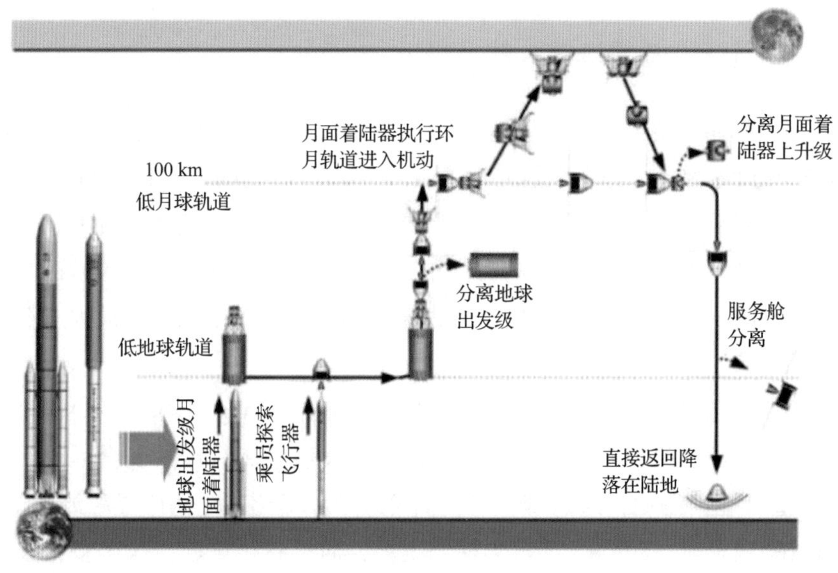


图4-1-2　“星座”计划飞行模式示意图

“星座”计划地月空间运输体系主要是由“战神”1号和“战神”5号运载火箭、地球出发级、载人飞船、月面着陆与上升飞行器构成。它的飞行模式如下：

(1)利用“战神”5号运载火箭将地球出发级和月面着陆器组合体发射到低地球轨道；

(2)利用“战神”1号运载火箭将载人飞船发射到低地球轨道，与地球出发级和月面着陆器的组合体对接，地球出发级提供地月转移动力后与组合体分离；

(3)载人飞船与月面着陆器组合体执行地月转移，依靠月面着陆器下降级提供近月制动动力进入环月轨道；

(4)航天员从载人飞船进入月面着陆器，驾驶执行月面下降、月面上升与交会对接任务，待航天员进入返回舱后，抛弃月面着陆器上升级；

(5)载人飞船服务舱执行月地转移，地球再入前抛弃服务舱，飞船返回舱大气减速后安全再入地球。

## 4.2 载人登月项目中的重型火箭

在美苏争霸期间，美苏分别上马了“阿波罗”计划和苏联载人登月计划，“土星”5号运载火箭成功将3名航天员送到月球，而苏联的登月项目则由于N-1火箭的失败而无法完成。此后，美国又提出了重返月球的“星座”计划，利用“战神”5号运载火箭将人类再次送返月球，但该计划于2011年被证实流产；2017年美国再次宣布了一项新的计划——“阿尔忒弥斯”计划，该项目用到的重型火箭是太空发射系统。

### 4.2.1 “土星”5号运载火箭

1957年美国陆军弹道导弹局向政府提出发展大推力运载火箭的建议，次年初该建议得到采纳，陆军弹道导弹局立即着手研究。1959年，该所研究的火箭正式命名为“土星”运载火箭，1960年陆军弹道导弹局划归NASA领导，“土星”系列火箭的研制任务转交给NASA负责。1961—1972年的11年7个月的时间里，“土星”系列运载火箭总共发射了17次，包括11次载人飞行和6次载人登月飞行，这是美国20世纪60年代规模最大、耗资最多的载人航天计划。

“土星”系列火箭共分为“土星”I、“土星”I B和“土星”V(“土星”5号)三个型号。该系列火箭的终极目标是把载有3名航天员的“阿波罗”飞船送到月球并安全返回，三种型号分工不同：“土星”I是研制型，这是“阿波罗”计划的第一个型号，用于“阿波罗”计划早期地球轨道飞行试验和发射“飞马座”宇宙尘探测卫星，通过飞行试验，获得多台并联发动机推进系统的飞行工作经验，确定装有多台并联氢氧发动机的飞行特性，并推动制导与测量技术发展；“土星”I B是改进型，用于无人或载人“阿波罗”飞船地球轨道飞行试验，“土星”V和飞船程序及部件、系统的试验，以及发射天空实验室；“土星”V是最终型号，专门用于阿波罗飞船登月，目标是在美苏“登月竞赛”中取得胜利。“土星”系列总体参数和运载能力如表4-2-1所列。

表 4-2-1　"土星"系列总体参数和运载能力

| 型号 | 级数 | 全长/m | 最大直径/m | 起飞质量/t | 起飞推力/t | 运载能力/t |
|---|---|---|---|---|---|---|
| "土星"I | 2 | 57.3 | 6.53 | 508 | 669 | 9 |
| "土星"I B | 2 | 68.63 | 6.6 | 589 | 729.6 | 18(倾角 28.5°、185km 圆轨道) |
| "土星"V | 3 | 110.64 | 10.06 | 2945.95 | 3402.9 | 140 |

如图 4-2-1 所示，"土星"I 一级为 8 台 H-1 液氧煤油发动机，二级为 6 台 RL10 氢氧发动机；"土星"I B 一级也为 8 台 H-1 液氧煤油发动机，二级改为性能更高的 J-2 氢氧发动机；"土星"V 一级为 5 台 F-1 液氧煤油发动机，二级和三级分别为 5 台和 1 台J-2氢氧发动机。

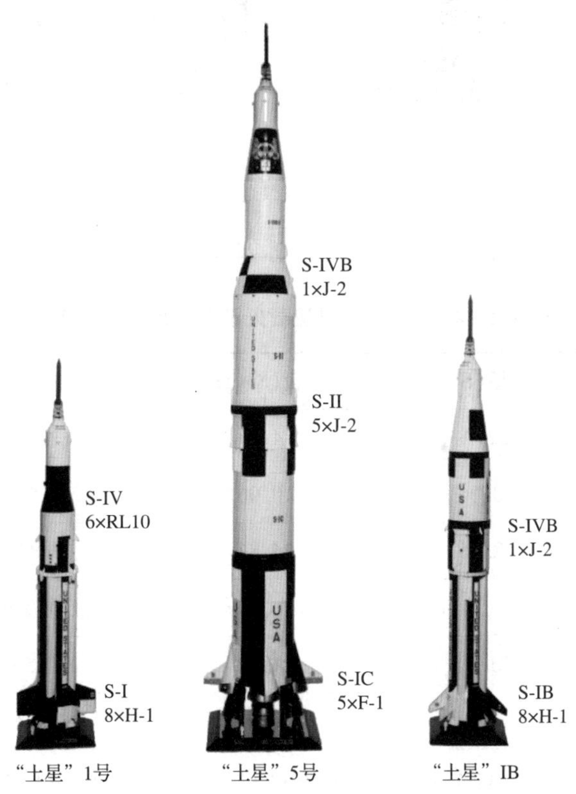


图 4-2-1　"土星"系列火箭尺寸对比及发动机型号[1]

经过"土星"I 和"土星"I B 的经验积累，1962 年"土星"5 号运载火箭正式开始研制，研制任务主要由 NASA 的马歇尔研究中心承担。仅仅 5 年之后，1967 年 11 月 9 日，首次无人"阿波罗"4 号飞行任务就取得了成功，1968 年 12 月 21 日，首次载人飞行，将"阿波罗"8 号送入绕月运行轨道。到 1973 年 12 月，"土星"5 号共执行 13 次发射(图 4-2-1)，成功率 100%(因故障未完成登月任务的情况未考虑在内)。

图4-2-2 "土星"5号运载火箭所有13次发射的场景

"土星"5号运载火箭的主要参数和性能指标如表4-2-2所列。

**表4-2-2 "土星"5号运载火箭主要参数与性能指标**

| | 一级(S-IC) | 二级(S-II) | 三级(S-IVB) | 总体 |
|---|---|---|---|---|
| 质量/t | 2279 | 493 | 122 | 2945.95 |
| 直径/m | 10.06 | 10.06 | 6.6 | 10.06 |
| 长度/m | 42.06 | 24.87 | 17.85 | 110.64 |
| 推进剂 | 液氧煤油 | 液氧液氢 | 液氧液氢 | |
| 推进剂质量/t | 2148 | 457 | 110.53 | |
| 结构质量/t | 131 | 36 | 11.47 | |
| 发动机 | F-1(5台) | J-2(5台) | J-2(1台) | |
| 推力/t | 3400 | 490 | | |
| 发动机工作时间/s | 168 | 366 | 480 | |
| 比冲/s | 266(海平面) | 425 | 430 | |

"土星"5号运载火箭是唯一成功完成载人登月任务的重型运载火箭，其设计理念对后世运载火箭设计产生了非常深远的影响，本书将从总体布局与构型、推进系统、导航制导与控制系统等方面对"土星"5号运载火箭进行介绍。

### 1. 总体布局与构型

“土星”5 号运载火箭是三级火箭，分别命名为 S－IC、S－II 和 S－IVB，此外还有仪器舱、级间段、级间分离装置、箭船分离装置、救生系统等其他主要结构。火箭箭体多采用半硬壳式结构，外部用桁条、内部用隔框加强，主要结构材料是铝合金。一级采用液氧煤油作为燃料，二级和三级则采用液氢液氧。一级之所以采用液氧煤油，是因为液氢的密度非常低，如果一级也采用液氢液氧，那么一级液氢储箱的体积将会是煤油的 3 倍，这会大幅增加气动阻力。

S－IC 级由波音公司研制，长度为 42.06m，直径为 10.06m，推力为 3400t，结构质量约为 131t，结构比为 0.0765。S－IC 级采用串联式储箱，尾部安装 5 台 F－1 型发动机（图 4－2－3），中心 1 台，固定不动，外围均匀安装 4 台，最大摆动角为 ±5°。尾部安装有 4 个尾翼和 4 个整流罩，整流罩内共安装 8 枚反推火箭。如果火箭发生故障，尾翼可以阻尼火箭的旋转，从而使航天员有机会采取措施排除故障或选择逃生。飞行过程中，中央发动机比外围发动机提前约 26s 关闭以降低加速度。一级耗尽时，“土星”5 号运载火箭飞至 67km 的高度，航程约为 93km，速度达到 2300m/s。

图 4－2－3　F－1 型发动机

S－II 级由北美人航空公司研制，安装 5 台洛克达因公司设计的 J－2 型发动机，其布置与 S－IC 级相似。S－II 级的长度为 24.87m，直径为 10.06m，与 S－IC 相同，是直到 1981 年航天飞机发射前最大的低温火箭级（煤油为常温推进剂）。S－II 级的干质量约为 36t，起飞质量为 493t，推进剂比高达 92.7%，可在真空中提供 490t 的推力。但是，超轻的结构设计导致在结构测试中出现过两次失败。S－II 级并没有像 S－IC 级中那样使用箱间段来分隔两个储箱，而是使用了共底储箱，共底隔板构成了 LOX 箱的顶部和 LH2 箱的底部。它由两块铝板组成，并由酚醛树脂制成的蜂窝状结构隔开，需要保证70℃的温差绝热。使用共底储箱可以节省3.6t，因为它既省去了一个箱底，又减少了火箭级的长度。二级安装5台J-2型发动机，安装方式与一级相同，4台外围发动机最大摆动角为±7°，二、三级之间的级间段外侧安装有4枚反推火箭和4枚沉底火箭。

S-IVB级由位于加利福尼亚州的道格拉斯公司研制，安装有1台J-2型发动机，使用的燃料与S-II级相同。S-IVB级使用共底储箱将两个储箱分开，液氢储箱在前，液氧储箱在后，液氢的输送管道安装在液氧储箱的外侧。S-IVB级长度为17.85m，直径为6.6m，推进剂比约为90%。该级的J-2型发动机需要具备多次启动的能力：在二级工作结束后需要先工作2.5min进入地球轨道，之后过一段时间需要再次点火工作约6min进入地月转移轨道。在停泊轨道和地月转移阶段，S-IVB级尾端安装的两个液体燃料辅助推进系统（APS）会用于姿态控制。这两个APS装置还用作沉底发动机，这是“土星”5号运载火箭中唯一使用自燃推进剂的部分。

三级上面安装的是仪器舱，舱内安装有传感器、用于制导和控制的平台/计算机等各类电子设备，总体布局如图4-2-4所示。

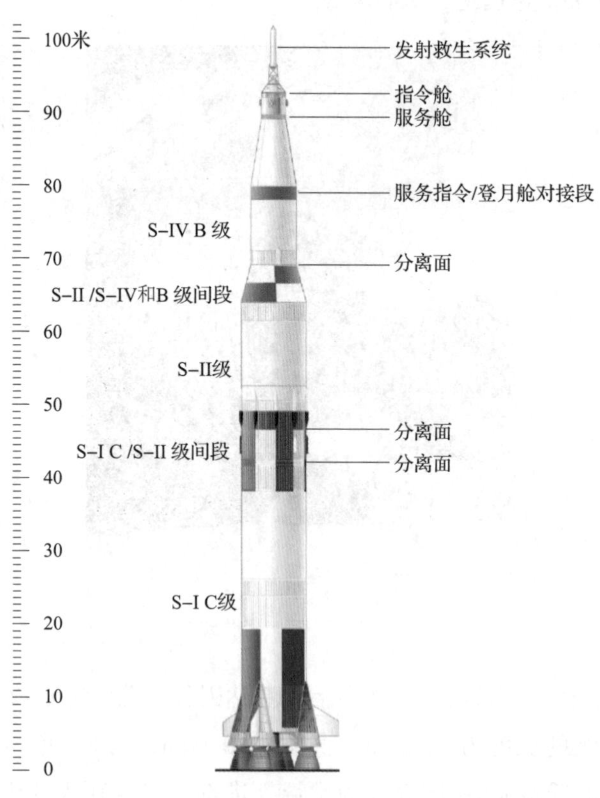


图4-2-4 “土星”5号运载火箭总体布局

## 2. 推进系统

“土星”5号运载火箭的推进系统由一、二、三级的发动机、推进剂输送系统、增压系统、推进剂管理系统和利用系统组成。“土星”5号运载火箭的发动机有两种型号，一级为5台F-1型发动机，二级和三级分别为5台和1台J-2型发动机，两种型号的发动机实物如图4-2-5所示。

(a)F-1型发动机

(b)J-2型发动机

图4-2-5　F-1型发动机和J-2型发动机

F-1型发动机和J-2型发动机主要性能参数如表4-2-3所列。

**表4-2-3　F-1型发动机和J-2型发动机主要性能参数**

| 型号 / 性能参数 | F-1型 | J-2型 |
| --- | --- | --- |
| 推进剂 | LOX/RP-1 | LOX/LH2 |
| 循环方式 | 燃气发生器 | 燃气发生器 |
| 推力/t | 777(真空)，677(海平面) | 103.3(真空)，48.6(海平面) |
| 干质量/kg | 8400 | 1438 |
| 推重比 | 94.1 | 73.2 |
| 燃烧室压力/MPa | 7 | 3 |
| 直径/m | 3.7 | 2.01 |
| 高度/m | 5.6 | 3.38 |
| 比冲/s | 304(真空)，263(海平面) | 421 |
| 喷管膨胀比 | 16:1 | 28:1 |
| 推进剂混合比 | 2.27:1 | 5.5 |

F－1 型发动机是由美国洛克达因公司设计和研发的液氧煤油发动机。早在 1955 年，“阿波罗”计划和“土星”系列开始之前，洛克达因公司就承接了研制重型火箭发动机的任务，当时是由美国空军提出的，目的是为研发重型洲际弹道导弹进行技术储备。很快，洛克达因公司就推出了 E－1 型发动机，但没有得到空军的认可，很快又设计出了推力高达约 680t 的 F－1 型发动机，空军又认为推力实在太大，无处可用，于是 F－1 型发动机也因此搁浅。1958 年 7 月 29 日，NASA 成立，庞大的航天计划需要强大的发动机作支撑，NASA 很快就将目光转到 F－1 型发动机上，并将 F－1 型发动机运送到马歇尔研究中心开展测试，此后通过不断解决冷却等工程问题，最终成为“土星”5 号运载火箭最强大的动力装置。

F－1 型发动机采用燃气发生器循环，海平面推力约 680t，到目前为止仍然是世界上推力最大的单燃烧室液体火箭发动机。5 台这样大推力的发动机起飞推力高达 3400t，只需要 150s 的时间就可以将起飞推力接近 2000t 的“土星”5 号运载火箭推到 64km 的高度，并达到 2760m/s 的速度，是推动“土星”5 号运载火箭飞向月球的最强大的“心脏”。F－1 型发动机的主要组件有推力室、涡轮泵和燃气发生器(图 4－2－6)，这是一种一次起动、定推力双组元推进剂发动机，液氧和煤油的混合比为2.27:1。F－1 型发动机利用一台涡轮泵组为推力室输送推进剂，涡轮泵由燃气发生器驱动。

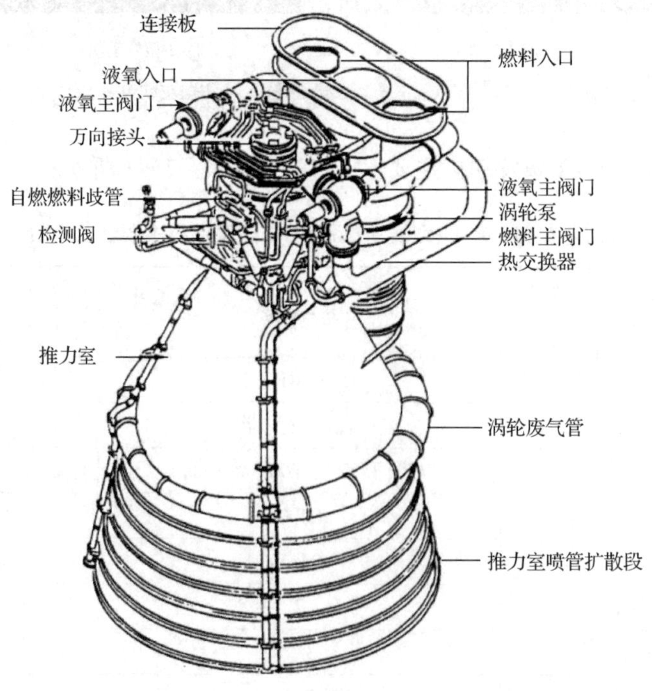


图 4－2－6 F－1 型发动机的主要结构组成

发动机推力室为钟形，推力室室压为 7.6MPa，膨胀比为 10:1，用燃料进行再生冷却；此外，还有一个可拆卸的锥形喷管延伸段，可以把膨胀比增加到 16:1，采用燃气发生器的排

气进行冷却。发动机顶部的圆顶腔室用作向喷射器供应液氧的歧管，还用作万向节轴承的安装座，该万向节轴承将推力传递到火箭体上。在该圆顶下方是喷射器，该喷射器将燃料和氧化剂引入推力室。

J-2 型发动机也是由洛克达因公司设计的，以液氢液氧作为推进剂。所有的 J-2 型发动机都是完全一样的，既可选为二级发动机，也可选为三级发动机。三级的单台 J-2 型发动机采用万向节实现摆动，二级的 5 台 J-2 型发动机则只有 4 台在外围的具有摆动能力。J-2型发动机的主要组成部件包括推力室、推进剂供应系统、燃气发生器和排气系统。

### 3. 导航制导与控制系统

“土星”5 号运载火箭控制系统组成框图如图 4-2-7 所示。

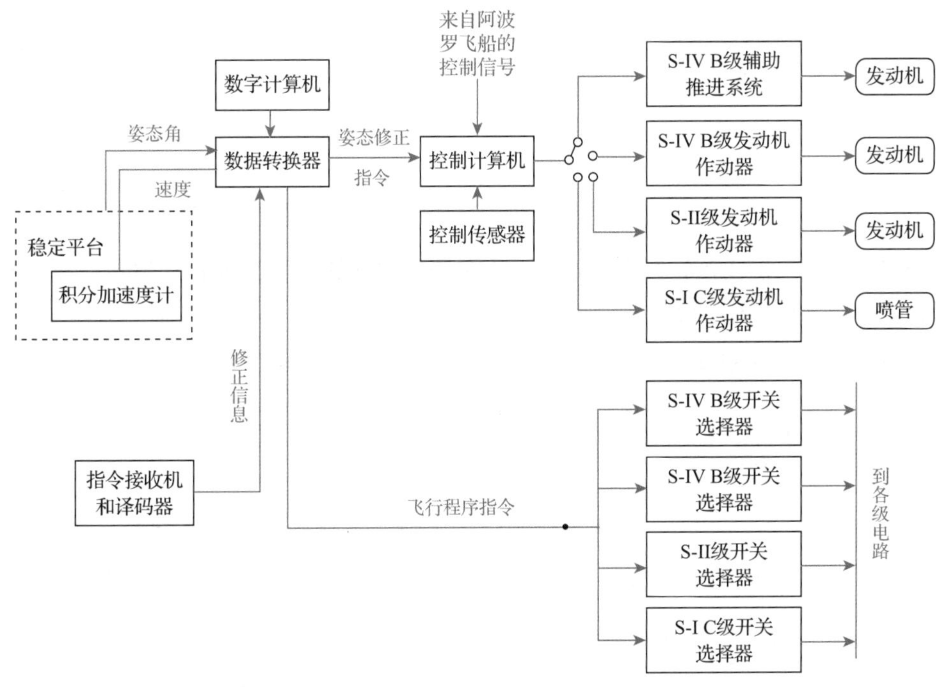


图 4-2-7 “土星”5 号运载火箭控制系统组成框图

“土星”5 号运载火箭一级安装 5 台发动机，外围 4 台可摆动，控制火箭的俯仰、偏航和滚转；二级同样安装有 5 台发动机，外围 4 台发动机摆动，控制火箭的俯仰、偏航和滚转；三级只有 1 台发动机，控制火箭的俯仰和偏航。由辅助推进系统进行滚转控制，滑行段由辅助推进系统进行俯仰、偏航和滚转三通道姿态控制。

“土星”5 号运载火箭的导航制导与控制系统大量采用了冗余技术(图 4-2-8)。为了尽可能提高飞行可靠性和安全性，保障航天员的安全，“土星”5 号运载火箭的设计策略相当保守：一方面采用的元器件和技术都是经过最大限度的飞行验证的；另一方面采用了冗余技术提高可靠性。冗余技术包括：

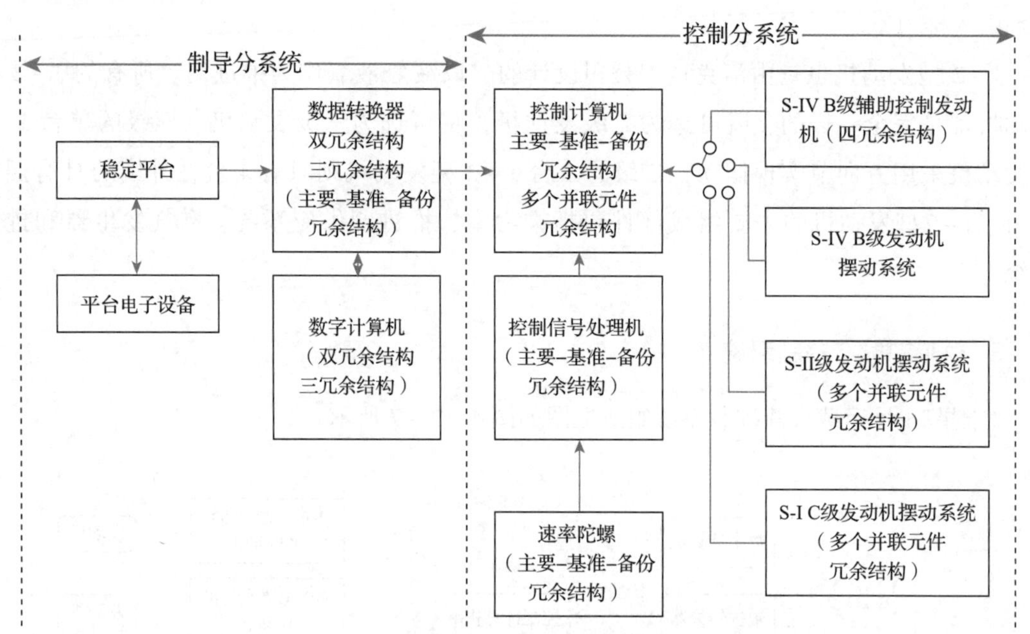


图4-2-8 “土星”5号运载火箭的制导和控制系统采用的冗余技术

(1)稳定平台。采用全系统备份的方法，在进入地球轨道和月球转移轨道段用“阿波罗”飞船上的平台和制导系统作为“土星”5号运载火箭的备份；同时，还考虑了另外一种备份系统，即采用第二套捷联制导系统作为稳定平台制导系统的备份(图4-2-9)。

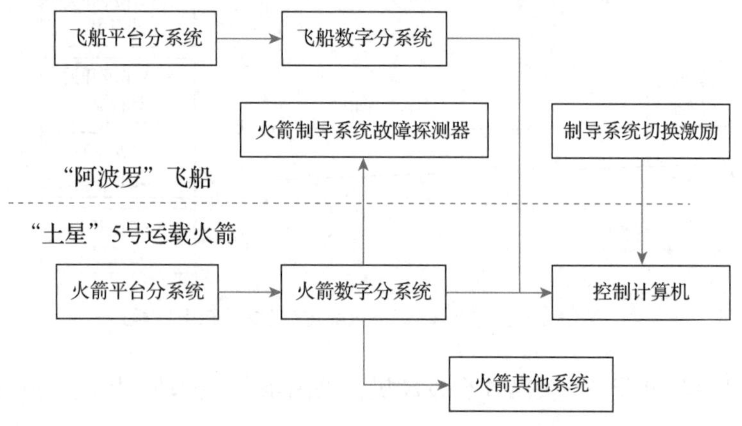


图4-2-9 平台备份系统图

(2)平台元件。对关键元件采用冗余技术，如常平架上的分解器、加速度计上的光学编码盘、陀螺和加速度计的激励电源。

(3)速率陀螺。采用三冗余结构。

### 4.2.2　N－1 火箭与 UR－700 火箭

在“土星”5 号运载火箭的登月之旅如火如荼开展的同时，美苏正处于激烈的太空竞赛，苏联也将登上月球视为争夺战略制高点的重要目标。1959 年，科罗廖夫领导的 OKB－1 设计局(阿列克谢耶夫设计局)开始开展 N－1 火箭的设计，不仅用于载人月球探测和月球以远载人飞行的重型运载火箭，原计划也可用作洲际弹道导弹等军事用途。但是，由于资金短缺和缺乏测试，N－1 火箭在 1969 年 2 月 21 日、1971 年 7 月 3 日、1971 年 6 月 27 日和 1972 年 11 月 23 日的四次试射均遭遇了失败，苏联不得不于 1976 年取消了该工程，N－1 火箭的失败打破了苏联的登月梦，但苏联登月的失败不只是因为存在技术上的问题，政治上的因素也不可忽略。N－1 火箭本身就比“土星”5 号运载火箭开展得更晚，而在美苏争霸的大环境下，只有第一个登上月球才能突显出登月成功的意义，时间不够是测试不充分进而导致失败的重要原因。除了 N－1 火箭，苏联还准备了另外一个方案——UR－700 火箭，但也由于一系列原因而取消(图 4－2－10)。

(a)N－1 火箭　(b)“土星”5 号火箭　(c)UR－700 火箭

图 4－2－10　N－1 火箭、“土星”5 号火箭和 UR－700 火箭

N－1 火箭由科罗廖夫团队研制。除了 N－1 火箭，N 系列火箭还有 N－2 火箭和 N－3 火箭，其中还考虑了采用核发动机的方案。N－1 火箭由三个运载级和上面级组成，三个运载级自下而上分别是 Block A、Block B 和 Block V，它们的任务是将上面级送入地球轨道。上面级的主要任务是执行地球轨道以远到月球之间的运载任务，被称为 L3，L3 本身又包含

了两级，一级(Block G)用于地月转移，另一级(Block D)用于中途修正、月球轨道入轨、月面下降和上升、月地转移。N－1火箭的结构如图4－2－11所示。N－1火箭全高度为103m，最大直径为17m，起飞质量达2735t，略小于“土星”5号运载火箭，外形由圆锥体和圆柱体组成，这种气动外形在运载火箭中并不常见。

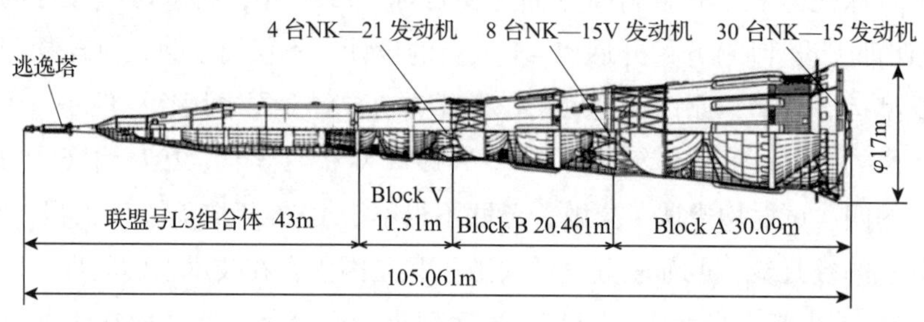


图4－2－11 N－1火箭结构

N－1火箭的一级(Block A)长度30.09m，最大直径为16.875m，顶部直径为10.3m，并联安装了30台NK－15型液氧煤油发动机，其中外环均匀安装24台，内环均匀安装6台。每台NK－15型发动机(后来被改造成NK－33和NK－43两种型号)的推力只有150t，30台并联(图4－2－12)使得N－1火箭起飞推力达到4500t(这里考虑了部分发动机失效的因素，否则不需要这么多发动机就可将N－1火箭发射升空)。后面会提到，科罗廖夫还有另外一种选择，那就是RD－270型发动机。单台RD－270型发动机的推力达到640t左右，这样只需要5台或6台发动机即可带动N－1火箭，但RD－270型发动机的推进剂是剧毒的偏二甲肼/四氧化二氮，而科罗廖夫坚持N－1火箭应该采用无毒推进剂而放弃了RD－270型发动机。

图4－2－12 N－1火箭一级底部安装30台发动机

一级如此多的发动机也使得整个机构变得非常庞大，这些发动机的喷管都是固定的。一级俯仰偏航控制由外环的24台发动机完成，滚转控制由内环的6台发动机完成。

N－1火箭的二级长度为20.461m，底部直径为10.3m，顶部直径为7.6m，安装8台NK－43型液氧煤油发动机。NK－43型与NK－33型大致相同，但由于其工作环境更接近真空，因此喷管扩张比更高，最大推力为175.4t。N－1火箭的三级由4台NK－21型发动机驱动，其主要参数如表4－2－4所列。

**表4－2－4　N－1火箭主要参数**

| 参数 | Block A | Block B | Block V | Block G | Block D |
|---|---|---|---|---|---|
| 长度/m | 30.09 | 20.461 | 11.51 | — | 5.5 |
| 最大直径/m | 16.875 | 10.3 | 7.6 | — | 4 |
| 结构质量/t | 180.8 | 52.2 | 13.7 | — | |
| 发动机 | NK－15(30台) | NK－15V/NK－43(8台) | NK－21(4台) | NK－19(1台) | |
| 推进剂 | LOX/RP－1 | LOX/RP－1 | LOX/RP－1 | LOX/RP－1 | LOX/RP－1 |
| 比冲/s | 330 | 346 | 353 | 353 | |
| 推力/t | 4590(海平面)<br>5115(真空) | 1364 | 163.2 | 44.6 | 8.7 |
| 工作时间/s | 113 | 108 | 375 | 443 | — |

为了抗衡“土星”5号运载火箭，苏联不止研发了N－1火箭，几乎同时开展研制工作的还有OKB－52设计局提出的UR－700火箭。在美苏争霸时期，瓦伦丁·格卢什科(Valentin Glushko)领导的设计局几乎垄断了苏联火箭发动机的生产，他为N－1火箭提供了有毒自燃推进剂发动机。但是，科罗廖夫认为N－1火箭只应使用高效且无毒的低温推进剂。由于两人之间的关系恶化，科罗廖夫冒着风险请尼古拉·库兹涅佐夫(Nikolai Kuznetsov)领导的航空发动机局为N－1火箭提供NK－15型火箭发动机，但是这种无毒发动机的单台推力只有150t，这使得科罗廖夫不得不选择在N－1火箭一级并联安装30台。当时，大部分人对此方案的可靠性持怀疑态度，格卢什科再次提出用自己的有毒RD－270型发动机代替库兹涅佐夫的发动机，这些发动机单台推力达到640t，科罗廖夫再次拒绝。这使得格卢什科转而与科罗廖夫的竞争对手弗拉基米尔·切洛梅结盟，切洛梅同意使用格卢什科的RD－270型发动机，并领导OKB－52设计局在1962年提出N－1火箭的替代型号UR－700火箭(图4－2－13)。

UR－700火箭全长为76m，具有150t的巨大近地运载能力和70t的地月转移轨道运载能力，起飞质量高达4800t，起飞推力达5900t。UR－700火箭是一个三级火箭，发动机都是采用偏二甲肼/四氧化二碳这样的有毒推进剂组合。UR－700火箭大量采用了模块化设计的思想，一级推进模块的直径均为4.1m，这是为了方便铁路运输，每个模块安装1台格卢什科研发的RD－270型发动机。一级共9个推进模块，外围3组双推进模块，每组双推进模块又环绕1个推进模块，内围的3个推进模块中间还有一个储箱，这个储箱为3个内围的推进

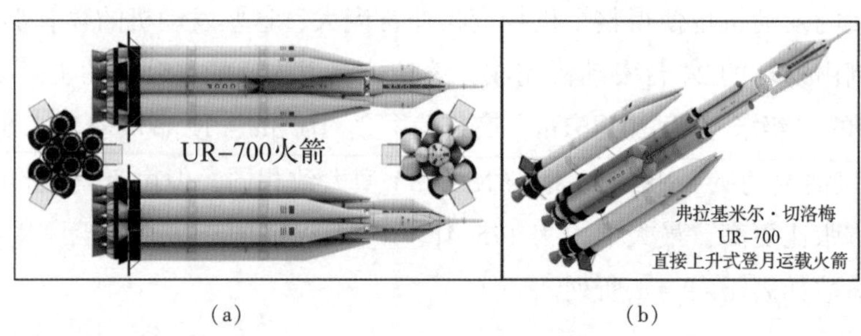


(a) (b)

图 4-2-13 UR-700 火箭

模块提供额外的推进剂。起飞时 9 个推进模块同时工作，但是内围的 3 个推进模块工作时间更长，当外围模块耗尽分离后，内围还需要继续工作一段时间。UR-700 火箭的二级同样由 3 个推进模块组成，与一级内围三个推进模块类似，被一级外围的 6 个模块环绕。二级的三个推进模块分别安装 1 台 RD-254 型发动机，中间也有一个外部储箱，可以在上升过程中单独抛掉。

科罗廖夫设计的 N-1 火箭的整个探月过程分为三个阶段：航天器发射到近地过渡轨道，从该轨道送往月球；到达月球附近后需要减速进入绕月轨道；之后，着陆舱从轨道舱脱离出来，执行月面下降和上升之后重新与轨道舱对接。这种探月模式与美国人的“土星”5 号运载火箭几乎相同，切洛梅认为这种模式很复杂，存在很大风险，任何一环出问题都可能导致灾难性的后果，如轨道舱无法进入绕月圆轨道、着陆舱无法与轨道舱对接等可能的情况。因此，切洛梅认为苏联的登月应当采用直接上升的模式，一步到达月球表面，这种方式最简单，风险也随之降低。

切洛梅的这种顾虑不是毫无道理，在 20 世纪 60 年代，在轨对接的难度非常大，风险也极高，不能单纯地按照当前的技术水平去批评当时的选择。出于这些考虑，切洛梅为 UR-700 火箭设计的飞行任务选择直接登陆月球的模式显得非常合乎逻辑，减少了大量复杂的操作就可以直接着陆。该方案不太有效，但是更简单。与月球交会的登月模式不同，直接登月模式不会受到绕月轨道倾角的影响，因此可以直接在月球表面 88% 的位置着陆。

### 4.2.3 “战神”系列火箭

“星座”计划是 NASA 已终止的一项太空探索计划，主要目标是完成国际空间站的建设，同时也要在 2020 年之前实现将人类送返月球的目标；但是在 2010 年 1 月 29 日，美国白宫证实，由于奥巴马政府 2011 年预算中的财政限制，重返月球的星座计划取消。“星座”计划所使用的运载火箭称为“战神”运载火箭，这是一个运载火箭系列，主要包括“战神”1 号和“战神”5 号。“战神”5 号运载火箭用于运送货物，“战神”1 号运载火箭则用于发射载人航天器“猎户座”，将货运任务和载人任务分开的目的是可以对这两款火箭开展针对性的优化。

值得一提的是，“星座”计划不仅计划采用“阿波罗”登月中用到的月球交会模式，还会加入地球轨道交会模式，如图 4-2-14。一次典型的探月任务由“战神”1 号火箭和“战神”5 号火箭共同完成，“战神”5 号火箭将地面出发级和 Altair 月面着陆器送到地球轨道，再由“战神”1

号火箭将“猎户座”飞船送到地球轨道与地面出发级对接。地面出发级将“猎户座”和 Altair 着陆器送入地月转移轨道，而后“猎户座”飞船绕月飞行，Altair 着陆器载人登陆月球，完成探月后 Altair 着陆器再次载人返回月球轨道与“猎户座”飞船对接，月面下降和上升任务完成后，Altair 着陆器的下降级和上升级会分别被抛掉，最后由“猎户座”飞船载着航天员返回地球。“战神”系列火箭与航天飞机和“土星”5 号火箭的尺寸和运载能力对比如图 4 - 2 - 15 所示。

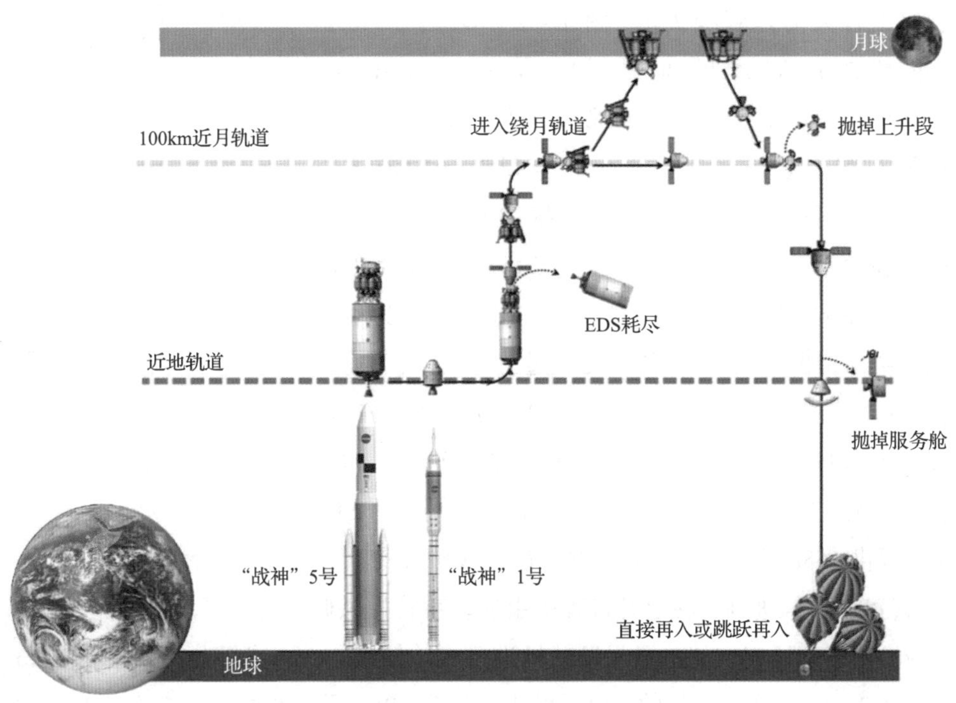


图 4 - 2 - 14　“星座”计划探月任务剖面

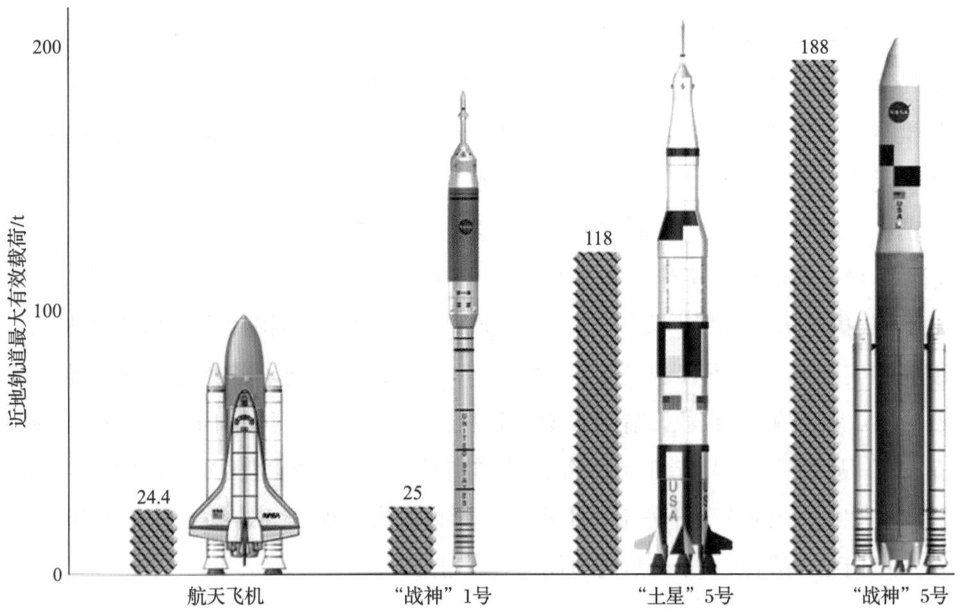


图 4 - 2 - 15　“战神”系列火箭与航天飞机和“土星”5 号火箭的尺寸和运载能力对比

“战神”1 号火箭由美国的 ATK、洛克达因和波音三家公司共同承担研制，最早称为载人火箭(Crew Launch Vehicle, CLV)，其任务只有一项，就是发射载有 4 名航天员的“猎户座”飞船，该火箭计划能够在航天飞机退役后承担起载人发射任务，但在 2011 年随着“星座”计划的取消而取消。

“战神”1 号火箭是两级火箭(图 4－2－16)：一级是五段式重复使用固体助推器(Reusable Solid Rocket Booster, RSRB)，由航天飞机的四段式固体助推器拓展而来，助推器头部安装级间段，与一个全新设计的液体二级相连；二级推进系统采用液氢液氧推进剂，发动机的选择有两种选择，一种是“土星”5 号二级和三级使用的 J－2型发动机的改进型J－2X，另一种是 J－2 型发动机的简化版 J－2S，但后者从未实际飞行过。

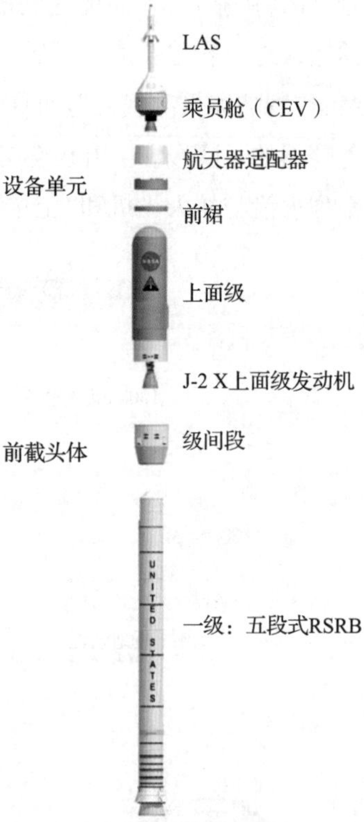

LAS
乘员舱（CEV）
航天器适配器
设备单元
前裙
上面级
J-2 X上面级发动机
前截头体
级间段
一级：五段式RSRB

图 4－2－16 “战神”1 号火箭结构组成

“战神”1 号火箭的典型飞行任务是将 23.27t 的“猎户座”飞船送入一个 20km × 185km、倾角为 28.5°的亚轨道，再由“猎户座”飞船服务舱发动机加速进入圆轨道。其中一级 RSRB 在起飞时可提供 1588t 的强大推力，126s 消耗掉 627t 聚丁二烯—丙烯腈(PBAN)推进剂，在上升过程中由摆动喷管提供俯仰偏航姿控，由级间段安装的单组元发动机进行滚转控制。一、二级分离发生在 59km，此时速度达到 2024m/s，之后耗尽的一级继续上升达到 99km 后向地面掉落，在 4.6km 处会打开降落伞实现回收。

级间段由复合材料构成，将直径相差很大的一、二级连接起来。此外，级间段不仅安装了一级滚转姿控发动机，还安装有 8.4t 的分离发动机和两个级间段分离系统。上面级采用液氢液氧推进剂，发动机为 J－2X 型，真空比冲高达 448s。上面级的俯仰偏航姿控由发动机摆动提供动力，滚转控制则是由一组单组元肼类推力器完成。上面级储箱为共底储箱，液氢储箱在前，液氧储箱在后，主要材料是铝锂合金－2195。

“战神”1 号火箭的研发工作并非一帆风顺。早在 2006 年的计划中，“战神”1 号火箭应不晚于 2014 年执行第一次载人飞行，以便在航天飞机退役后尽快接手美国的载人飞行发射任务，但是在实际开发中不仅遇到了巨大的预算压力，还遭遇了各类技术和工程问题。仅 2009 年Ares I－X(“战神”1 号火箭的技术验证机)的发射就耗费了 4.45 亿美元，2009 年的预算更是显示“战神”1 号火箭到 2015 年的成本可能会高达 400 亿美元，因此在当时的预算下，原计划在 2011 年的首飞任务不得不推迟，而且每次发射任务的成本会高达 10 亿美元甚至更高。2011 年，“战神”1 号火箭的研制工作停止。

在多年的设计研制过程中，“战神”1 号火箭的设计方案在不断改变，以 2006 年 12 月和 2008 年 5 月的两个设计版本为主，如表 4 –2 –5 所列。

**表 4 –2 –5　“战神”1 号火箭两个主要设计版本的参数**

<table>
<tr><th colspan="3">级段</th><th>2006 年 12 月</th><th>2008 年 5 月</th></tr>
<tr><td rowspan="9">一级</td><td colspan="2">推进系统</td><td>5 段式 RSRB</td><td>5 段式 RSRB</td></tr>
<tr><td colspan="2">起飞质量/t</td><td>734</td><td>732. 55</td></tr>
<tr><td colspan="2">推进剂质量/t</td><td>630</td><td>627. 22</td></tr>
<tr><td colspan="2">结构质量/t</td><td>104</td><td>104. 85</td></tr>
<tr><td colspan="2">直径/m</td><td>3. 71</td><td>3. 71</td></tr>
<tr><td colspan="2">高度/m</td><td>53</td><td>53</td></tr>
<tr><td colspan="2">起飞推力/t</td><td>1587 ～ 1632①</td><td>1588</td></tr>
<tr><td colspan="2">平均推力/t</td><td>1245</td><td>1245</td></tr>
<tr><td colspan="2">比冲/s</td><td>237/268. 8</td><td>237/265. 5</td></tr>
<tr><td rowspan="7">二级</td><td colspan="2">干质量/t</td><td>143. 41</td><td>152. 70</td></tr>
<tr><td colspan="2">可用推进剂质量/t</td><td>128. 05</td><td>138. 32</td></tr>
<tr><td colspan="2">耗尽质量/t</td><td>15. 41</td><td>14. 38</td></tr>
<tr><td colspan="2">直径/m</td><td>5. 5</td><td>5. 5</td></tr>
<tr><td colspan="2">高度(包括级间段)/m</td><td>26. 4</td><td>26. 4</td></tr>
<tr><td colspan="2">真空推力/t</td><td>133</td><td>133</td></tr>
<tr><td colspan="2">真空比冲/s</td><td>448</td><td>448</td></tr>
<tr><td rowspan="4">级间段</td><td colspan="2">质量/t</td><td>4. 88</td><td>4. 16</td></tr>
<tr><td rowspan="3">总体</td><td>起飞质量/t</td><td>908</td><td>912. 66</td></tr>
<tr><td>高度/m</td><td>约 95</td><td>99. 7</td></tr>
<tr><td>运载能力/t</td><td>26. 3</td><td>25. 41</td></tr>
</table>

① 数据来源导致推力不是确定数值，而是一个区间。

“战神”5 号运载火箭(最早称为货运火箭，与“战神”1 号火箭对应)是一款两级货运火箭，在星座计划中承担发送地球出发级以及将牵牛星号月面着陆器送到月球的任务，同时还用于火星探测等月球以远的太空探测项目。

“战神”5 号火箭的设计是一个不断迭代的过程，主要参数和发动机选型等都经过了多轮更改，表 4 –2 –6 对其主要版本的参数进行了汇总。

表 4-2-6 "战神"5 号运载火箭各版本参数

| 级段 | 日期 | 2005 年 10 月<br>LV 27.3① | 2006 年中 | 2007 年中 | 2008 年 4 月<br>LV 51.0.39 | 2008 年 6 月<br>LV 51.00.48 |
|---|---|---|---|---|---|---|
| 助推级 | 助推级(单个)/段 | 5 | 5 | 5 | 5 | 5.5 |
| | 起飞质量/t | 751.084 | 735.81 | 731.74 | 730.95 | 791.354 |
| | 推进剂质量/t | 650.751 | 629.51 | 626.25 | 630.63 | 684.998 |
| | 结构质量/t | 100.333 | 106.31 | 105.49 | 100.31 | 106.356 |
| | 直径/m | 3.71 | 3.71 | 3.71 | 3.71 | 3.71 |
| | 高度/m | 53.87 | 53.87 | 53.87 | 54.63 | 58.69 |
| | 起飞推力/t | 1578.29 | 1580.12 | 1592.20 | 1619.94 | 1697.959 |
| | 比冲/s | 242/265.4 | 237/265.5 | 237/267.4 | —/272.8 | 237/275.7 |
| | 工作时间/s | — | 126.6 | 126.6 | 125.9 | 116.4 |
| | 推进剂 | HTPB | PBAN | PBAN | PBAN | PBAN |
| 芯级 | 发动机 | SSME(5 台) | RS68(5 台) | RS68B(5 台) | RS68B(5 台) | RS68B(6 台) |
| | 结构质量/t | 1102.33 | 1559.42 | 1548.342 | 1585.58 | 1760.74 |
| | 可用推进剂质量/t | 1004.71 | 1401.83 | 1396.104 | 1435.28 | 1587.06 |
| | 耗尽质量/t | 97.62 | 157.59 | 152.238 | 150.30 | 173.68 |
| | 结构质量/t | 88.43 | 141.87 | 136.908 | 134.67 | 157.36 |
| | 直径/m | 8.384 | 10 | 10 | 10 | 10 |
| | 高度/m | 64.27 | 64.81 | 65.03 | 67.73 | 71.28 |
| | 推力/t | 850.8/<br>1064.5 | 1495/<br>1705 | 1561.7/<br>1777.78 | 1591.96/<br>1807.26 | 1910.35/<br>2168.71 |
| | 比冲/s | 361.3/452.1 | 357/409 | 360.8/414.2 | 360.8/414.2 | 364.9/414.2 |
| | 工作时间/s | | | 325.3 | 328.9 | 303.1 |
| | 推进剂 | LOX/LH2 | LOX/LH2 | LOX/LH2 | LOX/LH2 | LOX/LH2 |
| 级间段 | 干质量/t | 8.09 | 8.09 | 8.09 | 8.47 | 9.19 |
| 上面级(地球出发级) | 发动机 | J-2S(2 台) | J-2X(1 台) | J-2X(1 台) | J-2X(1 台) | J-2X(1 台) |
| | 起飞质量/t | 228.716 | 245.81 | 245.57 | 259.52 | 279.40 |
| | 可用推进剂质量/t | 206.657 | 226.26 | 223.47 | 234.45 | 253.01 |
| | 耗尽质量/t | 22.059 | 19.55 | 22.10 | 25.07 | 26.39 |
| | 结构质量/t | 19.340 | 16.43 | 21.54 | 22.74 | 24.00 |
| | 直径/m | 8.384 | 8.38 | 8.38 | 10 | 10 |
| | 高度(包括级间段)/m | 22.74 | 22.20 | 23.29 | 22.5 | 21.68 |
| | 真空推力/t | 248.98 | 133.22 | 133.33 | 133.33/107.94 | 133.33/107.94 |

续表

| 级段 | 日期 | 2005 年 10 月 LV 27.3[①] | 2006 年中 | 2007 年中 | 2008 年 4 月 LV 51.0.39 | 2008 年 6 月 LV 51.00.48 |
|---|---|---|---|---|---|---|
| 上面级（地球出发级） | 真空比冲/s | 451.5 | 450 | 448 | 448/449 | 448/449 |
| | 工作时间(首次点火/TLI 点火) | — | — | 751.7 | 472.4/390.4 | 502.9/429.9 |
| | 推进剂 | LOX/LH2 | LOX/LH2 | LOX/LH2 | LOX/LH2 | LOX/LH2 |
| 总体 | 起飞质量/t | 2899.76 | 3332.37 | 3322.62 | 3374.30 | 3699.23 |
| | 高度/m | 109.02 | 109.02 | 110.32 | 109.91 | 116.18 |
| | 近地运载能力/t | 约 120 | 约 130 | 128.76 | 约 127 | 约 145 |
| | TLI 运载能力(含 CEV)/t | 60.60 | 65.40 | 64.65 | 63.57 | 71.10 |

① LV 后面的数字代表 NASA 赋予每个设计方案的序列号。

"战神"5 号运载火箭的一级由两个固体助推器和液体芯级组成，其中：两个固体助推器是航天飞机固体助推器的升级版，是五段半式重复使用助推器，推进剂为高氯酸铵复合推进剂(ATCP)；液体芯级采用液氢液氧作为推进剂，储箱从航天飞机的外储箱衍生而来，直径有 10m 和 8.384m 两种，直径为 10m 时底部安装 5 台或 6 台 RS－68B 发动机，直径为 8.384m 时底部安装 5 台航天飞机发动机(Space Shuttle Main Engine，SSME，RS－25)。上面级也是液氢液氧为推进剂，配备 1 台或 2 台由马歇尔研究中心研发的 J－2X，这是"土星"5 号火箭二级和三级 J－2 型发动机的升级版。"战神"5 号运载火箭一旦完成，将成为人类历史上运载能力最大的火箭，但由于技术和预算等多方面原因，"战神"1 号和"战神"5 号火箭的研制一起随着"星座"计划的取消而终止(图 4－2－17)。

图 4－2－17　"战神"1 号火箭与"战神"5 号火箭

### 4.2.4 太空发射系统

“战神”系列火箭取消后，美国缺少载人航天运输工具，需要开展新的运载系统研制。2017 年，NASA 宣布了“阿尔忒弥斯”计划，这是由 NASA 主导、美国商业航天公司以及国际合作伙伴(ESA、JAXA、CSA 等)共同参与的登月计划，目标是在 2024 年前将一名男航天员和第一名女航天员送到月球。在希腊神话中，“月亮女神”和“阿尔忒弥斯”是“阿波罗”的双胞胎姐姐，承载着与“阿波罗”计划共同的登月梦想，而实现这一梦想的工具就是太空发射系统(Space Launch System，SLS)。

截至 2019 年，NASA 共推出三个构型的 SLS，分别为 Block I、Block IB 和 Block II，如图 4-2-18 所示，其中 Block IB 和 Block II 又分别分为货运型和载人型。这三个构型的液体推进剂都是液氢液氧组合。美国国会要求 Block I 的近地运载能力不低于 70t，而设计结果达到了 95t，计划 2019 年发射“阿尔忒弥斯”1 号、“阿尔忒弥斯”2 号和“阿尔忒弥斯”3 号航天器，现在三次发射任务计划已分别推迟到 2021、2022 和 2024 年。Block IB 的任务是发射“阿尔忒弥斯”4～7 号航天器，目前研制完成的日期已推迟到 2024 年。美国国会要求 Block II 的近地运载能力不低于 130t，用于完成火星探测任务，达到发射任务要求不早于 2028 年。

图 4-2-18 太空发射系统的五种构型

SLS 大量采用模块化设计的思想，其设计具有灵活性和发展性，可以满足各种机组人员和货运任务的需求。一旦完成，SLS 将成为历史上最强大的火箭。

SLS 的芯级高度为 62.54m，直径为 8.384m，以液氢液氧为推进剂，储箱采用“航天飞机衍生”的设计模式，即大量继承航天飞机的设计和生产技术，以避免大量的重新设计和设施浪费。芯级储箱底部安装 4 台 RS－25 型发动机，这也是航天飞机的发动机。两个助推级是五段式固体助推器，这一点与“战神”系列火箭有相似之处，这两个五段式助推器采用了更轻的隔热材料、新型的电子设备，比航天飞机助推器总冲高出 25%。

Block I 的上面级称为过渡低温推进级（Interim Cryogenic Propulsion Stage，ICPS）。ICPS 是由“德尔塔”IV 火箭的低温上面级加上 RL10B－2 型发动机而成，推力为 11t。2020 年 2 月份公布的消息称，ICPS 将执行“阿尔忒弥斯”1 号、“阿尔忒弥斯”2 号和“阿尔忒弥斯”3 号航天器的发射任务，其中“阿尔忒弥斯”2 号具有载人能力。

Block IB 和 Block II 的上面级称为探索上面级（Exploration Upper Stage，EUS），采用 RL10C－3 型发动机，可产生推力为 44t，是 ICPS 推力的 4 倍左右。

太空发射系统主要参数及性能指标如表 4－2－7 所列。

**表 4－2－7　太空发射系统主要参数及性能指标**

| 系统组成 | 主要参数 | SLS Block I (2011)[①] | SLS Block I (2012)[②] | SLS Block IB | SLS Block II |
|---|---|---|---|---|---|
| 助推器 | 类型 | 5 段 | 5 段 | 5 段 | ATK 新研 |
| | 起飞质量/t | 729.8 | 731.885 | 731.885 | 约 793 |
| | 推进剂质量/t | 626.10 | 631.495 | 631.495 | 约 709 |
| | 耗尽质量/t | 103.7 | 100.390 | 100.390 | 约 84 |
| | 直径/m | 3.71 | 3.71 | 3.71 | 3.71 |
| | 高度/m | 53.87 | 53.87 | 53.87 | 53.87 |
| | 起飞推力(s.l.)/t | 1592.47 | 1428.83 | 1428.83 | 2041 |
| | 比冲(s.l./vac.)/s | 237/267.4 | 237/267.4 | 237/267.4 | 约 259/286 |
| | 工作时间/s | 126.6 | 128.4 | 128.4 | 110 |
| | 推进剂 | PBAN | PBAN | PBAN | HTPB(样本) |
| 芯级 | 发动机 | RS25D(4 台) | RS25D(4 台) | RS25D(4 台) | RS25D(4 台) |
| | 起飞质量/t | 1068.3 | 1091.4516 | 1091.4516 | 1091.4516 |
| | 可用推进剂质量/t | 978.9 | 979.4516 | 979.4516 | 979.4516 |
| | 耗尽质量/t | 89.38 | 约 112 | 约 112 | 约 112 |
| | 结构质量/t | 76.12 | 约 102 | 约 102 | 约 102 |
| | 直径/m | 8.384 | 8.384 | 8.384 | 8.384 |
| | 高度/m | 62.54 | 62.54 | 62.54 | 62.54 |

续表

| 系统组成 | 主要参数 | SLS Block I (2011)① | SLS Block I (2012)② | SLS Block IB | SLS Block II |
|---|---|---|---|---|---|
| 芯级 | 推力(s. l. /vac. )/t | 758. 4/929. 6 | 758. 4/929. 6 | 758. 4/929. 6 | 758. 4/929. 6 |
| | 比冲(s. l. /vac. )/s | 366/452. 1 | 366/452. 1 | 366/452. 1 | 366/452. 1 |
| | 工作时间/s | 476 | 476 | 476 | 476 |
| | 推进剂 | LOX/LH2 | LOX/LH2 | LOX/LH2 | LOX/LH2 |
| 级间段 | 质量/t | — | 4. 9896 | 4. 9896 | 4. 9896 |
| 上面级 | 类型 | | ICPS | EUS | EUS |
| | 起飞质量/t | | 31. 2075 | 约 143. 6 | 约 143. 6 |
| | 可用推进剂质量/t | | 26. 8529 | 约 129. 3 | 约 129. 3 |
| | 耗尽质量/t | | 4. 3546 | 约 15. 6 | 约 15. 6 |
| | 干质量/t | | 3. 7649 | 约 14. 3 | 约 14. 3 |
| | 直径/m | | 5. 1 | 8. 384 | 8. 384 |
| | 高度(含级间段)/m | | 13. 7 | 约 18 | 约 18 |
| | 推力/t | | 11. 2492 | 44. 9 | 44. 9 |
| | 比冲(vac. )/s | | 461. 5 | 462. 5 | 462. 5 |
| | 工作时间 | | 1118 | 1090 | 1090 |
| | 推进剂 | | LOX/LH2 | LOX/LH2 | LOX/LH2 |
| 总体 | 起飞质量/t | 约 2650 | 约 2500 | 约 2700 | 约 2900 |
| | 高度/m | 92. 3 | 97. 56 | 100(货运), 111(载人) | 约 111(货运) |
| | 高度/m | 64. 7 | 64. 7 | 约 81. 4 | 约 81. 4 |
| | 近地运载能力/t | 约 95 | 约 90 | 约 105 | 约 130 |
| | 地月转移轨道运载能力/t | N/A | 24. 5 | 约 39 | 约 50 |
| | 火星转移轨道运载能力/t | N/A | 19. 5 | 约 32 | 约 45 |

① 2011 年基准设计。

② 2012 年，上面级更改为 ICPS。

## 4.3 载人地月往返飞船

### 4.3.1　“阿波罗”飞船

“阿波罗”飞船在结构上是由指令舱和服务舱构成的(图 4－3－1)。指令舱内装有生命保障系统、生活物资和废物处理设备、制导/导航与控制(GNC)等电子设备，作为地球再入时的返回舱。服务舱部署有主推进系统、推进剂供应系统、电源系统以及 GNC 等电子设备，为载人飞船提供近月制动和月地转移动力。

图 4－3－1　“阿波罗”飞船

指令舱是航天员在飞行中生活和工作的座舱，舱体为圆锥形，高度为 3.2m，最大直径为 3.9m，质量约为 6t。指令舱分为前舱、航天员舱和后舱。前舱内放置着陆组件、回收设备和姿态控制发动机等。航天员舱为密封舱，存有航天员生活 14 天的必需品和救生设备。后舱内装有 10 台姿态控制发动机，以及船载计算机和无线电分系统等。

服务舱是飞船的动力机房和仓库，舱体为圆筒形，高度为 7.5m，直径为 3.9m，质量约为 25t。动力系统主要由主发动机和 16 台姿态控制发动机组成。主发动机安装在服务舱尾部，主发动机 AJ10－137 有 12 个推进剂储存箱，分别装有二氧化氮和混肼－50，推力为 9.6t，真空比冲为 308s，是火箭第三级抛离后飞船轨道机动的主要动力，为近月制动和月地转移等轨道转移机动任务提供动力。16 台姿态控制系统发动机，每台推力为 445N，采用四氧化二氮和一甲基肼作为推进剂，可连续工作 290s，也可脉冲工作，最高频率达到 40 次/s，姿态控制系统发动机用于飞船与第三级火箭分离、登月舱与指令舱的对接与分离等。

“阿波罗”飞船在功能上是由推进分系统、生命保障系统、GNC 系统、电源分系统、热控分系统、消耗品管理分系统等组成的。“阿波罗”飞船的 GNC 系统是飞船各个分系统中最复杂、精度要求最高的部分。它的功能是使飞船遵循正确的航线飞行，包括：指引飞船飞跃 $3.8\times10^5$km 的茫茫太空，操纵飞船进入精确的绕月飞行轨道；控制指令舱服务舱准确返回地球，在宽 43km 的“再入走廊”内再入。此外，飞船各种发动机的点火、喷射、推力与工作时间都是根据该系统测量的数据，经计算机计算得出并自动执行的。“阿波罗”飞船导航系统为全惯性导航，它有两种工作方式：一是经常性地进行导航测量，以改变飞船位置和速度参量；二是周期性地进行轨道预测，以便在飞船脱离指定航向时利用动力系统对运动速度和方向进行小量修正。为保证制导与导航的安全可靠，有三条渠道共同进行处理：一是由地面雷达监视飞船，测得的数据经地面计算机处理后通知飞船的制导与导航计算机；二是飞船自身的陀螺仪和加速度计等惯性测量仪测出的飞船方向与速度变化；三是航天员利用飞船内光学望远镜对特定目标星进行跟踪，将测量信息输入飞船计算机。飞船制导与导航计算机将三条渠道的信息与预定程序相比较，分析决策后发出校正航线的正确指令和数据。

## 4.3.2 “猎户座”飞船

美国在2004年的新太空探索计划中提出了需要开发建造新一代载人飞船，作为接替航天飞机向国际空间站运送航天员的飞行器。“新太空探索”计划后来更名为“星座”计划，新一代载人飞行器命名为载人探索飞行器(CEV)，授权洛克希德·马丁公司负责设计和建造，原计划于2020年前实现美国航天员重返地球。载人探索飞行器于2008年正式更名为“猎户座”(图4-3-2)，2010年“星座”计划取消，但由于“猎户座”飞船能够支持载人深空探测任务，在NASA的太空发射系统中得以保留，并更名为多用途乘员飞行器(MPCV)。2014年“猎户座”飞船开展了首次无人飞行验证试验，在NASA旨在重返月球的“阿尔忒弥斯”计划中，仍将“猎户座”飞船作为载人探月飞船，2020年2月“猎户座”飞船姿态控制系统发动机点火测试成功，基本具备了载人飞行条件。

图4-3-2 “猎户座”飞船

“猎户座”飞船主要是由指令舱、服务舱、发射中止系统、飞船适配器、太阳能翼板等部分组成，直径约为5m，总质量约为23t，支持近地轨道6人乘组和探月任务4人乘组。“阿波罗”飞船相比，“猎户座”飞船内部空间更大，是“阿波罗”飞船的2.5倍，增加了着陆缓冲气囊，支持在沙漠等陆地回收。“猎户座”飞船加装了太阳能电池翼板，不再完全依赖于飞船自身携带的燃料电池，使得飞船的电力系统可靠性和续航能力得到更大改善。采用了更加先进的复合材料，不仅质量更小，还能抵抗更高的再入温度，返回舱经检修后可支持

10 次以上重复使用。“猎户座”飞船的中央计算机更加强大，能够适应极端温度和辐射环境，支持部分重要任务的在轨分析计算；采用了更加先进的 GNC 系统和冗余备份设计方案，载人飞船的自主飞行能力和安全可靠性得到显著提高。

## 4.4 月面着陆与上升飞行器

### 4.4.1 “阿波罗”计划月面着陆与上升飞行器

“阿波罗”计划月面着陆与上升飞行器由下降级和上升级组成(图 4 - 4 - 1)，直径约为 4m，高度约为 6.1m，质量约为 14.7t。月面下降动力由着陆器下降级提供，完成月面探测任务后，仅上升级离开月面与载人飞船对接，下降级遗留在月面。

图 4 - 4 - 1　“阿波罗”飞船月面着陆与上升飞行器

登月舱上升级内有加压密封舱，可容纳 2 名航天员，安装有上升发动机和姿态控制发动机。上升级发动机为 RS - 18，推力为 1.568t，采用四氧化二氮和混肼 - 50 作为推进剂，主要为执行月面上升任务提供动力。16 台姿态控制系统发动机，每台推力为 445N，采用四氧化二氮和一甲基肼作为推进剂，可连续工作 290s，也可脉冲工作，最高频率达 40 次/s，用于航天员完成环月轨道与指令舱对接。登月舱下降级由着陆发动机、4 条着陆腿和 4 个仪器舱组成。登月舱下降级底部安装有着陆发动机 MIRA-10K，可变推力范围为 0.466 ～ 4.475t，比冲为 308s，采用四氧化二氮和混肼 - 50 作为推进剂。

登月舱有两部雷达：一部是着陆雷达，用于掌握距离月面高度和下降速度；另一部是交会雷达，负责跟踪指令舱发出的交会信号。上升级和下降级采用爆炸螺栓连接，上升级的前部是密封加压的乘员舱。从地球出发时，登月舱安装在火箭第三级与服务舱的结合部中；进入奔月轨道后，登月舱从结合部弹出，与调整转向的指令舱服务舱对接。完成登月任务后，航天员从登月舱上面级的乘员舱转移到指令舱，并抛掉登月舱上面级，进入月地转移轨道。

### 4.4.2 “星座”计划月面着陆与上升飞行器

“星座”计划是基于“阿波罗”任务登月舱建造新的月面着陆与上升飞行器，并命名为“牵牛星”号。“牵牛星”号月面着陆器采用立式设计，整体构型为圆筒形，和“阿波罗”号任务登月舱相同分为上升级和下降级，如图 4 –4 –2 所示。其与“阿波罗”任务登月舱不同的是，执行登月任务时 4 名航天员将全部进入“牵牛星”号月面着陆器，而将空的“猎户座”飞船留在月球轨道。“牵牛星”号月面着陆器上升级为加压密封舱结构，部署有月面上升所需燃料、生命保障系统、GNC 系统和交会对接机构，为航天员安全月面上升并执行交会对接任务提供支持。“牵牛星”号月面着陆器下降级为非加压结构，配置有推进剂储箱、下降级推进系统、电池以及 GNC 等电子设备，为近月制动、月面下降等任务提供动力。

图4 –4 –2 “牵牛星”号月面着陆与上升飞行器

“牵牛星”号月面着陆器设计具备在脱离地球后独立运转 210 天的能力，有乘员飞行模式、乘员驻扎模式和无人货运模式，无人货运模式下可将 15t 货物送往月球。“牵牛星”号有两个舱门：一个在上升级顶部，用于与“猎户座”飞船建立连接；另一个为下降级出舱舱门，用于月面出舱活动。与“阿波罗”任务登月舱不同的是，“牵牛星”号月面着陆器出舱舱门与上升级乘员舱之间多了一个气闸舱，可让航天员在其中穿脱航天服，这样能够保持舱内压力，也不会将表岩屑带入乘员舱。在执行月面任务期间，如果一名航天员的航天服出现故障，可容许他单独返回“牵牛星”月面着陆器，而不必中断整个任务。“牵牛星”号月面着陆器能从赤道面或大倾角轨道降落到月球极地，着陆器下降级采用改进的 RL10 型低温火箭发动机，使用液氢液氧推进剂，上升级则采用 AJ –10 型发动机，使用常规推进剂。

## 4.5 月球轨道空间站

月球轨道站可以为月球探测提供通信、补给和应急救援等支持，是开展可持续月球探测和月球开发利用的重要空间基础设施。美国2017年的《太空政策1号令》提出要重返月球，NASA计划建造名为“深空之门”(DSG，Deep Space Gateway)的月球轨道空间站。后来美国宣布将重返月球的时间点从2028年更改到2024年，将深空之门更名为月球轨道平台-门户(Lunar Orbital Platform-Gateway，LOP-G)，月球轨道平台-门户的功能定位为支持载人登月任务，并以此作为深度探索太阳系并将人类送上火星的中转站。月球轨道平台-门户概念设计图如图4-5-1所示。

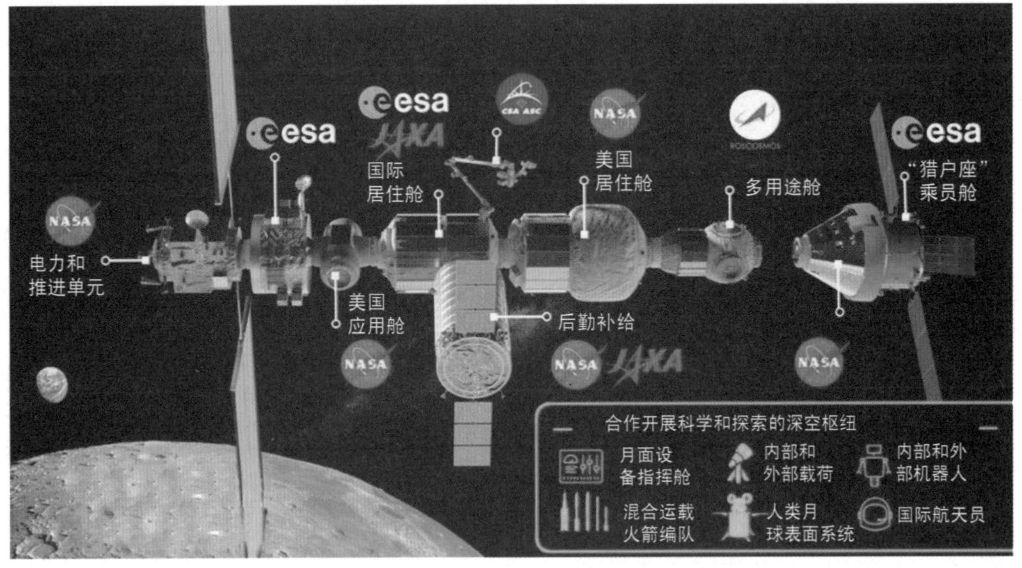


图4-5-1 月球轨道平台-门户概念设计图

月球轨道平台-门户与国际空间站相似，其采取国际合作的方式，计划邀请欧洲航天局、日本、加拿大等合作共建。与国际空间站不同的是，“深空之门”将运行在月球轨道上，初步选定的停泊轨道为近直线晕轨道(Near Rectilinear Halo Orbit，NRHO)，可供开展长期的载人飞行任务和科学实验。月球轨道空间站主要由电推进系统舱、居住舱、气闸舱和后勤舱等组成，拟采用大功率电推进技术来进行轨道维持和机动，支持至少4名航天员驻留。拟计划从2023年开始利用“空间发射系统”来发射月球轨道空间站的各个组成部分，预计2026年完成初步建设。

# 4.6 案例："阿波罗"13 号飞船对导航、制导与控制的挑战

## 4.6.1 "阿波罗"13 号飞船标准任务规划

### 1. 任务概述

1970 年 4 月，"阿波罗"13 号任务是"阿波罗"计划第三次登月任务(图 4－6－1)，其月面着陆目标点是弗拉·莫洛高地。为了使任务控制中心能够与航天员乘组进行准确的交流，将载人飞船的指令舱命名为"奥德赛"，登月舱命名为"水瓶座"。

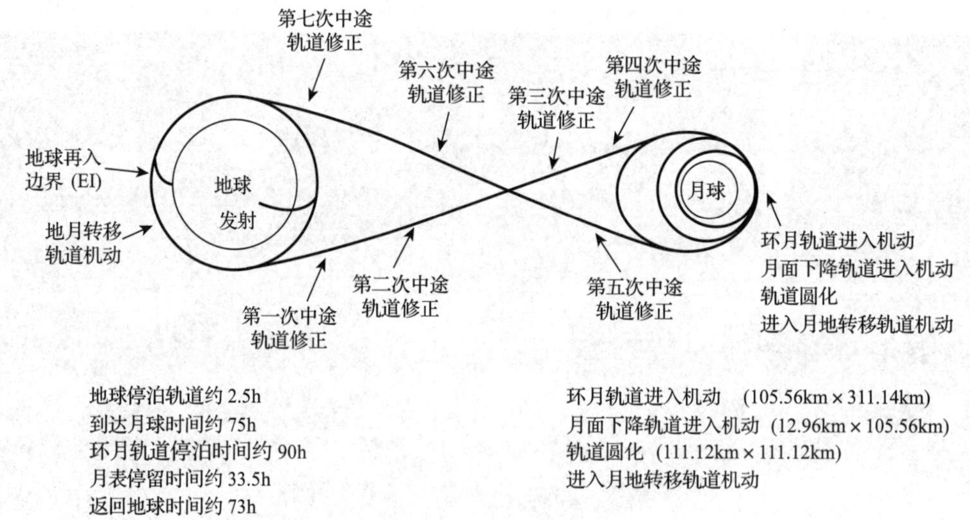


图 4－6－1 "阿波罗"13 号标准任务规划

"阿波罗"13 号标准任务规划是利用"土星"5 号将飞船组合体发射至近地轨道，在轨进行状态确认并等待转移窗口，在轨道停泊 2.5h 后加速进入地月转移轨道；在地月转移阶段执行 4 次中途轨道修正，耗时 75h 到达月球附近。载人飞船进入环月轨道并在轨道上停泊约 90h，等待月面着陆器月面上升与交会对接，这期间月面着陆器在月面停留约 33.5h；在月地转移阶段执行 3 次中途轨道修正，耗时约 73h 返回地球[2]。

### 2. 地面上升和低地球轨道停泊

"阿波罗"13 号任务标准发射时间为美国东部标准时间 1970 年 4 月 11 日 14 时 13 分，从 39A 发射台发射。标准任务计划包括在近地轨道上停泊 1.5 圈，在低地球轨道上的主要活动为检查运载火箭末级 S－IVB 和指令服务舱系统，等待地月转移窗口。

### 3. 奔月轨道设计

“阿波罗”8号、“阿波罗”10号和“阿波罗”11号飞行任务均采用的是自由返回轨道。运载火箭末级S－IVB点火使飞船进入奔月轨道，将飞船送到近月点为111.12km的绕月轨道，如果飞船没有成功进入环月轨道，飞船将绕月后进入月地转移轨道，具备进入地球再入走廊的能力。

当出现服务舱推进系统故障或者出现可预期的轨道散布误差时，服务舱的反推力系统能够执行必要的轨道修正来确保飞船达到地球再入所需的条件(飞行路径角和速度)。“阿波罗”12号引入了一种新的地月转移轨道技术，即混合自由返回轨道，“阿波罗”13号也使用了这种混合自由返回技术，如图4－6－2所示。在执行第二次中途轨道修正(MCC－2)之前，任务轨道和之前的自由返回轨道一致，通过执行MCC－2进入非自由返回轨道，可以降低月球轨道进入的速度增量需求。这样可以节省环月轨道进入所需推进剂，增加登月舱登陆前的悬停时间，增强了着陆点选择和发射窗口的灵活性。

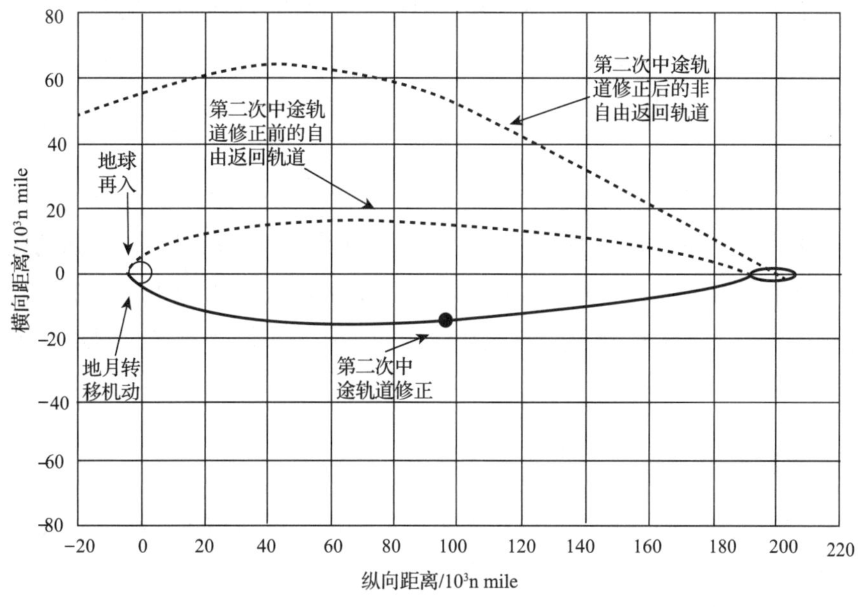


图4－6－2　自由返回轨道和混合轨道对比图

在“阿波罗”8号、“阿波罗”10号和“阿波罗”11号任务中，运载火箭末级的任务是将载荷送入自由返回轨道。在“阿波罗”13号任务中，自由返回轨道的近月点距离为388.92km，第二次中途轨道修正将轨道修正为近月点距离为109.27km的非自由返回轨道。这个返回轨道的近地点距离约为4630km，飞船不会被大气捕获并安全返回地球。

为确保满足月球轨道进入的各项条件，规划中还要进行两次中途轨道修正，其中，第三次轨道修正(MCC－3)在进入环月轨道机动前的22h执行，第四次轨道修正(MCC－4)在进入环月轨道机动前的5h执行。如果经载人航天飞行网络追踪雷达数据计算得到的轨道修正

所需速度增量足够小，还可以选择不执行轨道修正。当发生长期的通信丢失时，飞行任务控制中心会在任务执行的25h、35h、60h，月球轨道进入前5h以及进入近月点后2h，向“阿波罗”任务乘组发送任务中止的点火机动程序数据。指令单元计算机将在离开月球影响半径时，提供返回地球点火数据的备份，使飞船具备自主返回地球的能力。当需要直接执行返回地球任务时(不绕月)，需要提前抛弃登月舱；也可以依靠登月舱下降级来执行月地转移点火机动，但是需要进行绕月飞行。一旦飞船进入月球影响球范围内，采用借助月球引力的绕月飞行将比不绕月飞行更快地返回地球。

#### 4. 地月转移推进后运载火箭末级轨道设计

在“阿波罗”8号、“阿波罗”10号、“阿波罗”11号和“阿波罗”12号任务期间，火箭末级的J-2型发动机利用剩余的推进剂在月球引力辅助作用下进入日心轨道。然而，对于“阿波罗”13号来说，运载火箭末级将会作为“阿波罗”12号部署的地震仪的观测目标而撞击月球，试图重现“阿波罗”12号上升级月面上升过程中观测到的月震现象。载人航天飞行网络将会在运载火箭末级撞月之前对其持续跟踪。根据任务网络获得的定轨数据将用于对火箭末级进行两次中途轨道修正，运载火箭末级计划在指令服务舱和登月舱组合体进入月球轨道后20min左右撞击月球。

#### 5. 奔月途中的航天员活动

在奔月途中，推进和GNC等功能主要由指令服务舱执行。乘组人员的活动包括中途轨道修正、惯性导航系统校准、六分仪偏差测定、登月舱检测、系统维护、燃料电池清洗、废水处置、地球摄影等。为了控制飞船系统和结构的热环境，需要对航天器进行被动热控制旋转。

#### 6. 月球轨道和月面活动

在“阿波罗”11号和“阿波罗”12号任务中，第一次月球轨道进入机动将飞船送到轨道111.12km×312.99km的环月轨道。在第二次月球轨道机动将飞船送达100.01km×122.23km的绕月轨道，由于月球重力作用，飞船在绕月运行2圈后，在登月舱与指令服务舱交会对接时，会进入到111.12km×111.12km的圆形绕月轨道。在着陆前半圈左右，执行月面下降轨道插入机动，将登月舱送到14.82km×111.12km的绕月轨道，并从新的绕月轨道近月点执行动力月面下降。

相比之下，“阿波罗”13号任务中的月球轨道进入机动则是将飞船送达最初的105.56km×311.14km高度的绕月轨道上。在执行月面下降轨道机动2圈后，登月舱将进入12.96km×105.56km的绕月轨道。由于月球引力场的影响，在运行12圈后执行动力月面下降机动，此时轨道已经偏移到15.37km×109.08km的绕月轨道。“阿波罗”13号将使用服务舱推进系统执行月面下降轨道机动，而不是像以前任务一样使用登月舱的下降推进系统，这样节省足够多的推进剂，使得登月舱在着月前能够多悬停 15s。

“阿波罗”13 号任务原计划在东部时间 1970 年 4 月 15 日 21 时 55 分着陆月球，并在月面停留 33.5h。2 名着月航天员执行 2 次月面出舱活动，每次约 4h，部署第二个“阿波罗”月面探测装置包(“阿波罗”12 号在月面部署了第一个月面探测装置包)，开展系列月面探测活动。

当登月舱在月面时，指令舱中的航天员在月球轨道开展科学活动，包括为后续的“阿波罗”登月任务拍摄潜在的着陆点详细图像，指令服务舱的甚高频通信系统还将与地基天线一起开展月面双基地甚高频雷达实验。“水瓶座”登月舱计划在 4 月 17 日 7 时 22 分从月面起飞，采用与之前“阿波罗”任务相似的椭圆轨道进行交会对接。在航天员和采样物品转移到指令服务舱后，登月舱上升级将与指令服务舱分离。“阿波罗”10 号任务中登月舱上升级通过自身推进系统进入了日心轨道；“阿波罗”11 号任务中登月舱上升级留在环月轨道，最终由于月球引力摄动而撞向月球。“阿波罗”13 号与“阿波罗”12 号相似，其登月舱上升级将在任务控制中心控制下离轨并撞向月球。“阿波罗”13 号任务计划中登月舱上升级将撞击在着月点附近，为“阿波罗”12 号和“阿波罗”13 号部署的月震仪提供数据。

月地转移轨道进入机动原计划在指令服务舱于环月轨道停泊约 90h 后执行，在标准任务规划中，指令服务舱计划在 1970 年 4 月 18 日 13 时 42 分离开月球轨道。

#### 7. 中途轨道修正和地球再入

原计划在月地转移途中执行三次中途轨道修正，以确保飞船满足地球再入条件，其中，第五次轨道修正(MCC－5)计划在月地转移变轨机动后 15h 执行，第六次轨道修正(MCC－6)计划在地球再入前 22h 执行，第七次轨道修正(MCC－7)计划在地球再入前 3h 执行。这些中途轨道修正被分隔开，确保载人航天飞行网络获得的数据能够支持地面导航、后续任务规划等任务。在“阿波罗”任务中，中途轨道修正会在所需速度增量较小时选择取消执行。

地球再入的标准速度为 11.14km/s，再入角度为－6.5°，标准再入轨道的再入点和着陆点的纵向地面航迹距离约为 2315km。“阿波罗”13 任务计划在 1970 年 4 月 21 日 15 时 17 分降落在太平洋上圣诞岛以南 333.36km 的位置，2 艘海军两栖突击舰将用于航天员的回收搜救。

### 4.6.2 “阿波罗”13 号飞船实际任务规划

在“阿波罗”13 号飞船奔月途中，服务舱的 2 号液氧储箱爆炸导致服务舱氧气大量泄漏，任务支持中心不得不中止登月任务，并对实际任务规划进行了大量调整。在“阿波罗”13 号任务乘组和地面支持队伍的共同努力下，“阿波罗”飞船依靠服务舱下降推进系统提供动力安全返回地球，“阿波罗”13 号飞船任务实际执行情况如图 4－6－3 所示。

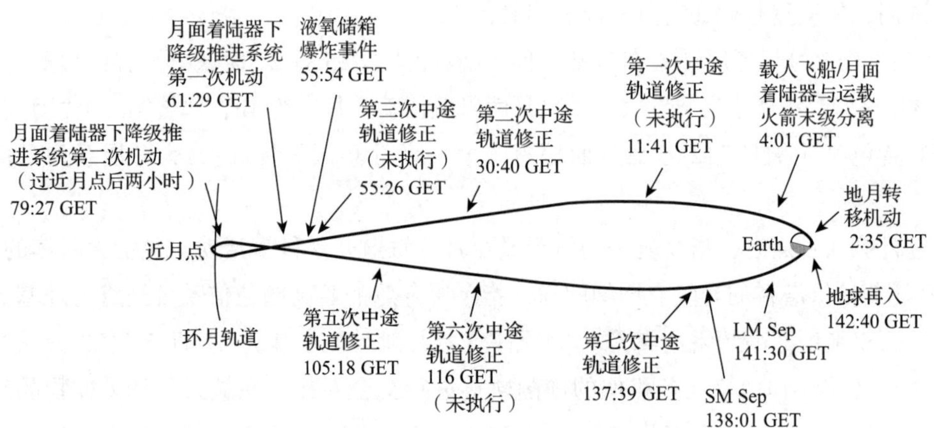


图4-6-3 "阿波罗"13号飞船任务实际执行概况

因为服务舱液氧储箱爆炸事件，实际任务取消了近月制动机动和月面上升下降等月球附近变轨机动活动，利用登月舱下降级推进系统执行了两次轨道修正（DPS-1、DPS-2），将飞船组合体送入月地转移轨道，在返回地球前先后抛弃服务舱和登月舱，指令舱大气再入安全返回地球。

## 1. 液氧储箱事故前任务概览

### 1）乘组乘员变化

在"阿波罗"13号任务执行5天前的1970年4月6号，飞行任务医生建议将其中一名可能感染风疹的航天员临时替换掉。新替换的航天员Swigert和其他两名航天员4月9日在指令服务舱模拟器中开展紧急情况模拟训练，4月10日下午，NASA管理层和航天员乘组同意了这次乘组人员调整。

### 2）发射和轨道进入

"阿波罗"13号任务在1970年4月11日14时13分点火发射。由于发动机和支撑结构的高幅低频振荡，"土星"5号火箭二级中间发动机关机提前了132.36s，需要对第二级其他几台发动机和第三级发动机的点火方案进行调整。为此，火箭二级外侧的4台发动机比任务规划的时间多运行了34.53s，这样并没有带来飞行控制问题，火箭二级性能表现也正常，二级外侧发动机关机时，火箭速度与标准值的差约为67.97m/s。运载第三级比预期的燃烧时间增加了9.3s。

目标轨道为185.2km的近地轨道，实际轨道为181.50km×185.57km的椭圆轨道，并且速度减小了0.58m/s、航向角比标准值要大1.2°，入轨时间比预期时间晚了44s。二级中心发动机提前关机导致执行地月转移的速度增量裕量减少了89.92m/s，相当于标准裕量的一半。然而，这样的速度增量裕量被认为是可接受的，控制中心同意乘组执行第一次地月转移任务。

3)低地球轨道

在地月转移准备阶段，飞船在近地停泊轨道开展飞船系统状态检查。地月之间轨道速度显示器被展开和安装，当六分仪指向第一颗被观测到的恒星时，将六分仪的光学罩抛弃。指令舱的惯性测量单元(IMU)平台通过角宿星和心大星成功进行校准，航天员光学瞄准镜打开安装，并成功进行了视场检测。

4)地月转移和转位对接活动

在地月转移点火机动后，运载火箭末级调整至转位对接姿态，当达到目标姿态后，运载火箭末级将维持惯性姿态。指令服务舱在移位和对接过程中与运载火箭末级的最大间距约为24.38m，俯仰角速度为1.5°/s。指令舱驾驶员报告阳光照射到登月舱上，使得光学瞄准镜难以看清对接目标，光学瞄准镜的亮度只能调整到最大，指令服务舱接近登月舱时，在指令舱的遮挡下，登月舱对接装置的图像才得到改善。对接的关机速度为0.06m/s，指令服务舱与登月舱的对接，以及组合体与运载火箭的弹射分离都正常进行。

5)IMU 校准和地月空间光学导航

利用五对恒星作为参考星，利用指令舱中的六分仪实现了指令服务舱 IMU 的校准。乘员拍摄了两个时段的六分仪观测数据，评估地球视界偏差和六分仪偏差。这些数据在飞船与地面控制中心出现长期通信中断时，用于航天员在轨自主开展地月空间导航，便于飞船自主返回地球。

6)中途轨道修正

在液氧储箱事故之前，原本规划为三次中途轨道修正。第一次轨道修正原本计划任务运行时间的 11h41min 执行，在地月转移后 3.5h 后，因为轨道符合标准轨道误差要求而取消。第二次轨道修正在任务运行时间的 30h40min 执行，由指令服务舱推进系统执行，将飞船系统速度减小了约 7.04m/s，使之进入非自由返回轨道。规划标准轨道的近月点高度为111.53km，轨道修正后的近月点高度为 111.12km。第三次轨道修正计划在任务运行时间的55h26min 执行，因为轨道修正值仅为 1.22m/s，在第二次轨道修正后 14h 后取消。在地月转移点火机动至储箱爆炸事故之前，整个任务轨道运行得非常好。

7)被动热防护控制姿态机动

第一次被动热控旋转发生在任务运行时间约 7.5h。由于乘组人员执行检查清单和飞行计划中的错误，第一次建立被动热防护时遇到了一些困难，不过随后还是成功实现了姿态机动。在发生液氧储箱事故之前，共实施了四次被动热防护姿态控制。

8)运载火箭末级轨道

在完成指令服务舱和登月舱组合体与运载火箭末级的弹射分离后，运载火箭末级利用辅助推进系统进行规避机动，以减少其与组合体碰撞的风险，并计划将运载火箭末级送达“阿波罗”12 号月震仪附近着陆。后续追踪数据表明，运载火箭末级将成功撞击预定区域，不需

要辅助推进系统继续点火运行。运载火箭末级遥测和姿态控制数据在任务运行时 19h34min 丢失，载人航天飞行网络的 S 波段雷达持续追踪运载火箭末级，直至其在任务运行时的 77h56min40s 撞击月球。

### 2. 从液氧储箱事故到激活登月舱期间的 GNC 性能

1) 液氧储箱事故的原因

“阿波罗”13 号任务飞行事后调查发现，2 号液氧储箱的恒温开关出现故障，损坏了储箱内涡扇电机线附近的聚四氟乙烯绝缘材料。在执行液氧储箱例行搅拌任务时，涡扇电机线发生短路，导致了液氧储箱烧毁。液氧储箱喷射出来的高压氧气将服务舱内的隔板吹开，导致 1 号液氧储箱的泄漏，损坏了高增益天线，进而造成整个服务舱的损害。液氧储箱中氧气的丧失以及随之带来的电力损失，促使控制中心宣布登月任务中止。

2) 液氧储箱爆炸对 GNC 的影响

指令舱 IMU 内集成的加速度计显示，在液氧储箱爆炸时刻，飞船产生了 0.15m/s 的速度增量，载人航天飞行网络监测到的地球到飞船连线方向的速度分量为 0.08m/s。在事故发生后的 1h45min 内，乘组和任务中心集中解决指令服务舱的电力问题，通过指令服务舱的 GNC、反推力系统实现姿态控制重构，尝试中止服务舱液氧的泄漏。航天员在指令舱可以看到氧气的泄漏，氧气很快就消失了，但是有大量的小颗粒包围着飞船。

乘员使用服务舱的反推力系统开展姿态控制最初是成功的，但最终航天器开始在姿态上漂移，服务舱的反推力系统推进剂消耗开始增加，此时避免指令舱 IMU 平台万向节死锁同时保持姿态稳定成为新的挑战。在事故发生后的 39min 内，服务舱反推力系统消耗了大约 72lb(1lb = 0.45kg) 推进剂用于姿态控制。在事故发生后 45min 左右，飞行的姿态已经稳定，氧气泄漏也已经停止。

3) 登月舱激活

在挽救液氧储箱中剩余液氧的努力失败后，航天员开始进驻登月舱，激活航天员生存所需的电力、生命支持、通信和 GNC 系统。在任务运行控制中心支持下，乘员按照登月舱启动清单，以较快的速度启动了登月舱电源。

在此期间天地通信一直畅通，通过位于加利福尼亚州戈德斯通直径 64.01m 的载人航天飞行网络天线能够获取高比特率的遥测数据。由于运载火箭末级的 S 波段应答机和登月舱的 S 波段系统处于相同频率，给登月舱通信网络的建立带来了一定复杂性，该问题在地基轨道确认技术的支持下得到了解决。

指令舱的主 GNC 一直处于加电状态，而其他系统则处于关机状态。指令舱在任务运行至 58h40min 时受控关机，在此期间飞船有 2.5min 左右的时间是没有主动姿态控制的，当识别到该状态时需要及时重建姿态控制。由于担心登月舱主 GNC 冷却水消耗，飞行任务控制中心开始启用登月舱中止导航单元来提供姿态参考，非特殊需要，则一直关闭登月舱主 GNC。

4) 登月舱平台校准

在登月舱启动后，首要任务是执行IMU平台的校准，这样登月舱才能准确执行点火机动，让飞船系统进入月地转移轨道。由于指令舱断电，给登月舱平台的校准带来了挑战。

航天员报告，由于飞船周围充满了碎片，无法通过观察恒星来对指令舱和服务舱的IMU进行光学校准。指令舱驾驶员将指令舱IMU万向节角度数据传递给任务指挥中心，用于指令舱与服务舱执行对接校准。为了确保计算精度，由地面控制中心执行数学计算分析，再将结果传送给指令舱驾驶员。

### 3. 月地转移轨道的重建

液氧储箱爆炸事故发生后，飞船处于近地点高度为4630km、近月点高度为114.82km的非自由返回轨道上，该轨道不满足地球再入条件，需要对飞船轨道进行调整。在登月舱激活、指令舱关机后，任务中心和支持部门需要集中精力设计飞船月地转移轨道。

1) 变轨目标

在地月往返过程中进行的轨道机动和轨道确定通常由任务控制中心执行。如果存在长时间的通信中断，乘组人员就可以使用指令舱计算机的返回地球计划程序和地月空间中段导航计划程序自主返回。但是，由于缺少服务舱电源，这些备份导航和目标定位功能无法使用。不过在大部分任务阶段飞船和地球之间保持了充分的通信联系，控制中心利用载人航天飞行网络的跟踪数据进行了精确定轨，计算了所有“阿波罗”13号飞船月地转移轨道机动点火任务数据，并将点火数据顺利传递给航天员乘组。

2) 直接返回地球

爆炸事故发生后不久，任务控制中心人员分析验证了不绕过月球直接返回地球中止任务方案的可行性。这些变轨机动必须在任务运行前61h内执行，此时飞船尚未进入月球重力影响球内，飞船返回后会降落在大西洋和太平洋。直接返回地球方案只能通过抛弃登月舱且服务舱提供1.853km/s的速度增量时才能完成，作为正常任务程序的一部分，中止任务点火机动数据已经装载在飞船上。因为服务舱推进系统可能已经损坏，需要登月舱的推进系统和消耗品(电力、水、氧气等)来确保航天员的生存，不能选择直接返回地球的方案。

3) DPS-1 的选择

返回地球计划以绕过月球方式进行，依靠登月舱的下降级推进系统和反推力系统提供动力，在服务舱能力未知的情况下，其推进系统只作为最后的备份手段使用。DPS-1被设计用来重建返回地球的自由返回轨道，在事故发生后初期一段时间内，对DPS-1机动的目标不是很明确，包括最小速度增量、最快返回时间、海面或陆地着陆等。

登月舱的主GNC系统已经加电，当前IMU校准精度足以支持DPS-1，如果点火机动延迟，主GNC系统的对准精度就会降低，任务控制中心决定迅速执行变轨机动将飞船送入自由返回轨道。月地转移时间可以在过近月点后 2h 的点火机动来缩短，从而确保月地转移阶段登月舱有足够的氧气、水、电力和推进剂。

最终确定的目标轨道方案为 DPS－1 机动后将使得飞船进入近月点 250.02km 的绕月轨道，在任务的 152h 左右飞船在印度洋上毛里求斯南部降落。这种方法的优点：一是如果没有点火机动，则可以实现海上着陆；二是可以减小几小时的飞行时间。地面任务中心对登月舱的消耗品进行评估，以保持登月舱主 GNC 系统和辅助导航单元在近月点后 2h 点火机动前都处于供电状态。然而，当登月舱主 GNC 系统和再入监控系统出现故障时，因为备用着陆区域中有一个小岛，则需要飞船以 4$g$ 过载持续滚转到再入轨道地面航迹右侧地球的再入走廊。如果近月点后 2h 的 DPS－2 变轨点火机动执行失败，则需要飞船以 4$g$ 过载持续滚转到再入轨道地面航迹左侧的地球再入走廊。

4）服务舱抛弃选项

由于服务舱氧气都泄漏到空气中，存在几种抛弃服务舱的方案。在过近月点后 2h 机动前抛弃服务舱可以实现更快的返回地球（在 118～119h 返回地球）；在 DPS－1 之前，如果不抛弃服务舱，则登月舱可以提供的速度增量为 0.608km/s，如果抛弃服务舱，则可以提供的速度增量为 1.472km/s，然而，加速返回需要消耗大部分的登月舱下降级推进系统推进剂。

地面工作人员对抛弃服务舱后，指令舱和登月舱组合体依靠登月舱下降级点火机动返回地球方案的可行性进行了论证。计算机仿真模拟显示，登月舱和指令舱组合体进行 DPS－1 机动没有问题，并且计算得到了该配置下执行 DPS－1 的点火机动补偿角度值。然而由于四个原因，服务舱被保持固定在指令服务舱上直至地球再入之前：① 服务舱推进系统和反推力系统可以通过指令舱再入电池启动点火，因此服务舱可以作为登月舱故障情况下的备份手段；② 如果没有连接服务舱，数字式自动驾驶仪就可能会出现问题；③ 登月舱的使用寿命和推进能力可以支持在不抛弃服务舱的条件下执行返回月地转移任务；④ 过早抛弃服务舱，将指令舱隔热板长期暴露在低温环境中，指令舱的热控可能出现问题。

5）执行 DPS－1

DPS－1 机动是由登月舱下降级推进系统和登月舱主 GNC 执行的。在 1969 年 3 月“阿波罗”9 号任务期间，曾在低地球轨道执行登月舱与指令服务舱对接条件下的下降级推进系统点火测试，验证了登月舱下降级推进系统作为服务舱推进系统备份的能力。

推力/平移控制器组件用于滚动和俯仰控制，姿态控制器组件用于偏航控制，姿态误差消失后，主 GNC 系统进入自动姿态控制模式。在 DPS－1 点火机动前，用登月舱的反推力系统执行了 10s 的点火机动。航天员对 DPS 发动机进行了人工节流，以 12.6% 的推力水平点火 5s，以 40% 推力水平点火 27s，DPS－1 在任务时间 61h30min 获得成功，点火机动期间姿态漂移控制在了最小值。

在 DPS－1 成功运行后，为了节省电力和水，登月舱部分系统被关机。登月舱的主 GNC 系统保持运行以支持被动热防护控制，并为后续的过近月点后 2h 点火机动提供参考平台。航天员尝试手动实现飞船组合体的被动热防护控制旋转。在 DPS－1 之后关闭了飞行指挥姿态仪电源，航天员依靠登月舱导航系统上的 IMU 角度来监视飞行姿态。因为之前没有在地面训练中练习，航天员在避免万向节死锁情况下，手动执行被动热防护控制旋转充满挑战性。

由于飞船的偏航轴没有与 IMU 平台的偏航轴对准，任何的俯仰或滚转指令可能会引起相应的平衡环角度变化，这导致避免 IMU 中间平衡环的死锁变得困难。到任务时间 63h50min，启动被动热防护旋转困难导致了需要采用不同的被动热防护程序，即每小时航天员手动控制飞船组合体执行 90°偏航姿态机动。

飞行器姿态改变过中必须对齐 IMU 平台和飞行器偏航轴线，才能让航天员的操控任务简单一些。后来，航天员在飞行控制姿态仪的顶部和侧面贴上胶带，并在胶带上写下与航天器倾斜和滚转相关的推力/平移控制器组件偏差值，以此来保证对平台和偏航轴线的对准。此外，登月舱 $X$ 轴方向的推进被禁止，因为它会抵消反作用推进系统 $X$ 轴方向的推进效果，从而增加推进剂消耗。

6) 回收准备

截止到任务运行时间 58h26min，任务控制中心救援行动人员已经评估四个可能的返回着陆点，分别是中太平洋、大西洋、东太平洋和印度洋，它们对应的着陆时间分别是在任务运行时间 142h、133h、137h 和 152h。气象人员评估了潜在着陆点的气候条件，美国国防部确定了在这些地区内哪些海军舰船和商船可以协助航天员和飞船的回收，许多外国政府提供飞机、机场和船只援助。

在印度洋着陆的情况下，位于毛里求斯路易斯港的美军驱逐舰可以执行回收任务。一架美国空军 C－141 运输机随时待命，以便在必要时运送一架回收起重机和一名 NASA 顾问到毛里求斯参加回收任务，另外有 3 艘美军驱逐舰也在印度洋上。计划前往里约热内卢的美国航空母舰提前离开波多黎各，为可能的大西洋着陆做好准备。到任务运行时间 66h14min，考虑了太平洋中部的三个潜在着陆点，美军“硫磺岛”号军舰已经部署完毕，随时可以赶赴三个潜在着陆点执行回收任务。

#### 4. 地基轨道确定

原计划在运载火箭末级撞月、飞船组合体进入绕月轨道之后，才开启登月舱的 S 波段应答机。事故发生后将指令服务舱断电，需要利用登月舱的统一 S 波段应答机来进行通信和跟踪，因为它们采用了相同的统一 S 波段通信频率，这导致了与运载火箭末级的指挥和通信系统之间的产生干扰，在事故发生后的前 6h 内，两个飞行器使用相同的通信频率使追踪变得复杂。

第一个方法是调整载波频率来解决通信干扰问题，让运载火箭末级的统一 S 波段通信频率低于中心载波频率，而登月舱的统一 S 波段通信频率高于中心载波频率。然而，实时计算机集成系统分析表明，在这个频率上登月舱的跟踪数据无法使用。第二个方法是关闭登月舱统一S波段应答器5min，将登月舱频率重新设置为中心载波频率，将运载火箭通信系统频率偏移到一个低于中心载波频率的新值，此时数据是可用的，重新建立了对登月舱的追踪。后来的调查显示，控制人员可以通过计算机处理来产生可用的登月舱跟踪数据，从而使得方法一也是可行的（由于当时时间紧张来不及发现和制定解决方案）。

为了节省登月舱电力，有人建议周期性地关闭登月舱的统一S波段应答机，为此开发了一个跟踪计划以支持应答机周期性关闭方案。但电力水平允许应答机在整个任务期间保持开启状态，连续的S波段跟踪使地面导航小组更容易通过正常程序保持跟踪数据质量和定轨精度。

地面导航小组为节省电力而关闭了信号放大器，接收到的可用距离数据比正常情况要少，但是支持MCC-7的定轨数据精度与历次飞行任务中的精度相当。飞船的被动热控机动旋转使得多普勒追踪观测数据出现问题，事故发生后的前10h内，飞行器定轨由于重新启动和缺乏足够的距离测量数据而变得复杂。通过预测航天器绕过月球并再次出现的信号丢失和获得时间，表明地面跟踪定轨网络数据的准确性，"阿波罗"13号任务乘组人员报告，实际时间与任务控制中心提供的预测时间一致。

### 5. 缩短返回地球时间

在执行DPS-1变轨机动之后，飞船进入将在印度洋着陆的月地转移轨道，延长登月舱电源和生命支持系统的使用寿命直到地球再入成为新挑战。缩短飞船返回地球时间将增加电源和生命支持系统的裕量，可以更好地确保航天员生命安全。此外，在印度洋着陆几乎没有可用的救援力量，中太平洋附近有更多的回收营救力量，成为返回着陆的首选点。地面任务支持中心计划通过轨道机动缩短飞船返回地球时间，并将地球着陆点调整到中太平洋区域。

#### 1）飞船状态

在执行DPS-1变轨点火机动之后，主GNC系统保持供电直到过近月点后2h的DPS-2点火机动。随后主GNC系统将被关机，只有生命支持系统和通信系统保持供电。到任务运行至63h32min时，地面控制中心人员协助航天员制订计划，用指令舱中的二氧化碳去除装置来处理登月舱中过量的二氧化碳。一个功率放大器被切断电源以节省电力，但是这给天地通信链路增加了背景噪声。地面控制中心建议保持一名乘组人员24小时值班，另外两名可以休息。

#### 2）DPS-2方案选择

第二次变轨机动DPS-2计划在过近月点后2h执行，用以减少飞船返回地球的时间。在DPS-1之后，任务控制中心评估登月舱消耗品使用寿命，分析并制订DPS-2点火机动方案。选定的方案为以259m/s的速度增量，在任务时间143h溅落在中太平洋，这个方案下飞船的消耗品约有13h的余量。采用259m/s速度增量的DPS-2方案对点火姿态误差的敏感度较低，在部分执行DPS-2无法达到预期着陆点条件下，具备再次变轨机动进入地球再

入走廊的能力，且所需的中途轨道修正速度增量仅为1.22m/s甚至更少。

指令舱地球着陆首选的区域为海面，当部分DPS－2机动以及随后的MCC－5机动，有可能导致指令舱在澳大利亚着陆。任务规划和分析部门人员进行了专项研究，是否可以通过地球再入导航控制避免舱在陆地降落。该研究表明，对于只能提供91.44～137.16m/s速度增量的部分DPS－2变轨机动，即使以“阿波罗”任务可支持的4630km的最大再入路径控制量，也无法避免飞船降落在陆地。如果不能在近月点后2h执行点火机动，在过近月点后4h后执行点火机动，飞船在任务时间143h左右在太平洋着陆，但该方案的速度增量要比近月点2h后点火多7.04m/s。

任务控制中心同步开展了其他变轨机动方案的分析和讨论：

第一个备选方案是利用服务舱的推进系统执行点火机动，使飞船在任务时间118h在太平洋溅落，因为服务舱结构完整性、推进系统状态的不确定性导致该方案被排除在外。

第二个备选方案是抛弃服务舱，并利用登月舱下降级推进系统提供大约1.336km/s的速度增量(不绕过月球)，以实现在任务时间118h附近在太平洋着陆。这个方案有可能导致下降级推进系统推进剂耗尽，指令舱隔热罩长期处于寒冷环境中，登月舱平台校准出现错误会导致后续轨道修正需要速度增量较大等而被排除。特别的，如果DPS－2仅执行了部分任务，后续的MCC－5所需的速度增量将达53.34m/s。

第三个备选方案是不执行DPS－2点火机动，而是在后续通过轨道修正的方式使飞船在任务时间第152小时降落在印度洋。这个方案由于可能导致登月舱内消耗品消耗殆尽，且印度洋相较于太平洋的救援力量太少而被排除。

第四个备选方案是使用在长期失去通信的情况下的标准任务程序，以确保飞船自主返回地球的能力。该方案是指令舱登月舱组合体带着服务舱，以609m/s的速度增量在任务时间第133h附近在大西洋着陆。该方案有可能导致下降级推进系统推进剂消耗过多，且当DPS－2部分执行时，第五次变轨机动的速度增量需求为7.62m/s而被排除。

3)执行DPS－2前的IMU校准

在DPS－1点火机动之后，一旦飞船组合体被动热控姿态建立并稳定下来，就开始为DPS－2做准备，执行登月舱IMU对准。由于DPS－2的姿态误差对后续中途轨道修正的速度增量影响很小，放宽了登月舱IMU的对准精度要求，选择飞船在月球的阴影下时用太阳进行对准检查。光学校准望远镜和指令舱六分仪可以执行地日对准，检查当前的对准精度或者用来重新对IMU校准。

在74h通过光学校准望远镜观测太阳的方式进行登月舱平台的校准检查。控制中心为登月舱主GNC系统提供了一个太阳矢量，主GNC系统把光学校准望远镜指向太阳。如果太阳观测角度表明平台对准精度满足点火机动要求(±1°)，就不需要重新进行对准；否则，将在飞船绕出月球之前进行日地平台的校准，即在月球的阴影下，利用光学校准望远镜观测到的恒星视线进行粗略的校准检查。交会对接雷达已经旋出了光学校准望远镜的视野，太阳校准检查显示平台的位置精度为0.5°，因而不需要再进行日地对准。在事故发生后，飞船周围残骸的反射光导致利用光学校准望远镜进行登月舱IMU的校准很难进行，而当飞船在月球的阴影下时，可以利用恒星进行校准。

4）DPS－2的执行

任务中心给航天员提供了六条执行DPS－2任务的规则，当任何一条规则被违背时，立刻关闭下降级推进系统发动机。如果没有执行DPS－2机动，通过在93h执行的MCC－5提供大约1.22m/s的速度增量，飞船会在152h溅落在印度洋。如果DPS－2机动部分完成（如提前关机），则需要在过近月点后4h执行中途轨道修正。如果DPS－2点火机动延迟了，则需要在过近月点4h，以比之前点火机动多7.32m/s的速度增量进行点火机动，飞船将在143h溅落在太平洋。被动热防护控制旋转机动在76h16min停止，航天员利用光学校准望远镜成功地进行了一次粗略的观测，IMU平台对准精度满足DPS－2点火机动需求。

任务控制中心给出了执行DPS－2时的光学校准望远镜和登月舱窗口视图，供航天员用作姿态检查。推力/平移控制器组件用于滚转和俯仰控制，姿态控制器组件用于偏航控制，当航天员完成点火姿态观测，由登月舱主GNC系统自动维持点火姿态。在点火前姿态机动调整操作完成后，飞船进入月球阴影后不久，利用光学校准望远镜进行了第二次粗略的校准，平台对准精度仍然是满足任务要求的。

由于飞船经过月球背后造成从77h9min持续到77h34min的信号丢失，登月舱从78h12min启动DPS－2前姿态控制，79h17min由主GNC系统自动执行点火机动。下降级推进系统的点火方案是以12.6%的推力执行5s，以40%推力执行21s，100%推力执行235s。航天员可以在必要时对点火机动方案进行调整，点火机动最终产生了262.28m/s的速度增量，在任务时间79h27min38s完成了DPS－2点火机动。

5）DPS－2后的被动热防护控制旋转

在执行DPS－2之后登月舱开始部分断电，主GNC系统和反推力系统执行登月舱在偏航方向开展被动热防护控制旋转。根据肯尼迪航天中心（佛罗里达）和载人航天中心（休斯顿）的登月舱模拟器数据显示，主GNC系统自动执行被动热防护控制旋转需要更长的时间和更多的推进剂，因此采用航天员手动执行被动热防护控制旋转的方案，地面任务支持中心设计了改进的机动程序，让反推力系统以最小的速度增量实现被动热防护控制旋转。

登月舱滚转和俯仰轴上力矩臂较小，较大的偏航角造成滚转命令交叉耦合成俯仰，使得被动热防护控制的姿态控制难度较大。发现问题之后，乘组人员将登月舱的偏航角调至0°，随后通过登月舱的滚转和俯仰成功地实现了飞船组合体的被动热防护姿态控制。

### 6. 中途轨道修正

在“阿波罗”13号任务的月地转移过程中规划了三次中途轨道修正，使得地球再入走廊的角度范围控制在－7.4°～－5.25°，期望的再入飞行路径角为－6.5°。根据载人航天飞行网络追踪数据显示，从 DPS－2 至 MCC－5，地球再入的飞行路径角有持续变小的趋势。航天员报告有看到持续的粒子流喷射，表明服务舱可能有持续的喷流，登月舱升压器进行热控制、登月舱反推力系统进行姿态控制都可能是导致地球再入的飞行路径角预测不准的原因。

1）恶劣天气规避机动

在任务时间 90h 时，回收区域的天气状况很好，但回收日的天气预报存在不确定性，需要视情机动变轨来改变着陆点，从而躲避可能的恶劣天气。逃避恶劣天气的变轨机动是径向机动，由于登月舱窗口中的航天员光学校准瞄准器不能指向地球，无法为径向机动提供姿态参考，因此需要主 GNC 系统来进行点火姿态的控制。考虑到指令舱 GNC 在再入过程中具有足够的变轨机动能力以实现更有利天气条件下的着陆，所以没有为规避恶劣天气进行中途轨道修正。

2）第五次中途轨道修正规划

登月舱的 IMU 数据表明，DPS－2 点火机动是一次成功的变轨机动，变轨后的地球再入飞行路径角为－7.11°，对应的真空近地点高度为 20.74km。然而基于载人航天飞行网络数据，任务控制中心开展定轨分析后表明，变轨后轨道的近地轨道高度为 146.12km，这个高度无法满足飞船地球再入条件。

考虑到登月舱中止导航系统还在工作，提前执行变轨修正可以缩短登月舱中止导航系统的工作时间；且任务控制中心对 104h 和 118h 的定轨精确度很有信心，第五次轨道修正机动的时间从 118h 调整到 104h，这样允许载人航天飞行任务网络在变轨机动后执行更多的跟踪并视情进行适当轨道修正。在任务时间 100h，任务控制中心向航天员乘组上传了第五次中途轨道修正的点火程序数据。

3）机动至点火姿态

为了应对主 GNC 系统无法供电或无法使用等情况，在执行 DPS－1 之后，任务人员开始研究 DPS－2 以及随后 MCC－5 的姿态校准方法。任务支持中心建议利用指令舱的着陆点指示器中月球位置来验证飞船机动后姿态。确定了使姿态对准到先前确定的惯性姿态的方法（“阿波罗”8 号任务应急程序预案中开发的程序），即使用乘员光学对准瞄准器中的地球晨昏线和光学校准望远镜中的太阳进行校准。虽然由于喷流和碎片干扰使得航天员难以辨别恒星，但是地球和太阳很容易观察到。

然而，只使用光学对准瞄准器中的地球晨昏线对准（没有用光学校准望远镜对太阳进行校准检查）可能会导致点火时的偏航姿态没有校准。分析表明，在 DPS－2 点火机动后，飞船轨道面向黄道面倾斜 8°左右，由于点火机动的主方向是沿着当地水平方向，因此登月舱偏航姿态误差认为是可以接受的。任务人员使用计算机程序模拟了中途轨道修正过程中的登月舱视窗和校准光学望远镜的视图，为航天员姿态监控提供支持。

4) MCC－5 执行

因为登月舱反推力系统点火持续时间将超过反推力系统导流冲击最长 40s 的约束限制，使用反推力系统执行 MCC－5 的方案被排除，由登月舱中止导航系统和下降级推进系统执行。下降级推进系统以 12.6% 的推力水平点火机动，中止导航系统用于监测点火机动数据，发动机的启停是由航天员控制的，航天员用推力/平移控制组件进行滚动和俯仰控制。

长期低温环境让地面支持中心对中止导航系统的加速性能有所顾虑，因此最后选择执行手动点火机动。分析表明，在点火过程中可能会出现低角加速度，任务控制中心确信地面分析预测的燃烧持续时间是准确的，航天员提前 1s 手动关闭发动机以防止过度燃烧。

MCC－5 原定于任务时间 105h30min 启动，由于对点火时间要求并不严格，航天员提前到 105h18min 执行。在点火机动之后，航天员对登月舱传感器监测到的速度残差进行补偿，中途轨道修正取得了成功。

5) MCC－5 之后的活动

在执行 MCC－5 之后，大部分的登月舱系统已经关闭。航天员使用推力/平移控制器组件将飞船组合体操纵到被动热防护控制旋转准备姿态，一旦姿态稳定，将在登月舱偏航方向上执行手动热防护控制旋转。

由于服务舱储箱事故导致飞船周围充满了碎片，航天员很难看到外界的恒星。在 MCC－5执行之后某个时刻服务舱不再喷射气体，航天员可以通过光学校准望远镜观测到部分恒星。任务支持中心告知航天员将在 120h20min 启动指令舱再入准备计划。任务控制中心上传了指令舱和登月舱的装载物品清单，为航天员分离登月舱和进入指令舱做好准备。在任务时间 130h，物品装载和配置活动导致指令舱升阻比从 0.31 减少到 0.29。

6) MCC－6

原计划在任务运行时间 118h 执行 MCC－6，因为预测的 MCC－7 轨道修正速度增量仅为约 0.91m/s，任务支持中心决定取消执行 MCC－6。

7) 规划 MCC－7

1970 年 4 月 15 日，任务控制中心的工作人员召开了一次 10h 的会议，来制订一份地球再入前 8h 航天员乘组检查清单。在此期间将进行的活动有 MCC－7、服务舱分离、指令舱启动、指令舱计算机初始化、指令舱主 GNC 惯性测量单元校准和分离登月舱。MCC－7 原定在地球再入前 4h 执行，为了给乘组人员提供更多的时间来执行地球再入前的各项最后准备工作，MCC－7 和服务舱分离时间都提前了 1h，分别提前到了地球再入前 5h 和 4.5h。

在任务执行至 127h，基于载人航天飞行网络数据得到的地球再入飞行路径角为 －6°，此时的 MCC－7 所需提供速度增量仅 0.82m/s。除非需要改善地球再入条件，否则地面任务中心希望不执行 MCC－7，航天员发现指令舱的视窗上覆盖着凝结水，航天员尝试清除视窗上的水分，以便在服务舱分离时进行摄像。

在任务时间 133h19min，航天员报告被动热控制旋转后太阳仪照亮了服务舱推进系统发动机而不是整个航天器，因为缺少日光的照射而降低了登月舱的温度，导致航天员无法休息。由于登月舱水电裕量充足，允许比原计划提前 3h，即在任务时间 133h24min 启动登月舱电源，登月舱中止导航系统和主 GNC 系统被激活。

地面任务支持中心决定首先执行登月舱主 GNC 系统与光学校准望远镜对准，然后执行指令服务舱主 GNC 的校准。为了获得更准确的校准姿态，利用太阳和月球观测以改进登月舱主 GNC 系统的对准精度，其中太阳和月球的获取是通过在一个大致平行于黄道面的平面上的俯仰控制来实现的。完成校准后，航天员将航天器操纵到 MCC－7 点火机动姿态，确保太阳和地球在光学瞄准望远镜和控制器视窗中处于正确位置。

9) 执行 MCC－7

执行 MCC－7 的点火机动清单中计划采用下降级推进系统或者反推力系统执行机动，因为预期的速度增量需求仅为 0.85m/s，所以采用登月舱反推力控制系统执行 MCC－7。航天员使用中止导航系统和推力/平移控制组件来执行轨道修正机动，主 GNC 系统进行点火机动的状态数据监测，执行了主 GNC 系统与中止导航系统的对准，以确保中止导航系统具有准确的精度。航天员在最小脉冲模式下手动执行航天器机动，使其大致保持在 MCC－7 点火准备姿态，然后依靠主 GNC 系统自动进行姿态调整，以达到更精确的点火启动姿态。

在地球再入前 5h 执行 MCC－7，采用了与 MCC－5 相同的航天员手动控制方法，即依靠推力/平移控制组件手动执行俯仰和滚转控制，依靠中止导航系统执行偏航控制。使用登月舱的反推力系统的 $X$ 轴平移按钮执行 MCC－7，它使地球再入飞行路径角调整为 －6.49°。在 MCC－7 执行之后，航天员将飞船组合体操纵到服务舱分离准备姿态，指令舱反推力系统激活并成功进行了点火试验。

### 7. 服务舱和登月舱分离

在地球再入之前，服务舱和登月舱必须与指令舱分开。地面任务支持中心在任务前已经制订了在地球再入前 1h 进行服务舱分离的应急程序，在优化了分离距离和方向，同时确保指令舱满足地球再入轨道条件下，将应急程序数据上传给航天员乘组。服务舱分离除了需要考虑减少碰撞风险之外，计划进行分离期间摄影，为飞行任务后调查提供证据。

服务舱分离后，登月舱继续提供生命支持、通信、电力和 GNC 功能，登月舱电源为指令舱地球再入时开机启动提供支持。登月舱分离需要考虑减少碰撞风险，且使用非反推力控制方法实现分离，再入前有许多工作项目，分离期间航天员工作任务繁重。

1) 服务舱分离

登月舱指令舱组合体在服务舱分离后需要进入合适的姿态，允许航天员从登月舱指令舱组合体拍摄受损的服务舱。为了在尽量减少姿态机动的条件下提供适合摄影的照明条件，地面支持中心开展了专项研究，避免在分离和摄像时出现 IMU 万向节死锁的情况。

在标准任务规划中，指令舱和服务舱的分离通常在地球再入前约 15min 进行，服务舱分离是在推进方向平面外进行的，分离后的服务舱反推力系统点火，以最大化和指令舱之间的距离。对于“阿波罗”13 号任务，当飞船组合体到达地球再入边界附近时，服务舱分离改为面内径向分离，再入前 4.5h 轨道面内分离方案降低了跳跃式再入过程中的碰撞风险，并为指令舱/登月舱的分离和指令舱地球再入提供了更长的准备时间。

图4-6-4　从登月舱拍摄的服务舱分离时照片

航天驾驶员使用登月舱中止导航系统脉冲控制模式和推力/平移控制器组件，在 MCC-7 之后立即将飞船组合体操纵到服务舱分离准备姿态。在分离准备姿态建立后，利用最小脉冲的主 GNC 系统进行姿态控制。服务舱分离发生在地球再入前 4.75h，航天员使用登月舱反推力系统执行推拉分离操作，分离操作取得成功(图 4-6-4)，但分离给登月舱/指令舱组合体带来了约 0.30m/s 的速度增量。

姿态控制器组件通常仅用于长期飞行期间对登月舱的手动姿态控制，服务舱分离改变了航天器的质量特性，使得登月舱反推力系统能提供足够的滚转和俯仰姿态控制能力，航天员使用登月舱姿态控制器组件进行登月舱指令舱组合体的主动姿态控制。

地面支持中心分析表明，指令舱 5 号窗口将为分离后的服务舱摄影提供最佳视角。然而登月舱在分离过程中出现倾斜，导致在指令舱 5 号窗口看不到服务舱。在地面训练期间，航天员没有练习过在没有服务舱的情况下对登月舱/指令舱组合体进行手动姿态控制，这种航天器配置也从未进行过飞行实践。由于无法通过指令舱 5 号窗口拍摄照片，航天员在地面支持中心支持下手动调整了飞行器姿态，指令舱驾驶员从指令舱转移到登月舱，在登月舱头顶的窗口观测服务舱并对服务舱摄影。

2) 指令舱 IMU 校准

在服务舱拍照完成后，登月舱/指令舱组合体被操纵回到服务舱分离前姿态，在地球再入前 2.5h 将登月舱供电脐带从指令舱移除，指令舱开机工作(在正常任务中，指令舱电池在再入前 30min 开机)。

航天员试图利用六分仪进行指令舱 IMU 的校准，登月舱升华器和反推力系统上的反射光造成无法用指令舱望远镜进行恒星识别。为了减少反射，航天员对飞船组合体姿态进行了调整，但没有提高恒星的可见度，指令服务舱连接区域的碎片使得恒星识别变得更加困难。

任务控制中心计算并上传给航天员指令舱 IMU 万向节角度，以便执行平台粗对准。这种粗略对准是为了让航天员获得织女星和牛郎星位置，这样就可以用六分仪进行标记。虽然粗对准可以满足地球进入条件，但需要恒星校准以确保平台的对准精度。

如果指令舱驾驶员在粗略对准后无法识别恒星，任务控制中心将向指令长提供飞行器姿态角度，以便将登月舱操纵到月球和太阳的对准姿态，指令长将使用指令舱的光学系统进行日月对准。实际上，任务控制中心上传指令舱 IMU 万向节角度给指令舱驾驶员后，后者成功实施了指令舱 IMU 的粗校准和六分仪的恒星对准，因此不需要再进行日月对准。

由于航天器姿态变化、复杂的地球再入前操作程序和航天员状态数据的频繁传输，造成天地间的通信不良，语音和高速遥测数据的通信质量很差，只能以低比特率从任务控制中心上传用于地球再入的控制参数。由于难以保持飞船位置的持续锁定，上行链路延迟一直持续到任务时间 140h40min，使得数据上传时间比正常情况长了许多。航天器姿态对通信质量的影响是航天员或任务控制中心人员之前没有预料到的。

3）登月舱分离

在指令舱 IMU 完成校准后，利用登月舱反推力系统将飞行器操纵到登月舱分离准备姿态，建立登月舱分离姿态后，由登月舱中止导航系统进行姿态保持。登月舱被操纵到一个错误的侧倾姿态，期望的登月舱滚转角为 135°，实际被操纵到 235°，指令舱的 IMU 平台处于万向节死锁角度附近，登月舱偏航方向为地面航迹北侧 45°，而不是预期的地面航迹南侧（图 4－6－5）。

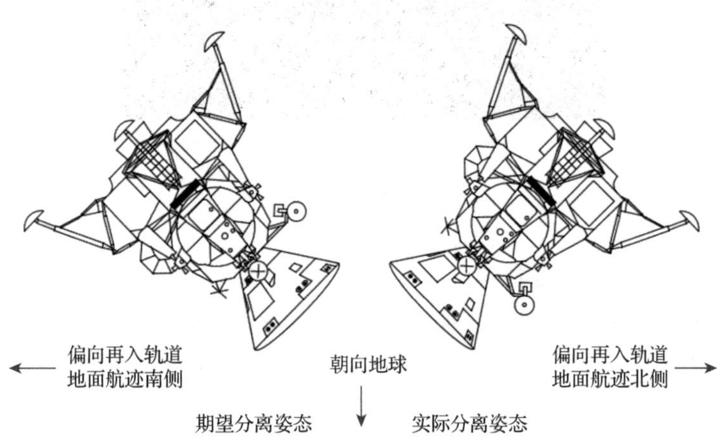


图 4－6－5　期望和实际的登月舱分离姿态

地球再入时登月舱和指令舱的最小间隔应该大于 1219.20m，地球再入后指令舱初始滚动将引导指令舱向北飞行，但随后的提升矢量将使其远离登月舱轨道平面。地面任务控制中心分析判断飞行器在轨道面内分离可以满足地球再入条件，考虑到地球再入前时间紧迫性等原因，选择在登月舱分离前不调整登月舱姿态。

为确保指令舱地球再入时的升阻比满足需求，将对接探测器等许多物品都留在了登月舱。在离开登月舱之前，航天员使用中止控制系统对其进行姿态保持。任务支持中心密切监测指令舱 IMU 万向节角度，如果登月舱中止导航系统姿态维持导致指令舱 IMU 接近万向节死锁，那么航天员需要提前执行登月舱分离。实际任务中，登月舱分离之前的指令舱的姿态控制正常(IMU 万向节没有发生死锁)。

由于再入大气层需要指令舱反推力系统提供动力，因此此时无法使用，分离所需的速度增量是由对接通道的气体喷射带来的。使用“阿波罗”10 号任务的登月舱分离数据来确定合适的对接通道压差，以在分离时产生预期的速度增量。在分离解锁前，对接通道压力降至 105.34Pa，用以产生分离所需的 0.61m/s 的速度增量。在地球再入前 70min(早于规划时间 10min)，指令舱与登月舱正式分离(图 4-6-6)，沿登月舱 $X$ 轴的分离速度为 -0.20m/s，沿登月舱 $Y$ 轴的分离速度为 -6mm/s。登月舱分离过程是稳定的，直到登月舱信号丢失之前，其姿态控制误差一直在登月舱中止导航系统允许的姿态控制误差范围内。

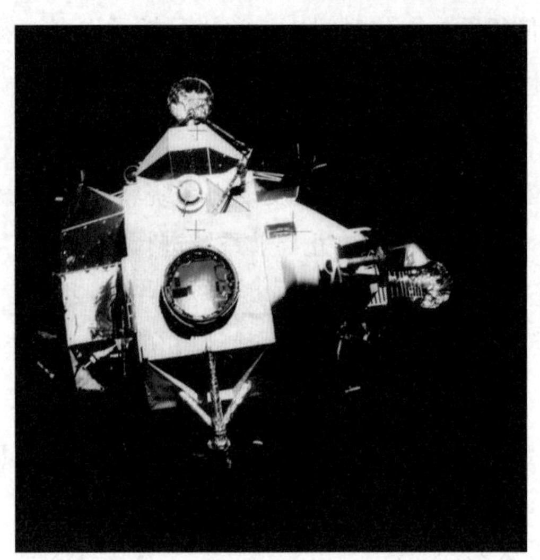

图 4-6-6 从指令舱拍摄的登月舱分离时照片

## 8. 地球再入和着陆

任务支持中心组建了四个支持团队，进行了大量计算分析以确保航天员乘组能够安全再入和着陆。其中再入和着陆支持团队与海洋保护局、美国航空航天局和承包商人员一起用两天时间制订新的地球进入时间表和程序，主要包括 IMU 校准、再入导航、碎片影响分析等。

### 1) IMU 校准和性能

正常情况下航天员通过指令舱中央窗口观察地平线，窗户边缘的刻度数使乘组人员能够检查指令舱相对于地平线的姿态，对 IMU 进行再入地球前的校准检查。然而地面支持中心分析表明，由于“阿波罗”13 号飞船应急返回，在飞船再入地球之前一直无法观测到地平线。

“阿波罗”10 号和“阿波罗”12 号飞船航天员在地球再入之前观测到了地球地平线上的月

球。分析表明，在“阿波罗”13 号飞船地球再入之前，月球在地平线上是可见的，因此地球再入之前的地平线校准被落月校准所取代。地面支持中心给航天员乘组提供了对准姿态，即将指令舱左前窗口对准月球，这种姿态将一直保持到地球再入前 2.5min，这种姿态将会使飞船达到地球再入姿态所需的指令舱反推力系统推进剂最小。

一旦地平线变得可见，就进行指令舱 IMU 校准检查：如果 IMU 校准检查通过，则航天员将改变指令舱俯仰姿态，以达到地球再入所需的配平姿态；如果地平线校准显示 IMU 未对准，则乘组将通过指令舱窗口跟踪地平线，直到达到 0.05$g$ 过载的再入减速点时启动闭环再入制导。

地面支持中心分析了寒冷环境对指令舱主 GNC 性能是否有负面影响，由低温造成的 IMU 加速计波纹管裂缝可能导致加速计出现偏差，这种偏差会导致再入过程约 55.56km 的落点误差。模拟分析表明，加速度计的偏差和由此带来的落点误差不会使航天员重返大气层时的弹道监测与定轨任务复杂化。尽管指令舱内的低温持续时间较长，任务控制中心还是决定由指令舱主 GNC 系统执行地球再入任务。

2）地球再入导航

在指令舱主 GNC 系统和再入监测系统都发生故障的情况下，可以使用重力仪和滚转姿态指示器来执行恒定 4$g$ 过载的指令舱地球再入过程。

“阿波罗”13 号任务的指令舱升阻比低于标准值，甚至超出了任务前确定地球再入制导参数的下限。由于地球再入之前航天员工作时间安排很复杂，因此最好避免让航天员在中心控制计算机中更新地球再入制导参数。地面分析表明，对于约 2315km 的再入路径长度，任务前设计的参数值是可以接受的，无须更新地球再入制导参数。地球再入轨道的轨道倾角从标准的 40°改变为 30°，这种轨道倾角差异改变了航天员在指令舱监视到的地球再入过程显示参数，地面任务支持中心需要分析确定由轨道倾角差异带来的再入过程显示参数变化。

3）碎片影响分析

历次“阿波罗”任务都要对服务舱与运载火箭末级适配器进行再入轨道的轨道碎片和再入轨迹分析，这些数据用来计算地面撞击和伤亡概率，并提供给联邦航空管理局用以请求空中走廊。由于之前没有对登月舱地球再入进行分析，计算登月舱的再入落点散布需要开展大量工作。

为了确保指令舱、服务舱和登月舱的再入碎片避开陆地和居民区，其中登月舱的 SNAP－27 放射性同位素电池中有放射性材料而存在安全隐患，地面任务控制中心开展了落点散布分析。分析表明，再入飞行器残骸对土地或居民区没有危害，SNAP－27 将会落入深海中。在登月舱分离前 10min，登月舱姿态在偏航方向有约 90°的误差，带来的再入轨道变化使着陆点偏离了约 111.12km。

4）地球再入和着陆

在分离登月舱后，航天员将指令舱从接近万向节死锁姿态调整到地球再入姿态，地球再入姿态和 IMU 平台校准由六分仪通过恒星校准来确认。跟踪数据显示，指令舱地球再入飞

行路径角度变为 -6.2°，不需要在重返大气层开始时改变指令舱的对地朝向。航天员顺利实施了再入前检查和再入监测系统初始化等工作，地球再入前最后 2.5min 以前，月球一直位于指令舱左前窗位置预期位置，表明指令舱 IMU 对准精度良好。

虽然中太平洋的热带风暴“海伦”在任务初期引起了一些关注，但在飞船地球再入那天已经基本消散。美国海军舰船覆盖了正常再入预期着陆点周边区域，海军研究船“格兰维尔·霍尔”号覆盖了当再入出现误差，采用恒定 $4g$ 过载地球再入时的预期着陆点周边区域。

航天员在指令舱地球再入前 20min 进入标准的地球再入前检查阶段，GNC 程序与标准登月任务相同。由于再入过载达到 $0.05g$ 指示灯延迟了 3s 才亮起，航天员手动启动再入过程监测系统，再入过程制导和控制性能正常，第一次减速峰值过载约为 $5g$。

1970 年 4 月 17 日 12 时 7 分 41 秒开始，在任务执行到 142h54min41s 时，指令舱溅落到太平洋，溅落点南纬 21°38′、西经 165°22′，位于美属萨摩亚东南部，溅落点距离预测目标点仅 1.852km，距离海军“硫磺岛”号舰船约 6.48km。指令舱驾驶员后来报告，着陆减速冲击比他执行的“阿波罗”8 号再入任务更加温和。在降落伞释放后，指令舱保持稳定的直立姿态，航天员于 12 时 35 分离开指令舱，12 时 53 分登上海军“硫磺岛”号舰船(图 4-6-7)。

图 4-6-7 “阿波罗”13 号乘组安全返回至海军回收舰船

由于电力资源受限，指令舱的数据存储设备在地球再入期间才开始运行，没有过多可用于事后分析的地球再入前数据。在任务期间指令舱 IMU 大约 80h 没有加热，指令舱的精确着陆表明，长时间停电条件下指令舱 IMU 仍能正常工作。大气再入后保存下来的登月舱残骸，包括原计划为月球表面的“阿波罗”月面试验装置提供电力的 SNAP-27 放射性同位素电池(含有 8.6 磅放射性元素钚)，落入新西兰东北部的太平洋。

### 4.6.3 “阿波罗”13 号飞船 GNC 挑战带来的启示

现在的航天器研发人员可能没有机会参加航天器紧急救援任务。在飞行器设计和制造完成后，仿真模拟可以为任务飞行控制提供一些经验。研究过去的航天器应急救援情况可以提供宝贵的经验教训和启示，有助于飞行器开发与任务运营人员定义和设计更加完备的飞行器运营程序。

对在动力上升或地球再入(也称为高速飞行阶段)等关键时期发生的故障，不允许实时开发应急程序，因此高速飞行阶段的应急响应必须要有预案。“挑战者”号和“哥伦比亚”号航天飞机事故就发生在高速飞行阶段。如果“挑战者”号固体火箭助推器的O形环在升空后被确认烧坏，或者“哥伦比亚”号的热防护系统在地球再入阶段才确认受损，那么将没有机会采取行动来拯救航天员乘组。如果“哥伦比亚”号未执行地球再入前发现热防护系统受损，就有可能采取行动增加“哥伦比亚”号在轨飞行时间，以便发射救援飞行器实施救援。

### 1. 地面支持是必要的

“阿波罗”13号救援任务需要系统全面的洞察和分析能力，来自美国各地的各类地面支持人员和组织对航天员乘组安全返回发挥了关键作用。地面支持人员需要付出巨大的努力来解决运载火箭末级和登月舱统一S波段的频率冲突问题，计算登月舱地球再入着陆落点散布分布，开发新的地月转移点火机动程序，开发便于航天员进行分离过程摄像的服务舱分离程序，设计确保登月舱和指令舱再入安全的分离方案，制订利用指令舱二氧化碳清除装置除去登月舱中多余二氧化碳的方案，设计系列姿态校准方案和姿态调整控制程序，开发和验证新设计的各类应急程序等。任务规划小组人员为飞行控制小组提供了关键的规划和分析支持，各支持小组在航天器紧急情况下提供全天候支持。

### 2. 需要具备一定的航天器功能修复能力

由于物理损坏、系统自身故障或关联系统耦合约束，使得航天器功能修复能力有限。例如，“阿波罗”13号不涉及指令舱或登月舱GNC软、硬件的物理损坏或故障，服务舱损坏带来的功率和热控限制，导致登月舱和指令服务舱的GNC功能受到限制。由于对服务舱结构性能的担忧，使得对服务舱下降级推进系统和反推力系统的功能性产生怀疑。此外，服务舱爆炸造成的指令服务舱/登月舱周围的碎片环境，限制了指令舱中基于恒星观测的六分仪和登月舱中的光学校准望远镜在IMU校准过程中作用的发挥。服务舱事故导致某些备用设备和程序无法启用，指令服务舱断电使得地月空间导航和自主返回地球程序无法使用，这些备份手段原本计划在飞船与任务控制中心之间出现长时间通信中断时使用。

### 3. 需要具备动态任务规划能力

对于飞船上升飞行段和地球再入段这样的阶段，航天器故障对时间的要求十分严格。一旦航天器系统稳定下来且系统状态已知，就可能有更多的时间来制订应急程序或者替代的任务规划。在航天器紧急情况下，任务清单和程序(地面和在轨)可能需要进行大量修改。在“阿波罗”13号营救过程中使用的许多程序是之前已经开发出来，应急程序随着飞行任务的推进而不断演化，常常需要在任务执行过程中对已有程序进行功能性修改。航天器紧急情况下的应急程序开发是一个快速迭代的过程，没有机会进行长时间的开发和验证，因此可能存在一定的风险。在任务执行前的测试、模拟和培训不能完全覆盖任务所有工况，应急程序不能应对所有的系统异常。

飞行任务经验和不断提升的航天器系统知识，可用于改进飞行计划全生命周期内的应急程序，要把重点放在重要的操作程序上，这些程序应在飞行任务开始前得到确认和充分的验证。在"阿波罗"13 号营救过程中，地面人员发现他们可以在只有很少系统开机状态下完成任务，因此需要确定系统最低配置下的运行模式，并制订相应的操作程序和人员培训方案，以便于在特殊应急情况时使用。在某些情况下，应急处置程序是很消耗人力资源的，如用于 MCC－5 和 MCC－7 的手动点火程序需要 3 名航天员一起完成。

"阿波罗"13 号营救任务采用的某些程序和方案可能从未在之前任务期间执行过。例如，指令舱从未在太空中关机和开机，"阿波罗"13 号乘组没有执行指令服务舱激活的清单程序。在服务舱分离后，航天员必须对指令舱/登月舱组合体执行手动姿态控制，这不是一个常见的航天器构型配置，航天员也从未接受过相关培训。有限的电力资源需要关闭登月舱飞行姿态指示仪并使用数字万向节角度来避免 IMU 平台的万向节死锁，航天驾驶员直接使用计算机显示的数字角度来进行飞船驾驶是很有挑战性的，航天员在地面训练过程中没有进行过相关实践。这些应急程序的开发与应用需要地面支持人员和航天员付出巨大的努力。

#### 4. 清晰定义待解决问题

在航天器应急情况下，地面支持人员可能会对飞行器的状态、拯救航天器和乘组人员必须执行的任务感到迷惑。在氧气储箱事件发生后的前几小时，由于对航天器系统状况和当前任务计划的困惑，导致工作人员出现了朝着错误或未明确方向努力的风险。

任务应急阶段需要有效的领导和沟通，以便所有相关方都了解航天器状态、工作任务、人员需求和资源需求(模拟器、软件工具、实验室等)。需要做出大量努力来确定必须开展哪些地面支持任务来支持航天器救援，并制订协调一致的救援计划。如果任务和目标不明确，地面支持人员就可能会浪费时间和资源试图解决不明确的问题，增加航天器应急救援的风险。

在航天器应急情况下，需要额外的专业人员提供实时支持，飞行任务控制小组与其他支持人员的角色和责任必须明确界定。所有支持人员必须与飞行控制小组的人员紧密结合起来，以便随时了解航天器状态和动态变化的任务要求，这种人力资源整合与持续清晰的沟通可以避免工作混乱和精力浪费。在航天器应急情况下，可能需要应用新的工具或识别发现新的轨道技术。

#### 5. 避免程序错误和相关的风险

由于对时间要求严格，航天器应急情况下航天员和地面支持人员可能需要对不正确或不完整的信息做出响应。工作人员可能长时间工作，几乎没有得到休息、锻炼和适当饮食，工作人员在这种情况下使用分析工具、开发程序、执行任务和交流重要信息时很容易出错。在高压、时间紧迫的航天器应急情况下，进行快速分析可能会出现分析错误或者给出错误结论的情况。例如，“阿波罗”13 号登月舱被操纵到错误的登月舱/指令舱分离姿态，使之位于指令舱地面航迹的北侧约 45°，而不是期望的地面航迹南侧 45°，这种姿态使得指令舱 IMU 万向节接近死锁状态，导致航天员进行手动驾驶的复杂度增加。

在航天器发生应急情况之前，应充分了解软件工具的能力限制和实现任务重构的要求，以减少出错的可能性，这些错误可能导致需要消耗更多的时间去理解异常和错误。地面支持人员必须完全熟悉软件工具的操作和配置，以避免出现程序错误。需要对初始化数据、输出数据、程序和分析过程执行质量检查，以确保数据准确性和操作流程优化。

### 6. 确保良好的天地通信链路并管理好航天员工作负荷

良好的天地通信是“阿波罗”13 号乘组安全返回地球的重要保证。虽然乘组人员使用了许多以前已有的应急程序，但其中许多程序需要由任务控制中心修改，修改后的程序必须准确地传达给航天员。在地球再入前的最后几小时，航天器姿态变化导致通信效果衰减，造成指令舱地球再入信息的准确配置难度增加。

任务控制中心对航天员的支持大大加快了登月舱系统激活等关键程序的执行速度。在航天器状态存在不确定性的关键时期，尽管与航天器的通信几乎是连续的，地面和航天员的行动协调仍存在难度。任务控制中心允许航天员自主设定工作和休息时间，非关键的程序和请求仅在航天员方便时才传递给航天员。

### 7. 降低开发风险并不一定能降低运营风险

选择具有合适成熟度的技术，可以降低飞行器地面开发阶段中的成本、进度和技术风险，然而降低开发风险并不一定会降低飞行阶段运营风险。例如，“阿波罗”选择了具有三个平衡环的 IMU，因为它比四个平衡环的 IMU 具有更低的成本和质量、更低的开发进度和技术风险。为了避免万向节死锁带来的 IMU 平台失准问题，使得驾驶程序规划变得异常复杂，造成任务整体的操作复杂性和成本显著增加。在 1965 年和 1966 年“双子座”飞船就使用具有四个平衡环的 IMU，不需要为了避免万向节死锁而设计特殊的驾驶和任务规划程序。

### 8. 轨道光照条件是人和光电传感器的挑战

“阿波罗”飞船航天员本计划通过对恒星或行星的观测来进行 IMU 校准，服务舱爆炸产生的碎片云和登月舱表面的反射光，以及窗户上周期性产生的冷凝水造成航天员通过识别恒星进行 IMU 校准变得困难甚至不可行。尽管存在这些挑战，地球、月球、太阳和地球晨昏线容易辨认，登月舱的 IMU 校准利用的是对太阳、月球和地球的观测来实现的。

“阿波罗”13 号 GNC 系统没有配备照相机或星体跟踪器，航天飞机的经验表明人眼比光电设备更能适应各种轨道照明条件。此外，轨道碎片和反射光会导致使用光电设备（如星体跟踪器和照相机）进行姿态确定变得复杂化甚至不可行。在极端的轨道光照条件下，利用人眼或光电传感器观测易辨别天体（地球、太阳、月球、行星等）进行校准的方案应该受到重视。

### 4.6.4 小结

在“阿波罗”13 号任务期间，液氧储箱的燃烧和破裂为未来的航天器设计者和操作人员提供了有益的经验和见解，他们在职业生涯中可能没有机会参与到航天器紧急情况下营救飞船和航天员的任务中。制导、导航和控制的主要挑战包括在液氧储箱事件后重新建立姿态控制、重新建立自由返回轨道、解决登月舱和“土星”5 号火箭末级之间的地面跟踪冲突，实现惯性导航系统的对准、姿态调整操作、点火时的姿态控制，以及在大多数飞船系统关机的情况下执行手动制导、导航和控制任务。太阳照亮的残骸和服务舱的气体泄漏使得航天员试图识别恒星进行校准变得困难，取而代之的是通过观测太阳、月球和地球进行校准，与任务控制中心近乎持续的通信使航天员乘组能够快速准确地执行重要程序。

“阿波罗”13 号航天员乘组的成功营救得益于任务前开发的各类应急程序，其中许多程序在营救任务期间做出大量修改，任务前开发的简单应急程序可以使支持团队更加从容地应对航天器应急情况。有时需要快速执行应急程序，以应对不可预见的性能异常和系统限制。航天器系统可能是功能齐全的，但部分系统(如热控和电力系统)的性能问题可能会限制其他分系统的正常功能发挥。此外，由于缺乏针对性训练，航天员执行新的或修改的程序可能会很复杂。

“阿波罗”13 号任务中，由于轨道光照和碎片环境，先进的光电传感器使用受到限制。在某些极端光照条件下，人眼比光电传感器具有更强的适应性。利用太阳、月球和地球来进行姿态确定的简单方法可以解决碎片云造成的恒星难以观测问题。

航天器各部分可能会出现不可预见的冲突，如登月舱和运载火箭末级 S 波段应答器之间的频率冲突。简单的工具，如光学瞄准器、光学校准望远镜和窗口刻度线标记等也可完成 GNC 校准任务，且只用消耗很小的航天器电力和热控资源。在航天器开发过程中，可以选择某种技术来降低成本和进度风险，但这可能会使任务飞行阶段的地面运控和航天员操作变得复杂。从飞行器设计阶段开始，必须综合考虑参与任务的多个相关航天器，在选择飞行器的系统功能和技术时，必须从运营角度进行综合考虑。

航天员乘组、地面支持人员和“阿波罗”飞船系统的灵活性是“阿波罗”13 号任务航天员乘组得到成功营救的关键。在航天器发生紧急情况时，飞行器系统需要具有灵活性，以便在节约电力等资源的条件下充分发挥系统能力。航天员与任务控制中心之间以及各地面支持组织之间的持续高效沟通，对于及时制订新程序和解决技术问题至关重要。在任务过程中没有出现连续的通信中断、GNC 硬件没有遭受损坏、软件系统没有出现致命故障，是“阿波罗”13 号乘组安全返回的重要因素。

---

[1] National Aeronautics and Space Administration. NASA's Exploration Systems Architecture—Final Report: NASA-TM-2005－214602 [R]. 2005.

[2] John L. Goodma. Apollo 13 Guidance, Navigation, and Control Challenges [C]// AIAA SPACE 2009 Conference & Exposition, 14－17 September 2009, Pasadena. California: AIAA-2009－6455: 1－42.

# 第 5 章
# 地月空间可重复使用运输体系分析

## 5.1 地月空间可重复使用运输体系概述

为了在确保任务安全可靠性的同时降低探测任务的成本，实现载人航天事业的可持续发展，世界各国的航天科技工作人员一直在积极开展地月空间可重复使用运输体系研究。地月空间运输系统可以按照空间区域分为天地往返阶段、地月转移阶段和月面往返阶段。

天地往返阶段主要以实现运载火箭和载人飞船的重复使用为目标。运载火箭重复使用的相关概念研究一直在进行中，但是受制于运载火箭设计水平和重复使用收益难以保证，早期一直没有获得成功的实践。航天飞机实现了载人飞船部分重复使用，后来因为收益和成本不均衡、安全可靠性等原因而终止。以 SpaceX 为代表的商业航天企业，通过提升运载火箭的集成化设计水平，设计了火箭的回收装置和平台，实现了运载火箭助推级、芯一级的回收和重复使用，有效降低了运载火箭的发射成本，验证了运载火箭重复使用的科学和商业价值。

地月往返阶段主要实现探月飞船的重复使用，探月飞船重复使用的主要技术手段是依靠大气减速后停泊在近地轨道空间站，推进剂补加后重复使用，存在三种具体实现途径：一种途径是将载人飞船的服务舱独立出来，设计成相对独立的可重复使用的地月运输飞行器，使其在提供主要任务所需动力后返回地球，依靠大气减速后停泊在近地轨道空间站，推进剂补加后重复使用；二是仅实现载人飞船返回舱大气减速后停靠在近地轨道空间站，需要发射新的载人飞船服务舱为其重复使用提供动力；三是将载人飞船指令服务舱一体化设计，使其大气减速后停靠在近地轨道空间站，依靠空间站推进剂补加后即可重复使用，该方案技术创新性和设计难度最大，收益也最大，是可重复使用探月飞船最有潜力的发展方向之一。

月面往返阶段主要以实现月面着陆器的重复使用为目标。“阿波罗”登月计划中，为了减少月面着陆器总质量规模而采取两段式构型，月面着陆器下降级抛弃在月面，月面着陆器上升级的质量较小，在没有月球轨道空间站支持下，其在环月轨道长期维持难度较大。月球轨道空间站可为飞行器提供通信导航、在轨维护、推进剂补加等服务，“阿尔忒弥斯”计划中月球轨道平台 – 门户的建立将为月面着陆器的部分或整体重复使用提供支持。

## 5.2 探月飞船大气制动减速重复使用方案分析

探月飞船作为载人月球探测系统中的高价值目标，重复使用的相关研究一直备受关注，“猎户座”飞船的重复使用方案是飞船返回地面后，经过检测和修复后重复使用。考虑到地球表面具有稠密的大气层，探月飞船返回地球时经大气减速后可以变轨停泊到近地轨道空间站，推进剂补加后重复使用[1]。该方案相较于“猎户座”飞船方案，既不用穿透浓密的大气层，也不用经受着陆冲击的考验，重复使用的成本代价将会降低，安全可靠性会得到提升。

探月飞船返回地球时需要穿透稠密的大气：一方面大气阻力造成的飞行器气动加热和过载给飞船的安全再入带来了挑战；另一方面大气阻力会降低飞船的速度和能量，使得飞船以较小速度增量返回地面成为可能。探月飞船地球再入的方式主要分为弹道式再入、跳跃式再入和升力式再入。弹道式再入会给飞行器的热防护系统、航天员安全防护等带来巨大挑战，升力式再入飞行器维护成本高昂，跳跃式再入成为有人航天器返回地球的主要方式。跳跃式再入又称为半弹道式再入，通过对飞行器再入条件的设计和再入姿态的控制，实现飞行器再入过程的最大热流密度和最大过载的抑制，确保航天员安全返回地球。“阿波罗”计划成功实施了多次跳跃式再入，再入过程如图 5－2－1 所示。

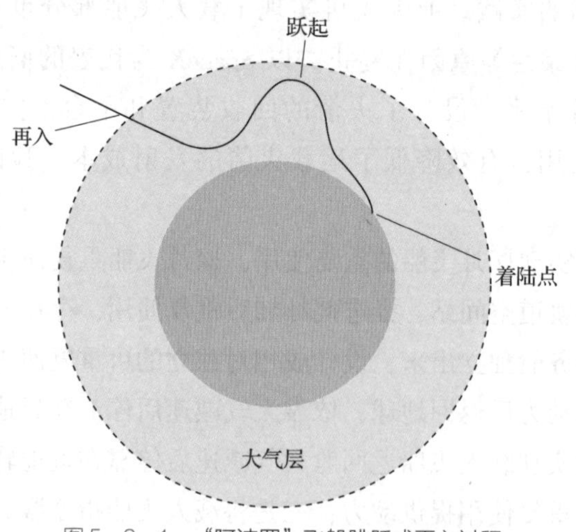

图5－2－1 “阿波罗”飞船跳跃式再入过程

通过对飞船再入初始条件和再入姿态的控制，使得飞船下降至探底高度时飞行路径角由负转正，飞船转而上升至最高点后再次返回地球。采用这种方案增加了飞船再入的时间和航程，但是减小了飞船再入过程中的最大热流密度和最大过载，通过对飞船倾侧角的控制还能增加飞船对着陆点的调控能力。苏联“探测器”六号也采用了跳跃式再入方式，但二次再入前的最高点在大气层外，其再入过程如图 5－2－2 所示。

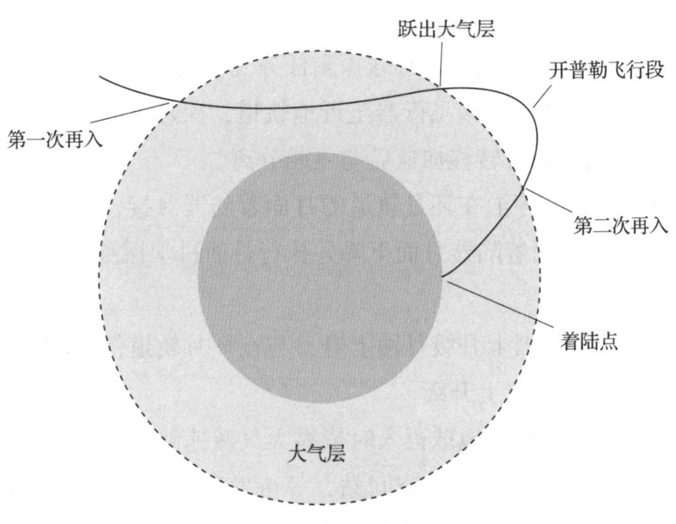


图5-2-2　苏联"探测器"六号再入过程

与"阿波罗"飞船再入方案相比，该方案带来的优势是再入飞行器探底高度更高，飞行器再入过程的最大热流密度和最大过载得到了进一步抑制；但是飞行器再入过程的时间和航程增加了，飞行器跃起时会跃出大气层，增加了再入过程的控制难度。

我国空间站预计将于2022年建成，届时空间站不仅可以作为近地轨道开展科学试验的平台，也可以作为载人月球探测任务的停靠补给站，支持探月飞船返回地球时大气减速变轨停泊到近地轨道空间站，经推进剂补加后重复使用。基于近地轨道空间站的可重复使用载人月球探测任务飞行模式如图5-2-3所示。

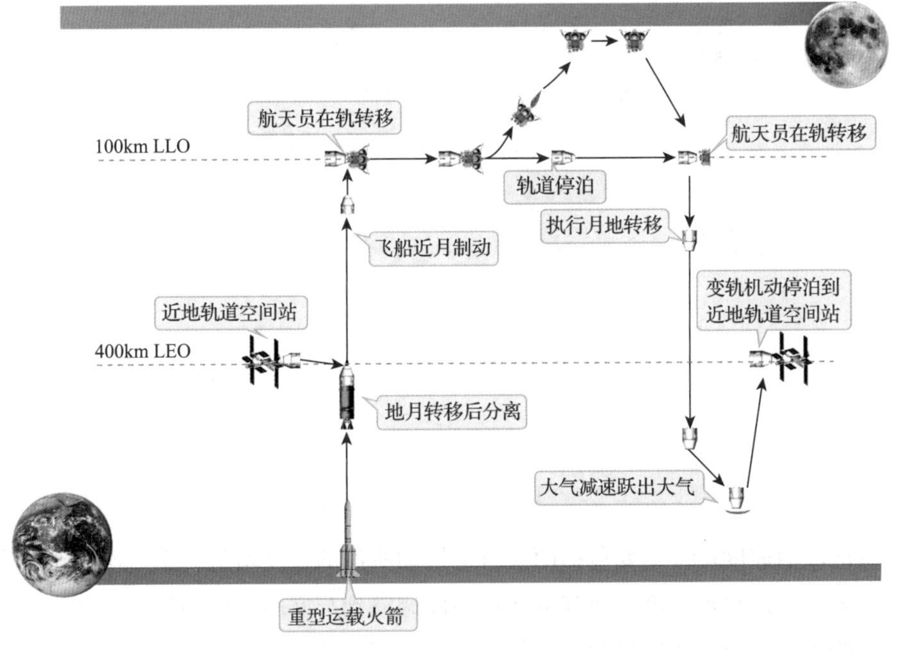


图5-2-3　可重复使用载人月球探测任务飞行模式

假定探月飞船已经停靠在近地轨道空间站，月面着陆器已经预先发射并进入环月轨道，基于近地轨道空间站的可重用使用载人月球探测任务飞行模式如下：

(1)重型运载火箭发射地月转移飞行器至近地轨道，探月飞船与推进飞行器对接，地月转移飞行器完成探月飞船的地月转移加速后与飞船分离。

(2)探月飞船近月制动与停泊在环月轨道的月面着陆器对接，经状态确认后航天员进入月面着陆器，航天员驾驶月面着陆器月面下降并执行月面科学探测任务，探月飞船在环月轨道停泊。

(3)航天员驾驶月面着陆器上升级月面上升，与在环月轨道停泊的探月飞船对接，航天员进入探月飞船后，分离着陆器上升级。

(4)探月飞船执行月地转移，地球再入时依靠大气减速跃出大气层，变轨机动并停靠在近地轨道空间站，航天员进入近地轨道空间站，等待发射天地往返飞船将航天员送回地面；探月飞船等待状态检测、推进剂补加后执行下次月球探测任务。

### 5.2.1　近地轨道空间站支持的探月飞船大气制动减速建模

探月飞船重复使用的关键环节是大气减速后变轨停泊到近地轨道空间站。探月飞船变轨机动到近地轨道空间站停泊轨道所需的速度增量定义为近地轨道停泊速度增量，它是影响飞船重复使用方案可行性的关键变量。探月飞船大气减速与变轨机动过程如图5－2－4所示。

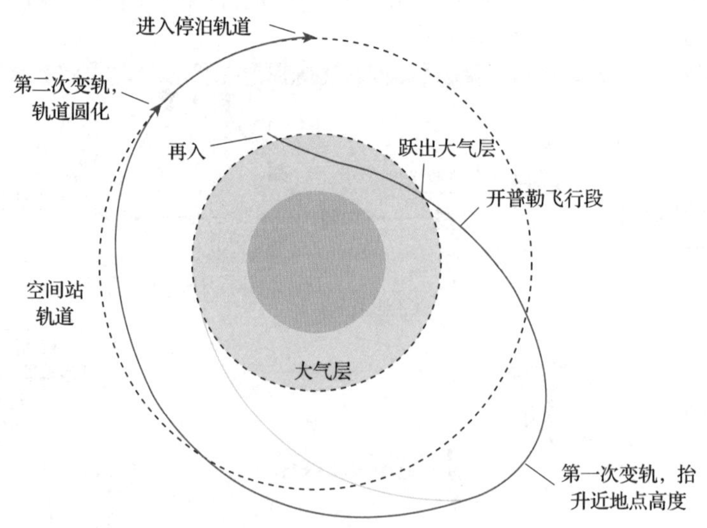


图5－2－4　探月飞船大气与变轨机动过程减速

近地轨道停泊速度增量主要包括两次轨道机动所需的速度增量：第一次用于抬升飞船出射大气层后轨道的近地点高度，使其近地点高度调整到与空间站停泊轨道高度一致，第二次用于降低飞船大气减速后变轨过渡轨道的远地点高度，从而实现过渡轨道圆化，使探月飞船进入空间站停泊轨道。探月飞船大气减速过程可以划分为飞船再入大气层至跃出大气层的大气再入飞行段和飞船跃出大气层后变轨至近地轨道空间站停泊轨道的变轨机动飞行段。通过建立飞船大气再入段数学模型，对于给定的飞船地球再入参数，可以计算得到飞船出射大气层的轨道参数，作为变轨机动段的输入。然后建立飞船变轨机动段的数学模型，以飞船出射大气层轨道参数为输入，计算得到变轨机动段所需的速度增量。

飞船大气再入动力学模型是研究飞船再入飞行过程中动压、过载、热流密度等性能参数的基础，飞船地球再入过程受力如图 5－2－5 所示。

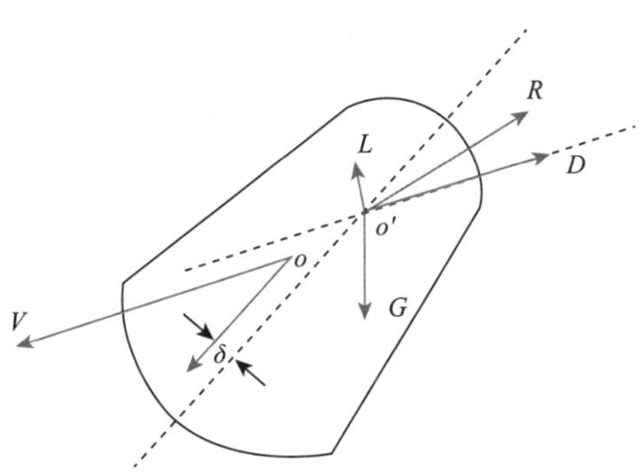


图 5－2－5　探月飞船地球再入过程受力

飞船再入过程中受到大气阻力、大气升力、重力的共同作用，飞船通过质心偏置的方式实现飞船再入姿态和航程的控制。考虑地球自转，不考虑地球扁率，飞船再入运动方程[2]为

$$
\begin{cases}
\dfrac{\mathrm{d}\theta}{\mathrm{d}t} = \dfrac{V\cos\gamma\sin\psi}{r\cos\varphi} \\
\dfrac{\mathrm{d}\phi}{\mathrm{d}t} = \dfrac{V\cos\gamma\cos\psi}{r} \\
V\dfrac{\mathrm{d}\psi}{\mathrm{d}t} = -\dfrac{L}{m}\dfrac{\sin\sigma}{\cos\gamma} + \dfrac{V^2}{r}\tan\varphi\cos\gamma\sin\psi + 2\omega V(\sin\varphi - \cos\phi\tan\lambda\cos\psi) \\
+ \omega^2 r\dfrac{\sin\phi\cos\phi\sin\psi}{\cos\gamma} \\
\dfrac{\mathrm{d}r}{\mathrm{d}t} = V\sin\gamma \\
V\dfrac{\mathrm{d}\gamma}{\mathrm{d}t} = \dfrac{L}{m}\cos\sigma - g\cos\gamma + \dfrac{V^2}{r}\cos\gamma + w\omega V\cos\phi\sin\psi \\
+ \omega^2 r\cos\phi(\cos\phi\cos\gamma + \sin\phi\cos\psi\sin\gamma) \\
\dfrac{\mathrm{d}V}{\mathrm{d}t} = -\dfrac{D}{m} - g\sin\gamma + \omega^2 r\cos\phi(\cos\phi\sin\gamma - \sin\phi\cos\psi\cos\gamma)
\end{cases}
\tag{5-2-1}
$$

式中：$V$ 为飞船再入速度；$\gamma$ 为再入倾角；$r$ 为地心距；$\sigma$ 为倾侧角；$\phi$ 为纬度，是飞船再入时地心矢径与赤道平面的夹角；$\theta$ 为经度，是飞船再入时地心矢径在赤道平面投影与本初子午面的夹角；$\psi$ 为飞行方向角，是飞船再入时速度在水平的投影与当地正北方向的夹角；$\omega$

为地球自转角速度；$D$ 为阻力，$D = 1/2\rho V^2 C_D S$，其中 $V$ 为飞船速度，$C_D$ 为飞船的阻力系数；$L$ 为升力，$L = 1/2\rho V^2 C_L S$，其中 $C_L$ 为升力系数。

载人飞船大气减速后跃出大气层，通过飞船推进系统实施变轨机动，使得飞船进入空间站停泊轨道。$v_k$ 为飞船飞出大气层时的出射速度，$\phi_k$ 为飞船的出射角度，$r_k$ 为飞船出射时的地心距。出射轨道的长半轴为 $a$ 、短半轴为 $b$ 、偏心率为 $e$ ，远地点距离和速度为 $r_a$ 和 $v_a$，近地点距离和速度为 $r_p$ 和 $v_p$。空间站的地心距离为 $r_s$，轨道速度为 $v_s$。从出射轨道变轨后的轨道称为过渡轨道，该轨道的长半轴为 $a_\Phi$ ，对应的远地点速度为 $v_{a_\Phi}$ ，近地点速度为 $v_{p_\Phi}$ 。根据上述参数定义，可以求得第一次变轨所需的速度增量为

$$\Delta v_1 = \sqrt{\mu\left(\frac{2}{r_a} - \frac{1}{a_\Phi}\right)} - \sqrt{\mu\left(\frac{2}{r_a} - \frac{1}{a}\right)} \tag{5-2-2}$$

第二次在转移轨道的远地点加速，抬升过渡轨道近地点高度，变轨速度增量 $\Delta v_2$ 按照下式求解：

$$\Delta v_2 = \sqrt{\frac{\mu}{r_s}} - \sqrt{\mu\left(\frac{2}{r_s} - \frac{1}{a_\Phi}\right)} \tag{5-2-3}$$

停泊速度增量的计算公式为

$$\Delta v = \begin{cases} \sqrt{\mu\left(\frac{2}{r_a} - \frac{1}{a_\Phi}\right)} - \sqrt{\mu\left(\frac{2}{r_a} - \frac{1}{a}\right)} + \sqrt{\mu\left(\frac{2}{r_s} - \frac{1}{a_\Phi}\right)} - \sqrt{\frac{\mu}{r_s}}, & r_a > r_s \\ \sqrt{\mu\left(\frac{2}{r_a} - \frac{1}{a_\Phi}\right)} - \sqrt{\mu\left(\frac{2}{r_a} - \frac{1}{a}\right)} + \sqrt{\frac{\mu}{r_s}} - \sqrt{\mu\left(\frac{2}{r_s} - \frac{1}{a_\Phi}\right)}, & r_a < r_s \end{cases} \tag{5-2-4}$$

再入路径约束主要包括飞船再入过程中的动压、过载和热流密度。飞船再入时会受到气动阻力和气动升力的作用，因此过载应该为二者的合力。最大热流密度根据经验公式获得，载人飞船再入路径约束模型可以用下式表示：

$$q = \frac{1}{2}\rho v^2 \leqslant q_{max} \tag{5-2-5}$$

$$n = \sqrt{L^2 + D^2} \leqslant n_{max} \tag{5-2-6}$$

$$\dot{Q} = \frac{C}{\sqrt{R_n}}\sqrt{\frac{\rho}{\rho_0}}\left(\frac{V}{V_C}\right)^{3.15} \leqslant \dot{Q}_{max} \tag{5-2-7}$$

式中：$q$ 为动压；$n$ 为总过载；$\dot{Q}$ 为驻点热流密度；$C$ 为经验常数，一般取 $1.1\times10^5$；$R_n$ 为驻点处曲率半径；$\rho_0$ 为标准海平面处大气密度；$\rho$ 为飞行器当前高度下的大气密度，可以采用指数大气模型求得；$V$ 为飞船当前高度下的速度；$V_c$ 为地表参考圆轨道上飞行器的飞行速度，$V_c = 7.9\text{km/s}$。

除了动压、过载和热流密度等气动力学参数约束，飞船地球再入时需要满足倾侧角、倾侧角控制时间、变轨终端轨道等控制和轨道参数约束。

倾侧角控制量满足下列约束：

$$-90^\circ \leqslant \sigma \leqslant 90^\circ \tag{5-2-8}$$

倾侧角控制时间满足：

$$0 \leqslant \mathrm{CT}_{\sigma} \leqslant t_{\mathrm{flight}} \tag{5-2-9}$$

式中：$t_{\mathrm{flight}}$为飞船大气再入段的总飞行时间。

变轨机动的终端约束为飞船进入空间站停泊轨道，即需要满足轨道高度和速度约束

$$v(t_{\mathrm{f}}) = v_{\mathrm{s}} \tag{5-2-10}$$

$$r(t_{\mathrm{f}}) = r_{\mathrm{s}} \tag{5-2-11}$$

式中：$v(t_{\mathrm{f}})$为终端时刻$t_f$时的速度；$r(t_{\mathrm{f}})$为终端时刻$t_{\mathrm{f}}$时的轨道高度；$v_{\mathrm{s}}$为空间站停泊轨道的飞行器轨道速度；$r_{\mathrm{s}}$为空间站停泊轨道的地心距。

### 5.2.2　探月飞船大气制动减速方案优化

#### 1. 停泊速度增量影响因素及规律分析

将大气减速模型中飞船变轨进入空间站停泊轨道所需的速度增量定义为停泊速度增量，它是影响重复使用方案可行性和经济性的关键量，也是开展大气减速方案优化的优化量。为便于后续分析，对飞船再入飞行过程做如下假设：

(1)不考虑地球自转，飞行器再入过程中按照配平攻角飞行，且始终处于再入速度矢量与地心矢量决定的平面内，即侧滑角为零。

(2)飞船形状为轴对称旋转体，所受侧力很小，故其影响可忽略不计。

(3)大气相对于地球静止，认为大气影响边界为再入点，即再入点高度取为120km。

简化后的飞船大气再入模型为

$$\begin{cases} \dfrac{\mathrm{d}V}{\mathrm{d}t} = -D/m - g\sin\theta \\ \dfrac{\mathrm{d}\theta}{\mathrm{d}t} = \dfrac{1}{V}\left[\dfrac{L_{\sigma}}{m} + \left(\dfrac{V^2}{r} - g\right)\cos\theta\right], L_{\sigma} = L\cos\sigma \\ \dfrac{\mathrm{d}r}{\mathrm{d}t} = V\sin\theta \end{cases} \tag{5-2-12}$$

式中：$V$为再入速度；$r$为地心距；$\theta$为再入速度倾角；$\sigma$为倾侧角；$D$为大气阻力；$L$为大气升力；$S$为飞船的迎风面积；$\rho$为大气密度，可以根据指数大气模型求得，一般取$\rho = \rho_0 \mathrm{e}^{-\beta h}$，其中$\beta = g_0/RT$，$g_0$为重力加速度，$R$为气体常数，$T$为温度。

升力系数和升阻比系数是马赫数、雷诺数和再入攻角的函数，考虑地月转移飞船大气再入和变轨机动过程中速度始终大于马赫数20，且一直处于配平攻角，可以假定阻力系数和升阻比保持不变。暂不考虑探月飞船与空间站交会对接所需速度增量，停泊速度增量影响因素如图5-2-6所示。

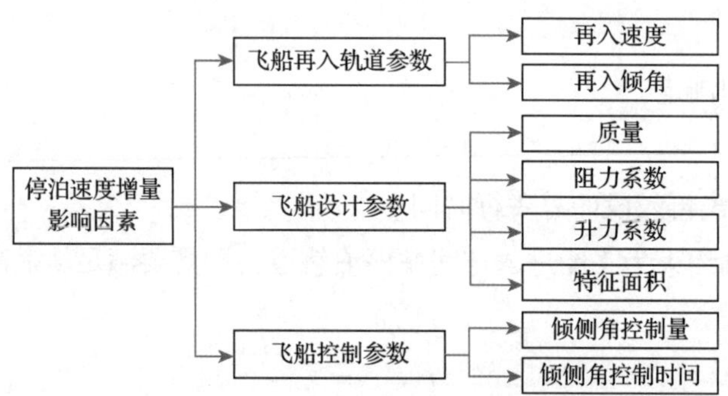


图5-2-6 停泊速度增量影响因素

停泊速度增量的影响因素主要包括飞船再入轨道参数、飞船设计参数和飞船控制参数三类。其中飞船再入轨道参数包括再入速度和再入倾角，飞船设计参数包括飞船的质量、阻力系数、升力系数和特征面积，飞船控制参数包括倾侧角控制量和倾侧角控制时间。以“阿波罗”飞船地球再入的参数为标准值，下面分析其他参数保持不变情况下，部分参数变化对停泊速度增量的影响。

设再入速度取值范围为[10700m/s，11200m/s]，再入角度取值范围为[－6.2°，－5.2°]，仿真计算得到当再入速度和再入倾角同时变化时停泊速度增量的变化曲面(图5－2－7)。

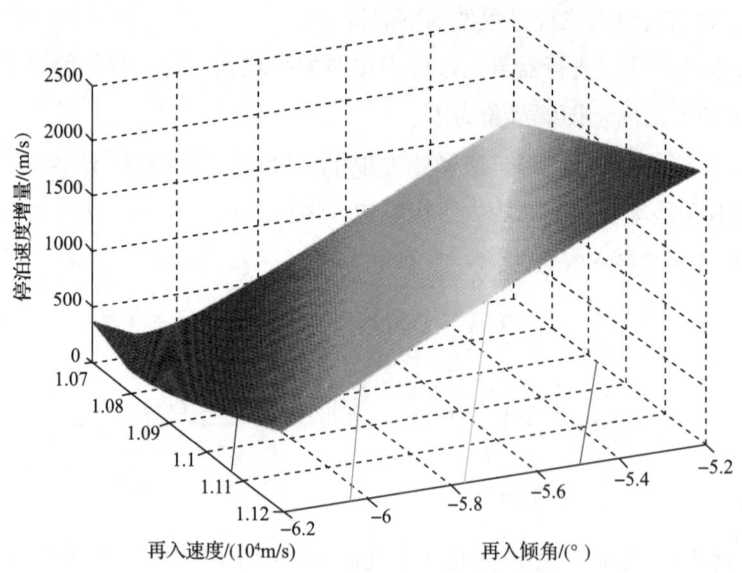


图5-2-7 停泊速度增量随再入速度和倾角的变化曲面

停泊速度增量随着再入速度和再入倾角的增加，总体变化趋势是随着再入速度和再入倾角的增加而先减小后增加。

参照工程实际中飞船设计水平，设定飞船阻力系数取值范围为[1，1.5]，升力系数取值范围为[0.2，0.5]，特征面积按照飞船直径3.5～5m，取值范围为[$10m^2$，$20m^2$]，飞船质量规模取值范围设定为[4000kg，10000kg]。仿真计算得到停泊速度增量随阻力和升力系数的变化曲面如图5－2－8所示。

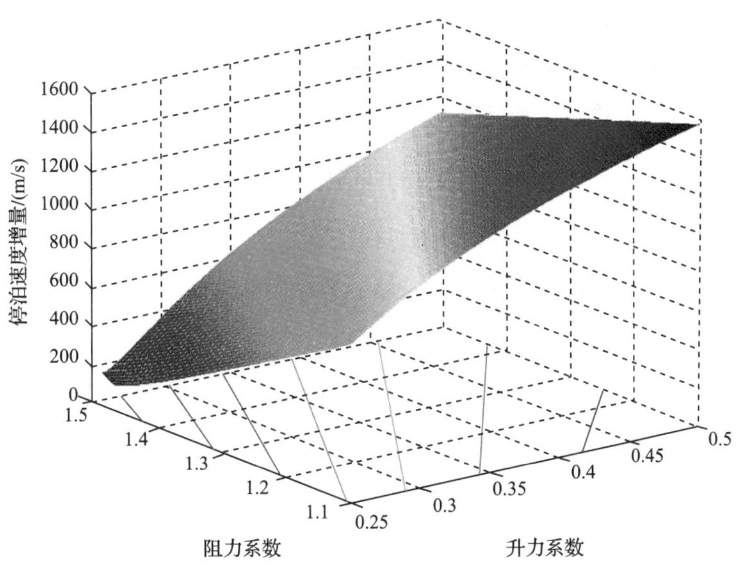


图 5-2-8　停泊速度增量随修订后阻力和升力系数的变化曲面

停泊速度增量随着阻力系数的增加先减小后增加，随着升力系数的增加先减小后增加。

倾侧角控制量和控制时间取值不当，会导致飞船坠入大气层或者越出大气层后变轨速度增量过大。通过将倾侧角控制量的取值范围修订为[0°，65°]，倾侧角控制开始时间的取值范围修订为[70s，300s]，分析得到停泊速度增量随倾侧角控制量和倾侧角控制时间的变化曲面如图 5-2-9 所示。

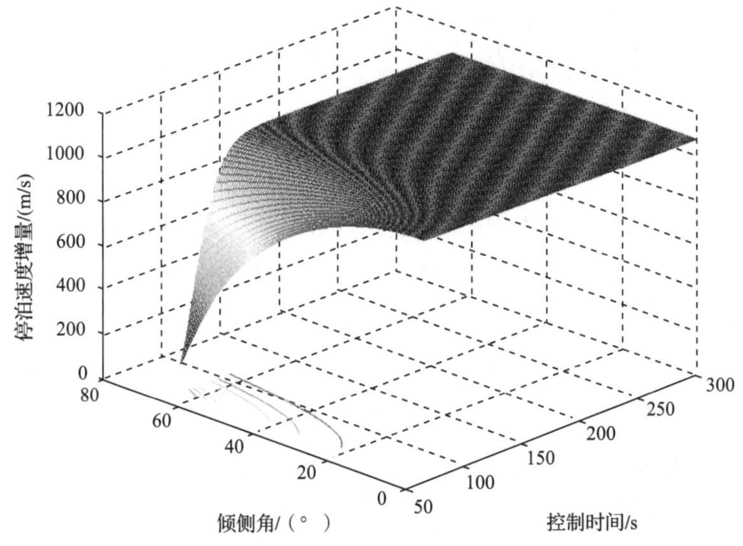


图 5-2-9　停泊速度增量倾侧角控制量和倾侧角控制时间的变化曲面

此时，停泊速度增量随着倾侧角控制时间的增加而增加，随着倾侧角控制量的增加而减小。上述仿真分析表明：飞船再入轨道参数、飞船设计参数和再入控制参数对停泊速度增量的影响规律是非线性、耦合的。此外，飞船再入过程还要考虑载人飞船结构和航天员耐受性带来的再入过程最大动压、最大过载和最大热流密度等约束。考虑数值求解方法无法兼顾再入和变轨过程的再入约束条件，采用智能优化算法实现考虑动压、过载、热流密度等约束的停泊轨道速度增量优化。

### 2. 单次大气减速方案下停泊速度增量优化

近地轨道停泊速度增量优化问题的数学模型如下：

$$\begin{aligned}&\min f(x),x\in \boldsymbol{A}\\&\boldsymbol{A}=\{x\mid x\in \mathbf{R}^n,g_i(x)\geqslant 0,i=1,\cdots,m\}\end{aligned}\tag{5-2-13}$$

式中：$f(x)$ 为优化目标函数；$x$ 为停泊速度增量的影响因素；$\boldsymbol{A}$ 为影响因素的取值范围集合。

优化目标函数可以具体化为

$$\min f(x)=f(V,\gamma,C_{\mathrm{D}},C_{\mathrm{L}},\mathrm{ref},\mathrm{mass},\sigma,t)\tag{5-2-14}$$

式(5-2-14)表示停泊速度增量是关于再入轨道参数、飞船设计参数和控制参数的函数。$g_i(x)$ 表示求解问题的约束，对于载人飞船，参照经验公式得到主要约束范围如下：

$$q=\frac{1}{2}\rho v^2\leqslant 30\ \mathrm{kPa}\tag{5-2-15}$$

$$n=\sqrt{L^2+D^2}\leqslant 4.5\ \mathrm{g}\tag{5-2-16}$$

$$\dot{Q}=\frac{C}{\sqrt{R_{\mathrm{n}}}}\sqrt{\frac{\rho}{\rho_0}}\left(\frac{V}{V_{\mathrm{C}}}\right)^{3.15}\leqslant 2.6\ \mathrm{MW/m^2}\tag{5-2-17}$$

考虑到优化问题空间的连续性特征，可以将优化参数构成的矢量映射为粒子的位置，将参数空间内探索的步长映射为粒子的速度，粒子群算法的核心计算模型如下：

$$\begin{cases}V_{id}^{k+1}=wV_{id}^{k}+c_1r_1(P_{id}^{k}-X_{id}^{k})+c_2r_2(P_{gd}^{k}-X_{id}^{k})\\X_{id}^{k+1}=X_{id}^{k}+V_{id}^{k+1}\end{cases}\tag{5-2-18}$$

式中：$\boldsymbol{X}_i=(x_{i1},x_{i2},\cdots,x_{iD})^{\mathrm{T}}$表示粒子的位置，代表飞船再入时的速度、再入倾角、倾侧角、阻力系数、升力系数、特征面积、质量、倾侧角控制量和控制时间；$V_i=(V_{i1},V_{i2},\cdots,V_{iD})^{\mathrm{T}}$表示粒子的速度；$\boldsymbol{P}_i=(P_{i1},P_{i2},\cdots,P_{iD})^{\mathrm{T}}$表示粒子的个体极值；$\boldsymbol{P}_g=(P_{g1},P_{g2},\cdots,P_{gD})^{\mathrm{T}}$表示粒子的群体极值。对于再入过程的各项约束，可以通过增加惩罚系数来实现优化过程中对不满足约束参数组合的自动剔除。

分析表明，采用标准粒子群算法优化收敛速度慢且易陷入局部极值，为了保证算法的快速性和收敛性，采用变邻域半径阴性选择粒子群算法开展停泊速度增量的优化。改进算法将粒子群算法速度更新公式中的群体极值 $P_{gD}^k$ 修订为邻域极值 $P_{N(k)f(k)}^k$ ，考虑邻域半径的改进粒子群算法核心公式如下[3]：

$$v_{iD}^{k+1}=k[v_{iD}^{k}+c_1\xi(p_{iD}^{k}-x_{iD}^{k})+c_2\eta(P_{N(k)f(k)}^{k}-x_{gD}^{k})]\tag{5-2-19}$$

式中：$P_{N(k)f(k)}^k$ 为群体的邻域极值，其中 $N(k)$ 是指每个粒子的邻域半径；$f(k)$ 为当前时刻邻

域极值的数目。

此外，为了避免粒子群过早收敛到某个局部空间，借鉴生物免疫学中阴性选择机制的思想，通过计算粒子群自身的亲和力来判定种群是否收敛，当种群已经趋向于同质化时，则按照一定比例重新生成粒子，替代粒子群中的部分粒子。粒子群中第 $i$ 个粒子 $x_i$ 在第 $d$ 维的亲和力计算模型如下：

$$A_{id} = 1 - |P_{gd} - x_{id}|/(X_{\max} - X_{\min}) \tag{5-2-20}$$

式中：$X_{\max}$、$X_{\min}$ 为优化变量在第 $d$ 维的最大和最小值。

第 $i$ 个粒子的亲和力为各维亲和力的平均值，即

$$A_i = \frac{1}{D}\sum_{d=1}^{D} A_{id} \tag{5-2-21}$$

基于改进粒子群算法的停泊速度增量优化步骤如图 5-2-10 所示。

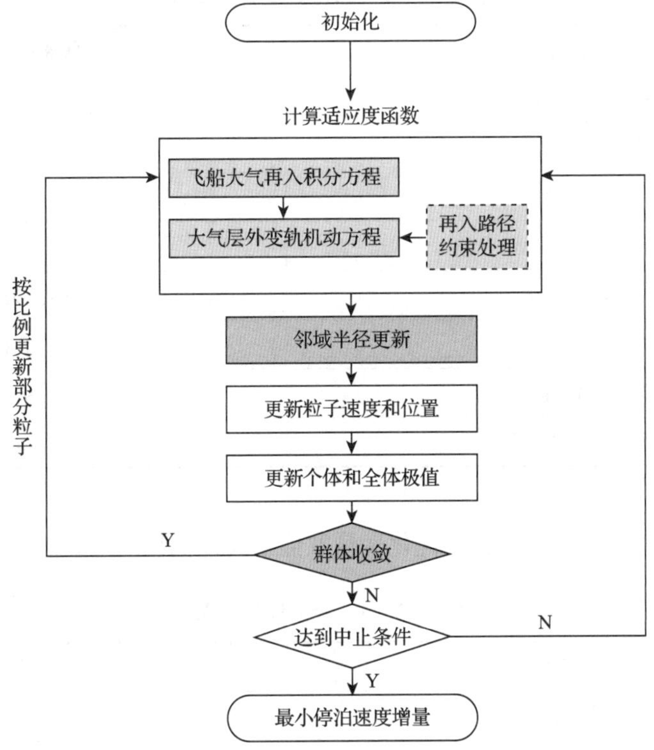


图 5-2-10　基于改进粒子群的停泊速度增量优化步骤

改进粒子群算法设计参数取值如表 5-2-1 所列。

**表 5-2-1　改进粒子群算法设计参数取值**

| 设计参数 | 取值 |
|---|---|
| 粒子数目 | 200 |
| 迭代次数 | 100 |

续表

| 设计参数 | 取值 |
| --- | --- |
| 个体学习因子 | 1.494 |
| 全体学习因子 | 1.494 |
| 惯性权重 | 0.729 |
| 邻域半径 | [20，10，5，2，1] |
| 亲和度收敛阈值 | 0.95 |
| 个体更新比例 | 0.25 |

优化变量取值区间如表 5-2-2 所列。

**表 5-2-2 优化变量取值区间**

| 优化变量 | 取值区间 |
| --- | --- |
| 再入速度/(m/s) | [10700，11200] |
| 再入角度/(°) | [-6.2，-5.2] |
| 阻力系数 | [1.0，1.5] |
| 升力系数 | [0.2，0.5] |
| 参考面积/$m^2$ | [10，20] |
| 飞船质量/kg | [4000，10000] |
| 倾侧角控制量/(°) | [0，90] |
| 倾侧角控制时间/s | [0，300] |

采用前述优化算法的设计参数和优化变量取值空间，优化结果如表 5-2-3 所列。

**表 5-2-3 参数优化结果**

| 优化参数 | 优化值 |
| --- | --- |
| 再入速度/(m/s) | 10897.14 |
| 再入角度/(°) | -5.2 |
| 阻力系数 | 1 |
| 升力系数 | 0.2 |
| 参考面积/$m^2$ | 18.34 |
| 飞船质量/kg | 6519 |
| 倾侧角控制量/(°) | 88.1 |
| 倾侧角控制时间/s | 41.7 |

分析表明，飞船优化得到的最小停泊速度增量为 95.96m/s。通过将优化参数代入考虑地球自转等因素的精细化飞船大气再入模型中，计算得到飞船跃出大气层的出射速度为 7897.3m/s、出射倾角为 1.08°，再入过程的最大动压为 11.1kPa、最大过载为 3.24$g$、最大热流密度为 1.39MW/m$^2$，满足了再入过程的路径约束。根据飞船出射轨道参数，利用精细化大气再入模型计算得到变轨所需的停泊速度增量为 96.13m/s，验证结果与优化结果的误差小于 0.2%，验证了优化结果的正确性。

### 3. 多次大气减速方案下停泊速度增量优化

一次大气减速方案下探月飞船的最大热流密度、过载和动压值虽然满足了再入路径约束，但是它对飞船的热防护系统的要求相对较高，会给载人飞船重复使用的维修成本和安全可靠性带来挑战。此处，将计算分析不同大气减速次数下，探月飞船的地球再入与变轨停靠的动力学特性。为了便于开展分析，假定已知飞船设计参数和再入轨道参数，仅对飞船的地球再入控制参数进行优化。对于 1 次大气减速，优化变量为飞船再入的倾侧角控制量和倾侧角控制时间 2 个优化变量。对于 2 次大气减速，优化变量包括第 1 次减速、第 2 次减速时的倾侧角控制量和倾侧角控制时间，共 4 个优化变量。同理，对于 3 次大气减速，优化变量 3 次减速的倾侧角控制量和倾侧角控制时间，共 6 个优化变量。对于 4 次大气减速，优化变量包括 4 次减速的倾侧角控制量和倾侧角控制时间，共 8 个优化变量。多次大气减速情况下的停泊速度增量优化步骤如图 5-2-11 所示。

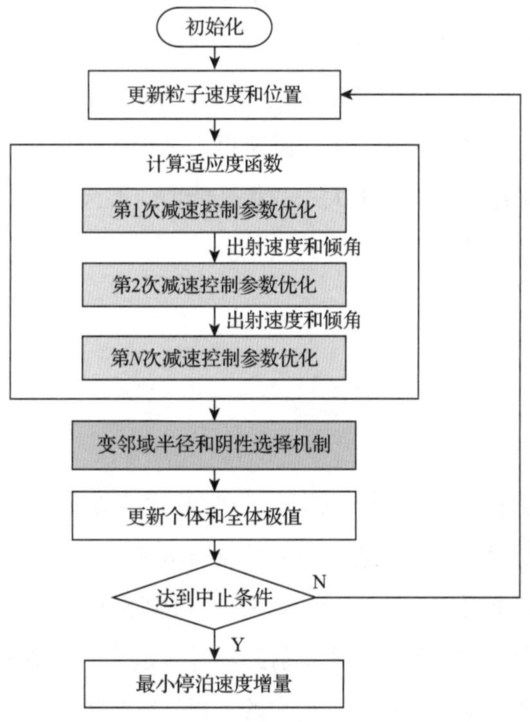


图 5-2-11　多次大气减速方案下的停泊速度增量优化步骤

仿真计算得到了不同大气减速次数下，探月飞船每次再入的最大动压、最大过载、最大热流密度、任务耗时以及停泊速度增量，如表 5-2-4 所列。

**表 5-2-4　不同大气减速次数下飞船再入过程主要参数**

| 减速方案 | 减速次数 | 最大动压/kPa | 最大过载/g | 最大热流密度/(MW/m²) | 任务耗时/天 | 停泊速度增量/(m/s) |
|---|---|---|---|---|---|---|
| 1 次减速 | 1 | 13.79 | 3.58 | 1.43 | ≤1 | 105.48 |
| 2 次减速 | 1 | 6.81 | 2.04 | 1.03 | ≤6 | 98.92 |
| | 2 | 4.85 | 1.45 | 0.80 | | |
| 3 次减速 | 1 | 4.35 | 1.31 | 0.83 | ≤10 | 97.57 |
| | 2 | 3.59 | 1.08 | 0.72 | | |
| | 3 | 3.19 | 0.96 | 0.65 | | |
| 4 次减速 | 1 | 2.89 | 0.87 | 0.68 | ≤14 | 97.24 |
| | 2 | 2.75 | 0.83 | 0.65 | | |
| | 3 | 2.59 | 0.78 | 0.60 | | |
| | 4 | 2.57 | 0.77 | 0.57 | | |

由表 5-2-4 可见：随着大气减速次数的增加，整个方案过程中的最大动压、过载和热流密度会逐渐减小；随着飞船能量的减少，后续大气再入的最大动压、过载和热流密度会逐渐减小。不同减速次数下的最小停泊速度增量相当，均在 100m/s 量级，但是任务所需时间和操控复杂度会显著增加。考虑 1 次与多次减速再入过程的操控复杂度、任务耗时等存在差异，工程实际中可以根据探月飞船的最大过载承受能力、航天员保障、热防护能力等工程实际约束，选择合适的探月飞船大气再入减速次数。

## 5.3 月面着陆与上升飞行器重复使用方案

“阿波罗”计划中的月面着陆与上升飞行器为两段式，着陆器从月面上升时将下降级抛弃在月面，在环月轨道与载人飞船交会对接完成航天员和载荷的在轨转移，载人飞船执行月地转移之前会分离着陆器上升级。采用“阿波罗”计划中的消耗性方案，每次任务均需要建造新的月面着陆器。月面着陆器是从地面发射到环月轨道上，建造和运输成本代价高，实现月面着陆器的部分或整体重复使用将具有重大的工程实际价值。

波音公司规划设计的可重复使用月面着陆器(图 5-3-1)以位于地月系 L1 或 L2 点的轨

道空间站为基础，采用四氧化二氮和一甲基肼推进剂，每次任务将着陆器下降级抛弃，着陆器上升级可以在月轨空间站停靠推进剂补加后重复使用。存在主要问题是将无法使用月球原位资源制造的液氢液氧推进剂，仅实现了登月舱上升级的重复使用，每次需要发射新的月面着陆器下降级，成本代价高。

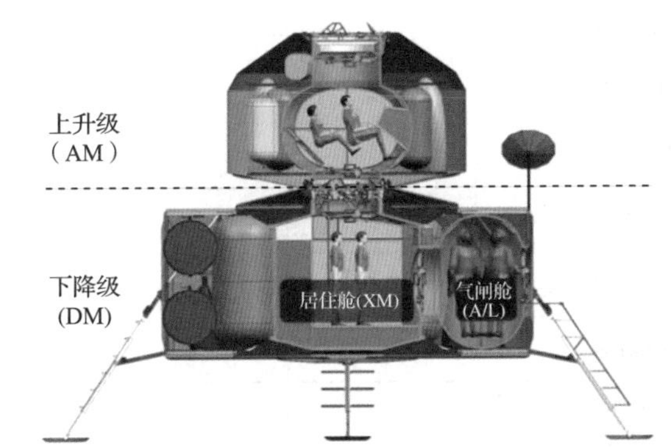


图 5－3－1　波音公司可重复使用月面着陆与上升飞行器概念图

## 5.3.1　田纳西大学可重复使用月面着陆器：AVOLLO

针对 NASA 提出的月球轨道空间站计划，田纳西大学诺克斯维尔分校的研究团队提出了可重复使用月面着陆器，并命名为 AVOLLO[4]，如图 5－3－2 所示。该月面着陆器支持将 4 名航天员在月面驻留 7 天，能够将 15t 载荷送达月面，并可以将 10t 载荷送回月轨空间站。

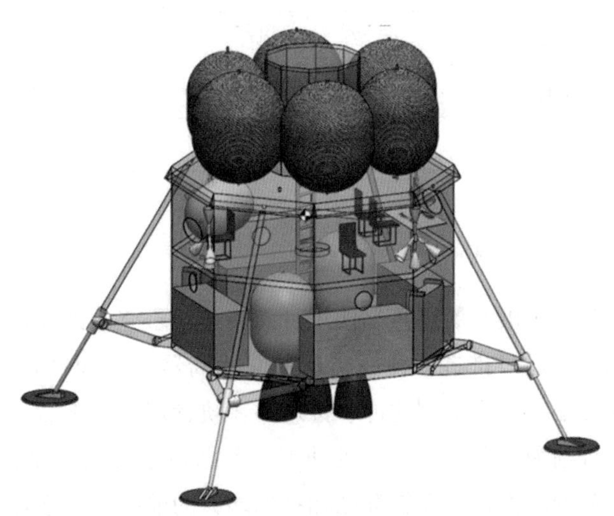

图 5－3－2　AVOLLO 可重复使用月面着陆器概念图

考虑推进剂挤压式发动机需要有高压气瓶和更加复杂的气体挤压装置，选择质量更小、更适合长期工作的泵压力式发动机。综合考虑推进剂比冲、后续原位资源开发利用等因素，选择液氢液氧作为推进剂，月面着陆器依靠 4 枚 RL10 型液氢液氧发动机提供动力，月面着陆器满载时的总质量约为 56t，AVOLLO 的质量构成如表 5－3－1 所列。

表 5-3-1 AVOLLO 的质量构成

| 构成 | 质量/kg |
|---|---|
| 发动机 | 640 |
| 液氧(推进、电力和支持) | 23853 |
| 液氢(推进、电力) | 3944 |
| 氮气(生命支持) | 30 |
| 燃料电池 | 3 |
| 导航系统 | 10 |
| 液氢储箱 | 2348 |
| 液氧储箱 | 972 |
| 着陆架 | 2238 |
| 外部结构 | 3077 |
| 反推力系统 | 136 |
| 梯子 | 99 |
| 座椅 | 307 |
| 控制台 | 2144 |
| 窗户 | 34 |
| 其他 | 2271 |
| 最大下行载荷 | 15000 |
| 总质量 | 56329 |

## 5.3.2 洛克希德·马丁公司可重复使用月面着陆器方案

洛克希德·马丁公司积极开展可重复使用月面着陆器研究，计划以位于近直线晕轨道的月球轨道门户为支撑[5]，通过推进剂补加实现月面着陆器在月面往返阶段的重复使用。在综合分析任务所需速度增量、推进剂比冲、推进剂在轨管理等因素后，洛克希德·马丁公司决定采用液氢液氧推进剂为月面着陆器提供动力。考虑到分段式月面着陆器的技术复杂性，以未来月轨空间站具备低温推进剂在轨存储和补加能力的前提下，洛克希德·马丁公司设计了单级、完全可重复使用的月面着陆器，如图 5-3-3 所示。

洛克希德·马丁公司设计的单级可重复使用月面着陆器可以将 4 名航天员从月球轨道空间站送达月面，每次任务可以将 1t 载荷送达月面，支持月面停留 2 周，能够在不补加推进剂条件下提供 5000m/s 的速度增量。月面着陆器的动力系统采用“半人马座”上面级的 RL10 发动机的衍生品，为确保飞行器的应急冗余能力，拟采用 4 台发动机的方案，整个月面着陆器

图5-3-3　洛克希德·马丁公司可重复使用月面着陆器示意图

的干质量约为22t，加满推进剂后的总质量约为62t。为了减少重复使用方案中推进剂补加成本，利用电推进太空拖船通过低能耗地月转移轨道将推进剂储箱从近地轨道运送到月球轨道门户。未来考虑在月球轨道门户建设低温推进剂制造工厂，这样仅需要从地球运送原材料至月球轨道门户，空间站利用太阳能在轨制造低温推进剂。首次任务中，月面着陆器依靠推进剂仓库进行推进剂补加，然后执行月面探测任务，完成月面上升和交会对接后，停靠在月轨空间站上，等待推进剂补加后重复使用。图5-3-4给出了月轨空间站支持下的可重复使用月面着陆器首次探月任务示意图。

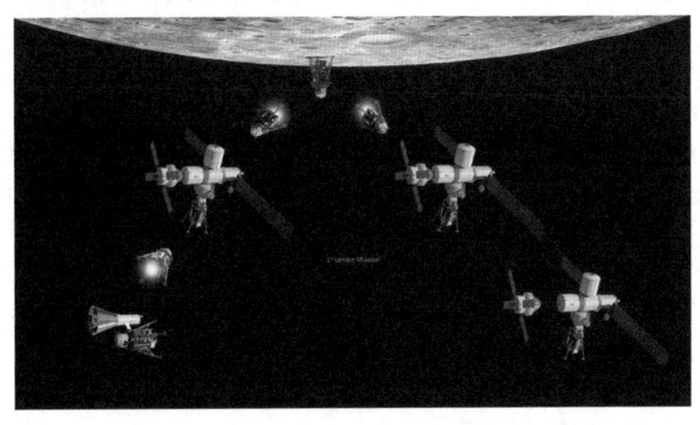

图5-3-4　可重复使用月面着陆器首次探月任务示意图

## 5.4　基于轨道推进剂仓库的可重复使用地月空间运输体系

“星座”计划中利用载人和载货运载火箭（“战神”系列）、地球出发级（EDS）、月面着陆器（LSAM）、载人飞船（CM+SM）构建了地月空间运输体系。“星座”计划的地月空间运输体系是一次性的，不利于载人探月任务的长期可持续发展，Erik等[6]以“星座”计划为基础，通过增加轨道推进剂仓库（Depot）、可重复使用运输飞行器（一体式RTV或者两段式RTV1+RTV2）、可重复使用月面着陆器（RLL），分析提出了8种地月空间运输体系方案，如表5-4-1所列。

表5-4-1 候选地月空间运输体系方案

| | TLI | LOI | Lunar A/D | TEI | EOI |
|---|---|---|---|---|---|
| A1 | EDS | LSAM | LSAM | SM | — |
| A2 | EDS | LSAM | LSAM | SM | — |
| A3 | RTV | RTV | RLL | RTV | RTV |
| A4 | RTV-1 | RTV-2 | RLL | RTV-2 | RTV-1、RTV-2 |
| A5 | RTV | RTV | M-LSAM | RTV | RTV |
| A6 | RTV-1 | RTV-2 | M-LSAM | RTV-2 | RTV-1、RTV-2 |
| A7 | RTV-1 | RTV-2 | RLL | RTV-2 | RTV-1、RTV-2 |
| A8 | RTV-1 | RTV-2 | RLL | RTV-2 | RTV-1、RTV-2 |

表5-4-1给出了地月空间转移不同任务阶段，包括地月转移(TLI)、月球轨道进入(LOI)、月面上升和下降(Lunar A/D)、月地转移(TEI)和地球再入(EOI)阶段，8种候选地月空间运输体系方案执行轨道机动任务的飞行器。其中：A1为星座计划方案，A2为在A1基础上增加了轨道推进剂仓库Depot；A3方案采用了整体式可重复使用的运输飞行器RTV和月面着陆器RLL，A4将整体式可重复使用RTV替换为分段式的RTV1和RTV2；A5和A6方案分别将A3和A4方案中的可重复使用月面着陆器替换成改进后的M-LASM，改进后的M-LASM仅提供月面上升和下降的动力，不再提供近月制动动力；A7是在A4的基础上，将可重复使用月面着陆器RLL进行了重新设计，使其运载能力得到加强，其他飞行器规模进行适当调整，以从整体上减小执行登月任务的发射次数；A8是在A4基础上，通过适当增加飞行器规模，以最大化月面运送载荷为目标。

为了对比分析评价各个候选方案的有效性，定义了拓展性$E$、继承性$H$、性能$P$、可靠性$R$和成本$C$五个评价指标，其中拓展性$E$定义为有效载荷规模$p$和任务次数$m$的函数，继承性与技术成熟度TRL相关，性能$P$与每年执行任务次数$n$相关，可靠性$R$是由任务失败率LOM和乘员损伤率LOC决定的，成本$C$是由标准成本估算模型的函数TFV估算得到。各个评价指标的估算模型如下：

$$E = \frac{p}{m} \tag{5-4-1}$$

$$H = \sum_{\text{vehicles}} \sum_{\text{technologies}} \frac{1}{TRL} \tag{5-4-2}$$

$$P = n^{-1} \tag{5-4-3}$$

$$R = \frac{1}{2}(1 - \text{LOM}) \times \frac{1}{2}(1 - \text{LOC}) \tag{5-4-4}$$

$$C = \text{TFU} \times x^{0.9} \tag{5-4-5}$$

根据专家经验，采用层次分析法可以确定各个评价指标的权重，根据下列的总评价指标公式可以求得各个候选方案的综合评价指标：

$$OEC = \frac{\alpha\left(\frac{E}{E_{BL}}\right) + \beta\left(\frac{H}{H_{BL}}\right) + \gamma\left(\frac{P}{P_{BL}}\right) + \delta\left(\frac{R}{R_{BL}}\right)}{\left(\frac{C}{C_{BL}}\right)} \tag{5-4-6}$$

综上可得地月空间运输体系评价指标如表 5－4－2 所列。

**表 5－4－2　候选方案综合评价情况**

| | A1 | A2 | A3 | A4 | A5 | A6 | A7 | A8 |
|---|---|---|---|---|---|---|---|---|
| 拓展性 | 0.049 | 0.110 | 0.068 | 0.068 | 0.075 | 0.075 | 0.146 | 0.410 |
| 继承性 | 0.143 | 0.130 | 0.120 | 0.120 | 0.124 | 0.124 | 0.120 | 0.120 |
| 性能 | 0.069 | 0.154 | 0.088 | 0.088 | 0.095 | 0.095 | 0.206 | 0.206 |
| 可靠性 | 0.116 | 0.147 | 0.122 | 0.101 | 0.117 | 0.100 | 0.150 | 0.148 |
| 成本 | 1.000 | 0.738 | 1.012 | 0.810 | 1.225 | 1.076 | 0.699 | 1.194 |
| OEC | 1.000 | 2.484 | 1.186 | 1.402 | 1.025 | 1.119 | 3.258 | 2.831 |

方案 A8 虽然送达月面的成本最低，但是其开发成本较高；方案 A7 具有更高的性能、可靠性和更低的成本。分析得到的基于轨道推进剂仓库的可重复使用地月空间运输体系，如图 5－4－1 所示。

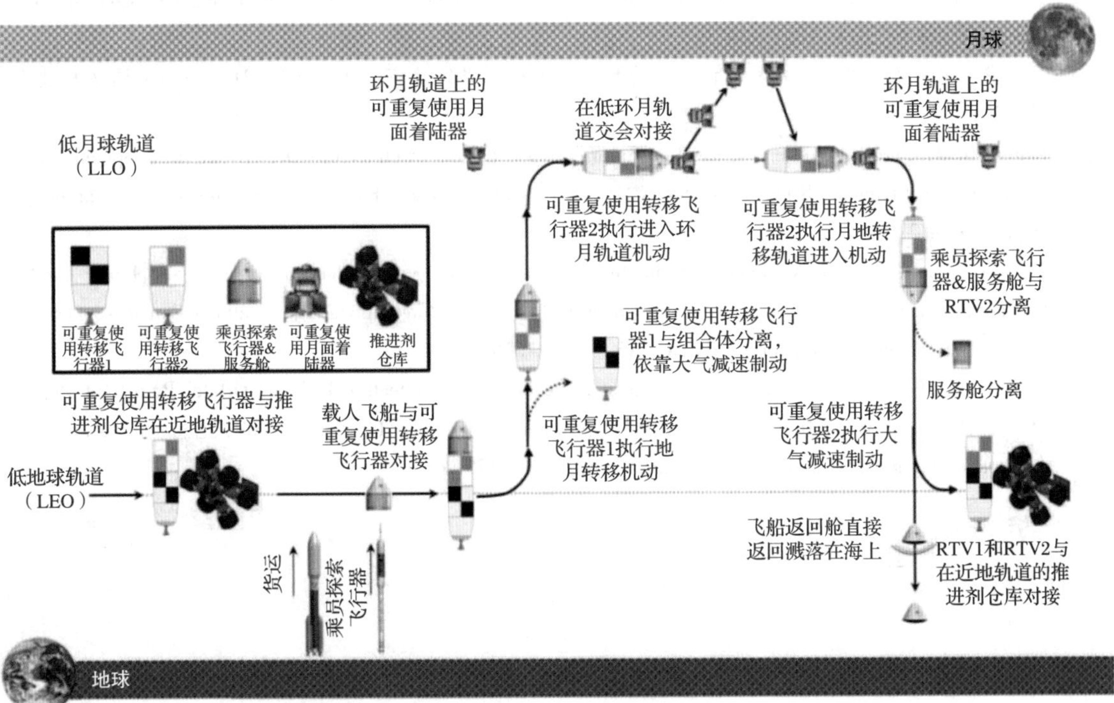


图 5－4－1　基于空间站支持的可重复地月运输体系飞行模式示意

可重复使用地月空间运输体系主要是由载人和货运运载火箭、载人飞船（CEV，含指令服务舱）、两段式可重复使用运输飞行器（包括 RTV1 和 RTV2）、可重复使用月面着陆器

(RLL)和轨道推进剂仓库(Depot)构成。该运输体系飞行模式如下：

(1)货运火箭将 RTV1、RTV2、轨道推进剂仓库发射到近地轨道，停靠到 LEO 空间站，等待执行后续任务。

(2)载人运载火箭将 CEV 发射到近地轨道，两段式可重复使用运输飞行器与载人飞船形成组合体，RTV1 为组合体提供地月转移动力后与载人飞船组合体分离，大气减速后停靠在 LEO 空间站。

(3)载人飞船和 RTV2 组合体抵近月球，RTV2 提供近月制动动力进入环月轨道，组合体与 RLL 对接，航天员进入 RLL 执行月面下降和月面探测任务。

(4)航天员驾驶 RLL 执行月面上升与载人飞船交会对接，航天员进入载人飞船，RTV2 提供动力进入月地转移轨道，RLL 则停留在环月轨道等待推进剂补加后执行下次任务。

(5)在进入近地轨道时，RTV2 与载人飞船分离、大气减速后停靠在 LEO 空间站，等待推进剂补加后重复使用，载人飞船抛弃服务舱，再入返回地球。

---

[1] Rafail Murtazin. Space transportation system of a new generation for the lunar space exploration program [C]// 67th International Astronautical Congress, 2016, International Astronautical Federation, Guadalajara, Mexico: IAC-16, D2, 4, 7, x32426.

[2] Lu P. Predictor-corrector entry guidance for low-lifting vehicles [J]. Journal of Guidance, Control, and Dynamics, 2008(31)4: 1067 – 1075.

[3] 程子龙，采用可重复使用地月转移飞船的载人月球探测系统建模与优化研究[D]. 长沙：国防科技大学，2017.

[4] Batten Chad, Bergin Camille E., Crigger Aaron, *et al.* System Architecture Design and Development for a Reusable Lunar Lander [R]. Chancellor's Honors Program Projects. https://trace.tennessee.edu/utk_chanhonoproj/2261.

[5] Timothy Cichan, Stephen A. Bailey, Adam Burch, Nickolas W. Kirby. Concept for a Crewed Lunar Lander Operating from the Lunar Orbiting Platform-Gateway[C]// 69th International Astronautical Congress, October 1 – 5, 2018, Bremen, Germany: IAC-18. A5. 1. 4x46653.

[6] Axdahl E L, Gaebler J, et al. Reusable Lunar Transportation Architecture Utilizing Orbital Propellant Depots [C]// AIAA SPACE 2009 Conference & Exposition, September 14 – 17, 2009, National Institute of Aerospace, Pasadena, California. AIAA 2009 – 6711, 1 – 17.

# 第6章　地月空间站间轨道转移

## 6.1 以地月空间站为空间港的可重复使用载人月球探测及相关轨道问题

本节提出以地球低轨道空间站或月球轨道空间站为空间港的可重复使用载人月球探测飞行模式，如图6－1－1～图6－1－3所示[1]。在该类飞行模式中，地球低轨道空间站和月球轨道空间站将作为载人飞船或月面着陆器的在轨服务设施，为载人飞船、月面着陆器提供在轨维修、在轨加注等服务，为航天员提供地球低轨道和月球低轨道的长期驻留空间。另外，为对月球着陆器进行燃料补加以支持其可重复使用，本节提出利用高比冲、小推力地月空间货运飞船从地球转运化学燃料至月球轨道空间站的货运补给方案。

以地球低轨道空间站或月球轨道空间站为空间港的可重复使用载人月球探测飞行模式可描述如下：

图6－1－1给出了以地球低轨道空间站为空间港的可重复使用载人月球探测飞行模式。

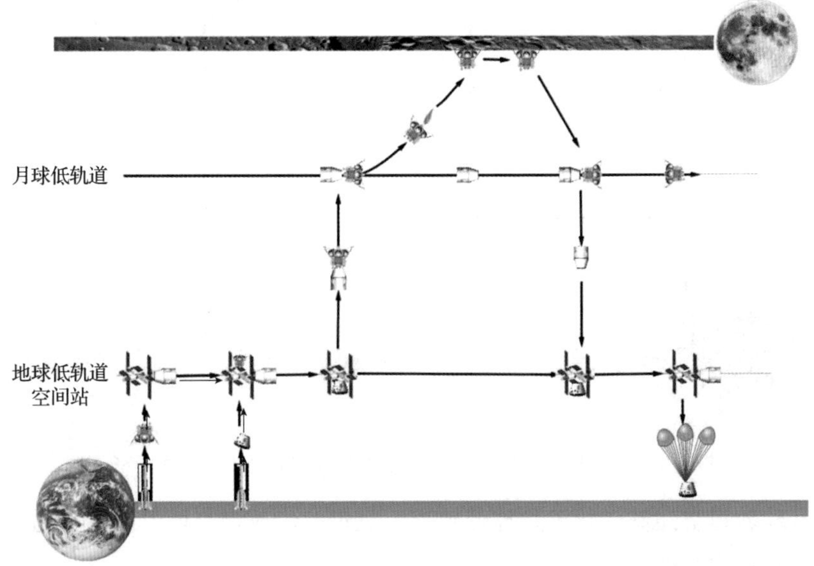


图6－1－1　以低地球轨道空间站为空间港的可重复使用载人月球探测飞行模式

假设可重复使用地月载人飞船已停靠在地球低轨道空间站。

(1)利用货运火箭将月面着陆器发射至地球低轨道空间站，与地月载人飞船对接。

(2)航天员从地面发射场出发，由天地往返运输系统送至地球低轨道空间站；航天员在地球低轨道空间站驻留一段时间后，转移至地月载人飞船。

(3)地月载人飞船与月面着陆器组合体从地球低轨道空间站出发进入奔月轨道，在到达月球后施加近月制动进入月球低轨道。

(4)航天员搭乘月面着陆器登陆月球表面，并开展月球探测活动。

(5)航天员搭乘月面着陆器离开月球表面，返回至地月载人飞船；地月载人飞船进入月地转移轨道，在到达地球附近时借助大气减速或推进系统减速返回至地球低轨道空间站；地月载人飞船在地球低轨道空间进行在轨维护和燃料补加。

与地球表面往返月球的飞行模式不同，由于地月载人飞船从地球低轨道空间站出发并返回至空间站，其地月往返飞行受空间站轨道面的约束，包括轨道倾角和升交点赤经。地球低轨道空间站轨道面的约束将进一步限制空间站往返月球的轨道转移窗口，因此设计和分析转移轨道窗口、速度增量以及转移时间是开展该探测体系下载人月球探测的关键。

图 6－1－2 给出了以月球轨道空间站为空间港的可重复使用载人月球探测飞行模式。

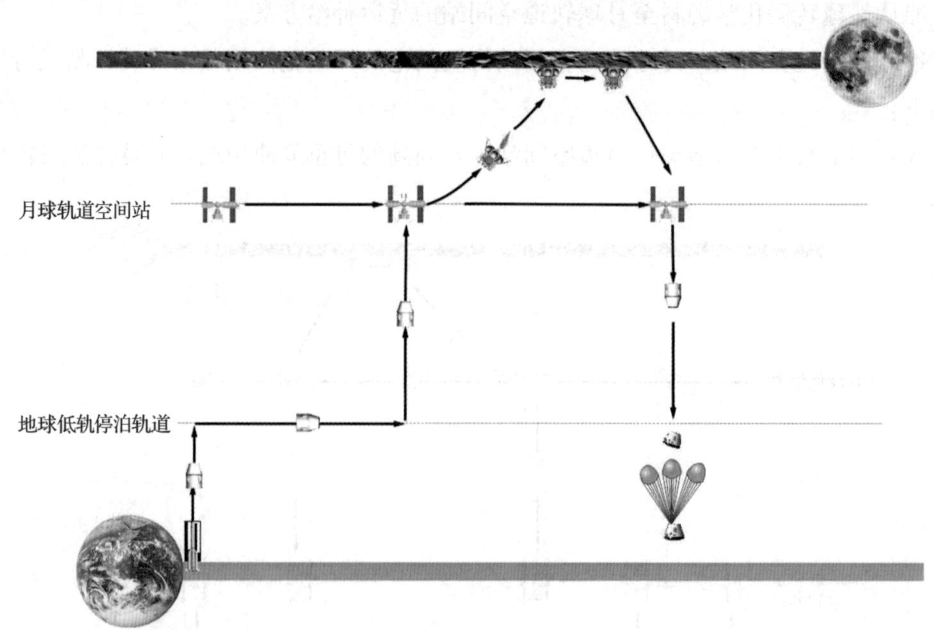


图 6－1－2　以月球轨道空间站为空间港的可重复使用载人月球探测飞行模式

本节中月球轨道空间站运行于月球低轨道，且进一步假设月面着陆器已通过单次发射任务停靠在月球轨道空间站。

(1)航天员从地面发射场出发，由载人火箭将载人飞船送至地球低轨停泊轨道。

(2)载人飞船从地球低轨停泊轨道出发进入奔月轨道，在到达月球后施加近月制动并停

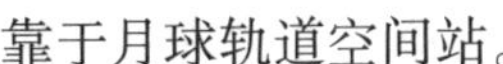

靠于月球轨道空间站。

(3)航天员从载人飞船转移至月面着陆器，实施月球登陆任务，并在月球开展科学探测活动。

(4)航天员搭乘月面着陆器离开月球表面，与月球轨道空间站进行交会对接；月面着陆器在月球轨道空间站进行在轨维修和在轨加注后继续等待下次任务。

(5)航天员转至载人飞船，从月球轨道空间站出发进入月地转移轨道，并最终返回地球。

该飞行模式中，载人飞船在执行地月、月地转移任务时，皆受到月球轨道空间站的轨道面约束。如何快速获取地球往返月球轨道空间站的转移轨道，分析地球往返月球轨道空间站的轨道转移窗口、速度增量及转移时间也是开展该飞行模式下载人月球探测的关键。

图6-1-3给出了以地球低轨道空间站和月球轨道空间站为空间港的可重复使用载人月球探测飞行模式。

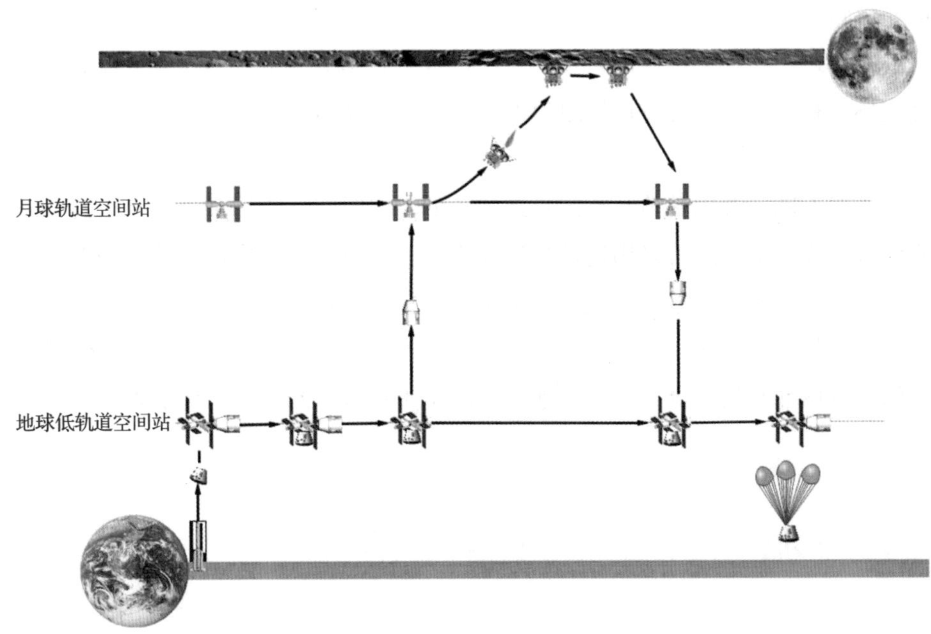


图6-1-3　以地球低轨道空间站和月球轨道空间站为空间港的可重复使用载人月球探测飞行模式

该飞行模式中同样假设月面着陆器已通过单次发射任务停靠于月球轨道空间站。

(1)航天员从地面发射场出发，由天地往返运输系统送至地球低轨道空间站，航天员通过空间站从天地往返飞船转至地月载人飞船。

(2)地月载人飞船从地球低轨道空间站出发进入奔月轨道，在到达月球后施加近月制动停靠于月球轨道空间站。

(3)航天员从地月载人飞船进入月球轨道空间站，经短暂在轨驻留后转至月面着陆器；实施月球登陆任务并在月球开展科学探测活动。

(4)航天员搭乘月面着陆器离开月球表面，与月球轨道空间站交会对接；月球轨道空间站为月面着陆器提供在轨维修和在轨加注服务后，月面着陆器等待下次任务。

(5)航天员转至地月载人飞船，从月球轨道空间站出发进入月地转移轨道，并最终返回至地球低轨道空间站。地月载人飞船在地球低轨道空间站进行在轨维修和加注后等待下次任务进行。航天员搭乘天地往返飞船从地球低轨道空间站返回地面。

该飞行模式中，地月载人飞船的地月往返飞行同时受到地球低轨道空间站和月球轨道空间站的轨道面约束，这无疑加大了地月/月地转移轨道设计的难度，同时也对该飞行模式的快速分析提出了挑战。如何通过设计一种既保证轨道设计精度，又具有高度适应性的轨道设计算法，成为研究该飞行模式轨道问题的重点与难点。

在以月球轨道空间站为空间港，或以地球低轨道空间站和月球轨道空间站为空间港的载人月球探测飞行模式中，月面着陆器停靠于月球轨道空间站进行在轨维修与在轨燃料加注等服务，以在下次任务中重复使用。这便需要一艘地月空间货运飞船，用于从地球向月球轨道空间站运输燃料。

地月空间货运飞船从近地停泊轨道出发经过地月转移最终被月球捕获，停靠在月球低轨道；在完成燃料补给后，从月球低轨道出发经过月地转移返回至近地停泊轨道，直至下一次货运任务。

与载人飞船不同，考虑到地月空间货运任务的转移时间不受约束，且要求具有较高的载荷比，故地月空间货运飞船可采用比冲高达几千甚至上万秒的电推进或核推进系统，以降低货运飞船的燃耗比。然而，电推进或核推进系统可提供的推力较小(mN 至 N)，无法施加脉冲形式的瞬间近月制动以实现月球捕获，因此在小推力推进系统的作用下，如何保证地月空间货运飞船的月球捕获从而进一步实现地月转移是工程实施所面临的现实难题。

## 6.2 地球低轨道往返月球低轨道空间站的轨道转移

为支持可持续载人月球探测，考虑在月球低轨道部署月球轨道空间站。月球轨道空间站将为航天员提供中转驻留场所，为月面着陆器提供在轨维修、在轨加注等检测与服务，有利于月面着陆器的可重复使用。

从轨道转移角度来讲，为降低速度增量需求，载人飞船从地球出发到达月球，需进入月球轨道空间站所在的轨道面，如图 6-2-1 所示。因此，转移轨道除需适应近月距和轨道倾角的约束外，还需满足月球轨道空间站升交点赤经约束。本节主要研究地球低轨道往返月球轨道空间站的转移轨道快速设计问题，开展转移轨道的特性分析，包括轨道转移窗口、速度增量及相应的转移时间，为基于月球轨道空间站的载人月球探测飞行模式提供有关转移轨道的技术途径和理论依据[2]。

本节限定地球低轨道出发转移至月球轨道空间站的地月转移轨道为双脉冲转移轨道，即在近地点沿切向施加一次近地出发速度增量，在近月点沿切向施加一次近月制动速度增量；限定月球轨道空间站出发返回地球的月地转移轨道为单脉冲转移轨道，即在近月点沿切向施加一次月地转移速度增量，近地制动则依赖地球大气减速。

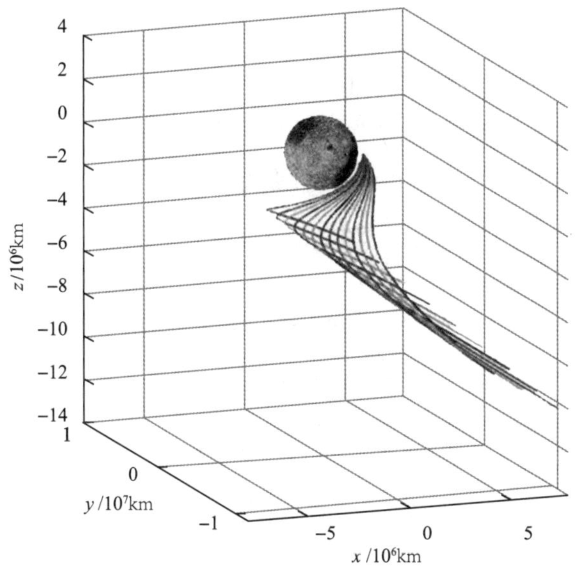


图6-2-1　月球轨道空间站约束下的地月往返转移轨道

## 6.2.1　二体轨道边值问题的端点状态关系

见图6-2-2，考虑以点$F$为中心的引力场，飞行器经由$P_1$飞行至$P_2$，其对应矢径分别为$r_1$，$r_2$。$F$、$P_1$、$P_2$构成二体轨道边值问题的基本三角形，其中$c$为弦长，$\theta$为$P_1$、$P_2$两点的地心角。

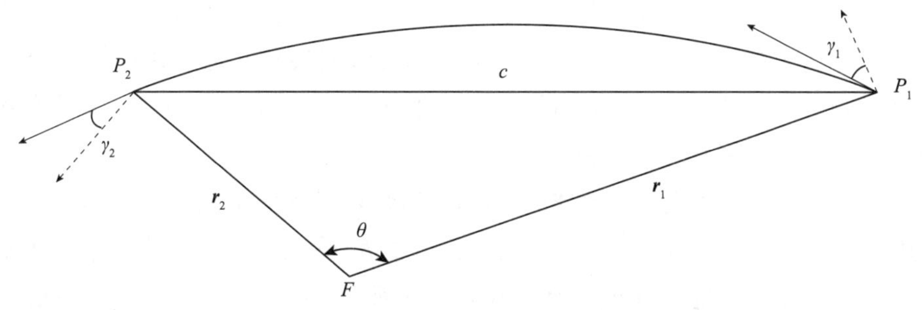


图6-2-2　二体轨道边值问题中的端点状态关系

假设飞行器在$P_1$、$P_2$两点处的速度为$v_1$、$v_2$，且航迹角分别为$\gamma_1$、$\gamma_2$，则有

$$\begin{cases} v_1 = v_{r_1} i_{r\ 1} + v_{\theta_1} i_{\theta\ 1} \\ v_2 = v_{r_2} i_{r\ 2} + v_{\theta_2} i_{\theta\ 2} \end{cases} \tag{6-2-1}$$

式中：$v_r$ 为径向分量；$v_\theta$ 为周向分量。它们可表示为

$$\begin{cases} v_r = \dfrac{\mathrm{d}r}{\mathrm{d}t} = \dfrac{h}{r}\tan\gamma = \dfrac{he}{p}\sin f \\ v_\theta = r\dfrac{\mathrm{d}f}{\mathrm{d}t} = \dfrac{h}{r} \end{cases} \tag{6-2-2}$$

其中：$p$ 为半通径；$h$ 为角动量的模；$f$ 为真近点角；$e$ 为偏心率。

令 $f_1$ 和 $f_2 = f_1 + \theta$ 分别为 $P_1$、$P_2$ 两点的真近点角，则

$$\begin{aligned} v_{r_1} + v_{r_2} &= \frac{he}{p}[\sin f_1 + \sin(f_1 + \theta)] \\ &= \frac{h}{p}[e\cos f_1 - e\cos(f_1 + \theta)]\cot\frac{\theta}{2} \end{aligned} \tag{6-2-3}$$

结合 $e\cos f = p/r - 1$，则式(6-2-3)可表示为

$$v_{r_1} + v_{r_2} = (v_{\theta_1} - v_{\theta_2})\cot\frac{\theta}{2} \tag{6-2-4}$$

将式(6-2-2)代入式(6-2-4)可得端点状态关系为

$$r_2\tan\gamma_1 + r_1\tan\gamma_2 = (r_2 - r_1)\cot\frac{\theta}{2} \tag{6-2-5}$$

### 6.2.2 月球轨道空间站约束下的转移轨道

本节论述月球轨道空间站约束下的转移轨道设计。该方法基于圆锥曲线拼接法，结合二体轨道边值问题中的端点状态关系，解析地处理月球轨道空间站的轨道面约束，并最终通过设计迭代算法，获取满足约束条件的地月/月地转移轨道。

对于地球出发转移至月球轨道空间站的地月转移轨道，分别在近地点、近月点及月球影响球处的入口点存在约束。在近地点处，地月转移轨道的近地出发轨道高度受飞船近地停泊轨道高度约束；由于在近地点施加切向速度增量，故地月转移轨道在该点的飞行航迹角为零；近月点轨道高度受月球轨道空间站的轨道高度约束；月球影响球处的入口点状态($\boldsymbol{R}_{\mathrm{E,s}}$，$\boldsymbol{V}_{\mathrm{E,s}}$)受月球轨道空间站的轨道面约束。

对于月球轨道空间站出发返回地球的月地转移轨道，分别在近月点、地球大气再入点及月球影响球处的出口点存在约束。近月点处受月球轨道空间站的轨道高度约束；地球大气再入点处的状态需要使得飞船能够再入大气并返回地面；月球影响球出口点处的状态($\boldsymbol{R}_{\mathrm{E,se}}$，$\boldsymbol{V}_{\mathrm{E,se}}$)受月球轨道空间站的轨道面约束。

#### 1. 设计算法

本节描述地球低轨道往返月球轨道空间站的转移轨道设计算法。其主要思路为：将月心

段转移轨道的近月点幅角 $\omega_{\mathrm{M}}^{\mathrm{c}}$ 设为自由变量，并对月心段转移轨道的偏心率 $e_{\mathrm{M}}^{\mathrm{c}}$ 进行初始猜测；进而，计算月球影响球处入口点或出口点的状态，并对偏心率 $e_{\mathrm{M}}^{\mathrm{c}}$ 迭代更新，以满足转移轨道的约束条件。该算法可在数步内收敛。

对于月球轨道空间站返回地球的月地转移轨道，其初始设计参数选为($R_{\mathrm{M,p}}$，$i_{\mathrm{M}}^{\mathrm{c}}$，$\Omega_{\mathrm{M}}^{\mathrm{c}}$，$\omega_{\mathrm{M}}^{\mathrm{c}}$，$T_{\mathrm{se}}$，$e_{\mathrm{M,0}}^{\mathrm{c}}$)。其中，$R_{\mathrm{M,p}}$为近月距，$i_{\mathrm{M}}^{\mathrm{c}}$、$\Omega_{\mathrm{M}}^{\mathrm{c}}$ 为月心平赤道坐标系下月心段转移轨道的轨道倾角和升交点赤经，$T_{\mathrm{se}}$为载人飞船通过月球影响球的出口点时刻。$\hat{H}_{\mathrm{re}}$、$\hat{\gamma}_{\mathrm{re}}$分别为地球大气再入点的标称轨道高度和标称航迹角，可通过迭代求解 $e_{\mathrm{M,0}}^{\mathrm{c}}$来满足。

对于地球出发转移至月球轨道空间站的地月转移轨道，其初始设计参数可选为($i_{\mathrm{M}}^{\mathrm{c}}$，$\Omega_{\mathrm{M}}^{\mathrm{c}}$，$\omega_{\mathrm{M}}^{\mathrm{c}}$，$R_{\mathrm{E,d}}$，$\gamma_{\mathrm{E,d}}=0$，$T_{\mathrm{s}}$，$e_{\mathrm{M,0}}^{\mathrm{c}}$)。其中，$R_{\mathrm{E,d}}$、$\gamma_{\mathrm{E,d}}$分别为地月转移轨道的近地距以及近地出发的航迹角，$T_{\mathrm{s}}$ 为载人飞船通过月球影响球的入口点时刻。$\hat{H}_{\mathrm{M,p}}$为近月点高度的标称值，需通过迭代计算 $e_{\mathrm{M,0}}^{\mathrm{c}}$来满足。

图6-2-3和图6-2-4分别给出了地球低轨道出发转移至月球轨道空间站和月球轨道空间站出发转移至地球低轨道的轨道设计算法流程图。下面以月球轨道空间站返回地球低轨道的月地转移轨道设计算法(图6-2-4)为例进行描述。

(1)选取自由变量 $\omega_{\mathrm{M}}^{\mathrm{c}}$ 并猜测初始值 $e_{\mathrm{M,0}}^{\mathrm{c}}$；已知 $R_{\mathrm{M,p}}$、$i_{\mathrm{M}}^{\mathrm{c}}$、$\Omega_{\mathrm{M}}^{\mathrm{c}}$、$\omega_{\mathrm{M}}^{\mathrm{c}}$，则可得月心平地球赤道坐标系下的轨道参数，记为 $R_{\mathrm{M,p}}$、$i_{\mathrm{M}}^{\mathrm{e}}$、$\Omega_{\mathrm{M}}^{\mathrm{e}}$、$\omega_{\mathrm{M}}^{\mathrm{e}}$、$e_{\mathrm{M}}^{\mathrm{e}}$；在月心平地球赤道坐标系下，月心段转移轨道的半长轴及真近点角可表示为

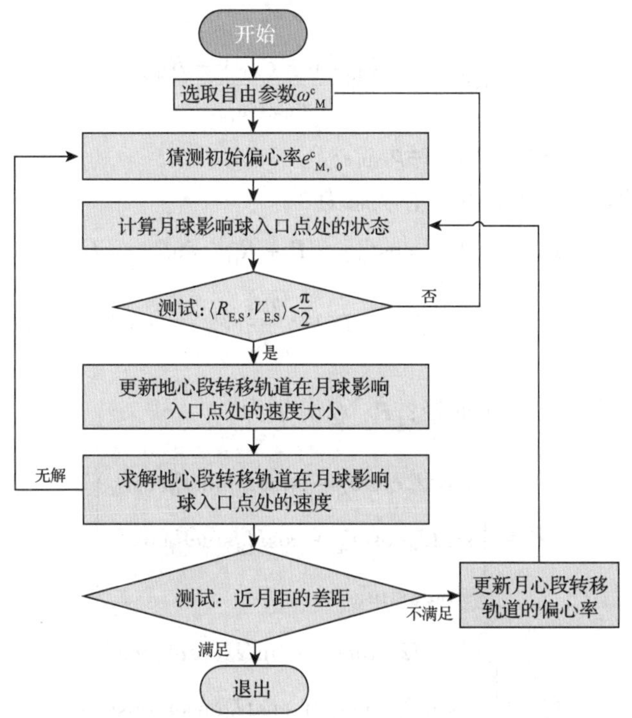


图6-2-3　地球低轨道出发转移至月球轨道空间站的地月转移轨道设计流程图

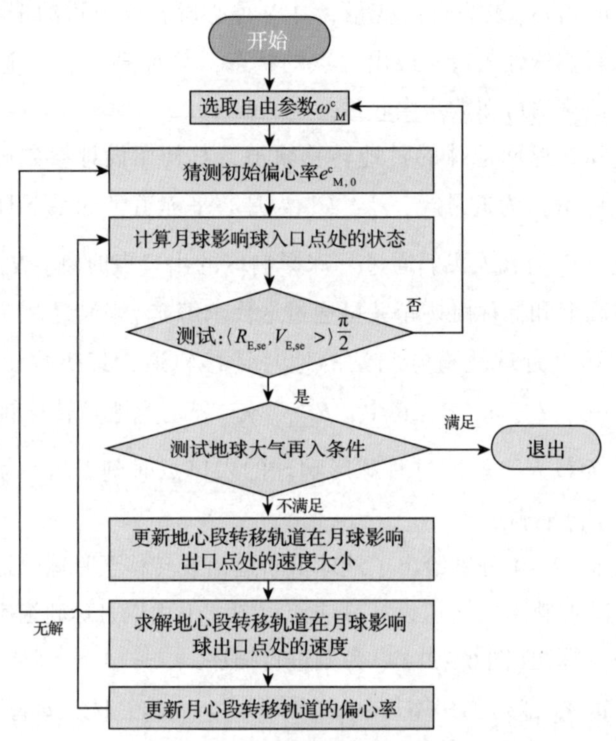

图6-2-4　月球轨道空间站出发返回地球的月地转移轨道设计流程图

$$a^e_M = \frac{R_{M,p}}{1-e^e_{M,0}} \tag{6-2-6}$$

$$\cos f^e_{M,se} = \frac{R_{M,p}(1+e^e_{M,0})-R_{M,se}}{e^e_{M,0}R_{M,se}} \tag{6-2-7}$$

式中：$R_{M,se}$为月球影响球半径，$R_{M,se}=\rho_{LSOI}$。

进而，月球影响球出口点处的月心状态为

$$\boldsymbol{R}^e_{M,se} = R_{M,se}\cos f^e_{M,se}\cdot\boldsymbol{P} + R_{M,se}\sin f^e_{M,se}\cdot\boldsymbol{Q} \tag{6-2-8}$$

$$\boldsymbol{V}^e_{M,se} = -\sqrt{\frac{\mu_M}{p_M}}\sin f^e_{M,se}\cdot\boldsymbol{P} + \sqrt{\frac{\mu_M}{p_M}}(e^e_{M,0}+\cos f^e_{M,se})\cdot\boldsymbol{Q} \tag{6-2-9}$$

式中：$p_M$为月心段转移轨道的半通径；$\boldsymbol{P}$、$\boldsymbol{Q}$分别为

$$\boldsymbol{P} = \begin{pmatrix}\cos\Omega^e_M\cos\omega^e_M - \sin\Omega^e_M\sin\omega^e_M\cos i^e_M \\ \sin\Omega^e_M\cos\omega^e_M + \cos\Omega^e_M\sin\omega^e_M\cos i^e_M \\ \sin\omega^e_M\sin i^e_M\end{pmatrix} \tag{6-2-10}$$

$$\boldsymbol{Q} = \begin{pmatrix}-\cos\Omega^e_M\sin\omega^e_M - \sin\Omega^e_M\cos\omega^e_M\cos i^e_M \\ -\sin\Omega^e_M\sin\omega^e_M + \cos\Omega^e_M\cos\omega^e_M\cos i^e_M \\ \cos\omega^e_M\sin i^e_M\end{pmatrix} \tag{6-2-11}$$

月球在 $T_{se}$ 时刻的状态信息可通过 JPL DE405 星历获取，从而月球影响球出口点处的地心状态为

$$\boldsymbol{R}_{E,se} = \boldsymbol{R}^{e}_{M,se} + \boldsymbol{R}_{E,m} \tag{6-2-12}$$

$$\boldsymbol{V}_{E,se} = \boldsymbol{V}^{e}_{M,se} + \boldsymbol{V}_{E,m} \tag{6-2-13}$$

若

$$\xi_{se} = \arccos\left(\frac{\boldsymbol{R}_{E,se} \cdot \boldsymbol{V}_{E,se}}{\|\boldsymbol{R}_{E,se}\|\|\boldsymbol{V}_{E,se}\|}\right) > \frac{\pi}{2} \tag{6-2-14}$$

则转至步骤(2)计算地心段转移轨道；否则，更新自由参数 $\omega^{c}_{M}$。

(2)计算地心段转移轨道的轨道根数，包括半长轴 $a_E$、偏心率 $e_E$、半通径 $p_E$。进而，近地距有

$$R_{E,p} = a_E(1 - e_E) \tag{6-2-15}$$

如果

$$R_{E,p} > \hat{R}_{E,re} = \hat{H}_{re} + \rho_E \tag{6-2-16}$$

则转至步骤(3)；否则，计算在地球大气再入点处的航迹角，即

$$\gamma_{re} = \arcsin\left(\frac{e_E \sin f_{E,re}}{\sqrt{1 + 2e_E \cos f_{E,re} + e_E^2}}\right) \tag{6-2-17}$$

式中：$f_{E,re}$ 为地球大气再入点的真近点角，且有

$$f_{E,re} = 2\pi - \arccos\left(\frac{p_E - \hat{R}_{E,re}}{e_E \hat{R}_{E,re}}\right) \tag{6-2-18}$$

若

$$|\gamma_{re} - \hat{\gamma}_{re}| < 10^{-5} \tag{6-2-19}$$

则得到了月球轨道空间站返回地球的月地转移轨道；否则，转至步骤(3)。

(3)月球影响球出口点与地球大气再入点之间的地心角可通过端点状态关系得到，即

$$\begin{gathered} R_{E,se}\tan\hat{\gamma}_{re} + \hat{R}_{E,re}\tan\gamma_{se} = (R_{E,se} - \hat{R}_{E,re})\cot\frac{\Delta f_E}{2} \\ \Rightarrow \Delta f_E = 2\arctan\left(\frac{R_{E,se} - \hat{R}_{E,re}}{R_{E,se}\tan\hat{\gamma}_{re} + \hat{R}_{E,re}\tan\gamma_{se}}\right) \end{gathered} \tag{6-2-20}$$

式中

$$R_{se} = \|\boldsymbol{R}_{E,se}\| \tag{6-2-21}$$

$$\gamma_{se} = \frac{\pi}{2} - \xi_{se} \tag{6-2-22}$$

月球影响球出口点与地球大气再入点间的弦长可表示为

$$c_E^2 = R_{E,se}^2 + \hat{R}_{E,re}^2 - 2R_{E,se}\hat{R}_{E,re}\cos\Delta f_E \tag{6-2-23}$$

进而，地心段转移轨道的半通径可更新为

$$\frac{p_{\mathrm{E}}^{*}}{p_{\min}}=\frac{c_{\mathrm{E}}\cos\gamma_{\mathrm{se}}}{R_{E,se}\cos\gamma_{\mathrm{se}}-\hat{R}_{\mathrm{E,re}}\cos(\gamma_{\mathrm{se}}+\Delta f_{\mathrm{E}})} \tag{6-2-24}$$

式中：$p_{\mathrm{E,min}}$ 为最小能量轨道的半通径，且有

$$p_{\mathrm{E,min}}=\frac{R_{\mathrm{E,se}}\hat{R}_{\mathrm{E,re}}}{c_{\mathrm{E}}}(1-\cos\Delta f_{\mathrm{E}}) \tag{6-2-25}$$

月球影响球出口点处速度的弦向（上标“b”）和径向分量（上标“r”）可更新为

$$V_{\mathrm{E,se}}^{\mathrm{b}}=\frac{c_{\mathrm{E}}\sqrt{\mu_{\mathrm{E}}p_{\mathrm{E}}^{*}}}{\hat{R}_{\mathrm{E,re}}R_{\mathrm{E,se}}\sin\Delta f_{\mathrm{E}}} \tag{6-2-26}$$

$$V_{\mathrm{E,se}}^{\mathrm{r}}=\sqrt{\frac{\mu_{\mathrm{E}}}{p_{\mathrm{E}}^{*}}}\frac{1-\cos\Delta f_{\mathrm{E}}}{\sin\Delta f_{\mathrm{E}}} \tag{6-2-27}$$

月球影响球出口点处的地心速度可更新为

$$V_{\mathrm{E,se}}^{*2}=(V_{\mathrm{E,se}}^{\mathrm{b}})^{2}+(V_{\mathrm{E,se}}^{\mathrm{r}})^{2}-2V_{\mathrm{E,se}}^{\mathrm{b}}V_{\mathrm{E,se}}^{\mathrm{r}}\cos\chi_{\mathrm{se}} \tag{6-2-28}$$

式中：$\chi_{\mathrm{se}}$为$\boldsymbol{V}_{\mathrm{se}}^{\mathrm{c}}$与$\boldsymbol{V}_{\mathrm{se}}^{\mathrm{p}}$的夹角，且有

$$\chi_{\mathrm{se}}=\arcsin\left(\frac{\hat{R}_{\mathrm{E,re}}\sin(-\Delta f_{\mathrm{E}})}{c_{\mathrm{E}}}\right) \tag{6-2-29}$$

（4）求解并更新月球影响球出口点处的速度矢量 $\boldsymbol{V}_{\mathrm{E,se}}^{*}$。$\boldsymbol{V}_{\mathrm{E,se}}^{*}$满足

$$\begin{cases}\hbar_{\mathrm{M}}\cdot(\boldsymbol{V}_{\mathrm{E,se}}^{*}-\boldsymbol{V}_{\mathrm{E,m}})=0\\ \boldsymbol{R}_{\mathrm{E,se}}\cdot\boldsymbol{V}_{\mathrm{E,se}}^{*}=\sqrt{\mu_{\mathrm{E}}p_{\mathrm{E}}^{*}}\tan\gamma_{\mathrm{se}}\end{cases} \tag{6-2-30}$$

式中：$\hbar_{M}$ 为月心段转移轨道的单位角动量。

因此，关于$\boldsymbol{V}_{\mathrm{E,se}}^{*}$有

$$\begin{cases}\hbar_{\mathrm{M}}^{x}V_{\mathrm{E,se}}^{*,x}+\hbar_{\mathrm{M}}^{y}V_{\mathrm{E,se}}^{*,y}+\hbar_{\mathrm{M}}^{z}V_{\mathrm{E,se}}^{*,z}=\hbar_{\mathrm{M}}\cdot\boldsymbol{V}_{E,\mathrm{m}}\\ R_{\mathrm{E,se}}^{x}V_{\mathrm{E,se}}^{*,x}+R_{\mathrm{E,se}}^{y}V_{E,\mathrm{se}}^{*,y}+R_{\mathrm{E,se}}^{z}V_{\mathrm{E,se}}^{*,z}=\sqrt{\mu_{\mathrm{E}}p_{\mathrm{E}}^{*}}\tan\gamma_{\mathrm{se}}\\ (V_{\mathrm{E,se}}^{*,x})^{2}+(V_{\mathrm{E,se}}^{*,y})^{2}+(V_{\mathrm{E,se}}^{*,z})^{2}=(V_{\mathrm{E,se}}^{*})^{2}\end{cases} \tag{6-2-31}$$

式中：上标 $x$、$y$、$z$ 分别代表对应矢量的分量。

对于式(6-2-31)，若

$$\begin{cases}|\alpha-\beta|<\varepsilon\leqslant\alpha+\beta, & 0<\alpha+\beta\leqslant\pi\\ |\alpha-\beta|<\varepsilon<2\pi-(\alpha+\beta), & \pi<\alpha+\beta<2\pi\end{cases} \tag{6-2-32}$$

成立，则解存在。其中 $\alpha=\langle\hbar_{\mathrm{M}},\boldsymbol{V}_{\mathrm{E,se}}^{*}\rangle$，$\beta=\langle\boldsymbol{R}_{\mathrm{E,se}},\boldsymbol{V}_{\mathrm{E,se}}^{*}\rangle$，$\varepsilon=\langle\boldsymbol{R}_{\mathrm{E,se}},\hbar_{\mathrm{M}}\rangle$，$\langle\cdot,\cdot\rangle$ 为两矢量的夹角。基于牛顿迭代法方法，即可求解得到 $\boldsymbol{V}_{\mathrm{E,se}}^{*}$。

（5）月球影响球出口点处的月心速度 $\boldsymbol{V}_{\mathrm{M,se}}^{\mathrm{e},*}$ 可由(6-2-13)得到。结合 $\boldsymbol{R}_{\mathrm{M,se}}^{\mathrm{e}}$，月心段转

移轨道的半长轴可更新为 $a_{\mathrm{M}}^{\mathrm{e},*}$，偏心率可更新为

$$e_{\mathrm{M}}^{\mathrm{e},*} = -\frac{R_{\mathrm{M,p}}}{a_{\mathrm{M}}^{\mathrm{e},*}} + 1 \tag{6-2-33}$$

然后转至步骤(1)，进行迭代求解。这一求解过程在数步内即可收敛。

## 2. 算法收敛性分析

在算法迭代计算过程中，月心段转移轨道的偏心率 $e_{\mathrm{M}}^{\mathrm{c}}$ 需进行初始猜测。考虑到近月制动的速度增量不能无限大，即

$$\Delta v_{\mathrm{tl}} = V_{\mathrm{M,p}} - \sqrt{\mu_{\mathrm{M}}/R_{\mathrm{M,p}}} < \kappa\sqrt{\mu_{\mathrm{M}}/R_{\mathrm{M,p}}} \tag{6-2-34}$$

以及月心段转移轨道的双曲特性，初始猜测值需满足条件

$$1 < e_{\mathrm{M,0}}^{\mathrm{c}} < \kappa^2 + 2\kappa \tag{6-2-35}$$

式中：$\kappa = 1$，即近月制动的速度增量不得大于月球低轨道速度。

在地球低轨道至月球轨道空间站的地月转移轨道设计过程中，以月球影响球入口点时刻 2025.01.12 11:00:00 TDT 为例，通过随机生成满足式(6-2-35)的 $e_{\mathrm{M,0}}^{\mathrm{c}}$ 初始值，可得月心段转移轨道偏心率的收敛过程如图 6-2-5(a)所示，对应的转移轨道如图 6-2-5(b)所示。由图可知，月心段转移轨道的偏心率在数步之内即可收敛，且收敛至两个不同的值，分别对应顺行轨道和逆行轨道。

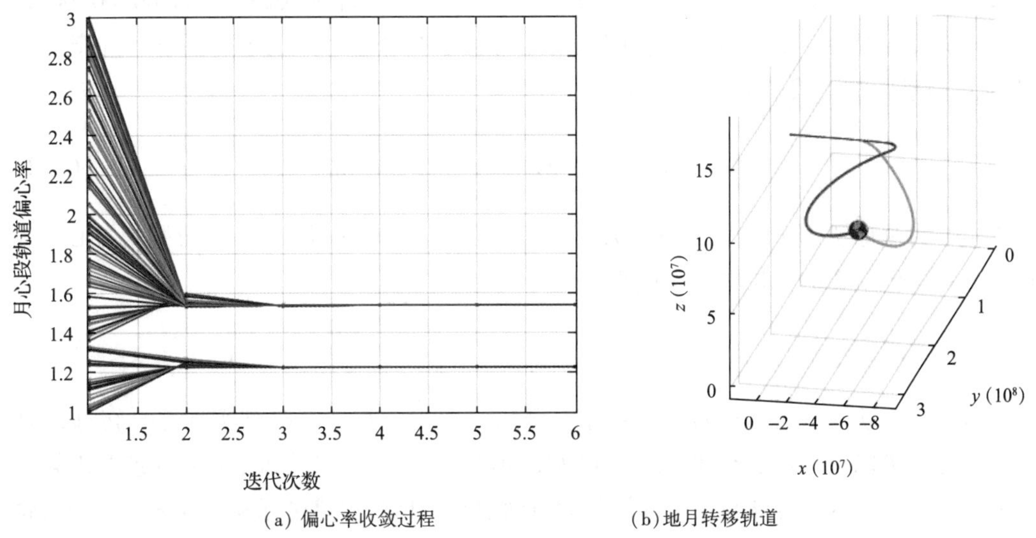


(a) 偏心率收敛过程　　(b) 地月转移轨道

图 6-2-5　地球出发转移至月球轨道空间站的地月转移轨道设计算法收敛性

图 6-2-6(a)给出了月地转移轨道设计算法的收敛性，其中月球影响球出口点时刻为 2025.01.12 14:00:00 TDT。月心段转移轨道偏心率在数步内即可收敛，且收敛至两个不同的值，分别对应顺行轨道和逆行轨道，如图 6-2-6(b)所示。

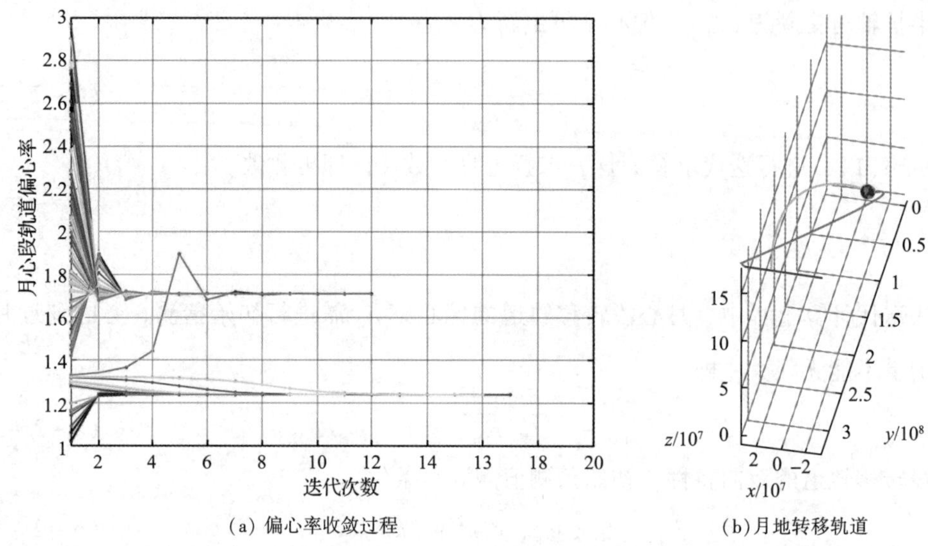


（a）偏心率收敛过程　　（b）月地转移轨道

图 6-2-6　月球轨道空间站返回地球的月地转移轨道设计算法收敛性

## 6.2.3　转移轨道特性分析

本节分析地球低轨道往返月球轨道空间站的转移轨道在 2025 年和 2034 年的特性，包括轨道转移窗口、速度增量和转移时间。对于地月转移轨道，假设载人飞船从 180km 的地球低轨道出发；对于月地转移轨道，飞船需满足地球大气再入条件，这里参考“阿波罗”飞船的参数，取 $\hat{H}_{re}=120\text{km}$，$\hat{\gamma}_{re}=-6°$。假设月球轨道空间站在 2025.01.01 00:00:00 TDT 时刻的升交点赤经为 0°；月球轨道空间站的运行轨道在月球平赤道坐标系下的升交点赤经受月球 $J_2$ 摄动影响，其平均变化率为

$$\dot{\Omega}_{M}^{c}=-\frac{3}{2}J_{2}^{M}\sqrt{\frac{\mu_{M}}{\rho_{M}^{3}}}\left(\frac{\rho_{M}}{a_{M}^{c}}\right)^{\frac{7}{2}}\cos i_{M}^{c}\tag{6-2-36}$$

式中：$J_2^M$ 为月球 $J_2$ 项；$\mu_M$ 为月球引力系数；$\rho_M$ 为月球平均半径；$a_M^c$、$i_M^c$ 分别为月心平赤道坐标系下月球低轨道的半长轴和轨道倾角。

### 1. 轨道转移窗口

由于月球轨道空间站的轨道面约束，载人飞船无法在任意时刻实现地月转移或月地转移，因此这里以月球轨道空间站的轨道高度和轨道倾角为变量分析地月转移或月地转移的转移窗口。注意，这里月球轨道空间站的运行轨道在月球平赤道坐标系下描述，在进行轨道设计时需将其转换至月球平地球赤道坐标系。另外，定义轨道转移窗口比例（Orbit Transfer Window Ratio，OTWR）为转移窗口总时长占全年的比例。

1）地月转移

图 6-2-7 示出了 2025 年地球低轨道出发转移至月球轨道空间站的转移窗口比例随月球轨道空间站轨道高度和轨道倾角（0°～90°）的变化。

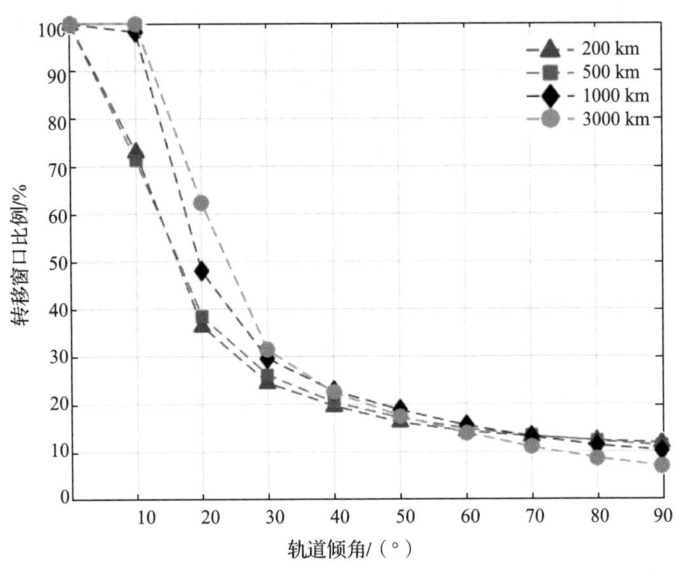


图6-2-7　2025年地月轨道转移窗口比例随月球轨道空间站轨道高度和倾角的变化

从总体上看，轨道转移窗口比例随着月球轨道空间站轨道倾角的增大而减小。特别地，当月球轨道空间站的轨道倾角为0°时，转移窗口比例为100%，即在任意时刻可实现地球低轨道向月球轨道空间站的转移。当月球轨道空间站的轨道倾角小于30°时，转移窗口比例随轨道倾角的增大而急剧下降；当月球轨道空间站的轨道倾角大于30°时，转移窗口比例随轨道倾角的增大仅有较小的变化。当月球轨道空间站运行于90°倾角的极轨道上时，转移窗口比例为10%左右。

表6-2-1给出了在2025年，当月球轨道空间站轨道倾角为10°时，地球低轨道出发转移至月球轨道空间站的轨道转移窗口。由表6-2-1可知，轨道转移窗口的平均值随着轨道高度的增大而增大；特别地，当轨道高度为3000km时，从地球低轨道出发的载人飞船可在任意时刻到达月球轨道空间站。

**表6-2-1　2025年地球低轨道转移至月球轨道空间站的轨道转移窗口**

| 轨道倾角/(°) | 轨道高度/km | 地月轨道转移窗口时长/天 | | | 窗口个数 |
|---|---|---|---|---|---|
| | | 最小值 | 最大值 | 平均值 | |
| 10 | 200 | 5.341 | 89.671 | 14.8 | 18 |
| | 500 | 4.6922 | 145.11 | 14.464 | 18 |
| | 1000 | 2.0388 | 335.38 | 89.614 | 4 |
| | 3000 | 365 | 365 | 365 | 1 |

图6-2-8示出了2025年地球低轨道出发转移至月球轨道空间站轨道转移窗口的平均值，并给出了其随月球轨道空间站轨道高度和倾角(20°～90°)的变化。由图6-2-8可知，轨道转移窗口平均值随月球轨道空间站轨道倾角的增大而减小。当轨道倾角小于40°时，轨道转移窗口的平均值随轨道高度的增大而增大；当轨道倾角大于60°时，轨道转移窗口的平均值随轨道

高度的增大而减小。当月球轨道空间站的轨道倾角为20°～90°时，轨道转移窗口为27个或28个。特别地，当月球轨道空间站运行于200km的极轨道时，轨道转移窗口的平均值为1.5991天；当月球轨道空间站运行于为500km的极轨道时，轨道转移窗口的平均值为1.5265天；当月球轨道空间站运行于为1000km的极轨道时，轨道转移窗口的平均值为1.3849天；当月球轨道空间站运行于为3000km的极轨道时，轨道转移窗口的平均值为0.9392天。

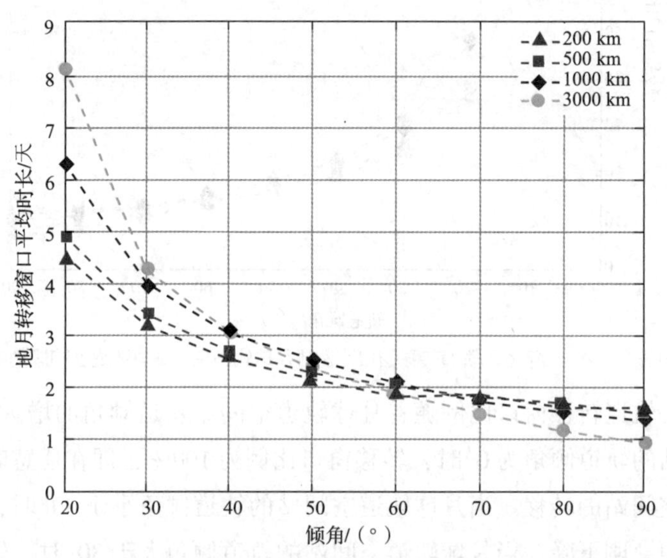


图6-2-8 2025年地月转移窗口平均时长随月球轨道空间站轨道高度和倾角的变化

图6-2-9给出了2034年地月转移窗口比例随月球轨道空间站轨道高度和轨道倾角(0°~90°)的变化。从总体趋势上看，轨道转移窗口比例随月球轨道空间站的轨道倾角呈下降趋势。类似地，当月球轨道空间站的轨道倾角为0°时，飞船从地球低轨道出发可以在任意时刻到达月球轨道空间站；当月球轨道空间站轨道倾角大于70°时，即当月球轨道空间站运行于极轨道附近时，轨道转移窗口比例随轨道高度的增加而减小，轨道转移窗口比例为10%左右。

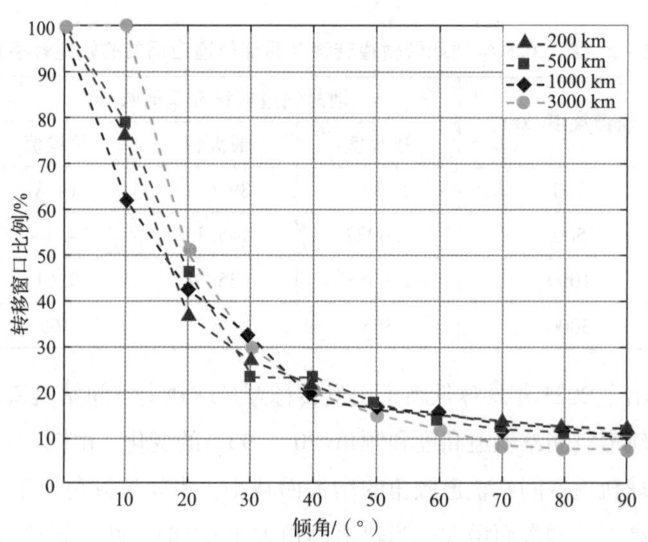


图6-2-9 2034年地月转移窗口比例随月球轨道空间站轨道高度和倾角的变化

表 6－2－2 给出了在 2034 年月球轨道空间站的轨道倾角为 10°时，轨道转移窗口的大小。图 6－2－10 给出了轨道转移窗口平均值随月球轨道空间站轨道倾角(20°～90°)的变化。由图 6－2－10 可知，当月球轨道空间站轨道倾角大于 60°时，轨道转移窗口的平均值随轨道高度的增大而减小。当月球轨道空间站运行于极轨道，轨道高度分别为 200km、500km、1000km、3000km 时，轨道转移窗口平均值分别为 1.5856 天、1.5088 天、1.4252 天和 0.98606 天。

**表 6－2－2　2034 年地球低轨道转移至月球轨道空间站的轨道转移窗口**

| 轨道倾角/(°) | 轨道高度/km | 地月轨道转移窗口时长/天 | | | 窗口个数 |
|---|---|---|---|---|---|
| | | 最小值 | 最大值 | 平均值 | |
| 10 | 200 | 5.2504 | 184.61 | 18.562 | 15 |
| | 500 | 5.3910 | 203.24 | 22.075 | 13 |
| | 1000 | 5.5368 | 54.615 | 9.4815 | 24 |
| | 3000 | 365 | 365 | 365 | 1 |

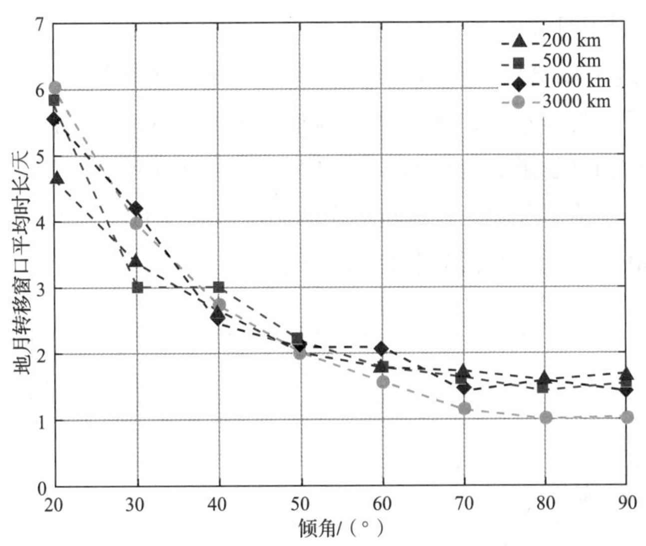


图 6－2－10　2034 年地月转移窗口平均值随月球轨道空间站轨道高度和倾角的变化

2)月地转移

图 6－2－11 给出了 2025 年月地轨道转移窗口比例随月球轨道空间站轨道高度和轨道倾角的变化。总体来看，变化趋势与 2025 年地月转移窗口比例相似，月地转移窗口比例随着月球轨道空间站轨道倾角的增大而减小。当月球轨道空间站的轨道倾角为 0°时，从地球出发的载人飞船可以在任意时间到达；当月球轨道空间站的轨道倾角为 90°时，月地轨道转移窗口比例为 27%～38%，随月球轨道空间站的轨道高度而有所差异。另外，当月球轨道空间站的轨道倾角小于 30°时，月地轨道转移窗口比例随着轨道高度的增大而增大；当月球轨

道空间站的轨道倾角大于30°时，同一轨道倾角下，月地轨道转移窗口比例则随着轨道高度的增大而减小。

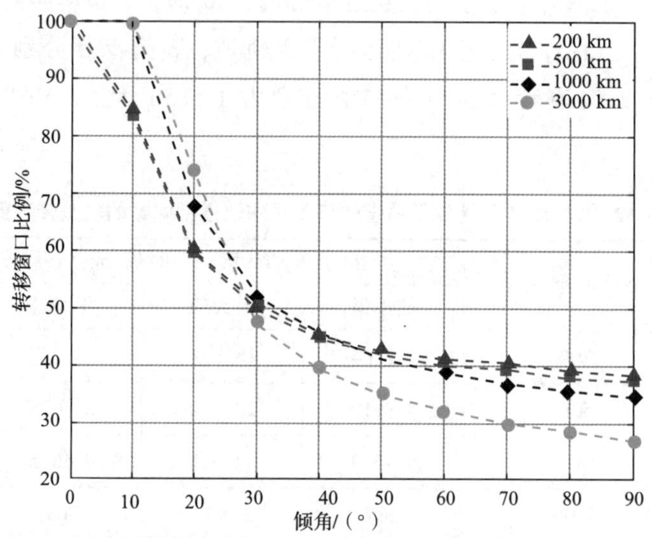


图6-2-11 2025年月地轨道转移窗口比例随月球轨道空间站轨道高度和倾角的变化

图6-2-12给出了月球轨道空间站轨道倾角为20°～90°时，月地轨道转移窗口的平均时长。表6-2-3进一步给出了轨道倾角为10°时月地轨道转移窗口的平均时长和窗口个数。由图6-2-12可知，当月球轨道空间站轨道倾角小于30°时，月地轨道转移窗口的平均时长随着月球轨道空间站轨道高度的增大而增大；当月球轨道空间站轨道倾角大于30°时，月地轨道转移窗口的平均时长随着月球轨道空间站轨道高度的增大而减小。月球轨道空间站轨道倾角为20°～90°时，月地轨道转移窗口最少为27个，最多为29个。

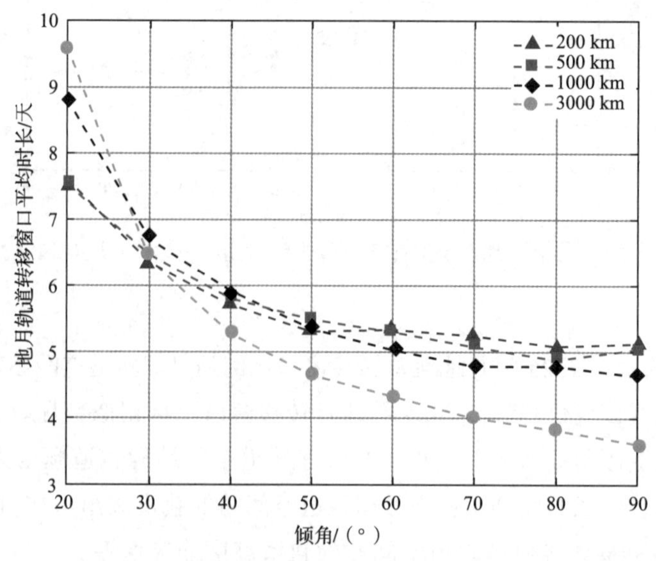


图6-2-12 2025年月地轨道转移窗口平均时长随月球轨道空间站轨道高度和倾角的变化

表 6-2-3 2025 年月球轨道空间站出发返回至地球的轨道转移窗口

| 轨道倾角/(°) | 轨道高度/km | 地月轨道转移窗口时长/天 | | | 窗口个数 |
|---|---|---|---|---|---|
| | | 最小值 | 最大值 | 平均值 | |
| 10 | 200 | 8.227 | 104.27 | 19.311 | 16 |
| | 500 | 2.1243 | 172.51 | 19.041 | 16 |
| | 1000 | 365 | 365 | 365 | 1 |
| | 3000 | 365 | 365 | 365 | 1 |

值得注意的是，月地轨道转移窗口比例比相同情况下的地月轨道转移窗口比例大。例如，当月球轨道空间站运行于高度为 200km、倾角为 90°的月球低轨道时，月地轨道转移窗口比例为 38%，大于地月轨道转移窗口比例的 12%。

图 6-2-13 给出了 2034 年月地轨道转移窗口比例随月球轨道空间站轨道高度和轨道倾角的变化。图 6-2-13 中月地轨道转移窗口比例的变化与 2034 年地月轨道转移窗口比例类似，随着月球轨道空间站轨道倾角的增大，月地轨道转移窗口呈下降的趋势。月球轨道空间站轨道倾角为 30°的分界线仍然很明显：当轨道倾角小于 30°时，月地轨道转移窗口比例随着轨道高度的增大而增大；当轨道倾角大于 30°时，月地轨道转移窗口比例随着轨道高度的增大而减小，具体统计值见表 6-2-4。

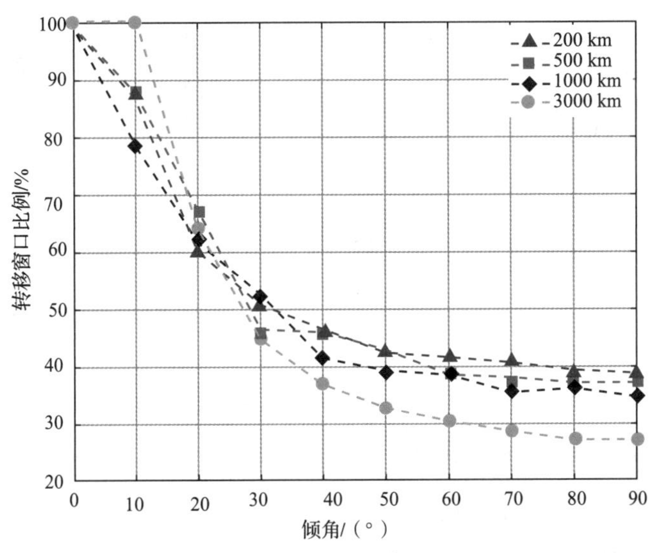


图 6-2-13 2034 年月地轨道转移窗口比例随月球轨道空间站轨道高度和倾角的变化

表 6-2-4 2034 年月球轨道空间站出发返回至地球的轨道转移窗口

| 轨道倾角/(°) | 轨道高度/km | 地月轨道转移窗口时长/天 | | | 窗口个数 |
|---|---|---|---|---|---|
| | | 最小值 | 最大值 | 平均值 | |
| 10 | 200 | 7.9691 | 209.24 | 24.594 | 13 |
| | 500 | 8.1126 | 218.94 | 26.827 | 12 |
| | 1000 | 8.2513 | 82.751 | 13.006 | 22 |
| | 3000 | 365 | 365 | 365 | 1 |

图6－2－14进一步给出了不同轨道高度和轨道倾角下，月地转移窗口的平均时长。由于月球轨道空间站轨道倾角为10°时，最小月地轨道转移窗口和最大值存在较大的差异，窗口大小的平均值无法给出直观的描述，故在表6－2－4中补充了该种情况下的统计数据。从图中可以看出，月地轨道转移窗口的平均时长随着月球轨道空间站轨道倾角的增大而减小。当月球轨道空间站运行于轨道倾角为10°的环月圆轨道时，月地转移窗口最大为11.293天。月球轨道空间站轨道倾角介于20°～90°时，月地轨道转移窗口的个数最少为27个，最多为29个。

与2025年的月地轨道转移窗口相似，2034年月地轨道转移窗口比例大于相应的地月轨道转移窗口比例。例如对于运行于高度200km、倾角90°月球低轨道的月球轨道空间站，月地轨道转移窗口比例为38%，而相应的地月轨道转移窗口比例为13%。

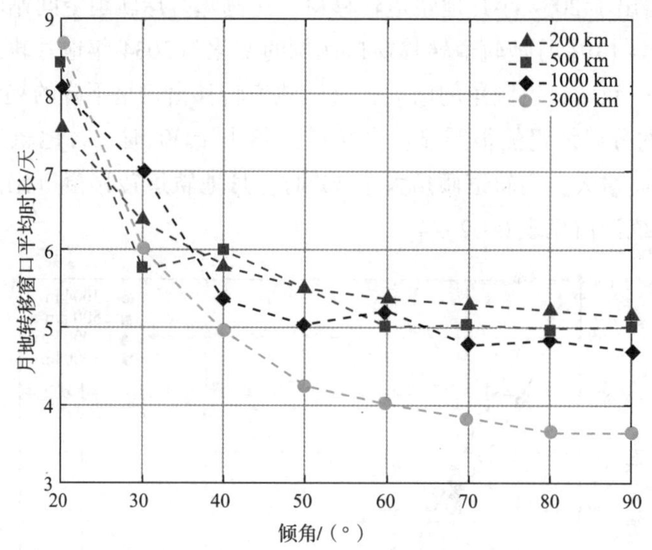

图6－2－14 2034年月地转移窗口平均时长随月球轨道空间站轨道高度和倾角的变化

## 2. 速度增量及转移时间

下面分析地球低轨道往返月球轨道空间站所需的速度增量及对应的转移时间。本节中地球低轨道出发转移至月球轨道空间站的飞行轨道为双脉冲地月直接转移轨道，即在地球低轨道施加一次脉冲进入地月转移轨道，在近月施加一次近月制动进入月球低轨道，因此地球低轨道出发转移至月球轨道空间站所需的速度增量包含两部分；而月球轨道空间站出发返回至地球所需的速度增量仅包含在月球低轨道施加的一次月地出发速度增量。

图6－2－15分别给出了2025年和2034年某一个地月轨道转移窗口内，实现地球低轨道出发转移至月球轨道空间站所需的速度增量。图中左侧纵轴为地月转移速度增量，右侧纵轴为地月转移时间。另外，图中蓝色和红色线分别为第6.2.2节中顺行轨道和逆行轨道的速度增量。由图6－2－15可知，地月转移速度增量为3900～4800m/s，对应的转移时间为6.2天和1.8天。顺行地月转移轨道相较于逆行地月转移轨道所需的速度增量较小。

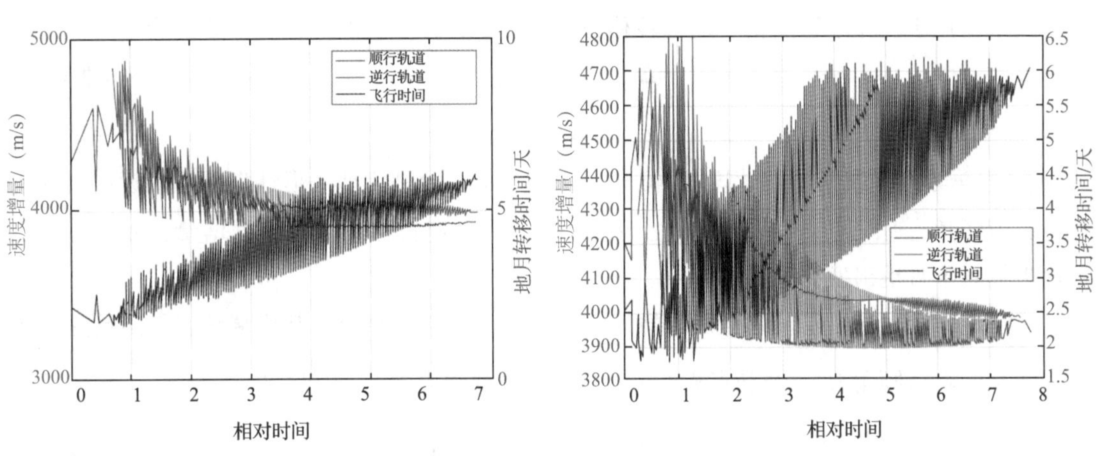


(a) 起始历元：2025. 03. 07 04:00:00 TDT　　(b) 起始历元：2034. 03. 03 13:00:00 TDT

图 6-2-15　2025 年和 2034 年某轨道转移窗口内的地月转移速度增量

图 6-2-16 分别给出 2025 年和 2034 年某一个月地轨道转移窗口内，飞船从月球轨道空间站出发返回至地球所需的速度增量。图中蓝色和红色线分别对应顺行轨道和逆行轨道。由图 6-2-16可知，月地转移速度增量为 800～1400m/s，对应的转移时间为 6 天和 2 天。与地月转移相似，月地转移顺行轨道所需的速度增量较小。

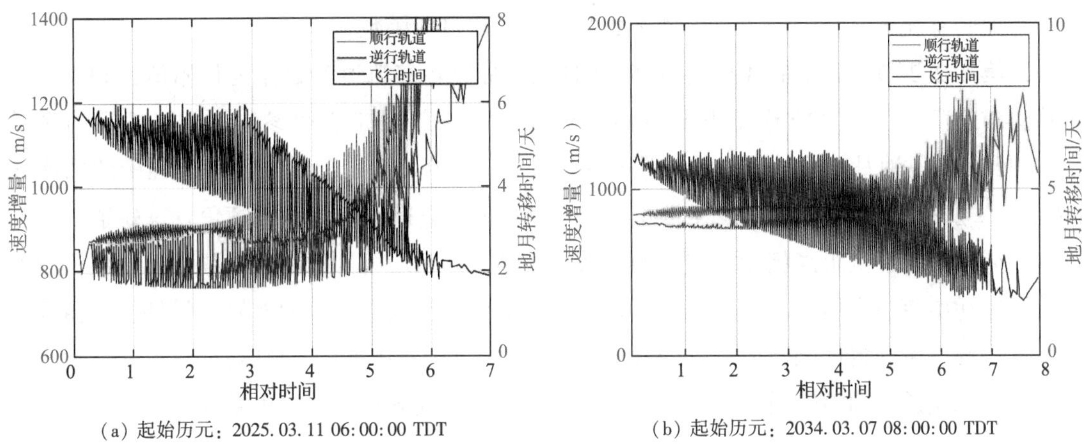


(a) 起始历元：2025. 03. 11 06:00:00 TDT　　(b) 起始历元：2034. 03. 07 08:00:00 TDT

图 6-2-16　2025 年和 2034 年某轨道转移窗口内的月地转移速度增量

## 6.2.4　高精度动力学模型修正

本节基于非线性优化算法，对基于圆锥曲线拼接模型的初始轨道设计结果进行高精度动力学模型的修正。地心惯性坐标系下的高精度动力学模型式如(2-3-44)所示。

在构造优化问题时，选取目标函数为

$$f(x) = \frac{1}{2}\boldsymbol{gv}^{\mathrm{T}}\boldsymbol{gv} \tag{6-2-37}$$

其中，用于优化求解高精度地月转移轨道和月地转移轨道的优化变量分别为

$$\boldsymbol{v}_{\mathrm{tl}} = [\Delta v_{\mathrm{tl}} \quad i_{\mathrm{E,tl}} \quad \Omega_{\mathrm{E,tl}} \quad \omega_{\mathrm{E,tl}}]^{\mathrm{T}} \tag{6-2-38}$$

$$\boldsymbol{v}_{\mathrm{te}} = [\Delta v_{\mathrm{te}} \quad \omega^{\mathrm{c}}_{\mathrm{M,te}}]^{\mathrm{T}} \tag{6-2-39}$$

式中：$\Delta v_{\mathrm{tl}}$ 为近地出发所需的速度增量，$i_{\mathrm{E,tl}}$、$\Omega_{\mathrm{E,tl}}$、$\omega_{\mathrm{E,tl}}$ 分别为地心惯性坐标系下近地出发轨道的轨道倾角、升交点赤经以及近地点幅角；$\Delta v_{\mathrm{te}}$ 为月地转移所需的速度增量；$\omega^{\mathrm{c}}_{\mathrm{M,te}}$ 为月心惯性坐标系下月地出发的近月点幅角。

对于地球低轨道出发转移至月球轨道空间站的地月转移轨道，其终端状态需满足月球轨道空间站的轨道倾角 $\hat{i}^{\mathrm{c}}_{\mathrm{M}}$、升交点赤经 $\hat{\Omega}^{\mathrm{c}}_{\mathrm{M}}$ 和轨道高度约束 $\hat{H}_{\mathrm{M}}$，因此取

$$\boldsymbol{g}_{\mathrm{tl}} = \left[\frac{i^{\mathrm{c}}_{\mathrm{M,te}} - \hat{i}^{\mathrm{c}}_{\mathrm{M}}}{\hat{i}^{\mathrm{c}}_{\mathrm{M}}} \quad \frac{\Omega^{\mathrm{c}}_{\mathrm{M,te}} - \hat{\Omega}^{\mathrm{c}}_{\mathrm{M}}}{\hat{\Omega}^{\mathrm{c}}_{\mathrm{M}}} \quad \frac{H_{\mathrm{M,p}} - \hat{H}_{\mathrm{M}}}{\hat{H}_{\mathrm{M}}}\right]^{\mathrm{T}} \tag{6-2-40}$$

作为地月转移轨道高精度动力学模型参数修正的优化目标函数。

对于月球轨道空间站出发返回至地球的月地转移轨道，其终端状态需要满足地球大气的再入约束条件。这里将航迹角为 $-6°$时的轨道高度 $H_{\mathrm{re}}$，且

$$g_{\mathrm{LE}} = \frac{H_{\mathrm{re}} - \hat{H}_{\mathrm{re}}}{\hat{H}_{\mathrm{re}}} \tag{6-2-41}$$

作为月地转移轨道高精度动力学模型参数修正的优化目标函数。

以第 6.2.2 节中圆锥曲线拼接模型下的地月/月地转移轨道参数作为初始值，利用有效集算法求解高精度动力学模型下的转移轨道。参考“阿波罗”飞船参数，取飞船阻力系数 $C_{\mathrm{D}} = 1.2891$，地月转移过程中的面质比 $(S/m)_{\mathrm{tl}} = 2.9 \times 10^{-4}$，月地转移过程中的面质比 $(S/m)_{\mathrm{te}} = 2 \times 10^{-3}$。表 6-2-5 和表 6-2-6 以月球极轨道空间站和低倾角月球轨道空间站为例，分别给出了两组高精度模型下的参数修正结果。由表可知，圆锥曲线拼接模型获取的转移轨道初始值与高精度动力学模型下转移轨道的设计值仅有较小的差异。另外，高精度求解地月转移轨道的目标函数值相较于月地转移轨道大，主要归结于地月转移轨道的终端状态需满足月球轨道空间站轨道倾角、升交点赤经、轨道高度等较多的约束条件。

**表 6-2-5 地月转移轨道的高精度动力学模型修正**

| $\hat{i}^{\mathrm{c}}_{\mathrm{M}}$(°), $\hat{H}_{\mathrm{M}}$/km | | $\Delta v_{tl}$/(km/s) | $i_{E,tl}$/(°) | $\Omega_{E,tl}$/(°) | $\omega_{E,tl}$/(°) | $f(x)$ |
|---|---|---|---|---|---|---|
| 90, 200[①] | 初始值 | 3.13350 | 27.8500 | 3.4100 | 265.5100 | 66.6708 |
| | 高精度 | 3.13484 | 28.2931 | 10.0327 | 259.3372 | $9.9975 \times 10^{-5}$ |
| 20, 200[②] | 初始值 | 3.14269 | 32.1200 | 21.6999 | 30.1900 | 265.2924 |
| | 高精度 | 3.14127 | 28.0919 | 23.5572 | 36.6687 | 0.003829 |

①2025.01.07 12:40:01.5156 TDT。

②2034.01.10 11:56:43.9339 TDT。

表 6-2-6　月地转移轨道的高精度动力学模型修正

| $\hat{i}_M^c/(°)$, $\hat{H}_M$/km | | $\Delta v_{te}$/(km/s) | $\omega_{M,te}^c/(°)$ | $f(x)$ |
|---|---|---|---|---|
| 90, 200① | 初始值 | 0.7825 | 41.00 | 1816.1894 |
| | 高精度 | 0.8659 | 54.9928 | $2.9\times10^{-5}$ |
| 20, 200② | 初始值 | 0.7735 | 220.00 | 988.0523 |
| | 高精度 | 0.8235 | 219.8296 | $1.52199\times10^{-9}$ |

① 2025.01.25 17:09:07.0558 TDT。

② 2034.01.16 12:41:02.2945 TDT。

### 6.2.5　小结

本节围绕月球轨道空间站约束下的地月/月地转移轨道设计问题，提出了快速实现轨道设计及任务分析的解析方法：

(1)基于圆锥曲线拼接和二体边值问题中的端点状态关系，提出了月球轨道空间站约束下的地月/月地转移轨道快速设计方法。该方法利用二体边值问题中的端点状态关系，解析地建立了月球轨道空间站轨道面约束与近地点约束的关系，并通过设计迭代算法，实现转移轨道的快速设计；收敛性分析表明，该方法在数步内即可收敛。

(2)分析了地球低轨道往返月球轨道空间站的转移轨道特性，包括轨道转移窗口、速度增量和转移时间。结果表明，地球低轨道与月球轨道空间站之间的往返转移存在轨道转移窗口；月球轨道空间站轨道面约束不影响速度增量与转移时间。

(3)利用高精度动力学模型对初始轨道进行修正，验证了初始轨道设计的正确性。结果表明，初始轨道设计值与高精度动力学模型的设计值仅有较小的差异。

本节提出的快速轨道设计方法可为基于月球轨道空间站的载人月球探测模式提供轨道设计的技术途径，特征分析结果也可为该模式提供可行的理论依据。

## 6.3　地球低轨道空间站往返月球低轨道的轨道转移

地球低轨道空间站，如国际空间站以及即将建成的中国空间站等，作为载人航天的近地轨道资源，发挥了支持航天员长期在轨驻留、提供在轨无重力科学实验环境、释放微小卫星等多种作用。此外，地球低轨道空间站还可为各类飞行器提供在轨维修、加注等在轨服务。因此，将地球低轨道空间站作为载人月球探测的空间港，不仅有利于载人飞船的可重复使用，而且对未来可持续载人月球探测具有重要意义。

以地球低轨道空间站为空间港的载人月球探测中，地月载人飞船从空间站出发飞往月球轨道；航天员在完成月球探测任务后，从月球轨道出发返回并再次停靠在空间站；空间站对地月载人飞船实施在轨维修、在轨加注等服务后，等待实施下一次任务。地月载人飞船在地月往返任务中，无论是在奔月阶段还是在返回地球阶段都受到地球低轨道空间站轨道面的约束，这无疑对该飞行模式下的轨道转移窗口产生影响。

本节重点研究地球低轨道空间站往返月球轨道的地月/月地转移轨道，分析实现地球低轨道空间站往返月球轨道的轨道转移窗口、速度增量及转移时间，为以地球低轨道空间站为空间港的载人月球探测飞行模式提供理论依据。

## 6.3.1 地球低轨道空间站约束下的转移轨道设计

本节基于圆锥曲线拼接模型，提出了地球低轨道空间站往返月球轨道的地月/月地转移轨道设计方法。在轨道设计过程中，首先对地球低轨道空间站的轨道面约束在月球影响球处做几何分析，从而得到月球影响球入口点或出口点处的位置矢量，进而通过求解兰伯特问题得到地心段和月心段转移轨道的轨道参数。

### 1. 地球低轨道空间站出发的地月转移轨道

在圆锥曲线拼接模型下，地球低轨道空间站出发的地月转移轨道设计可转化为求解经典兰伯特问题。轨道设计变量选择如下：

$R_{\mathrm{E,p}}$——地月转移轨道的近地距；

$i_{\mathrm{E,tl}}$——地心惯性坐标系下地心段转移轨道的轨道倾角；

$\Omega_{\mathrm{E,tl}}(T_{\mathrm{tl,d}})$——地心惯性坐标系下地心段转移轨道的升交点赤经；

$T_{\mathrm{tl,d}}$——地球低轨道空间站出发进入地月转移轨道的入轨时刻；

$\Delta T_{\mathrm{tl}}$——地球低轨道空间站出发转移至月球影响球的转移时间；

$\varphi_{\mathrm{s}}$——$T_{\mathrm{s}}$ 时刻月心白道坐标系下地月转移轨道的月球影响球入口点纬度，$T_{\mathrm{s}}$ 为到达月球影响球的入口点时刻。

实际上，$R_{\mathrm{E,p}}$、$i_{\mathrm{E,tl}}$ 和 $\Omega_{\mathrm{E,tl}}$ 由地球低轨道空间站的运行轨道决定，且满足

$$R_{\mathrm{E,p}} = \rho_{\mathrm{E}} + H_{\mathrm{E}} \tag{6-3-1}$$

$$i_{\mathrm{E,tl}} = i_{\mathrm{E}} \tag{6-3-2}$$

$$\Omega_{\mathrm{E,tl}} = \Omega_{\mathrm{E}} \tag{6-3-3}$$

式(6-3-1)～式(6-3-3)中：$\rho_{\mathrm{E}}$ 为地球平均半径；$H_{\mathrm{E}}$、$i_{\mathrm{E}}$、$\Omega_{\mathrm{E}}$ 分别为地球低轨道空间站的轨道高度、轨道倾角及地月转移出发时刻的升交点赤经。

给定设计变量 $\{R_{\mathrm{E,p}}, i_{\mathrm{E,tl}}, \Omega_{\mathrm{E,tl}}, T_{\mathrm{d}}, \Delta T_{\mathrm{tl}}\}$，地球低轨道空间站出发的地月转移轨道设计流程如下：

(1)计算入口点时刻 $T_{\mathrm{s}}$ 的月球位置矢量 $\boldsymbol{R}_{\mathrm{E,m}}$ 和速度矢量 $\boldsymbol{V}_{\mathrm{E,m}}$，其中 $T_{\mathrm{s}} = T_{\mathrm{tl,d}} + \Delta T_{\mathrm{tl}}$。

(2)计算 $T_{\mathrm{s}}$ 时刻地心白道坐标系下地月转移地心段轨道的单位角动量 $\hbar_{\mathrm{E,tl}}^{\mathrm{m}}$；地月转移

地心段轨道的单位角动量在地心惯性坐标系下可表示为

$$\boldsymbol{\hbar}_{\mathrm{E,tl}} = \begin{bmatrix} \sin\Omega_{\mathrm{E,tl}}\sin i_{\mathrm{E,tl}} \\ -\cos\Omega_{\mathrm{E,tl}}\sin i_{\mathrm{E,tl}} \\ \cos i_{\mathrm{E,tl}} \end{bmatrix} \tag{6-3-4}$$

将 $\boldsymbol{\hbar}_{\mathrm{E,tl}}$ 转化至 $T_s$ 时刻地心白道坐标系，有

$$\hbar^{\mathrm{m}}_{\mathrm{E,tl}} = \boldsymbol{M}^{\mathrm{em}}_{\mathrm{E}}\,\boldsymbol{\hbar}_{\mathrm{E,tl}} \tag{6-3-5}$$

式中

$$\boldsymbol{M}^{\mathrm{em}}_{\mathrm{E}} = \boldsymbol{M}_z(u_{\mathrm{E,m}})\,\boldsymbol{M}_x(i_{\mathrm{E,m}})\,\boldsymbol{M}_z(\Omega_{\mathrm{E,m}}) \tag{6-3-6}$$

其中：$i_{\mathrm{E,m}}$、$\Omega_{\mathrm{E,m}}$、$u_{\mathrm{E,m}}$ 分别为月球在地心惯性坐标系下的轨道倾角、升交点赤经和纬度幅角。

(3)验证是否存在地月转移时机。记

$$\alpha = \frac{\pi}{2} - \arccos\left(\frac{\boldsymbol{R}_{\mathrm{E,m}}\cdot\boldsymbol{\hbar}_{\mathrm{E,tl}}}{\|\boldsymbol{R}_{\mathrm{E,m}}\|}\right) \tag{6-3-7}$$

为月球位置矢量 $\boldsymbol{R}_{\mathrm{E,m}}$ 与地心段转移轨道面的夹角。如图6-3-1所示，月球位置矢量 $\boldsymbol{R}_{\mathrm{E,m}}$ 与地心段转移轨道面的最大夹角为

$$\alpha_{\max} = \arcsin(\rho_{\mathrm{LSOI}}/\|\boldsymbol{R}_{\mathrm{E,m}}\|) \tag{6-3-8}$$

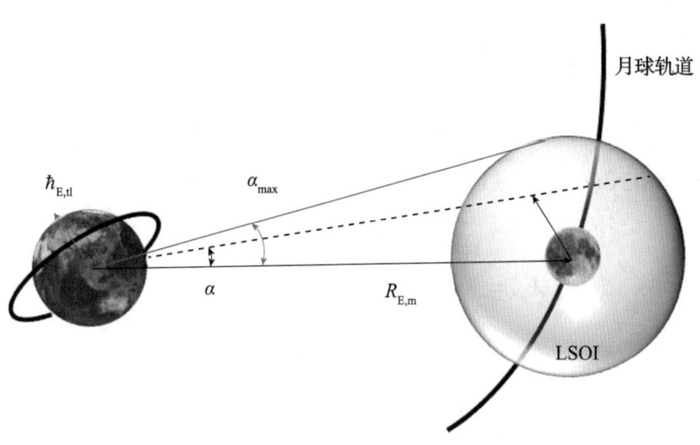


图6-3-1 地球低轨道空间站轨道面与月球位置矢量的相对关系

因此，若

$$|\alpha| < \alpha_{\max} \tag{6-3-9}$$

则存在地月转移时机，转至步骤(4)；若不满足，则更新参数 $T_s$ 并重复步骤(1)~(3)。

(4)计算地月转移轨道在月球影响球处的入口点经度 $\lambda_s$，确定地心惯性坐标系下月球影响球入口点矢量 $\boldsymbol{R}_{\mathrm{E,s}}$。

$T_s$ 时刻月心白道坐标系下，记月心至月球影响球交线(图6-3-2中红色曲线)的矢量为 $\boldsymbol{R}^{\mathrm{m}}_{\mathrm{M,o}}$，则有

$$\boldsymbol{R}_{\mathrm{M,o}}^{\mathrm{m}} = -(\boldsymbol{R}_{\mathrm{E,m}} \cdot \hbar_{\mathrm{E,tl}}) \cdot \hbar_{\mathrm{E,tl}}^{\mathrm{m}} = \begin{bmatrix} x_{\mathrm{o}} \\ y_{\mathrm{o}} \\ z_{\mathrm{o}} \end{bmatrix} \tag{6-3-10}$$

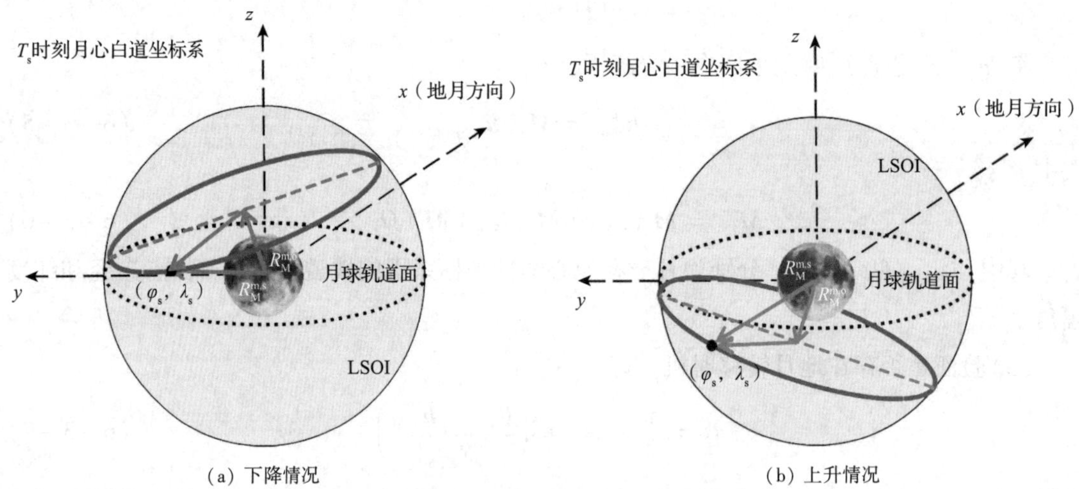


图6-3-2　地月转移地心段轨道与月球影响球的交线

入口点矢量为

$$\boldsymbol{R}_{\mathrm{M,s}}^{\mathrm{m}} = \begin{bmatrix} \rho_{\mathrm{LSOI}}\cos\varphi_{\mathrm{s}}\cos\lambda_{\mathrm{s}} \\ \rho_{\mathrm{LSOI}}\cos\varphi_{\mathrm{s}}\sin\lambda_{\mathrm{s}} \\ \rho_{\mathrm{LSOI}}\sin\varphi_{\mathrm{s}} \end{bmatrix} = \begin{bmatrix} x_{\mathrm{s}} \\ y_{\mathrm{s}} \\ z_{\mathrm{s}} \end{bmatrix} \tag{6-3-11}$$

结合式(6-3-10)和式(6-3-11)可得

$$\lambda_{\mathrm{s}} = \begin{cases} \arcsin\left(\dfrac{B}{A}\right) - \vartheta \\ \pi - \arcsin\left(\dfrac{B}{A}\right) - \vartheta \end{cases} \tag{6-3-12}$$

$$A = \sqrt{x_{\mathrm{o}}^2 + y_{\mathrm{o}}^2} \tag{6-3-13}$$

$$\tan\vartheta = \frac{x_{\mathrm{o}}}{y_{\mathrm{o}}} \tag{6-3-14}$$

$$B = \frac{\|\boldsymbol{R}_{\mathrm{M,o}}^{\mathrm{m}}\|^2 - z_{\mathrm{s}}z_{\mathrm{o}}}{\rho_{\mathrm{LSOI}}\cos\varphi_{\mathrm{s}}} \tag{6-3-15}$$

将月心白道坐标系下的 $\boldsymbol{R}_{\mathrm{M,s}}^{\mathrm{m}}$ 转化至地心惯性坐标系，有

$$\boldsymbol{R}_{\mathrm{E,s}} = (\boldsymbol{M}_{\mathrm{E}}^{\mathrm{em}})^{\mathrm{T}} \boldsymbol{R}_{\mathrm{M,s}}^{\mathrm{m}} + \boldsymbol{R}_{\mathrm{E,m}} \tag{6-3-16}$$

式中：$\boldsymbol{R}_{\mathrm{E,s}}$ 为地心惯性坐标系下的月球影响球入口点矢量。

(5)计算地心惯性坐标系下地月转移地心段轨道在月球影响球入口点处的速度矢量。通过求解兰伯特问题 $(r_1, r_2, \gamma_1, t)$，其中

$$r_1 = R_{E,p}, r_2 = R_{E,s}, \gamma_1 = 0, t = \Delta T_{tl} \tag{6-3-17}$$

获得地月转移地心段轨道的地心角 $\phi_{tl}$，并且 $R_{E,s} = \|\boldsymbol{R}_{E,s}\|$。从而，地心惯性坐标系下地月转移地心段轨道在月球影响球入口点处的速度矢量为

$$\boldsymbol{V}_{E,s} = \frac{1}{R_{E,s}}\left(\sqrt{\frac{\mu_E}{p_{E,tl}}}e_{E,tl}\sin f_{E,s}\boldsymbol{R}_{E,s} + \frac{\sqrt{\mu_E p_{E,tl}}}{R_{E,s}}\hbar_{E,tl} \times \boldsymbol{R}_{E,s}\right) \tag{6-3-18}$$

式中：$f_{E,s}$、$p_{E,tl}$、$e_{E,tl}$ 分别为地月转移地心段轨道的地心角（$f_{E,s} = \phi_{tl}$）、半通径和偏心率。

(6) 月心段转移轨道可以由

$$\boldsymbol{R}^e_{M,s} = \boldsymbol{R}_{E,s} - \boldsymbol{R}_{E,m} \tag{6-3-19}$$

$$\boldsymbol{V}^e_{M,s} = \boldsymbol{V}_{E,s} - \boldsymbol{R}_{E,m} \tag{6-3-20}$$

求得。

### 2. 返回地球低轨道空间站的月地转移轨道

返回地球低轨道空间站的月地转移轨道设计同第6.3.1节相似，其设计变量选取如下：

$i_{E,te}$ ——地心惯性坐标系下月地转移地心段轨道的轨道倾角；

$\Omega_{E,te}$ ——地心惯性坐标系下月地转移地心段轨道的升交点赤经；

$\gamma_{re}$ ——月地转移地心段轨道的再入点航迹角；

$T_{re}$ ——月地转移地心段轨道的再入点时刻；

$\Delta T_{te}$ ——月地转移地心段轨道的转移时间；

$\varphi_{se}$ —— $T_{se}$ 时刻月心白道坐标系下月地转移轨道的月球影响球出口点纬度，$T_{se}$ 为月球影响球出口点时刻。

实际上，$i_{E,te}$、$\Omega_{E,te}$ 由地球低轨道空间站的轨道面决定，且满足

$$i_{E,te} = i_E \tag{6-3-21}$$

$$\Omega_{E,te} = \Omega_E \tag{6-3-22}$$

式中：$\Omega_{E,te}$ 为再入时刻 $T_{re}$ 时地球低轨道空间站运行轨道的升交点赤经。

给定设计参数 $\{i_{E,te}, \Omega_{E,te}, \gamma_{re}, T_{re}, \Delta T_{te}\}$，轨道设计流程如下：

(1) 计算出口点时刻 $T_{se}$ 的月球位置矢量 $\boldsymbol{R}_{E,m}$ 和速度矢量 $\boldsymbol{V}_{E,m}$，其可由 JPL-DE-405 星历求得，其中 $T_{se} = T_{re} - \Delta T_{te}$。

(2) 计算 $T_{se}$ 时刻地心白道坐标系下月地转移地心段轨道的单位角动量 $\hbar^m_{E,te}$。

地心惯性坐标系下，月地转移地心段轨道的单位角动量可表示为

$$\hbar_{E,te} = \begin{bmatrix} \sin\Omega_{E,te}\sin i_{E,te} \\ -\cos\Omega_{E,te}\sin i_{E,te} \\ \cos i_{E,te} \end{bmatrix} \tag{6-3-23}$$

将 $\hbar_{E,te}$ 转化至 $T_{se}$ 时刻地心白道坐标系，有

$$\hbar^m_{E,te} = \boldsymbol{M}^{em}_E \hbar_{E,te} \tag{6-3-24}$$

式中：$\boldsymbol{M}_{\mathrm{E}}^{\mathrm{em}}$ 为地心惯性坐标系转化至 $T_{\mathrm{se}}$ 时刻地心白道坐标系的转化矩阵，如式(6-3-6)。

(3)测试在 $T_{\mathrm{se}}$ 时刻是否存在月地转移时机。记

$$\alpha = \frac{\pi}{2} - \arccos\left(\frac{\boldsymbol{R}_{\mathrm{E,m}} \cdot \hbar_{\mathrm{E,te}}}{\|\boldsymbol{R}_{\mathrm{E,m}}\|}\right) \tag{6-3-25}$$

为月球位置矢量与月地转移地心段轨道面的夹角。若

$$|\alpha| < \alpha_{\max} \tag{6-3-26}$$

则转入步骤(4)，其中 $\alpha_{\max}$ 如式(6-3-8)；否则，意味着不存在月地转移时机，更新 $T_{\mathrm{re}}$ 并转入步骤(1)～(3)。

(4)计算地心惯性坐标系下月地转移轨道在月球影响球处的出口点位置矢量 $\boldsymbol{R}_{\mathrm{E,se}}$，方法同第3.2.1节。

(5)计算地心惯性坐标系下月地转移地心段轨道在月球影响球出口点处的速度矢量。通过求解兰伯特问题 $(r_1, r_2, \gamma_2, t)$，其中

$$r_1 = R_{\mathrm{E,re}}, r_2 = R_{\mathrm{E,se}}, \gamma_1 = \gamma_{\mathrm{re}}, t = \Delta T_{\mathrm{te}} \tag{6-3-27}$$

获得月地转移地心段轨道的地心角 $\varphi_{\mathrm{te}}$（图6-3-3），并且 $R_{\mathrm{E,se}} = \|\boldsymbol{R}_{\mathrm{E,se}}\|$，$R_{\mathrm{E,re}} = \rho_{\mathrm{E}} + H_{\mathrm{re}}$，$H_{\mathrm{re}}$ 为地球大气再入的轨道高度。

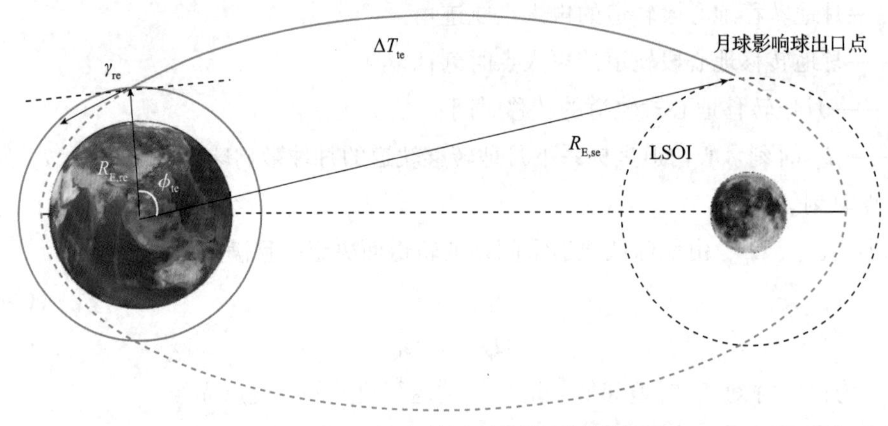


图6-3-3 月地转移地心段轨道的兰伯特问题

从而，地心惯性坐标系下月地转移地心段轨道在月球影响球出口点处的速度矢量为

$$\boldsymbol{V}_{\mathrm{E,se}} = \frac{1}{R_{\mathrm{E,se}}}\left(\sqrt{\frac{\mu_{\mathrm{E}}}{p_{\mathrm{E,te}}}} e_{\mathrm{E,te}} \sin(f_{\mathrm{E,te}} - \phi_{\mathrm{te}}) \boldsymbol{R}_{\mathrm{E,se}} + \frac{\sqrt{\mu_{\mathrm{E}} p_{\mathrm{E,te}}}}{R_{\mathrm{E,se}}} \hbar_{\mathrm{E,te}} \times \boldsymbol{R}_{\mathrm{E,se}}\right) \tag{6-3-28}$$

式中：$f_{\mathrm{E,te}}$、$p_{\mathrm{E,te}}$、$e_{\mathrm{E,te}}$ 分别为月地转移地心段轨道的地心角、半通径和偏心率。

(6)计算月地转移月心段轨道。月地转移月心段轨道在月球影响球出口点处的位置、速度矢量为

$$\boldsymbol{R}_{\mathrm{M,se}}^{\mathrm{e}} = \boldsymbol{R}_{\mathrm{E,se}} - \boldsymbol{R}_{\mathrm{E,m}} \tag{6-3-29}$$

$$\boldsymbol{V}_{\mathrm{M,se}}^{\mathrm{e}} = \boldsymbol{V}_{\mathrm{E,se}} - \boldsymbol{V}_{\mathrm{E,m}} \tag{6-3-30}$$

## 6.3.2　转移轨道特征分析

本节分析地球低轨道空间站往返月球的飞行轨道在2025年和2034年的轨道转移窗口、速度增量和转移时间特性。假设载人飞船在出发奔月前及月球探测任务返回后均停靠于400km高度的地球低轨道空间站，其轨道参数如表6－3－1所列。本节考虑轨道倾角分别为42°和52°的中国空间站和国际空间站作为载人飞船的近地停靠地。由于空间站运行轨道的升交点在地球非球形摄动的作用下不断向西退行，且升交点赤经的平均变化率为

$$\dot{\Omega}_{\mathrm{E}} = -\frac{3}{2}J_2^{\mathrm{E}}\sqrt{\frac{\mu_{\mathrm{E}}}{\rho_{\mathrm{E}}^3}}\left(\frac{\rho_{\mathrm{E}}}{a_{\mathrm{E}}}\right)^{\frac{7}{2}}\cos i_{\mathrm{E}} \tag{6-3-31}$$

因此，在分析轨道转移窗口时，进一步考虑地球 $J_2$ 项摄动对空间站轨道的影响。式(6－3－31)中，$a_{\mathrm{E}}$ 为地球低轨道空间站运行轨道的半长轴。假设空间站轨道的升交点赤经在2025.01.01 00:00:00 TDT时刻为0°；目标月球低轨道的轨道高度为200～220km。地月载人飞船月地返回时，借助地球大气减速技术实现近地制动并停靠于地球低轨道空间站，以实现飞船的可重复使用；地球大气再入条件为 $\gamma_{\mathrm{re}} = -5.2°$ 和 $H_{\mathrm{re}} = 120\mathrm{km}$[3]。

**表6－3－1　地球低轨道空间站及目标月球低轨道的轨道参数**

| | | |
|---|---|---|
| 地球低轨道空间站 | 轨道高度/km | 400 |
| | 偏心率 | 0 |
| | 轨道倾角/(°) | 42 / 52 |
| | 升交点赤经/(°) | 0（2025.01.01 00:00:00 TDT） |
| 月球低轨道 | 轨道高度/km | 200～220 |

### 1. 轨道转移窗口

1）地月转移

由于白道面与地球赤道面的夹角在18.5°～28.5°之间以18.6年的周期变化，且在2025年白赤交角达到最大28.5°，在2034年白赤交角达到最小18.5°，因此本节分别针对2025年和2034年分析地球低轨道空间站出发到达月球低轨道的轨道转移窗口。图6－3－4和图6－3－5分别给出了在2025年和2034年不同地球低轨道空间站出发的轨道转移窗口。图中红色曲线为每个轨道转移窗口的大小，蓝色曲线为相邻轨道转移窗口的时间间隔。表6－3－2给出了从中国空间站或国际空间站出发地月转移轨道的轨道转移窗口统计值。由表6－3－2可知：从中国空间站出发的轨道转移窗口在2025年和2034年均为39个；从国际空间站出发的轨道转移窗口在2025年和2034年均为37个。实际上，无论是从中国空间站还是从国际空间站出发，每月至少存在3个轨道转移窗口，这主要由空间站运行轨道的进动引起。空间站运行轨道若无升交点进动，即当空间站运行于轨道倾角为90°的地球低轨道上时，轨道转移窗口在每个月球公转周期内(27.32天)只有2个。

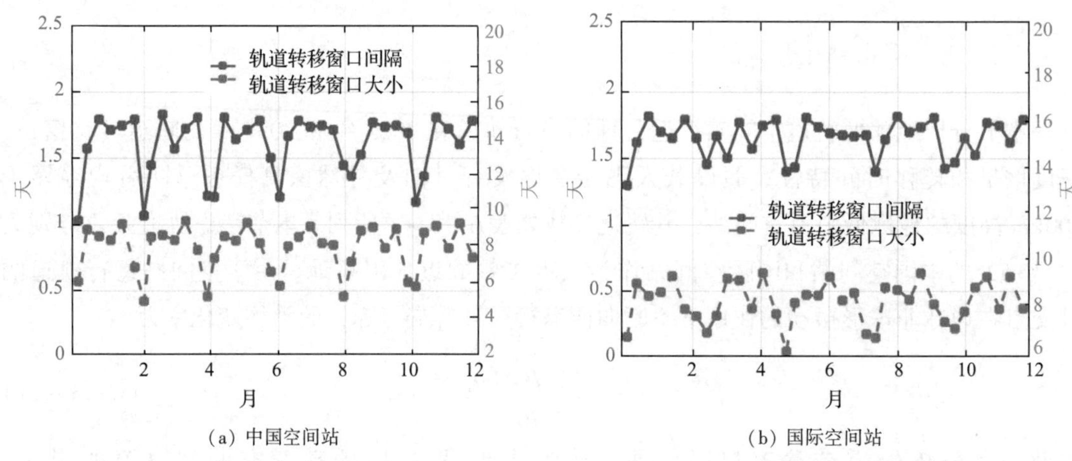


图6-3-4 2025年地球低轨道空间站出发到达月球低轨道的轨道转移窗口

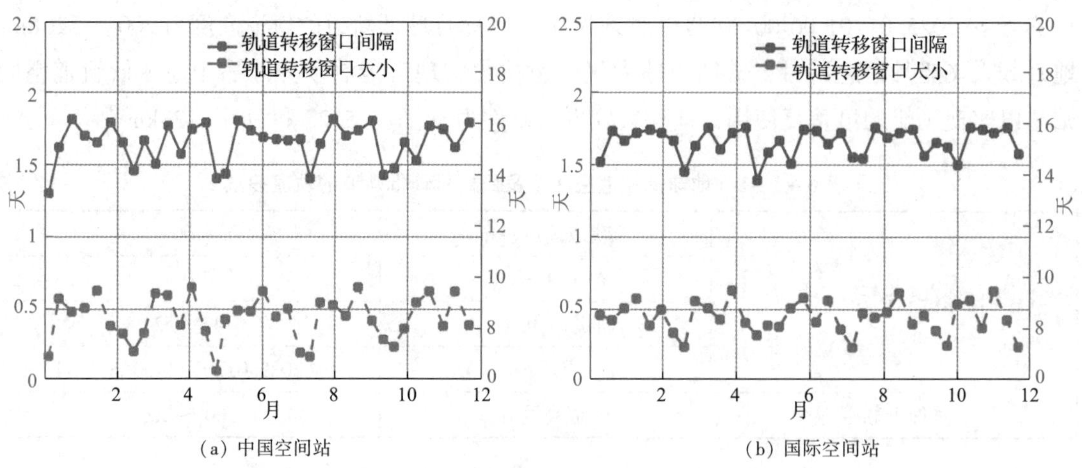


图6-3-5 2034年地球低轨道空间站出发到达月球低轨道的轨道转移窗口

对于中国空间站，空间站出发的地月转移窗口平均值在2025年为1.6088天，在2034年为1.5819天；对于国际空间站，实现地月转移的轨道转移窗口平均大小在2025年为1.6561天，在2034年为1.6601天。

**表6-3-2 地球低轨道空间站出发到达月球低轨道的轨道转移窗口**

| 年份 | 轨道倾角/(°) | 窗口最小值/天 | 窗口最大值/天 | 窗口平均值/天 | 窗口个数 | 备注 |
|---|---|---|---|---|---|---|
| 2025 | 42 | 1.0648 | 1.8287 | 1.6088 | 39 | 中国空间站 |
| | 52 | 1.4005 | 1.8171 | 1.6561 | 37 | 国际空间站 |
| 2034 | 42 | 1.2847 | 1.7361 | 1.5819 | 39 | 中国空间站 |
| | 52 | 1.3889 | 1.7593 | 1.6601 | 37 | 国际空间站 |

2)月地转移

图6-3-6和图6-3-7分别给出了2025年和2034年月地转移返回至地球低轨道空间站的轨道转移窗口。图中红色曲线为每个轨道转移窗口的大小，蓝色曲线为相邻轨道转移窗口的时间间隔。表6-3-3给出了2025年和2034年返回至中国空间站或国际空间站月地转移轨道的轨道转移窗口统计值。由表6-3-3可知：载人飞船返回至中国空间站的轨道转移窗口在2025年和2034年均为39个；载人飞船返回至国际空间站的轨道转移窗口在2025年和2034年均为37个；与地月轨道转移窗口相同，受地球 $J_2$ 摄动影响，月地转移轨道窗口同样每月至少存在3个。

地月载人飞船月地转移返回至中国空间站的轨道转移窗口平均值在2025年为0.6739天，在2034年为0.6668天；对于国际空间站而言，月地转移窗口平均值在2025年为0.5668天，在2034年为0.5662天。

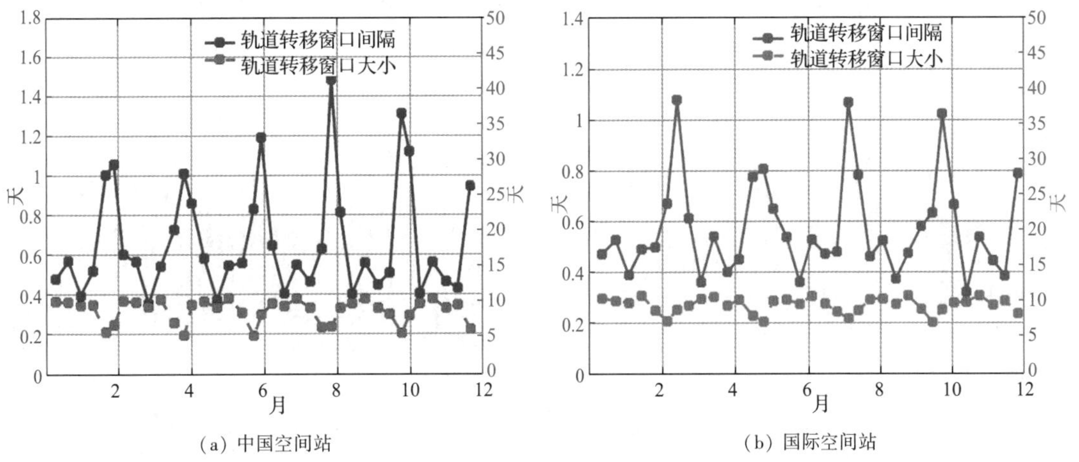


(a) 中国空间站　(b) 国际空间站

图6-3-6　2025年月球低轨道出发返回地球低轨道空间站的轨道转移窗口

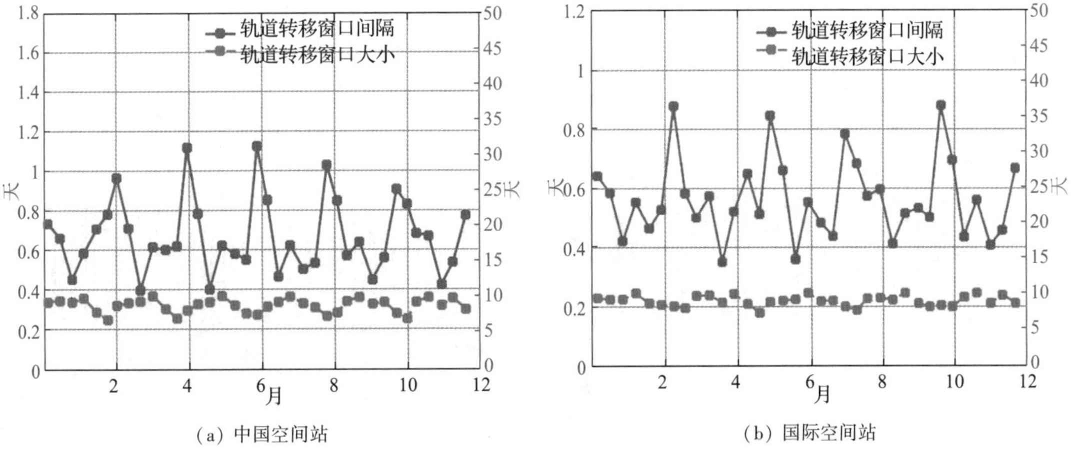


(a) 中国空间站　(b) 国际空间站

图6-3-7　2034年月球低轨道出发返回地球低轨道空间站的轨道转移窗口

表 6－3－3　月球低轨道出发返回至地球低轨道空间站的轨道转移窗口

| 年份 | 轨道倾角/(°) | 窗口最小值/天 | 窗口最大值/天 | 窗口平均值/天 | 窗口个数 | 备注 |
| --- | --- | --- | --- | --- | --- | --- |
| 2025 | 42 | 0.3529 | 1.4850 | 0.6739 | 39 | 中国空间站 |
|  | 52 | 0.3148 | 1.0641 | 0.5668 | 37 | 国际空间站 |
| 2034 | 42 | 0.3947 | 1.1139 | 0.6668 | 39 | 中国空间站 |
|  | 52 | 0.3547 | 0.8744 | 0.5662 | 37 | 国际空间站 |

## 2. 速度增量及转移时间

### 1) 地月转移

地月转移所需的速度增量包括两部分：一是地球低轨道空间站出发进入地月转移轨道所需的速度增量 $\Delta v_{tl}$；二是到达月球附近时制动进入月球低轨道所需的近月制动速度增量 $\Delta v_{LOI}$。

2025 年和 2034 年地球低轨道空间站出发到达月球低轨道所需的速度增量及转移时间分别如图 6－3－8 和图 6－3－9 所示。图中右侧颜色柱代表相应转移轨道的转移时间。由图可

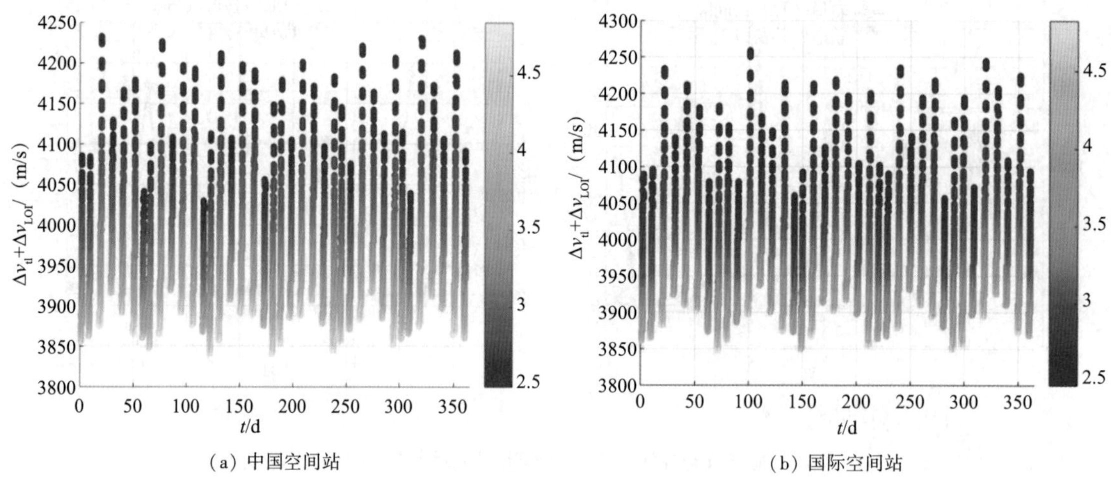


(a) 中国空间站　　(b) 国际空间站

图 6－3－8　2025 年地月转移所需的速度增量和转移时间

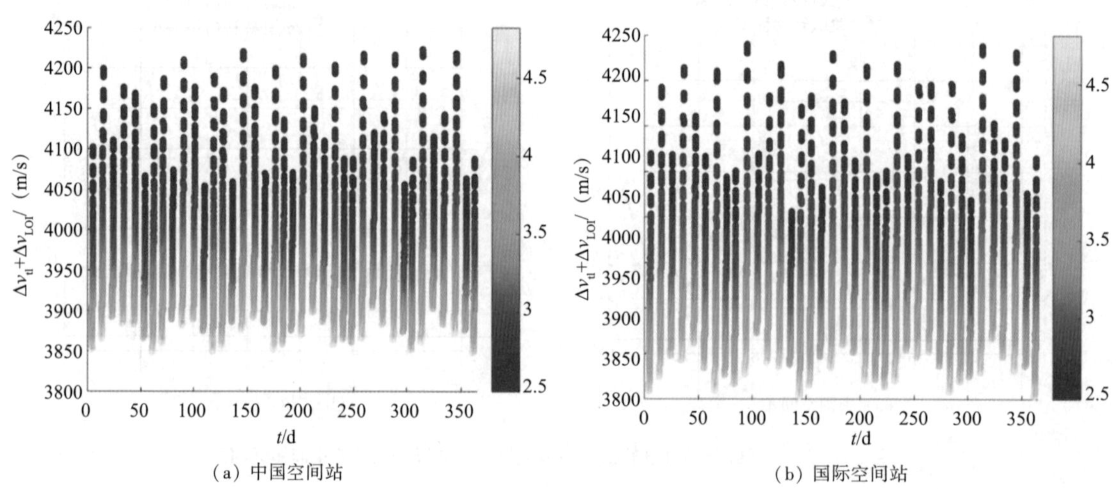


(a) 中国空间站　　(b) 国际空间站

图 6－3－9　2034 年地月转移所需的速度增量和转移时间

知，转移轨道速度增量呈现周期性的波动形态，不同轨道转移窗口中所需的速度增量最小值具有约 80m/s 的差异。值得注意的是，同一轨道转移窗口中，实现地月转移所需的速度增量为 3.845～4.250km/s，其对应的转移时间为 2.5～4.7 天。

具体而言，对于中国空间站出发的月球探测任务，在 2025 年和 2034 年地月转移所需的最小速度增量分别为 3.840km/s 、3.848km/s，对应的转移时间为 4.84 天、4.72 天；在 2025 年和 2034 年最大速度增量分别为 4.233km/s、4.223km/s，对应的转移时间为 2.48 天、2.49 天。对于国际空间站出发的月球探测任务，在 2025 年和 2034 年地月转移所需的最小速度增量分别为 3.848km/s、3.852km/s，对应的转移时间为 4.82 天、4.81 天；在 2025 年和 2034 年最大速度增量分别为 4.289km/s、4.240km/s，对应的转移时间为 2.47 天、2.48 天。

2）月地转移

本节在讨论从月球低轨道返回至地球低轨道空间站的月地转移轨道时，提出借助地球大气减速实现地月载人飞船的近地制动，故这里月地转移所需的速度增量仅包括从月球低轨道出发进入月地转移轨道所需的速度增量 $\Delta v_{te}$。

图 6-3-10 和图 6-3-11 分别给出了 2025 年和 2034 年月球低轨道出发返回至地球低

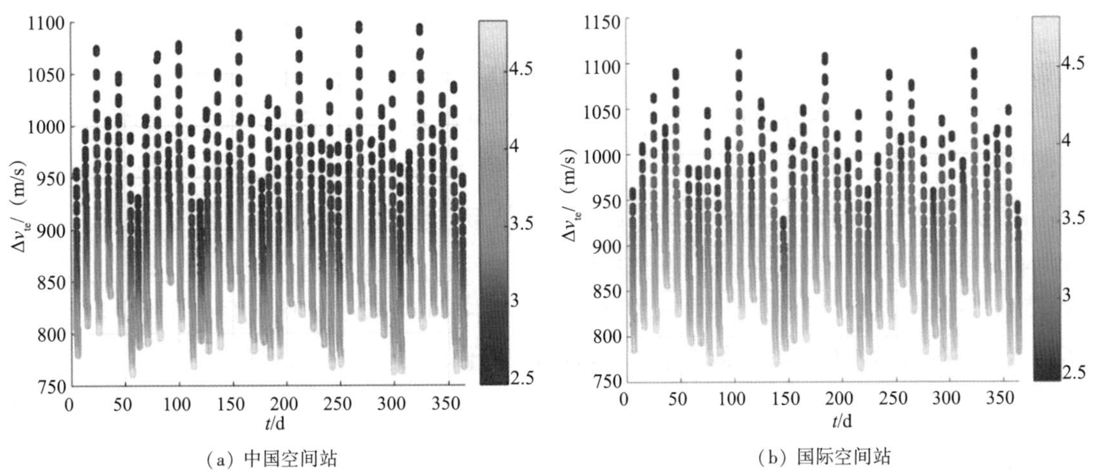

（a）中国空间站　（b）国际空间站

图 6-3-10　2025 年月地转移所需的速度增量和转移时间

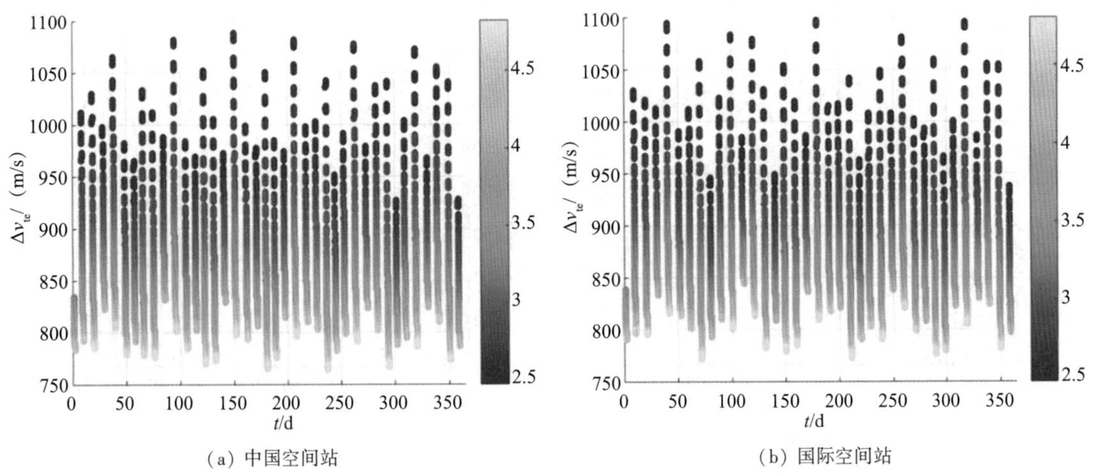

（a）中国空间站　（b）国际空间站

图 6-3-11　2034 年月地转移所需的速度增量和转移时间

轨道空间站所需的速度增量及转移时间。图中右侧的颜色柱表示月地转移的转移时间。与地球低轨道空间站出发到达月球低轨道所需的速度增量相似，月地转移所需速度增量同样存在周期性波动，且不同轨道转移窗口中所需的速度增量最小值仅具有约 80m/s 的差异。同一轨道转移窗口中，月地转移返回至地球低轨道空间站所需要的速度增量为 0.760～1.100km/s，对应的转移时间为 2.5～4.7 天。

具体而言，对于月球低轨道出发返回至中国空间站的月地转移轨道，在 2025 年和 2034 年所需的最小速度增量分别为 0.761km/s、0.764km/s，相应的转移时间皆为 4.82 天；在 2025 年和 2034 年最大速度增量分别为 1.098km/s、1.088km/s，相应的转移时间皆为 2.48 天。对于国际空间站而言，在 2025 年和 2034 年月地转移所需的最小速度增量分别为 0.764km/s、0.772km/s，相应的转移时间分别为 4.82 天、4.80 天；在 2025 年和 2034 年最大速度增量分别为 1.113km/s、1.097km/s，相应的转移时间分别为 2.46 天、2.47 天。

### 3. 地球低轨道空间站轨道面约束下的月球低轨道特性

为节省燃料，月球低轨道与月面之间的往返飞行采用共面上升与下降的方式，所以地月转移轨道的可达月球低轨道，或月地转移轨道的出发月球低轨道决定了月面的可达范围。例如，零倾角月球低轨道仅能支持月球赤道附近的探测任务，月球极轨道则能够支持全月面的探测任务。

因此，本节针对载人飞船在地球低轨道空间站与月球之间的往返飞行任务，分析可达月球低轨道与出发轨道的轨道倾角与升交点赤经范围。由于月球始终只有固定半个球面面向地球，而月固坐标系相对于地球和月球的位置关系基本保持不变，因此下面在月固坐标系下分析可达月球低轨道与出发月球低轨道的轨道倾角和升交点经度(LAN)范围。

1)可达月球低轨道

图 6-3-12 和图 6-3-13 分别给出了在月固坐标系下 2025 年和 2034 年地球低轨道空间站出发的地月转移轨道可达的月球低轨道分布范围。图中横坐标为月固坐标系下的轨道倾

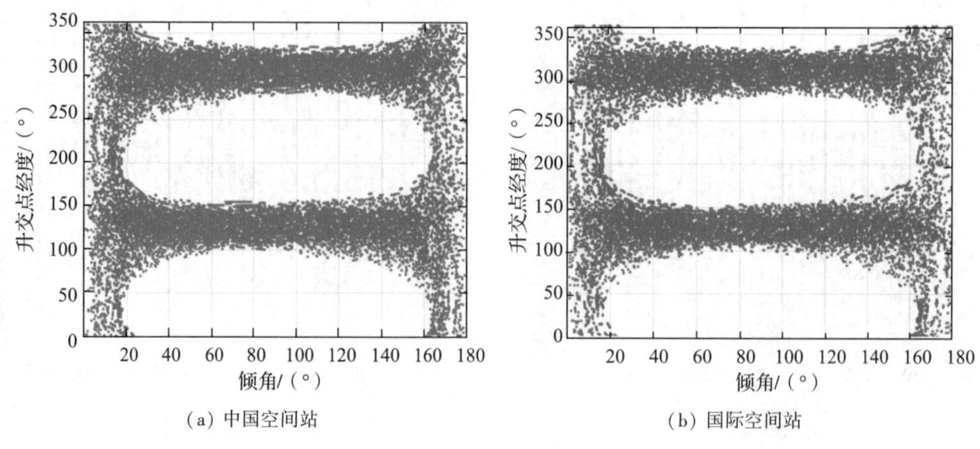


图 6-3-12 2025 年地球低轨道空间站出发地月转移轨道的可达月球低轨道

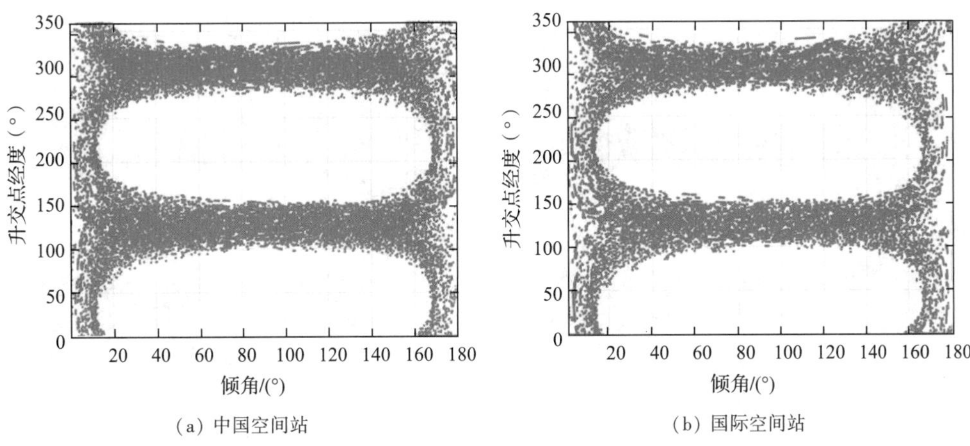


图 6-3-13　2034 年地球低轨道空间站出发地月转移轨道的可达月球低轨道

角，纵坐标为月固坐标系下的升交点经度。由图可知，从中国空间站或国际空间站出发的地月转移轨道可以到达任意轨道倾角的月球低轨道，但可达月球低轨道的升交点经度受到限制。从地球低轨道空间站出发，若要转移至轨道倾角为 90°的月球低轨道，则其升交点经度被限制在 100°～150°和 280°～330°的范围内。另外，从不同空间站出发的地月转移轨道，其可达月球低轨道在月固坐标系下具有相似的轨道倾角 - 升交点经度分布。

2) 出发月球低轨道

图 6-3-14 和图 6-3-15 分别给出了在月固坐标系下 2025 年和 2034 年返回至地球低轨道空间站的出发月球低轨道分布范围。其中横坐标为月固坐标系下的轨道倾角，纵坐标为月固坐标系下的升交点经度。由图可知，从任意轨道倾角的月球低轨道出发皆可以返回至中国空间站或国际空间站。出发月球低轨道的升交点经度同样受到约束。例如，从轨道倾角为 90°的月球低轨道出发返回至地球低轨道空间站，出发月球低轨道的升交点经度被限制在 25°～75°和 205°～255°的范围内。无论是返回至中国空间站还是国际空间站，出发月球低轨道的轨道倾角 - 升交点经度具有相似的分布。

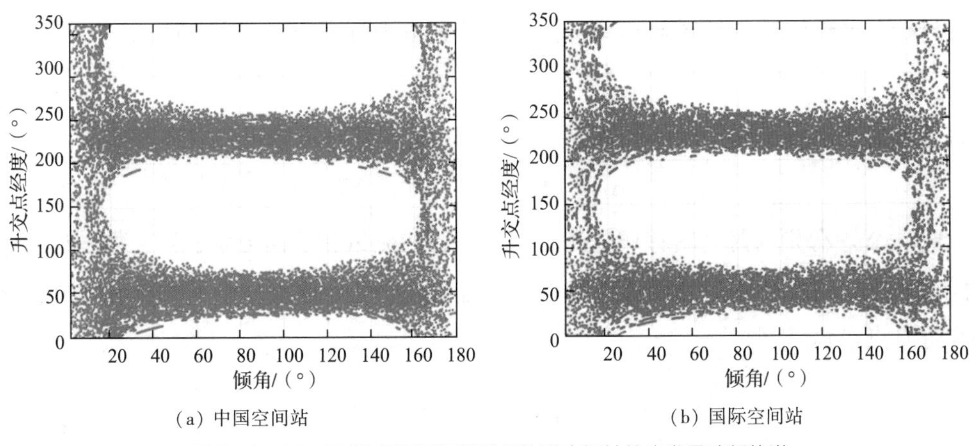


图 6-3-14　2025 年返回至地球低轨道空间站的出发月球低轨道

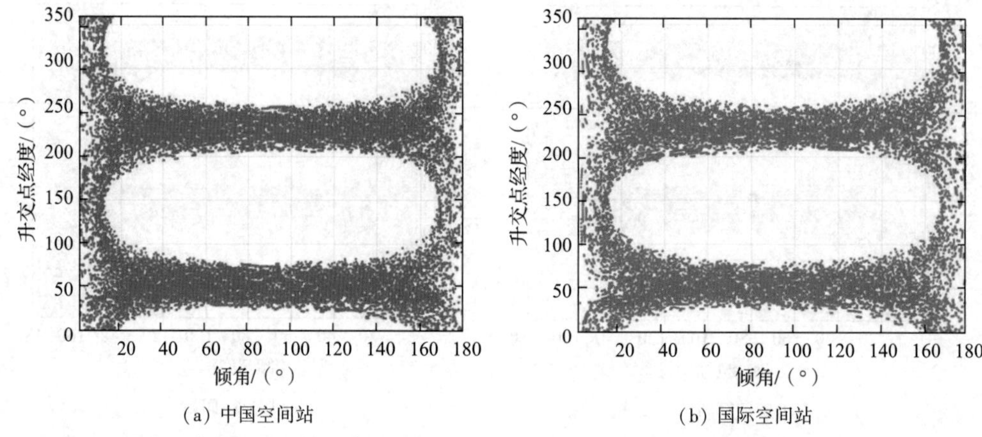


(a) 中国空间站　　(b) 国际空间站

图6-3-15 2034 年返回至地球低轨道空间站的出发月球低轨道

## 6.3.3 高精度动力学模型修正

本节利用高精度动力学模型对第 6.3.1 节基于圆锥曲线拼接法得到的地月/月地转移轨道进行参数修正，以验证轨道初始设计方法的有效性。考虑第 2.3.3 节中的高精度动力学模型，选取目标函数的形式为

$$f(\mathrm{var}) = \frac{1}{2}g(\mathrm{var})^{\mathrm{T}}g(\mathrm{var}) \tag{6-3-32}$$

地球低轨道空间站出发的地月转移轨道修正参数选取如下：

$$\mathrm{var}_{\mathrm{tl}} = [\Delta v_{\mathrm{tl}} \quad \omega_{\mathrm{E,tl}}]^{\mathrm{T}} \tag{6-3-33}$$

式中：$\Delta v_{\mathrm{tl}}$ 为空间站出发进入地月轨道所需的速度增量，$\omega_{\mathrm{E,tl}}$ 为地心惯性坐标系下地月转移地心段轨道的近地点幅角。

$$\boldsymbol{g}_{\mathrm{tl}} = \left[\frac{H_{\mathrm{M,p}} - \hat{H}_{\mathrm{M}}}{\hat{H}_{\mathrm{M}}} \quad \frac{i_{\mathrm{M}}^{\mathrm{c}} - \hat{i}_{\mathrm{M}}^{\mathrm{c}}}{\hat{i}_{\mathrm{M}}^{\mathrm{c}}} \quad \frac{\Omega_{\mathrm{M}}^{\mathrm{c}} - \hat{\Omega}_{\mathrm{M}}^{\mathrm{c}}}{\hat{\Omega}_{\mathrm{M}}^{\mathrm{c}}}\right]^{\mathrm{T}} \tag{6-3-34}$$

表示对目标月球低轨道的轨道高度 $\hat{H}_{\mathrm{M}}$、月球平赤道坐标系下的轨道倾角 $\hat{i}_{\mathrm{M}}^{\mathrm{c}}$、升交点赤经 $\hat{\Omega}_{\mathrm{M}}^{\mathrm{c}}$ 进行约束。

月球低轨道出发返回至地球低轨道空间站的月地转移轨道修正参数选取如下：

$$\mathrm{var}_{\mathrm{te}} = [\Delta v_{\mathrm{te}}^{\mathrm{t}} \quad \Delta v_{\mathrm{te}}^{\mathrm{n}} \quad \mathrm{FT}_{\mathrm{te}} \quad i_{\mathrm{M}}^{\mathrm{c}} \quad \Omega_{\mathrm{M}}^{\mathrm{c}} \quad \omega_{\mathrm{M}}^{\mathrm{c}}]^{\mathrm{T}} \tag{6-3-35}$$

式中：$\Delta v_{\mathrm{te}}^{\mathrm{t}}$、$\Delta v_{\mathrm{te}}^{\mathrm{n}}$ 分别为月地转移所需速度增量的径向分量和法向分量；$\mathrm{FT}_{\mathrm{te}}$ 为月地转移的飞行时间；$i_{\mathrm{M}}^{\mathrm{c}}$、$\Omega_{\mathrm{M}}^{\mathrm{c}}$、$\omega_{\mathrm{M}}^{\mathrm{c}}$ 分别为月地转移月心段轨道在月心平赤道坐标系下的轨道倾角、升交点赤经和近月点幅角。

$$\boldsymbol{g}_{\mathrm{te}} = \left[\frac{i_{\mathrm{E,te}} - \hat{i}_{\mathrm{E}}}{\hat{i}_{\mathrm{E}}} \quad \frac{\Omega_{\mathrm{E,te}} - \hat{\Omega}_{\mathrm{E}}}{\hat{\Omega}_{\mathrm{E}}} \quad \frac{H_{\mathrm{re}} - \hat{H}_{\mathrm{re}}}{\hat{H}_{\mathrm{re}}} \quad \frac{\gamma_{\mathrm{re}} - \hat{\gamma}_{\mathrm{re}}}{\hat{\gamma}_{\mathrm{re}}}\right]^{\mathrm{T}} \tag{6-3-36}$$

表示对月地转移地心段轨道的轨道倾角 $i_{E,te}$ 和升交点赤经 $\Omega_{E,te}$，地球大气再入点处的轨道高度 $H_{re}$ 和再入角 $\gamma_{re}$ 进行约束。

基于此，构造非线性优化问题如下：

$$var_{opt} = \min f(var) \tag{6-3-37}$$

用于分别求解高精度动力学模型下的地月/月地转移轨道。本节中求解方法采用有效集(active-set)算法。参考“阿波罗”飞船的阻力系数 $C_D = 1.2891$，地月转移面质比 $(S/m)_{tl} = 2.9\times10^{-4}$，月地转移面质比 $(S/m)_{te} = 2\times10^{-3}$，表 6-3-4 和表 6-3-5 分别给出了中国空间站和国际空间站往返月球转移轨道的高精度动力学模型参数修正结果。由表可知，高精度动力学模型下的轨道设计结果与圆锥曲线拼接模型得到的初始值具有较小的差异，验证了第 6.3.1 节转移轨道设计方法的有效性。

**表 6-3-4　地球低轨道空间站出发到达月球低轨道的参数修正结果**

| 轨道倾角/(°) | | $\Delta v_{tl}$/(m/s) | $\omega_{E,tl}$/(°) | $f(var)$ | 备注 |
|---|---|---|---|---|---|
| 42① | 初始值 | 3086.93 | -10.3471 | 12.8443 | 中国空间站 |
| | 高精度 | 3088.84 | -10.3602 | $2\times10^{-6}$ | |
| 52② | 初始值 | 3083.26 | -44.1489 | 19.5434 | 国际空间站 |
| | 高精度 | 3084.21 | -44.1310 | $4.5\times10^{-5}$ | |

① 2025/03/06 03:23:20 TDT。
② 2025/03/03 09:13:20 TDT。

**表 6-3-5　月球低轨道返回至地球低轨道空间站的参数修正结果**

| 轨道倾角(°) | | $\Delta v^t_{te}$/(m/s) | $\Delta v^n_{te}$/(m/s) | $FT_{te}$/天 | $i^c_M$/(°) | $\Omega^c_M$(°) | $\omega^c_M$/(°) | $f(var)$ | 备注 |
|---|---|---|---|---|---|---|---|---|---|
| 42① | 初始值 | 843.77 | 0 | 3.76 | 159.6 | 132.9 | 339.2 | 2386.34 | 中国空间站 |
| | 高精度 | 863.85 | 1.15 | 3.75 | 159.3 | 131.7 | 338.7 | $5.3\times10^{-5}$ | |
| 52② | 初始值 | 826.54 | 0 | 3.56 | 27.8 | 240.6 | 12.23 | 2986.39 | 国际空间站 |
| | 高精度 | 843.21 | 2.70 | 3.52 | 27.2 | 243.7 | 11.67 | $1.2\times10^{-4}$ | |

① 2025/04/07 16:27:41 TDT。
② 2025/03/13 04:34:20 TDT。

## 6.3.4　地球低轨道空间站往返月球的任务分析

本节以中国空间站为例，针对地球低轨道空间站往返月球的任务，给出三组闭环示例，分别为地球低轨道空间站出发到达月球低轨道的地月转移阶段、月球低轨道驻留阶段以及从月球低轨道出发返回至地球低轨道空间站的月地转移阶段。地球低轨道空间站往返月球的转

移轨道均首先通过第 6.3.1 节的轨道设计方法得到初始值，再基于高精度动力学模型进行参数修正。另外，月球低轨道由于受到月球非球形摄动的影响，其轨道面存在进动现象，其在月心平赤道坐标系下的升交点赤经平均变化率如式(6－2－38)所示。

地球低轨道空间站往返月球的转移任务中，可达月球低轨道升交点赤经与出发月球低轨道的升交点赤经需满足

$$\Omega_{\mathrm{M}}^{\mathrm{c}}(T_{\mathrm{te,d}}) = \Omega_{\mathrm{M}}^{\mathrm{c}}(T_{\mathrm{tl,p}}) + \dot{\bar{\Omega}}_{\mathrm{M}}^{\mathrm{c}}(T_{\mathrm{te,d}} - T_{\mathrm{tl,p}}) \tag{6-3-38}$$

式中：$T_{\mathrm{tl,p}}$ 为地月转移到达近月点的时刻；$T_{\mathrm{te,d}}$ 为月地转移出发时刻。

表 6－3－6 分别给出了三组示例的任务轨道参数，这里以示例 1 为例进行说明。2025 年 3 月 6 日 14 时 13 分 20 秒载人飞船从中国空间站出发，施加 3.0946m/s 的速度增量，进入奔月轨道；经过 3.29 天的地月空间飞行，进入轨道高度为 219km、轨道倾角为 36.5°、升交点赤经为 26.1°的月球低轨道；载人飞船在月球低轨道驻留 8.53 天后(该段时间内航天员可开展月球探测活动)，所在月球低轨道的升交点赤经变为 19.2°；2025 年 3 月 18 日 9 时 55 分 38 秒，飞船再次点火施加月地转移速度增量，其中径向速度增量为 0.8607m/s、法向速度增量为－3.8m/s，经过 3.57 天的地月空间飞行到达地球大气再入点；而后经大气减速停靠于中国空间站。

图 6－3－16～图 6－3－18 分别展示了三组示例的地月/月地转移轨道和航天员月面驻留过程中月球低轨道的变化。左侧图中红色曲线为中国空间站出发进入月球低轨道的地月转移轨道，绿色曲线为航天员月面驻留期间的月球低轨道，蓝色曲线为从月球低轨道出发返回至中国空间站的月地转移轨道。

**表 6－3－6　三组示例中转移轨道及月球低轨道的轨道参数**

| 示例 | 轨道类型 | 出发时间(TDT) | 速度增量/(km/s) | 转移时间/天 | 驻留时间/天 | $H_{\mathrm{M}}$/km | $i_{\mathrm{M}}^{\mathrm{c}}$/(°) | $\Omega_{\mathrm{M}}^{\mathrm{c}}$/(°) |
|---|---|---|---|---|---|---|---|---|
| 1 | 地月转移 | 2025.03.06 14:13:20 | 3.0946 | 3.29 | 8.53 | 219 | 36.5 | 26.1 |
| | | | 0.8703 | | | | | |
| | 月地转移 | 2025.03.18 09:55:38 | 0.8607 | 3.57 | | 219 | 36.6 | 19.2 |
| | | | －0.0038 | | | | | |
| 2 | 地月转移 | 2025.03.06 10:53:20 | 3.0967 | 3.30 | 19.25 | 200 | 88.5 | 236.3 |
| | | | 0.8428 | | | | | |
| | 月地转移 | 2025.03.29 00:29:30 | 0.9227 | 2.88 | | 200 | 88.6 | 237.4 |
| | | | 0.0045 | | | | | |
| 3 | 地月转移 | 2025.03.06 03:23:20 | 3.0888 | 4.03 | 28.52 | 210 | 159.9 | 104.7 |
| | | | 0.8056 | | | | | |
| | 月地转移 | 2025.04.07 16:27:41 | 0.8639 | 3.75 | | 210 | 159.3 | 131.7 |
| | | | 0.0012 | | | | | |

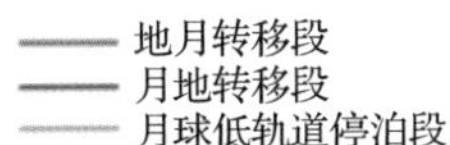


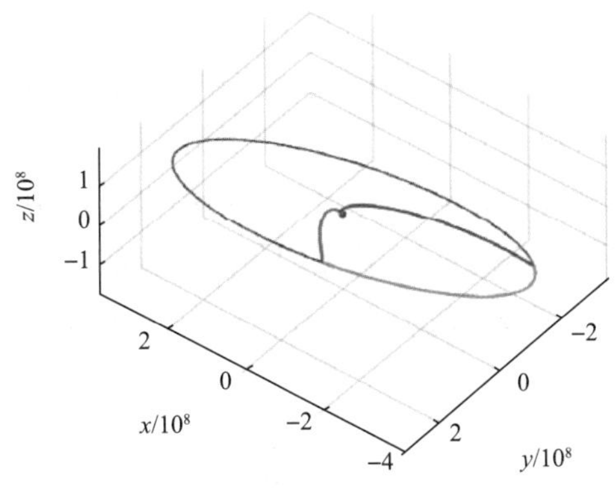


(a)地心惯性坐标系

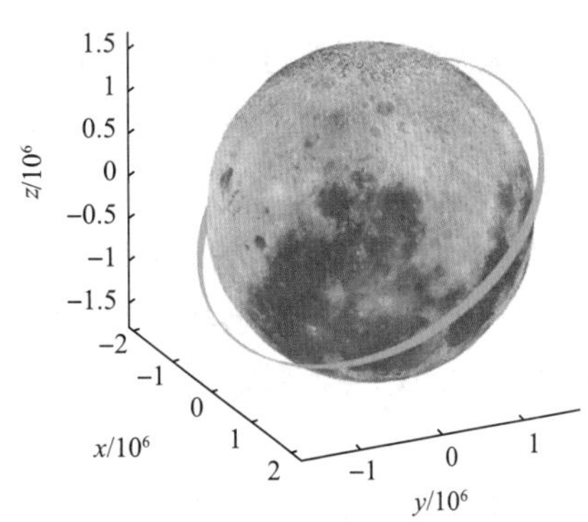


(b)月心平赤道坐标系

图6-3-16　示例1：地球低轨道空间站往返月球的转移轨道及月球低轨道变化

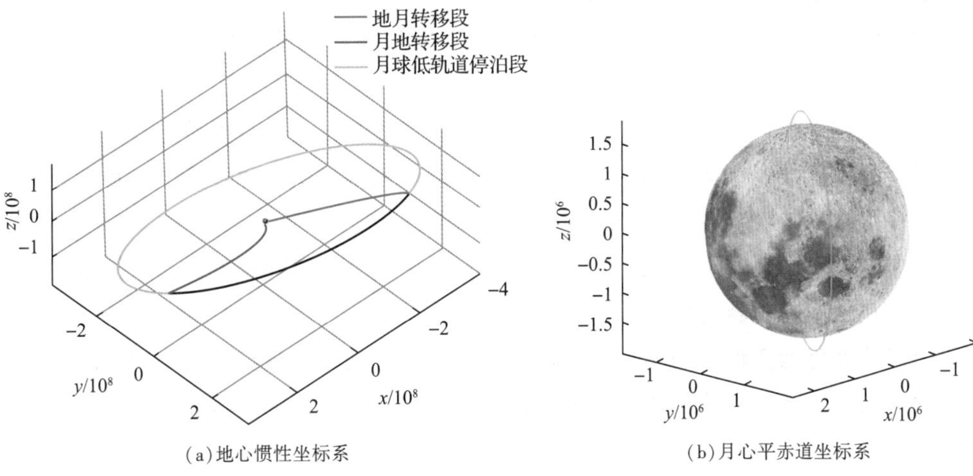


(a)地心惯性坐标系　　(b)月心平赤道坐标系

图6-3-17　示例2：地球低轨道空间站往返月球的转移轨道及月球低轨道变化

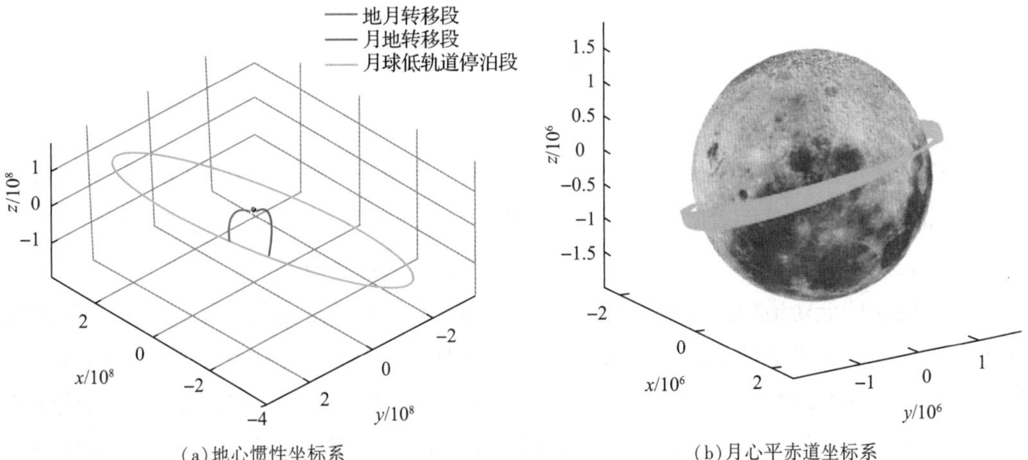


(a)地心惯性坐标系　　(b)月心平赤道坐标系

图6-3-18　示例3：地球低轨道空间站往返月球的转移轨道及月球低轨道变化

### 6.3.5 小结

本节围绕地球低轨道空间站约束下的地月/月地转移轨道设计问题提出了相应的轨道设计方法，并对转移轨道进行了特征分析，主要工作如下：

(1)基于圆锥曲线拼接模型和兰伯特问题，提出了地球低轨道空间站约束下的地月/月地转移轨道设计方法。该方法通过解析求解地球低轨道空间站轨道面与月球影响球的交线，建立了用于求解地心段转移轨道的兰伯特问题；并最终通过地心与月心状态的切换求解得到地球低轨道空间站往返月球的转移轨道。

(2)分析了地球低轨道空间站往返月球的转移轨道特性，包括轨道转移窗口、速度增量和转移时间，可达月球低轨道和出发月球低轨道在月固坐标系下的轨道倾角 - 升交点经度分布。结果表明：中国空间站或国际空间站与月球低轨道之间的往返转移存在轨道转移窗口，且每月至少存在 3 个；地球低轨道空间站的轨道倾角不影响速度增量与转移时间；不同轨道倾角的地球低轨道空间站，其可达月球低轨道及出发月球低轨道在月固坐标系下的轨道倾角 - 升交点经度分布类似。

(3)利用高精度动力学模型对基于圆锥曲线拼接模型得到的初始轨道进行修正，验证了初始轨道设计的正确性。结果表明，初始轨道设计值与高精度动力学模型的设计值仅有较小的差异。

(4)对中国空间站往返月球的任务轨道进行了闭环分析。分析表明，月球低轨道驻留时间受到地球低轨道空间站轨道面的约束。

本节提出的地球低轨道空间站往返月球低轨道的转移轨道设计方法可为以地球低轨道空间站为空间港的载人月球探测模式提供轨道设计的技术途径，特征分析结果也可为该模式提供可行的理论依据。

##  6.4 地球低轨道空间站往返月球低轨道空间站的轨道转移

地球低轨道空间站和月球轨道空间站分别作为近地和近月空间的在轨空间资源，可为空间飞行器如载人飞船、月面着陆器等提供在轨组装、在轨维修和在轨加注等空间服务，在为航天员提供长期空间驻留场所的同时，支持空间飞行器的可重复使用。

然而，以地球低轨道空间站和月球轨道空间站为空间港的可重复使用载人月球探测飞行模式在带来上述诸多优势的同时，对载人飞船的地月/月地转移轨道设计提出了挑战。区别于第 3 章与第 4 章的内容，载人飞船在该类飞行模式中的往返转移，同时受到地球低轨道空间站与月球轨道空间站轨道面的约束，空间站轨道面的连续变化也要求轨道设计算法需要适应任意空间站轨道面之间的相对几何关系。这些约束条件的增加，不仅增大了轨道设计的难度，而且对飞行模式的快速分析提出了挑战。因此，如何通过设计一种既保证轨道设计精

度，又具有高度适应性的轨道设计算法，成为本节研究的重点与难点。

本节首先通过分析地球低轨道空间站轨道面与月球位置矢量的相对几何关系，提出了地月/月地直接转移可达集的概念；其次通过求解圆限制性三体模型下的最小近月距地月直接转移轨道，对地月直接转移可达集进行了数值分析；再次提出了基于近月三脉冲数学模型的全月覆盖最小燃耗转移轨道设计算法，解决了直接转移轨道无法到达任意月球低轨道的难题；最后构建了地球低轨道空间站往返月球轨道空间站的转移轨道设计方法，并对往返转移轨道的速度增量和转移时间进行了分析。

### 6.4.1 圆限制性三体问题下的地月/月地直接转移可达集

本节基于圆限制性三体模型，从一般意义上研究从地球低轨道出发实现地月直接转移或从月球低轨道出发实现月地直接转移的轨道转移时机。

#### 1. 地月/月地直接转移可达集的定义

地球低轨道与月球之间的相对几何关系可以用两个量描述。

(1) 地球低轨道面与月球白道面的夹角 $\delta$，其满足

$$\cos\delta = \frac{\boldsymbol{h}_{\mathrm{E}} \cdot \boldsymbol{h}_{\mathrm{E,m}}}{|\boldsymbol{h}_{\mathrm{E}}| \cdot |\boldsymbol{h}_{\mathrm{E,m}}|} \tag{6-4-1}$$

式中：$\boldsymbol{h}_{\mathrm{E}}$、$\boldsymbol{h}_{\mathrm{E,m}}$ 分别为地球低轨道与月球轨道的角动量。

(2) 地球低轨道面与月球白道面的交线同月球位置矢量 $\boldsymbol{R}_{\mathrm{E,m}}$ 的夹角 $\hat{\theta}$，其满足

$$\hat{\theta} = \arccos\left(\frac{\boldsymbol{I} \cdot \boldsymbol{R}_{\mathrm{E,m}}}{\|\boldsymbol{I}\| \cdot \|\boldsymbol{R}_{\mathrm{E,m}}\|}\right) \tag{6-4-2}$$

式中：$\boldsymbol{I}$ 为地球低轨道面与月球白道面的交线矢量，$\boldsymbol{I} = \boldsymbol{h}_{\mathrm{E,m}} \times \boldsymbol{h}_{\mathrm{E}}$。

由于式(6-4-2)中 $\hat{\theta}$ 的取值范围仅为 $[0,\pi)$，因此进一步定义

$$\theta = \begin{cases} \hat{\theta}, [(\boldsymbol{I} \times \boldsymbol{R}_{\mathrm{E,m}}) \cdot \boldsymbol{h}_{\mathrm{E,m}}] < 0 \\ -\hat{\theta}, [(\boldsymbol{I} \times \boldsymbol{R}_{\mathrm{E,m}}) \cdot \boldsymbol{h}_{\mathrm{E,m}}] > 0 \end{cases} \tag{6-4-3}$$

在这种几何关系的描述下，定义地月、月地直接转移的可达集分别为

$$\boldsymbol{\Theta}_{\mathrm{tl}} = \{(\theta_{\mathrm{tl}}, \delta_{\mathrm{tl}}) \mid H_{\mathrm{M}}\} \tag{6-4-4}$$

$$\boldsymbol{\Theta}_{\mathrm{te}} = \{(\theta_{\mathrm{te}}, \delta_{\mathrm{te}}) \mid H_{\mathrm{M}}\} \tag{6-4-5}$$

即近月点高度 $H_{\mathrm{M}}$ 约束下的地月、月地直接转移所对应的几何关系集合，如图6-4-1所示。

下面讨论地月、月地直接转移可达集的三个性质。

性质1　若地月直接转移轨道和月地直接转移轨道的近月点高度满足 $H_{\mathrm{M,tl}} = H_{\mathrm{M,te}} = H_{\mathrm{M}}$，地球低轨道面与月球白道面的夹角满足 $\delta_{\mathrm{tl}} = \delta_{\mathrm{te}} = \delta$，则考虑到地月直接转移轨道与月地直接转移轨道的对称性，地月、月地直接转移可达集满足

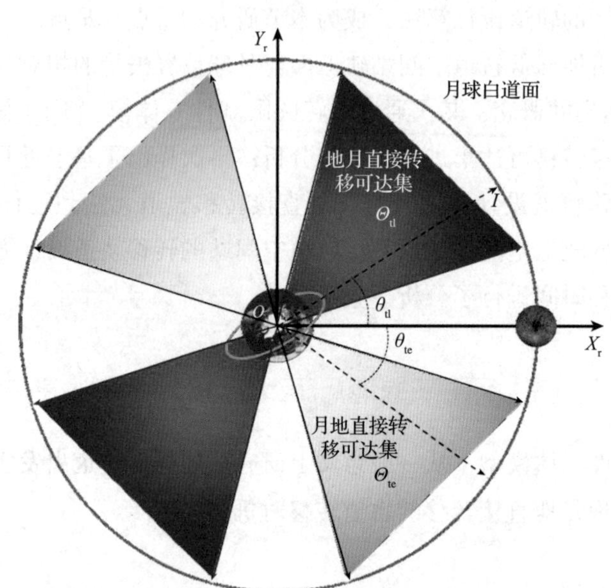


图6-4-1 地月和月地直接转移可达集

$$\theta_{tl} = -\theta_{te} \tag{6-4-6}$$

性质2 当地球低轨道与月球白道面的夹角为 $\delta$ 时，给定地月直接转移轨道的近月点高度 $H_{M,tl}$，考虑相同轨道面出发的转移轨道可以分为升段和降段，则若 $(\theta_{tl},\delta) \in \Theta_{tl}$，则有 $(\theta_{tl}-\pi,\delta) \in \Theta_{tl}$。

性质3 当地球低轨道与月球白道面的夹角为 $\delta$ 时，给定月地直接转移轨道的近月点高度 $H_{M,te}$，考虑到相同轨道面出发的转移轨道可以分为升段和降段，则若 $(\theta_{te},\delta) \in \Theta_{te}$，则有 $(\theta_{te}+\pi,\delta) \in \Theta_{te}$。

考虑到地月、月地直接转移可达集的对称性，下面以地月直接转移可达集为例做进一步讨论。

## 2. 最小近月距地月直接转移轨道

假设载人飞船运行于轨道高度为 $H_E$、偏心率 $e_E=0$、轨道倾角为 $i_E$、升交点赤经为 $\Omega_E$ 的地球低轨道，且记地球低轨道的雅可比积分为 $J_{tl,0}$。$T_0$ 时刻载人飞船从纬度幅角为 $u_{E,tl}=\omega_{E,tl}+f_{E,tl}$ 的位置出发进入地月直接转移轨道，并记转移轨道的雅可比积分为 $J_{tl,t}$，这里 $f_{E,tl}=0$。$T_0$ 时刻月球的状态矢量 $\boldsymbol{X}_{E,m,0}=[\boldsymbol{R}_{E,m,0},\boldsymbol{V}_{E,m,0}]$，则该时刻下地球低轨道与月球白道面的夹角 $\delta_{tl}$ 可由式(6-4-1)计算，地球低轨道面与月球白道面的交线同月球位置矢量的夹角 $\theta_{tl}$ 可由(6-4-2)式计算。因此，地月直接转移轨道的初始状态可进一步记为 $\boldsymbol{X}_{E,0}(\omega_{E,tl},J_{tl,t};\theta_{tl},\delta_{tl})$，为近地点幅角 $\omega_{E,tl}$、雅可比积分 $J_{tl,t}$ 以及 $\theta_{tl}$、$\delta_{tl}$ 的函数。为节省燃料提高推进效率，载人飞船在初始状态下需沿切向施加速度增量 $\Delta v_{tl}$ 以进入地月直接转移轨道，故第一次速度增量为

$$\Delta v_{tl} = \sqrt{v_0^2-(J_{tl,t}-J_{tl,0})}-v_0 \tag{6-4-7}$$

式中：$v_0 = \|\boldsymbol{v}_0\|$。

将地月直接转移轨道的初始状态从地心惯性坐标系 $\boldsymbol{X}_{E,0}(\omega_{E,tl}, J_{tl,t}; \theta_{tl}, \delta_{tl})$ 转化至地月质心旋转坐标系，并进行归一化，可得

$$\widetilde{\boldsymbol{X}}_0(\omega_{E,tl}, J_{tl,t}; \theta_{tl}, \delta_{tl}) = [x_0, y_0, z_0, \dot{x}_0, \dot{y}_0, \dot{z}_0]^{T} \tag{6-4-8}$$

式中：$\boldsymbol{r}_0 = [x_0, y_0, z_0]^{T}$，$\boldsymbol{v}_0 = [\dot{x}_0, \dot{y}_0, \dot{z}_0]^{T}$，$\boldsymbol{r}_0$、$\boldsymbol{v}_0$ 分别为归一化的位置、速度矢量。

则对应圆限制性三体动力学系统

$$\begin{bmatrix} \ddot{x} \\ \ddot{y} \\ \ddot{z} \end{bmatrix} + 2\begin{bmatrix} -\dot{y} \\ \dot{x} \\ 0 \end{bmatrix} = \begin{bmatrix} \widetilde{U}_x \\ \widetilde{U}_y \\ \widetilde{U}_z \end{bmatrix} = \nabla \widetilde{U} \tag{6-4-9}$$

的解可记为 $\varphi(\omega_{E,tl}, J_{tl,t}; \theta_{tl}, \delta_{tl})$，其上每一点的月心距可表示为

$$\rho(\tau) = \sqrt{(x-1+\mu)^2 + y^2 + z^2} \tag{6-4-10}$$

由于本节关注用于载人飞行的双脉冲地月直接转移轨道，故将 $\rho(\tau)$ 的第一个极小值点 $\tau = \tau_1$ 定义为 $\varphi(\omega_{E,tl}, J_{tl,t}; \theta_{tl}, \delta_{tl})$ 的近月距，该点满足

$$\dot{\rho}(\tau_1) = \frac{(x-1+\mu)\dot{x} + y\dot{y} + z\dot{z}}{\sqrt{(x-1+\mu)^2 + y^2 + z^2}} = 0 \tag{6-4-11}$$

构造如下优化问题：

$$\hat{\omega}_{E,tl} = \min_{\omega_{E,tl}} \rho_{\tau_1}(\omega_{E,tl}, J_{tl,t}; \theta_{tl}, \delta_{tl}) \tag{6-4-12}$$

则式(6-4-12)的解 $\varphi(\hat{\omega}_{E,tl}, J_{tl,t}; \theta_{tl}, \delta_{tl})$ 即定义为最小近月距地月直接转移轨道。式(6-4-12)可借助粒子群算法进行求解，并通过 Matlab 并行计算进行加速。

给定近月点轨道高度 $H_M$，地月直接转移可达集可通过最小近月距地月直接转移轨道表示为

$$\boldsymbol{\Theta}_{tl} = \{(\theta_{tl}, \delta_{tl}) \mid \rho_{\tau_1}(\hat{\omega}_{E,tl}, J_{tl,t}; \theta_{tl}, \delta_{tl}) < (\rho_M + H_M)\} \tag{6-4-13}$$

### 3. 双脉冲地月直接转移轨道设计

本节用于阐述如何基于地月直接转移可达集，求解满足月球低轨道高度、轨道倾角约束的双脉冲地月直接转移轨道。

注意到圆限制性三体模型是一个连续的动力学系统，故双脉冲地月直接转移轨道的近月距 $\rho_{\tau_1}(\omega_{E,tl}, J_{tl,t}; \theta_{tl}, \delta_{tl})$ 是近地点幅角 $\omega_{E,tl}$、雅可比积分 $J_{tl,t}$ 的连续函数。因此，给定月球低轨道的轨道高度 $\hat{H}_M$，且满足

$$\rho_{\tau_1}(\hat{\omega}_{E,tl}, J_{tl,t}; \theta_{tl}, \delta_{tl}) < (\rho_M + \hat{H}_M) \tag{6-4-14}$$

则必然存在 $\omega_{E,tl}^*$、$J_{tl,t}^*$，使得

$$\rho_{\tau_1}(\omega_{E,tl}^*, J_{tl,t}^*; \theta_{tl}, \delta_{tl}) = (\rho_M + \hat{H}_M) \tag{6-4-15}$$

近地点幅角 $\omega_{\mathrm{E,tl}}^{*}$ 、雅可比积分 $J_{\mathrm{tl,t}}^{*}$ 可通过求解下述优化问题获得：

$$(\omega_{\mathrm{E,tl}}^{*}, J_{\mathrm{tl,t}}^{*}) = \min \left| \rho_{\tau_1}(\omega_{\mathrm{E,tl}}, J_{\mathrm{tl,t}}; \theta_{\mathrm{tl}}, \delta_{\mathrm{tl}}) - (\rho_{\mathrm{M}} + \hat{H}_{\mathrm{M}}) \right| \tag{6-4-16}$$

由于同一地球低轨道出发的地月直接转移轨道可到达任意轨道倾角的月球低轨道，因此可进一步通过设计如下带约束优化问题，求解满足月球低轨道高度、轨道倾角约束的双脉冲地月直接转移轨道：

$$\begin{cases} (\omega_{\mathrm{E,tl}}^{*}, J_{\mathrm{tl,t}}^{*}) = \min \left| \rho_{\tau_1}(\omega_{\mathrm{E,tl}}, J_{\mathrm{tl,t}}; \theta_{\mathrm{tl}}, \delta_{\mathrm{tl}}) - (\rho_{\mathrm{M}} + \hat{H}_{\mathrm{M}}) \right| \\ \text{s.t.} \begin{cases} i_{\mathrm{M}}^{\mathrm{f}} = \hat{i}_{\mathrm{M}}^{\mathrm{f}} \\ \mathrm{LAN}_{\mathrm{M}}^{\mathrm{f}} > 0 \end{cases} \end{cases} \tag{6-4-17}$$

式中：$i_{\mathrm{M}}^{\mathrm{f}}$ 、$\mathrm{LAN}_{\mathrm{M}}^{\mathrm{f}}$ 分别为可达月球低轨道在月固坐标系下的轨道倾角和升交点经度。

### 4. 数值计算

1) 地月直接转移可达集

月球白道面相对于地球赤道面存在以 18.6 年为周期的周期性运动，其夹角在 18.5°～28.5°之间变化。另外，地球低轨道由于受到地球 $J_2$ 项摄动的影响，其轨道面不断向西进动，因此地球低轨道面同月球白道面之间的夹角不仅受到月球白道面周期性运动的影响，而且还受到地球低轨道面进动的影响。下面以中国空间站为例分析地球低轨道面同月球白道面之间的夹角变化。

中国空间站运行于高度 400km、倾角为 42°的地球低轨道，其轨道与月球白道面的夹角在 2025—2034 年间的变化如图 6-4-2 所示。在 2025 年，中国空间站轨道面与月球白道面的夹角为 13.5°～70.5°；在 2034 年，中国空间站轨道面与月球白道面的夹角为 23.5°～60.5°。因此，中国空间站同月球白道面之间的夹角 $\delta$ 最大值为 70.5°、最小值为 13.5°。

下面对 $\delta_{\mathrm{tl}}$ 分别为 13.5°、20°、30°、42°、50°、60°、70.5°条件下的地月直接转移可达集进行仿真分析，且增加了 $\delta_{\mathrm{tl}}$ 为 0°、80°、90°的情况进行对比。图 6-4-3～图 6-4-12 分别给出了不同 $\delta_{\mathrm{tl}}$ 取值下，最小近月距地月直接转移轨道的分布，其中(a)为最小近月距，(b)为相应的转移时间。图中横坐标为地球低轨道与月球白道面的交线同月球位置矢量的夹角 $\theta_{\mathrm{tl}}$ ，纵坐标为地月直接转移轨道的雅可比积分 $J_{\mathrm{tl,t}}$ 。

由图可知，除 $\delta_{\mathrm{tl}}=0°$以外，对于不同的 $\delta_{\mathrm{tl}}$ 值，最小近月距的分布具有相似的特性。尤其对于最小近月距较小的情形(图中深蓝色区域)，可以利用一条多项式曲线来描述 $\theta_{\mathrm{tl}}$ 与雅可比积分 $J_{\mathrm{tl,t}}$ 的关系。右侧转移时间的分布表明，$\theta_{\mathrm{tl}}$ 越大，地月直接转移所需的飞行时间越长。对于 $\delta_{\mathrm{tl}}=0°$的情况，即地月直接转移轨道位于月球白道面内时，任意 $\theta_{\mathrm{tl}}$ 与 $J_{\mathrm{tl,t}}$ 的组合皆可实现月球低轨道高度约束的地月直接转移。

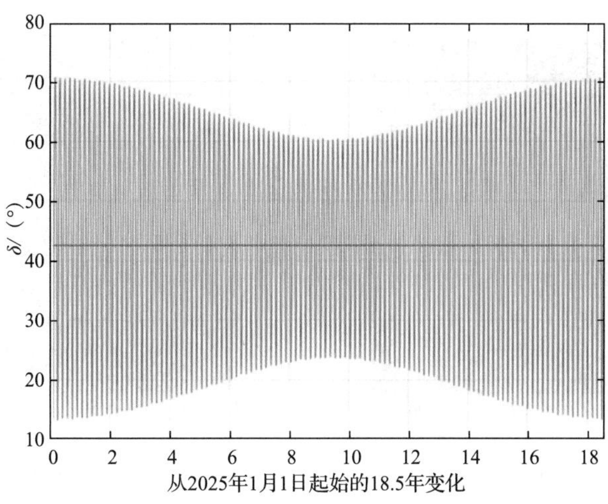


图6-4-2　中国空间站轨道面与月球白道面的夹角

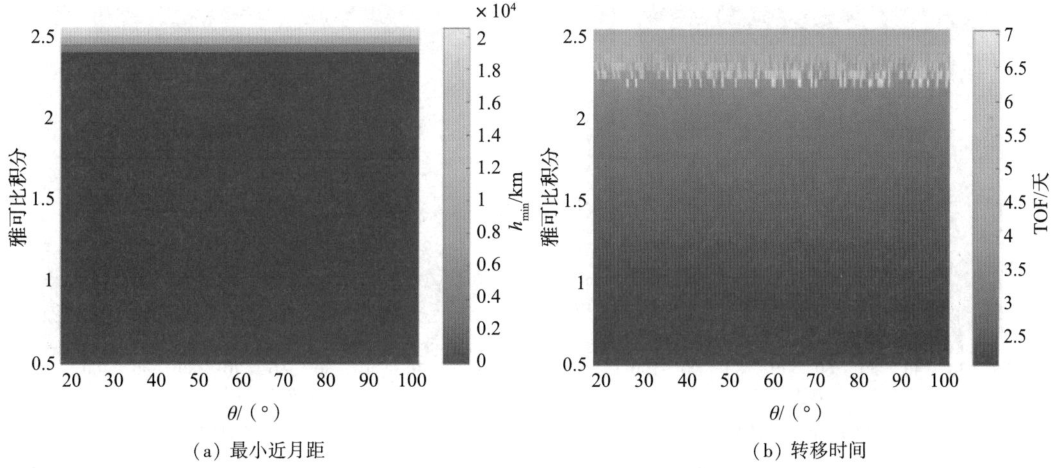


（a）最小近月距　　（b）转移时间

图6-4-3　地球低轨道与月球白道面夹角 $\delta_{\mathrm{tl}}$ = 0° 时的最小近月距分布

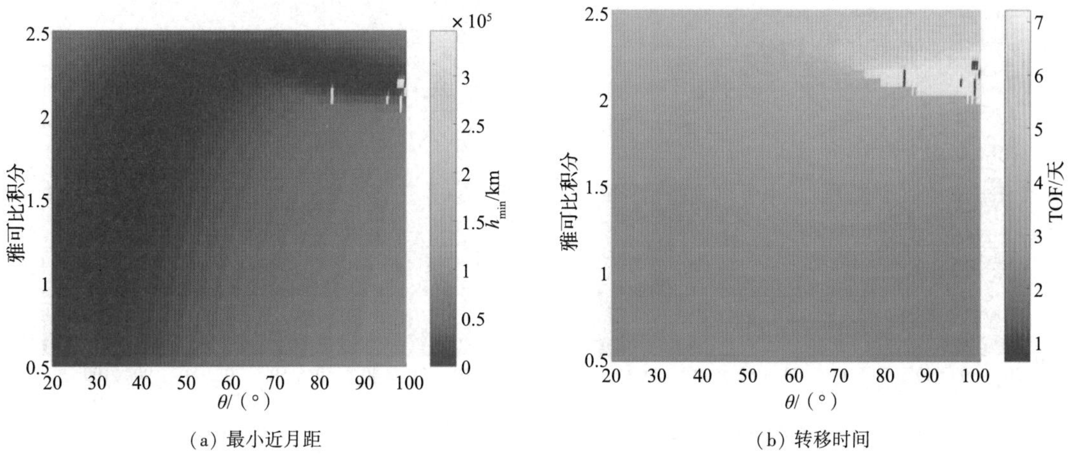


（a）最小近月距　　（b）转移时间

图6-4-4　地球低轨道与月球白道面夹角 $\delta_{\mathrm{tl}}$ =13.5°时的最小近月距分布

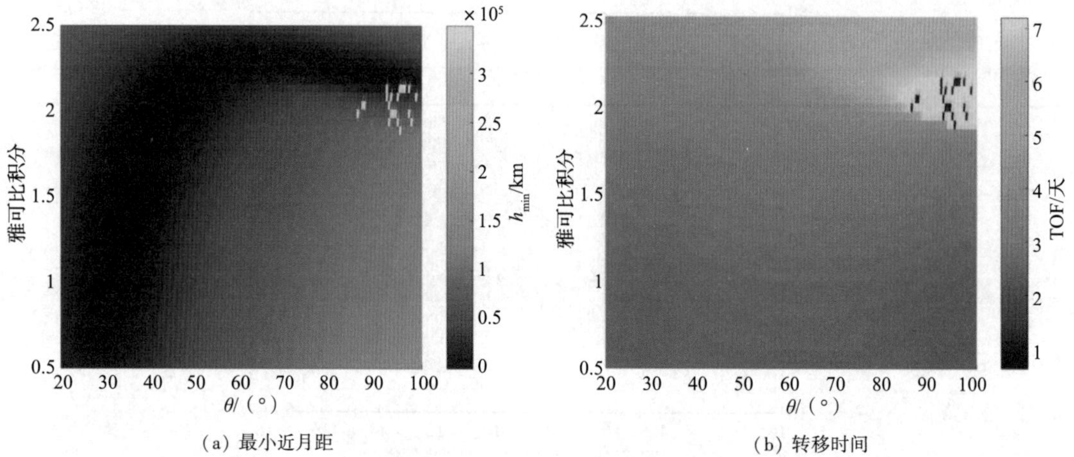


(a) 最小近月距
(b) 转移时间

图6-4-5 地球低轨道与月球白道面夹角 $\delta_{tl}$ =20°时的最小近月距分布

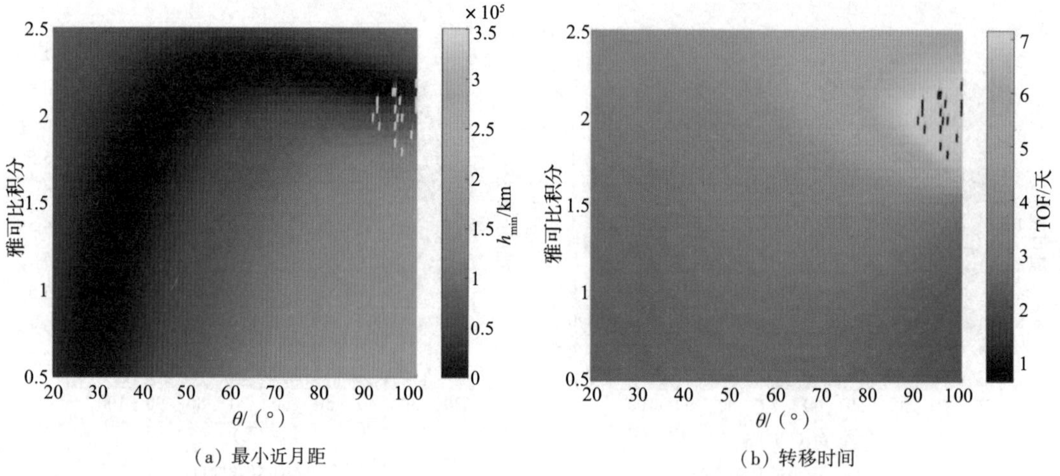


(a) 最小近月距
(b) 转移时间

图6-4-6 地球低轨道与月球白道面夹角 $\delta_{tl}$ =30°时的最小近月距分布

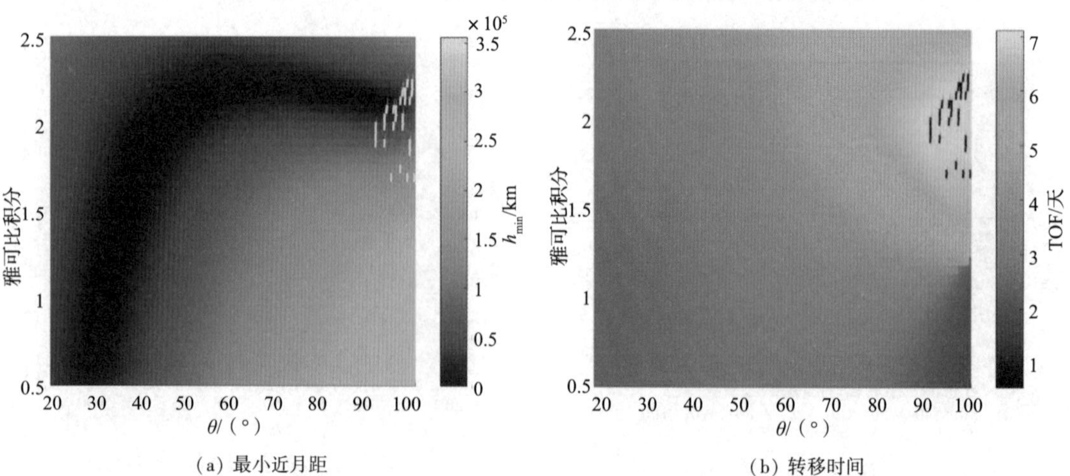


(a) 最小近月距
(b) 转移时间

图6-4-7 地球低轨道与月球白道面夹角 $\delta_{tl}$ =42°时的最小近月距分布

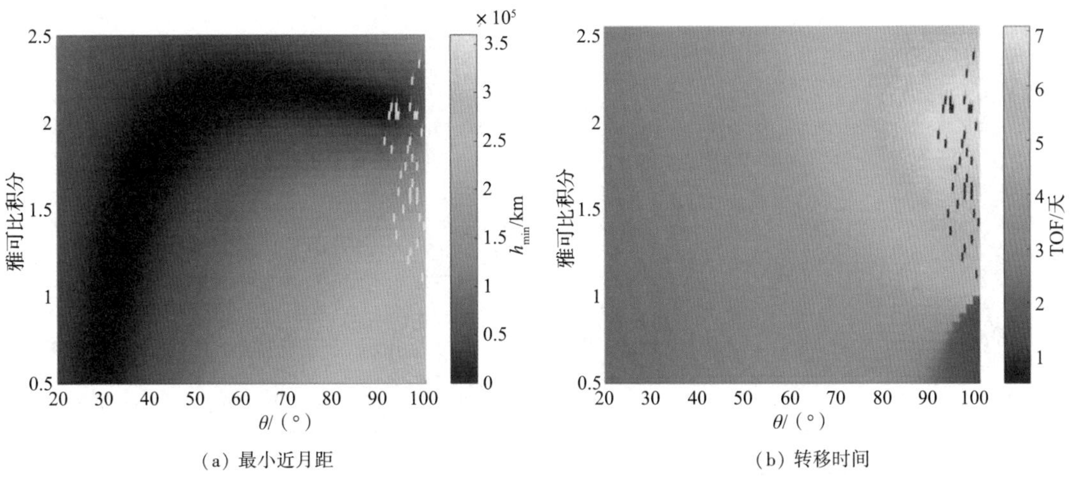


(a) 最小近月距　　(b) 转移时间

图6-4-8　地球低轨道与月球白道面夹角 $\delta_{tl}$ =50°时的最小近月距分布

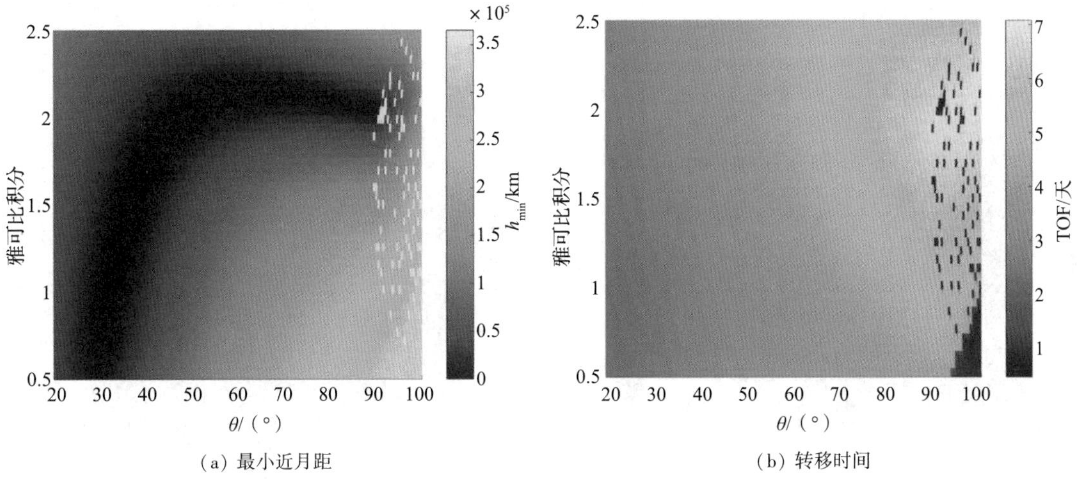


(a) 最小近月距　　(b) 转移时间

图6-4-9　地球低轨道与月球白道面夹角 $\delta_{tl}$ =60°时的最小近月距分布

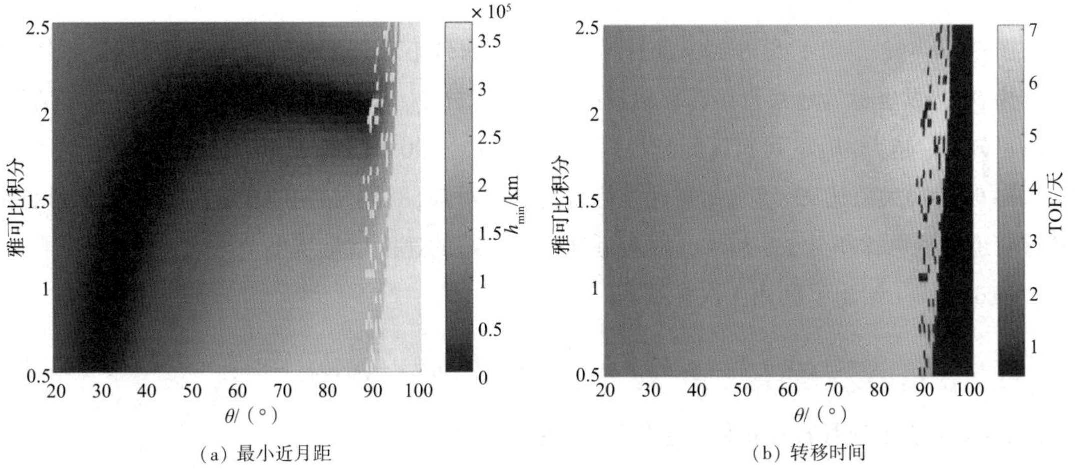


(a) 最小近月距　　(b) 转移时间

图6-4-10　地球低轨道与月球白道面夹角 $\delta_{tl}$ =70.5°时的最小近月距分布

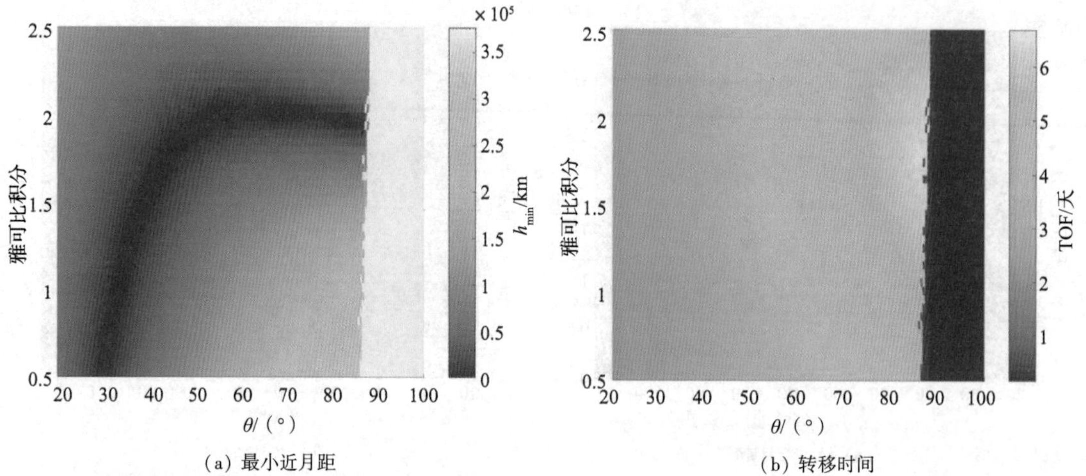


(a) 最小近月距　　(b) 转移时间

图6-4-11　地球低轨道与月球白道面夹角 $\delta_{tl}$ =80°时的最小近月距分布

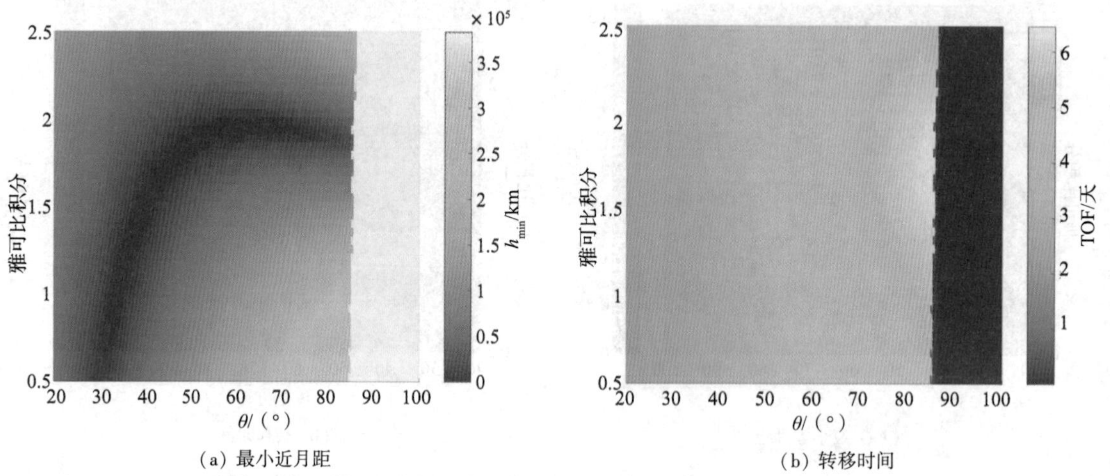


(a) 最小近月距　　(b) 转移时间

图6-4-12　地球低轨道与月球白道面夹角 $\delta_{tl}$ =90°时的最小近月距分布

图6-4-13给出了到达200km月球低轨道时的最小近月距地月直接转移分布。图中横坐标为 $\theta_{tl}$，纵坐标为地月直接转移轨道的雅可比积分 $J_{tl,t}$，不同颜色则代表了不同 $\delta_{tl}$ 情形。由图可知，$\delta_{tl}$ 越大，$\theta_{tl}$ 的可行区间越小。例如：当 $\delta_{tl}$ =90°时，$\theta_{tl}$ 的最大值仅为68°；当 $\delta_{tl}$ =42°时，$\theta_{tl}$ 的最大值达92°。从所需速度增量的角度可知，对于相同的 $\theta_{tl}$，$\delta_{tl}$ 越小，地月直接转移轨道的雅可比积分 $J_{tl,t}$ 越大，对应近地出发所需的速度增量越小。

表6-4-1给出了利用4次多项式

$$g_{tl}(\theta_{tl}) = p_4\theta_{tl}^4 + p_3\theta_{tl}^3 + p_2\theta_{tl}^2 + p_1\theta_{tl} + p_0, \theta_{tl} > 0 \tag{6-4-18}$$

对图6-4-13中地月直接转移可达集的参数拟合结果。

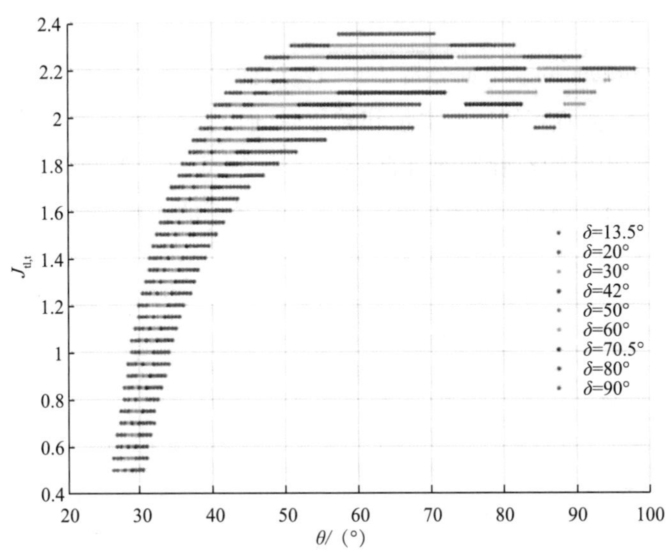


图6-4-13　到达200km月球低轨道的地月直接转移可达集

**表6-4-1　200km月球低轨道的地月直接转移可达集拟合参数**

| $\delta_{tl}$/(°) | $p_4$ | $p_3$ | $p_2$ | $p_1$ | $p_0$ |
|---|---|---|---|---|---|
| 13.5 | $-3.3646\times10^{-7}$ | $1.0367\times10^{-4}$ | $-1.1933\times10^{-2}$ | 0.60473 | -9.02294 |
| 20 | $-5.1332\times10^{-7}$ | $1.4820\times10^{-4}$ | $-1.5961\times10^{-2}$ | 0.75868 | -11.12287 |
| 25 | $-5.6877\times10^{-7}$ | $1.6101\times10^{-4}$ | $-1.7032\times10^{-2}$ | 0.79707 | -11.63142 |
| 30 | $-5.7078\times10^{-7}$ | $1.6151\times10^{-4}$ | $-1.7089\times10^{-2}$ | 0.80042 | -11.71468 |
| 35 | $-5.8152\times10^{-7}$ | $1.6508\times10^{-4}$ | $-1.7476\times10^{-2}$ | 0.81691 | -11.97002 |
| 42 | $-6.4814\times10^{-7}$ | $1.7927\times10^{-4}$ | $-1.8555\times10^{-2}$ | 0.85169 | -12.39798 |
| 50 | $-6.1471\times10^{-7}$ | $1.7186\times10^{-4}$ | $-1.7955\times10^{-2}$ | 0.83055 | -12.16162 |
| 55 | $-6.5870\times10^{-7}$ | $1.8082\times10^{-4}$ | $-1.8611\times10^{-2}$ | 0.85131 | -12.43309 |
| 60 | $-6.3768\times10^{-7}$ | $1.7642\times10^{-4}$ | $-1.8270\times10^{-2}$ | 0.83931 | -12.29553 |
| 65 | $-6.8185\times10^{-7}$ | $1.8616\times10^{-4}$ | $-1.9042\times10^{-2}$ | 0.86522 | -12.63553 |
| 70.5 | $-6.4906\times10^{-7}$ | $1.7800\times10^{-4}$ | $-1.8321\times10^{-2}$ | 0.83875 | -12.32871 |

由地月直接转移可达集的性质2可知，当$\theta_{tl}<0$时，有$J_{tl,t}(\theta_{tl})=g_{tl}(\pi+\theta_{tl})$。对于其他地球低轨道与月球白道面的夹角$\delta_{tl}$，可借助最邻近夹角的多项式拟合结果进行近似，而后通过求解式(6-4-16)或式(6-4-17)进行参数修正。另外，表6-4-1给出的是从400km地球低轨道出发的地月直接转移可达集。实际上，对于其他轨道高度出发的地月直接转移轨道，仍然可以将表6-4-1计算得到的雅可比积分$J_{tl,t}$作为初始值，进而通过求解式(6-4-16)获得。

2)特征分析

(1)速度增量及转移时间。下面分析从同一轨道面出发或不同轨道面出发的双脉冲地月直接转移轨道特性，包括所需的速度增量和转移时间。图 6-4-14 给出了 $\delta_{tl}=42°$，$\theta_{tl}=45°$时，从同一轨道面出发的双脉冲地月直接转移轨道，图 6-4-14(a)为地月质心旋转坐标系下的表示，图 6-4-14(b)为地心白道惯性坐标系下的表示。

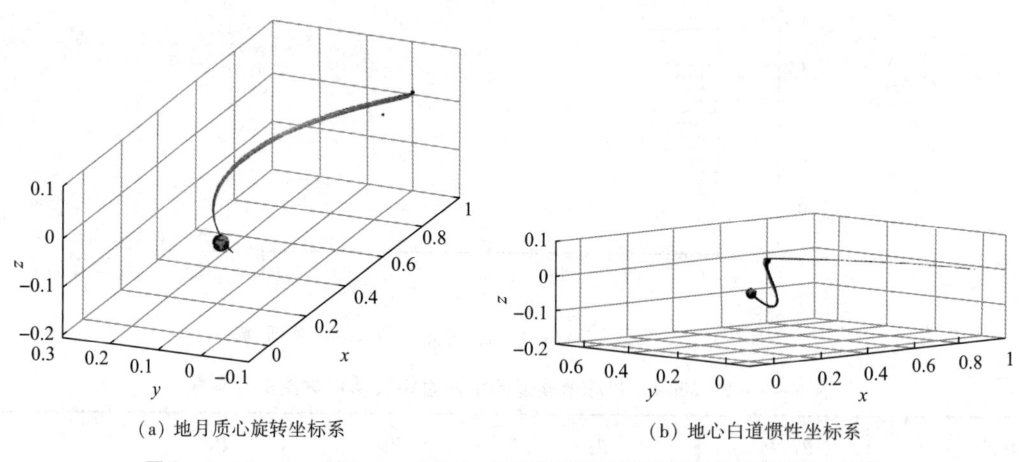

(a) 地月质心旋转坐标系　　(b) 地心白道惯性坐标系

图6-4-14　$\delta_{tl}=42°$，$\theta_{tl}=45°$时，相同轨道面出发的双脉冲地月直接转移轨道

表 6-4-2 给出了图 6-4-14 中地月直接转移轨道的轨道参数。由表 6-4-2 可知，同一轨道面出发的双脉冲地月直接转移轨道所需的速度增量最大相差 40m/s，转移时间最大相差 0.08 天。表 6-4-2 中近地点幅角 $\omega_{E,tl}$ 相差很小，也表明了圆限制性三体模型对于初始条件的敏感。

**表 6-4-2　图 6-4-14 中双脉冲地月直接转移轨道的参数**

| $J_{tl,t}$ | $\omega_{E,tl}$/(°) | 速度增量/(km/s) | 转移时间/天 |
|---|---|---|---|
| 1.88 | 185.8856 | 3.9610 | 3.0972 |
| 1.90 | 185.5745 | 3.9534 | 3.0993 |
| 1.92 | 185.4439 | 3.9465 | 3.1076 |
| 1.94 | 185.4004 | 3.9398 | 3.1193 |
| 1.96 | 185.4327 | 3.9333 | 3.1337 |
| 1.98 | 185.5584 | 3.9271 | 3.1515 |
| 2.00 | 185.8871 | 3.9214 | 3.1767 |

图 6-4-15 给出了当 $\delta_{tl}=42°$时，从不同轨道面($\theta_{tl}\in[30°, 85°]$)出发的双脉冲地月直接转移轨道。这里同样给出了其在地月质心旋转坐标系和地心白道惯性坐标系下的表示。

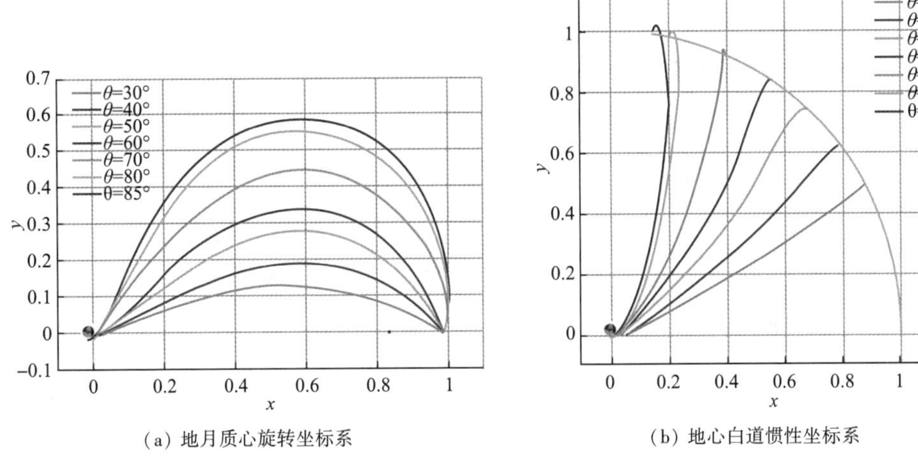


图6-4-15　$\delta_{tl}$ =42°时，不同 $\theta_{tl}$ 取值下的双脉冲地月直接转移轨道

表6-4-3给出了图6-4-15转移轨道的轨道参数。由表6-4-3可知，在给定 $\delta_{tl}$ 的条件下，$\theta_{tl}$ 值越大，实现双脉冲地月直接转移所需的速度增量越小，对应的转移时间越长。具体地，当 $\theta_{tl}$ =30°时，实现双脉冲地月直接转移所需的速度增量为4.2236km/s，对应的转移时间为2.2419天；当 $\theta_{tl}$ =85°时，实现双脉冲地月直接转移所需的速度增量为3.8782km/s，对应的转移时间为6.1995天。

**表6-4-3　图6-4-15中双脉冲地月直接转移轨道的参数**

| $J_{tl,t}$ | $\theta$/(°) | $\omega_{E,tl}$/(°) | 速度增量/(km/s) | 转移时间/天 |
|---|---|---|---|---|
| 0.8 | 30 | 192.9283 | 4.2236 | 2.2419 |
| 1.78 | 40 | 186.7739 | 3.9818 | 2.9067 |
| 2.18 | 50 | 184.1101 | 3.8755 | 3.6885 |
| 2.22 | 60 | 180.4250 | 3.8708 | 4.3112 |
| 2.22 | 70 | 178.8915 | 3.8727 | 5.0777 |
| 2.20 | 80 | 178.8321 | 3.8723 | 5.9221 |
| 2.18 | 85 | 176.2447 | 3.8782 | 6.1995 |

(2)可达月球低轨道的分布特性。本节在给定月球低轨道轨道高度 $\hat{H}_M$ =200km的条件下，分析地月直接转移轨道的可达月球低轨道范围。取 $\delta_{tl}$ =42°，通过1000次蒙特卡罗仿真求解式(6-4-16)，获取不同 $\theta_{tl}$ 取值下可达月球低轨道在月固坐标系下的分布范围，如图6-4-16所示。图中横坐标为月固坐标系下的轨道倾角，纵坐标为月固坐标系下的升交点经度。

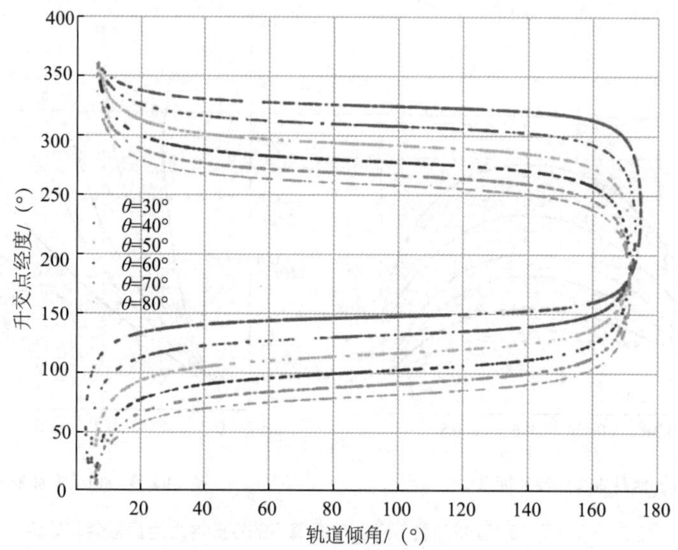


图6-4-16　不同 $\theta_{tl}$ 取值下地月直接转移轨道的可达月球低轨道分布

由图6-4-16可知，从同一轨道面出发的地月直接转移轨道，可达月球低轨道可以具有任意的轨道倾角，但升交点经度受到约束。例如，对于90°倾角的月球低轨道，其升交点经度仅有两个取值，分别对应升交点位于月球东半球（小于180°）和西半球（大于180°）的情形。另外，对于不同轨道高度的目标月球低轨道，同一轨道面出发的地月直接转移轨道可到达的轨道倾角-升交点经度具有相同的分布，即可达月球低轨道的分布同轨道高度无关。结合表6-4-1所列的结果，对于同一轨道面出发的地月直接转移轨道，初始轨道参数在较小的变化范围内可使得转移轨道到达任意倾角的月球低轨道，可见圆限制性三体模型对于参数的敏感性。

对于不同 $\theta_{tl}$ 取值的情形，即从不同轨道面出发的地月直接转移轨道，其可达月球低轨道的轨道倾角-升交点经度分布图具有相似的特性，只是升交点经度的约束范围有所不同。

由分析结果可知，地球低轨道空间站出发的双脉冲地月直接转移轨道无法直接进入任意月球低轨道，而月球轨道空间站的升交点经度处于不断变化的过程中，因此地球低轨道空间站和月球轨道空间站的往返转移需进一步借助额外的速度增量来实现。

## 6.4.2　近月三脉冲全月覆盖转移轨道设计

### 1. 近月三脉冲的数学模型

本节在地球低轨道空间站出发的地月直接转移轨道基础上，开展使得地月载人飞船最终进入月球轨道空间站轨道面的近月三脉冲数学模型构建。三次脉冲均发生在载人飞船到达月球附近后：第一次脉冲机动 $\Delta \boldsymbol{v}_1$ 用于改变轨道能量，使得载人飞船从双曲线轨道 α 进入大椭圆轨道 β；第二次脉冲机动 $\Delta \boldsymbol{v}_2$ 施加于大椭圆轨道 β 的远月点处，用于改变轨道面，使得载人飞船进入与月球轨道空间站运行轨道 t 共面的大椭圆轨道 $\gamma$，大椭圆轨道 $\gamma$ 的近月点高度等于月球轨道空间站的轨道高度。第三次脉冲机动 $\Delta \boldsymbol{v}_3$ 施加于大椭圆轨道 $\gamma$ 的近月点，用于轨道圆化。

下面基于二体问题模型对三次脉冲的施加时机以及速度增量进行建模[4]。

(1)第一次脉冲机动发生在月球轨道空间站轨道面与双曲线轨道的交点处。

首先求取月球轨道空间站轨道与双曲线轨道的交点。月球轨道空间站轨道面与双曲线轨道的交线矢量可由两者的角动量获得：

$$\boldsymbol{I}_{\mathrm{M}} = \boldsymbol{h}_{\mathrm{t}} \times \boldsymbol{h}_{\alpha} \tag{6-4-19}$$

式中：$\boldsymbol{h}_{\mathrm{t}}$、$\boldsymbol{h}_{\alpha}$ 分别为月球轨道空间站轨道与双曲线轨道的角动量。

由于月球轨道空间站轨道与双曲线轨道都为月心轨道，故两者的交线 $\boldsymbol{I}_{\mathrm{M}}$ 也必然通过月心。将 $\boldsymbol{I}_{\mathrm{M}}$ 转化至双曲线轨道坐标系，有

$$\boldsymbol{I}_{\mathrm{M}}^{\kappa} = \boldsymbol{M}_{z}(\omega_{\alpha})\boldsymbol{M}_{x}(i_{\alpha})\boldsymbol{M}_{z}(\Omega_{\alpha})\boldsymbol{I}_{\mathrm{M}} = (l \quad m \quad 0)^{\mathrm{T}} \tag{6-4-20}$$

式中：$i_{\alpha}$、$\Omega_{\alpha}$、$\omega_{\alpha}$ 分别为双曲线轨道在月心白道惯性坐标系下的轨道倾角、升交点赤经和近月点幅角。

交线 $\boldsymbol{I}_{\mathrm{M}}^{\kappa}$ 在双曲线轨道坐标系下可表示为

$$y = \frac{m}{l}x = Kx \tag{6-4-21}$$

另外，双曲线轨道在双曲线轨道坐标系下的表示为

$$\frac{(x + c_{\alpha})^2}{a_{\alpha}^2} - \frac{y^2}{b_{\alpha}^2} = 1 \tag{6-4-22}$$

式中：$a_{\alpha}$、$c_{\alpha}$ 分别为双曲线轨道的半长轴和焦距，且满足

$$c_{\alpha} = a_{\alpha}e_{\alpha} \tag{6-4-23}$$

$$b_{\alpha}^2 = c_{\alpha}^2 - a_{\alpha}^2 \tag{6-4-24}$$

其中：$e_{\alpha}$ 为双曲线轨道的偏心率。

将式(6-4-21)代入式(6-4-22)中，可得

$$(b_{\alpha}^2 - a_{\alpha}^2K^2)x^2 + 2b_{\alpha}^2c_{\alpha}x + b_{\alpha}^4 = 0 \tag{6-4-25}$$

求解可得

$$x_I = \begin{cases} \dfrac{-b_{\alpha}^2c_{\alpha} + b_{\alpha}^2\sqrt{a_{\alpha}^2(1 + K^2)}}{(b_{\alpha}^2 - a_{\alpha}^2K^2)} \\ \dfrac{-b_{\alpha}^2c_{\alpha} - b_{\alpha}^2\sqrt{a_{\alpha}^2(1 + K^2)}}{(b_{\alpha}^2 - a_{\alpha}^2K^2)} \end{cases} \tag{6-4-26}$$

$$y_I = Kx_I \tag{6-4-27}$$

对应月球轨道空间站轨道面与双曲线轨道的两个交点。两个交点在双曲线轨道坐标系下的真近点角可表示为

$$f_I = \arctan2(y_I, x_I) \tag{6-4-28}$$

为提高第一次近月制动的效率，选取尽量靠近双曲线轨道近月点的交点进行近月制动，

因此选取满足下式所示的点，即

$$|f_I| \leqslant \frac{\pi}{2} \tag{6-4-29}$$

由此可得第一次近月制动变轨点的位置矢量和速度矢量在月心白道惯性坐标系下的表示分别为

$$\boldsymbol{R}_{\mathrm{M},\alpha,I}^{\mathrm{m}} = R_{\mathrm{M},\alpha,I}\cos f_I \boldsymbol{P}_\alpha + R_{\mathrm{M},\alpha,I}\sin f_I \boldsymbol{Q}_\alpha = [x_\alpha \quad y_\alpha \quad z_\alpha]^{\mathrm{T}} \tag{6-4-30}$$

$$\boldsymbol{V}_{\mathrm{M},\alpha,I}^{\mathrm{m}} = \sqrt{\frac{\mu_{\mathrm{M}}}{a_\alpha(1-e_\alpha^2)}}[-\sin f_I \boldsymbol{P}_\alpha + (e_\alpha + \cos f_I)\boldsymbol{Q}_\alpha] \tag{6-4-31}$$

其中

$$R_{\mathrm{M},\alpha,I} = \frac{a_\alpha(1-e_\alpha^2)}{1+e_\alpha\cos f_I} \tag{6-4-32}$$

$$\boldsymbol{P}_\alpha = \begin{pmatrix} \cos\Omega_\alpha\cos\omega_\alpha - \sin\Omega_\alpha\sin\omega_\alpha\cos i_\alpha \\ \sin\Omega_\alpha\cos\omega_\alpha + \cos\Omega_\alpha\sin\omega_\alpha\cos i_\alpha \\ \sin\omega_\alpha\sin i_\alpha \end{pmatrix} \tag{6-4-33}$$

$$\boldsymbol{Q}_\alpha = \begin{pmatrix} -\cos\Omega_\alpha\sin\omega_\alpha - \sin\Omega_\alpha\cos\omega_\alpha\cos i_\alpha \\ -\sin\Omega_\alpha\sin\omega_\alpha + \cos\Omega_\alpha\cos\omega_\alpha\cos i_\alpha \\ \cos\omega_\alpha\sin i_\alpha \end{pmatrix} \tag{6-4-34}$$

变轨点的纬度幅角有

$$\tan u_\alpha = \frac{z_\alpha}{(y_\alpha\sin\Omega_\alpha + x_\alpha\cos\Omega_\alpha)\sin i_\alpha} \tag{6-4-35}$$

为保证大椭圆轨道β的远月点恰好是其与月球轨道空间站轨道面的交点，故大椭圆轨道β的近月点幅角 $\omega_\beta$ 应满足

$$\omega_\beta = u_\alpha \tag{6-4-36}$$

即第一次近月制动的变轨点恰好为大椭圆轨道β的近月点，该处载人飞船的速度矢量可表示为

$$\boldsymbol{V}_{\mathrm{M},\beta,\mathrm{p}}^{\mathrm{m}} = \sqrt{\frac{\mu_{\mathrm{M}}}{a_\beta(1-e_\beta^2)}}(1+e_\beta)\boldsymbol{Q}_\beta \tag{6-4-37}$$

式中：$a_\beta$ 为大椭圆轨道的半长轴；$e_\beta$ 为偏心率。且有

$$a_\beta = \frac{R_{\mathrm{M},\beta,\mathrm{p}} + R_{\mathrm{M},\beta,\mathrm{a}}}{2} \tag{6-4-38}$$

$$e_\beta = \frac{R_{\mathrm{M},\beta,\mathrm{a}} - R_{\mathrm{M},\beta,\mathrm{p}}}{R_{\mathrm{M},\beta,\mathrm{a}} + R_{\mathrm{M},\beta,\mathrm{p}}} \tag{6-4-39}$$

由此可计算得到第一次近月制动的速度增量为

$$\Delta \boldsymbol{v}_1 = \boldsymbol{V}_{\mathrm{M},\beta,\mathrm{p}}^{\mathrm{m}} - \boldsymbol{V}_{\mathrm{M},\alpha,I}^{\mathrm{m}} \tag{6-4-40}$$

(2)第二次近月制动用于在大椭圆轨道β的远月点处改变轨道面，以进入同月球轨道空间站轨道共面的大椭圆轨道γ。

大椭圆轨道 β 远月点的速度矢量为

$$\boldsymbol{V}_{\mathrm{M},\beta,\mathrm{a}}^{\mathrm{m}} = \sqrt{\frac{\mu_{\mathrm{M}}}{a_{\beta}(1-e_{\beta}^{2})}}(e_{\beta}-1)\boldsymbol{Q}_{\beta} \tag{6-4-41}$$

大椭圆轨道 γ 远月点的速度矢量为

$$\boldsymbol{V}_{\mathrm{M},\gamma,\mathrm{a}}^{\mathrm{m}} = \sqrt{\frac{\mu_{\mathrm{M}}}{a_{\gamma}(1-e_{\gamma}^{2})}}(e_{\gamma}-1)\boldsymbol{Q}_{\gamma} \tag{6-4-42}$$

式中

$$a_{\gamma} = \frac{R_{\mathrm{M},\beta,\mathrm{a}}+a_{\mathrm{t}}}{2}, e_{\gamma} = \frac{R_{\mathrm{M},\beta,\mathrm{a}}-a_{\mathrm{t}}}{R_{\mathrm{M},\beta,\mathrm{a}}+a_{\mathrm{t}}}, i_{\gamma} = i_{\mathrm{t}}, \Omega_{\gamma} = \Omega_{\mathrm{t}} \tag{6-4-43}$$

$$\tan u_{\gamma} = \frac{z_{\alpha}}{(y_{\alpha}\sin\Omega_{\gamma}+x_{\alpha}\cos\Omega_{\gamma})\sin i_{\gamma}} \tag{6-4-44}$$

$$\omega_{\gamma} = u_{\gamma} \tag{6-4-45}$$

故第二次脉冲机动所需的速度增量为

$$\Delta\boldsymbol{v}_{2} = \boldsymbol{V}_{\mathrm{M},\gamma,\mathrm{a}}^{\mathrm{m}} - \boldsymbol{V}_{\mathrm{M},\beta,\mathrm{a}}^{\mathrm{m}} \tag{6-4-46}$$

(3)第三次近月制动用于在大椭圆轨道近月点处实施轨道圆化。

大椭圆轨道 γ 近月点的速度矢量为

$$\boldsymbol{V}_{\mathrm{M},\gamma,\mathrm{p}}^{m} = \sqrt{\frac{\mu_{\mathrm{M}}}{a_{\gamma}(1-e_{\gamma}^{2})}}(e_{\gamma}+1)\boldsymbol{Q}_{\gamma} \tag{6-4-47}$$

月球轨道空间站轨道在该点处的速度矢量为

$$\boldsymbol{V}_{\mathrm{M},\mathrm{t},\mathrm{p}}^{m} = \sqrt{\frac{\mu_{\mathrm{M}}}{a_{\mathrm{t}}(1-e_{\mathrm{t}}^{2})}}(e_{\mathrm{t}}+1)\boldsymbol{Q}_{t} \tag{6-4-48}$$

从而第三次脉冲机动所需的速度增量为

$$\Delta\boldsymbol{v}_{3} = \boldsymbol{V}_{\mathrm{M},\mathrm{t},\mathrm{p}}^{\mathrm{m}} - \boldsymbol{V}_{\mathrm{M},\gamma,\mathrm{p}}^{\mathrm{m}} \tag{6-4-49}$$

### 2. 基于近月三脉冲的最小燃耗全月覆盖地月直接转移轨道设计

本节基于近月三脉冲的数学模型，建立能够到达任意月球低轨道的最小燃耗全月覆盖地月直接转移轨道设计模型。该模型可以分为两个部分：一是未施加近月制动前的地月直接转移轨道，这是实现地月转移的基础；二是月球附近的近月三脉冲转移轨道段，以保证地月直接转移可以到达任意的月球低轨道。

给定目标月球低轨道的轨道高度 $\hat{H}_{\mathrm{M}}$ 、轨道倾角 $\hat{i}_{\mathrm{M}}$ 以及升交点赤经 $\hat{\Omega}_{\mathrm{M}}$ 。由于从同一轨道面出发的地月直接转移轨道所需速度增量 $\Delta v_{\mathrm{tl}}$ 仅有较小差异，因此本节选择该轨道设计模型的优化目标函数为

$$\zeta = \|\Delta\boldsymbol{v}_{1}\| + \|\Delta\boldsymbol{v}_{2}\| + \|\Delta\boldsymbol{v}_{3}\| \tag{6-4-50}$$

即仅包括近月三脉冲所需的速度增量。该设计模型的优化变量选取为 $(\omega_{\mathrm{E,tl}}, J_{\mathrm{tl,t}})$ ，且约束 $\rho(\tau_{1})$ 为

$$\hat{H}_{\mathrm{M}} \leqslant \rho(\tau_1) \leqslant H_{\mathrm{M}}^{\mathrm{up}} \tag{6-4-51}$$

式中：$H_{\mathrm{M}}^{\mathrm{up}}$ 为可达月球低轨道高度的上界，可以在求解算法中进行设置。

综上所述，给定目标月球低轨道，基于近月三脉冲的最小燃耗全月覆盖地月直接转移轨道可通过求解下述非线性优化问题获得，即

$$\begin{cases} \min \zeta(\omega_{\mathrm{E,tl}}, J_{\mathrm{tl,t}}) \\ \mathrm{s.\,t} \begin{cases} \dot{\boldsymbol{r}} = \boldsymbol{v} \\ \dot{\boldsymbol{v}} + \boldsymbol{h}(\boldsymbol{v}) = \nabla \widetilde{U} \\ \hat{H}_{\mathrm{M}} \leqslant \rho(\tau_1) \leqslant H_{\mathrm{M}}^{\mathrm{up}} \end{cases} \end{cases} \tag{6-4-52}$$

3. **数值分析**

本节利用上节中最小燃耗全月覆盖地月直接转移轨道设计模型，求解能够到达任意月球低轨道的转移轨道。给定目标月球低轨道的轨道高度 $\hat{H}_{\mathrm{M}}=200\mathrm{km}$，$H_{\mathrm{M}}^{\mathrm{up}}=3000\mathrm{km}$，轨道倾角 $\hat{i}_{\mathrm{M}} \in [0°, 90°]$，升交点赤经 $\hat{\Omega}_{\mathrm{M}} \in [0°, 360°]$。采用有效集非线性优化算法求解优化问题式(6-4-52)。

图6-4-17给出了 $\delta_{tl}=42°$，$\theta_{tl}=45°$时，地月直接转移到达不同月球低轨道所需的近月三脉冲最小速度增量。图中横坐标为月球低轨道在月固坐标系下的轨道倾角，纵坐标为月固坐标系下的升交点经度。由图6-4-17可知，地月直接转移到达不同月球低轨道的近月三脉冲速度增量最小为0.8587km/s、最大为1.6701km/s。值得注意的是，地月直接转移到达月球极轨道所需的速度增量最大相差0.82km/s；而对于月球低倾角轨道而言，所需速度增量的差异较小。以轨道倾角为20°的月球低轨道为例，所需速度增量最大相差约为0.15km/s。图6-4-17中地月直接转移所需的近地出发速度增量为3.0835km/s，转移时间为4.04～4.25天。

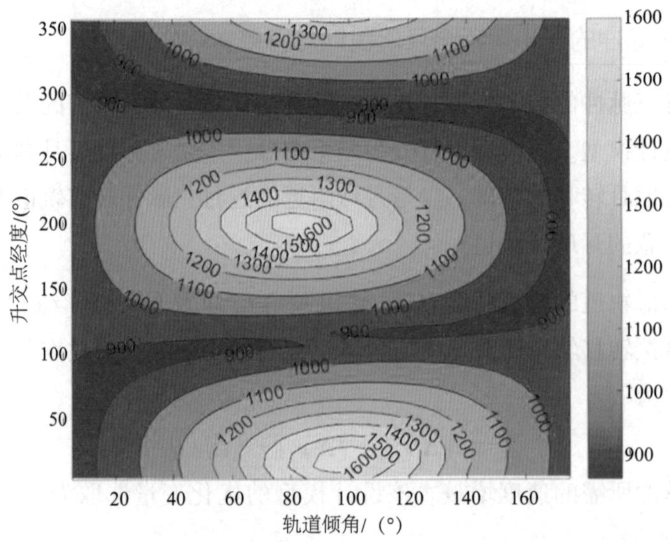


图6-4-17 $\delta_{\mathrm{tl}}=42°$，$\theta_{\mathrm{tl}}=45°$时，全月覆盖近月三脉冲所需的速度增量

图 6-4-18 给出了 $\delta_{tl}=70.5°$，$\theta_{tl}=85°$时，地月直接转移到达不同月球低轨道所需的近月三脉冲最小速度增量。图中横纵坐标分别为月固坐标系下的轨道倾角和升交点经度。由图 6-4-18 可知，在该条件下实现地月直接转移的全月覆盖，所需近月三脉冲速度增量最小为 0.8630km/s、最大为 1.7453km/s。与图 6-4-17 相同，地月直接转移到达不同月球极轨道所需的速度增量相差较大，最大相差约 100%；对于到达月球低倾角轨道的情形，近月三脉冲所需的速度增量相差较小。从该轨道面出发进入地月直接转移轨道的近地出发速度增量为 3.0723km/s，转移时间为 7.09 ~ 7.21 天。

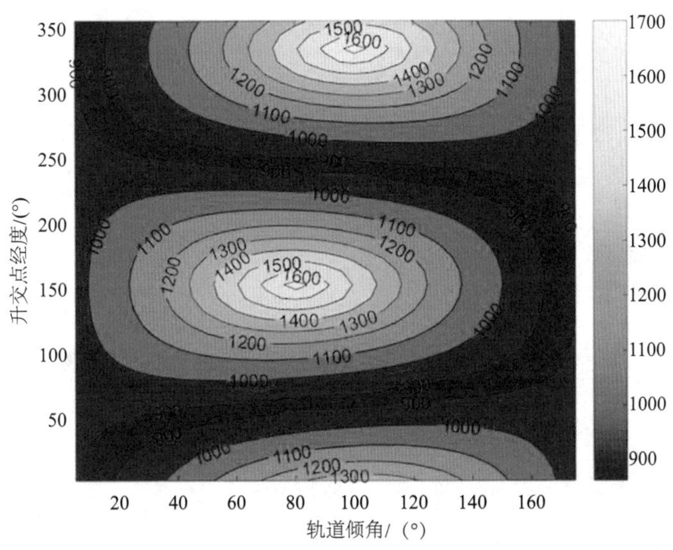


图 6-4-18 $\delta_{tl}=70.5°$，$\theta_{tl}=85°$时，全月覆盖近月三脉冲所需的速度增量

图 6-4-19 给出了 $\delta_{tl}=13.5°$，$\theta_{tl}=40°$时的情形。与图 6-4-17、图 6-4-18 相同，图中横坐标、纵坐标分别为月球低轨道在月固坐标系下的轨道倾角和升交点经度。由图 6-4-19

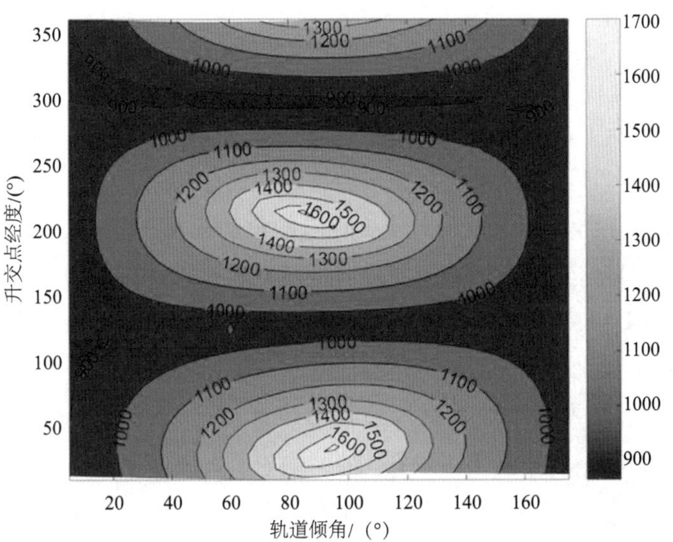


图 6-4-19 $\delta_{tl}=13.5°$，$\theta_{tl}=40°$时，全月覆盖近月三脉冲所需的速度增量

可知，实现全月覆盖的近月三脉冲速度增量最小为0.8668km/s、最大为1.7240km/s。同样地，地月直接转移到达不同月球极轨道所需的速度增量变化较大；对于月球低倾角轨道的情况，所需的速度增量差异较小。图中相应转移时间约为3.8天。

图6-4-20给出了$\delta_{tl}=13.5°$，$\theta_{tl}=40°$时，地月直接转移到达轨道倾角分别为5°、90°月球低轨道的近月三脉冲转移轨道。当目标月球低轨道的轨道倾角为5°时，近月三脉冲所需的速度增量为0.9338km/s，相应的地月转移时间为3.75天；当目标月球低轨道的轨道倾角为90°，升交点经度为227°时，近月三脉冲所需的速度增量为1.4558km/s，对应的地月转移时间为4.02天。

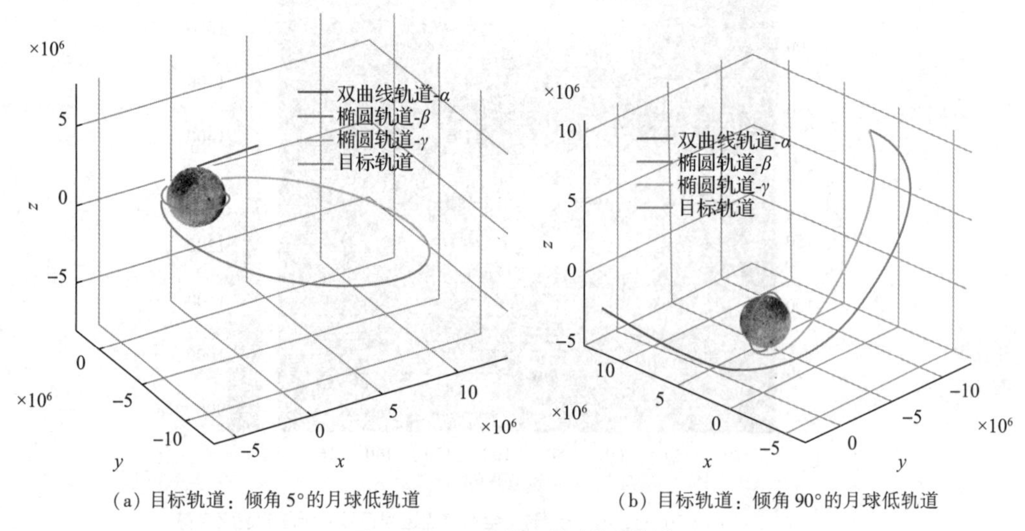


（a）目标轨道：倾角5°的月球低轨道　　（b）目标轨道：倾角90°的月球低轨道

图6-4-20　近月三脉冲转移轨道

## 6.4.3　地球低轨道空间站出发到达月球轨道空间站的转移轨道设计

### 1. 轨道设计

在地心惯性坐标系下，假设$T_0$时刻地球低轨道空间站运行轨道的角动量为$\boldsymbol{h}_{E,0}$，载人飞船从地球低轨道空间站出发进入地月直接转移轨道的纬度幅角$u_{E,tl}=\omega_{E,tl}$；记$T_0$时刻月球的位置、速度矢量分别为$\boldsymbol{R}_{E,m,0}$、$\boldsymbol{V}_{E,m,0}$，相应的角动量$\boldsymbol{h}_{E,m,0}=\boldsymbol{R}_{E,m,0}\times\boldsymbol{V}_{E,m,0}$，则地球低轨道空间站出发到达月球轨道空间站的地月直接转移轨道设计可以描述（图6-4-21）如下：

（1）基于式（6-4-1）～式（6-4-3），计算$T_0$时刻地球低轨道空间站轨道面同月球位置矢量$\boldsymbol{R}_{E,m,0}$的相对几何关系$\{\delta_{tl},\theta_{tl}\}$。

（2）判断$\{\delta_{tl},\theta_{tl}\}$是否属于地月直接转移可达集$\boldsymbol{\Theta}_{tl}$。若$\{\delta_{tl},\theta_{tl}\}\in\boldsymbol{\Theta}_{tl}$，则转入步骤（3）；否则，更新出发时刻$T_0=T_0+\Delta T$。

（3）基于表6-4-1给出的多项式拟合结果，计算$\{\delta_{tl},\theta_{tl}\}$情况下地月直接转移轨道的雅可比积分$J_{tl,t}^{est}$。

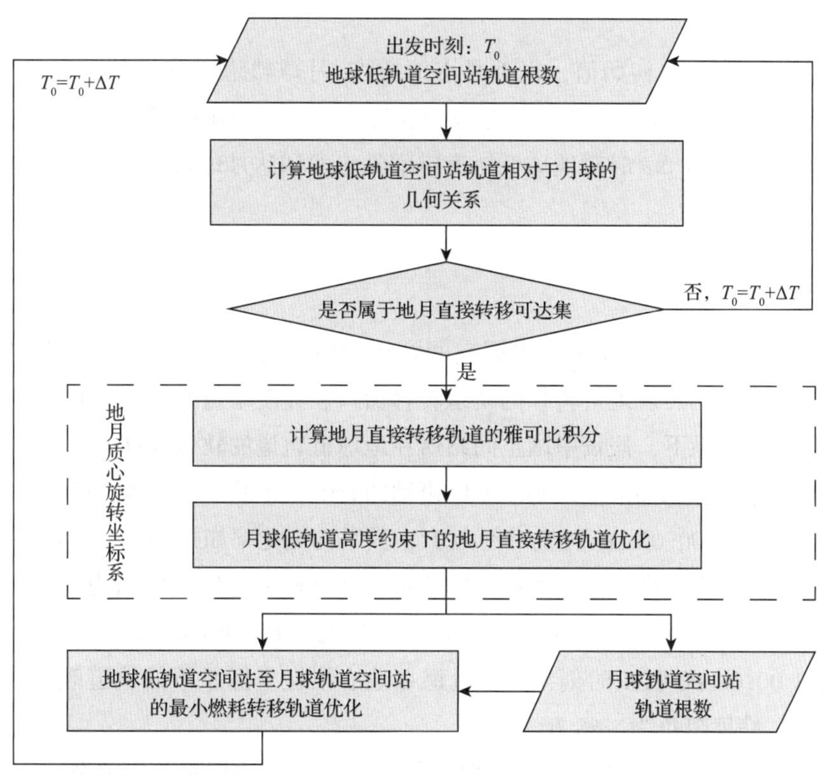


图 6-4-21　地球低轨道空间站出发到达月球轨道空间站的轨道设计算法流程

（4）以 $J_{\mathrm{tl,t}}^{\mathrm{est}}$ 和 $\omega_{\mathrm{E,tl}}^{\mathrm{est}}$ 为初始值求解优化问题（6-4-16）得到满足月球轨道空间站轨道高度约束的 $(\omega_{\mathrm{E,tl}}^{0}, J_{\mathrm{tl,t}}^{0})$，其中

$$\omega_{\mathrm{E,tl}}^{\mathrm{est}} = \begin{cases} \pi, \theta_{\mathrm{tl}} > 0 \\ 0, \theta_{\mathrm{tl}} < 0 \end{cases} \tag{6-4-53}$$

该过程在地月质心旋转坐标系下进行，故涉及变量及坐标系的转化：首先求得载人飞船的初始位置矢量 $\boldsymbol{R}_{\mathrm{E},0}$ 和初始速度矢量 $\boldsymbol{V}_{\mathrm{E},0}$；然后将其转换至 $T_0$ 时刻地心白道惯性坐标系，即

$$\begin{aligned} \boldsymbol{R}_{\mathrm{E},0}^{\mathrm{m}} &= \boldsymbol{M}_{\mathrm{E},0}^{\mathrm{em}} \boldsymbol{R}_{\mathrm{E},0} \\ \boldsymbol{V}_{\mathrm{E},0}^{\mathrm{m}} &= \boldsymbol{M}_{\mathrm{E},0}^{\mathrm{em}} \boldsymbol{V}_{\mathrm{E},0} \end{aligned} \tag{6-4-54}$$

式中：$\boldsymbol{R}_{\mathrm{E},0}^{\mathrm{m}}$、$\boldsymbol{V}_{\mathrm{E},0}^{\mathrm{m}}$ 分别为载人飞船在 $T_0$ 时刻地心白道惯性坐标系的位置、速度矢量。

进一步将其归一化可得

$$\begin{cases} \widetilde{\boldsymbol{R}}_{\mathrm{E},0}^{\mathrm{m}} = \boldsymbol{R}_{\mathrm{E},0}^{\mathrm{m}} / \mathrm{LU} \\ \widetilde{\boldsymbol{V}}_{\mathrm{E},0}^{\mathrm{m}} = \boldsymbol{V}_{\mathrm{E},0}^{\mathrm{m}} / \mathrm{VU} \end{cases} \tag{6-4-55}$$

式中：LU、VU 分别为圆限制性三体模型中的单位长度和单位速度。

最后，通过式（2-3-15）将 $\widetilde{\boldsymbol{R}}_{\mathrm{E},0}^{\mathrm{m}}$ 和 $\widetilde{\boldsymbol{V}}_{\mathrm{E},0}^{\mathrm{m}}$ 转换至地月质心旋转坐标系，并分别记为

$\boldsymbol{r}_0$，$\boldsymbol{v}_0$。

(5)以 $(\omega_{\mathrm{E,tl}}^0, J_{\mathrm{tl,t}}^0)$ 为初始值，以近月点时刻 $T_p$ 月球轨道空间站的运行轨道为目标月球低轨道，通过求解式(6－4－52)获得基于近月三脉冲的最小燃耗地月直接转移轨道。

(6)计算 $T_0 = T_0 + \Delta T$ 时刻地球低轨道空间站出发到达月球轨道空间站的地月直接转移轨道。

### 2. 数值计算

考虑地月载人飞船在 2025 年从中国空间站出发转移至月球极轨道空间站的飞行场景，分析该场景下载人飞船实现地月转移的轨道转移窗口、速度增量及转移时间。

在地心惯性坐标系下，假设中国空间站所在地球低轨道的轨道高度为 400km，轨道倾角为 42°；其所在地球低轨道由于受到地球 $J_2$ 摄动的影响，不断向西进动，故进一步假定升交点赤经在 2025.01.01 00:00:00 TDT 时刻为 0°，其平均变化率如式(6－3－31)所示。在月心平赤道坐标系下，假设月球轨道空间站的轨道高度为 200km、轨道倾角为 90°、升交点赤经为 0°。月球在地心惯性坐标系下的位置、速度矢量则由 JPL DE405 星历给出；经计算可知，在 2025.01.01 00:00:00 TDT 时刻，月球轨道在地心惯性坐标系下的轨道倾角为 28.5°、升交点赤经为 0°、纬度幅角为－66.6°。

图 6－4－22 给出了中国空间站轨道面同月球位置矢量的相对几何关系。图中横坐标为相对于 2025.01.01 00:00:00 TDT 时刻的时间。左侧纵轴及蓝色曲线为中国空间站轨道面同月球白道面的夹角 $\delta$，右侧纵轴及红色曲线为中国空间站轨道面与月球白道面交线同月球位置矢量的夹角 $\theta$。由图 6－4－22 可知，中国空间站轨道面同月球白道面的夹角 $\delta$ 在 13.5°～70.5°之间做周期性的变化；$\theta$ 在－180°～180°之间做周期性变化。

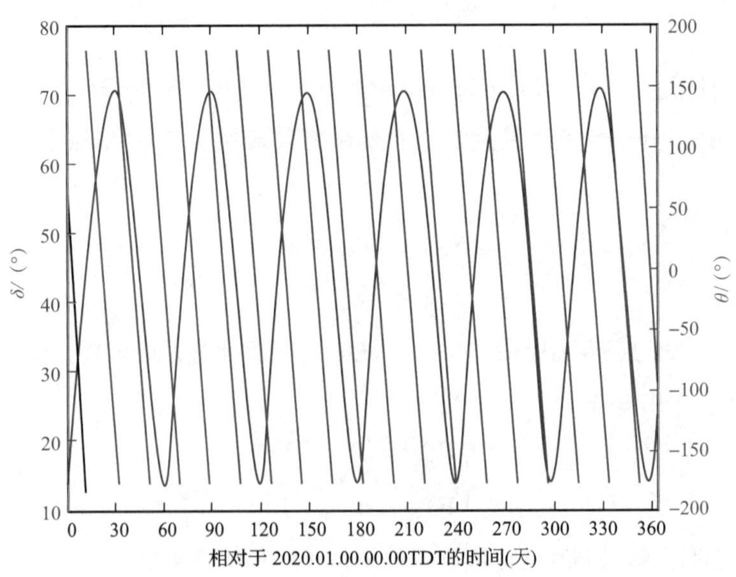


图 6－4－22　中国空间站同月球的相对几何关系

考虑到载人飞船在地月空间的飞行时间一般不大于 4.5 天，且转移时间越小，地月直接转移所需的速度增量越大，故本节将

$$\theta_{tl} \in [30°,50°] \cup [-150°, -130°] \tag{6-4-56}$$

作为地球低轨道空间站出发到达月球轨道空间站的轨道转移窗口。由图 6-4-22 可知，中国空间站出发到达月球轨道空间站的轨道转移窗口在一个月内至少存在 3 个。

图 6-4-23 ~图 6-4-26 给出了四个连续轨道转移窗口内，载人飞船从中国空间站出发到达月球极轨道空间站所需的速度增量及转移时间。四个连续轨道转移窗口中的 $\delta_{tl}$ 在 13.5°～70.5°之间变化，覆盖了中国空间站轨道与月球轨道夹角的整个变化范围。图 6-4-23 的转移窗口 I 中，$\delta_{tl}$ =70.36°～70.4°，转移轨道所需的最小速度增量为 4.3615km/s，相应的转移时间为 3.7366 天；最大速度增量为 4.4866km/s，对应的转移时间为 3.0650 天。图 6-4-24 的转移窗口 II 中，$\delta_{tl}$ = 59.1°～61.2°，转移轨道所需的最小速度增量为 4.4939km/s，相应的转移时间为 4.4917 天；最大速度增量为 4.7881km/s，相应的转移时间为 3.0847 天。图 6-4-25 和图 6-4-26 的转移窗口 III 和 IV 中，$\delta_{tl}$ 分别为 32.8°～35.8°以及 14.0°～14.58°，中国空间站出发到达月球极轨道空间站所需的速度增量和转移时间见表 6-4-4。由表 6-4-4 可知，四个连续轨道转移窗口 I～IV 中，所需的最大速度增量和最小速度增量均具有较大的差异，这主要归结于窗口内可达月球低轨道同月球轨道空间站运行轨道的差异。中国空间站出发转移至月球轨道空间站所需的转移时间主要由 $\theta_{tl}$ 决定，其随 $\theta_{tl}$ 的增大，呈现线性单调上升的趋势。

综上所述，中国空间站出发转移至月球轨道空间站的轨道转移窗口在 1 个月内至少存在 3 个；轨道转移窗口内实现地月直接转移所需的速度增量由可达月球低轨道与月球轨道空间站运行轨道的差异决定；地月转移时间由 $\theta_{tl}$ 决定。

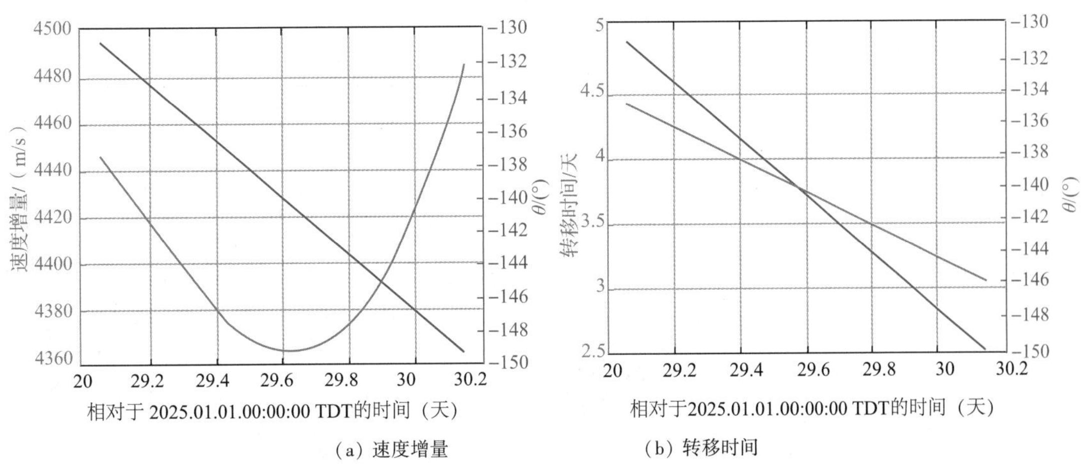


（a）速度增量　　（b）转移时间

图 6-4-23　轨道转移窗口 I：地月直接转移所需的速度增量及转移时间

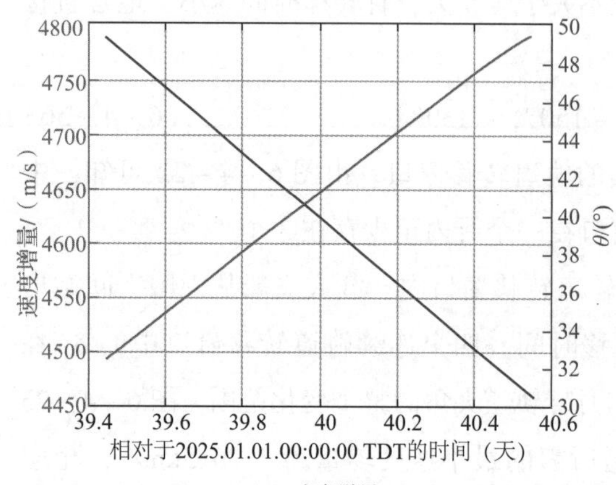


（a）速度增量

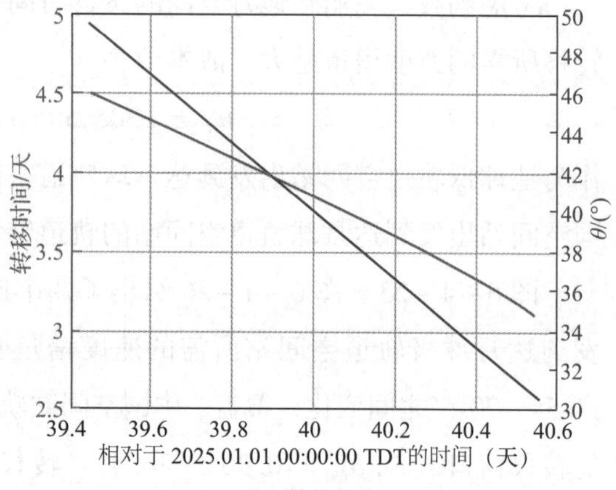


（b）转移时间

图6-4-24 轨道转移窗口Ⅱ：地月直接转移所需的速度增量及转移时间

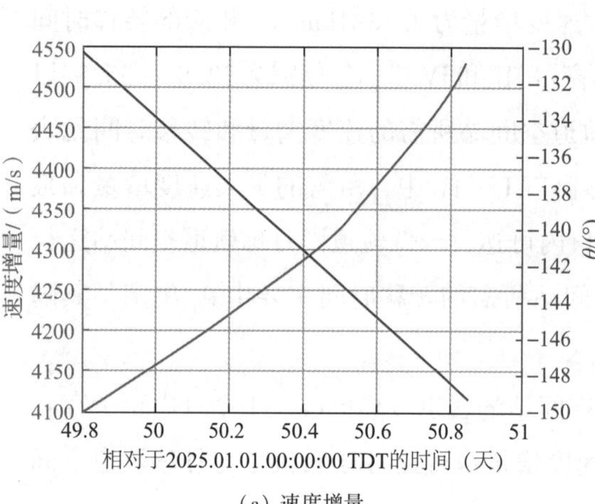


（a）速度增量

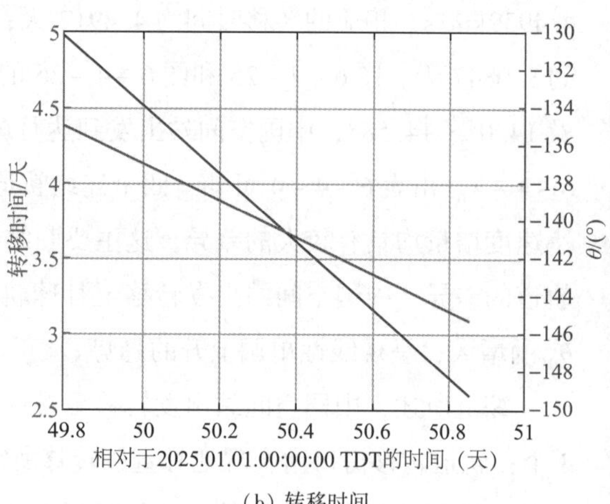


（b）转移时间

图6-4-25 轨道转移窗口Ⅲ：地月直接转移所需的速度增量及转移时间

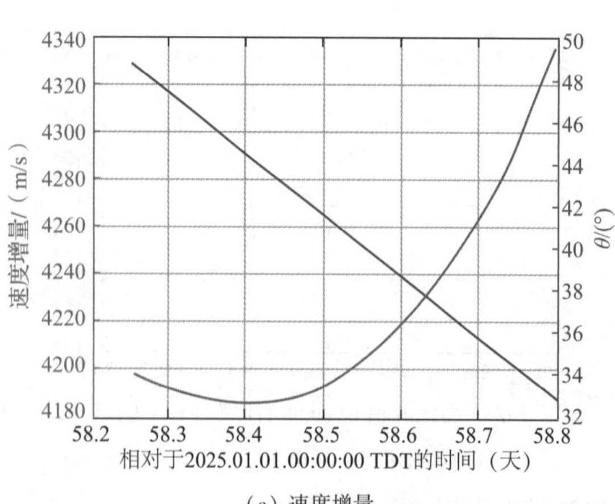


（a）速度增量

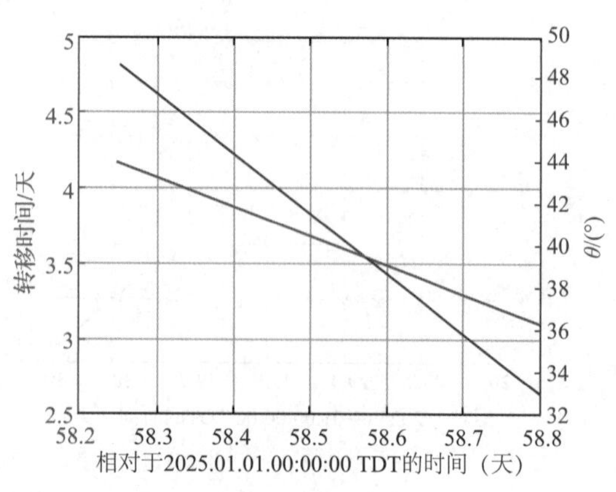


（b）转移时间

图6-4-26 轨道转移窗口Ⅳ：地月直接转移所需的速度增量及转移时间

表6-4-4 中国空间站出发转移至月球轨道空间站所需的速度增量和转移时间

| 转移窗口 | 最小速度增量/(km/s) | 转移时间/天 | 最大速度增量(km/s) | 转移时间/天 |
|---|---|---|---|---|
| I | 4.3615 | 3.7366 | 4.4866 | 3.0650 |
| II | 4.4939 | 4.4917 | 4.7881 | 3.0847 |
| III | 4.1030 | 4.3876 | 4.5340 | 3.0938 |
| IV | 4.1840 | 3.8755 | 4.3346 | 3.0912 |

## 6.4.4 月球轨道空间站出发返回至地球低轨道空间站的转移轨道设计

本节基于月地直接转移可达集和近月三脉冲全月覆盖的数学模型，完成月球轨道空间站出发返回至地球低轨道空间站的转移轨道分析。

### 1. 月地直接转移可达集

从月球返回至地球低轨道空间站有如下两种方式：

(1)借助载人飞船的推进系统进行减速。该种情况下，月地直接转移轨道的近地点高度同地球低轨道空间站的轨道高度相同。

(2)借助地球大气减速。该方式下，月地直接转移轨道需满足地球大气再入条件 $H_{re}=120\text{km}$, $\gamma_{re}=-5.2°$，以使载人飞船跃出大气层并停靠于地球低轨道空间站。假设月地转移地心段轨道的远地距为 $R_{E,a}$，则月地直接转移轨道的近地点高度为

$$H_{E,p}=\frac{R_{E,a}(1-e_{E,r})}{1+e_{E,r}}-\rho_E \tag{6-4-57}$$

式中

$$R_{E,a}=\rho_M+\rho_{EM}+H_{M,a} \tag{6-4-58}$$

$$e_{E,r}=\frac{\kappa^2-(2\kappa-1)\cos^2\gamma_{re}}{\kappa^2-\cos^2\gamma_{re}} \tag{6-4-59}$$

$$\kappa=\frac{R_{E,a}}{R_{re}} \tag{6-4-60}$$

其中：$\rho_{EM}$ 为地月距离；$H_{M,a}$ 为月地转移地心段轨道远地点的月面高度，一般取 $H_{M,a}\in[-500,500]$ km。经数值计算可知，$H_{M,a}$ 在该范围内变化时，$H_{E,p}\approx 66.7\text{km}$。

综上，无论是推进系统减速还是地球大气减速，月地直接转移轨道都可以借助地月直接转移轨道设计方法进行求解。不同的是，月地直接转移轨道的数值积分为逆向动力学积分，即从转移轨道近地点积分至出发点。基于以上考虑，由第6.4.1节可达集的性质1和性质3可知，月地直接转移可达集 $\Theta_{te}$ 的近似解可由

$$g_{te}(\theta_{te})=\begin{cases}g_{tl}(-\theta_{te}), & \theta_{te}<0\\ g_{tl}(\pi-\theta_{te}), & \theta_{te}>0\end{cases} \tag{6-4-61}$$

求得。

## 2. 轨道设计

在地心惯性坐标系下，假设近地点时刻 $T_{ar}$ 地球低轨道空间站运行轨道的角动量为 $\boldsymbol{h}_{E,ar}$，载人飞船返回至地球低轨道空间站的纬度幅角 $u_{E,te} = \omega_{E,te}$；记 $T_{ar}$ 时刻月球的位置速度矢量分别为 $\boldsymbol{R}_{E,m,ar}$、$\boldsymbol{V}_{E,m,ar}$，相应的角动量 $\boldsymbol{h}_{E,m,ar} = \boldsymbol{R}_{E,m,ar} \times \boldsymbol{V}_{E,m,ar}$，则载人飞船从月球轨道空间站出发返回至地球低轨道空间站的月地直接转移轨道设计可以描述(图 6－4－27)如下：

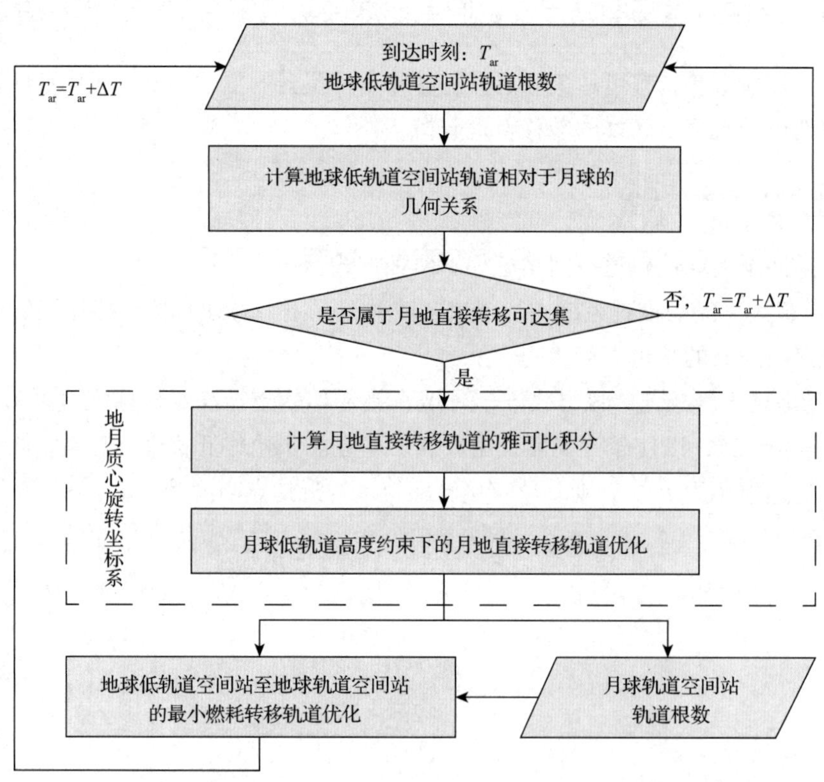


图6－4－27 月球轨道空间站出发返回至地球低轨道空间站的轨道设计算法流程

(1)基于式(6－4－1)～式(6－4－3)计算 $T_{ar}$ 时刻地球低轨道空间站轨道面同月球位置矢量的相对几何关系 $\{\delta_{te}, \theta_{te}\}$。

(2)判断 $\{\delta_{te}, \theta_{te}\}$ 是否属于月地直接转移可达集 $\Theta_{te}$。若 $\{\delta_{te}, \theta_{te}\} \in \Theta_{te}$，则转入步骤(3)；否则，更新近地点时刻 $T_{ar} = T_{ar} + \Delta T$。

(3)基于表6－4－1给出的多项式拟合结果以及式(6－4－61)，计算 $\{\delta_{te}, \theta_{te}\}$ 对应的月地直接转移轨道雅可比积分 $J_{te,t}^{est}$。

(4)以 $J_{te,t}^{est}$ 和 $\omega_{E,te}^{est}$ 为初始值逆向积分求解式(6－4－16)得到满足月球轨道空间站轨道高度约束的 $(\omega_{E,te}^{0}, J_{te,t}^{0})$，其中

$$\omega_{E,te}^{est} = \begin{cases} \pi, & \theta_{te} < 0 \\ 0, & \theta_{te} > 0 \end{cases} \tag{6－4－62}$$

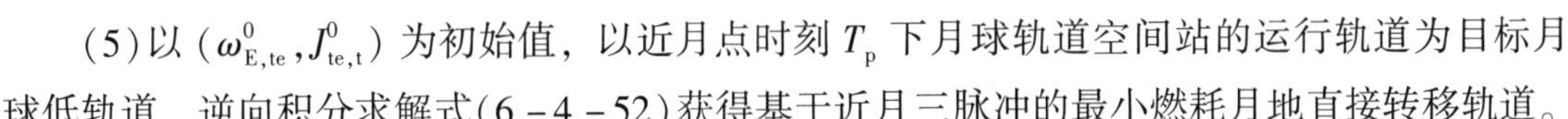

(5)以 $(\omega_{\mathrm{E,te}}^{0}, J_{\mathrm{te,t}}^{0})$ 为初始值，以近月点时刻 $T_{\mathrm{p}}$ 下月球轨道空间站的运行轨道为目标月球低轨道，逆向积分求解式(6-4-52)获得基于近月三脉冲的最小燃耗月地直接转移轨道。

(6)计算 $T_{\mathrm{ar}} = T_{\mathrm{ar}} + \Delta T$ 时刻月球轨道空间站出发返回至地球低轨道空间站的月地直接转移轨道。

3. 数值计算

本节考虑地月载人飞船在 2025 年从 200km 月球极轨道空间站出发返回至中国空间站的飞行场景，分析飞船实现月地转移的轨道转移窗口、速度增量及转移时间。中国空间站、月球轨道空间站和月球的参数设置参见第 6.4.3 节。

考虑载人飞船的月地转移时间一般不超过 4.5 天，且转移时间越小，实现月地转移所需的速度增量越大，故本节将

$$\theta_{\mathrm{te}} \in [-50°, -30°] \cup [130°, 150°] \tag{6-4-63}$$

作为月球轨道空间站出发返回至中国空间站的轨道转移窗口。同样，月球轨道空间站出发返回至中国空间站的轨道转移窗口每月至少存在 3 个。

图 6-4-28～图 6-4-31 给出了 2025 年四个连续月地轨道转移窗口 I～IV 内，月球轨道空间站出发返回至中国空间站所需的速度增量及转移时间。本节中，速度增量是指从月球轨道空间站运行轨道变轨至返回中国空间站的月地直接转移轨道所需的近月三脉冲速度增量。四个转移窗口中的 $\delta_{\mathrm{te}}$ 在 13.6°～69.9°范围内变化，覆盖了中国空间站轨道面同月球白道面夹角的整个变化范围。四个连续轨道转移窗口的大小分别为 1.1 天、1.1 天、1.0 天和 0.55 天。

图 6-4-28 的转移窗口 I 中，$\delta_{\mathrm{te}}$ =69.1°～69.9°，月球轨道空间站出发返回至中国空间站所需的最小速度增量为 1.3704km/s，对应的转移时间为 3.4467 天；最大速度增量为 1.4942km/s，相应的转移时间为 4.4946 天。图 6-4-29 的转移窗口 II 中，$\delta_{\mathrm{te}}$ =61.2°～63.3°，月地直接转移所需的最小速度增量为 1.0236km/s，相应的转移时间为 3.8736 天；最大速度增量为 1.1261km/s，对应的转移时间为 3.1106 天。图 6-4-30 的转移窗口 III 中，$\delta_{\mathrm{te}}$ =31.9°～35.3°，月地直接转移所需的速度增量为 0.9924～1.3647km/s。图 6-4-31 的转移窗口 IV 中，$\delta_{\mathrm{te}}$ =13.6°～13.9°，月地直接转移所需的速度增量为 1.3255～1.4763km/s。由表 6-4-5可知，四个连续轨道转移窗口 I～IV 中，所需的最大速度增量和最小速度增量均具有较大的差异，这主要归结于转移窗口内出发月球低轨道(可实现月地直接转移)同月球轨道空间站运行轨道的差异。月球轨道空间站出发返回至中国空间站所需的转移时间主要由 $\theta_{\mathrm{te}}$ 决定，其随 $\theta_{\mathrm{te}}$ 的减小，呈现线性单调上升的趋势。

综上所述：月球轨道空间站出发返回至中国空间站的轨道转移窗口每月至少存在 3 个；所需的速度增量主要由出发月球低轨道与月球轨道空间站运行轨道的差异决定；转移时间则随着 $\theta_{\mathrm{te}}$ 的减小而增大。

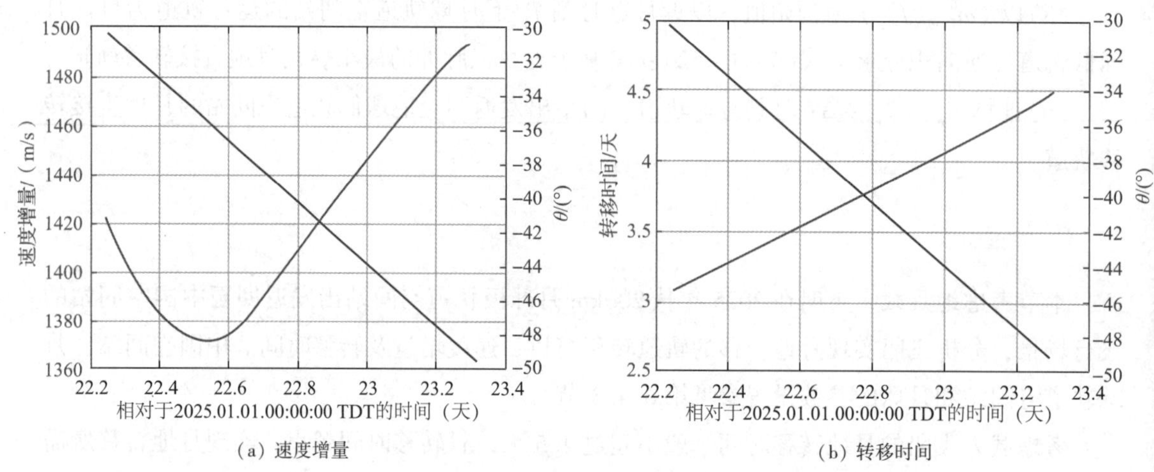


（a）速度增量　　（b）转移时间

图6-4-28　轨道转移窗口Ⅰ：月地直接转移所需的速度增量及转移时间

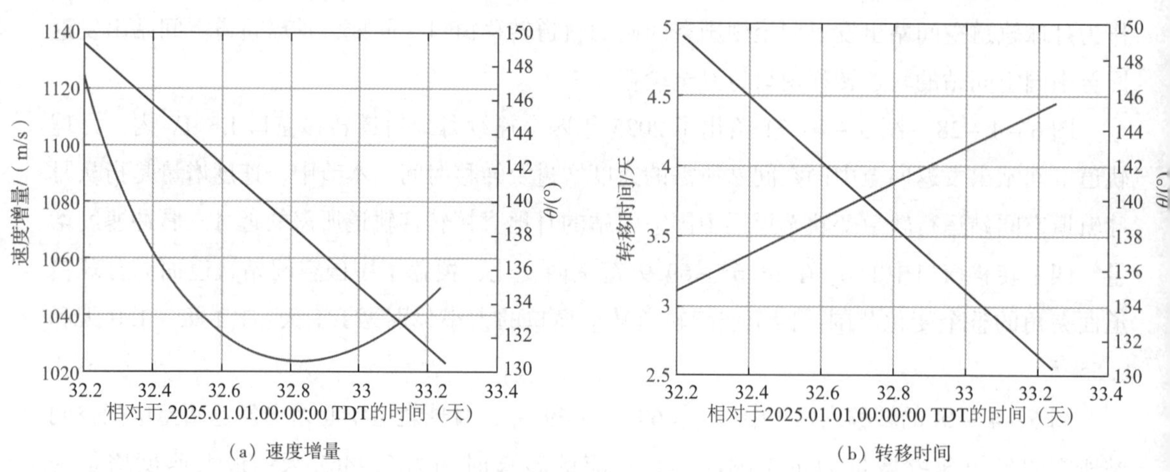


（a）速度增量　　（b）转移时间

图6-4-29　轨道转移窗口Ⅱ：月地直接转移所需的速度增量及转移时间

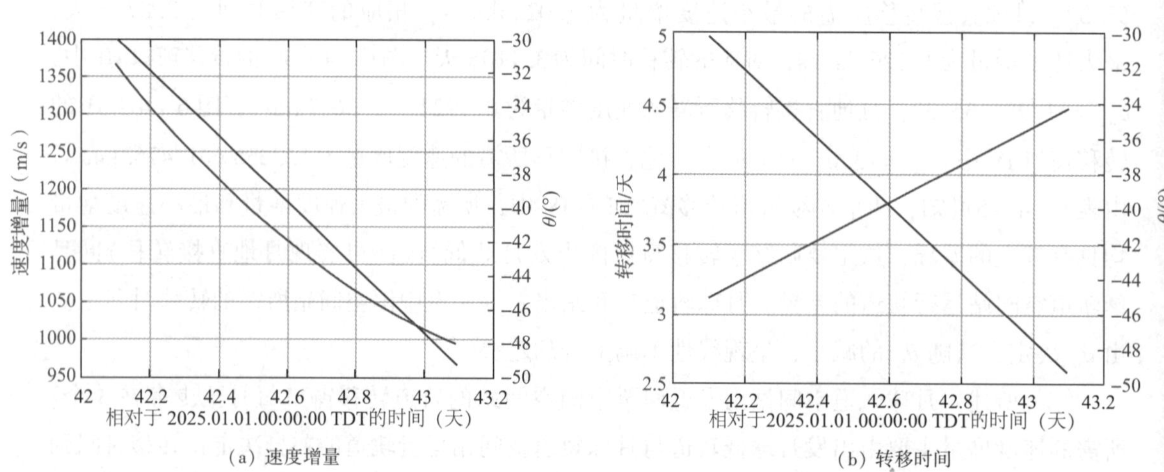


（a）速度增量　　（b）转移时间

图6-4-30　轨道转移窗口Ⅲ：月地直接转移所需的速度增量及转移时间

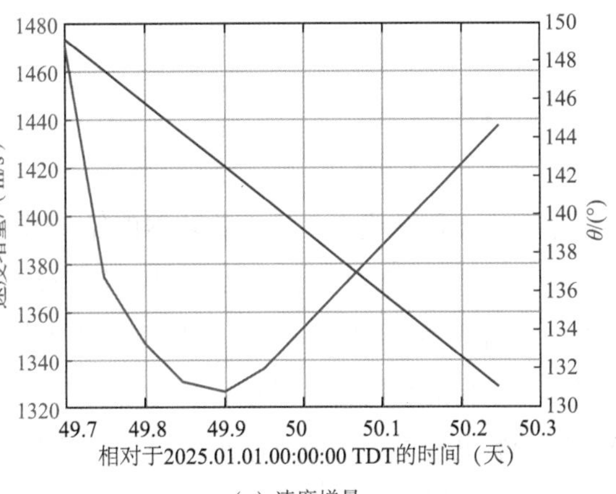

(a) 速度增量

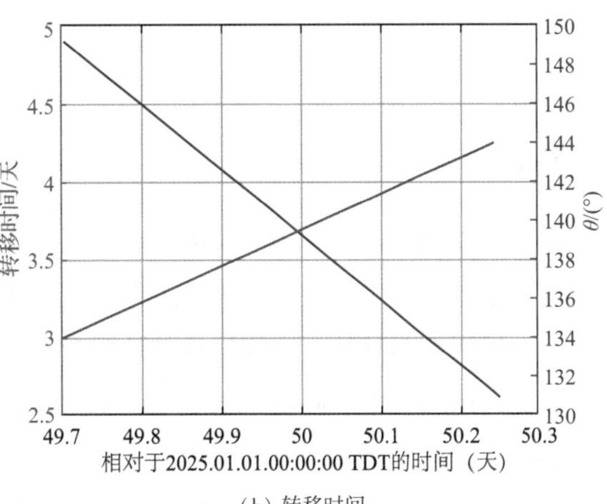

(b) 转移时间

图6-4-31　轨道转移窗口Ⅳ：月地直接转移所需的速度增量及转移时间

**表6-4-5　月球轨道空间站出发返回至中国空间站所需的速度增量和转移时间**

| 转移窗口 | 最小速度增量/(km/s) | 转移时间/天 | 最大速度增量/(km/s) | 转移时间/天 |
|---|---|---|---|---|
| I | 1.3704 | 3.4467 | 1.4942 | 4.4946 |
| II | 1.0236 | 3.8736 | 1.1261 | 3.1106 |
| III | 0.9924 | 4.4734 | 1.3647 | 3.1100 |
| IV | 1.3255 | 3.4473 | 1.4763 | 2.9935 |

## 6.4.5　小结

本节以实现地球低轨道空间站和月球轨道空间站之间的往返转移轨道设计为目标：

(1)通过定义地球低轨道和月球之间的相对几何关系，提出了地月/月地直接转移可达集的概念，并对可达集的对称性进行了分析。通过求解最小近月距地月直接转移轨道，对地月直接转移可达集进行了数值仿真。可达集的概念，从一般意义上给出了地月直接转移的实现条件。

(2)针对地月直接转移轨道无法到达任意月球低轨道的问题，建立了近月三脉冲的数学模型；提出了基于近月三脉冲的最小燃耗全月覆盖地月直接转移轨道设计方法；在月固坐标系下，得到了同一轨道面出发到达任意月球低轨道所需的速度增量、转移时间分布。

(3)提出了地球低轨道空间站往返月球轨道空间站的转移轨道设计方法。以中国空间站和月球极轨道空间站为例，分析了2025年中国空间站往返月球极轨道空间站的轨道转移窗口、速度增量以及转移时间特性。

结果表明，以地球低轨道空间站和月球轨道空间站为空间港的可重复使用载人月球探测飞行模式，可作为未来开展载人月球探测的重要技术途径。

## 6.5 地月空间小推力飞行器的往返轨道转移

在以地月空间站为空间港的可重复使用载人月球探测飞行模式中，月面着陆器停靠于月球轨道空间站进行在轨维修或在轨加注，以在下一次任务中重复使用，所以一艘往返于地月，用于燃料补给、物资运输的地月货运飞船对于支持月面着陆器的可重复使用至关重要。为提高运输效率、降低运输成本，地月货运飞船需具有较高的载荷比，且进一步考虑货运飞船的飞行时间不受约束，采用比冲高达几千甚至上万秒的电推进、核推进系统将是一个理想的选择。然而，这类高比冲推进系统可提供的推力较小，一般在毫牛至牛的量级，货运飞船在到达月球附近时无法施加脉冲式的瞬间近月制动以实现月球捕获。因此，对于小推力地月转移飞行器而言，如何确保其被月球捕获是工程实施的关键问题。

本节围绕小推力地月转移的月球捕获难题，基于圆限制性三体模型和常微分方程的参数连续性理论，提出并证明了月球捕获集定理，进而对小推力地月转移轨道进行了数值仿真和鲁棒性分析[5]。

### 6.5.1 推力作用下的圆限制性三体模型

圆限制性三体模型中，飞行器在连续推力作用下的动力学方程在地月质心旋转坐标系中的归一化表示为

$$\dot{\boldsymbol{s}} = \boldsymbol{f}(\boldsymbol{s}) + \boldsymbol{g}(u,\boldsymbol{\alpha},m) \Rightarrow \begin{bmatrix} \dot{\boldsymbol{r}} \\ \dot{\boldsymbol{v}} \\ \dot{m} \end{bmatrix} = \begin{bmatrix} \boldsymbol{v} \\ \boldsymbol{h}(\boldsymbol{v}) + \nabla \widetilde{U} \\ 0_{3\times1} \end{bmatrix} + \begin{bmatrix} 0_{3\times1} \\ u\dfrac{T_{\max}}{m}\boldsymbol{\alpha} \\ -u\dfrac{T_{\max}}{c} \end{bmatrix} \tag{6-5-1}$$

其中：$\boldsymbol{r}$ 为位置矢量，$\boldsymbol{r}=[x,y,z]^{\mathrm{T}}$；$\boldsymbol{v}$ 为速度矢量，$\boldsymbol{v}=[\dot{x},\dot{y},\dot{z}]^{\mathrm{T}}$；$m$ 为飞行器质量；$\boldsymbol{s}$ 为飞行器的状态矢量，$\boldsymbol{s}=(\boldsymbol{r}^{\mathrm{T}},\boldsymbol{v}^{\mathrm{T}},m)^{\mathrm{T}}$；$\boldsymbol{\alpha}$ 为推力方向单位矢量，$\boldsymbol{\alpha}=[\alpha_x,\alpha_y,\alpha_z]$；$T_{\max}$ 为推力器所能提供的最大推力；$c$ 为推力器有效排气速度，$c=g_0 I_{\mathrm{sp}}$，$g_0$ 为海平面重力加速度，$I_{\mathrm{sp}}$ 为推力器比冲；$u$ 为推力器开关函数；$\boldsymbol{h}(\boldsymbol{v})$ 为

$$\boldsymbol{h}(\boldsymbol{v}) = [-2\dot{y} \quad 2\dot{x} \quad 0]^{\mathrm{T}} \tag{6-5-2}$$

特别地，当 $u=0$ 时，有

$$\dot{\boldsymbol{s}} = \boldsymbol{f}(\boldsymbol{s}) \tag{6-5-3}$$

为圆限制性三体模型的动力学方程。

## 6.5.2　月球捕获条件及制导律设计

### 1. 月球捕获条件

小推力地月转移飞行器的飞行过程：飞行器从近地停泊轨道出发，在连续推力的作用下加速飞行。月球捕获前，其轨迹在地球附近呈螺旋状上升形态，雅可比积分不断减小，能量不断增大，直至转移轨道的雅可比积分满足 $J_t = C_1$；此时，飞行器仍处于图 6-5-1 所示的 $I$ 区域，对应的零速度面在 $L_1$ 点处达到了地月转移的临界条件。飞行器在连续推力的作用下继续加速，雅可比积分进一步减小至 $J_t = J_{min}$，其中 $J_{min}$ 为小推力地月转移过程中的最小雅可比积分。假设此时飞行器具备了飞越 $x = x|_{L_1}$ 的条件，为了实现月球捕获，对飞行器施加反向推力，能量不断减少，直至雅可比积分满足 $J_t = C_1$；此时零速度面再次呈现如图 6-5-1 所示的状态。

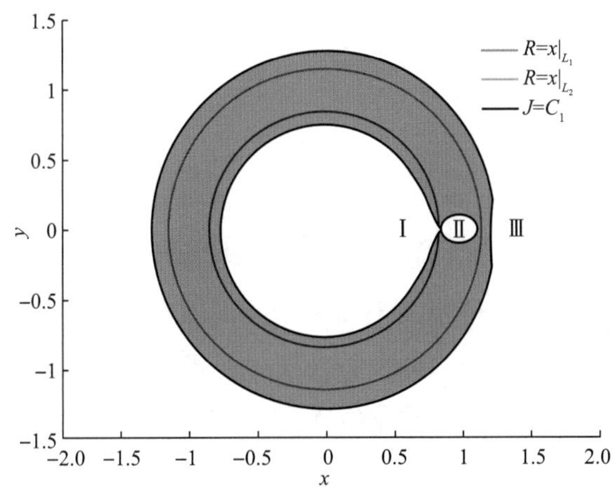


图 6-5-1　飞行器终端状态所处的三个区域

当雅可比积分满足 $J_t = C_1$，飞行器的终端状态处于由 $R = x|_{L_1}$，$R = x|_{L_2}$ 分隔的三个区域，分别为

$$\text{I}: \{(x,y) \mid R < x|_{L_1}, J_t = C_1\} \tag{6-5-4}$$

$$\text{II}: \{(x,y) \mid x|_{L_1} < R < x|_{L_2}, J_t = C_1\} \tag{6-5-5}$$

$$\text{III}: \{(x,y) \mid R > x|_{L_2}, J_t = C_1\} \tag{6-5-6}$$

式中：$R = \sqrt{x^2 + y^2}$。

易知，飞行器被月球捕获，其终端状态 $\boldsymbol{s}_f$ 需同时满足两个条件

$$\begin{cases} J_f = C_1 \\ x|_{L_1} < R_f < x|_{L_2} \end{cases} \tag{6-5-7}$$

### 2. 推力方向

考虑在 $T_0$ 时刻从近地停泊轨道（如 LEO、GEO 等）出发的小推力地月转移飞行器，且设

飞行器初始状态 $\boldsymbol{s}_0$ 的雅可比积分 $J_0 = J(T_0)$ 。在动力学方程

$$\dot{\boldsymbol{v}} = \boldsymbol{h}(\boldsymbol{v}) + \nabla \tilde{U} + u\frac{T_{\max}}{m}\boldsymbol{\alpha} \tag{6-5-8}$$

的两侧同时与 $\boldsymbol{v}$ 求内积，并结合 $2\tilde{U} - v^2 = \text{const}$ ，可得

$$\frac{\mathrm{d}J}{\mathrm{d}t} = -u\frac{2T_{\max}}{m}(\boldsymbol{\alpha}\cdot\boldsymbol{v}) \tag{6-5-9}$$

显然，当 $\boldsymbol{\alpha} = \pm\boldsymbol{v}/v$ ，即推力方向沿速度方向或其反方向时，雅可比积分 $J$ 的变化率最大，且有

$$\frac{\mathrm{d}J}{\mathrm{d}t} = \mp u\frac{2T_{\max}}{m}v \tag{6-5-10}$$

对式(6-5-10)积分可得

$$J(t) - J_0 = \mp\int_{T_0}^{t} u\frac{2T_{\max}}{m}v\mathrm{d}t \tag{6-5-11}$$

式中：“ $\mp$ ”分别对应 $\boldsymbol{\alpha} = \pm\boldsymbol{v}/v$ 的情况。

### 3. 推进效率

在当前时刻 $T_0$ 、状态 $\boldsymbol{s}_0 = (\boldsymbol{r}_0^{\mathrm{T}}, \boldsymbol{v}_0^{\mathrm{T}}, m_0)^{\mathrm{T}}$ 下，推力方向 $\boldsymbol{\alpha}_0 = \pm\boldsymbol{v}_0/v_0$ 虽然保证了雅可比积分的变化率最大，但其并未提供任何关于相对于同一圈次中其他状态的推进效率信息。例如，对于当前状态所在圈次 $\boldsymbol{\varphi}(\boldsymbol{s}_0)$ 的另一个状态 $\boldsymbol{s}_1$ ，相同推力作用下 $\boldsymbol{s}_0$ 与 $\boldsymbol{s}_1$ 两个状态下的推进效率该如何评价。这里 $\boldsymbol{s}_0$ 所在圈次 $\boldsymbol{\varphi}(\boldsymbol{s}_0)$ 定义为

$$\boldsymbol{\varphi}(\boldsymbol{s}_0):\begin{cases}\dot{\boldsymbol{s}} = \boldsymbol{f}(\boldsymbol{s}) \\ \boldsymbol{s}(t_0) = \boldsymbol{s}_0\end{cases}, T_0 \leqslant \tau \leqslant T_0 + P \tag{6-5-12}$$

式中：$P$ 为所在圈次 $\boldsymbol{\varphi}(\boldsymbol{s}_0)$ 的轨道周期。

注意，推力作用下的雅可比积分变化率，即式(6-5-10)与质心旋转坐标系下的速度大小 $v$ 相关，故可以定义状态 $\boldsymbol{s}$ 的推进效率为

$$\eta(\boldsymbol{s}) = \frac{v - v_{\min}}{v_{\max} - v_{\min}} \tag{6-5-13}$$

式中：$v_{\min}$ 、$v_{\max}$ 分别为当前状态 $\boldsymbol{s}$ 所在圈次 $\boldsymbol{\varphi}(\boldsymbol{s})$ 下的最小速度和最大速度，且有

$$v_{\min} = \min\{v \mid \boldsymbol{\varphi}(\boldsymbol{s})\} \tag{6-5-14}$$

$$v_{\max} = \max\{v \mid \boldsymbol{\varphi}(\boldsymbol{s})\} \tag{6-5-15}$$

对相同圈次的两个状态 $\boldsymbol{s}_0$ 和 $\boldsymbol{s}_1$ ，若 $\eta(\boldsymbol{s}_0) > \eta(\boldsymbol{s}_1)$ ，则意味着在状态 $\boldsymbol{s}_0$ 处施加的推力使得雅可比积分的变化相对于在状态 $\boldsymbol{s}_1$ 处施加所引起的变化更大，在推进效率较高的状态 $\boldsymbol{s}_0$ 处施加推力更有利于减小燃耗。故可以通过设置推进效率的阈值 $\eta_{\mathrm{cut}} \in [0,1)$ 来判断是否在当前位置施加推力，即

$$u(\tau) = \begin{cases} 1, \eta > \eta_{\text{cut}} \\ 0, \eta < \eta_{\text{cut}} \end{cases} \tag{6-5-16}$$

当 $\eta_{\text{cut}} = 0$ 时，意味着在小推力地月转移过程中全程施加推力。直观上讲，$\eta_{\text{cut}}$ 越大，转移时间越长且燃料越少。

计算式(6-5-14)和式(6-5-15)时，涉及对动力学方程式(6-5-12)的数值积分，这会降低小推力地月转移轨道的计算效率，因此采用下式计算地月质心旋转坐标系下的速度，即

$$\boldsymbol{v} = \begin{bmatrix} \cos\tau & \sin\tau & 0 \\ -\sin\tau & \cos\tau & 0 \\ 0 & 0 & 1 \end{bmatrix} \widetilde{\boldsymbol{V}}_{\text{E}}^{\text{m}} + \begin{bmatrix} -\sin\tau & \cos\tau & 0 \\ -\cos\tau & -\sin\tau & 0 \\ 0 & 0 & 0 \end{bmatrix} \widetilde{\boldsymbol{R}}_{\text{E}}^{\text{m}} \tag{6-5-17}$$

进一步有

$$v = \sqrt{(x_{\text{E}}^{\text{m}} - \dot{y}_{\text{E}}^{\text{m}})^2 + (y_E^{\text{m}} + \dot{x}_{\text{E}}^{\text{m}})^2 + (\dot{z}_{\text{E}}^{\text{m}})^2} \tag{6-5-18}$$

而 $\widetilde{\boldsymbol{R}}_{\text{E}}^{\text{m}} = [x_E^{\text{m}}, y_E^{\text{m}}, z_E^{\text{m}}]^{\text{T}}$ 和 $\widetilde{\boldsymbol{V}}_{\text{E}}^{\text{m}} = [\dot{x}_E^{\text{m}}, \dot{y}_E^{\text{m}}, \dot{z}_E^{\text{m}}]^{\text{T}}$ 可基于二体问题模型进行近似。

### 4. 飞行控制序列

如图 6-5-2 所示，飞行器从近地停泊轨道出发后，先后历经五个阶段后被月球捕获。图 6-5-2 中，$\tau_i(i = 1,\cdots,5)$ 为第 $i$ 飞行阶段的飞行时间，$T_0$ 为初始时刻，$T_i(i = 1,\cdots,5)$ 为第 $i$ 飞行阶段的末端时刻，满足 $T_i = T_{i-1} + \tau_i(i = 1,\cdots,5)$ 。

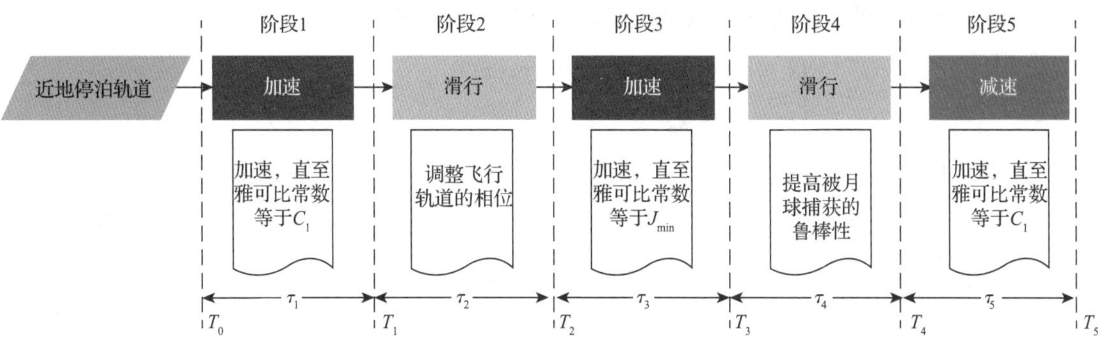


图 6-5-2　小推力地月转移飞行器飞行控制序列

阶段 1 用于飞行器的能量累积，直至雅可比积分等于 $C_1$ 。阶段 1 的飞行时间占据了小推力地月转移时间的大部分，故阶段 1 中推力器的推进效率对于地月转移的燃耗至关重要。阶段 1 中定义推进效率阈值 $\eta_{\text{cut}}$ ，推力开关在 $[T_0, T_1]$ 满足式(6-5-16)。该阶段的飞行时间 $\tau_1$ 满足

$$C_1 - J_0 = -\int_{T_0}^{T_0+\tau_1} u \frac{2T_{\max}}{m} v \mathrm{d}\tau \tag{6-5-19}$$

阶段 2 用于调整飞行器的相位，以使得飞行器具备飞越地月 $L_1$ 附近空间的条件。该阶

段推力器处于关机状态，飞行器无动力滑行，有 $u(\tau)=0, T_1 \leqslant \tau \leqslant T_2$ 。飞行时间 $\tau_2 \geqslant 0$ ，为待定参数，其与飞行器初始状态 $\boldsymbol{s}_0$ 和推力加速度 $T_{\max}/m$ 有关。

阶段 3 推力器始终处于开机状态 $u(\tau)=1, T_2 \leqslant \tau \leqslant T_3$ ，飞行器继续加速使得雅可比积分减小至 $J_{\min}$ ，其中 $J_{\min}<C_1$ 。飞行时间 $\tau_3>0$ ，且满足

$$J_{\min}-C_1=-\int_{T_2}^{T_2+\tau_3} \frac{2T_{\max}}{m} v \mathrm{d}\tau \tag{6-5-20}$$

由于 $J_{\min}$ 未知，故 $\tau_3$ 为待定参数。

阶段 4 用于提高飞行器被月球捕获的鲁棒性。阶段 4 中推力器处于关机状态，飞行器无动力滑行，即 $u(\tau)=0$ , $J(\tau)=J_{\min}$ , $T_3 \leqslant \tau \leqslant T_4$ 。飞行时间 $\tau_4 \geqslant 0$ 为待定参数。

阶段 5 用于对飞行器减速直至 $J_{\mathrm{f}}=C_1$ ，从而实现月球捕获。阶段 5 中推力器处于开机状态，即 $u(\tau)=1, T_4 \leqslant \tau \leqslant T_5$ ，推力方向 $\boldsymbol{\alpha}=-\boldsymbol{v}/\|\boldsymbol{v}\|$ 沿速度反方向。飞行时间 $\tau_5$ 满足

$$C_1-J_{\min}=\int_{T_4}^{T_4+\tau_5} \frac{2T_{\max}}{m} v \mathrm{d}\tau \tag{6-5-21}$$

由式(6-5-21)可知，当 $\tau_2$、$\tau_3$、$\tau_4$ 确定后，即可确定 $\tau_5$ 。

## 6.5.3 月球捕获集定理及其证明

由第 6.5.2 节的分析可知，小推力地月转移飞行器被月球捕获的充分条件为其终端状态 $s_{\mathrm{f}}$ 满足 $J_{\mathrm{f}}=C_1$ 和 $x|_{L_1}<R_{\mathrm{f}}<x|_{L_2}$ 。基于第 6.5.2 节给出的制导律设计，小推力地月转移飞行器的动力学方程可表示为一个包含三参数的常微分方程初值问题：

$$\begin{cases}\dot{\boldsymbol{s}}=\boldsymbol{f}(\boldsymbol{s})+\boldsymbol{g}(\boldsymbol{v}, m, \tau_2, \tau_3, \tau_4) \\ \boldsymbol{s}(T_0)=\boldsymbol{s}_0\end{cases}, T_0 \leqslant \tau \leqslant T_5 \tag{6-5-22}$$

其解可表示为 $\varphi(\boldsymbol{s}_0;\tau_2,\tau_3,\tau_4)$ ，由初始状态和参数 $\tau_2$、$\tau_3$、$\tau_4$ 完全决定。

本节基于常微分方程解的参数连续性理论提出月球捕获集定理，证明存在参数 $\tau_2$、$\tau_3$、$\tau_4$ ，使得动力学系统式(6-5-22)的终端状态满足 $x|_{L_1}<R_f<x|_{L_2}$ 。

引理 1　动力学系统式(6-5-22)的解 $\varphi(\boldsymbol{s}_0;\tau_2,\tau_3,\tau_4)$ 在 $\tau=T_3$ 的状态 $\boldsymbol{s}(T_3)$ 为参数 $T_3=T_2+\tau_3$ 的连续函数。

证明：已知

$$\boldsymbol{s}(T_3)=\int_{T_0}^{T_3}[\boldsymbol{f}(\boldsymbol{s})+\boldsymbol{g}(\boldsymbol{v}, m, T_2, T_3, T_4)] \mathrm{d}\tau \tag{6-5-23}$$

且 $f(\boldsymbol{s})$ 满足局部利普希茨(Lipschitz)条件[6]，即存在 $L>0$ ，使得任意的 $\boldsymbol{s}^1$ 、$\boldsymbol{s}^2 \in [T_0, T_5]$

$$\|f(\boldsymbol{s}^1)-f(\boldsymbol{s}^2)\|<L\|\boldsymbol{s}^1-\boldsymbol{s}^2\| \tag{6-5-24}$$

则对于任意 $\varepsilon>0$ ，存在 $\delta>0$ ，使得任意的 $T_3$ 、$\overline{T}_3$ 满足 $|\overline{T}_3-T_3|<\delta$ ，这里不妨取 $\overline{T}_3-T_3>0$ ，有

$$\|\bar{\boldsymbol{s}}(\bar{T}_3)-\boldsymbol{s}(\bar{T}_3)\|=\left\|\int_{T_3}^{\bar{T}_3}\left(f(\bar{\boldsymbol{s}})-f(\boldsymbol{s})+\begin{bmatrix}0_{3\times1}\\ \dfrac{T_{\max}}{m}\bar{\boldsymbol{\alpha}}\\ 0\end{bmatrix}\right)\mathrm{d}\tau\right\|$$

$$\leqslant\left\|\int_{T_3}^{\bar{T}_3}(f(\bar{\boldsymbol{s}})-f(\boldsymbol{s}))\mathrm{d}t\right\|+\left\|\int_{T_3}^{\bar{T}_3}\begin{bmatrix}0_{3\times1}\\ \dfrac{T_{\max}}{m}\bar{\boldsymbol{\alpha}}\\ 0\end{bmatrix}\mathrm{d}\tau\right\|$$

$$\leqslant\int_{T_3}^{\bar{T}_3}L\|\bar{\boldsymbol{s}}-\boldsymbol{s}\|\mathrm{d}\tau+c(\ln m(T_3)-\ln m(\bar{T}_3))\tag{6-5-25}$$

由于

$$m=1-\frac{T_{\max}}{c}\Delta T\tag{6-5-26}$$

且

$$\Delta v=\int_{T'}^{T''}\frac{T_{\max}}{m}\mathrm{d}\tau=c(\ln m(T')-\ln m(T''))>T_{\max}(T''-T')=T_{\max}\Delta T\tag{6-5-27}$$

故

$$m\geqslant1-\frac{\Delta v}{c}\tag{6-5-28}$$

$$\|\bar{\boldsymbol{s}}(\bar{T}_3)-\boldsymbol{s}(\bar{T}_3)\|\leqslant\int_{T_3}^{\bar{T}_3}L\|\bar{\boldsymbol{s}}-\boldsymbol{s}\|\mathrm{d}\tau+\frac{T_{\max}}{c-\Delta v}(\bar{T}_3-T_3)\tag{6-5-29}$$

根据格朗沃尔(Gronwall)定理可得

$$\|\bar{\boldsymbol{s}}(\bar{T}_3)-\boldsymbol{s}(\bar{T}_3)\|\leqslant\frac{T_{\max}}{c-\Delta v}(\bar{T}_3-T_3)\exp\left(\int_{T_3}^{\bar{T}_3}L\mathrm{d}\tau\right)\leqslant\frac{T_{\max}}{c-\Delta v}(\bar{T}_3-T_3)\mathrm{e}^{L(\bar{T}_3-T_3)}\tag{6-5-30}$$

由于 $(\bar{T}_3-T_3)e^{L(\bar{T}_3-T_3)}\geqslant0$ 且为连续单调递增函数，故必存在 $\delta<\lambda^*$，其中 $\lambda^*$ 满足

$$\frac{T_{\max}}{c-\Delta v}\lambda^*e^{L\lambda^*}=\varepsilon$$

使得

$$\|\bar{s}(\bar{T}_3)-s(\bar{T}_3)\|<\varepsilon\tag{6-5-31}$$

因此，$\boldsymbol{s}(T_3)$ 为参数 $T_3=T_2+\tau_3$ 的连续函数。

引理2　动力学系统式(6-5-22)的解 $\varphi(\boldsymbol{s}_0;\tau_2,\tau_3,\tau_4)$ 为参数 $T_3=T_2+\tau_2$ 的连续函数。

证明：(1)当 $\tau<T_3$ 时，$\mathbf{s}(\tau)$ 显然为参数 $T_3$ 的连续函数。

(2)当 $T_3 < \tau < T_4$ 时，有

$$
\begin{aligned}
\bar{s}(\tau) &= \bar{s}(\bar{T}_3) + \int_{\bar{T}_3}^{t} f(\bar{s})\mathrm{d}\tau \\
s(\tau) &= s(\bar{T}_3) + \int_{\bar{T}_3}^{t} f(s)\mathrm{d}\tau
\end{aligned}
\tag{6-5-32}
$$

由引理1可知，对于 $\forall \varepsilon > 0$，存在 $\delta_1 > 0$，使得

$$
\| \bar{s}(\bar{T}_3) - s(\bar{T}_3) \| < \frac{\varepsilon}{2} \tag{6-5-33}
$$

由微分方程的初值连续性定理可知，存在 $\delta_2 > 0$，使得

$$
\left\| \int_{\bar{T}_3}^{t} (f(\bar{s}) - f(s))\mathrm{d}\tau \right\| < \frac{\varepsilon}{2} \tag{6-5-34}
$$

存在 $\delta = \min(\delta_1, \delta_2)$，使得

$$
\| \bar{s}(t) - s(t) \| \leqslant \| \bar{s}(\bar{T}_3) - s(\bar{T}_3) \| + \left\| \int_{\bar{T}_3}^{t} (f(\bar{s}) - f(\mathbf{s}))\mathrm{d}\tau \right\| < \varepsilon \tag{6-5-35}
$$

从而，对于 $T_3 < \tau < T_4$，$s(\tau)$ 为参数 $T_3$ 的连续函数。同理，当 $T_4 < \tau < T_5$ 时，$s(\tau)$ 为参数 $T_3$ 的连续函数。从而动力学系统式(6-5-22)的解 $\varphi(s_0;\tau_2,\tau_3,\tau_4)$ 为参数 $T_3$ 的连续函数。

由于证明过程相似，这里不加证明地给出以下引理：

引理3　动力学系统式(6-5-22)的解 $\varphi(s_0;\tau_2,\tau_3,\tau_4)$ 为参数 $T_2$、$T_3$、$T_4$ 的连续函数。

引理4　动力学系统式(6-5-22)的解 $\varphi(s_0;\tau_2,\tau_3,\tau_4)$ 为参数 $\tau_2$、$\tau_3$、$\tau_4$ 的连续函数。

证明：由于 $\tau_2 = T_2 - T_1$，$\tau_3 = T_3 - T_2$，$\tau_4 = T_4 - T_3$ 为 $T_2,T_3,T_4$ 的连续函数，故由引理3可知上述结论成立。

基于引理4，下面给出三个定理。

定理1　考虑动力学系统式(6-5-22)，若参数 $\tau_2 \geqslant 0,\tau_3 > 0,\tau_4 \geqslant 0$，使得轨迹 $\varphi(s_0;\tau_2,\tau_3,\tau_4)$ 满足 $R(T_5) > x|_{L_2}$，则必存在 $0 < \tau_3^* < \tau_3$，使得 $x|_{L_1} < R(T_5) < x|_{L_2}$。

证明：由引理1可知，$\varphi(s_0;\tau_2,\tau_3,\tau_4)$ 为参数 $\tau_3$ 的连续函数，因此 $R(T_5)$ 也为 $\tau_3$ 的连续函数。由于当 $\tau_3 = 0$ 时，$J_{\min} = J(T_2) = C_1$，因此对任意 $\tau \in [T_0,T_5]$ 有 $R(\tau) < x|_{L_1}$。

又由于存在参数 $\tau_2 \geqslant 0,\tau_3 > 0,\tau_4 \geqslant 0$，使得轨迹 $\varphi(s_0;\tau_2,\tau_3,\tau_4)$ 满足 $R(T_5) > x|_{L_2}$，从而由连续函数的性质可知，必存在 $0 < \tau_3^* < \tau_3$，使得 $x|_{L_1} < R(T_5) < x|_{L_2}$。

下面不加证明地给出定理2和定理3：

定理2　考虑动力学系统式(6-5-22)，对 $\tau_3 > 0,\tau_4 \geqslant 0$，若存在参数 $\bar{\tau}_2 \geqslant 0$，使得 $R(T_5) > x|_{L_2}$，且存在 $\underline{\tau}_2 \geqslant 0$，使得 $R(T_5) < x|_{L_1}$，则必存在 $\underline{\tau}_2 < \tau_2^* < \bar{\tau}_2$，使得 $x|_{L_1} < R(T_5) < x|_{L_2}$。

定理3　考虑动力学系统式(6-5-22)，对 $\tau_2 > 0,\tau_3 \geqslant 0$，若存在参数 $\bar{\tau}_4 \geqslant 0$，使得 $R(T_5) > x|_{L_2}$，且存在 $\underline{\tau}_4 \geqslant 0$，使得 $R(T_5) < x|_{L_1}$，则必存在 $\underline{\tau}_4 < \tau_4^* < \bar{\tau}_4$，使得 $x|_{L_1} <$

$R(T_5) < x|_{L_2}$。

### 6.5.4 结果与讨论

为了验证第6.5.2节小推力地月转移制导律以及第6.5.3节月球捕获集定理的有效性，在此讨论不同推力加速度以及不同推进效率作用下的三个示例。小推力地月转移的初始停泊轨道为高度35827km的地球静止轨道。假设飞行器初始质量为1500kg；三个示例中，推力器的最大推力分别为0.45 N、0.3 N和0.15 N，推力器比冲为3000s。示例均采用4～5阶变步长龙格-库塔积分，绝对误差和相对误差均不超过$10^{-13}$，且均在一台拥有主频3.3 GHz、四核i5处理器、4 GB内存的台式计算机完成。Oshima[7]在平面圆限制性三体模型下，基于间接法通过全局搜索给出了示例2和示例3的燃料最优解，作为相应示例的对比。

示例1：推力器的最大推力为0.45 N，对应的初始推力加速度为$3\times10^{-4}\mathrm{m/s^2}$；推进效率阈值$\eta_{\mathrm{cut}}=0$，即推力器在阶段1中始终开机。由于月球白道面与地球静止轨道的夹角最大为28.5°，故这里假设在圆限制性三体模型中初始停泊轨道与$x-y$平面存在28.5°的夹角。

首先，通过观察小推力转移轨道在$x-y$平面上的投影迭代求解参数$\tau_2$，以满足飞行器可以从地月$\mathrm{L}_1$点附近通过的条件，该过程可以在3～4次迭代后满足要求；其次，求解终端状态分别满足$R_{\mathrm{f}}<x|_{L_1}$和$R_{\mathrm{f}}>x|_{L_2}$的转移轨道；最后基于月球捕获集定理，在上述两条转移轨道的参数间进行遍历搜索，求解$\tau_2$、$\tau_3$、$\tau_4$的月球捕获集，该过程同时可以得到燃料最优的小推力地月转移轨道。由于阶段1的积分时间占用了整条转移轨道积分的绝大部分，而遍历搜索只涉及阶段2～5的积分，故这一过程可以在数秒内完成。

图6-5-3～图6-5-5给出了状态矢径$R(\tau)$和雅可比积分$J(\tau)$的变化，其中参数$\tau_2$、$\tau_3$、$\tau_4$的单位为天。图6-5-3给出了$\tau_2\in[3.54,\ 3.65]$、$\tau_3=9$、$\tau_4=2$时状态矢径$R(\tau)$，雅可比积分$J(\tau)$的变化。如图6-5-3(b)所示，$\varphi(s_0;\tau_2,\tau_3,\tau_4)$终端状态的雅可比积分均满足$J_{\mathrm{f}}=C_1$。当$\tau_2=3.65$时，终端状态矢径$R_{\mathrm{f}}>x|_{L_2}$；当$\tau_2=3.54$，终端状态矢径$R_{\mathrm{f}}<x|_{L_1}$。根据定理1，存在参数$\tau_2\in(3.54,3.65)$使得终端状态满足$x|_{L_1}<R_{\mathrm{f}}<x|_{L_2}$。经数值计算，$\tau_2\in[3.55,3.64]$、$\tau_3=9$、$\tau_4=2$为小推力地月转移轨道的月球捕获集。图6-5-6给出了参数$\tau_2=3.61$、$\tau_3=9$、$\tau_4=2$时的小推力地月转移轨道，其飞行时间为100.18天，燃料消耗为124.98kg，对应的燃耗比为0.9167。

图6-5-4给出了$\tau_2=3.61$、$\tau_3\in[8.7,9.2]$、$\tau_4=2$时状态矢径$R(\tau)$，雅可比积分$J(\tau)$的变化。由图6-5-4可知，当$\tau_3=9.2$时，$\varphi(s_0;\tau_2,\tau_3,\tau_4)$的终端状态矢径满足$R_{\mathrm{f}}>x|_{L_2}$；当$\tau_3=8.7$时，$\varphi(s_0;\tau_2,\tau_3,\tau_4)$的终端状态矢径满足$R_{\mathrm{f}}<x|_{L_1}$。根据定理2并经过数值计算可知，$\tau_2=3.61$、$\tau_3\in[8.8,9.1]$、$\tau_4=2$，为小推力地月转移轨道的月球捕获集。

同理，图6-5-5示出了当$\tau_2=3.61$、$\tau_3=9$时，$\tau_4\in[1.3,2.6]$满足月球捕获条件。

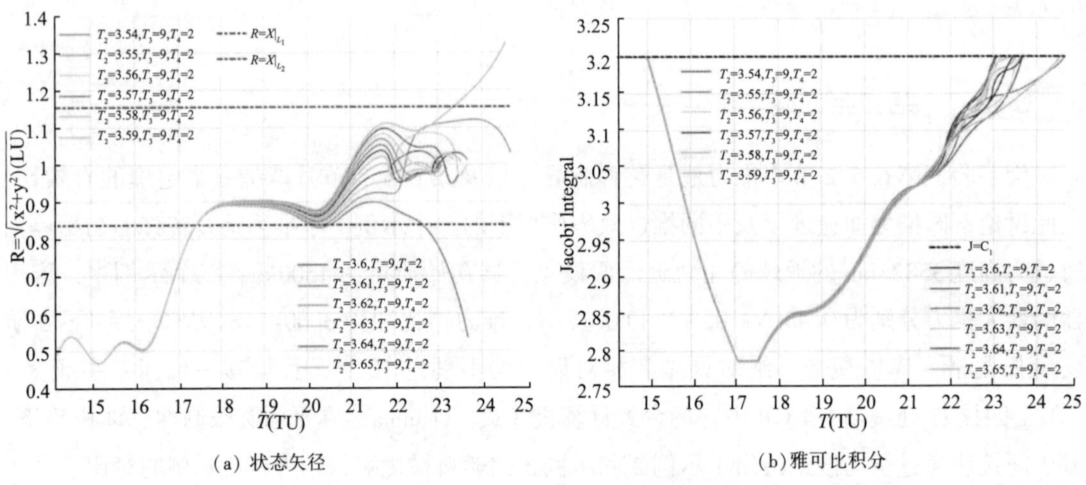


(a) 状态矢径　　　　(b) 雅可比积分

图6-5-3　状态矢径和雅可比积分随参数 $\tau_2$ 的变化

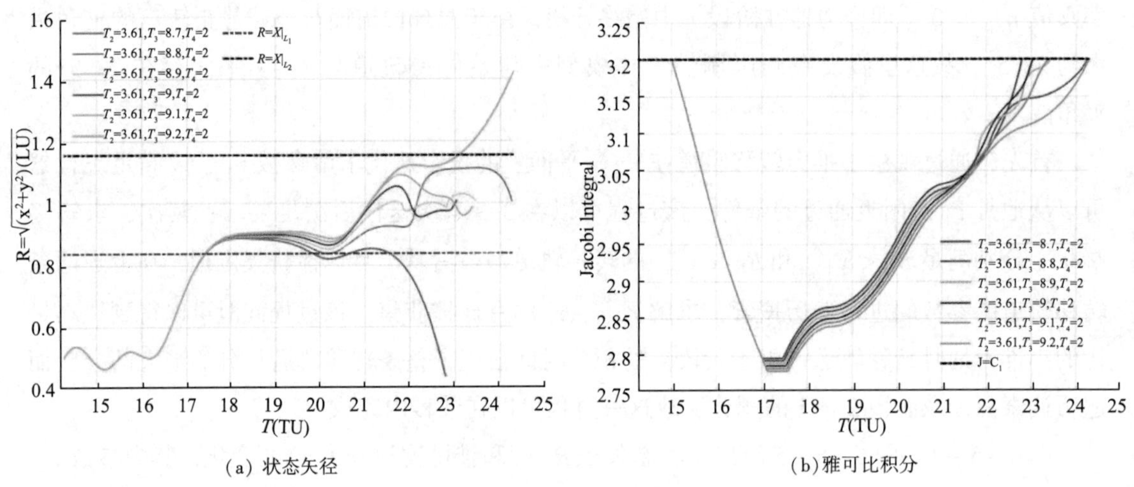


(a) 状态矢径　　　　(b) 雅可比积分

图6-5-4　状态矢径和雅可比积分随参数 $\tau_3$ 的变化

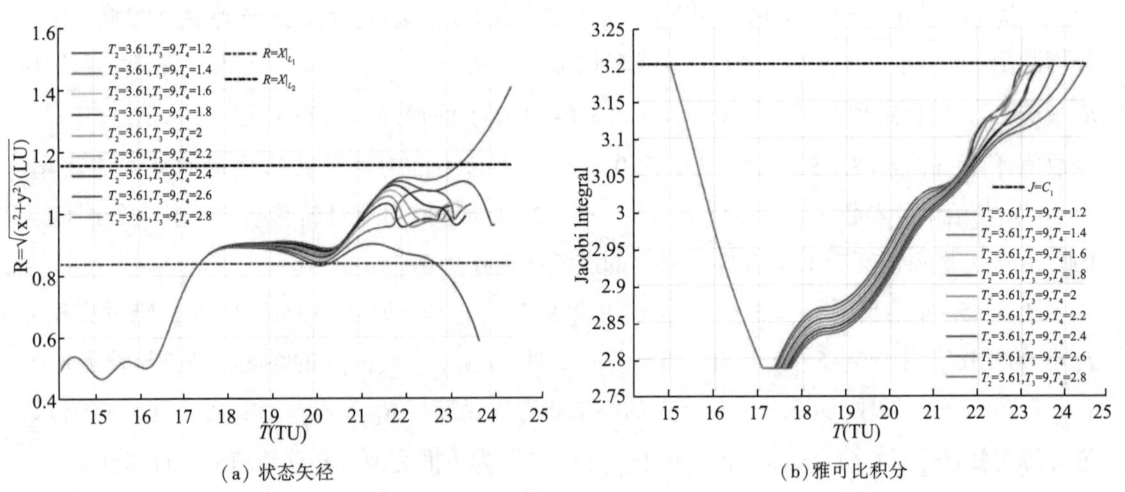


(a) 状态矢径　　　　(b) 雅可比积分

图6-5-5　状态矢径和雅可比积分随参数 $\tau_4$ 的变化

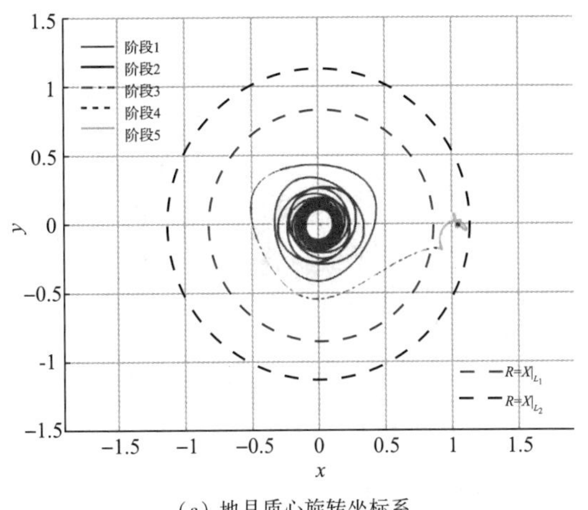


(a) 地月质心旋转坐标系

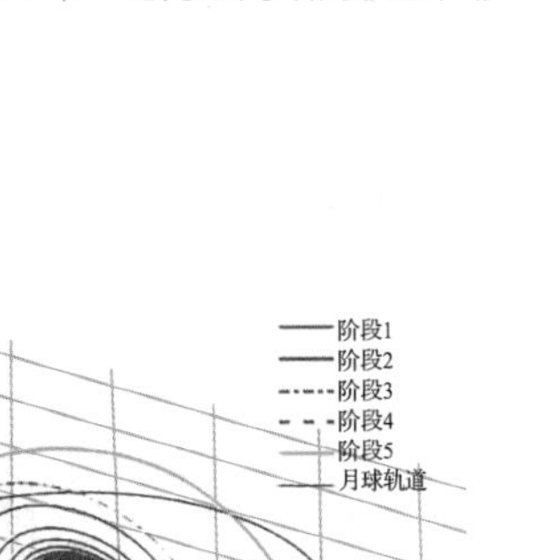

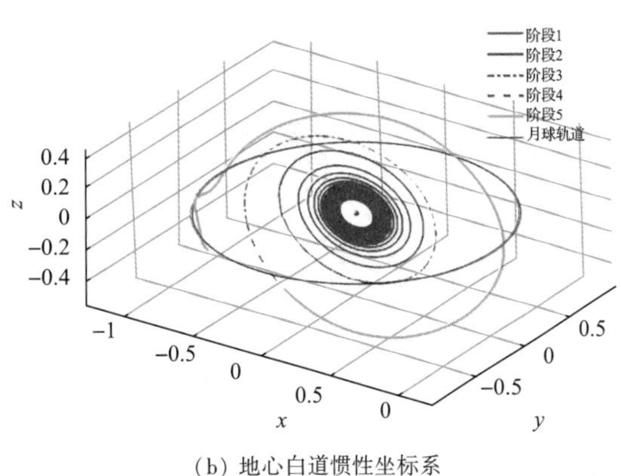


(b) 地心白道惯性坐标系

图 6-5-6　推力 0.45 N、推进效率阈值 0.0 条件下的小推力地月转移轨道

示例 2：推力器的最大推力为 0.3 N，对应飞行器的初始推力加速度为 $2\times10^{-4}\,\mathrm{m/s^2}$。推进效率阈值分别考虑 0.1、0.2、0.3、0.4、0.5 的情况；更大的推进效率阈值会极大地增加转移时间，但对于降低燃料消耗并不明显。为寻找燃料最优的小推力地月转移轨道，首先类似第 6.5.1 节对参数 $\tau_2$ 进行迭代求解。该步骤中的迭代次数与推进效率阈值紧密相关，推进效率阈值越大，所需要的迭代次数越多。例如：当 $\eta_{\mathrm{cut}}=0.1$ 时，最多 3 次迭代便可使得转移轨道通过地月 $\mathrm{L}_1$ 点附近；当 $\eta_{\mathrm{cut}}=0.5$ 时，则需要 7 次迭代；在求得参数 $\tau_2$ 后，基于月球捕获集定理遍历搜索参数 $\tau_2$、$\tau_3$、$\tau_4$，以求解月球捕获集及燃耗最优的小推力地月转移轨道。

图 6-5-7～图 6-5-11 给出了不同推进效率阈值下，地月质心旋转坐标系(左)和地心白道惯性坐标系(右)下的燃料最优小推力地月转移轨道。图中：红色线或点代表加速段，即 $u=1,\ \alpha=\boldsymbol{v}/v$；图中绿色线代表减速段，即 $u=1,\ \alpha=-\boldsymbol{v}/v$；蓝色线代表滑行段，即 $u=0$；灰色点代表推进效率低于推进效率阈值的状态。如左侧图所示，转移轨道的终端状态皆满足 $x|_{L_1}<R_{\mathrm{f}}<x|_{L_2}$，意味着满足月球捕获条件。右侧图中灰色点的分布状态表明，推进效率阈值越大，推力越集中于近地点附近。

图 6-5-7～图 6-5-11 中燃料最优的小推力地月转移轨道所对应的参数在表 6-5-1 中给出，其中 $\Delta T$ 为转移时间，$\Delta m$ 为燃料消耗，计算时间为遍历搜索参数 $\tau_2$、$\tau_3$、$\tau_4$ 的时间。由表 6-5-1 中数据可以看到，推进效率阈值越大，转移时间越长，对应的燃料消耗越少。Oshima 基于间接法通过遍历搜索给出了与本示例中初始条件、推力、比冲相同情况下的小推力地月转移最优解 $\Delta m_{\mathrm{opt}}$。数据显示，本节设计结果中的燃料消耗相较于最优解至多高 2.52%，与最优解相当。表 6-5-1 给出了用于搜索月球捕获集及燃料最优解的计算时间，结果显示仅需要数十秒即可完成，这比已有文献中的全局搜索算法大大减少了计算量。

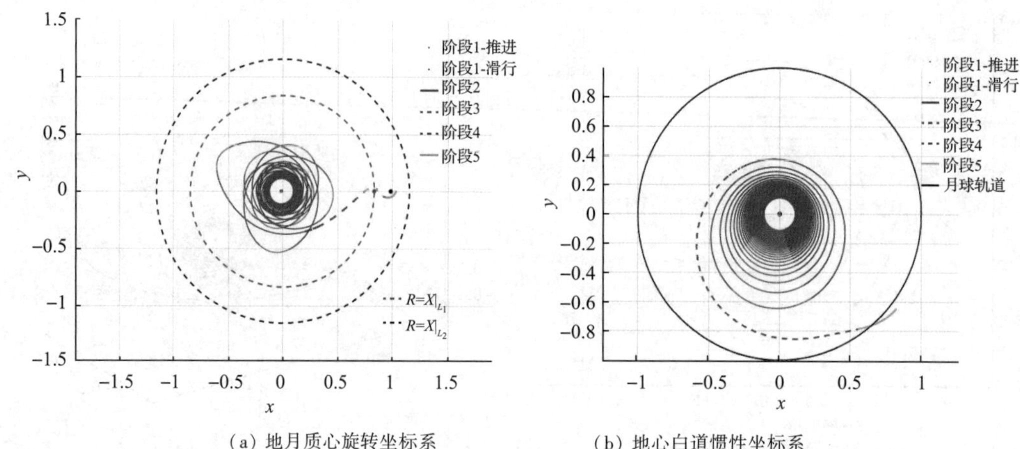


(a) 地月质心旋转坐标系　　(b) 地心白道惯性坐标系

图6-5-7　推力0.3 N、 推进效率阈值0.1条件下的小推力地月转移轨道

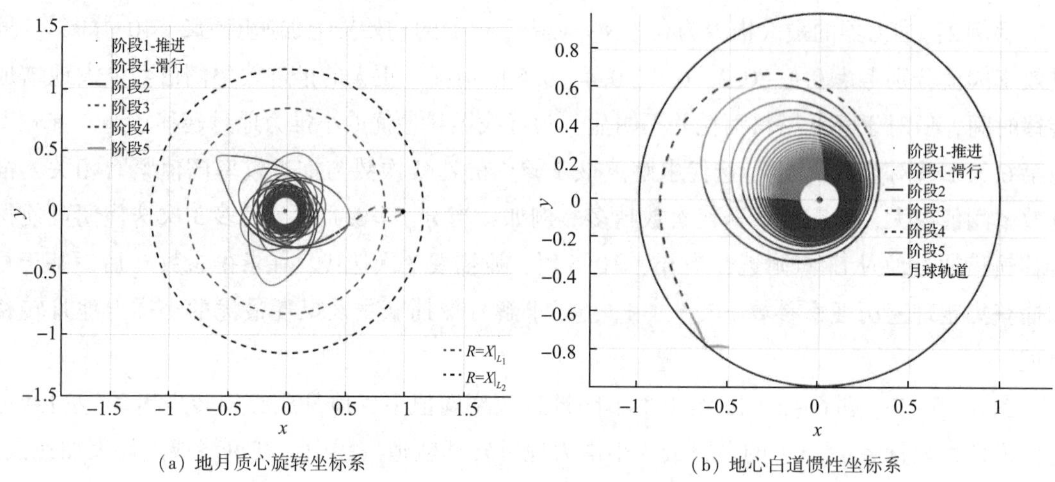


(a) 地月质心旋转坐标系　　(b) 地心白道惯性坐标系

图6-5-8　推力0.3 N、推进效率阈值0.2条件下的小推力地月转移轨道

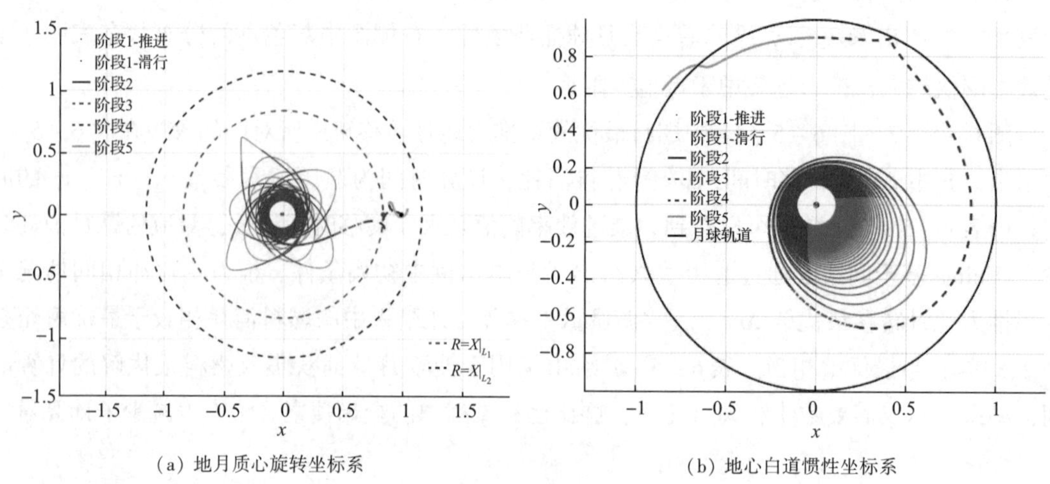


(a) 地月质心旋转坐标系　　(b) 地心白道惯性坐标系

图6-5-9　推力0.3 N、推进效率阈值0.3条件下的小推力地月转移轨道

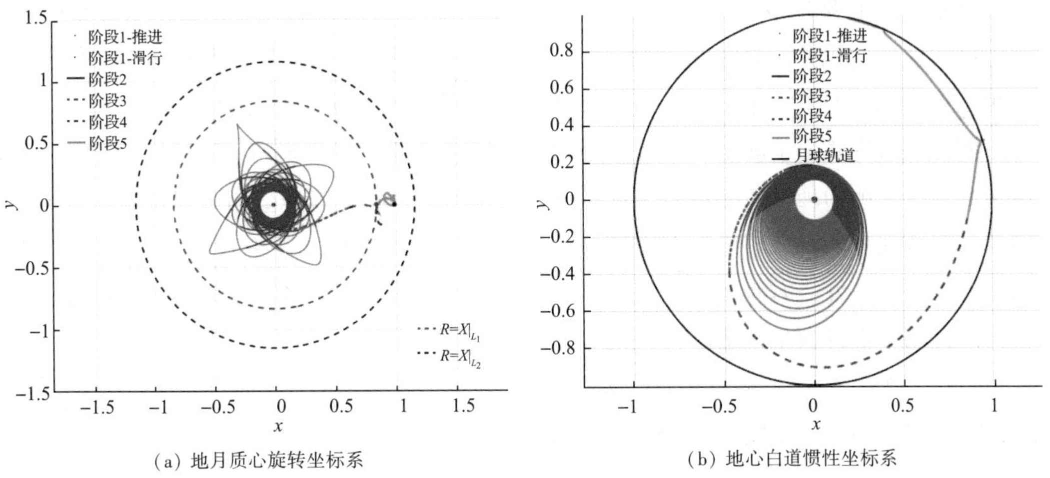


(a) 地月质心旋转坐标系　　(b) 地心白道惯性坐标系

图6-5-10　推力0.3 N、推进效率阈值0.4条件下的小推力地月转移轨道

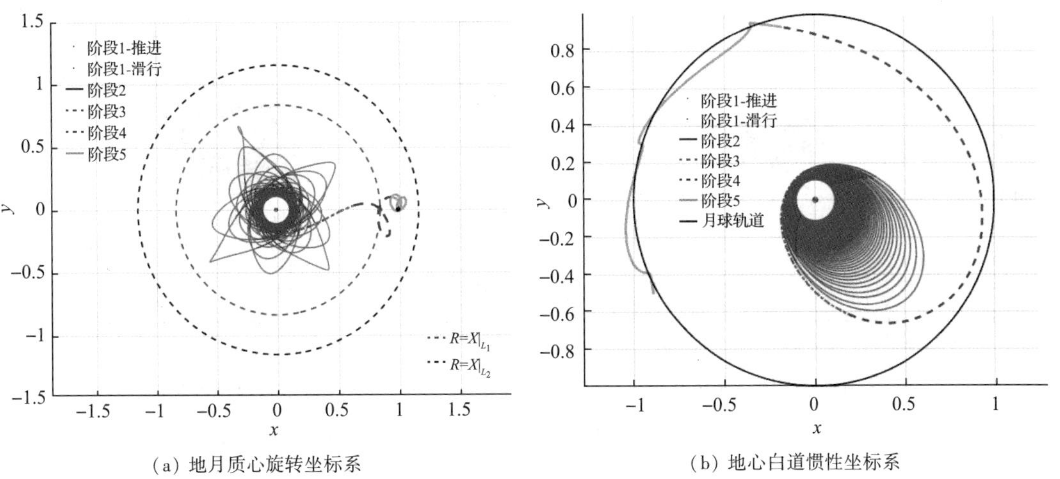


(a) 地月质心旋转坐标系　　(b) 地心白道惯性坐标系

图6-5-11　推力0.3 N、推进效率阈值0.5条件下的小推力地月转移轨道

**表6-5-1　0.3 N推力作用下的小推力地月转移轨道参数**

| $\eta_{cut}$ | $\tau_2$/天 | $\tau_3$/天 | $\tau_4$/天 | $\Delta T$/天 | $\Delta m$/kg | $\Delta m_{opt}$/kg | 计算时间/s |
|---|---|---|---|---|---|---|---|
| 0.1 | 0 | 0.4 | 9 | 133.69 | 82.84 | 81.25 | 33.68 |
| 0.2 | 2.1 | 0.6 | 10.5 | 154.59 | 78.12 | 77.48 | 45.64 |
| 0.3 | 1.1 | 1.3 | 10 | 171.86 | 74.73 | 73.33 | 81.34 |
| 0.4 | 0.2 | 1.8 | 10.0 | 196.89 | 72.57 | 71.25 | 100.56 |
| 0.5 | 0 | 2.3 | 13 | 234.27 | 70.96 | 69.17 | 91.65 |

示例3：推力器的最大推力为0.15 N，对应的初始推力加速度仅为$1\times10^{-4}$m/s$^2$。推进效率阈值同样分别考虑0.1、0.2、0.3、0.4、0.5的五种情况。

求解方法与示例 1、示例 2 相同。由于本示例中的推力加速度较小，故在求解参数 $\tau_2$ 的过程中单次迭代的积分计算时间较长。当推进效率阈值 $\eta_{cut}=0.1$ 时，需要 3 次迭代，耗时 242.79 s；而当推进效率阈值为 $\eta_{cut}=0.5$ 时，则需要 7 次迭代，耗时 16.8min。

不同推进效率阈值下的燃料最优小推力地月转移轨道分别在图 6－5－12～图 6－5－16 中给出，其中左侧为地月质心旋转坐标系下的转移轨道，右侧为地心白道惯性坐标系下的转移轨道。左侧地月质心旋转坐标系下转移轨道的终端状态皆有 $x|_{L_1} < R_f < x|_{L_2}$，意味着其均满足月球捕获条件。右侧图中灰色点同样代表了推进效率小于推进效率阈值的状态，其分布也再次说明了推进效率阈值越大，推力越集中于近地点附近。

表 6－5－2 给出了燃料最优小推力地月转移轨道的参数，包括转移时间 $\Delta T$ 和燃料消耗 $\Delta m$ 以及文献[7]中已有的最优解 $\Delta m_{opt}$。与示例 2 显示的结论一致，推进效率阈值越大，所

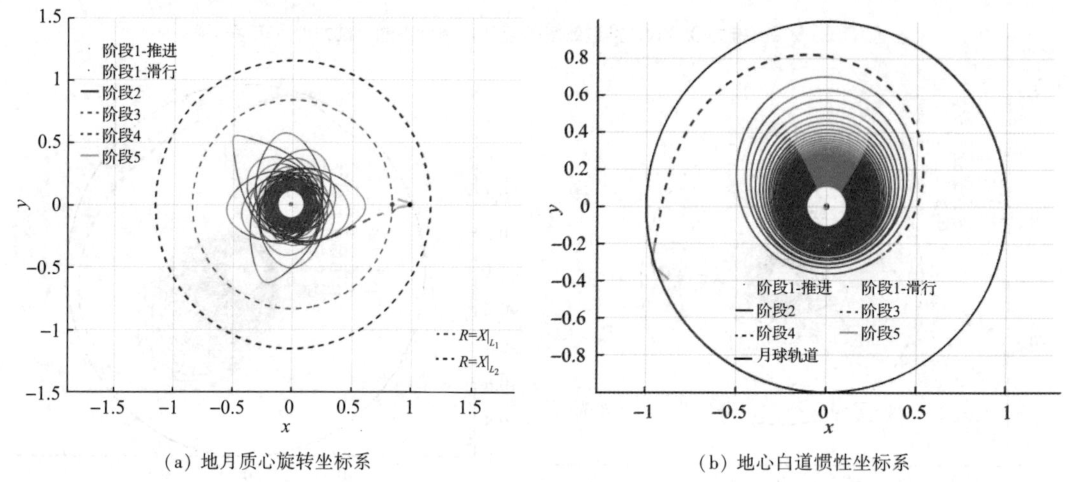


(a) 地月质心旋转坐标系　　(b) 地心白道惯性坐标系

图 6－5－12　推力 0.15 N、推进效率阈值 0.1 条件下的小推力地月转移轨道

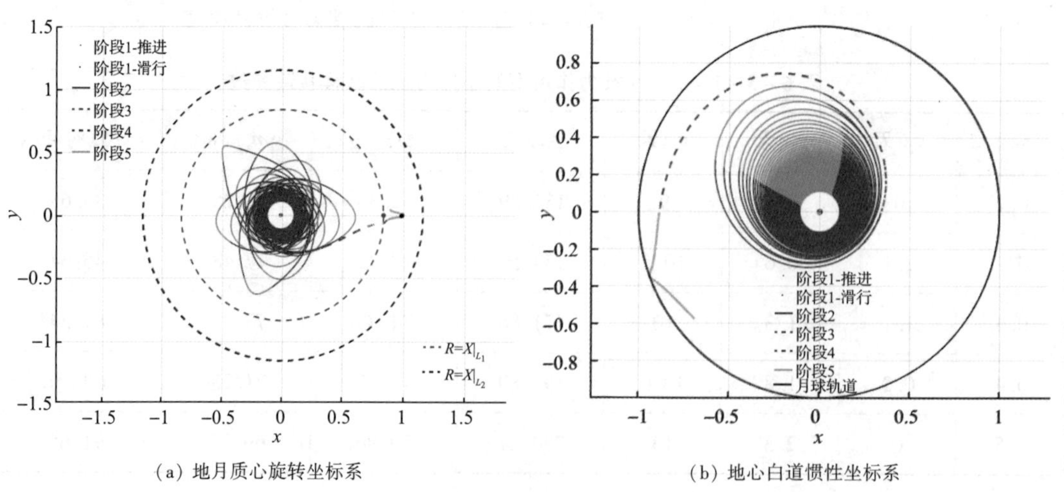


(a) 地月质心旋转坐标系　　(b) 地心白道惯性坐标系

图 6－5－13　推力 0.15 N、推进效率阈值 0.2 条件下的小推力地月转移轨道

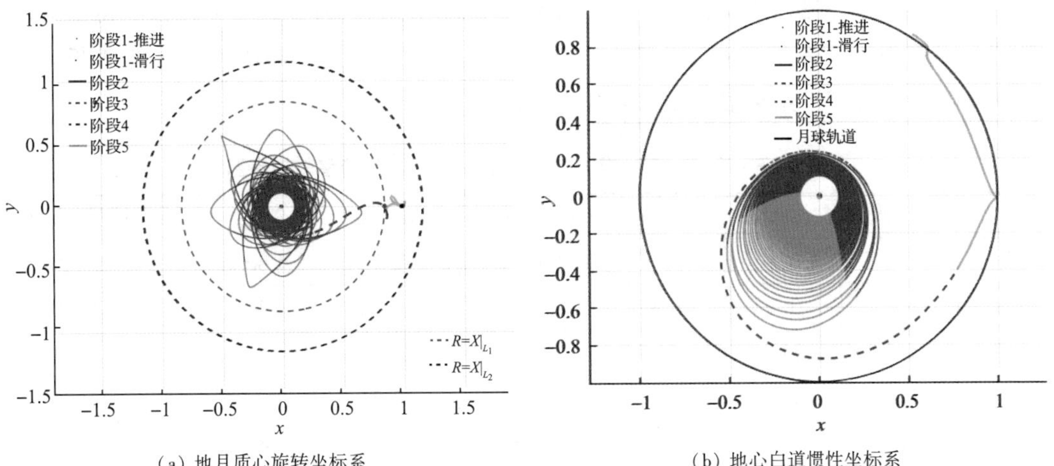


(a) 地月质心旋转坐标系　　(b) 地心白道惯性坐标系

图6-5-14　推力0.15 N、推进效率阈值0.3条件下的小推力地月转移轨道

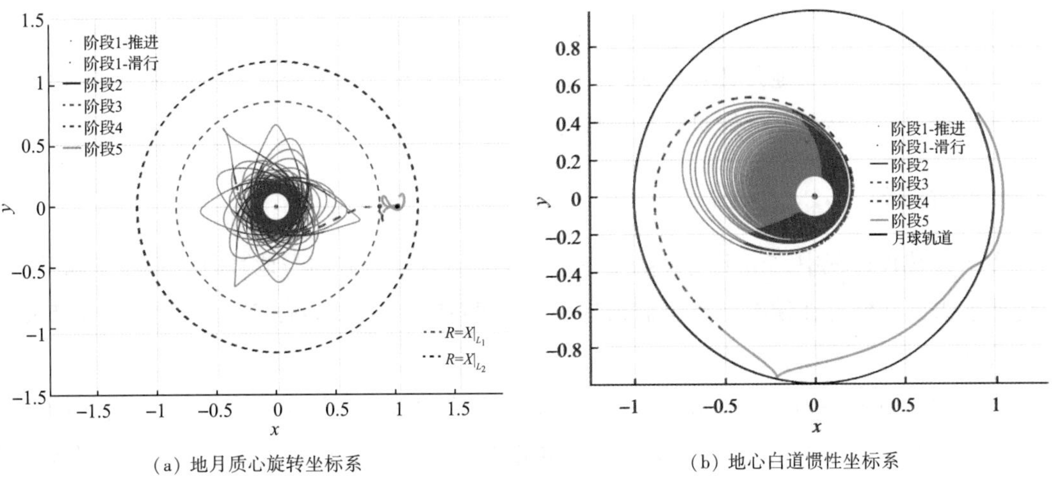


(a) 地月质心旋转坐标系　　(b) 地心白道惯性坐标系

图6-5-15　推力0.15 N、推进效率阈值0.4条件下的小推力地月转移轨道

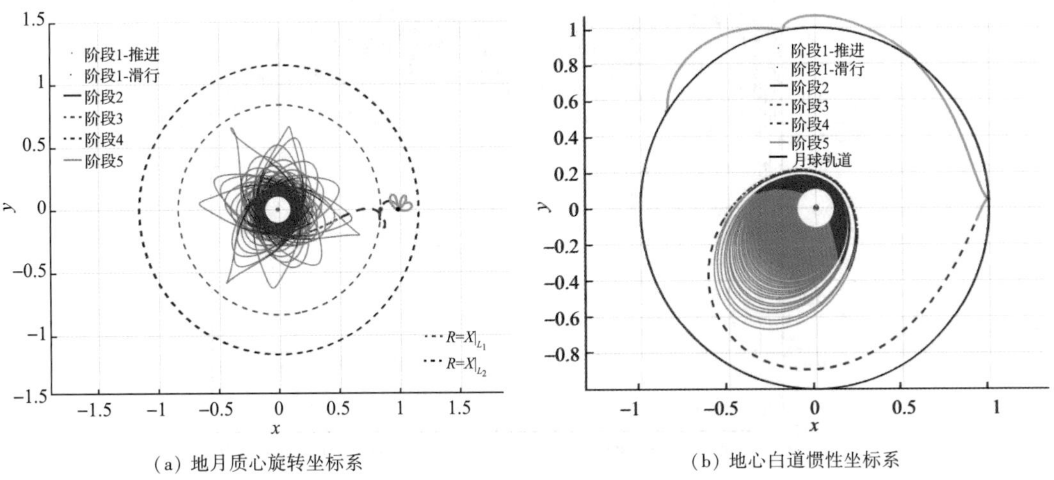


(a) 地月质心旋转坐标系　　(b) 地心白道惯性坐标系

图6-5-16　推力0.15 N、推进效率阈值0.5条件下的小推力地月转移轨道

需的转移时间越长，燃耗越少；本节的燃料最优小推力地月转移轨道解与间接法得到的最优解相当，燃料消耗至多高1.88%。表6-5-2给出了本节中用于遍历搜索月球捕获集及燃料最优解的计算时间，结果显示仅需要数十秒即可完成。

**表6-5-2 0.15 N推力作用下的小推力地月转移轨道参数**

| $\eta_{cut}$ | $\tau_2$/天 | $\tau_3$/天 | $\tau_4$/天 | $\Delta T$/天 | $\Delta m$/kg | $\Delta m_{opt}$/kg | 计算时间/s |
|---|---|---|---|---|---|---|---|
| 0.1 | 0.3 | 0.4 | 13 | 261.74 | 82.32 | 80.77 | 59.22 |
| 0.2 | 0.3 | 0.7 | 8.5 | 289.68 | 77.58 | 76.67 | 70.01 |
| 0.3 | 0.2 | 1 | 11 | 332.11 | 73.88 | 73.33 | 86.86 |
| 0.4 | 0.1 | 1.4 | 10.5 | 382.78 | 70.74 | — | 116.71 |
| 0.5 | 0.1 | 2.2 | 12 | 448.34 | 67.73 | 66.53 | 130.04 |

## 6.5.5 鲁棒性分析

本节在考虑小推力地月转移导航误差和推力器开关机误差的条件下，对基于月球捕获集定理的小推力地月转移制导律进行鲁棒性分析。

### 1. 导航误差

在地月转移过程中，由于飞行器存在导航误差，其推力方向与地月质心旋转坐标系下的实际速度方向必然存在偏差。这里假设导航位置误差 $\sigma_{pos}=5$ km，速度误差 $\sigma_{vel}=5$ m/s，且均服从零均值的高斯分布[8]。

以示例2中 $\tau_2=0$、$\tau_3=0.4$、$\tau_4=9$ 时的小推力地月转移轨道为标称轨道，在加入导航误差的情况下做1000次蒙特卡罗仿真，结果如图6-5-17所示。其中纵坐标为终端状态

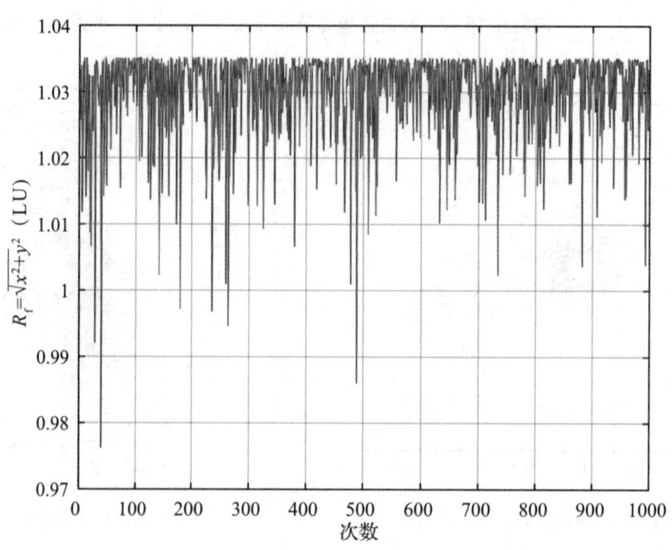


图6-5-17 1000次蒙特卡罗仿真的终端状态矢径

矢径 $R_f$。结果显示，1000 次蒙特卡罗仿真的终端状态均满足 $x|_{L_1} < R_f < x|_{L_2}$，即小推力地月转移过程中的导航误差并不影响终端状态的月球捕获状态。这也意味着，本节提出的小推力地月转移制导律对于导航误差具有一定的鲁棒性。

图 6-5-18 给出了 1000 次蒙特卡罗仿真中小推力地月转移轨道的燃料消耗和转移时间。图中左侧纵轴为燃料消耗，右侧纵轴为转移时间。结果显示，在考虑导航误差时，小推力地月转移轨道的燃料消耗为 133.59～135.41kg，最多比标称轨道多 1.58kg；转移时间为 82.7～87.3 天。

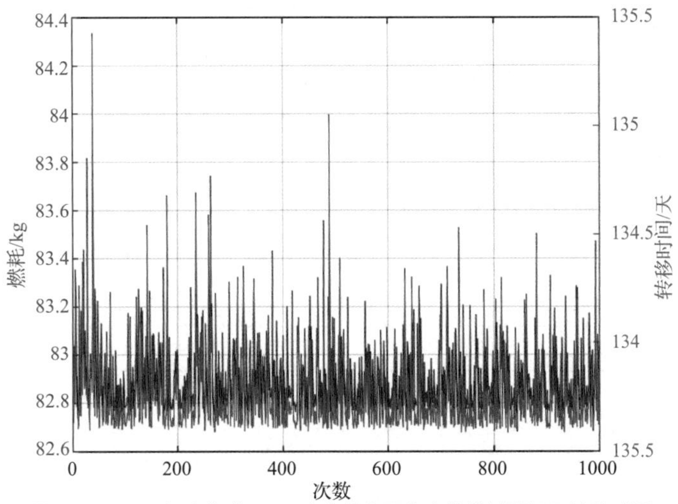

图 6-5-18　标称轨道 1000 次蒙特卡罗仿真的燃料消耗及转移时间

## 2. 开关机误差

本节进一步展示了存在推力器开关机误差（$T_2$、$T_3$、$T_4$）的情况下月球捕获集定理的重要性。为保持同前文的一致，这里选择 $\tau_2$、$\tau_3$、$\tau_4$ 代替 $T_2$、$T_3$、$T_4$ 来讨论小推力地月转移制导律对开关机误差的鲁棒性。

示例 1 中，已基于月球捕获集定理讨论了月球捕获集，这里不再讨论。对于示例 2 和示例 3，表 6-5-3 给出了燃料最优小推力地月转移轨道的月球捕获集，即开关机时刻的取值区间。结果显示，开关机时刻允许在一个较大的区间内选取。例如，对于示例 2 中推进效率阈值为 0.1 的燃料最优小推力地月转移轨道，阶段 2 的飞行时间为 0～0.6 天；阶段 3 的飞行时间为 0.3～2.1 天；阶段 4 的飞行时间则有数十天的取值区间。实际上，本节所提方法通过求解月球捕获集来设计小推力地月转移轨道。因此从直观上讲，基于月球捕获集定理的小推力地月转移制导律对于开关机误差具有一定的鲁棒性。

本节所提的小推力地月转移轨道设计方法还有两个优势：一是该方法聚焦于小推力地月转移飞行器的月球捕获问题，即研究如何确保飞行器在地月转移过程中被月球引力所捕获，并成为环绕月球的飞行器；二是所提小推力地月转移制导律相对简单，推力器的推力方向始终沿速度方向或速度的反方向，这比由直接法或间接法得到的控制力更容易应用于工程实际中。

**表 6-5-3 小推力地月转移轨道的月球捕获集**

| 示例 | $\eta_{cut}$ | $\tau_2$, $\tau_3$, $\tau_4$/天 | $\tau_2$, $\tau_3$, $\tau_4$/天 | $\tau_2$, $\tau_3$, $\tau_4$/天 |
|---|---|---|---|---|
| 示例1 | 0.0 | [3.55, 3.64], 9, 2 | 3.61, [8.7, 9.2], 2 | 3.61, 9, [1.3, 2.6] |
| 示例2 | 0.1 | [0, 0.6], 0.4, 9 | 0, [0.3, 2.1], 9 | 0, 0.4, [5, 25] |
| | 0.2 | [0, 2.2], 0.6, 10.5 | 2.1, [0.6, 1.2], 10.5 | 2.1, 0.6, [4, 11] |
| | 0.3 | [0.9, 1.1], 1.3, 10 | 1.1, [1.3, 1.5], 10 | 1.1, 1.3, [5, 25] |
| | 0.4 | [0.1, 0.2], 1.8, 10 | 0.2, [1.7, 2.0], 10 | 0.2, 1.8, [5, 18] |
| | 0.5 | [0, 0.02], 2.3, 13 | 0, [2.3, 2.4], 13 | 0, 2.3, [6, 20] |
| 示例3 | 0.1 | [0, 0.3], 0.4, 13 | 0.3, [0.4, 0.7], 13 | 0.3, 0.4, [6, 18] |
| | 0.2 | [0, 1.9], 0.7, 8.5 | 1, [0.5, 1.1], 8.5 | 1, 0.7, [5, 20] |
| | 0.3 | [0.1, 0.2], 1, 11 | 0.2, [0.96, 1.05], 11 | 0.2, 1, [5, 20] |
| | 0.4 | [0, 0.4], 1.4, 10.5 | 0.1, [1.34, 1.47], 10.5 | 0.1, 1.4, [5, 20] |
| | 0.5 | [0, 0.2], 2.2, 12 | 0.1, [2.2, 2.3], 12 | 0.1, 2.2, [5, 20] |

## 6.5.6 小结

本节以实现地球低轨道空间站和月球轨道空间站之间的往返转移轨道设计为目标：

(1)通过定义地球低轨道和月球之间的相对几何关系，提出了地月/月地直接转移可达集的概念，并对可达集的对称性进行了分析。通过求解最小近月距地月直接转移轨道，对地月直接转移可达集进行了数值仿真。可达集的概念，从一般意义上给出了地月直接转移的实现条件。

(2)针对地月直接转移轨道无法到达任意月球低轨道的问题，建立了近月三脉冲的数学模型；提出了基于近月三脉冲的最小燃耗全月覆盖地月直接转移轨道设计方法；在月固坐标系下，得到了同一轨道面出发到达任意月球低轨道所需的速度增量、转移时间分布图。

(3)提出了地球低轨道空间站往返月球轨道空间站的转移轨道设计方法。以中国空间站和月球极轨道空间站为例，分析了2025年中国空间站往返月球极轨道空间站的轨道转移窗口、速度增量以及转移时间特性。

研究结果表明，以地球低轨道空间站和月球轨道空间站为空间港的可重复使用载人月球探测飞行模式可作为未来开展载人月球探测的重要技术途径。

[1] 高永飞. 以地月空间站为空间港的载人月球探测轨道问题研究 [D]. 长沙: 国防科学技术大学, 2019.

[2] Gao Yongfei, Wang Zhaokui, Zhang Yulin. Analytical Design Methods for Transfer Trajectories between the Earth and the Lunar Orbital Station [J]. Astrophysics and Space Science, 2018, 363(206): 1 - 12.

[3] 程子龙. 采用可重复使用地月转移飞船的载人月球探测系统建模与优化研究 [D]. 长沙: 国防科学技术大学, 2017.

[4] 李京阳. 载人登月多段自由返回轨道及受摄交会问题研究 [D]. 北京: 清华大学, 2015.

[5] Gao Y , Wang Z , Zhang Y . Low thrust Earth—Moon transfer trajectories via lunar capture set [J]. Astrophysics and Space Science, 2019, 364(12): 1 - 17.

[6] S B H. Ordinary Differential Equations with Applications [M]. Singapore: World Scientific, 2013.

[7] Oshima K, Campagnola S, et al. Global search for low-thrust transfers to the Moon in the planar circular restricted three-body problem [J]. Celestial Mechanics & Dynamical Astronomy, 2017, 128(2 - 3): 303 - 322.

[8] D'Souza C, Crain T. Orion Cislunar Guidance and Navigation [C]// AIAA Guidance, Navigation and Control Conference and Exhibit, August 20 - 23, 2007, Hilton Head, South Carolina: AIAA-2007 - 6681: 1 - 21.

# 第 7 章　地月空间基础设施

## 7.1 太空电梯

太空电梯是人类构想的一种通往太空的设备，其主体是一个永久性连接太空站和地球表面的缆绳，可以用来将人和货物从地面运送到太空站。这一想法最早由俄罗斯科学家康斯坦丁·齐奥尔科夫斯基于 1895 年提出。尽管这个概念已经产生了 1 个多世纪，但它只是在最近 20 年左右，随着碳纳米管的发现才引起了科学界的重视。美国 NASA 在 20 世纪 90 年代针对太空电梯开展了一些研究，得出的结论是建造一个电梯并利用它将有效载荷廉价地送入太空，以及发射宇宙飞船到其他行星是可行的。

### 7.1.1 太空电梯物理

太空电梯一般由赤道上的基座、轨道上的太空站、连接基座与太空站的缆绳以及在缆绳上升降的电梯舱组成(图 7 - 1 - 1)。太空电梯以相同的角速度跟随地球自转，从地面上看就像固定在太空中不动一样。缆绳将在重力和离心力的共同作用下绷紧，需要承受巨大的拉力。电梯舱可以利用太阳能或激光以远低于火箭的速度沿缆绳上升或者下降，在地面和太空站之间运输人员和货物。太空电梯是一种低成本可重复使用的天地往返交通方式。

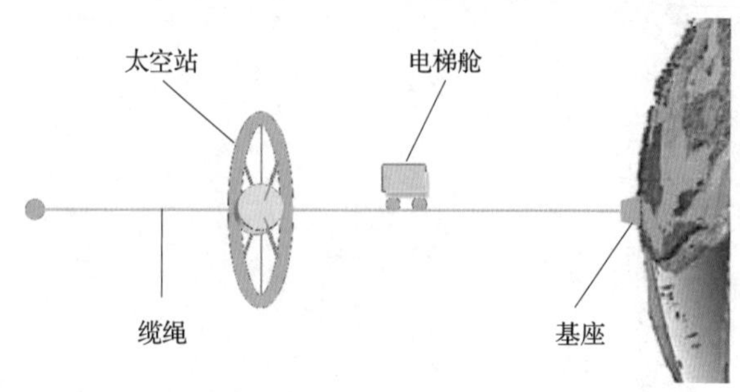


图 7 - 1 - 1　太空电梯概念示意图

美国马萨诸塞州伍斯特理工学院的 P. K. Aravind 在 2007 年发表的论文"The physics of the space elevator"中详细介绍了太空电梯的基本物理原理[1]。先假设一个在地球赤道处向太空延伸的等密度、等横截面积的自立塔。它的自重被外向的离心力抵消，不会对地面施加压力。因此，该自立塔在整个长度上处于张力状态，张力可以自我调节，使塔的每个单元在重力、离心力和张力的作用下处于平衡状态。

这一点可以通过图7－1－2来理解，它显示了作用在塔架微小单元上的四个力，即由塔架微元上方部分产生的向上的张力 $F_U$、由塔架微元下方部分产生的向下的张力 $F_D$、由微元重量而产生的向下的重力 $W$ 和由微元随地球转动而产生的向上的离心力 $F_C$。塔架微元要处于平衡状态，这四种力的矢量和必须为零。

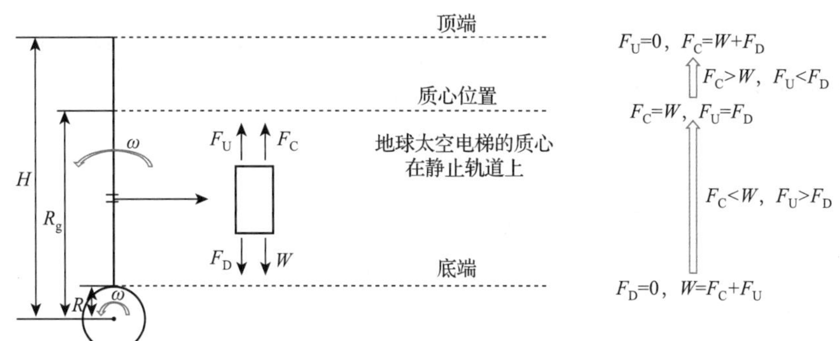


$F_U$—上端张力；$F_C$—离心力；$F_D$—下端张力；$W$—重力。

图7－1－2 自立塔的受力平衡

对处于地球静止轨道高度的微元，由于重力和离心力相等（$W = F_C$），因此为了平衡两端的张力也必须相等（$F_U = F_D$）。对低于地球静止轨道高度的微元，由于重力 $W$ 大于离心力 $F_C$，为了平衡必须有 $F_U > F_D$。这意味着，从地面到地球静止轨道高度段，塔中的张力会随着高度增大而增大。相比之下，对于地球静止轨道高度以上的微元，由于离心力 $F_C$ 大于重力 $W$，为了平衡必须有 $F_U < F_D$。这意味着，自立塔超过地球静止轨道高度的部分，塔中的张力会随着高度增大而减小。

自立塔的两端张力都为零。其张力从地面向上随高度逐渐增大至上升到地球静止轨道高度处达到最大值，再向上又随高度逐渐减小，至顶端处下降到零。根据这种定性的变化规律可以计算出塔中张力随高度的定量变化。

令 $M$、$R$ 和 $\omega$ 分别表示地球的质量、半径和自转角速度，则地球静止轨道的半径为

$$R_g = (GM/\omega^2)^{1/3} \tag{7-1-1}$$

式中：$G$ 为牛顿引力常数，$G = 6.67 \times 10^{-11}\,\mathrm{N \cdot m^2/kg^2}$；$M = 5.98 \times 10^{24}\,\mathrm{kg}$，$R = 6370\,\mathrm{km}$，$\omega = 7.27 \times 10^{-5}\,\mathrm{s^{-1}}$。

下面分析等质量密度、等横截面面积的自立塔中的张力。考虑长度为 $\mathrm{d}r$、下端地心距为 $r$ 的一个微小单元，其受力平衡条件为

$$F_U + F_C - F_D - W = 0 \tag{7-1-2}$$

将 $F_U - F_D$ 改写为 $A\mathrm{d}T$，其中 $T$ 为塔内单位面积的拉应力。同时将 $W$ 和 $F_C$ 的显式表达式代入平衡条件，可得

$$A\mathrm{d}T = \frac{GM(\rho A\mathrm{d}r)}{r^2} - (\rho A\mathrm{d}r)\omega^2 r \tag{7-1-3}$$

式(7-1-3)可以改写为

$$\frac{\mathrm{d}T}{\mathrm{d}r} = GM\rho\left[\frac{1}{r^2} - \frac{r}{R_g^3}\right] \tag{7-1-4}$$

将式(7-1-4)从地面 $r=R$ 处至地球静止轨道 $r=R_g$ 处积分，根据约束条件 $T(R)=0$，可以求得静止轨道高度 $R_g$ 处的拉应力，即

$$T(R_g) = GM\rho\left(\frac{1}{R} - \frac{3}{2R_g} + \frac{R^2}{2R_g^3}\right) \tag{7-1-5}$$

令 $H$ 表示塔顶到地球中心的距离，也可以通过将式(7-1-4)从地球静止轨道 $r=R_g$ 处至塔顶 $r=H$ 处积分来确定 $H$。根据约束条件 $T(H)=0$，可得

$$T(R_g) = GM\rho\left(\frac{1}{H} - \frac{3}{2R_g} + \frac{H^2}{2R_g^3}\right) \tag{7-1-6}$$

联立式(7-1-5)和式(7-1-6)并化简可得

$$RH^2 + R^2H - 2R_g^3 = 0 \tag{7-1-7}$$

其唯一的正根为

$$H = \frac{R}{2}\left[\sqrt{1 + 8\left(\frac{R_g}{R}\right)^3} - 1\right] = 150000(\mathrm{km}) \tag{7-1-8}$$

根据式(7-1-8)可以计算得出地球赤道上等质量密度、等横截面积的自立塔的高度 $H-R$ 约为 $1.44\times10^5$ km。

塔架中的最大拉应力出现在地球静止轨道处，可由式(7-1-5)进行计算。如果用密度 7900 kg/m$^3$ 的钢材料来建造这座自立塔，塔中的最大拉应力为382GPa(1GPa =10N/m$^2$)，是其抗拉强度的60倍以上。因此，钢不具备建造太空电梯的可行性。同理，其他常规建筑材料也可以排除。那么该如何克服这个障碍，建造一部太空电梯呢?

一个避免过度应力的自立塔方案是锥形塔，其横截面随着高度而变化，使得塔架单位面积的应力沿整个长度保持一致。这一要求意味着，锥形塔的横截面必须随着高度的增加呈指数增加，在地球静止轨道高度处达到最大值，然后逐渐减少，如图7-1-3所示。

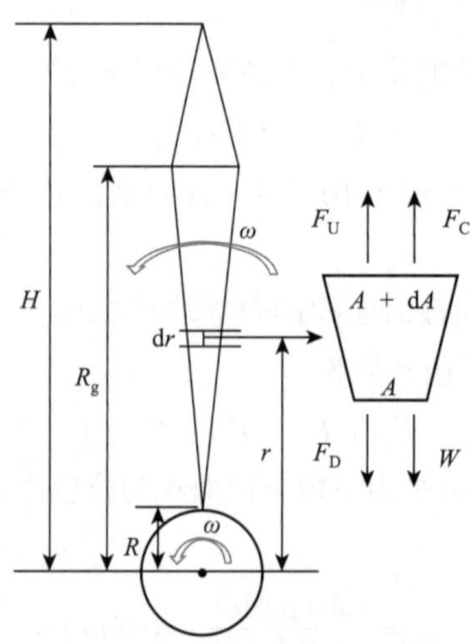


图7-1-3 锥形自立塔示意图(为了便于表示用线性变化代替指数变化)

考虑锥形塔上长度为 d$r$、下端地心距为 $r$ 的一个微小单元，假设其低于地球静止轨道，并且上端比下端宽。则有 $F_U - F_D = T\mathrm{d}A$，其中 $T$ 为塔中恒定的拉应力，d$A$ 为微元上下表面的面积差。根据微元的平衡条件，可得

$$\frac{\mathrm{d}A}{A} = \frac{\rho g R^2}{T}\left[\frac{1}{r^2} - \frac{r}{R_g^3}\right]\mathrm{d}r \tag{7-1-9}$$

式中：$g$ 为地球表面的重力加速度，$g = GM/R^2$。

将式(7－1－9)两端分别积分，可得

$$A(r) = A_s \exp\left[\frac{\rho GM}{T}\left\{\frac{1}{R} + \frac{R^2}{2R_g^3} - \frac{1}{r} - \frac{r^2}{2R_g^3}\right\}\right] \tag{7-1-10}$$

式中：$A_s$ 为锥形塔在地面 $r = R$ 处的截面积。

式(7－1－10)表明，锥形塔的截面积从地面到地球静止高度呈指数增加，在静止轨道处达到最大值，然后朝上再呈指数减小。

根据条件 $A(H) = A_s$，即锥形塔上下两端截面积一致，可以确定其顶端到地心的距离 $H$。求解式(7－1－10)可得

$$H = \frac{R}{2}\left[\sqrt{1 + 8\left(\frac{R_g}{R}\right)^3} - 1\right] = 150000(\mathrm{km}) \tag{7-1-11}$$

这与之前等截面自立塔的高度相同，$H - R$ 也约为 $1.44 \times 10^5$km。等截面塔和锥形塔的主要区别是前者大应力、等截面，而后者小应力、变截面。这种权衡对太空电梯的可实现性至关重要。

令 $A_g = A(R_g)$ 表示锥形塔在静止轨道处的截面积。定义锥度比 $A_g/A_s$ 为静止轨道高度处截面积与地面高度处截面积之比。根据式(7－1－10)可以求得

$$\frac{A_g}{A_s} = \exp\left[\frac{R}{2L_c}\left\{\left(\frac{R}{R_g}\right)^3 - 3\left(\frac{R}{R_g}\right) + 2\right\}\right] \tag{7-1-12}$$

式中：$L_c$ 为材料的特征长度，$L_c = T/\rho g$，它决定了用该种材料建造的自立塔的锥度比。

表 7－1－1 分析了分别由钢、凯夫拉合成纤维和碳纳米管建造锥形塔所必需的锥度比。可以看出，钢和凯夫拉合成纤维所需的锥度比非常大，因此它们不适合作为太空电梯的建筑材料。碳纳米管的优势源于其高抗拉强度和低密度的结合，这使得其特征长度明显大于其他材料。而特征长度在锥度比公式中的位置决定了其即使适度增加，也会导致锥度比急剧下降。碳纳米管所需的锥度比较为适中，是建造太空电梯的优良材料。

**表 7－1－1　典型材料的特征长度与锥度比**

| 材料 | 密度/(kg/m³) | 抗拉强度/GPa | 特征长度/km | 锥度比 |
|---|---|---|---|---|
| 钢 | 7900 | 5.0 | 65 | $1.6 \times 10^{33}$ |
| 凯夫拉(Kevlar)合成纤维 | 1440 | 3.6 | 255 | $2.5 \times 10^8$ |
| 碳纳米管 | 1300 | 130 | 10200 | 1.6 |

注：抗拉强度是材料所能承受的最大拉应力，安全实践通常要求材料承受的应力不超过这些值的一半。

通过上面的分析，采用碳纳米管构成锥形缆绳来建造太空电梯是一个较为可行的方案。虽然前面分析给出的太空电梯长度约为 $1.44\times10^5$km。事实证明，可以在太空电梯的顶端增加适当的配重来缩短其总长度，且配重的位置必须在地球静止轨道高度之上。配重的作用可以理解如下：配重承受的离心力大于重力，通过电梯缆绳施加在其上的额外拉力保持在轨道上；根据牛顿第三定律，配重在缆绳上施加一个相等且反向的拉力，可以保持缆绳中必要的张力。

假设太空电梯在地球静止轨道高度以上延伸一段距离 $h$(图 7-1-4)，试计算所需配重的质量 $m_C$。根据配重的受力平衡条件可得

$$\frac{GMm_C}{(R_g+h)^2}+A(R_g+h)T=m_C\omega^2(R_g+h) \tag{7-1-13}$$

式中：$A(R_g+h)$ 的值可以用式(7-1-10)计算，代入可以求得配重质量为

$$m_C=\frac{\rho A_s L_c \exp\left[\dfrac{R^2}{2L_cR_g^3}\left\{\dfrac{2R_g^3+R^3}{R}-\dfrac{2R_g^3+(R_g+h)^3}{R_g+h}\right\}\right]}{\dfrac{R^2(R_g+h)}{R_g^3}\left[1-\left(\dfrac{R_g}{R_g+h}\right)^3\right]} \tag{7-1-14}$$

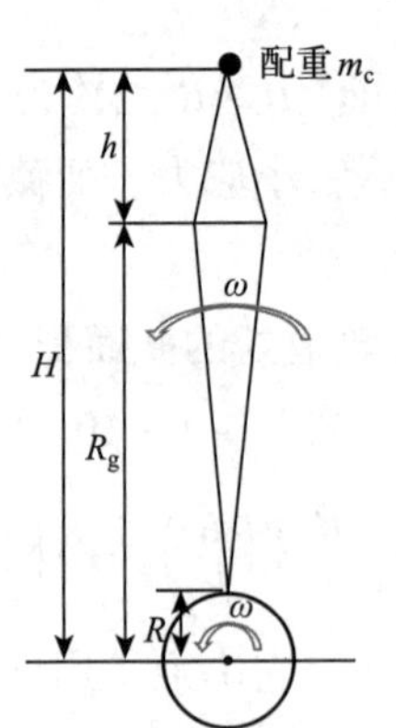


图 7-1-4 锥形自立塔配重示意图

当 $h\to0$ 时，$m_C\to\infty$，可以看出配重质量随着 $h$ 的增大而减小。

电梯塔的总质量 $m_E$ 也很重要，可计算为

$$m_E=\rho\int_R^{R_g+h}A(r)\,\mathrm{d}r \tag{7-1-15}$$

式中：$A(r)$ 的表达式见式(7-1-10)。

由上可以看出，质量 $m_C$ 和 $m_E$ 主要取决于太空电梯的材料和设计特性参数 $\rho$、$T$、$A_s$ 和 $h$。下面先确定这些参数的可能值，并用它们来估计质量 $m_C$ 和 $m_E$。

纯碳纳米管的密度一般为 1300kg/m$^3$，可承受的最大拉伸应力据信能达到 300GPa。然而在很长的一段时间内，即使是一个更保守的值 130 GPa 也不太可能实现工程应用。最近一些工作集中在制造碳纳米管的复合材料，这种复合材料的拉伸强度可能低于 100GPa(密度为 2000kg/m$^3$或更高)[2]。因此其可实现的特征长度也可能低于表 7-1-1 中纯碳纳米管的数值。

前文中对太空电梯的分析都没有涉及电梯塔或缆绳的横截面形状。对于锥形塔，一个自然的选择是圆形截面的缆绳，其面积随着高度的变化而变化。一个更好的选择是将缆绳做成带状，因为这种形状大大降低了陨石撞击造成损坏的风险。一项早期设计提出了一种平均厚度为 1μm、宽度从地面 5cm 增加到地球静止轨道高度 11.5cm 的缆带方案[3-4]。不论缆绳截面形状采用何种设计，必须注意它在地面端的截面积 $A_s$ 是由其能够支撑的电梯舱质量所决定的。若电梯舱的质量为 $m_L$，它在地面的有效重量为 $m_L(g-\omega^2R)$，该重量必须由缆绳中的张力 $A_sT$ 来平衡。利用这一平衡关系，可以根据给定的电梯舱质量来确定缆绳在地球端的截面积 $A_s$。

电梯缆绳距地心的总长度为 $R_g+h$，由配重质量和太空电梯发射目的地共同决定。距地心总长约为 $10^5$km 的缆绳通常认为是一个不错的选择。太空电梯发射主要是利用电梯塔的旋转能量在轨道上发射宇宙飞船，让它们到达其他星球。据分析，从距地心高度约 $10^5$km 的太空电梯顶端释放宇宙飞船，它将能够到达木星。与此相关的具体内容将不在此进行详细讨论。

在考虑了太空电梯材料和设计特性参数 $\rho$、$T$、$A_s$ 和 $h$ 的一些影响因素之后，选择其具有代表性的取值来计算配重和缆绳质量。设 $\rho=1500\text{kg/m}^3$，$T=100\text{GPa}$，$A_s=1.5\times10^{-7}\text{m}^2$（足够支撑 1000kg 的电梯舱），$R_g+h=100000\text{km}$。在设计中引入安全系数 2，即确保缆绳中任意位置的应力为 50GPa，是可承受最大应力的一半。根据式（7-1-12）可以计算得出缆绳锥度比为 4.28。根据式（7-1-14）和式（7-1-15）可以计算得出配重质量 $m_C=52.7\times10^3$kg，缆绳质量 $m_L=97.7\times10^3$kg。如果需要更厚或者更短的缆绳，太空电梯的质量将会更大。

上述分析与计算是为了更直观地理解太空电梯的基本物理原理。它们不仅适用于地球，也适用于分析与设计月球、火星等其他星球的太空电梯。

### 7.1.2　地球太空电梯

自 1895 年苏联科学家康斯坦丁·齐奥尔科夫斯基提出太空电梯的概念以来，人类建立地球太空电梯的努力从未停止。1960 年，苏联科学家 Yuri N. Artsutanov 提出了建设地球太空电梯的建议：使用地球静止轨道卫星作为向下部署结构的基础，同时使用配重来平衡向下部署缆绳的重量。在向下部署缆绳至地球表面的同时向上部署远离地球的配重，即让太空电梯的重心相对于地球不动。他还建议逐渐减小缆绳的厚度，以使缆绳中的张力保持恒定，从而使缆绳向地面方向变细，并向地球静止轨道方向加厚。1966 年，美国工程师 Isaacs、Vine、Bradner 和 Bachus 也发展了地球太空电梯的概念，并将其命名为“Sky-Hook”。他们分析了建造地球太空电梯所需的材料类型，若采用横截面没有变化的直缆绳，所需的强度将是任何现有材料无法提供的，包括石墨、石英和金刚石。1975 年，美国科学家 Jerome Pearson 设计了锥形的地球太空电梯。他还分析了月球引力、风和有效载荷沿缆绳上下移动等对地球太空电梯的干扰。1979 年 Arthur C. Clarke 通过小说《天堂的喷泉》(*The Fountains of Paradise*)引起了公众对地球太空电梯的注意。大约同一时间，物理学家 Charles Sheffield 的第一本小说《世界之间的网络》(*The Web Between the Worlds*)也以建造太空电梯为特色。

在 20 世纪 90 年代开发出碳纳米管后，美国 NASA 马歇尔航天飞行中心(Marshall Space Flight Center)的 David Smitherman 意识到这种材料的高强度特性可能使地球太空电梯的概念变得可行，于是召集了一个有关太空电梯概念与建设计划的研讨会，相关成果编辑形成了出版物 *Space Elevators: An Advanced Earth – Space Infrastructure for the New Millennium*。

美国科学家 Bradley C. Edwards 在 NASA 高级概念研究所(NASA Institute for Advanced Concepts, NIAC)的支持下完成了一整套利用碳纳米管建造太空电梯的可行性报告。他的工作涵盖部署方案，电梯舱、电力输送系统、锚定系统设计，建设成本，建设进度和环境危害等。

前 NASA 太空电梯项目工程师 Michael Laine 在 2003 年成立了 LiftPort Group 公司，致力于建设地球太空电梯。2006 年 2 月，LiftPort Group 公司利用大型气球进行了太空电梯的早期概念测试，测试了由碳纤维复合材料和玻璃纤维制成长 1 英里的带状"缆绳"，其宽度为 5cm、厚度为 1mm。2007 年，LiftPort Group 公司的太空电梯项目因经济危机暂停。2012 年，该公司重启了这个计划，并将目标转向了建设月球太空电梯。

2014 年，日本建筑公司大林组株式会社(Obayashi Corporation)宣布将在 2050 年建造一座采用碳纳米管技术的地球太空电梯，以 200km/h 的速度，一次将 30 名乘客运送到太空。日本静冈大学的研究团队也在开展地球太空电梯研究。Obayashi Corporation 与静冈大学积极合作，于 2018 年发射了两颗"超小立方"卫星进行其太空电梯计划的首次技术试验。这两颗卫星在太空中要通过 1 根长约 10m 的钢缆连接。钢缆上有一个约 $10cm^3$ 的小盒子，将作为微型版的电梯舱，通过电动机动力在太空中做升降运动。但由于地面实验室与试验卫星之间发生了通信故障，导致试验最终以失败告终。

总的来说，地球太空电梯目前尚处在概念研究和方案设计阶段，还没有开展实质性的建设工作。下面详细介绍美国科学家 Bradley C. Edwards 的地球太空电梯方案和日本 Obayashi Corporation 的地球太空电梯计划。

#### 7.1.2.1 Bradley C. Edwards 的地球太空电梯方案

Bradley C. Edwards 在 NASA 高级概念研究所的支持下，于 2000—2003 年开展了两阶段的研究，形成了一整套利用碳纳米管建造太空电梯的可行性报告[3-4]。

##### 1. 建设方案

Edwards 提出的地球太空电梯建设方案如图 7 - 1 - 5 所示，分成部署最小的缆绳、将最小的缆绳增加到有用的能力、利用缆绳进入太空三个独立的阶段。

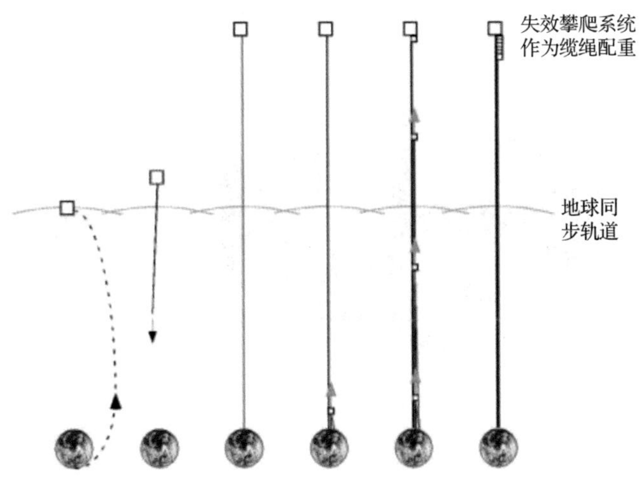


图 7-1-5　地球太空电梯建设方案[5]

1) 部署最小的缆绳

初始部署的缆绳实际上是一条厚大约 1μm、总长度为 91000km 的带子，其宽度从地表端的 5cm 逐渐变宽至最大 11.5cm。这条带状缆绳装置将和上面级分次被航天飞机部署于近地轨道上(图 7-1-6)，它们在近地轨道上组装成一个航天器(图 7-1-7)，然后利用上面级的推进能力到达地球同步轨道。当航天器向下展开缆带时，它将向上移动到一个更高的轨道上，以保持它们的质心相对地球静止不动。当缆带的末端到达地球表面后，将被收回并锚定在一个海上的可移动平台上。航天器将继续展开缆带并向外漂移到其最终位置，以作为缆带末端的配重。初始缆绳的部署将在较小的张力下稳定完成，需要 100GPa 的抗拉强度(钢材的 30 倍)。

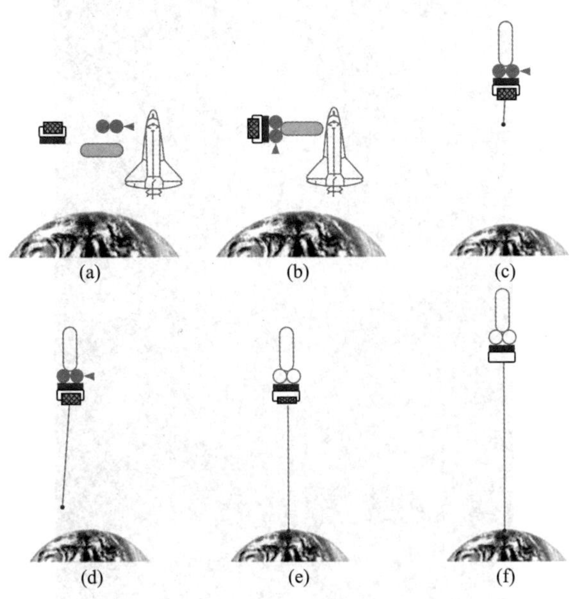


图 7-1-6　部署最小的缆绳[5]

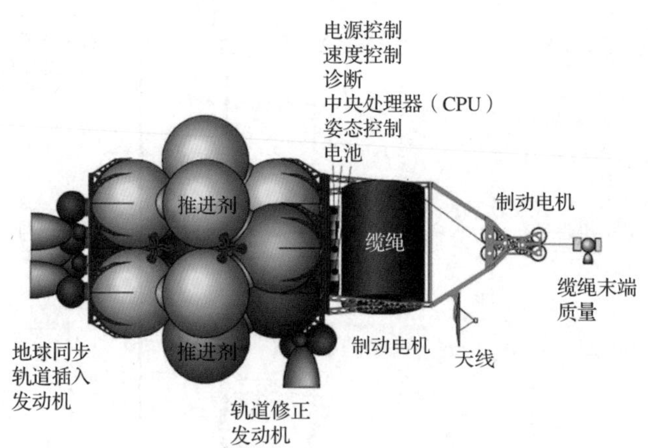


图7-1-7 组合航天器[5]

2）将最小的缆绳增加到有用的能力

下一步是将初始部署的缆绳增加到一个有用的大小。在这一阶段，将利用"攀爬者"(Climber)在沿缆带上升的过程中将其加强(图7-1-8)。"攀爬者"将在达到缆带末端时成为太空电梯配重的一部分。该阶段的一个问题是如何给这些"攀爬者"提供动力。通过一个指向"攀爬者"底部太阳能电池板的大激光发射所需能量，这种能量很容易转化为电能，用于驱动电动机攀爬缆绳。每当一个"攀爬者"到达顶端时，缆绳会增加1.5%。在207架"攀爬者"完成工作之后，缆绳将能够支撑一个质量20000kg的"攀爬者"，其有效载荷为13000kg。此时缆绳的横截面积是最初的40倍。有效载荷可以被带上电梯到达任何地球轨道，或者如果从缆绳末端释放，可以被抛向金星、火星或木星。

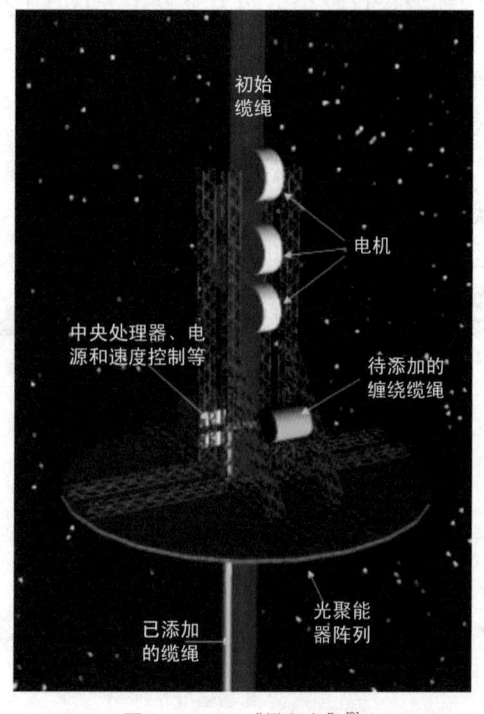


图7-1-8 "攀爬者"[6]

影响地球太空电梯正常部署与运行的主要因素有闪电、流星、空间碎片、低地球轨道物体、风、原子氧、电磁场、辐射和高层大气中的硫酸液滴对缆绳的腐蚀(图7-1-9)，这些因素在方案设计中都予以了考虑。

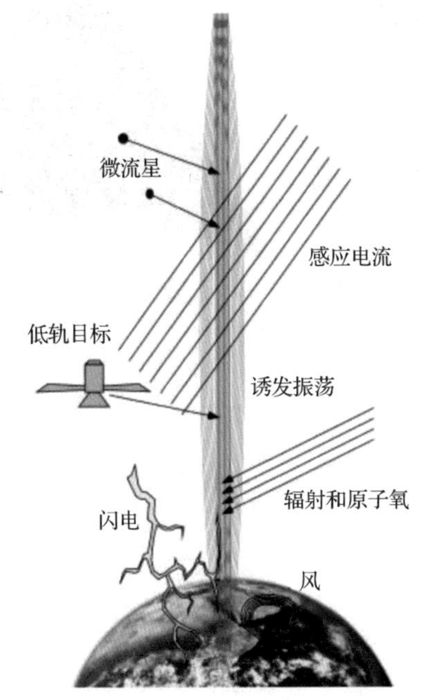


图7-1-9　地球太空电梯的主要影响因素[3]

## 2. 缆带设计

缆带是地球太空电梯的核心部件。其微观结构设计考虑的因素包括材料可用性、质量最小化、流星撞击影响以及原子氧影响。

为初始缆带提出的基本设计方案如图7-1-10所示。考虑流星撞击和原子氧的影响，在上述基本设计的基础上增加交叉对角纤维进行结构增强，如图7-1-11所示。根据损坏概率分析，宽20cm的缆带能够生存3年，宽1m的缆带能够生存超过200年。

## 3. 能量传输

给“攀爬者”提供足够的能量，使其能够在合理的时间内从地球表面到达地球同步轨道，是建造和使用地球太空电梯的技术挑战之一。基于质量和效率的考虑，将利用激光向“攀爬者”发射能量。

2000年，贝内特公司计划建造一个200kW的激光电力传输系统，如图7-1-12所示。该系统将把200kW(1ns3个脉冲)的能量输送到地球同步轨道上一个直径7m的点上，激光功率效率为3%。其200kW的自由电子激光器由加州大学伯克利分校以1.2亿美元的固定价格提供。该激光器的0.84μm输出将由一个直径12m的反射镜引导和聚焦。激光器的设计也很容易扩展到1MW(效率可能为30%)。目前的设计仅使用系统的五分之一(5个摇摆器中的1个)来产生200kW。如果所有5个摇摆器都被利用，可产生1 MW的激光功率。

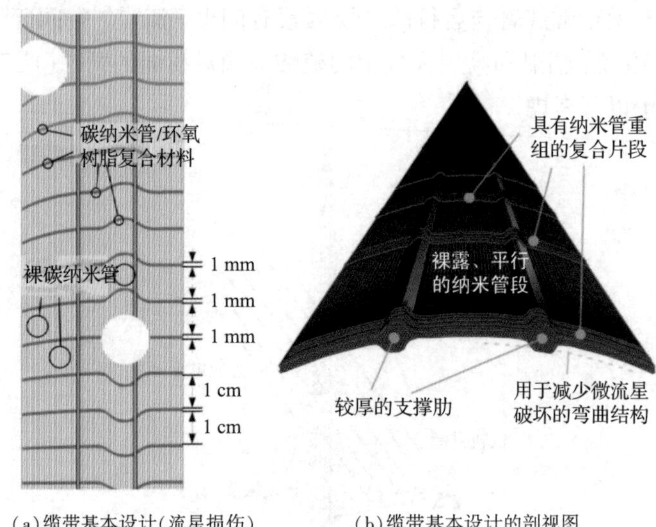


(a)缆带基本设计(流星损伤)　　(b)缆带基本设计的剖视图

图 7-1-10　初始缆带的微观结构基本设计[3]

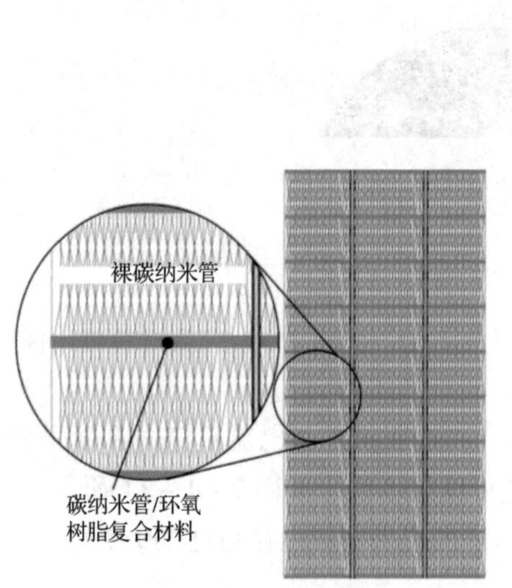


图 7-1-11　初始缆带的微观结构增强设计[3]

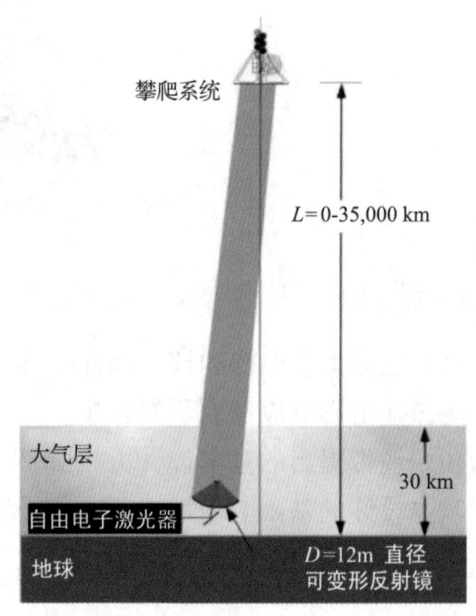


图 7-1-12　贝内特公司 200kW 的激光电力传输系统计划[3]

根据地球太空电梯建设方案，将需要给质量 20000kg 的“攀爬者”输送 2.4MW 的电力。在不改动设计的前提下，部署 3 组上述的激光电力传输系统可以满足设计要求。

## 4. 可移动锚定平台

地球太空电梯计划中一个关键点是选择地面锚定平台(图 7-1-13)的位置。技术方面的选择考虑因素主要包括闪电活动的全球分布、气旋风暴活动的全球分布、较小风暴的全球分布与电力传输站部署的相关要求。

综合考虑，将太空电梯缆绳锚定在可移动的海洋平台上比陆基平台具有更多优势，包括：

(1)出色的移动性：可将缆绳移出低地球轨道物体和风暴的路径。

(2)可位于赤道附近一个几乎没有雷击，没有气旋风暴，阴天少、天气平静的地区(加拉帕戈斯群岛以西约1500km)。

(3)大型移动式海洋平台是经过测试的技术(石油钻井平台，特别是海上发射平台)。

(4)更安全：如果缆绳断裂，1000～2000km以下的缆绳将会落在海洋中，高于此高度的缆绳在重返时将可能会烧毁。

(5)其他：如无雪、冰川或高原缺氧环境，无交通困难或可用陆地面积有限等问题。

Edwards估计该建设计划初始建造成本为62亿美元，运营成本小于1亿美元/年，小于250美元/千克。稳定运营后的成本约为10美元/千克，运输效率为5000kg/天。随着碳纳米管制造技术的发展，将有望在未来10年内开始建造地球太空电梯。

图7-1-13 海上可移动锚定平台示意图[6]

#### 7.1.2.2 Obayashi Corporation的地球太空电梯计划

2014年，Obayashi Corporation在其公司网站上公布了将于2050年建造地球太空电梯的计划[7]。该地球太空电梯将可承载100t的“攀爬者”。它由长96000km的碳纳米管缆绳、直径400m的浮动地球港(图7-1-14)和12500t的配重组成。其他设施包括火星/月球引力中心(Martian/Lunar Gravity Centers)、低地球轨道门(Low Earth Orbit Gate)、地球静止轨道站(Geostationary Earth Orbit Station，图7-1-15)、火星门(Mars Gate)和太阳系探索门(Solar System Exploration Gate)。

施工过程包括部署缆绳和建造设施。为了估计缆绳、配重、空间设施和“攀爬者”的特性，并确定施工程序，进行了必要的缆绳动力学分析。缆绳动力学参数包括由“攀爬者”上升引起的缆绳张力、位移和伸长量；缆绳配重和缆绳质量；风力；设施的固定负载。借助于计算机模拟设计了系统并确定了构建过程。

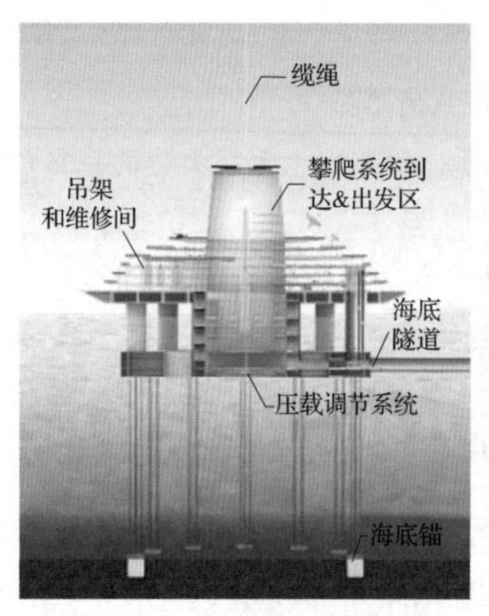


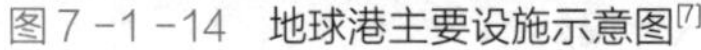
图 7-1-14 地球港主要设施示意图[7]

图 7-1-15 地球静止轨道站示意图[7]

根据结果得出结论：在假定缆绳抗拉强度为 150 GPa 的情况下，施工在技术上是可行的，建造电缆大约需要 20 年，风或科氏力对缆绳位移的影响很小，并且必须将缆绳的一端固定到地面，始终在接地端施加预张力。根据计划，最初将部署 20t 的缆绳，并由多达 7000t 的"攀爬者"在大约 18 年的时间里连续进行 510 次加固，然后在 1 年内运输和建造其他设施(图 7-1-16)。

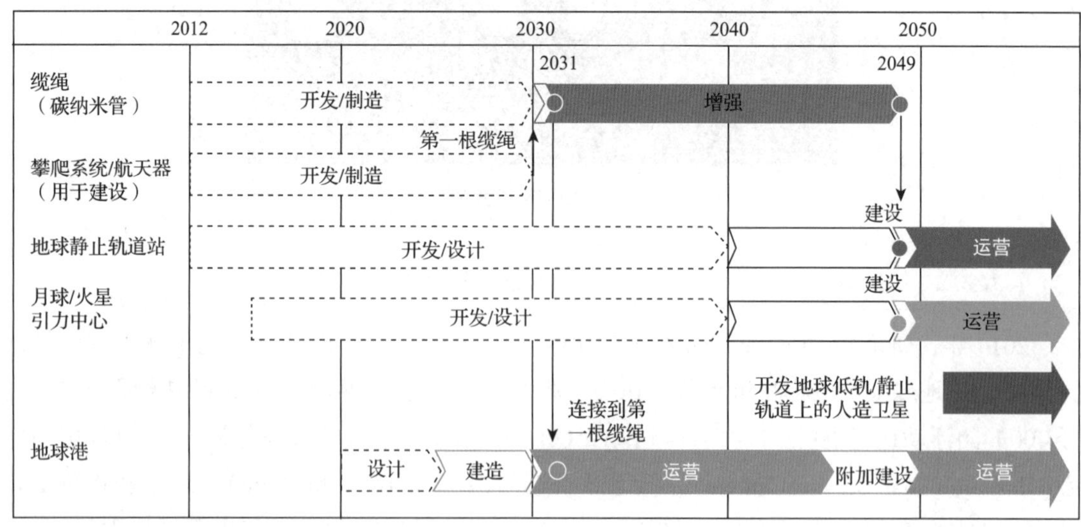


图 7-1-16 施工计划表[7]

Obayashi Corporation 认为，虽然当前的技术水平尚不足以实现该概念，但是它们的计划是切合实际的。

### 7.1.3 月球太空电梯

作为最早研究太空电梯的学者之一，美国恒星科技研究公司(Star Technology and Research，Inc)的总裁 Jerome Pearson 在 NASA 的资助下，设计了用于月球空间开发的太空电梯方案[8]。

在 NASA 重返月球计划的背景下，Pearson 以月球资源开发、利用为目标进行月球太空电梯方案设计。由于在月球两极附近的阴影环形山中有明显的水冰沉积，月球赤道附近的月面上有大量有用矿物的月壤沉积，因此有必要建立一个综合的月球运输系统，将这些地点相互连接起来。基于这样的考虑，Pearson 提出了“月球太空电梯 + 月面高架缆车”的综合月球运输系统。

#### 1. 系统简介

综合月球运输系统包括一个绕 L1 拉格朗日平衡点运行并直接向下延伸至月球赤道的月球太空电梯(LSE)、一个使用与 LSE 相同复合材料缆带延伸至月球南极的月面缆车和利用太阳能沿运输系统移动且能高效储能以在月夜运行的运输机器人(可能载人)，如图 7－1－17 所示。其中，月面缆车高架悬挂在山顶和火山口边缘，为运输机器人提供在月球赤道和两极之间移动 2700km 的高速通道。

利用该系统可以将月球极地的冰经过月面缆车和月球太空电梯，最终运输到地球高轨上。在那里它可以被利用，为氢/氧火箭发动机补给燃料。相反方向的流动则可以将补给品从地球轨道运送到月球基地和极地采矿站。

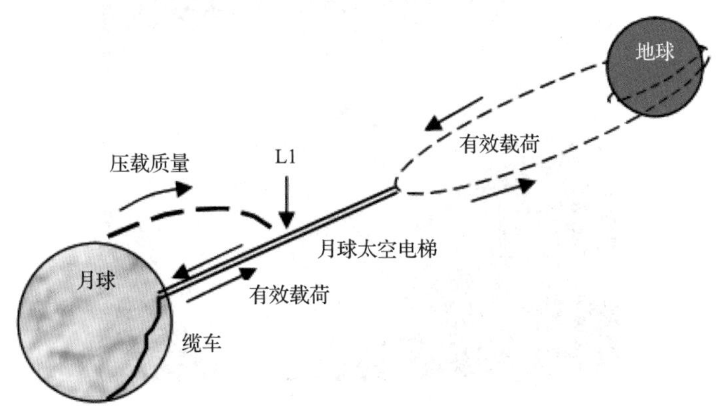


图 7－1－17 综合月球运输系统示意

综合月球运输系统的关键部件是月球太空电梯，如图 7－1－18 所示。早在 1979 年，Pearson 就提出并发表了月球太空电梯的设想[9]。月球太空电梯是地球太空电梯概念的延伸。经典的地球太空电梯本质上是一颗地球同步卫星，它被拉长至下端接触到地球赤道、上端终止于配重，该配重使系统质心在地球同步轨道高度处，以保持整个结构的平衡(图 7－1－18)。

由于地球重力场引力较大，地球太空电梯需要像碳纳米管一样坚固的材料才能建造。而月球引力仅为地球的1/6，且没有大气层，月球太空电梯对缆绳材料的要求远小于地球太空电梯，可以使用更经济的高强度复合纤维。但是，它只能围绕限制性三体问题的L1或L2拉格朗日点平衡，这些点距离月球表面约为地月距离的1/6。

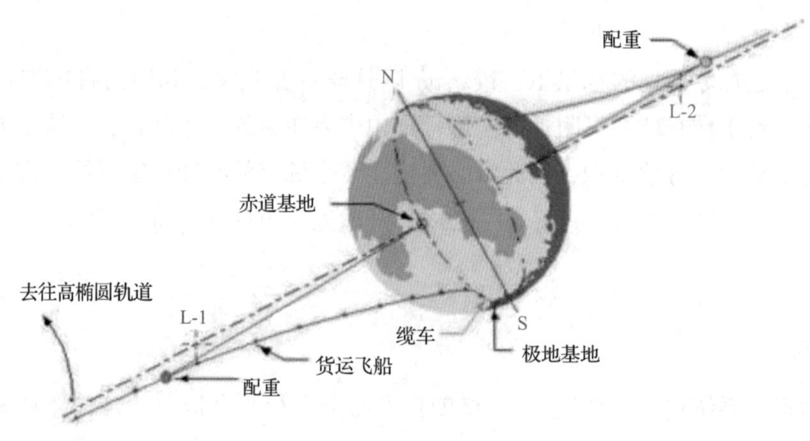


图7-1-18 月球太空电梯

综合月球运输系统选择使用高强度的复合材料缆带，围绕L1点来建设月球太空电梯。它还可以弯曲，以在赤道以外的月球表面着陆。

图7-1-19展示了运输机器人概念图，其驱动装置由大型太阳能电池阵列和储能装置提供动力。运输机器人将沿着月面缆车系统的缆绳移动，爬上月球太空电梯，然后在其顶部被释放，并使用电力推进继续进入地球轨道。

图7-1-19 运输机器人概念图

月面缆车也是综合月球运输系统的主要组成部分，预计从月球赤道向南极延伸超过2700km，连接各种玛丽亚矿床、风化层采矿场和南极的水冰矿。北极也可能有冰沉积，可以在那个方向建造第二条月面缆车系统。

月面缆车轨道需要由和太空电梯一样的高强度复合材料制成，悬挂在月球山脉和火山口边缘的高塔上。复合材料的强度要允许缆绳跨越数十到数百千米的距离，以最大限度地减少所需的支撑塔数量。为了获得最大跨度，支撑塔可以位于环形山的边缘和山顶。

月面缆车轨道终止于月球极地采矿营地，在那里同样类型的高强度缆绳可以支撑悬挂在极地阴影环形山上的采矿设备，如图7-1-20所示。水是在温度低于100K的火山口中开采的，并在大约270K的温度下输送。这种设施，由附近的太阳能电站提供110kW的持续电力，每年可以收集大约$2\times10^5$kg的水。

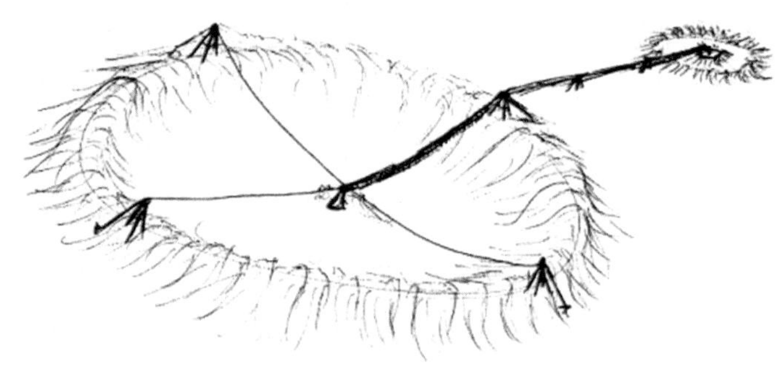

图7-1-20 极地环形山月球资源开采

综合月球运输系统更详细的设计方案将在下面几小节继续讨论。

### 2. 月球太空电梯

理论分析表明，在月球和火星上建造太空电梯比在地球上要容易得多，如图7-1-21所示。它展示了材料特征长度分别与地球、月球和火星太空电梯横截面锥度比的关系，具体分析方法详见第7.1.1节太空电梯物理。铝和钢等典型金属的特征长度一般为10～50km，M5等高强度复合材料的特征长度约为500km，碳纳米管的约为2200km。横截面锥度比是太空电梯重要的设计参数之一，它的最小横截面积由底部所需的提升能力决定。月球太空电梯的特定应力要求约为地球太空电梯的1%。

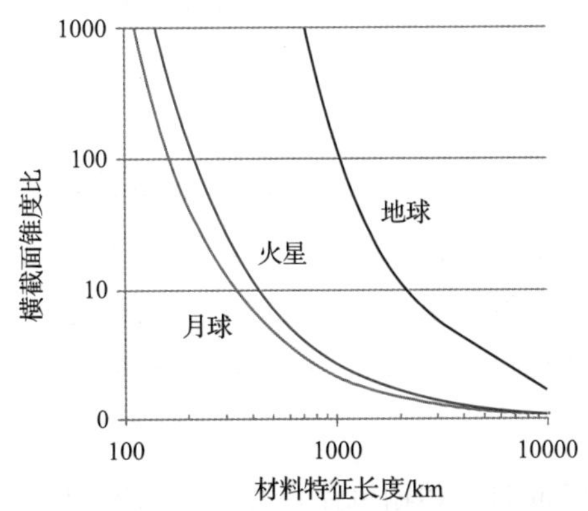


图7-1-21 太空电梯横截面锥度比和材料特征长度分析

表7-1-2给出了一些月球太空电梯候选材料的参数，包括密度、应力极限和特征长度。与地球太空电梯需要碳纳米管不同，月球太空电梯的所需材料强度要低得多，并且这些材料都属于成熟产品。

**表 7-1-2 月球太空电梯候选材料与碳纳米管的对比**

| 材料 | 密度/(kg/m³) | 应力极限/GPa | 特征长度/km |
|---|---|---|---|
| SWCN 单壁碳纳米管(实验室测量) | 2266 | 50 | 2200 |
| T1000G 东丽碳纤维(日本东丽公司) | 1810 | 6.4 | 361 |
| Zylon PBO 聚苯并恶唑纤维(Aramid, Ltd) | 1560 | 5.8 | 379 |
| Spectra 2000 霍尼韦尔扩链聚乙烯纤维 | 970 | 3.0 | 316 |
| M5 麦哲伦蜂窝状聚合物(设计值) | 1700 | 5.7 (9.5) | 342 (570) |
| Kevlar 49 杜邦芳纶 | 1440 | 3.6 | 255 |

月球太空电梯的缆带设计可以参考 Forward 和 Hoyt 的方法来变得更加坚固和预防故障[10]。这一概念如图 7-1-22 所示，还提供了安全系数与所需的缆带数量。该设计的缆带寿命可以用流星撞击的平均时间间隔来估算：$T(\text{年}) = 6h^{2.6}/L$，其中 $h$ 为缆带宽度(mm)，$L$ 为长度(km)。

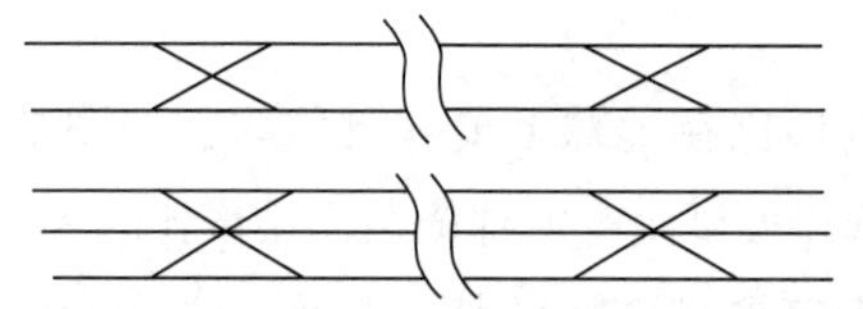

| 缆带数量 $n$ | 2 | 3 | 4 | 5 | 6 |
|---|---|---|---|---|---|
| 安全系数 $f_0$ | 4 | 3 | 2.7 | 2.5 | 2.4 |

图 7-1-22 防故障安全缆带设计

一旦最小横截面积和锥度比已知，就可以计算出月球太空电梯的总质量。对于像 M5 这样的现代高强度复合材料，系统总质量如图 7-1-23 所示。质量是相对于月球太空电梯的长度而绘制的，从地面到 L1 点以外的配重终止。配重可以是惰性的月球浮土材料，甚至是空间站。

由图 7-1-23 可以看出，月球太空电梯越长，其总质量越小。事实上，让月球太空电梯延伸远超过 L1 点带来两个好处：一是配重质量的急剧减少；二是从月球太空电梯顶部释放有效载荷进入的椭圆地球轨道，随着月球太空电梯的延长，其近地点高度也越低。图 7-1-24 显示了这种效果。如果月球太空电梯达到 130000km，有效载荷的近地点将处于地球同步轨道；若达到 180000km，有效载荷将进入中地球轨道；在 240000km 处释放会导致它们进入大气层。

当近地点半径低于 8000km 时，运输机器人有足够的电力使用电推进使其轨道圆化。相反，离开低地球轨道的运输机器人，如果其距离月球 210000km 以内，则可以使用电推进将自己送入月球太空电梯的顶部。由于这些重要的原因，月球太空电梯可能长达 200000km；除了 800t 高强度复合材料之外，还需要 400t 的配重。

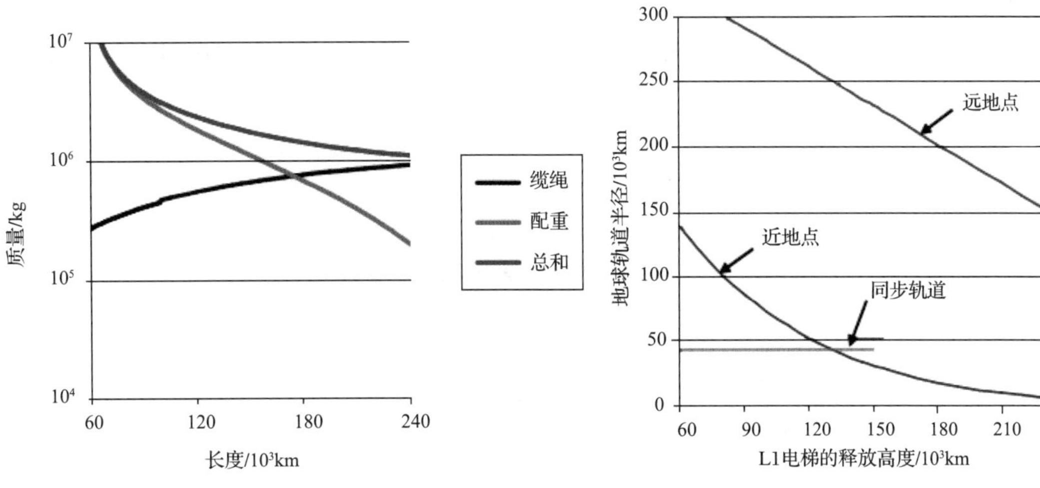


图 7-1-23　不同长度月球太空电梯的质量

图 7-1-24　月球太空电梯顶端释放有效载荷进入的地球轨道

还有一些可能的先进方法可以改进月球太空电梯的操作，例如：在月球太空电梯的底部建造一个高塔，来创造一个部分受拉、部分受压的太空电梯，以减少所需的锥度比，得到更低的系统质量和更轻的配重[11]；弯曲电梯缆带的下端使其远离赤道，能够减小月面缆车所需的支撑塔数量。不过这也许并不是一个进步，因为它将极大地减少电梯缆带的有效载荷容量。当月球太空电梯底端纬度偏离赤道 15°时，就会降低其 25% 的承载能力。

## 3. 月面缆车

月面缆车的轨道部分必须从赤道延伸到极点，大约为 2700km。如图 7-1-25 所示，在支撑塔高度和月面跨度之间有一个权衡。高 1km 的支撑塔允许至少 3°的纬度跨度，约为 90km 月面距离。这将只需要在赤道和极点之间建设 30 座支撑塔。如果缆车轨道利用地形，则可以使用数量更少的支撑塔。

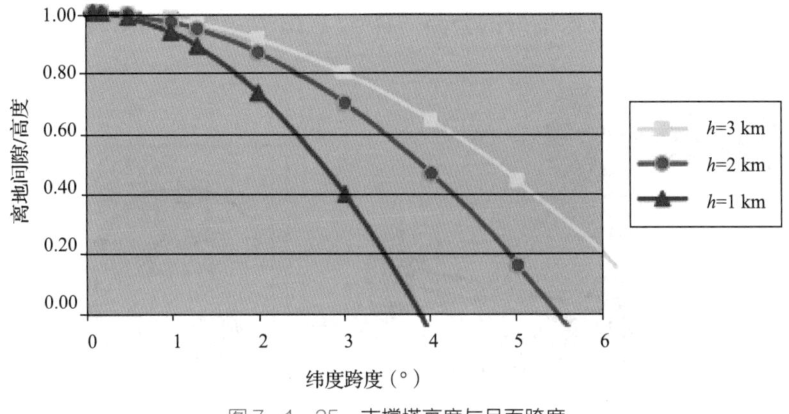


图 7-1-25　支撑塔高度与月面跨度

高两三千米的支撑塔能将其所需的数量减少至 20 座甚至 16 座，但是它们的高度可能会引起结构的稳定性问题。在月球上建造高 1km 的塔就像在地球上建造高 160m 的塔一样，如果用现代的复合设计，将会非常轻，如图 7－1－26 所示。

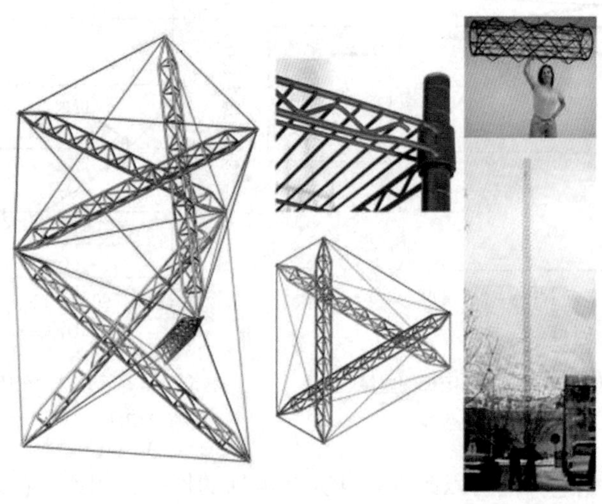

图 7－1－26 轻型支撑结构

降低月球太空电梯总成本的一个方法是使用月球原位材料制造足够坚固的纤维来加固最初的缆绳。这将大大增加月球太空电梯的承载能力，也将大大减少必须从地球重力井中提取出的物质数量。月球上有丰富的铝、硅、铁和钛。铝的密度相对较小，可以用来制造高强度纤维。它强度最高的形态似乎是蓝宝石，可以长成长的单晶或晶须。所涉及的过程甚至可能受益于 L1 的微重力环境。也许我们可以培育出连续的水晶链，直接进入缆带组装器。蓝宝石晶须几乎和石墨晶须一样坚固，但是它们的质量是石墨晶须的 2 倍多。另一种比较好的材料是石英晶须，如果能在太空中生成石英晶须，它们将比由相同元素制成的玻璃纤维强很多倍。金属基质的纤维目前也很受欢迎，可以使用带有金属涂层的玻璃纤维，因为没有水或氧气的问题。

月面缆车轨道的建造将要求服务车辆在系统的整个长度上行驶，并且它们将需要一个良好的行驶环境。诺克斯维尔大学的 Taylor 和 Meek 发明了一种方法，利用微波将月球的风化层烧结成坚硬光滑的表面，就像铺好的公路一样[12]。图 7－1－27 示出了他们的微波铺路机

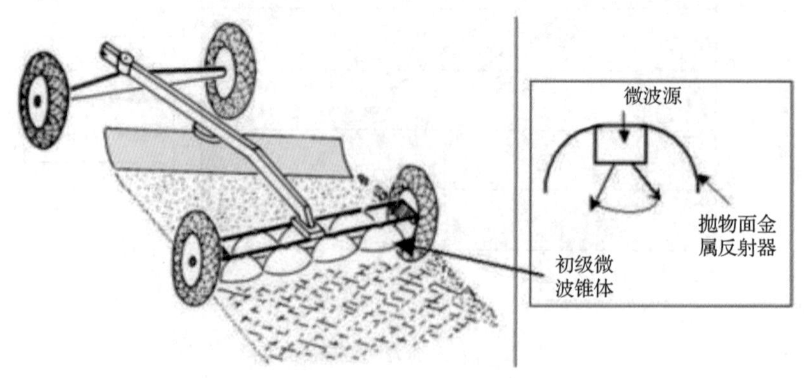


图 7－1－27 微波铺路机草图

草图。它将有两套磁控管，可以设定不同的微波频率和功率，以便有效地烧结/熔化月球土壤，第一组将风化层烧结到大约 0.5m 的深度，第二组会熔化顶部 3～5cm，形成坚硬光滑的路面。微波过程将释放嵌入风化层的大部分太阳风粒子，特别是氢、氦、碳和氮，这些粒子可能被捕获作为其他用途。这对于解决月球尘埃问题也可能非常有价值。在建造月球缆车轨道的过程中，也可以最终为地面车辆建造一条月球公路。

综合月球运输系统是一个完整的非火箭运输系统，用于将月球资源运送到地球轨道，并将制成品从地球轨道运送到月球两极。它带来了大规模开发和利用月球资源的可能性，能够作为地球轨道、L1 点和月面间的"高速公路"，实现物资在地球轨道和月球赤道、两极之间的快速、高效和低成本流通。

## 7.2 地月绳系运输系统

太空系绳是在太空电梯概念的基础上发展起来的，可用于推进、动量交换、姿态或相对位置维持的长缆绳装置。利用太空系绳将月球表面物体运输到近月轨道的研究最早可追溯到 1977 年 Hans Moravec 的工作[13]。1991 年，Robert L. Forward 从能量学的观点分析了用太空系绳进行地月物资运输的可行性[14]，并在之后设计了一个基于力学简化假设的地月绳系运输系统方案[15]。绳系无限公司(Tethers Unlimited, Inc)Robert P. Hoyt 进一步考虑地球 – 月球系统中轨道力学的复杂性，设计了一个可重复使用的地月绳系运输系统方案[16]。本节将基于上述工作开展介绍。

### 7.2.1 系统概念

地月绳系运输系统的基本概念是在地球轨道上使用一个旋转系绳从低地球轨道上拾取有效载荷，并将其抛向月球；在月球轨道上的一个旋转系绳(称为 Lunavator——"月梯")可以捕获它们并将其传送到月球表面。当"月梯"将有效载荷送到月球表面时，也可以提取月面的有效载荷，如从月球资源中提取的水或铝，并将其送到低地球轨道。通过平衡进出月球的质量流量，系统的轨道动量和能量可以守恒，从而不需要花费大量的推进剂而使有效载荷在地月间往返运输，如图 7 – 2 – 1 所示。

由于黄道面、白道面、地球和月球赤道面之间随时间长期演化的空间几何关系，地月空间的轨道力学相当复杂。地球轨道系绳把有效载荷从赤道椭圆轨道上抛向月球与地球赤道平面相交的两点之一。随着有效载荷接近月球，它将需要执行一个小的机动使其进入正确的进入轨道，以确保能被"月梯"捕获。这种机动需要的速度增量取决于月球轨道平面的倾角变化，它也是在地月绳系运输系统设计中需要重点考虑的因素。

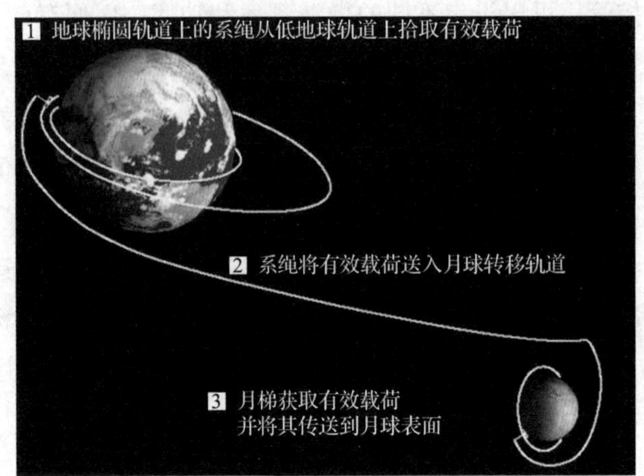


图7-2-1 地月绳系运输系统概念图

## 7.2.2 最佳系绳理论

### 1. 地球端系绳的最佳配置设计

地球端系绳能够从低地球轨道上拾取有效载荷，并将它们抛向月球。为了确定该设施的最佳配置，必须在尽量减少系绳和设施所需质量与尽可能使系统轨道动力学易于管理之间取得平衡。

1）地球端系绳的轨道方案

为了尽量减少后续轨道机动的 $\Delta V$，地球端系绳需要将有效载荷转移到能量最接近的地月转移轨道（LTO）。若有效载荷初始位于高 350km 的赤道圆轨道，其初始速度为 7.7km/s。要进入期望的地月转移轨道需要的 $\Delta V \approx 3.1$km/s。

从操作角度来看，地球端系绳最方便的设计是低地球圆形轨道中的单个系绳设施。该设施与有效载荷会合后，将有效载荷部署在系绳的末端，然后使用电动力系绳推进器使系绳旋转，直到尖端速度达到 3.1km/s，然后将其注入 LTO。然而，由于系绳在助推时会将其轨道动量和能量的一部分传递给有效载荷，因此圆轨道上的系绳设施需要非常大的压载质量，以便在助推有效载荷后，其轨道不会坠入高层大气。此外，所需系绳质量对系绳尖端速度的强烈依赖可能使这种方法在当前的材料技术中不切实际。锥形系绳所需的质量取决于尖端质量以及尖端速度与系绳材料临界速度之比，根据 Moravec 推导出的关系式[13]：

$$M_t = M_P\sqrt{\pi}\frac{\Delta V}{V_C}e^{\frac{\Delta V^2}{V_C^2}}\mathrm{erf}\left\{\frac{\Delta V}{V_C}\right\} \tag{7-2-1}$$

式中：erf( ) 为误差函数。

系绳材料的临界速度取决于抗拉强度 $T$、材料密度 $d$ 和设计安全系数 $F$，具体如下：

$$V_C = \sqrt{\frac{2T}{Fd}} \tag{7-2-2}$$

系绳质量与速度比的平方呈指数关系，导致系绳质量随速度比增大而迅速增加。

由 Allied – Signal 制造的高定向聚乙烯材料 Spectra 2000 的室温拉伸强度为 4 GPa，密度为 0.97g/cm³。安全系数为 3 时，材料的临界速度为 1.66km/s。利用式(7 – 2 – 1)和式(7 – 2 – 2)计算，能够维持 3.1km/s 尖端速度的系绳质量需要超过有效载荷的 100 倍。这虽然在技术上是可行的，但如此大的系绳质量可能在经济上无法与火箭技术竞争。将来，随着超高强度材料的面世，可能使 3km/s 的系绳更为经济可行。然而，为基于现有材料以合理的质量实现 3.1km/s 速度增量，地球端系绳需要采用其他的轨道方案。

当比率 $\Delta V/V_C$ 降低到接近 1 或更低的水平，系绳质量会降低到合理的水平。为了达成这一目标，可以将地球端系绳放入椭圆轨道并安排其旋转，以便系绳尖端在近地点与有效载荷会合并捕获它，从而产生 1.6km/s 的 $\Delta V$。然后，当系绳返回近地点时，可以将有效载荷抛出，从而使它的速度再增加 1.5km/s。通过将 3.1km/s 的 $\Delta V$ 分成两个较小的速度增量，可以使 $\Delta V/V_C<1$，从而大大减少所需的系绳质量。这种方法的缺点是它要求有效载荷和系绳尖端之间进行有挑战的交会。尽管如此，这种方案带来的系统质量规模优势是巨大的，值得承受交会带来的额外风险。

使用椭圆轨道设计可行的系绳运输系统的主要挑战之一是由于地球扁率而导致的轨道摄动，如下所示：

$$\dot{\Omega}=-\frac{3}{2}J_2\frac{R_e^2}{p^2}\bar{n}\cos i \tag{7-2-3}$$

$$\dot{\omega}=\frac{3}{4}J_2\frac{R_e^2}{p^2}\bar{n}(5\cos^2 i-1) \tag{7-2-4}$$

式中：$\bar{n}$ 为轨道的“运动平均”，定义为

$$\bar{n}=\sqrt{\frac{\mu_e}{a^3}}\left[1-\frac{3}{4}J_2\frac{R_e^2}{p^2}\sqrt{1-e^2}(1-3\cos^2 i)\right] \tag{7-2-5}$$

为了使地球轨道系绳设施的轨道力学易于管理，对系统设计提出了两个限制：

(1)系绳设施的轨道将是赤道轨道，因此轨道倾角为零，不需要考虑式(7 – 2 – 3)给出的摄动项。

(2)系绳系统将有效载荷抛入赤道平面内的地月转移轨道。这意味着，当月球穿过其轨道的升交点或降交点时，有效载荷可以执行转移机动操作。

尽管如此，在赤道椭圆轨道系统中仍然有轨道面内的拱线进动问题。如图 7 – 2 – 2 所示，当地球轨道系绳在近地点或近地点附近执行所有的捕获和投掷操作之后，为了使有效载荷在沿地月转移轨道到达月球轨道与地球赤道面交点时恰好能到达月球附近，地球赤道椭圆拱线与月球轨道节线之间的夹角 λ 必须满足特定的条件。如果地球赤道椭圆轨道经历拱线进动，角度 λ“将只周期性地具有适当的值”。因此，在设计中需要为地球赤道椭圆选择轨道参数，以使其拱线进动与月球轨道产生方便的共振。

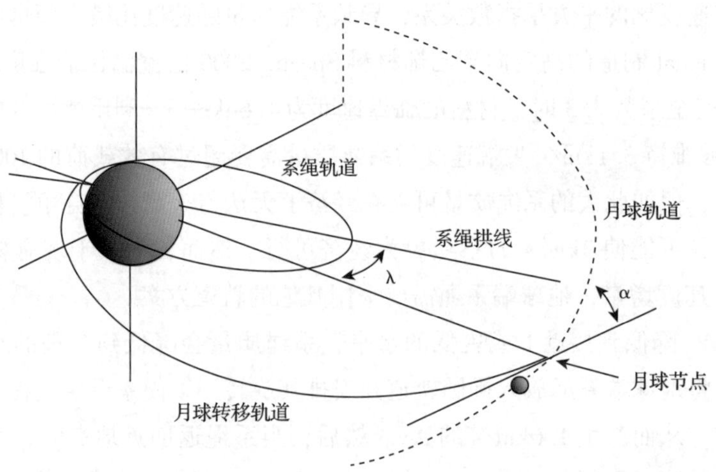

图7-2-2　系绳轨道和月球轨道几何

2)地球端系绳的系统方案

在地月绳系运输系统中，地球端系绳需要执行捕获和释放操作，为有效载荷提供两次助推，每次约为1.5km/s。为此，地球端系绳需要进行旋转。首先，系绳的旋转被安排成当其处于近地点时，系绳的抓捕设施在系统下方垂直摆动，以便它能够捕捉比系统移动更慢的有效载荷。在它捕捉到有效载荷后，将等待一个轨道周期并稍微调整其旋转速率(通过将系绳卷进或卷出)，以便当它返回近地点时，系绳抓捕设施在系统上方摆动，并且它可以将有效载荷释放到比系统移动更快的轨道上。

为了实现这一系列操作，可以将旋转动量交换系绳与电动力系绳相结合，创建一种能够在每次有效载荷转移后恢复其轨道能量和动量的设施，而不需要推进剂消耗。这个概念称为“高强度电动力系绳”(HEFT)系统，如图7-2-3所示。HEFT系统将包括一个中央设施，

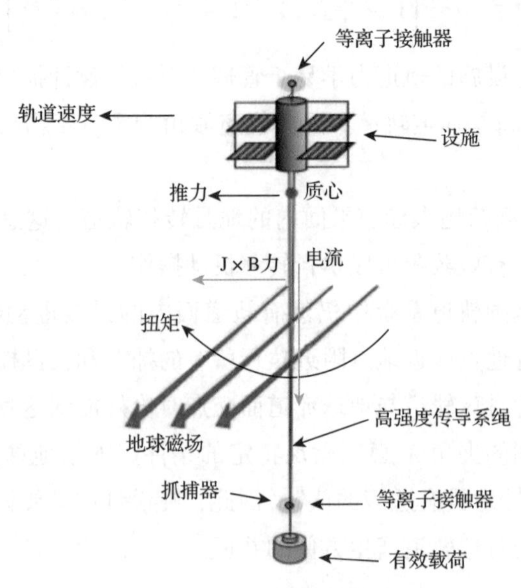

图7-2-3　HEFT系统示意

用于容纳电源、镇流器、等离子接触器和系绳部署器。该部署器延伸一条长的锥形的高强度系绳。一个小型抓钩飞行器位于系绳的顶端，以执行有效载荷的捕获和释放操作。系绳将包括导电芯，第二个等离子接触器放置在系绳尖端附近。通过使用电源沿系绳驱动电流，HEFT 系统可以在系绳上产生电动力。当系绳旋转并绕地球轨道运行时，通过适当改变电流的方向，可以利用电动力产生净扭矩以提高系统转速，或者产生净推力以改变系统的轨道运行。因此，HEFT 系统可以反复将有效载荷从低地球轨道送入地月转移轨道，并在每次有效载荷操作之间，使用电动力推进来恢复其轨道。

为了设计 HEFT 系统，必须确定系绳的长度、旋转速率和轨道特性。考虑到初始有效载荷轨道(IPO)为低轨圆轨道，其速度为

$$V_{\mathrm{IPO}}=\sqrt{\frac{\mu_{\mathrm{e}}}{r_{\mathrm{IPO}}}} \tag{7-2-6}$$

HEFT 系统放置于近地点高于有效载荷初始轨道的椭圆轨道上，其初始近地点和有效载荷轨道半径之间的差值等于从系绳尖端到中央设施和系绳质心的距离，即

$$r_{\mathrm{p},0}=r_{\mathrm{IPO}}+(L-l_{\mathrm{cm,unloaded}}) \tag{7-2-7}$$

式中：$l_{\mathrm{cm,unloaded}}$为有效载荷到达之前从中央设施到系统质心的距离(对于锥形系绳，该距离必须用数值计算)。

系绳尖端速度等于有效载荷速度和 HEFT 系统近地点速度之差，即

$$V_{\mathrm{t},0}=V_{\mathrm{p},0}-V_{\mathrm{IPO}} \tag{7-2-8}$$

为了确保有效载荷不会在第一次捕获机会时被系绳捕获“丢失”，选择 HEFT 系统轨道的半长轴使其轨道周期为有效载荷轨道周期的某个合理倍数 $N$，即

$$P_{\mathrm{f},0}=NP_{\mathrm{IPO}}\Rightarrow a_{\mathrm{f},0}=N^{\frac{2}{3}}r_{\mathrm{IPO}} \tag{7-2-9}$$

例如，若 $N=5/2$，这意味着每两个轨道，HEFT 系统将有机会与有效载荷交会，因为在 HEFT 系统完成两个轨道时，有效载荷将正好完成五个轨道。

系统设计中的另一个考虑因素是系统总质量。需要相当大的系统质量来提供“压载质量”储存轨道动量和能量，再由系绳传递到有效载荷或从有效载荷传递出去。如果所有的捕捉和投掷操作都在近地点进行，动量交换将导致 HEFT 系统的远地点下降。为了其轨道不会坠入高层大气，一定的“压载质量”是必要的，主要由系绳部署器和绞盘的质量、设施电源和电力处理硬件以及系绳本身的质量来提供。如果需要额外的质量，可以由低地球轨道上的可用材料提供，如用过的末级火箭外部储箱等。所需的系绳质量将取决于最大尖端速度以及系绳材料和设计安全系数的选择，如式(7-2-1)所示。在具体设计中，使用了一个逐步变细的系绳模型来计算系绳质量和系绳质量中心。

根据动量守恒，交会后 HEFT 系统和有效载荷质心的近地点速度为

$$V_{\mathrm{p},1}=\frac{V_{\mathrm{p},0}(M_{\mathrm{f}}+M_{\mathrm{t}})+V_{\mathrm{IPO}}M_{\mathrm{P}}}{(M_{\mathrm{f}}+M_{\mathrm{t}})+M_{\mathrm{P}}} \tag{7-2-10}$$

当系绳抓住有效载荷时，HEFT 系统的重心会随着有效载荷质量在系绳底部的增加而略

微下移，即有

$$r_{\mathrm{p},1} = \frac{r_{\mathrm{p},0}(M_{\mathrm{f}} + M_{\mathrm{t}}) + r_{\mathrm{IPO}} M_{\mathrm{P}}}{(M_{\mathrm{f}} + M_{\mathrm{t}}) + M_{\mathrm{P}}} \tag{7-2-11}$$

此外，当系绳抓住有效载荷时，系绳的角速度不变，但是因为当系绳抓住有效载荷时，组合体质心更靠近系绳的尖端，所以系绳的尖端速度降低。新的系绳尖端速度为

$$V'_{\mathrm{t}} = V_{\mathrm{t}} \frac{L - l_{\mathrm{cm,loaded}}}{L - l_{\mathrm{cm,unloaded}}} \tag{7-2-12}$$

为了给系统设计提供额外的灵活性，允许系绳设备通过将系绳卷进或卷出来微调系绳尖端速度。如果在抓到有效载荷后，通过系绳卷进缩短长度 $\Delta L$，由于角动量守恒，系绳尖端速度将增加为

$$V''_{\mathrm{t}} = \frac{V_{\mathrm{t}}(L - l_{\mathrm{cm,loaded}})}{L - l_{\mathrm{cm,loaded}} - \Delta L} \tag{7-2-13}$$

然后，当 HEFT 系统返回近地点时，它可以将有效载荷抛入期望的地月转移轨道，即有

$$\begin{cases} r_{\mathrm{p,LTO}} = r_{\mathrm{p},1} + L - l_{\mathrm{cm,loaded}} - \Delta L \\ V_{\mathrm{p,LTO}} = V_{\mathrm{p},1} + V''_{\mathrm{t}} \end{cases} \tag{7-2-14}$$

综合上述一系列方程，可以计算得出 HEFT 系统的设计方案。该系统能够从低地球圆轨道上拾取有效载荷，并将它们抛向极小能量的地月转移轨道。在其运行的初始阶段，当月球设施正在建设中且没有返回交通存在时，系绳系统将使用电动力系绳推进在投掷每个有效载荷后恢复系统状态。一旦月球设施存在，返回的交通可以用来恢复设施之前损失的轨道动量。系绳的轨道将稍微修改，以允许往返交通。

2. 月球端系绳的最佳配置设计

月球系绳设施捕获由地球端系绳发送的有效载荷，并以相对于月球表面的零速度将它们释放在月球上。

1978 年，Moravec 提出有可能建造一条绕月球旋转、周期性降落在月球表面的绳索，称为“天钩”。Moravec 的“天钩”将有一个巨大的中心设施，带有两个系绳臂，每个系绳臂的长度等于该中心设施的轨道高度。它会以与它轨道相同的方向旋转，这样系绳尖端就能以相对于月球表面的零速度周期性地落在月球上，为了形象化这一点，可以把系绳想象成绕着月球滚动的巨大自行车车轮上的辐条。当 Moravec“天钩”绕着月球旋转和轨道运行时，系绳可以在有效载荷经过月面时捕获它们，然后再把它们放回到月球表面。与此同时，系绳也可以使有效载荷返回低地球轨道。Moravec 发现，如果系绳的臂长等于月球直径的 1/19，那么系绳的质量将会最小化，旋转时两臂中的每一臂在每个轨道周期都要在月球表面着陆三次。若使用 1978 年时可用的最佳材料凯夫拉(该材料的密度为 1.44g/cm$^3$，抗拉强度为 2.8GPa)，Moravec 发现，设计安全系数为 2 的双臂天钩所需的质量大约是有效载荷质量的 13 倍。Moravec 的系绳每条臂长 580km，总长 1160km，系绳质心每 2.78h 绕月球一周，轨道半径为 2320km，此时轨道速度为 1.45km/s。然而，使用 Moravec 的极小值解，不仅需要很长的系

绳，而且需要有效载荷相对于月球有很高的速度。由于 Moravec 设计中的月球系绳的轨道速度为1.45km/s，系绳顶端相对于质心的速度为1.45km/s，有效载荷的环月速度需要为2.9km/s 才能与系绳顶端的旋转速度相匹配。为了达到这一环月速度，月球转移轨道必须是高能双曲线轨道。这带来了几个缺点：如果月球系绳未能在近月点捕获有效载荷，那么它将继续以双曲线轨道运行并离开地球轨道；此外，正如 Forward 发现的那样，高的月球转移轨道能量也会加大对地球轨道系绳的要求。

按照地月绳系运输系统对地球轨道部分 $\Delta V$ 的最小化要求，被地球端系绳注入地月转移轨道的有效载荷，在近月轨道的速度约为2.3km/s。这明显小于 Moravec“天钩”的顶端速度2.9km/s。因此，必须修改 Moravec“天钩”的设计，以允许系绳在有效载荷速度大约为2.3km/s 时将其捕获到月球周围，然后增加系绳长度和角速度，使得有效载荷能够以相对于月球表面的零速度释放。为了实现上述目标，简单地将系绳卷进或卷出是不够的，因为卷出系绳会由于角动量守恒而导致旋转速率降低，无法在增加系绳长度的同时增加旋转角速度。

为此，Hoyt 设计了“月梯”系绳系统，由一根长系绳、一端的平衡质量和一个能够沿系绳爬上或爬下的中央设施组成，能够在增加系绳长度的同时增加旋转速率，如图7-2-4所示。最初，“月梯”系绳系统围绕系统质心缓慢旋转，其质心位于中心设施和平衡质量之间。当“月梯”系绳尖端捕获有效载荷之后，中心设施将利用太阳能电池或其他电源的能量沿着系绳爬向平衡质量。在此过程中，系统质心保持在相同高度，从系绳尖端到质心的距离将增加；根据角动量守恒，系统的角速度也将增加。

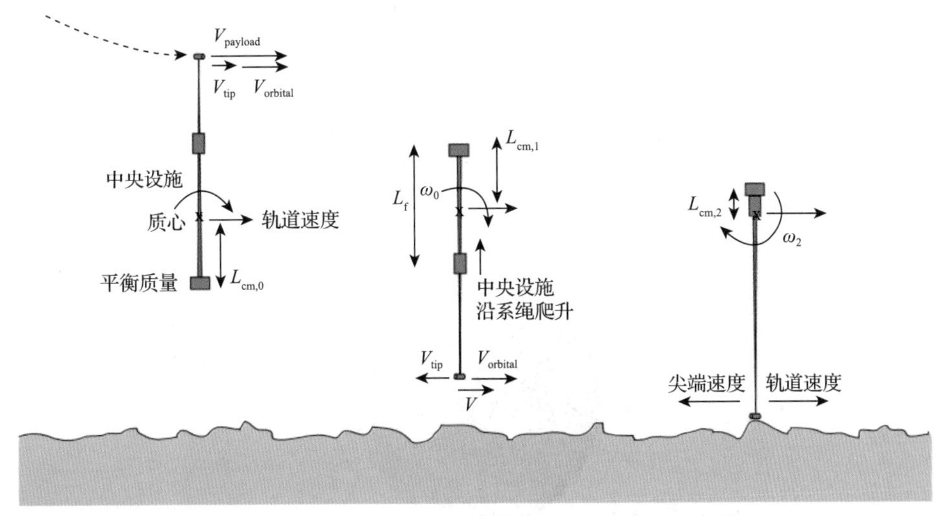


图7-2-4 “月梯”系统从极小能量的 LTO 捕获有效载荷并将其释放在月球上的方法

在捕获有效载荷之前，从平衡质量到系统质心的距离为

$$L_{cm,0} = \frac{M_f L_f + M_t L_{cm,t}}{M_f + M_t + M_c} \tag{7-2-15}$$

式中：$L_f$ 为从平衡质量到中心设施的距离；$L_{cm}$ 为从平衡质量到系统质心的距离。对于锥形

系绳，必须用数值方法计算 $L_{cm,t}$。

如果“月梯”系统最初在半径为 $a_0$ 的圆形轨道上，那么其质心速度为

$$v_{cm,0}=\sqrt{\frac{\mu_m}{a_0}} \tag{7-2-16}$$

在系绳尖端摆动到顶部时，它捕获有效载荷的半径为

$$r_p=a_0+(L_t-L_{cm,0}) \tag{7-2-17}$$

从地球出发的有效载荷，其转移轨道能量 $C_{3,m}\approx 0.72\text{km}^2/\text{s}^2$，因此其到达月球轨道的环月速度为

$$v_p=\sqrt{\frac{2\mu_m}{a_0+(L_t-L_{cm,0})}+C_{3,m}} \tag{7-2-18}$$

为了使系绳尖端的速度与交会时的有效载荷速度相匹配，系绳尖端相对于质心的速度必须为

$$v_{t,0}=v_p-v_{cm,0} \tag{7-2-19}$$

“月梯”系统的角速度为

$$\omega_{t,0}=\frac{v_{t,0}}{L_t-L_{cm,0}} \tag{7-2-20}$$

如图7-2-5所示，当系绳捕获有效载荷时，包括有效载荷在内的新系统的质心位于一个新的椭圆轨道的近地点。质心的近地点速度和半径分别为

$$V_{p,1}=\frac{v_{cm,0}(M_f+M_t+M_c)+v_pM_p}{M_f+M_t+M_c+M_p} \tag{7-2-21}$$

$$r_{p,1}=\frac{a_0(M_f+M_t+M_c)+r_pM_p}{M_f+M_t+M_c+M_p} \tag{7-2-22}$$

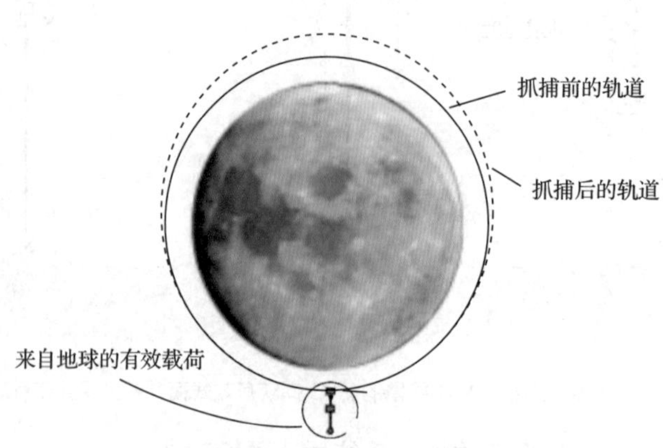


图7-2-5 “月梯”系统在有效载荷捕获前后的轨道

从平衡质量到系统中心的新距离变为

$$L_{cm,1}=\frac{M_fL_f+M_tL_{cm,t}+M_pL_t}{M_f+M_t+M_c+M_p} \tag{7-2-23}$$

为了增加“月梯”系统的旋转速率和增加系统质心到系绳尖端的距离，中心设施沿系绳向平衡质量爬升，减少了从平衡质量到系统质心的距离，即有

$$L_{cm,2}=\frac{M_t L_{cm,t}+M_p L_t}{M_f+M_t+M_c+M_p} \tag{7-2-24}$$

通过角动量守恒，角速度将增加到一个新值，即

$$\omega_2=\omega_0\frac{L_{cm,1}M_c+(L_f-L_{cm,1})M_f+(L_{cm,t}-L_{cm,1})M_t+(L_t-L_{cm,1})M_p}{L_{cm,2}M_f+(L_{cm,t}-L_{cm,2})M_t+(L_t-L_{cm,2})M_p} \tag{7-2-25}$$

由此可以得到有效载荷相对于质心的速度为

$$v_{t,2}=\omega_2(L_t-L_{cm,2}) \tag{7-2-26}$$

如果初始轨道参数、系绳长度以及中心设施和系绳质量选择得当，那么 $v_{t,2}$ 可以等于“月梯”系统的近地点速度，从质心到有效载荷的距离可以等于近地点高度。当系绳回到近地点时，它就可以将有效载荷释放在月球表面，同时收取一个月面的有效载荷将其传输回地球。

综合上述一系列方程，可以计算得出“月梯”系统的设计方案。为了提供最一致的转移方案，最好将“月梯”系统放入月球的极地或赤道轨道。它们都是可行的，各有优、缺点：

月球赤道轨道的主要优势是轨道相对稳定。然而，“月梯”系统只能为月球赤道上的基地服务。因为月球赤道面相对于地球赤道面是倾斜的，所以由地球轨道系绳设备发射的有效载荷需要一个 $\Delta V$ 机动使其轨道进入月球赤道面。这个 $\Delta V$ 可以用小型火箭推进器或月球“弹弓”机动来提供。

月球极地轨道的主要优势体现为两点：一是直接转移到极地月球轨道是可能的，只需要很少甚至不需要推进剂；二是极地“月梯”系统可以为月球表面的任何一点提供交通服务，包括具有潜在丰富冰资源的月球两极。然而月球极地轨道是不稳定的，其偏心率摄动变化较为剧烈。最终，当偏心率变得足够大时，其轨道将和月面相交。如图 7-2-6 所示，对于初始 178km 的圆形轨道，偏心率增长率约为每天 0.00088。

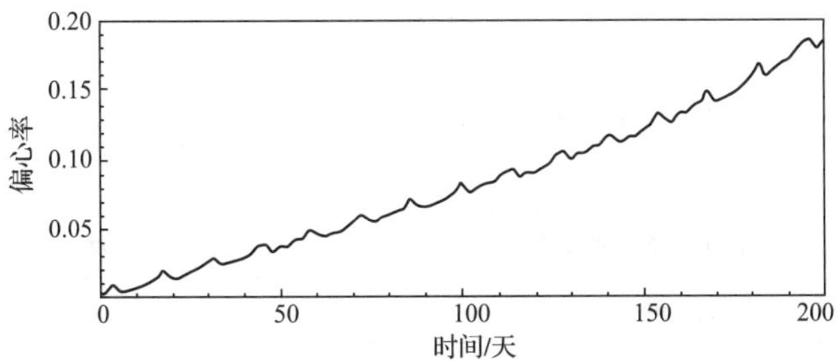


图 7-2-6　初始 178km 高月球极地圆轨道的偏心率受摄变化

对于月球极地轨道，可以使用系绳缠绕的轨道修正技术，不需要消耗推进剂而稳定“月梯”系统的轨道，基本概念如图 7-2-7 所示。系绳可以通过在近月点处卷进和在远月点处卷出而增加轨道能量，也可以通过在近月点处卷出和在远月点处卷进而减少轨道能量。尽管能量通过系绳的卷进、卷出运动被转移(或增加)到轨道上，系绳的轨道角动量并没有改变。

因此，轨道的偏心率可以改变。使用如图 7－2－7 所示的系绳收放方案，系绳在每个轨道上收放一次，1m/s 的收放速度将使"月梯"系统的轨道偏心率每天减少 0.0011，这足以抵消月球摄动对系绳轨道的影响。然而，这种系绳缠绕会增加系统的复杂性。

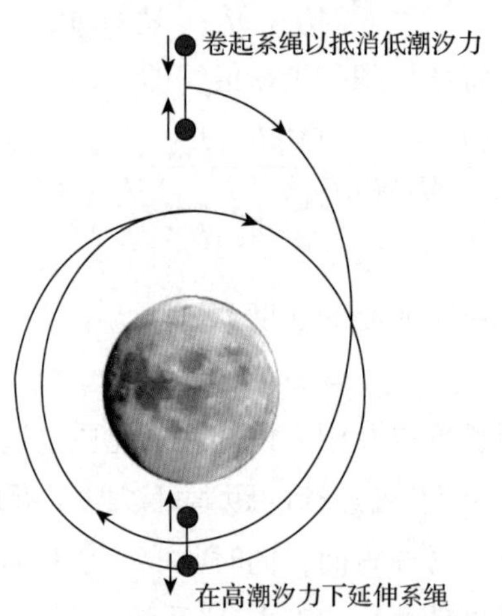


图 7－2－7 "月梯"系统通过系绳缠绕的轨道修正技术改变偏心率

## 7.2.3 系统技术参数

根据最佳系绳理论确定地月绳系运输系统的技术参数，地球端和月球端系绳设计参数分别如表 7－2－1 和表 7－2－2 所列。

**表 7－2－1 高强度电动力系绳系统初始方案(单向运输)**

| 参数名称 | | 参数值 |
|---|---|---|
| 载荷 | 质量 $M_p$ | $M_p$ = 2500 kg |
| | 初始轨道高度 | $h_{IPO}$ = 308km |
| | 初始速度 | $V_{IPO}$ = 7.72km/s |
| HEFT | 系绳长度 | $L$ = 80km |
| | 系绳质量(Spectra 2000 材料，安全系数 3.5) | $M_t$ = 15000 kg |
| | 中央设施与系统质心距离 | $L_{t,com}$ = 17.6km |
| | 中央设施质量 | $M_f$ = 11000 kg |
| | 抓捕器质量(有效载荷质量的 10%) | $M_g$ = 250 kg |
| | 系统总质量 | $M$ = 26250 kg(有效载荷质量的 10.5 倍) |
| | 中央设施电量 | $P_{wr}$ = 11 kW(平均) |
| | 初始系绳尖端速度 | $V_{t,0}$ = 1530m/s |

续表

| 参数名称 | | 参数值 |
| --- | --- | --- |
| 抓捕前轨道 | 近地点高度 | $h_{p,0}$ = 378km |
| | 远地点高度 | $h_{a,0}$ = 11498km |
| | 偏心率 | $e_0$ = 0.451 |
| | 轨道周期 | $P_0 = 5/2P_{IPO}$（每 7.55h 一次交会机会） |
| 抓捕后轨道 | 近地点高度 | $h_{p,1}$ = 371km |
| | 远地点高度 | $h_{a,1}$ = 9687km |
| | 偏心率 | $e_1$ = 0.408 |
| | 捕获有效载荷后系绳卷入 2950m，将尖端速度增加至 1607m/s | |
| 释放后轨道 | 近地点高度 | $h_{p,2}$ = 365km |
| | 远地点高度 | $h_{a,2}$ = 7941km |
| | 偏心率 | $e_2$ = 0.36 |
| 有效载荷<br>地月转移轨道 | 近地点高度 | $h_{p,LTO}$ = 438.7km |
| | 近地点速度 | $V_{p,LTO}$ = 10.73km/s |
| | 轨道能量 | $C_3$ = −1.9km$^2$/s$^2$ |

**表 7－2－2　“月梯”系统的一阶设计方案**

| 参数名称 | | 参数值 |
| --- | --- | --- |
| 载荷 | 质量 $M_p$/kg | $M_p$ = 2500kg |
| | 初始近月点高度 | $h_p$ = 328.23km |
| | 相对月球的能量 | $C_{3,M}$ = 0.719km$^2$/s$^2$ |
| “月梯”系统 | 系绳长度 | $L$ = 200km |
| | 平衡质量 | $M_c$ = 15000kg |
| | 中央设施质量 | $M_f$ = 15000kg |
| | 系绳质量 | $M_t$ = 11765kg |
| | 系统总质量 | $M$ = 41765kg（有效载荷质量的 16.7 倍） |
| 抓捕前轨道 | 中央设施位置 | $L_f$ = 155km |
| | 系绳尖端速度 | $V_{t,0}$ = 0.748km/s |
| | 旋转角速度 | $\omega_0$ = 0.00566rad/s |
| | 圆轨道高度 | $h_{p,0}$ = 170.5km |

续表

| 参数名称 | | 参数值 |
|---|---|---|
| 抓捕后轨道 | 近月点高度 | $h_{p,1}$ = 178km |
| | 远月点高度 | $h_{a,1}$ = 411.8km |
| | 偏心率 | $e_1$ = 0.0575 |
| 捕获有效载荷后，中央设施沿系绳向平衡质量移动，改变旋转角速度 | 调整后旋转角速度 | $\omega_2$ = 0.00929rad/s |
| | 调整后尖端速度 | $V_{t,2}$ = 1.645km/s |
| 有效载荷释放 | 释放高度 | $h$ = 1km |
| | 相对于月面的释放速度 | $V$ = 0m/s |

对于特定的系统设计，系绳和设施质量将与有效载荷质量大致呈线性比例。根据表 7-2-1 和表 7-2-2 中给出的具有 2500kg 运输能力的地月绳系运输系统方案，可以等效得出具有其他运输能力要求的对应系统方案。

根据表 7-2-1，HEFT 系统传送一次有效载荷后，系统将留在更低能量的椭圆轨道上，其半长轴比初始轨道小约 1780km。一旦建立了月球基地和月球系绳设施，并开始向低地球轨道发送返回的有效载荷后，HEFT 系统就可以通过捕获和释放这些返回的有效载荷来恢复其轨道。然而，在有返回载荷之前，当系统接近近地点时，HEFT 系统的中央设施将通过驱动系绳上的电流，使用电动推进来提升其远地点高度。因为系绳是旋转的，当系绳旋转时，电流的方向产生改变，从而在设施上产生净推力。使用系绳动力学和电动力学模拟，显示了 HEFT 系统通过电动力推进在一天内的轨道变化，如图 7-2-8 所示。仿真假设了电动力推进装置在近地点附近开始工作，每次消耗电力约 75kW，一天累计可以提升轨道半长轴大约 20km。在这一条件下，HEFT 系统约 85 天内可以恢复其工作轨道，进行下一次有效载荷的投送。投入更大的电力消耗，可以更快地实现其工作轨道恢复。

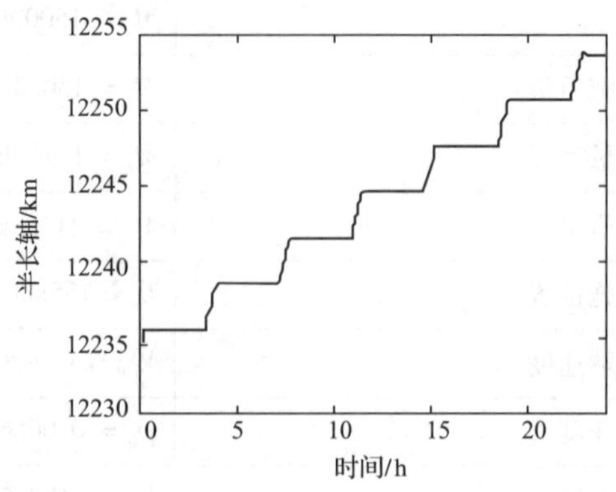


图 7-2-8 在系绳将有效载荷送入 LTO 后，电动推进装置将系绳的轨道重新恢复

如第 7. 2. 2 节所述，地球扁率将导致 HEFT 系统椭圆轨道的拱线进动。在实际工程中可以用两种方法处理这个问题：一是利用系绳缠绕抵消轨道的拱线进动。只需在每一个轨道周期内适当的时机轻微地来回卷进和卷出系绳一次，系绳设备就可以在旋转和轨道之间交换角动量，从而抵消拱线的进动，以保证 HEFT 系统每月向月球发送一次有效载荷。二是选择恰当的系绳轨道，使它们的进动率与月球的轨道运动几乎一致，这样椭圆轨道的拱线每隔几个月就与月球轨道的节线对齐一次。以表 7 – 2 – 1 给出的设计为例，HEFT 系统在将有效载荷抛向月球之后进入了一个更低能量的椭圆轨道，该轨道将以 2. 28°/天的速度进动。而初始轨道的进动速度较慢，约为 1. 58°/天。选择这些轨道是为了使月球在 95. 6 天内绕地球运行 3. 5 圈，HEFT 系统可以使用电动力推进将其从低能量轨道重新提升到初始轨道，并且在此过程中调整拱线进动，使拱线正好旋转 180°，以提供再次向月球投送有效载荷的机会。

一旦建立了月球基地，就开始将有效载荷送回低地球轨道，HEFT 系统的轨道可以稍加修改，以提供往返运输的频繁机会。首先，系统轨道将被调整，使其工作轨道的半长轴为 12577. 572km、偏心率为 0. 41515。然后，系绳将从高 450km 的圆轨道上拾起有效载荷，之后将其抛向月球，并自身进入一个更低能量的椭圆轨道。这样，当月球穿过其与地球赤道平面的升交点时，有效载荷恰好能到达月球。大约在同一时间，返回的有效载荷将由月球端系绳释放，并进入月地转移轨道。当返回的有效载荷到达低地球轨道时，HEFT 系统将在更低能量椭圆轨道的近地点捕捉到它，将其放入 450km 的初始有效载荷轨道。一旦放下返回的有效载荷，HEFT 系统将能够回到其初始的工作轨道。该轨道的近地点将以这样的速度进动，即在 4. 5 个月(123 天)之后轨道拱线旋转了 180°，并且该系统将准备好执行另一次有效载荷往返运输，这一次是在月球穿过其降交点时。如果需要更频繁的往返运输，可以使用系绳缠绕的轨道修正技术，为每个恒星月提供一次转移机会。

利用表 7 – 2 – 1 和表 7 – 2 – 2 给出的地月绳系运输系统将有效载荷送至月球表面的一个关键点是要使有效载荷和月球端的“月梯”能够顺利交会。为此，有效载荷需要一些速度增量来进行轨道修正和交会机动。在充分考虑多种轨道摄动因素，进行多种条件的充分仿真之后发现，不论是将“月梯”部署在月球赤道轨道还是极地轨道，地月绳系运输系统进行有效载荷转移轨道修正所需的速度增量可以不超过 25m/s。

与火箭运输系统相比，执行相同任务时，标准火箭方程要求火箭系统消耗的推进剂质量为每次任务有效载荷质量的 16 倍。而地月绳系运输系统总质量不大于有效载荷质量的 28 倍。完全可重复使用的绳系运输系统只需几次往返就能显著降低其发射成本。尽管地月绳系运输系统相关的开发和部署将比基于火箭的系统带来更大的前期费用，但对于频繁、高容量的地月往返交通而言，绳系运输系统能够实现运输成本的大幅降低。

##  地月空间导航系统

目前，全球卫星导航系统(GNSS)已经具备了地面以及近地空间的实时、高精度导航能力，为人类生产生活带来了极大便利。但是，随着航天技术的发展以及人类生存的需要，人类足迹必然从近地拓展到地月空间，乃至更深远的宇宙空间。未来，人类将更加频繁地往返于地球和月球，在月球进行资源开发、科学试验、物资运输等活动，不断发展地月经济圈。就像人类进入航海时代迫切需要海洋导航一样，人类开发地月空间也离不开导航定位的支持，并且随着开发活动的深入，对地月空间导航精度、实时性、自主性等要求会越来越高。在人类以及月面机器人进行月面活动时，需要导航定位系统的支持，帮助人类和月面机器人准确确定自身以及目标点的位置、速度，月面导航定位精度的需求是米级甚至亚米级；当空间飞行器穿梭于地月空间时，需要全程、实时进行飞行器导航定位，更好地掌握飞行器状态、实现地月转移，其对导航定位的精度需求为百米级。

目前，环绕地球运行的卫星定位系统 GPS、GLONASS、伽利略、北斗等导航系统为地球空间提供了良好的导航服务，可以满足地面以及绕地球运行飞行器的导航定位需求。但是，广袤的地月转移空间以及月球空间缺乏有效导航系统的支持，迫切需要发展面向地月转移空间和月球空间的导航系统，为地月空间发展提供高精度的导航服务。下面首先介绍现有的绕地球运行的卫星导航系统，然后介绍面向地月转移空间的导航系统以及面向月球空间的全自主月球导航系统。

### 7.3.1 地球卫星导航系统

围绕地球运行的全球卫星导航系统主要用于实现地球空间内的导航定位与授时服务，典型代表包括美国的 GPS、俄罗斯的 GLONASS、欧洲的伽利略系统和中国的北斗卫星导航系统等。其中，GPS 是在美国国防部支持下发展起来的具有全方位、全天候、全时段、高精度的无线电导航系统，于1994 年建设完成，当时具有24 颗卫星，全球覆盖率高达98%。截至2020 年 3 月 14 日，GPS 星座中的卫星数目为33 颗，其中 30 颗卫星正常运行，2 颗卫星处于维护状态、1 颗已经不再工作，如表 7－3－1 所列[17]。这些卫星分布在 6 个轨道面上，相邻两个轨道面的升交点赤经相差 60°，轨道倾角为 55°左右，轨道高度为 20180km，轨道周期为 11h58min，回归周期为 1 天。

表 7-3-1　GPS 卫星星座

| 轨道面 | 序号 | PRN | NORAD 编号 | 卫星类型 | 发射时间 | 启动时间 | 运行时间/月 | 备注 |
|---|---|---|---|---|---|---|---|---|
| A | 1 | 24 | 38833 | II-F | 04. 10. 2012 | 14. 11. 2012 | 88 | |
| | 2 | 31 | 29486 | IIR-M | 25. 09. 2006 | 13. 10. 2006 | 161. 1 | |
| | 3 | 30 | 39533 | II-F | 21. 02. 2014 | 30. 05. 2014 | 69. 5 | |
| | 4 | 7 | 32711 | IIR-M | 15. 03. 2008 | 24. 03. 2008 | 143. 8 | |
| | 6 | 4 | 43873 | III-A | 23. 12. 2018 | 13. 01. 2020 | 2 | |
| B | 1 | 16 | 27663 | II-R | 29. 01. 2003 | 18. 02. 2003 | 205 | |
| | 2 | 25 | 36585 | II-F | 28. 05. 2010 | 27. 08. 2010 | 114. 6 | |
| | 3 | 28 | 26407 | II-R | 16. 07. 2000 | 17. 08. 2000 | 235 | |
| | 4 | 12 | 29601 | IIR-M | 17. 11. 2006 | 13. 12. 2006 | 159. 1 | |
| | 5 | 26 | 40534 | II-F | 25. 03. 2015 | 20. 04. 2015 | 58. 8 | |
| | 6 | | 34661 | IIR-M | 24. 03. 2009 | | | 维护 |
| C | 1 | 29 | 32384 | IIR-M | 20. 12. 2007 | 02. 01. 2008 | 146. 5 | |
| | 2 | 27 | 39166 | II-F | 15. 05. 2013 | 21. 06. 2013 | 80. 8 | |
| | 3 | 8 | 40730 | II-F | 15. 07. 2015 | 12. 08. 2015 | 55. 1 | |
| | 4 | 17 | 28874 | IIR-M | 26. 09. 2005 | 13. 11. 2005 | 172. 1 | |
| | 5 | 19 | 28190 | II-R | 20. 03. 2004 | 05. 04. 2004 | 191. 4 | |
| D | 1 | 2 | 28474 | II-R | 06. 11. 2004 | 22. 11. 2004 | 183. 8 | |
| | 2 | 1 | 37753 | II-F | 16. 07. 2011 | 14. 10. 2011 | 101. 1 | |
| | 3 | 21 | 27704 | II-R | 31. 03. 2003 | 12. 04. 2003 | 203. 2 | |
| | 4 | 6 | 39741 | II-F | 17. 05. 2014 | 10. 06. 2014 | 69. 2 | |
| | 5 | 11 | 25933 | II-R | 07. 10. 1999 | 03. 01. 2000 | 242. 5 | |
| | 6 | 18 | 22877 | II-A | 26. 10. 1993 | 22. 11. 1993 | 310. 8 | 退役 |
| E | 1 | 3 | 40294 | II-F | 29. 10. 2014 | 12. 12. 2014 | 63. 1 | |
| | 2 | 10 | 41019 | II-F | 30. 10. 2015 | 09. 12. 2015 | 51. 2 | |
| | 3 | 5 | 35752 | IIR-M | 17. 08. 2009 | 27. 08. 2009 | 126. 6 | |
| | 4 | 20 | 26360 | II-R | 11. 05. 2000 | 01. 06. 2000 | 237. 6 | |
| | 6 | 22 | 28129 | II-R | 21. 12. 2003 | 12. 01. 2004 | 194. 2 | |
| F | 1 | 32 | 41328 | II-F | 05. 02. 2016 | 09. 03. 2016 | 48. 2 | |
| | 2 | 15 | 32260 | IIR-M | 17. 10. 2007 | 31. 10. 2007 | 148. 5 | |
| | 3 | 9 | 40105 | II-F | 02. 08. 2014 | 17. 09. 2014 | 65. 9 | |
| | 4 | 23 | 28361 | II-R | 23. 06. 2004 | 09. 07. 2004 | 188. 1 | 维护 |
| | 5 | 14 | 26605 | II-R | 10. 11. 2000 | 10. 12. 2000 | 231. 3 | |
| | 6 | 13 | 24876 | II-R | 23. 07. 1997 | 31. 01. 1998 | 265. 6 | |

GPS 包括空间部分、控制部分和用户部分三部分。空间部分和控制部分由美国空军管理和运行。空间部分指 GPS 卫星星座，其轨道分布使得地面上任意位置、任意时刻均可以观测到 6 颗以上的卫星。地面部分包括 1 个主控站、1 个备用的主控站、4 个专用的地面天线和 6 个专用的监测站。用户部分是指 GPS 接收机等接收设备，用来接收 GPS 卫星的广播信息。GPS 提供两种类型的服务，分别是标准定位服务和精密定位服务。标准定位服务对全世界用户都是免费的，精密定位服务专门供美国授权的军方用户和政府机构使用[18]。

GPS 信号是 GPS 卫星发送给用户的导航信息，包括测距码、导航电文和载波信号，其中测距码和导航电文调制在载波上。利用测距码和载波信号均可以实现定位功能。首先介绍基于测距码的定位原理。码是指传递信息的二进制数及其序列，每个二进制位称为一个码元或一个比特，它是码的度量单位。将物理信息数字化，并按照一定规则表示成二进制数组合的形式，称为编码。在二进制数字信息传输过程中，每秒传递的比特数称为码速率，单位为 b/s。码序列可以看作是以时间为自变量的、取值为 0 或 1 的函数，用 $u(t)$ 来表示。如果一组码序列在 $t$ 时刻码元取 0 或 1 是完全随机的，概率均为 0.5，那么这组码序列称为随机噪声码。它具有非周期性、无法复制并且自相关性好等特点。这里的自相关性是指两个结构相同的码序列的相关程度，常用自相关函数来表示。设两个随机噪声码 $u(t)$ 和 $\hat{u}(t)$ 的结构相同，它们对应码元中具有相同码值的码元个数为 $S_u$，码值不同的码元个数为 $D_u$，则自相关函数为

$$R = \frac{S_u - D_u}{S_u + D_u} \tag{7-3-1}$$

自相关函数越大，说明两个码序列的相关程度越高。如果 $u(t)$ 和 $\hat{u}(t)$ 对应码元上的码值相同，就可以通过计算它们的自相关函数来判断两个码序列是否对齐。随机噪声码虽然具有自相关性好的优点，但是其非周期性特点给实际应用带来困难。为解决这一问题，引入了伪随机噪声码，它是一个周期性重复的码序列，在一个周期内码元的码值按照固定的规则产生。在工程应用中，伪随机噪声码是通过多级反馈移位寄存器实现的。下面以四级反馈移位寄存器为例说明伪随机噪声码的产生方法。在移位寄存器开始工作时，将各级存储单元置“1”，当脉冲信号加到移位寄存器上时，每个存储单元上的值向下一个存储单元移位，最后一个码元输出，同时将某两个存储单元上的值(如存储单元 3 和 4)按照二进制加法相加，输入到第一个存储单元上。依次类推，在脉冲信号的不断作用下，移位寄存器会经历 15 种不同的存储状态，最后回到起始状态，如表 7-3-2 所列。设移位寄存器的级数为 $r$，则该移位寄存器输出值在一个周期内的最大码元个数称为码长，其大小为

$$N_u = 2^r - 1 \tag{7-3-2}$$

表 7-3-2　移位寄存器在一个周期内的状态

| 状态编号 | 各级存储值 | | | | ③+④→① | 输出值 |
|---|---|---|---|---|---|---|
| | ① | ② | ③ | ④ | | |
| 1 | 1 | 1 | 1 | 1 | 0 | 1 |
| 2 | 0 | 1 | 1 | 1 | 0 | 1 |
| 3 | 0 | 0 | 1 | 1 | 0 | 1 |
| 4 | 0 | 0 | 0 | 1 | 1 | 1 |
| 5 | 1 | 0 | 0 | 0 | 0 | 0 |
| 6 | 0 | 1 | 0 | 0 | 0 | 0 |
| 7 | 0 | 0 | 1 | 0 | 1 | 0 |
| 8 | 1 | 0 | 0 | 1 | 1 | 1 |
| 9 | 1 | 1 | 0 | 0 | 0 | 0 |
| 10 | 0 | 1 | 1 | 0 | 1 | 0 |
| 11 | 1 | 0 | 1 | 1 | 0 | 1 |
| 12 | 0 | 1 | 0 | 1 | 1 | 1 |
| 13 | 1 | 0 | 1 | 0 | 1 | 0 |
| 14 | 1 | 1 | 0 | 1 | 1 | 1 |
| 15 | 1 | 1 | 1 | 0 | 1 | 0 |

脉冲的时间间隔称为码元宽度，用 $t_u$ 表示，那么码序列的周期为

$$T_u = (2^r - 1)t_u = N_u t_u \tag{7-3-3}$$

GPS 卫星的测距码分为 C/A 码和 P 码两种。GPS 卫星的基准频率 $f_0 = 10.23\text{MHz}$，两个 10 级移位寄存器在频率 $f = f_0/10$ 的脉冲驱动下，分别产生伪随机噪声序列 $G_1$ 和 $G_2$，$G_2$ 经过相位选择器，输出一个与 $G_2$ 平移等价的码序列，然后与 $G_1$ 相加，得到 C/A 码。C/A 码为短码，码长 $N_u = 1023\text{b}$，码元宽度 $t_u = 1/f = 0.97752\mu\text{s}$，由式(7-3-3)得到 C/A 码序列的周期 $T_u = N_u t_u = 1\text{ms}$，数码率 $N_u/T_u = 1.023\text{Mb/s}$。设光速为 $c$，则 C/A 码在一个码元宽度即一个脉冲宽度下的传输距离 $L_{C/A} = t_u c = 293.256\text{m}$。C/A 码码长很短，易于捕获，因此C/A码除用于测距外，还可作为 GPS 卫星信号的捕获码。

P 码由两组 12 级反馈移位寄存器电路产生，其原理与 C/A 码类似，但是码长更长，$N_u = 2.35 \times 10^{14}\text{b}$，脉冲的频率等于 GPS 卫星基准频率 $f_0$，因此码元宽度 $t_u = 0.097752\mu\text{s}$，周期 $T_u = N_u t_u = 267$ 天，P 码在一个码元宽度内传输的距离 $L_{C/A} = t_u c = 29.3256\text{m}$，数码率 $N_u/T_u = 10.23\text{Mb/s}$。将 P 码分为 38 份，每一份的周期为 7 天，码长约为 $6.19 \times 10^{12}\text{b}$。在这 38 份中，有 5 份供地面监控站使用，32 份分配给不同的 GPS 卫星，1 份闲置备用。

C/A 码或 P 码定位原理：假设 $t_0$ 时刻 GPS 卫星产生并发送出一个测距码，同时接收机也复制出具有相同结构的复制码。测距码经过 $\Delta t$ 时间后被接收机接收，复制码在时间延迟

控制器作用下与测距码进行相关性分析，不断调整时间延迟量 $\tau$，使两个码序列对齐，即自相关函数取最大值，此时 $\tau = \Delta t$，由此得到接收机到 GPS 卫星的计算距离 $\rho = c\Delta t$。实际上，GPS 卫星和接收机的时钟均有误差，测距码和复制码产生的时间均存在误差，同时电磁波通过电离层和对流层时会产生延迟，因此 $\rho$ 并不是接收机到 GPS 卫星的真实距离，称为伪距。在 GPS 定位服务中，认为 GPS 卫星星历是已知的，GPS 卫星时钟误差由导航电文给出，用户的三维空间位置和接收机时钟改正量是未知的，因此至少需要 4 颗 GPS 卫星与用户之间的伪距观测值联立才能得到用户的空间坐标。一般而言，码相位相关精度约为码元宽度的 1%～10%，这就是说 C/A 码的测距误差为 2.93～29.3m，P 码测距误差为 0.29～2.9m，因此 C/A 码、P 码又分别称为粗码和精码。

导航电文又称为数据码(D 码)，包括 GPS 卫星星历、卫星钟差改正参数、测距时间标志、大气折射改正参数以及由 C/A 码捕获 P 码等信息，是 GPS 卫星导航定位的数据基础。导航电文是二进制编码文件，按照规定的格式形成数据帧，以帧为单位向外发送。每帧的数据量为 1500b，发送速度为 50b/s，因此每帧导航电文的发送时间为 30s。

一个主帧包含有 5 个子帧，每个子帧为 300b，传输时间为 6s。对于子帧 1、2、3，每个子帧有 10 个字码，每个字码有 30b；对于子帧 4、5，各有 25 个页面，每个页面 300b。在每次的主帧传输过程中，子帧 1、2、3 全部传输，子帧 4、5 各传输一个页面。这样，经过 25 次主帧传输(12.5min)，才能将子帧 4、5 中的所有页面传输完[19]。

每个子帧的第一个字码(第 1～30b)是遥测字(Telemetry Word，TLW)，作用是标明卫星注入数据的状态。每个子帧的第二个字码(第 31～60b)是转换字(Handover Word，HOW)，其作用是帮助用户的跟踪测量从 C/A 码转换到 P 码。每个子帧的数据含义如图 7-3-1所示，更加详细的介绍见文献[20-21]。

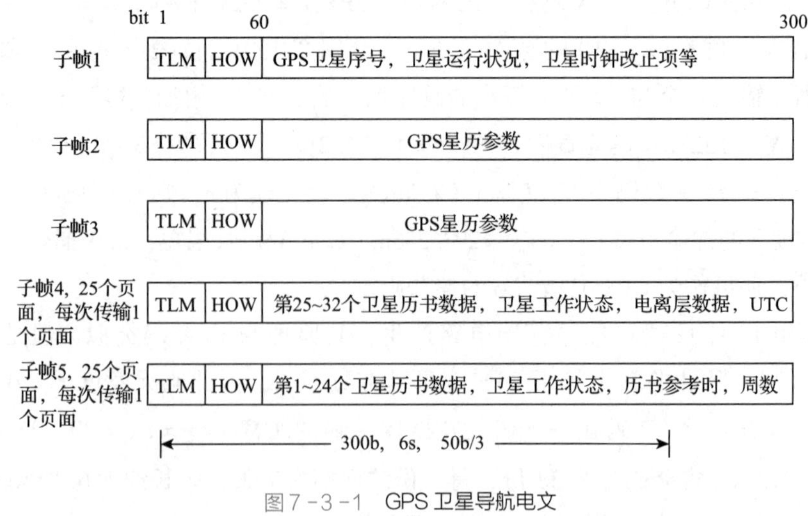


图 7-3-1 GPS 卫星导航电文

测距码和导航电文都是低频信号，不利于直接向用户传输。例如，C/A 码和 P 码的码速率分别为 1.023Mb/s 和 10.23Mb/s，导航电文码速率只有 50b/s。为了有效地向用户传递信号，需要对信号进行调制。选择 L 波段上的 $L_1$ 和 $L_2$ 载波，使用两个载波频率是为了对电离层延迟进行双频改正。其中：$L_1$ 载波频率为 1575. 42MHz，它等于基准频率 10. 23MHz 的 154 倍，用来调制 C/A 码、P 码和导航电文；$L_2$ 载波频率为 1227. 6MHz，它等于基准频率 10. 23MHz 的 120 倍，用来调制 P 码和导航电文。利用载波相位可以进行测距，$L_1$ 和 $L_2$ 载波的波长分别为 19. 03cm、24. 42cm，载波相位测距精度为波长的 1% ～ 10%，由此得到两种载波测距的误差为 0. 19 ～ 1. 9cm、0. 24 ～ 2. 4cm。测距码、导航电文和载波的关系如图 7 –3 –2所示，测距码和载波相位测距的性能对比如表 7 –3 –3 所列。

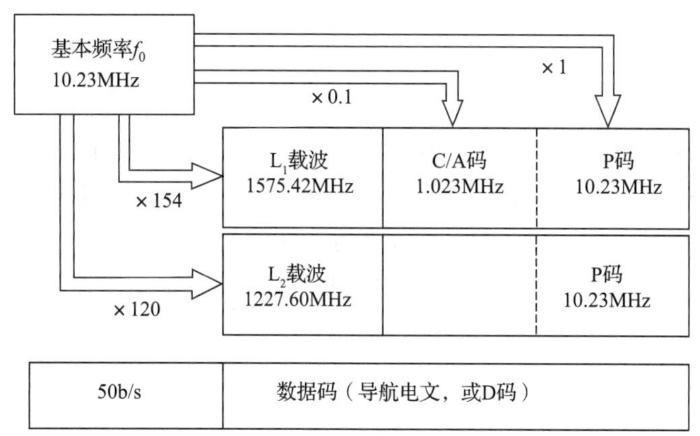


图 7 –3 –2　GPS 信号图

**表 7 –3 –3　GPS 测距码和载波相位测距对比**

| | 测距码 | | 载波 | |
|---|---|---|---|---|
| | **C/A 码** | **P 码** | **$L_1$ 载波** | **$L_2$ 载波** |
| 频率 | 1. 023MHz | 10. 23MHz | 1575. 42MHz | 1227. 6MHz |
| 码宽或波长 | 293. 2m | 29. 32m | 19. 03cm | 24. 42cm |
| 测距精度 | 2. 93 ～29. 3m | 0. 29 ～2. 9m | 0. 19 ～1. 9cm | 0. 24 ～2. 4cm |

## 7. 3. 2　地月转移空间导航系统

### 1. 地月转移空间卫星导航星座组成

设地球质心到月球质心的距离为 $\rho$，月球质心到地月平动点 $L_1$ 的距离为 $\rho_1$，地月系统质心到地球质心的距离为 $\mu$。建立地月系统坐标系如图 7 –3 –3 所示，坐标原点位于地月系统质心，$x$ 轴沿原点指向月球质心的方向，$y$ 轴与 $L_4L_5$ 连线方向平行且指向 $L_4$ 方向一侧，$z$ 轴与 $x$ 轴、$y$ 轴构成右手坐标系。

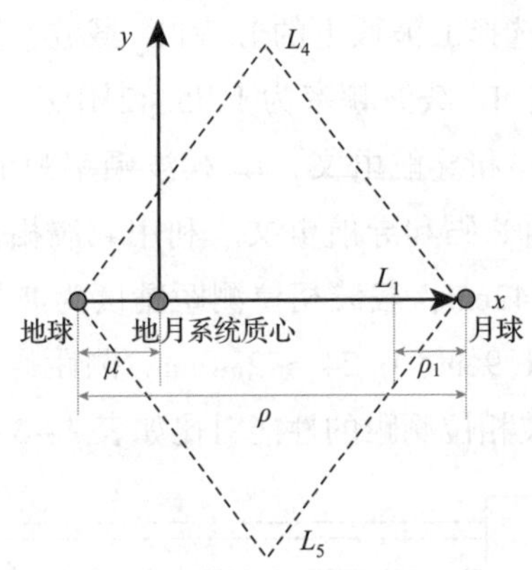


图 7-3-3 地月系统坐标系

为支持地月转移空间、地月 $L_1/L_2$ 附近的飞行器导航，实现月面任务的高精度定位，地月空间导航卫星星座需具有良好的空间分布特性；另外，为减少地面支持作用，实现导航卫星全自主导航星历获取，导航卫星需布置在长期稳定的地月空间轨道，从而构建全自主运行地月空间导航系统。地月空间导航星座的轨道类型包括地月远距离逆行轨道、月球近直线轨道和环月圆轨道。

1) 地月远距离逆行轨道

考虑轨道幅值 75000km、周期约 14 天的地月远距离逆行轨道。地月远距离逆行轨道具有高度的稳定性，可以长期(几十年甚至几百年)保持稳定(图 7-3-4)。

在地月远距离逆行轨道上等间隔部署 6 颗导航卫星，则月球表面除南北极附近外在任意时间可见 2 颗卫星。

地月远距离逆行轨道用于支持地月转移空间白道面内导航、月球表面导航及地月 $L_1$、$L_2$ 晕轨道飞行器导航。

2) 月球近直线轨道

月球近直线轨道在地月旋转坐标系下近似为一条月球极轨道，可以长期有效覆盖月球两极(图 7-3-4)。与月球极轨道不同的是，受地月引力共同作用影响，其轨道面始终与地月连线近似垂直。地月空间导航星座包含两条近直线轨道，远月点分别位于北极和南极，近月距为 2000km，远月距为 75000km。

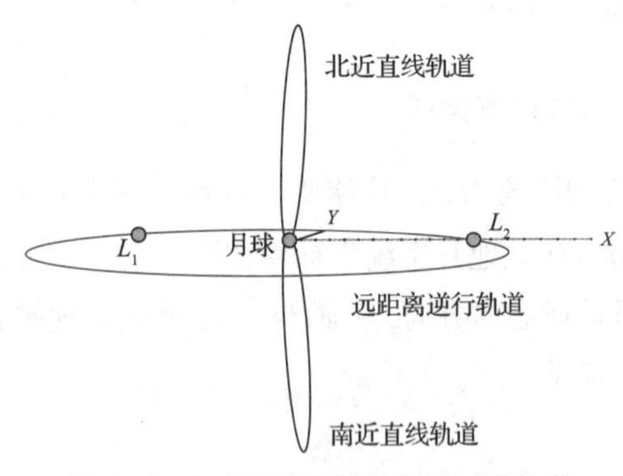


图 7-3-4 远距离逆行轨道和近直线轨道

在南北近直线轨道上等时间间隔各部署 3 颗导航卫星，共 6 颗，则月球南北极位置在任何时间均可见至少 2 颗导航卫星。

月球近直线轨道用于支持月球表面两极的高精度导航，地月转移空间导航以及地月 $L_1$、$L_2$ 晕轨道飞行器导航。

3) 环月圆轨道

为支持月球表面的高精度导航，考虑轨道高度约为 3000km、轨道倾角为 60°的环月圆轨道。月球圆轨道用于支持月球表面和低轨环月卫星的高精度导航，精度要求为米级。月球圆轨道卫星分布在 3 个轨道面上，共包括 12 颗卫星，如图 7－3－5 所示。

图 7－3－5　月球圆轨道卫星星座

## 2. 地月空间卫星导航星座 DOP 值估计

在地月坐标系中，设导航卫星的坐标为$(x_s, y_s, z_s)$，用户所在位置为$(x_u, y_u, z_u)$，由用户指向导航卫星的仰角即与 $xy$ 平面的夹角 $\theta_{u\to s}\in[-\pi/2, \pi/2]$，方位角 $\alpha_{u\to s}\in[0, 2\pi]$定义为由用户指向导航卫星的矢量在 $xy$ 平面投影与 $x$ 轴正方向的夹角，从 $x$ 轴正方向逆时针起算。用户到导航卫星的距离为

$$r=\sqrt{(x_s-x_u)^2+(y_s-y_u)^2+(z_s-z_u)^2} \tag{7-3-4}$$

仰角 $\theta_{u\to s}$和方位角 $\alpha_{u\to s}$满足

$$\begin{cases} r\cos\theta_{u\to s}\cos\alpha_{u\to s}=r_x=x_s-x_u \\ r\cos\theta_{u\to s}\sin\alpha_{u\to s}=r_y=y_s-y_u \\ r\sin\theta_{u\to s}=r_z=z_s-z_u \end{cases} \tag{7-3-5}$$

从而可得

$$\theta_{u\to s}=\arcsin\left(\frac{z_s-z_u}{r}\right),\quad \begin{cases} \alpha_{u\to s}=\mathrm{atan2}(y_s-y_u,\ x_s-x_u), & \theta_{u\to s}\neq\pm\pi/2 \\ \alpha_{u\to s}=0, & \theta_{u\to s}=\pm\pi/2 \end{cases} \tag{7-3-6}$$

atan2 函数的取值范围为$[-\pi, \pi]$，如果计算出来的结果小于0，需要增加$2\pi$，从而保证$\alpha_{u\to s}\in[0, 2\pi]$。

假设地月空间导航星座中共有 $N$ 颗导航卫星，用户相对于这些导航卫星的仰角和方位角分别为$\theta_{u\to s,i}$、$\alpha_{u\to s,i}(i=1, 2, \cdots, N)$。定义几何矩阵

$$G=\begin{bmatrix} -\cos\theta_{u\to s,1}\sin\alpha_{u\to s,1} & -\cos\theta_{u\to s,1}\cos\alpha_{u\to s,1} & -\sin\theta_{u\to s,1} & 1 \\ -\cos\theta_{u\to s,2}\sin\alpha_{u\to s,2} & -\cos\theta_{u\to s,2}\cos\alpha_{u\to s,2} & -\sin\theta_{u\to s,2} & 1 \\ \vdots & \vdots & \vdots & \vdots \\ -\cos\theta_{u\to s,N}\sin\alpha_{u\to s,N} & -\cos\theta_{u\to s,N}\cos\alpha_{u\to s,N} & -\sin\theta_{u\to s,N} & 1 \end{bmatrix} \tag{7-3-7}$$

权系矩阵

$$\boldsymbol{H}=(\boldsymbol{G}^{\mathrm{T}}\boldsymbol{G})^{-1} \tag{7-3-8}$$

由此得到水平位置精度因子

$$\mathrm{HDOP}=\sqrt{h_{11}+h_{22}} \tag{7-3-9}$$

高程精度因子

$$\mathrm{VDOP}=\sqrt{h_{33}} \tag{7-3-10}$$

空间位置精度因子

$$\mathrm{PDOP}=\sqrt{h_{11}+h_{22}+h_{33}} \tag{7-3-11}$$

钟差精度因子

$$\mathrm{TDOP}=\sqrt{h_{44}} \tag{7-3-12}$$

几何精度因子

$$\mathrm{GDOP}=\sqrt{h_{11}+h_{22}+h_{33}+h_{44}} \tag{7-3-13}$$

针对月球近直线轨道、地月远距离逆行轨道、环月圆轨道三种轨道类型，进行 DOP 计算，结果如表 7-3-4 所列，其中用户位置选择为地月连线的中点，“√”表示在 DOP 值计算中考虑该类型的轨道。

**表 7-3-4 地月连线中心点的 DOP 计算**

| 月球近直线轨道 | 远距离逆行轨道 | 月球圆轨道 | HDOP | VDOP | PDOP |
|---|---|---|---|---|---|
| 远地点高度<br>$7.5\times10^4$km | 距离月球<br>$7.5\times10^4$km | 高度 3000km | 9.31 | 1.90 | 9.51 |
| √ | √ | √ | | | |

由表 7-3-4 可知，对于地月空间导航，垂直于白道面的观测结构较好，VDOP 值较小，但是 HDOP 较大，这是因为导航卫星均处于月球一侧。同样，针对上述三种轨道类型，计算月面表面点的 DOP 值，如表 7-3-5 和表 7-3-6 所列，其中用户位置选择为月球北极和月球赤道。

表 7－3－5　月球北极的 DOP 值计算

<table>
<tr><th>月球近直线轨道</th><th>远距离逆行轨道</th><th>月球圆轨道</th><th>HDOP</th><th>VDOP</th><th>PDOP</th></tr>
<tr><td>远地点高度<br>$7.5\times10^4$km</td><td>距离月球<br>$7.5\times10^4$km</td><td>高度 3000km</td><td rowspan="2">0.81</td><td rowspan="2">0.52</td><td rowspan="2">0.96</td></tr>
<tr><td>√</td><td>√</td><td>√</td></tr>
</table>

表 7－3－6　月球赤道的 DOP 值计算

<table>
<tr><th>月球近直线轨道</th><th>远距离逆行轨道</th><th>月球圆轨道</th><th>HDOP</th><th>VDOP</th><th>PDOP</th></tr>
<tr><td>远地点高度<br>$7.5\times10^4$km</td><td>距离月球<br>$7.5\times10^4$km</td><td>高度 3000km</td><td rowspan="2">0.82</td><td rowspan="2">0.50</td><td rowspan="2">0.96</td></tr>
<tr><td>√</td><td>√</td><td>√</td></tr>
</table>

可见，由月球近直线轨道、地月远距离逆行轨道、环月圆轨道等轨道构成的导航星座对月面观测几何结构很好，PDOP 降低到 0.96。

### 3. 地月空间导航精度评估

利用地月空间导航系统确定卫星轨道时，误差来源主要为导航卫星精密星历误差。目前，基于地面深空观测网得到的地月空间飞行器的轨道精度最高可达 100m 左右。根据上述地月转移空间的 DOP 估计可知，基于运动学方法得到该区域内的导航精度为 1km 左右；根据月面点 DOP 估计可知，月面导航精度为 96m 左右。

如果考虑地月空间的动力学模型，如地月引力场模型、太阳光压模型、三体引力模型等，同时增加导航星座内部卫星与卫星的星间测距，那么可以将导航卫星星历误差降低到 10m 以内，且通过星间测距和高精度动力学模型预测，可以实现导航星座卫星星历的高精度自主获取。这时，地月转移空间的导航精度达 100m 左右，月面导航定位精度达米级。

### 4. 导航卫星信号发射功率需求评估

为实现地月空间导航任务，需要导航卫星发射功率和接收机灵敏度满足信号链路要求。

设导航卫星发射功率为 $P_{\mathrm{T}}$，接收机的接收功率为 $P_{\mathrm{R}}$，信号发射增益为 $G_{\mathrm{T}}$，接收机天线接收增益为 $G_{\mathrm{R}}$，则信号自由空间传播损耗为

$$\mathrm{Los}=10\lg\left(\frac{\lambda}{4\pi d}\right)^2 \tag{7-3-14}$$

式中：$\lambda$ 为导航信号波长；$d$ 为导航卫星与用户的距离。

从而导航卫星发射功率同用户接收机的接收功率存在如下关系：

$$P_{\mathrm{T}}=P_{\mathrm{R}}-G_{\mathrm{R}}-G_{\mathrm{T}}-10\lg\left(\frac{\lambda}{4\pi d}\right)^2 \tag{7-3-15}$$

式中：接收机灵敏度 $P_{\mathrm{R}}=-160\sim-180$dBW；接收机天线增益 $G_{\mathrm{R}}=5$ dB(75°仰角)；导航

信号发射天线增益 $G_T$ 与天线波束角 $\alpha$ 有关，波束角 $\alpha$ 越小，增益越大，信号波束角增益的物理表达式为 $G_T = 10\lg g_T(\alpha)$，其中

$$g_T(\alpha) = \frac{2}{1 - \cos\alpha} \tag{7-3-16}$$

表 7－3－7 给出了接收机灵敏度为－160dBW 条件下，月球表面导航所需的导航信号发射功率。

**表 7－3－7 月球表面导航所需的导航信号发射功率**

| 轨道类型 | 自由空间损耗/dB | 发射天线增益/dB | 发射功率/dBW |
|---|---|---|---|
| 远距离逆行轨道 | －193.3 | 27.2 | 1.2（1.3W） |
| 近直线轨道 | －193.3 | 27.2 | 1.2(1.3W) |
| 环月轨道 | －165.9 | 14.6 | －13.7(0.05W) |

对于地月转移空间的导航，由于环月圆轨道高度较低，运行于环月圆轨道上的导航卫星信号几何特性较差，故在此处不考虑环月轨道星座。运行于月球远距离逆行轨道和月球近直线轨道上的导航卫星信号波束角需覆盖整个地月空间，故其波束角要求较大，为 80°。表 7－3－8 给出了不同接收机灵敏度下，地月转移空间导航所需的导航信号发射功率。

**表 7－3－8 地月转移空间导航所需的导航信号发射功率**

<table>
<tr><th>轨道类型</th><th>自由空间损耗/dB</th><th>发射天线增益/dB</th><th>接收机灵敏度/dB</th><th>发射功率/dBW</th></tr>
<tr><td rowspan="3">远距离逆行轨道</td><td rowspan="3">－208.4</td><td rowspan="3">3.8</td><td>－160</td><td>39.6（9120 W）</td></tr>
<tr><td>－170</td><td>29.6(912 W)</td></tr>
<tr><td>－180</td><td>19.6(91.2 W)</td></tr>
<tr><td rowspan="3">近直线轨道</td><td rowspan="3">－208.4</td><td rowspan="3">3.8</td><td>－160</td><td>39.6（9120 W）</td></tr>
<tr><td>－170</td><td>29.6(912 W)</td></tr>
<tr><td>－180</td><td>19.6(91.2 W)</td></tr>
</table>

### 5. 地月转移空间卫星导航技术发展面临的关键科学问题

1）复杂引力环境下的地月导航卫星星座优化设计与构型长期保持方法

地月空间卫星导航星座涉及月球远距离逆行轨道、月球近直线轨道、环月圆轨道等类型，这些轨道受地月空间复杂引力场的综合作用，物理机理复杂。地月导航卫星星座设计需要在复杂引力场的基础上，综合考虑导航卫星几何观测结构、发射功率限制、轨道面布局、导航精度要求等因素，提出优化的星座构型，并在复杂引力场作用下构型长期稳定。

2）基于星间测距以及高精度动力学模型的导航卫星星历长期自主获取方法

为降低地月空间卫星导航系统对地面的依赖，融合导航卫星与导航卫星之间的测距信息

以及高精度地月引力场模型、三体引力模型、太阳光压模型等动力学模型，提出导航卫星星历长期自主获取方法，降低导航系统对地面的依赖，实现地月空间卫星导航系统的长期自主运行。

3) 基于动力学的地月空间飞行器高精度轨道确定方法

以地月空间飞行器观测到的载波相位和伪距为基础，结合地月复杂引力场、三体引力、太阳光压等动力学模型，建立基于动力学的地月飞行器轨道确定方法，通过观测轨道和动力学计算轨道的对比、迭代，不断精化观测轨道，实现地月飞行器高精度轨道确定。

#### 6. 小结

地月空间卫星导航系统是人类开发地月空间、发展地月经济圈的基础条件，具有重要的研究意义。针对地月转移空间百米级导航需求以及月面任务米级导航需求，本小节提出了由远距离月球逆行轨道、月球近直线轨道、环月圆轨道等组成的导航卫星星座。分析表明，该导航卫星星座在技术上可行，三类轨道上需要卫星颗数分别为月球远距离逆行轨道 6 颗、月球近直线轨道 6 颗、环月圆轨道共 3 个轨道面 12 颗。月球远距离逆行轨道和月球近直线轨道上运行的导航信号功率至少为 91.2W，环月圆轨道导航卫星的信号功率为 0.05W，地月空间转移轨道导航精度为百米级，月面或环月低轨道的导航定位精度为米级，能够满足任务要求。

为实现地月转移空间卫星导航系统，需要开展相关理论和技术研究，包括地月空间导航卫星星座设计、导航卫星载荷分析与指标设计、地月转移空间飞行器精密定轨方法研究、导航任务仿真与试验、试验卫星研制与在轨验证，为地月转移空间卫星导航系统发展提供理论和工程基础。

### 7.3.3　全自主月球导航与数据通信系统

载人登月月面活动需要导航与数据通信的支持，以便航天员及月球车、月面机器人等无人系统准确获取自身位置，并与其他月面对象进行通信联系。由于载人登月任务中月面设施支撑条件有限，因此月球导航与数据通信星座必须具备全自主运行能力，实现在无地面或月面支持下的全月球自主导航与通信。同时，星座设计也要考虑可扩展性，能够适应后期月面信标、月面激光测距等导航与通信增强设备的加入。全自主月球导航与通信星座将为载人登月任务提供有效的通信保障，扩大月面任务活动范围，提升任务效率和能力。

#### 1. 星座方案设计

月球导航及数据通信星座可以基于球卫星构建，如图 7-3-6 所示。球卫星外形具有各向同性的特点，其受到的太阳光压与卫星姿态无关，因此可以根据球卫星参数以及光压模型精确计算。该星座由 24 颗卫星组成，轨道高度初步设计为 2000km。星座具有 6 个轨道面，相邻两个轨道面的升交点赤经相差60°，倾角初步设计为60°，每个轨道面上有4颗卫星。星座卫星均匀分布，形成对月面的有效覆盖。

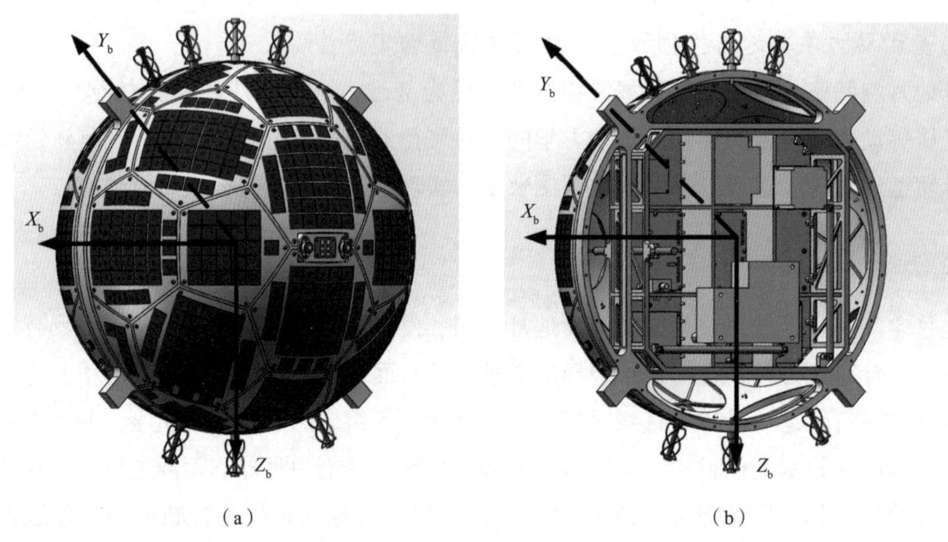


图7-3-6 球卫星结构

在星座内部，球卫星与球卫星之间存在高精度星间测距，根据全月球覆盖的测距数据反演月球重力场模型以及星座卫星初始位置、初始速度，同时考虑地球引力、太阳引力、太阳光压等动力学模型，进行轨道动力学积分，得到一定时间内较为精确的星座卫星预测轨道，为星座导航提供位置基准，从而实现无地球测轨或月面测轨支持的全自主月球导航。此外，考虑到该星座覆盖整个月面，因此也可以在星座卫星上安装数据通信载荷，以星座卫星作为数据中继点，实现全月面不同任务对象之间的数据通信。

为实现星座全自主导航与数据通信功能，每个球卫星上需要安装的关键载荷包括：①星间测距仪，可采用微波或激光测距设备，获取两颗卫星之间的距离及其变化率，为月球重力场反演提供观测数据；②信号发射器，用于广播测距码、导航电文、载波信号等导航信息，为月面导航提供信息服务；③数据转发器，用于实现月面不同任务对象之间的数据中继。

### 2. 可行性论证

#### 1）全自主导航可行性分析

利用多颗卫星组成绕月星座，为月面提供导航服务。该星座不需要地面或月面测轨支持，其实现导航功能的关键是确定所有球卫星的位置和速度。月面无磁场、大气，影响轨道确定精度的因素有太阳光压、月球引力场以及地球引力场。球卫星构型使得太阳光压可以由模型精确计算得到，地球引力场可以由精确模型计算或通过星间测距数据标定得到，月球引力场是需要通过星间测距数据来反演和标定的。

设在星座导航与数据通信中需要考虑的月球引力场位系数为 $C_1$，$C_2$，…，$C_n$，地球引力场位系数为 $D_1$，$D_2$，…，$D_m$，太阳光压参数为 $S_1$，$S_2$，…，$S_p$，单个卫星的初始状态为 $\boldsymbol{x}_0$、$\boldsymbol{v}_0$，根据轨道动力学可知，从$\{C_1, C_2, \cdots, C_n; D_1, D_2, \cdots, D_m; S_1, S_2, \cdots, S_p\, x_0, v_0\}$到卫星位置 $\boldsymbol{x}(t)$ 和速度 $\boldsymbol{v}(t)$ 的函数关系是确定的。对于任意两颗卫星，从动力学模型参数和初始状态$\{C_1, C_2, \cdots, C_n; D_1, D_2, \cdots, D_m; S_1, S_2, \cdots, S_p; \boldsymbol{x}_{i0}, \boldsymbol{v}_{i0}, \boldsymbol{x}_{j0}, \boldsymbol{v}_{j0}\}$到星间距离 $\rho_{ij} = \|\boldsymbol{x}_i(t) - \boldsymbol{x}_j(t)\|$、星间距离变化率 $\dot{\rho}_{ij} = [\boldsymbol{v}_i(t) - \boldsymbol{v}_j(t)] \cdot \dfrac{\boldsymbol{x}_i(t) - \boldsymbol{x}_j(t)}{\|\boldsymbol{x}_i(t) - \boldsymbol{x}_j(t)\|}$的关系也是确定的，即

$$\begin{cases}\rho_{ij} = f_{\rho}(C_1, C_2, \cdots, C_n; D_1, D_2, \cdots, D_m; S_1, S_2, \cdots, S_p; \boldsymbol{x}_{i0}, \boldsymbol{v}_{i0}, \boldsymbol{x}_{j0}, \boldsymbol{v}_{j0}; t) \\ \dot{\rho}_{ij} = f_{\dot{\rho}}(C_1, C_2, \cdots, C_n; D_1, D_2, \cdots, D_m; S_1, S_2, \cdots, S_p; \boldsymbol{x}_{i0}, \boldsymbol{v}_{i0}, \boldsymbol{x}_{j0}, \boldsymbol{v}_{j0}; t)\end{cases} \quad (7-3-17)$$

式(7-3-17)中含有 $n+m+p+12$ 个未知数，至少需要 $(n+m+p+12)/2$ 个采样点的星间距离、星间距离变化率联合求解，得到太阳光压参数、月球/地球引力场模型参数($C_1$，$C_2$，…，$C_n$；$D_1$，$D_2$，…，$D_m$；$S_1$，$S_2$，…，$S_p$；$\boldsymbol{x}_{i0}$，$\boldsymbol{v}_{i0}$，$\boldsymbol{x}_{j0}$，$\boldsymbol{v}_{j0}$)。实际上，为保证求解非奇异，需要全月面覆盖的星间测距数据，而球卫星星座的存在大大降低了全月面覆盖测量的时间。这样，根据得到的太阳光压参数、月球/地球引力场模型参数，可以由轨道动力学积分得到星座卫星位置和速度，从而使得基于球卫星的环月星座具有月面导航能力。

需要说明的是，星座星间距离、距离变化率与月球/地球重力场模型、太阳光压参数、初始状态之间的函数关系是确定的，但是高度非线性，实际求解需要线性化近似，这就需要一个初始月球重力场模型和基于其他手段(如地面测量)得到的星座卫星初始位置和速度近似值。

2) 导航与数据通信星座设计

月球导航与数据通信星座中的卫星高度设计为 2000km，运行在圆轨道上。首先，考虑一个轨道面上的覆盖，如图 7-3-7 所示。设月球半径 $r=1738$km，卫星轨道高度为 $h$，则一个导航星覆盖的月面角度为

$$\theta = 2\arccos\left(\frac{r}{r+h}\right) = 124.6° \quad (7-3-18)$$

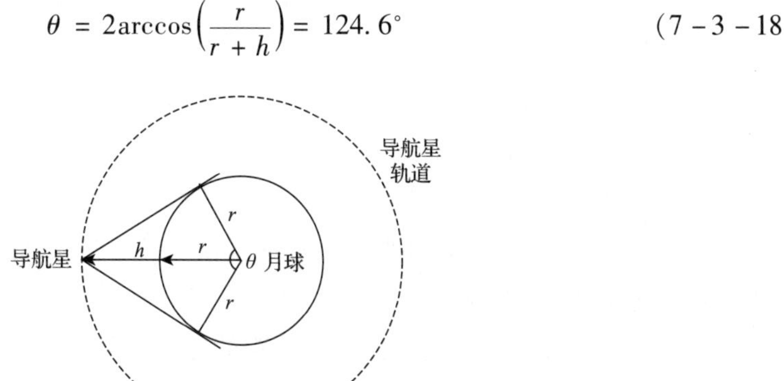


图 7-3-7　平面上的导航星覆盖示意

要求卫星相对月面点的仰角大于5°，则一个导航星可以覆盖的月面实际角度为114.6°，那么一个轨道面上需要卫星数目为360°/114.6° = 3.14≈4(颗)。为实现全月面覆盖，在垂直于该轨道面方向上还需要布置2颗卫星。于是，至少6颗卫星就可以实现单重的全月面覆盖。

导航星座要求卫星对月面至少实现四重覆盖，即任何一个月面点同时可观测的卫星数目大于或等于4颗，从而实现月面点三维位置和接收机钟差等4个未知量的解算。考虑到6颗卫星可实现单重覆盖，那么四重覆盖需要24颗卫星。将这24颗卫星均匀分布在6个轨道面上，每个轨道面上布置4颗，利用STK验证月面覆盖特性，如图7-3-8所示，可知满足全月面的四重覆盖要求。

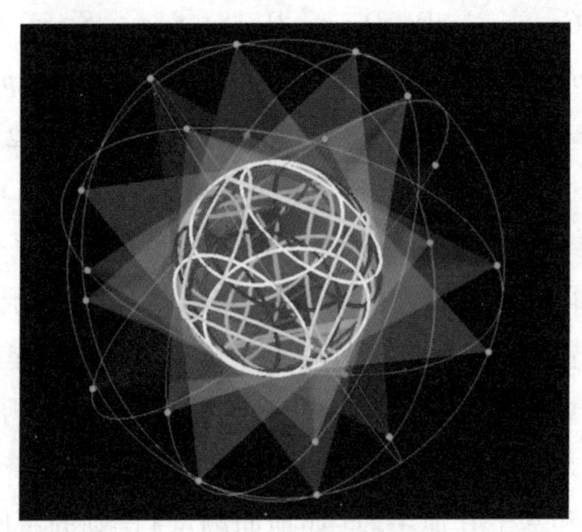

图7-3-8　月球导航星座

3)环月星座导航精度评估

全自主环月星座的导航精度取决于星座卫星位置估计精度、卫星高度、卫星数量及其分布、伪距/载波相位精度、月球重力场模型估计周期等，下面估计星座导航能力。

(1)星座卫星的轨道预测精度。在全自主导航与数据通信星座中，卫星位置和速度是实现星座导航的基础，它们是根据月球重力场反演模型以及地球重力场模型、太阳光压模型积分得到的。月球重力场模型是未知的，对星座卫星位置和速度估计产生重要影响。基于星间测距数据来反演月球重力场模型，假设采用星间微波测距，其精度为1μm/s(星间距离变化率测量精度)、10μm(星间距离测量精度)。星间测距数据是观测量，卫星初始位置和速度、月球重力场模型是未知量，从观测量到未知量的数学求解是唯一的、确定的。

也可以从轨道摄动和星星跟踪重力场测量任务参数的等效关系上得到上述结论，其中轨道摄动重力场测量中的定轨精度为$\delta r$，星星跟踪重力场测量中的星间测距精度为$\delta\dot{\rho}$。按照该方式估计，由1μm/s精度的微波星间测距数据得到月球重力场模型后进行轨道预测得到的卫星位置精度为2.08μm。两种估计方式得到的星座卫星位置精度量级一致。

$$\delta r = \frac{K_\beta \delta\dot{\rho}}{L} = \frac{1.1 \times 10^7(\mathrm{m \cdot s})}{(1738 + 2000) \times 10^3 \times \sqrt{2}\mathrm{m}}\delta\dot{\rho} = 2.08(\mathrm{s}) \cdot \delta\dot{\rho} \qquad (7-3-19)$$

这里的轨道预测精度10μm是指进行月球重力场模型评估后得到的。随着时间的累积，卫星轨道预测误差会不断增加，10天内卫星位置误差累积值估计为

$$1\mu m/s \times 10 \times 24 \times 3600s = 0.864m \tag{7-3-20}$$

在100天内，星座卫星位置误差累积为

$$1\mu m/s \times 100 \times 24 \times 3600s = 8.64m \tag{7-3-21}$$

当星座卫星轨道预测误差累计值较大时，需要重新进行月球重力场模型反演和标定。

(2)接收机钟差误差。针对月面实时导航定位任务，参考地面GPS定轨中的钟差误差项，该项误差对月面定位产生的影响为1m。

(3)由于月面特殊环境，不存在电离层延迟、对流层延迟等误差项。

(4)伪距/载波相位精度。参考地面GPS导航定位，伪距误差估计为0.5m，载波相位误差估计为0.2cm。

(5)多径效应、接收机噪声等其他误差项估计为0.5m。

由此可知，如果月球重力场反演和标定的周期选择为10天，则全自主月面导航精度估计为

$$\sqrt{0.864^2 + 1^2 + 0.5^2 + 0.5^2} = 1.5m \tag{7-3-22}$$

如果月球重力场反演和标定的周期选择为100天，则对应的全自主月面导航精度为

$$\sqrt{8.64^2 + 1^2 + 0.5^2 + 0.5^2} = 8.73m \tag{7-3-23}$$

4)环月星座数据通信可行性分析

全自主月面导航与数据通信星座覆盖整个月面，因此在中继载荷的支持下可以实现月面数据通信，具体指标与载荷有关。

### 3. 小结

基于球卫星的全自主月面导航与数据通信星座充分利用了球卫星表面各向同性的特征，通过星间测距实现高精度月球重力场反演，进而根据轨道预测得到星座卫星位置和速度，为实现不依赖于地面或月面支持的全自主导航与数据通信提供了必要条件。全自主月面导航与数据通信系统是未来月球任务中的基础性设施，将有效提升月球任务能力。

## 7.4 空间太阳能电站

近几十年来，随着世界人口增长、经济发展和工业开发，人类对石油、煤炭、天然气等能源的需求不断增长，不仅带来了严重的环境污染问题，使得地球不堪重负，同时这些不可再生资源也是有限的，据估算只能维持200～300年。虽然这些一次性能源是有限的，但是人类社会仍要向前发展，从地球空间向地月空间、深空领域发展的步伐不会停止，人类对能

源的需求反而会越来越大，太空电梯、地月绳系运输、地球轨道环系统、地月空间大型导航与通信设施等都需要巨大的能源来维持。人类的注意力不得不转向太阳，据推算太阳辐射总功率为 $3.82\times10^{23}$kW，而地球仅仅得到太阳总辐射能量的 $1/(2.2\times10^{9})$。太阳每秒输入到地球的能量为 $1.722\times10^{17}$J 相当于每秒燃烧 $5\times10^{6}$t 优质煤所产生的能量[22]。太阳能量非常巨大，取之不尽，但是绝大部分在茫茫太空中白白流失了。在空间建造太阳能电站、开展空间太阳能利用具有重要的现实意义。

## 7.4.1 空间太阳能电站基本概念

空间太阳能电站(Space Solar Power Station，SSPS)是指在空间将太阳能收集、转换为电能，并通过微波、激光等无线能量传输形式将能量传向地面或空间应用系统，最后经能量转换变为电能的空间系统。空间太阳能电站不受季节、昼夜变化的影响，可以连续工作，在地球同步轨道上 99% 的时间内可以稳定地接收太阳辐射，能量密度高，约为 $1353\text{W/m}^2$，是地面平均光照功率的 7～12 倍。空间太阳能电站包括空间太阳能发电装置、能量转换与传输装置、地面接收与转换装置三部分[23]，如图 7-4-1 所示。

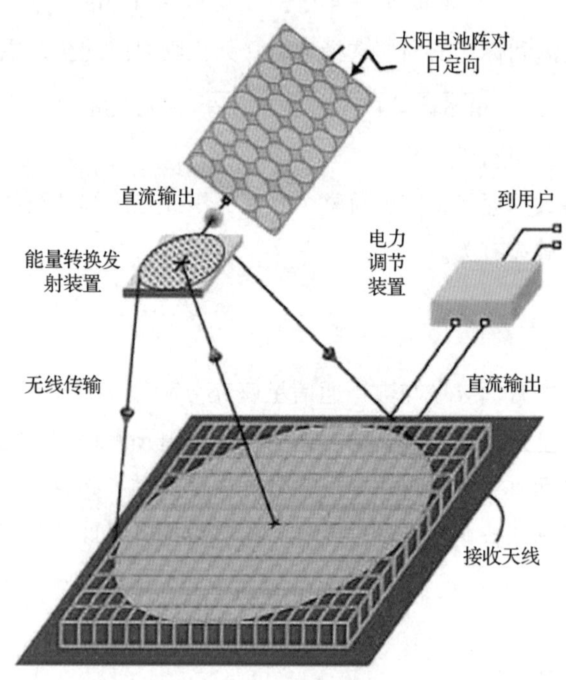


图 7-4-1 空间太阳能电站系统组成

空间太阳能电站是一个庞大的创新性系统工程，目前尚处于概念设计与关键技术攻关阶段，美国有智库将其称为航天领域的“曼哈顿工程”，将带动众多基础技术的创新发展，如材料、微电子、微波、激光、机器人、推进、航天控制等。与传统航天器相比，空间太阳能电站具有质量大、面积大、功率大的特点，在工程应用与发展中需要解决如下问题：①通过提高聚光效率、光电转换效率等途径降低系统面积、质量与收拢体积，从而便于发射入轨、在轨组装。②模块化设计与组装，便于分批次发射、组装，同时降低系统风险，避免流星体、空间碎片等碰撞引起的系统崩溃，可以单独对故障模块进行维修或更换。③地球静止轨道保持，空间太阳能电站位于静止轨道上，在具有充足光照条件的情况下，还可以保持与地面、太阳的固定指向关系，便于接收光照并将电能传输到地面。在地球静止轨道上，大型空间太阳能电站会受到非球形引力、太阳光压、三体引力等摄动力作用，需要开展太阳能电站静止轨道保持控制。④解决电能在轨储存、无线能量传输、地面能量接收等问题。由于太阳能电站处于 4K 的宇宙背景辐射环境中，温度极低，可以考虑采用超导储能方法来保存产生的电能，降低电能损耗；为便于将电能传输到地面或空间其他任务系统，需要采用微波或激光的方式进行无线能量传输；在地面上建立能量接收与转换装置，接收来自太空的微波或激光，并将其转换为电能，输入到地面电网系统。同时，为避免无线能量传输对地面人员、设施的影响，可以考虑将地面能量接收站布置在南极、北极或沙漠、高原等人烟稀少的地区。⑤解决大型空间太阳能电站系统的机器人在轨建造与维护问题。空间太阳能电站是一个非常庞大的系统，不可能一次性制造、组装完成，无论是从地面发射入轨，还是利用月球、小行星资源进行在轨制造，都需要分批次建造。面对空间太阳能电站庞大的组成单元，需要利用空间机器人进行在轨组装、检测，同时利用机器人实现太阳能电站的无人化运营与维护。

### 7.4.2　空间光能转换

在空间太阳能电站中，太阳能电池板将光能转换为电能，并与能量发射装置相连，将产生的电能以微波、激光等形式传输出去。

太阳能发电的核心设备是太阳能电池，广泛采用的半导体太阳能电池主要结构是一个 p－n结半导体材料。太阳光照射到 p－n 结后，半导体材料吸收光子产生空穴－电子对，在 p－n 结电场作用下，空穴由 n 区流向 p 区，电子由 p 区流向 n 区，从而产生电流。太阳能电池板的整体指标包括单位质量功率即比功率（W/kg）、成本（元/W）、功率密度（$W/m^2$）和装载容量（$W/m^3$）等。对于太阳能电站而言，这四类指标都很重要，在设计中需要综合权衡。例如，采用具有更高效率的晶体太阳能电池板会增加成本，但是同时提高了比功率、功率密度和装载容量。如果考虑的首要因素是成本，那么使用非晶薄膜太阳能电池板更有优势，虽然它的效率较低，但成本是晶体太阳能电池板的 1/50～1/100。不过，由于电池效率较低，非晶薄膜太阳能电池板的尺寸是晶体太阳能电池板的 2～3 倍，这会增加结构质量、发射成本，以及在轨组装、系统控制的难度。太阳能电池板设计需要根据实际工程约束，综合权衡各项性能指标[24]。

文献[24]指出，太阳能电池板的比功率为 30～60W/kg，利用硅、砷化镓或 GaInP2/GaAs/Ge 太阳能电池板可以达到 14%～27% 的转换效率，成本为 300～1000 美元/W。波音

601 10kW 太阳能电池板的比功率为 50W/kg，国际空间站上太阳能电池板比功率为 30W/kg。刚性铝蜂窝基板支撑的 GaInP/GaAs/Ge 太阳能电池板效率为 26.5%，轻质悬浮网状结构支撑的硅太阳能电池板效率为 17%。

### 7.4.3 空间能量管理与分布

在空间太阳能电站中，需要管理太阳能电池板产生的电能，并将其分配到各种负载上，如无线能量传输发射器、电推进系统等。由于太阳能电站面积很大，在电能管理与分配中需要大量的电缆，可能达数十到数百千米，这些电缆将占据较大的质量预算。这里，最主要的负载是能量发射器，将产生的电能以微波、激光形式传输到地面。对于微波系统（磁控管、速调管或固态功率放大器等），发射器在物理上必须靠在一起，并且所有太阳能电池板功率必须集中在一个点上。对于激光无线能量传输，发射器分布在许多较小的卫星上，从而使功率分配线的长度短得多。此外，负载还包括电推进系统，用于电站位置保持、避障和姿态控制。在空间能量管理中，还需要进行能量转换与调节，如变压、调流等。

对于实际空间太阳能电站能量分布与管理系统，既需要提高性能（如具有更高的效率、更高的电压等），又要降低单个组件的质量和成本。空间能量管理与分布系统设计因具体任务不同而不同，通常需要电池充电和放电电路以及控制装置。这里，能量转换效率通常为 60%～90%，对于直流到直流的转换效率可达 90% 以上。考虑电池和电缆的情况下，能量管理与分布系统的质量为 33～40kg/kW。由于所需要的电缆长度和质量较大，为便于工程实施需要对其进行优化设计。为使空间能量管理与分布系统具有实际应用价值，NASA 给出了其工程技术需求指标，即端到端能量转换效率要大于 94%、质量小于 2kg/kW、成本低于 300 美元/kW。面临的技术挑战包括系统优化设计、配电电压与绝缘、能量转换与调节、热机利用等。

### 7.4.4 无线能量传输

在空间太阳能电站无线能量传输过程中，电能输入到空间中的发射装置，以微波或激光的形式传输到地面或空间应用系统，经接收系统转换为电能输出。微波无线能量传输是空间太阳能电站中采用较多的传输方式，转化率和传输效率较高，在特定频段上大气、云层穿透性好，技术相对成熟，且波束功率密度低，具有较高的安全性。微波接收元件称为“整流天线”，通过使用二极管和偶极子网将所传输的微波能量转换为电能。由于微波波束较宽，需要的发射天线和接收天线规模较大，工程实现要求较高。微波频率设定为 2.45GHz 或 5.8GHz，这是分配给工业、科学、医疗领域使用的频率，不会对通信造成影响。激光无线能量传输的特点是波束窄，需要的发射与接收装置尺寸小，应用较为灵活。但是，激光无线能量传输的大气透过性较差，传输效率受天气影响较大，目前大功率激光器技术成熟度较差。两种无线能量传输的技术特点对比如表 7-4-1 所列。

表7-4-1 无线能量传输的技术特点

| 技术特征 | 微波无线能量传输 | 激光无线能量传输 |
|---|---|---|
| 装置尺寸 | 大 | 较小 |
| 云层穿透性 | 好 | 差 |
| 功率密度 | 低 | 低-高 |
| 接收天线 | 仅用于微波接收 | 可用于激光和太阳光接收 |
| 转换效率 | 较高 | 提高中 |
| 成熟度 | 较高 | 较低 |
| 应用场合 | 空间到地面 | 空间到空间 |

### 7.4.5 地面能量管理与分布

地面能量管理与分布系统用来接收太空传输过来的微波或激光，将其转换为电能，并输入到地面电网中。与空间能量管理与分布系统不同，在地面上进行能量管理时不需要考虑系统质量约束，但是需要考虑成本和效率。地面能量管理与分布系统中需要电缆、绝缘组件、逆变器、变压器、晶体管、电感器、电容器、开关装置、传感器等。在微波无线能量传输中，地面接收阵列比空间太阳能阵列面积要大，因此所需要的电缆长度也更大。在激光无线能量传输中，接收阵列由太阳能电池板组成。与微波传输中所需要的地面接收设备相比，激光地面接收设备尺寸更小，需要的电缆更短。较短的电缆会使最佳直流收集电压更低。

### 7.4.6 典型任务介绍

1968 年，美国科学家彼得·格拉赛博士最早提出了空间太阳能发电站概念。自 20 世纪 70 年代以来，美国、日本等航天大国开展了空间太阳能电站研究，到目前为止已经提出 20 多种概念构想，并在空间大型展开机构、无线能量传输、空间能量存储、地面能量分布与管理等方面开展了技术研究。典型空间太阳能电站概念包括 1979 SPS 基准系统、太阳帆塔空间太阳能电站、分布式绳系太阳能电站、集成对称聚光系统、相控阵空间太阳能电站、激光太阳能电站等[23]。

#### 1. 1979 SPS 基准系统

1979 年，美国提出了世界上第一个空间太阳能电站方案，即 1979 SPS 基准系统，如图7-4-2所示。该系统由巨型太阳能电池阵列和发射天线组成，电池阵保持对日定向，连续获取太阳光照射，然后利用发射天线将电能以微波形式持续传向地面。该方案以全美国一半的发电量为目标进行设计，在地球静止轨道上布置 60 颗发电能力各为 5GW 的发电卫星，总发电能力为 300GW。

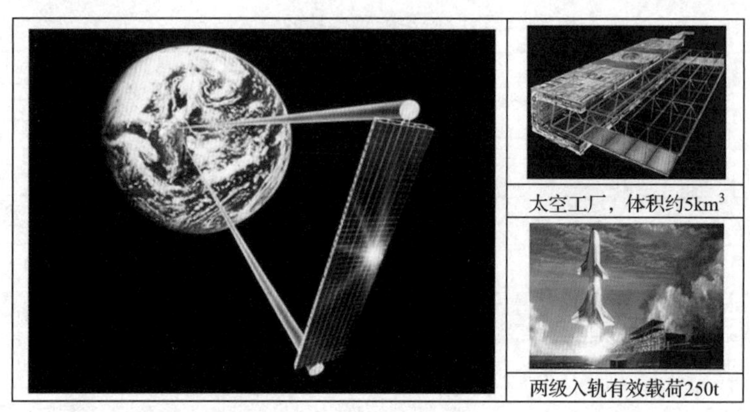


图7-4-2 1979 SPS基准系统

## 2. 太阳帆塔空间太阳能电站

1999年，德国航空航天中心(DLR)提出了名为“帆塔”式空间太阳能电站方案，采用了薄膜技术和为“太阳帆”开发的新型展开机构，如图7-4-3所示，系统参数如表7-4-2所列[25]。该系统采用重力梯度稳定方式，使得中央缆绳自动垂直于地面，从而末端天线保持对准地面。太阳电池阵由大量模块组成，根据需要进行模块化组合，产生的电流通过中间缆绳传输到末端天线，从而将能量传输到地面。每个太阳能子阵列可以单独发射入轨，在低轨上展开后利用自身推力到达同步轨道。

图7-4-3 “帆塔”式空间太阳能电站概念图

**表7-4-2 “帆塔”式空间太阳能电站参数**

| 参数 | 数值 | |
|---|---|---|
| 轨道 | GEO | |
| 空间太阳能电站数量 | 1870 | |
| 空间太阳能电站塔 | 长度/km | 15 |
| | 质量/t | 2140 |
| | 发电功率/MW | 450 |

续表

| 参数 | 数值 | |
|---|---|---|
| 发射天线 | 磁控管/个 | $4 \times 10^5$ |
| | 频率/GHz | 2.45 |
| | 半径/m | 510 |
| | 质量/t | 1600 |
| | 发射功率/MW | 400 |
| 接收天线 | 数量 | 103 |
| | 天线尺寸 | 11km×14km |
| | 基站面积 | 27km×30km |
| 提供电功率 | 每个 SPS 塔功率/MW | 275 |
| | 总功率/GW | 510 |

### 3. 分布式绳系太阳能电站

分布式绳系太阳能电站方案由日本提出，如图7－4－4所示，其基本单元包括尺寸为100m×95m的单元板和卫星平台，卫星通过4根长2～10km的绳系悬挂单元板。单元板由太阳能电池、微波发射器、发射天线等组成。每个单元板的质量为42.5t，微波能量传输功率为2.1MW。每25块单元板组成一个子板，25个子板组成整个系统。该空间太阳能电站采用了模块化设计思想，有利于在轨组装、扩展与维护，但是电池阵列无法持续指向太阳，总体发电效率较低。

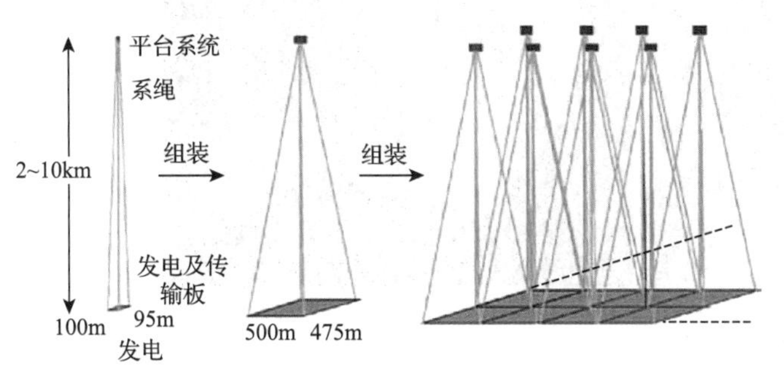

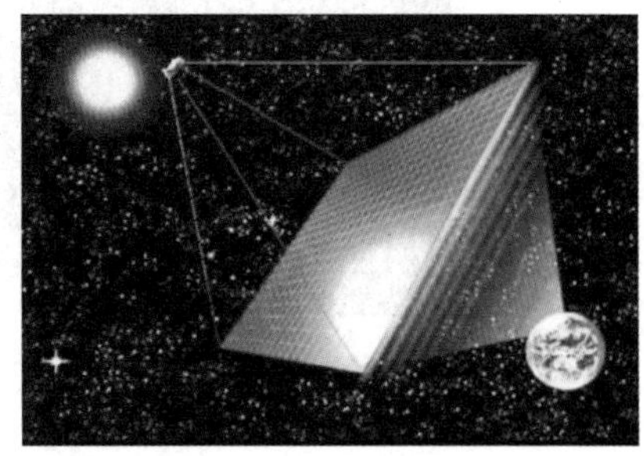

图7－4－4 绳系太阳能电站

### 4. 集成对称聚光系统

20世纪90年代，NASA在SERT研究计划中提出了集成对称聚光系统太阳能电站方案，如图7－4－5所示。该方案的最大特点是采用聚光设计，利用两侧的大型薄膜聚光器将太阳光反射到中间的夹层结构板上，该夹层结构板包含太阳能电池板、微波发射机、发射天线等，发射天线指向地球，将产生的电能输送到地面。薄膜聚光采用厚度0.5mm的聚酰亚胺薄膜，表面太阳光反射率达0.9。

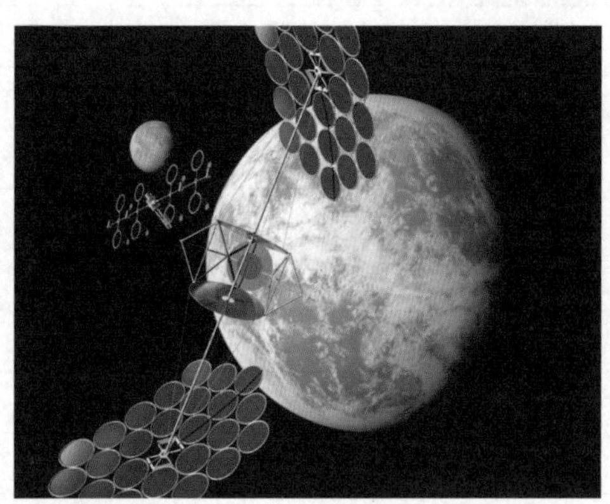

图7-4-5 集成对称聚光系统

### 5. 相控阵型空间太阳能电站

2011－2012年，NASA提出了任意大型相控阵空间太阳能电站方案（Space Solar Satellite by means of Arbitrarily Large Phased Array，SPS－ALPHA），如图7－4－6所示，该方案采用聚光式设计思想，整个系统由数千个薄曲面镜组成，这些曲面镜的指向可以调整，以获取更多的太阳能，系统内部配有太阳能电池板，将太阳能转换为微波，并从系统底部传输到地球。据估算，该系统可以为地球提供1/3的电力。

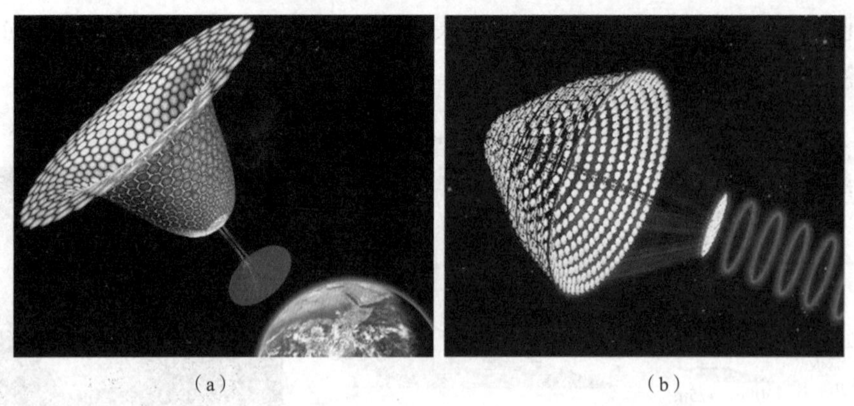

（a） （b）

图7-4-6 NASA提出的两种相控阵式空间太阳能电站

### 6. 激光太阳能电站

2012年，俄罗斯提出了基于激光无线能量传输的空间太阳能电站方案，如图7－4－7所示，利用多个太阳能发电卫星形成卫星编队，利用太阳能电池板、半导体激光器形成核心发电装置，采用激光无线能量传输方式向浮空器支撑的接收平台传输能量，再通过电缆直接将电能传输到地面。

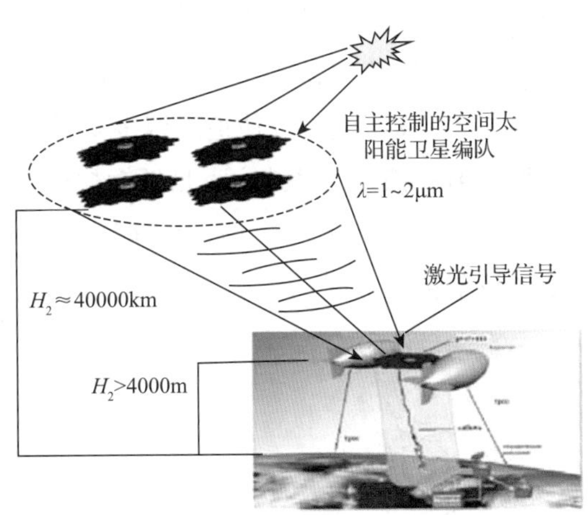


图 7-4-7　基于激光无线能量传输的空间太阳能电站

此外，还有太阳光直接泵浦(也称为抽运)式的太阳能电站(L-SSPS)方案，利用抛物面或菲涅尔透镜进行聚光，聚集的太阳光发送到激光发射器，利用直接泵浦方式产生激光，激光经扩束后传输到地面。在 L-SSPS 方案中，基本的系统由太阳聚光器、散热器、太阳光泵浦激光器、激光发射器和其他辅助系统组成。

## 7.5 地球轨道环系统

随着社会生产力的提高和人类生存空间的拓展，人类文明将从地球空间向地月空间、深空领域延伸，这一过程需要超大规模空间设施的支撑，为人类活动提供生存保障。当前，人类对航天系统的利用更多在于信息层面，如导航、通信、遥感、测绘、预警等，对太空的开发与建设远未成熟，需要在轨建造大型空间设施。其中，地球轨道环系统是一种典型的大型空间设施，在地球轨道上部署物理连续的轨道环系统或者由大量航天器组成的离散轨道环系统，可用于空间开发、人类居住、地面气候调节等。本节介绍近地轨道环系统和地球同步轨道环系统两种典型的轨道环系统。

### 7.5.1 近地轨道环系统

近地轨道环系统可用于遮挡或反射射向地球表面的阳光，减缓全球变暖趋势，调节地球表面的气候分布、夜间照明[26]。在过去 95% 的时间里，地球气候比现在更温暖，海平面更高，并且没有冰川。这一状态被冰川期所中断，在冰川期持续存在了数百万年的冰层覆盖，至今地球上仍存在大量冰川。在地球温度变化的周期内，即使不存在人为气候变暖因素，正常地球温度周期性变化导致的冰川融化也可能淹没沿海城市。此外，近地小行星会不定期地撞击到地球，其破坏力足以摧毁地球上的绝大多数生命。当前，温室效应对地球变暖的影响明显增加，文献[27]估计在22世纪中地球温度将上升1～4K，海平面上升1m。分析表明，如果降低太阳对地球光照辐射的1.6%，就可以使地球温度降低1.75K。可以利用大型空间系统来调节太阳对地球的光照辐射，该空间系统由大量被动粒子或可控航天器组成，分布在地球赤道上空附近，如图7-5-1所示。其中，被动粒子可以从地球、月球或小行星中得到，可控航天器具有大型薄膜反射镜。

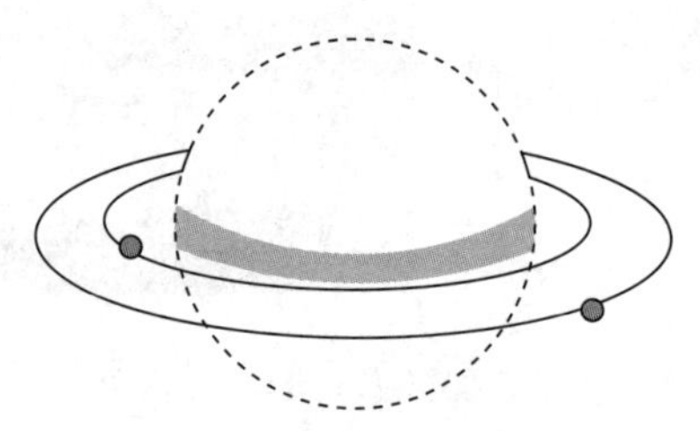

图7-5-1 近地轨道环系统

1. 近地轨道环遮挡模型及对地球温度的影响

在图7-5-1中，地球轨道环的半径为地球半径的1.2～1.8倍，位于地球赤道上空，可以有效遮挡热带上空的阳光照射，以最大的效率降低地球温度。由于黄赤交角的存在，轨道环在地面的影子会在赤道南北上下振荡。为评估轨道环遮挡对地球气候的影响，需要计算轨道环阴影的位置和面积。首先，建立坐标系如图7-5-2所示。

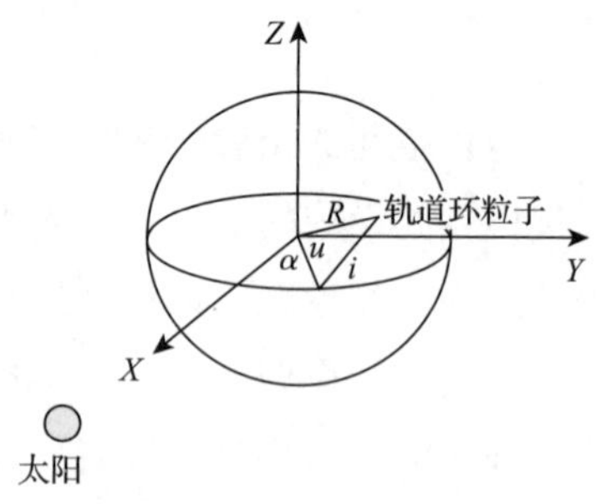


图7-5-2 地球轨道环系统坐标系定义

在 $YZ$ 平面内环的阴影面积为

$$A = RH(u_2 - u_1)\sin\beta \tag{7-5-1}$$

式中：$R$ 为轨道环半径；$H$ 为轨道环的宽度，$H \ll R$；$\sin\beta = \sin i \sin\alpha$，$i$ 为轨道环的倾角；$u_2$、$u_1$ 为方程

$$Y^2 + Z^2 = R_E{}^2 \tag{7-5-2}$$

的解。

式中，$R_E$ 为地球半径；$Y = R\cos u\sin\alpha + R\sin u\cos i\cos\alpha$；$Z = R\sin u\sin i$。

关于 $u$ 的方程可以表示为

$$\sin 2u \sin 2\alpha \cos i + \cos 2u(\sin^2\alpha - \cos^2 i \cos^2\alpha - \sin^2 i)$$
$$= 2R_E{}^2/R^2 - (\sin^2\alpha + \cos^2 i \cos^2\alpha + \sin^2 i) \tag{7-5-3}$$

或

$$\cos(2u - \varphi) = [2R_E{}^2/R^2 - (\sin^2\alpha + \cos^2 i \cos^2\alpha + \sin^2 i)]/D \tag{7-5-4}$$

式中

$$D = [(\sin 2\alpha \cos i)^2 + (\sin^2\alpha - \cos^2 i \cos^2\alpha - \sin^2 i)^2]^{1/2} \tag{7-5-5}$$

$$\varphi = \arctan[(\sin 2\alpha \cos i)/(\sin^2\alpha - \cos^2 i \cos^2\alpha - \sin^2 i)] \tag{7-5-6}$$

从而可得

$$u_2 - u_1 = \arccos\{[2R_E{}^2/R^2 - (\sin^2\alpha + \cos^2 i \cos^2\alpha + \sin^2 i)]/D\} \tag{7-5-7}$$

阴影面积为

$$A = RH \sin i \sin\alpha \arccos\{[2R_E{}^2/R^2 - (\sin^2\alpha + \cos^2 i \cos^2\alpha + \sin^2 i)]/D\} \tag{7-5-8}$$

将阴影面积代入地球气候模型，就可以估计轨道环对地球温度变化的影响。下面给出简单的一维气候模型。对于特定的纬度和太阳角度，24h 内的平均光照量为

$$I = (S/\pi)(T \sin\varphi \sin\delta + \cos\varphi \cos\delta \sin T) \tag{7-5-9}$$

式中：$\delta$ 为太阳赤纬(rad)；$\varphi$ 为地球纬度(rad)；$T$ 为半天时长(rad)；$S$ 为太阳常数；$T = \arccos(-\tan\varphi\tan\delta)$。

春分时太阳直射赤道上空，有 $T = \pi/2$，从而 $I = S/\pi$。将轨道环阴影面积代入气候模型中，可以计算地面不同纬度上的平均日照量。这里，采用 McGuffie&Henderson - Sellers 一维气候模型，假设大气层外的太阳常数为 1370 W/m$^2$，并利用式(7-5-9)计算出每 10°纬度带内的平均日照量。对于每个纬度带，设定初始温度和反射率。该模型采用纬度带中的平均日照量，将它们输入到地球气候系统的简化能量守恒模型中(图 7-5-3)，得到纬度带温度分布以及整个地球的平均温度。该模型没有考虑到温度随高度的变化，也没有考虑洋流或其他二阶效应。

| 能量守恒模型 | | | | | | | | | | | | | | | |
|---|---|---|---|---|---|---|---|---|---|---|---|---|---|---|---|
| A | 204 | aice | 0.6 | | Frac.S | 1 | | | | | | | | | |
| B | 2.17 | a | 0.3 | | SC | 1370 | | | | | 步骤1 | | | 步骤2 | |
| K | 3.87 | Tcrit | -10 | | | | | | Workspace >>>>>>>>>>>>>>>>>>>>>>>>>>>>>>>>>>> | | | | | | |
| | | | | | | | | | cos(lat) | | | | | | |
| 区域 | | SunWt | Init_T | Init_a | Final_a | Final_T | R_in | R_out | | Tcos | Temp | Albedo | Tcos | Temp | Albedo |
| 80-90 | 85 | 0.5 | -15 | 0.6 | 0.6 | -12.9 | 171.3 | 176 | 0.09 | -1.31 | -13.9 | 0.6 | -1.2122 | -13.5431 | 0.6 |
| 70-80 | 75 | 0.531 | -15 | 0.6 | 0.6 | -12.2 | 181.9 | 177.5 | 0.26 | -3.88 | -13.2 | 0.6 | -3.4165 | -12.84 | 0.6 |
| 60-70 | 65 | 0.624 | -5 | 0.3 | 0.3 | 0.524 | 213.7 | 205.1 | 0.42 | -2.11 | -0.474 | 0.3 | -0.2003 | -0.11533 | 0.3 |
| 50-60 | 55 | 0.77 | 5 | 0.3 | 0.3 | 6.319 | 263.7 | 217.7 | 0.57 | 2.868 | 5.321 | 0.3 | 3.05234 | 5.67995 | 0.3 |
| 40-50 | 45 | 0.892 | 10 | 0.3 | 0.3 | 11.16 | 305.5 | 228.2 | 0.71 | 7.071 | 10.16 | 0.3 | 7.18721 | 10.5226 | 0.3 |
| 30-40 | 35 | 1.021 | 15 | 0.3 | 0.3 | 16.28 | 349.7 | 239.3 | 0.82 | 12.29 | 15.28 | 0.3 | 12.5205 | 15.6431 | 0.3 |
| 20-30 | 25 | 1.12 | 18 | 0.3 | 0.3 | 20.21 | 383.6 | 247.9 | 0.91 | 16.31 | 19.21 | 0.3 | 17.4141 | 19.5728 | 0.3 |
| 10-20 | 15 | 1.189 | 22 | 0.3 | 0.3 | 22.95 | 407.2 | 253.8 | 0.97 | 21.25 | 21.95 | 0.3 | 21.2051 | 22.3116 | 0.3 |
| 0-10 | 5 | 1.219 | 24 | 0.3 | 0.3 | 24.14 | 417.5 | 256.4 | 1 | 23.91 | 23.14 | 0.3 | 23.0558 | 23.5024 | 0.3 |
| | | 全球平均温度 | | | | 14.87 | | | 5.74 | Mean_ | 13.32 | | | 13.8758 | |

图 7-5-3　一维能量守恒气候模型

该模型可以反映不同的地球轨道环系统对不同纬度带温度的影响。通过模型改进后，可以反映不同季节下地球温度变化，如冬季和夏季地面不同纬度带的温度变化。在地球轨道环的遮挡作用下，地球上会出现更加极端的季节性温度变化。因此，需要使轨道环的高度尽可能低，从而将遮挡范围局限在热带范围，尽量远离纬度为25°～35°的沙漠区域。分别使轨道环半径为(1.2～1.3)$R_E$、(1.3～1.4)$R_E$、(1.4～1.5)$R_E$、(1.5～1.6)$R_E$、(1.6～1.7)$R_E$、(1.7～1.8)$R_E$，计算不同纬度带中心纬度上的温度，如图7-5-4所示。可见，不同半径的轨道环系统遮挡作用是不同的，导致地球温度具有不同的变化。当轨道环半径为(1.2～1.6)$R_E$时，效率是最高的，可以缓和地球上的极端温度，此时轨道环位于地面上空1300～3800km处。

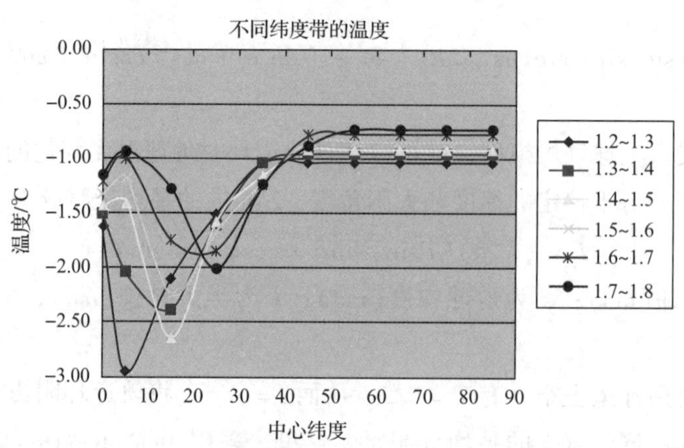


图7-5-4 地球轨道环取不同半径时的地面温度变化

### 2. 由被动粒子组成的地球轨道环

文献[28]指出，环中粒子的碰撞会使它们的轨道坍塌到具有最大角动量的拉普拉斯平面内。行星环中粒子的碰撞会使内部粒子速度变慢，而外部粒子速度变快，从而加剧环的发散，直到粒子相距足够远而不再碰撞为止。其中，扩散速度与粒子的尺寸成正比。大气阻力、等离子体作用以及Poynting-Robertson阻力会减小轨道环的半径，但是减小的速率与粒子尺寸成反比。因此，为增加轨道环的寿命，粒子的尺寸不能太大，也不能太小。可以利用下式估计粒子的轨道寿命：

$$T = VH_a \rho_m D/(3\mu\rho_a) \tag{7-5-10}$$

式中：$T$为轨道寿命；$V$为初始轨道速度；$H_a$为初始轨道的大气标高；$\rho_m$为粒子密度；$D$为粒子直径；$\mu$为地球引力常数，$\mu = 398603\ \text{km}^3/\text{s}^2$；$\rho_a$为初始轨道上的大气密度。

假设$H_a = 100$km，高度1000km处的大气密度$\rho_a = 1.5\times10^{-15}\ \text{kg/m}^3$，$D = 10^{-6}$m，$\rho_m = 5000\ \text{kg/m}^3$，得到$T = 23$天。这说明，高度1000km处的粒子为实现1年的寿命，其尺寸需要为16μm；为实现100年的寿命，其尺寸需要为1.6mm。假设具有$N$个相同尺寸的粒子，

它们产生的阴影面积为

$$S = G_c N\pi D^2/4 \tag{7-5-11}$$

式中：$G_c$ 为几何系数。

粒子总质量 $M = N\rho_m \pi D^3/6$，因此

$$M/S = \rho_m D/(1.5G_c) \tag{7-5-12}$$

或

$$\rho_m D = 1.5G_c M/S \tag{7-5-13}$$

将式(7－5－13)代入式(7－5－10)，可得

$$T = VH_a G_c(M/S)/(2\mu\rho_a) \tag{7-5-14}$$

或

$$M = 2TS\mu\rho_a/(G_c VH_a) \tag{7-5-15}$$

利用式(7－5－15)可以计算为实现任务寿命 $T$ 时间内的阴影面积 $S$ 而需要的最小质量环。对环中的所有粒子进行优化，得到最小质量的轨道环系统。如果不考虑粒子之间的重叠，那么几何系数为

$$G_c = \arcsin(R_E/\bar{R})/\pi \tag{7-5-16}$$

式中：$R_E$ 为地球半径；$\bar{R}$ 为轨道环平均半径。

假设粒子相距间隔足够远，粒子之间的加热效应和重叠效应可以忽略，轨道环半径和地球半径的比值为 $R$，那么从粒子上看得到的地球几何因子为

$$F = [1 - \sqrt{1-(1/R)^2}]/2 \tag{7-5-17}$$

当 $R$ 分别为 1.3、1.5、1.7 时，得到 $F$ 分别为 0.18、0.13、0.10。对于黑色粒子，大部分太阳辐射被吸收，并以长波的形式重新进行辐射。这种重新辐射是各向同性的，而不是像反照那样主要指向太阳。这样，长波辐射更容易到达地球，因为在太阳光照期间粒子的光照面基本上背离地球。假设粒子使太阳对地球的加热效应从 0.95 降低到 0.65。光照和日蚀对粒子产生作用，尤其是对于粒子尺寸较小和存在薄膜的情况下，在轨道周期内这些粒子会迅速升温或降温，对应的能量残余会降低白天温度并升高夜间温度。在白天，黑色粒子拦截的能量引起的长波效应将阴影降低 0.10～0.18。实际上，被照射粒子数目远大于在地球上产生阴影的粒子数目，也就是说很多被照射的粒子并没有在地面产生阴影。这意味着，长波辐射可以将阴影效应降低 40%。在夜间，这些粒子通过辐射会对地球产生较小的加热效应。已知地球黑夜一侧的黑体温度为 240K，地球几何因子为 0.10～0.18，这些粒子将对地球产生 2～6 $W/m^2$ 的长波辐射。

示例：为应对 22 世纪温室效应，需要将地球温度降低 1.75K，这对应于将太阳对地球的辐射降低 1.6%。选择两种轨道环尺寸，分别为 $R = (1.2 \sim 1.5)R_E$，$R = (1.3 \sim 1.6)R_E$，图 7－5－5 给出了这两种轨道环对地球温度的影响。

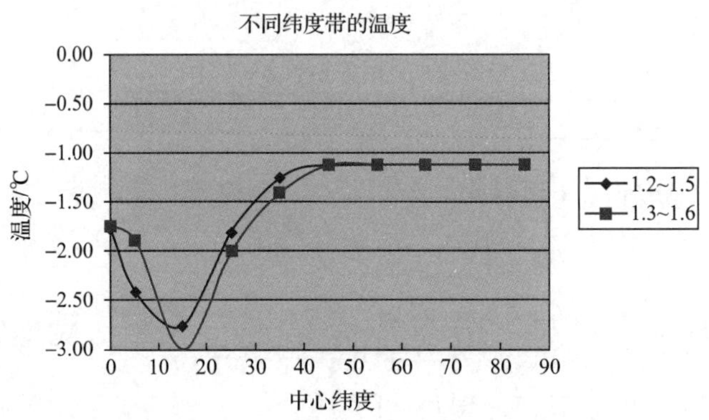

图7-5-5　地球轨道环系统对地面温度的影响

假设环的预期寿命为1000年(大于化石燃料使用时间)，粒子密度为2700kg/m$^3$，那么对轨道环中粒子尺寸的要求如表7-5-1所列。

**表7-5-1　不同尺度的轨道环对环中粒子的尺寸要求**

| ***R*** | 1.2 | 1.3 | 1.4 | 1.5 | 1.6 |
|---|---|---|---|---|---|
| ***D*** | 4.3mm | 54μm | 1μm | 1μm | 1μm |

在非引力干扰的作用下，直径小于1μm的粒子将会从轨道环漂走。因此，这里选取的粒子直径下限为1μm。假设环的寿命为1000年，在环的下边界要求粒子直径为4.3mm，向上边界方向粒子尺寸逐渐减小，粒子的平均直径为52μm。同理，对于$R=(1.3\sim1.6)R_E$的轨道环，粒子直径为54～1μm，粒子的平均直径为4.7μm。计算可知，两个环的质量分别为$2.1\times10^{14}$kg、$2.3\times10^{12}$kg。

为实现由被动粒子组成的近地轨道环系统，可以将小天体拖到期望的轨道高度上，引爆小天体得到大量被动粒子。可以在轨道环上、下边界布置小天体，及时补充轨道环中因扩散而损失的粒子，保证轨道环系统中粒子数目恒定。

### 3. 由可控航天器组成的地球轨道环

由粒子组成的近地轨道环可以用来调节太阳对地球的光照，然而一旦这些粒子由于某种原因对人类产生破坏性影响时，这些粒子等效于大量的空间碎片，很难进行清除。可以将这些被动粒子替换为具有遮阳伞或太阳能电池板的可控航天器，并利用电动系绳将这些航天器组合起来，便于进行航天器保持与位置控制，如图7-5-6所示。存在两种设计方式：一是

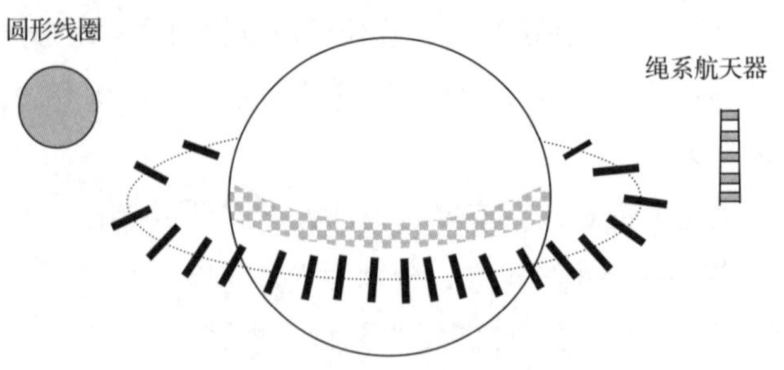

图7-5-6　由可控航天器组成的近地轨道环

将系绳垂直于遮阳伞布置，系绳长度为5km，系绳上安装遮阳伞，宽度为200m，这样每个航天器的有效面积为$1km^2$；二是利用薄膜反射材料制成大的反射圆盘，安装在每个航天器上，遮阳伞需要绷紧，这需要周向电流来保持遮阳伞打开，并与地磁场垂直。

另外，组成近地轨道环的航天器可以布置在中倾角的逆行轨道上，并使轨道高度足够高，从而升交点每年进动一周。这样可以降低太阳$\beta$角，但是遮阳伞需要是可控的。在黄昏和黎明左右，可操纵的遮阳伞底面可以将光线反射到冬季半球上，从而延长白天时间。但是，这样的使用方式无法充分利用遮阳伞面积。现有的镀铝膜质量约为$3g/m^2$，未来可能达到$1g/m^2$水平。将由可控航天器组成的轨道环布置在$(1.2\sim1.5)R_E$位置上，假设不透明度为0.356，那么轨道环的总面积为$3.7\times10^7km^2$。由于遮阳伞指向是可控的，因此轨道环的有效面积最小可以降低到$5\times10^6km^2$。如果每个航天器的遮阳伞面积为$1km^2$，那么需要500万个单独的航天器，每个航天器的质量为1t。如果每个主动控制的航天器都能使用100年，那么需要每天发射137个航天器，每个航天器质量为1t，还必须每天使137个故障航天器离轨。这带来的工作量非常大。也可以将每个航天器的遮阳伞面积增加到$100km^2$，这样只需要50000个航天器，每周更新10个航天器。

对于每个航天器上的遮阳伞，需要某些力来防止遮阳伞折合。可以通过采用旋转系绳构型，或在遮阳伞周向输入驱动电流，使薄膜保持拉伸并垂直于地磁场。在遮阳伞缺少控制的情况下，有效面积将降低到64%。简单的单轴控制系统可以将有效面积增加到90%。20%的遮阳伞指向误差仅会使阴影面积降低6%。

这些航天器的遮阳伞可以为地球产生遮挡效应，调节照射到地面的光照量，同时可以进行太阳能发电。太阳能发电通过无线传输到地面，大幅度减少化石燃料的使用，这可以有效缓解地球上的温室效应。不过，大量航天器位于近地轨道上，会对地面天文观测产生干扰。这些航天器也可能产生故障，需要及时发射新的卫星进行补充。

由可控航天器组成的近地轨道环系统庞大，需要分批次发射入轨。首先，需要设计低轨测发系统，如航天器质量为50kg，遮阳伞直径为100m，利用长300m的系绳进行遮阳伞指向控制，并利用长100m的系绳产生低的电动推力。在发射过程中，先将航天器发射到较低的轨道上，然后这些航天器利用自身推力机动到合适轨道上，这样任何发射过程中的航天器失效不会对整个轨道环产生影响。轨道环内的航天器可能运行在不同的轨道高度上，这些高度之间存在一定的间隙。同时，也可以在轨道环中的某些位置布置服务航天器，对任务航天器进行故障维修、功能升级等。

近地轨道环系统无论由被动粒子组成，还是由可控航天器组成，都需要庞大的物质和能源才能建造完成。建造轨道环系统所需要的原料可以来自地球、月球或小行星，由于地球处于引力阱中，从地面发射来建造轨道环需要的成本非常庞大，而利用月球或小行星资源进行在轨建造可以大幅度降低成本，表7-5-2给出了近地轨道环不同建造方式下的成本估算[26]。

表 7-5-2 不同建造方式下的近地轨道环系统成本

| 轨道环类型 | 系统质量/kg | 不同来源的建造成本/万亿美元 | | |
|---|---|---|---|---|
| | | 地球 | 月球 | 小行星 |
| 被动粒子 | $2\times10^{12}$ | 200～2000 | 20～60 | 6～50 |
| 可控航天器 | $5\times10^{9}$ | 0.5～1 | 0.5 | 0.125 |

总之，近地轨道环系统可以由被动粒子组成，也可以由可控航天器组成，用于调节太阳对地球的光照量，控制地球温度变化，调节不同地面区域的气候变化，是应对全球气候变暖的重要手段之一。此外，由可控航天器组成的轨道环系统还可以用来太阳能发电，并传输到地面，减少地面化石燃料消耗，也可以在一定程度上缓解温室效应。但是，大量的被动粒子或航天器分布在低轨上，会对低轨卫星运行产生严重影响，干扰地面天文观测，也可能对地球上的植物和动物生活习性产生影响。近地轨道环系统是一项庞大而复杂的空间基础设施系统，对人类地月空间文明发展具有重要意义。

### 7.5.2 地球同步轨道环系统

#### 1. 概述

在人类社会发展历程中，随着科学技术的进步和社会生产力的提高，人类文明从陆地逐渐扩展到海洋和空中，并向地月空间乃至深空领域延伸。齐奥尔科夫斯基曾说："地球是人类的摇篮，但是人类不能永远生活在摇篮里。"1926 年，美国科学家戈达德发射了世界上第一枚探空火箭，吹响了人类向太空进军的号角；1957 年，苏联发射了世界上第一颗人造地球卫星，人类从此进入了航天时代。经过大半个世纪的发展，人类研制并发射了导航、通信、气象、侦察、测绘等无人航天器，以及航天飞机、空间站、载人飞船等有人航天器[29]，这些航天器成为人类文明向宇宙空间拓展的物质载体。截至 2019 年 12 月 30 日，世界各国在轨航天器 5391 个，已陨落航天器 3448 个，在轨正常工作航天器 2567 个；在轨空间碎片 14682 个，已陨落碎片 21382 个；空间目标(航天器和碎片)数量的历年变化如图 7-5-7 所示[30]。总体来说，当前航天器绝大多数为信息服务型，为地球表面或近地空间任务提供信息支持。虽然载人飞船、空间站等已经实现了人类长期在轨驻留，但是这些有人航天器仍处于科学实验与技术探索阶段，它们的规模较小、严重依赖地面物资和能源补给。未来，为满足人类大规模向外太空迁移、支撑人类文明向太空拓展，需要建设发展超大规模的空间系统，充分利用太空中的物质和能源生产人类社会所需要的各种设施和条件，使太空成为继陆地、海洋、空中之后的人类新家园。文献[31-33]提出了一种由低轨轨道环和太空电梯组成的大型空间系统，在不需要火箭发射的条件下将载荷从地面送往太空，并分析了轨道环系统组成、动力学特征、结构设计、任务部署、空间应用以及建造成本等问题，提供了一种大型空间任务系统发展设想。

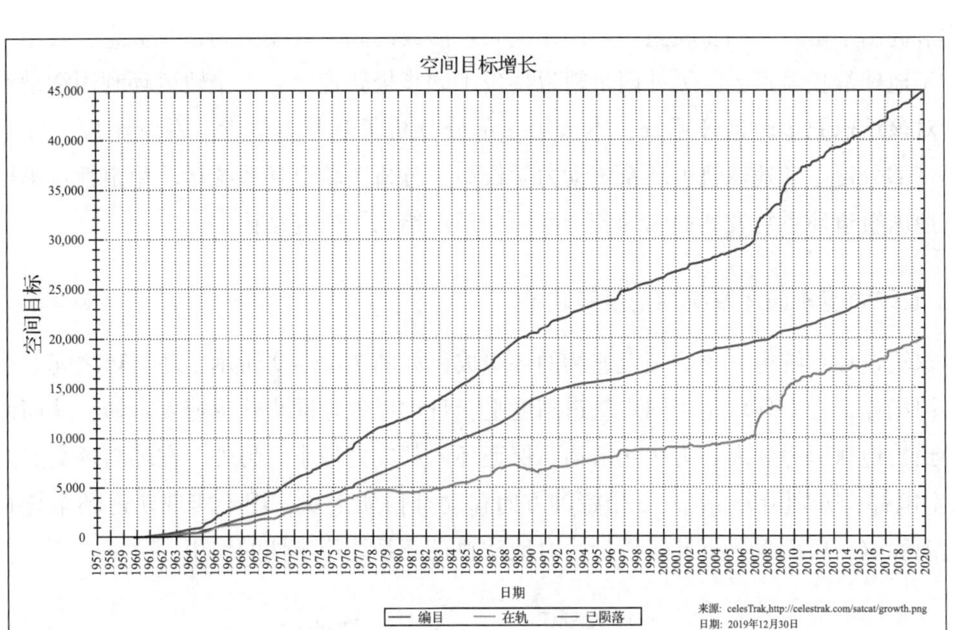


图 7－5－7　空间目标数量的历年变化（1957—2019）

众所周知，地球会对周围物质产生引力作用，距离地球越近，引力作用越明显，逃逸地球所需的能量也越大，这一效应可以形象地用“引力阱”来描述[34]，如图 7－5－8 所示。地球处于引力阱的底部，从地面发射载荷逃逸地球需要消耗极大的能量；地球同步轨道处于引力阱边缘位置，只需要很小的能量就可以克服地球引力进入“平坦的”地月转移空间，也可以通过太空电梯沿着引力阱滑到地球表面[35]。与低轨大型空间系统不同，在地球同步轨道高度上建造超大规模空间系统，并利用太空资源生产人类社会需要的各种物质，不仅可以方便地为地面服务，也可以为同步轨道以远的地月转移空间以及深空领域服务，具有重要的战略地位和价值。同时，地球同步轨道上丰富的太阳能资源、便于捕获小行星和获取月面物质等，为建造和发展地球同步轨道大型空间系统提供了有力条件。

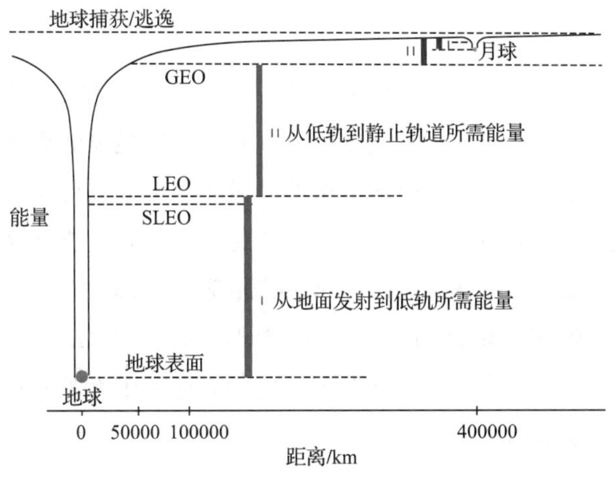


图 7－5－8　地月空间引力阱

本节提出了由三个同步轨道环两两正交布置形成的超大规模空间系统概念，其中一个轨道环位于地球静止轨道上，另外两个轨道环位于同步极轨道上，三个轨道环利用活动铰链相连。针对该地球同步轨道环系统，本节第二部分分析了其基本概念、系统组成、任务功能等；第三部分建立了地球轨道环系统动力学模型，分析了轨道环系统运动稳定性；第四部分探讨了地球轨道环系统发展面临的若干问题，最后给出了研究结论。

## 2. 地球同步轨道环系统组成及其功能

地球轨道环系统由三个物理上连续的环组成，如图 7-5-9 所示，环与环之间通过正交连接机构相连。三个环均位于同步轨道高度上，且均以地球同步轨道速度自转，从而使得轨道环受到的地球引力和离心力相互抵消，保证环内部应力最小。另外，在环与环交点处布置 6 个太空电梯，分别沿着 $x$、$y$、$z$ 坐标轴方向移动补偿质量块，用于实现轨道环系统相对地心的运动稳定，后面将分析补偿质量块对地球轨道环系统稳定性的作用。

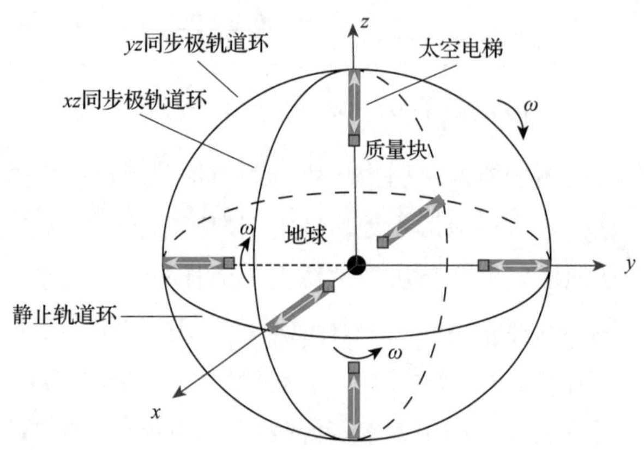


图 7-5-9 地球同步轨道环系统概念图

轨道环内部是中空的分舱式结构，舱内和舱外布设功能载荷，形成不同的任务分区，设计如下地球同步轨道环任务分区。

1) 能源生产区

地球同步轨道高度上具有丰富的太阳能资源，与地面太阳能发电站相比，同步轨道上太阳能电池板不受昼夜和天气影响，可以连续工作。利用太阳能电池板将光能转换为电能，供地球同步轨道环系统工作，也可以将电能以微波、激光的形式进行无线传输，为地面或其他空间系统提供能源。太阳能电池板遍布地球同步轨道环的外表，能量存储与转换装置位于轨道环内部舱体中。太阳辐射功率 $P_0$ 按 1369 W/m$^2$ 估算，地球同步轨道环外直径 $d$ 取 2km，太阳能电池板能量转换效率 $\eta$ 估计为 20%，地球同步轨道高度 $H$ 为 35786km，地球赤道半径 $R_0$ 为 6378.137km，假设轨道环系统平均有 50% 的表面处于太阳光直射状态，则得到地球同步轨道环系统太阳能发电功率为

$$P = 3 \times 2\pi(R_0 + H) \times \pi d \times \eta P_0 \times 0.5 = 6.84 \times 10^{14}(\mathrm{W}) \qquad (7-5-18)$$

2017 年全球发电量约为 26 万亿 kW · h，由上式得到地球同步轨道环每年的发电量约为 6000 万亿 kW · h，约为当前全球发电量的 231 倍。可见，地球同步轨道环系统具有巨大的太阳能利用潜力，不仅可有效支持自身运行所需要的能量，也是解决未来地球能源问题的重要途径。

2) 物资生产与人类居住区

利用地球同步轨道环部分舱段进行动植物养殖、空气/水循环利用、食品加工、废弃物回收等，建立完整的人工生态系统，满足人类大规模迁移居住及空间活动需求。地球同步轨道环处于引力阱的边缘，既可以利用地球引力势能向地面输送物资，也可以方便地进入地月转移空间和月球空间，为地月空间开发提供低成本、大批量的物资支持。

假设地球同步轨道环舱体中有 50% 的空间用于人类居住，人均生存空间 $V_p = 1000\text{m}^3$，则整个地球同步轨道环系统可容纳人数为

$$N = 3 \times 2\pi(R_0 + H) \times \pi\left(\frac{d}{2}\right)^2 \times 50\% \times \frac{1}{V_p} = 12485\ 亿 \qquad (7-5-19)$$

2018 年世界总人口约为 76 亿，地球同步轨道环系统可以承受的人数是当前世界人口的 164 倍，具有巨大的人口容纳能力，是人类生存空间拓展的重要方向，可作为人类从地球空间走向地月空间、宇宙空间的中转驿站，并提供深空导航、通信、中转补给等服务。未来，地球一旦出现全球性灾难事件，同步轨道环系统也可以作为人类的庇护所。

3) 在轨组装与制造区

地球同步轨道环是超大规模的空间系统，需要采用模块化方式进行发射和在轨组装；同时，为解决从地面发射带来的高成本问题，可以利用月球、陨石、小行星等物质资源进行在轨加工，制造出轨道环系统建设所需要的各种功能组件。在地球同步轨道环系统运行过程中，需要强大的在轨组装与制造能力支撑，满足人类在轨道环上的生产生活需求以及各类空间任务需求。

4) 有效载荷区

地球静止/同步轨道是非常宝贵而有限的空间资源，在开展通信、导弹预警、导航、侦察、气象等任务方面具有独特优势。由于地球非球形摄动、三体引力摄动、太阳光压摄动等会造成静止/同步轨道漂移，因此为避免静止/同步轨道卫星碰撞，卫星与卫星之间需要保持一定的安全距离。文献[36]指出，在通常情况下静止轨道卫星占有的赤道经度约为 ±0.1°，相邻两个静止轨道卫星的安全距离约为 150km，这样静止轨道上最多可以布置 1800 颗卫星。当地球同步轨道环系统建成后，可以将原有的静止/同步轨道卫星载荷集成在环上，将轨道环作为原有静止/同步轨道卫星的公共平台。这样，就不需要考虑卫星与卫星之间的碰撞风险，可以将相邻两个静止/同步轨道卫星载荷布置的更近，通过采用不同的频率可以将两个卫星载荷在轨道环上的间隔布置得任意小，从而大大提高静止/同步轨道资源利用率。在工

程实现上，假设将同步轨道环上两个卫星载荷的间隔缩小到100m，那么在静止轨道环上可以布置265万个卫星载荷，相比于现有静止轨道卫星相距150km而言，轨道空间利用率提高了约1500倍。

5)大型太阳帆分布区

由于太阳辐射在地表分布的差异，地球形成了丰富的气候带，包括热带、南/北温带、南/北寒带等；同时，由于黄赤夹角的存在，地球产生了四季变化。地球气候环境受到太阳辐射的直接影响，如果能够改变太阳在地表的辐射强度和分布，就可以调节地球上不同位置的气候变化。文献[37]指出，如果将太阳对地球的辐射能量降低1.6%，就可以使地球平均温度降低1.75K。进一步，文献[37]提出了在距离地球表面(1.2～1.6)$R_E$的轨道高度上布置轨道环的方案，轨道环由被动粒子或带遮阳伞的受控航天器组成，可用于缓解全球变暖。在本节提出的由三个正交环组成的地球同步轨道环系统中，由于轨道环高度更高，因此更易于控制地表接收的太阳辐射。在三个正交轨道环的适当位置布置一定量的太阳帆，该太阳帆既可以遮挡部分太阳辐射，也可以将太阳光反射到指定的地表范围，从而改变地球表面不同区域的光照情况，使地球气候分布和变化更加宜人，有效应对和控制全球性极端气候异常和自然灾害。

6)环间高速交通系统

地球同步轨道环是一个庞大的空间系统，其半径为$4.2\times10^4$km，周长为$2.649\times10^5$km。人类在轨道环系统上开展生产生活、执行空间任务时，需要从环上一个位置运动到另一个位置。根据环的几何构型可知，环上任意两点之间的最大距离为$8.4\times10^4$km。从轨道动力学角度看，物体沿轨道环的运动可以看作同步轨道上的相位调整，这一过程具有节省燃料的优势，但是运动时间较长。假设转移轨道在同步轨道下方1000km，那么沿轨道环转移180°需要的时间约为13天，难以满足未来轨道环系统内部之间的快速交通运输。环间高速交通系统可借鉴反引力思路，建造若干环间交通运输工具，该运输工具可以实时感知地球引力矢量，并施加与地球引力相反的推进力，从而使环间交通运输工具处于零引力状态。通过对环间交通运输工具施加特定方向的推进力，可以实现从环上一点到另一点的直线运输。假设环间交通运输工具经推进加速后最大速度可达10km/s，那么在环上转移$8.4\times10^4$km只需要2.3h，也就是说环上任意点之间的交通运输最多需要2.3h，从而实现轨道环系统内部快速的互联互通。

7)环上机器人系统

地球同步轨道环系统运行需要大量的智能机器人支持，这些机器人分布在环的内部和外表进行轨道环状态监测、故障维修、系统维护、在轨操控，独立或辅助人类完成空间任务。

8)空间运输系统

地球同步轨道环系统不是孤立的，它需要与地球、月球之间进行物资运输和人员往来，这样就需要功能强大、可重复使用的空间运输系统，完成地、月、轨道环之间的质量传输。

### 3. 地球同步轨道环系统动力学建模与分析

地球同步轨道环系统由三个轨道环两两正交连接组成，位于高度 35786km 的地球同步轨道上。为便于分析轨道环系统的动力学特性，这里假设三个环是质量分布均匀的圆环，环的横截面处处相同，均为圆形截面。

1）地球同步轨道环系统运动稳定性分析

首先，考虑单个静止轨道环的运动稳定性，如图 7－5－10 所示，在标称状态下静止轨道环中心与地球质心重合，静止轨道环以静止轨道速度运动，此时环处于平衡状态。当由于扰动使静止轨道环产生偏差，即轨道环与地球质心不重合时，不妨假设环向右移动，此时环的左半部分受到的引力增加、离心力减小，右半部分引力减小、离心力增加，根据对称性可知环受到的合力向右。该合力会导致静止轨道环持续向右运动，加剧轨道环中心与地心的偏离，这说明静止轨道环绕地心的运动是不稳定的平衡态。

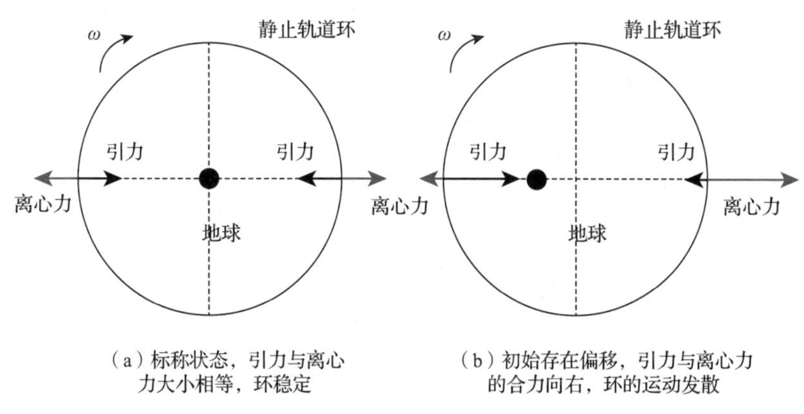

（a）标称状态，引力与离心力大小相等，环稳定　（b）初始存在偏移，引力与离心力的合力向右，环的运动发散

图 7－5－10　静止轨道环运动的发散效应

为防止图 7－5－10 中出现的轨道环运动发散，考虑两个正交同步轨道环，如图 7－5－11 所示。两个环通过套筒或球铰连接，每个环以同步轨道速度自转。当轨道环在赤道面内向右偏时，它会受到向右的合力，而极轨道上的同步轨道环受到向左的合力，这样就可以保证轨

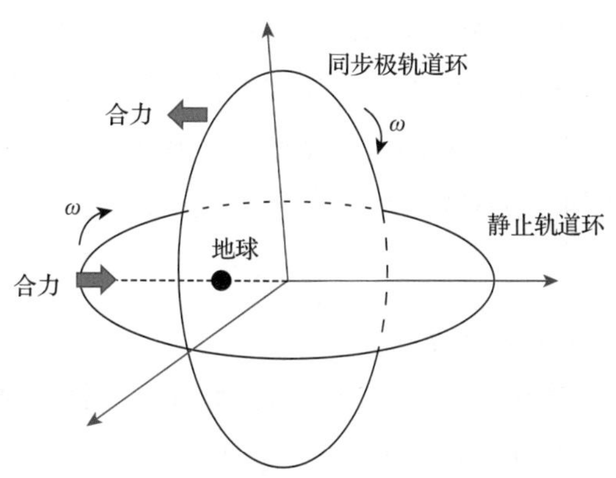


图 7－5－11　两个正交同步轨道环运动的稳定性

道环在赤道面内左右方向上的稳定性。同理，考虑到三个方向上的运动稳定性，设计地球同步轨道环由三个两两正交的环构成，并在环与环交点处安装太空电梯，用于升降质量块以保持系统运动稳定。

图7－5－12分别对于单个静止轨道环系统、三个正交同步轨道环系统（不含太空电梯）、三个正交同步轨道环系统（含太空电梯），给出了地心沿 $x$ 轴方向运动时，轨道环受到的地球引力加速度。其中，假设地球同步轨道环的线密度为100kg/m，每个质量块的质量为 $10^9$kg，利用太空电梯使 $y$、$z$ 轴上的质量块向轨道环系统中心运动5000km。

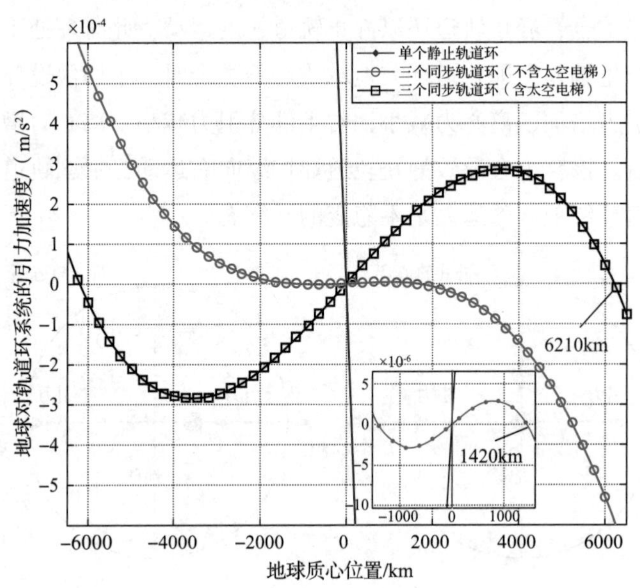


图7－5－12 地球质心处于不同位置时对轨道环系统的引力加速度

由图7－5－12可知，三类轨道环系统的标称状态即地心与轨道环中心重合均是平衡态。对于单个静止轨道环系统，该平衡态是不稳定的，因为当地心沿 $-x$ 轴运动时，环受到的地球引力沿 $+x$ 方向，导致地心沿 $-x$ 轴的偏离越来越大；对于三个同步轨道环组成的系统而言，该平衡态是稳定的，因为在轨道环系统中心附近当地心沿 $-x$ 轴运动时，环受到的地球引力也是沿 $-x$ 方向，迫使地心与轨道环系统中心重合。由图7－5－12可知，由三个正交同步轨道环组成的系统稳定半径为1420km，增加补偿质量后可以扩大系统的稳定半径，在上述参数设置下稳定半径增加到6210km。由此可知，由三个正交同步轨道环（含补偿质量）构成的系统在地心引力作用下是稳定的，轨道环中心与地球质心重合是系统运动的标称状态。

2）地球同步轨道环系统动力学建模

与单颗卫星需要具有轨道速度才能在空间中运动不同，同步轨道环由于具有环绕地球的连续质量，因此该环既可以以轨道速度在太空中运动，也可以以大于或小于轨道速度的状态运动。只有当轨道环具有轨道速度时，环受到的万有引力和离心力平衡，环内部应力为0；

当轨道环的速度大于或小于轨道速度时，环内部产生拉应力或压应力。假设地球同步轨道环为刚性的均质环，同时考虑到降低环内部应力，假设环以轨道速度运动。下面建立轨道环的平动和转动动力学模型：首先建立地心惯性坐标系，如图 7-5-13(a) 所示，坐标原点位于地球质心 $O$，$x$ 轴指向春分点，$xy$ 平面位于赤道平面内，$z$ 轴与 $xy$ 轴构成右手笛卡儿坐标系；其次建立地球固连坐标系，如图 7-5-13(b) 所示，其中坐标原点位于地球质心 $O$，$X$ 轴指向格林尼治子午线与赤道的交点，$XY$ 平面位于赤道平面内，$Z$ 轴与 $XY$ 轴构成右手笛卡儿坐标系；最后建立同步轨道环本体坐标系 $\hat{O}-\hat{x}\hat{y}\hat{z}$，其坐标原点 $\hat{O}$ 相对地球质心 $O$ 存在一定的偏移量，轨道环具有同步轨道速度，因此为便于分析，假设本体坐标系 $\hat{O}-\hat{x}\hat{y}\hat{z}$ 与地球固连坐标系 $O-XYZ$ 在标称状态下完全重合。

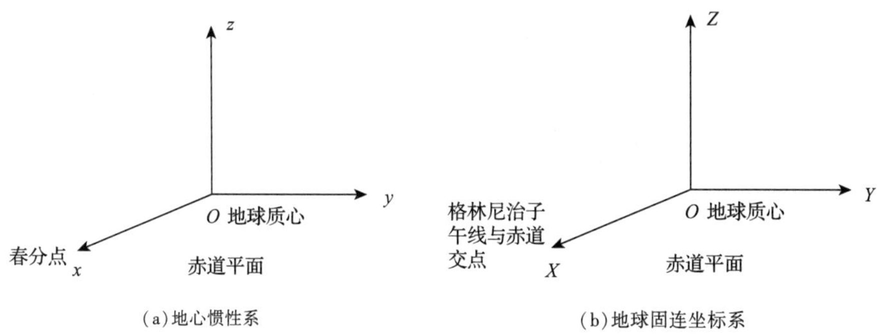


图 7-5-13　地心坐标系

实际上，由于摄动力的影响，轨道环本体坐标系相对地球固连坐标系存在一定的倾斜和偏移，采用 3-2-1 欧拉角顺序表示倾斜程度，利用平移量 $(\hat{x}, \hat{y}_0, \hat{z}_0)^{\mathrm{T}}$ 表示偏移，这样得到轨道环上各个微元的位置矢量：

$$\begin{pmatrix} X_i \\ Y_i \\ Z_i \end{pmatrix} = \boldsymbol{R}_x(\alpha)\,\boldsymbol{R}_y(\beta)\,\boldsymbol{R}_z(\gamma)\begin{pmatrix} \hat{x}_i \\ \hat{y}_i \\ \hat{z}_i \end{pmatrix} + \begin{pmatrix} \hat{x}_0 \\ \hat{y}_0 \\ \hat{z}_0 \end{pmatrix}, i = 1,2,\cdots,N \tag{7-5-20}$$

式中：$\alpha$、$\beta$、$\gamma$ 为轨道环系统的倾斜角；旋转矩阵定义为

$$\boldsymbol{R}_x(\theta) = \begin{pmatrix} 1 & 0 & 0 \\ 0 & \cos\theta & \sin\theta \\ 0 & -\sin\theta & \cos\theta \end{pmatrix} \tag{7-5-21a}$$

$$\boldsymbol{R}_y(\theta) = \begin{pmatrix} \cos\theta & 0 & -\sin\theta \\ 0 & 1 & 0 \\ \sin\theta & 0 & \cos\theta \end{pmatrix} \tag{7-5-21b}$$

$$\boldsymbol{R}_z(\theta) = \begin{pmatrix} \cos\theta & \sin\theta & 0 \\ -\sin\theta & \cos\theta & 0 \\ 0 & 0 & 1 \end{pmatrix} \tag{7-5-21c}$$

在同步轨道环本体坐标系中，将环离散为等间距的 $N$ 个微元，如图 7-5-14 所示，三个同步轨道环上每个微元中心点对应的圆心角为

$$\phi = \frac{2\pi 2i-1}{N2},\ i=1,\ 2,\ \cdots,\ N$$

于是，三个轨道环上各个微元在本体坐标系中的坐标为

$$xy:\begin{pmatrix}\hat{x}_i\\ \hat{y}_i\\ \hat{z}_i\end{pmatrix}=\begin{pmatrix}R\cos\phi\\ R\sin\phi\\ 0\end{pmatrix} \tag{7-5-22a}$$

$$yz:\begin{pmatrix}\hat{x}_i\\ \hat{y}_i\\ \hat{z}_i\end{pmatrix}=\begin{pmatrix}0\\ R\sin\phi\\ R\cos\phi\end{pmatrix} \tag{7-5-22b}$$

$$xz:\begin{pmatrix}\hat{x}_i\\ \hat{y}_i\\ \hat{z}_i\end{pmatrix}=\begin{pmatrix}R\sin\phi\\ 0\\ R\cos\phi\end{pmatrix} \tag{7-5-22c}$$

式中：$R$ 为同步轨道环半径。

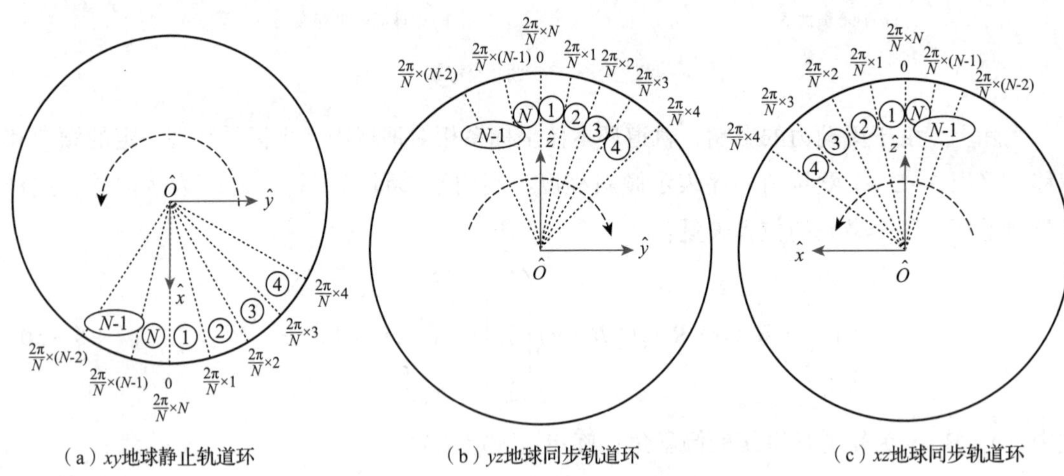


图 7-5-14　地球同步轨道环上的微元划分

不考虑岁差、章动、极移的影响，得到各个微元在地心惯性系中的坐标$(x_i,\ y_i,\ z_i)^{\mathrm{T}}$与地球固连坐标系中的坐标满足

$$\begin{pmatrix}X_i\\ Y_i\\ Z_i\end{pmatrix}=\boldsymbol{R}_{\mathrm{S}}\begin{pmatrix}x_i\\ y_i\\ z_i\end{pmatrix} \tag{7-5-23}$$

式中：$\boldsymbol{R}_{\mathrm{S}}$ 为地球自转矩阵，其计算公式为

$$\boldsymbol{R}_{\mathrm{S}}=\boldsymbol{R}_z(\mathrm{GAST}) \tag{7-5-24}$$

$$\boldsymbol{R}_z(\mathrm{GAST})=\begin{pmatrix}\cos(\mathrm{GAST}) & \sin(\mathrm{GAST}) & 0\\ -\sin(\mathrm{GAST}) & \cos(\mathrm{GAST}) & 0\\ 0 & 0 & 1\end{pmatrix} \tag{7-5-25}$$

其中：GAST 为格林尼治真恒星时，且有

$$\mathrm{GAST}=\mathrm{GMST}+\Delta\psi\cos(\varepsilon+\Delta\varepsilon)+0.00264''\sin\Omega+0.000063''\sin2\Omega \tag{7-5-26}$$

其中：GMST 是格林尼治平恒星时，且有

$$\begin{aligned}\mathrm{GMST}=&67310.54841^{\mathrm{s}}+(8640184.812866^{\mathrm{s}}+876600^{\mathrm{h}})T_{\mathrm{u}}\\&+0.093104^{\mathrm{s}}T_{\mathrm{u}}^2-0.62^{\mathrm{s}}\times10^{-5}T_{\mathrm{u}}^3\end{aligned} \tag{7-5-27}$$

$$T_{\mathrm{u}}=\frac{\mathrm{JD(UT1)}-2451545.0}{36525.0} \tag{7-5-28}$$

由式(7-5-27)和式(7-5-28)可得

$$\begin{pmatrix}x_i\\ y_i\\ z_i\end{pmatrix}=\boldsymbol{R}_{\mathrm{S}}^{-1}\boldsymbol{R}_x(\alpha)\boldsymbol{R}_y(\beta)\boldsymbol{R}_z(\gamma)\begin{pmatrix}\hat{x}_i\\ \hat{y}_i\\ \hat{z}_i\end{pmatrix}+\begin{pmatrix}x_0\\ y_0\\ z_0\end{pmatrix} \tag{7-5-29}$$

式(7-5-29)反映了地球同步轨道环本体坐标系和地心惯性系之间的转换关系，$(x_0,\ y_0,\ z_0)^{\mathrm{T}}=\boldsymbol{R}_{\mathrm{S}}^{-1}(\hat{x}_0,\ \hat{y}_0,\ \hat{z}_0)^{\mathrm{T}}$ 表示地球同步轨道环本体坐标系原点相对地心惯性系原点的偏移量。因此，可以选用$(x_0,\ y_0,\ z_0;\ \alpha,\ \beta,\ \gamma)$这6个变量作为同步轨道环的状态变量，$(x_0,\ y_0,\ z_0)$反映了同步轨道环中心在地心惯性系中的位置，$(\alpha,\ \beta,\ \gamma)$反映了同步轨道环在地心惯性系中的指向，它们均是时间 $t$ 的函数。

对于同步轨道环中的每个微元，它们均受到地球引力、太阳光压、三体引力的作用，其合力表示为

$$\boldsymbol{F}_i=\boldsymbol{F}_{i,\mathrm{earthgravity}}+\boldsymbol{F}_{i,\mathrm{solarpressure}}+\boldsymbol{F}_{i,\mathrm{three\text{-}bodygravity}} \tag{7-5-30}$$

设环上每个微元的质量为 $m_i$，环的运动为刚体运动，则有

$$\sum_{i=1}^{N}\boldsymbol{F}_i=\left(\sum_{i=1}^{3N+6}m_i\right)\cdot\left(\frac{\mathrm{d}^2x_0}{\mathrm{d}t^2},\frac{\mathrm{d}^2y_0}{\mathrm{d}t^2},\frac{\mathrm{d}^2z_0}{\mathrm{d}t^2}\right)^{\mathrm{T}} \tag{7-5-31}$$

设在地心惯性系中同步轨道环的惯性张量为 $\boldsymbol{J}$，角速度矢量为 $\boldsymbol{\omega}$，则环的动量矩为

$$\boldsymbol{H}=\boldsymbol{J}\boldsymbol{\omega} \tag{7-5-32}$$

式中：$\boldsymbol{\omega}=(\omega_x,\ \omega_y,\ \omega_z)^{\mathrm{T}}$，$\boldsymbol{J}$ 为同步轨道环的惯性张量，且有

$$\boldsymbol{J}=\begin{pmatrix}J_{xx} & -J_{xy} & -J_{xz}\\ -J_{yx} & J_{yy} & -J_{yz}\\ -J_{zx} & -J_{zy} & J_{zz}\end{pmatrix} \tag{7-5-33}$$

其中

$$\begin{cases}J_{xx}=\int(y^2+z^2)\mathrm{d}m,\ J_{yz}=\int yz\mathrm{d}m\\ J_{yy}=\int(x^2+z^2)\mathrm{d}m,\ J_{xz}=\int xz\mathrm{d}m\\ J_{zz}=\int(x^2+y^2)\mathrm{d}m,\ J_{xy}=\int xy\mathrm{d}m\end{cases} \tag{7-5-34}$$

设同步轨道环系统上各个微元的位置矢量为 $\boldsymbol{r}_i=(x_i, y_i, z_i)^{\mathrm{T}}$，受到的合力为 $\boldsymbol{F}_i(i=1, 2, \cdots, N)$，那么环受到的合力矩为

$$\boldsymbol{M}=\sum_{i=1}^{N}\boldsymbol{r}_i\times\boldsymbol{F}_i \tag{7-5-35}$$

根据动量矩定理，即刚体对固定点的动量矩变化等于外力对该固定点的力矩可得

$$\frac{\mathrm{d}\boldsymbol{H}}{\mathrm{d}t}=\boldsymbol{M} \tag{7-5-36}$$

式(7-5-36)是在地心惯性系中建立的，将左侧微分过程在静止轨道环本体坐标系 $\hat{O}-\hat{x}\hat{y}\hat{z}$ 中展开，可得

$$\frac{\tilde{\mathrm{d}}\boldsymbol{H}}{\mathrm{d}t}+\boldsymbol{\omega}\times\boldsymbol{H}=\boldsymbol{M} \tag{7-5-37}$$

$\tilde{\mathrm{d}}/\mathrm{d}t$ 表示微分是在同步轨道环本体坐标系中进行的，由式(7-5-37)得到同步轨道环转动动力学方程为

$$\begin{pmatrix}J_{xx} & -J_{xy} & -J_{xz}\\ -J_{yx} & J_{yy} & -J_{yz}\\ -J_{zx} & -J_{zy} & J_{zz}\end{pmatrix}\begin{pmatrix}\dot{\omega}_x\\ \dot{\omega}_y\\ \dot{\omega}_z\end{pmatrix}+\begin{pmatrix}\omega_x\\ \omega_y\\ \omega_z\end{pmatrix}\times\left[\begin{pmatrix}J_{xx} & -J_{xy} & -J_{xz}\\ -J_{yx} & J_{yy} & -J_{yz}\\ -J_{zx} & -J_{zy} & J_{zz}\end{pmatrix}\begin{pmatrix}\omega_x\\ \omega_y\\ \omega_z\end{pmatrix}\right]=\sum_{i=1}^{N}\boldsymbol{r}_i\times\boldsymbol{F}_i \tag{7-5-38}$$

考虑到同步轨道环在本体坐标系中的对称性，可得

$$\begin{pmatrix}J_{xx} & 0 & 0\\ 0 & J_{yy} & 0\\ 0 & 0 & J_{zz}\end{pmatrix}\begin{pmatrix}\dot{\omega}_x\\ \dot{\omega}_y\\ \dot{\omega}_z\end{pmatrix}+\begin{pmatrix}\omega_x\\ \omega_y\\ \omega_z\end{pmatrix}\times\left[\begin{pmatrix}J_{xx} & 0 & 0\\ 0 & J_{yy} & 0\\ 0 & 0 & J_{zz}\end{pmatrix}\begin{pmatrix}\omega_x\\ \omega_y\\ \omega_z\end{pmatrix}\right]=\sum_{i=1}^{N}\boldsymbol{r}_i\times\boldsymbol{F}_i \tag{7-5-39}$$

在地球同步轨道环本体坐标系中计算转动惯量时，由于环半径远远大于其横截面半径，因此将环近似为线，从而可得

$$\begin{cases}J_{xx}=2mR^2+m_c(y_+{}^2+y_-{}^2+z_+{}^2+z_-{}^2)\\ J_{yy}=2mR^2+m_c(x_+{}^2+x_-{}^2+z_+{}^2+z_-{}^2)\\ J_{zz}=2mR^2+m_c(y_+{}^2+y_-{}^2+x_+{}^2+x_-{}^2)\end{cases} \tag{7-5-40}$$

$$J_{xy}=J_{yz}=J_{zx}=0$$

式中：$m$ 为同步轨道环的总质量，$m=\sum_{i=1}^{3N+6}m_i$；$m_{\mathrm{c}}$ 为太空电梯中质量块的质量；$x_+$、$x_-$、$y_+$、$y_-$、$z_+$、$z_-$ 分别为质量块距离轨道环中心的距离。

由式(7-5-29)得到同步轨道环角速度与欧拉角之间的关系为

$$\begin{pmatrix}\omega_x\\ \omega_y\\ \omega_z\end{pmatrix}=\boldsymbol{R}_{\mathrm{S}}^{-1}\left[\begin{matrix}\boldsymbol{R}_x(\alpha)\boldsymbol{R}_y(\beta)\boldsymbol{R}_z(\gamma)\begin{pmatrix}0\\0\\ \dot{\gamma}\end{pmatrix}+\\ \boldsymbol{R}_x(\alpha)\boldsymbol{R}_y(\beta)\begin{pmatrix}0\\ \dot{\beta}\\0\end{pmatrix}+\boldsymbol{R}_x(\alpha)\begin{pmatrix}\dot{\alpha}\\0\\0\end{pmatrix}\end{matrix}\right] \tag{7-5-41}$$

式(7－5－41)化简，可得

$$\boldsymbol{R}_{\mathrm{S}}\begin{pmatrix}\omega_x\\ \omega_y\\ \omega_z\end{pmatrix}=\begin{pmatrix}\dot{\alpha}-\dot{\gamma}\sin\beta\\ \dot{\beta}\cos\alpha+\dot{\gamma}\cos\beta\sin\alpha\\ \dot{\gamma}\cos\alpha\cos\beta-\dot{\beta}\sin\alpha\end{pmatrix}=\begin{pmatrix}1&0&-\sin\beta\\0&\cos\alpha&\cos\beta\sin\alpha\\0&-\sin\alpha&\cos\alpha\cos\beta\end{pmatrix}\begin{pmatrix}\dot{\alpha}\\ \dot{\beta}\\ \dot{\gamma}\end{pmatrix} \tag{7-5-42}$$

从而，有

$$\begin{pmatrix}\dot{\alpha}\\ \dot{\beta}\\ \dot{\gamma}\end{pmatrix}=\begin{pmatrix}1&\sin\alpha\tan\beta&\cos\alpha\tan\beta\\0&\cos\alpha&-\sin\alpha\\0&\sin\alpha/\cos\beta&\cos\alpha/\cos\beta\end{pmatrix}\boldsymbol{R}_{\mathrm{S}}\begin{pmatrix}\omega_x\\ \omega_y\\ \omega_z\end{pmatrix} \tag{7-5-43}$$

由式(7－5－31)、式(7－5－38)和式(7－5－43)得到地球同步轨道环系统在地球引力、太阳光压、三体引力作用下的平动和转动动力学方程为

$$\begin{pmatrix}\dfrac{\mathrm{d}^2x_0}{\mathrm{d}t^2}\\ \dfrac{\mathrm{d}^2y_0}{\mathrm{d}t^2}\\ \dfrac{\mathrm{d}^2z_0}{\mathrm{d}t^2}\end{pmatrix}=\frac{\sum\limits_{i=1}^{N}(\boldsymbol{F}_{i,\mathrm{earthgravity}}+\boldsymbol{F}_{i,\mathrm{solarpressure}}+\boldsymbol{F}_{i,\mathrm{three-bodygravity}})}{\sum\limits_{i=1}^{N}m_i} \tag{7-5-44}$$

$$\begin{aligned}&\begin{pmatrix}J_{xx}&0&0\\0&J_{yy}&0\\0&0&J_{zz}\end{pmatrix}\begin{pmatrix}\dot{\omega}_x\\ \dot{\omega}_y\\ \dot{\omega}_z\end{pmatrix}+\begin{pmatrix}\omega_x\\ \omega_y\\ \omega_z\end{pmatrix}\times\left[\begin{pmatrix}J_{xx}&0&0\\0&J_{yy}&0\\0&0&J_{zz}\end{pmatrix}\begin{pmatrix}\omega_x\\ \omega_y\\ \omega_z\end{pmatrix}\right]\\&=\sum_{i=1}^{N}\begin{pmatrix}x_i\\ y_i\\ z_i\end{pmatrix}\times(\boldsymbol{F}_{i,\mathrm{earthgravity}}+\boldsymbol{F}_{i,\mathrm{solarpressure}}+\boldsymbol{F}_{i,\mathrm{three-bodygravity}})\end{aligned} \tag{7-5-45}$$

$$\begin{pmatrix}\dot{\alpha}\\ \dot{\beta}\\ \dot{\gamma}\end{pmatrix}=\begin{pmatrix}1&\sin\alpha\tan\beta&\cos\alpha\tan\beta\\0&\cos\alpha&-\sin\alpha\\0&\sin\alpha/\cos\beta&\cos\alpha/\cos\beta\end{pmatrix}\boldsymbol{R}_{\mathrm{S}}\begin{pmatrix}\omega_x\\ \omega_y\\ \omega_z\end{pmatrix} \tag{7-5-46}$$

3)地球同步轨道环动力学仿真与分析

基于上面建立的地球同步轨道环系统动力学方程，在仅考虑地球中心引力作用下计算得到轨道环位置、速度、姿态角、角速度、运动范围等，如图 7 – 5 – 15 ～图 7 – 5 – 19 所示。计算参数设置如表 7 – 5 – 3 所列，$x$ 轴方向上的质量块位于地球同步轨道高度上，$y$、$z$ 轴上质量块比地球同步轨道高度低 2000km。可知，在正交同步轨道环构型以及补偿质量块设计下，地球同步轨道环中心被有效地约束在地球质心附近，轨道环系统能够稳定地环绕地心运动，运动范围为 50km，运动速度为 0.12m/s 左右。

**表 7 – 5 – 3　地球同步轨道环动力学仿真计算参数**

| 参数类别 | 数值 | 参数类别 | 数值 |
|---|---|---|---|
| 仿真起始时间 | 2010.06.21，00:00:00 | 仿真时长/天 | 60 |
| 环中心初始位置/km | (50，0，0) | 环中心初始速度(m/s) | (0，0，0) |
| 环的初始角速度(rad/s) | (0，0，0) | 环本体相对地固系 3 – 2 – 1 初始欧拉角/rad | (0，0，0) |
| 控制质量块质量/kg | $5\times10^8$ | 重力场模型阶数 | 0 |
| 太阳光压、三体引力 | 不考虑 | | |

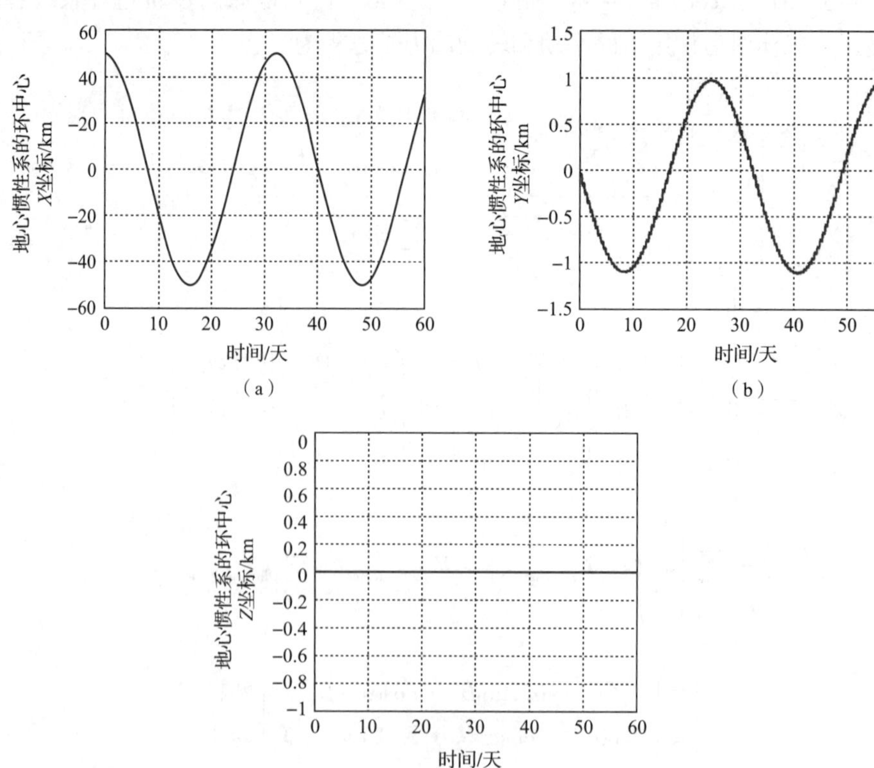


图 7 – 5 – 15　地球同步轨道环质心运动轨迹

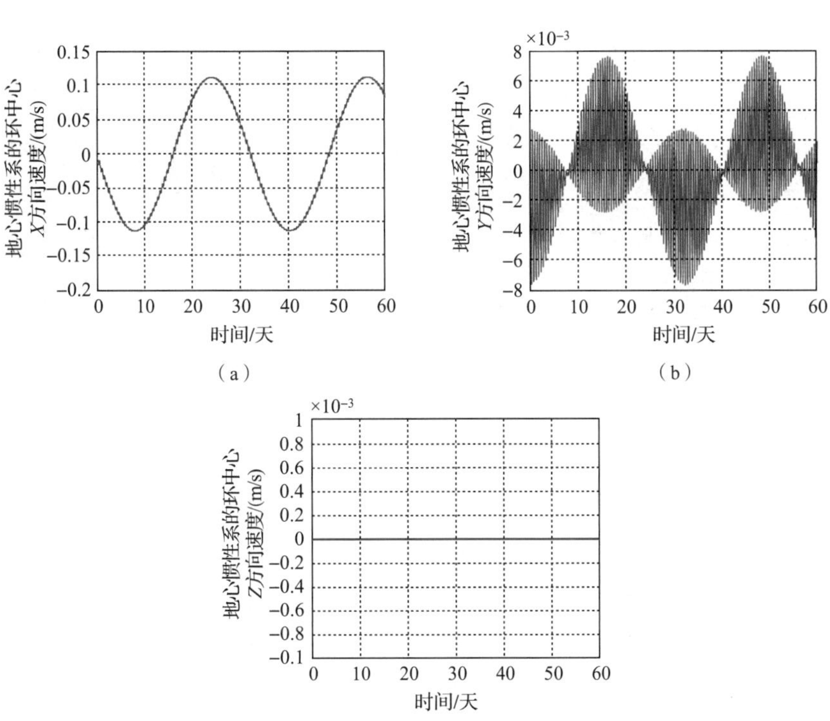


图 7-5-16　地球同步轨道环质心运动速度

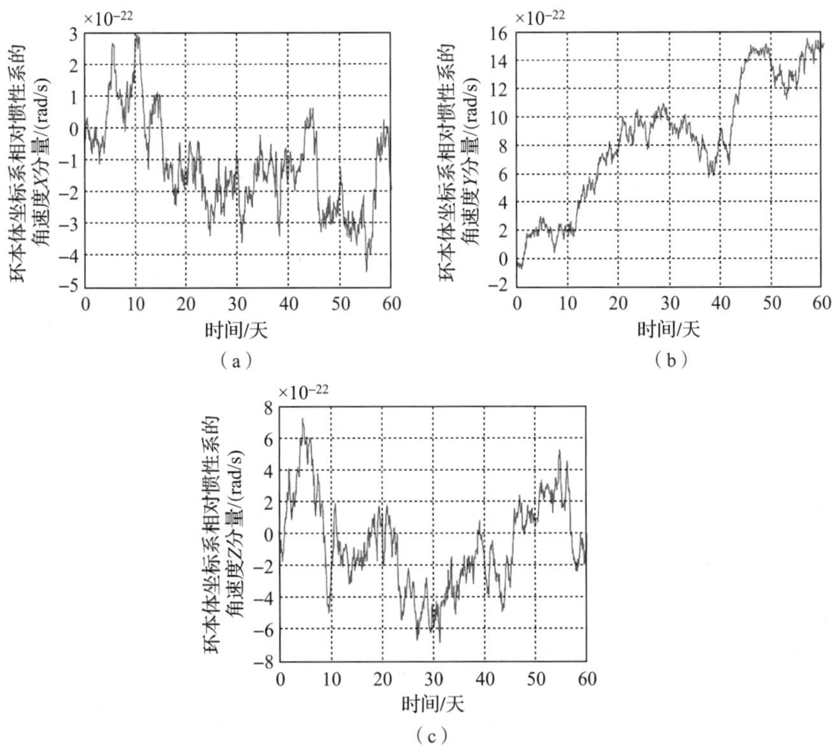


图 7-5-17　地球同步轨道环角速度变化

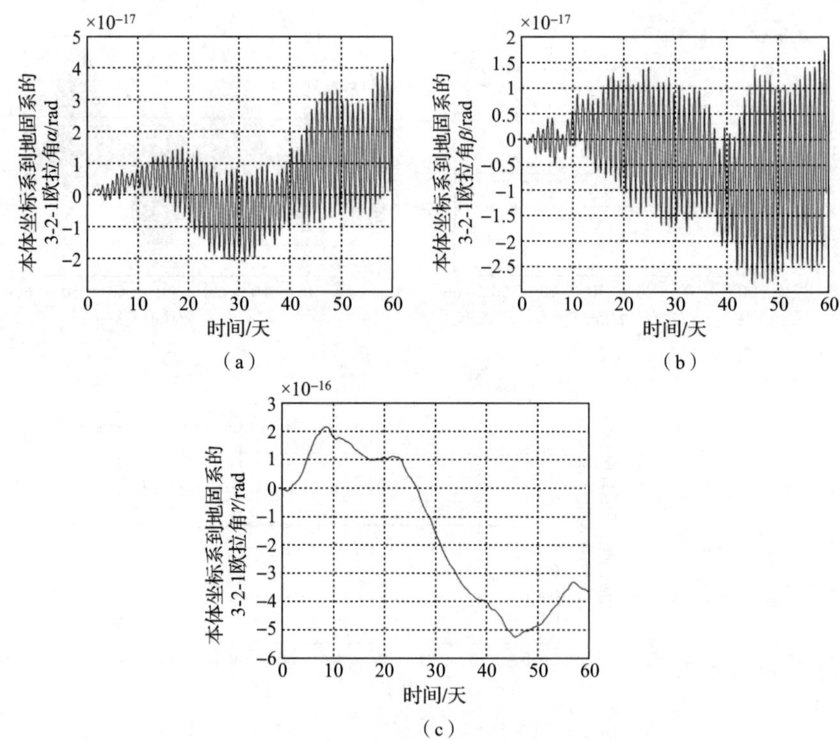


图7-5-18 地球同步轨道环姿态角变化

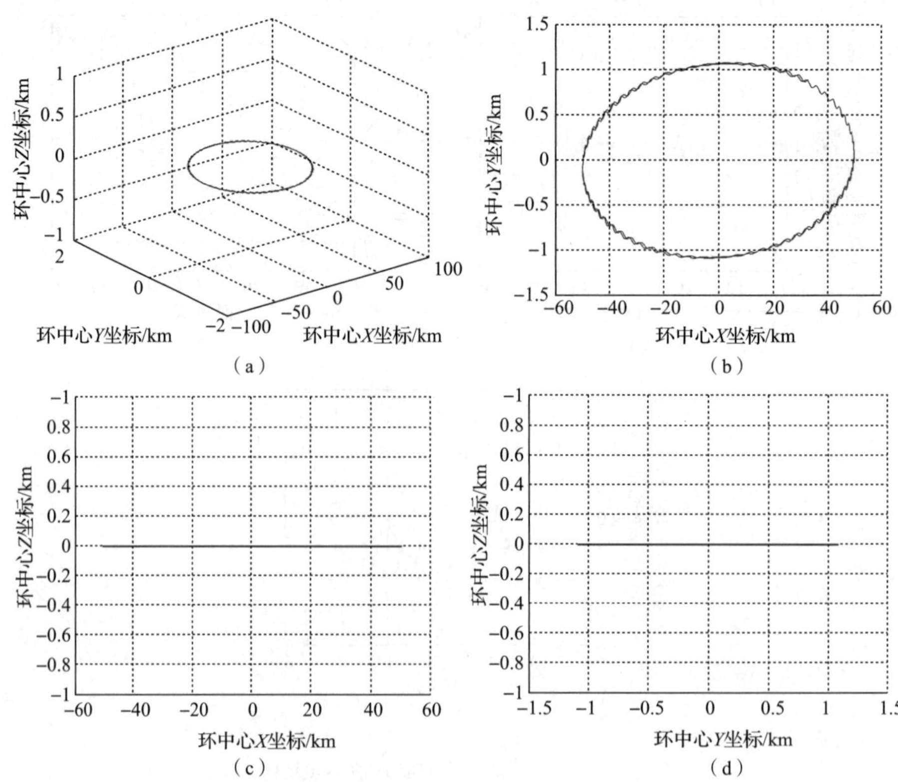


图7-5-19 地球同步轨道环质心运动范围

### 4. 地球同步轨道环系统发展的若干问题

地球同步轨道环是一个庞大的复杂巨系统，单个环周长为 $2.649\times10^5$km，三个正交环长度共 $7.948\times10^5$km，按照 1000kg/m 质量估算，整个轨道环系统质量约为 $8\times10^8$t，相当于 190 万个国际空间站的质量(国际空间站质量约为 420t)。轨道环系统组成极其复杂，包括能源生产、物资加工、组装制造、人类生存、载荷系统、环控生保、空间机器人、空间运输、太阳帆等，涉及大量的理论与工程问题。基于复杂开放巨系统理论开展地球同步轨道环设计，综合考虑空间环境、系统任务、未来人类航天工程能力等约束条件，确定合理的轨道环系统方案，满足长期在轨工作要求。

前面开展了地球同步轨道环动力学建模与分析，仿真算例表明所提出的正交同步轨道环系统在地球中心引力作用下可以稳定运行。实际上，轨道环系统设计还需要考虑太阳光压、日月三体引力、地球非球形引力摄动等因素的影响。对于同步轨道上的单个卫星而言，地球中心引力是最主要的，其量级远大于光压、三体引力、非球形摄动力等。但是，对于同步轨道环则不同，它是一个物理上连续的结构，其上各部分受到的中心引力虽然量级较大，但是由于结构对称性其合力很小。估算可知，轨道环中心在地心附近运动时受到的中心引力加速度量级为$10^{-7}$m/s$^2$，非球形引力加速度量级为$10^{-6}$m/s$^2$，太阳引力加速度量级为$10^{-3}$m/s$^2$，月球引力加速度量级为$10^{-5}$m/s$^2$，太阳光压加速度与环的面质比有关，可以在$10^{-5}$～$10^{-3}$m/s$^2$ 之间变化。可见，地球同步轨道环的稳定运行需要克服太阳光压、日月引力的影响。可以采用同步轨道环柔性连接的设计方案，即环上各个模块之间柔性连接，降低模块与模块之间的力传递，使得地球中心引力对每个模块的作用起主导效应，模块运动表现为轨道运动。也可以使同步轨道环表面积及表面方向智能变化，使太阳光压和太阳引力恰好抵消，降低对同步轨道环的扰动影响。

地球同步轨道环体系极其庞大，需要根据任务功能进行模块化设计，模块与模块之间采用统一的标准化接口，以便分批发射、在轨组装。模块化设计的优势还在于可以方便地分散和集结，模块从同步轨道环上分散后可以形成航天器编队，开展深空任务或近地活动。

为节省地球同步轨道环建造成本，需要开展在轨制造与组装，尽可能地利用月球物质或捕获小行星，将轨道环的建造和组装过程限制在地球引力阱口之外，避免从地球引力阱底部运输物资带来的高成本问题。

地球同步轨道环系统会在地面产生影子，并且由于黄赤夹角的存在这些影子在地面会振荡变化，影响地球上的降雨、森林、沙漠、冰川等地理分布和气候变化，地球同步轨道环系统建设需要综合评估对地球环境的影响。同时，分析论证地球同步轨道环上大型太阳帆、反射镜等对地球光照的主动控制效应，使地球气候按照人类生存需求而变化。地球同步轨道环反射到地面的阳光可以延长白昼时间，减少城市照明，但是可能会影响动植物的活动。

地球同步轨道环系统是全人类的共同资源，需要世界各国开展广泛的合作，参与系统建设、发展、使用与维护，并需要相应的空间法律法规进行约束。

## 5. 小结

这里提出了一种地球同步轨道环系统，它由一个静止轨道环和两个极同步轨道环两两正交构成，在环与环交点处设有太空电梯控制的升降质量块，用于稳定轨道环系统。分析论证了地球同步轨道环系统组成与功能，具体包括：①能源生产区，有效利用太阳能资源，年发电量可达到当前地球年总发电量的231倍；②物资生产与人类居住区，容纳人数是当前世界总人口的164倍，可成为未来人类重要的生存空间；③在轨组装与制造区，实现空间物资生产；④有效载荷区，作为通信、导航、气象、预警等卫星载荷的公共平台，静止轨道空间利用率比当前提高约1500倍；⑤大型太阳帆分布区，主动控制地球气候变化；⑥环间高速交通系统，实现环内快速互联互通；⑦环上机器人系统，开展服务任务；⑧空间运输系统，实现轨道环、地面、月球、深空等不同空间的运输。然后，建立了地球同步轨道环系统的平动与转动动力学模型，仿真验证了在地球中心引力作用下的系统稳定性，并进一步探讨了地球同步轨道环系统发展面临的若干问题，如摄动力抑制、模块化设计、在轨组装、月球与小行星资源利用、对地球气候影响、空间法律等。地球同步轨道环是一个复杂的巨系统，对人类文明向地月空间乃至深空拓展具有重要意义，但是存在体系性的理论与工程问题需要研究，其在轨应用有待于人类科技的进步以及航天能力的飞跃。

---

[1] Aravind. P. K. The physics of the space elevator [J]. American Journal of Physics, 2007, 75 (2): 125 - 130.

[2] D. Srivastava, C. Wei, and K. Cho. Nanomechanics of carbon nanotubes and composites [J]. Appl. Mech. Rev. 2003, 56: 215 - 230.

[3] B. C. Edwards. The space elevator: NIAC phase I report [EB/OL]. (2008 - 05 - 12) [2020 - 05 - 28]. http://www. niac. usra. edu/studies/472Edwards. html.

[4] B. C. Edwards. The space elevator: NIAC phase II fifinal report [EB/OL]. (2008 - 05 - 12) [2020 - 05 - 28]. http://www. niac. usra. edu/studies/521Edwards. html.

[5] B. C. Edwards. June 2001 Annual Meeting [EB/OL]. (2008 - 05 - 12) [2020 - 05 - 28]. http://www. niac. usra. edu/studies/521Edwards. html.

[6] B. C. Edwards. Jun2 2002 Annual Meeting [EB/OL]. (2008 - 05 - 12) [2020 - 05 - 28]. http://www. niac. usra. edu/studies/521Edwards. html.

[7] Obayashi Corporation, "The Space Elevator Construction Concept [EB/OL]. (2018 - 09 - 27) [2020 - 05 - 28]. https://www. obayashi. co. jp/en/news/detail/the_ space_ elevator_ construction_ concept. html.

[8] Jerome Pearson, Eugene Levin, John Oldson and Harry Wykes. LUNAR SPACE ELEVATORS FOR CISLUNAR SPACE DEVELOPMENT [C]// International Conference, Moon Base: A Challenge for Humanity, May 26 - 27, 2005, SC, USA: 1 - 13.

[9] Pearson Jerome. Anchored Lunar Satellites for Cislunar Transportation and Communication [J]. Journal of the Astronautical Sciences, 1979, XXVII(1): 39 - 62.

[10] Forward, R. and Hoyt, R. Failsafe Multiline Hoytether Lifetimes [C]// 31st AIAA/SAE/ASME/ASEE Joint Propulsion Conference, July 1995, San Diego, CA: AIAA-1995 - 2890.

[11] Landis, G. , and Cafarelli, C. The Tsiolkovski Tower Reexamined [J]. J. British Interplanetary Society, 1999, 52: 175 – 180.

[12] Taylor, L. , and Meek, T. Microwave Processing of Lunar Soil [C]// Proceedings of the International Lunar Conference 2003/ILEWG5, American Astronautical Society, November 16 – 22, 2003, Hawaii Island, USA: 109 – 123.

[13] Hans Moravec. A Non-Synchronous Orbital Skyhook [J]. Journal of the Astronautical Sciences, 1977, 25 (4): 307 – 322.

[14] Forward, R. L. Tether Transport from LEO to the Lunar Surface [C]// 27th Joint Propulsion Conference, June 24 – 26, 1991, CA, USA: AIAA-91 – 2322CP: 1 – 5.

[15] Hoyt, R. P. , Forward, R. L. Tether System for Exchanging Payloads Between Low Earth Orbit and the Lunar Surface [C]. 33rd Joint Propulsion Conference and Exhibit, July 6 – 9, 1997, WA USA: AIAA 97 – 2794: 1 – 11.

[16] Hoyt, R. P. CISLUNAR TETHER TRANSPORT SYSTEM [C]// 35th Joint Propulsion Conference and Exhibit, June 20 – 24, 1999, CA USA: AIAA-99 – 2690: 1 – 15.

[17] Information and analysis center for positioning, navigation and timing [EB/OL]. (2015 – 09 – 25) [2020 – 05 – 28]. https: //www. glonass-iac. ru/en/GPS/index. php.

[18] ChristopherJ Hegarty. GPS 原理与应用[M]. 寇艳红, 译. 北京: 电子工业出版社, 2007.

[19] Elliott D. Kaplan, Christopher J. Hegarty. Understanding GPS: Principles and Applications [M]. London: Artech House Publishers, 2005.

[20] ARINC Engineering Services. Navstar GPS Space Segment/Navigation User Interfaces [R]. IS-GPS-200D, ARINC Research Corporation, December 7, 2004, Fountain Valley, CA.

[21] Michael J. Dunn, DISL, DAF. Global positioning systems directorate systems engineering and integration [R]. National Coordination Office for Space-Based Positioning Navigation and Timing, Interface specification, IS-GPS-800, Navstar GPS space segment/User segment L1C interface (24 – sep-2013), 2013.

[22] 杨照德. 开发太空——21 世纪的航天技术[M]. 北京: 科学技术文献出版社, 1995.

[23] 王立, 侯欣宾. 空间太阳能电站的关键技术及发展建议[J]. 航天器环境工程, 2014, 31(4): 343 – 350.

[24] National Research Council. Committee for the Assessment of NASA's Space Solar Power Investment Strategy. Laying the Foundation for Space Solar Power-An Assessment of NASA's Space Solar Power Investment Strategy [R]. Washington, DC: The National Academy Press, 2001.

[25] 侯欣宾, 王立, 朱耀平, 董娜. 国际空间太阳能电站发展现状[J]. 太阳能学报, 2009, 30(10): 1443 – 1448.

[26] Jerome Pearson, John Oldson, Eugene Levin. Earth rings for planetary environment control [J]. Acta Astronautica, 2006, 58: 44 – 57.

[27] B. Govindasamy, K. Caldeira. Geoengineering Earth's radiation balance to mitigate $CO_2$ – induced climate change, Geophysical Research Letters [J]. GEOPHYSICAL RESEARCH LETTERS, 2000, 27(14): 2141 – 2144.

[28] J. A. Burns, Planetary rings [M]// J. K. Beatty, B. O'Leary, A. Chaikin, The New Solar System. Cambridge: Sky Publishing Corporation, 1981: 129 – 142.

[29] Pasquale M Sforza. 有人航天器设计原理: 2016 [M]. 张育林, 王兆魁, 译. 北京: 科学出版社, 2019.

[30] T. S. Kelso. SATCAT Boxscore. [EB/OL]. (2020 – 05 – 27) [2020 – 05 – 28]. http: //celestrak. com/satcat/boxscore. php.

[31] Paul Birch. Orbital Ring Systems and Jacob's Ladders-I [J]. Journal of the British Interplanetary Society, 1982, 35: 475 - 497.

[32] Paul Birch. Orbital Ring Systems and Jacob's Ladders-II [J]. Journal of the British Interplanetary Society, 1983, 36: 115 - 128.

[33] Paul Birch. Orbital Ring Systems and Jacob's Ladders-III [J]. Journal of the British Interplanetary Society, 1983, 36: 231 - 238.

[34] Projects to Employ Resources of the Moon and Asteroids Near Earth in the Near Term [EB/OL]. (2012 - 04 - 26) [2020 - 05 - 28]. https://www.permanent.com/space-transportation-earth-moon.html.

[35] Bradley C. Edwards. Design and Deployment of a Space Elevator[J]. Acta Astronautica, 2000, 47(10): 735 - 744.

[36] 李恒年. 地球静止卫星轨道与共位控制技术[M]. 北京: 国防工业出版社, 2010.

[37] Jerome Pearson, John Oldson, Eugene Levin. Earth rings for planetary environment control [J]. Acta Astronautica, 2006, 58: 44 - 57.

# 第 8 章 月球资源

随着人类文明的发展，太阳系的无限资源必将被纳入地球的经济圈。月球是地球的近邻，也是人类利用地外资源的合理的起点。经过半个多世纪的无人和有人探测，人类通过大量的遥感和原位体验，已经大大增加了对月球的认识。月球确实拥有大量具有潜在经济利益的资源，月球资源的利用首先有利于促进人类在月球的探测和经济活动，然后将不断增强地月空间的未来工业能力，并逐渐助力和引导太空经济的发展。随着地月空间基础设施，特别是运输体系的发展与完善，月球资源的商业开发最终将对地球经济乃至全球环境做出贡献。然而，人类对月球资源的当前知识仍然具有很大的局限性，对月球资源的认识还主要是基于遥感获得的月球表面性质和特征，以及月球采样返回样品的成分分析，这些都还不足以确定月球上是否存在具有经济意义上的矿产资源。因此，既要着眼于月球资源在地月空间发展中的巨大潜力，也要立足于人类目前对于月球资源的有限知识的基础，积极推动月球的有人和无人探索，不断深化对月球的科学认识，不断探索月球资源的探测和利用。

## 8.1 月球表岩屑的潜在资源

### 8.1.1 月球表面的特征与性质

月球表面的特征可主要划分为月海和高地。从月球的图像观察，浅色的区域就是古老的月球高地，深色的区域就是月海[1]。月海通常为圆形，填充在大型的撞击盆地中，而且主要位于月球的正面，如图 8-1-1 所示。对于月球表面材料的成分与组成，现在已经有了很好的认识，如图 8-1-2 和图 8-1-3 所示。

月球高地被认为是月球原始月壳的代表，主要由钙长石($CaAl_2Si_2O_8$)岩石构成。钙长石是斜长石矿物的一种，月球斜长石总是富含 Ca，可以近似认为月球高地的主要矿物成分是钙长石，其中含 Fe 和 Mg 的矿物(主要是辉石和橄榄石)通常仅占体积的百分之几。因此，月球高地富含 Ca、Al、Si 和 O，而 Mg 和 Fe 相对贫乏，如图 8-1-3 所示。

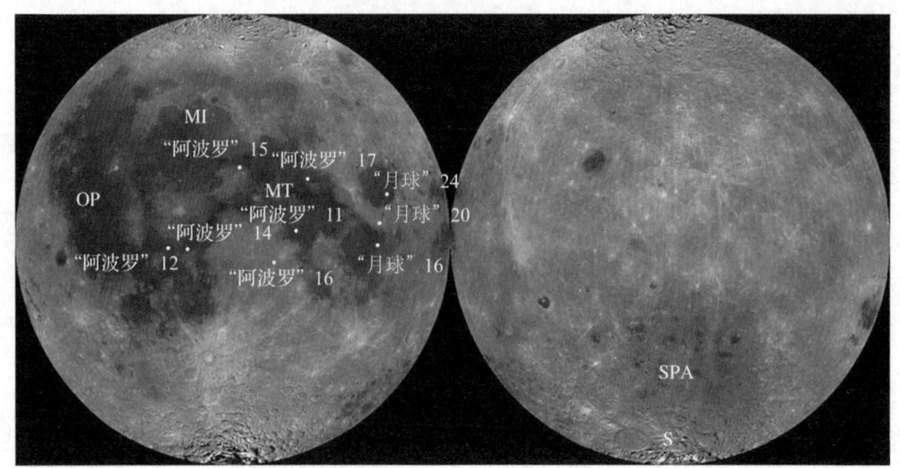


(a)月球正面　　(b)月球背面

注：图中显示了6个“阿波罗”号和3个“月球”号样本返回任务的着陆点。

注：OP为风暴洋(Oceanus Procellarum)、MI为雨海(Mare Imbrium)、MT为宁静海(Mare Tranquillitatis)、SPA为南极艾特肯盆地(South Pole-Aitken Basin)、S为薛定谔盆地(Schrödinger Basin)。

图8-1-1　月球的正面和背面

(a)月球正面　　(b)月球背面

注：蓝色为钙长石高地，黄色为低钛玄武岩，红色为高钛玄武岩。月球背面南半球较大的黄色/绿色区域是南极艾特肯盆地，其颜色主要反映出该盆地暴露出的下月壳富含铁而不是玄武岩物质的特性。

图8-1-2　基于“克莱门汀”号月球探测器多光谱成像数据的月球正面和背面表岩屑成分分布

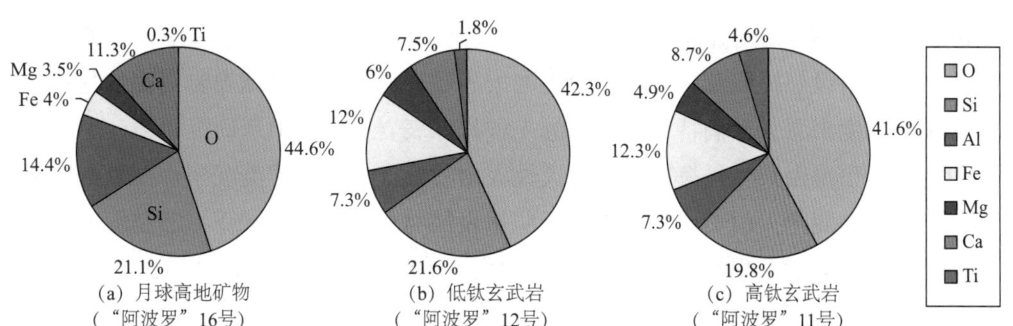


图8-1-3 月球表岩屑化学成分的示例

月球月海由玄武岩熔岩流组成，其矿物学成分主要有斜长石（主要是钙长石 $CaAl_2Si_2O_8$）、斜方辉石（Mg，Fe）$SiO_3$、斜辉石 Ca（Fe，Mg）$Si_2O_6$、橄榄石（Mg，Fe）$_2SiO_4$和钛铁矿 $FeTiO_3$五种，尽管这些矿物的比例在不同的熔岩流中有所不同。由此可见，月海玄武岩相对富含 Mg、Fe 和 Ti，而 Ca 和 Al 相对较贫。但由于斜长石在月海玄武岩中普遍存在，所以 Ca 和 Al 元素在其中也远未达到缺少程度，如图 8-1-3 所示。月球玄武岩主要基于 Ti 元素含量进行分类，如果其 $TiO_2$ 含量（质量分数）在 1% ~6% 的范围内，则被分类为“低 Ti”，而“高 Ti”是指其 $TiO_2$ 含量（质量分数）大于 6%。月球岩石中主要的含钛相是钛铁矿，其对保留某些太阳风注入的挥发物和某些原位资源利用（ISRU）氧气提取工艺特别重要。需要特别指出的是，含钛铁矿的高 Ti 玄武岩并不是全月球分布的资源，其主要蕴藏于月球正面两个特定的月海区域，即西部的风暴洋和东部的宁静海，如图 8-1-2 所示。

整个月球表面覆盖着未固结的表岩屑（俗称“月壤”），这是由数十亿年的陨石和微陨石撞击产生的。在月海区域，表岩屑厚达数米，在古老的高地区域厚达 10m 甚至更多。尽管表岩屑的最上面的几厘米具有粉末状稠性（图 8-1-4），但其在深度 30cm 以下就变得非常紧实（相对密度约为 90%）。表岩屑的平均粒径约为 60μm，但也包含更大的岩石碎块。在任何给定位置，表岩屑的矿物学和地质化学组成在很大程度上反映了其下伏岩石的组成，并带有少量

注：图中以“阿波罗”11 号航天员 Edwin Aldrin 的靴子作为比例尺。

图8-1-4 月球表岩屑的近视图（显示了最上面表层的黏稠性）

(通常小于或等于2%)的附加陨石成分。对任何月球资源的研究和开发来说，了解表岩屑都是重要的，因为对设想提取和精炼月球原料的大多数过程而言，月球表岩屑都是基本原料。

从资源的角度来看，人们特别感兴趣的一种月球表岩屑是火山灰的沉积物，也称为火山碎屑沉积物，似乎是由某些月海地区的喷火性火山喷发产生的。此类沉积物在轨道遥感观测中表现为已知或推测的火山喷口周围的低反照率表层物质(图8-1-5)。已经确定了100多处可能的月球火山碎屑沉积物，其中20处面积大于1000km$^2$。在“阿波罗”15号和“阿波罗”17号着陆点收集了被认为是这些材料代表的样品，发现它们是直径数十微米的玻璃或部分结晶的、具有玄武岩基本成分的小珠子组成。这些沉积物可能具有重要的资源意义，原因有三个：一是与大多数月球表岩屑相比，它们包含的挥发性物质相对增强；二是在用于提取氧气时，玻璃成分比结晶硅酸盐更容易破碎；三是它们的大小和组成可能比一般的表岩屑更均匀，并且压实程度更小，这将使其更容易直接用作原料。

(a) 在“阿波罗”17号登陆点露出月面的高Ti橙色玻璃，作为参照尺度，日晷的支脚大约相距50cm（NASA图像AS17-137-20990）

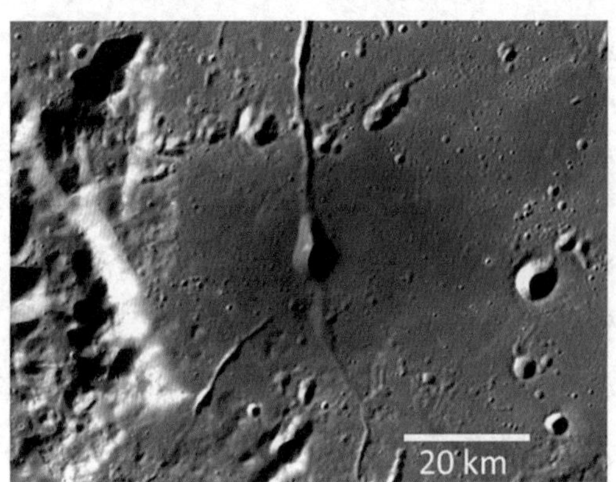


(b) 月球远端薛定谔盆地中一个推测的火山喷口周围的深色火山碎屑物质（位置见图8-1-1；图像由NASA的“月球侦察轨道飞行器”相机提供，来源于NASA/ASU（亚利桑那州立大学））

图8-1-5 月球上的火山碎屑沉积物

除了极少数例外，月壳可以在何种程度上包含局部聚集的具有可利用经济价值的“矿”床在很大程度上仍然未知。鉴于月球缺乏大气层，并且通常具有无水性质，似乎可以肯定，地球上大量矿石形成所需的流体热力和生物过程不可能在月球上进行。另外，在月球历史中确实存在着大量的硅酸盐熔体，可以通过分步结晶和重力沉降从中浓缩具有经济价值的材料。月球历史中的矿物形成过程：①早期的“岩浆海洋”阶段，当时大部分或全部月球似乎都已熔化；②产生富含镁的岩浆并侵入月壳；③形成盆地的撞击所导致的后续撞击熔体的厚层沉积；④各种成分的月海玄武岩大规模喷发；⑤局部火山活动表现出更广泛的岩浆成分(包括一些高度演化的富含二氧化硅的岩浆，这些岩浆在月球的其他区域是罕见的)。出于这些考虑，也有观点认为月球上可能会出现类似于或更大于地球规模的分层矿床。

此外，尽管在月球表面不大可能发生真正的流体热力过程，但最近的证据表明，月球地幔以及由此产生的部分熔体可能并不是以前想象的那样处于无水状态，这意味着还不能完全确定经济有用材料的流体热力浓缩化没有发生在局部的尚未发现的熔岩凝固中。确实，有证据表明，易挥发、易流动性元素（如F、S、Cl、Zn、Cd、Ag、Au、Pb）已经在形成月球火山碎屑沉积物的过程中被火山脱气作用浓缩。最后需要意识到，独特的月球环境可能会通过完全不同于地球上运行过程来浓缩具有经济价值的物质。在月球极区尤其如此，水和其他挥发物可能会被困在永久阴影的陨石坑中，更具推测性的看法是，与金属粉尘颗粒的静电充电、迁移和捕获有关的过程也会发生。

## 8.1.2 太阳风注入的挥发物

由于月球没有大气层或磁场，因此太阳风可以直接撞击其表面，从而将太阳风粒子直接植入月球表岩屑。太阳风主要由氢和氦原子核组成（He与H数目比约为0.04），而较重的元素占比不到0.1%。对"阿波罗"任务运回样本的分析表明，月球表岩屑有效地保留了这些太阳风注入的离子，因此，根据表面的年龄，这些离子已经积累了数亿至数十亿年。对"阿波罗"样本的研究表明，通过将表岩屑加热到300～900℃，可以将太阳风注入的大部分挥发物从其中脱气。所需温度的高低取决于要脱气的具体元素，如温度700℃就足以释放其中的大部分H和He。在"阿波罗"和"月神"不同的采样位置之间，挥发物的浓度有所不同，部分原因是表岩屑的晶粒尺寸和矿物学成分（He尤其敏感）不同。考虑到这种变化，表8-1-1中给出的是平均浓度。基于对轨道中子光谱学的解释，有一些证据表明，某些高地区域的H浓度可能超过100μg/g，这并不包括在现有的样本集合之中。这一浓度是表8-1-1中所列平均值的2倍以上，如果要将太阳风注入的挥发物作为资源，则可能需要对此类区域做进一步探索。

重要的是要认识到，由于陨石的撞击使表岩屑不断翻倒，预计太阳风注入的挥发物会存在于整个表岩屑层中，对"阿波罗"钻探岩芯的研究表明，它们的浓度在最上面2～3m范围内大致恒定。考虑到这一点，表8-1-1还给出了在体积$1m^3$的表岩屑中太阳风注入的挥发物质量。

**表8-1-1 太阳风注入的挥发物在月球表岩屑中的平均浓度和表岩屑的平均质量**

| 挥发物 | 平均浓度/(μg/g) | 平均质量/($g/m^3$) |
|---|---|---|
| H | 46±16 | 76 |
| $^3He$ | 0.0042±0.0034 | 0.007 |
| $^4He$ | 14.0±11.3 | 23 |
| C | 124±45 | 206 |
| N | 81±37 | 135 |
| F | 70±47 | 116 |
| Cl | 30±20 | 50 |

注：引用的误差反映了在不同采样位置发现的物质平均浓度值的范围（±σ（标准偏差））。同时还给出了在$1m^3$的表岩屑中所假定的相应平均质量（假设堆密度为1660kg/$m^3$）。

除表 8－1－1 中列出的挥发物，月球表岩屑中还包含少量(通常小于或等于 1μg/g)由太阳风衍生的稀有气体 Ne 和 Ar，以及更加稀少的 Kr 和 Xe。从资源的角度看，月球表岩屑中硫的含量为(715 ± 216)μg/g，这一含量并非微不足道，而是具有相当的工业应用价值。这极有可能由陨硫铁矿物(FeS)的分解而产生，也有可能在任何提取其他挥发性元素的过程中释放出来。需要注意的是，太阳风注入挥发物的全球分布在高纬度区域的浓度未知。表 8－1－1中给出的所有数据均基于在月球正面低纬度区域采集的样本，如图 8－1－1 所示。尽管月球高纬度区域暴露于较低的太阳风通量下，但由于较低的表面温度，挥发物可能更容易保留(有遥感证据可以证明这种情况)。

应当指出的是，提取这些由太阳风植入的物质将非常耗能。最上层几厘米之下的表岩屑的环境温度约为 －20℃，提取大量的植入挥发物，就需要将其温度升高约 720℃。月球表岩屑的比热容是温度的函数，平均值约为 900J/(kg · K)。表岩屑的堆积密度约为 $1660kg/m^3$，因此将 $1m^3$ 表岩屑的温度升高 720℃所需的能量约为 $10^9J$，这大约是 9 天内太阳光照在月球赤道表面(垂直于太阳光线的表面)$1m^2$ 面积上的能量。通过直接聚集阳光或通过微波加热表岩屑，可以将所需的能量施加其上。在任何情况下要产生足够利用的太阳风注入的挥发物，都需要处理大量的表岩屑，因此需要大量资源处理的基础设施。

这些挥发性元素一旦被提取，就具有潜在的用途，例如：太阳风注入的 H 可用作火箭燃料，或者某些从金属氧化物中提取氧气和金属过程中的还原剂；月球的$^4$He 可以想象作为地球氦储量的有用补充；当人类长期在月球操作的情况下，可能需要 N 作为呼吸空气的缓冲气体，并且有可能需要月球来源的 C、N 和 S 来支持月球农业。

在这里需要特别关注月球$^3$He 的问题。原则上，在有适当设计反应堆的情况下，$^3$He 可以与氘(D)发生聚变以通过核反应产生能量：

$$D + {}^3He \rightarrow {}^4He + p + 18.4MeV \tag{8-1-1}$$

式中：p 为质子，18.4MeV 为每个反应所释放的能量($1\ MeV = 1.602 \times 10^{-13}J$)。

$^3$He 在地球上非常稀少，而 D 在海水中相对丰富($(D)_\omega/(H)_\omega = 1.6 \times 10^{-4}$)，因此有人便提出了在月球上开采$^3$He 并运输到地球上，以便在未来的核聚变反应堆中，利用上述核反应产生电能供人类在地球上使用的建议。可以想象，这可能对于太空中的核聚变发电也是有用的。

然而，关于利用月球$^3$He 在地球上发电所能带来的各种好处有可能被有意或者无意地过分夸大了。要注意：一是尽管有人声称$^3$He 在月球上“很丰富”，实际上可能并非如此。如表 8－1－1 所列，其在表岩屑中的平均丰度按质量计算约为 μg/kg 量级，在月球表岩屑样品中测得的最高浓度约为 10μg/kg。也有人认为，在进行测量之前，最初在月球样品中植入的$^3$He 可能由于收集、运输到地球以及在存储和处理过程中的搅动而丢失，因此，这些测量可能会低估实际浓度(可能低估 40%)。这个建议看似合理，证明这一点就需要在月球表面上进行重新采样或者在月球表面进行原位测量。无论如何，这也不会改变一个基本事实，即从任何客观标准来看，$^3$He 同位素实际上在月球表岩屑中都极为稀少，仅仅只有 μg/kg 量级的浓度。

二是月球$^3He$的空间分布不均匀。对“阿波罗”样品的研究表明，太阳风注入的两种同位素氦均优先保留在钛铁矿矿物中，由此可知，在高钛月海玄武岩上发育的碎屑岩中$^3He$含量最高。另外可以预料的是，发现氦的丰度与月球表岩屑的“成熟度”量度有关（本质上这是对它们暴露于太阳风中时间长短的量度）。由于月球遥感测量可以估算月球表岩屑的 Ti 浓度和成熟度，因此有可能绘制出尚未采样区域中估计的$^3He$浓度。

图 8-1-6 显示了一项这样的实际评估结果，清楚地表明了月球$^3He$预期的非均匀分布，其中以风暴洋和静海区域的高钛月海玄武岩为主。在这两个面积总计约 $2\times10^6/km^2$ 的区域中，$^3He$的浓度可能超过 20μg/kg。这大约是已经发现的全球平均水平 4.2μg/kg 的 5 倍，大约是迄今为止在表岩屑样品中实际测量的最高浓度的 2 倍。按照有人估算的在风暴洋和静海区域的 20μg/kg 浓度，这显然是最为经济可利用的沉积数量，并假设表岩屑的厚度为 3m，那么这两个地区的$^3He$总质量约为 $2\times10^8$kg。

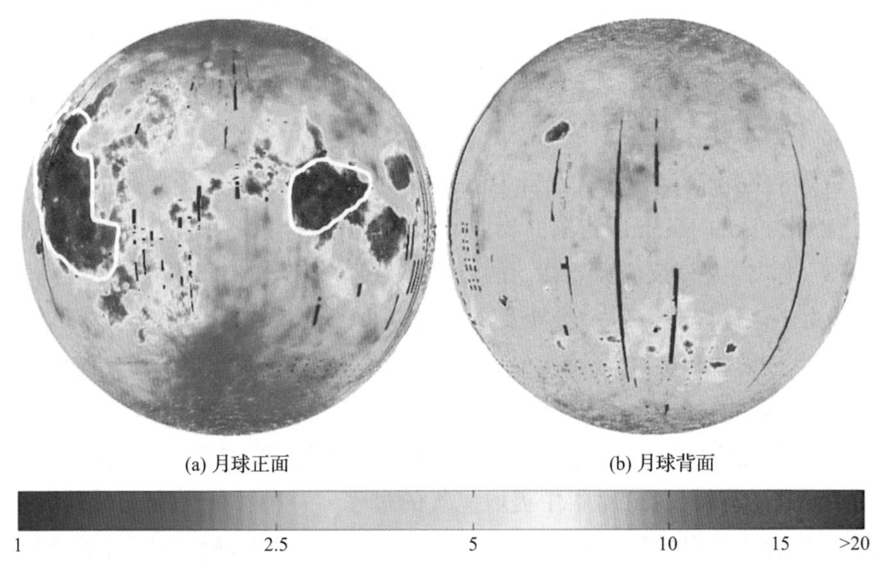


注：图(a)中的白色轮廓突出了风暴洋(左)和静海(右)中$^3He$浓度升高的区域。

图 8-1-6　月球表岩屑中$^3He$的估计浓度(μg/kg)

最后，重要的是重申以上关于$^3He$在月球高纬度区域的分布可能依然未知的观点。尽管充分记录的$^3He$浓度与钛铁矿丰度的对应关系，将使人们预期到在月球极区的$^3He$浓度较低（图 8-1-6），但目前尚不知道较低温度的极区表岩屑可否增强$^3He$的保留程度。

## 8.1.3　月球表岩屑中的主要元素

月球表面的表岩屑含有的主要金属与非金属元素是未来人类持续月球驻留和月球工业化最为直观的原位资源。

1. 氧

月球本土水资源，无论其以极区水冰、含有水合物的表岩屑和/或火山碎屑沉积物形式存在，是月球氧更为合适的选择。尽管如此，人们早就认识到，如果有必要，可以从月球表岩屑中的无水氧化物和硅酸盐矿物中提取氧气。的确，存在多种不同的从月球表岩屑中提取氧气的方法，有些方法已经通过实验室或者野外试验场的模拟试验，以证明其在月球环境下从月球表岩屑中提取氧气的可行性。必须指出的是，所有这些过程都是非常耗能的，有人做过估算，利用这些过程每生产 1000t 氧气将需要 2～4MW/年的能量，即$(6\sim12)\times10^{13}$ J。在一些报道的小规模实验中，实际上所要求的能量水平大约还要高 2 个数量级，尽管研究指出能量效率还可能会大大提高。无论如何，这样的功率水平将需要一个小型核反应堆或数千平方米的太阳能电池板。

从历史上看，这些过程中研究最多的工艺之一涉及钛铁矿矿物的还原，例如：

$$FeTiO_3 + 2H \rightarrow Fe + TiO_2 + H_2O \tag{8-1-2}$$

与所有提议的氧气开采方案一样，该反应需要 700～1000℃的高温，这是高能量需求的部分原因。注意，这种特定的氧气生成途径首先会产生水。因此，即使没有月球本土水的来源，只要存在氢的来源，就有在月球上生成水的可能。

钛铁矿主要存在于高钛月海玄武岩中(占体积的 25% 以上)，因此可以断定该过程将最有效地用于上面讨论的$^3$He 提取背景的相同区域(风暴洋，静海和位于其他位置的小块高钛玄武岩，图 8-1-2)。该反应需要初始的氢源作为还原剂(如上所述，氢本身可以从表岩屑中提取)，但由于该过程的最后一步涉及电解水以生产氧气和氢气，而后者可以循环使用。此过程还会产生金属铁和金红石($TiO_2$)，可以对金红石进一步处理以生产 Ti 和更多的氧气，这些也可能具有额外的经济价值。

鉴于钛铁矿的还原仅可能在高钛月海区域可行，因此需要识别出可以从聚集于月球高地的更普遍的钙长石(富斜长石)材料中提取氧气的过程。一种可能是有人最近提出的熔融盐电化学过程。尽管该过程最初是考虑钛铁矿的还原，但其对于钙长石原料也能很好地工作，只是此时所产生的副产物是铝-硅合金而不是钛。这一过程所需的温度约为 900℃，与基于硅酸盐熔化电解的工艺所需的 1700～13000℃相比，具有在相对较低的温度下操作的优点。另一种可能是气相还原，在此过程中，将阳光集中在太阳能炉中即可达到所需的高温(>2000℃)，从而避免了与电能转换和电解相关的问题，并且已经在此类系统上进行了一些概念性的开发工作。

即使证实了极地水冰沉积物的存在，在月球未来经济发展的背景下，能够从月球表岩屑材料中提取氧气的过程仍然很重要。一方面，在温度可能低于 40K 的永久阴影区陨坑中提取和处理水冰的困难可能会抵消冰作为原料的明显优势。另一方面，月球上还有许多在科学和经济上都令人感兴趣的区域，它们都远离两极，因此，即使是能源消耗更大，也可能会希望使用原位的氧气源来支持这些区域的行动。而且，从金属氧化物中提取氧气还能产生可能有用的金属，使用水作为原料则不能。

## 2. 铁和亲铁元素

在所有的月海玄武岩中，铁(Fe)含量丰富，占月海玄武岩质量的14%~17%。但大部分Fe被锁定在硅酸盐矿物辉石和橄榄石以及氧化物矿物钛铁矿中。从这些矿物中提取铁将耗费大量能源，尽管如上文所述，这将是通过钛铁矿还原产生氧气的天然副产品。

一个更容易获得的来源可能是表岩屑中的天然铁，尽管其浓度很低，只有大约0.5%。表岩屑中的天然铁至少有陨铁、从基岩中分解释放的铁以及通过太阳风氢还原表岩屑中的铁氧化物而产生的铁等三种来源。后一种成分是冲击玻璃颗粒中的纳米尺度的泡，通常称为"纳米相铁"，并且可能很难提取。发现其他两种组分的平均浓度占(0.34±0.11)%。至少原则上这是可提取的。也可以通过某种形式的磁筛来提取，但是鉴于单个Fe颗粒的尺寸非常小(通常小于1μm)，这种方法的实用性尚不确定。如果可以克服实际困难，则大约0.3%的天然Fe浓度不是完全可以忽略不计的量，这相当于$1m^3$表岩屑约5kg的铁。此外，陨铁将与亲铁元素相关联，其中某些元素，如镍、铂族金属(PGM)和金，由于其催化和/或电学特性而有价值。在典型的陨铁元素浓度下，$1m^3$的表岩屑可能产生300g的镍和0.5g的铂族金属。

在任何富铁陨石的附近，都可能发现非常高浓度的局部自然铁以及相关的亲铁元素，这是陨石在与月球表面碰撞之后有部分幸存了下来。实际上，近来对月球磁场异常的解释是由于幸存的富铁陨石碎片造成的。这些磁异常中最强的，位于月球背面的南极-艾特肯盆地的北缘(图8-1-7)，覆盖面积约$650000km^2$，首选的解释，它们是由初始直径约110km的分解小行星的金属核尚存的碎片引起的，可能表明存在大量近表面金属铁以及相关的镍和铂族金属。在月球其他区域的较小的、分散的磁异常(图8-1-7)可能同样表明在表面或附近存在富铁物质。只有进一步探索才能确定这种解释是否正确，以及这种陨石碎片的可利用性。

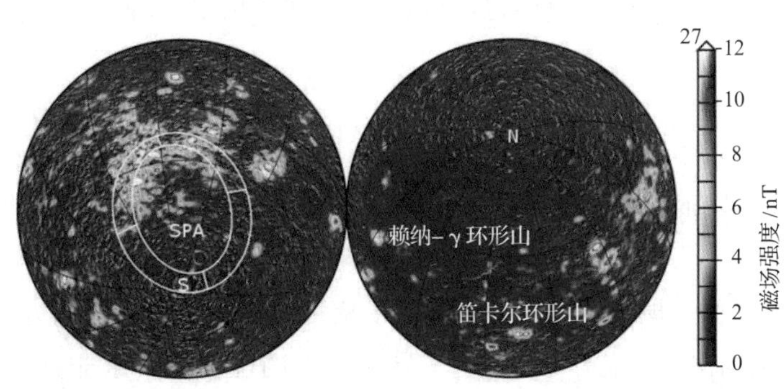


(a) 月球背面的南半球　　(b) 月球正面的北半球

注：月球的北极和南极分别标记为"N"和"S"。左侧的两个白色椭圆形表示南极-艾特肯盆地的内部盆地底部和外部结构边缘，外部椭圆的主轴为2400km。注意，沿盆地北缘发生了磁异常，而在其他地方则出现了分散的异常(赖纳-γ环形山和笛卡尔环形山是月球正面的两个突出例子)。这些可能代表铁或球粒状陨石碎片在月球表面浅层的残留。

图8-1-7　在月球背面的南半球和正面的北半球发现的月球磁异常

有一种论点认为，最容易开发的铁、镍和铂族金属的地外来源将是近地小行星而不是月球。考虑到这些天体中的某些相对容易访问，并且它们没有重力，这种推理似乎很合理。然而，在月球的未来发展中可能会开发出一种多用途基础设施来支持人类的行动，在月球表面获得“破碎的”金属小行星和/或它们熔化后重结晶的残余物，可能还是会被证明具有经济价值。

### 3. 钛

钛(Ti)是航空航天中具有潜在应用价值的金属，在月球正面的高钛月海玄武岩中具有显著的浓度(通常为5% ~8%)(图8-1-2)。据认为，钛几乎完全存在于钛铁矿($FeTiO_3$)中，可以通过电化学方法从钛铁矿中提取钛。此外，与上面讨论的Fe的情况不同，Ti是一种亲石元素，并且在金属小行星/陨石中的浓度非常低(文献中只有少数实验测量值，但是大多数铁陨石都具有“整个岩石”Ti浓度小于0.07%的特点，该数字可能反映了硅酸盐夹杂物的存在，而不是陨石金属本身的浓度)。Ti在球粒状小行星/陨石中的浓度相对较低(通常小于0.09%)。因此，在未来的太空经济发展中，月球作为钛的来源可能比小行星具有明显的优势。钛铁矿既可用于生产钛也可以产生氧气，这可能会使得Ti和$O_2$的联合生产成为月球上更具经济吸引力的未来产业之一。

### 4. 铝

铝(Al)是另一种潜在有用的金属，其在月球高地表岩屑中的含量通常为10%～18%，这比可能的小行星来源中的浓度高出1个数量级。例如，碳质和普通球粒状陨石中铝的浓度约1%，而铁陨石中铝的含量为0.01%。因此，就像Ti一样，月球可能成为地月空间中Al的首选来源。铝的提取需要分解月球高地普遍存在的$CaAl_2Si_2O_8$，但这会消耗大量能量(如通过岩浆电解或碳热还原)。作为替代，可能耗能较少的工艺包括氟化工艺，酸解表岩屑以生产纯氧化物然后还原$Al_2O_3$，或熔融盐电化学的一种变化的工艺。

### 5. 硅

硅(Si)在所有岩石中含量丰富(在月球物质中约占20%，图8-1-3)，通常人们不会考虑进入太空获取硅。然而，在未来太空工业化的背景下，对于生产用于将太阳光转化为电能的太阳能电池阵列而言，它具有巨大的潜在重要性。一些提议的应用将需要大量的Si，以至于需要基于太空的来源。拟议的提取策略类似于从月球材料中提取铝的方法(岩浆电解、碳热还原、氟化和/或熔融盐电化学)。用于半导体器件的硅纯度要求非常严格，在月球环境中达到这一要求可能会面临挑战。然而，目前正在研究通过熔融盐在地球上电解生产太阳能电池级硅的类似途径，并且提出了在月球表面生产太阳能电池的概念框架。

### 6. 稀土元素

稀土元素(REE)通常定义为15种镧系元素，在元素周期表中横跨镧至镥，再加上钪和钇，具有工业上广泛应用的重要的光学、电、磁和催化特性。自返回“阿波罗”样本以来，人们已经知道一些月球岩石中的稀土元素含量相对处于较高水平，同时由于磷(P)和钾(K)的含量相应提高，在月球地质学中将此称为富 KREEP。由于铀和钍也富集在富 KREEP 的材料中，因此可以通过能够检测这些放射性元素发射的伽马射线的仪器，在轨绘制其分布图。图 8-1-8 显示了"月球勘探者"号航天器上的伽马射线光谱仪绘制的月球表面钍的浓度图，显然，富 KREEP 的岩性主要与风暴洋和月球正面西北的雨海盆地(月球的一个区域，称为风暴洋 KREEP 地形(PKT))相关。在月球地质演化的背景下，人们认为在月幔结晶的最后阶段 KREEP 开始聚集，然后在开挖雨海盆地的碰撞中被挖掘出来。

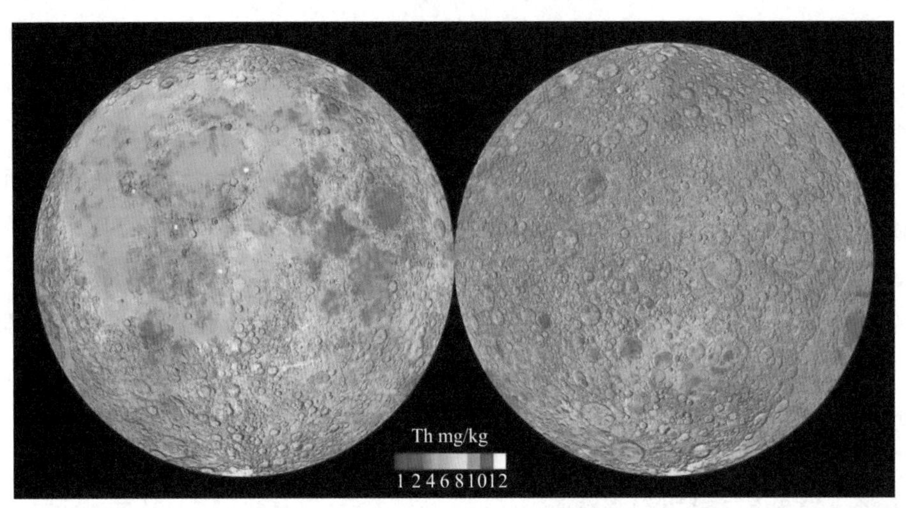


(a) 月球正面　　(b) 月球背面

图 8-1-8 使用 NASA 的"月球勘探者"号航天器上的伽玛射线光谱仪测得的月球表面正面和背面的 Th 浓度分布

有人研究了该月幔储层的组成(并将其命名为 urKREEP，德语前缀"ur-"表示原始的)，得到了总 REE 浓度约 1200mg/kg(0.12%)的估计。该总浓度掩盖了各种 REE 元素之间的显著差异，因为钇和铈的浓度分别约为 300mg/kg，而铕和镥的浓度仅为 3～5mg/kg。地球上经济可开采的 REE 矿床通常含有 0.1%～10% 的 REE，相对于这一尺度，月球上的这些 REE 浓度处于非常低的水平。此外，因为大多数月壳岩石仅包含 urKREEP 的成分，即使在 PKT 中也是如此，所以在大多数情况下 REE 的浓度会更低。

这似乎表明月球不太可能是 REE 的有用来源。但值得指出的是，来自 PKT 内"阿波罗"14 号和"阿波罗"15 号登陆点的一些样品的 REE 丰度实际上是 urKREEP 值的 2～4 倍。尽管按照地球陆地矿石的标准，这个值仍然很低，但必须强调的是，遥感表明的 REE 浓度很可能很高的局部区域(基本上是图 8-1-8 中的白点，其表面 Th 的浓度最大)尚未直接采样。此外，目前遥感数据的空间分辨率相当低(通常为几十千米)，对具有潜在较高丰度、较小规模的露天矿藏是无法分辨的。未来对这些区域的勘探可能仍会识别出可用的月球稀土矿床。然而，尽管其名称如此，但地球本身拥有大量的 REE 矿床，因此将月球 REE 输向地球似乎在经济上不大可行(除非在地球上开采 REE 的环境成本变得过高)，而月球稀土采矿可能必须等到开发出非地球市场才行。

7. 铀和钍

原则上，铀(U)无论自身还是作为生产钚(Pu)的原料，都可以被证明是发展太空核电和核推进概念的重要元素。可以想象，钍可能也有类似的应用，例如在可裂变材料$^{233}U$的生产中，尽管这种应用尚未得到开发。在月球上，期望U和Th集中在KREEP丰富的地形中，因此在空间上相关的增强也如上述关于REE的讨论。在月球物质中，发现U的丰度与Th的丰度呈线性比例关系，U与Th丰度比约为0.27，因此图8-1-8所示的月球Th分布也表明了预期U增强的位置。这一期望随着第一张月球全球U元素分布图的发表而得到了证实，它是由日本“月亮女神”号月球轨道飞行器上的伽马射线光谱仪获得的。这项工作揭示了在雨海盆地以南的PKT含Th最高的地区，最大的表面U丰度约为2mg/kg。

“月亮女神”号月球轨道飞行器绘制的U分布图的空间分辨率为130km，因此可能存在现有的遥感数据目前尚未辨别出的较高浓度。作为比较，U在urKREEP中的浓度约为5mg/kg，一些高度演化的岩性的小量“阿波罗”个别样品(石英二长闪长岩和致密长石)中的U浓度范围为10～20mg/kg。但是，即使后者的浓度也远低于目前被认为是地球上低品位的铀矿(>100mg/kg)，只有进一步探索月球上富含U和Th元素的地形，才能确定是否存在将来可用的更高浓度的U与Th。

## 8.1.4 其他潜在的月球资源

基于到目前为止人类所掌握的关于月球的知识，可以探讨月球将来可能为人类文明做出贡献的一些非常明显的自然资源，但其他可能性还有待进一步发现。其实，作为地球的近邻和与地球类似的岩石星球，化学元素周期表中的每个元素都会像在地球上一样在某种程度上存在于月球上，并且随着人们对月球地质过程的理解而不断深入，可能会发现其他元素已经局部聚集。这些物质是否有经济上的可用价值，将一如既往地取决于它们的价值以及可用于支持其开采的能源和基础设施。

除了从化学元素的角度看待潜在的物质资源之外，通常不将其本身视为经济资源的月球表面自然环境，也具有某些可能在经济上利用的性质，至少在月球发展的背景下如此。以月球表面储量巨大的表岩屑为例，不需要加工就可以将其作为人类栖息地的辐射屏蔽材料；如果能够将其烧结，还可能用于月球的道路、堤坝和场坪的建设；如果将其制成混凝土、作为3D打印的原料或以其他方式进行转变，也可以作为月球表面建筑和其他设施设备的可用结构部件。

在现代工业材料中，纤维材料占了相当大的比例。纤维材料可以大大改善结构的性能，并有利于构建具有更复杂几何形状和更轻、更坚固的结构。月球表面的月海玄武岩储量巨大，可以用于制备月球玄武岩纤维。玄武岩纤维制备工艺在地球上已经很成熟，只需要将相关工艺转移到月球环境中，除了能源需求之外，并不需要额外的材料，也不存在任何难以克服的技术障碍。

此外，月球环境的强真空和夜间以及极区的低温可能会积极地促进某些工业过程，例如真空气相沉积、通过离子溅射进行元素浓缩以及超纯材料的制备。最后，月球表面极度纯净的阳光，特别是在某些极区区域一年可提供 90% 以上的光照时间，将有可能提供无限量的太阳能。太阳能有可能成为重要的输向地球的产品和资源，因为它可以通过月球表面的太阳能电池板收集，然后辐射到地球和地月空间的其他位置。

## 8.2 月球两极的“冷阱”与极冰

月球两极的“冷阱”与极冰的存在，对于月球的开发利用和认识太阳系的起源都具有重要的意义，是月球探测最为核心的科学问题。

### 8.2.1 月球两极“冷阱”的科学推测

早在 1961 年，加利福尼亚理工学院的肯尼斯·沃森、布鲁斯·C. 默里和哈里森·布朗提出了关于月球两极冰存在的科学推测。他们指出，月球的赤道面与黄道(地球和月球绕太阳的轨道面)夹角仅为 1.5°。这种定向导致在月球上数十亿年来都没有季节(图 8-2-1)。因此，月球两极附近的陡峭火山口的内部等区域会永久地避开了太阳光的照射，这些区域无论是月昼还是月夜都会保持在寒冷的温度(约 -200℃)。到达此类表面的任何气体都会以类似于实验室真空系统中用于收集杂散蒸气的“冷阱”的方式迅速冻结[2]。

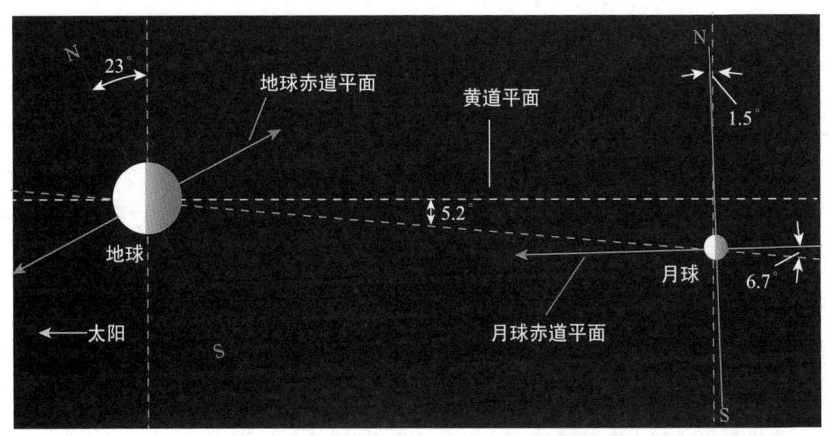


注：月球的赤道平面相对于月球绕地球的轨道平面(白道面)倾斜 6.7°，而月球的白道面与黄道面(地球和月球绕太阳旋转的平面)向相反的方向倾斜 5.2°。结果是月球的旋转轴几乎垂直于黄道面。因此，月球没有季节变化，一些极地凹陷可能会永久保留在阴影之中。

图 8-2-1　月球赤道面和黄道面的关系

1979 年，月球上的“冷阱”概念再次出现，加利福尼亚大学圣地亚哥分校的詹姆斯·阿诺德(James R. Arnold)利用在“阿波罗”时期获得的信息来估计月球表岩屑中可能会产生大量的水，这些水可能迁移到月球两极，并以冰的形式沉积在月球上。

20 世纪 90 年代初期，用射电望远镜绘制的水星地图显示出明亮的雷达反射从其两个极帽反弹回来，这些反射具有与表面水冰一致的特殊特征(图 8-2-2)。由于水星的自旋轴几乎完全垂直于其轨道平面，因此该行星的两极也具有永久阴影区域。在这个原本灼热的星球的两极发现这些结冰的斑点，这使得在月球高纬度冷阱中存在水等挥发物的预测有了进一步的可信度。

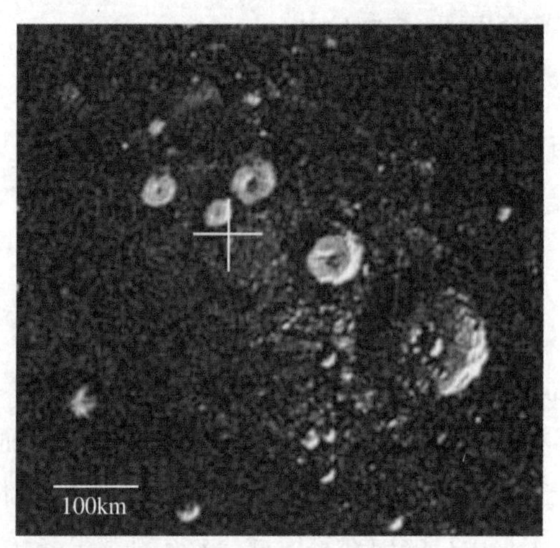


注：水冰可能存在于永久阴影的区域内。行星的北极标有十字架。每个像素对应 1.5km。

图 8-2-2 水星表面的雷达图像显示出许多高纬度陨石坑内的独特反射（明亮区域）

第一个详细观察月球两极区域的航天器是“克莱门汀”号，这是美国国防部和 NASA 在 1994 年发射的，旨在探访临近的小行星。为了测试其仪器，飞行控制人员首先将“克莱门汀”号送入了绕月球的极轨道。一个技术故障使得计划中的小行星相遇任务被取消了，但从绕月球的过程中获得的科学收益是可观的。例如，“克莱门汀”号在月球的另一端发现了深深的裂谷，一直延伸至南极。这一结构现在称为南极-艾特肯盆地，是一个古老的撞击坑，直径超过 2500km，其最深处相对于边缘的深度超过 12km，即比太平洋的马里亚纳海沟(Marianas Trench)还要深。这个巨大盆地的存在进一步激发了人们对月球极区可能存在水冰的兴趣(图 8-2-3)。由于缺少照明源，“克莱门汀”号上的光学相机无法从永久阴影的极地区域中获取图像。但是，认识到其中某些地方可能藏有冰块的可能性后，执行任务的科学家尝试了即兴试验，该试验模仿了先前用来在水星上绘制冰盖地图的雷达技术。控制器将“克莱门汀”号上的无线电发射器引向极区的月球表面，并在地球上检测到反射信号。科学家认为该测试结果与冰的存在是一致的，但有人对这些结论提出了质疑。特别是，一组使用世界最大射电望远镜 Arecibo 的天文学家能够从月球极附近的日光区域探测到类似的雷达反射，认为这些信号仅表明了粗糙的地形(图 8-2-4)。

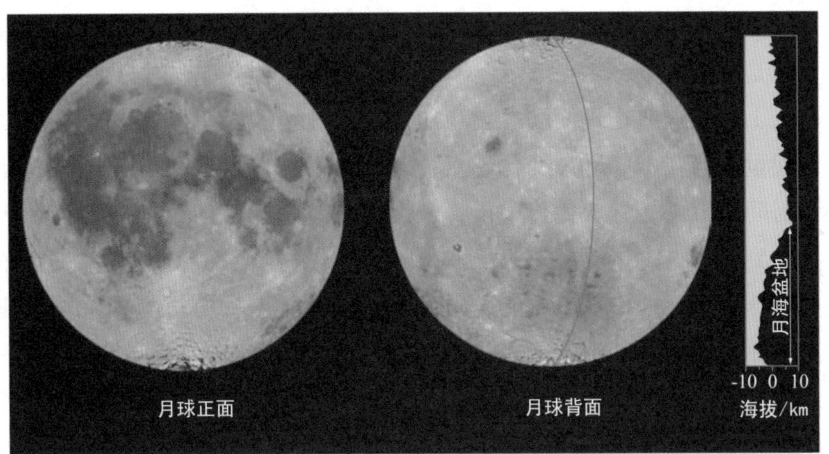


注：任何旁观者都熟悉月球正面。但是，对月球背面的详细分析必须等待1994年的“克莱门汀”号任务，该任务获得了用于构造这些镶嵌图的表面反照率的测量值。“克莱门汀”号的一个突出发现是巨大的南极－艾特肯盆地（在月球背面图像的下部看到的基本上是深色的斑块），从“克莱门汀”号的激光高度计（最右边）获得的记录显示出约13km的地形起伏。这一令人惊讶的发现帮助重新激发了月球冰沉积的兴趣。极点附近的低照明角度会投射出长长的阴影，从而加剧崎岖的地形。

图8-2-3 “克莱门汀”号获得的月面地形

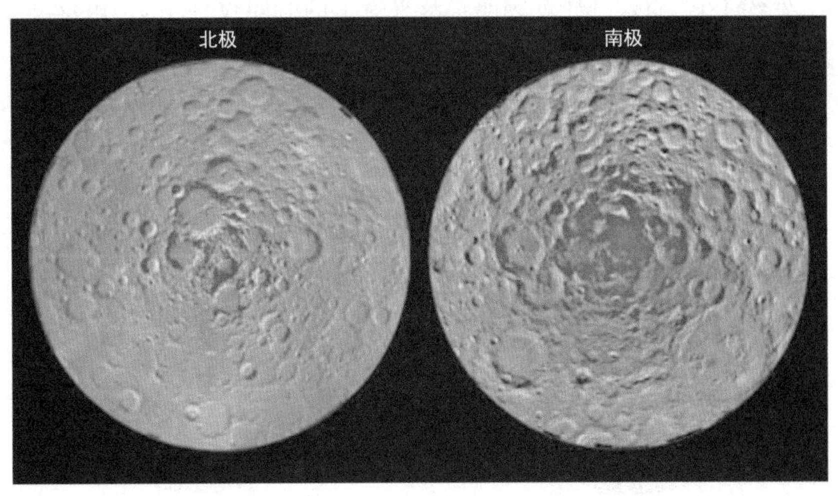


注：通过结合数周获得的图像，任务科学家可以判断出永久阴影区域在哪里。这些极地地区（纬度70°以上）的“克莱门汀”号图像显示，持续的黑暗笼罩了约10000km$^2$的总面积，南极附近比北极更多。

图8-2-4 置于极地轨道的“克莱门汀”号获得了两个月球极的清晰视野

1998年，“月球探测者”航天器携带中子能谱仪探测月球，并检测到来自极区的中能中子通量的急剧下降。月球的表面能发射出中子并不是因为它自身特别具有放射性，相反，这些中子是由银河宇宙射线的撞击产生的，银河宇宙射线从深空降落并撞击月球表面，将中子从表岩屑中撞出。被“踢”散的中子起初移动速度相当快，但随后它们与存在的各种原子碰撞而失去动能，直到最后中子达到与周围物质相同的温度。在从快中子转变为慢(或热)中子的中途，它们是“温”中子或超热中子。值得注意的是，由于某些中子可以散射到太空中，因此可以从轨道上监视这些物理活动(发生在月球表岩屑的顶层1m之内)。特别是，可以测量超热中子的通量如何在不同地方变化。相对大量的超热中子被放出，表明最初形成的快中子必定要花费时间消散动能并成为热中子。也就是说，许多中子必须在超热能中徘徊很长时间。相反，检测到只有极少量的超热中子被抛射到太空中，这意味着中子从快速能级到热能级的转变正在迅速发生。这一现象可能说明存在氢，因为氢原子的质量与中子的质量大致相同，当中子与氢原子碰撞时，中子会立即失去大部分动能，就像加速的母球和另一个台球之间的碰撞经常使母球静止不动的道理一样。通过测量几种能量下中子的通量，科学家可以使用“月球探测者”上的中子计数器来估算表岩屑中的氢含量，但是只能估计出氢，而不能特别地估计出水中的氢。使用这些仪器的科学家在月球两极附近发现了大量的氢，至少其中一些氢可以认为是冰冻的水，部分原因是所发现的浓度之高很难做出其他解释。发现的最丰富的沉积物对应于永久阴影中的极地环形山的底部，这种关联也强烈暗示存在着水冰。尽管如此，中子测量仍不能确切显示所检测到的氢是否在冰中(图8-2-5)。因此，在任务结束时，探月者的目标是在冰冷陷阱的区域撞击月球，希望这种撞击可能会抛出能够被明确识别的物质。“月球探测者”的质量仅为160kg，而且只能以浅角度(6.3°)撞击月球表面，因此预计撞击只会蒸发约18kg的水。计算表明，蒸汽喷出的时间仅约10s。1999年7月31日，“月球探测者”(Lunar Prospector)击中了月球，瞄准的目标大概是南极附近一个永久阴影的火山口的底部。但是，即使使用最强大的望远镜，也没有观察到有气体喷出。

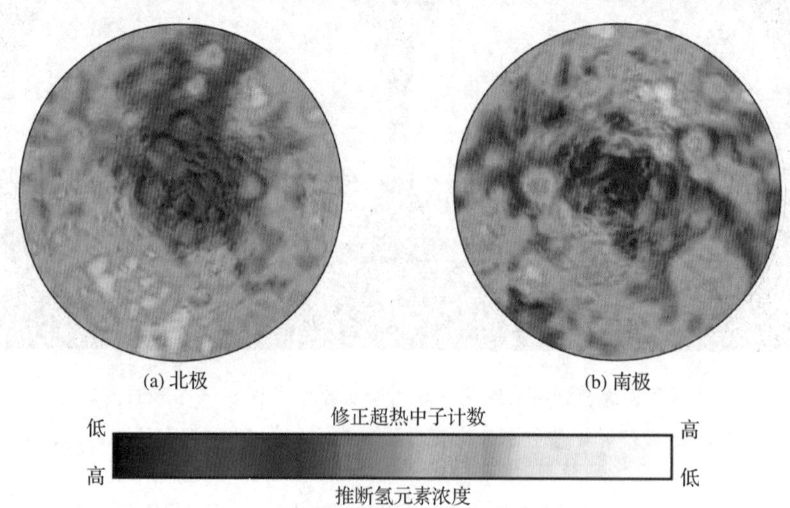


注：“月球勘探者”提供的中子能谱仪测量结果表明，两个极点附近的氢浓度(可能是水冰的一部分)存在，这表明表岩屑上层数米中的冰总量超过了$4.3\times10^8$t。(显示的区域与图8-2-4中的区域相同)对原始数据进行细微校正后显示的低水平的中热中子对应于高浓度的氢气，该范围内的最大值约为$250\times10^{-6}$。阴影表示一般的月面形貌。

图8-2-5 月球两极的氢浓度

### 8.2.2　极冰形成与沉积机理

如果月球两极确实存在着极冰，那么这些冰是如何产生的？为什么会保持在陨石坑中？这是需要认真回答的重要科学问题。一般认为，月球的极冰可能来自冰彗星和小行星的撞击。但是，在大多数情况下被忽略的另一种可能的来源是太阳风中的质子，也就是氢的原子核。

太阳风是发射自太阳的电离气体的连续流，原子密度约为 5 个/$cm^3$，以约 500km/s 的速度非常快地流动，以约 40g/s 的速度向月球运送物质。其与月球表岩屑发生反应的过程如图 8－2－6(a)所示。当太阳风质子撞击月球表面时，大多数质子会立即吸收电子，并作为中性氢或双原子氢消失在太空中。但是，其中一些太阳风粒子会掩埋在月球表岩屑中。其后，在微陨石撞击月球表面的过程中，熔化了少量表岩屑，使注入其中的氢与各种氧化铁矿物中的氧原子键合。这种反应释放中性 OH 和 $H_2O$，并使金属铁嵌入玻璃中。确实，在“阿波罗”任务返回的岩石中可以看到玻璃中的铁，这就是进行该过程的化学特征[2]。

设想以这种方式产生的一些水分子可以迁移到达极地冷阱(图 8－2－6(b))。在一定的月面温度下，粒子会从表岩屑中释放出来进入空中。原子氢和双原子氢可以挣脱月球的引力进入太空。而由于水分子太重，无法逃脱月球弱引力场的作用，因此会遵循弹道轨迹在月球表面上空运动。由于月球上基本没有大气层，因此释放到空中的水分子不会与任何物质碰撞，直到其落回月球表面为止。落回之后，水分子将自身适应局部表面温度，并再次从表面释放出来进行另一次跳跃。由于太阳光的光离解作用，大部分水分子在到达极点之前就被分解而损失了。最后，只有约 0.04% 的撞击月球表面的太阳风质子，以水蒸气的形式到达冷阱，并推测会冻结在那里(图 8－2－7)。

有人利用计算机模型模拟水分子从低纬度到极地区域的随机迁移，表明尽管这一过程效率低下，但仍可以向月球极区每年输送约 4t 的水。按照这一结果，在仅 1 亿年的时间里迁移积累的水就可以达到利用“月球勘探者”的数据所测算的极冰数量。考虑到过去数十亿年，月球表面基本上未发生大的变化，这是一个相对保守的结果。

除来自太阳风的氢和含氧矿物质的稳定供应外，彗星的间歇性撞击可能提供了额外的水源，据认为这可能是相当重要的。例如，用厚 10cm 的冰层完全覆盖所有冷阱需要约 $10^{15}$g 的水，这相当于直径仅 1km、含水量 10% 的彗星所携带的水。当然，当这样的天体进入月球爆炸时，所有东西都会变得非常热，其中的大量水将立即消失到太空中。可以推测，释放出来的残留气体可能会在月球周围形成暂时的大气，然后将其中的一些水蒸气输送到极地冷阱。无论何种来源的水，在到达月球两极形成冷阱中的冰之后，到底能保留多长时间？月球表面会受到各种微妙的袭击，这些袭击慢慢改变了其构成。而冷阱中的冰绝不会免受这种“太空风化”的影响。可能会有猜测，冰在任何情况下都会通过升华(从固体直接转化为气体)而缓慢消失。实际上，在月球冷阱的寒冷温度下，升华将花费数十亿年。还可以想象，由于来自遥远恒星的光子会不时地撞击它，有些冰会被侵蚀掉，因为来自太阳的质子也会时不时撞击它。但是，这些过程并不十分有效，如果冰上覆盖一层薄薄的灰尘，它们将变得完全无关紧要。可以认为，影响极冰沉积的主要因素是陨石(图 8 -2 -8)。陨石的撞击会产生陨石坑，但撞击所抛出的喷射物质也会覆盖一个更大的区域。因此，陨石的坠落使得相对于冲击点的不同位置而增加或去除物质。为了研究陨石的连续轰击如何影响这些冰层，可以建立数值模型进行模拟。假设在一个平坦的表面上，陨石撞击后铺开的喷射物的覆盖层面积大约是其所形成的撞击坑面积的 4 倍。因此，对于月球表面上的一个典型点，其将经历比开挖更多的填埋，从而其海拔高度随着时间而增加。最终效果是一个称为“造园”的过程，因为它使人联想到有意翻倒土壤的行为。质量大于 1mg 的抵达陨石在月球上很少见，因此可以在模拟中将其视为单个事件。但是，较小的陨石体是如此之多，以至于不得不将它们的到来视为一个连续的过程。利用模型计算表明，陨石的轰击和其他损失机制将太阳风不断产生的大部分冰清除掉，只剩下原始量的 6%。对这些太空天气过程进行的建模还表明，连续冻结在表面的水在大约 10 亿年的时间里均匀地散布在月球表岩屑上层的 1 ～2m 深度，而且在更长的时间内，冰也不会变得更加集中，只会到达更深的深度。

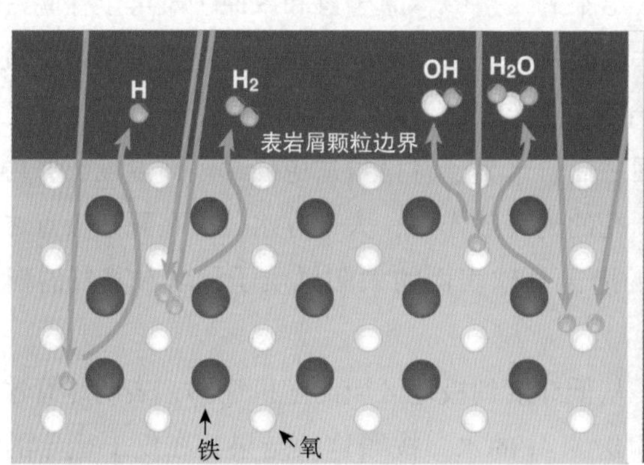


(a) 太阳风中的质子与月面上的氧原子相结合形成OH和$H_2O$

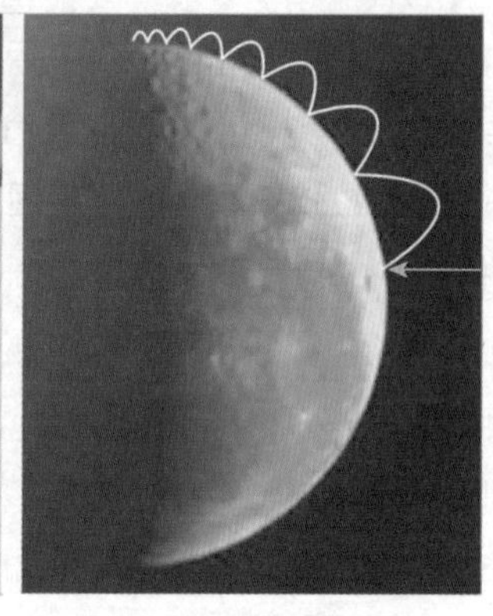

(b) 太阳风作用生成的OH和$H_2O$在月面上的跳跃迁移

注：当这些质子(氢原子核)撞击到月球表面的表岩屑时，它们就会将自己植入表面之下(图(a)中的蓝色直箭头)。其中一些质子以中性氢原子(H)或双原子氢分子($H_2$)的形式逃逸并迅速消失在太空中。但是微陨石的不断降落会经常加热表岩屑颗粒，足以使植入的质子与各种月球矿物质中的氧结合(此处示意性地显示为铁和氧原子的阵列)。所释放出的产物 OH 和 $H_2O$，其分子足够重，无法逃脱月球引力的吸引。它们会以一系列跳跃在月球表面上迁移，跳跃的高度取决于环境温度。因此，此类粒子可能会迁移到极点，其跳跃的幅度通常会沿路径减小(图(b))。为简单起见，此处显示了由传入的太阳风质子(橙色箭头)产生的粒子的演化，它是从低纬度到高纬度的直接路径，而实际粒子的跳跃路线是完全随机的。

图8-2-6 太阳风在月面形成水冰原理图

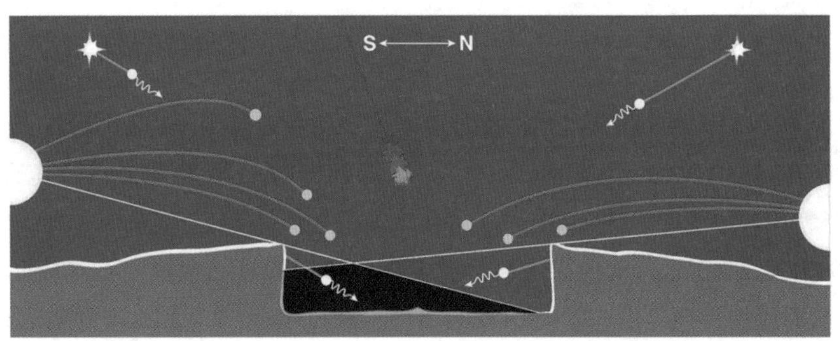


注：永久阴影区的陨石坑中的这种堆积预计将优先在南极形成，因为太阳在北极天空中的位置相对于南极而言更高，可以更多地照亮北极陨石坑的壁面。从理论上讲，这种冰仍可能会感觉到来自遥远恒星或陨石坑边缘反射或辐射的光子（黄点）的影响。沿着磁场线传播的太阳风质子（橙色点）也可能到达这些冰层。但是，即使薄薄的表岩屑也足以使冰免受此类影响。最有可能清除冰块的机制是被陨石（红色）轰击的过程，该过程不断加热并翻倒月球表面。

图8-2-7 到达极区附近的永久阴影区的水分子将在“冷阱”中冻结，并随着时间的流逝形成冰层（蓝色层）

当考虑较大的陨石不时到达时，就会出现一个更复杂的模式。通常，附近的撞击会把抛出的喷射物倾倒在冷阱的表面上，从而将该位置埋在很少含氢的材料层下，即使陨石铲出了富含冰的物质，撞击的热量也会使其中的大部分蒸发。由于太阳风不断产生和输送水，使得这种喷射物覆盖层会在顶部缓慢积冰，而正在进行的“造园”会使一些冰块向下混合。因此，如果有足够的时间，一个最初耗尽了氢的薄薄的喷射物覆盖层可以恢复到与下面的表岩屑相同的冰浓度。或者，该层最初可能很厚，或者很快被其他喷射物所掩埋，使得其能保留在原始的状态下。

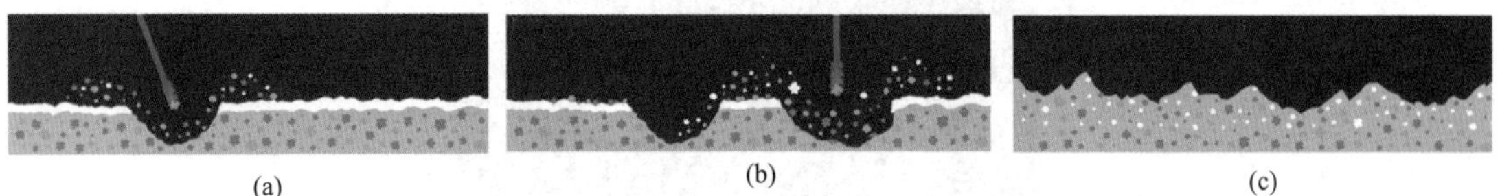


注：在月球冷阱中沉积的冰层将受到抵达的陨石（红色）的撞击，这将开挖一些点位，并在邻近区域沉积喷射物（图a）。这个连续的过程将侵蚀冰层，并将其混合到碎屑岩的上层的几厘米之中（图b）。这种由陨石引起的混合（称为“造园”）的结果是将冰扩散到表岩屑的上层部分（图c）

图8-2-8 陨石撞击对月球冷阱中沉积水层的影响

因此，在某个特定点发现的冰浓度随深度变化的模式将取决于附近撞击的历史，以及这些事件是否在该地点挖出了物质或将其沉积在了该地点。通过数值计算发现，最初输送到冷阱的冰只剩下大约6%（平均而言）。尽管如此，这仍然给冷阱留下了约4%（质量）的水。计算得到的冷阱中残留水量的估计接近中子测量结果所估计的水量（按质量计约有1.5%的冰）。而且计算机模型表明，在深度超过1m的地方会有更多的氢，这是“月球勘探者”无法感知的。

### 8.2.3 极冰存在的证明

月球两极的冷阱中是否存在水冰，由月球陨坑观测与遥感卫星(LCROSS) 任务得到了确定的回答。LCROSS 由 NASA 艾姆斯研究中心与诺斯罗普·格鲁曼公司合作开发和管理。LCROSS 任务使用"大力神"五号(Atlas V)运载火箭的"半人马座"(Centaur)地球出发上面级(图 8-2-9)作为 2366kg 的动能撞击器，撞击事先选定的月球南极陨石坑的底部，撞击所产生的喷射状羽流的特性，由"牧羊人"航天器(S-S/C)以及地基和太空的望远镜进行观察。沿着与"半人马座"类似的轨迹，625kg 的 S-S/C 飞过"半人马座"撞击产生的羽流，然后自身也撞向月球[3]。

LCROSS 航天器与月球侦察轨道器(LRO)共同作为"大力神"五号运载火箭的有效载荷，于 2009 年 6 月 18 日从卡纳维拉尔角(Cape Canaveral)空军基地发射升空。在与 LRO 和运载火箭分离之后，LCROSS 和其所依附的"半人马座"一起进入了一个月球引力辅助的围绕地球的大轨道，这个轨道是一个月球返回轨道(LGALRO)。LCROSS 共完成了 3 圈 LGALRO 轨道飞行，每圈轨道周期为 36 天。所选择的 LGALRO 轨道周期具有三个目的：一是允许准确瞄准月球撞击点位；二是为 LRO 提供了足够的时间进入月球轨道，完成在轨检测并获取数据，以协助 LCROSS 最终选择撞击点位；三是提供了飞行时间来烘烤"半人马座"使其脱气，最大程度地减少月球撞击时的污染风险。

图 8-2-9 LCROSS"半人马座"火箭上面级和"牧羊人"航天器接近月球南极构想图

在撞击月球前大约 9h，月球表面上方 40265km 处，S-S/C 与"半人马座"火箭上面级成功分离。然后，S-S/C 完成了 180°调头，将其有效载荷观测台(POD)对准月球。通过这一操作，POD 面向月球并处于适当的配置，以使航天器所载仪器可以在观测月球和"半人马座"撞击时收集数据。然后 S-S/C 进行了一次点火制动，从而在"半人马座"和"牧羊人"航天器之间引入 4min 飞行时间的距离间隔。这是为了使 S-S/C 的有效载荷仪器对"半人马座"撞击月面具有最佳的观察条件。尽管最关键的科学阶段是在"半人马座"撞击后的最后

4min，但 S - S/C 在其撞击月球之前的最后 1h 就打开了仪器并开始收集数据。

2009 年 10 月 9 日世界标准时间 11: 31: 19. 506，耗尽的“半人马座”火箭上面级在南纬 84. 675°、东经 48. 703°处撞击卡比厄斯(Cabeus)陨石坑内的月球表面。在世界标准时间 11: 35: 36. 116，S - S/C 在南纬 84. 719°、东经 49. 610°处撞击月球。整个过程中，S - S/C 上的器载仪器都在成功收集科学数据，直至其自身撞击月球信号消失为止。

只有在撞击后的喷射物上升到月球表面之上足够高抵达日光之后，紫外线(UV)和可见光观测仪器才可能对撞击羽流进行观察。太阳视线位于卡比厄斯陨石坑撞击点的月球表面上方约 833m，因此，只有在喷射体到达该高度后，才能观察到来自蓬松粒子的反射光。

LCROSS 的有效载荷由 9 种科学仪器组成(图 8 - 2 - 10)。它们分别是 Ecliptic Enterprises Corporation 的 1 台可见光波长背景成像器(VIS)、Goodrich Sensors Unlimited 的 2 台近红外(1. 0 ～ 1. 4μm/1. 0 ～ 1. 7μm)照相机、Thermoteknix Systems Ltd 的 1 台中红外(6 ～ 9μm)热像仪、FLIR Systems/Indigo Operations 的 1 台中红外(6 ～ 17μm)照相机、由 NASA Ames 研究中心设计和制造的 1 台全亮度光度计、Ocean Optics 的 1 台紫外 - 可见光光谱仪(VSP)和 Polychromix 制造的 2 台紧凑型低功率近红外光谱仪(1. 2 ～ 2. 4μm)。这 3 台光谱仪通过光纤连接到由 Aurora Design&Technology 专门设计的前光学器件。这 9 种仪器由 Ecliptic Enterprises 提供的数据处理单元(DHU)统一进行供电和控制。DHU 通过接口与飞行器的指挥、数据处理和电源系统相连接。撞击羽流的演化主要关注工作在光谱的紫外 - 可见光波段的两种仪器的科学结果，即可见光照相机(VIS)和紫外 - 可见光光谱仪(VSP)。

VIS 照相机是 3lux 自动缩放摄像机，具有不断变化的积分时间。VIS 自动响应不断变化的场景亮度。该相机的水平视场角(FOV)为 30. 5°，垂直视场角为 22. 8°，并且具有 CYGM 波长响应。

VSP 光谱仪的视场角为 1°，并且对 262 ～ 647nm 的波长敏感，波长 300nm 时分辨率为 300m/像素，波长 400nm 时分辨率为 500m/像素，波长 600nm 时分辨率为 850m/像素。VSP 积分时间在数据收集过程中可变，如 10s、2. 5s、2s、0. 5s、0. 4s、0. 2s 和 0. 1s。

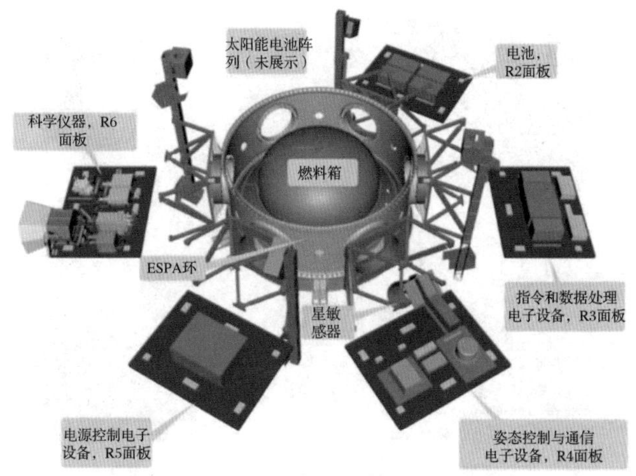


图 8 - 2 - 10 LCROSS 任务的“牧羊人”航天器（S - S/C）及其有效载荷

仪器的相对视场如图 8 - 2 - 11 所示。图中显示了 S - S/C 距离月球表面约 600km 时 LCROSS 撞击月球表面时刻的月球场景。目标卡比厄斯陨石坑位于图像的中心。橙色小圆圈显示了撞击时刻的 VSP 视场。白框显示 VIS 照相机的 FOV。在撞击时刻，VIS 分辨率为 450m/像素。S - S/C 以 2. 5km/s 的速度继续向卡比厄斯陨石坑下降，因此每种仪器相对于月球表面的空间分辨率也相应连续提高。

注：显示的内容是“半人马座”撞击月球时的影像，时间是世界标准时间 2009 年 10 月 9 日11:31:19。这时“牧羊人”航天器在月球表面上方600km 处。卡比厄斯陨石坑内的“半人马座”撞击位置位于图像中心的圆圈内。仪器的视野分别用线框表示：黄色圆圈(VSP 和 NSP，直径 1°)、绿色圆圈(TLP，直径 8°)、红色框(MIR 相机，15. 5 11. 6°)、橙色框(NIR 相机，28. 3 21. 4°)，白色框(VIS 相机，30. 5 22. 8°)。

图 8 - 2 - 11　S - S/C 的仪器视场上叠加在根据 LRO 激光测高仪数据的月球表面的渲染图像上

LCROSS 任务成功地将“大力神”五号运载火箭的“半人马座”上面级和 LCROSS S - S/C 撞击到卡比厄斯陨石坑中，该陨石坑是靠近月球南极的永久阴影区域。利用 LRO 卫星上的 LEND 仪器套件检测出水冰(羟基[OH]分子)。在多种空间(米到千米)和时间尺度(秒到天)上对撞击事件进行了监测，以充分记录和描述撞击过程并评估喷射流中水冰和其他挥发物的不均匀分布(图 8 - 2 - 12)。撞击产生了直径 21. 3 ～30. 5m 的陨石坑。

注：VIS 影像 Cam1_W0000_T3460421m473。

图 8 - 2 - 12　撞击后约 20s “牧羊人”航天器 VIS 相机的撞击羽流图像

LCROSS 上的红外光谱仪记录了喷射羽流中水蒸气在 1.4μm 和 1.85μm 波长上的吸收带。其他光谱仪在 309nm 上记录了紫外线发射，表明当水分子被紫外线辐射解离时会产生 OH 自由基。据估计，LCROSS 视场中的喷射羽流中大约含有 100kg 水蒸气。然而，此水蒸气含量仅占全部羽流物质的一小部分，因为 LRO 的早期结果表明卡比厄斯陨石坑内的表岩屑含有约 1% 的水。此外，基于光谱特征，羽流中也可能存在其他挥发性物质，包括二氧化碳（$CO_2$）、一氧化碳（CO），以及有机分子，如甲烷（$CH_4$）、甲醇（$CH_3OH$）和乙醇（$C_2H_5OH$）。最后，LRO 数据表明，包括卡比厄斯陨石坑在内的月球南极地区的永久阴影区域，温度低于 40K（图 8-2-13）。

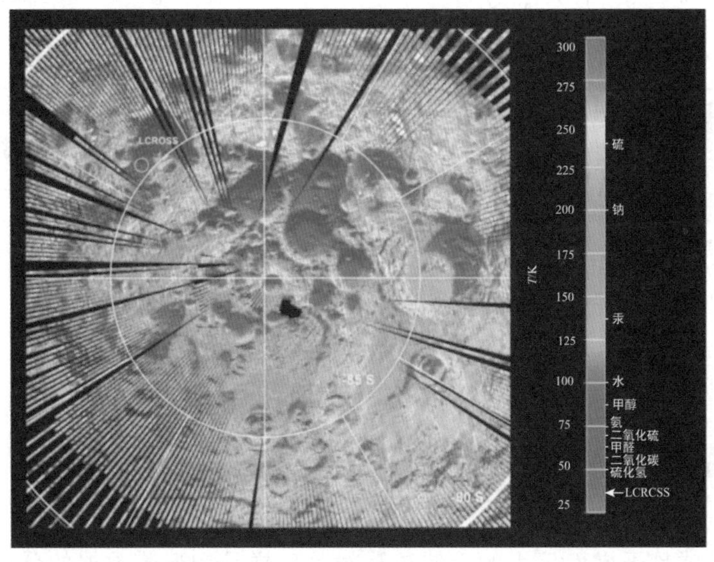


注：LCROSS 撞击点，在图的左上方用白色小圆圈表示。图中给出了各种挥发性元素和化合物的冷凝温度。

图 8-2-13　月球南极地区的温度图

“半人马座”撞击产生的喷射云由高角度尖峰和低角度圆锥羽组成，如图 8-2-14 所示。在整个 S-S/C 的下降过程中都观察到了飞散的尘埃，水冰颗粒上升到月球表面上方的太阳光中时发生了升华和光离解。在撞击后 4min 内，在喷射羽中观察到脏冰粒和更多纯冰粒的组合。Heldmann 等通过数学建模，对 LCROSS 撞击月面永久阴影区的陨石坑所产生的羽流的演化过程进行了仿真分析。由于小尘粒的散发和冰粒的升华，所喷射物质的粒径随时间变化。撞击后 0～20s，喷射云的亮度增加，而光谱变得更蓝。以这些观察结果为证据而得到的解释：小的尘埃颗粒向上进入阳光，而向上进入阳光的冰粒同时发生光离解、升华和破裂，从而随着时间的推移产生较小的冰粒。撞击后 20～50s，随着粒子锥体离开光谱仪的视场，喷射云的亮度降低。这一时段平均颗粒半径的增加可能是由于冰颗粒升华而留下了较大颗粒，和/或由于低角度羽流中的平均颗粒尺寸较小并离开了 FOV，和/或由于整个颗粒尺寸上存在速度分布，并且较小的粒子移动得更快，从而离开 FOV 视场更加迅速。撞击后 50～210s，喷射云的亮度以及蓝色与红色的比率保持相对恒定，这表明在视野中颗粒大小和分布没有显著变化，并且小颗粒仍然停留在月球表面上方。撞击后210～250s，所测得的亮度降低，这是因为航天器接近月球表面并飞过尘埃羽流，视野迅速变化，再加上尘埃和冰粒继续沉降离开喷射云。

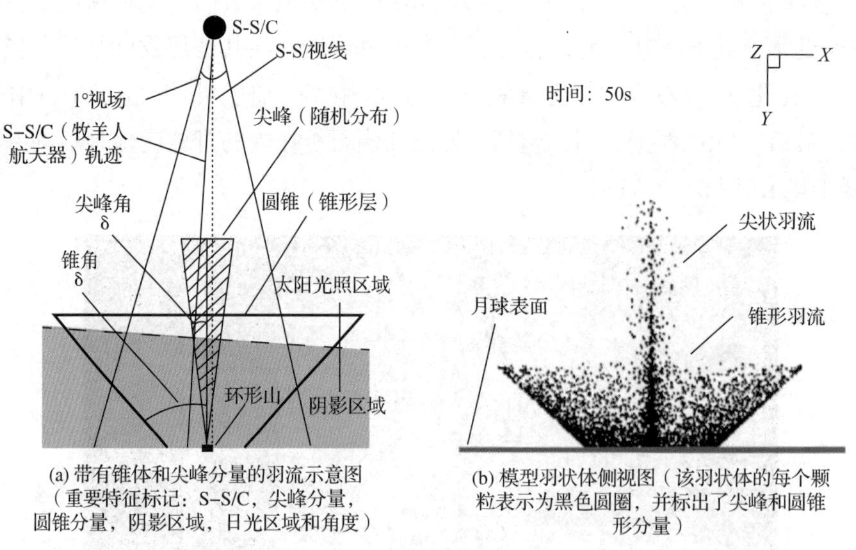


(a) 带有锥体和尖峰分量的羽流示意图（重要特征标记：S–S/C，尖峰分量，圆锥分量，阴影区域，日光区域和角度）

(b) 模型羽状体侧视图（该羽状体的每个颗粒表示为黑色圆圈，并标出了尖峰和圆锥形分量）

图8-2-14 "半人马座"撞击产生的喷射云结构图

## 8.3 月球的水资源

通常认为月球是干燥而无水的天体，从对月球样品和遥感数据的分析中得到的所有信息都表明，与地球相比，月球的水和其他挥发性物质都已经高度枯竭。但是近年来的月球探测表明，月球的表面环境包含许多可能被开发利用的水资源。显然，月球水资源对地球而言永远都没有任何经济价值，但在未来的太空经济中它们可能被证明是最有价值的资源。

根据当前的知识，月球上的水有三种表现形式：①在卡比厄斯火山口发现了先前假想的埋藏在月球极区的挥发物。虽然对于此类挥发物的来源尚存在疑问，如由下落的彗星和陨石带来、由月球表面新近形成的OH/$H_2O$迁移而来以及从月球内部释放所累积，但是毫无疑问，那里确实有水。②在所有类型的月球地形上都清楚地发现了范围广泛、分布稀薄的表面OH(或$H_2O$)，普遍认为OH是由太阳风产生的，但是尚且不知道它的形成速度如何，也不清楚它的可移动性。③月球形成不久就存在大量的水，在对火山玻璃珠、磷灰石和斜长石等月球物质进行的最新分析明确记录了这一点。"阿波罗"时代的样本分析不够精确，无法区分月球本地水与来自地球的污染。使用现代设备对月球样品中元素和同位素进行的测量更加精确，并且可以更好地约束测量中扩散、热循环等一系列过程[4]。

## 8.3.1　月球表面的 $OH/H_2O$

印度的“月船”1 号(Chandrayaan - 1)任务于 2008 年发射升空，携带了美国的“月球矿物学制图者”(M3)，该仪器显示了一个广泛的 2.8 ～3μm 吸收特征，并在朝着月球两极从纬度大约 60°向极点逐渐增强。鉴于月球中纬度区域在月昼的高温，这些数据所表明的 $OH/H_2O$ 是一个出乎意料的发现，因为早期的“阿波罗”样品的研究表明月球是干燥无水的。但是，NASA 的 Cassini 和 EPOXI 航天器还提供了另外两个独立的观测。搭载在 Cassini 上的视觉红外绘图光谱仪(VIMS)于 1999 年在前往土星的途中飞越月球，并根据“月球矿物学制图者”的发现对其早期的数据进行了研究。EPOXI 航天器曾经多次很近地接近地球 - 月球系统，并在相同的波长范围内观察了月球将其作为校准源。在“月球矿物学制图者”的发现的推动下，2009 年 6 月 EPOXI 航天器对月球进行了探测。在这两种情况下均分别观测并证实了月球的 3μm 光谱特征。此外，EPOXI 航天器的观测结果表明可能存在周日效应，因为区域的表面 OH 会在转向太阳时减少。

基于“月球矿物学制图者”遥感数据的月球正面伪彩色图像如图 8 - 3 - 1 所示，可以看出，除了永久阴影区的陨石坑中可能有冰外，红外遥感观测还发现了水合矿物质(和/或吸附的水或羟基分子)覆盖高纬度但并非永久阴影区的证据。人们认为这种 $OH/H_2O$ 在日光照射下不能以冰的形式存在，可能是通过太阳风注入的氢还原在表岩屑中的铁氧化物而产生的，而 $OH/H_2O$ 被保留在相对较冷的高纬度表岩屑中。估计这些地区相应的水丰度可能高达 770ppm，但具体浓度要取决于所用的模型。此外，尚不清楚这些水合物质在何种程度上是位于表面的纯净物质(因此从资源的角度来看可能微不足道)，或者已被“造园”过程混合到体积可观的下层表岩屑中(在这种情况下它们在体积上可能更重要)。

注：蓝色表示检测到归因于结合的 $OH/H_2O$ 的2.8 ～3.0μm 吸收带的区域；红色表示矿物辉石的 1μm 带很强的区域，包括玛利亚环形山的玄武岩；绿色代表反照率。注意，水合作用的证据仅限于高纬度地区，但比两极的永久阴影区域要广泛得多。

图8 - 3 - 1　基于“月船”1 号任务的“月球矿物学制图者”仪器获得的数据绘制的月球正面的伪彩色图像

在第 8.2.2 节已经讨论过，太阳风是可能的羟基化来源，因为它由质子和电子组成，流动速度达 500km/s，温度接近 $10^5$K。该领域的最新工作揭示了这些过程所涉及的复杂性，因为太阳风在月球表面上既可以产生 $OH/H_2O$，也可以破坏 $OH/H_2O$。研究月球表面上 H 的迁移性，以及太阳风 H 注入的复杂性和 OH 的形成过程，使得对月球表面 OH(可能还有 $H_2O$) 的起源和演化有了更深入的了解。由建模得到的一个有趣结果是，晶体的缺陷特性与温度和/或太阳风通量一样，对 H 在裸露的表岩屑中的保留具有同样(或更多)的控制。太阳风会影响表面，可能会去除现有的 H 或 OH，但这反过来又使新的 H 或 OH 的注入更容易发生。此外，月球表面富含氧化物($SiO_2$、$TiO_2$、$FeO_2$)，这些材料中的缺陷在此过程中尤为重要。不规则且损坏的细粒度月球表岩屑会俘获太阳风质子并形成 OH。根据缺陷在任何给定时间的排列或隔离程度，它们将形成允许增强扩散的通道，或捕获进入的粒子。

在讨论月球表面水时应注意，有证据表明月球火山碎屑沉积物具有明显的水合作用水平。实验室测量的"阿波罗"15 号和"阿波罗"17 号火山碎屑玻璃的含水量大多为 5～30ppm。从资源的角度来看，这个浓度是非常有限的：在 10ppm 的情况下，这种物质 $1m^3$ 只能产生约 20mL 的水。但是，对最近的红外遥感观测的解释表明，一些火山碎屑沉积物可能含有高达 1500ppm(0.15%)的 $H_2O$。如果得到证实，那么这种高浓度很可能在经济上是可利用的，因为，尽管比 LCROSS 结果所暗示的永久阴影区的陨石坑中的水的浓度低 1 个数量级，但它们发生在远不那么极端的环境中且容易获得太阳能。

Li 和 Milliken 利用"月球矿物学制图者"所观测的数据对月球表面水的分布、丰度和成因进行了研究[5]。一种新的热校正模型和吸收强度与水含量之间的实验验证关系被用于构造第一份从"月球矿物学制图者"近红外反射数据得出的月球表面水的整体定量图。他们发现，OH 的丰度随着纬度的增加而增加，接近 500～750ppm 的值。水的含量也随着太空风化程度的增加而增加，这与在凝集物形成过程中来自太阳风植入的水优先保留的规律相一致。在多个点位观察到异常高的水含量，这表明观测到来源于月球内部岩浆的水，但在地表成分和水含量之间没有全局相关性。在一个月球日，地表水的丰度可能会发生约 200ppm 的变化，并且平均在全月球表岩屑上层 1m 可能总计含有约 $1.2\times10^{14}$g 的水。因此，水的形成及其向冷阱的迁移可能是月球和其他无空气天体上的连续过程。

### 1. 表面水的全月球空间分布

由"月球矿物学制图者"光谱确定的月球光学表面水的定量全局图如图 8-3-2 所示，证明约 2.9μm 处的 $OH/H_2O$ 吸收强度的增加是纬度的函数。这种纬度依赖性与以前对"月球矿物学制图者"数据的研究基本一致，但是改进的热校正模型可以更准确地估计在低纬度(表面温度可能超过 400K)下的吸收强度和水含量。观察到，在北纬 30°～南纬 30°区域的光谱中，水的吸收通常非常弱或不存在(图 8-3-2(b))，但在更高的纬度处急剧增加，相应的北半球和南半球最大水丰度分别约为 750ppm 和 500ppm(图 8-3-2(b))。

从"月球矿物学制图者"数据中可以看出，北半球和南半球之间的水含量明显不对称，这对应于不同的超热中子的抑制，如在“月球勘探者”数据中所见，在北半球的抑制作用更强，与增加的氢丰度一致。与中纬度和高纬度相反，在小于 30°的纬度上，表岩屑的水丰度估计值通常小于 100ppm，这与对返回的月球样品测得的值一致。没有观察到任何迹象表明 OH/$H_2O$ 的吸收强度会随着经度的变化而系统地变化(图 8 - 3 - 2(c))，尽管水丰度开始增加的特定纬度随经度而变化。

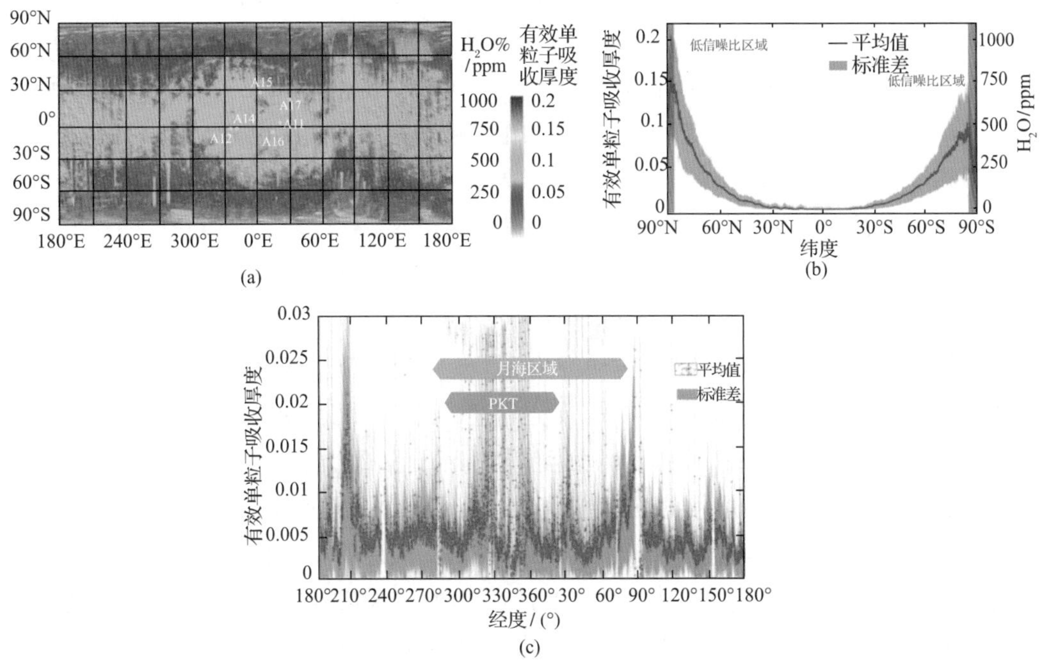


注：图(a)ESPAT 值(在 2.86μm 附近)和估计水含量(假设不规则形状的颗粒直径为 60～80μm)的全球地图，“月球矿物学制图者”数据覆盖在月球轨道激光测高仪的阴影起伏图上，“阿波罗”登陆点标有黄点。图(b)当在所有经度上平均时，从图(a)得出的 ESPAT 和含水量的纬度剖面。图(c)在北纬 35°～南纬 35°的所有纬度上平均的 ESPAT 值的经度剖面。浅蓝色条表示月海主导区域的近似经度范围。绿色条显示了 PKT(Procellarum KREEP Terrane)的大约经度范围。

图 8 - 3 - 2　根据“月球矿物学制图者”数据得出的月球表面水含量

## 2. 含水量与表岩屑成熟度的比较

光学成熟度(OMAT)是一种光谱参数，旨在根据可见光 - 近红外波长下的反射率特性估算月球表岩屑的太空风化程度。图 8 - 3 - 4 给出了先前从“克莱门汀”多光谱数据推导出的 OMAT 值与从“月球矿物学制图者”数据计算出的有效单颗粒吸收厚度(ESPAT)值的关系。较高的 OMAT 值被解释为代表“未成熟”的表岩屑，而亚微观的纳米相 Fe 在增强的太空风化过程中的积累会导致更“成熟”的表岩屑和较低的 OMAT 值。尽管 OMAT 值不能表示暴露年代比哥白尼年代大(12 亿年前)，但是它们可以大致表示平均大小为 60～80μm 的典型月球颗粒的成熟度，并提供了一个有用的代理，用以关联水的吸收强度与可能的太空风化程度。

在南纬 30°和北纬 30°之间的区域未观察到 OMAT 与 ESPAT(水含量)之间的相关性(图 8-3-3),这与在该纬度范围内通常缺乏强 $OH/H_2O$ 吸收的现象一致。相反,对于两个半球,纬度 60°~70°的区域中,成熟度增加的区域(OMAT 较低)表现出的含水量增加(ESPAT 较高),如图 8-3-4 所示。在中纬度地区,还发现了成熟度和含水量之间的相似但较弱的相关性。这些趋势表明,当表面存在足够数量的 $OH/H_2O$ 时,其丰度以月球表岩屑成熟度的函数而增加,这在向极地扩展 30°纬度的范围内也是如此。在纬度为 60°~70°时,ESPAT 值(和相关的水含量)在观测到的 OMAT 范围内大约以 3 倍的因子变化(0.02~0.06),而且很明显,与明亮射线相关的年轻陨石坑和周围地形相比展现了较弱的水吸收(图 8-3-4(c)和(d))。这即使在吸收最强的中纬度和高纬度地区也是如此,而不论 OMAT 如何,低纬度地区的土壤都相对干燥。这些结果表明,纬度是表面 $OH/H_2O$ 丰度的主要控制因素,而表岩屑成熟度是重要的次要因素。

### 3. 含水量与表面成分的比较

与以前的"月球矿物学制图者"数据研究相反,观察到在全月球范围内,月海和高地地区之间的水含量没有明显差异(图 8-3-2)。如上所述,光学表面上 $OH/H_2O$ 的大多数变化可以描述为纬度或者 OMAT 的函数。如果大块月幔中存在水,那么与岩浆海洋冷却的最后阶段有关的 KREEP(钾、稀土元素和磷)类成分有望富含水,而岩浆的演化成分也会如此。观察到与 PKT 相关的水量整体上没有明显增加(图 8-3-2(c)),但是确实观察到以前被解释为硅质穹顶的几个特征与周围地形相比具有更强的 $OH/H_2O$ 吸收(图 8-3-5)。另外,已经识别出结晶斜长石暴露的一些(但不是全部)区域对应于水合作用增强的区域(图 8-3-6)。

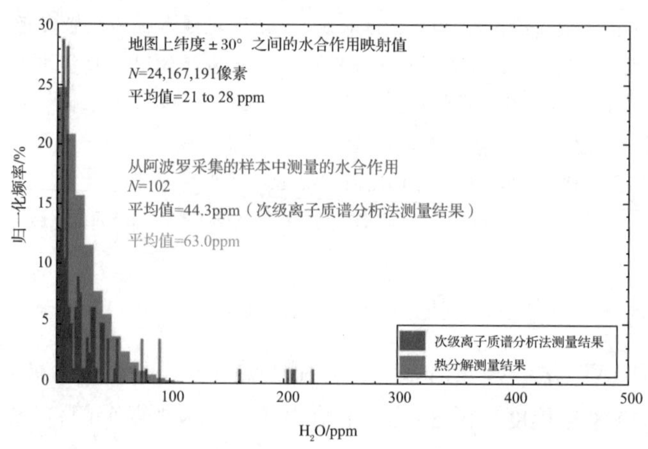


图 8-3-3 在北纬 30°~南纬 30°区域(包括"阿波罗"采样位置)中"月球矿物学制图者"得出的水含量与从"阿波罗"采集样品中测得的水含量的比较

尽管在成分和水含量之间通常缺乏相关性,但即使在全月球的尺度上,也可以观察到明显的例外。几乎所有的大型月球暗地幔沉积物,被解释为代表着火山玻璃富集的火山碎屑沉积物,与周围地形相比,无论纬度和 OMAT,其含水量都异常高(图 8-3-2)。类似于在布利奥环形山的中心峰和在康普顿－贝尔库维奇环形山的推断为硅质火山综合体所检测到的水，这些沉积层中的水很可能是岩浆来源而不是太阳风注入。

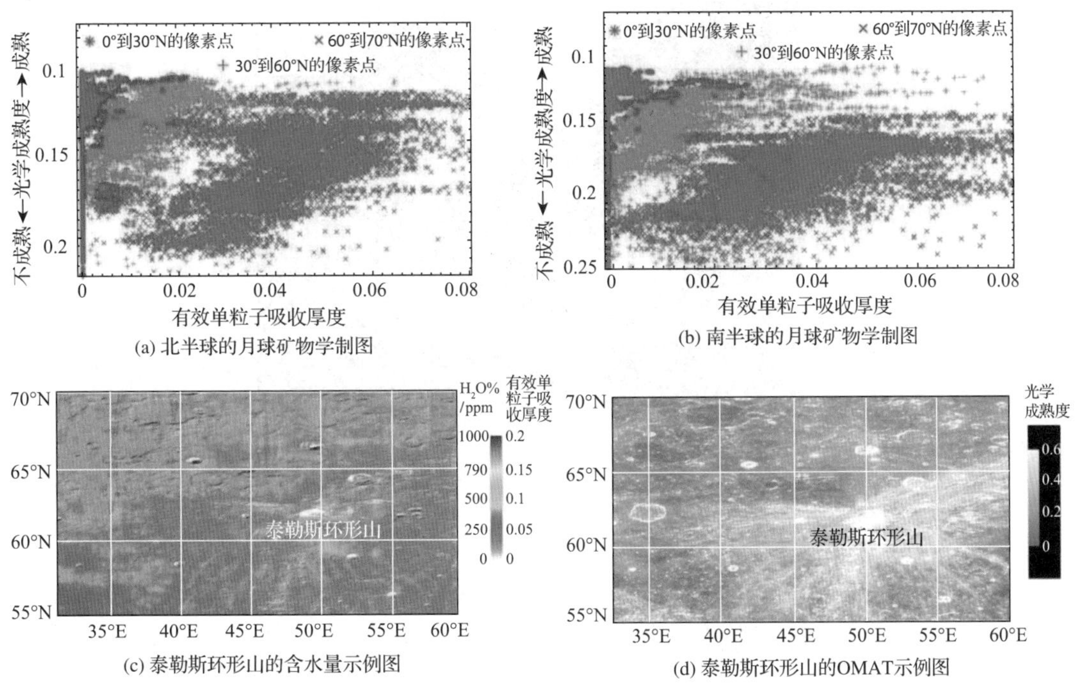


注：图(c)、(d)显示了未成熟表岩屑和低含水量之间的空间一致性。

图 8－3－4　月球表岩屑的水含量（ESPAT）与 OMAT 的比较

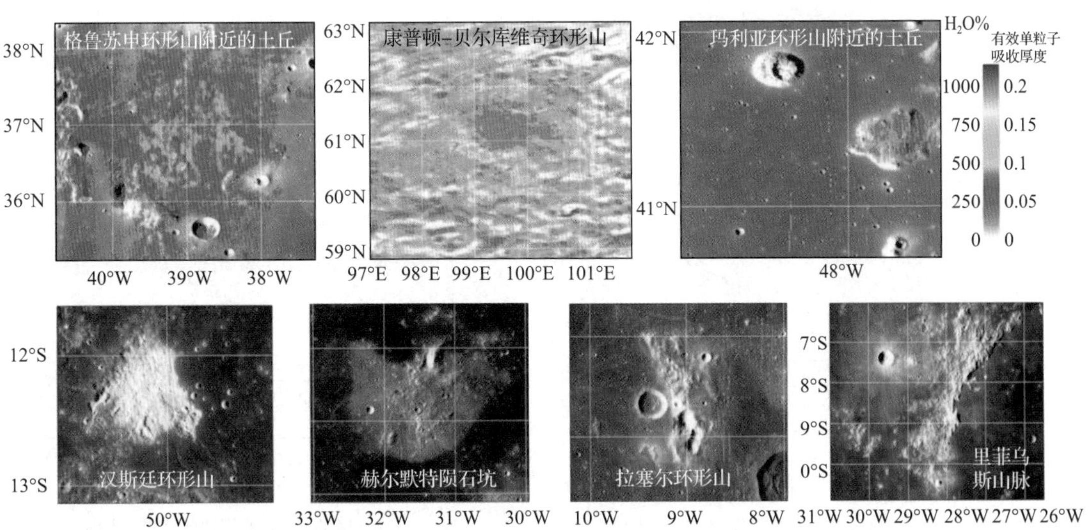


注：在格鲁苏申环形山、康普顿－贝尔库维奇环形山和玛利亚环形山的特征显示出异常的含水量增加，这表明富含挥发性物质的岩浆源，而其他据称的硅质穹顶则缺乏增强的水合作用的证据。

图 8－3－5　先前报道的硅质穹顶的水含量图

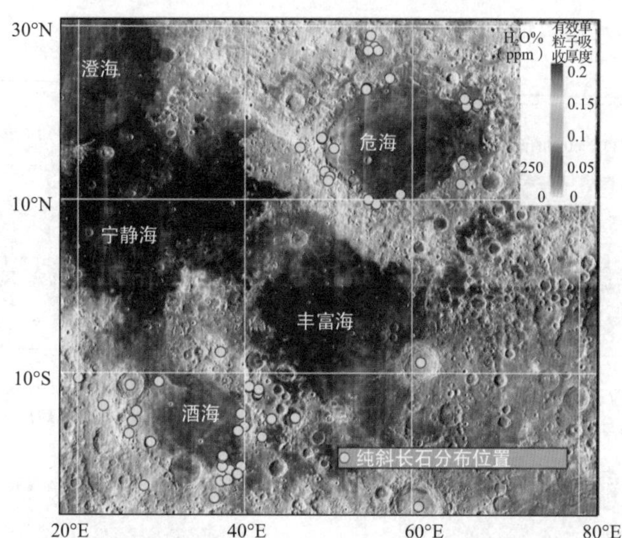


图8-3-6 “月球矿物学制图者”导出的水地图与先前报道的危海和酒海附近的裸露结晶斜长石（未受冲击的）的比较

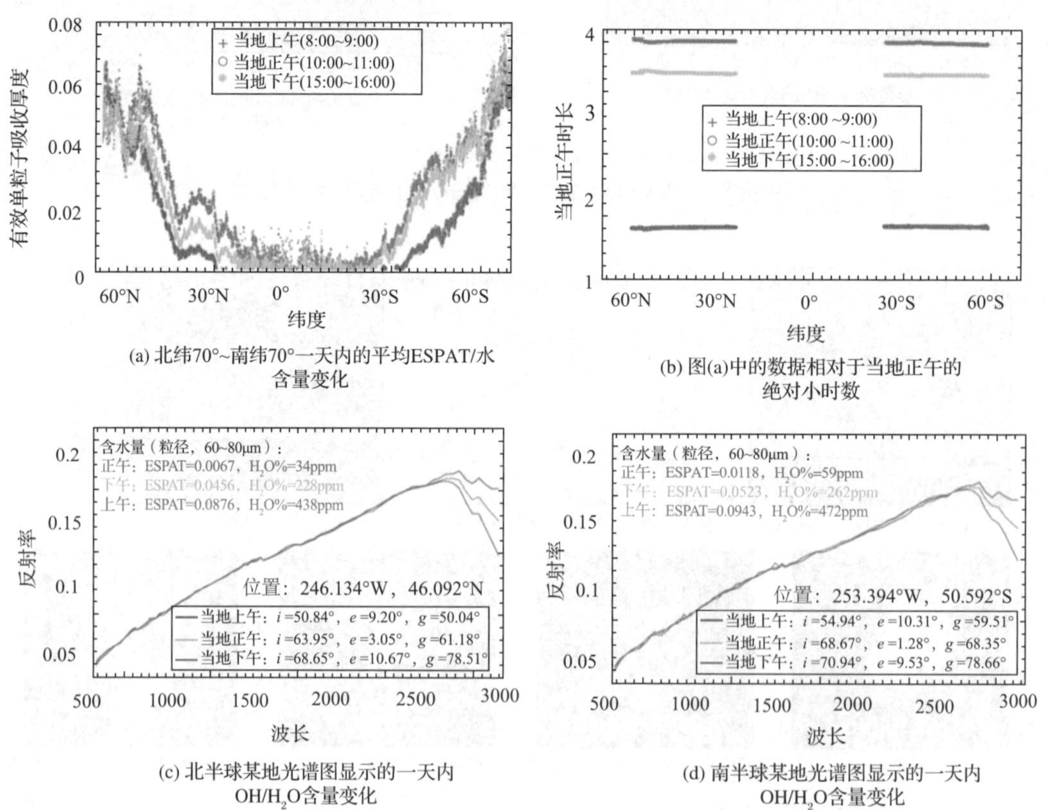


注：$i$—太阳入射角；$e$—发射角；$g$—相角。

图8-3-7 “月球矿物学制图者”测得的月球表面水含量的周日变化

### 4. 含水量的周日变化

由于"月球矿物学制图者"在一天中的不同本地时间对月球进行成像的比例很小，因此很难评估全球范围内 OH/$H_2O$ 日变化的可能性。但是，在三个不同的本地时间段观察了从北纬 90°～南纬 90°和东经 200°～东经 300°的区域：上午(6: 00 ～ 10: 00)，中午(10: 00 ～ 14: 00)和下午(14: 00 ～ 18: 00)。ESPAT 值和水含量作为一天中每个时间的纬度函数如图 8 –3 –7所示。由于极点附近合适质量的"月球矿物学制图者"光谱数量不足，仅绘制了北纬 70°～南纬 70°之间的像素。与在当地正午附近获得的光谱相比，上午和下午的数据均显示出增加的吸收强度，特别是对于从赤道到南北纬 60°的光谱。在更高的纬度上，至少在与这些"月球矿物学制图者"数据相关的区域和时间上，没有明显的月球表面水的周日变化。

早晨数据与下午数据相比水含量更高，可能是由于后者相对于前者而言更接近当地正午(图 8 –3 –7(b))，从而减少了水的再积累时间。南半球相对于当地正午的上午和下午数据之间的采集时间差异(0. 1h)也比北半球的时间差异数据稍小，这也可以解释南半球纬度上观测到的上午与下午含水量数据之间的差异相对于北半球纬度上观察到的要小(图 8 –3 –7(a))。

在北纬 60°～南纬 60°上的光谱显示水合作用的周日变化很强，中纬度上的变化范围最大，赤道纬度上的变化范围最小。与图 8 –3 –2 中的全球地图相比，这表明赤道纬度在清晨和近傍晚可能包含一定量的表层水，这与"深度撞击"观测一致，但在北纬 30°～南纬 30°的区域内通常是贫 OH/$H_2O$ 的，尤其是在当地正午时。相反，在纬度高于 60°的区域表现出最高的含水量，并且这种水在一个月球日内可能是基本上稳定的。在纬度 30°～ 60°的位置上，两个半球的吸收强度具有最大的动态范围(图 8 –3 –6(c)和(d))，相当于当地早晨、正午和下午之间流失/获得的水分高达约 200ppm。

## 8. 3. 2 月球两极水冰的分布与储量

"探月者"航天器上的中子能谱仪提供了永久阴影极地环形坑中存在冰的间接证据。NASA 的 LCROSS 任务的结果证明了极地冰确实存在，该任务于2009 年撞击到南极卡比厄斯陨石坑的永久阴影区域，测量得到的目标区表岩屑的水冰浓度为(5. 6 ± 2. 9)% (1$\sigma$ 误差)。对此支持的观测数据也来自太空和地基雷达设备，表明在一些永久阴影区还额外存在大量(厚度≥2m)较干净的冰的沉积，尽管对这些数据的解释受到质疑。确认在这些区域中水冰的存在以及冰的形状(如相对纯净的冰块或掺有表岩屑的冰晶)几乎肯定需要进行其他原位测量。据认为，LCROSS 发现的卡比厄斯陨石坑中水的质量分数为(6. 3 ± 1. 6)%，尽管也有人指出，在整个卡比厄斯陨石坑中均匀分布的 5% 或更多的挥发性丰度与轨道测量值不一致，表明这可能是局部而非全局的水量。

McGovern 等确定，永久遮蔽的月球表面的累积面积在北半球为 13361$\text{km}^2$，在南半球为 17698$\text{km}^2$，总面积为 31059$\text{km}^2$[6]。不出所料，两个半球大部分永久阴影区域都发生在南北纬度 80°向极点的区域，但是在两个半球低至 58°的纬度上都可以识别出小块永久阴影。目前尚不清楚这些永久阴影区域中的任何一个或全部包含水冰和其他挥发物的程度。显然，如果它们都拥有 LCROSS 在卡比厄斯陨石坑测量所暗示的水平的冰，那么水的总量可能会非常高。假设水的浓度按质量为 5.6%，表岩屑的密度为 1660kg/m$^3$，则永久阴影区的表岩屑的最上层 1m 中包含的水的总质量将为 $2.9 \times 10^{12}$kg。

由于无法进行原位测量，而遥感测量数据的解释又依赖于所用的模型，因此，除了 LCROSS 任务证明了极冰确实存在之外，关于极冰的分布和储量仍然是一个值得不断进行深入研究的课题。

以下是近年来报道的几个研究结果：

Fisher 和 Lucey 等利用月球轨道激光测高仪的反射率测量和 Diviner 月球辐射计实验的温度测量来证明月球极地地区的水冰[7]。研究发现，南极纬度 5°以内的月球表面反射率随温度降低而迅速增加，约 110K 时，其行为与表面水冰的存在一致。在北极区域没有表现出这种现象，在南极表面距极点超过 5°的纬度也没有表现出来。当分析仅限于坡度小于 10°的表面以消除由于质量浪费的增亮作用而导致的误检测时，以及在分析中排除非常明亮的南极沙克尔顿陨石坑时，这种南极反射异常持续存在。还发现，文献所报道的通常在 1064nm 处更亮的永久阴影的南极区域，当它们的年度最高地表温度太高而无法保存水冰时，不会显示反常的反射率。在北极没有观察到这种区别。在最高温度低于 110K 的表面上，反射率偏移叠加在反射率随最高温度降低而增加的总体趋势上，这存在于整个北极和南极区域；将此趋势归因于温度或照明相关的空间风化效应。识别并绘制了反射率足够高的含冰表面图，如图 8-3-8所示。在南极发现了基于紫外线特性所发现的类似分布。在靠近北极点的像素簇可能代表有限的霜冻暴露。

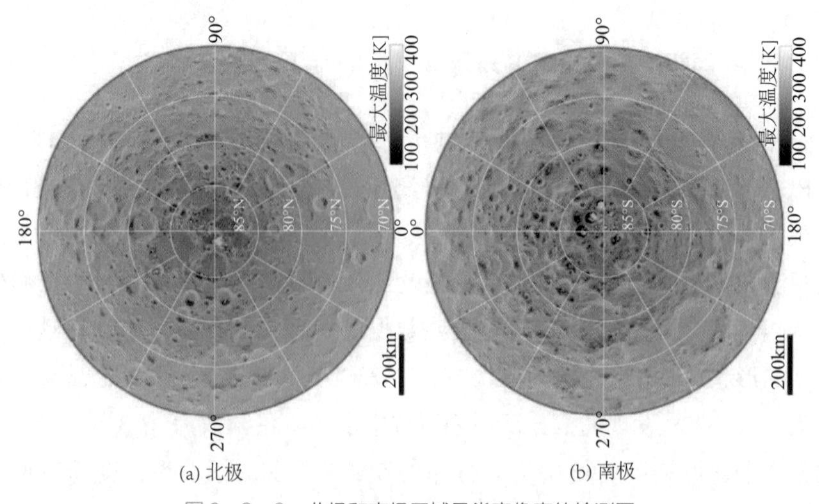

(a) 北极 (b) 南极

图 8-3-8 北极和南极区域异常亮像素的检测图

Li 和 Lucey 等利用永久阴影区域的非直接照明方法，通过对“月球矿物学制图者”仪器获得的反射光谱中水冰的近红外吸收特征的诊断进行检测[8]。在两极的 20°纬度内，包括独立测量表明可能存在水冰的位置，在光学表面(深度小于几毫米)上识别出几千个像素(约280m×280m)，其上有水冰的鲜明特征。在"月球矿物学制图者"数据中检测到的大多数水冰位置，与月球轨道激光高度计反射率值以及莱曼阿尔法制图仪的紫外线比率值展现出存在水冰的一致性，并且还展现出年度最高温度低于110K。然而，仅约3.5%的冷阱展现出冰的暴露(图8-3-9)。光谱建模显示，某些含冰像素可能包含约30%的冰，并与干表岩屑密切混合。月球表面暴露的水冰的非均匀分布和低丰度可能与月球真极的游走以及陨石的撞击翻倒有关。对 $H_2O$ 光谱特征的观察证实，水冰被捕获并积累在月球的永久阴影区域中，并且在某些位置，它暴露在现代光学表面上。

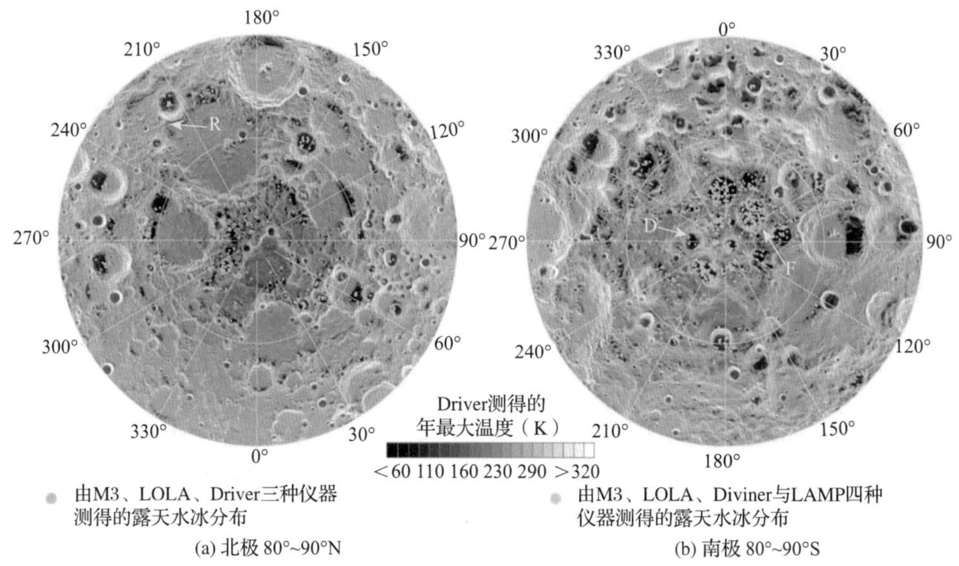


(a) 北极 80°~90°N

(b) 南极 80°~90°S

注：水冰的检测结果进一步利用最高温度(低于110K)、LOLA 反照率(大于0.35)和 LAMP 开关频比(大于1.2，仅适用于南部)进行了滤波。每个点代表"月球矿物学制图者"的一个像素，约为280m×280m。

图8-3-9 Diviner 获取的北极和南极地区年最高温度上覆盖的含水冰像素（绿色和青色点）分布

Honniball 和 Lucey 等用 SOFIA 航空观测站检测 6μm H-O-H 吸收特征，检测照明的月球表面上的分子水[9]。

目前文献中对月球表面存在水合物的报道，主要根据是3μm 波长上具有很强的吸收能力。3μm 的吸收是由于 O-H 键的对称和不对称拉伸引起的，这既可以是附着在金属阳离子上的羟基(OH)也可以是分子水($H_2O$)所产生的。目前，尚无方法可将 $H_2O$ 与其他和阳离子结合的 OH 进行区分或量化 $H_2O$ 与 OH 的比例。此外，在3μm 波长，月球辐射率是反射辐射率和发射辐射率的混合作用，这使得对其解释变得复杂，并导致有关 OH 或 $H_2O$ 的丰度和分布的争议。不过，$H_2O$ 在约6μm 波长上表现出基本振动，即 H-O-H 弯曲，这只能由 $H_2O$ 产生，而在其他含 OH 的化合物中不存在。同样有利的是，在月球温度下，在6μm 波长上观察到的信号是发射，基本上没有反射率的影响。

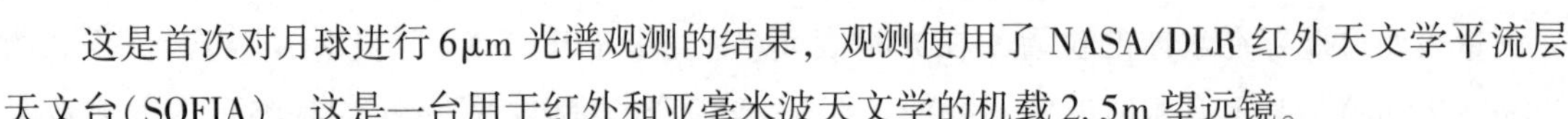

这是首次对月球进行 6μm 光谱观测的结果，观测使用了 NASA/DLR 红外天文学平流层天文台(SOFIA)，这是一台用于红外和亚毫米波天文学的机载 2.5m 望远镜。

2018 年 8 月 30 日，使用 SOFIA 对月球进行了首次 6μm 观测。使用的 SOFIA 望远镜弱微物体红外相机(FORCAST)光谱仪提供了 5～8μm 的波长覆盖，其光谱分辨率 $R=200$ (30nm)。

观察了月球上的两个位置，即苏尔皮基乌斯・盖路斯环形山和克拉维斯环形山地区。苏尔皮基乌斯・盖路斯环形山位于赤道附近，被选择代表几乎没有或没有 $H_2O$ 的位置，因为它经历最高表面温度并且其玄武岩玻璃成分具有疏水性。克拉维斯环形山地区位于南部高纬度地区，据“月球矿物学制图者”采集的 3μm 数据表明其水合物丰度很高，因此可能存在 $H_2O$。在每个位置，以大约 4s 的积分时间采集 6 帧数据。在 10min 内，高度约 13.1km 的位置处对这两个位置进行了观测。由于月球充满了 FORCAST 观测到的整个缝隙，因此 SOFIA 项目提供了 5～8μm 的完全校准的通量数据作为光谱图像。

为了估算月球遥感数据中 $H_2O$ 的丰度，利用了以前在 3μm 波长上估算水化物丰度的含水玻璃得出了反射率 6μm 波段深度与 $H_2O$ 的绝对丰度之间的经验关系。

克拉维斯环形山及其周围区域的数据显示出 1%～3% 的 6μm 发射带，将其归因于月球上的分子水(图 8-3-10)。在克拉维斯环形山区域获得的所有光谱都显示出 6μm 的发射带。

估计在高纬度克拉维斯环形山地区 $H_2O$ 的丰度为 150～650ppm，$H_2O$ 的平均丰度约为 400ppm(图 8-3-11)。这些估计值是下限，误差约为 14ppm，这是 SOFIA 数据简化所导致的误差传播。

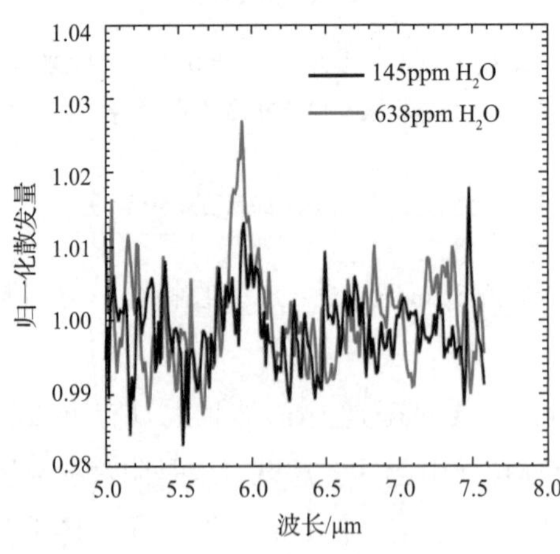


图 8-3-10 具有最大（红色）和最小 $H_2O$ 丰度的克拉维斯环形山区域的发射光谱

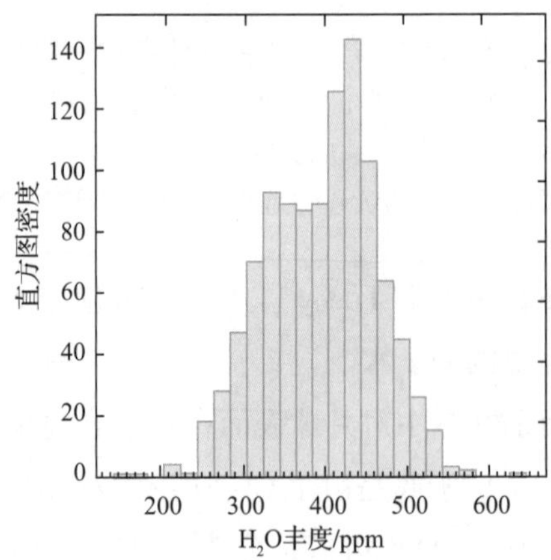


图 8-3-11 在克拉维斯环形山区域测得的 $H_2O$ 丰度的直方图密度

大多数检测到的 $H_2O$ 不会驻留在颗粒表面，而必须驻留在月球颗粒内部。颗粒内部的水可能留在冲击玻璃内。月球表岩屑大多数是 30% 的冲击玻璃和约 70% 的矿物碎片，而大多数月球矿物名义上是无水的，应该是水含量极低的。如果检测到的颗粒内部水仅限于撞击玻璃，则玻璃中的水含量为 500～2100ppm，平均为 1300ppm。这种丰度与注入水的保留相一致，或者可能是由于在较小的撞击事件中 OH 转化为 $H_2O$。

总之，使用 SOFIA FORCAST 仪器在月球照亮的表面检测到了分子水。这是对月球两极永久阴影之外的月球上 $H_2O$ 的直接而明确的检测。估计观察到的大部分水储存在月球撞击玻璃中，这支持了在高纬度地区几乎没有 $H_2O$ 甚至没有 $H_2O$ 可以昼夜迁移的论断。

### 8.3.3　月球内部的水

对"阿波罗"样品的最新分析发现，在火山碎屑源的月球火山玻璃中发现了岩浆水，其含量明显高于早期研究的结果。对这些火山玻璃使用 SIMS 或 FTIR 技术的微束方法进行了分析，而在几十年前将这些样品带到地球时还不具备这样的技术。发现了熔体包裹体，可以从其中提取出喷发前的岩浆月球水。这些熔体包裹体在火山喷发之前被困在橄榄石晶体中，喷发后并未经历明显的脱气。之前直接测量月球火山玻璃中的水含量不超过 50ppm。月球熔体包裹体中含有 615～1410ppm 的水和高含量的氟(50～78ppm)、硫(612～877ppm)、氯(1.5～3.0ppm)。这些挥发性成分与原始的地球大洋中山脊玄武岩中的挥发性成分非常相似，表明月球内部的某些部分含水量与地球的地幔一样多。对其他月球物质(如磷灰石和斜长石)中水的研究，加上火山岩的研究结果，对以前用来解释月球形成和演变的高温模型提供了新的和关键性的约束[4]。

月球很可能是由一个粗略为火星大小的天体与原始地球之间巨大的碰撞形成的。早期"阿波罗"研究得出的月球火山岩中挥发物的极度枯竭，已被视为这种能量巨大冲击后普遍脱气的证据。最近的模型可以解释地球－月球角动量和月球的早期热历史，但其关于进入月球原轨道物质的熔化和部分汽化的预测，很难解释新近测得的月球内部挥发物的丰度。然而有人指出，即使是受到这种冲击而蒸发的原始月球物质，也可能在重力作用下仍然被地球束缚并避免逃逸。最新模型表明，在没有逃逸的情况下，观测到的月球挥发耗竭可能是在月球形成的最后阶段产生的，这时富含挥发性的物质优先被地球而不是月球所吸引过来。这些模型还预测，月球内部较早形成的部分可能富含挥发性物质，反映出可能富含水的早期地球和/或巨型撞击天体的成分。距今 43.25 亿年的古老锆石提供了证据，表明在地球积聚 2.3 亿年之内，地球表面附近存在液态水。这一观察结果与以下结论是一致的，即在大撞击之前地球上有大量的水，或者在大撞击之后(但在 43 亿年之前)积聚的物质富含挥发性物质。

## 8.4　月球资源的开采与提取

全世界主要的航天机构、工业部门和研究机构正在日益研究如何开发月球的资源潜力，并开展与月球资源有关的技术开发工作。月球资源的原位提取及其利用(ISRU)，涵盖了多项应用，可以将这些应用大致分为推进剂、可持续的表面勘探和将当地材料用于建筑三类。在涉及航天员太空飞行的背景下，ISRU 重点是提取、捕获、提纯和储存维持生命的气体($O_2$ 和 $H_2O$)或推进剂($H_2$ 和 $O_2$)[10]。

月球资源的性质和可利用性仍然是许多研究的主题，目前对月球资源的某些属性已经有了很好的量化和理解(如与来自地球地质的类似物进行对比)。因此，与 ISRU 有关的许多方法已经被概念化，并在地面上进行了相关技术的开发和发展，而且已经验证了它们在提取上述气体时的适用性。[10]

## 8.4.1 月球永久阴影区水冰的开采

正如 8.2 所述，现在普遍认为在月球表面南北极永久性阴影的冷阱中存在水冰，如图 8-4-1 所示。据认为，永久性阴影区域的水总量在 $2.9\times10^{12}$ kg 的范围内，分散在表岩屑中的冰含量高达 30%。

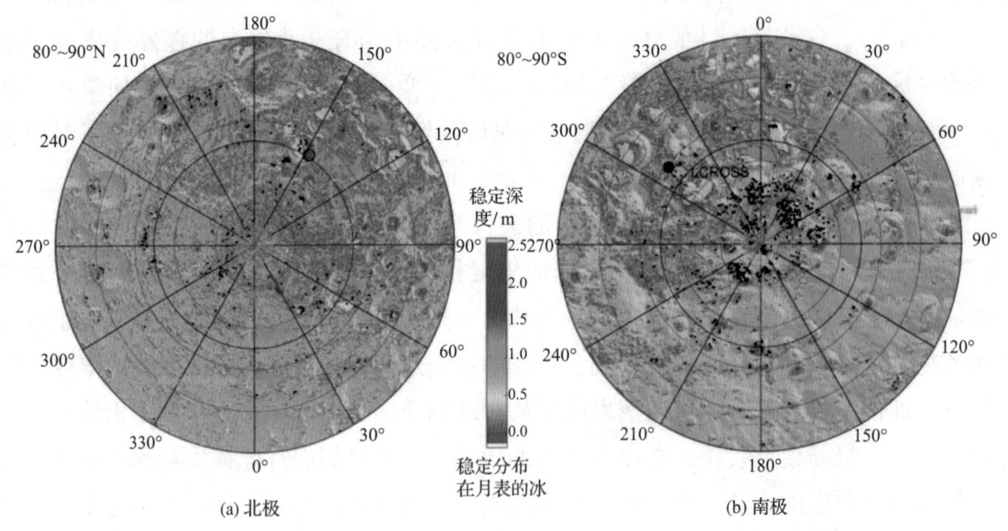


图 8-4-1 月球北极和南极的地图显示了冰的暴露量(黑点)以及在一定深度内冰稳定存在的区域

两极水冰的提取，需要加热表岩屑直到挥发物蒸发，然后捕获释放出的气体。以前的工作已经研究了两种操作原理：就地提取挥发物并运到处理储存工厂，或开采表岩屑永久冻土层并运到永久遮蔽区域之外的提取设施之中。用于加热蒸发的热能可以通过辐射加热或直接的能量传递来提供(如通过微波辐射等)。无论采用哪种方法，在陨石坑中运行采矿或开采设备都会带来挑战，如在黑暗和寒冷的环境中为系统供电和加热等。另一个挑战是分离和提纯冒出的气体，与化学氧气提取工艺相比，该情形下存在更高浓度的各种杂质(有关其他挥发性物质及其相对于水的丰度，见表 8-4-1)。尤其是必须考虑缓解有毒、腐蚀性和易燃的硫化氢($H_2S$)气体。此外，包括 CO 或有机化合物等均可以作为燃料，用于从表岩屑中提取氧气的碳热还原过程中；如果可以高纯度分离它们，也可以用于推进器。在随后发生在萨巴蒂效应反应器中的催化甲烷化反应中，CO、$CO_2$ 与 $H_2$ 转化为 $H_2O$ 和 $CH_4$。如果将氨($NH_3$)转化为用于月球温室的肥料或用作热管理系统的传热介质，也可能会大有用途。

**表 8-4-1　估计的 Cabeus(卡比厄斯)陨石坑表岩屑喷出物中的挥发物丰度**

| 挥发物 | 分子数/$cm^{-2}$ | 相比 $H_2O$ |
|---|---|---|
| $H_2O$ | $(5.1 \pm 1.4) \times 10^{19}$ | 100.00% |
| $H_2S$ | $(8.5 \pm 0.9) \times 10^{18}$ | 16.75% |
| $NH_3$ | $(3.1 \pm 1.5) \times 10^{18}$ | 6.03% |
| $SO_2$ | $(1.6 \pm 0.4) \times 10^{18}$ | 3.19% |
| $CO_2$ | $(1.1 \pm 1.0) \times 10^{18}$ | 2.17% |
| $CH_4$ | $(3.3 \pm 3.0) \times 10^{17}$ | 0.65% |
| OH | $(1.7 \pm 0.4) \times 10^{16}$ | 0.03% |

挥发物提取的过程取决于水的存在形式，即冰粒、表岩屑-冰混合物或水合矿物质。对于冰粒，必须将冰收集起来并加热，直到冰融化、蒸发或升华。在第二种情况下，冰分散在表岩屑中，必须加热整个混合物，直到水蒸发，然后才能从表岩屑中分离出来并收集水。从能量的角度来看，与第一种情况的唯一区别是加热关联的表岩屑所需的能量。但是，对于水合矿物质 M，水以 $M \cdot H_2O$ 的形式化学附着在这些矿物质上，必须断开该键并使水蒸发：

$$M \cdot H_2O \rightarrow M + H_2O_{(g)} \tag{8-4-1}$$

对这种提取过程的能量需求进行一阶估算，如果冰以 LCROSS 任务估算的浓度分散在表岩屑中，在类似于图 8-4-2 的系统中，冰冷的表岩屑被加热，冰融化并蒸发，然后(在分离之后，不属于该计算的一部分)在冷阱中冷凝，该冷阱使用辐射板进行冷却，最后电解纯水以获得氧气和氢气。假定所有这些都在 1atm(1atm = 101325Pa)下发生，表岩屑和水蒸气被加热到 200℃。

$$E_{total} = \frac{1}{\eta}(E_{water} + E_{regolith}) + E_{cooling} + E_{electrolysis} \tag{8-4-2}$$

式中：$E_{total}$为获取 1kg 氧气所需的总能量；$\eta$ 为加热系统的效率，$E_{water}$为加热、融化和蒸发 1kg 水所需的能量；$E_{regolith}$为加热包含 1kg 水的表岩屑所需的能量(100kg 表岩屑含(5.6 ± 2.9)kg 的 $H_2O$)；$E_{cooling}$为冷却系统的动力泵所需的能量；$E_{electrolysis}$为将水分离为氧气和氢气所需的能量。

由于反应器的损失和其他挥发物的蒸发，保守估计加热效率为 90%。使用来自美国国家标准技术研究院(NIST)2002 年公布的数据，将水从 40 K 加热到 473.15K 所需的能量(包括融化和蒸发的潜热)为 1.01kW · h/kg。对于 1kg 氧气，这等于 1.14kW · h。将表岩屑从 40K 加热到 473.15K 所需的能量为 75.45W · h/kg。使用(5.6 ± 2.9)% 的冰冻表岩屑水含量并通过水蒸发和电解提取1kg氧气，表岩屑质量在13.2~41.3kg范围内。鉴于此，加热表岩屑以提取1kg氧气的能量介于0.995～3.118kW·h之间。对于给定的5.6%的平均水含量，必须加热20kg的表岩屑，需要1.509kW·h的能量。冷凝1.126kg水(包含1kg氧气)并将其冷却至50℃，必须释放0.89kW·h的热能并将其辐射到太空中。作为参考，ISS光电热控制系统(PVTCS)可以使用冷却泵系统的550W电力来释放14kW的热量。假设该系统与具有类似效率的冷却系统具有完全的可扩展性，那么冷却系统将消耗31.07W·h的电能来冷凝1kg的水，温度从200℃到50℃，相当于每提取1kg氧气需要34.98W·h的能量。

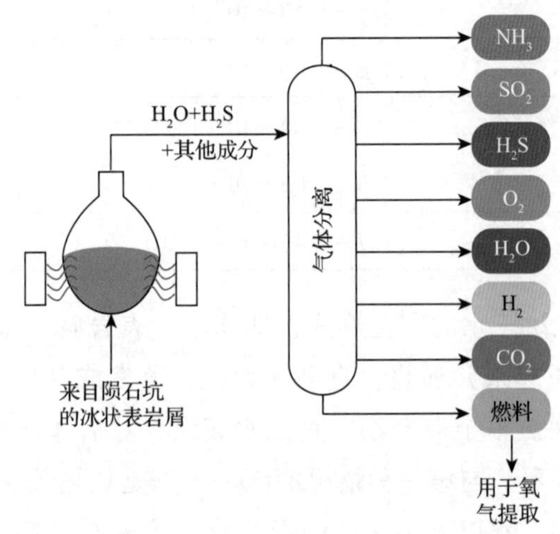


图8-4-2 对水和其他挥发物进行提取的示意图(挥发物成分根据LCROSS的检测结果)

根据法拉第定律，电解水以获得1kg氧气的能量计算如下：

$$E_{\text{electrolysis}} = U \times I \times t = U \times z \times n \times F = z \times F \times U \times \frac{m}{M} = 4.12(\text{kW} \cdot \text{h}) \qquad (8-4-3)$$

式中：$U$为电势；$I$为电流；$z$为每个分子交换的电子数(对于$H_2O$，$z=2$)；$n$为产生的$O_2$摩尔数；$F$为法拉第常数$F=96485.33\text{C/mol}$；$m$为产生的氧气的质量；$M$为$O_2$的摩尔质量，$M=15.999\text{g/mol}$。

从电解水获得1kg的氧气，等于4.12kW·h。考虑到水含量有1$\sigma$的偏差，因此得出提取1kg氧气的理想能量需求如下：

$$E_{\text{total}} = \frac{1}{0.9}(1.14 + E_{\text{regolith}}) + 34.98 + 4.12 = \begin{cases} 8.88(\text{kW} \cdot \text{h}),\ 2.7\%\, H_2O \\ 7.10(\text{kW} \cdot \text{h}),\ 5.6\%\, H_2O \\ 6.52(\text{kW} \cdot \text{h}),\ 8.5\%\, H_2O \end{cases} \qquad (8-4-4)$$

曾经开发过一种低温设备来测试表岩屑中水的微波提取法。在真空中，蒸发了冻土(含水量0.5%～2%)中所含水分的85%，并使用液氮冷阱捕获了其中的99%，证明了无须事先挖掘而进行原位微波水提取的可行性。该过程仅需要输入表岩屑冰和能量即可。在极地地区已经发现了带有几乎永久照明边缘的永久阴影的陨石坑，永久阴影和几乎永久照明边缘表明，这二者的相互临近，可以在足够近的范围内既提供冰表岩屑又提供太阳能。

## 8.4.2 表岩屑中结合氧的提取

氧气的另一个来源是月球表岩屑，其每单位质量包含约 45% 的氧气。由于表岩屑在月球表面无处不在，尽管其组成变化很大，基本上可以在任何地方从表岩屑中提取氧气。图 8－4－3 给出了月球采样返回着陆点主要氧化物的最大和最小含量，以及所有着陆点的平均值。其中，最丰富的氧化物是 $SiO_2$（40.7% ～47.1%）。氧化铁的丰度取决于着陆地点，平均而言月海地区比月球高地要高。

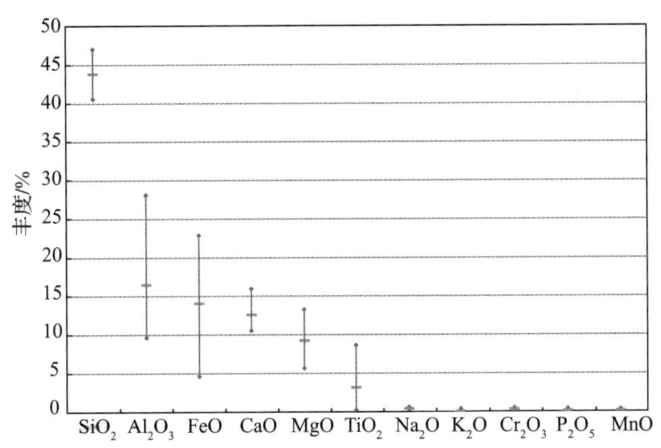


图 8－4－3　月球采样返回着陆点主要氧化物的平均（蓝色）、最小和最大丰度

为了从月球表岩屑的矿物中提取氧气，必须将其中存在的金属氧化物还原成相应的金属。完全还原所需的能量是形成纯氧化物的吉布斯自由能 $\Delta G^0$ 的负值，将这些能量标准化为 1mol 的氧气，如图 8－4－4 所示。还原具有非常低的吉布斯自由能的氧化物需要更多的能

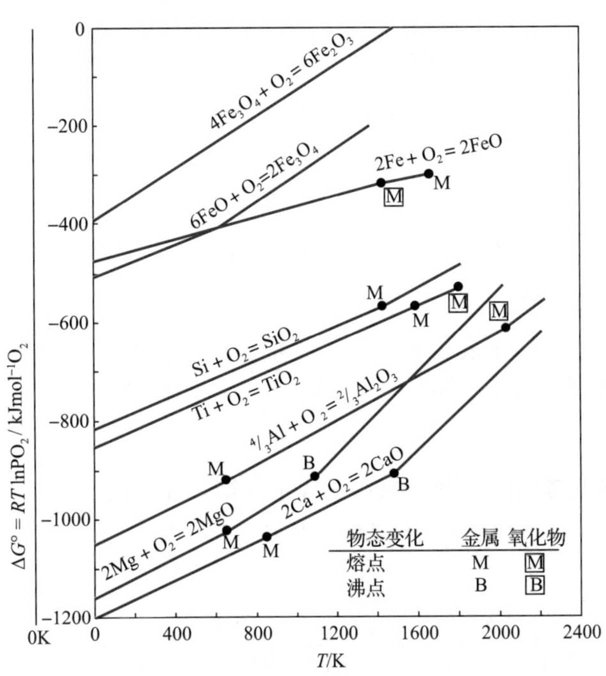


图 8－4－4　月球表岩屑中富含的金属氧化物的 Ellingham 图

量，与在表岩屑中足够丰富的其他氧化物相比，氧化铁的还原更加容易，而氧化钙的还原需要更多的能量。通常，对于矿物和混合氧化物，在更复杂的计算中必须考虑其相互作用。

月球表岩屑的融化不均匀，它的固相线温度(低于此温度，所有都是固体)在1050～1150℃之间变化，而其液相线温度(高于此温度，所有都是液体)在1150～1400℃之间变化。因此，在1050℃以下工作的氧气提取工艺可认为是固态还原，而在1400℃以上工作的氧气提取工艺则是还原熔融的表岩屑。

由表岩屑中提取氧气的方法有活性气体还原、电解还原和气相热解三类。活性气体可以通过还原和置换两个主要机制提取氧气。在还原中，活性气体对氧的亲和力高于氧化物中的金属，因此气体被氧化且金属被还原。置换需要对金属亲和力比对氧亲和力高的活性气体，活性气体替代氧气并将其释放为 $O_2$。

在电解过程中，还原发生在阴极，氧化发生在阳极。金属从表岩屑中沉积在阴极，氧气在阳极产生。下面提出两个概念，首先是熔融表岩屑的直接电解，其次是熔融盐中的电解。

### 1. 氢气还原

氢气还原过程是20世纪60年代首次提出的月球氧气ISRU生产过程之一。它在800～1000℃的温度下工作，固体表岩屑与氢气流接触，所产生的水必须从氢气流中分离出来，例如通过冷阱使水在其上冷凝，然后必须将水隔离、纯化和电解以形成 $H_2$ 和 $O_2$。氧气被存储起来以供使用，而氢气则被送回到还原过程中。图8-4-5给出了还原过程。

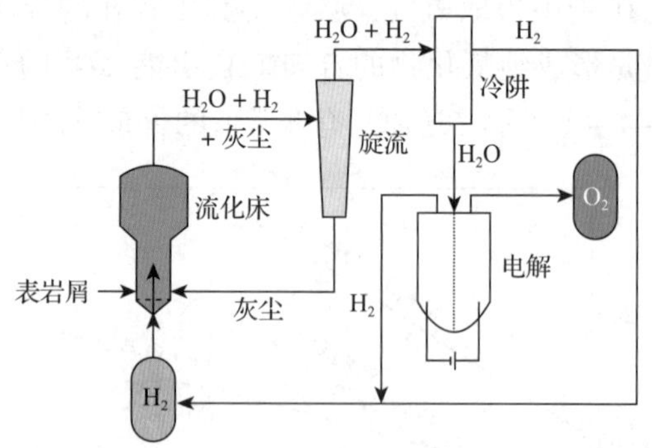

图8-4-5 使用流化床反应器的氢气还原过程

只有表岩屑中的氧化铁成分可以被氢还原，例如在钛铁矿($FeTiO_3$)中的氧化铁，因此产率相对较低，并且严重依赖于表岩屑中的铁含量。然而，上述过程在概念上非常简单，受到许多科学家和工程师的青睐，使得该过程在NASA勘探技术和开发计划中得到了进一步发展。

氢与含氧化铁的矿物(如钛铁矿)反应形成水和铁，此平衡反应如下：

$$H_2 + FeTiO_3 \leftrightarrow H_2O + Fe + TiO_2 \quad (8-4-5)$$

平衡常数 $K$ 计算如下：

$$K = \frac{a(H_2O) \times a(Fe) \times a(TiO_2)}{a(H_2) \times a(FeTiO_3)} = \frac{p(H_2O)}{p(H_2)} \quad (8-4-6)$$

式中：纯物质 $a(\mathrm{Fe})$、$a(\mathrm{TiO})$ 和 $a(\mathrm{FeTiO_3})$ 的活度等于 1，而气体的活度对应于它们的分压。

反应的吉布斯自由能 $\Delta G$ 与平衡常数的关系如下：

$$\Delta G = \Delta H - T\Delta S = -RT \times \ln(K) \tag{8-4-7}$$

式中：$\Delta H$ 为反应焓；$T$ 为温度；$\Delta S$ 为反应熵；$R$ 为通用气体常数。

图 8-4-6 显示了用氢气还原钛铁矿时的平衡状态下气体中氢和水的含量。显然，由于氢气和水的分压决定了反应平衡，因此该反应需要过量的氢气并从循环的氢气流中连续除去水。对氢还原月球表岩屑进行热力学分析并得出结论，尽管副反应非常复杂，但氧化铁的还原是唯一能够显著产生氧气和金属的化学反应。

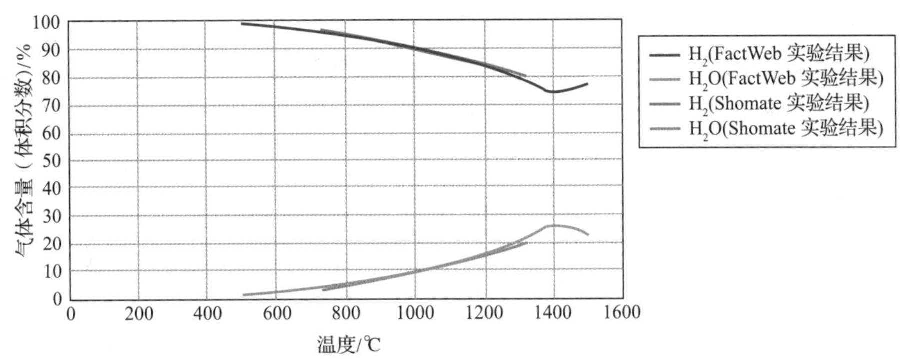


图 8-4-6　氢气还原钛铁矿后反应气体中的氢和水含量

用氢气还原表岩屑颗粒遵循收缩的核模型。一方面，颗粒开始在气体表面界面反应，氧化铁还原为金属铁，同时形成水。为了继续反应，氢必须扩散穿过已反应的壳，以到达未反应的核（图 8-4-7）；另一方面，水必须从颗粒中扩散出来才能进一步反应（图 8-4-6）。因此，颗粒的总还原速度不仅受到反应表面上反应的限制，而且受到氢和水通过反应壳的扩散的限制。因此，随着反应壳厚度的增加，反应速度随时间呈指数下降，从而扩散势垒增加。

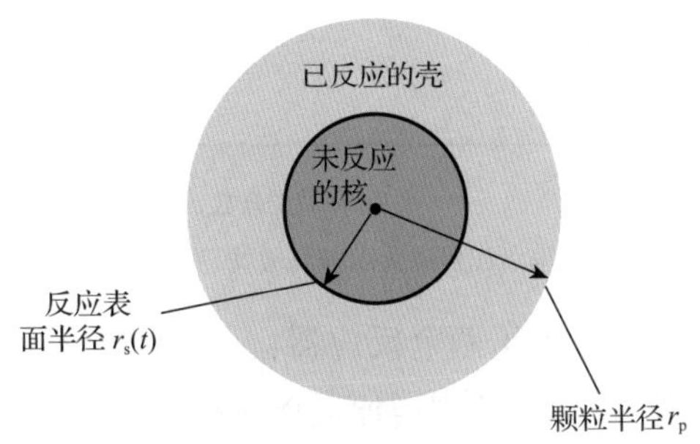


图 8-4-7　收缩核心模型的描述

原则上有四种不同类型的反应器使流体和粒状固体发生反应：在固定床反应器中，只有流体运动而粒状固体保持静止；在移动床反应器中，流体和粒状固体均沿相同方向流动；在流化床中，气体或液体流过粒状固体，并由于摩擦力而使颗粒加速，流化的作用是使粒状床膨胀到一定程度，而不是将颗粒运出床；在气流床反应器中，流体的速度足够高，可以将颗

粒从床中运出。

颗粒床的流化作用取决于气体、流量、颗粒大小及密度，可以将粉末分为四个不同的组对其流化行为进行表征。理论上流化床随着气体在颗粒之间流动而膨胀，但现实中颗粒会聚集成团，并且气体会以气泡和通道的形式通过床层上升。这减少了颗粒与气体的接触，因此限制了其反应动力学。

为了将干燥的氢气送回反应器中，需要从由氢气组成的气流产物中除去水，这可以通过冷凝来完成。曾经有实验使用冷阱将水的产量提高了 4.3 倍，然而这需要能量来将 800 ~ 1000℃的气体冷却至 100℃以下，然后将氢气重新加热到工艺温度。也曾有研究提出，可以在高温下使用固态电解去除水，以避免出现此类问题。

利用 10g 玄武岩样品 70035 在 900 ~ 1050℃下用氢气进行了还原试验，所有试验反应都在 10min 完成，钛铁矿部分完全还原，辉石和橄榄石晶粒中的氧化铁部分还原。这与合成钛铁矿的 20min 反应完全相比，玄武岩的活性是钛铁矿的 2 倍。同样，没有观察到产品中有 $TiO_2$，而是亚钛氧化物，即所谓的 Magneli 相 $Ti_nO_{2-n}$，$n=7, 6, 4$。

总结使用“阿波罗”样品进行氢还原的不同试验，证实了氧气产量与氧化铁含量之间的关系，如图 8-4-8 所示。在还原“阿波罗”样品 75061(钛含量最高的样品)时，$Ti_4O_7$的形成可能引起 0.52% 的重量损失，大约是实验中提取的氧气的 1/5。利用 40g 月球表岩屑模拟物 FJS-1 的样本进行的试验，证实了较短的反应时间，25min 后停止抽水，压力越低、温度越高、晶粒尺寸越小，则反应速率越高，这证实了先前描述的收缩核模型。

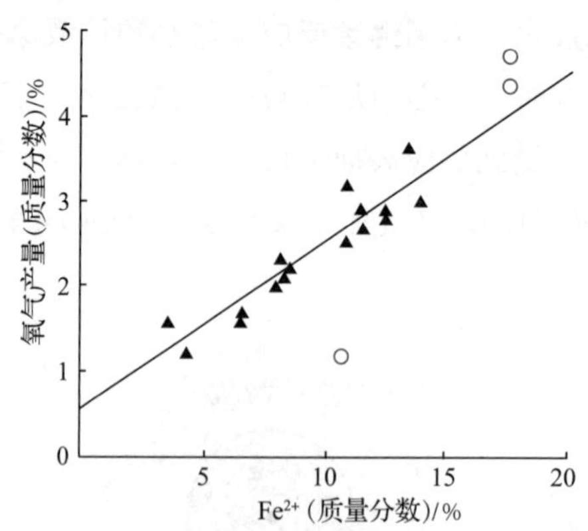


图 8-4-8 月球土壤（三角形）和月球火山碎屑玻璃（圆形）的氢还原过程中的氧气产量

在 NASA RESOLVE 项目中设计了两个反应器：一个反应器用螺旋搅拌器搅拌，另一个反应器旋转。这些是固定床反应器，分别增加搅拌或移动床以改善气固接触和转化。在夏威夷的莫纳克亚(Mauna Kea)进行现场测试后，第一台螺旋钻反应器和旋转反应器达到了 5 级技术成熟度，实现了从火山岩表岩屑中提取氧气。由于取消了“星座计划”，第二代螺旋钻反应堆尚未完成[11]。目前已经开发并测试了一种试验装置，该装置能够在太阳能炉中使用聚集的日光从高达 25kg 的钛铁矿或月球表岩屑模拟物中提取水。通过供应新鲜的固体、去除用过的固体以及冷凝气流中的水，该装置的试验板可以连续运行。在钛铁矿还原测试中实现了 56% 的转化率。由于氢气只能在适中的温度下还原氧化铁，因此表岩屑中的铁含量决定了该工艺的效率。此过程最适合高钛月海表岩屑。选矿可以进一步增强该过程，因为它可以将原料中的钛铁矿含量提高到 70%。

产生的气体可能包含氢、水(图 8-4-6)和杂质。其中，由于颗粒在气流中的高速运动而从反应器中带走的表岩屑可使用分离器、过滤器或静电除尘器去除。在气体的冷却和冷凝过程中，其他杂质可能会溶解于水。在大规模示范试验中，用氢气还原不纯净的地球钛铁矿，水的 pH = 3，呈酸性，并含有氨、硫酸盐和氯化物。水的净化还有待证明。净化后的水可以被电解，从而分离成氧气(作为主要产品存储)和氢气(在过程中重复使用)。氢的部分损失可能在还原过程中发生，这是由于扩散到未反应的表岩屑或固态铁中，或者在随后的气体处理和水电解步骤中损失。太阳风在表岩屑中注入了氢，在月球样品中发现的量在 1 ~ 100mg/kg 之间，可以部分补偿氢的损失。

**表 8-4-2 气固反应不同反应器布局的比较**

| 特征 | 固定床 | 移动床 | 液化床 | 气流床 |
|---|---|---|---|---|
| 气固反应适应性 | 不适合连续处理；分批处理生成产物不均匀 | 低粉末含量微粒较为均匀；反应器容量有可能较大 | 颗粒尺寸分布没有特殊要求；可能存在大量粉末；连续处理生成均匀粉末 | 反应速度可能很快；回收利用未反应粉末困难 |
| 温度分布 | 由于放热反应存在过热点风险 | 通过高速固体循环和气体流动将温度梯度控制在允许范围内 | 高固体混合确保温度分布均匀；通过浸入床内的热交换器或通过增减固体控制温度 | 可通过高速固体循环将轴向温度梯度约束在允许范围内 |
| 供热、排热与热交换 | 换热不良，热传输限制扩展 | 固体热容大导致换热不良；通过固体循环进行大量热传输 | 高效传热，固体热传导效率高 | 介于液化床和移动床之间 |
| 颗粒尺寸 | 颗粒尺寸 8 ~ 20mm，分布均匀，无粉末 | 颗粒尺寸 2 ~ 6mm，分布均匀，无粉末 | 颗粒尺寸 0.02 ~ 6mm，分布分散 | 颗粒尺寸 0.02 ~ 0.5mm，分布集中 |

### 2. 甲烷固态还原

甲烷固态还原过程与氢还原过程非常相似(图 8-4-9)，它利用甲烷在 800 ~ 1000℃的温度下生成 CO、$H_2$、$H_2O$ 和 $CO_2$，甲烷比氢更易于存储。备选的还原剂是固体碳或 CO，产生的气体 CO 和 $CO_2$ 在萨巴蒂效应反应器中与 $H_2$ 转化为 $CH_4$和 $H_2O$。涌出的水被电解成 $H_2$(用于萨巴蒂效应反应器)和 $O_2$(以后使用)。反应器应确保最大程度的固-气相互作用，因此流化床工艺以及表 8-4-1 中提到的替代概念是可能的。

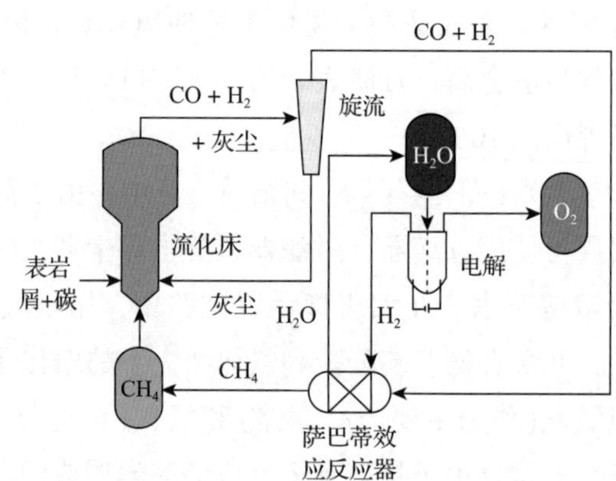


图8-4-9 在流化床反应器中使用甲烷的固态碳热还原过程的图解

使用热力学模拟和100~1500℃的试验结果分析了月球表岩屑的碳热还原。在1100℃以下，只有氧化铁可以显著还原。高于1200℃，表岩屑部分或完全熔融，也可能形成TiC、FeSi和$Fe_3Si$，释放出一部分结合在$SiO_2$和$TiO_2$中的氧。此外，在低于表岩屑固相线的温度范围内，碳热还原中无法还原任何金属氧化物，也不会进一步提取氧气。

固态碳热还原与氢还原非常相似，主要区别在于：$CH_4$一旦接触到热表岩屑颗粒，便会分解为C和$2H_2$；然后，碳与氧化铁反应生成一氧化碳，从而将氧化铁进一步还原为金属铁，而$H_2$在该反应中的作用很小。形成的$CO_2$与固体碳在Boudouard平衡中反应而返回到CO，这会还原更多的氧化铁，如以下方程所示：

$$CO_2 + C \leftrightarrow 2CO \tag{8-4-8}$$

对使用氢气和一氧化碳气体的氧化铁的反应动力学研究表明，这两种气体都是在甲烷与水的蒸汽重整中形成的。氢扩散到颗粒中的速度更快，因此还原氧化铁的速度比一氧化碳快5倍，证实了钛铁矿的作用。对于上述两者，较高的温度导致反应速率显著提高，如图8-4-10所示。

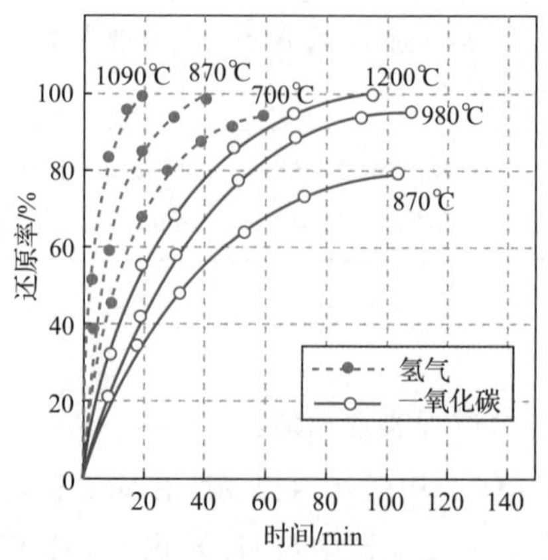


图8-4-10 不同温度下在氢气或一氧化碳气体中还原2.8cm赤铁矿颗粒的动力学

正如氢的还原一样，具有高铁含量的表岩屑有利于固体碳热还原，可能需要进行选矿操作从而增加铁含量。碳可能会由于固体碳沉积到表岩屑颗粒上，或者在此过程中可能形成的碳化物如 $Fe_3C$ 而损失。尽管表岩屑包含太阳风植入的碳含量高达 200mg/kg，可能仍不足以弥补这些损失，因此需要从地球或月球基地的含碳废物中补充。观察到甲烷损失在固体碳热还原法提取的氧气质量的 8% 范围内，因此必须从废弃的表岩屑中生成碳，或者由月球的废物固体以及生命支持系统的萨巴蒂效应反应器中的甲烷来重新补给。

### 3. 甲烷部分熔融还原

如果碳热还原的温度升高到 1625℃ 以上，则除了氧化铁之外，还可以还原氧化硅。同样，熔化所有的表岩屑会形成一种相当均匀的混合物，所有矿物都溶解在离子熔体中。因此，可以还原所有矿物中的氧化铁和氧化硅，每 100kg 表岩屑的最大产氧量可以达到 28kg。为了防止侵蚀性熔融表岩屑与反应器材料接触而侵蚀后者，并降低反应器壁的温度，可以只熔化一部分表岩屑，并由固体表岩屑充当隔热物对其包围起来。这种冷壁方法可以简化反应堆的设计并延长其使用寿命，通过电加热、激光照射或日光聚光产生部分熔融的表岩屑，将甲烷注入靠近熔融点的位置，并在熔融表岩屑表面将其热解成氢和碳。因此，碳仅沉积在熔体上，而不沉积在其周围(图 8－4－11)。

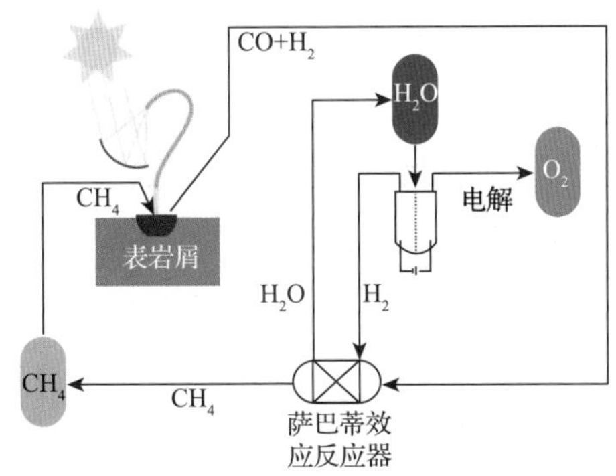


图 8－4－11　用甲烷还原部分熔融的表岩屑的示意图

在表岩屑里丰富的金属氧化物中，甲烷只能在 1000℃ 以下将氧化铁还原。只有在表岩屑熔融时才能通过碳热还原纯二氧化硅，如图 8－4－12 所示。金属硅仅在 2000℃ 以上产生，上述反应中没有金属硅形成，而是 SiC 和气态 SiO。

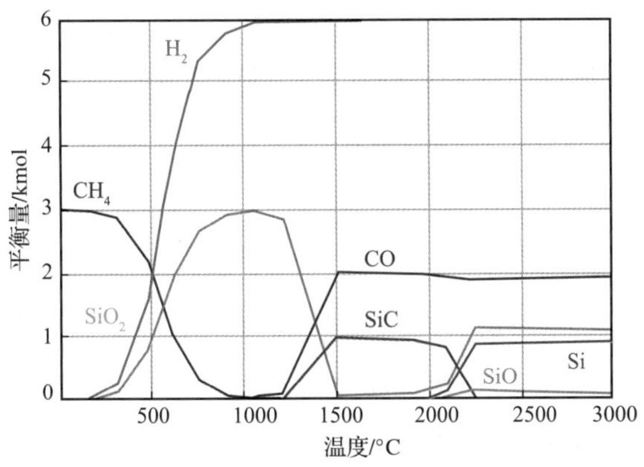


图 8－4－12　3kmol 的 $CH_4$ 与 1kmol 的 $SiO_2$ 反应的模拟平衡

除了还原纯 $SiO_2$，$Fe_2O_3 + 4SiO_2 + 11C$ 体系在 1bar 和 $10^{-5}$bar 时产生硅铁合金的热力学平衡，如图 8-4-13 所示。在 1bar 和 1600℃下，所有氧化物可以还原产生 CO、FeSi、SiC 和 SiO。在真空中，在 900℃时已经达到类似的平衡，但是没有形成任何 SiO。同样，用气态还原剂进行碳热还原需要一定的气体分压，因此不能在真空环境下进行。

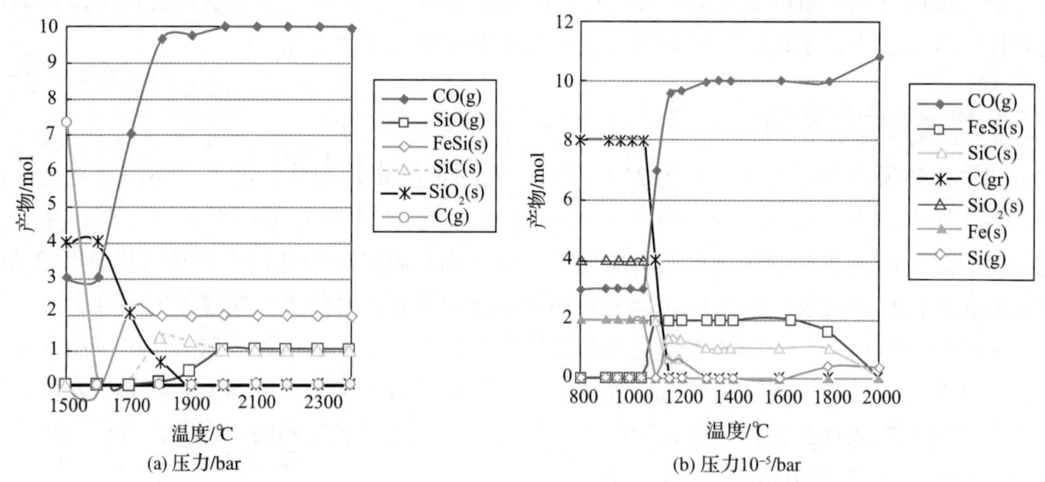


图 8-4-13　在 1bar 和 $10^{-5}$ bar 压力下赤铁矿和氧化硅碳热还原为硅铁的模拟平衡状态

在工业上，熔融碳热还原法用于生产铁、硅、铜、铅和锌等金属。许多方法（如高炉）使用空气将 C 转化为 CO，然后与氧化物反应生成 $CO_2$（因为气固反应比碳与氧化物的液固反应快）。在液态碳热还原中，$SiO_2$ 被还原。由于这是月球表岩屑中含量最丰富的氧化物，在月球样品中其含量为 40.6% ~47.1%，因此该工艺的产量不取决于着陆点，可以使用任何表岩屑，没有选矿的额外要求。

在与熔融的表岩屑接触期间，$CH_4$ 分解为固体碳，该碳沉积在熔体上并与表岩屑反应，而氢气与部分表岩屑反应，但大部分在气流中从反应中除去。碳沉积物不会与表岩屑完全反应，会损失碳，因此需要从地球或原位碳源补给碳。碳可能来自月球基地的废物，也可能是太阳风在表岩屑中注入的碳，后者的含量仅达到 200ppm。

试验的氧气产量表明，每 100kg 表岩屑的氧量为 15 ～20kg，甚至高达 28kg。只有过量的碳才能达到 20kg 以上，而这会导致高碳损失，并且一个在熔体上的碳帽减慢了还原过程的速度。没有过量碳的情况下，处理过的样品中的碳含量的变化高达 0.03%，这相当于每提取 100kg 的氧气损失 170g 碳。

## 8.4.3　金属提取

实际上，利用月球表岩屑提取氧气产生的副产品往往是金属。由于一些提取氧气的过程非常有利于提取金属和金属合金，因此将这类过程作为金属提取过程来讨论。毋容置疑，这些过程也是更加高效的提取氧气的过程。

### 1. 氟化法

氟(F)是最活泼的元素，$F_2$ 是比 $O_2$ 更强的氧化剂。这就是在矿物或氧化物与氟气的反应中，所有的氧原子均被两个氟原子所置换，从而将氧释放为 $O_2$ 的原因。氟化反应的产物主要为氟化物盐，但也有气态氟化物，如 $SiF_4$ 和 $TiF_4$。金属氧化物 $M_{xy}O_y$ 的置换反应根据以下方程进行：

$$M_{xy}O_y + yF_2 \rightarrow xyMF_{2/x} + \frac{y}{2}O_2 \tag{8-4-9}$$

在地球化学中，氟化用于确定矿物质中的氧含量，因为它会在快速反应中释放所有氧，从而产生氟化物和氧气。然而，对于可持续的 ISRU，将需要回收氟，这就是使用氟提取氧气的概念包括后处理步骤以再生氟的原因。本小节提出了两个概念：一是逐步氟化，然后是钠还原，因为钠金属对氟的亲和力比铁、钛、硅和铝高，并且电解出现氟化钠。二是在低于 300 K 的温度下，先前步骤中从氢分子中解离的氢原子与除 $MgF_2$ 和 $CaF_2$ 外的所有氟化物进行反应，以生成 HF 和相应的金属。在随后的电解反应中，HF 可以分解为 $H_2$ 和 $F_2$。$MgF_2$ 和 $CaF_2$ 中包含的氟可以在熔融盐电解中循环使用，也可以通过与 $K_2O$ 的另一种氟交换反应进行循环利用，每个步骤都需要一个专用的反应器。

氟化工艺以及随后的氟再循环的另一个概念是，在氟化反应器之后，将气态组分蒸馏以分离出 $O_2$、$F_2$、$SiF_4$ 和 $TiF_4$。$SiF_4$ 在等离子室中转化为金属硅和氟气，将氧气储存以供使用，并回收氟气用于该过程。$TiF_4$ 和其他固体金属氟化物在专用炉中与金属钾反应。由于钾对氟的高亲和力，钾将 $TiF_4$、$FeF_3$ 和 $AlF_3$ 还原为相应的金属，这些金属与其余的氟化物 KF、$CaF_2$ 和 $MgF_2$ 分离。在另一个容器中，$CaF_2$ 和 $MgF_2$ 与氧气和钾反应形成 KF、CaO 和 MgO。KF 被电解形成金属钾和氟气。整个过程在图 8-4-14 中进行了示意性描述。为简单起见，图中没有 $CaF_2$ 和 $MgF_2$ 的重新氧化。

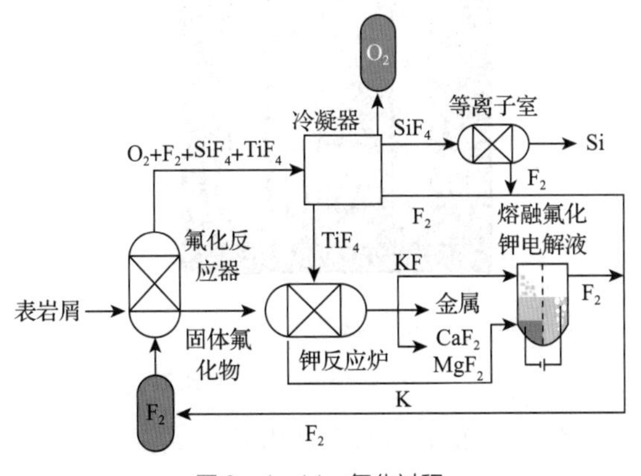


图 8-4-14　氟化过程

氧化物和矿物的氟化是自发的放热反应，反应速率随温度的增加而增加。在用于氟循环的后处理中，氟化物可以集中转化或分别转化。后续分离氟化物的一个概念是分馏。由于在蒸馏塔中随着温度的变化它们的蒸气压和沸点不同，工业上也用于从挥发性硅组分如 $SiCl_4$、$SiHCl_4$、$SiH_2Cl_2$ 或 $SiH_4$ 生产高纯度硅，由于它们不同的蒸气压和沸点，在分馏塔中通过温度的变化而将它们分离。在进一步的步骤中，氟化物可以被纯化并通过还原转化为纯金属。整个氟化和氟再生反应需要 6～8 个不同的反应器，它们都必须耐氟腐蚀，然而没有一个步骤会在 700℃以上发生。氟化的概念曾经用来确定三种不同的"阿波罗"样品的元素和同位素组成，但当前还没有相关的实验室实验或原型装置验证活动的报道。需要从地球中带来第一批氟，最好是以稳定的氟化物盐(如 KF、NaF 或 $CaF_2$)的形式，由于金属氟化物与相应的金属或金属氧化物发生部分反应而可能导致的氟损失，必须通过地面供应来补偿。氟化释放出表岩屑中的所有氧气。如果随后必须氧化镁和钙，则使用"阿波罗"和"月神"任务的表岩屑样品平均组成，产率为整个表岩屑的 41.0%～44.8%。

由于氟化提供了在还原前蒸馏提取高纯度金属氟化物的可能性，因此会产生用于太阳能电池的硅以及用于建筑的铝、铁和钛金属等副产品。CaO 可用于纯化产生的氧并吸收微量的氟气。

### 2. 电解熔融表岩屑

在熔融硬质合金电解中，电势通过两个浸入的电极施加到熔融的表岩屑上。氧阴离子($O^{2-}$)穿过熔融的表岩屑流向阳极，在此被氧化成从熔体中出来的气态 $O_2$。金属阳离子在阴极处还原，形成液体或固体金属。

熔融的硅酸盐浴中的氧化铁脱氧方法，作为炼铁的替代方法已经申请了专利。目前已经研究了该原理在表岩屑中进行氧提取的应用，但在第一次熔融表岩屑实验之后，使用了 $BaF_2$－LiF 助熔剂，因为氧化物的高电阻要求 17V 或更高的电压来将其分解(图 8－4－15)。

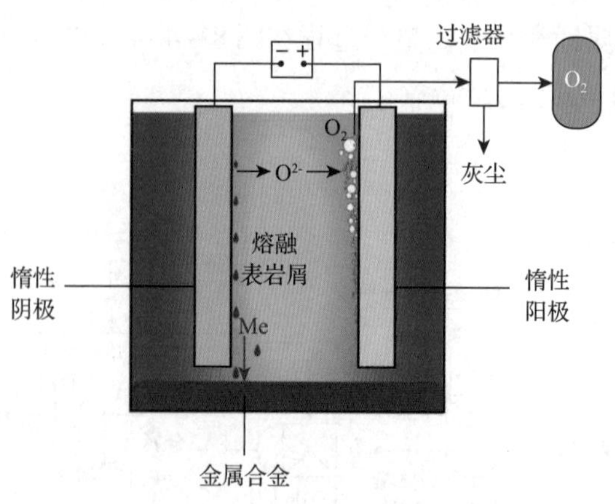


图 8－4－15 熔融表岩屑电解过程

计算表明，金属氧化物的分解取决于温度和电势，如图 8－4－16 所示。这一过程称为"岩浆电解"，理论上所有金属氧化物均可通过熔融氧化物电解还原。然而，实际上必须考虑混合相。根据报道，当还原进行超过一定程度时，会形成尖晶石相，这会增加剩余熔体的黏度和液相线。因此，需要进一步提高温度，或者必须停止反应而不能全部提取出氧气。

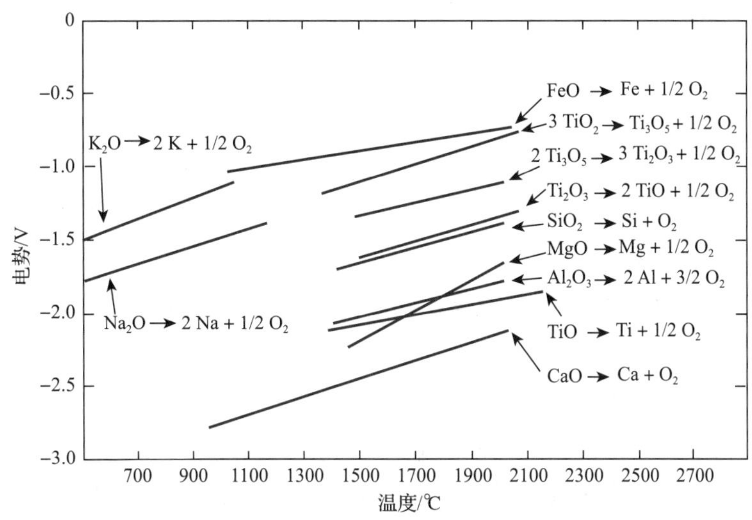

图8-4-16 不同金属氧化物的分解电压

熔融表岩屑中的离子电导主要是电离离子，因此，阴离子向阳极移动，而阳离子则向阴极移动。在阳极可能发生可逆的铁氧化还原反应，其中 $Fe^{2+}$ 离子在阳极被氧化成 $Fe^{3+}$，在阴极再次被还原，这限制了氧气萃取的电流效率。如果设计了相应的电解槽，则由熔融的表岩屑的电阻产生的焦耳热足以将电解过程的温度保持在表岩屑的液相线以上。每次放出的氧气质量 $m_{O_2}$ 与电流成正比，可以用法拉第定律描述为

$$m_{O_2} = \eta \frac{M_{O_2}}{zF} It \tag{8-4-10}$$

式中：$m_{O_2}$ 为提取的氧气质量；$\eta$ 为电流效率；$F$ 为法拉第常数；$z$ 为分子的价电子数(对于 $O_2$，$z=4$)；$I$ 为电流。

由于氧化物熔体的高电阻，在实验中需要 17V 或更高的电压才能从熔融氧化物中提取氧气。

熔融的表岩屑具有化学侵蚀性。为了保护反应器壁免遭腐蚀，电解应在只有核心区被电解的焦耳热所熔化的表岩屑中进行，而表岩屑的外层保持固体并与反应器壁绝缘。浸没电极必须承受 1600～2000℃的高温，化学侵蚀性熔融表岩屑，在阳极表面形成原子氧和高电势。电极可能由贵金属(如铱、钼或铂)或导电陶瓷材料组成。

已在 1600℃下测试了熔融的表岩屑电解反应器，在 94% 的电流效率下运行，每 100g 表岩屑模拟物提取 35g 氧气。根据熔体的组成探索了铱阳极的耐久性，发现具有较高二氧化硅含量的熔体会降低铱的腐蚀速率。报道的熔融表岩屑电解成熟到 3 级。为了将电解池加热到过程温度，可以使用感应加热的金属启动装置。利用感应加热的 FeSi 合金的增材制造，将其用作冷壁熔融表岩屑电解槽的启动装置。通过使用在电解中产生的 FeSi 合金，可以使起动装置再生。

任何表岩屑都可用作熔融氧化物电解的原料，该工艺概念仅需要电能和表岩屑原料作为输入。如果阳极材料腐蚀，则必须定期更换，因此理想情况下应使用非常耐用的材料。输出

气体由表岩屑中的氧气和挥发性化合物组成，在所需的高温下，金属和某些低价氧化物也可能蒸发并存在于过程废气中。

### 3. 电解熔盐

在熔盐浴中浸没了两个电极。在工业铝的电解中，约970℃的熔融冰晶石（$Na_3AlF_6$）中，氧化铝首先溶解在熔融盐中并分解成 $Al^{3+}$ 和 $O^{2-}$ 离子，分别向阴极和阳极移动。$Al^{3+}$ 离子在阴极被还原，$O^{2-}$ 离子在惰性阳极上被氧化成分子 $O_2$ 或与碳阳极反应成 CO 或 $CO_2$。这个过程也已经应用于月球表岩屑模拟物。

熔融氯化钙中 $TiO_2$ 的电解和一种循环电解液的程序已经被申请专利。最近，针对该工艺进行了研究，并作为工业钛生产的替代工艺，即 FFC 剑桥法工艺和 OS 工艺。在 FFC 剑桥法工艺中，烧结金属氧化物阴极中所含的氧气被电离。氧阴离子被输送到阳极并在那里被氧化，在惰性阳极上形成 $O_2$ 气体，在石墨阳极上形成 CO 或 $CO_2$。阴极贫氧，然后逐渐还原，最终只包含纯金属或合金（图 8-4-17）。在 OS 工艺中，使用填充有颗粒状氧化物的多孔金属阴极。在极化的金属表面上，$Ca^{2+}$ 离子被还原为 Ca 金属，随后与阴极内部的金属氧化物反应生成相应的金属和 CaO，如图 8-4-18 所示。CaO 以 $Ca^{2+}$ 和 $O^{2-}$ 离子的形式溶解在 $CaCl_2$ 中。类似于 FFC 剑桥法过程，其中的一部分被运到阳极并被氧化。

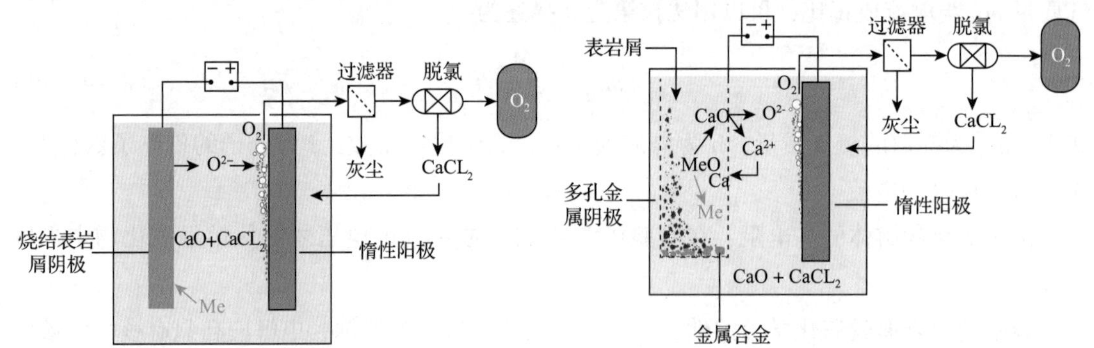


图 8-4-17　FFC 剑桥法工艺电解过程　　图 8-4-18　OS 工艺熔融盐电解过程

在熔融盐的金属离子作为中间步骤被还原的电解过程中，电池电压需要足以克服熔融盐的电阻并还原金属阳离子，在 OS 工艺过程中将 $Ca^{2+}$ 离子还原为金属钙。并且由于 $O^{2-}$ 离子向阳极的传输，熔融盐必须确保 $O^{2-}$ 离子和 $Ca^{2+}$ 离子的高导电性。此外，熔融盐电解质不应溶解表岩屑，因此对金属和其他金属氧化物的溶解度应较低。为了确保 $Ca^{2+}$ 和 $O^{2-}$ 离子具有良好的导电性，在 FFC 和 OS 工艺的应用中，将 CaO 添加到 $CaCL_2$ 中。

如果仅将盐用作惰性电解质，就像在氟化物中进行电解一样，盐及其添加剂的选择应确保对金属氧化物的高溶解度和对相应离子的高迁移率。阴极处金属氧化物的分解电压决定了在设定的电池电压下会生成哪种金属，因此金属理论上可以通过一定程度的选择性还原。

对于熔融盐电解，电解质通常应具有高的离子和电导率，以实现离子迁移并减少电解质中的欧姆损耗。电解质的熔点、黏度和蒸气压低，并且不应与电极或产生的金属发生反应。类似于前面描述的熔融表岩屑的电解，反应速率与电解电流成正比。只有表岩屑溶解在熔融盐中的前提下，才会将阳极上的 $Fe^{3+}$ 还原为 $Fe^{2+}$。目前报道的在冰晶石中电解的电流效率为 61.17%，使用掺杂的氧化锡阳极在氯化钙中电解的电流效率为 55%，而对于消耗性碳阳极电流效率则高达 50%。在冰晶石中的地球铝电解中，电流效率可达 95%，这表明对表岩屑的熔融盐电解有进一步研究和改进的潜力。

已经进行了替代电解质以及不同阳极和阴极材料的实验，以进行助熔电解。到目前为止，关于月球表岩屑模拟物的研究还停留在实验室阶段。此外，提出了将熔融盐电解与所生产金属的增材制造联系起来的概念设计。熔融盐电解在工业上用于生产铝、锂、镁和其他金属(如稀土金属)。对 Metalysis-FFC 工艺在氧气萃取中的应用的最新研究表明，月球表岩屑模拟物样品已完全转换为金属，氧气在掺杂的 $SnO_2$ 惰性阳极上生成。金属产品包括 Al/Fe、Fe/Si 和 Ca/Si/Al 三种分离的合金，氧含量仅为 3%。理论上，该过程仅需要输入表岩屑和电能。实际上，当从阴极去除还原的金属时，电解质的大部分会损失(这是由金属的孔隙率导致的)。粉碎和洗涤海绵金属会除去可溶性盐。用稀盐酸连续浸泡可溶解黏附在金属上的氧化物，尤其是氧化钙。溶剂蒸发并完全脱水后，盐可以重新用于电解。在这些步骤中会发生一些盐损失，腐蚀电极必须更换。熔融盐在工作温度下也具有很大的蒸气压，因此需要回收或从地球补充蒸发的盐。

#### 4. 气相热解

在真空和足够高的温度下，金属氧化物也会蒸发并分解成低价氧化物、金属和氧气。如果使用会聚的太阳光来加热材料，则理论上该过程仅使用月球上丰富的资源，如太阳光、真空和任何形式的表岩屑。

与所有前述的过程相反，它们都旨在产生与固相或液相表岩屑相分离的含氧的气相。在气相热解中，分离需要在气相中进行，蒸发后的气态金属在放热与氧气重新结合之前必须立即凝结。同样，必须从过程中不断地除去氧气以维持真空。图 8－4－19 示出了反应器的可

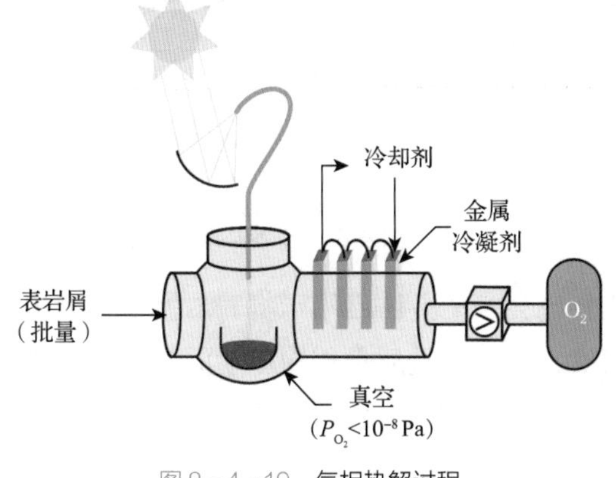


图8－4－19 气相热解过程

能设置，在该反应器中分批加入表岩屑并在真空中热解。金属在冷却板上冷凝，然后将氧气泵入压缩存储器中。但是，对于这种反应器存在不同的情形，一些使氧气液化，一些使用气球间接地通过月球真空收集氧气，而另一些使用气体的电离和静电分离。

简而言之，熔融的金属氧化物与其解离产物氧气和气态金属处于热力学平衡状态：

$$Me_xO_y \leftrightarrow x\mathrm{Me(g)} + \frac{y}{2}O_2 \tag{8-4-11}$$

该反应的吉布斯自由能可能是正的，因此对于表岩屑中最丰富的金属氧化物，蒸发和分解不会自发发生。因此，反应的平衡常数 $K$ 小：

$$K = \frac{p\,(\mathrm{Me})^x \times p(O_2)^{\frac{y}{2}}}{a(\mathrm{Me}_xO_y)} = \mathrm{e}^{-\frac{\Delta G}{RT}} \tag{8-4-12}$$

但是，如果通过不断从气相中除去氧气和金属的分压而将其保持在非常低的水平，反应将无法达到平衡，并且气相还原还会发生。目前，对表岩屑中主要氧化物在气相热解中的热力学行为进行了研究。许多氧化物在高温下会形成一氧化物，如 AlO、SiO 和 TiO 等，这些氧化物必须冷凝，这也适用于其他成分形成的气态金属。

对“阿波罗”15 表岩屑模拟了在气相热解过程中的热力学平衡。图 8-4-20 示出了在给定温度和压力下以重量百分比计的系统组成。将压力从 $10^{-4}$bar 降低到 $10^{-10}$bar 会导致处理温度降低，在 $O_2$ 的峰值时从 1960～1210℃下降到 750℃，在 $O_2$ 的提取峰值时，会形成气态 SiO、Fe 和 Mg，并且需要在与氧气重新结合之前进行冷凝。由于其高反应性，应避免形成原子氧(O)，而且压力必须保持恒定低，因此需要通过冷凝或通过不断抽空腔室来除去氧气。

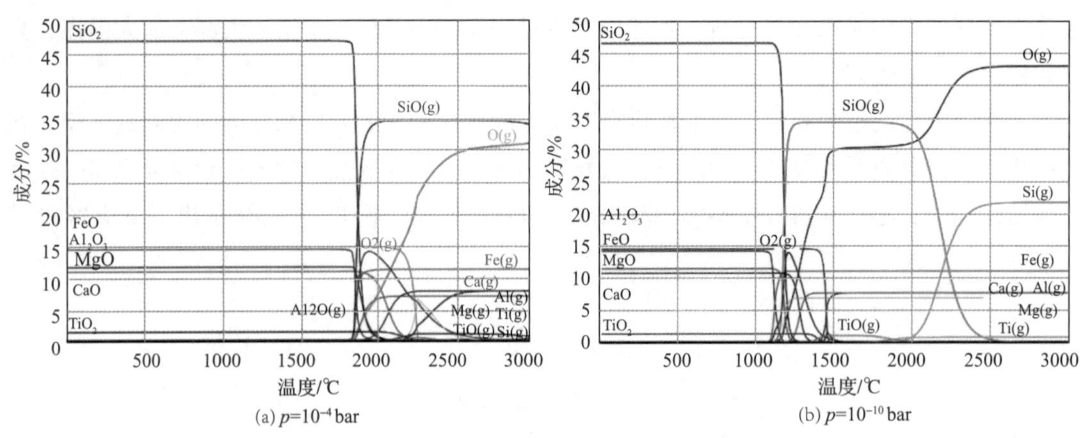


图 8-4-20 “阿波罗”15 表岩屑的气相热解平衡

电辐射加热、激光或日光会聚的方法已用于将表岩屑模拟物加热至所需温度。已有研究开展了二氧化硅的激光蒸发，该反应是质量传输驱动的，因此取决于上述的热力学平衡。已开展基于太阳光和菲涅耳透镜聚光的相关矿物(钛铁矿，氧化铝和顽辉石)真空热解研究，以及月球硅酸盐模拟物 JSC-1A 和 MLS-1A 的研究，在上述两项研究中，聚集的阳光通过其进入真空室的玻璃窗，由于内部的热冲击和冷凝而面临多个问题并导致破裂。一种带有太阳能炉的巡游器已经申请了专利，该巡游器用于将表岩屑加热到2500℃并提取氧气。此外，已经开发了一种反应堆，该反应堆使用电辐射加热达到约2500K，并从表岩屑中提取氧气，加热器受到氢气流的保护，氢气流将产生的氧气转化为水，随后将其电解。

气相热解仅需要能量和表岩屑。特别是在使用会聚阳光的情况下，唯一的进一步输入是电能，尤其是用于冷却的电能。据估计，在气相热解过程中产生每千克 $O_2$ 所需的太阳能为19.5kW·h，所需冷却电能为10.4kW·h。

## 8.5 月球资源利用

### 8.5.1 月球上的原位资源利用

在月球表面建立基础设施有相当多的科学价值，另外月面基础设施对于支持地月空间中的经济活动是必要的。虽然在目前看来似乎有点牵强，在对太空旅游的兴趣日益增长的背景下，未来数十年可能见证将付费旅客运送到月球表面的新兴市场。因此，不管在月球表面建立人类基础设施的初衷如何，毫无疑问它将受益于ISRU，这仅仅是因为可以从月球本身获得资源，而不需要从地球上费力运输[1]。

在月球设施运行的初期，至少最重要的资源可能是水，提供饮用(适当的净化)、个人卫生以及未来的农业。水也将是月球维持生命的重要本地氧气来源，而来源于水的氧气和氢气如果用作火箭氧化剂/燃料，也将有助于降低运输成本。其他挥发性物质(如C和N)，无论是从极地冷阱获得，还是通过加热从表岩屑中释放出来，在考虑发展月球农业时尤为重要。在月球建设的早期阶段，当地来源的建筑材料也是可取的。最初，小规模的科学前哨站(旅馆)不太可能需要对金属进行原位提炼。从长远来看，如果发展大量的月球基础设施来支持地月空间内更广泛的经济活动，那么月球当地来源的金属、半导体(用于生产太阳能电池阵)甚至铀(用于核电燃料)，加上本地挥发物和建筑材料，都将是可取的。

### 8.5.2 月球资源在地月空间的利用

人们早已认识到，月球资源对于未来近地空间的经济发展中将是宝贵甚至必不可少的。在月球上建立资源开采产业将是一笔巨大的投资，因为将物质从月球表面运输到地球和月球轨道上的任何位置，或者运输到太阳系内其他任何地方，地球表面发射所需的能量(图8-5-1)。

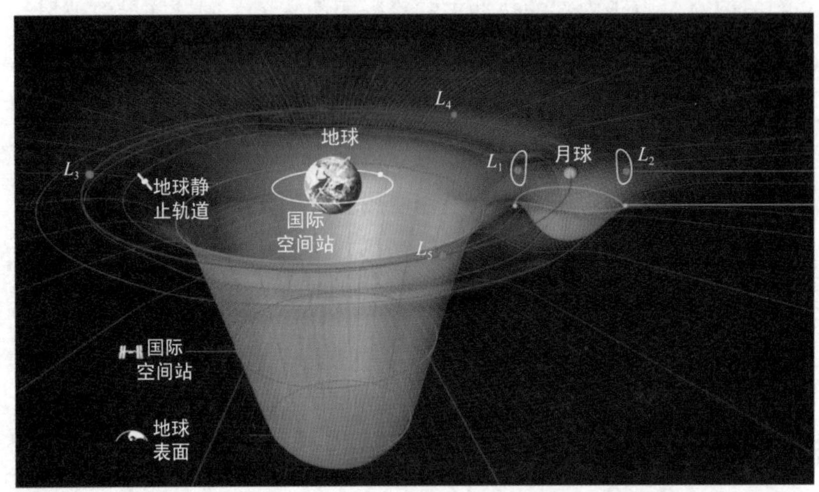


注：注意到地月空间中的所有位置，包括低地球轨道(LEO)和地球静止轨道(GEO)，从月球表面进入的能量都要比从地球表面进入的能量少得多。

图8-5-1　地月空间中的轨道和势能

人类的全球文明已经高度依赖于地球轨道卫星进行通信、导航、天气预报和资源管理，而且这种依赖只会与日俱增。这些活动目前费用高昂的主要原因是发射费用高昂(即使是目前可用的最经济的运载工具，约为5000美元/kg)，故障卫星没法在轨维修，以及卫星的推进剂或制冷剂耗尽时无法在轨道上进行补充。从月球浅得多的势能阱中获得资源，将有助于减轻这些阻碍地球轨道进一步经济发展的障碍。月球向地月空间基础设施的输出资源包括火箭燃料/氧化剂的供应(如氢和氧，特别是在液态氢/氧推进的大量预算中占主导地位的氧)以及简单的结构部件。随着月球工业基础设施的日趋成熟，月球也许能够向绕地球运行的设施提供更复杂的产品，如Ti和Al合金、硅基太阳能电池以及核能源/推进系统的燃料铀(或由其衍生的钚)。

未来可能会在地月空间中显著扩展经济活动的一个特殊领域是在地球静止轨道(GEO)上发展太阳能卫星(SPS)。通过有效地捕获阳光，将其转换为微波能并传输到地球上的地面站，SPS有望成为地球未来能源结构中的重要组成部分。但将建立全球SPS网络所需的所有材料从地球表面运送到GEO的高昂成本可能让人望而却步。SPS计划恰恰是一种大型的地月工业活动，其将受益于月球资源的使用(与地球表面和GEO之间相比，月球表面与GEO之间存在较小的能量差)。Landis经过系统的分析与评估认为，从月球表岩屑提取和提炼材料，可以满足太阳电池阵的生产所需的硅太阳电池片、玻璃盖板、电连接件以及结构材料，不存在不可逾越的技术障碍[12]。

### 8.5.3　月球资源在地球上的利用

尽管发展地月经济必定会给地球带来更广泛的经济利益，但在可预见的将来，月球资源对地球经济做出直接贡献的机会十分有限。这是因为地球、月球和太阳系的其余部分包含基本相同的元素组合，其中许多元素在地球上具有较高的局部浓度(如矿石)，并且相比于月球，地球已经拥有完善的提取和提炼的基础设施。但也有三个可能的例外：①稀有元素，其市场价值可使月球来源具有经济意义；②月球来源的能源；③地球采矿的环境成本可能使月球来源更具吸引力。

### 1. 来自月球的稀有元素

人们已经在鉴定目前具有高市场价值的地外资源，并考虑利用这些资源开展经济活动的可能。在这些讨论中，铂族金属通常是最显著的特征，但这类贵金属最可能来源于近地小行星(NEA)。然而，有可能在月球上发现“坠落的”铁陨石，这意味着也不应排除月球来源。此外，尽管月球的引力远高于 NEA，但它至少具有两个优势可以抵消这种不便：首先，距离上它比任何一个 NEA 都近得多(许多 NEA 可能会短暂地靠近地球，它们的大部分轨道都在很远的距离上度过，并有很长的会合周期)；其次，如上所述，在未来的几十年中，可能会在月球上发展月面基础设施，从而支持科学、工业和旅游活动，这可能为在月球上开采业务提供本地支持，开采不容易获得的 NEA 资源。这种月面基础设施的存在可以降低在月球上提取这些材料的成本和风险，使月球在经济上比 NEA 更具吸引力。

月球 PGM 在未来的潜在重要应用，可能是地球上未来燃料电池推动的氢经济的催化剂，而目前这些材料受限于高成本的制约。归根结底，长远来看，月球(或实际上是任何地外)的 PGM 来源或其他稀有和昂贵的材料是否经济，将取决于这些材料面对供应量的大幅增加，在地球上获取的价格是否仍然足够高。

### 2. 来自月球的能源

月球能源用于地球的大多数讨论集中在地面核聚变反应堆中可能使用太阳风衍生的$^3$He。但是，此方案存在许多严重问题：首先，尚未被证明核聚变是地球上可行的能源，目前的大规模实验是基于氘－氚(D—$^3$H)聚合而不是 D—$^3$He，并且可控核聚变本身仍然是一个还没有实现的科学目标。$^3$He 聚变的一个普遍的优点是初级反应没有中子产生(这会在反应堆结构中引起放射性)，但是由于 D—$^3$He 等离子体无法防止某种程度的 D—D 聚变，这种优点通常被夸大了(它适用于纯$^3$He－$^3$He 聚变，但是该反应需要更高的温度才能引发)。

即使假设 D—$^3$He 聚变在技术上是可行的，但$^3$He 在月球表岩屑中的浓度很低，意味着需要开采很大的区域。为了估算将要处理的表岩屑的数量，需要估算将月球$^3$He 剩余能量转换为地球上电能的端到端效率。常规电站的效率通常约为 30%，但$^3$He 聚合的提倡者基于(假想的)将聚变产物能量直接电磁转换为电能的假设，估计该过程的效率为 60% ~70%。但该指标忽略了从表岩屑中提取$^3$He 的效率。如第 8.2 节所述，这需要消耗大量热量将其加热到约 700℃(这本身将消耗从释放的$^3$He 的聚变中获得的大约 5% 的能量，除非有有效的方法能实现被加热的表岩屑废料中热量的循环利用)，几乎无法预期$^3$He 的完全释放、收集和纯化的整体效率(约80%可能是合理的)。此外，向地球的运输也将需要能量，从海水中提取、加工和运输的D也将需要能量(在此已被完全忽略)。考虑到所有这些因素，很难使端到端效率超过50%。

截至2040年，世界年度用电量预计将增加到$1.4\times10^{20}$ J(40000 TW·h)(美国能源信息署，2014年)。假设需要月球$^3$He产生10%的能量，且总效率为50%，那么每年大约需要处理深度3m的大约500km$^2$的高浓度(即20 ppb $^3$He)表岩屑。由于月球表面上普遍存在陨石坑和其他障碍物，因此实际上只有一部分给定表面积(估计为50%)可以处理，而且这种不可再生材料即使允许按照最高浓度沉积也要持续约2000年。要从月球$^3$He产生地球上所有预期的21世纪中叶的电能需求，每年将需要处理5000km$^2$，这可能是不切实际的。即便如此，可获得的储量也只能维持约200年。

因此，可能的最好情况是月球$^3$He只能为地球长期总能源需求做出相对较小的贡献。鉴于世界经济是否会依赖核聚变作为动力来源的不确定性，尤其是$^3$He聚变的实用性，还需要考虑提取月球$^3$He所需的投资规模以及其不可再生的特性，将月球$^3$He作为满足世界能源需求的解决方案似乎为时过早。假设可以解决实用性问题，那么$^3$He作为燃料的高能量密度(D—$^3$He聚变的能量约为$5.8\times10^{14}$J/kg)及其相应的潜在价值(以当前的批发能源价格大约数百万美元每千克，其确切值取决于进行比较的能源部门)，如果规模相对较小，那么仍然可能会识别出经济上可行的未来应用。有可能包括天基聚变能源系统和在地球上使用的移动式低放射性聚变反应堆。此外，目前在地球上非聚变应用的$^3$He短缺，月球$^3$He可能有助于满足这一需求。由于$^3$He会作为提取月球表岩屑中其他更丰富的太阳风注入挥发物的副产品而自动释放，因此未来值得对这种可能性持开放态度。

就地球的长期能源需求而言，在地球本身投资开发真正的取之不尽的能源似乎更为合理。潜在的可能性包括D－T和D－D聚变和/或太阳能、潮汐能或地热能的某种组合，必要时可通过天基太阳能系统进行补充。如上所述，月球资源可以通过支持地球静止轨道太阳能卫星的建设，或者通过在月球表面建造太阳电池阵列并将能量辐射到地球上。例如，用太阳能电池板覆盖近赤道月球表面的给定区域，7年内将产生的电能为$3\times10^{10}$J/m$^2$(保守假设转换效率为10%)，这与从位于其下方3m的表岩屑中提取的所有$^3$He(假设20 ppb$^3$He和乐观的50%总体效率)所能产生的电能相当。如果转换效率相同(如每个转换效率都为20%，这在实践中可能并不合理)，那么太阳能将在1.4年内产生$^3$He所能产生的电能。但是，一旦取出$^3$He，它将永远消失，而太阳能将是可持续的。从这个角度看，将月球太阳能束发射到地球上，要比将$^3$He物理地传输到地球上用于假设的聚变反应堆(尚未证明其可行性)效率要高得多。

### 3. 地外资源的环境效益

地球上资源开采的环境成本变得越来越令人关注，到21世纪中叶世界人口估计增加到100亿，这些人都将追求更高的生活水平，资源开采对环境的压力只会进一步加剧。实际上，如果将破坏生态系统的经济价值(更不用说更广泛的社会价值)包括在开采成本中，那么世界经济所依赖的许多原材料来源将比它们现在要昂贵得多，有些可能会变得完全是不经济的。因此，如果适当考虑地球自然环境的真实价值，那么开采地外原材料的相对成本可能不会像最初看起来那样高。

此外，保护地球丰富的自然栖息地是一项重要的社会和道德义务，而不仅仅是基于经济方面的考虑。尽管出于一定的道德理由不能没必要地破坏地球之外环境，但如果逐步发展的基于太空的基础设施，最终使人们可以在是对有人居住的星球造成进一步的环境损害，还是从无人居住的星球获取原材料二者之间做出选择，显然在伦理上看起来选择后者更为合适。实际上，从长远来看，只有通过利用空间资源才能减轻并最终降低人类对地球生物圈造成的负担。这种争论适用的月球资源可能包括稀土元素，由于其众多的技术应用，世界经济在未来几十年肯定会要求增加供应，但其提取可能对环境造成损害。然而，无论可能的环境效益如何，只有在发展太空经济的情况下，才有可能将资源开采从来源于地球转移到来源于地外，而太空经济发展的本身就取决于月球资源。

---


[1] Ian A. Crawford. Lunar Resources: A Review [J]. Physical Geography 2015, 39: 137 – 167.

[2] Richard R. Vondrak and Dana H. Crider. Ice at the lunar poles [J]. American Scientist, 2003, 91: 322 – 329.

[3] Jennifer L. Heldmann, Justin Lamb, et al. Evolution of the dust and water ice plume components as observed by the LCROSS visible camera and UV – visible spectrometer [J]. Icarus, 2015, 254: 262 – 275.

[4] Yvonne J. Pendleton, Water on the Moon, Astronomy in Focus, XXIXth IAU General Assembly, August 2015, Volume 1, pp. 1 – 4.

[5] Shuai Li and Ralph E. Milliken, Water on the surface of the Moon as seen by the Moon Mineralogy Mapper: Distribution, abundance, and origins, Sci. Adv. 2017; 3: e1701471 13 September 2017 1 – 11.

[6] McGovern JA, Bussey DB, et al. (2013) Mapping and characterization of non-polar permanent shadows on the lunar surface. Icarus 223: 566 – 581.

[7] Elizabeth A. Fishera, Paul G. Luceya, et al., Evidence for surface water ice in the lunar polar regions using reflectance measurements from the Lunar Orbiter Laser Altimeter and temperature measurements from the Diviner Lunar Radiometer Experiment, Icarus 292 (2017) 74 – 85.

[8] Shuai Li, Paul G. Luceya, et al., Direct evidence of surface exposed water ice in the lunar polar regions, PNAS, September 4, 2018 , vol. 115 , no. 36 , 8907 – 8912.

[9] C. I. Honniball, P. G. Lucey, et al., Molecular water on the illuminated lunar surface: detection of the 6 μm h-o- h fundamental with the SOFIA airborne observatory, 51st Lunar and Planetary Science Conference (2020)

[10] Lukas Schlüter, Aidan Cowley, Review of techniques for In-Situ oxygen extraction on the Moon, Planetary and Space Science 181 (2020) 104753.

[11] Sanders, G. B., Larson, W. E., 2013. Progress made in lunar in situ resource utilization under NASA's exploration technology and development Program. J. Aerosp. Eng. 26 (1), 5 – 17. https://doi. org/10. 1061/(ASCE)AS. 1943 – 5525. 0000208.

[12] Geoffrey A. Landis, Materials Refining for Solar Array Production on the Moon, NASA/TM—2005 – 214014.

# 第 9 章 月球建设

## 9.1 月球表面环境

目前，人类对于月球表面环境的主要特征已经有了较好的认识。复杂地形、高真空、强辐射、低重力、剧烈的昼夜温差以及沉积的表岩屑、漂浮月尘，是月面环境的基本特征[1]。

### 9.1.1 月表地形地貌

月表地形主要由月海、高地和撞击坑组成。月海是指月球表面古老的大型盆地；高地是指月球表面高出月海的其他区域，相对月海通常高出 2 ～ 3km；撞击坑尺寸范围很广，分布在月海和高地区域。月球表面的月海、高地和大大小小的撞击坑是由于数十亿年的陨石撞击累积形成的。

月海主要分布在月球正面(面向地球的一面)，是指直径达数百千米的大型盆地，其内部主要是被玄武质熔岩填充的广阔平原，大部分坡度为 0°～ 10°，最大坡度不超过 17°。最大的月海是位于月球正面北半球西侧的风暴洋，面积约为 $5\times10^6\mathrm{km}^2$。由于月海地形平坦，同时其玄武质熔岩中富含 Mg、Ti、Fe 等资源，因此到目前为止各国登月和探测的地点主要分布在月球正面的月海区域，如图 9 - 1 - 1 所示。

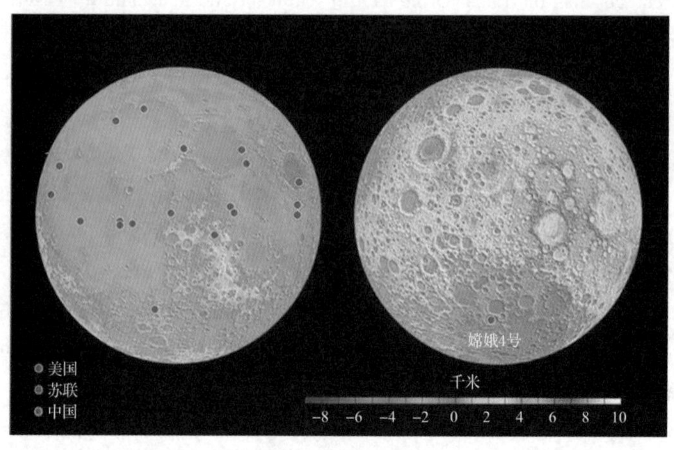


图 9 - 1 - 1 主要探月国家探测器的着陆位置

高地包含月面高出月海的全部区域，也称为月陆。高地的主要成分为斜长岩，与月海玄武岩相比对太阳光线的反射更强，因此肉眼可见的月表高地区域为白色。高地区域分布有较多的凹坑和隆起构造，大部分高地区域坡度为0°～23°，最大坡度可达34°。

月面撞击坑是指分布在月球表面的不同形状和大小的凹坑结构，包括凹坑、环形山以及辐射线等隆起构造(图9－1－2)。月球撞击坑的直径范围较大，从几十厘米到几十千米都有分布。大多数撞击坑被环形山包围，高度一般为300～7000m。通常来说，撞击坑内侧坡度很陡，平均坡度为35°左右；外侧坡度很缓，平均为5°左右。据统计，现有月面撞击坑数量多达33000个，在高地区域分布更加密集。

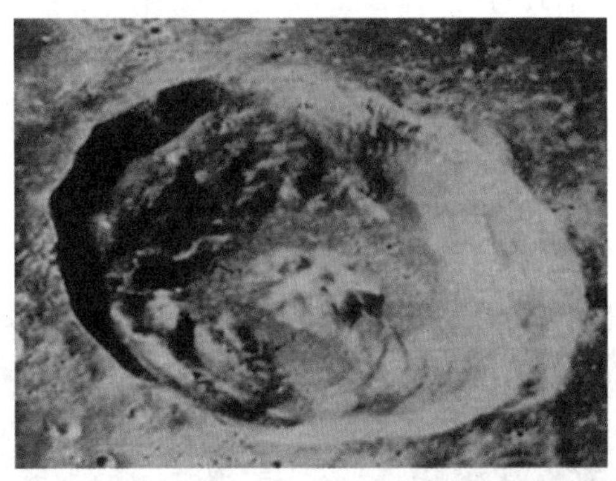

图9－1－2 月面撞击坑的凹坑、环形山和隆起构造

月球表面覆盖有深厚松软的月表岩屑，同时广泛分布有大大小小的岩石，这给登月航天员和作业机器人的安全、稳定机动带来巨大挑战。比如，“阿波罗”17号着陆区每100$m^2$的范围内，高度大于6cm的石块数约为100个，高度大于25cm的石块数为3～4个，高度大于50cm的石块数为0.6个(图9－1－3)。中国“嫦娥”3号任务中拍摄的月面地貌特征如图9－1－4所示。

图9－1－3 “阿波罗”17着陆地点的地貌照片

图9－1－4 中国“嫦娥”3号任务中拍摄的月面地貌特征

### 9.1.2 表岩屑与月尘

月球表面上覆盖着一层由岩石碎屑、粉末、角砾和撞击熔融玻璃组成的结构松散、成分复杂的风化层称为表岩屑，如图 9-1-5 所示。月表岩屑在早期月球岩浆活动、月球地质构造运动和陨石撞击中产生，在长期的陨石撞击过程中的碾碎、喷溅作用，以及太阳风、空间电磁辐射、剧烈昼夜温差等作用下演化发展。表岩屑在月球表面分布广泛，并且积淀非常厚，只有少数比较陡峭的山脉或撞击坑隆起处会有岩石暴露出来。陨石撞击是表岩屑产生和演化的主要因素，因此表岩屑在月海和高地的分布厚度有所差异，其中月海处的表岩屑平均厚度为 4～5m，高地处的表岩屑平均厚度为 10～15m。

表岩屑本身也是分层结构，每层的厚度为 0.5～20cm，各层表岩屑的颜色、颗粒形状、大小以及质地具有细微的差别。比如，“阿波罗”15 号任务探测到的表岩屑厚度为 4.4 米，可大致分为 42 个子层。

图 9-1-5 “阿波罗”任务中拍摄的表岩屑和月尘照片

表岩屑粒度分布很广，绝大多数颗粒直径小于 1mm，其中近半数表岩屑颗粒的粒度小于人体肉眼可以分辨的尺度，易于漂浮起来形成悬浮月尘。

月尘是指分布在表岩屑表层厚度约 10cm 的非常细腻的部分，具有颗粒细小、形状不规则、容易带电和储量巨大的特点[2]。在月面低重力和静电力作用下，陨石撞击或空间发射、月面行走、月面驾驶等活动容易引起月尘飞扬到月面高空，形成悬浮月尘，并且可长时间漂浮、移动，最高可漂浮至 100km 成为电离层的一部分。

表岩屑和月尘研究对人类探月和未来月球建设意义重大。一方面，表岩屑和月尘环境对航天员和机器人舱外活动带来巨大挑战：一是表岩屑和月尘在空间辐射长期作用下可能存在致病因子，要避免相关颗粒接触航天员皮肤或者进入航天员呼吸道；二是悬浮表岩屑容易黏附在登月航天员航天服（图 9-1-6）和护目镜上，阻碍航天员的视线和正常操作；三是月球车和月面机器人在松软细腻的表岩屑路况下运动存在安全隐患，可能导致机器人移动系统失效，扬起的月尘黏附在视觉传感器上，干扰其正常图像采集，细小的月尘颗粒可能侵入机器人机械系统，磨损或卡死没有完全密闭的轴承、齿轮和其他机械装置；四是由于携带静电，月尘还会影响电子仪器的性能。

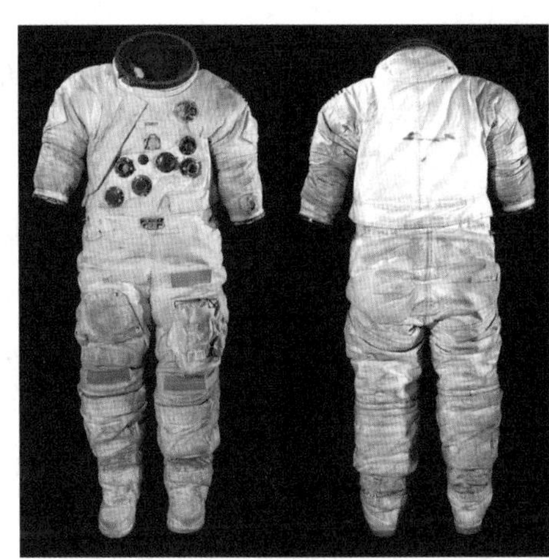
(a)黏附月尘的航天服

(b)黏附月尘的月球车

图9-1-6　“阿波罗”任务中黏附月尘的航天服和月球车

另一方面，表岩屑是未来月球建设的重要工业原材料，具有重要的应用价值：一是表岩屑颗粒的主要成分通常与其下方的岩石成分相同，含有大量 Fe、Al、Ca、Mg 等金属元素氧化物，可以用于提炼金属和制备氧气。二是长期的太阳风作用使得表岩屑中积累了大量$^3$He 元素，可以作为核反应原材料。根据“阿波罗”号和“月球”号任务中获得的月球样本实验数据可知，估计表岩屑中$^3$He 资源的储量约为 $10^6$t，相当于地球大气中$^3$He 储量的 250 倍。同时，表岩屑可以通过装袋或烧结成型，用于充当月面居住舱和工业设备的天然防护层，防止空间电磁辐射和太阳风的损伤。此外，表岩屑可能是未来月面水制备的重要原材料[3]。

### 9.1.3　低重力环境

月球表面的平均重力加速度为 1.625m/s$^2$，约为地球表面重力加速度的 1/6。在月球低重力环境下，机器人等运动物体的运动稳定性比地面差，载人月球车等依赖航天员操作驾驶的机动车辆在月面行驶时需要依赖更大的操纵幅度、更快的操作速度、更短的反应时间[4]。

对于月面行走航天员、机器人和载人月球车等月表移动物体，月球球体重力场近似模型可以满足相关任务设计和系统分析的要求。但是，月球质量分布并不均匀。早期的月球地质构造运动或陨石撞击活动引起月球内部局部密度不均匀和月表地形起伏，导致月表上空的重力场分布异常。非均匀重力场对月面起降飞行器的机动规划和控制影响很大。因此，准确认识月球重力场对于月面起降、空间运输设施的选址和建造具有重要意义。

在“阿波罗”时期，美苏两国连续发射了多颗绕月卫星，用于测量月球重力场。中国“嫦娥”1号(2007年)在轨运行期间也获得了大量的轨道跟踪数据，其中包含了丰富的低频重力场信息。2011年美国又实施了GRAIL探月计划，用于对月球重力场进行高精度测量。国际上众多研究人员依赖这些重力场数据开展了大量的研究工作，获得了一系列月球重力场模型，如LP100K、LP165P、SGM150J、GL0900D、GRGM900C等[5]。

月球正面存在5个大质量瘤，轮廓清晰，其内部的重力异常值为正，大于300mg，但整体变化不大。而在其边缘区域，重力异常迅速降为负值，形成一圈重力异常的陡壁。这些质量瘤所处区域地势较低，在盆地内部。月球背面重力异常交替变化的环形特征与月球背面的地形符合较好。月球背面和月球正面的质量瘤有明显的不同，月球背面的质量瘤中心为负重力异常，环绕一圈正的重力异常，再环绕一圈负重力异常，呈现正负重力异常交错的分布特征。GL0660B模型能够较好地描述月球正面和背面的重力场特征(图9-1-7)，重力异常值变化范围为-686.84mg～1154.08mg。

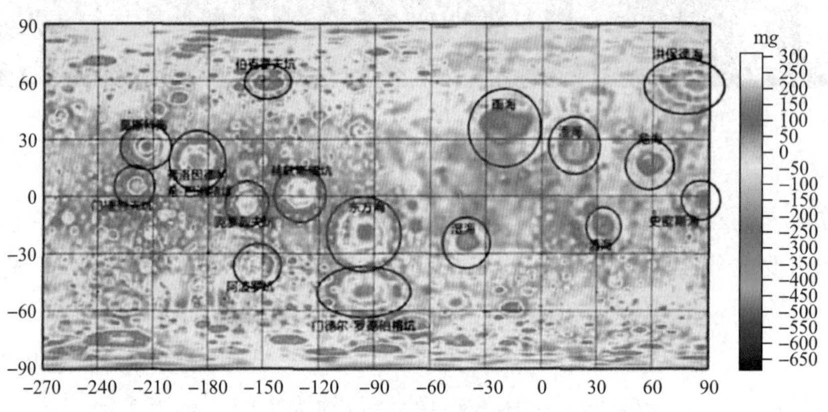

图9-1-7 基于GL0660B模型的月面表面重力异常图

## 9.1.4 大气、磁场与电磁辐射环境

月球表面的大气非常稀薄，其平均大气密度只有$10^4$～$10^5$个/$cm^3$的量级，比地球大气的密度小14个数量级。月球表面的气体分子主要来自太阳风和月球内部核裂变反应。但是，由于月球表面重力较小，导致气体分子无法保持而逃逸到外太空，因此月球表面没有形成稳定的大气层，也不存在类似地球表面的天气现象。

月球大气的主要成分是氖、氢、氦和氩。其中，氢、氖和大部分氦来自太阳风，氩和少部分氦来源于月球本身的重核放射性衰变反应。

月面大气浓度受环境温度影响较大，因而在月昼和月夜的大气浓度有较大差别。在月夜，大气密度大约为$2\times10^5$个/$cm^3$，而在月昼大气浓度则降到了$10^4$个/$cm^3$。此外，由于月面不同纬度区昼夜温差不同，因此纬度高低对月面大气浓度也会产生一定影响。

月球上没有稳定的全球磁场，因此在月球表面及上空无法进行磁导航。在太阳风和地球磁场综合作用下，在月球绕地球公转轨道的外侧形成磁尾。在公转周期内，月球一般有 1/4 的时间处于地球磁尾中，磁场强度约为（5 ～ 10）× $10^{-10}$T 。

月球位于深空，同时缺少大气层的防护作用，因此其空间电磁辐射环境非常严苛，能够穿透并作用到月面数米的范围。月球表面的空间辐射主要包括 $\gamma$ 射线、$\alpha$ 射线、X 射线、紫外线、可见光和无线电波成分，平均辐射能量密度为 1360W/$m^2$。月面辐射来源主要有太阳风、太阳高能射线和银河高能射线三种。

太阳风是因为太阳表面等离子体局部温度过高、脱离太阳引力而发射出的等离子体流。太阳风的主要成分是电子和质子，占 95% 以上；其次是氦核，大约占 4. 8% 。太阳风是月球表面氢、氦、氮等元素的主要来源。

太阳高能射线是指在耀斑等太阳爆发活动中喷射出来的高能带电粒子流。太阳高能射线的主要成分是高能质子，是随机发生的，平均每年发生十几次，而在太阳活动高年往往更加频繁。银河宇宙射线是来自太阳系以外的高能带电粒子，其通量较低。由于太阳高能射线和银河高能射线的带电粒子能量很高，对月面航天员、月球车、月球机器人和月面设施具有很强的损坏作用，如损毁机械设备表面、损坏电子元件以及致盲光学系统等。在月球探测和月球建设中，必须考虑月面辐射防护。

### 9. 1. 5　光照与温度环境

太阳光照是月球探测和未来月球建设的重要能源，正确认识月面光照条件和分布规律对月球探测任务设计、月球基地选址和建造任务设计非常关键。

月球自转周期为 29. 35 个地球日。月球因自转而产生月球日，月昼和月夜平分月球日，分别长达 14. 7 天。漫长的月昼和月夜是月面光照环境的第一个特点。

第二是月面存在一些区域，常年接受不到阳光照射，存在永久阴影区，如高纬度地区的大撞击坑和月球极地的部分区域，这些地区温度长期低于 100K。

第三是月面光照条件和地面差异较大，未经过大气层的反射和漫射作用，其光照强度未经衰减，会引起月面光学传感器过曝、对比度不强等方面的困难。此外，强紫外线使得月面机器人表面和设施表面的腐蚀老化作用加快。

月球热源主要包括三部分，分别是月表太阳辐射、地球反照以及月球内部热流，在三者共同作用下，月面温度呈现一定的时间和空间分布特征。一方面，由于月球没有大气的热传导和隔热作用，月表在白昼和夜晚产生很大的温差，白昼温度随太阳辐射增强而迅速增加，达到约 400K，月夜温度会迅速降低到 100K 以下。另一方面，月面温度分布呈现空间特征。首先，太阳辐射对月球热能的贡献只取决于其直射分量，因此在月昼时月球赤道区域温度高，而高纬度地区温度较低，同时也引起月球低纬度区域的昼夜温差高于高纬度地区。其次，在月球纵向剖面上，太阳辐射和地球反照作用引起的温度剧变效应只发生在月球表面，下方的表岩屑和岩石温度只受月球内部热流的影响。图 9 – 1 – 8 为“阿波罗”15、17 任务中测得的月表温度纵向分布。可以看出，在月表0.8m以下温度不再波动，温度分布只受月球内部热流的控制。

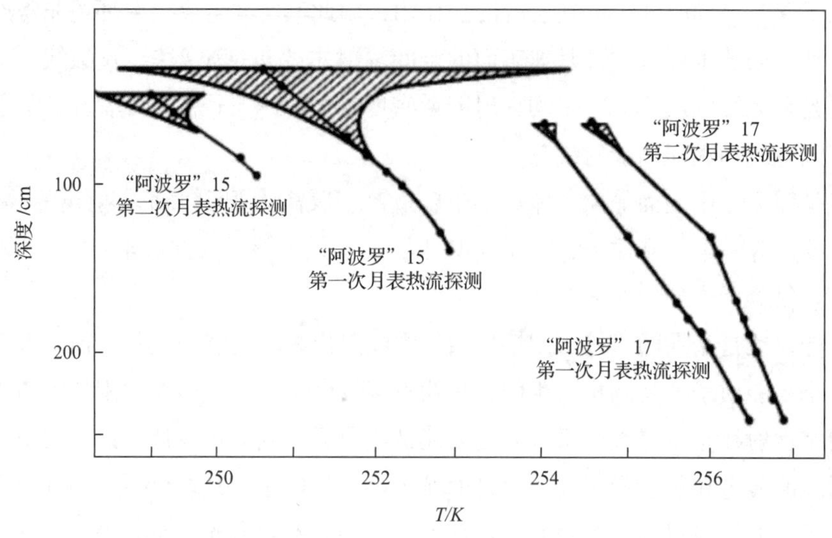


图9-1-8 “阿波罗”15、17任务中测得的月表热流数据

## 9.1.6 月面环境对月球建设的工程约束及解决方案

下面分析月面环境对月球建设的影响，并提出解决方案，为未来月球建设提供技术参考。

### 1. 月表自然地形约束

(1) 第9.1.1节讨论了月球表面的地形地貌特征。其中，碎石遍布月面的环境条件对月球建设中的辅助机器人和作业机器人移动系统提出挑战，要求机器人移动系统能够在崎岖路况中保持机器人感知载荷和作业载荷的稳定性。此外，松软表岩屑与月尘对月面运动速度和轮系设计有很大限制，要求其行走速度和车轮设计满足表岩屑承压能力，否则会有下陷和引起月尘激扬的风险。

针对这一约束，需要设计开发主、被动地形适应相结合的自平稳运动平台，同时设计针对月面松软、细腻月尘路况的轻质车轮，使不同行驶情况下的有效摩擦力和压力在合适范围内，保证运动机构的有效性。同时，需要开展相关移动系统的驱动能力预算，设计辅助机器人和作业机器人至少具有30°的爬坡能力。针对月尘激扬问题，在月球建设前期先进行路面铺设，可以采用铺垫碎石、表岩屑烧结固化等形式。

(2)月面大型石块、撞击坑和撞击坑隆起等是月面移动机器人无法跨越的障碍物。

针对这一需求，开展基于机器视觉和激光测距系统的月面环境智能认知技术研究，开展月面障碍物检测、识别和定位技术研究。此外，可以研究基于原始感知数据的反应式自主避险控制方法，从而实现局部感知环境下的快速避险动作。

(3) 月球正面和极地区域的大型撞击坑储藏有丰富的重要月球建设原材料，探测价值极高，但是陨石坑峭壁、隆起等特殊地形对探测机器人的机动能力提出了很大挑战。

针对这一挑战，突破传统轮式、轮腿式机器人设计的思维局限，设计开发具备适应月面极限地形的新概念探测机器人；同时，建议摒弃一味增强单个机器人智能和复杂度的研究思路，开展月面多机协作、多机协同探测的新型探测模式论证和协作机器人系统开发。

### 2. 月面表岩屑与月尘约束

细小的表岩屑尘埃可以侵蚀没有完全密闭的轴承、齿轮和其他机械装置，造成机械元件磨损。带静电的悬浮月尘吸附在仪器表面会影响其性能，引起光学系统致盲。同时，月尘会引起热控系统功能的严重退化。

针对月尘侵蚀问题，可以参照以下建议：在着陆器降落到一定高度时，关闭发动机，减少喷气扬起的灰尘；优选扬尘少的时段开展月面活动，月球机器人的行走速度应较为缓慢，防止速度过快引起大量扬尘；对月面常走路线进行压实和固化，抑制月尘激扬；设计热控表面使月尘堆积污染最小化；为月球机器人轮系和仪器外层设计防尘、密封和除尘装置；给功能表面充上特定电荷，排斥空中带同性电荷的月尘。

### 3. 月面低重力环境约束

在月球低重力环境下，航天员和机器人等运动物体的月面运动稳定性比地面差很多，同时低重力环境对人机协作任务带来了更大难度。比如，载人月球车等依赖航天员操作驾驶的机动车辆在月面行驶时需要更大的操纵幅度、更快的操作速度、更短的反应时间。

针对地月表面重力差异带来的机器人运动控制和月面设施操作控制的差异，需要在地面搭建月球低重力环境模拟平台，进行地月环境下设施控制和操作的差异分析，通过试验获取低重力环境下控制参数，确保机器人在月面条件下控制和操作的有效可靠。

### 4. 大气、磁场与电磁辐射环境约束

(1) 月球环境接近真空，这对月面作业机器人的影响主要表现在脱气作用、剧烈温差和无阻尼振动三个方面。针对真空环境的防护，建议：制造月面辅助机器人和作业机器人以及相关仪器设备的材料必须能够抵抗高真空下的脱气，否则会改变材料性能，使其达不到应有的强度；材料应该能够耐受极限温度而不引起形变或损伤；为月球机器人和相关仪器设备设计隔振和阻尼措施。

(2) 太阳高能射线和银河高能射线中的高能带电粒子会引起单粒子效应，可能损坏月球探测器表面、电子元件和结构的整体性。这些高能粒子也会引起光学材料分离，同时由于这些粒子大而重，可能导致光学设备瘫痪。研制月面机器人应采取密封或屏蔽等措施，屏蔽宇宙高能粒子对机器人及电子元件的损害。

### 5. 月面光照与温度环境约束

(1)剧烈的温差对月面探测器温控的影响：月面设施周围的热量环境由太阳直射通量、月球反射通量和月表红外辐射组成。月面设施受到辐射加热，极限温度可达150℃，月夜极限低温达-180℃，对探测器各部件的正常工作提出了巨大挑战。月球车内探测仪器的工作温度一般为-40～+40℃，为保证探测仪器的正常工作，月球车必须采用温控措施，使用太阳遮掩物、热隔离系统、覆盖层等被动温控装置以及自动调温器、热发生器等主动温控装置。

(2)月夜对月球车和寿命的影响：在月夜极限温度条件下，太阳能电池无法进行充电，必须采取措施来保证月球车"过夜"。月球车能够持续过夜意味着其工作寿命至少得以延长半个月球日。设计研制核能电池为月球机器人在月夜提供能源；从任务层面上，使机器人在月夜期间停止作业、返回居住舱或在月球站进行能源补给；在月球建设工程初期，首先建造大规模光伏电池阵列和远距离电能传输系统，为月夜或永久阴影区作业机器人提供能源补给。

在月球表面环境为月球探测和月球建设带来约束和挑战的同时，其特殊环境也为人类提供了天然的太空实验基地，很多地面上难以开展的材料生产、生物实验可在月表高真空、低重力环境下顺利进行。此外，在月球表面的移动不受大气阻力影响，不需要考虑气动外形限制，可一直加速至环绕速度甚至逃离月球引力场的速度，很多在地球上难以实现的交通运输方式在月球不再受限。

## 9.2 月球居住设施

为便于开展月面长期着陆探测与综合开发活动，不仅需要实现航天器绕月探测及月球表面着陆，还需要在月球表面建立永久性居住设施，为航天员月面长期驻留、航天器月面往返飞行以及月球基地基础设施建设提供充足的物资保障，并进行电能供应、通信保障以及各种设备的调度、监测与操控，保障月球基地的正常、高效运行。由于月球表面环境的复杂性与恶劣性，需要从地形特征、光照条件、资源分布、对地通信等方面综合考虑月球居住设施的选址。月面居住设施的设计与建造需要采取合适的方案，使其便于在月球表面进行部署，并保持良好的气密性、维持内部温度恒定、抵抗各种载荷引发的结构形变、抵御辐射及微陨石侵袭等。

### 9.2.1 建设选址

月球居住设施的选址需要综合考虑地形平坦度、光照强度、矿产/水冰资源储量、对地通信便利程度等多种因素。一旦确定月球居住设施建设的选址，将对月球居住设施能源供给方式、月球居住设施所需物资补给方式等方面产生连锁影响。下面针对几个典型区域展开分析。

### 1. 月球极地地区

根据印度“月船1”号(Chandrayaan-1)月球探测器的数据可知，月球南北两极存在显著的水/氢氧根吸收带，可能存在丰富的水冰资源[6]。2018年8月21日，美国夏威夷大学研究人员证实了月面上水冰资源的存在，并说明月球南极的水冰资源比北极更为集中和丰富[7]。这一结果得到了NASA的确认。如果在月球极地的永久阴影区域附近建立月球基地，将能够有效利用这里丰富的水冰资源，制取用于航天员饮用、清洁以及月球基地各项建设任务所用的水，充分实现月球基地水资源的自给自足，并且通过将水资源电解并制备成液氢和液氧，作为月面着陆器的燃料，能够极大地减少从地面上携带的燃料质量，显著降低航天发射成本。

### 2. 月球赤道

许多科学家从充分利用太阳光照与开发月面矿产资源的角度出发，倾向于将月球基地选址于月球赤道附近。月球赤道附近存在着丰富的光照，可通过太阳能电池阵列为月球基地提供充足的能源，并且月球正面赤道附近的月海区域存在着丰富的钛铁矿资源，可制成月球基地建设所需的金属构件，其副产品氧气也可供航天员呼吸或作为航天器的助燃剂，减小航天器从地面发射时的质量。并且，在赤道附近建立月球基地具有一定的天文观测价值。由于月球的自转，建于月球赤道附近的天文观测站可以观测到月球的整个“天空”，不像在极地地区无法观测另一极的“天空”[8]。

### 3. 月球背面

由于月球自转与绕地球公转周期相同，月球始终有一面背对地球。虽然该区域无法实现地面直接观测，但该区域具有重要的月面科学探测与天文观测价值。由于没有地球的反射光，这里的夜晚全黑，适合进行深空天文观测。由于屏蔽了来自地球的低频噪声干扰，这里是安装射电望远镜和长波红外观测仪器的良好场所[8]。

### 4. 月球熔岩洞

月球熔岩洞是在月面火山活动过程中，由低黏度高挤压速率熔岩流在冷却作用下形成的月面下狭长、蜿蜒的空腔。熔岩流表面在冷却、硬化作用下形成熔岩洞顶部，而底下则是有熔岩流动的管状区域。随着熔岩流的减少，该作用会留下狭长、蜿蜒的空腔。在月球和火星表面发现熔岩洞之前，人们就相信月面以下存在坑道，并很早就有在月面下建立前哨站的设想[9]。2008年，日本宇宙航空研究开发机构(JAXA)宣布利用“月亮女神”号探测器在马留斯(Marius)山地发现了熔岩洞开口[10]，证实了月面熔岩洞的存在性。虽然在地面上也存在熔岩洞，但由于月面重力低于地面重力的特点，月球上的熔岩洞比地球上的熔岩洞在各个维度上大1个数量级。与月球表面相比，熔岩洞内部相对没有灰尘，可以提供相对恒定的温度环境(估计为 - 20℃),并且可以有效抵御月面上的各种辐射。因此,月面熔岩洞为月球基地的建立提供了得天独厚的天然场所。一种利用月面熔岩洞建立月面城市的设想如图 9 - 2 - 1 所示,包含居住设施、发射场、电力系统、仓库等基础设施[9]。

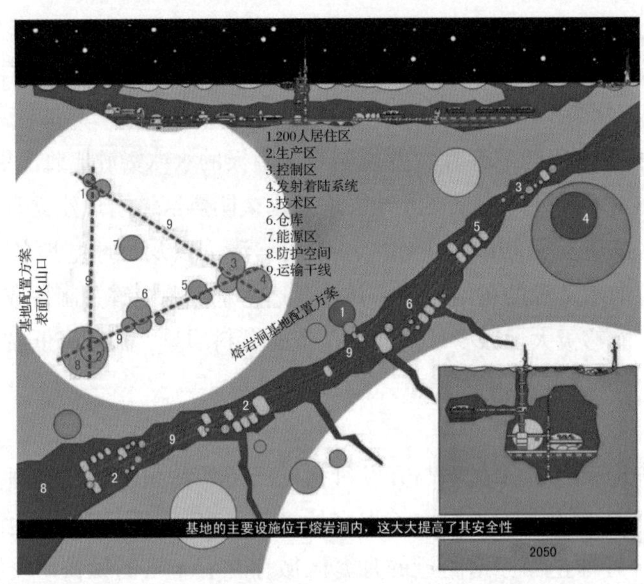


图 9 - 2 - 1 利用月球熔岩洞建立月球基地的想象图[9]

在"机器人月面操作"2 号(Robotic Lunar Surface Operations 2, RLSO2[11])中,研究人员考虑月球上水资源相比于阳光、矿产等资源对月球基地的正常运行有更为重要的利用价值,将月球基地选址于月球南极附近,并具体提供了完全位于持续光照区域(Persistently Lit Region, PLR)、完全位于永久阴影区域(Permanently Shadowed Region, PSR)、资源开采区域位于 PSR 而居住场所位于近旁的 PLR 三种部署方案。NASA"阿尔忒弥斯"计划将于 2024 年在月面南极附近建立"阿尔忒弥斯"基地大本营(Artemis Base Camp),实现月面战略性长期驻留[12]。

## 9.2.2 结构设计

月球居住设施(简称月球舱、月面舱等)具有多种可能的结构形式,分别满足人员生活、工作以及开展月面作物栽培等活动的不同需求。下面分类介绍这些结构形式,从载荷分析、热设计、辐射防护等方面对月面舱的建造进行分析。

### 1. 舱段构型

根据结构的不同,月面舱可分为模块化刚性月面舱、充气式月面舱、可展开式月面舱、组装式月面舱、混合式月面舱等多种类型。

模块化刚性月面舱是模仿国际空间站的建造方式,通过发射模块化舱段至月球表面,并现场进行拼接所形成的封闭式月面舱结构(图 9 - 2 - 2)。刚性舱段通常由金属材料制成,其设计加工过程可以充分借鉴空间站的舱段设计经验,整体来看技术成熟度较高[8]。但该结构由于舱段体积庞大，无法折叠或展开，不便于运输到月球表面，并且受到运载器尺寸的限制，刚性舱段提供给航天员的运动空间十分有限。

图 9-2-2　模块化刚性舱段结构

充气式月面舱是通过充气鼓起，形成可供人员居住的足够空间，并通过覆盖月表岩屑进行防护所形成的月面舱结构（图 9-2-3）。虽然该结构便于运输与部署，但是结构坚固性不足，且稳定性较差。

图 9-2-3　一种枕形充气式结构

可展开式月面舱是通过将类似于雨伞、帐篷等的机械展开式结构以收拢构型发射到月球表面，再通过连杆运动展开形成的月面舱结构。虽然该种结构也和充气式结构一样便于运输与部署，但也存在材料性能退化、易发生结构振动等缺点。该结构可与充气式结构结合使用，以在实现月面舱表面压力均匀分布的同时增强结构强度。

组装式月面舱是通过类似于地面上的建筑搭建过程，利用标准化构件以及月表岩屑等材料，并通过机器人协同操作以增量组装方式搭建而成。该结构是大规模月球基地建设中理想的月面舱构建方式，能够最大限度地摆脱地面加工过程，并且其零件的生产有望实现对月面资源的充分利用。但受机器人集群分布式自主协同操作技术以及尚处在概念阶段的原位资源利用技术的限制，该方式与其他方式相比，有较大的实施难度。

为了克服单一结构形式的缺点，不同的结构形式可以综合运用到月球居住设施的结构设计中。例如，可展开式月面舱结构的骨架可以以月面原位组装的方式制成。又如，在各种结构形式的月面舱建造中，几乎都需要将月表岩屑覆盖在月面舱上，以进行辐射防护，并增强月面舱结构的坚固性与稳定性。

## 2. 载荷分析

为了保证月面居住舱在各种负载情况下满足结构强度要求，需要对其进行载荷分析。本小节以 Ruess 等的研究为例，介绍月面舱的载荷分析方法[13-15]。该方法考虑环境条件、结构要求、材料(包括当地资源)和施工难易度等因素，对结构方案进行的承载能力进行量化分析。以三铰拱(图 9-2-4)为例，该拱形结构因其相对简单而富有吸引力，而且结构组件可以从地球带到月球上，而不需要非常大的发射系统来运送结构本身。选择铰链连接方式可以有效减小温度等因素带来的内部应力。

结构上的最大载荷必须通过多种载荷组合来确定，主要包括：内部压力加地面载荷；月表岩屑防护层加安装载荷；所有载荷完全施加；建造过程中月表岩屑防护层覆盖一半时的载荷。分别针对上述载荷组合情形对结构进行载荷分析。图 9-2-5 显示了结构受到内部压力但未被月表岩屑屏蔽的情形，此时连接梁产生最大应力。图 9-2-6 展示了月表岩屑防护层完全覆盖结构表面后作用于结构上的载荷。图 9-2-7 显示了在覆盖月表岩屑防护层的过程中结构承受的部分载荷。在这种载荷情况下，结构内部还没有加压，导致拱形梁所受应力最大。月面舱必须同时针对载荷完全施加以及施工过程中部分载荷施加的情况进行结构设计(包括应力和挠度)。在上述结构载荷分析中，作者选用屈服强度为 500 $N/mm^2$ 的高强度铝合金作为建筑材料，并且所用构件均先在地球上制作好。可能存在能够进一步节省质量的复合材料，但是需要注意这些材料在真空环境中的特性。

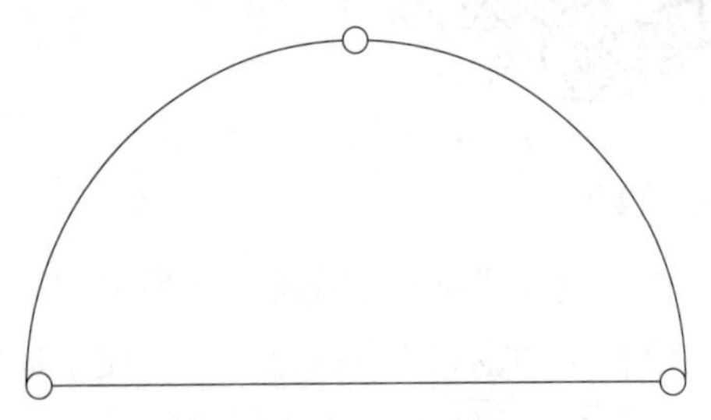

图 9-2-4 月面舱三铰拱结构概念图

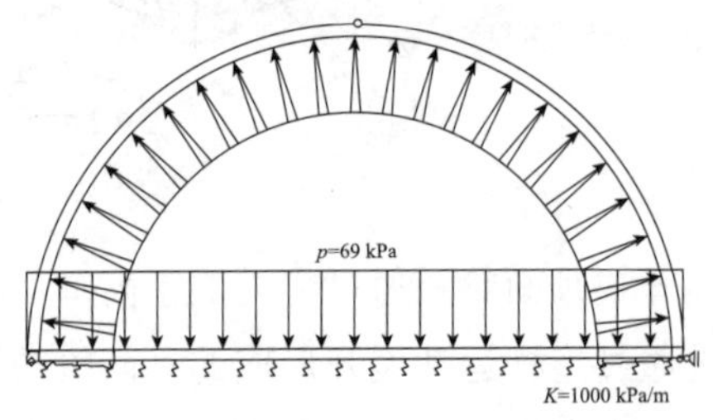


图 9-2-5 月面舱内部压力和地面反作用力

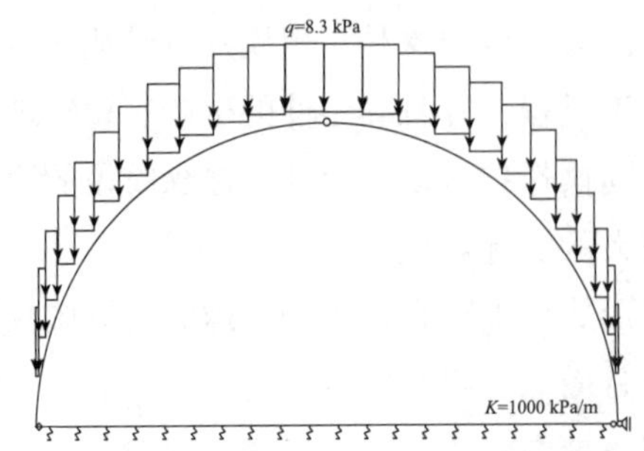


图 9-2-6 月表岩屑防护层完全覆盖时的结构载荷

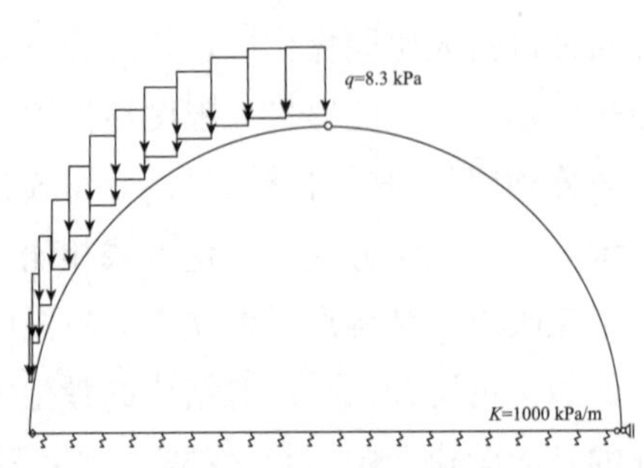


图 9-2-7 铺设部分月表岩屑覆盖层时的载荷情况

### 3. 热设计

由于月面巨大的昼夜温差，需要对月面居住设施进行结构受热分析，并且需要采取合适的热控方法，维持月面居住设施内部温度恒定，实现月面热量的有效利用。

热控系统的两个主要目标是及时排出电子元件和人员的多余热量，并与外部环境保持热平衡。热控系统通常分为被动和主动两类。被动热控系统是在不依赖电能输入的情况下，通过表面涂层等隔热材料或遮阳板、散热片等元件来调节热量分布，其性能通常非常可靠，并且能够减少发射质量，降低月面居住设施成本。但被动热控系统的性能往往受到材料光热性能退化的限制。主动热控制系统是借助于热泵、加热器、冷却器等机械组件与散热片、流体回路等导热或散热组件，依靠电能输入来转移热量的温度调节方式。相比于被动热控系统，主动热控系统可以逆温度梯度转移热量，从而使月面居住设施在极端高温与低温环境下仍能保持内部温度恒定；但该系统更需要考虑可靠性和维护问题，并且需要考虑发射质量和成本需求。

人们还注意到，虽然月球表面存在着巨大的昼夜温差，但月表岩屑一定深度以下即可保证温度的相对恒定。在"阿波罗"月面探测器的着陆地点，由于月表岩屑的低热导率，虽然昼夜温差高达282℃(最高温度111℃，最低温度－171℃)，但月面20cm以下的月表岩屑昼夜温差迅速降至10℃，月面40cm以下月表岩屑的昼夜温差只有1℃(该处温度为－20℃左右)[13]。如果能充分利用月表岩屑的蓄热机制，在月昼储存太阳辐射热量，并在月夜释放出来供人类使用，或转化为电能供月球基地利用，将能减少主动热控系统的电能输入，节约运营成本。

下面以文献[16－17]为例进行月面居住设施受热分析介绍。考虑在月面南极(0°0′0″W，86°0′0″S)位置处的一座山上建立一种由镁合金制成的圆顶结构作为月面居住设施。该结构以烧结的月表岩屑为地基，并在其表面覆盖月表岩屑防护沙袋。该位置处的太阳不会完全落下，并且地球始终可见，便于维持对地通信。之所以选择镁作为结构材料，是因为镁在月面上储量丰富，并且具有良好的电磁屏蔽特性、抗冲击性等。该研究考虑了月球表面的温度和月表岩屑的热特性，特别是月表岩屑的导电性、比热容、反照率、发射率等参数。基于"阿波罗"任务的实验数据，作者认为环境温度在太阳落山后迅速降低，然后在月夜保持稳定。基于Simonsen等的温度方程[18]以及Hemingway等计算的比热容[19]数据，分析了所考虑的月面舱结构在月面正午与月面夜晚的温度和热流分布(图9－2－8和图9－2－9)。由此可知，由于缺乏大气层，月面正午时的居住舱表面温度存在较大的分布差异，而月球夜晚的居住舱表面温度分布几乎无差异。可以使月面居住设施的大部分区域朝东建设，使其在月面正午接收到最充足的光照。

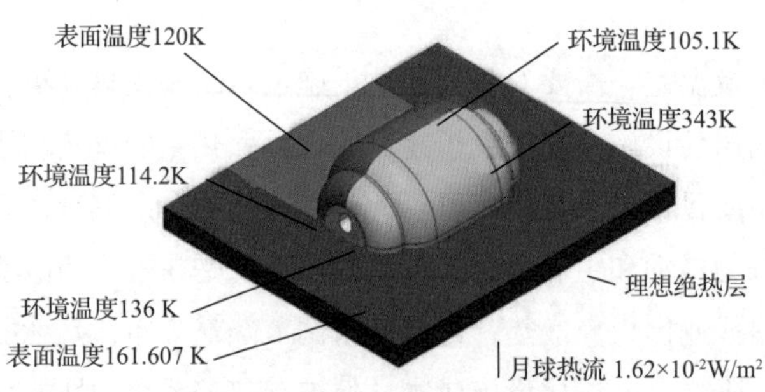


图9-2-8　位于月球南极的居住舱正午温度分布

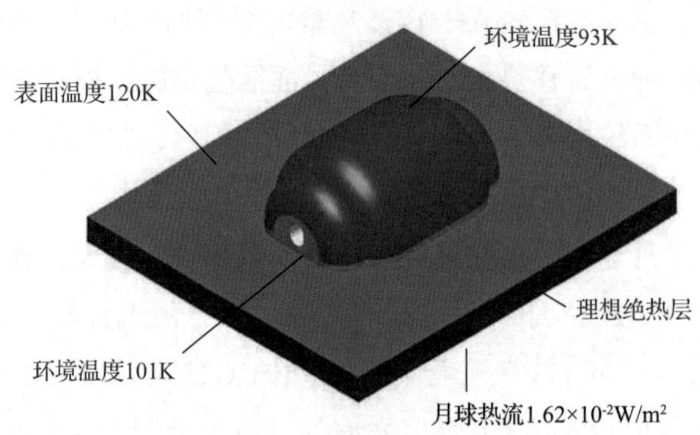


图9-2-9　位于月球南极的居住舱夜晚温度分布

4. 辐射屏蔽与微陨石撞击防护

由于缺乏大气层防护，月面较高的辐射剂量会对人员健康造成严重损害，并且宇宙中的微流星体等物质可能会对月球基地的各种设施造成损坏。因此，在居住设施结构设计中应充分考虑对周围辐射的屏蔽以及对微陨石等小天体的撞击防护。最简单的防护方式是在月面居住设施覆盖月表岩屑防护层。由于月表岩屑在月面上无处不在，并且月表岩屑具有明显的辐射屏蔽作用(仅考虑月球表面辐射时，月表岩屑深1m处的辐射水平即与地球相当[13])与撞击防护作用，因此该方法具有较高的可行性与应用价值。根据文献[8]可知，月面居住设施的月表岩屑防护层厚度应不小于0.5m。但考虑月面尘埃对设备的危害，需要对月面居住设施的月表岩屑防护层及其周围的月表岩屑进行烧结或黏合处理，或将用于防护的月表岩屑装入沙袋或夹层中(图9-2-10)。此外，还可考虑将月面居住设施建于熔岩洞等特殊地形内，利用自然地形实现防护。由于熔岩洞内相对没有灰尘[13]，减轻了月面居住设施的月尘防护需要。除了采用被动防护方式，也可以采用主动防护方式使月面居住设施屏蔽外界辐射与抵抗小天体撞击。例如，在月面居住设施周围形成电场或磁场，利用月基激光、动能甚至核武器对来袭的小天体进行拦截，建立天基/月基小天体测量与跟踪设施等[8]。

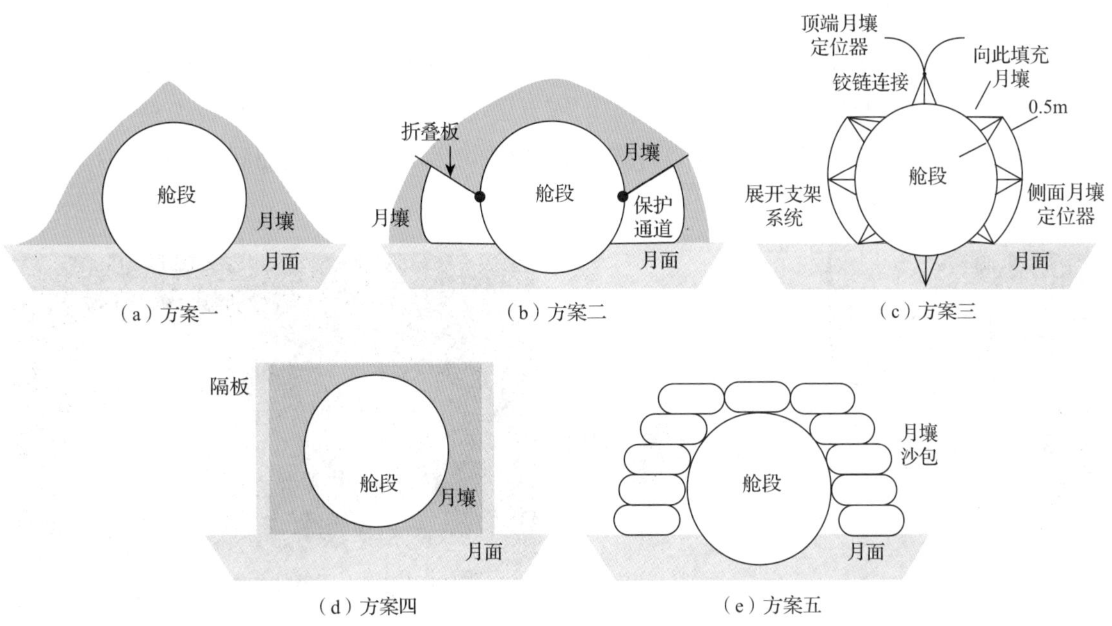


图9-2-10　几种月表岩屑防护方案

## 9.2.3　结构建造

对于早期月面居住设施的建造，可以采用模块化刚性舱段结构，甚至可以直接使用月面着陆舱作为月球基地，即模仿国际空间站的建设过程：首先在地面上加工出各模块化舱段；其次由运载器运送到月球表面；最后通过模块自身运动或借助移动机器人的操作，现场组装成月面居住设施。但是，随着月球基地建设规模的扩大，这种建造方式需要地月之间越来越多、越来越频繁的舱段运输任务，不仅大大占用了运载器的容积与质量，还没有充分实现对月面镁、铝等矿产资源的原位利用。针对该结构所占体积过大的缺点，可以将各舱段改用充气式或可展开式结构。针对该结构可能过重的缺点，一种方案是依靠月面上的环形坑、熔岩洞等特殊地形搭建月面居住设施结构，从而减少月面居住设施的材料用量，并且起到天然的防护作用；另一种方案是通过月面原位资源利用予以解决。考虑到原位资源利用技术不成熟的现状，可以仅对月表岩屑加以利用，将其覆盖在月面居住设施表面或填充在居住设施外侧夹层中，作为月面居住设施的辐射防护、微流星体防护与隔热材料，从而减少从地球携带防护材料的用量。或者，在掌握了月面资源原位开采与冶炼技术后，可以采用类似于地面上建筑搭建的方式，利用月面丰富的镁、铝等矿产资源加工成所需的各种标准零部件，通过机器人集群协同作业完成月面居住设施的搭建。

随着3D打印技术的发展，人们希望利用3D打印设备以及月表岩屑与黏合剂材料，通过高温烧结/微波烧结等作用直接完成月面居住设施的建造任务。ESA开发出一款D形打印机(图9-2-11)，可以利用类似于月表岩屑的材料打印出各种形状的建筑用砖，再通过黏合剂与支撑材料构建起月面居住设施(图 9 – 2 – 12)[20]。目前，3D 打印技术可以在大约一周的时间内打造一座完整的建筑。最近，奥地利已经实现利用混有光反应结合剂的模拟月表岩屑打印出齿轮、螺栓、喷嘴等较为精细的零部件(图 9 – 2 – 13)，其中没有使用氧化铝、氮化硅等纯度较高的材料，从而使得月球基地的损坏零部件可以方便地利用周围的月表岩屑进行原位制造与更换[21]。

图9 –2 –11 ESA 的 D 形打印机

图9 –2 –12 ESA D 形打印机打印出的 1. 5t 建筑砌体

图9 –2 –13 利用模拟月表岩屑材料 3D 打印的零部件

### 9. 2. 4 能源供应

月球基地各种设备的正常运行离不开稳定的能源供应。根据月球基地附近光照时长与强弱的差异以及设备功耗的不同，月球基地各种设备可以分别采用太阳能电池阵列、核反应堆、温差电池等方式自主或集中供电，并且需要采取合适的电能输送与储存方案，对月球基地各种设备的电能进行统一管理。

太阳能是月球基地容易获得且能够源源不断获得的清洁能源。由于月面无大气层造成太阳光衰减，月球表面的太阳光照强度显著高于地球。可以通过在月球表面建立太阳能电池阵列的方式为月球基地供电。考虑月面尘埃积累等因素对月面光伏发电效率的影响，也可通过空间太阳能电池阵列实现光电转化，再以微波或激光的形式传输到月球基地。RLSO2 在月球基地周围持续光照区域的不同地形起伏处布设大型太阳能电池阵列，为月球基地供电[11]。图9-2-14展示了RLSO2中的太阳能电池阵列的展开和收起构型。该太阳能电池阵列以紧凑的折叠状态发射和运送到月球表面后，可以展开至约20m高，产生180 kW的电能。该太阳能电池阵列可通过单轴万向节机构实现旋转和对日定向，从而以合适的太阳光入射角工作。正在开发的具有5t有效载荷能力的新型月球着陆器可用于将该太阳能电池阵列放置在陨石坑边缘的合适位置[11]。

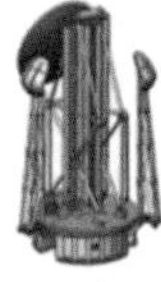

图9-2-14 处于展开和收起构型的太阳能电池板

为克服在某些区域光照强度不足的缺点，并满足挖土机、吊车等大功率机械的能源需求，可能需要核能作为月球基地的能源供应方案。一种方案是从地球上携带核反应堆为月球基地供电。虽然该方案已经在火星着陆探测等深空探测任务中得到了应用，并且能够满足月球基地的大功率用电需要，但需要考虑其对月面环境产生的辐射量及对人员健康的影响。另一种方案是利用月表岩屑中富集的$^3$He资源，通过核聚变反应为月球基地提供电能。该供电方式由于不产生中子($^3$He与D进行热核反应只产生没有放射性的质子[22])，是一种清洁的能源供应方式，但存在着很大局限性：一方面因为月表岩屑中的$^3$He丰度较低(每克月表岩屑中含$^3$He 3～4 ng[8])，开采价值不够高；另一方面因为人类尚未掌握大规模可控核聚变反应技术，反应释放的电能远远小于反应装置的输入电能，并且有$^3$He参与的核聚变反应所需温度显著高于其他核聚变反应温度[23]，目前在月面上利用$^3$He实现核聚变反应并产生电能较为困难。

为了保证月球基地的各种设备平稳度过月夜，需要采取合适的电能存储方案。传统的电能存储方式是采用蓄电池组(二次电池组)储能。锂离子电池组相比于锌银、镍氢、镍镉等其他蓄电池组具有质量轻、比能量高、耐低温、循环寿命长等优势，适合为航天服、月球车等多种设备提供电能。由于氢氧燃料电池组相比于传统蓄电池组具有比能量高、比功率大等优势(图9-2-15)，因此更适合作为整个月球基地的主要能源存储装置。考虑月球表面存在的巨大昼夜温差，也可利用月表岩屑及其他储热介质，并借助热力循环装置，以白天收集热量、晚上通过热流发电的方式为月球基地提供电能[8]。

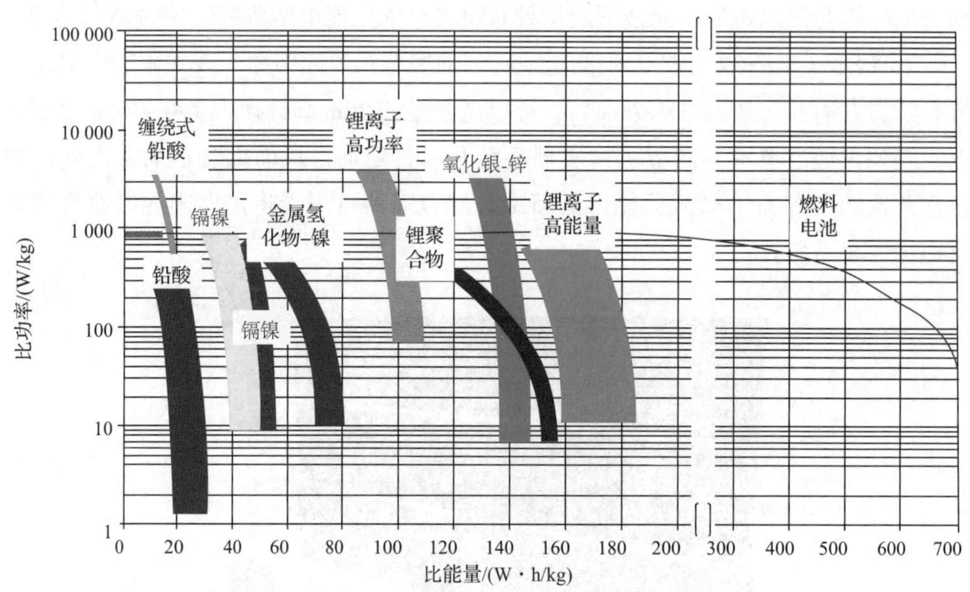


图9-2-15 各种电池的比能量-比功率[8]

## 9.3 月面机动与运输系统

月面机动与运输系统是月球建设中的关键要素，可以提高航天员活动范围，实现月面物资运输。在有人参与的月球探测活动中，需要依赖月面车搭载航天员进行远距离机动，需要依靠灵活机动的月面机器人深入极限地形进行资源勘测和采样；在月面建设活动中，需要依赖多种具有操作能力的移动机器人对月面居住舱、能源、导航通信等基础设施进行搬运和操作，需要依赖建筑作业机器人开展月球基地场地修整和防护层建筑等任务；在未来月球原位资源开发和利用过程中，需要依靠采矿车进行资源开采和运输，需要依靠大规模的月表或空间运输系统进行资源的远距离运输。

在月球探测、月球建设和月面原位资源利用过程中，可能用到的月面机动和运输方式包括月球车、月面轨道运输系统、月面跳跃式运输系统和月面太阳同步机动等。

### 9.3.1 月球车

月球车是一种比较容易实现的月面机动方式，一般依靠轮式或轮腿式的运动系统在月球表面漫游。月球车可以在遥操作、航天员驾驶或自主控制模式下进行月面机动，通常自身携带电池等能源装置，不需要依赖额外的能源供给设备，因此月球车机动的优势是运动轨迹自由灵活，可以适应于月面探测、航天员辅助等各种任务。月球车的体积和质量较小，可以直接由地面发射到月球表面后在月面展开一系列月面机动和作业活动，其研制成本和发射成本相对大型轨道运输系统较低，是人类月球探测和月面建设初级阶段主要的月面机动和运输方式。

到目前为止，成功到达月球表面的月球车共有7辆。太空竞赛时期是人类探月活动的高潮时期，期间共有5辆月球车抵达月球表面，分别是苏联/俄罗斯的“月球车”1号、“月球车”2号(图9-3-1(a)、(b))和美国的3辆载人月球车(LRV)。21世纪以来，随着中国“嫦娥工程”计划的逐步开展，“玉兔”号和“玉兔”2号月球车(图9-3-1(c)、(d))分别于2013年12月和2019年1月随着“嫦娥”3号和“嫦娥”4号探测器到达月球表面并开展工作，其中“嫦娥”4号在月球背面着陆。

(a) 苏联/俄罗斯“月球车”1号

(b) 苏联/俄罗斯“月球车”2号

(c) 中国“玉兔”号月球车

(d) 中国“玉兔”2号月球车

图9-3-1 月球探测任务中的无人月球车

苏联/俄罗斯的“月球车”1号和“月球车”2号都是8轮月球车，采用独立驱动、独立悬挂系统，月面典型移动速度为1km/h。搭载激光测距仪、磁强计、光度计和表岩屑力学性能测试仪等科学载荷，开展月面科学实验。两辆月球车桅杆上安装高清相机，其图像返回地面控制中心，供操作人员判读，在遥操作控制下开展月表漫游和拍照。“月球车”2号月面漫游距离长达39km，传回86张月球全景图像和8万多张月面高清图像。

“玉兔”号整车质量为140kg，长度为1.5m、宽度为1m、高度为1.1m，移动系统采用6轮主副摇臂悬架的移动构型，由车轮、摇臂和差动机构等组成，可6轮独立驱动，4轮独立转向(图 9 - 3 - 2)[24]。在月面巡视时它采取自主导航和地面遥控的组合控制模式，具有跨越 20cm 障碍物的越障能力，平均漫游速度设计为 0.2km/h。“玉兔”号桅杆上装有 2 台全景相机和云台，可以实现对巡视区和着陆区的全景立体成像。“玉兔”号的导航与控制可以通过地面遥操作实现，同时具有自主导航与控制能力，在依靠全景立体相机、激光测量阵列、惯性组件等传感器感知周围环境、自身姿态、位置等信息后，可以通过地面或车内装置实现速度确定、路径规划、紧急避障、运动控制与安全监测，保证其安全到达目的地。“玉兔”号月球车携带了测月雷达、红外成像光谱仪、粒子激发 X 射线谱仪以及月球车电控箱等有效载荷。“玉兔”2 号在“玉兔”号的基础上进行了升级改进，主要用于对月球背面的环境、地形和地质构造等进行漫游探测。

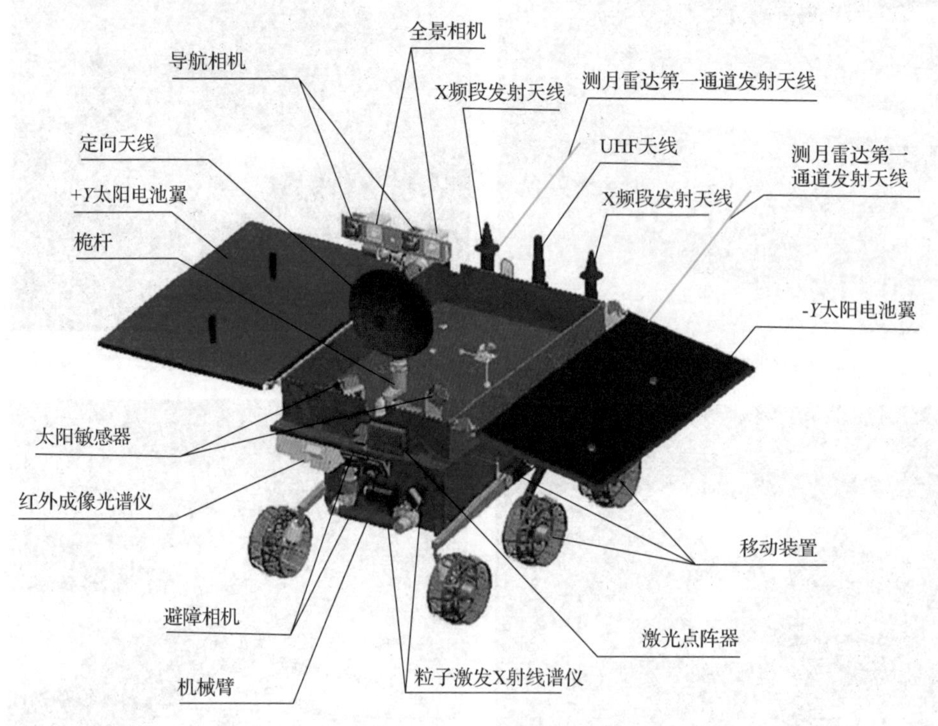


图9-3-2 “玉兔”号月球车结构与载荷搭载情况[24]

LRV 是美国在“阿波罗”探月计划中使用的载人月球车(图 9 - 3 - 3)[25]，其在“阿波罗”15、“阿波罗”16、“阿波罗”17 任务中有效扩大了航天员的月面探测活动范围，并辅助携带回大量月球样本。LRV 月球车由美国波音公司设计研制，研发周期为 17 个月，在“阿波罗”计划期间共制造了 8 辆 LRV 月球车，其中有 3 辆在“阿波罗”计划中成功登上月球。LRV 月球车是一种可折叠的四轮载人电动车，整车长度为 3m、高度为 1.1m，左右轮间距为 2.3m。整车质量为 210kg，设计载重为 490kg。LRV 车的车架由三段式铝合金底盘铰接构成，在空间运输前将整车折叠和集成固定到登月舱内。运动机构主要包括独立悬挂独立驱动的车轮、钢丝轮胎和互相独立的前、后轮转向控制系统。如图 9 - 3 - 4 所示，LRV 月球车的车轮由

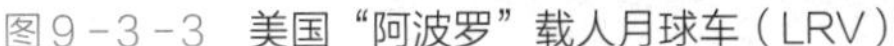
图9-3-3 美国“阿波罗”载人月球车（LRV）

图9-3-4 LRV镀锌钢丝轮胎与“人”字形铆钉的钛合金轮面

铝制轮毂和直径81.8cm、宽度23cm并由直径0.083cm的涂锌钢丝编织而成的轮胎组成，同时其轮胎胎面上用铆钉安装“人”字形的钛合金片，从而增大了车轮与路面的接触面积。LRV月球车整车采用两块互为备份的36V电池供电，单块电池容量为121Ah。其热控采用主被动热控相结合的方式，工作期间利用电池和相变材料进行热量存储，在工作间歇时打开月球车的防尘盖，进行辐射散热。LRV上安装有可折叠的航天员座椅、可折叠脚蹬、T形手持操作杆、显示器和安全带等设备，能够帮助着服航天员进行安全、高效的操纵控制[26]。LRV月球车在“阿波罗”计划中拓展了航天员的探测范围，实现了有效的工具携带和样本辅助运输，带回了大量的月表岩屑和岩石样本，对月球样本研究以及人类对月球环境和月球科学的进一步认识意义重大。

不论是无人月球车还是载人月球车，其技术和功能存在一定的局限性，难以适应未来的大范围深入探测和大规模月面建造以及原位资源利用的需求。其主要包括以下方面：

(1)轮式移动系统对于一些极限地形的探测覆盖能力不足。

(2)目前，月球车或地面样机主要采用基于锂电池和光伏电池的混合能源系统，月面机动距离仍然比较短，只能在着月点附近开展探测。

(3)无压式载人月球车对航天员的安全防护不够，在人机联合月面任务中，单次舱外活动时长仍然受到航天员登月服的生命保障系统容量的限制。

(4)目前月球车的自主性和智能性极低，其人机协作能力有限，难以实现较为高级的人机联合探月任务。

为了使月球车能够更好地开展月球探测、月面航天员辅助以及月面作业，NASA等研究机构对月球车开展了大量研究。总体来说，月球车的发展趋势体现在以下方面：

(1)月球车的任务目标不再局限于传统的探测采样返回和航天员驾驶机动，而是向航天员、月球车、着陆器和机器人多元联合探测的任务模式拓展[27]。在有人探月活动中，航天员可以驾驶载人月球车开展较大范围的机动和探测，并依靠月球车运输采样工具和岩石样本等。同时，月球车或月球机器人可以在操作人员指挥下进行独立探测或者进行航天员跟进补充探测。

2005 年，NASA 在 D－RATS(Desert Research and Technology Studies)项目[28]中提出的 SCOUT 月球车是一种具有多模态人机交互能力和航天员舱外活动辅助能力的载人月球车(图 9－3－5)，支持手动驾驶、遥控操作、自动控制以及自然人机交互控制，其中人机交互能力包括语音和手势识别，可以在航天员的指令下进行人员跟随、运动控制和拍照等任务。

图 9－3－5　2 名模拟航天员驾驶 SCOUT 月球车

(2)载人月球车的发展从无压式载人月球车向加压载人月球车过渡。加压月球车的优势是可以为航天员提供安全防护，使得舱内航天员可以脱离厚重登月服的束缚，可以更加灵活地操控月球车，以及可以支持在舱内开展原位科学实验。并且，加压式载人月球车可以为航天员提供短期的居住服务，能够支持开展时间周期更长、距离更远的探测任务和运输。

NASA 在 2007 年提出了一种小型加压载人月球车(Small Pressurized Rover，SPR)[29]，如图 9－3－6 所示。SPR 长度为 4.5m、宽度为 4m、高度为 3m，主体结构由加压舱和一个全向越野底盘组成，整车质量为 3000kg，能够负载 1000kg 的载荷。SPR 的加压舱内部装备包括两张可折叠座椅、工作台、工具箱以及窗帘、小型浴室等，其中折叠座椅可以展开为床。SPR 能够支持 2 名航天员的运输和大约 3 天正常居住，在紧急情况下可以支持 4 名。加压舱前方和下方安装玻璃窗户，为舱内人员提供开阔的视野。SPR 加压舱后侧设有登月服停靠接口，可以提供月面快速进出舱操作，支持航天员 10min 内在较小气压损耗的情况下实现出入舱。同时，加压舱设有对接舱口，可以与其他月球车或月面居住舱对接。居住舱携带冰袋用于热控，通过水的融化和汽化来散发热量，同时可以减少月球车需要携带的水量。SPR 的底盘采用 8 个独立驱动、独立转向的车轮，左右轮间距为 4m，车轮直径为 99cm，宽 30.5cm，SPR 平均行驶速度为 10km/h，可以实现车体向任意方向平移，从而能够支持与其他月球车或居住舱快速对接。SPR 可以为航天员提供空间辐射防护和短期的月面居住服务，也可以为舱外活动的航天员提供照明等服务，能够将载人月球探测范围扩大到 200km 以上。

图 9-3-6　NASA 的 SPR

(3)月面作业机器人由单机工作模式向多机协作模式拓展。通过多个机器人进行分布式协同作业，扩大了感知和作业的空间范围，有利于月面机器人群体开展规模更大、复杂度更高的作业任务。多机器人协同作业的模式有利于单个机器人简单化、模块化，系统的冗余度高，拓展性强。通过集群行为实现大规模的搬运和挖掘任务，可以实现月球基地场地挖掘准备、居住舱搬运对接、防护层建筑和月面设施装配维修等任务，从而更好地适应未来月面大规模建造和工业化趋势。

ATHLETE 2 (All-Terrain, Hex Limbed, Extra-Terrestrial Explorer)机器人在 2009 年研制完成，由两个完全独立的 3 足 ATHLETE 机器人系统组成[30]。这种协作设计提供了一种简便的物体搬运和卸载策略，即两个 3 足 ATHLETE 机器人首先停靠在物体托盘的相对两侧，形成一个 6 臂对称车辆，通过协作搬运和放置货物，然后两个机器人分离实现物体卸载(图 9-3-7)。每个 3 足机器人上面共有 48 个驱动电机和 24 个立体相机，其采集的图像传回到地面遥控站，方便操作人员对机器人周围地形情况进行判断和遥控操作。ATHLETE 2 保持了第一代 ATHLETE 机器人[31]6 足高通过性能的优势，同时其模块化设计使得系统可拓展性和灵活性更强，可以用于月面居住舱的搬运和卸载。

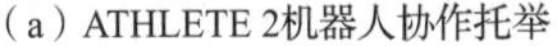

(a) ATHLETE 2机器人协作托举

(b) ATHLETE 2机器人协作卸载

图 9-3-7　ATHLETE 2 机器人协作搬运与卸载

德国人工智能研究中心在 IMPERA 项目(Integrated Mission Planning for Multi-Robot Systems)[32]中以月面未知环境中的机器人自主采样返回作业需求为背景，对月面多机器人协作任务规划问题展开了研究，目标是实现异构多机器人系统在地外星表探测任务中的应用。该项目中提出了三类异构机器人平台，并开展了异构机器人协作规划方法研究，如图9－3－8 所示。

（a）Stummel机器人

（b）Scout机器人

（c）Amparo机器人

图9－3－8　德国人工智能研究中心的 IMPERA 异构采样机器人集群

## 9.3.2　月面轨道运输系统

月面轨道运输是未来月球工业化阶段一种重要的月面机动方式。当月球基地建立后，月球勘探和开采将呈现爆炸式增长，大规模、高频次、远距离的轨道运输将逐渐成为必要的运输手段。月球作为人类未来走向深空的跳板，建造深空探测燃料补给站是一种重要趋势，月面提取的燃料等物资运输到深空补给站需要依赖大规模的空间发射和运输，基于轨道加速的运输和发射方式可重复使用性强，任务周期短，有利于压缩成本，将是一种替代化学推进的重要方式。月面轨道运输系统主要包括月面磁悬浮运输系统和月面缆车运输系统。

### 1. 月面磁悬浮运输系统

磁悬浮技术利用电磁力克服重力，将物体悬浮到空中，进而推动物体前进。通过磁悬浮系统避免了接触摩擦，从而可以相对容易地将物体速度加速到高速运动状态。通常来说，磁悬浮系统由三个基本部分组成，分别是悬浮系统、推进系统和导向系统，如图 9－3－9 所示。悬浮系统提供悬浮力，使得物体悬浮在空中；推进系统产生推力，使得物体产生向前运动的加速度；导向系统用于产生侧向导向力，控制物体前进方向。因此，被加速物体 $m$ 的动力学模型可以描述为

$$m\dot{v}_{\text{forward}} = F_{\text{propulsion}} - F_{\text{drag}} \tag{9-3-1}$$

$$F_{\text{levitation}} = mg_{\text{celestial}} - \frac{mv_{\text{forward}}^2}{r_{\text{celestial}}} \tag{9-3-2}$$

$$I\dot{\omega}_{\text{direction}} = \sum F_{\text{guide}}l \tag{9-3-3}$$

式中：$m$ 为物体质量；$v_{\text{forward}}$ 为物体前进速度；$F_{\text{propulsion}}$ 为电磁推进力；$F_{\text{drag}}$ 为物体受到的阻力；

$F_{levitation}$ 为物体受到的磁悬浮力；$g_{celestial}$ 为天体表面重力加速度；$r_{celestial}$ 为天体半径；$I$ 为物体的转动惯量；$\omega_{direction}$ 为物体运动的加速度；$\sum F_{guide}l$ 为物体受到的合力矩。

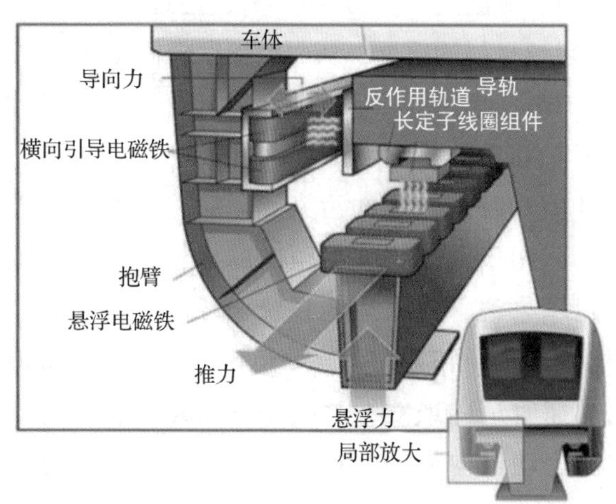


图9-3-9　磁悬浮技术原理示意

月面特殊的真空、低重力和低温环境使得磁悬浮技术具有很大应用优势：

(1)在月面高度真空环境下，月面磁悬浮运输系统避免了运载平台加速时空气阻力带来的速度损耗和气动热、音障等工程难题。

由式(9-3-1)可以看出，阻力 $F_{drag}$ 是限制物体加速的主要因素。克服空气阻力是地球上磁悬浮列车应用的挑战之一，空气阻力一方面会导致速度损失，另一方面会带来气动热和噪声等难题。一种解决思路是将磁悬浮列车系统建在地下真空管道内，从而避免空气阻力，但是又会带来繁重的挖掘和维护成本。月球真空环境下的磁悬浮运输系统可以避免空气阻力带来的速度损耗，也可以避免气动热和音障等困难。在能够有效抑制空间电磁辐射的情况下，可以将磁悬浮运输系统建在月球表面[33]，用于月面设施、物资和人员的运输。由于没有空气阻力的限制，月面磁悬浮运输系统可以快速将运输载体加速度到较高的速度，在达到额定的速度之后只依靠悬浮力就可以匀速运动，如以15km/h的速度在月球赤道上实现太阳同步机动。运输载体经过磁悬浮加速后，以一定的角度和速度射向空中，进行弹道式飞行，之后再利用磁悬浮轨道进行捕获和减速，从而实现月表的远距离跳跃式机动。此外，在月球表面轨道上利用磁悬浮达到环绕速度之后，通过施加变轨推力，可以直接进入月球轨道，这样就可以利用磁悬浮技术实现月面运输与发射的一体化；反过来，飞行器也可以在月球轨道上变轨进入月球表面的环月磁悬浮轨道，然后利用磁悬浮减速，实现月球轨道与月球表面的可重复使用往返运输。

(2)在月球低重力条件下，运输载体所需的悬浮力相对地球上小得多，用于悬浮保持和导向控制的能耗很低。根据式(9-3-2)，当运输载体被加速到月球轨道速度时，所需要的悬浮力为0，此时理论上可以依靠纯惯性在月球表面运动，不需要消耗任何能量，这对于月面远距离快速运输具有特别重要的意义。

(3)利用月面低温条件可以大大减小超导材料的保温难度和能耗。超导体低温维持是磁悬浮技术的另一个难题，在地面应用中通常使用液氮对其进行保温，需要耗费大量的能量。在月球上，不受阳光直射的区域温度大约为 -200℃，通过屏蔽太阳直射和隔离热传导等方式，可以相对容易地实现超导材料的保温，从而大幅度降低能耗。

相对于化学推进和月球车运输而言，月面磁悬浮运输具有较多优点。相对于化学推进来说，月面磁悬浮运输不需要反向排出物质，因此不会产生尾流，避免了对月球真空环境产生污染，以及激起月尘对月面设施的污染。同时，月面磁悬浮运输系统单次加速任务周期短、发射效率高，适用于大规模、高频次的运输，其可重复利用性好，能够大幅缩减成本。相对月球车运输来说，轨道运输系统避免了在陨石坑、高山、峡谷等复杂地形下的障碍物规避和导航难题，同时其运载系统不需要自身携带能源装置和环境感知装置；轨道运输器在固定加速管道内或线缆悬空条件下运动，避免了月球车机动时可能激起月尘或极限地形造成的运动机构失灵。同时，月球车运动速度非常慢，比如“玉兔”号的平均速度为 0.2km/h，LRV 的驾驶速度约为 13km/h，这样的速度用于大规模物资运输是难以接受的。

根据上述分析，将磁悬浮技术用于未来月球表面轨道运输的优势明显，可能在提高月面运输效率、降低建设运营成本方面带来非常可观的效益。目前，月面磁悬浮运输系统与工程应用还有较远距离，需要对其轨道系统、能源系统、建造运营方式以及成本效益方面展开深入讨论。德国柏林工业大学提出图 9-3-10 所示的月面磁悬浮列车构想，分析认为由于月面低重力和无大气的条件，在月面建造相同运输规模的磁悬浮轨道系统所需的建造质量相比地球表面可以减少 1/2 甚至 1/4。对月面磁悬浮列车系统、电动月球车、月面飞行器和电磁质量加速器等运输方式的性价比进行对比[34]，分析证明了在铝和铁原位可用的前提下月面磁悬浮列车系统在长期(60 年以上)大规模运输应用中的优势。

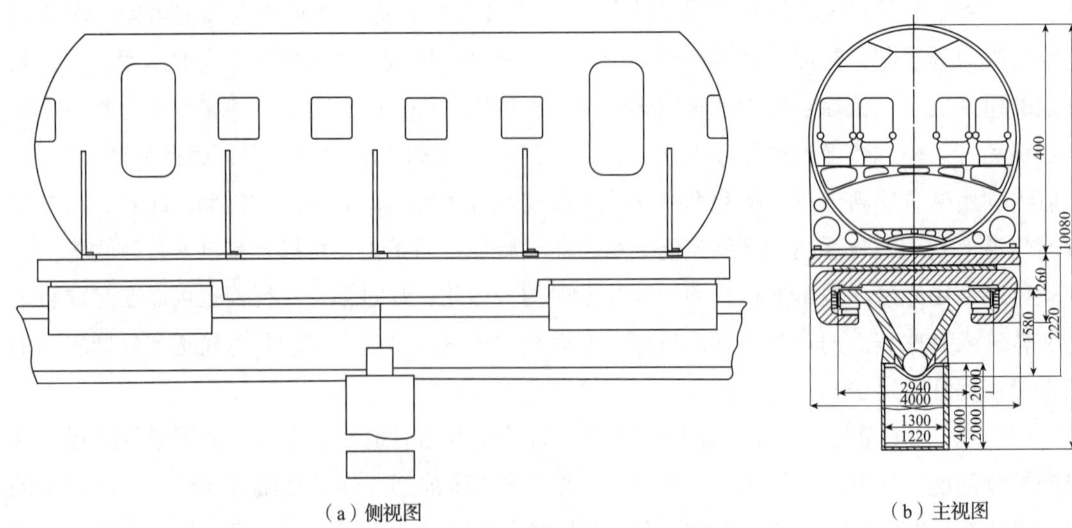


(a) 侧视图　　(b) 主视图

图 9-3-10　月面磁悬浮列车构想图

### 2. 月面缆车运输系统

月面上很多区域地形崎岖、落差达数千米，且环形山众多、存在月尘干扰，月球车、月面机器人很难满足远距离、大批量的月面运输。在月面上每隔一定距离设立一个塔，相邻塔之间有线缆，用于通行缆车，形成覆盖全月面的缆车运输网，如图 9－3－11 所示。该运输网是多层的，在立塔位置处缆车可以实现不同高度层之间的换乘。缆车运输稳定，运输量大，避免了月面上地形崎岖、高度落差大以及月尘的影响，是未来月面运输的重要方式。

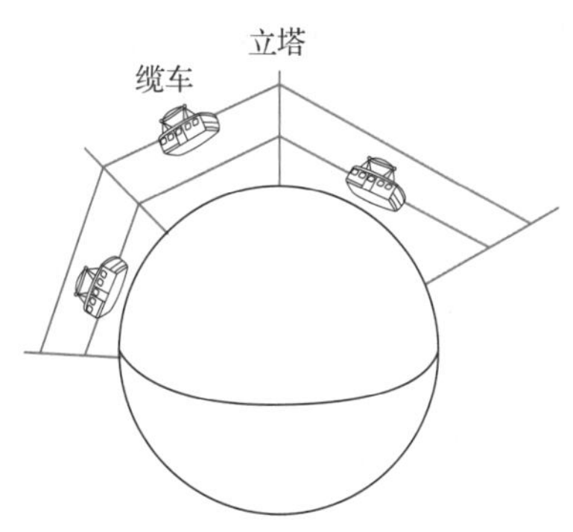


图 9－3－11 月面多层缆车运输网

如图 9－3－12 所示，根据文献[35]估计，利用 M5 蜂窝聚合物为缆绳，塔高 1km，相邻两个塔之间的月面距离为 91km，对应月面大圆 3°。按照这样的设计，最多 7200 个立塔就可以实现全月面的缆车交通。由于月面重力仅是地面重力的 1/6，因此在月面上塔可以建得更高，月面塔高 1km 对应地球表面 1/6km≈167m 的建造难度。

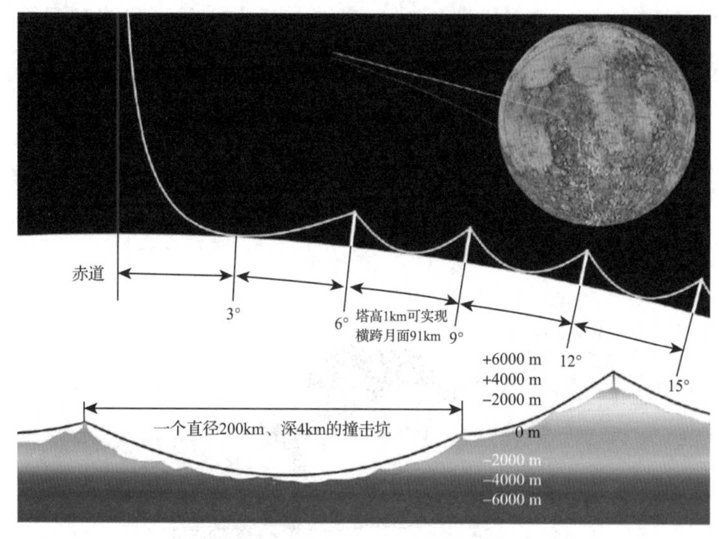


图 9－3－12 月面缆车

月面缆车运输系统的优势是能够飞跃撞击坑和障碍物等危险地形，实现跨区域运输和作业。通过多自由度缆绳系统设计，可以实现缆车平台的自由机动，搭载不同功能作业载荷的缆车可以开展挖掘、搬运、建造、维修等多样化任务，相比磁悬浮运输系统更加灵活，同时也避免了月球车机动面临的复杂地形限制。此外，在月面低重力环境下，可以仅依赖比较细的线缆就可以挂载缆车实现较远距离的运输和机动，这使得月面缆车系统建造时的地面发射质量要小很多。因此，月面缆车运输系统是一种性价比非常高的月面机动方式。

Bernold 提出了如图 9 – 3 – 13 所示的缆车运输系统[36]，它由轨道缆绳、缆车、桅杆和变幅缆绳构成，其中缆车上装备主动滚轮。两根桅杆各自通过一根绳索锚定在地面，从而使得桅杆之间长达 3km 的轨道缆绳张紧。通过桅杆两侧的变幅缆绳可以使桅杆发生侧向摆动，从而使得缆车具有一个方形的覆盖面积。变幅线缆的使用可以实现缆车停留在覆盖区域的任意位置，以支持其灵活的物料运输、建造和设施维护等任务。相同的思路可以拓展到图 9 – 3 – 13(b)，通过操控固定在滑架上的多根线缆实现多自由度装载和卸载。

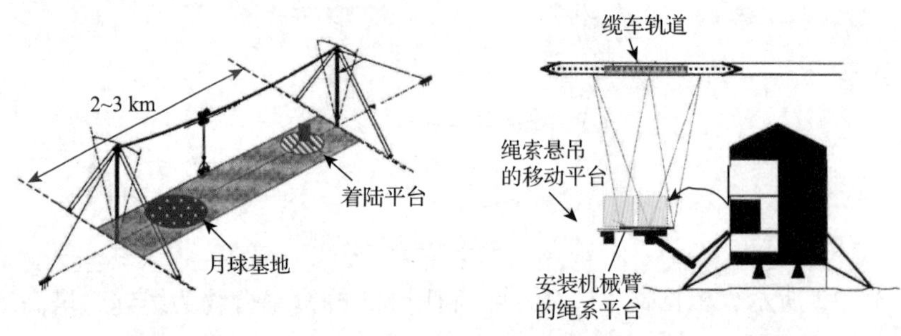


(a) 缆车运输系统组成　　(b) 支持操作的多自由度缆车机动系统

图 9 – 3 – 13　支持月面运输和操作的缆车系统

图 9 – 3 – 14 为基于缆车系统的机器人挖掘作业构想[37]。当缆车平台搭载挖掘机器人时，可以在缆绳的协调操作下实现机器人对土壤、岩石的挖掘、存储和运输。缆车平台还可以搭载其他作业机械臂，从而实现建造或维修操作。

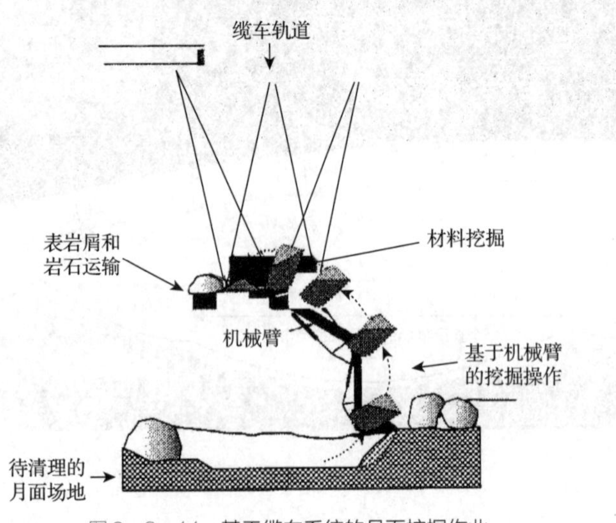


图 9 – 3 – 14　基于缆车系统的月面挖掘作业

## 9.3.3 月面跳跃式运输系统

月面跳跃式机动方式是指出发点和目的地之间不需要接触月球表面的机动方式，主要依赖月面飞行器(Lunar Hopper)实现，主要采用化学推进提供动力。

按照是否全程需要提供动力，可以将月面飞行器分为两类，分别是弹道式(Ballistic Hop)和滑翔式(Hover Hop)[38]，如图9-3-15所示。

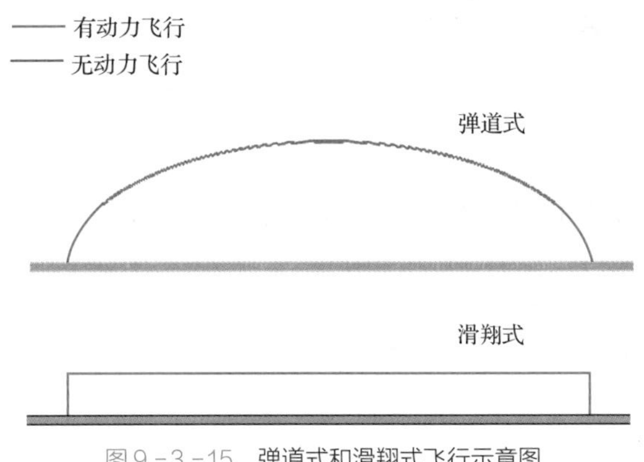


图9-3-15 弹道式和滑翔式飞行示意图

弹道式飞行是指飞行器首先在月球表面获得非0°倾角的速度增量，随后关闭动力做弹道飞行，当将要到达目标位置时，以一定的速度增量进行制动，降低下降速度从而实现软着陆。弹道式飞行是一种比较节省燃料的机动方式。弹道式飞行需要在起始段和结束段进行主动姿态控制，为飞行器施加合适的速度增量。弹道式飞行主动控制段比较少，因此需要较高的初始瞄准精度来保证成功着陆到目标位置。

滑翔式飞行全程需要提供主动力，其机动分为三个阶段：首先，飞行器加速上升，当到达月表上空预定悬停高度时减速为0，并保持悬停；然后，飞行器沿着目标位置的方向施加水平加速度，到达指定水平飞行速度后关闭水平方向的推力进行匀速滑行；当飞行器到达水平机动距离一半时，施加反向的水平推力进行减速，当飞行器到达着陆位置上空时，通过改变推力调整其下降速度，最终实现软着陆。由于滑翔式飞行全程都需要提供主动力，是一种比较消耗燃料的机动方式。

月面跳跃式机动方式的优势主要体现在以下四个方面：

(1)跳跃式机动可以实现不同距离尺度的点到点快速机动，可以直接跨越撞击坑等极限地形，不受月面复杂地形的约束，并可以到达或掠过陨石坑、高地和峡谷等各种地形，支持不同距离范围、不同地形的探测和运输，如图9-3-16所示。

(2)未来可以从月面原位资源中提取氢和氧，为月面飞行器提供燃料，进而可以实现飞行器的重复使用。

(3)在月球低重力条件下，以相同的初速度做无动力飞行时，可以获得比地面条件下更长远的机动距离和滞空时间。

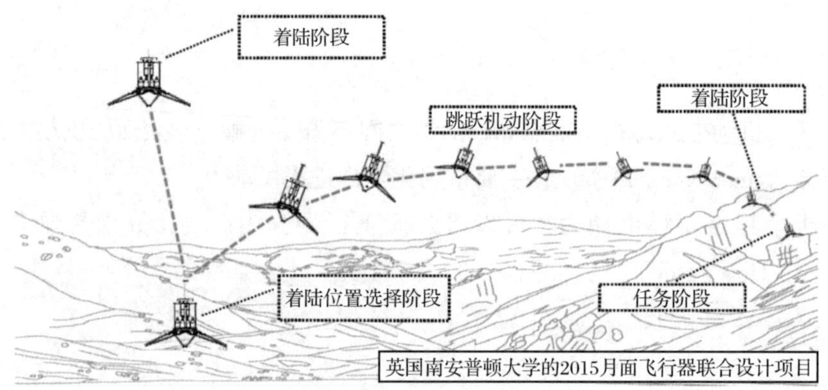


图9-3-16　月面飞行器飞行过程

月面平均重力加速度为1.625m/s²，约为地球表面重力加速度的1/6。在月球均质球体假设和月表真空条件下，假设某一移动体以初速度（$v_{x0}, v_{y0}$）在月表某一纵平面内运动，根据

$$\begin{cases} t = \dfrac{2v_{y0}}{g} \\ x = v_{x0}t = \dfrac{2v_{x0}v_{y0}}{g} \\ y = \dfrac{v_{y0}^2}{2g} \end{cases} \tag{9-3-4}$$

可知：以相同的初速度在月表移动，其滞空时间为地球表面的6倍；以相同的初速度出发，其水平机动距离和纵向高度是地球表面的6倍。

(4)在月球真空环境下，月表采用化学推进动力时可不考虑气动外形的约束，其结构不再需要做成细长体，其结构可以做得更轻，同时也不存在音障、气动热等问题。比如，对于月面飞行器(火箭)来说，推进剂储箱为不同形状时，结构质量相差很大。根据

$$\begin{cases} V_{\text{sphere}} = \dfrac{4\pi}{3}r_s^3 \\ S_{\text{sphere}} = \dfrac{8\pi}{3}r_s^2 \\ V_{\text{cylinder}} = 2\lambda\pi r_y^3 \\ S_{\text{cylinder}} = 2\pi r_y^2(1+2\lambda) \\ V_{\text{cube}} = r_c^3 \\ S_{\text{cube}} = 6r_c^2 \end{cases} \tag{9-3-5}$$

式中：$\lambda$为圆柱体的长径比，$\lambda = \dfrac{l}{2r_y}$。以$\lambda = 3$为例，令$V_{\text{sphere}} = V_{\text{cylinder}} = V_{\text{cube}}$，可得

$$\begin{cases} S_{\text{sphere}} = 3.22r_c^2 = 0.54S_{\text{cube}} \\ S_{\text{cylinder}} = 14\pi r_y^2 = 1.04S_{\text{cube}} \end{cases} \tag{9-3-6}$$

通过上述分析可知，球体储箱的表面积最小，相比于细长体和正方形储箱，球体储箱结构质量可减小一半(图 9-3-17)。

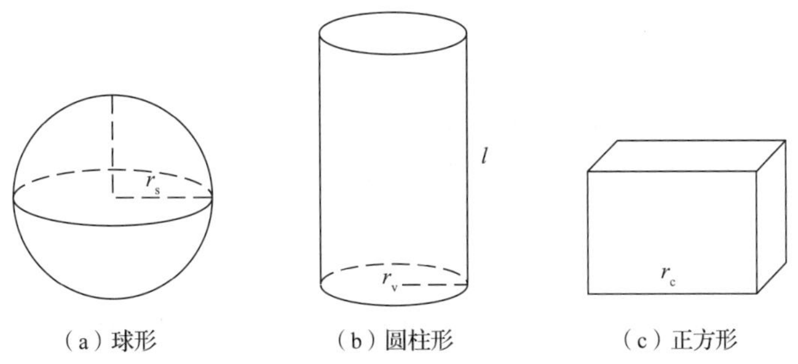


图 9-3-17 三种推进剂储箱结构示意

考虑弹道式火箭动力飞行，既需要开始时加速，也需要在降落时减速。月表的火箭弹道飞行优化问题描述(图 9-3-18)为

$$\begin{cases} \min\Delta v = 2v_0 = 2\sqrt{\mu_m\left(\dfrac{2}{R_m} - \dfrac{1}{a}\right)} \\ \text{s. t. } R_m = \dfrac{a(1 - e^2)}{1 - e\cos\theta} \end{cases} \quad (9-3-7)$$

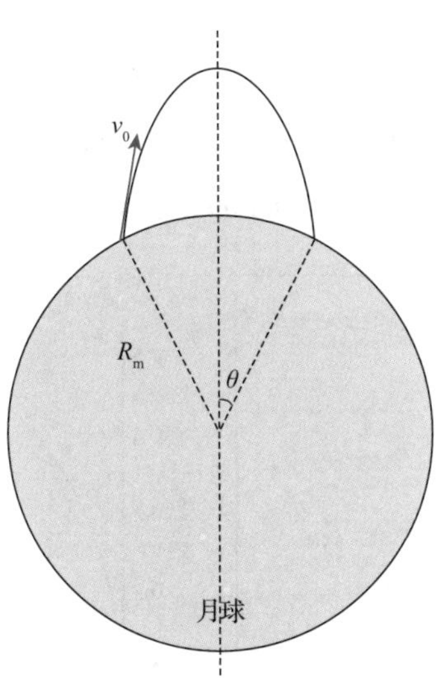


图 9-3-18 月面弹道式飞行描述

即给定要到达的航程(给定月心半角 $\theta$)，最小化初始速度增量需求。将约束条件代入优化目标，可得

$$v_0 = \sqrt{\mu_m\left(\frac{2}{R_m} - \frac{1}{a}\right)} = \sqrt{\frac{\mu_m}{R_m}}\sqrt{2 - \frac{1 - e^2}{1 - e\cos\theta}} \quad (9-3-8)$$

则优化问题等价于

$$\max \quad f(e) = \frac{1 - e^2}{1 - e\cos\theta} \quad (9-3-9)$$

令

$$\frac{\partial f(e)}{\partial e} = \frac{\cos\theta(1+e^2)-2e}{(1-e\cos\theta)^2} = 0 \tag{9-3-10}$$

可得

$$\begin{cases} \hat{e} = \dfrac{1-\sin\theta}{\cos\theta} \\ \Delta v_{max} = 2\sqrt{\dfrac{2\mu_m}{R_m}}\dfrac{\sqrt{\sin\theta-\sin^2\theta}}{\cos\theta} \end{cases} \tag{9-3-11}$$

月面弹道式飞行的速度增量与地心半角的关系如图 9-3-19 所示。由图 9-3-19 可以看出：

(1)速度增量需求随飞越距离增加而增加，且导数逐渐减小，即距离越大时，继续增加距离所需要的速度增量需求增长变缓。

(2)飞越 16.4°月心角，即在月面跨越 500km 所需要的速度增量与月球的第一宇宙速度相等。

推进剂比与速度增量需求的关系为

$$\varphi = 1 - \exp\left(-\frac{\Delta v}{g_0 I_{sp}}\right) \tag{9-3-12}$$

假设在月表使用的火箭推进剂为 LOX/$CH_4$，真空比冲为 360s，则可以绘制推进剂比与飞行距离的关系，如图 9-3-20 所示。由图 9-3-20 可以看出，在月球表面进行 4000km 的远距离飞行所需要的推进剂只占总质量的 60%，对于单级火箭是比较容易实现的。

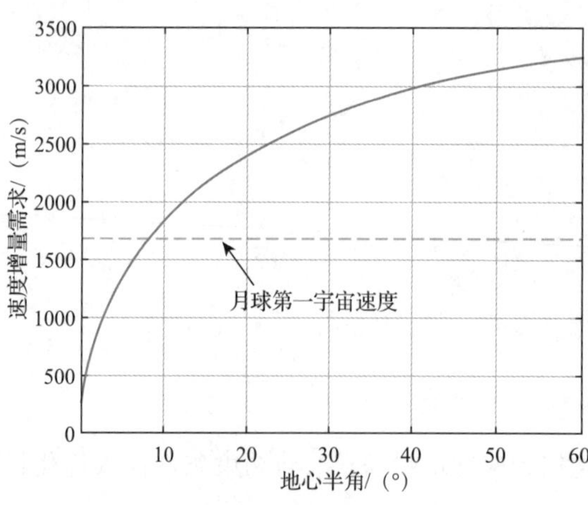


图 9-3-19 月面弹道飞行的速度增量与地形半角的关系

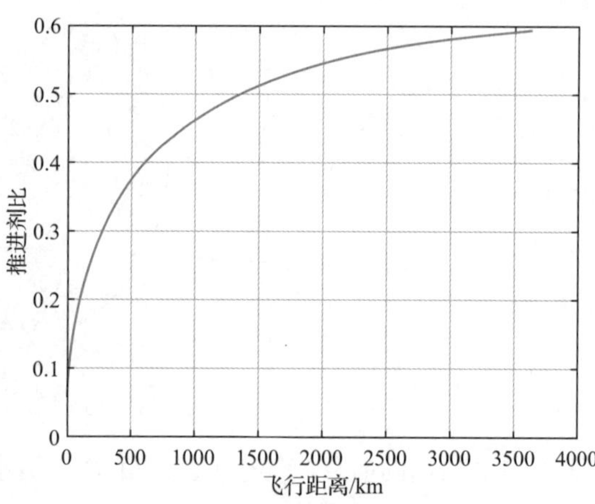


图 9-3-20 推进剂比与飞行距离的关系

马里兰大学对利用载人月面飞行器对“阿波罗”15 任务区域的重新探测问题进行分析，从而讨论基于载人月面飞行器进行辅助探测任务的可行性[39]。

图 9-3-21 为基于载人月面飞行器重访“阿波罗”15 任务的跳跃机动示意。假设载人飞行器的结构质量为 300kg，搭载航天员总质量为 150kg，探测工具和科学试验仪器总质量为

100kg，飞行器携带推进剂质量为130kg。将一次闭环的探测机动路线规划为四个阶段，实现从着陆点出发依次到达峡谷底部并开展一段探测活动，然后机动到着陆点旁边的高地，最后回到着陆点。

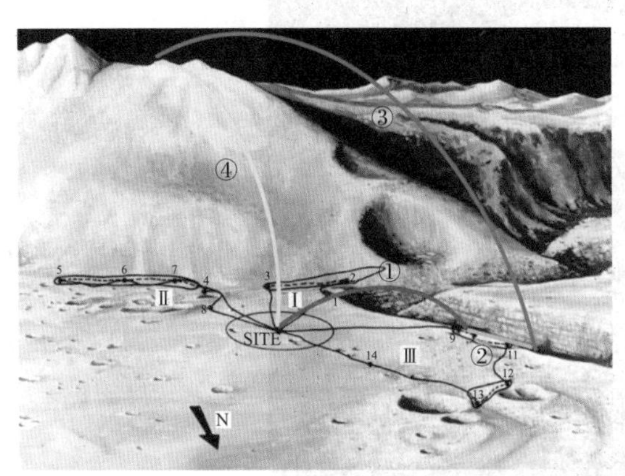


图9-3-21 基于载人月面飞行器重访“阿波罗”15任务的跳跃机动示意

通过第一段飞行从着陆点到达峡谷底部，水平机动距离为3km，高度差为-150m，需要在目标点采样20kg，消耗科学工具和仪器质量为25kg；通过第二段飞行实现沿着月溪底部的探测，水平机动距离为2km，高度差为0，需要在目标点采样20kg，消耗工具和科学仪器质量为25kg；通过第三段飞行，从峡谷底部机动到高山，其水平机动距离为15km，高度差为1600m，需要采样30kg，消耗工具和科学仪器质量为50kg；通过第四段机动回到着月点，机动距离为12kg，高度差为-1450m，返回样本质量为70kg，返回工具和科学设备质量为25kg。

在上述任务目标下，可以对各段机动的速度增量和燃料消耗进行计算：第一段机动需要速度增量为139m/s，消耗推进剂质量为22kg；第二段飞行需要速度增量为160m/s，消耗推进剂质量为25kg；第三段飞行需要速度增量310m/s，消耗推进剂质量为46kg；第四段飞行需要速度增量278m/s，消耗推进剂质量为37kg。完成这样一次闭环的探测需要消耗总推进剂质量为130kg。假设NASA的Altair着陆器[40]着陆后剩余燃料为400kg，则可以支持三次上述闭环探测任务。

### 9.3.4 月面太阳同步环线

太阳同步漫游是指移动物体在天体表面按照某一轨迹运动，使其能够始终保持在太阳照射下的机动方式。太阳能漫游车辆进行太阳同步机动时遵循的运动轨迹称为太阳同步环线。

在月球极地区域的无人探测中，太阳能漫游机器人通过太阳同步机动可以获得长时间连续的太阳能补给，从而实现一种低成本、长期、大范围的持续探测。图9-3-22为月球极地的太阳同步环线探测示意。在有航天员参与的驾驶探测或旅行活动中，通过太阳同步机动可以获得连续的照明，同时可以实现人员和车辆始终处于月球昼夜交替过度区域的适宜温度带，从而使其只依赖简单的热防护系统就可以在类似地球温度环境下进行长期活动，如图 9-3-23 所示。此外，在月球赤道上的沿着太阳同步环路建造环赤道磁悬浮列车用于载人阳光旅行，这对于未来空间旅行和人类月面长期生活具有重要意义。

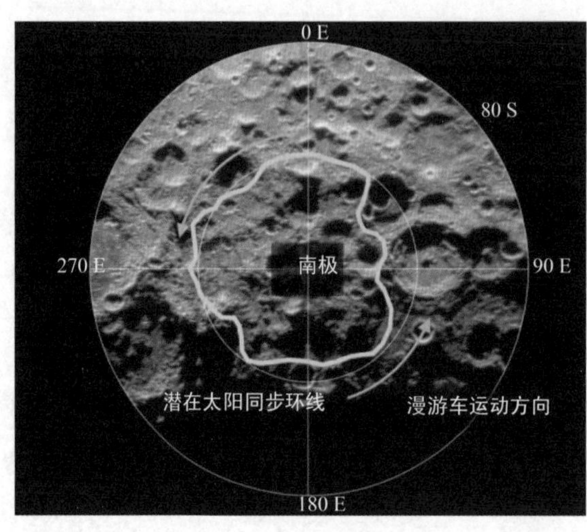


图 9-3-22 月球南极区域太阳同步环线

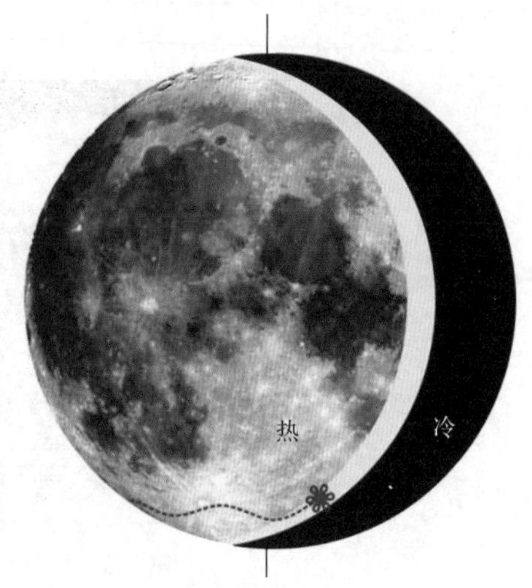


图 9-3-23 月球南极附近适宜温度带内的太阳同步机动

天体表面的太阳同步机动条件是太阳能漫游车的光电转换能量输入为机器人提供的平均漫游速度能够达到其当地太阳移动速度。

假设当地太阳移动速度为 $v$，漫游车的质量为 $m_{\text{rover}}$，路面阻力系数为 $r_{\text{soil}}$，天体重力加速度为 $g$，那么需要的太阳同步漫游车的输入功率需求和太阳能电池板面积可以按照如下方法进行估算：

$$P = m_{\text{rover}} g v r_{\text{soil}} + 50\text{W} \tag{9-3-13}$$

$$A = \frac{P}{k_{\text{efficiency}} E_{\text{irradiance}}} \tag{9-3-14}$$

式中：$E_{\text{irradiance}}$ 为当地平均太阳辐射强度；$k_{\text{efficiency}}$ 为光电转换效率；50W 为包括计算和通信等除运动以外的所有系统的恒定功率的估计[41]。

根据上述原理，对水星、火星、地球和月球不同纬度区域条件下的太阳同步环路长度、漫游速度与所需太阳电池板尺寸进行了计算和对比，得到了表 9-3-1 所列的结果。假设漫游机器人质量为 100kg，土壤阻力系数设为 0.1，其中光伏电池的光电转换效率估计为 20%。

**表 9-3-1 四种天体不同纬度区域的太阳同步环路漫游速度与功率需求估算**

| 项目 | 水星 | 地球 | 月球 | 火星 |
|---|---|---|---|---|
| 赤道漫游距离/km | 15327 | 40074 | 10914 | 21344 |
| 赤道漫游速度/(km/h) | 3.6 | 1670 | 15 | 864 |
| 赤道地区功耗/W | 87 | 45412 | 119 | 8930 |

续表

| 项目 | 水星 | 地球 | 月球 | 火星 |
|---|---|---|---|---|
| 赤道地区太阳电池面积/$m^2$ | 0.04 | 227 | 0.4 | 75.8 |
| 纬度 80°漫游距离/km | 2662 | 6959 | 1895 | 3706 |
| 纬度 80°漫游速度/(km/h) | 0.6 | 290 | 3 | 150 |
| 纬度 80°地区功耗/W | 56 | 7927 | 62 | 1598 |
| 纬度 80°太阳电池面积/$m^2$ | 0.03 | 40 | 0.2 | 13.6 |
| 极地环路($r=5$km)漫游距离/km | 31 | 31 | 31 | 31 |
| 极地环路($r=5$km)漫游速度/(km/h) | 0.01 | 1.3 | 0.04 | 1.3 |
| 极地环路($r=5$km)地区功耗/W | 50.1 | 85 | 50.2 | 63 |
| 极地环路($r=5$km)太阳电池面积/$m^2$ | 0.03 | 0.4 | 0.18 | 0.5 |

由表 9－3－1 可以看出：

(1)在月球表面 80°的纬度上，太阳能漫游车依赖 0.2$m^2$ 的太阳电池板，就可以实现以 3km/h 的平均速度进行太阳同步环行。

(2)对于自转轴有一定倾角度的天体，高纬度地区会存在周期性的太阳持续照射的区域。在这些区域内，太阳能漫游车的太阳电池板的朝向每天需要转动 360°才能保持太阳同步。

(3)在地球或火星北极的夏季，垂直部署一个不足 0.5$m^2$ 的太阳能电池阵列的漫游车可以以大约 1.3km/h 的速度实现半径为 5km 的闭合的太阳同步漫游，实现极地区域大范围巡查和探测。

(4)在月球的两极地区，太阳同步漫游机器人可以实现其始终处于适宜的作业温度环境和长时间的太阳照射条件下，为其长期探测和极地区域的原位挥发物的提取利用提供了较大可能性。

(5)在月球赤道上，可以依靠 0.4$m^2$ 的太阳电池板，以 15km/h 的平均速度，实现太阳同步漫游，这为环赤道磁悬浮列车的阳光旅行提供了理论支持。

太阳同步漫游的原理较为简单，其效益可观。实现月面太阳同步机动的关键在于两个方面，分别是月面太阳同步环线的规划和月面太阳同步漫游机器人的设计。

太阳同步环线的规划需要依赖高精度的月面地形图、随时间变化的太阳模型和月表温度模型。在太阳同步漫游作业过程时，当机器人在兼顾作业目标位置的同时，需要依靠高精度的三维地形图躲避极限地形和障碍物；依靠月表温度模型的路径规划可以使得机器人始终处于合适温度环境的地带中。依靠太阳模型可以预测太阳同步环线上的局部光照条件。

2005 年，卡内基·梅隆大学利用 Arecibo 地面探测雷达成像数据和天文望远镜获得的立体图像合成了分辨率 40m 的月球两极区域的地形图(图 9－3－24)。依靠高精度的地形图和太阳模型，可以计算出月面局部斜坡的位置。进一步利用月面地形图和太阳模型可以合成月面光照图，从而预测太阳同步环线上的光照条件。

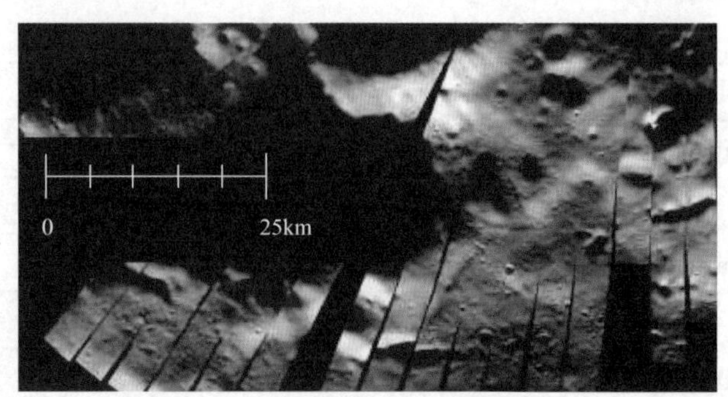


图9-3-24 通过地面雷达和天文望远镜立体成像合成的分辨率 40m 的月球南极地形图

太阳同步漫游机器人的设计应遵循以下原则：

(1)太阳同步机动机器人长距离机动、长时间工作的模式要求具有较高的系统可靠性和使用寿命。因此，机器人的机械和运动系统设计应当简单耐用，同时使用先进润滑剂[42]。建议机器人的底盘距离路面要足够高，其轮系“电机”驱动力要足够大，从而保证其越崎岖自然地形的通过能力。

如图 9-3-25(a)所示的 Hyperion 机器人是卡内基·梅隆大学在 2001 年设计研制的一种太阳能漫游机器人，用于研究高纬度地区太阳同步漫游探测的优势和挑战。其系统结构的特点是简洁、集成度高。如图 9-3-26 所示，Hyperion 机器人长宽各为 2m，机器人结构采用铝合金管材，其上竖直安装面积为 $3m^2$ 的太阳电池板，用于捕捉高纬度地区的小角度入射的太阳光。Hyperion 机器人的驱动系统采用四个独立驱动的电动机，通过前车轴主动控制实现转向，是能够在自然地形下以 0.5m/s 的速度行驶。机器人前轴上安装一个 A 形支架，其上安装立体摄像机和激光扫描仪安装，距地面约 1.5m，用于勘测周围的地形。Hyperion 机器人整体质量为 140kg，其静态功耗约为 75W。Hyperion 机器人的运动系统的峰值功率可达 290 W。Hyperion 机器人搭载 GPS 定位系统、车轮电动机编码器、立体视觉相机和激光雷达用于进行导航定位。

(a)Hyperion 机器人

(b) Zoë 机器人

(c) Synchrobot 机器人

图9-3-25 太阳同步漫游机器人

图9-3-25(b)所示的是该团队2004年提出的用于沙漠地区生命特征探测的太阳同步机动机器人。Zoë机器人宽度为1.63m、长度为2.0m，搭载生命检测仪器时总质量达198kg。采用四轮独立驱动，其前后车轮被动铰接在底盘上，通过四轮差速可以实现2.5m的转弯半径。机器人搭载1500Wh的锂电池，并水平安装一个效率23%、面积2.4$m^2$的太阳能电池板。为车轮电动机提供72V直流供电，通过谐波减速器可以将其扭矩提高3倍，实现松散沙地环境中30°的爬坡能力。Zoë机器人的行驶速度为0.9m/s。Zoë机器人搭载GPS定位系统、车轮码器、电动机电位计、陀螺仪等传感器用于测量自身运动状态；同时，全身安装8个摄像头用于支持其宽视场成像、障碍物检测和太阳跟踪等功能。

图9-3-26　卡内基梅隆大学的月面太阳同步漫游机器人 Hyperion

图9-3-25(c)所示的Synchrobot机器人是在Zoë的基础上进行了改进，其运动速度可达8km/h。研究人员为了测试其工作寿命，开展了一系列空间环境模拟试验，例如：对电动机组件在热真空环境下进行转动测试(图9-3-27(a))；在模拟微重力环境中进行能量输出性能测试(图9-3-27(b))；在模拟月表岩屑和地形环境中进行通过性能的测试[43]。

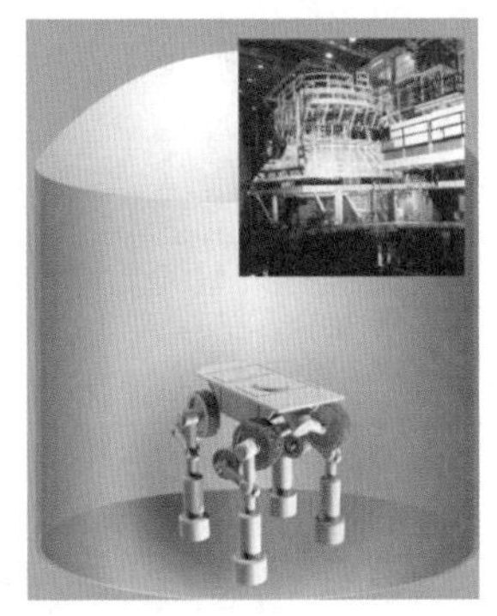
(a)热真空环境下驱动器工作寿命测试

(b)微重力环境下的能量输出性能测试

图9-3-27　Synchrobot机器人模拟空间环境下的工作寿命测试

(2)太阳能是太阳同步漫游机器人的主要连续可用能源，机器人要具备足够的能源转换效率。在高纬度地区太阳高度角比较小，太阳电池板应当竖直安装，并且太阳电池板安装机构需要具有主动的太阳跟踪伺服能力。

(3)机器人能量转换效率是否能够满足机器人太阳同步运动的速度条件是太阳同步漫游机器人设计的主要矛盾。在太阳同步机动过程中，还需要考虑机器人短暂停留执行任务的需要，因此需要机器人自身具备较高的漫游速度，从而实现整体上按时到达预先规划太阳同环线节点。对于机器人结构质量、任务载荷设计和运动速度需求和控制策略等问题，需要通过野外试验进行探索优化。

研究人员于2001年7月在加拿大北极地区的德文岛(Devon Island)，利用Hyperion机器人开展了外场实验，对机器人的太阳同步路径规划方法和导航规划算法进行应用测试和验证。德文岛位于(75°22′N，89°41′W)，具有能量密度为250～800W/m$^2$的持续太阳光照条件，其自然环境与月球Haughton撞击坑内的碎石地貌比较类似(图9-3-28)。Hyperion机器人在遥操作模式下历时24h实现了长达6.1km的漫游，其太阳同步环线轨迹如图9-3-29所示。在机器人漫游过程中，虽然出现了机器人速度滞后而无法保持太阳同步的情况，但是在比较平坦的地形上成功追回了时间[44]。

图9-3-28 加拿大德文岛的自然环境

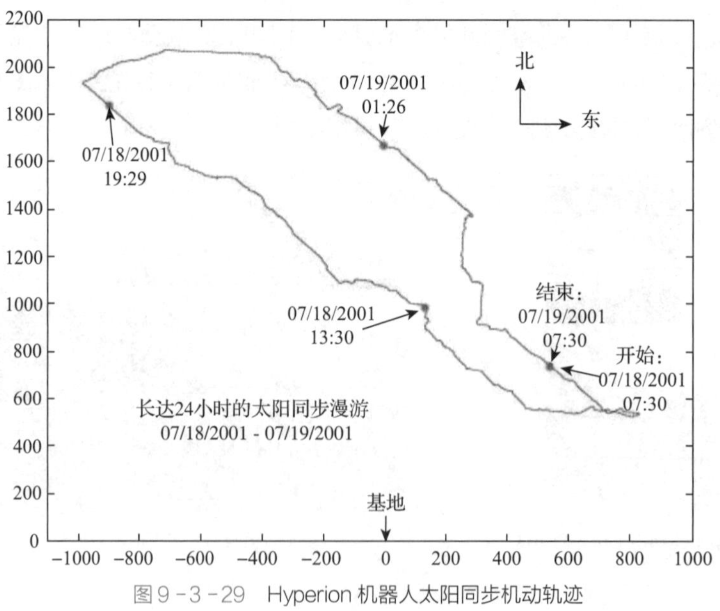


图9-3-29 Hyperion机器人太阳同步机动轨迹

在2003—2004年的智利阿塔卡马(Atacama)沙漠地区的生命特征探测实验中，首先利用Hyperion机器人进行了太阳同步环线和生命探测可行性的测试。共进行了90次太阳同步自主巡游试验，总距离达18km，单次平均漫游距离约为200m，其故障主要包括通信断路、障碍物阻挡和漫游速度滞后于预先规划的太阳同步时间节点等情况[45]。2004年，研究人员利用Zoë机器人搭载生命成像仪在阿塔卡马沙漠内地和海岸地区分别进行了生命特征自主巡查的试验，在272次自主巡视中，共有96次漫游距离超过150m，有10次漫游距离超过1km。其最长的单次漫游距离为3.3km，覆盖了超过100个预先规划的路径节点[46]。

# 9.4 机器人月面建造与维护

## 9.4.1　月球建设中的机器人应用需求

月球探测的长期目标是实现人类在月面长期驻留和月面资源开发利用，该发展阶段的实现和运营需要依赖一系列月面设施的支持，如月球基地、月面居住舱、道路、隧道、月面交通运输系统、空间运输系统、月球能源站、月球原位资源利用工厂等。未来用于人类月面居住与月面资源开发利用的支持设施建造和维护任务规模巨大。

(1)月球基地建造和月面原位资源利用时，需要对大量的大型物体进行着陆器卸载、搬运、对接、安装、测试和维修。主要包括对居住舱、防护设施、能源站、光伏电池、可重复使用着陆器、原位资源提取工厂等大型物体搬运、对接和维修等操作；需要对通信站、灯塔和月面轨道运输系统模块、射电望远镜等大型辅助设施进行卸载、搬运、安装、维修和测试等操作。

1989 年，NASA 在提出了一种能够自给自足的初级月球基地的构想，并提出通过月球表面操作(Robotic Lunar Surface Operations，RLSO)进行该基地的建设和运营[47]。提出该初级月球基地主要包括 1 个栖息地综合体、3 个载重能力为 30t 的可重复使用着陆器、24 座 20 kW 的光伏电池阵列、2 个 20 kW 的可再生燃料电池模块、3 个钛铁矿氢化还原反应容器以及 3 个低温液氧存储库，如图 9－4－1 所示。此外，该基地构想中还包括一些其他的基础设施，包括散热板、用于着陆场碎石遮蔽的屏障模块(图 9－4－2)、导航信标、挥发物输送管道、小型变电模块、电缆、通信天线、路灯和其他末端执行器等。据估算，一个初级月球基地需要通过 15 次 30t 的地月转移，运输共计超过 400t 物资到达月面，随后需要对这 400t 物资进行卸载、运输和操作等任务。

图 9－4－1　NASA 提出的基于 RLSO 的初级月球基地构想

图 9－4－2　着陆场的砾石路面和碎石屏障

(2)在月球基地建设时，需要开展大规模的场地工程。主要包括：对着陆场进行碎石筛选，表面铺设和压实等；着陆场周围搭建环形屏障，用于阻隔发射降落活动引起的激扬的月表岩屑和碎石；为栖息地和栖息地屏蔽层打造地基；栖息地和原位资源利用工厂之间，工厂和液氧储存罐之间需要铺设道路，需要对石块进行筛选、铺设和压实；月球栖息地选址完成之后，需要对场地进行清理和修整，为月球居住舱的安置和防护层的建造做好准备。

根据“阿波罗”17 任务人工挖掘月表岩屑实验的经验，将人类栖息地埋藏在月球表面 0.5m 以下时，可以利用天然的月表岩屑为栖息地建造提供辐射屏蔽，并提供保持 -25 ℃的舒适稳定的温度环境[48]。图 9-4-3 为 NASA 对月球基地建造过程中的挖掘任务的一个构想图。

图9-4-3 月面挖掘任务的构想图

(3)在月面原位资源利用过程中，需要对大量的表岩屑与岩石进行挖掘和运输，需要对原位提取的大量液氧、液氢、水、铁、铝、硅等物质进行运输和存储。

月面原位资源利用系统的规模取决于对所需资源数量的需求。2019 年 NASA 和美国加州理工学院等对利用月球南极永久阴影区内的水资源进行液氧、液氢原位提取任务规模进行了分析[49]。对一个初级月球基地来说，假设基地能够支持 4 名航天员每年 4 次往返登月，每个登月舱的有效载荷能力为 30t。以液氢和液氧为推进剂，那么每一次往返大约需要消耗 40t 推进剂，所需纯水的质量为 51.5t，每年 4 次飞行需要水资源的原位提取量为 206t。而根据保守估计，月球南极区域的水冰含量在当地表岩屑中的占比不超过 2%。因此，如果在陨石坑内永久阴影区内挖掘和收集表岩屑进行水资源提取，则表岩屑的年挖掘产量需求为 43000t，按照 50% 的工作时间计算，其表岩屑日挖掘产量需求为 236t；如果在陨石坑外光照区(水冰浓度较低)开展挖掘和收集作业，则每年的表岩屑挖掘产量需求为 124000t，其日挖掘量需求为 680t。

(4)月面设施的维护和维修难度大，其维修需求与工作量随着月面任务周期延长和月球基地规模的扩大而增大。

月球表面环境严苛，月表岩屑与月尘、宇宙射线、剧烈的昼夜温差变化和复杂的月面地形等因素都可能造成月面设施、车辆或者机器人的零部件损坏，甚至造成一些设施的整体失效。因此，需要依靠航天员携带维修工具出舱进行故障设施的检查和维修。如果所需维修时间过长，考虑到航天员的生命支持系统容量和安全性约束，需要将故障设施搬回维修舱段进行舱内维修。舱外维修活动以及故障设施的搬运，对着服航天员来说具有较大的难度和危险性，同时也是对航天员宝贵舱外活动时间和精力的一种浪费。

将整个月球基地和机械设备的故障率按照 20 世纪 80 年代载人航天飞行系统的故障率的 6 倍进行估计，那么预测月面设施每个月平均有 12 次故障。对于如此高频率的设施故障来说，直接更换子部件是一种较为高效的维修方法。据估算，要求备件库存占现役子件数量的 15% 左右才能满足故障维修要求，而这些备件也会增加地月转移、月面存储和运输任务的复杂性和工作量。在整个月面居住期间，人类都需要对整个月面基础设施系统进行检测和维护维修，涉及的工作量与任务复杂度随着任务持续时间的延长和基地规模的扩大而增加。

月球表面建设工程的空间规模大，任务繁重，时间周期漫长，如果仅仅依靠人类航天员开展月球建设任务，将面临非常严峻的人员安全防护与生命保障的困难，随之而来的人员成本、经济成本和时间成本是无法想象的。依靠机器人实施月面建造的优势巨大：一是相比人类航天员来说，机器人的空间环境耐受能力更强，承载能力更大，运动速度和作业速度更快，同时具有更高的控制精度和可靠性，是人类高级智能在月球表面的最佳执行者；二是依靠机器人进行月面建设，而只依靠少数的人类航天员进行在轨遥控或现场参与，这对于人类航天员生命安全保障的成本降低很多，同时能够大幅度缩减地月运输的质量；三是月球机器人的作业可以实现的操作空间更大，利用一些大型操作机器人可实现大型物体的搬运和操作；四是月球机器人相对人类航天员来说研制成本和地外运营维护成本更低，通过分布式机器人集群的应用，可以拓宽机器人的作业范围和作业规模，适用于大规模的物体搬运和场地工程。

## 9.4.2　月球建设机器人设计与应用原则

未来月球表面建设、运营和维护的规模庞大，任务周期漫长，投入成本高。如何更好地利用月面作业机器人来承担这些月面的建设运营维护任务，对于快速开展月球表面建设、实现原位资源顺利利用和尽快获得经济回报等方面具有重要意义。结合 NASA 基于月面机器人操作的初级月球基地实现的构想[50]，下面将月球建设机器人的设计与应用原则总结如下：

(1) 在开展月面建设任务时，大部分时间必须是机器人化的。

以机器人或自主化装置为主进行月球基地建设的原则至关重要，是月球建设任务设计和开展的首要原则。这在根本上是由月面建设的任务特点、航天员安全性和经济因素决定的。

从任务特点来说，月面建设活动通常是在栖息地之外进行近乎连续的活动，需要对大型物体或者大量的月表岩屑进行搬运和操作，这些任务对工作强度、范围、时间周期的需要都超过了人类的能力。从航天员安全性角度来说，在穿舱外航天服的条件下，航天员想要进行繁重的舱外劳动是非常困难并且低效率的。绝不能采用“穿航天服拿铁锹”的模式来开展任何月面建设活动。虽然目前已经在国际空间站上开展了一系列航天员出舱任务，但是这些任务模式难以直接迁移到六分之一地面重力的月表环境中。从经济性的角度来说，月球建设的投入成本将会是巨大的。在没有能够进行持续可靠作业能力的机器人的情况下，只依赖间歇性的人类航天员的月面短期驻留活动，难以在短期内取得有效的月面建设进展。因此，长期连续的无人作业系统才是月球建设的主要力量。

(2)应当以机器人为先遣队，开展月球基地建设的一系列场地准备和月面居住设施、辐射防护层等基础设施的建设任务。

在 NASA 的月面机器人操作方案研究中发现，从第一次着陆进行现地勘测开始，到月球基地任务，再到工业规模的月面资源开发利用和机器人对机器人的操作维修，所有的月面建设和运营任务都没有超出机器人的能力范围，都可以在无人参与的条件下依靠机器人来实现。尤其是，如果首先进行了月球基地的场地准备活动，实现高精度的地图测绘、危险障碍物排除、导航信标安置和路面铺设后，将会使现场无人参与的机器人操作更加安全和高效。

在 RLSO2[11] 的研究中，只依靠三种作业机器人就可以完成一个初级月球基地的全部建设和运营任务，如图 9-4-4 所示。移动式龙门操作机器人横向跨度为 10m，能够跨越或连接许多不同模块和设施，其配备多种作业工具，可以支持场地准备和挖掘，基地设施的布置和维修等任务。通过多个移动式龙门操作机器人可以实现着陆器等重物的操作。小型月球车仿照 Apollo 载人月球车进行设计，用于支持航天员月面机动，可以自主驾驶或远程操作，可以安装加压舱，同时可以选配机械臂、反铲、抓取器和推土机刀片等多种载荷。依靠选矿挖掘机器人在月球南极陨石坑永久阴影区开采表岩屑，并运输到陨石坑外的物质提取和处理设备处。

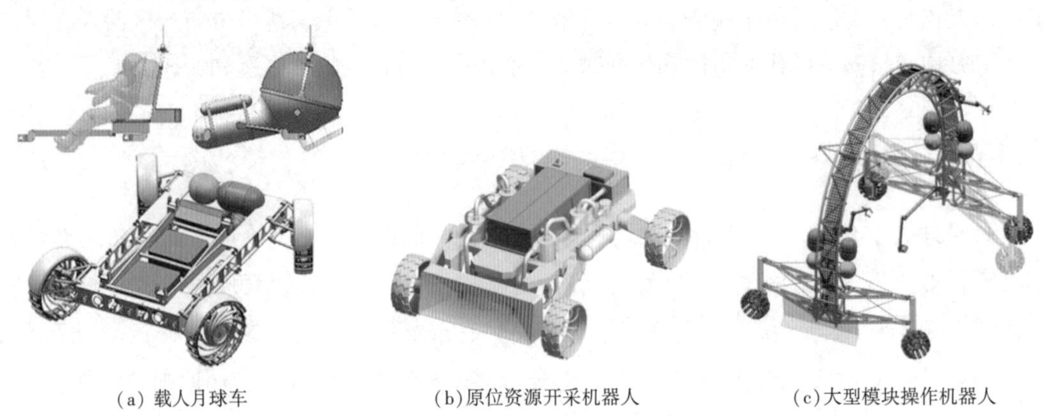

(a) 载人月球车　(b)原位资源开采机器人　(c)大型模块操作机器人

图 9-4-4　基于月球表面操作的初级月球基地中的三种异构机器人

(3)人类航天员可以在月球建设过程中只进行有限次数的间歇性的短暂现场检查和监督，将宝贵的月面驻留时间充分用于发挥其高级智慧。

在月球表面没有完全实现包括人类生命维持所需物资的自平衡时，能够到达月球表面的人类航天员始终是非常有限的，其在月面的驻留时间也极其宝贵。人类的月面停留时间应该集中用于月面科学发现、技术实验、技术鉴定和整理等科学调查研究工作，月面任务的整体规划和调整的机器人监督工作以及少数复杂设备的维修和翻新等复杂作业。在人与机器人的分工关系中，人类承担高级现场规划和监督，而机器人承担有限的自主规划和具体的执行任务。将人类的感官和肢体从繁重的作业任务中解放出来，而将人类高级智能赋予机器人去实施和执行。这种人机融合的模式可以实现更加高效的工作效率和更强的可持续性，有利于人类智能在外太空环境中更好的发挥和利用。

在 NASA 初级月球基地建造的 4 年规划中，共计 15 次着陆飞行中预留了 2 次载人飞行。通过 2 次人类航天员的短期月面停留来检查和应对一些不可预见情况，同时为将来的月面现场机器人操控积累经验。

(4)月面作业机器人和具体的月面建设任务是紧密耦合的，应当从月球建设任务本身出发，以集成的方式同时设计包括着陆器、月面栖息地和作业机器人等全部元素。

在一个初级月球基地的建设中，月面模块与设施、月面作业机器人和人类航天员需要直接从地面发射到月表，减少地面发射质量是节约成本的关键。在发射质量的约束下，将月面建设子任务和机器人一起设计，可以避免任务和功能遗漏，同时减少月面设施和机器人的功能重复性，从而保证月面建设任务设计总体上是最优的。比如，移动损坏的着陆器是月面上物体运输能力的边界需求。货物着陆器必须与每个基本部件的表面货物移动解决方案一起设计。图 9 –4 –5 为 RLSO2 中设计的月面栖息地任务、维修作业舱段、着陆器和移动式龙门操作机器人集成设计的结果。移动式龙门操作机器人的操作空间和能力与着陆器的尺寸相匹配，通过协作可以实现大型物体的卸载；移动式龙门操作机器人的作业能力与月面栖息地的场地建造任务需求相匹配，并可以通过直接横跨场地进行挖掘作业或防辐射层铺设；同时，对于出现故障的部组件的维修需求，移动式龙门操作机器人可以跨越维修舱段，将待维修组件送入维修作业舱。

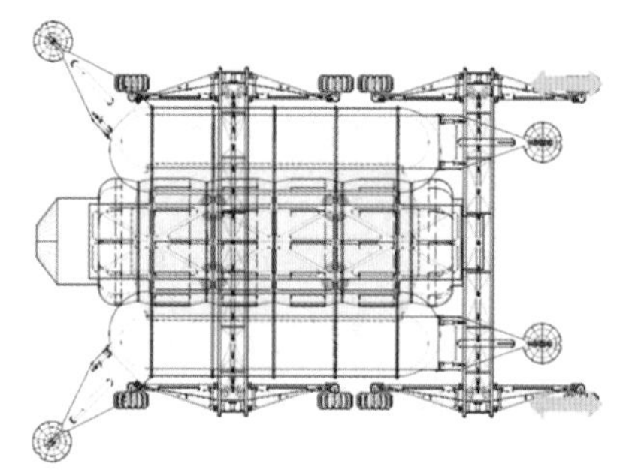
(a)多台移动式龙门操作机器人与着陆器协作卸货

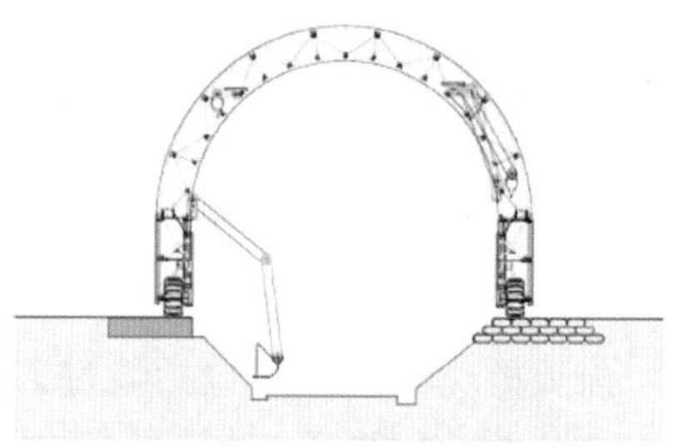
(b)移动式龙门操作机器人场地挖掘

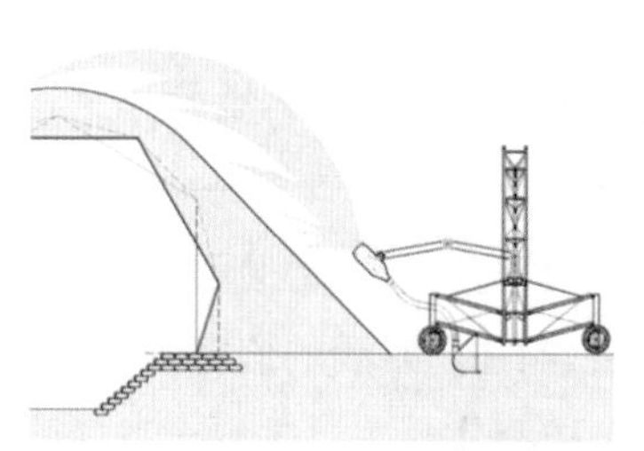
(c)月面栖息地防辐射层建筑

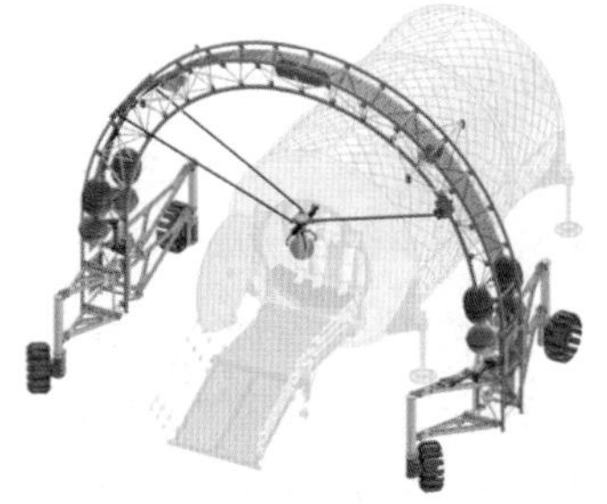
(d)移动式龙门操作机器人将待维修物件送入维修舱

图9－4－5　月面多种作业任务和操作机器人的集成设计

### 9.4.3　月球机器人辅助探测与作业

根据第9.3.2节对于月球建设机器人的设计与应用原则，有人直接参与的月面活动主要包括：月面探测航天员将需要在月面开展一系列舱外科学发现和技术实验活动；月面建设任务的间歇性参与及现场监督和指挥；复杂设备的维修和更替的作业任务。

航天员执行舱外任务时需要穿着航天服，因此其舱外工作时长受多方面因素的制约，包括航天员身体劳累、有限的空气和能量储备、有限的观察视野、有限的运动灵活性和力量。同时，航天员携带和使用工具、仪器的能力也比较有限。

利用月面辅助机器人对航天员进行辅助探测和作业将在一定程度上解决这个困难。在科学探测活动中，月面辅助机器人可以帮助航天员进行抵近观察和补充探测，辅助携带和使用工具和科学仪器设备等，同时为航天员提供危险提示或帮扶支撑等服务；在有人参与的月面建设活动中，根据航天员的现场决策和指挥，月面辅助机器人可以帮助完成一些临时的物件搬运和设施操作任务；在复杂设备的维修和更替工作中，月面辅助机器人可以辅助开展故障模块与备件的筛选、搬运和精密操作的任务。月面辅助机器人是对空间任务中人类能力的拓展和补充，基于月球机器人的辅助探测与作业是提高有人月面任务安全性和效益的关键。

人机交互是月球机器人辅助探测和作业的基础，月面辅助机器人通过人机交互来获取协作指令并为人员提供辅助工作，主要有航天员现场操控、遥操作和自然人机交互三种实现形式。

航天员现场操控的模式主要是指载人月球车的驾驶操控。航天员通过驾驶月球车开展探测任务，其任务的成功需要依赖于航天员熟练的月球车驾驶技术和有效的环境判断。比如LRV可以看作是一种航天员辅助机器人。在“阿波罗”15～17任务中，LRV成功帮助航天员实现了探测距离的拓展，同时进行了携带探测工具和采集的表岩屑及岩石样本的辅助。

此外，航天员现场操控还包括通过人机交互界面对机器人的现场遥控。Robonaut2是NASA和通用公司联合研制的第二代机器人航天员[51]。2011年，Robonaut2进入国际空间站，并进行了在轨操作实验，如图9－4－6所示。Robonaut2在形体上具有头部、颈部、躯干、双臂、多指灵巧手等人类的特征，具备类似人的工作能力，运动灵活，可辅助航天员完成部分空间操作任务。NASA为Robonaut2增加了移动系统Centaur2漫游车，构成了一种先进的Centaur2移动操作机器人，从而具备了月面辅助作业能力，如图9－4－7所示。其主要特点是通过轮腿式的移动机构与仿人操作机构的融合配置，一方面可满足复杂地形的通过性要求，另一方面具有类人的工作和可达空间，可实现精细、灵活的服务操作。Robonaut2可以由操作人员通过穿戴式体感装备或软件界面进行遥控操作。

航天员现场操控的人机交互方式需要人类航天员全程参与，在机器人辅助工作时，航天员需要关注机器人状态，因此几乎无法开展其他工作，是一种比较低效的交互方式。

图9-4-6　Robonaut2 在国际空间站内进行实验

图9-4-7　NASA 的 Centaur2 移动操作机器人

遥操作交互的方式需要依赖航天测控网，由地面或在轨工作人员通过视频画面和导航数据等对月面作业场景进行实时观测和综合判断，然后遥控月面机器人与着服航天员开展协作。现有的无人探测月球机器人都是通过遥操作的方式进行控制的，其技术难度较小，是目前主流的空间机器人的人机交互方式。地面或在轨航天员对机器人进行遥控，要求其对月面航天员、机器人以及整个任务场景具备较全面的了解。遥操作交互的缺点是通信时延的影响会导致机器人运动和操作缓慢，甚至需要航天员的等待和主动配合，也是一种比较低效的协作方式。

最早的机器人现场辅助探测与作业的地面野外试验是约翰逊空间中心(NASA JSC)于1999 年初在加利福尼亚州进行的 ASRO(Astronaut-Rover)野外试验[52]，其主要目的是探索舱外航天员、航天服和辅助机器人在人机协作中各自的优势和互补方案，从而追求更安全、高效和具有成本效益的协作方式。

在 ASRO 试验中，研究人员基于 Marsokhod 遥操作机器人开展了在多种场景情况下航天员辅助测试(图 9-4-8)。但是，低功耗设计的 Marsokhod 地面运行速度较慢，无法满足航天员跟随行走的任务要求，因此在试验任务中总是要求模拟航天员浪费一定时间来等待机器人。ASRO 的主要经验是辅助机器人必须能够与其所辅助的航天员保持相当的运动速度。

图9-4-8　1999 年 ASRO 地面模拟实验中的 Marsokhod 辅助机器人

在舱外探测和作业任务中，航天员活动之后，利用跟进探测(Follow-up)机器人再进行探测任务的跟进和继续，能够获取更多图像资料和采样，从而进一步扩大和完善人类航天员之前的探测工作，同时可以利用跟进探测机器人对之前的感兴趣区域进行着重探测，这是延长舱外探测活动时间的一种重要途径。2009—2010 年，NASA 研究人员以地外天体地质探测为任务目标，依靠 K10 机器人[53]开展了跟进机器人探测的地面模拟试验[54]。该地面模拟实验分为三个阶段：科学家团队先使用实验场地的在轨遥感数据进行航天员探测的路线规划；航天员驾驶加压月球车按照既定探测路线进行探测，同时探索后续机器人跟进探测的目标位置和任务，如图 9－4－9 所示；当有人探测任务结束后，科学家团队对航天员收集的数据和观察结果展开分析，并开发跟进机器人的探测和作业任务，利用 K10 机器人执行重点区域勘察，这期间主要使用相机和地质探测雷达进行地貌成像和地质测绘，如图 9－4－10 所示。

(a)模拟探测车

(b)模拟航天员开展地质探测工作

图 9－4－9　模拟航天员开展地质探测作业

图 9－4－10　K10 机器人通过遥操作开展目标区域补充探测

通过一系列的野外试验验证了利用机器人跟进探测的三个方面优势：

(1)对于时间有限并且宝贵的有人探测任务中发现的问题和异常情况，可以在跟进机器人的支持下开展后续的检验和分析。

(2)跟进机器人可以完善和扩充有人探测时采集的样本和数据。

(3)跟随机器人可以独立进行长时间重复的探测和数据采集作业，获得更准确的探测结果和更高的作业效益。

自然人机交互是一种高级的人机协作方式，航天员通过语音、手势、肢体动作、自然语言甚至是面部表情与机器人进行交互，从而实现直接的意图沟通。通过自然人机交互的方式，航天员能以比较轻松的方式实现控制指令的传递，其需要投入的用于交互的时间和工作量最小，可以在交互的过程中同步开展其他作业任务。机器人通过机器视觉等感知途径获取协作意图后，在不需要航天员监督的情况下可以提供及时、高效的辅助作业。当机器人具备自主学习的能力时，通过对服务航天员对象的行为习惯的学习，可以主动为其提供危险提示和辅助工作等服务。

NASA 通过 D－RATS（Desert Research and Technology Studies）项目[28]针对各种航天员辅助机器人进行了一系列人机协作的野外模拟试验，包括 ERA 野外试验[55-56]及 SCOUT 驾驶与辅助作业野外试验[57]。

ERA（EVA Robotic Assistant）项目的目标是研究在人机联合舱外探测期间机器人如何提高航天员的安全性和探测效率的问题，主要包括对于语音或手势等人机交互方式的设计，以及机器人的合适尺寸、速度、载重量、传感器、操纵器、处理器和任务的设计。

ERA 项目中使用的辅助机器人 Boudreaux 如图 9－4－11 所示。Boudreaux 机器人基于一款商业移动平台改造研制，机器人机身两侧安装有航天员工具箱和样本存储箱，其安装位置和高度进行优化设计，方便航天员取放工具。Boudreaux 机器人的软件系统中集成了多个智能人机交互软件和自主控制软件模块，使得机器人能够支持多模态的人机交互和自主控制，主要包括局部避障规划、语音识别、肢体动作识别和自然语言识别软件。

图9－4－11 ERA 地面野外试验中的 Boudreaux 机器人

2000 年 9 月，ERA 项目团队在亚利桑那州开展了为期两周的模拟航天员作业辅助野外试验，进行了线缆部署、太阳电池板展开和复杂地形探测的地面试验。

电缆部署任务是指通过航天员和辅助机器人协作，将供电电缆从模拟的核能发电站部署到 1km 以外的居住舱。具体实现方式是将电缆盘安装在由辅助机器人拉动的拖车上，然后辅助机器人利用其立体视觉和激光测量传感器跟随着航天员行走（图 9－4－12）。通过航天员和辅助机器人的协作成功完成了远距离电缆部署的任务，克服了电缆太笨重无法单独依靠航天员进行部署，以及机器人自身不具备智能路径选择能力的困难，完美地说明了人机联合团队的协作优势。太阳能板部署是针对地外居住舱供电的需求，将轻质柔性的太阳电池板展开的任务。航天员通过语音指令与辅助机器人进行互动，控制其工作模式和行驶速度的切换，通过拉动柔性太阳能板拖车沿着直线缓慢行驶，使得柔性太阳能板逐渐展开。在地形探测任务中，辅助机器人负责携带地质探测工具，以及样本的采集、运输和存储。这期间，辅助机器人通过立体视觉跟踪航天员，通过其运动控制系统控制机器人始终与航天员保持固定的距离。航天员与辅助机器人的人机交互主要依赖语音指令。通过语音指令控制机器人进入相应的工作模式，同时在需要接近机器人以获取工具或样品时通过语音控制机器人暂停或继续运行。

（a）电线部署

（b）太阳电池展开

（c）地形探测

图9－4－12　ERA 项目中的野外试验

在 2002—2005 年的野外试验中，ERA 项目研究人员又利用 Boudreaux 机器人进行了跟随视频录制、通信延迟下遥操作、全景拍摄、通信站点部署和自主勘察等人机协作试验，对辅助机器人的航天员自动跟随功能，工具和样本携带功能，航天服内嵌实时显示功能以及语音指令识别、自然语言识别和手势识别多种模态的人机交互功能进行了测试验证[58]。

SCOUT 机器人是一种具有多模态人机交互能力和航天员舱外活动辅助能力的无压式载人月球车，其核心技术都继承自 ERA 项目。SCOUT 月球车支持以多种模式进行操作，如手动驾驶、遥控操作、自动控制以及自然人机交互控制。其人机交互途径包括语音和手势识别，可以在航天员的指令下进行人员跟随、停止和拍照等动作。

2005 年，NASA JSC 的研究人员在亚利桑那州 Meteor 陨石坑附近开展了 SCOUT 机器人的辅助探测和作业的野外试验（图 9－4－13），包括着服航天员车载驾驶试验、SCOUT 远程遥控操作试验、点对点自主导航试验、局部避障试验、人体跟踪和跟随试验以及手势识别和车

图9－4－13　利用 SCOUT 机器人开展的自动电缆部署任务

载补给试验等。

2006年，NASA工作人员集合了月面模拟舱、Centaur 操作机器人、K10 机器人、ATHLETE2 协作机器人、SCOUT 月球车等设备和模拟航天员，进行了为期两周的月面操作任务场景的综合模拟试验，如图9-4-14。

图9-4-14 有人参与的月面操作任务综合模式试验

### 9.4.4 月面建造机器人集群及其智能自主控制

自然界中存在许多集群现象，蚂蚁能通过信息素的释放实现蚁群内的信息传递，从而使蚁群实现对食物源的趋近、对大型食物的协同搬运以及搭设“桥梁”越过缝隙或沟壑。白蚁种群通过群内信息素的交互，可以搭建出体积庞大且拥有良好空气循环性能的立式巢穴。狼群发现猎物时，会通过个体间的高效分工来迅速围捕猎物，如图9-4-15所示。蚂蚁等一些自身智能程度并不高的生物，在一定群内信息交机制的作用下，通过集群行为可以实现一些自主的复杂功能，如可以搬运远大于自身尺寸和质量的物体、可以挖掘或建造规模庞大的巢穴等。

(a)蚁群协作搬运食物

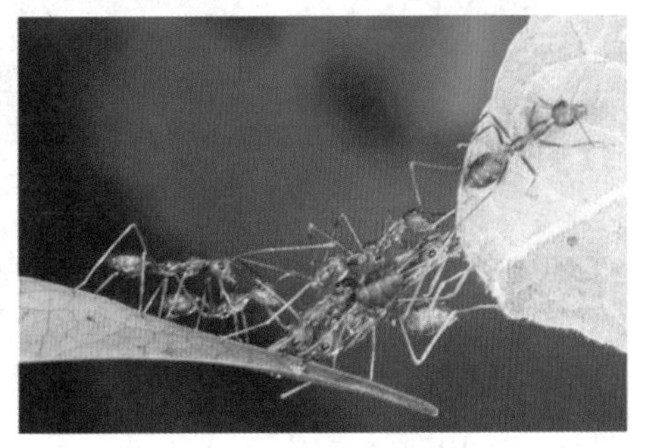

(b)蚁群协作跨越树叶缝隙

(c)白蚁群合作建造的庞大蚁丘

(d)狼群的分工围捕

图9-4-15 自然界中的集群现象

通过对生物群体行为机制的研究，人们开发了各种类型的集群机器人。在机器人集群中，通过设计合适的控制策略，可以使得多个结构和功能简单的机器人呈现出高级的集群智能，能够自主地完成复杂任务，如实现指定建筑结构的分布式自主搭建、大型物体的协同运输等。TERMES[59]集群机器人仿照白蚁集群建造蚁丘的行为，能够利用模块化的砖块增量式地搭建出给定3D结构图表示下的建筑结构(图9-4-16)。TERMES机器人机构简单，通过带钩的轮子和前置的杠杆来搬运砖块，并通过传感器实时辨别周围是否有其他机器人或砖块，如图9-4-17所示。

图9-4-16 利用TERMES机器人搭建指定结构的过程

图9-4-17 TERMES机器人

Thousand-robot集群[60]由成百上千个Kilobot机器人组成，能够自动形成并保持各种用户指定图案(图9-4-18)。Kilobot机器人是一种高只有3.3cm、成本不到15美元的机器人，只有一个用于移动的振动电动机、一个用于通信与距离感知的红外收发器和一个小型微处理器，如图9-4-19所示。Thousand-robot集群中，机器人之间通过红外收发器进行间接信息交流。其中，有几个中心机器人主动控制构型，其他机器人按照一定的策略跟随中心机器人进行位置调整，从而保持整体构型。

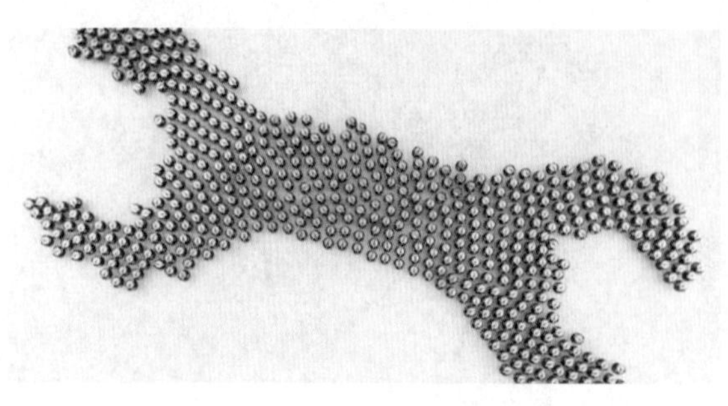

图9-4-18 Thousand-robot集群形成指定构型

图9-4-19 Thousand-robot集群中的Kilobot机器人

3D M-Block 是一种立方体机器人(图 9-4-20)[61]，通过其内置飞轮的高速旋转，可以在不依赖外力的情况下运动，通过对棱上电磁铁磁性的控制使模块间的分离与吸附，并可选择模块间相对运动的旋转轴，进而实现模块间的相对转动。因此，3D M-Block 机器人既能够独立机动，也可以进行多机器人协作机动。3D M-Block 集群可以实现自主变形，用于构成蛇形机器人、多足机器人、柔性机械手等多种机器人构型[62]。

图 9-4-20 3D M-Block 机器人

月球建设任务具有任务规模庞大、空间范围广、时间周期长的特点，集群机器人可以用于许多月面建设活动中。比如：在月球基地建设的初始阶段，可以利用集群机器人进行月面地形的高精度联合建图，用于支持建造地址的选择和任务设计；在月面居住舱部署前，依赖集群机器人开展场地挖掘与清理、地基建造、月表碎石路面铺设等场地工程；当月面居住舱达到月面后，依靠集群机器人进行居住舱的搬运、姿态调整和舱段对接；在月面居住舱安装完成后，利用集群机器人通过挖掘掩埋或建造等方式建造防辐射层，同时为着陆场安装碎石屏障；在月面设施维修任务中，利用集群机器人进行故障件和备件的搬运和存放。

将集群机器人应用于月面建设任务的优势主要体现在以下方面：

(1)机器人集群的灵活运动方式能够更好地满足月面复杂约束环境下机动的需要。

采用若干体积较小的机器人组成的集群比单个结构复杂、功能高度集成的大型机器人能够更好地适应在三维起伏、存在土壤沉陷的月面地形环境下的运动，能够减少动力学的不确定性对自身结构安全性的影响，并能在由月球基地各种设施形成的复杂约束环境中更灵活地进行整体迁移。Thangavelautham 等采用多个具有飞行、跳跃和翻滚能力的 Pit-Bot 球形机器人集群对月面上的熔岩洞等区域展开探测(图 9-4-21)[63]。组成集群的多个 Pit-Bot 机器人可通过不同的动作和行为分别执行导航、地图构建、物资运输等任务。Morad 等利用具有类似能力的 SphereX 球形机器人实现了一种攀爬机器人集群，可用于对月球、火星等天体表面的陡峭地形环境(如悬崖、峡谷和环形山)进行探测[64]。与纯粹依靠单个机器人实现攀爬功能不同的是，除了每个 SphereX 机器人通过夹持装置在斜坡上固定自身之外，四个相同的机器人之间还通过“X”形绳索相连接，就像一群登山者彼此相连共同攀爬斜坡一样，使得单个机器人滑倒时仍能跟随机器人集群整体在陡坡上行进(图 9-4-22)。

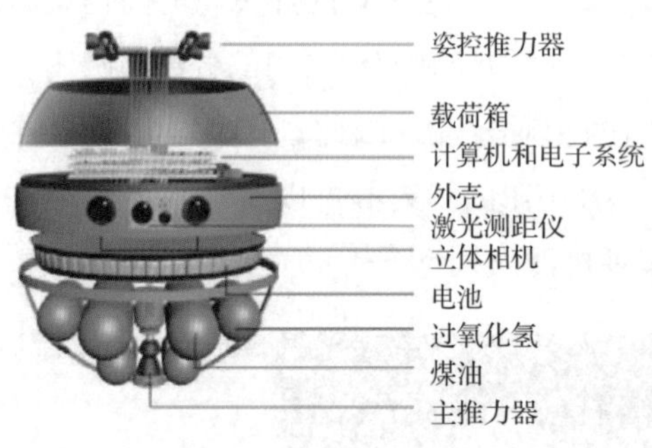


(a) Pit-Bot 机器人结构图

(b) 正在对熔岩洞进行探测的 Pit-Bot 机器人集群

图 9-4-21 具有飞行、跳跃和翻滚能力的 Pit-Bot 球形机器人

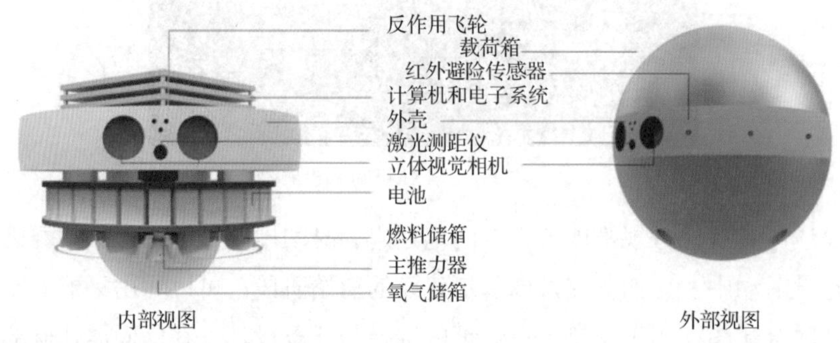


(a) SphereX 机器人内部和外部结构

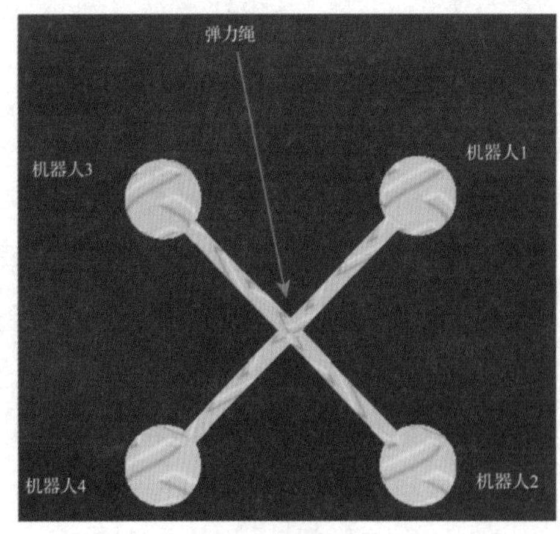


(b) 四个机器人间的 X 形绳索连接结构

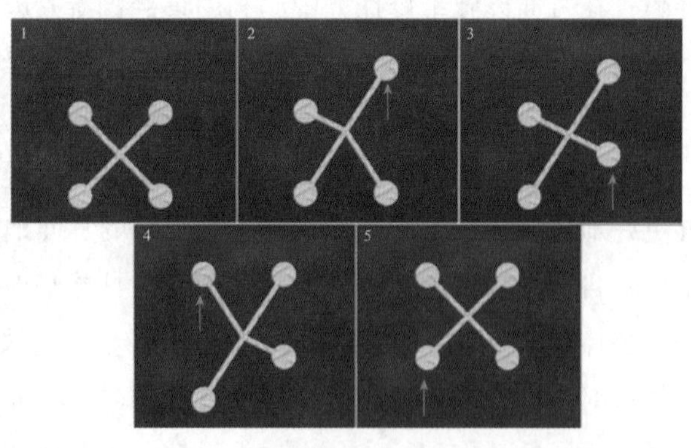


(c) 机器人集群攀爬陡坡的动作序列

图 9-4-22 可攀爬陡坡的 SphereX 机器人集群

(2) 机器人集群的系统冗余性和可靠性对月面建设的复杂未知工况具有较高适应性。

月表岩屑与月尘、宇宙射线、剧烈的昼夜温差变化和复杂的月面地形等因素都可能造成单个机器人的零部件损坏，甚至造成机器人的整体失效。集群机器人系统冗余性高，用机器人集群执行任务时其单点失效对机器人集群整体功能的影响较小，因此对于提高任务的可靠性具有重要意义。

(3)机器人集群的分布式特性能够增大作业空间范围和作业形式，能够加速大规模、多样化的月球建设任务。

月球建设是一项庞大、复杂、系统性的工程，包括月面居住舱的搬运与对接安装、月面基础设施布设、月面原位资源利用等众多的具体任务。这些任务的具体实施不能依赖于风险较高的航天员现场操作，而仅依靠地面遥操作的大型机械设备也存在通信时延和带宽的限制，效率低下。依靠机器人集群的方式，利用其多节点分布式作业的特点，在空间尺度上拓展了作业规模，对于月面场地工程任务具有明显的加速作用。同时，通过选用不同的机器人、不同的功能模块组成智能机器人集群，可以灵活适应不同种类、不同体量的具体任务需求，并借助其智能自主控制能力减少人为干预，提高月球基地建设任务的执行效率。

(4)机器人自主集群进行月面建造任务时几乎不需要依赖现场或遥操控人员的参与。

通过强化学习、遗传算法或人工神经组织等控制算法可以实现建造机器人的自主集群控制，不需要依赖航天员的现场参与，也不需要通过航天测控网对每个机器人进行遥操控作业。利用多个建造机器人自主集群作业的模式有助于减少用于航天员保障和航天测控设备的额外发射质量。

加拿大多伦多大学对12种基于模块化运输平台和模块化作业工具的月面作业机器人配置方案进行了对比研究[65]，如图9-4-23和图9-4-24所示。在其中的每一种配置方案中，作业机器人由不同的执行抬升、运输、挖掘等特定功能的模块构成，同时采用不同的控制模式。其中有三种配置方案(图9-4-24)采用人工神经组织(Artificial Neural Tissue, ANT)算法[66]进行自主集群控制。对这些方案进行了发射质量、工作效率等方面的分析，发现：自主控制的机器人集群配置方案能够显著减少运载火箭次数，从而减少50%的发射成本；并且由于其不需要在人工调整作业机器人的叶片和铲斗等工作上花费额外时间，压缩了非工作时间，提高了任务执行效率。

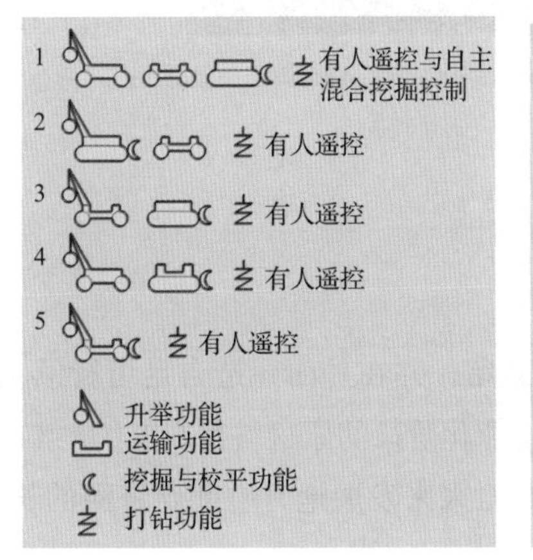


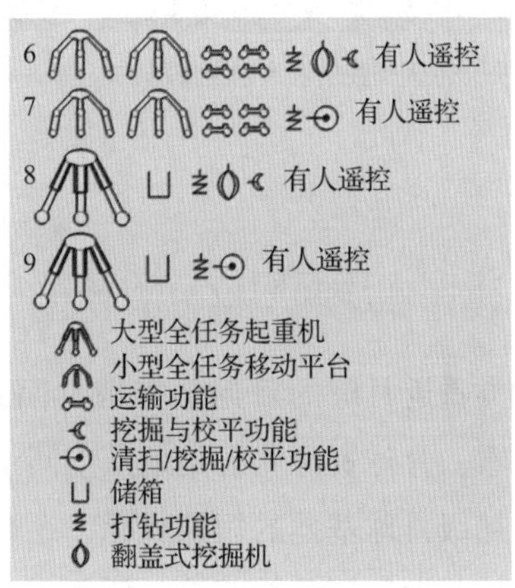


图9-4-23 9种采用遥操作控制的模块化作业机器人配置方案

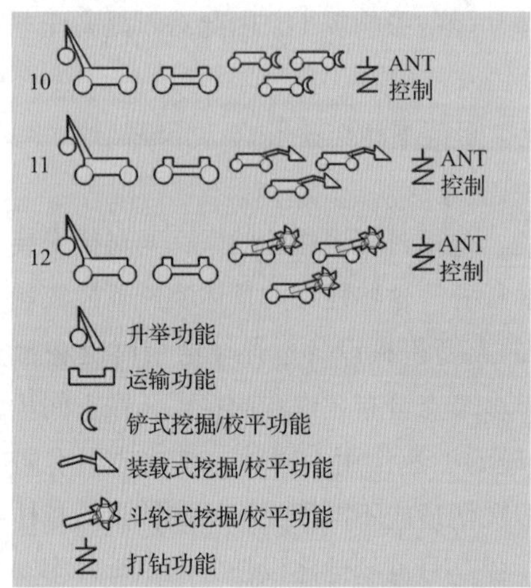


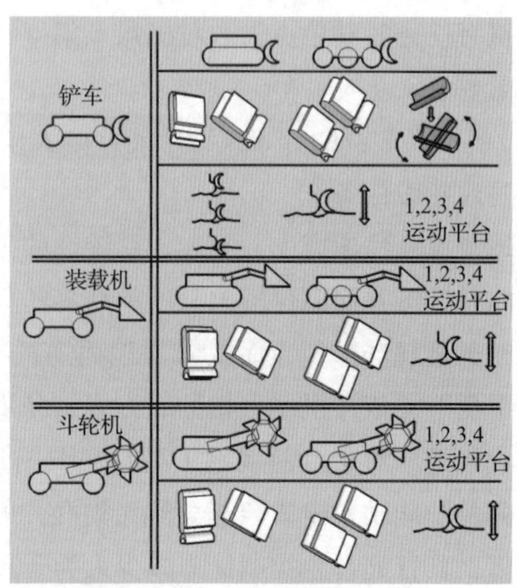


图 9-4-24　3 种采用人工神经组织自主控制的模块化机器人集群配置方案

然后，作者利用三维仿真环境对推土机器人集群在指定区域内执行给定蓝图的月面挖掘任务进行仿真(图 9-4-25)，验证了自主控制的挖掘作业机器人集群在任务执行效率上显著高于航天员遥控或遥操作方式。如图 9-4-26 所示，采用硬件机器人平台对基于 ANT 自主集群机器人的挖掘任务进行了验证实验[67]。

图 9-4-25　月面作业机器人自主集群的挖掘仿真实验

注：1—无线电；2—LED照明灯；3—相机；4—激光测距仪；5—PC-104i386计算机；6—电子系统；7—云台；8—2轴加速度计；9—声纳；10—铲刀驱动器；11—铲刀力反馈传感器；12—铲刀。

图 9-4-26　带有单自由度刮土铲的 Argo 机器人

## 9.4.5　机器人月面原位资源利用

目前，人类重返月球的目标是实现月面驻留，并在月面建造自足可持续发展的月球基地。从长远来看，月球资源将会是地月空间工业化阶段的原材料生产工厂。不论是对建设一个自给自足的初级月球基地的短期目标，还是对未来发展地月空间经济圈的长远目标来说，月球资源的原位开发利用都是其核心任务。

月表岩屑中富含铁、铝、钛、硅、氧等元素。铁、铝、钛、硅等元素是重要的工业原材料，这些物质提纯后可以用于月面工业生产。氧气主要有两种重要用途：一方面用于空间运输的推进剂；另一方面用于提供人类在月面居住期间的生命需求保障[68]。因此，氧气的原位提取是初级月球基地能够实现自给自足的关键。

近年来，研究表明，月球南极区域可能存在大量的固态水资源[48]，这提供了一种新的氧气原位提取思路，即通过电解水冰来获取氢和氧。NASA 的初级月球基地选址在月球南极，以沙克尔顿陨石坑区域为例，通过该区域水资源的提取和电解来提取液氧和液氢，用于支持 4 名航天员每年 4 次从月球轨道舱到月面的往返飞行。

图 9－4－27 为月面基于水冰资源提取氢气和氧气的流程：首先需要对含冰的表岩屑进行挖掘、运输和收集，然后以挥发的方式从所收集的表岩屑中提取水；将水进行提纯后，送入电解装置来提取氢气和氧气，最后进行液化和低温储存。

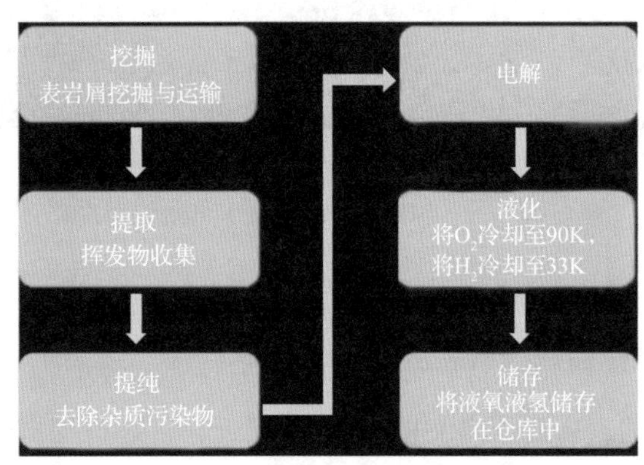


图9－4－27 月面原位推进剂的提取流程图

上述过程中，表岩屑的挖掘、运输和挥发提取需要依赖高效的原位资源提取装置，这是整个原位氢气和氧气提取的前提，也是经济和时间成本投入最大的几个阶段。对不同的原位资源利用系统方案，应当对其原位资源提取装置进行针对性设计，从而提高整体原位资源利用系统的效率。

月球南极区域不同地形条件下水冰资源的储量不同。NASA 研究人员假设：在陨石坑内永久阴影区月表下方 20～100cm 的范围内，水冰资源的储量为 2%；陨石坑边缘区域月表往下 40～100cm 的范围内，水冰资源的储量为 0.5%～1%。同时提出了如图 9－4－28 所示的三种月面原位资源利用的系统方案[49]。其中：方案 1 中将基地和所有 ISRU 设备部署在永久阴影区，而太阳能电站部署在撞击坑外沿的持续光照区域；方案 2 利用挖掘作业机器人在永久阴影区进行水资源挖掘和运输，而月球基地、ISRU 设备和太阳电池板都部署在持续光照区域；方案 3 中利用挖掘作业机器人在光照区进行水资源挖掘，ISRU 设备和其他设施都部署在持续光照区。根据估算，为了支持 4 名航天员每年 4 次往返飞行的任务需求，方案 1 和方案 2 中的挖掘作业机器人需要挖掘和收集 43000t 以上的表岩屑；如果是在方案 3 中的 1% 水冰含量的区域进行挖掘，则收集的质量将变为 124000t。

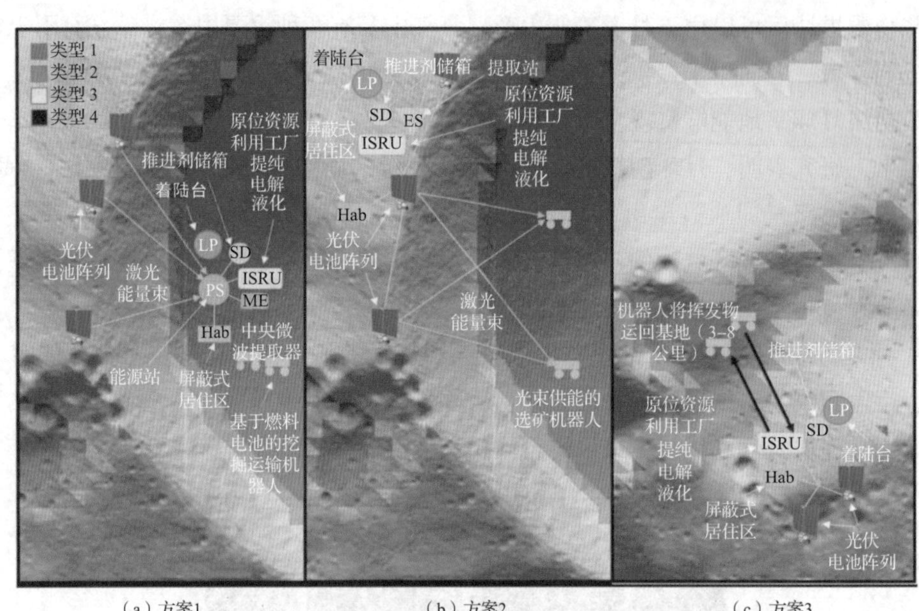


（a）方案1　（b）方案2　（c）方案3

图9-4-28　月球南极水资源原位利用的三种方案

### 1. 方案1使用的原位资源提取装置

在方案1中，含水的表岩屑距离ISRU处理厂较近，将进行挖掘和挥发性提取这两个独立的步骤。采用一种带旋转斗梯的挖掘运输机器人在永久阴影区开展表岩屑的挖掘任务，并且该机器人能够支持1km以上的物质运输，如图9-4-29所示。该机器人采用全向履带式机动系统，通过氢氧燃料电池提供动力，平均行驶速度为1km/h。机器人顶部安装有旋转斗梯用于挖掘作业，底部安装有容积为2.35$m^3$的料斗。机器人顶部配备一个振动的格栅以过滤处理厂无法处理的过大颗粒。根据估算，依靠9个挖掘运输机器人(2个作为备份)，每个机器人每天运输10个来回，可以满足每天236000kg的表岩屑收集需求。

图9-4-29　带旋转斗梯的挖掘运输机器人

挖掘运输机器人将收集到的表岩屑卸载到图9－4－30所示的射频挥发提取装置。射频挥发提取装置主要由传送带、射频板、冷凝器等部分组成。射频板加速表岩屑颗粒中水冰的挥发，当挥发物上升到达冷凝器时进行冻结，随后冰晶会被输送到净化装置。每一个挥发性萃取装置每天都能够连续处理超过400kg的表岩屑。在水冰浓度为2%的条件下，每天大约需要70个挥发提取单元来达到600kg水的提取能力。

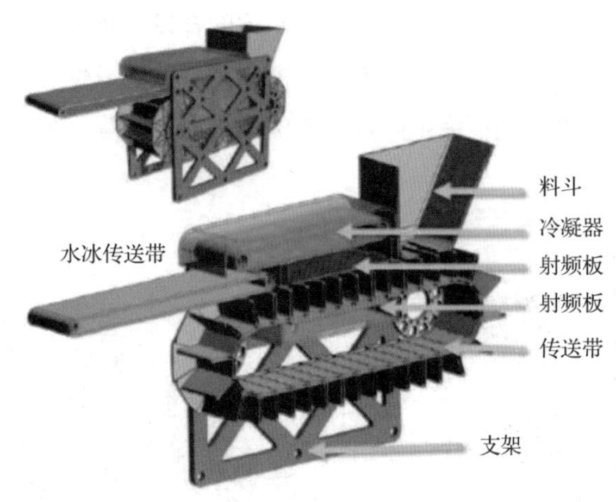


图9－4－30　射频挥发提取装置

## 2. 方案2使用的原位资源提取装置

在方案2中，需要将含水表岩屑运输到撞击坑边缘的ISRU处理厂，运输距离较远。采用一个气动选矿挖掘机器人，图9－4－31所示它可以收集表岩屑颗粒并进一步浓缩和富集，从而减少需要运输和加工的总质量，同时降低挥发性萃取的功率要求。该气动选矿挖掘机器人前侧安装气动铲将表岩屑颗粒吹到旋风分离器中，通过旋风分离器筛选出颗粒密度更小的颗粒。通过这种设计，可以使得含水量为2%的表岩屑的水富集度达到5.7%，从而减少了2/3的无用运输质量。气动选矿机器人预计每天可以运输6次，每天需要9个该机器人(2个作为备份)可以满足原位水提取的年度需求。

图9－4－31　气动选矿挖掘机器人

### 3. 方案 3 中使用的原位资源提取装置

在方案 3 中，水冰资源的富集度较低，可能位于距离 ISRU 加工厂很远的地方。采用取芯器加热技术来直接提取挥发性物质。取芯器本质上是一个双壁取芯螺旋钻。如图 9－4－32 所示，取芯器外壁为浅槽螺旋钻，由低电导率复合材料制成。其内壁打孔，并覆盖有加热器。取芯钻深入月面表岩屑后，打开加热器以加速核心内水冰的挥发。挥发物随后进入冷凝装置。基于取芯器的水提取是就地进行的，因此其效率很高。利用一款氢氧燃料电池供电的移动机器人平台，搭载 6 个取芯器，可以实现更大范围内的水资源提取和收集，如图 9－4－33 所示。

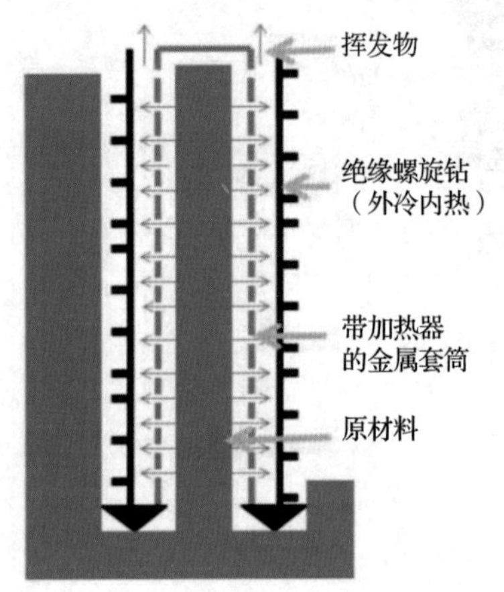


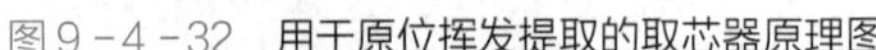
图 9－4－32　用于原位挥发提取的取芯器原理图

图 9－4－33　搭载取芯器的水冰提取机器人

## 9.5 基于自我复制技术的地月设施建设

### 9.5.1　地月设施建设对自我复制技术的需求

人类在从地球摇篮走向地月空间、发展地月经济圈的过程中，离不开地月空间基础设施的支持，如地球静止轨道上的大型太阳能电站、用于地球气候调节的空间系统、地月 L1 点上的物资集散中心等。这些地月设施将构成地月空间的开发环境，为地月空间发展提供能源、交通、物质等基础支持。但是这些地月设施的特点是质量、体积非常大，在地球上分批次建造、发射的成本过于庞大甚至难以接受。建造大型地月空间设施需要发展新的空间技术。

下面以用于地球气候调节的空间系统为例，说明地月设施建设过程中面临的技术需求。当前，人类活动正在达到地球系统自我调节以返回自然状态的极限，越来越多的温室气体排放导致了全球性变暖现象，可能带来海平面上升、冰川融化、极端天气增多等灾害。温室气体排放及其影响是全球性现象，在地面上进行的局部控制难以实现总体效果。因此，人们将目光转向天基方法，在太空中建设大型航天器系统，用于遮挡射向地球的太阳辐射，降低地球的热量输入，实现地球温度控制。天基方法位于地球大气层之外，在工程实施中受到的地缘政治、地理环境等方面的制约更少，并且不涉及与地球环境的任何化学作用，产生的副作用更少，更有应用潜力。在早期的天基方法中，在日地 L1 点布置大的菲涅耳玻璃透镜。为了将太阳对地球的辐射量降低 2%，所需要的最小透镜直径为 2000km、厚度为 10μm，质量为 $10^8$t[69]。该透镜用于折射太阳光，而不是反射太阳光。为了应对更加严峻的全球气候变暖趋势，可能需要更大尺寸的透镜。另一项研究指出，可以从地球上发射直径为 60cm、数量为 $16 \times 10^{12}$ 的光学透镜，在日地 L1 点附近形成椭圆构型的星座，其中椭圆尺寸为 6200km ×7200km，厚度为 100000km，如图 9－5－1 所示。该方法避免了大型空间系统在轨组装问题，但是需要进行星座构型保持。利用主动控制航天器构成星座，可以根据需要实现星座在指定时间范围内的构型保持。每个氮化硅光学透镜的厚度为 5μm，其一半面积为精密制造的阶梯状光学轮廓孔，形成带有反射涂层的折射屏。为了实现星座构型保持，需要每个光学透镜安装一个无线电接收装置，用于测量光学透镜之间的相对位置和相对速度。每个光学透镜安装在一个太阳帆中，通过调节太阳帆辐射压力进行位置和速度控制。每个光学透镜的面密度为 4.2 g/$m^2$、反射率为 4.5%、质量为 1.2g，星座总质量为 $1.92 \times 10^7$t。可以在地球高山上利用电磁轨道炮将这些光学透镜发射到太空，并利用太阳能离子推进器将其从地球转移轨道运送到日地 L1 点，所需的速度增量为 1km/s。每个光学透镜都会对太阳光产生折射效应，使其偏离地球若干度，从而使到达地球的总辐射量降低 1.8%。此外，在每个光学透镜上覆盖太阳能电池板，可以在对地球光照辐射控制的同时实现空间太阳能利用。

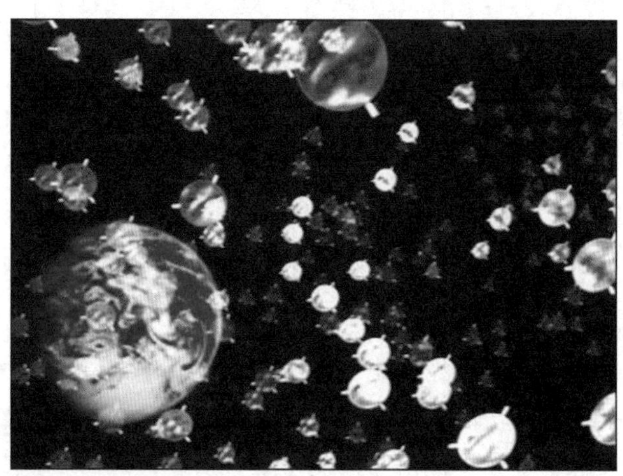

图 9－5－1　光学透镜群在日地 L1 点附近形成的星座构型

从原理上讲，地月空间设施将在大尺度范围内实现特定的任务功能，对地月空间建设具有重要意义。但是，面对数以千万吨乃至亿吨量级的空间系统，如果单纯依靠从地球发射进行在轨组装、建造，会使人们望而却步。月球是距离地球最近的天体，其中蕴含着大量的矿藏资源，利用月球原位资源进行空间制造、组装与部署，可以避免从地球“引力阱”底部发射带来的高成本问题。3D 打印具有适宜于制造结构复杂产品、减少组装、减少副产品浪费等优势，是利用月面资源制造复杂空间系统的重要手段。与地面上普通 3D 打印技术不同，面向大型地月设施建设的 3D 打印还需要具备两种特殊能力：一是自我复制能力，月面上的 3D 打印机是一个通用构造器，根据输入程序、材料和能量可以输出任意机器，也包括输出 3D 打印机本身，这样就可以使月面 3D 打印生产能力呈几何级数增长，满足超大规模地月设施建造需求；二是机器人打印技术，月面 3D 打印机可以制造电动执行器、电子设备、传感器等机器人关键组件，利用这些组件形成机器人系统，进而利用机器人对 3D 打印产品进一步组装、加工、部署、应用等。这样，以月球原位资源为原料，以具有自我复制能力和机器人核心组件打印能力的 3D 打印技术为基础，可以以较低的成本、较快的时间制造和部署大型地月空间设施。

### 9.5.2 自我复制的 3D 打印机

这里介绍的月面 3D 打印机是一个通用构造器，可以制造出其他任何机器，当然也包括 3D 打印机本身。3D 打印机以极快的速度构造自身副本，其数量增长率为 $(x+1)^n$，其中 $x$ 为后代的数目，$n$ 为代数。自我复制可以大大降低成本，带来巨大的经济效益。假如将质量为 1t 的种子工厂发射到月球上，成本为 20 亿美元，那么单位质量成本为 200 万美元/kg；经过自我复制 13 代后产生数量为 100 万的种子工厂副本，那么单位质量成本迅速降低到 2 美元/kg。月面 3D 打印机自我复制后，将产生大量的副本。对这些副本进行重新编程设计，制造空间任务所需要的各种航天器单元，在短时间内产生大量的产品。Chirikjian-Sukathorn 月球种子工厂的质量约为 5t，具体包括：两个机器人，其有效载荷(两个机械手、推土铲和物料粉碎机/分离器)质量为 1500kg；熔炉，质量为 1000kg；太阳能电池阵列，质量为 2500kg，覆盖面积为 100m$^2$[70]。该种子工厂中的机器人系统能够将组件模块安装到复制的机器人中。

3D 打印包括多种实现方法，它可以构造其他方式无法实现的结构形式。所有的 3D 打印机都是笛卡尔机器人，包括工作台和打印头，在电机驱动下打印头相对工作台做三维运动。选择性激光烧结(Selective Laser Sintering，SLS)方法具有多种用途，因为它可以打印金属、塑料、陶瓷等不同的材料。但是，SLS 打印机结构复杂，并且其性能通常不如其他方法。熔融沉积建模(Fused Deposition Modeling，FDM)方法可以打印包括硅树脂塑料在内的各种塑料。已经证实，可以利用月表岩屑和混合液打印几乎任意形状的建筑物[71]。RepRap 是采用 FDM 方法的 3D 打印机，可以打印自身的塑胶零件，如图 9-5-2 所示。

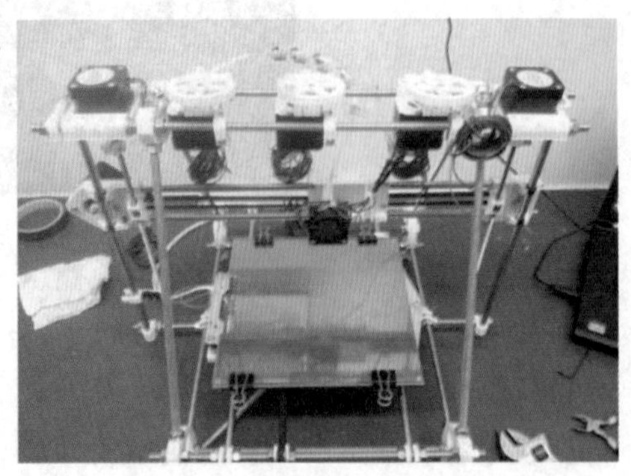

图 9-5-2 RepRap 3D 打印机

3D 打印通过整体造型显著降低了结构组装要求，但其缺点是只能制造结构。如果 RepRap 能够打印自身的金属杆件、连接器、电动机、电子设备，并能够自组装，那么它将成为一台自动复制机。在月面 3D 打印过程中，可以利用水泥/黏合剂来代替螺栓/螺母实现组装。月球上有足够的材料来制造水泥，特别是含 19% 石灰的钙长石。传统上，金属产品是通过粉末冶金或铸造实现的。然而，可以利用电子束无模成形制造器（Electron Beam Freeform Fabrication，EBF3）来打印金属。其中，利用电子枪产生电子束，并利用一系列磁性透镜在工作表面形成电子探针。放电加工（Electric Discharge Machining，EDM）是一种类似的技术，在电极和工件之间采用脉冲电压放电，以去除一些材料。EDM 是一种制造具有腔体、轮廓等复杂三维微结构（如工具和渐开线齿轮等）的通用方法。可以针对不同的任务需求，利用机器人或机械臂将模块组装成不同的配置构型。其中，机器人或机械臂由电机驱动实现，这里的技术核心是直接或间接地在电机和电子设备上进行 3D 打印。电动机系统是一个集成的单元，包括执行器、控制器和传感器等。可知，如果电动机系统可以进行 3D 打印，则 3D 打印机将构成一个具有自我复制能力的通用构造器，可用于制造车床、铣床、钻床、折弯机、压机、挤出机、离心球磨机等工具。基于 3D 打印的电动机系统，可以制造出机械臂以及操作工具。

### 9.5.3 机器人机电组件的 3D 打印

文献[72]提出了一种简单的带有开关的电磁体/电磁阀，将其作为标准的自我复制装置，可以在很多应用中组装该装置。文献[73]介绍了一种类似的自我组装的电磁单元。将组件组装到子系统和系统中是自我复制的重要组成部分。在这两种情况下，组装都是通过电磁吸引/排斥来实现的，这表明了驱动机构在自组装中的核心作用。3D 打印的电动机将使组装任务得以有效执行。

文献[69]指出，目前已经开发出一种简化的通用电动机设计，如图 9-5-3 所示，该设计正处于原型制作过程中。绕线软铁芯是转子和定子组件中最重要的模块化组件，

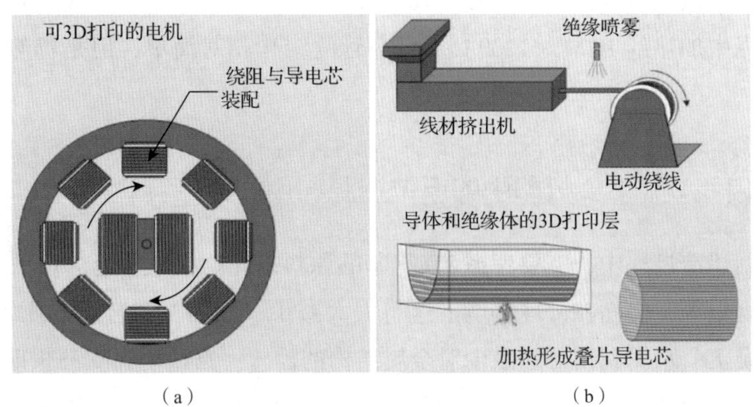


（a）（b）

图 9-5-3 通用电机概念设计及其构造

如图 9 –5 –4 所示。芯部由硅电工钢压层构成，以最大程度地减小涡流。这种层状结构适合 3D 分层打印，用于制造金属/塑料层以形成软铁芯。另一种 3D 打印的多材料人工制品示例是由柔性绝缘聚合物构成的干电极，其中嵌入了锥形针。

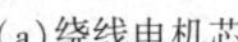
(a)绕线电机芯

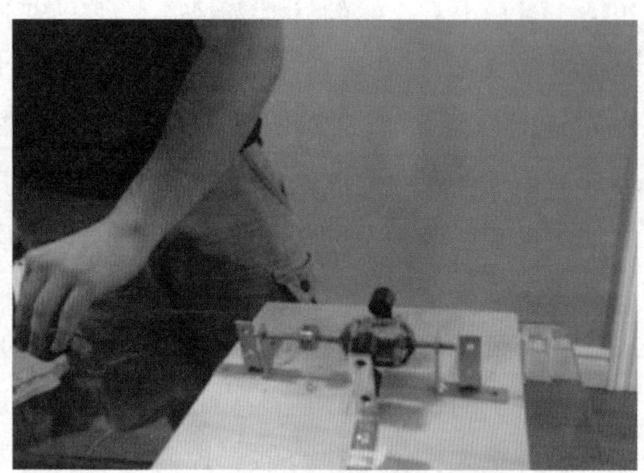
(b)直流电机配置

图 9 –5 –4 直流电机样机

用于反馈控制的位移传感器可以实现为旋转电位计(电阻器)。利用磁轴承可以实现磁悬浮，这样转子支撑不需要物理接触，这在飞轮储能中非常有用。该组装过程非常复杂，其中利用三维机械臂替换了 FDM 打印机中的打印头。

电机芯为构造电磁发射器提供了基础。利用电磁发射器将每个自我复制单元随机分配到月球表面上的其他位置，防止自我复制数量增加带来的拥挤。电磁发射器包含由线性同步电动机加速的磁悬浮运输器，它与电动机具有相同的基本组件，但是呈线性配置。

在没有电阻、电容、电感、有源设备等支持的情况下，固态电子产品很难制造出来。这些基本器件都可以通过有限的材料库进行 3D 打印。实际上，第一批运算放大器就是由真空管制成的。如果在热稳定的环境中保持通电状态，那么真空管是可靠的。与固态电子设备相比，真空管更不易受到辐射的影响，并且目前仍用于通信卫星微波应用中。真空管也是空间太阳能发电系统中微波传输技术的基础。真空管是热电子二极管，其中烧结的钨电阻丝阴极在真空玻璃外壳中加热到 1000 ~ 1200℃。真空管的结构相对简单，但是仍然需要验证其可 3D 打印性。

## 9.5.4 自我复制 3D 打印中的原位资源利用

在自我复制建造过程中，需要考虑 3D 打印的原料来源。在地球上，几乎 90% 的建筑材料包括砖、混凝土等，但是在月球环境下这将大大减少。然而，在合适的压缩结构应用中，原生岩石、混凝土、水泥利用可以减少对金属结构的需求。玄武岩在欧洲长期用于铸造，特别是用于钢管的高耐磨衬里。在月面成熟岩屑中玻璃可能占月球凝集物的 50%，而在火山碎屑中玻璃可能占月球凝集物的 100%。通过烧结、熔化月表岩屑很容易合成铝硅酸盐玻璃和硅酸盐陶瓷。由于月面制造不存在水蒸气污染，可以确保高纯度的玻璃，消除玻璃的脆弱性。

与将生物过程封装在生物细胞受控环境中的做法相同，任何人工自我复制过程都应在受控工作空间内进行，以增强面对环境扰动的鲁棒性。在铺砌的环境中组装将最大限度地降低月尘的影响。在 Freitas 月球种子工厂概念设计中，首先熔化月表岩屑，形成半径为 50m 的工作空间，并将该工作空间封闭在一个密闭空间中，以实现内部环境控制。这要求在月面上进行多种任务操作，如运输、装卸、挖掘、建造等。

镍、钴和钨等材料在月球上非常稀少，需要利用镍铁小行星材料。月球上的质量瘤处可能存在金属小行星材料，如位于南极艾特肯盆地边缘处的质量瘤。镍铁小行星通常会带有钴污染物，钴和镍都可以通过磁性方式进行提取。它们通常富含钨微粒夹杂物。钨的密度极高，是水的 19.3 倍，根据密度差异可以很容易地将其与其他元素分离。此外，小行星中还存在铂等亲铁元素，可用作催化剂。

在月球资源利用中需要大量的热能。月球太阳能炉中包含一个钨坩埚，抛物面镜或菲涅耳透镜将太阳能集中在坩埚上面，可以产生 1600℃或 2700℃的高温。金属镜子通常具有高的反射率。对钢进行抛光可以产生 75% 的反射率，对镍进行抛光则能够提供 80%～85% 的反射率。太阳能炉能够烧结月表岩屑、熔炼金属矿物或进行真空热解。高纯度 $SiO_2$ 在 1700℃的温度下将变成玻璃。精密玻璃成型为制造复杂镜片提供了基础，如菲涅耳透镜或其他光学组件。在精密玻璃成型中，首先将近球形的玻璃毛坯插入 3D 打印的精密钢模具中，并加热到转变温度和玻璃软化温度之间。关闭模具并在受控力下进行压缩，将玻璃缓慢冷却并从模具中取出。除了热能外，月球原位资源利用还需要电能。为了将热能转换成电能，在核反应堆中需要利用热电子发射，转换效率为 5%～20%。热电子转换利用了真空管，原始热电子发射都有望产生约 10% 的效率，大大高于基于非晶硅光伏电池 1%～5% 的效率。可以利用磁悬浮飞轮进行电能存储。

## 9.6 月球基地的地面演示验证

### 9.6.1 引言

月球基地是未来人类开发利用月球的重要基础设施，不仅可以为月面活动、月球资源开采、航天员生活、月球物资加工等提供基本保障，也可以作为人类进入深空领域的重要补给站和中转站，从月球基地中补给食物、能源等，这比从地球上补给更加便利和节省资源。月面环境与地面环境明显不同，具有低重力、高低温、高真空、高辐射、低磁场等特点，月球基地建设是一项高风险、高成本探索性任务。由于月球距离地球遥远，开展月球基地建设的耗资和技术难度都非常巨大，目前尚未有任何国家实际实施过，没有成功的先例和成熟的经验可以借鉴。为保证未来月球基地建设的顺利实施，尽量减少或避免建设过程中的损失，需要尽早在地面建立高度逼真的月球基地演示验证平台，以此为平台对关键技术进行实验和验证，为月球基地顺利建设奠定基础，也可用于航天员环境适应性训练[74]。月球基地地面演示验证的意义如下：

(1)对月球基地建设的关键技术进行验证。通过在地面建立月球基地人工月表岩屑模拟、月面光照模拟、低重力环境模拟、月面真空环境模拟、月面温度模拟等环境，开展月面基地建设以及月面任务关键技术验证。

(2)作为航天员适应月球基地工作和生活的模拟训练装置。通过构建月面低重力、月面光热环境、月面虚拟现实和增强现实等模拟装置，可使航天员在视觉和触觉等全方位感受到在月球基地环境场景，经过系统训练有助于提升航天员对月球基地的适应能力。

(3)作为全民月球知识科普教育和互动场所。在基地舱段结构、月球车、月球机器人、光热环境等实物基础上，并结合虚拟现实和增强现实模拟手段，构建月球基地科普体验区，可增强全民月球环境知识、激发月球和深空探测的热情。

到目前为止，航天大国开展了月球基地地面演示验证的技术和工程研究，文献指出据不完全统计，现在世界上存在47个月面环境模拟系统[75]，如位于德国科隆的月球基地模拟平台[3]、位于意大利都灵的ALTEC/TAS-I系统、美国喷气推进实验室(JPL)研制的月面环境操作试验台[75]等。在月球基地地面试验平台上，可以开展月面技术试验，进行月面任务设计与概念研究。

月球基地的地面模拟与演示验证就是利用地面设备模拟月面环境构造月球基地的各个组成部分。由于地球、月球是两个不同的物理环境，我们无法在地面严格模拟出具有全部月面环境要素的月球基地。但是，可以在地面模拟月球基地的部分环境要素与组成部分，开展相关月球任务试验。图9-6-1显示了欧洲月面环境模拟系统构想。月球基地地面演示验证平台包括月球基地本体、月面环境模拟、月面机器人、导航与通信、能源、热管理、虚拟现实与增强现实等，如图9-6-2所示。这里，针对月球基地地面演示验证平台，重点介绍人工月表岩屑覆盖区、月面光照模拟系统、月面低重力模拟系统、月面真空环境模拟系统、月面温度模拟系统、月球基地关键基础设施模拟等，模拟月球基地上的特定环境与组成要素[76]。

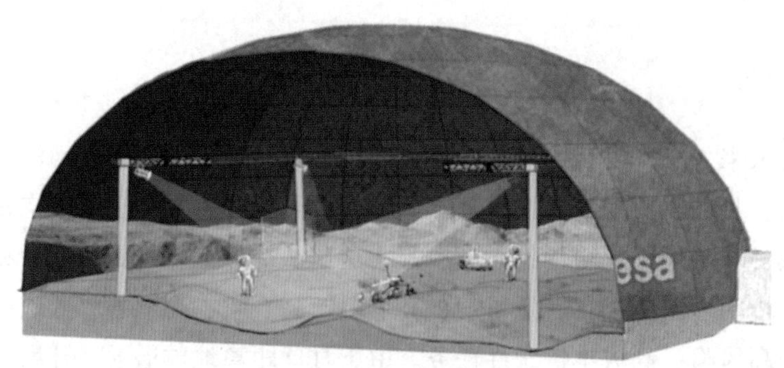


图9-6-1 欧洲月面环境模拟系统构想

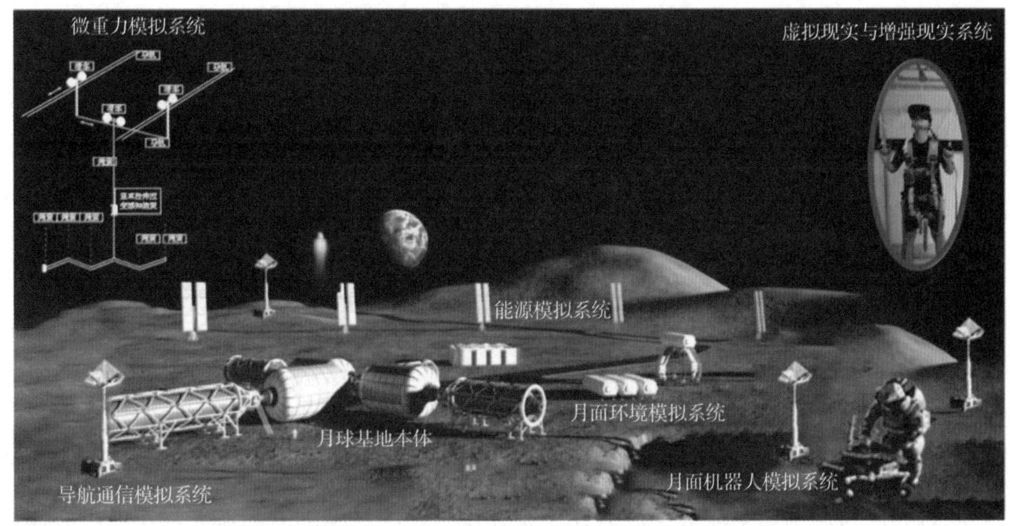


图9-6-2　月球基地地面演示验证系统组成

## 9.6.2　人工表岩屑覆盖区

广义上的月表岩屑是指覆盖在月球基岩上的所有物质，甚至包括尺寸为数米的岩石。狭义月表岩屑是根据月球样品尺寸分类而定义的，如在“阿波罗”计划中将直径大于或等于1cm的团块称为月岩，直径小于1cm的团块称为狭义上的月表岩屑[1]。几乎整个月面覆盖着厚度不等的月表岩屑，月海区平均厚度为4～5m，高地区平均厚度为10～20m。

在月球基地地面演示系统中，需要制造模拟月表岩屑，建立人工月表岩屑覆盖区，便于开展月面探测器地面试验、月球探测器设备地面标定等。月表岩屑具有多种复杂的特性，如化学组成与化学性质、物理力学性质、微波辐射性质、光照反射性质、月表岩屑特性等，不同任务对模拟月表岩屑的要求是不同的。例如：装有微波辐射计的绕月探测器对月球进行微波探测，需要重点模拟月表岩屑的微波介电性质；从月表岩屑中提取氧气、金属矿藏等，重点模拟月表岩屑的化学成分；在研究着陆器、巡视器、月球车、航天员在月面行走任务中，重点模拟月表岩屑的物理力学性质。

JSC-1是美国第一种1mm模拟月表岩屑，由NASA约翰逊空间中心负责研制生产(图9-6-3)。它以“阿波罗”14163号月表岩屑样品为参照标准，模拟低钛月海月表岩屑。JSC-1模拟月表岩屑的初始物质是火山渣，含有天然火山玻璃成分。粉碎过程使用了冲磨设备，将上述初始物质研细至多种粒度级别，通过一系列的级配处理，最终得到符合标准粒度分布的模拟月表岩屑。NASA马歇尔空间飞行中心和ORBITEC公司后来研制了JSC-1的改进型月表岩屑JSC-1A。NASA马歇尔空间飞行中心与美国地质勘探局USGS联合研发了高地类型的模拟月表岩屑NULHT系列、fail月表岩屑，这些模拟月表岩屑以“阿波罗”16号样品平均组成为参照标准。

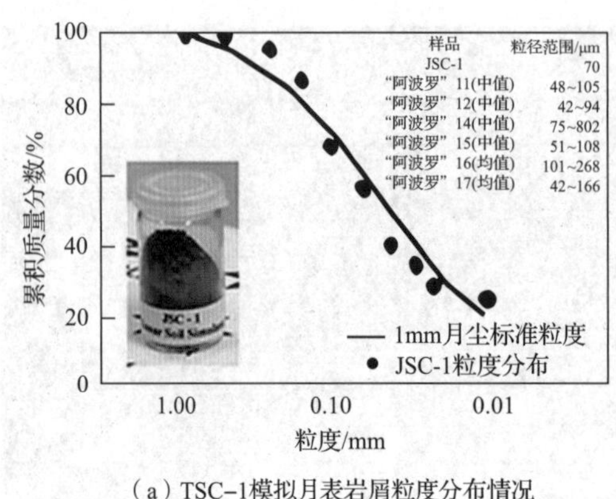


（a）TSC-1模拟月表岩屑粒度分布情况

（b）NULHT模拟月表岩屑

图9-6-3 模拟月表岩屑

欧洲航天局与德国航空航天中心合作，拟在位于德国科隆的欧洲航天局宇航中心建设一个模拟月表岩屑和月球栖息地的新“LUNA”工程(图 9 -6 -4)，作为测试月球探索技术的“训练场”，模拟环境将会尽可能精准地还原月球表面，占地超过 1000m$^2$，有望成为有史以来最大的月球模拟工程。欧洲航天局已经开辟出了 1000m$^2$ 的区域来模拟月表岩屑，计划用 4500 万年前艾费尔火山爆发产生的火山粉末制造模拟月表岩屑。

(a)月表岩屑模拟环境

(b)“LUNA”构想图

图9-6-4 欧洲模拟月表岩屑和月球栖息地模拟“LUNA”计划

在“嫦娥”工程的推动下，我国也开展了月表岩屑模拟研究。自 2004 年起，中国科学院开始以化学组分为控制目标的模拟月表岩屑 CAS -1、NAO -1 研究工作。其中，CAS -1 模拟月表岩屑的原料为吉林辉南、靖宇的玄武质熔岩，将采集的火山渣在阴凉干燥处自然风干并剔除杂质，然后研磨成粉末状，充分混合均匀，烘烤后冷却至室温。2005 年，中国空间技术研究院利用吉林靖宇地区的火山灰，研制了 TYII 系列模拟月表岩屑。

## 9.6.3 月面光照模拟

月球的自转周期为 27.32 天，月面上任意位置在自转周期内经历了一个月昼和一个月夜。月昼和月夜的时间长度相同，约为 14 天。从理论上讲，对于月球上的任意位置，当它处于月昼时可以看到阳光，处于月夜时看不到阳光。实际上，由于月面崎岖不平，遍布环形山、月海、月陆、月谷、山脉等，月面上很多地方即使在月昼时也有可能处于阴影区。另外，假设月面某一地点能够观测到阳光，但在月昼的不同时刻其光照强度也是不同的。光照条件影响月球表面的温度分布，是月面任务设计与运行的重要条件，如巡视器能否利用光照进行发电、能否在连续阴影时间内安全生存等，同时也是未来月球基地选址的重要影响因素。因此，在月球基地地面演示任务中有必要开展月面光照条件模拟。

由于月球表面没有大气，不存在散射，因此月面光照属于平行入射。在月球基地光照模拟中，需要采用平行光源。针对模拟的月面区域，首先需要获取该区域的月面地形。人们根据月球探测任务获取了大量的月面地形数据，建立了月球数字高程模型。然后，确定月面光照模拟的时间范围，计算这一时间范围内的太阳方位，即太阳赤经和赤纬。根据太阳方位和月面地形数据，可以计算得到区域内每个点是否处于光照以及光照强度如何。图9-6-5是月球沙克尔顿陨石坑的光照图，其中图(a)是根据日本“月亮女神”地形观测数据模拟得到的，图(b)是美国“克莱门汀”探测器的真实观测数据，两者非常吻合，说明了根据月面地形数据计算光照条件的可行性[77]。

(a)模拟光照数据

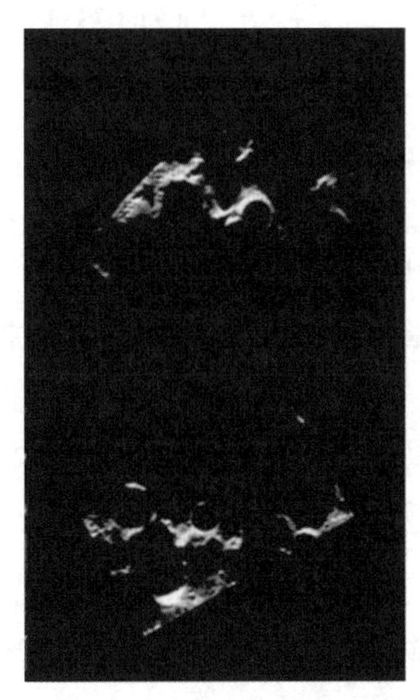
(b)美国“克莱门汀”探测器真实观测数据

图9-6-5 月球沙克尔顿陨石坑的光照图

月面某一区域在某一时间范围内的光照模拟物理上可以采用两种方法来实现：在第一种方法中，采用单一平行光源，在光源可射区域内光强是均匀分布的，在物理上构造出所模拟月球区域的地形，然后根据时间变化调节光照强度，实现该区域的光照模拟。这一方法适用于月面地形变化不大的情况。假设所要模拟的月面地形崎岖不平、落差很大，在地面上不便于构造出相应的物理模型，这时可以采用第二种方法。在这一方法中，地面是平整的，并划分为一系列网格。我们采用分布式平行光源阵列，阵列中的每个子平行光照射到特定的网格点上。根据太阳方位和地形观测数据得到模拟区域内每个网格点光照强度的变化，以此为参考调整每个子平行光的强度，从而实现月面区域的光照模拟。这样，就可以实现月面上任意

区域在任意时间范围内的光照模拟，将月面登陆器、巡视器、月面机器人等置于模拟区，可以模拟验证相应的月面任务光照情况。

在月面光照模拟中，通常需要分析最长连续照明时间、最长阴影时间、平均照明量、永久阴影区和月球对地球的可见区域。这些参数对不同的月面任务至关重要。例如，在月面任务中，如果巡视器设计为在光照条件下工作，那么往往需要选择具有最长连续照明的区域。分析表明，在月球极地区域存在几个月的连续照明时间。而对于工作数年之久的月面巡视器，就需要考虑最长阴影时间，这涉及电池容量设计，满足在阴影时间内为关键部件加热的要求。如果巡视器能够安全渡过最长阴影时间，它就可以在全年时间内生存。平均光照量反映月面某一地点光照时长的时间百分比，如月面某些地方冬季平均光照量为70%、夏季平均光照量为100%等。在永久阴影区由于常年没有光照，温度极低，可能会沉积易挥发物质。

### 9.6.4 月面低重力环境模拟

地球质量 $M_e$ 约为 $5.965\times10^{24}$kg，平均半径 $R_e$ 约为 6371km；月球质量 $M_m$ 约为 $7.349\times10^{22}$kg，平均半径 $R_m$ 约为 1738km。根据万有引力定律，可以计算得到地面和月面重力加速度分别为

$$g_e=\frac{GM_e}{{R_e}^2}=9.80\ (\mathrm{m/s})^2,\ g_m=\frac{GM_m}{{R_m}^2}=1.62\ (\mathrm{m/s})^2 \tag{9-6-1}$$

式中：G 为万有引力常数，$G=6.67\times10^{-11}\mathrm{N\cdot m^2/kg^2}$。

可见，月面重力加速度约为地面重力加速度的1/6，月面处于低重力环境中。低重力环境是月面的基本环境，对月面任务具有重要影响，在月球基地地面演示验证中需要模拟低重力环境。在地面微重力环境（重力接近0）和低重力环境（重力大于0）模拟方面，国内外开展了大量的研究。从原理上讲，地面微重力/低重力模拟方法分为两类，即运动学方法和力平衡法。在运动学方法中，目标物体在重力作用下进行自然运动，重力用来提供目标物体运动所需要的加速度，从而消除重力的影响，实现微重力/低重力模拟，如落塔法、抛物飞行法等。在力平衡法中，利用气体支撑、液体浮力、吊丝配重、静平衡机构等抵消目标物体部分或全部重力，实现低重力/微重力环境模拟，如水浮法、气浮法、悬吊法、静平衡法等[78]，图9-6-6给出了已有的部分微/低重力模拟试验平台。这些方法具有各自的优、缺点，应用侧重点不同：

（1）落塔法：微重力模拟精度高，可重复利用、安全可靠，且可进行三维空间微重力实验；但是造价昂贵，被试设备尺寸受限制，微重力模拟时间过短。

（2）抛物飞行法：微重力模拟精度较高，可重复利用，也可进行三维空间微重力模拟；但是造价昂贵，被试设备外形尺寸、重量受限制，需考虑飞行安全性，微重力模拟时间短。

（3）水浮法：可实现三维微重力模拟，模拟时间不受限制；但是水的阻力和紊流会影响被试设备的动力学特性，影响空间环境模拟精度，被试设备必须进行专门防水处理，维护成

本高，试验期间密封性要求高。

(4)气浮法：微重力模拟精度高，建造周期短、成本低，易于维护，模拟时间不受限制，通过更换接口部件即可重复利用，可靠性高，具有很强的适应性；但是很难实现竖直方向微重力模拟。

(5)悬吊法：可进行三维微重力/低重力模拟，结构相对简单，易于实现，模拟时间不受限制，应用广泛。但是微重力模拟精度不高，支撑绳索的桁架机构复杂，占用空间大，绳索运动时所受摩擦力大，影响试验精度，主动式悬吊法易产生干涉。此外，绳索的柔性、抖动以及配重块的惯性效应等因素都会对微重力/低重力模拟带来不利影响。

(6)静平衡法：结构精巧，易于实现，可实现多自由度微重力模拟，附加惯性效应小；缺点是微重力/低重力模拟精度易受弹簧刚度等因素影响，进行多维多自由度微重力/低重力模拟时机构非常复杂，适应性和通用性较差。

(a)微/低重力落塔模拟器(从左到右为NASA落塔、日本JAMIC落塔与德国布莱梅落塔)

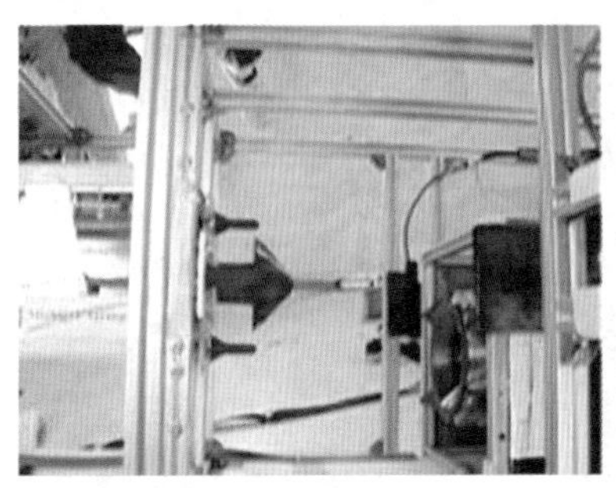

(b)微/低重力抛物飞行模拟器

(c)NASA的微/低重力水浮模拟器

(d)微/低重力悬吊模拟器

(e)斯坦福大学微/低重力气浮模拟器

图9-6-6　微/低重力地面模拟系统

基于上述分析并结合月球基地地面演示验证的平台约束可知，基于吊丝配重的悬吊法比较适合月球低重力模拟。这是因为该方法实现结构比较简单，月面设施可以通过悬吊方式长时间开展低重力模拟。同时，由于所要模拟是月面低重力环境，也就是要模拟地面重力 1/6 的重力环境，低重力环境模拟对精度的要求更低。因此，采用悬吊法可以以比较简单的形式满足月面低重力模拟要求。实际上，从原理上讲低重力和微重力模拟是相同的，其区别是抵消目标物体的部分重力还是全部重力。下面介绍悬吊法实现低重力模拟的具体方法以及案例。为便于案例介绍，下面内容也选取了部分微重力环境模拟的研究成果。

悬吊式低重力模拟系统通常由吊索、导轨、滑轮、滑动小车、配重质量等部分组成，用于平衡实验目标的部分重力，并通过随动控制方法保持吊索竖直且吊索张力为恒定值，从而在地面上实现实验目标的低重力受力环境[79]。悬吊法分为两种：一种是主动式悬吊法，通过电动机控制等主动调节方法使绳索拉力恒定以补偿重力，实现低重力模拟；另一种是被动式悬吊法，通过配重等被动方式补偿重力来实现低重力模拟。主动式悬吊法控制复杂，微重力模拟精度较高。日本富士通实验室研制了恒张力空间机械臂微重力模拟系统(图 9-6-7)，该系统采用主动式悬吊法模拟微重力，空间机械手、机械臂与自由漂浮物均进行重力补偿，模拟时根据拉力传感器的反馈实时控制电机输出转矩，使拉力保持恒定。中国科学院研制了悬吊式微重力模拟系统，中国航天第五研究院采用悬吊法研制了舱外机器人微重力模拟系统，哈尔滨工业大学采用悬吊法研制了星球车的地面微重力模拟系统(图 9-6-8)，通过拉力和位置控制系统，使悬吊索位置竖直，拉力保持恒定，采用主动调控的方式实现微重力模拟，该系统运动范围大，位置跟踪和拉力补偿精度较高。

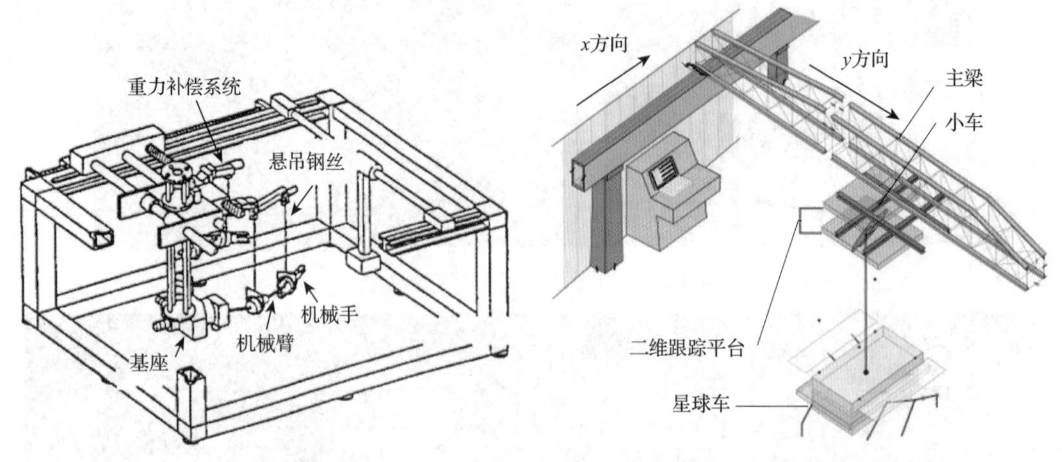


图 9-6-7　日本空间机械臂微重力模拟系统　　图 9-6-8　星球车微重力模拟系统

被动式悬吊机构结构简单，易于实现，常用于卫星天线展开、太阳能电池板展开、空间机器人在轨操作等地面微重力模拟试验。1993 年，美国的卡内基梅隆大学研制了 SM2 空间机械臂的悬吊式微重力系统，如图 9-6-9 所示。该模拟系统用两条钢丝对机械臂主要杆件进行重力补偿，同时引入自由飘浮物的微重力模拟系统，该套系统属于半被动式微重力模拟，通过配重、滑轮组和自动调节机构使钢丝拉力恒定。如图9－6－10所示，欧洲航天局采用被动式悬吊法和主被动支撑机构相结合方式补偿重力，对ERA机械臂进行地面微重力测试。

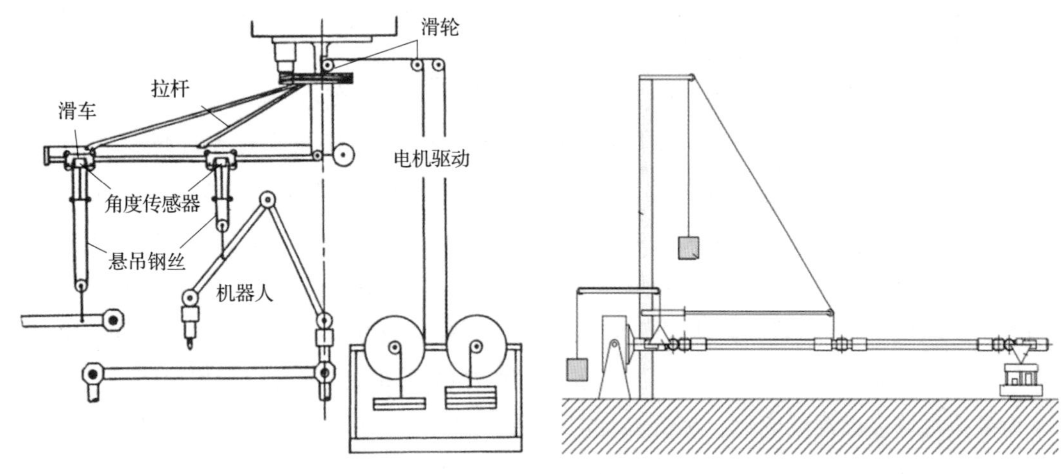


图9－6－9　SM2机器人悬吊系统

图9－6－10　ERA机械臂重力补偿系统

## 9.6.5　月面真空与温度环境模拟

月面大气极其稀薄，处于高度真空环境中。因此，在月球基地地面演示验证中，需要针对部分或全部区域模拟真空环境。但是，在地面上模拟绝对真空环境是不可能的。月面真空环境的影响在于消除了空气对流作用，月面环境中的热传递仅包括导热、辐射。在地面模拟中，如果抽真空后空气对流效果可以忽略，这个模拟真空度就是可以接受的。文献[80]指出，从工程应用的角度讲，可以采用$10^{-3}$Pa的压力环境来模拟宇宙空间的高真空。目前，地面真空模拟罐大多采用圆柱形密封容器，容器材料一般为不锈钢，内部衬以低温热沉，如图9－6－11所示。各种真空泵可以实现的压力是不同的，机械泵将压力抽到$10^{-2}$Pa，然后低温泵将压力降低到$10^{-5}$Pa甚至更低。

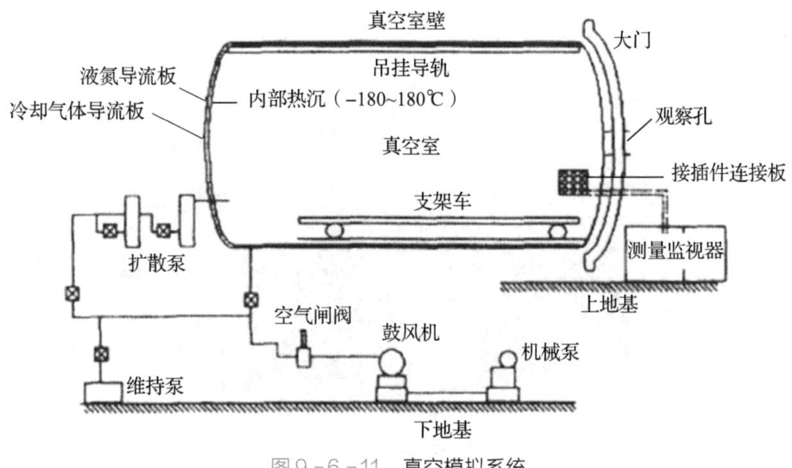


图9－6－11　真空模拟系统

影响月球热环境的因素主要有太阳直接辐照、月球反照、月面红外辐射及地球反照。由于月球上没有大气的热传递，月球表面昼夜温差极大，在赤道地区白昼温度约400K，夜晚可以降到120K，在太阳无法照射的阴影区和夜晚期间的月球表面温度约为90K。月球一昼夜相当于地球28天左右，执行长期月球基地任务难免要过月夜，如果月球基地建造在月球赤道和低纬度地区，就需要经历较大的温差变化。

目前，建立月表温度分布模型的方法有两种，分别是直接测量温度数据和建立温度预测模型。直接测量温度方法包括绕月飞行器遥感测量、地基遥感测量和月表直接测量。其中：地基遥感测量只能测量月球正面的温度，空间分辨率有限，只能反映出大片区域的平均温度；绕月飞行器测量和月表直接测量可以获得更准确的温度信息，但是代价巨大。为了获取全月温度分布及变化规律，目前主要依赖于构建温度模型。通过综合考虑太阳辐射强度、地球辐射、地球反照、月球反射等模型，以及月表岩屑物理特性、月表地形分布、陨石坑几何特征等因素，建立月球表层的传热模型，进而得到月球表面温度的时空变化规律。

为模拟月球表面温度变化，热沉温度必须在 -190 ～ 150℃之间变化。采用液氮制冷系统和气氦调温系统串联组合，实现热沉温度控制，从而使模拟区温度按照月表特定区域、特定时间的分布进行变化，完成月表温度环境模拟。对于月面白天环境模拟，光照模拟和热模拟是耦合的，两者密切相关，光照强度迅速上升，温度也迅速上升；对于月面夜晚环境模拟，光照从黄昏到午夜逐渐降低直至为0，温度迅速降低。

### 9.6.6 月球基地关键设施模拟

月球基地地面模拟系统不仅需要模拟真实月面环境，而且需要模拟月球基地中的关键设施，如月球舱、月球车、机器人、生态系统等。

月球舱是月球基地的核心设施，是航天员及关键设备的容纳设施，同样也是月球基地演示验证平台的核心模拟设备。美国国家科学基金会(NSF)与NASA联手在南极寒冷、空旷、隔离的环境中测试新型适合月面航天员居住的建筑，为在月球建立永久栖息地做准备。该月球试验建筑在南极开展为期1年的极地测试，如图9－6－12所示，NSF和NASA的合伙人ILC Dover公司负责该建筑的原型架构，实验数据由三方机构共享。

图9－6－12 在南极的充气式月球舱测试实验

月球车是在月球表面行驶并对月球考察和收集分析样品的专用车辆。所有立志于登月与深空探测的国家，均在研制满足月球应用需求的月球车。目前，共有三个国家成功完成月球车在月球表面的降落和行走，分别是苏联/俄罗斯、美国和中国，如图 9－6－13 所示。月球车需要在地面上开展充分的模拟以验证系统的性能，是月球基地地面演示验证的重要组成部分。

（a）美国“阿波罗”月球车

（b）苏联/俄罗斯“月球车”1号

（c）中国“玉兔”号月球车

图 9－6－13　航天任务中的月球车

人类在月球基地生存，必须符合人类的生存环境，因此生态系统是月球基地演示验证平台的核心设施之一。20 世纪 90 年代，美国开展微型人工生态循环系统“生物圈”2 号（Biosphere 2）实验（图 9－6－14），该系统位于美国亚利桑那州图森市以北沙漠中，为了与“生物圈”1 号（地球本身）区分而得此名。“生物圈”2 号的建设历时 8 年，几乎完全密封，占地 $12000m^2$，容积达 $14100m^3$，由 80000 根白漆钢梁和 6000 块玻璃组成，耗资 1.5 亿美元。在 1991—1993 年的实验中，研究人员发现：“生物圈”2 号的氧气与二氧化碳的大气组成比例，无法自行达到平衡；“生物圈”2 号内的水泥建筑物影响到正常的碳循环；多数动植物无法正常生长或生殖，其灭绝的速度比预期的还要快。经广泛讨论，确认“生物圈”2 号实验失败，未达到原先设计者的预定目标。

图 9－6－14　“生态圈”2 号模拟实验

俄罗斯科学院医学生物学研究所进行了“月球”－2015 实验（图 9－6－15），目的是研究女性在远距离太空飞行中的心理和生理变化，以了解如何组建最佳的航天员队伍。“月球”－2015 是第一次完全由女性参加的隔离研究。月球开发已被列入俄罗斯 2016—2025 年的联邦航天规划中，行动计划已经数度推迟。俄罗斯医学生物学研究所的实验成果将为俄罗斯月球长期开发愿景积累关键技术。

图9-6-15 俄罗斯“月球”-2015实验

在国内，北京航空航天大学研制出空间基地生命保障综合实验装置“月宫”一号，于2014年5月成功完成了我国首次长期高闭合度集成实验，实验持续密闭了105天。“月宫”一号基于生态系统原理将生物技术与工程控制技术有机结合，构建由植物、动物、微生物组成的人工闭合生态系统，氧气、水和食物等人类生活所必需的物质可以在系统内循环再生。“月宫”一号试验装置由一个综合舱和两个植物舱组成，总面积为160m$^2$，总体积为500m$^3$。综合舱包括居住间、工作间、洗漱间、废物处理间等，每个植物舱分隔为两个种植室，可以根据不同的植物生长需要独立控制环境条件，如图9-6-16所示。

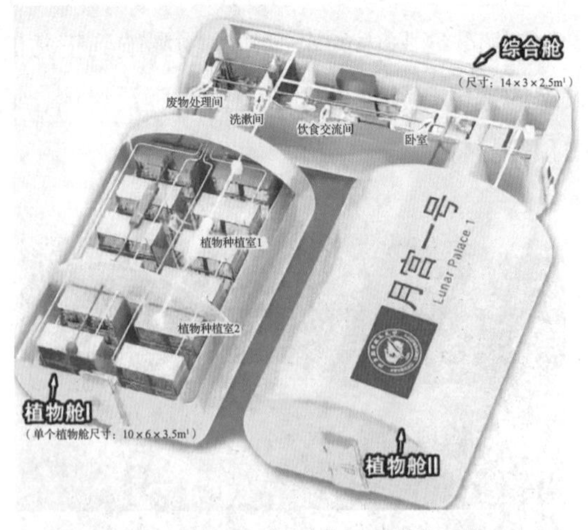


图9-6-16 “月宫”一号试验系统

[1] 欧阳自远. 月球科学概论[M]. 北京：中国宇航出版社，2005.

[2] 沈羡云. 载人登月的危险因素——月尘[J]. 中国航天，2011(5)：29-35.

[3] Gibney E. How to build a Moon base [J]. Nature, 2018, 562(7728): 474-478.

[4] 梁忠超，王永富，刘振，等. 重力不同引起的载人月球车操纵差异分析[J]. 哈尔滨工业大学学报，2017，49(1)：114-119.

[5] 黄昆学. 利用实测数据解算月球重力场模型及月球重力场特征分析[D]. 武汉: 武汉大学, 2018.

[6] Crawford I A. Lunar resources: A review[J]. Progress in Physical Geography, 2015, 39(2): 137 – 167.

[7] Abigail Tabor. Ice Confirmed at the Moon's Poles [EB/OL]. (2018 – 08 – 21)[2020 – 04 – 14]. https://www.nasa.gov/feature/ames/ice-confirmed-at-the-moon-s-poles.

[8] 果琳丽. 载人月球基地工程[M]. 北京: 中国宇航出版社, 2013.

[9] Benaroya H. Building Habitats on the Moon: Engineering Approaches to Lunar Settlements [M]. New York: Springer Intemational Publishing, 2018.

[10] 维基百科. 月球熔岩管[EB/OL]. (2017 – 10 – 20)[2020 – 04 – 14]. https://zh.wikipedia.org/wiki/月球熔岩管.

[11] Austina A., Sherwooda B., et al. Robotic Lunar Surface Operations 2[C]// International Astronautical Congress IAC2019, October 21 – 25, 2019, Washington DC, USA: IAC-19, A3, 1, 6, x49646.

[12] Cheryl Warner. NASA Outlines Lunar Surface Sustainability Concept. (2020 – 04 – 04). [2020 – 04 – 22]. https://www.nasa.gov/feature/how-nasa-prepares-spacecraft-for-the-harsh-radiation-of-space.

[13] Benaroya H. Building Habitats on the Moon: Engineering Approaches to Lunar Settlements [M]. NewYork: Springer International Publishing, 2018.

[14] Ruess F. Structural analysis of a lunar base [D]. Stuttgart: Universität Stuttgart / Rutgers University, 2004.

[15] Ruess F, Schaenzlin J, Benaroya H. Structural Design of a Lunar Habitat [J]. Journal of Aerospace Engineering, 2006, 19(3): 133 – 157.

[16] Mottaghi Sohrob. Design of a lunar surface structure [D]. New Brunswick, NJ.: State Univ. of New Jersey, 2013.

[17] Mottaghi S, Benaroya H. Design of a Lunar Surface Structure. I: Design Configuration and Thermal Analysis [J]. Journal of Aerospace Engineering, 2015, 28(1): 04014052.

[18] Simonsen L C, DeBarro M J, Farmer J T. Conceptual design of a lunar base thermal control system [C]// W. W. Mendell. NASA Conferences Publication 3166, Volume 1 (Parts 1 – 4) & Volume 2 (Parts 5 – 8), 1992.

[19] Hemingway, B. S, Robie, R. A, Wilson, W. H. Specific heats of lunar soils, basalt, and breccias from the Apollo 14, 15, and 16 landing sites, between 90 and 350°K[C]// Lunar and Planetary Institute, Lunar & Planetary Science Conference, Lunar and Planetary Science Conference Proceedings, March 5 – 8, 1973, Houston, Texas.

[20] 环球网. 2030 年建成月球基地? 欧空局欲 3D 打印"月球村". (2016 – 01 – 06)[2020 – 04 – 21]. https://tech.huanqiu.com/gallery/9CaKrnQhpgW#p = 6.

[21] ESA. 3D-printed ceramic parts made from lunar regolith. (2018 – 11 – 14)[2020 – 04 – 22]. https://www.esa.int/ESA_ Multimedia/Images/2018/11/3D-printed_ ceramic_ parts_ made_ from_ lunar_ regolith.

[22] 百度百科. 氦-3. (2019 – 11 – 08) [2020 – 04 – 22]. https://baike.baidu.com/item/% E6% B0% A6 – 3/9079112? fr = aladdin.

[23] 知乎. 氦-3 不是核聚变反应的理想燃料. (2016 – 11 – 05)[2020 – 04 – 22]. https://zhuanlan.zhihu.com/p/22776665.

[24] 司马光. 灵活高效的玉兔号月球车[J]. 国际太空, 2013, 12: 19 – 23.

[25] Saverio F M. The lunar roving vehicle historical perspective[C]// W. W. Mendell. NASA Conferences Publication 3166, Volume 1 (Parts 1 – 4) & Volume 2 (Parts 5 – 8), 1992.

[26] Boeing L R V. Systems Engineering, Lunar Rover Operations Handbook, Doc: LS006 – 002 – 2H [R]. Alabama: Boeing, 1971.

[27] 李海阳, 张波, 黄海兵. 航天员与类人机器人月面联合探测概念初步研究[J]. 载人航天, 2014(04):

22 - 27.

[28] Ross A , Kosmo J , Janoiko B . Historical synopses of desert RATS 1997 - 2010 and a preview of desert RATS 2011 [J]. Acta Astronautica, 2013, 90(2): 182 - 202.

[29] David Akin, Mary Bowden. A Small Pressurized Rover Concept for Extended Lunar and Mars Exploration [C]// Space 2005, August 30th - September 1st, 2005, Long Beach, California: AIAA 2005 - 6737: 1 - 14.

[30] Heverly M, Matthews J, Frost M, et al. Development of the Tri-ATHLETE Lunar vehicle prototype [C]// Proceedings of the 40th Aerospace Mechanisms Symposium, NASA Kennedy Space Center, May 12 - 14, 2010: NASA/CP-2010 - 216272: 317 - 326.

[31] 维基百科. ATHLETE[EB/OL]. (2018 - 04 - 14)[2020 - 4 - 22]. https://en.wikipedia.org/wiki/ATHLETE.

[32] Saur D, Geihs K. IMPERA: integrated mission planning for multi-robot systems[J]. Robotics, 2015, 4(4): 435 - 463.

[33] Maglev and fusion energy for lunar development [J]. EIR Science & Technology, 1987, 14(2): 22 - 29.

[34] Uwe, Apel. Comparison of alternative concepts for lunar surface transportation[J]. Acta Astronautica, 1988, 17(4), 445 - 456.

[35] Jerome Pearson, Eugene Levin, John Oldson, Harry Wykes. Lunar Space Elevators for Cislunar Space Development[R]. Star Technology and Research, Inc., 2005.

[36] Bernold L E . Cable-Based Lunar Transportation System[J]. Journal of Aerospace Engineering, 1994, 7(1): 1 - 16.

[37] Benaroya H , Asce F , Asce M , et al. Engineering, Design and Construction of Lunar Bases[J]. Journal of Aerospace Engineering, 2002, 15(2).

[38] Middleton A, Paschall S, Cohanim B. Small lunar lander/hopper performance analysis[C]// IEEE Aerospace Conference, March 6 - 13, 2010, IEEE, MT, USA: 1 - 7.

[39] Akin D L. Developing an Aerial Transport Infrastructure for Lunar Exploration[C]// Joint Meeting of Leag-iceum-srr. Joint Annual Meeting of LEAG-ICEUM-SRR, October 28 - 31, 2008, Cape Canaveral, Florida.

[40] Brown K K, Connolly J F. An Altair Overview: Designing a Lunar Lander for 21st Century Human Space Exploration[C]// Global Space Exploration Conference, May 22 - 24, 2012, Washington, DC; United States: M12 - 1810.

[41] Wettergreen D, Shamah B, Tompkins P, et al. Robotic planetary exploration by sun-synchronous navigation [C]// i-SAIRAS, June 18 - 22, 2001, ESA: Montreal, Canada.

[42] Teti F, Whittaker W, Kherat S, et al. Sun-synchronous lunar polar rover as a first step to return to the moon [C]// Proceedings of the International Symposium on Artificial Intelligence for Robotics and Automation (iSAIRAS), Munich, Germany. 2005: 5 - 9.

[43] Wettergreen D, Tompkins P , Urmson C , et al. Sun-Synchronous Robotic Exploration: Technical Description and Field Experimentation[J]. International Journal of Robotics Research, 2005, 24(1): 3 - 30.

[44] Schreiner, K. Hyperion project follows sun[J]. IEEE Intelligent Systems, 2001, 16(5): 4 - 8.

[45] Wettergreen D , Cabrol N , Teza J , et al. First Experiments in the Robotic Investigation of Life in the Atacama Desert of Chile[C]// Robotics and Automation, 2005. ICRA 2005. Proceedings of the 2005 IEEE International Conference on. IEEE, 2005.

[46] Wettergreen, Cabrol N A , Baskaran V , et al. Second experiments in the robotic investigation of life in the Atacama Desert of Chile [C]// International Symposium on Artificial Intelligence, Robotics and Automation in Space (iSAIRAS), September 5 - 8, 2005, Munich, Germany.

[47] Woodcock, Gordon R. Robotic lunar surface operations: Engineering analysis for the design, emplacement, checkout and performance of robotic lunar surface systems[R]. Boeing Aerospace and Electronics Co, 1990: NASA-CR-189016.

[48] Heiken G H, Vaniman D T, French B M. Lunar sourcebook-A user's guide to the moon[R]. Cambridge: Cambridge University Press, 1991.

[49] J Elliott, B Sherwood, A Austin, MW Smith, R Polit-Casillas, AS Howe, G Voecks, A. Colaprete, P Metzger, K Zacny, V Vendiola, ISRU in Support of an Architecture for a Self-Sustained Lunar Base[C]// International Astronautical Congress IAC2019, Washington DC, USA, 21 -25 October 2019.

[50] Sherwood B. Principles for a practical Moon base[J]. Acta Astronautica, 2019, 160: 116 -124.

[51] Diftler M A, Mehling J S, Abdallah M E, et al. Robonaut 2 - the first humanoid robot in space[C]// Proceedings of theIEEE International Conference on Robotics and Automation, Shanghai, China, 2010: 2178 -2183.

[52] Robert C. Trevino, Joseph J. Kosmo, Amy Ross, et al. First Astronaut - Rover Interaction Field Test[C]// International Conference on Environmental Systems, July 10 - 13, 2000, Toulouse, France: 2000 - 01 - 2482.

[53] Harrison D A, Ambrose R, Bluethmann B, et al. Next generation rover for lunar exploration[C]// 2008 IEEE aerospace conference. March 1 -8, 2008, Big Sky, Montana: 1 -14.

[54] Fong T, Bualat M, Deans M, et al. Robotic follow-up for human exploration[C]// AIAA SPACE 2010 Conference & Exposition, 30 August 30th-September 2nd 2010, Anaheim, California: 8605.

[55] Hirsh R , Graham J , Kortenkamp D , et al. Experiments with an EVA Assistant Robot[J]. 2002.

[56] Shillcutt K, Burridge R, Graham J. Boudreaux the robot (aka EVA robotic assistant)[C]// AAAI Fall Symposium on Human-Robot Interaction, November 15 -17, 2002, North Falmouth, Massachusetts: 92 -96.

[57] Rochlis J, Delgado F, Graham J. Science crew operations and utility testbed[J]. Industrial robot, 2006, 33 (6): 443 -450.

[58] Hirsh R , Graham J , Tyree K , et al. Intelligence for Human-Assistant Planetary Surface Robots [EB/OL]. (2015 - 02 - 16) [2020 - 05 - 28]. https://ntrs. nasa. gov/archive/nasa/casi. ntrs. nasa. gov/20080026205. pdf.

[59] Werfel J , Petersen K , Nagpal R . Designing Collective Behavior in a Termite-Inspired Robot Construction Team[J]. Science, 2014, 343(6172): 754 -758.

[60] Rubenstein M , Cornejo A , Nagpal R . Programmable self-assembly in a thousand-robot swarm[J]. Science, 2014, 345(6198): 795 -799.

[61] Romanishin J W , Gilpin K , Claici S , et al. 3D M-Blocks: Self-reconfiguring robots capable of locomotion via pivoting in three dimensions[C]// IEEE International Conference on Robotics & Automation, IEEE, May 25 -28, 2015, WA, USA.

[62] 赵剑. 模块化自重构机器人 HIT-MSRII 的关键技术研究[D]. 哈尔滨: 哈尔滨工业大学, 2006.

[63] Thangavelautham J, Robinson M S, Taits A, et al. Flying, hopping Pit-Bots for cave and lava tube exploration on the Moon and Mars[J]. arXiv preprint arXiv: 1701. 07799, 2017.

[64] Morad S, Kalita H, Thangavelautham J. Planning and navigation of climbing robots in low-gravity environments [C]. 2018 IEEE/ION Position, Location and Navigation Symposium (PLANS). IEEE, 2018: 1302 -1310.

[65] Samid N A E, Thangavelautham J, Richard J, et al. Infrastructure robotics: a technology enabler for lunar in-situ resource utilization, habitat construction and maintenance [C]// 59th International Astronautical Congress 2008, September 29th - October 3rd 2008, Glasgow, Scotland: IAC-08. A5. 2. 8.

[66] Thangavelautham J, D'Eleuterio G M T. A Coarse-Coding Framework for a Gene-Regulatory-Based Artificial Neural Tissue[C]// Advances in Artificial Life, European Conference, September 2005, Canterbury, Uk: DBLP.

[67] Thangavelautham J, Law K, Fu T, et al. Autonomous multirobot excavation for lunar applications[J]. Robotica, 2017, 35(12): 2330 - 2362.

[68] Dunker P A, Lewinger W A, Hunt A J, et al. A biologically inspired robot for lunar in-situ resource utilization [C]// 2009 IEEE/RSJ International Conference on Intelligent Robots and Systems. October 11 - 15, 2009, IEEE, St. Louis, USA: 5039 - 5044.

[69] Alex Ellery. Low-Cost Space-Based Geoengineering: An Assessment Based on Self-Replicating Manufacturing of in-Situ Resources on the Moon[J]. International Journal of Environmental and Ecological Engineering, 2016, 10(2): 278 - 285.

[70] Chirikjian G S, Zhou Y, Suthakorn J. Self-replicating robots for lunar development[J]. IEEE/ASME transactions on mechatronics, 2002, 7(4): 462 - 472.

[71] Cesaretti G, Dini E, De Kestelier X, et al. Building components for an outpost on the Lunar soil by means of a novel 3D printing technology[J]. Acta Astronautica, 2014, 93: 430 - 450.

[72] Morowitz H J. A model of reproduction[J]. American Scientist, 1959, 47(2): 261 - 263.

[73] Lohn J D, Haith G L, Colombano S P. Two electromechanical self-assembling systems[C]// Presented at the 6th Foresight Conference on Molecular Nanotechnology, 1998, California, USA.

[74] Hoppenbrouwers T, Urbina D, Boyd A, et al. Robotic and Human Exploration on the Moon: Preparing a New Lunar Analogue [M]. Space Operations: Contributions from the Global Community. Springer, Cham, 2017: 3 - 25.

[75] Ashitey Trebi-Ollennu, Khaled S. Ali, Arturo L. Rankin, et al. Lunar Surface Operation Testbed (LSOT) [C]// IEEE Aerospace Conference Proceedings, 3 - 10 March 2012, Big Sky, Montana, USA.

[76] 国家国防科技工业局. 月面环境地面模拟要求及方法[S]. 中华人民共和国航天行业标准, QJ 20537.1 - 2016, 2016.

[77] Bussey, D. B. J, McGovern, J. A, Stickle, A. M, et al. Illumination Simulations in Support of Lunar Surface Operations[C]// 45th Lunar & Planetary Science Conference, March 17 - 21, 2014, Lunar and Planetary Institute: The Woodlands, Texas: 2118.

[78] 朱战霞, 袁建平等. 航天器操作的微重力环境构建[M]. 北京: 中国宇航出版社, 2013.

[79] 曲健刚. 悬吊式低重力模拟系统控制研究[D]. 哈尔滨: 哈尔滨工业大学硕士学位论文, 2017.

[80] 侯增祺, 胡金刚. 航天器热控制技术: 原理及其应用[M]. 北京: 中国科学技术出版社, 2007.

# 第10章　近地小天体的资源利用与防御

## 10.1 近地小天体的威胁与机遇

### 10.1.1　近地小天体的基本概念

小天体是指太阳系中质量比行星质量小得多的天体，包括小行星、彗星和流星。小天体保留了太阳系早期物质，对小天体进行科学探测有助于人类了解太阳系起源及行星演化规律。小天体主要分布在火星与木星轨道之间的小行星带和海王星轨道之外的柯伊伯带，如图10-1-1所示。

图10-1-1　太阳系中的小行星带和柯伊伯带

近地小天体定义为运行轨道与地球轨道相交的小天体。通常，近地小天体的近日点小于或等于1.3AU，大小在几米到数十千米之间。目前，已发现的近地小天体超过2万颗，其中直径超过140m的约8000颗，超过1km的约900颗，如图10-1-2所示。

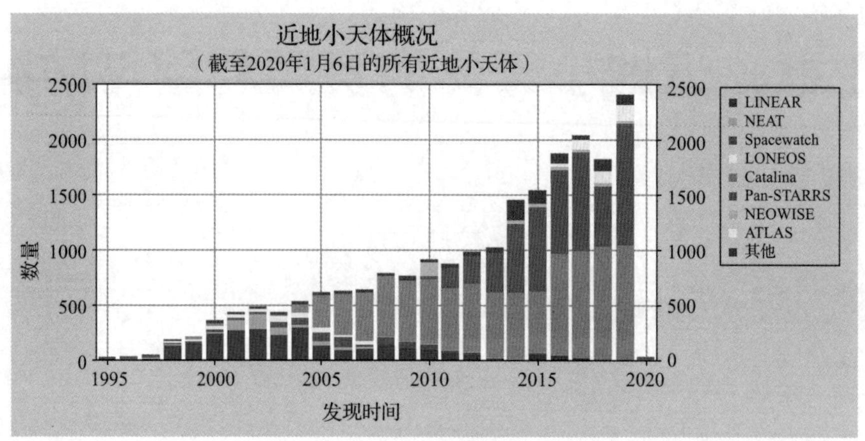


图10-1-2 目前观测到的近地小天体

## 10.1.2 近地小天体的威胁

近地小天体按轨道类型(图 10-1-3)可分为以下几种：

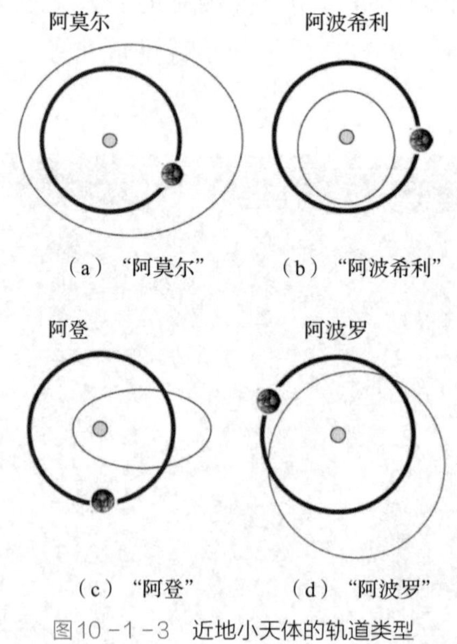


图10-1-3 近地小天体的轨道类型

(1)“阿莫尔”(Amor)小行星：近日点在地球轨道以外即 $q > 1.017$AU(地球远日距)，远日点满足 $1.017\text{AU} < Q < 1.3\text{AU}$。

(2)“阿波希利”(Apohele)小行星：近日点和远日点均在地球轨道以内；

(3)“阿登”(Aten)小行星：半主轴 $a<1$AU，远日距 $Q>0.983$AU；轨道穿越地球轨道，且大部分时间在地球轨道以内。

(4)“阿波罗”小行星：半主轴 $a>1$AU，近日距 $q<1.017$AU；轨道穿越地球轨道，且大

部分时间在地球轨道之外。

具有潜在威胁(potentially hazardous object，PHO)的小天体定义为轨道与地球轨道相交、与地球最小距离小于 0.05AU、直径大于 140m 的近地小天体。目前，已发现约 1800 颗 PHO，PHO 大部分属于“阿波罗”类型，小部分属于“阿登”类型(图 10－1－4)。

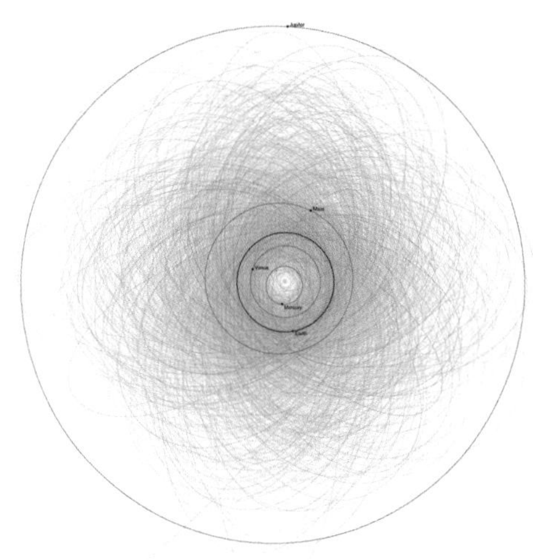

图 10－1－4　具有潜在威胁的小天体分布

PHO 与地球相撞将对地球产生灾难性后果。30 年来，小行星撞击事件频发，如图 10－1－5。例如 2013 年的车里雅宾斯克事件造成了较大人员伤亡和财产损失。据统计，每天至少有 100t 陨石物质撞击地球大气层，地球天空中每天的流星数量超过 2500 万颗；约每 10 年发生一次当量相当于广岛原子弹的小天体撞击地球事件。PHO 可能造成的撞击灾难是人类必须直面的重大威胁。如何减缓、避免近地小天体撞击地球成为人类必须共同面对的问题。行星防御是解决近地天体撞击地球危险的“应用行星科学”，开展小天体探测和行星防御研究是解决人类生存问题的重大需求。

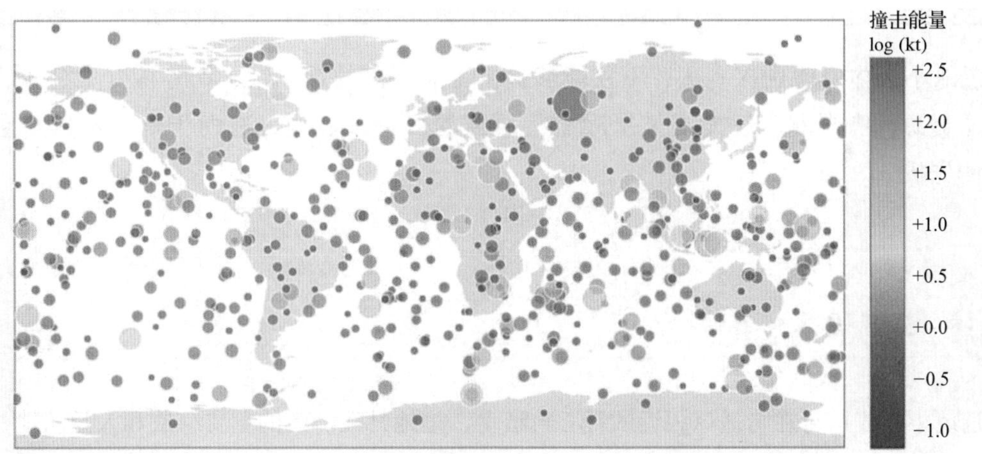


图 10－1－5　30 年来发生的小行星撞击事件

### 10.1.3 近地小天体的机遇

根据光谱特性近地小天体主要分为碳质(C 型)小行星、石质(S 型)小行星、金属(M 型)小行星，如图 10-1-6 所示。在已发现的小天体中 C 型最为普遍，约占 75%。C 型小行星还含有大量有机碳、磷和其他肥料的关键成分，可用于种植食物。S 型小行星几乎不含水，但包含多种金属，如镍、钴、金、铂和铑。M 型小行星很罕见，金属含量比 S 型多 10 倍。

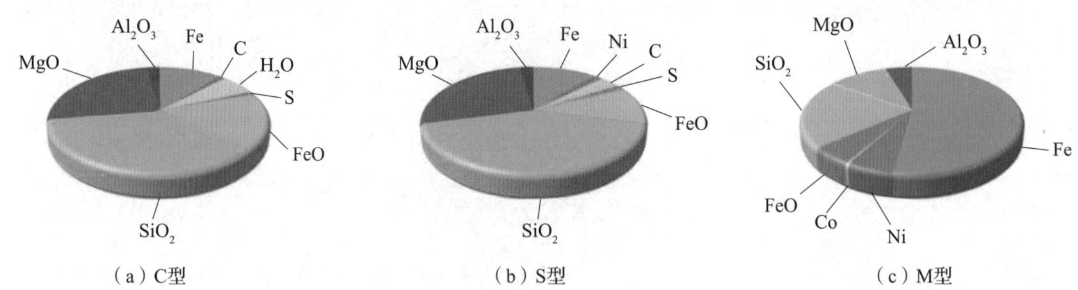


图10-1-6 不同类型小天体的主要物质组成

近地小天体的到达能量介于登月和火星探测之间，探测代价可承受，技术风险可控。对其进行采矿与资源利用具有重要意义，将产生巨大的经济效应，如表 10-1-1 所列。

**表 10-1-1 几颗小天体的资源及预计价值**

| 小天体 | 估计价值/亿美元 | 估计利润/亿美元 | $\Delta V$/(km/s) | 资源 |
|---|---|---|---|---|
| Ryugu | 950 | 350 | 4.663 | 镍，铁，钴，水，氮，氢，氨 |
| 1989ML | 140 | 40 | 4.888 | 镍，铁，钴 |
| Nereus | 50 | 10 | 4.986 | 镍，铁，钴 |
| Didymos | 840 | 220 | 5.162 | 镍，铁，钴 |
| 2011UW158 | 80 | 20 | 5.187 | 铂，镍，铁，钴 |

近地小天体资源勘探利用，不仅能够提供工业所需的锑、钕、铟等稀有贵金属，突破国土资源固有限制，还能提供星际航行所需的可持续能源，有助于抢占构建太空经济圈的先机。

## 10.2 近地小天体任务概述

近地小天体运行在与地球相近的日心轨道上，是地月经济圈的重要组成和人类从地月空间走向深空的跳板。近地小天体存在撞击地球的风险，对于人类来说既是威胁也是机遇。随着航天技术的发展，近地小天体逐渐成为深空探测的热点。到目前为止，国际上已开展了一系列的近地小行星飞越、交会、绕飞与采样返回任务。然而，近地小天体采矿与防御还尚未进行在轨验证。

## 10.2.1　“尼尔 - 舒梅克”号探测器

人类第一个小行星探测器是 NASA“尼尔 - 舒梅克”号(NERO Shoemaker)探测器(图 10 - 2 - 1(a))，于 1996 年用 Delta-II 运载火箭发射。其目的为获取 S 型近地小行星“爱神星”(433 Eros)(图 10 - 2 - 1(b))的物理和地质特性，确认其矿物组成和元素成分。2000 年 2 月 14 日，探测器进入绕“爱神星”飞行的轨道，成为世界上首个绕飞小行星的探测器。在设计任务之外，2001 年 2 月 12 日该探测器以 1.6m/s 的速度降落在“爱神星”表面，成为世界上首个在小行星表面着陆的探测器，获得了宝贵的探测资料和成果。

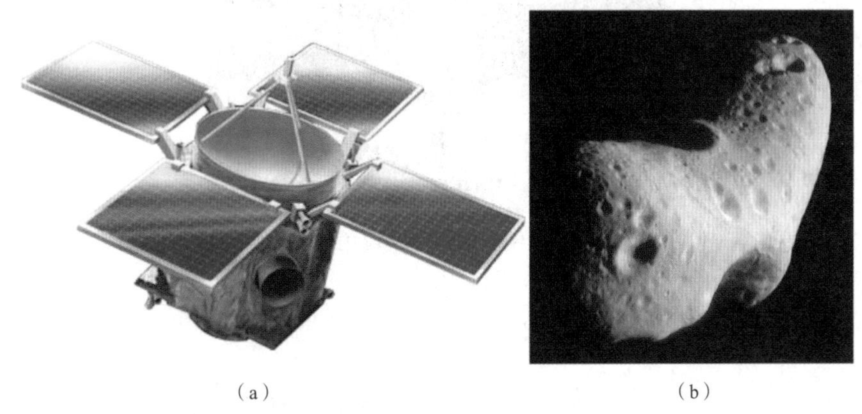

(a)　　(b)

图 10 - 2 - 1　“尼尔 - 舒梅克”号探测器和“爱神星”

## 10.2.2　“罗塞塔”号航天器

2004 年 3 月 2 日，欧洲航天局发射了“罗塞塔”(Rosetta)号航天器，如图 10 - 2 - 2 所示。该航天器携带的“菲莱”号着陆器，其目的为实现 67P 彗星的着陆探测。“罗塞塔”号航天器借力火星引力，于 2014 年 8 月 6 日到达 67P 彗星。2014 年 9 月 12 日，“菲莱”号着陆器成功实现了 67P 彗星的软着陆。不久，着陆器的电源系统失效导致“罗塞塔”号航天器关闭了与着陆器的通信模块。2016 年 9 月 30 日，“罗塞塔”号航天器在 67P 彗星上硬着陆，任务随即终止。

图 10 - 2 - 2　“罗塞塔”号航天器、“菲莱”着陆器及 67P 彗星示意图

### 10.2.3 “隼鸟”1号航天器

2003年5月9日，JAXA发射了小行星探测器“隼鸟”1号(Hayabusa－1)，并携带一个着陆器Minerva。2005年11月，“隼鸟”1号与小行星“糸川”(Itokawa)交会。“糸川”小行星是一颗S型小行星。11月12日，“隼鸟”1号在距离“糸川”小行星表面55m时释放了着陆器Minerva。然而，着陆器Minerva未被“糸川”小行星的引力捕获，反弹至空中。11月19日，“隼鸟”1号实现了小行星表面的接触探测，如图10－2－3所示。2006年4月，“隼鸟”1号离开“糸川”小行星返回地球。

10－2－3 “隼鸟”1号航天器及“糸川”小行星

### 10.2.4 “隼鸟”2号航天器

“隼鸟”2号(Hayabusa－2)是JAXA的小行星采样返回任务。于2014年12月3日发射，2016年6月交会C型小行星162173“龙宫”（Ryugu），如图10－2－4所示。“隼鸟”2号携带了四辆小型漫游车用来在小行星表面短距离跳动。它们从大约60m的高空释放，并在小行星的弱重力作用下自由下落到小行星表面。其中，3辆漫游车成功降落在小行星“龙宫”上，1辆漫游车在释放之前发生故障。

图10－2－4 “龙宫”小行星

“隼鸟”2 号着陆过程(图 10－2－5)：初始下降；自主导航并下放星标；接触着陆。过程 1，使用地面配合飞船自主的混合导航方式，垂直下降速度控制在 0.1～1m/s；过程 2 和 3，“隼鸟”号离行星表面 100m 高度时进入自主导航模式，下放星标。过程 4 和 5，向采样点自主导航下降。“隼鸟”2 号一共进行 3 次着陆演习，确保在指定位置平稳着陆。

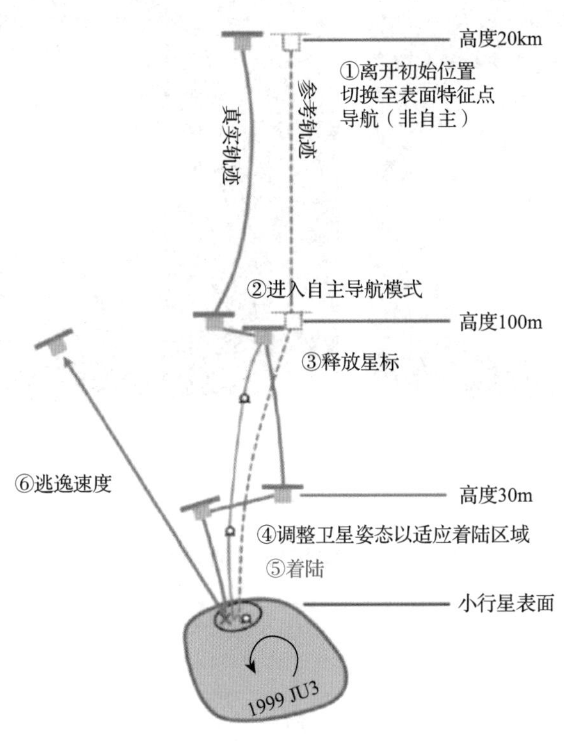


图10－2－5　“隼鸟”2 号着陆过程

最初的计划是收集水矿物特性的表层、表面灰泥和地下材料三个样本，但漫游车只看到大大小小的石块景象，没有发现可采样的土壤层，因此任务小组决定只采集两个样本。第一次表面采样于 2019 年 2 月 22 日完成，获得了行星表面的石头。第二个样品是由远距离发射的动能冲击器挖掘出的地下材料。所有样品均存储在样品返回舱内，2020 年 12 月 6 日，“隼鸟”2 号成功返回地球，并将其带回地球。

### 10.2.5　OSIRIS-REx 航天器

OSIRIS-REx 是 NASA 的小行星采样返回任务，于 2016 年 9 月 8 日搭载 Atlas V 运载火箭发射。该任务的主要目的是从 C 型小行星“贝努”(Bennu，图 10－2－6)获取至少 60g 的样品，并将样品返回地球进行详细分析。返回的样品可帮助科学家更多地了解太阳系的形成和演化，行星形成的初始阶段以及地球有机化合物的来源。

2018 年 12 月 3 日，OSIRIS-REx 航天器在离小行星“贝努”约 19km 处实现了交会。12 月初，OSIRIS-Rex 航天器在距离小行星“贝努”表面约 6.5km 绕飞(图 10－2－7)，进一步完善

“贝努”的形状信息和轨道信息。OSIRIS-REx 航天器对小行星表面进行了初步的光谱调查，发现了黏土形式水合矿物的存在。2018 年 12 月 31 日，OSIRIS-REx 航天器在距离“贝努”约 1.75km 处，获得了全局特性参数、重力场分布以选择采样点。详查结束后，航天器将进一步抵近“贝努”至半径为 1km 的轨道。

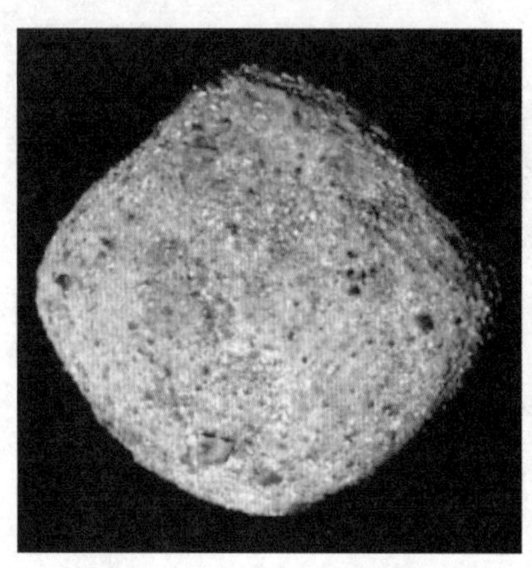
图10-2-6 小行星“贝努”

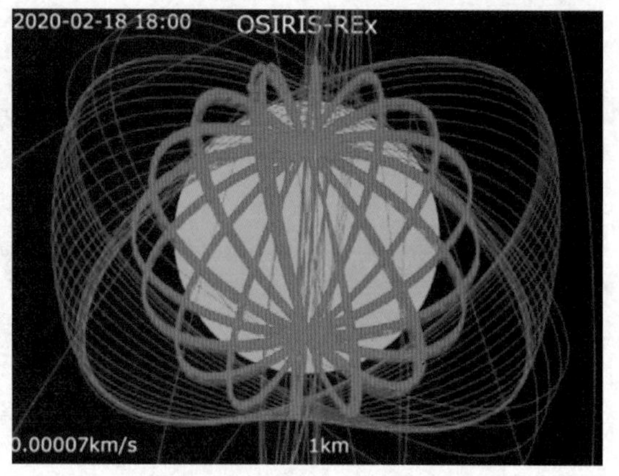

图10-2-7 OSIRIS-REx 环绕小行星“贝努”

OSIRIS-REx 采用接触式采样，采样装置为 TAGSAM 采样机构，如图 10-2-8 所示。在采样过程中，使用高压氮气吹动表层风化层采样，通过预设机构将表面风化层从两侧吹入收集装置内部。

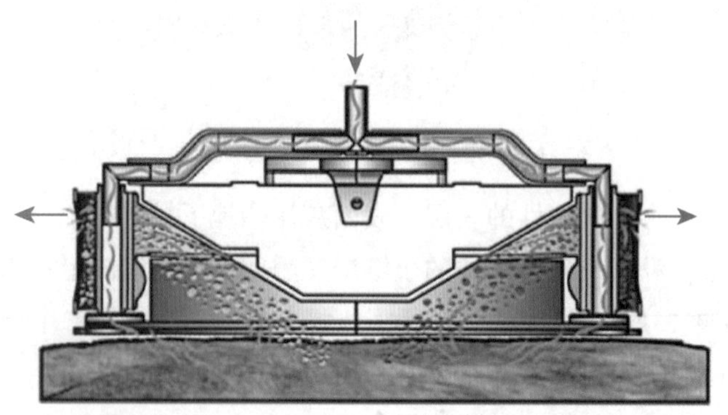
图10-2-8 TAGSAM 采样机构示意图

## 10.2.6 “深度撞击”任务

目前，动能撞击是唯一完成了在轨演示验证的小天体防御技术。2005 年，美国的“深度撞击”(Deep Impact)任务利用探测器携带的一枚小型撞击器以约 10km/s 的速度撞击了“坦普尔”1 号彗星的彗核。撞击产生的威力相当于 4.5t TNT 炸弹爆炸，撞击前后如图 10-2-9 所示。

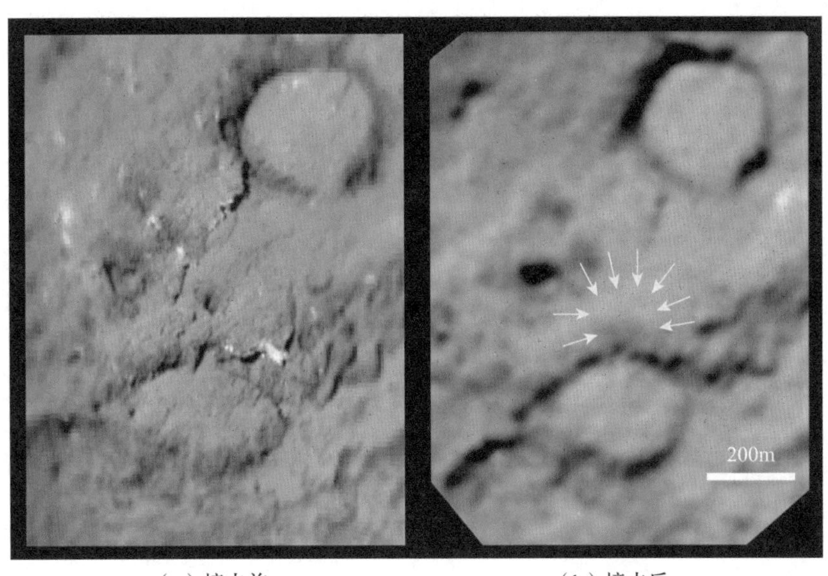


（a）撞击前　　（b）撞击后

图 10-2-9　撞击前后彗星的表面

## 10.2.7　行星防御演示任务

NASA 与 ESA 计划进行人类首个全面的行星防御演示任务。ESA 的“赫拉”(Hera)航天器将观察 NASA 的探测器高速撞击小行星后产生的影响。NASA 的探测器名为“双小行星重定向测试”(DART)，计划于 2021 年 7 月升空(图 10-2-10)，并于 2022 年 10 月到达“迪迪莫斯”双小行星系统(图 10-2-11)。Hera 计划于 2023 年或 2024 年发射，在两年后进入“迪迪莫斯”系统，并开展 DART 进行小行星撞击的评估。

图 10-2-10　“双小行星重定向测试”任务

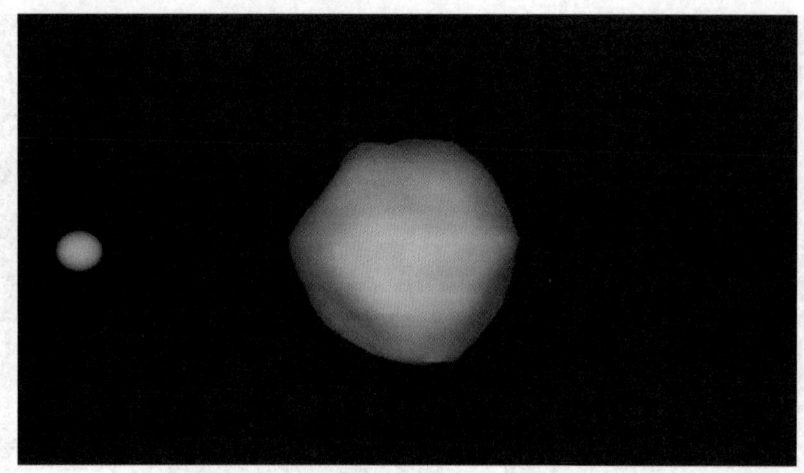

注：双小行星系统主星直径800m，从星直径150m。

图10-2-11 双小行星系统（65803“迪迪莫斯”）

## 10.3 近地小天体小推力转移轨道优化设计

航天器机动方式主要有脉冲推进和连续小推力推进，典型推进系统的特征参数如表10-3-1所列[1]。与脉冲推进方式相比，连续小推力推进的推进比冲高，完成任务所需要的燃料更少，成为近地小天体探测的主要推进方式。连续小推力推进系统主要有电推进和太阳光压推进。电推进较为成熟，且在多个深空探测任务中得到验证，如NASA的“深空”1号、JAXA的“隼鸟”号。太阳光压推进工程难度较大，目前仅有日本的“伊卡洛斯”太阳帆航天器实现了星际飞行。

连续小推力的轨道求解问题变量多、计算量大，往往可以得到多个可行解，故通常将轨道求解问题转换为轨道优化问题来求解，通过优化燃料、转移时间、访问数量等，得到满足任务约束的小推力转移轨道。

**表10-3-1 典型推进系统的特征参数**

| 推进系统 | 推力/N | 比冲/s |
|---|---|---|
| 化学推进 | 0.1～106 | 140～460 |
| 冷气推进 | 0.05～200 | 50～250 |
| 电弧喷射 | 0.002～0.7 | 400～1500 |
| 离子推进 | $10^{-5}$～0.2 | 1500～5000 |
| 霍尔推进 | $10^{-5}$～1 | 1500～6000 |
| 太阳帆 | 0.01～0.1 | ∞ |

## 10.3.1　轨道优化问题建模

航天器轨迹优化问题的第一步是对航天器的动力学进行数学建模，选择一组代表系统的状态并推导航天器的运动方程。根据推进系统的不同，优化问题分为脉冲转移和连续推力转移。这里只讨论连续小推力转移问题。

系统的动力学方程为

$$\dot{\boldsymbol{x}} = f(\boldsymbol{x}(t), \boldsymbol{u}(t), t) \tag{10-3-1}$$

在动力学模型的基础上，引入优化目标和约束，建立轨道优化模型。

目标函数为

$$J = \phi(\boldsymbol{x}(t_0), \boldsymbol{x}(t_f), t_0, t_f) + \int_{t_0}^{t_f} L(\boldsymbol{x}, \boldsymbol{u}, t)\,\mathrm{d}t \tag{10-3-2}$$

燃耗最优为

$$J = \min\int_{t_0}^{t} \boldsymbol{u}(t)\,\mathrm{d}t \tag{10-3-3}$$

转移时间最优为

$$J = \min(t_f) \tag{10-3-4}$$

边界条件是指到达时刻航天器的状态约束。对于交会任务，要求到达位置和速度与目标小天体一致。对于飞越任务或者行星借力任务，要求到达时刻位置与目标小天体一致，即

$$\boldsymbol{\psi}(\boldsymbol{x}(t_0), \boldsymbol{x}(t_f), t_0, t_f) = \boldsymbol{0} \tag{10-3-5}$$

约束条件为

$$\phi_l \leqslant \phi(\boldsymbol{x}(t), \boldsymbol{u}(t), t) \leqslant \phi_u \tag{10-3-6}$$

通常，航天器在转移过程中受到最大推力幅值的约束和推力方向受限的约束。

## 10.3.2　轨道优化问题间接法求解

小推力轨道优化设计方法研究主要分为间接法和直接法。直接法的主要思想是将轨道状态和推力控制变量离散化，状态和控制变量的时间函数通过若干离散节点的插值得到。直接法将最优控制问题转化为标准的非线性参数优化问题(NLP)，通过迭代离散点的值使得目标函数最优并且满足约束条件。间接法利用庞特里亚金极小值原理引入协态变量微分方程，将轨道优化问题转化为非线性常微分方程的边值问题。这里主要介绍间接法。

航天器动力学的最简单模型是二体问题模型。该模型在惯性参考系下只考虑中心天体的引力。通用的系统状态有惯性坐标、轨道根数和改进的春分点轨道根数三种形式。此外，还有学者利用角动量矢量和偏心矢量的坐标集研究轨道转移问题。与改进春分点轨道根数的状态类似的是由角动量矢量和偏心率矢量组成的六元素集合，两者都是由5个慢变量和1个快变量组成，数值收敛性较好。通过研究动力学的各种坐标表示对解决两点边值问题的影响，

并对不同状态坐标进行收敛性、最优性和求解速度进行统计分析，可以得出[2]：惯性坐标物理意义直观，方程形式简单，但收敛性较差；轨道根数具有清晰的物理意义，但存在奇异值，因而改进的春分点轨道根数应用比经典轨道根数广泛；改进的春分点轨道根数具有无奇异值的特点，数值收敛性较好，缺点是物理意义不直观。采用位置速度来描述航天器在二体问题下的运动，即

$$\ddot{\boldsymbol{r}} = -\frac{\mu}{r^3}\boldsymbol{r} + \frac{T_{\max}u}{m}\boldsymbol{\alpha} \tag{10-3-7}$$

式中：$T_{\max}$为最大推力；$u \in [0, 1]$；$\alpha$为推力单位方向角。

1. 两端固定的燃料最优

燃料最优的优化指标可表示为

$$J = \frac{T_{\max}}{I_{sp}g_0}\int_{t_0}^{t_f} u\mathrm{d}t \tag{10-3-8}$$

其中，$I_{sp}$表示航天器的比冲；$g_0$表示海平面的引力加速度，通常取$9.8\mathrm{m/s^2}$；$t_0$和$t_f$分别表示出发时间和到达时间，$u \in [0, 1]$表示开关状态。

小天体交会任务的端点状态约束表示为

$$\{\boldsymbol{r}(t_0) - \boldsymbol{r}_0, \boldsymbol{v}(t_0) - \boldsymbol{v}_0, m(t_0) - m_0, \boldsymbol{r}(t_f) - \boldsymbol{r}_f, \boldsymbol{v}(t_f) - \boldsymbol{v}_f\} = \boldsymbol{0} \tag{10-3-9}$$

引入协态变量$[\lambda_r, \lambda_v, \lambda_m]$，构建哈密顿函数为

$$H = \lambda_r \cdot \boldsymbol{v} + \lambda_v \cdot \left(-\frac{\mu}{r^3}r + \frac{T_{\max}u}{m}\boldsymbol{\alpha}\right) - \lambda_m \frac{T_{\max}}{I_{sp}g_0}u + \frac{T_{\max}}{I_{sp}g_0}u \tag{10-3-10}$$

最优控制即使哈密顿函数取最小值的控制律，即

$$\boldsymbol{\alpha} = -\frac{\boldsymbol{\lambda}_v}{\|\boldsymbol{\lambda}_v\|} \tag{10-3-11}$$

推力大小满足 Bang-Bang 控制率，即

$$\begin{cases} u = 0 & ,\rho > 0 \\ u = 1 & ,\rho < 0 \\ u \in [0,1] & ,\rho = 0 \end{cases} \tag{10-3-12}$$

式中：$\rho$为开关函数，且有

$$\rho = 1 - \frac{I_{sp}g_0\|\boldsymbol{\lambda}_v\|}{m} - \lambda_m \tag{10-3-13}$$

该系统协态变量的导数方程为

$$\dot{\boldsymbol{\lambda}}_r = \frac{\mu}{r^3}\boldsymbol{\lambda}_v - \frac{3\mu\boldsymbol{r}\cdot\boldsymbol{\lambda}_v}{\boldsymbol{r}^5}\boldsymbol{r},\ \dot{\boldsymbol{\lambda}}_v = -\boldsymbol{\lambda}_r, \dot{\lambda}_m = -\frac{T_{\max}\boldsymbol{u}}{\boldsymbol{m}^2}\|\boldsymbol{\lambda}_v\| \tag{10-3-14}$$

横截条件为

$$\lambda_m(t_f) = 0 \tag{10-3-15}$$

通过打靶协态变量的初值$[\boldsymbol{\lambda_r(t_0)}, \boldsymbol{\lambda_v(t_0)}, \boldsymbol{\lambda_m(t_0)}]$，按照导数方程积分，使其满足端

点状态约束和横截条件，即可得到满足一阶必要条件的局部最优解。然而，打靶量 $[\boldsymbol{\lambda}_r(t_0), \boldsymbol{\lambda}_v(t_0), \lambda_m(t_0)]$ 范围未知，收敛域小很难给出有效的初值猜测。可通过协态变量归一化处理，将打靶量映射到单位超球内。此时，燃料最优的指标函数可写为

$$J = \lambda_0 \frac{T_{\max}}{I_{\mathrm{sp}} g_0} \int_{t_0}^{t_\mathrm{f}} u \mathrm{d}t \tag{10-3-16}$$

开关函数可写为

$$\rho = 1 - \frac{I_{\mathrm{sp}} g_0 \|\boldsymbol{\lambda}_v\|}{\lambda_0 m} - \frac{\lambda_m}{\lambda_0} \tag{10-3-17}$$

可以看到最优控制问题关于 $[\lambda_0, \boldsymbol{\lambda}_r, \boldsymbol{\lambda}_v, \lambda_m]$ 齐次。因此，协态变量初值可归一化为

$$\sqrt{\lambda_0^2 + \boldsymbol{\lambda}_r(t_0) \cdot \boldsymbol{\lambda}_r(t_0) + \boldsymbol{\lambda}_v(t_0) \cdot \boldsymbol{\lambda}_v(t_0) + \lambda_m^2(t_0)} = 1 \tag{10-3-18}$$

综上，求解燃料最优问题共 8 个待求量为

$$z = \{\lambda_0, \boldsymbol{\lambda}_r(t_0), \boldsymbol{\lambda}_v(t_0), \lambda_m(t_0)\} \tag{10-3-19}$$

需满足 8 个打靶方程，即

$$\boldsymbol{S}(z) = \begin{Bmatrix} \boldsymbol{r}(t_\mathrm{f}) - \boldsymbol{r}_\mathrm{f} \\ \boldsymbol{v}(t_\mathrm{f}) - \boldsymbol{v}_\mathrm{f} \\ \lambda_m(t_\mathrm{f}) \\ \sqrt{\lambda_0^2 + \boldsymbol{\lambda}_r(t_0) \cdot \boldsymbol{\lambda}_r(t_0) + \boldsymbol{\lambda}_v(t_0) \cdot \boldsymbol{\lambda}_v(t_0) + \lambda_m^2(t_0)} - 1 \end{Bmatrix} = \boldsymbol{0} \tag{10-3-20}$$

### 2. 两端固定的时间最优控制

时间最优指标可表示为

$$J = \int_{t_0}^{t_\mathrm{f}} 1 \mathrm{d}t \tag{10-3-21}$$

同理，引入协态变量构建哈密顿函数为

$$H = \lambda_r \cdot \boldsymbol{v} + \lambda_v \cdot \left(-\frac{\mu}{r^3}\boldsymbol{r} + \frac{T_{\max} u}{m}\boldsymbol{\alpha}\right) - \lambda_m \frac{T_{\max}}{I_{\mathrm{sp}} g_0} u + 1 \tag{10-3-22}$$

$\|\lambda_v\|$ 求得使哈密顿函数取最小的控制率为

$$\boldsymbol{\alpha} = -\frac{\boldsymbol{\lambda}_v}{\|\boldsymbol{\lambda}_v\|}, u = 1 \tag{10-3-23}$$

该系统协态变量的导数方程和燃料最优的一致，即

$$\dot{\lambda}_r = \frac{\mu}{r^3}\lambda_v - \frac{3\mu \boldsymbol{r} \cdot \lambda_v}{r^5}\boldsymbol{r},\ \dot{\lambda}_v = -\dot{\lambda}_r, \lambda_m = -\frac{T_{\max} u}{m^2}\|\lambda_v\| \tag{10-3-24}$$

横截条件为

$$\lambda_m(t_\mathrm{f}) = 0 \tag{10-3-25}$$

终端时间自由时，哈密顿函数需满足横截条件

$$H(t_f) = \lambda(t_f) \cdot \frac{\partial x(t_f)}{\partial t_f} \tag{10-3-26}$$

同理，共 8 个待求量为

$$z = \{\lambda_r(t_0), \lambda_v(t_0), \lambda_m(t_0), t_f\} \tag{10-3-27}$$

需满足 8 个打靶方程，即

$$S(z) = \begin{Bmatrix} r(t_f) - r_f \\ v(t_f) - v_f \\ \lambda_m(t_f) \\ H(t_f) - \lambda(t_f) \cdot \dfrac{\partial x(t_f)}{\partial t_f} \end{Bmatrix} = 0 \tag{10-3-28}$$

## 10.3.3 同伦技术

燃料最优问题的控制率为 Bang-Bang 控制。Bang-Bang 控制为不连续不可导函数，积分过程数值敏感，给求解带来困难。迄今为止，求解最优 Bang-Bang 控制的方法主要是同伦方法。同伦方法利用相关参数构造出简单问题与复杂问题的联系，首先设法求解简单问题，然后通过对参数逐步迭代，最终得到原问题的解。常用的同伦方法有能量最优－燃料最优和对数同伦。

### 1. 能量最优－燃料最优

同伦指标函数：

$$J = \frac{T_{max}}{I_{sp} g_0} \int_{t_0}^{t_f} [u - \varepsilon u(1-u)] \mathrm{d}t \tag{10-3-29}$$

式中：$\varepsilon$ 为同伦函数。

此时，最优控制的开关函数为连续、不可导函数：

$$\begin{cases} u = 0, & \rho > \varepsilon \\ u = 1, & \rho < -\varepsilon \\ u = \dfrac{1}{2} - \dfrac{\rho}{2\varepsilon}, & |\rho| \leqslant \varepsilon \end{cases} \tag{10-3-30}$$

随着同伦系数从 1 迭代到 0，能量最优问题逐渐趋于燃料最优问题。

### 2. 对数同伦

1) 对数同伦－1

对数同伦指标函数：

$$J = \frac{T_{\max}}{I_{sp}g_0}\int_{t_0}^{t_f}\{u - \varepsilon\ln[u(1-u)]\}\mathrm{d}t \tag{10-3-31}$$

求解最优控制幅值，可得连续可导函数：

$$u = \frac{2\varepsilon}{\rho + 2\varepsilon + \sqrt{\rho^2 + 4\varepsilon^2}} \tag{10-3-32}$$

2) 对数同伦 -2

对数同伦指标函数：

$$J = \frac{T_{\max}}{I_{sp}g_0}\int_{t_0}^{t_f} u + \varepsilon(u\ln u + (1-u)\ln(1-u))\mathrm{d}t \tag{10-3-33}$$

求解最优控制幅值，可得连续可导函数：

$$u = (1 + \mathrm{e}^{\frac{\rho}{\varepsilon}})^{-1} \tag{10-3-34}$$

## 10.3.4　复杂电推进系统的轨道优化

在深空飞行中，太阳能电推进发动机依靠太阳能电池阵供电，电池阵能够为航天器提供的功率取决于航天器与太阳的距离[3]。航天器与太阳的距离较小时，光照充足，获得功率较大，发动机可以按照标称推力满推开机。而航天器与太阳的距离较大时，太阳电池阵不能为电推进发动机提供标称功率，推力器只能以较小的推力开机。因此，在电推进精确轨道设计中，必须引入太阳能电池阵功率对发动机推力工况的约束。

此外，大多数的小推力轨迹优化研究中假定比冲是常数。对于真实的电推进发动机来说，比冲会随输入电压产生较大范围的变化。电推进发动机通过控制输入电压来改变比冲，与输入功率共同作用进而产生不同的推力。例如，“深空”1 号任务中，NSTAR 推进系统具有大约 100 个模态，最大推力值为 20～90mN[4]。比 NSTAR 更为先进的是 NASA 的进化型氙气推进器(NEXT)。NEXT 具有约 40 个模态，每个模态对应一组最大推力值，推进剂质量流量和功率处理单元(PPU)输入功率。因此，必须进一步考虑更复杂的情况，在轨道优化模型中加入比冲的变化[5-6]。

推力可以表示成输入功率与比冲的函数，即

$$T = \frac{2\eta P}{v_{ex}}u = \frac{2\eta P}{I_{sp}g_0}u \tag{10-3-35}$$

式中：$\eta$ 为推力器效率；$P$ 为发动机功率；$u$ 为开关状态，$0 \leqslant u \leqslant 1$；$v_{ex}$为推进剂喷出速度。

考虑到功率处理单元 $\eta_P$的效率，可通过以下关系式来计算推进器功率，即

$$P = \begin{cases}\eta_P P_P^{\max}, & P_{SA} \geqslant P_L + P_P^{\max}\\ \eta_P(P_{SA} - P_L), & P_{SA} < P_L + P_P^{\max}\end{cases} \tag{10-3-36}$$

式中：$P_P^{\max}$为最大输入功率；$P_{SA}$为太阳能电池能够提供的功率；$P_L$为航天器所需的功率。

太阳能电池能够提供的功率 $P_{SA}$和航天器到太阳的距离有关，即

$$P_{\mathrm{SA}} = \frac{P_{\odot}}{r^2}\left(\frac{d_1 + d_2 r^{-1} + d_3 r^{-2}}{1 + d_4 r + d_5 r^2}\right) \tag{10-3-37}$$

式中：$r$ 为航天器与太阳之间的距离；$P_{\odot}$ 为 1AU 处太阳辐射功率；$d_i$ 为系数，$i=1$，2，3，4，5。

采用对数同伦构造燃料最优指标函数，即

$$J = 2\lambda_0 \eta \int_{t_0}^{t} \frac{Pu}{v_{\mathrm{ex}}^2}\mathrm{d}t = 2\lambda_0 \eta \int_{t_0}^{t} \left[\frac{Pu}{v_{\mathrm{ex}}^2} + \varepsilon \ln(u(1-u))\right]\mathrm{d}t \tag{10-3-38}$$

对应的哈密顿函数为

$$H = \boldsymbol{\lambda}_r \cdot \boldsymbol{v} + \boldsymbol{\lambda}_v \cdot \left(-\frac{\mu}{r^3}\boldsymbol{r} + \frac{2\eta P}{m v_{\mathrm{ex}}} u \boldsymbol{\alpha}\right) - \lambda_m \frac{2\eta P}{v_{\mathrm{ex}}^2} u + \lambda_0 \frac{2\eta P}{v_{\mathrm{ex}}^2} u - \lambda_0 \varepsilon \ln(u - u^2) \tag{10-3-39}$$

协态方程为

$$\begin{cases} \dot{\boldsymbol{\lambda}}_r = -\dfrac{\partial H}{\partial \boldsymbol{r}} = \dfrac{\mu}{r^3}\boldsymbol{\lambda}_v - \dfrac{3\mu(\boldsymbol{\lambda}_v \cdot \boldsymbol{r})}{r^5}\boldsymbol{r} \\ \qquad - 2\eta u\left(\dfrac{\lambda_0}{v_{\mathrm{ex}}^2} - \dfrac{\|\boldsymbol{\lambda}_v\|}{m v_{\mathrm{ex}}} - \dfrac{\lambda_m}{v_{\mathrm{ex}}^2}\right)\dfrac{\partial P}{\partial \boldsymbol{r}} \\ \dot{\boldsymbol{\lambda}}_v = -\dfrac{\partial H}{\partial v} = -\boldsymbol{\lambda}_r \\ \dot{\lambda}_m = -\dfrac{\partial H}{\partial m} = -\dfrac{2\eta P\|\boldsymbol{\lambda}_v\|}{m^2 v_{\mathrm{ex}}} \end{cases} \tag{10-3-40}$$

推力器输入功率相对于航天器的位置导数不连续，其表达式为

$$\frac{\partial P}{\partial \boldsymbol{r}} = \begin{cases} 0, r \leqslant r_0 \\ -\eta_{\mathrm{P}} P_{\odot} \boldsymbol{r} \dfrac{N(r)}{D(r)}, r > r_0 \end{cases} \tag{10-3-41}$$

式中

$$\begin{aligned} N(r) &= 4d_1 d_5 r^2 + (5d_1 d_5 + 3d_1 d_4) r + 6d_3 d_5 + 4d_2 d_4 + 2d_1 \\ &\quad + (5d_3 d_4 + 3d_2)/r + 4d_3/r^2 \\ D(r) &= r^4 (1 + d_4 r + d_5 r^2)^2 \end{aligned} \tag{10-3-42}$$

两端固定的交会问题，需满足打靶方程，即

$$\boldsymbol{\Phi} = [\boldsymbol{r}(t_{\mathrm{f}}) = \boldsymbol{r}_{\mathrm{f}}, \boldsymbol{v}(t_{\mathrm{f}}) = \boldsymbol{v}_{\mathrm{f}}, \lambda_m(t_{\mathrm{f}}) = 0, \|\lambda(t_0)\| = 1] \tag{10-3-43}$$

由哈密顿函数解得推力函数为

$$u^* = \frac{2\varepsilon}{\bar{\rho} + 2\varepsilon + \sqrt{\bar{\rho}^2 + 4\varepsilon^2}} \tag{10-3-44}$$

式中

$$\bar{\rho} = \frac{2\eta P}{v_{\mathrm{ex}}^2}\left(1 - \frac{v_{\mathrm{ex}}\|\boldsymbol{\lambda}_v\|}{\lambda_0 m} - \frac{\lambda_m}{\lambda_0 m}\right) \tag{10-3-45}$$

对于变比冲系统，最优比冲可由下式计算，即

$$v_{\text{ex variable}}^{*} = \begin{cases} v_{\text{ex max}}, \sigma > v_{\text{ex max}} \\ v_{\text{ex min}}, \sigma < v_{\text{ex min}} \\ \sigma, v_{\text{ex min}} \leqslant \sigma \leqslant v_{\text{ex max}} \end{cases}$$

$$\sigma = \frac{2m(\lambda_0 - \lambda_m)}{\|\boldsymbol{\lambda}_v\|} \tag{10-3-46}$$

对于双比冲系统，最优比冲则为

$$v_{\text{ex dual}}^{*} = \begin{cases} v_{\text{ex max}}, 2\sigma > (v_{\text{ex max}} + v_{\text{ex min}}) \\ v_{\text{ex min}}, 2\sigma < (v_{\text{ex max}} + v_{\text{ex min}}) \end{cases} \tag{10-3-47}$$

双比冲的不连续导致推力不连续，同理利用同伦技术对双比冲平滑处理[7]，即

$$\begin{cases} v_{\text{ex dual}} = v_{\text{ex min}} + \dfrac{2\varepsilon_{v_{\text{ex}}}}{\theta + 2\varepsilon_{v_{\text{ex}}} + \sqrt{\theta + 4\varepsilon_{v_{\text{ex}}}^2}}(v_{\text{ex max}} - v_{\text{ex min}}) \\ \theta = \dfrac{v_{\text{ex max}} + v_{\text{ex min}}}{2} - \sigma \end{cases} \tag{10-3-48}$$

式中：$\varepsilon_{v_{\text{ex}}}$为比冲同伦系数。

## 10.4 小天体不规则引力场动力学

小行星不规则引力场极为复杂且差别较大，探测器在小行星附近的运动控制仍是亟待解决的技术难点，也是开展小行星探测活动必须面对的挑战。目前，地面观测还无法提供小行星的准确信息，包括运动状态、外形及引力场数据等，探测器只能在接近小行星的同时进行测量和校准，获取更为精确的引力场数据。实际上，每次临近操作都存在着因参数估计不准确而导致任务失败的巨大风险，即撞向小行星表面或飞离目标引力场等。因此，深入研究小行星地貌地质特性和了解小行星引力场分布对于近距离航天探测及着陆采样等活动格外重要。另外，太阳系内小天体系统(如双星系统、多星系统)的形成和演化，甚至小天体自身形状、结构和表面性质的演化，都与其周围的轨道运动规律有关，研究小天体附近的轨道力学问题，有助于理解这些天文现象的成因，揭示太阳系演化的内在动力学机制。

### 10.4.1 不规则引力场建模

不规则引力场导致小行星附近和表面的动力学环境变得异常复杂。选择合适的不规则引力场模型是研究小行星附近轨道控制的前提和保证。假设小天体自转角速度为 $\boldsymbol{\omega}$，将航天器视为质点，在小天体的本体旋转坐标系中的轨道动力学方程为

$$\ddot{\boldsymbol{r}} + 2\boldsymbol{\omega} \times \dot{\boldsymbol{r}} + \boldsymbol{\omega} \times (\boldsymbol{\omega} \times \boldsymbol{r}) + \dot{\boldsymbol{\omega}} \times \boldsymbol{r} = -\nabla U(\boldsymbol{r}) + \sum_{i=1}^{N} \boldsymbol{a}_{\mathrm{P}i} + \boldsymbol{a}_{\mathrm{SRP}} \tag{10-4-1}$$

式中：$U(\boldsymbol{r})$为小天体的引力势；$\boldsymbol{a}_{\mathrm{P}i}$为第 $i$ 个天体的引力摄动；$\boldsymbol{a}_{\mathrm{SRP}}$为太阳光压摄动。

忽略摄动力及小天体自旋角速度的变化，方程可简化为

$$\ddot{\boldsymbol{r}} + 2\boldsymbol{\omega} \times \dot{\boldsymbol{r}} + \boldsymbol{\omega} \times (\boldsymbol{\omega} \times \boldsymbol{r}) = -\nabla U(\boldsymbol{r}) \tag{10-4-2}$$

主要难点是描述小行星的不规则引力场。小行星引力场模型主要有级数展开、质点群法、多面体法和简单特殊体法。这里介绍常用的级数展开和多面体法。通常在距离小天体较远的绕飞、悬停时采用计算效率较高的级数展开法，而在小天体表面运动及着陆接触段采用精度较高的多面体法。

### 1. 级数展开法

级数展开法目前包含球谐函数与椭球谐函数展开两类，如图 10－4－1 所示。人们起初尝试将球谐函数法应用于不规则引力场建模，因为该方法是描述任意天体引力场的经典方法，即在中心引力项的基础上叠加系列球面调和函数来描述中心天体引力场的非球形摄动。常用的二阶二次引力势函数为

$$U = \frac{\mu}{r} - \frac{\mu}{2r^5}C_{20}(x^2 + y^2 - z^2) + \frac{3\mu}{r^5}C_{22}(x^2 - y^2) \tag{10-4-3}$$

引力的分量形式可用引力势函数相对坐标的偏导数计算，即

$$\begin{cases} f_x = \dfrac{\partial U}{\partial x} = -\dfrac{\mu}{r^3}x - \dfrac{\mu}{r^5}C_{20}x + \dfrac{5\mu}{2r^7}C_{20}x(x^2 + y^2 - 2z^2) \\ \quad + \dfrac{6\mu}{r^5}C_{22}x - \dfrac{15\mu}{r^7}C_{22}x(x^2 - y^2) \\ f_y = \dfrac{\partial U}{\partial y} = -\dfrac{\mu}{r^3}y - \dfrac{\mu}{r^5}C_{20}y + \dfrac{5\mu}{2r^7}C_{20}y(x^2 + y^2 - 2z^2) \\ \quad - \dfrac{6\mu}{r^5}C_{22}y - \dfrac{15\mu}{r^7}C_{22}y(x^2 - y^2) \\ f_z = \dfrac{\partial U}{\partial z} = -\dfrac{\mu}{r^3}z + \dfrac{2\mu}{r^5}C_{20}z + \dfrac{5\mu}{2r^7}C_{20}z(x^2 + y^2 - 2z^2) \\ \quad - \dfrac{15\mu}{r^7}C_{22}z(x^2 - y^2) \end{cases} \tag{10-4-4}$$

球谐函数法是经典的非球形引力场建模方法，其优点是引力场解析，计算效率高；缺点是在小行星外接球范围之内难以收敛，无法精确描述小行星表面附近区域的动力学。椭球谐函数法是球谐函数法的一种改进，可以显著增加收敛域。但椭球谐函数法仍存在球谐系数法类似的缺陷，即收敛速度随着相对参考椭球边界距离减小而迅速下降。对于大多数小天体而言，其准确外形并不清楚，对这类只有基本尺寸的小天体进行研究时，往往把它们视为质量均匀的三轴椭球体，推导引力和引力势的解析表达式。因此，在距小行星表面较远的区域，制导与控制可采用(椭)球谐函数法。

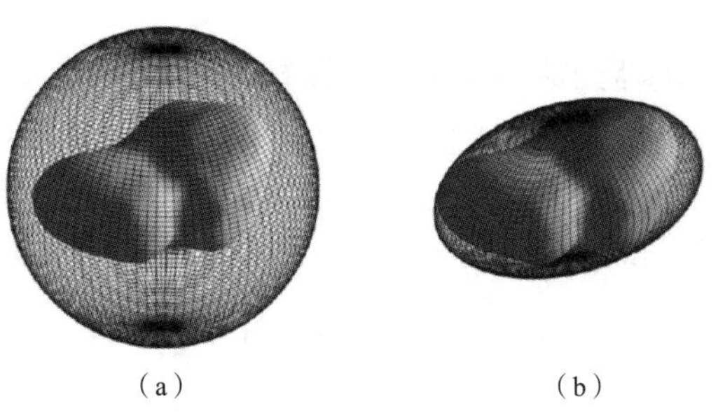

（a） （b）

图10-4-1 球谐函数和椭球谐函数

## 2. 多面体法

多面体法通过将小行星划分成有限个多面体进行建模，可以得到小行星引力势及其导数的解析表达式。由于多面体方法可以精确描述小行星附近的引力场，因此在小行星附近的制导与控制的研究中也得到了广泛应用[3]。

对于一个密度均匀、形状不规则的小行星，其密度记为$\sigma$。在本体坐标系中，假设探测器位于$S(x, y, z)$点，在小行星多面体中取体积微元$dV$，则在$S$点的引力势能$U$可以写成体积分的形式，即

$$U = G\sigma\iiint_V \frac{1}{r}dV \tag{10-4-5}$$

式中：积分号下的$V$表示体积分；$G$为万有引力常量；$r$为从探测器到体积微元的矢径大小，$r = \|\boldsymbol{r}\|$。

利用高斯散度定理，将式(10-4-5)转化为多面体各侧面上的面积分求和形式，即

$$U = \frac{1}{2}G\sigma\sum_f \hat{\boldsymbol{n}}_f \cdot \boldsymbol{r}_f\iint_f \frac{1}{r}dA \tag{10-4-6}$$

式中：$dA$为侧面上的面积微元；积分号下的$f$表示对表面积分，求和号下的$f$表示对各个面求和；$\hat{\boldsymbol{n}}_f$为多面体侧面的单位外法向矢量；$\boldsymbol{r}_f$为探测器到侧面$f$任意点的矢量。

再由格林公式，式(10-4-6)中的面积分可进一步转化为多面体侧面$f$周边$C$的线积分，那么引力势函数的表达式为

$$U = \frac{1}{2}G\sigma\sum_e L_e \boldsymbol{r}_e^{\mathrm{T}}\boldsymbol{E}_e\boldsymbol{r}_e - \frac{1}{2}G\sigma\sum_f \omega_f \boldsymbol{r}_f^{\mathrm{T}}\boldsymbol{F}_f\boldsymbol{r}_f \tag{10-4-7}$$

式中：求和号下$e$表示对多面体的所有棱边求和；$\boldsymbol{r}_e$为从探测器指向棱边上任意一点的矢径；$L_e$为棱边线积分项；$E_e$为每条棱边及其所属侧面位置关系的二阶张量；$\omega_f$为每个侧面的固体角；$\boldsymbol{F}_f$为侧面外法向单位矢量的二阶张量。各项的计算公式为

$$\begin{cases} L_e = \ln\left(\dfrac{a+b+e}{a+b-e}\right) \\ E_e = \hat{\boldsymbol{n}}_1(\hat{\boldsymbol{n}}_{12}^1)^{\mathrm{T}} + \hat{\boldsymbol{n}}_2(\hat{\boldsymbol{n}}_{21}^2)^{\mathrm{T}} \\ F_f = \hat{\boldsymbol{n}}_f(\hat{\boldsymbol{n}}_f)^{\mathrm{T}} \\ \omega_f = 2\arctan\dfrac{\hat{\boldsymbol{r}}_1 \cdot (\hat{\boldsymbol{r}}_2 \times \hat{\boldsymbol{r}}_3)}{1 + \hat{\boldsymbol{r}}_1 \times \hat{\boldsymbol{r}}_2 + \hat{\boldsymbol{r}}_2 \times \hat{\boldsymbol{r}}_3 + \hat{\boldsymbol{r}}_3 \times \hat{\boldsymbol{r}}_1} \end{cases} \tag{10-4-8}$$

其中：$a$、$b$ 和 $e$ 分别为探测器到棱边两端点的距离和棱长；$\hat{\boldsymbol{r}}_1$、$\hat{\boldsymbol{r}}_2$ 和 $\hat{\boldsymbol{r}}_3$ 分别为探测器到三角形侧面三个顶点方向的单位矢量；上标 1 和 2 表示两个相邻侧面；$\hat{\boldsymbol{n}}_{12}^1$、$\hat{\boldsymbol{n}}_{21}^2$ 表示相邻侧面的公共棱边分别在两个面内的外法线方向单位矢量。

引力势能确定后，求梯度得到探测器所受到的不规则小行星多面体的引力为

$$\nabla U = -G\sigma \sum_e L_e \boldsymbol{E}_e \boldsymbol{r}_e + G\sigma \sum_f \omega_f \boldsymbol{F}_f \boldsymbol{r}_f \tag{10-4-9}$$

多面体法的不足之处是：均匀密度假设，较真实小天体存在一定偏差；对于精细的小行星表面模型，该方法计算量很大；特别是在距离小行星较远的位置，与级数展开法相比，多面体法效率较低。

## 10.4.2　引力平衡点

拉格朗日点是指小天体和太阳组成系统中的引力平衡点，通常包括三个共线平动点和两个三角平动点。引力场内平衡点特指小天体引力与自转离心力相平衡的位置，即小天体有效势函数梯度的零点。

有效势能定义为

$$V(r) = -\frac{1}{2}(\boldsymbol{\omega} \times \boldsymbol{r}) \cdot (\boldsymbol{\omega} \times \boldsymbol{r}) + U \tag{10-4-10}$$

因而，运动方程为

$$\ddot{\boldsymbol{r}} + 2\boldsymbol{\omega} \times \dot{\boldsymbol{r}} + \dot{\boldsymbol{\omega}} \times \boldsymbol{r} + \frac{\partial V(\boldsymbol{r})}{\partial \boldsymbol{r}} = 0 \tag{10-4-11}$$

忽略其他摄动力和小天体自转角速度变化，在小天体的本体坐标系下平衡点满足

$$\frac{\partial V(x,y,z)}{\partial x} = \frac{\partial V(x,y,z)}{\partial y} = \frac{\partial V(x,y,z)}{\partial z} = 0 \tag{10-4-12}$$

由于小天体的形状不规则，引力平衡点一般是有限个孤立点。细长形小行星 216 Kleopatra、951 Gaspra、1620 Geographos、1996 HW1、2063 Bacchus 和 25143 Itokawa 均具有两个位于 $x$ 轴上的平衡点。对于多面体模型来说，由于小行星的形状并非完全对称，因此这类平衡点的位置并非恰好处于 $x$ 轴。如图 10-4-2 所示，小行星 Betulia 在赤道面附近有 6 个平衡点。

在平衡点 $(x_L, y_L, z_L)$ 处对动力学方程线性化，将扰动量 $(x,y,z)$ 写成标量的形式，即

$$\begin{cases} \ddot{x} - 2\omega\dot{y} + V_{xx}x + V_{xy}y + V_{xz}z = 0 \\ \ddot{y} + 2\omega\dot{x} + V_{xy}x + V_{yy}y + V_{yz}z = 0 \\ \ddot{z} + V_{xz}x + V_{yz}y + V_{zz}z = 0 \end{cases} \tag{10-4-13}$$

可得其特征方程为

$$\begin{vmatrix} \lambda^2 + V_{xx} & -2\omega\lambda + V_{xy} & V_{xz} \\ 2\omega\lambda + V_{xy} & \lambda^2 + V_{yy} & V_{yz} \\ V_{xz} & V_{yz} & \lambda^2 + V_{zz} \end{vmatrix} = 0 \tag{10-4-14}$$

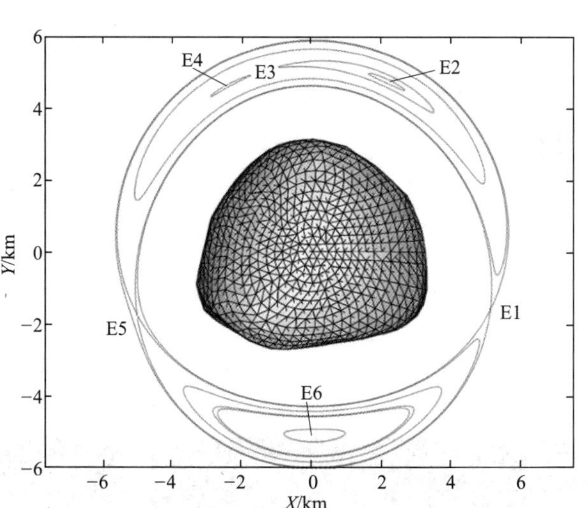

图 10－4－2　小行星 Betulia 的平衡点

通过特征根的值可以判断平衡点的稳定性：如果特征值存在正实数部分，则平衡点是不稳定的。

在小天体形状和自转速度一定的情况下，随着小天体的密度增大，平衡点逐渐远离小天体。通常而言，在不施加控制的情况下，在小天体的平衡点长期保持是不可能的任务。因为大部分平衡点是不稳定的，且其发散时间相对于小天体的自转周期而言很短。

假设小天体的自旋角速度不变，则存在雅可比常数，即

$$\boldsymbol{J}=\frac{1}{2}v^2+\frac{1}{2}(\boldsymbol{\omega}\times\boldsymbol{r})\cdot(\boldsymbol{\omega}\times\boldsymbol{r})-U \tag{10-4-15}$$

由雅可比常数 $C$ 可以确定可达范围，即

$$-V(r)\leqslant C \tag{10-4-16}$$

满足式(10－4－16)的区域即雅可比常数 $C$ 的轨道的可达区域。该区域的边界也就是零速度面。

### 10.4.3　周期轨道

小天体附近的周期轨道大致可以分为平衡点附近的 Lissajous 轨道和大范围的周期轨道两类。图 10－4－3 是小行星 216 Kleopatra 平衡点 EP1 附近三维 Lissajous 轨道[8]。平衡点附近的 Lissajous 轨道可由线性化后的运动方程求解，多为不稳定流形。

小行星附近自然周期轨道数值求解通常借助庞加莱截面降维并利用状态转移矩阵进行微分修正。周期轨道随着雅可比常数的变化，一般在空间中稠密连续存在[9]，如图 10－4－4 所示。然而，当小天体翻滚时，周期轨道不再连续，平衡点消失，只能找到轨道周期与小天体翻滚周期匹配的孤立的周期轨道，如图 10－4－5 所示。

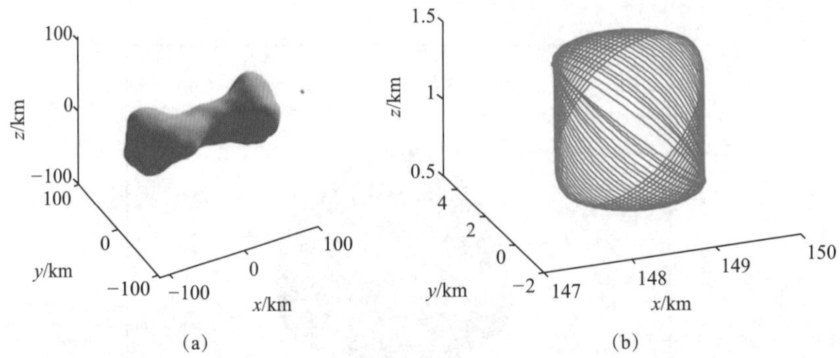


图10-4-3　小行星216 Kleopatra平衡点EP1附近三维轨道

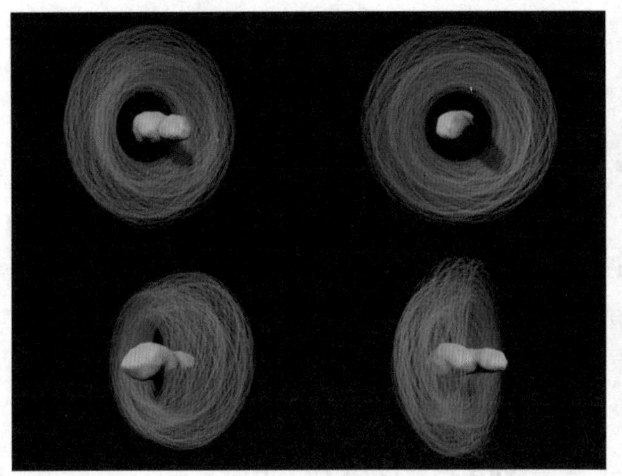

图10-4-4　Toutatis附近的周期轨道（正常自转）

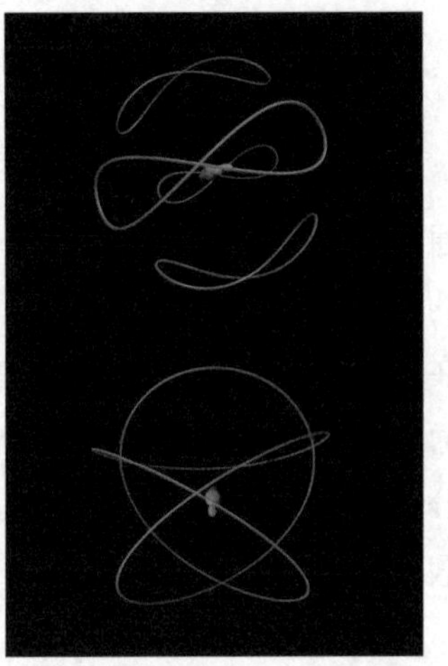

图10-4-5　Toutatis翻滚时的周期轨道（翻滚时）

由于小天体的引力场为非中心引力场，航天器围绕小天体飞行时轨道能量并不守恒。小天体的转动动能与航天器的轨道能量之间存在交换。

能量增加时，可能出现轨道偏心率增加；环绕轨道变为逃逸轨道；双曲线轨道以更大的速度逃逸三种情况。在对赤道面内轨道的研究中，有学者发现大多数小天体的同步轨道和顺行轨道能量不稳定，最终都会逃逸或者坠落。逆行轨道则大多是稳定的，在实际任务时间内轨道形状不存在大的变化。

## 10.5　小天体的临近操作

### 10.5.1　悬停

航天器在小天体的惯性系悬停应用包括分析小天体的形状、引力场等，用作保持轨道以进一步机动或进行一些小行星偏转操作。本体系悬停是指航天器与小行星表面特定区域保持相对静止，对小天体表面某一特定区域开展高精度测绘及采样探测等。本体悬停轨道通常是着陆采样任务的前提。据估算，探测器在等效半径 100m、密度 $2\mathrm{g/cm^3}$ 的小行星表面附近悬停一天需要 4.8m/s 的速度增量，在等效半径 10km 的小行星附近悬停需要 480m/s 的速度增量。因而，在尺寸较小的小行星附近悬停探测较为实际。例如，“糸川”小行星的等效半径约为 160m，“隼鸟”号探测器采用悬停飞行来完成采样任务。小行星 Eros 的等效半径约为 8.4km，因而“尼尔 - 舒梅克”号任务中并未采用悬停方式。

在小天体观测任务中，会选定几个悬停高度，获得不同精度和不同范围的小天体信息。在悬停、机动控制过程中，若采用地球发送指令的形式，则要求悬停位置位于小天体与地球的连线上保障通信。如图 10 - 5 - 1 所示，在“隼鸟”2 号任务中悬停采用的坐标系[10]。坐标系原点位于小天体质心，$Z$ 轴由质心指向地球，$Y$ 轴为 $Z$ 轴与小天体 - 太阳方向的叉乘，$X$ 轴构成右手系。悬停探测时，航天器位于 $Z$ 轴上，且保持航天器本体系 $Z$ 轴与悬停坐标系 $Z$ 轴平行。

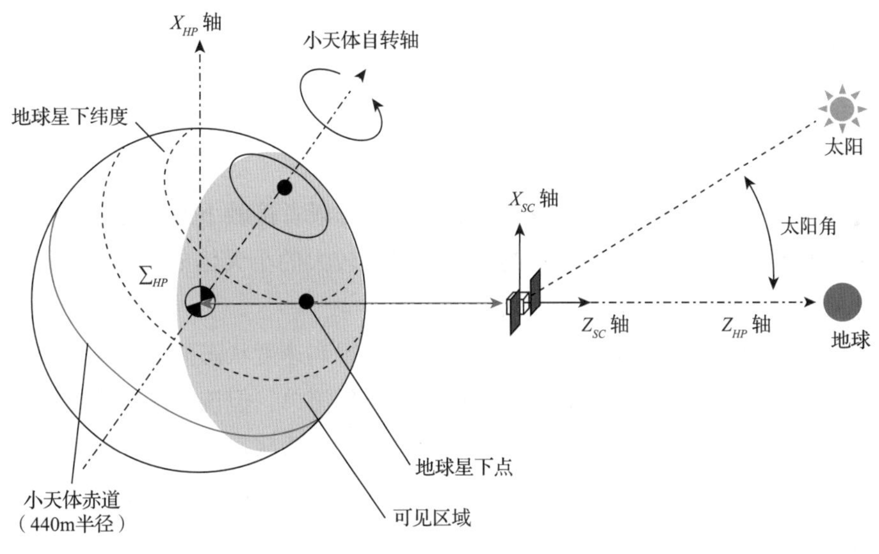


图 10 - 5 - 1　原位坐标系

航天器可采用 LIDAR 测量 $Z$ 轴方向的相对位置和速度，采用广角照相机获得 $X$、$Y$ 轴方向的相对位置。悬停机动一般采用推力较大的化学推进进行控制。控制方法对鲁棒性有一定的要求，常用的有比例、积分、微分(PID)控制和滑模控制。当航天器与地球之间的距离较大，通信延迟不足以满足控制要求时，需要航天器自主控制。利用强化学习实现航天器的自主控制是当前的研究热点。这里简单介绍滑模控制方法[11]。

定义滑模面：

$$\boldsymbol{s} = \boldsymbol{r} - \boldsymbol{r}_{\mathrm{d}} \tag{10-5-1}$$

式中：$\boldsymbol{r}_{\mathrm{d}}$ 为航天器的目标位置。

取 $\boldsymbol{s}$ 的导数为

$$\dot{\boldsymbol{s}} = \dot{\boldsymbol{r}} - \boldsymbol{v}_{\mathrm{d}} \tag{10-5-2}$$

悬停点的目标速度和目标加速度为0，即可得其二阶导数为

$$\ddot{s} = \dot{v} = -2\boldsymbol{\omega} \times \boldsymbol{v} - \boldsymbol{\omega} \times \boldsymbol{\omega} \times \boldsymbol{r} + \frac{\partial U}{\partial \boldsymbol{r}} + \boldsymbol{a}_c + \boldsymbol{a}_p$$
$$= \boldsymbol{h}(\boldsymbol{r},\boldsymbol{v}) + \boldsymbol{a}_c \tag{10-5-3}$$

将干扰量 $h(\boldsymbol{r})$ 的上界定义为 $D$，有

$$|h_i(\boldsymbol{r},\boldsymbol{v})| \leqslant D_i \tag{10-5-4}$$

代入滑模面方程有

$$\ddot{s}_i \in [-D_i, D_i] + a_{ci}, i = 1,2,3 \tag{10-5-5}$$

取控制量为

$$a_{ci} = A_i \mathrm{sgn}(\dot{s}_i + B_i |s_i|^{1/2} \mathrm{sgn}(s_i)) \tag{10-5-6}$$

可以证明满足

$$A_i - D_i \geqslant \frac{1}{2} B_i^2 \tag{10-5-7}$$

时，系统稳定可控。

### 10.5.2 着陆与附着

要进行小天体表面漫游、采样等操作，就必须着陆或者接触小天体表面。小天体的引力较小，着陆的相对速度过大，航天器容易逃逸。尺寸较大的小天体如 Eros433 可采用着陆的方法，尺寸较小的天体常采用附着的方式。

小行星着陆制导律的一种常见方法：通过初末位置和速度状态拟合三次多项式获得着陆过程中所需的加速度。该方法优点是制导律解析、应用简单，但该方法在设计制导律的过程中无法考虑状态量和控制的过程约束，而通过轨迹优化方法获得着陆最优制导律可以考虑过程约束。小行星着陆最优制导研究方法包括直接法和间接法。由于凸优化方法可以保证收敛性及全局最优性，在小行星表面着陆轨迹优化中也得到了应用[12]。

小行星表面着陆最优轨迹求解得到的控制律为开环控制。为了保证探测器在存在受扰情形下完成着陆任务，国内外学者对小行星表面着陆的闭环控制开展了大量的研究[13]。显式反馈闭环控制无须提前设计参考轨迹，具有形式简单、计算量小、易于在线应用的优点，但满足约束和性能优化方面不及参考轨迹方法。着陆闭环控制研究更多是基于连续推力机动方式展开的，可以分为轨迹跟踪控制和无标称轨迹的制导控制。轨迹跟踪控制往往采用多项式方法或者轨迹优化方法设计标称着陆轨迹，然后采用闭环控制方法跟踪标称着陆轨迹。

除了受控下降着陆小行星表面的方式外，还有一种着陆方式是初始释放后无控制下降即零控制着陆。在 Hayabusa 任务中，信标的着陆就可以认为是零控制着陆。零控制着陆时，航天器与小天体的距离较小，着陆器与航天器分离，自由落体着陆至小天体表面。

## 10.6 近地小天体偏转与重定向

行星防御是指通过对近地小天体施加速度增量使其轨道发生偏转，使其比原轨道更早或更晚与地球轨道相交，从而阻止小天体与地球相撞。一般而言，早期开始防御需要较少的速度增量，早期的精密轨道确定也是减少改变轨道所需速度增量的关键。

若速度脉冲为缓慢作用则定义为重定向，而脉冲作用定义为偏转。缓慢作用主要有引力牵引、离子束推进、质量驱动等。脉冲作用主要有动能撞击、核爆炸。不同的方法在燃料需求、任务时间、系统质量以及成本等方面有其自身的优点和缺点。用于离轨、移除轨道碎片的技术也推动了小行星偏转/重定向技术的发展。

近地小天体偏转/重定向的技术途径如表10－6－1所列。

**表10－6－1　近地小天体偏转/重定向的技术途径**

| 技术途径名称 | 小行星尺寸 | 预警所需时间 | 与小行星接触情况 | 技术成熟度 |
|---|---|---|---|---|
| 核爆 | 大尺寸/小尺寸 | 时间短 | 接触/非接触 | 7～8 |
| 动能撞击 | 大尺寸/小尺寸 | 时间长 | 接触 | 9 |
| 引力牵引 | 小尺寸 | 时间长 | 非接触 | 5～6 |
| 激光驱动 | 大尺寸/小尺寸 | 时间长 | 非接触 | 4～5 |
| 拖船 | 小尺寸 | 时间长 | 接触 | 4～5 |
| 太阳光压 | 小尺寸 | 时间长 | 非接触 | 3～4 |
| 质量驱动 | 大尺寸 | 时间长 | 接触 | 3～4 |
| 离子束牵引 | 小尺寸 | 时间长 | 非接触 | 5～6 |

### 10.6.1　动能撞击

动能撞击是指使用航天器或部署在轨道上的撞击器与近地小行星高速碰撞（通常大于5km/s），实现小行星的轨道偏转。

假设航天器沿小行星的质心连线方向与小行星相撞，将航天器的动量$p_i=m_iv_i$传递给小行星，则小行星的平移速度的变化为

$$\Delta v_a=\frac{m_iv_i}{m_a+m_i} \tag{10-6-1}$$

若小行星材料以超过小行星引力场的逃逸速度被弹出，则小行星将获得额外的动量。喷射物对动量传递的累加效应可表示为

$$m_a\Delta v_a=m_iv_i+m_{ej}v_{ej}=\beta m_iv_i \tag{10-6-2}$$

式中：$\beta$ 为喷射物对撞击效益的增量因子，取决于目标的材料特性、目标的自转状态和撞击速度。不同的碰撞情况下，$\beta$ 值不同。偏心撞击不仅会造成一定的动量损失，而且产生的力矩会改变小行星的自转状态，进而影响碰撞喷射物的动量。

动能撞击的优点是：技术简单；成熟度高；无须长期的轨道操作；作用效果明显。主要缺点是：需要目标的准确的天体质量、尺寸、密度、速度特性；对多孔型小行星不适用；对火箭运载能力要求高；对轨道精准度要求高；有效性随着小行星尺寸的增大而减小。

## 10.6.2 引力牵引

最初的引力牵引是指航天器悬停在小行星的一侧，通过相互的引力驱动小行星，如图 10－6－1 所示。引力牵引方法的主要缺点是需要相对位置保持控制，优点是偏转精度较高。为防止推力器羽流撞击在小行星表面，利用两个推进器为航天器提供悬停控制力，但这样会造成推进器的推力损失。

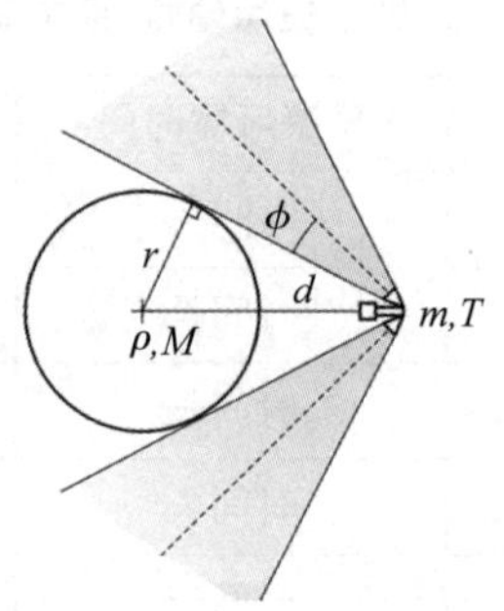


图 10－6－1 引力牵引模式一

为避免因倾斜推进器而引起的推力损失，将单个或多个航天器置于晕轨道，可有效防止推进器羽流撞击近地小行星，如图 10－6－2 所示。

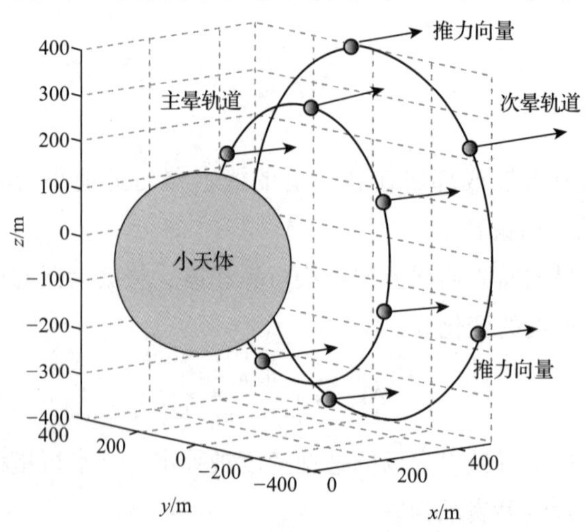


图 10－6－2 晕轨道上的引力牵引

引力牵引的优点如下：

(1) 只需要小行星质量特性；

(2) 不需要考虑小行星的组成、转动、形貌等特征；

(3) 不需要航天器在小行星表面着陆。

引力牵引的缺点如下：

(1) 需要大质量的航天器，对运载要求较高；

(2) 理论上需要航天器与小行星距离越小越好，与小行星碰撞的可能性大；

(3) 对航天器长时间位置姿态控制要求高。

### 10.6.3　离子束牵引

离子束牵引是指利用离子推进器的高速羽流推动目标物体，改变目标的速度(图 10 -6 -3)。该方法也可用来清除空间碎片。

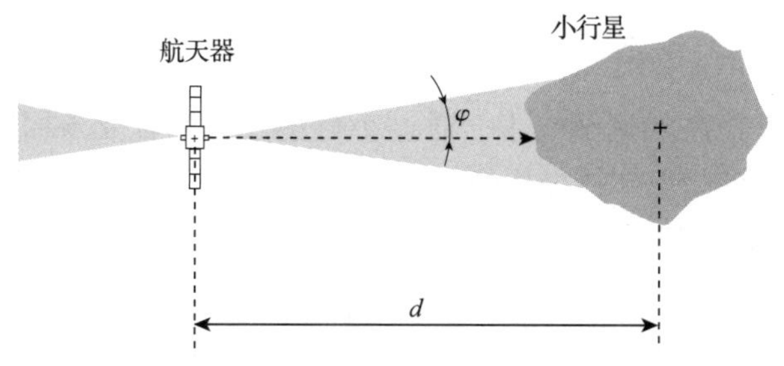


图 10 -6 -3　离子束小行星偏转方法示意

为确保离子全部撞击到行星表面，航天器与小行星的最大距离近似为

$$d_{\max} \approx \frac{s}{2\sin\varphi} \tag{10-6-3}$$

式中：s 为小行星的直径；$\varphi$ 为离子束的发射角。

假设小行星为密度 $\rho$、直径 $d_{\text{ast}}$ 的球形，在 $\Delta t$ 时间内改变小行星速度 $\Delta V$ 所需的推力为

$$F_{\text{th}} = 2\frac{\Delta V}{\Delta t} \times \frac{4}{3}\rho\pi\left(\frac{d_{\text{ast}}}{2}\right)^3 \tag{10-6-4}$$

消耗的推进剂为

$$m_{\text{fuel}} = \frac{F_{\text{th}}\Delta t}{v_{\text{E}}} \tag{10-6-5}$$

式中：$v_{\text{E}}$ 为喷气速度，$v_{\text{E}} = I_{\text{sp}}g_0$。

目前，能够达到偏转效果的高能离子推进器是直径 65cm 的 NEXIS 离子推进器，如图 10 -6 -4 所示。当输入功率为 20kW 时，能够产生 446mN 的推力，具有 7050s 的比冲。

离子束牵引的主要优点如下：

(1) 与引力牵引技术相比，在航天器质量较小的情况下可对小行星产生更大的作用效果；

(2) 航天器可距离小行星较远，避免同小行星发生碰撞；

(3)不受小行星外形材质等因素影响。

离子束牵引的主要缺点是离子的积累可能会使行星表面的尘土飞扬，造成推进器和太阳能电池板的污染。

（a）（b）

图10-6-4 NEXIS离子推进器及其产生的小发散角离子束

## 10.6.4 核爆炸

核爆炸是质量效率最高的偏转技术，通过小行星表面或者亚表面的核爆炸施加速度增量，适用于预警时间短的情况。核爆炸的优点如下：

(1)无须长期的轨道操作；

(2)最高的有效能量密度；

(3)较高的动量传递性能；

(4)当前技术水平下可行；

(5)唯一可应对短预警时间、大尺寸小天体的技术。

核爆炸的主要缺点如下：

(1)爆炸产生的碎片依然可能威胁地球；

(2)考虑发射可能失败，需要在运载中进行特殊的防护；

(3)对小行星的物理特性敏感；

(4)空间核设施引发政治及安全问题。

## 10.6.5 拖船

拖船是指一个或多个航天器着陆在小行星上，使用推进器推动近地小行星。拖船方法的主要优点如下：

(1)机动灵活，可部署于月球、地球低轨、地球同步轨道或者日地拉格朗日点；

(2)可长期远距离作用，避免航天器同小天体发生碰撞；

(3)能量获取近似无限同比引力拖车等非接触技术，可产生较大的作用力。

拖船方法的主要缺点是推力器的推力方向一致且经过小行星的质心才能保证效率和精度。小行星的形状不规则和自旋都会给拖船方法带来误差。

### 10.6.6　烧蚀与升华

烧蚀与升华的原理是利用高能量(太阳能或激光)长时间聚焦于小行星表面的一小块区域，温度足够高时小行星表面材料将以逃逸速度消融或升华。材料升华产生的动量可以重定向小行星。烧蚀/升华技术的一个缺点是对小行星材质的限制。烧蚀/升华技术的另一个缺点是在旋转的小行星的情况下，航天器难以保持激光焦距和光斑位置的控制。

## 10.7　近地小天体资源开采

开展小天体资源勘探，可以弥补地球资源的短缺、占据高技术工业的优势地位，以及支持空间轨道站、月球基地等空间设施的建设，并开拓更为广阔的太空经济圈。

小天体上蕴藏的资源极具开发价值，图 10－7－1 汇总了其资源概况及主要应用。小天体采矿可分为金属采矿、水资源利用、生物资源采集[14]。人类已经在近地 M 型小行星中识别出了高品位的金和铂族金属元素矿藏。陨石类 C 型小行星富含大量挥发性物质，包括水、氢和氧等，十分具有科学意义，同时可以作为人类空间探测的能源补给站，为未来深空探测任务提供水、氢和氧等补给。普通的陨石类 S 型小行星主要成分是硅酸盐，可作为太空建造和防护的主要原材料。

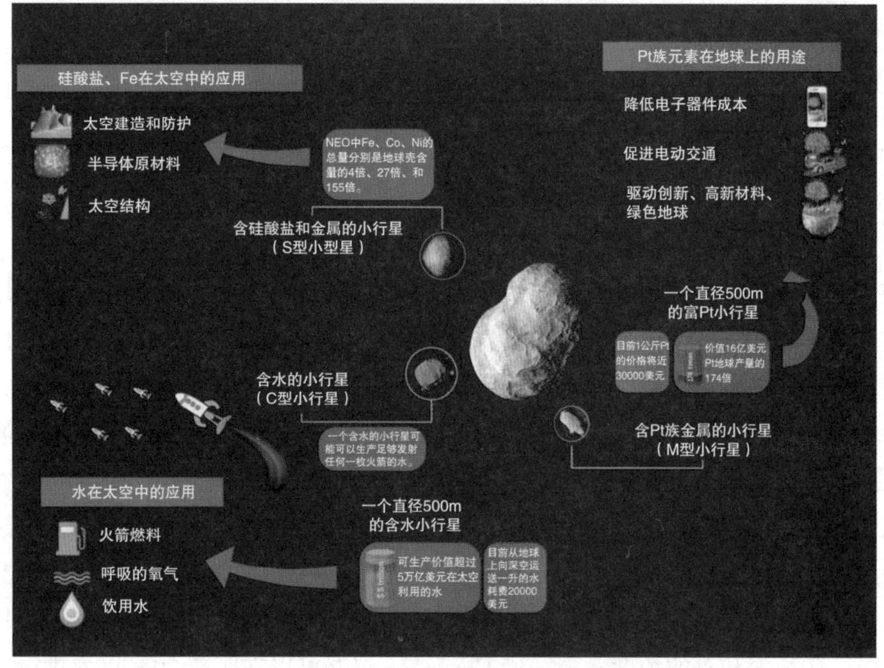


图 10－7－1　小天体的资源及其主要应用

### 10.7.1 小天体开采阶段

近地小天体中有水、铂族金属和块状硅酸盐三个主要目标资源。

水是小天体采矿的第一种资源，主要用作燃料，并用于生命维持系统。水用来维持生命，可以直接饮用，也可以电解产生氧气以供呼吸。水作为航天器的燃料，通过电解水产生氢气和氧气，经过燃烧反应产生推力。DSI 公司开发了用于“立方体”卫星的 Comet－1 推进器，该推进器使用水作为推进剂，并预计将来用于 LEO 加油。绳系无限公司开发了用于纳米卫星和微卫星的 HYDROS 推进器，该推进器能在超过 310s 的比冲下产生超过 1.5N 的推力。电解 1mol 水至少需要 237kJ 电能。在日地系统 L1 点处，太阳辐射能量为 $1400W/m^2$。假设太阳能电池效率为 40%，采用 $100m^2$ 的太阳帆 5500s 即可以电解 $10^4$mol 的水。

块状硅酸盐可以提供辐射防护，也可以用于空间制造、建造那些无法从地球直接发射的大型结构。

铂族金属最有可能被出售给地球上的客户，其开采难度最大。

小天体开采阶段如表 10－7－1 所列。

**表 10－7－1 小天体开采阶段**

| 阶段 | 定义 |
|---|---|
| 勘探 | 扫描，探测，表征小行星以确定目标材料的数量和位置 |
| 挖掘 | 从小行星上得到目标材料 |
| 处理 | 将挖掘的原始材料转化为精制所需的形状或形式 |
| 精制 | 从经过处理的小行星材料中提取重要物质 |
| 储存 | 将提取的物质变成稳定、可用、可转移存储的形式 |

#### 1. 勘探

勘探定义为寻找矿产资源。通过将近地小天体的光学和红外图像与陨石样品和地球资源进行比较来估计表面成分，但是风化和碰撞可能会改变物体表面的成分。X 射线和伽马射线光谱仪可用于确定许多化学物质的存在，但是要得到精确的模型，必须对表面下的材料进行采样。一般利用携带传感器和采样器的着陆器着陆 NEA 并进行科学研究，如菲莱着陆器（Philae Lander）计划。确定地下成分的另一种方法是撞击小行星并研究其撞击坑。“隼鸟”飞行任务以 300m/s 的速度撞击了“糸川”小行星表面，并从撞击中捕获了约 1500 粒颗粒。

X 射线和伽马射线光谱仪都存在空间分辨率低以及热效应的问题。激光诱导击穿光谱（Laser-Induced Breakdown Spectroscopy，LIBS）可以规避这些问题，并在“好奇”号上用来研究火星表面氢、碳、氮和氧的浓度。下一代 ChemCam 仪器可以在距离 10m 以内进行采样，远程 LIBS 将成为非常有效的勘探工具。

### 2. 开采

对于碎石堆小行星，可以采取刨的方式，使用铲子或螺旋钻将材料从表面刮下。金属含量高的小行星可能被疏松的颗粒覆盖，可以通过磁铁收集。对于含有水合矿物质的小行星，如碳质球粒陨石，只需加热即可提取水和其他挥发物。不同类型的小天体的开采方法如表 10－7－2所列。

**表 10－7－2　不同类型小天体的开采方法**

| 小行星类型 | 采集方法 | 提炼方法 |
|---|---|---|
| 水合化合物、碳质 | 加热，蒸馏 | 相分离 |
| 松散岩石 | 爆破，刨 | 机械、化学分离 |
| 坚硬岩石 | 爆破，切割 | 机械、化学分离 |
| 金属 | 爆破，磁铁收集，刨 | 机械、化学、融化分离 |

进行金属开采所需的技术仍在开发中，但关于如何在零重力环境中提取矿物有很多想法，例如，将一种类似于吹雪机的设备锚定在地面上，该设备通过使用旋转刀片将松散的碎石扔到太空中，并用高强度的袋子收集材料，如图 10－7－2 所示。

图 10－7－2　开采金属概念图

提取水的一种方法是加热小行星，捕获蒸汽并蒸馏，如图 10－7－3 所示。

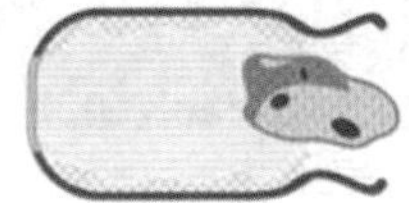

图 10－7－3　开采水概念图

## 10.7.2　采矿取回轨道

小天体采矿的关键是建立可重复、可持续的采矿体系，从而创造比地球采矿更高的经济价值。小天体资源开采主要涉及以下关键技术：

(1)遥感技术：确定小天体的地质、形状、运动状态及引力场参数。

(2)资源采集利用技术：根据小天体的资源类型，原位利用或收集转移。

(3)运输系统技术：深空环境的多次往返运输技术。

小天体样本通常捕获至地－月系统或者地－日系统内，以便多次开采和研究。国内外学者提出了几种典型的小天体资源取回驻留轨道，如图 10－7－4 所示。月球附件的驻留轨道如图 10－7－5 所示。

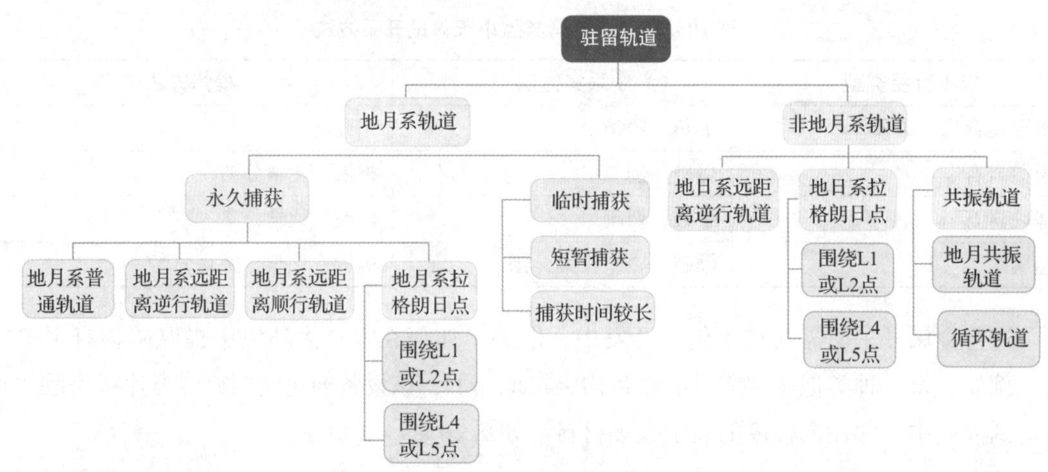


图10－7－4　小天体资源取回驻留轨道

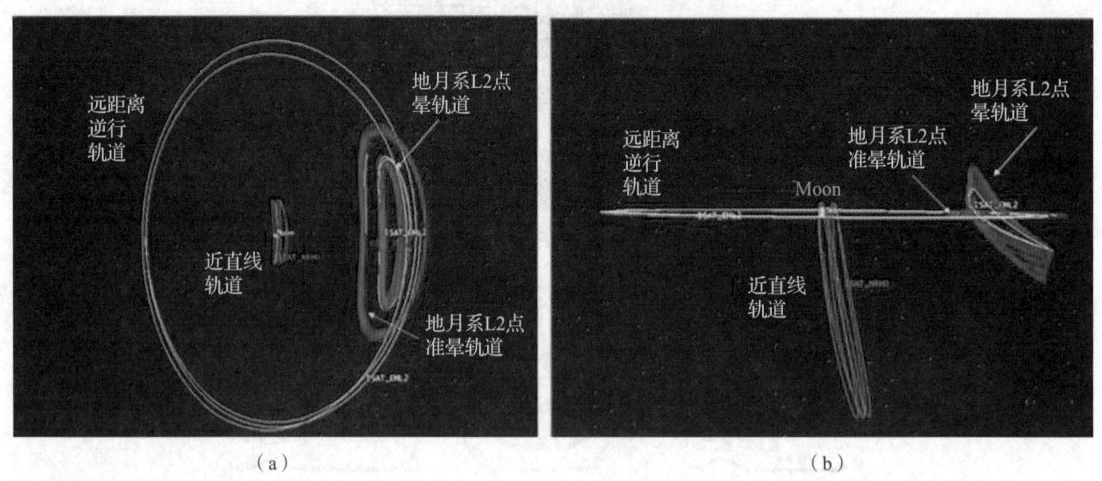


图10－7－5　取回驻留轨道示意图

EMS—地－月系统(Earth-Moon System)，DRO—远距离逆行轨道(Distant Retorgrade Orbits)，DPO—远距离顺行轨道(Distant Prograde Orbits)，LPO—拉格朗日点附近的晕轨道(Libration Point Orbit)。

地月空间中的远距离逆行轨道如图 10－7－6 所示。

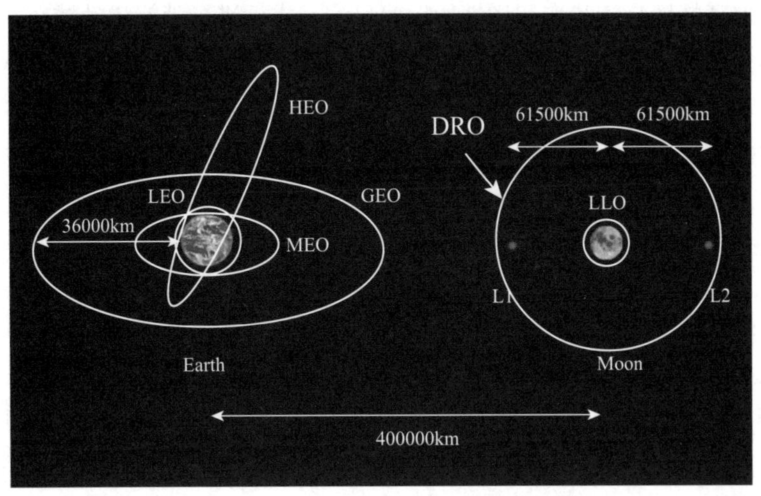


图10-7-6　地月空间中的远距离逆行轨道

NASA 的小行星重定向任务是将小行星的巨石块转移至地月系统的远距离逆行轨道，不需要多次往返小天体，便可实现小天体的多次开采[15]，如图 10-7-7 所示。

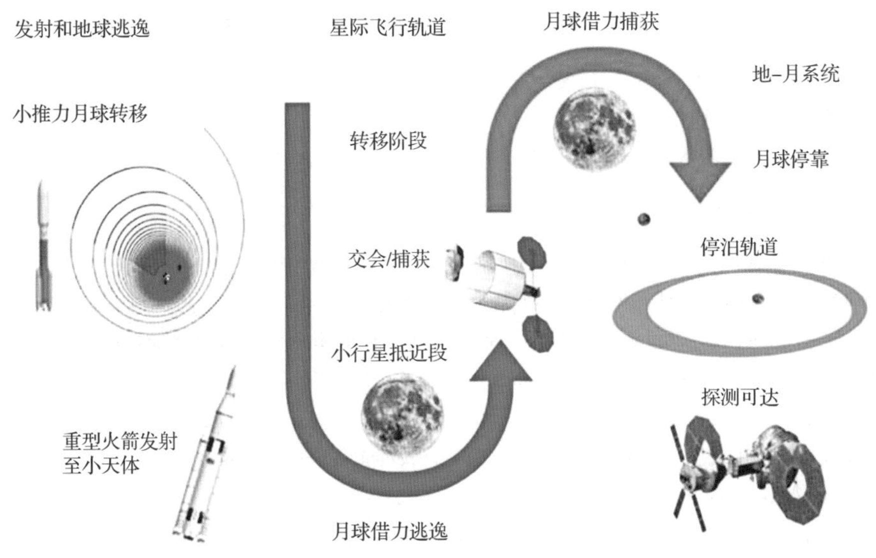


图10-7-7　小行星重定向任务的概念设想

小行星重定向任务分析了两种方案，即捕获整个小行星或从目标小行星表面取一块矿石，方案分四步：第一步，根据探测器能提供的最大功率、任务时间、接近地球时刻、小行星结构成分类型及整个捕获过程需要速度增量等约束条件，确定捕获目标和捕获质量；第二步，探测器从地面发射到近地球轨道，在探测器自带 40 kW 电推进器的推动下，将探测器轨道远地点缓慢提高到月球高度，并在月球引力辅助下进入逃逸地球轨道，随后在电推进器推动作用下奔向目标小行星；第三步，探测器接近目标小行星之后，开展 90 天的小行星近距离探测，获取高精度自旋状态和详细的形状尺寸，之后进行消旋机动捕获；第四步，电推进器将捕获体推到地月系统，通过月球引力辅助将发射特征速度 C3 降低到小于零的绕地高轨道，此轨道不稳定。因此，月球引力辅助之后经过 4 个月时间将小行星捕获到绕月逆向稳定轨道，等待载人探测器开展着陆探测。

### 10.7.3 经济可行性

太空冒险是高风险时间长且资本投资大的，对于小行星采矿项目也是如此。这些类型的企业可以通过私人投资或政府投资来资助。对于商业企业来说，只要所赚取的收入大于总成本(开采成本和营销成本)，就可以盈利。小行星采矿企业考虑研究开发费用、勘探和开采成本、建设和基础设施开发成本、运营和工程成本、环境成本及时间成本。采用小型航天器集群模式从而降低运行成本和维护成本也是学者关注的热点。以开采水为例，采用小型航天器(小于 500kg)集群并运行 5 年以上，可以达到较好的经济效益[16]。

此外，在地球上进行开采、加工、回收和处置某些金属的副作用有很多风险，包括环境危害和公共卫生问题。近地小天体采矿可以减少污染和环境危害。研究表明，在近地小天体上开采相同质量的金属材料，比在地球上开采能够减少碳排放[17]。以铂金为例，在地球上开采 1kg 铂金等于排放到大气中 40000kg 二氧化碳。如果是小行星开采，每开采 1kg 铂金可将二氧化碳排放减少到 150kg。


[1] Shirazi A, Ceberio J, Lozano J A. Spacecraft trajectory optimization: A review of models, objectives, approaches and solutions[J]. Progress in Aerospace Sciences, 2018, 102: 76 - 98.

[2] Junkins J L, Taheri E. Exploration of alternative state vector choices for low-thrust trajectory optimization[J]. Journal of Guidance, Control, and Dynamics, 2019, 42(1): 47 - 64.

[3] 陈杨. 受复杂约束的深空探测轨道精确设计与控制[D]. 北京: 清华大学, 2013.

[4] Bhaskaran S, Riedel J, Synnott S, et al. The Deep Space 1 autonomous navigation system-A post-flight analysis [C]// Astrodynamics Specialist Conference, January 23 - 26, 2000, Clearwater, Florida: 3935.

[5] Chi Z, Yang H, Chen S, et al. Homotopy method for optimization of variable-specific-impulse low-thrust trajectories[J]. Astrophysics and Space Science, 2017, 362(11): 216.

[6] Chi Z, Li H, Jiang F, et al. Power-limited low-thrust trajectory optimization with operation point detection[J]. Astrophysics and Space Science, 2018, 363(6): 122.

[7] Li T, Wang Z, Zhang Y. Double-homotopy technique for fuel optimization of power-limited interplanetary trajectories[J]. Astrophysics and Space Science, 2019, 364(9): 144.

[8] 杨洪伟. 小行星附近轨迹优化与控制研究[D]. 北京: 清华大学, 2017.

[9] Scheeres D J. Orbital mechanics about small bodies[J]. Acta Astronautica, 2012, 72: 1 - 14.

[10] Yamaguchi T, Saiki T, Tanaka S, et al. Hayabusa2 - Ryugu proximity operation planning and landing site selection[J]. Acta Astronautica, 2018, 151: 217 - 227.

[11] Furfaro R. Hovering in asteroid dynamical environments using higher-order sliding control[J]. Journal of

Guidance, Control, and Dynamics, 2015, 38(2): 263-279.

[12] Lu P, Liu X. Autonomous trajectory planning for rendezvous and proximity operations by conic optimization [J]. Journal of Guidance, Control, and Dynamics, 2013, 36(2): 375-389.

[13] 杨洪伟. 小行星附近制导与控制研究综述[J]. 深空探测学报, 2019, 6(2): 179-188.

[14] Hellgren V. Asteroid mining: a review of methods and aspects[Z]. Sweden: Lund University, Student thesis series INES nr 384, 2016.

[15] Strange N, Landau D, McElrath T, et al. Overview of mission design for NASA asteroid redirect robotic mission concept [C]// 33rd International Electric Propulsion Conference (IEPC2013), October 6-10, 2013, Washington, D. C.: 13-4555_A1b.

[16] Calla P, Fries D, Welch C. Asteroid mining with small spacecraft and its economic feasibility[J]. arXiv preprint arXiv:1808.05099, 2018.

[17] Orellana F. Asteroid Mining, the beginning of an in-space based industry that will build our future and save our planet [EB/OL]. (2019-02-08)[2020-05-28]. https://www.researchgate.net/publication/331408164_Asteroid_Mining_the_beginning_of_an_in-space_based_industry_that_will_build_our_future_and_save_our_planet.

# 第11章 走向太阳系文明

如果人类发展的最终目的是永续生存，那么就必须将自然的概念延伸到生物圈之外，同时需要深刻理解宇宙进化对人类生存的一切危险。对于全球以及宇宙层面的突发事件，无论规模大小都可能会对地球上的绝大多数物种产生严重威胁。大自然中本身就存在超级火山、冰河时代、小行星撞击、超新星爆发等灾难性事件，因此人类能够脱离地球是其永续生存的关键。人类进化的关键一步是利用月球与小行星资源建设自给自足的太空站和定居点，并最终在太空中建立人类文明。

地球是人类文明的摇篮，人类在地球上已经生存了数百万年。随着智能时代的到来，人工智能、机器人、合成生物学和增材制造技术，将极大地增强人类在太阳系中地球以外空间的活动自由和效率，催生太空工业化和太阳系文明。在未来的世纪中，随着太空资源的开发利用和经济发展，将有数十万人居住在地球-月球系统中，并构成行星地球之外的新社会。太阳能卫星和工业设施将围绕地球和月球运行，为不断增长的人类群体生产重要产品。太空升降机将在地球和近地轨道之间运输材料和产品。宇宙飞船将从月球轨道和拉格朗日点出发，前往火星、小行星带和木星卫星，以寻求科学知识并利用整个太阳系的资源为人类造福。到那时地球将成为“绿色星球”，因为大多数采矿和重工业过程都将部署在太空之中。太空望远镜阵列将对太阳系进行监视，以发现危险的天体，并在其接近地球-月球系统之前就使之改变运动轨迹。人类在太阳系中地球之外空间的生存发展可能成为生物进化的重要过程。

## 11.1 行星际人居工程

人类在地球之外空间的生存，应当从近地空间开始，逐渐向深空扩展。永久性的月球基地是继地球低轨道空间站之后的一个合理选择。对近地小行星(Near Earth Asteroid，NEA)的探测和防御将是人类向太阳系扩展的重要里程碑。太空采矿和太空工业是构建先进空间站和大型太空人居环境的基础。

### 11.1.1　太空辐射环境

人类要在地球之外的宇宙空间生存，首先面临的就是没有地球磁场保护的严酷辐射环境。空间辐射对生物的影响是由于带电粒子的能量进入生物体内而产生的。在生物组织中，特定目标器官从粒子辐射中吸收的剂量不仅取决于粒子的能谱，还取决于皮肤表面和目标器官之间组织块的深度和密度[1]。图11－1－1给出了质子能量与穿透组织深度之间的关系。

电离辐射的能量吸收剂量以戈瑞(Gy)为单位，它描述了单位质量物体吸收电离辐射能量的大小，1Gy对应1kg的物质吸收了1J的辐射能量，即1Gy＝1J/kg。带电粒子越重，粒子在单位路径长度上沉积的能量越大，称为线性能量传输(Linear Energy Transfer，LET)。

太空中存在三类电离辐射，分别是银河宇宙射线(Galactic Cosmic Rays，GCR)、太阳粒子事件(Solar Particle Event，SPE)和太阳风。银河宇宙射线主要由离子化的氢以及频率较低的重电荷粒子组成，具有相对较高的线性能量转移值，这也是宇航员在太空中无法避免的长期背景辐射。太阳粒子事件主要是太阳磁场不稳定区域中发出的高能质子的短期辐射。太阳风主要由低能质子和电子组成，太阳风的本底剂量率随太阳周期而变化，可以通过航天器设计进行屏蔽，因此认为其风险可以忽略不计。除空间环境辐射外，空间飞行任务中可能还有少量用于仪器校准和科学研究的放射性同位素，但是这些辐射来源受到飞行规则和任务设计人员的严格控制。

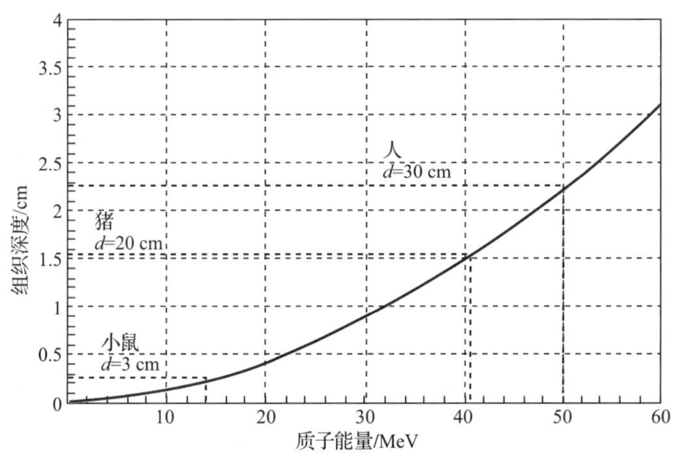


注：质子深度剂量、能量和线性能量传输的特征。质子能量范围随生物体尺寸(虚线)、组织深度(纵坐标)的变化关系，三条虚线分别对应小鼠、猪和人，横坐标上的最大能量值为60MeV。

图11－1－1　质子能量与穿透组织深度之间的关系

#### 1. 银河宇宙射线

来自太阳系外部的GCR离子是相对论性原子核，具有足够的能量穿透当前航天器的屏蔽系统。GCR能谱是元素周期表中多种原子所衍生的高速运动离子的复杂组合。从氢($Z=1$)到铁($Z=26$)的 GCR 能谱图如图 11-1-2 所示。该能谱图包含大约 87% 的氢离子(质子)、12% 的氦离子($\alpha$ 粒子)和 1～2% 的较重原子核，其电荷范围为从 $Z=3$(锂)至 $Z=28$(镍)。也存在比镍重的离子，但是这种离子很少出现。

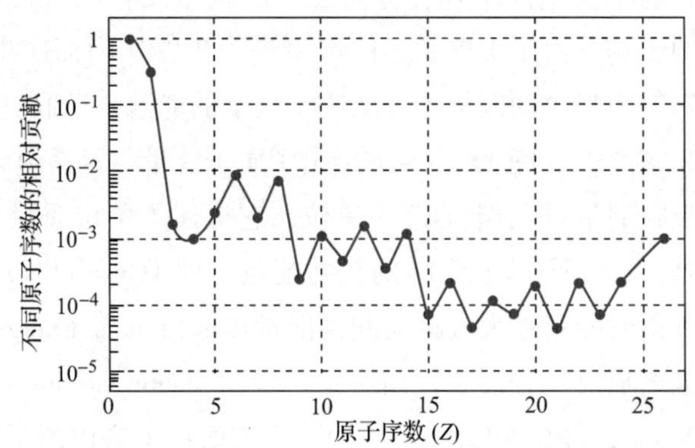


注：上图给出了银河宇宙射线(GCR)能谱中从氢($Z=1$)到铁($Z=26$)的相对丰度。GCR 能谱中涉及元素周期表中的每个元素，其中原子系数在 $Z=28$(镍)以下的离子具有显著的影响。不同种类的离子能量差异很大，尤其是在 400～600MeV 能量范围内。GCR 中的离子及其能量存在巨大差异，因而在地面放射生物学实验过程中很难精确模拟 GCR 环境。尽管较大的离子可能对能谱组成的相对贡献较低，但与较小的离子相比，它们可能具有更大的生物学影响。

图 11-1-2 从氢($Z=1$)到铁($Z=26$)的 GCR 能谱图

当宇航员在 LEO 以外的空间飞行时，氢离子或 $\delta$ 射线(由离子相互作用后的碎片引起的反冲电子)每隔几天会遍历宇航员的所有细胞核，而较重的 GCR 离子(例如 O、Si、Fe)则每隔几个月才能遍历宇航员的所有细胞核。尽管重离子的频率不高，但它们对 GCR 剂量的贡献却很大，这是宇航员在 LEO 之外无法避免的。较重的 GCR 离子的穿透力很强，屏蔽层只能部分减少宇宙飞船内的剂量。尽管较厚的屏蔽层可以提供防护，但这受制于飞行器质量和体积的限制以及航天器发射系统能力的约束。

在 GCR 能谱中发现的高 LET 辐射会产生过多的自由基，从而对细胞结构产生氧化损伤。人体长期暴露于该环境中会产生辐射致变，这与早衰、心血管疾病和白内障的形成有关。GCR 离子的强大电离能力使其成为组织损伤、致癌、中枢神经系统(Central Nervous System，CNS)退化以及有害健康后果的潜在影响因素。此外，由于 GCR 离子穿过飞行器与其舱体相互作用而减弱重带电粒子的能量，并常常导致其破裂成许多低原子量的粒子，这一过程称为散裂。当 GCR 粒子与屏蔽材料碰撞时发生散裂，这可能会导致“级联簇射”，从而产生后代离子，该后代离子具有比原始粒子更高的生物破坏潜力。这个过程改变了宇宙飞船舱内辐射光谱的组成，增加了太空飞行特有的辐射环境的复杂性。

## 2. 太阳粒子事件(SPE)

在 SPE 过程中，太阳表面的磁干扰导致释放出强烈的电离辐射，而这很难事先预测。

SPE 辐射主要由质子组成，质子的能量范围为 10 MeV 到数 GeV（这由粒子的相对论速度决定），预计会在宇航员体内产生不均匀的剂量分布，其中表层(皮肤)剂量相对较高，内部器官剂量相对较低。

由于舱外宇航服提供的屏蔽防护能力相对较低，因此在舱外活动期间发生的 SPE 暴露会对宇航员构成重大风险。然而，即使是在受防护的航天器内部，航天员仍会潜在地受到较高辐射剂量的伤害，特别是在长期任务中。此外，航天员受到伤害的来源还包括突然发生的 SPE 辐射剧烈变化以及整个任务期间 GCR、SPE 的叠加效应。

尽管许多 SPE 呈现出有限的能量分布，但偶尔也会发生不可预测的高通量事件。例如，在 1989 年 10 月，一个特别大的 SPE 预计以高达 1454mGy/h 的剂量率向在行星际空间飞行的飞行器中的暴露宇航员施放剂量(在国际空间站中长期飞行的宇航员的日剂量大约为每天 0.282mGy)。部分 SPE 可以产生能量特别高的辐射剂量。1989 年 10 月，SPE 通量中约有 10%～15% 的部分包含了能量超过 100MeV 的质子。如果航天员长期暴露在这种环境中，总的辐射剂量累积会显著增加，可能导致急性的辐射诱发疾病。应注意，这些预测使用的经典屏蔽值($5g/cm^2$)与“阿波罗”指挥舱的平均屏蔽值($6.15g/cm^2$)接近。

高能 SPE 事件产生的质子能量不小于 100 MeV，能穿透经典的航天器屏蔽层，并潜在到达造血器官的深度，具有严重临床后遗症。这些施加给航天员的高能 SPE 辐射可能导致严重的症状，包括恶心、呕吐、疲劳、虚弱甚至死亡。另外，大的 SPE 剂量会产生与癌症、白内障、呼吸系统和消化系统疾病以及对微脉管系统的损害相关的退化作用。尽管这些影响大部分是潜在的，并不一定会对航天员的健康构成直接风险，但它们对长时间工作的航天员的总体影响是不能忽略的。

### 3. 行星际辐射环境

GCR 粒子在行星际空间中的通量与太阳周期成反比，在太阳周期最大时的剂量率是 50～100mGy/a，在太阳周期最小时的剂量率是 150～300mGy/a。SPE 的通量和发生是无法预测的，但是剂量率可能高达 1400～2837mGy/h。

虽然航天器屏蔽措施可以有效地减少 SPE 对航天员的辐射剂量，但是 GCR 粒子与屏蔽材料碰撞而发生的散裂现象也可能对航天员产生损害。大于 20～$30g/cm^2$ 的铝屏蔽层使 GCR 有效剂量的减少不超过 25%。等质量的聚乙烯只能减少约 35% 的 GCR 剂量。尽管在国际空间站(ISS)上已达到这样的屏蔽水平，但由于计划中的空间发射系统的载荷质量有限，因此在探索任务设计参数内，类似的屏蔽是不切实际的。阿波罗乘员舱是迄今为止唯一将人类送到 LEO 之外的飞行器，它只能有效地屏蔽能量不大于 75MeV 的 SPE 质子。对于航天员在太空中实际受到的辐射环境，或者考虑了飞行器设计与屏蔽参数的模拟辐射环境，目前研究尚无法成功模拟这些辐射能谱中高能元素的复杂性，这就限制了辐射环境对人体真实影响的理解。

### 11.1.2 人工重力

航天员在太空中旅行和居住会面临零重力、微重力和低重力环境，这些失重环境会对航天员生理机能和身体健康产生重要影响。人工重力是解决航天员长期太空飞行失重问题的科学构想[2]。

早在1903年，齐奥尔科夫斯基在《科学评论》杂志上发表了题为《利用喷气装置进行空间探索》的文章，其中提到了大型旋转人工重力设施的构想，可作为人类在太空的栖息地。1920年，齐奥尔科夫斯基在《超越地球》中阐述了火箭和太空旅行方面的构想，在人类进入太空近40年之前，就讨论了失重环境下与生活、工作相关的许多问题，如肌肉张力下降问题、在太空站需要对脚和腰进行束缚等。

#### 1. 物理学中的基本力

现代物理学提出了四种基本力或“相互作用”，即强核力、弱核力、电磁力和引力。宇宙中的每个相互作用最终都可以归结为这四种基本力中的一个。其中，引力最弱，它也是唯一不符合粒子物理学标准模型的力。其他三种力中的每一个都通过某种中介粒子来实现：基于光子的电磁力、基于W和Z玻色子的弱核力以及基于胶子的强核力。

一些物理学家提出了“引力子”概念，使引力与其他力的表述相一致，从而建立普适理论。但是，该理论并不完善，并且没有实验证据的支持。在爱因斯坦广义相对论中，引力是四维时空弯曲的结果。

$G$代表牛顿万有引力定律和爱因斯坦广义相对论中的常数，它的单位涉及距离、质量和时间的基本单位(以及派生的力和加速度的单位)。采用国际单位制，$G$的取值大约为$G \approx 6.674 \times 10^{-11} m^3 \cdot kg^{-1} \cdot s^{-2}$。$g$表示地球表面上的重力加速度，1901年召开的第三次度量衡会议将其标准值定义为$g = 9.80665\ ms^{-2}$，但是事实上其实际值会随纬度、高度和其他因素而略有不同。

万有引力不会像其他三种力一样传播。例如，光通过连续的光子流从发光物体出发并传播。没有证据表明类似的引力子在巨大物体之间流动并“以光的速度传播”。引力场以物体运动形成的时空波动形式进行传播。当我们观察来自跨越光年时空的天体的光时，我们看到的是它们多年前所处的位置和所具有的状态。任何可观测的引力效应也会从同一位置发出。我们无法根据引力确定物体现在处于什么位置，也无法确定它之前处于什么位置。经过长期的实验积累，最近的实验确认了引力波的存在，验证了爱因斯坦广义相对论。

广义相对论认为引力和其他力不一样，引力源于时空弯曲。此外，它认为引力和加速度是等效的，区别仅在于所选择的参考系不同。爱因斯坦在《惯性质量和引力质量等效是广义相对论的基本假设(The Equality of Inertial and Gravitational Mass as an Argument for the General Postulate of Relativity)》文章中提出了一个思想实验：在一个远离任何明显物体的空旷区域

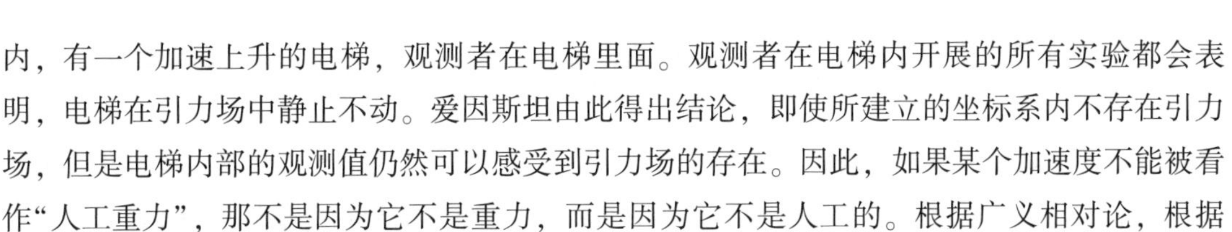

内，有一个加速上升的电梯，观测者在电梯里面。观测者在电梯内开展的所有实验都会表明，电梯在引力场中静止不动。爱因斯坦由此得出结论，即使所建立的坐标系内不存在引力场，但是电梯内部的观测值仍然可以感受到引力场的存在。因此，如果某个加速度不能被看作“人工重力”，那不是因为它不是重力，而是因为它不是人工的。根据广义相对论，根据参考系的不同引力和加速度可以互换。

### 2. 基本力与生理学

考虑低地球轨道上的宇航员。在地球表面上方400km处，重力加速度约为地球表面值的89%。根据牛顿万有引力定律，引力与距离的平方成反比。地球平均半径为6371km，则不同高度上重力加速度的比例系数为$[6371/(6371+400)]^2$。然而，宇航员是失重的，并且遭受了失重带来的生理痛苦。如果将引力抵消掉，宇航员就不会进入轨道，而是沿直线漂移。轨道的存在证明了向心引力场的存在。

考虑乘坐飞机在地球大气层飞行的乘客，飞机距离地面仅10km。假设飞机沿弹道飞行，当飞机飞过抛物线的顶端时，即使乘客处于地球重力加速度作用之下，但是他们仍然会感受到失重效应。这不仅仅是对失重环境的模拟，而是与太空中宇航员经历的失重现象相同，唯一的区别在于飞机在撞击到地球之前经历的自由落体阶段持续时间很短。考虑一个落塔，例如美国宇航局格伦研究中心零重力研究中心的落塔。尽管实验载荷持续不断地处于地球引力场的作用下，但是在它从140m坠落至落塔底部的5s时间内，实验载荷处于失重状态。

宇航员在轨道上并不缺少引力的作用。在地面上，存在某种东西能够使我们健康，而太空中的宇航员缺乏这种东西。这就是其他作用力产生的加速度，如电磁力。我们之所以能感受到重量，是因为存在向上的加速度，而不是向下的引力加速度。至于向上的加速度是由于对重力的反应而产生的，还是由火箭推力、结构张力还是其他机械方式提供的并不重要。

### 3. 位置、速度、加速度、力、能量和旋转

位置、速度和加速度是矢量，在坐标系中具有一定的大小和方向。速度是位置随时间的变化率，$V=\dot{R}$。加速度是速度随时间的变化率，$A=\dot{V}=\ddot{R}$。

根据牛顿第二运动定律可知，加速度的产生要求施加与质量成正比的力。因此，力也是矢量，它与加速度的方向相同，且两者大小成比例。沿任何位移方向施加作用力都会做功。使物体加速所做的功表现为物体动能的增加。

切向加速度始终与速度平行。它改变速度的大小，但不改变其方向。由于力和速度的方向一致，因此系统的能量会不断增加。在惯性坐标系中，不仅系统能量会增加，功率即能量变化率也会增加。这可以防止物体在任何特定空间内停留很长时间。如果切向加速度在有效

轨道上具有适当的大小，并且是持续存在的，那么该切向加速度就可以完美地替代行星引力。

向心加速度始终垂直于速度方向。它改变速度的方向，但不改变其大小。因为力和速度不在一条直线上，所以该力没有做功且不消耗能量。一旦旋转速度达到某个目标值，它就可以通过能量和动量守恒来实现自我维持。旋转结构也可以放置在稳定的行星轨道上。这使得在远离行星表面的太空中，向心加速度成为长期提供空间重力的唯一可行方法。

正如齐奥尔科夫斯基所说，旋转环境中的生命受到某些“非常有趣的影响”。图 11－1－3 显示了从惯性(非旋转)参考中看到的旋转居住环境中下落粒子的路径，图 11－1－4 显示了从旋转居住环境中观测到的路径。既没有离心力将粒子推向下方，也没有科氏力使其转向。粒子路径的明显曲率是居住环境旋转造成的错觉。唯一的作用力是由于与结构元素接触而传播的机械(电磁)力，包括地面施加的向心力以及科氏力。在这种情况下，科氏力是由径向结构(例如管道、梯子或升降机井道)施加的，它会限制粒子的路径。粒子路径的曲率大小取决于粒子初始“高度”与地面半径的比值，比值 $h/R_f$ 越大，表现的曲率就越大。图 11－1－3 和图 11－1－4显示了一种极端情况，其中初始高度为 2m，地表半径仅为 10m。

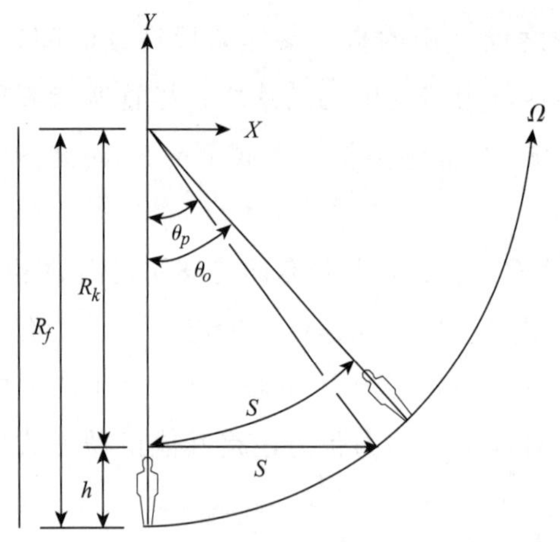


注：粒子从地面上方的初始位置(左侧)以恒定的速度沿切向行进距离 $S$，直到撞击到地面(向右)。如果粒子没有下落，那么它将与观察者一起沿着弧线行进相同的距离 $S$。

图11－1－3 旋转居住环境中下落粒子的惯性视图

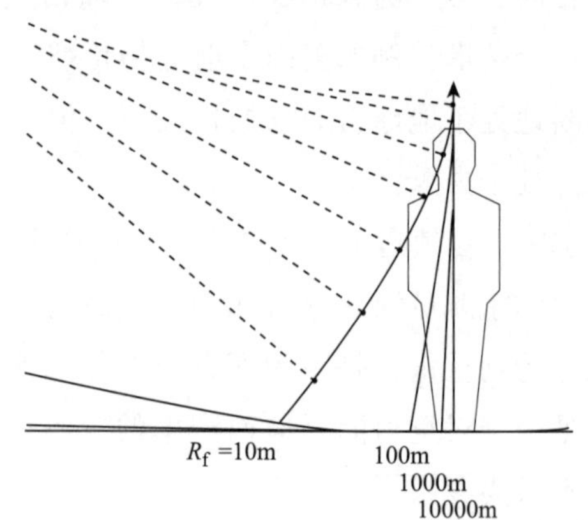


注：虚线显示了粒子的惯性运动路径，观察者的旋转参考系中该路径是旋转的。粒子似乎沿渐开线曲线运动，其曲率由初始高度 $h$ 与底面半径 $R_f$ 的比值决定。较小的比值产生较小的曲率。

图11－1－4 下落粒子的旋转视图

### 4. 失重的生理效应

必须指出的是，太空中“人工重力”的替代方案不是“自然重力”，而是失重。失重会对神经前庭和其他系统造成严重破坏。有证据表明，失重时大脑开始更多地依赖视觉信息，而不再依赖前庭的运动或位置感觉。

针对肌肉骨骼退化以及其他失重带来的疾病，当前主要依靠饮食和药物治疗。这本质上属于化学疗法，并不是从根本上进行治疗，并且可能存在副作用。例如，为了防止骨骼失钙而在饮食中添加钙，会增加患泌尿器官结石的风险。骨骼无法保留已经存在的钙，因此血液中的钙含量就会升高。根据沃尔夫定律，骨骼在需要的地方就生长，不需要的地方骨骼就被吸收。这一现象的原因在于骨组织在外界压力下具有压电效应。当压力不存在时，骨骼生长也就不存在了。

当不存在外界压力时，肌肉的质量和结构也会发生改变。持续失重会导致其他不良影响，这是由身体内流体压力梯度损失引起的连锁反应。宇航员体液从腿部向躯干、头部的转移，会引起心脏大小、体液损失、红细胞流失、电解质失衡以及其他不良反应。当前治疗方法可以减少骨骼和肌肉的流失率，但不能完全阻止。目前，尚不存在治疗视力障碍/颅内压(VIIP)综合症的有效对策。

在火星任务期间，宇航员面临 30 个月以上的减重力环境(轨道转移阶段，0$g$；在火星表面上，0.38$g$)，这会对宇航员造成不可避免的不良影响，通过运动、药物或同时使用两种方法无法弥补这一不良影响。如果任务失败，其原因也许是可以预见的。

### 5. 旋转的生理效应

旋转运动的物体会受到向心力、科氏力的作用，这两种力与我们在地球表面受到的重力性质不同。它们属于机械力，通过固结在一起的原子之间的电磁作用进行传播。由于地球是自转的，因此即使观测者在地球上处于静止状态也会受到微小的向心力和相关的科氏力的作用。太空旋转结构的尺寸比地球小几个数量级，但是转速快几个数量级，与地球自转相比虽然旋转的物理参数值不同，但是本质是一样的。地球上的人类已经适应了非常均匀的引力场作用，可能需要时间来适应太空旋转结构所提供的不太均匀的引力场环境。

尽管在纳米尺度上我们可能不了解人类生理与体重之间的关系，但是在本质上这一关系属于电磁作用的范畴，并且体内的机械加速度是通过电磁力进行传播的。施密特(Schmidt)、古德温(Goodwin)和佩利格拉(Pelligra)[3]在分子水平上研究了重力、失重和向心力对生物系统的影响，发现：根据爱因斯坦等效原理，对于未来的太空旅行者来说，人体无法区分引力和离心力产生的加速度效应(尽管必须考虑科氏力的作用)。在细胞、系统和行为水平上，两种力产生的反应是相同的。

在小型哺乳动物和组织样本上进行的实验表明，向心加速度在太空和地基模拟设施中可能具有潜在的益处。1977 年，在苏联 COSMOS 936 卫星上的大鼠经历了 18.5 天的太空飞行，受到了离心力的作用，其寿命远大于未受离心力作用的对照生物。离心力减少了红细胞损失，并保持了骨骼矿物质、结构和机械性能。然而，极高的旋转角速度(53.5r/min)也带来了一些不利影响，包括平衡改变、翻正反射和定向障碍等。

在载人航天早期的 Skylab 和 Salyut 任务之前，人们对能否长期在失重环境中生存表示怀疑。美国海军航空医学加速实验室(宾夕法尼亚州约翰斯维尔)、海军航空医学研究实验室(佛罗里达州彭萨科拉)和 NASA 兰利研究中心的研究人员在离心机和旋转机构中对人体进行了实验，持续加速几天，研究人体对旋转机构的适应能力。研究发现，在 1.0r/min 的转速下，即使是高度敏感的受试者也没有症状，或者几乎没有症状。在 3.0r/min 时，受试者会出现症状，但没有明显的残疾障碍。在 5.4r/min 时，只有低敏感性的受试者表现良好，到第二天症状几乎全部消失。然而，在 10r/min 的转速下，人体适应旋转环境是一个有趣而充满挑战的问题。即使是没有晕车史的飞行员，在十二天内也无法完全适应。这些实验的样本量很小，人类太空飞行的样本量也很小。尽管如此，与宇航员适应失重环境相比，试验中的受试者在适应 3.0r/min 旋转环境时没有更多的困难，甚至在 5.4r/min 旋转环境下也具有较好的适应能力。

根据类似的研究结果，可以绘制舒适度图来反映人类适应旋转环境的极限。尽管不同的研究具有不同的估计结果，但是总体上认为 2.0r/min 是舒适的，有的研究甚至将低于 2.0r/min 的旋转环境描述为最佳舒适区域。部分研究估计舒适度的上限高达 6r/min。图 11-1-5 是不同研究结果的组合。中央绿色区域表示所有研究都认可的舒适条件，红色区域之外表示所有研究都认为感到不舒服的条件，黄色和橙色之间表示存在意见分歧的区域，可能需要某种适应才能获得舒适感。

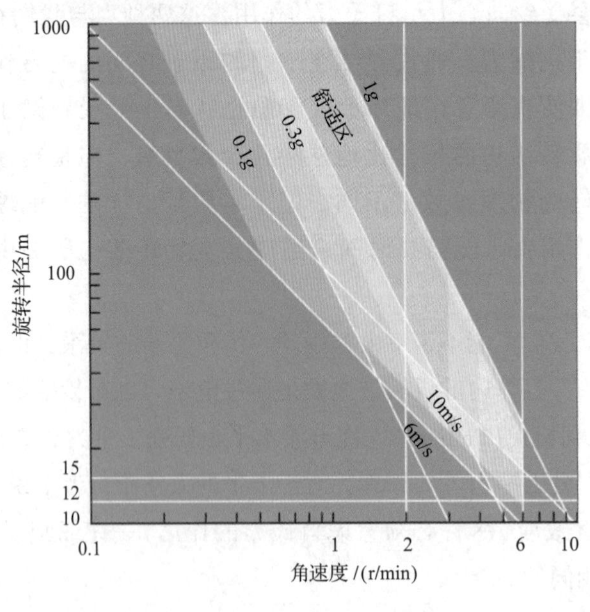


图 11-1-5 综合舒适度图

后续类似研究发现，如果受试者反复进行相同的运动，则可以相对容易、快速地实现对 10r/min 旋转环境的适应。

在高速旋转环境下，头晕、幻觉等是人体舒适感的主要障碍，产生这种情况的原因在于人体旋转轴与整个设施环境的旋转轴不重合，从而产生了前庭幻觉。例如，在整个旋转结构围绕自身“南北”轴俯仰的情况下，如果围绕“垂直”轴进行左右偏航，那么会产生围绕“东西”轴旋转的错觉。可以利用欧拉运动方程在数学、机械和医学上解释这种现象。欧拉运动方程也可以用来解释和预测旋转陀螺的进动现象。角速度叉积产生沿垂直轴的角加速度，对内耳产生刺激，就好像人体绕该垂直轴旋转一样。视觉和前庭的运动感觉不匹配会导致眩晕。这与几千年来水手在颠簸水面上遇到的情况没有本质区别，在旋转居住环境中这种现象更容易预测、控制和适应。旋转居住环境的设计者可以并且应该为这种现象及其影响提出应对策略，使人们能够更好地适应。例如，通过定位来避免交叉耦合旋转效应、通过提供视觉提示信息使人们适应旋转方向等。

### 11.1.3　深空人居设计

人类要在太阳系中地球之外的空间生存，需要面临长时间星际旅行、长期深空居住以及地外天体驻留带来的辐射和失重问题。虽然早在人类进入太空之前，人们就提出了具有人工重力和辐射屏蔽的太空人居设计构想。但是，由于太空人居设施的技术复杂性以及受航天发射运载能力的制约，在已经实施的有人航天任务中宇航员的太空环境暴露问题并没有得到有效解决。在地球低轨道上，空间站处于地球磁场的保护范围内，太空辐射问题相对容易解决。对于失重对空间站内宇航员的健康影响问题，可以通过药物治疗、运动锻炼来解决。阿波罗载人登月是到目前为止人类开展的唯一的有人深空探测任务。在当时太空竞赛的特殊历史背景下，由于探测任务深空飞行时间较短且在月面停留时间也较短，因而没有针对宇航员在深空中的暴露问题采取有效的防护措施。如果提供长期的人工重力环境，则会增加飞行器设计的复杂性，符合安全标准的深空辐射屏蔽设计也会增加飞行器的质量和体积，这都对当前的飞行器设计、制造技术以及发射运载能力提出了新的挑战。

尽管如此，在人类走向太空的探索中，深空人居研究一直在持续不断地进行，下面介绍三个典型的研究案例。

#### 1. 人工重力对深空飞行器设计的评估

2002 年，针对人工重力对深空飞行器设计的影响问题，NASA 探索分析与集成办公室开展了广泛评估[4]。尽管研究人员最初旨在开展与具体任务无关的评估研究，但是为了进行综合权衡分析，最终选择了火星转移任务场景来分析。他们考虑了飞行器设计的多个方面，特别强调了人工重力对推进系统选择的影响。在这项研究中，并没有将人工重力施加到先验选择的不相容推进系统上，而是以人工重力为主要需求，进而选择小推力核电推进器(NEP)作为最合适的目标。他们研究了人造重力飞船，检查了质量分布、惯性矩、结构应力、旋转界面以及旋转的启动、停止和操纵动力学。

在细胞水平上的微重力效应可以通过人工重力予以消除，因此在这项研究中假设 $1g$

的向心加速度在生理上等同于 $1g$ 的重力加速度(不考虑科里奥利效应)。这里采用了较为保守的 4r/min 转速，使 $1g$ 向心加速度的旋转半径降低到 56m。这项研究的结果为飞行器转向和姿态控制提供了一种独特方法，无需大量笨拙的飞行器部件或过多的推进剂消耗。在零重力转移所需的结构和推进剂质量之外，仅需要极少的(约 5%)附加结构或推进剂质量。

图 11-1-6 显示了人工重力飞行器(Artificial Gravity Aircraft，AGV)的整个配置，其中左侧是 TransHab 居住舱。该飞行器具有载荷体积小、质量小的特点，在热稳定性和结构稳定性方面具有独特优势。

该项目研究的目的在于更好地理解深空人居系统设计要求，其中假设系统中的人工重力水平为 $1g$ 且能源供给充足。为了便于开展系统概念设计与研究，进行如下假设：

(1)每个任务持续时间为 18 个月；

(2)居所将支持 6 人生存；

(3)转移飞行器将重复用于后续任务；

(4)不需要飞行器进行任何大气制动或大气再入操纵；

(5)可以接受任务供应；

(6)EVA 是必备功能；

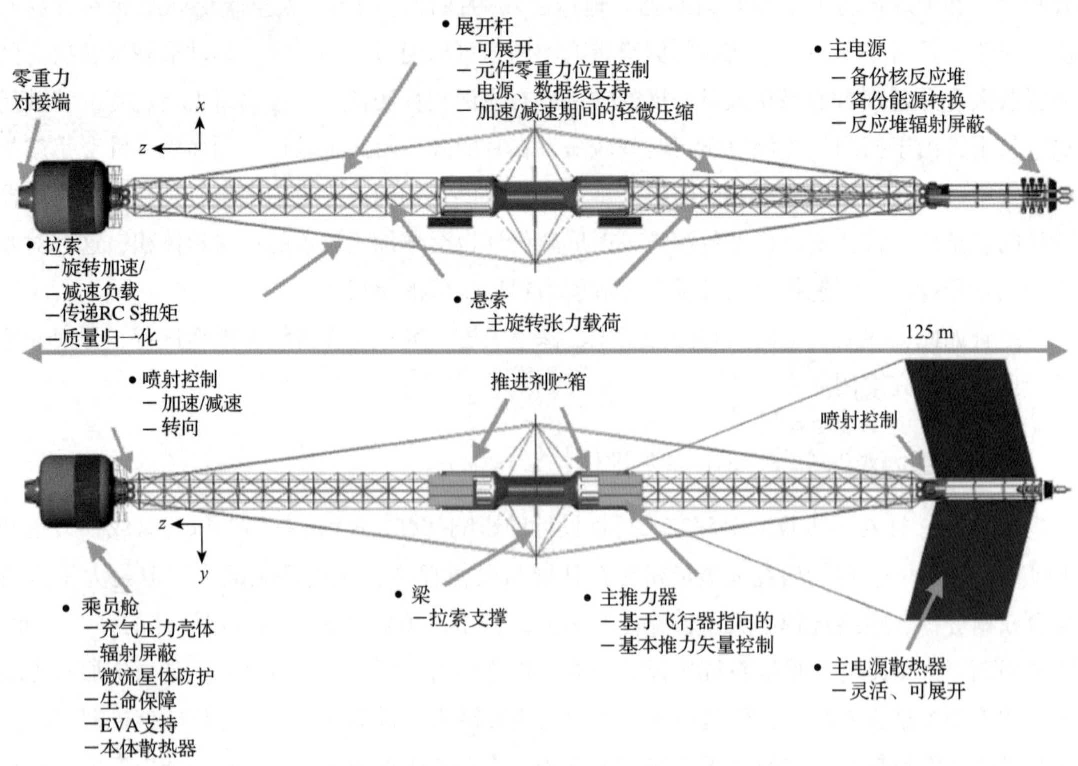


图 11-1-6 人工重力飞行器总体布局图

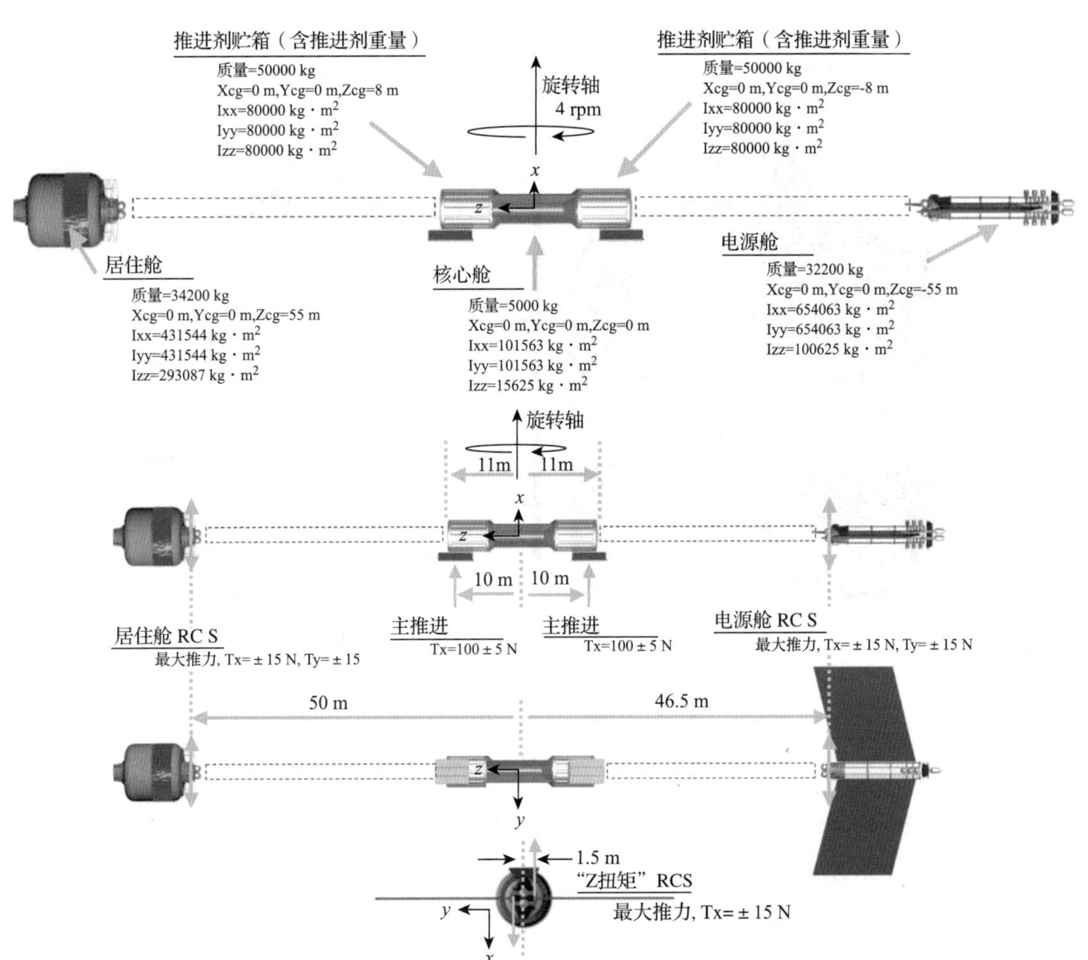


图 11 -1 -7　人工重力飞行器模块组成图

(7)在为期 18 个月的任务期间，不会再供应任何消耗品；

(8)航天器居所部分的发射包络不大于 5m × 15m。

图 11 -1 -8 所示为人工重力居所，居所的结构和外壳为乘员提供安全的居住环境，并在必要的空间内存储用品和设备，从而在整个任务期间提供维持服务。选择可充气模块设计，这样可以有效增加航天器可居住体积，同时能够将核心直径保持在有效载荷的尺寸限制内。气闸系统将为乘员提供舱外活动的能力，位于居所模块的顶部，以便完全着装的出舱乘员可以轻松地从模块中离开，而无须爬楼梯或梯子等。

人工重力带来的主要影响是必须将核心模块改造成承重结构。之前提出的充气模块概念具有适合航天发射的结构，需要在轨重新配置以适应微重力环境。它们包含带有充气支撑的布地板，在 1$g$ 的环境中这是不够结实的。一种较好的解决方案是采用坚固、轻质的复合材料栅格面板，并用缆绳对其进行支撑，图 11 -1 -8 所示。壳体本身的内壁应不受 1$g$ 加速度的影响，但是外层可能会向外下垂。

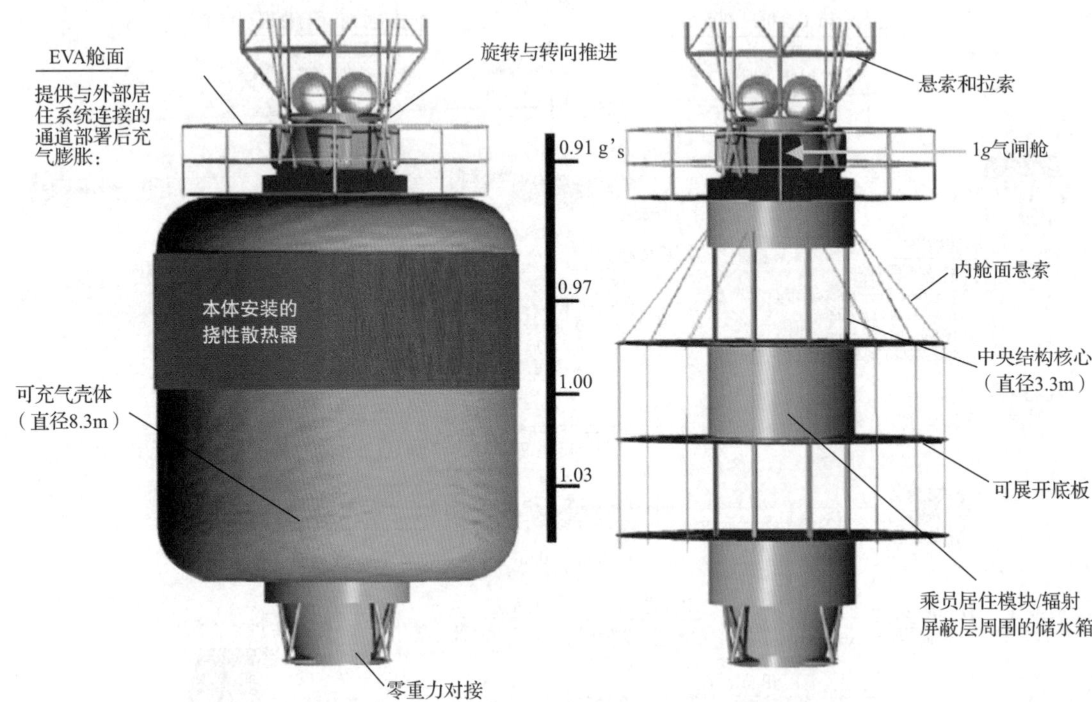


图11-1-8 TransHab模块的结构概念

适居性(The Human Factors and Habitability，HF&H)系统包括厨房、病房、废物收集系统(Waste Collection System，WCS)以及用于个人卫生、衣服、娱乐、物品存放、内务整理、操作用品、维护和睡眠等用途的系统。

与过去的微重力航天器系统相比，1$g$可居住性系统的复杂性降低了很多。例如，与微重力环境中的操作不同，WCS、个人卫生系统和洗手池等不需要利用真空手段来处理自由漂浮的碎屑。同样，可以将厨房构造为更接近地球厨房的模型，使用类似地面的电器和食物制备技术。为了最大程度地减少消耗品的数量，可以在设计中加入洗碗机、洗衣机和干衣机。与传统航天器不同，由于居所处于1$g$的人工重力环境中，因此可以在居所内安置床、椅子和其他类似地球上的舒适用品。根据地球上同类系统的使用要求，开展空间居所内的系统设计。

在居所能源供应充足的情况下，可以考虑使用功率密集型设备，这有助于提高居所内的生活水平。例如，可以考虑使用焚烧装置、大型冷冻机、微波炉和对流烤箱等。

在深空居所处于1$g$人工重力环境、能源供应充足的条件下，可以分析深空居所对天基运输工具的要求，发现设计人员可以采用许多新的、折中的空间设计方法，这是以前传统航天器设计中所不具备的。不过，这也带来了许多工程技术上的挑战。

与微重力环境不同，在1$g$的人工重力环境中执行长时间任务的明显优势是对肌肉骨骼和心肺系统存在积极影响。允许乘员在1$g$的环境中生活和工作，将缓解探测任务期间的重力场重新适应问题，并且有助于减少长时间暴露于微重力环境下的永久性潜在副作用。除了乘员外，系统设计人员也将受益于1$g$人工重力环境。

工程师可以基于地球上的系统进行设计和建模，从而有助于加快“设计、测试、建造”周期。同时，也将降低成本、提高航天器的整体可靠性。

引入人工重力环境会给航天器设计和操作带来一些技术问题。例如，有时可能需要使飞行器即太空居所停止旋转，从而构建出微重力环境。因此，系统需要能够适应可变的重力环境，或者在非旋转期间进入关闭状态和安全模式。如果是后者，则需要飞行器在停止旋转之前执行相关的操作程序。

在为飞行器提供充足能源供给的情况下，可以考虑使用更多的新设备，例如焚化炉、冷冻机、洗碗机、洗衣机和干衣机等。可以使用体积较小、功率较大的系统设备，例如暖风干燥机(Warm Air Dryers，WAD)，而不必使用用于废物处理的冻干单元。

在充分了解乘员需求和系统影响之前，还需要开展进一步的评估。关于人类适应太空居所内各种旋转速率和多种重力环境能力的差异是一个主要问题。此外，还应该探讨乘员在空间居所长期处于禁闭状态导致的心理压力问题以及相应的缓解对策。需要开展更加详细的系统分析，从而更好地了解 1$g$ 人工重力环境对系统设计的要求。针对 TransHab 以外的模块进行利用，这是非常有用的。尽管最终可以确定具有 1$g$ 人工重力环境的 TransHab 模块构型，但是在后续研究中应该探索使用硬质壳体或其他类型的可充气模块。

总体而言，尽管存在技术挑战和尚未解决的医学问题，但是人工重力似乎是解决有人深空探测最大问题之一的有效解决方案。太空居所内充足的能源供应有助于改善乘员的生活水平，并简化系统设计。这颠覆了传统航天器的设计规则，将重新定义我们对太空探索任务的思考方式。

### 2. 多任务人工重力可重复使用太空居所[5]

随着国际空间站(ISS)生命周期的临近和商业太空公司在低地球轨道(LEO)中承担更多责任，世界各国的航天机构将有机会将目光投向深空。多任务人工重力可重复使用太空居所(Multi-mission Artificial-gravity Reusable Space Habitat，MARSH)能够产生人工重力，以支持将人类送入火星系统的目标。MARSH 由三个乘员模块组成，乘员模块以 3.75min/r 的转速旋转，可以产生与火星表面重力相当的离心加速度。每个乘员模块通过可伸缩的桁架结构和可充气的输送管连接到中央模块。在中央模块的一端，一个消旋的轴承接口将作为推进级的连接，而另一端的轴承则连接到一个消旋的模块，该模块包含主对接端口和 EVA 气闸。通过减轻长期暴露于微重力下的影响，MARSH 能够支持 4 名乘员进行深空任务，持续时间长达 1100 天。

该太空站围绕一个大型金属等栅格的中央模块构建，其余的主要结构单元包括传输臂、乘员模块和消旋段。图 11 -1 -9 显示了 MARSH 航天器的总体布局。MARSH 的结构质量为 28192kg，加压容积为 831.6m$^3$。MARSH 航天器的加压容积与国际空间站的 916m$^3$ 相当。表 11 -1 -1列出了 MARSH 航天器质量分解的细节情况。

图 11-1-9 MARSH 航天器

**表 11-1-1 MARSH 航天器的质量分解**

| 类别 | 航天器平台质量/kg | 补给与消耗品/kg | 总质量/kg |
|---|---|---|---|
| 结构 | 28192 | 0 | 28192 |
| 环境保护系统 | 17899 | 0 | 17899 |
| 推进 | 1015 | 9593 | 10608 |
| 电源 | 1799 | 0 | 1799 |
| 热 | 3402 | 0 | 3402 |
| 电子系统 | 1675 | 0 | 1675 |
| 乘员系统 | 4935 | 14078 | 19013 |
| EVA | 2856 | 727 | 3583 |
| 维护与载荷补给 | 0 | 2928 | 2928 |
| 合计 | 61772 | 27326 | 89098 |

图 11-1-10 和图 11-1-11 显示了 MARSH 航天器的主要尺寸，其直径为 56.8m，从航天器中心到乘员舱外边缘的最大半径为 28.4m。位于人工重力测量点的底板偏置约为 1.25m，提供的旋转半径为 27.15m。从侧面看，该航天器从火星转移探索可重复使用推进级(Trans-Mars Exploration Reusable Propulsion Stage，TERPS)的连接点到符合国际对接系统标准(International Docking System Standard，IDSS)的对接端口(用于补给和人员转移飞船)的长度为 19.7 m。

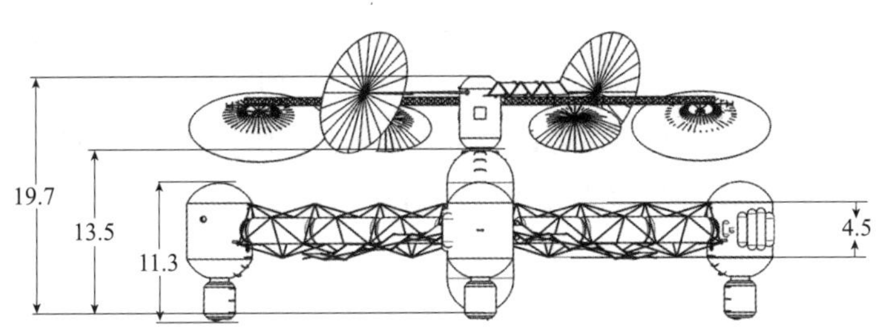


图 11 -1 -10　MARSH 航天器侧视图（单位为 m）

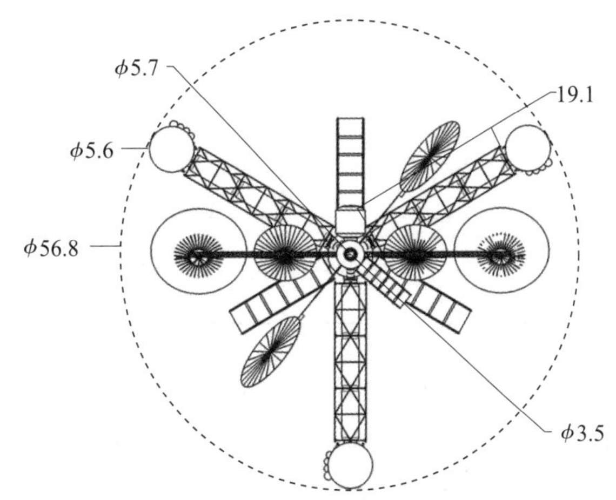


图 11 -1 -11　MARSH 航天器俯视图（单位为 m）

乘员模块。MARSH 航天器有三个乘员模块，如图 11 - 1 - 12 所示，每个模块为 4 名乘员提供 155$m^3$的可居住空间。每个模块具有相同的总体结构配置，其内核为金属铝等栅格压力容器。负载、结构和机构(LSM)共同提供了乘员系统(CS)的安装空间和地板。每个乘员模块都包含一个应急充气气闸(CIA)，是在转移通道无法使用的情况下的另一种外出方式。乘员还可以选择穿上宇航服并通过 CIA 的舱门离开，而不必降压，这是最保守的外出方式。每个乘员模块在连接点处固定在传输臂的桁架结构上，并具备用于转移通道的通用停泊机构

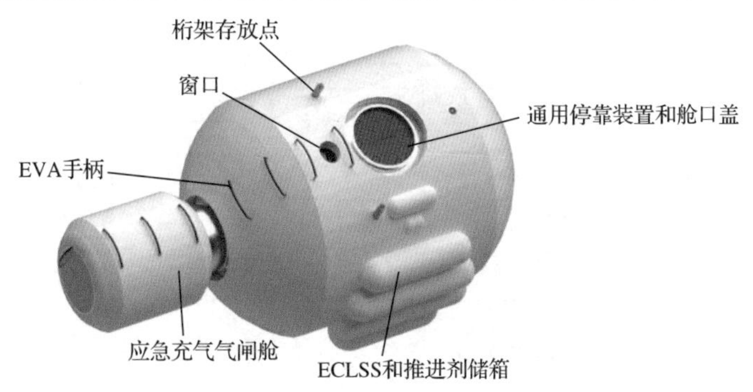


图 11 -1 -12　带气闸的乘员模块主要组成部分

(CBM)。在乘员模块"屋顶"上提供了一个窗口，用于观察中心模块。在推进剂和环境控制与生命支持系统(ECLSS)储罐对面的舱壁上设有一个附加的窗口(未显示)。在乘员模块外部安装有一组喷嘴，用于执行站位保持以及起旋/停旋动作。每个乘员模块都具有微陨石和轨道碎片(MMOD)屏蔽以及辐射屏蔽能力。表 11-1-2 列出了每个乘员模块的基本设计参数。

**表 11-1-2　各乘员模块的关键参数**

| 参数 | 数值 |
|---|---|
| 全长/m | 11.3 |
| 圆柱段长度/m | 4.53 |
| 顶部端盖/m | 1.5 |
| 外直径/m | 5.6 |
| 加压体积/$m^3$ | 137 |
| 质量/kg | 2780 |

人工重力的确定。该太空站的尺寸是按照通过离心加速度产生足够的人工重力的要求来确定的。根据设计要求，将产生与火星表面相当的重力水平，以使宇航员在旅途适应将来的重力改变。曾经考虑过产生地球表面的重力水平，但这需要更大的半径，进而要增加质量或提高转速，从而引起对乘员健康的担忧。因此，这种设想被否定。离心加速度等于

$$a_{cent} = \omega^2 r$$

其中，人居模块地板与中央模块中心之间的距离为旋转半径 $r$，旋转角速度为 $\omega$。将 $a_{cent}$ 限制为 0.38 $g$(火星表面重力水平)，那么就可以确定允许的太空站半径和旋转速度范围。旋转速率和航天器"头-脚"之间梯度极限的约束关系如图 11-1-13 所示。

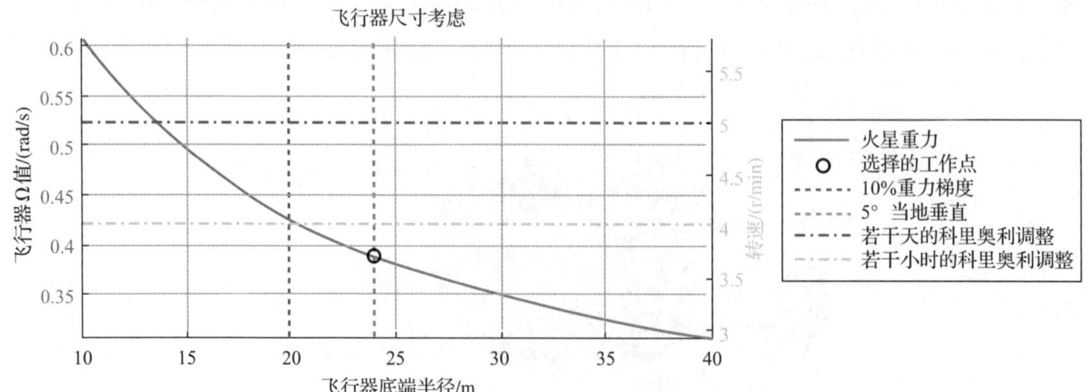


图 11-1-13　飞行器选型时的考虑因素

在确定太空站的尺寸时，还应考虑其他几个因素，主要是科氏力、航天器“头 - 脚”之间的重力梯度和局部垂直方向与向心加速度矢量之间的角度等。可以确定太空站中心到居所地面的半径为 24 m，旋转速度为 3.75min/r，这符合所有设计标准。

内部布局和居住设施。航天器 MARSH 由中央模块、消旋段和三个边缘“乘员”模块共五个模块组成。中央模块和消旋段采用轴向连接，而三个边缘模块通过传输通道连接到中央模块。中央模块主要用于存储，而边缘模块主要用于人员活动。乘员模块 1(在图 11 - 1 - 14 和图 11 - 1 - 15 中可以看到)包含两个铺位、卫生设施和一个厨房。模块 2 包含两个铺位、卫生设施和一个运动空间。模块 3 包含实验室工作站和健康评估中心。所有模块都包含生命支持系统，而边缘模块还配备有洗手间、医疗用品、存储和辐射防护罩。可居住容积约为 40$m^3$/人，第 1 模块和第 2 模块为 50$m^3$/人，第 3 模块为 55$m^3$/人。建筑面积约为 12$m^2$/人，第 1 模块和第 2 模块为 15$m^2$/人，第 3 模块为 18$m^2$/人。NASA 对建筑面积没有要求，但是建议长期执行任务时每人的居住容积至少为 20$m^3$。

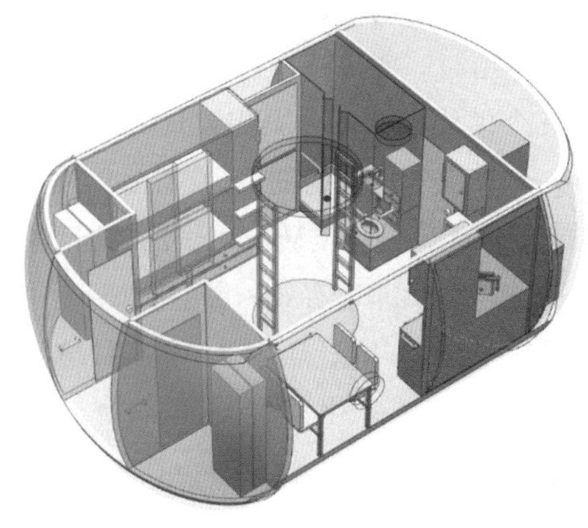

注：显示了天花板上通往传送通道的开口以及该孔在地板上的投影。

图 11 - 1 - 14　模块 1 的透视图

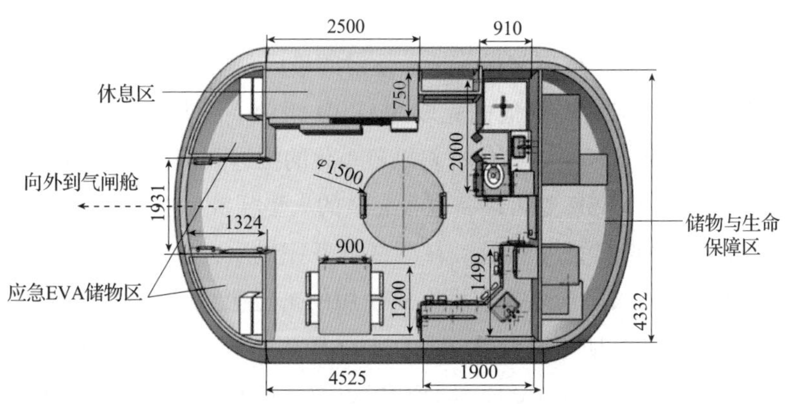


注：模块 2 和 3 具有相同的结构尺寸，但内部布局不同。

图 11 - 1 - 15　模块 1 的俯视图（所有尺寸以毫米为单位）

MARSH 是具有火星表面等效重力的长期居所。内部模块将具有开放式地板空间、可坐的椅子、水平床、非常适合站立的柜台以及专为椅子座位设计的桌子和书桌。但是，由于有时为了计划的或者可能的应急目的而消旋，模块必须也能在零重力环境下运行。为此，MARSH 配备了扶手和脚带以及安全存储区域、抽水马桶、水槽、螺栓固定的家具以及床和马桶带子。

在应急外出设计中，每个模块需要具有双重容错能力。MARSH 的"3 - 2 - 1 应急计划"规定，必须有"3"方式、"2"离开和"1"位置。边缘模块首先有一个通往传输通道的出口，然后是一个带舱门的应急 EVA 气闸，可以在时间敏感的情况下不经减压就能将其打开。中央模块具有三个用于传输通道的出口和一个通往消旋中心模块的出口。消旋模块具有往中央模块的出口和带有舱门的标称操作气闸。

辐射屏蔽。中央模块和乘员模块的辐射屏蔽层将在任务持续时间内保护乘员免受银河宇宙射线和太阳粒子事件的影响，屏蔽材料采用聚乙烯。与铝相比，聚乙烯具有较高的氢含量和较低的密度，因此非常适合用于辐射防护。屏蔽层的厚度是根据每个乘员在每个模块内所停留的时间以及最大允许辐射剂量确定的。比如，乘员模块屏蔽层是具有 3.15cm 厚的聚乙烯层。而乘员将在中央模块内停留时间明显减少，因此屏蔽层的厚度将减小到 1.1cm。前两个模块中的乘员卧铺以及第三个模块中的办公桌需要最大的屏蔽厚度为 11.8cm，因为它们还要被用作太阳风暴庇护所。计算出的年辐射剂量为 58.2cSv/a，比允许限值(50cSv/a)高出 8.2cSv/a。使用热熔压实机来产生无害的压实砖，对聚乙烯屏蔽层进行补充和支持。由于这些砖的氢和碳含量很高，因此能够提供非常有效的辐射防护。

组装方法以及火星任务前的运行方案。MARSH 将在月球远距逆行轨道(Lunar Distant Retrograde Orbit，LDRO)上进行组装，并由月球轨道平台 - 门户(Lunar Orbital Platform-Gateway，LOP-G)居所提供支持。首先进行 4 次发射，其中 3 次为货物运输，1 次为乘员投送，之后开始进行在轨组装。前两次组装货物的发射将由门户上的乘员接收，并在组装的前两个阶段提供帮助。第一次发射包括中央模块和消旋段，第二次发射包括两个乘员模块及其传输臂。将乘员模块和传输臂连到中央模块之后，当进行太空站维修和再补给时，门户乘员可以轮换。然后，MARSH 的测试乘员将乘坐载人飞船的乘员舱被送上 LDRO。当乘员与 LOP-G 和 MARSH 会合之后，他们将接收地面发射的最后一个组装货物，其中包含最后一个乘员模块以及通信系统，然后将由他们完成 MARSH 组装。组装完成后，MARSH 测试乘员将完成大约一年的太空测试任务。该任务将以最小化的推进剂消耗在 LDRO 上执行。乘员将使用该测试任务来确定 MARSH 是否准备进行完整的火星任务。在执行测试任务期间，载人飞船乘员舱将停靠在 MARSH 的中央舱。在测试任务完成后，MARSH 将与带有化学 - 太阳能电推进混合推进系统的火星转移探索可重复使用的推进级(TERPS)交会，并对接为一体，进而转移到月球远距离的高地球轨道(Lunar Distant High Earth Orbit，LDHEO)。进入 LDHEO 后，测试人员将返回地球，而 MARSH 和 TERPS 返回到在 LDRO 上的门户并与之交会，并将在门户乘员的协助下获得再补给。第一次补给将由中型运载火箭投送推进剂，第二次补给将由重型运载火箭投送生命维持气体、食物、水和其他消耗品。

载人火星任务运行方案。在载人火星任务出发前，TERPS 和 MARSH 将在 LDRO 交会并停泊。然后，将机动进入 LDHEO，并在那里搭载由重型火箭发射的载人飞船乘员舱携带的乘员。在乘员登上 MARSH 并将所有其他消耗品从飞船转移到 MARSH 之后，飞船将返回地球并进行回收利用。然后，乘员将进行 383 天的火星之旅。一旦进入火星的影响球，TERPS 就会将系统置于 5 sol 椭圆轨道。进入轨道后，MARSH 将与着陆器交会，其中该着陆器是 TERPS 在较早的自主任务中放置围绕着火星的。当 MARSH 处于火星表面以上 250 公里处的 5 sol 轨道的近拱点时，乘员将乘着陆器由 MARSH 出发前往火星表面。乘员将有 301 天的时间在火星上进行实验。在这段时间内，MARSH 将停留在其停泊轨道上。301 天后，乘员将在近拱点上被投送到 MARSH，由 TERPS 把 MARSH 和乘员送回地球。经过 378 天的回程，到达地球时任务总持续时间为 1062 天。当回到地球的影响球后，TERPS 将把 MARSH 带到 LDHEO，在那里乘员将与由重型火箭发射的载人飞船返回舱会合，然后返回地球。TERPS 将把 MARSH 带回 LDRO，两个飞行器将在这里分开进行补给和维修。出于安全考虑，这两个飞行器在 TERPS 进行推进剂补加期间分离。中型运载火箭将提供补充加注的推进剂，重型运载火箭将提供消耗品补给，这些补给过程将自动执行。在获得补给之后和下一次任务之前，MARSH 将驻留在长期稳定的 LDRO 轨道上。

### 3. 小行星定居点概念[6]

在采矿过程完成后的近地小行星矿洞内，可以建造一个旋转的人类定居点。直径超过 400m 的小行星足够大，可以建立旋转的定居点，从而产生人工重力。小行星的剩余外壳可

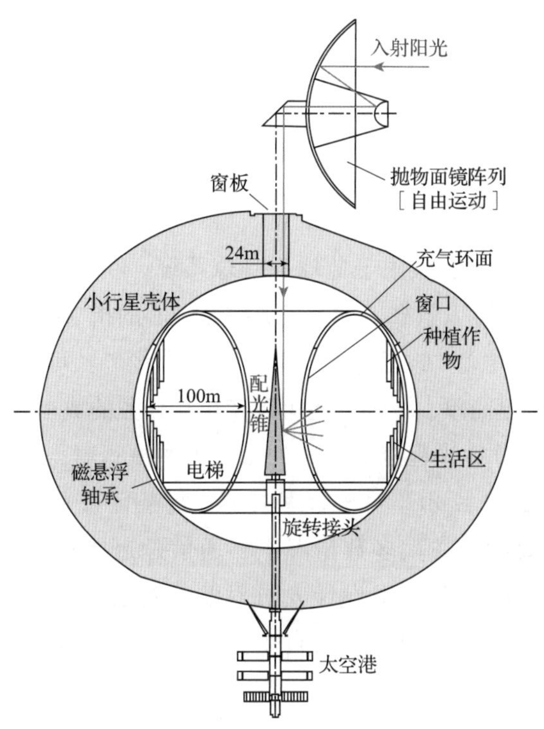


图11-1-16　小行星定居点示意图

以用于防护宇宙射线、太阳耀斑和微小陨石。小行星采矿产生的各种材料可用于建筑。可以从类似的 C 型近地小天体中提取氧气、氢气和碳。可以在小行星壳体的外面通过抛物面反射镜收集自然阳光，并通过中央通道射入洞内。小行星壳体内旋转圆环的半径应至少为 100m，以最大程度地减小科里奥利加速度。圆环可以由预制的充气元件制成。组装后整个圆环充气膨胀。一旦被近地小天体的外壳遮挡，就可以使用大玻璃板进行照明。可以通过一系列抛物面镜将自然光照射到洞穴的中央。聚焦的阳光通过中央镜锥分布到圆环中。抛物面反射镜阵列设计为小行星外部的自由浮动结构，可独立旋转以收集阳光。中央镜锥上装有小的抛物面以分配光线。

通过使用环形电磁轴承(磁悬浮)，整个环形结构将以大约 3 ～ 4min/r 的速度旋转，在该条件下可以提供高达 90% 的地面重力。如果发生故障，定居点将由额外的机械轴承支撑。科里奥利加速度约为 0.05$g$，对于人类是相对舒适的。圆环的内表面用于住房、园艺、农业(永续农业)和公共中心。垂直种植和水产养殖业为约 2000 名居民提供营养。所有内部建筑物和家具均为轻质结构，部分结构使用碳纤维和泡沫金属等轻质材料进行 3D 打印制造。为了避免洞穴的热过载，将在小行星壳体的内部和外部安装一个吸热器和热交换器系统。因此，多余的热量可以被吸收，转化为电能并最终作为微波从表面辐射出去。在采矿过程中或者太空工业的工厂中，可以从小行星材料中提取氧气和水。最终目的是在一个几乎自给自足的空间定居点中产生一个“封闭水循环”。

可以想象未来有数十个小行星定居点环绕地球运行，每个定居点都有数千名居民。那些过小的、被开采过的近地小天体以及不具备旋转条件的定居点，将用于部署工业设施、农业以及存储水、氧气等产品。

## 11.2 智能自主太空系统

60 年来，人类太空飞行任务仅限于地球 - 月球系统。在地月系统中，航天员与地面几乎不存在通信延迟。航天员可以依靠地球上任务控制中心的指令执行任务。这种拥有庞大的地面支持系统的“以地面为中心”的运行模式，具有多个优势：可以减少飞行器上的乘员数量，可以将飞行器设计得更简单、更轻，还可以使执行任务的成本更低。

当人类在距离地球 5 分钟光程以上距离的太阳系中旅行时，就需要依赖完全智能自主的太空系统，如图 11 - 2 - 1 所示。对于管理大型、复杂且只有有限乘员和能力的太空系统来说，其自主性是必要的。在大多数情况下，通信延迟要求飞行器仅通过有限的人员交互来处理事件。这类系统工程要求设计人员对航天器系统、信息理论和自主算法特性有广泛的了解。航天器系统的特性必须与自主算法的特性相匹配，从而实现监视和控制的可靠性。

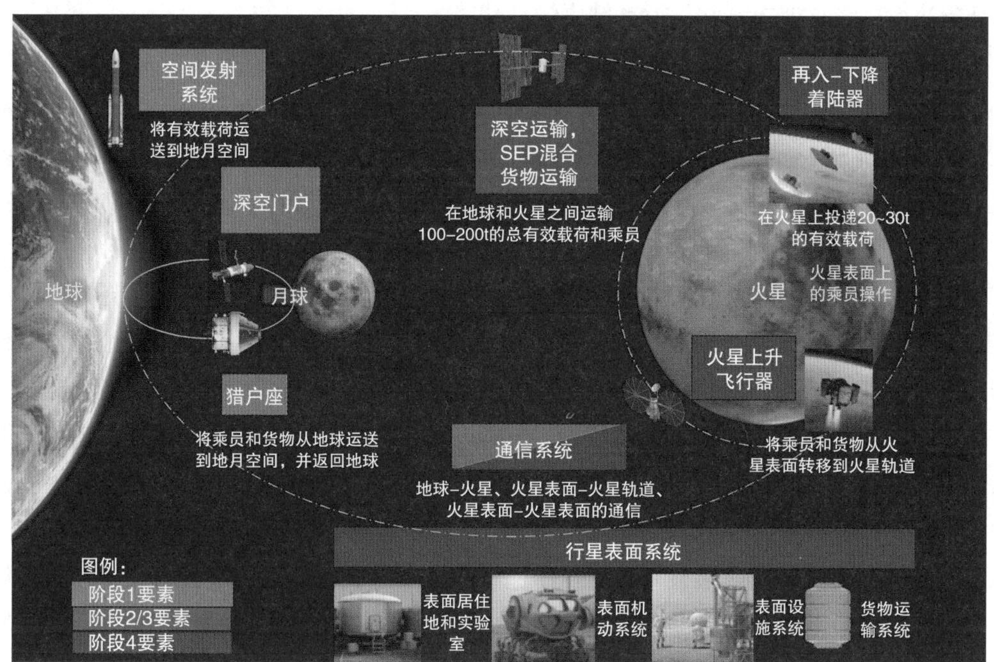


图11-2-1　未来航天任务对智能自主的需求

## 11.2.1　航天器的系统组成

图11-2-2所示是一个潜在的载人等级超越地球轨道(Beyond Earth Orbit，BEO)航天器。载人BEO任务所需要的基本系统包括推进、结构、热管理、环境控制与生命支持系统(Environmental Control and Life Support Systems，ECLSS)、电源、航天电子设备、飞行控制系统、通信和跟踪、飞行器导航制导与控制(Guidance，Navigation and Control，GNC)、任务与故障管理(Mission and Fault Management，MFM)等。这些系统中的每一个都有独特的物理特性和对各种交互的响应。

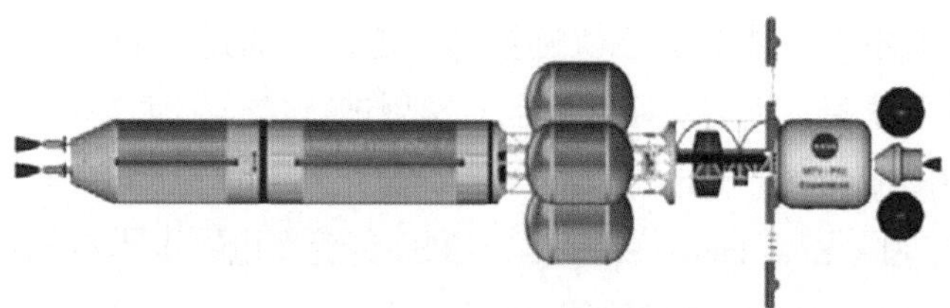

图11-2-2　载人等级超越地球轨道航天器

飞行器管理。飞行器管理包括管理和控制整个飞行器的功能，包括GNC和MFM。长期以来，GNC一直基于Kalman滤波器实施自动化控制。该算法可对飞行器未来的运动状态进行预测。MFM提供飞行器系统的整体管理，对遍布飞行器的控制回路进行整合，并在飞行中提供故障监测、诊断和维修管理。这些特定的算法与其他物理子系统联系在一起。它们还承担任务执行、飞行器控制和飞行器健康管理功能。

飞行控制系统。对于一个航天器来说，飞行控制系统包括推力矢量控制(Thrust Vector Control，TVC)系统、反作用控制系统(Reaction Control Systems，RCS)以及姿态控制系统(Attitude Control Systems，ACS)。TVC 系统的作用是引导喷管的推力矢量，以在推进系统中心线附近几度范围内影响飞行器的转向。这些系统可以是液压、电动或热气驱动的。这些系统中每个系统的物理特性都有很大的不同，特定类型的系统具有独特的控制响应、运行寿命、引导力和精度。这些系统通常采用挤压式或泵压式供应。同样，这些系统在控制响应、运行寿命和推力水平方面有很大不同。所有这些系统均由 GN&C 控制算法通过姿态传感器以闭环方式进行管理。

热管理。热管理系统(Thermal Control Systems，TCS)在给定的温度范围内控制航天器所有系统的热量变化。航天器上的热源很多，包括推进系统、电源系统(特别是如果使用核反应堆)、ECLSS(包括生活环境的热管理)、航天电子和通信系统等。在真空环境下不存在热对流，因此只能通过传导或辐射来控制热传递。航天器系统和环境通常会将热量传导到传热流体中，然后通过散热器将热量辐射到太空中。由于所有航天器系统都产生一定程度的热量，因此热管理系统与其他系统耦合度很高，并且必须在所有系统及其运行要求之间平衡热负荷的响应。有限元模型和计算流体动力学是正确地建模这些系统及其带来的复杂相互作用的重要工具。

推进。载人航天器需要保障在整个飞行任务期间内(典型情况为 48 个月)可以提供足够的推力，以维持星际转移。推进系统包括燃料和氧化剂存储系统、用于建立质量流量的泵、燃烧室和喷管。推进系统可能采用化学推进或核热推进。这些系统的物理性质大不相同。化学推进系统通过燃料和氧化剂高速率融合燃烧产生推力，其中推力满足火箭方程。燃烧产生热量使气体加速通过喷管。核热推进利用从反应堆到燃料的热传递(不需要氧化剂)来加速气体。在低温化学系统中，低温推进剂的储存是一个难题。这些推进剂必须在任务完成之前一直可用，并且在长期任务过程中不会沸腾。

结构。结构既包括静态结构，又包括使太阳能电池阵列、散热器和天线转动和定向的动态结构。静态结构的弯矩而可能会影响轨迹控制，这需要通过 GN&C 来监视。这些结构是相当被动的，如果需要建模，则需要通过有限元模型进行建模。动态结构则更加复杂，需要对其环境退化、零件磨损和热形变进行监测。

电源。电源系统(Electrical Power Systems，EPS)负责发电、电力存储以及电力分配和调节。EPS 可以通过多种方式实现，太阳能电池板、燃料电池或核反应堆都可以产生电力，能量主要通过电池进行存储。配电包括调节和电压转换，通常通过电线和电路来实现。此外，也可以进行光传输，但目前功率效率较低。对于载人航天器，预计将采用几种类型的发电系统，包括可能的太阳能电池板和核反应堆。

航电。航电设备包括飞行计算机、数据网络和总线、仪表(传感器、数据调整、数据采集系统)和软件。这些系统与飞行器的每个部分相互作用，并成为用于飞行器管理功能的

“神经系统”。航电设备对多种环境、设计和制造特性敏感，其工作环境必须得到良好管理，包括温度、湿度(乘员舱)、压力(乘员舱或零压力)、冲击和振动、辐射、电以及灰尘和其他污染物。在地面发射过程和空间工作期间都需要考虑环境控制。

通信与跟踪。通信系统包括发射机、接收机、传输线和天线，用于支持航天器与地球、其他飞船(例如，着陆器)、卫星(例如，行星监测器或行星通信卫星)和行星表面(即着陆方)进行通信。各种信号传输和编码方法对噪声源的敏感性不同，产生的误码率(Bit Error Rates，BER)也不同。其中，跟踪既包括遥控天线的跟踪，也包括对其他飞行器以及可能有威胁的碎片(例如陨石)的跟踪。这些系统直接与 GN&C 算法结合使用，以提供稳定通信和避险。

环境控制和生命支持系统。环境控制和生命支持系统包含多个化学和生物过程，用于管理空气质量、废物及其回收利用、食品存储和制备、温度和湿度以及火灾的探测和扑灭等。

### 11.2.2　目标功能树（GFT）模型

这里采用基于状态和目标的系统工程方法，在系统工程(Systems Engineering，SE)流程开始就构建系统的目标功能树(Goal - Function Tree，GFT)模型，并在做出设计选择时进行更加深入和仔细的描述[7]。GFT 具有很多优势，包括严格的需求(目标)定义以及功能空间的可追溯性。通过利用 GFT 的逻辑补充发展故障树，分析和定义所需的系统健康管理和故障管理，以实现保护系统的目标。同时，在物理上和逻辑上创建的树结构，构成了系统自主人工智能的起点。

GFT 的严格性和物理准确性取决于通过对状态变量进行全面和系统使用而定义的目标和功能，因此定义与目标相关的状态变量是必需的步骤。对于载人火星任务，与许多其他类型的系统和任务一样，考虑拟议的任务阶段和与之相关的目标，然后确定与实现这些目标相关的状态变量所需要满足的范围。通常来说，GFT 的每个主要任务阶段都会有唯一的树结构，它对应于每个阶段使用的不同状态变量，以及状态变量的不同范围和值。

载人火星任务需要将乘员从地球运送到火星表面再返回地球，并在火星表面(也有可能在往返火星的途中)完成一些特定的科学和技术目标，其中包含运输目标、乘员健康和安全目标、科学和技术目标三种目标。

在顶层，可以根据状态变量快速地确定运输目标，因为位置、速度和加速度状态变量完全定义了系统在任务中任何给定时间必须位于特定边界内的位置。运输系统组件将需要对飞行器姿态和姿态速率进行控制，从而控制飞行器指向正确的方向，然后由推力提供加速度，或者由其他方法使航天器在太空旋转，这些控制可以通过推力器、反作用轮以及其他某种机制实现。提供推力时需要控制推进剂的流量和燃烧，这又将涉及必须通过化学或电气方法(例如，如果使用电推进)来控制的状态变量。在进入、下降和着陆期间，进入和下降飞行器可以利用空气动力而不是推力控制飞行器进入和下降。如果利用空气动力，需要建立表示运动状态的变量。在火星表面使用巡游器时，需要控制车轮的旋转速度和指向方向，从而实现目标运动。

像运输目标一样，乘员健康和安全目标在整个任务阶段也有很大的相似性。这些也可以用状态变量来设定。尽管乘员健康最直接的衡量标准与他们的个人生命体征有关，例如心率、呼吸频率、食物摄入和排便、饮水和排尿等，但是这些特征需要通过乘员可呼吸的空气、水、食物、加速度、受控的温度范围、运动和睡眠时间等变量来反映。这些都可以用状态变量来很容易地定义：氧气浓度、二氧化碳浓度、大气压力、水和食物质量、线性和旋转加速度、气温、排便和排尿质量等。由于人们对于这些基本感官上的需求是相对恒定的，它们在任务期间不会有多少变化。但是，提供这些环境的方式可能会变化，比如加压方式会随着是在加压居住区还是宇航服内而变化，加速度限制方式会随着是在运载火箭上、在太空中、处于进入和下降与着陆(Entry, Descent, and Landing, EDL)期间、在巡游器上、在火星下降飞行器中还是在地球进入的不同而改变。饮用水可能来自地球，也可能是通过原位处理从火星土壤中获得的。废物的回收或处理也可以根据质量以及化学和物理状态变量来定义。诸如娱乐之类的人类舒适和愉悦所需的其他事情可能不太容易利用状态变量来定义，但是有些方面也有可能，比如可以用状态变量来表示配色方案和个人的生活空间等。

载人火星任务的目的是完成某些科学和技术任务，并将所得信息返回地球。这些信息大部分将通过通信系统发送，通信系统的容量由所需的传输速率定义，而传输速率又与射频子系统的辐射功率、各种波束宽度下的信号强度等有关。通常，这些科学和技术任务中的每一项都是根据要收集的信息来描述的，根据收集的数据量、数据类型和质量来衡量任务成功。如果乘员无法执行这些任务，那么对于每个未完成或部分完成的任务，可以用状态变量的形式表示为指定任务目标的一部分信息损失。这些目标可以在执行任务期间更改，并且可能会随着乘员发现任务是否能够完成以及完成程度而改变。

最后，所有这些目标都是通过使用特定的硬件、软件和过程来实现的。每个变量都有其相关的状态变量集，这些状态变量与它们为实现子目标而执行的功能相对应。通过具有一定处理速度和内存的计算机执行功能，并通过某种方式产生的电能(无论是太阳能、核能还是化学能)供电，然后通过配电系统进行分配。所有这些都可以根据计算过程和电气状态变量来指定。软件本身可以操纵内部状态变量，外部状态变量是通过各种控制系统的传感器和执行机构来操作的。由于系统是在 SE 过程中定义的，因此可以表示为 GFT 形式，同时构成了控制飞行器自主算法的基础。

### 11.2.3 自主系统的层级与算法

自主算法具有以确定方式交互的特定功能。这些功能可以在整个飞行器层级(图 11－2－3)和子系统级别(图 11－2－4)上分解。管理航天器必需的自主功能包括综合系统健康管理(Integrated System Health Management，ISHM)、系统控制、任务执行、任务计划以及任务目标和约束数据库。在图11－2－3中，可以看到实现航天器控制需要许多管理循环。最内层的循环位于子系统级别，在图11－2－4中更完整地进行了分解。紧接着是航天器上横跨飞行器所有系统的飞行器管理循环。任务执行循环涉及任务控制功能，例如基于制导和导航更新的控制响应，以及为维护任务目标和约束而进行的调整。任务规划循环涉及根据飞行器系统状态、任务目标和任务约束对任务计划进行更新。任务规划涉及任务目标和约束条件的修改，有时规划结果需要乘员授权[7]。

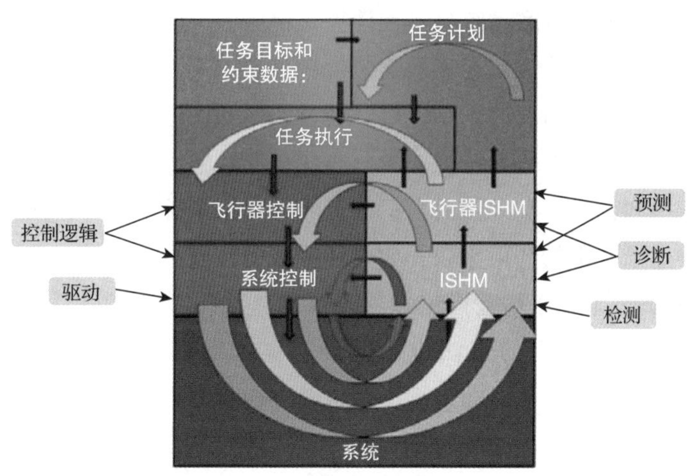


图11－2－3 自主系统层级

在子系统级别，将ISHM分解为组件功能(图11－2－4)，包括系统监视、诊断和预测。系统监视为数据采集系统功能，以测量和收集状态变量数据。该信息被传递到系统管理控制回路和飞行器控制回路，以确保在正确观测实际系统状态的情况下完成飞行器管理。诊断程序根据状态变量测量值及其定义的名义和非名义性能范围来确定实际的系统状态。预测功能用来预测未来的系统状态，包括系统运行寿命和消耗品的剩余量。飞行器控制功能包含在系统级别根据测量结果计算性能，并根据系统当前的性能诊断和预测来确定系统控制。飞行器控制还使用此信息来实现系统之间的协调更改。在系统交互状态下，这可以确保系统对状态变化的响应不会产生不利的冲突。

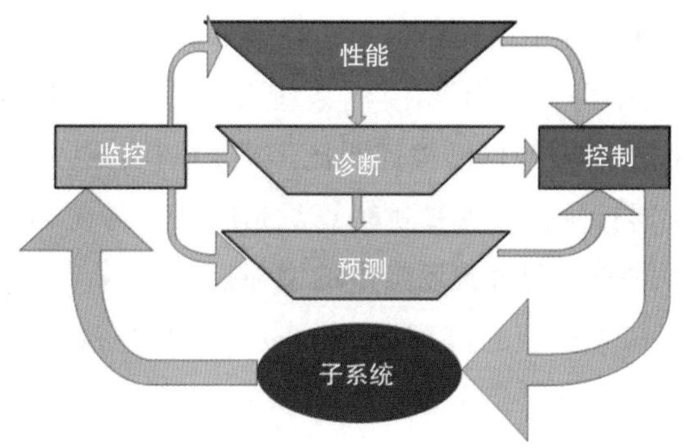


图11－2－4 系统级自主管理循环

实现自主算法的唯一目的是在没有人为干预或有限的人为干预的情况下可靠地控制航天器。这包括对异常情况做出响应的能力，例如传感器故障或航天器内部通信链路丢失。航空航天学术界已经对一些主要自主算法进行了研究，并专注于它们的多样化应用。研究的算法包括专家系统、神经网络、贝叶斯信念网络、基于模型的推理和模糊逻辑。这些方法及其混合方法已在海洋、太空、工业和航空应用中得到证明。许多算法可用于诊断、预测和规划软件。

专家系统。通常来说，专家系统是一种计算机程序，可以模拟在特定领域具有专业知识和经验的人的判断和行为。通常，专家系统包含一个知识库，该知识库包含积累的经验以及一组将知识库应用每种特定情况的规则。可以通过添加知识库或规则集来增强专家系统的功能。从自主性的角度来说，专家系统被视为分布式自动和自主子系统网络中的中央权威。与地面上类似的系统不同，对于航天器而言，其上面的专家系统需要工作在一定的环境中，该环境会影响航天器电子系统的约束参数，如热环境限制、质量、容量、带宽等。随着技术的发展，当今的任务管理(软件)系统将包含更多高级算法，并且将演变为更多的"类专家系统"的系统。但是，对所提出的算法进行验证和确认将是一个挑战，有关验证和确认(Verification and Validation，V&V)的大量现有软件工程研究有望减轻这种挑战。

神经网络。神经网络(Neural networks，NN)在各种应用程序中都很流行，特别是在模式识别和基于案例的推理应用中。NN 在理论上类似于人脑的结构和处理信息的方式。神经网络的训练和初始条件中的问题至关重要，并且在很大程度上因特定的问题而异。NN 是高度非线性系统控制、插值和实时适应的理想选择。该方法具有很好的实时适应能力，其实现的配置已在航空航天应用中得到了证明。例如，用于各种航空应用的作动器控制。神经网络可以看作是快速响应的替代控制方案，用于提供备份服务或处理异常情况，包括使用其模式识别能力来隔离故障。与其他算法类似，它们确实存在问题，例如外推通常不可靠和实时学习不准确(在无监督模式下)等，但是神经网络非常适合并行处理。

模糊逻辑。另一种适用于自主系统的技术是基于模糊逻辑的系统，该系统主要基于经典的数学集合论，它类似于神经网络。像神经网络一样，模糊系统已经在各种复杂的非线性航空航天和商业应用中得到了证明。子系统的先验知识对于训练和开发基于模糊逻辑的系统是必要的。模糊逻辑方法的软硬件实现相对容易，在诸如家用电器、照相机、机车制动系统和航空航天系统控制等应用中非常有用。模糊系统非常类似于比例积分微分(proportional-integral-derivative，PID)控制器，并且已被证明比经典控制器更强大，并且能够更好地适应不确定性问题。对于航天器自主性，模糊逻辑算法是应用于各种子系统的主要方法，例如在可能发生降级模式操作中的警告和报警场景中的增强控制。

基于模型的推理器。基于模型的推理器(Model-Based Reasoner，MBR)可以采用多种形式，这具体取决于应用目标。对于自主系统，MBR 已在实际太空应用中得到了证明，例如美国宇航局艾姆斯研究中心为探路者任务开发的利文斯顿 L2 引擎。这些模型是利用广泛的领域知识开发的，需要在精心设计的软件体系结构下实施，使用高效编程语言和操作系统，能够适应冲突，有效处理并避免嵌入式系统在软件处理中的常见问题。此外，MBR 算法可以用作任务管理器系统中的关键推理子单元，从而构成混合型专家系统。MBR 算法非常适合用于飞行器诊断，以便将预期的子系统行为与实际行为进行比较。使用 MBR 方法的诊断已被证明可以提供快速可靠的响应。像其他自主算法一样，也存在使用最新信息进行 V&V 和推理的缺点，这一直是软件工程和航空航天行业研究中的热点问题。

贝叶斯信念网络。贝叶斯信念网络(Bayesian Belief Networks，BBN)也已广泛应用于各种不同的应用程序中，并且是在给定系统中支持状态可信度计算的理想选择。BBN 使用贝叶斯规则来传播信息，以便评估系统及其子系统的状态。先验和似然信念在代表状态变量的系统状态节点的网络中进行传播。然后，从统计角度确定这些节点所代表状态变量的状态。BBN 严重依赖于先验系统知识，它们的实现需要仔细集成为一个被动系统，以便为现有专家系统或其他类似中央机构提供可靠的信息。BBN 已广泛应用于航空系统，例如吸气式喷气系统。此外，BBN 还广泛用于传感器数据鉴定系统。

上面提出的自主算法各自具有存储和处理需求，需要相应的处理体系结构。该体系结构需要具有灵活性且可扩展，以适应任务规划、可扩展和可配置的需求。该体系结构还需要支持数据处理与管理。学习将是每个提出的自主算法的关键问题。有了每个航天器子系统的经验知识，就可以确定学习算法，并可以在无人监督的情况下进行训练。不管它是整个航天器的专家系统还是单个自主子系统(例如发动机控制器)，任何航天器自主算法的主要目的都是管理飞行器功能和子系统，从而可靠地控制航天器。

### 11.2.4　自主算法集成

自主算法集成的复杂性是多方面的。如上所述，将算法与飞行器系统集成有三个主要方面：系统级管理、飞行器级管理、执行和规划。在系统级别，关键是了解系统的物理原理，并选择一种能够有效地管理物理系统的自主算法。这些物理系统是由内部系统过程、与其他系统的交互以及与环境的交互所驱动的，所有这些都必须由算法来管理。在飞行器层面，重点是将系统集成到响应管理系统中。在此级别上，飞行器的物理影响对计划内和计划外的情况做出正确响应至关重要。对系统之间的交互进行管理，以确保系统进行协作而非竞争地响应，使得系统的行动不会互相对抗，以免使飞行器处于故障状态。任务执行功能通过对特定物理事件的响应而调整系统控制参数来减轻这些影响。任务规划涉及当前飞行器状态的正确理解、朝着特定任务目标的进展以及重新规划，以确保将来的飞行器状态不会超出任务目标和限制[7]。

经过以上关于航天器系统的讨论，飞行器管理 GN&C 算法与模糊逻辑卡尔曼滤波器非常匹配。滤波器逻辑既考虑当前状态又考虑未来状态的能力，使该算法适应了飞行器的物理特性。M&FM 算法直接耦合到系统，并且必须与每个系统的特定物理性质相匹配。飞行控制系统是控制理论的直接应用，其自主管理功能必须包含这些方面。这些系统在操作中需要快速响应，因此需要算法对此进行支持。在这些情况下，神经网络或专家系统可以提供自主控制。热管理系统将飞行器的所有系统互连起来。自主性将需要非常适合于确定这些系统交互的影响，定位意外干扰来源。相对于其他影响，热响应传播较慢。基于模型的推理器是此类系统管理的良好选择。推进系统具有长期且缓慢的影响(例如流体管理和泄漏)，并在发动机点火期间产生非线性快速反应。将神经网络和专家系统或可能的模糊逻辑结合起来来管理这些系统是必要的。与更加动态变化的发动机控制或推力器操作相比，结构和机构在某种程度上是静态的。通常使用有限元模型来准确设计这些系统的应力、应变、断裂控制、载荷、挠曲等。如果需要此级别的建模，则模糊逻辑或贝叶斯信念算法可能会提供最佳的应用程序，而无需执行详细的有限元分析响应异常。如果不需要这种级别的建模，则模糊逻辑、贝叶斯信念算法或专家系统将提供一种很好的方法。电源系统和航电设备是高度互连的。电源管理对通信中的信噪比至关重要。基于模型的推理器为通信管理提供了一个很好的解决方案。跟踪涉及定义飞行器与其他外部物体之间的相对状态。此时，类似于 GN&C 的模糊逻辑卡尔曼滤波器为跟踪系统管理提供了明确的选择。ECLSS 包括许多必须管理的化学和生物学方面的情况。乘员安全和健康约束对 ECLSS 的运行至关重要。专家系统可以为 ECLSS 应用程序提供最佳的自主方法。

在飞行器层面，算法集成至关重要。此层面的算法需要查看飞行器的当前状态、系统与环境之间的交互响应、飞行器的预测状态、任务目标以及任务约束，以管理飞行器总体任务执行。因此，能够处理物理理解和未来趋势的算法至关重要。基于模型的推理器或专家系统都是这种自主算法的较好选择。每个算法都可以处理物理方程式，还可以对当前任务计划中的未来状态进行预测。

可以看出，自主系统将不是单个算法，而是多个算法，每个算法都与其正在执行的特定系统或飞行器功能相匹配。自主系统应用对发展远离地球运行的载人航天器至关重要。

### 11.2.5 自主系统与运行（ASO）工程

美国 NASA 计划到 2024 年使第一名女性航天员以及男性航天员登上月球。通过 Artemis 月球探索计划，使用富有创意的新技术和系统来探索月球，而不仅仅是前往。为了支持这一愿景，NASA 计划在月球附近建造一个可居住的航天器“Gateway”[8]。Gateway 由人居、气闸、动力、能源与推进单元(Power and Propulsion Element，PPE)、物流模块组成。PPE 提供轨道维持、姿态控制、与地球的通信、太空对太空通信以及舱外活动(EVA)通信的射频中继能力。该居住设施可以为在地月空间中的乘员提供可居住容积和短期生命支持能力，并且提供了对接端口、外部机器人和科学技术载荷或会合传感器的挂点，还提供乘员锻炼房间以及科学利用气闸。气闸用于支持航天员的 EVA 能力，同时未来可能为附加模块、观测舱口或者科学利用气闸提供对接服务。通过物流模块将货物运送到 Gateway。图 11 -2 -5 显示了任务的进展，这些任务最终将实现人类返回月球。NASA 将与商业伙伴和国际伙伴合作，计划在 2028 年之前建立可持续的任务。然后，将利用在月球及其周围积累的技术，进行下一次巨大飞跃，将航天员送往火星。

但是，Gateway 仅配备 4 名乘员，并且一年中仅会实际使用几个月。很少的乘员数量无法承担 Gateway 的所有任务操作，因此飞行器必须更加自动化，以减少乘员的工作量。此外，近期和将来的任务都将有相当的时间段没有乘员存在。当乘员不在场时，Gateway 可以提供长达 21 天的自主操作，且不受地面通信的影响。Gateway 的操作概念及其要求，以及对第一个组件 PPE 的要求都反映了对自主的需求。Gateway 可能会受益于航天器舱内的机器人助手，而机器人可能会在没有宇航员的情况下执行某些功能。最后，未来前往火星的任务将需要乘员独立于地面任务控制来进行操作。由于人类太空飞行的关键任务性质，自动驾驶技术必须强大且具有弹性，既可以适应环境的变化、故障和失败，也可以应对人机协作的某些不可预测的情况。需要尽早采用将要在 Gateway 和其他 Artemis 单元上使用的成熟自主技术，以选择最佳解决方案和确定最佳工程实践，并强调多种技术之间的交互以及人机交互。

图 11-2-5 Artemis 第一阶段在 2024 年之前将人类送回月球

人工智能(AI)是计算机科学技术的前沿领域，用于模仿人类表现的功能。自主性的进步将取决于 AI 技术的融合应用。自动化规划和调度是 AI 的传统研究领域，并且是各种任务规划功能所必需的。计划执行技术研究较少，但是它对自主性和机器人技术很重要。特定形式的自动化推理和机器学习是实现故障管理的关键技术。在过去的十年中，NASA 自主系统与运行(Autonomous Systems and Operations，ASO)工程开发并展示了许多采用 AI 的自主技术[9]。有三种不同的方式采用了 AI，以实现自主任务运行能力。乘员自主(Crew Autonomy)为宇航员提供工具，协助航天员执行任务。飞行器系统管理(Vehicle System Management，VSM)利用 AI 机器人完成航天员的部分工作，以减轻航天员的工作量，或者在没有航天员的情况下自主运行。当乘员不在场时，人工智能技术还可以使自主机器人(Autonomous Robots)成为乘员的代理。当使用这些功能使航天器能够自主运行时，它们必须与用户界面集成，从而引入了许多人因因素。当使用这些功能来实现飞行器系统管理时，它们必须与飞行软件集成在一起，并在实时操作系统的控制下在嵌入式处理器上运行。

1. 乘员自主

ASO 演示了在存在时间延迟的情况下规划和故障管理对任务运行的影响。任务运行方案是为 NASA 的深空人居(Deep Space Habitat, DSH)设计的。DSH 是一种类似人居航天器的系统，具备一系列功能，包括名义目标、系统故障和乘组医疗紧急处理等。在代表月球(1.2～5 秒)、近地小天体(NEO)(50 秒)和火星(300 秒)任务的时延值上模拟了这些情景。在基准配置下对各种操作场景和时间延迟的组合进行了测试，该配置旨在反映当前 ISS 的操作。采用基于 AI 的规划、故障管理和信息显示工具，并利用乘组与地面之间的通讯协议，从而缓解乘员和飞行控制小组(Fight Control Team, FCT)成员长时间通信延迟的情况。乘组成员和 FCT 成员的认知工作量通常都随着时间延迟的增加而增加。自主支持技术减少了飞行控制器和乘员的工作量，并降低了协调活动的难度。

AMO TOCA SSC 演示了 ISS 上两个航天器系统的规划和故障管理方案。宇航员管理着总有机碳分析仪(Total Organic Carbon Analyzer, TOCA)、水质分析仪和站支持计算机(Station Support Computers, SSC)，它们是非常关键的乘员计算机系统。这些系统是未来乘组在深空任务中可能需要自主运行的系统的代表。ISS 宇航员使用的这些新软件工具可以提供用于规划、监控和故障管理的决策支持算法、硬件原理图、系统摘要和数据显示，而只依靠乘员是无法获得这些数据的。TOCA 的管理需要监视 22 个数据项以检测异常，在 6 个活动(最多有 12 个可能的活动)的情况下生成计划(最多 12 个)，并对 70 个故障进行检测。SSC 的管理需要监视 161 个数据项是否存在故障。实验持续了七个月，在此期间国际空间站的工作人员对 TOCA 和 SSC 共计进行了 22 次管理。AMO 软件能够连续 7 个月处理来自 TOCA 和 SSC 的数据。在管理 TOCA 活动方面取得了 88% 的成功率。

AMO EXPRESS 和 AMO EXPRESS 2.0 演示评估了计划执行情况，可以通过单一操作员的动作来激活和停用设施。“内核”指令(例如电源、热量、生命支持)和载荷指令的执行都是自动化的，并具有嵌入式故障检测和恢复功能，本质上执行了三个飞行控制器的特定操作功能。此外，自动程序还与基于 Web 的过程执行监视系统集成。该过程执行 59 条单独的命令，并对 236 个不同的数据项进行监视。第一个演示表明该设备可以加电，并从地面自动配置。第二个演示表明，该任务可以由宇航员执行和监视。

ASO 开发并测试了一种基于模型的自动化故障管理系统，称为高级提示和警告系统(Advanced Caution and Warning, ACAWS)。利用 Orion 探索飞行测试 1(Orion Exploration Flight Test 1, Orion EFT－1)从发射前到着陆后的数据和 NASA 飞行运行局支持的故障数据对 ACAWS 进行了测试。无论测试数据来自飞行器检查期间的 Orion EFT－1 航天器，还是来自 Orion 测试和模拟系统，当其传送到任务控制中心时，名义数据就被记录了下来。ACAWS 系统能够检测和显示大约 3500 种故障模式，涉及从传感器故障到主要系统组件故障，对大约 2500 个独特的遥测单元进行监视。该系统在 Linux 笔记本电脑上以 1 Hz 的速率运行。飞行控制器评估表明，ACAWS 提供的信息将有助于快速理解故障，在充分培训和熟练条件下能更快速、更准确地响应。

### 2. 飞行器系统管理

ASO 将规划、计划执行和故障管理技术集成到了能够自动运行休眠（无乘员）的空间人居 VSM 中。这些技术包括容错航电结构、新颖的航天器能源系统和能源系统控制器以及负责人居控制的自主软件。能源系统控制器是由一个合作项目开发的。演示涉及对人居和多个航天器子系统（能源存储和分配、航电设备以及生命支持）的仿真。演示的主要任务是在 55 分钟的日食周期内对人居进行“静态运行”。在本次演示中，以高保真度模拟了航天器功率分配系统和生命支持系统。其他系统在管理上采用了保真度较低的操作约束和系统行为。通过在轨硬件分析和下一步探索能力评估，提出了实际和模拟负载的操作约束条件。在测试过程中总共使用了 13 个真实和模拟的载荷。VSM 对 208 个参数进行监视，能够对 159 个故障进行检测和响应，并在存在 13 个负载约束、6 个电源系统配置约束和 6 个操作约束的情况下对 312 个步骤的计划进行管理（例如，两个系统必须同时处于开启状态或同时关闭，系统不能关闭超过 30min 等），对包括名义条件和非名义条件的 8 种情况进行了评估。

### 3. 机器人技术

ASO 演示了完成 ISS 仿生生物科学场景的灵巧机械手规划和计划执行。该演示系统使用机器人操作系统（Robot Operating System，ROS）实施规划、感知和控制之间的进程间通信，使用 ROSPlan 实施任务级规划和执行，并使用功能性模块进行运动学和连续路径规划。该测试装置采用由 Rethink Robotics 制造的带有电动平行夹持器的 Sawyer 机器人，以及一个具有实体模型的 ISS 实验设施，试验目标是对科学实验中的试管进行操作。组合后的系统用于对试管进行检查、模拟加热和摇晃、将数据发送到地面以等待确认等活动。期间长时间的等待、测试试管位置的切换以及其他意外事件可能会干扰计划的执行。任务包括的动作个数在 50～70 之间不等；有 28 种不同的操作类型，因此在这些计划中重复了很多操作。在执行过程中，总共监视 54 个用于描述机器人和实验架状态的动作。

人工智能实现自主任务运行：

1）规划和调度

使用的规划器是专门设计的，用于根据 TOCA 操作约束和当前时间表生成新的 TOCA 活动。选择这种设计有助于只简单生成少量的未来 2～3 周内的 TOCA 活动，从而使我们能够专注于 TOCA 所需的其他 AI 组件的部署和管理。VSM 规划器使用约束条件下的整数规划（Solving Constrained Integer Programs，SCIP）优化工具，这是一种开放源代码工具，旨在解决将混合整数、线性规划和约束规划方法结合在一起的约束优化问题。将能源负载建模为需要调度的作业任务。每个作业都为负载占空比增加了周期性约束，要求某些负载的功率模式必须相互同步，并且对其最大瞬时功率需求和 2 小时内总能耗进行限制。当任务继续进行或者出现新情况（例如时间提前、新目标或约束、意外事件或错误）时，调度程序将生成新计划。

当有新信息可用或发生故障时，每5分钟会调用SCIP解算器一次。机器人工作中使用POPF规划器，这是一个基于模型的规划器，采用了说明性动作模型。通过定义计划域描述语言(Plan Domain Description Language，PDDL)2.1来确切地对规划问题进行表达。计划动作被映射到解释性模板，该模板为机器人提供了一种动作描述方法，例如捡起试管。描述性模板的构造允许多种方法实现相同对象的不同动作，例如选择一个对象与放置一个对象。

2)执行

ISS上的AMO EXPRESS采用Timeliner作为执行器。Timeliner提供了一种以编程方式对人类决策进行建模的方法。它的结构直接与ISS飞行控制器每天做出的决策过程有关，这些过程涉及诸如激活和监视设施、载荷以及任何其他程序过程。Timeliner采用英语语言结构，使几乎没有编程经验的人不仅可以遵循和理解执行程序，还可以编写脚本。Timeliner脚本是按层次组织的。Timeliner与ISS命令和遥测系统很好地集成在一起，因此其与ISS飞行软件的集成非常简单。VSM演示使用计划执行和交换语言(Plan Execution and Interchange Language，PLEXIL)作为执行器。PLEXIL是由NASA和卡内基梅隆大学合作开发的，后来作为开源软件发布。PLEXIL是一种语言，旨在不确定和变化的环境中执行。PLEXIL提供了许多条件来控制计划的执行，包括循环和层次分解，并提供内部计划要素状态跟踪，其本身也可用作控制逻辑的一部分。PLEXIL提供了定义明确的执行语义以及应急处理机制，可以对它们进行正式验证，并在相同的环境输入序列下产生确定性结果。PLEXIL的执行程序对以PLEXIL语言编写的存储计划进行执行，同时它可以在执行期间加载新计划。机器人工作采用ROSPlan作为执行器，ROSPlan包含一个知识库，该知识库管理相关世界的状态并对规划的模型进行解释。审议层包含一个用于发布命令和监视知识库的ROSPlan管理器(RPM)，以及用于生成和执行任务计划的规划系统。计划分派器发布命令，同时接收来自机器人行为要素的反馈并更新知识库，这些机器人行为要素本身由一系列简单的动作组成。ROSPlan组件的设计与PDDL域模型中的动作具有一一对应关系。当ROSPlan将操作分派给所需要的组件时，该组件将调用完成该操作所需要的行为。成功完成行为后，对传感数据进行检查建议，同时利用操作的影响来更新ROSPlan知识库。

3)故障管理

VSM故障管理工作采用可测试性工程和维护系统(Testability Engineering and Maintenance System(Real Time)，TEAMSRT)软件为基础。TEAMS模型由组件、每个组件的故障模式、表示容量传输(例如电流或数据流)的组件互连模型以及一组(逻辑)测试组成。每个测试都与它能够识别的一组故障模式相关联，这是组件相互连接的函数。测试的结果为通过、失败或未知。TEAMSRT将测试点与故障模式相关联。失败的测试可能暗示一个或多个失败模式，而通过的测试则表明不存在故障。有了足够的数据，就可以确定导致所有失败测试的单一故障模式，这样就确定一个明确的故障模式。为VSM和Orion故障检测创建了上游代码，从而可以满足TEAMS商业软件的使用需求。故障影响推理器(Fault Impacts Reasoner，FIR)确定已确认故障的影响结果，主要是由于故障而导致的功能丧失，例如由于电气系统故障而导致电力损失的组件。FIR 还用于确定由于故障导致的冗余损失。航天器中最关键的功能取决于冗余，以确保即使出现故障也可以使用该功能。特别注意的是，任何可能因单个附加故障而丢失的功能可能已变为零容错功能。通过故障组件的跟踪互连图确定故障影响，并确定组件互连的能力损失。当组件之间有多个路径时，也会计算出冗余损失。FIR 的推理算法以 TEAMS 模型为基础。TOCA 乘员自主演示和 VSM 演示使用混合诊断引擎(Hybrid Diagnosis Engine，HyDE)进行故障检测和隔离。HyDE 使用混合(离散和连续组合)模型和来自诊断系统的传感器数据来推断系统状态随时间的变化，并指示故障的状态变化。HyDE 模型是状态转换图，用于显示事件如何更改系统状态。当传感器数据不再与标称模式转换一致时，HyDE 将确定与数据一致的故障模式。HyDE 可以对传感数据进行预处理，同时可以从系统中获取一般输入(命令、数值等)，使其比 TEAMS - RT 功能更强大，但计算成本更高。

### 11.2.6　人工智能探测器

#### 1. 人工智能在星际探测中的作用

在机器人深空探测和星际旅行中，通常信号需要花费数年才能到达探测器并返回，人工干预非常有限，因此需要高度的自主性。探索目标恒星系统、利用当地资源开发基础设施甚至深空定居都需要较高的自主性。航天器的高度自主性与图像识别、推理、决策等认知任务的执行相关。例如，当前的行星探测机器人能够通过特征识别技术自主识别科学上感兴趣的岩层，并自动决策对其进行分析。这里，将能够执行此类和其他认知任务的过程称为“人工智能(AI)”[10]。

太空探测器上 AI 的主要目标是检测和表征感兴趣的特征，例如通常情况下需要检测雪、水、冰等静态特征，有时需要检测火山活动、着火、洪水、尘土飞扬、主动喷流等动态特征，自主收集感兴趣的样本，自主创建环境地图，对数据进行器载分析以减少需要存储和传输的数据量，器载任务调度需要能够适应一些意外事件。可以使用 AI 来根据航天器状态及其资源的时间轴模型搜索得到令人满意的计划安排。未来发展的有趣领域是协作航天器和协作漫游器，将通过传感器网络对各种传感器数据进行融合处理。

基于 AI 的任务调度可以帮助乘员交互式地进行任务管理。管理航天器系统(例如电源子系统)是 AI 可以为人类提供支持的领域，比如可以执行问题分析、修复措施以及操作影响评估。此外，在行星表面上的操作是 AI 可以协助制定操作计划的另一个领域。

未来将会出现具有复杂人工智能功能的机器人探测器，它们具有自我复制特性，并且能够与外星人进行交流。Bacewell 探测器是一种智能的星际探测器，能够与外星人进行复杂的通信，并包含大量的文明知识[11]。未来将 Bracewell 探测器与自复制功能结合在一起的高级探测器，将在广泛任务类别中体现出与人类智力相似甚至更高的人工智能水平[12]。能够以相似的水平或比人类更好的水平执行广泛认知任务的人工智能称为广义人工智能(Artificial General Intelligence，AGI)。目前对AGI出现的时间估计有所不同，但是它们的中值大约在21世纪中叶，第一个星际探测器的估计发射日期大致在这个时间范围。因此，可以假设AGI和星际旅行可能会在相似的时间点出现，并且它们之间存在相互影响。

在Daedalus项目研究[13]和世界飞船[14]中，人们探索了AI在星际探测器和星际载人飞船维持和内部管理中的应用。在针对空间站使用增强现实和中间过程模拟的背景下，已经开展了此类技术的原型验证。

已有研究讨论了具备AI的星际探测器的各种原理。例如，评估了将思想上载到人造基质中的可行性，以及聚合推进的Daedalus型星际探测器如何将AGI运送到其他恒星并逐渐实现太空移民。提出利用恒星能量围绕恒星的整个轨道环构想。介绍了几种基于AI星际探测器的潜在任务架构，其主要目的是在它们到达之前创建空间或表面殖民地，从而铺平人类星际殖民的道路。提出了利用AGI在另一个恒星上从单个人类细胞或胚胎中生长和培养人类的思路，从而避免成年人类的运输。

关于AI在空间应用中的中长期前景，可以归类为在太空中构建人工产物、与外星人交流以及对人类的培育。在太空中建造人工产物包括原地资源利用、设计、制造、验证、确认和测试以及自我复制。

### 2. 人工智能探测器概念

可以根据任务目标对人工智能(AI)探测器进行分类。它可能是一个经典探测器，AI仅作为实现恒星系统自主探测的技术手段。它也可能更复杂，为人类殖民准备基础设施，甚至构建完整的基于AI的殖民地。可以根据任务目标将AI探测器分为四种类型：

1)探索者(Explorer)

能够在具有已知属性的系统中执行先前定义的科学任务；能够制造预定义的备件和组件。其中，Icarus和Daedalus的研究就是很好的例子。

2)贤者(Philosopher)

能够在未探索的情况下设计和实施科学计划；具有原创科学的能力：观察意外现象，拟定假设并进行检验；能够在诸如行星保护之类的哲学参数范围内工作；能够在有限的范围内使用本地资源，例如制造子探测器，或进行自身复制以开展其他恒星的进一步探索。

3)创建者(Founder)

能够大量使用当地资源，例如建立人类易于生存的居所；能够在作为萌芽状态的太空殖民地一部分的目标天体上建立适宜人类居住的场所；可能在全球规模内改变条件(外星环境地球化)。

4)使者(Ambassador)

具备在哲学和其他参数范围内代表人类与地球之外的智慧进行首次接触的能力，要求其

遵守基本指令并确保人类安全。

3. 通用人工智能探测器设计

人工智能探测器的概念已经在 Hein 的研究中提出[15]。基于任何先进的 AI 探测器仍然可能会使用大量计算资源，从而消耗大量能量。未来人类或超人类人工智能将消耗与其模拟人类大脑等效能量一样多的能量。模拟人类大脑被认为是通向 AGI 的一种可能途径。

## 11.3 太空机器人生态圈

### 11.3.1　机器人自我复制原理

繁殖被认为是生物体的独有特征之一，它可以发生在各种空间尺度和时间尺度上，如细胞分裂、DNA 复制以及宿主细胞内的病毒复制。如果复制过程完全由复制系统控制和操作，则该复制系统称为自我复制系统(Self-Replicating System，SRS)。比如，细胞分裂就是一个自我复制系统，其自我复制需要一定的环境条件。除了复制所需要的能源和零件等资源外，还需要基质、催化剂和可能用到的其他工具，这些工具会在复制系统完成自我复制后重新回到环境中。相反，如果复制过程需要外部控制和操作，这样的系统就仅仅是普通的复制系统而非自我复制系统[16]。

自从 50 多年前冯 · 诺伊曼提出自我复制机器人理论以来，设计和构建具有自我复制能力的机器人系统一直是机器人研究领域以及科幻文学领域的梦想。在 1948 年的一次演讲中，冯 · 诺伊曼提出了一种自动机模型，该模型是一个自我复制系统，包含四个组件：

A：自动工厂，接收特定指令收集原材料并进行加工；

B：复制者，接受指令并进行复制；

C：控制器，用于交替控制 A 和 B；

D：指令清单。

在冯 · 诺依曼模型中，自动机(A + B + C + D)产生了另一个(A + B + C + D)，即

$$[(A+B+C+D)] \rightarrow [(A+B+C+D),(A+B+C+D)] \qquad (11-3-1)$$

在该模型中，没有对原材料和指令的确切含义进行量化，同时没有对环境元素进行量化。此外，能量的作用机制和废物的产生等物理过程也没有得到清楚阐述。将冯 · 诺依曼模型应用于物理自复制过程时，该模型可能是不完整的。因为通常情况下，如果缺少某些环境条件和资源，系统是无法自我复制的，比如细胞繁殖过程。

为解决这个问题，一种改进的冯 · 诺依曼模型增加了外部资源 $\alpha$ ，以及自我复制结束之后的剩余资源 $\beta$ ，可以将式(11-3-1)扩展为：

$$[(A+B+C+D),\alpha] \rightarrow [(A+B+C+D),(A+B+C+D),\beta] \quad (11-3-2)$$

然而，上述模型仍没有说明环境的作用，并且对 $\alpha$ 和 $\beta$ 的描述不够详细。

自我复制系统是具备“自我”属性的一类复制系统。下面引入一个新的框架来描述复制系统，该框架包含三组组件，分别是：

M，用于构建复制体的可用零件的多重集。在数学上，多重集是对集合概念的推广，相同元素可以出现多次，如{1，1，1，2，2，3}。

R，待复制的初始系统组成的多重集，$R \neq \varnothing$。

E，复制过程中涉及的环境元素组成的多重集，该集合里的元素不会被复制。

上述过程可以写为：

$$(R,M,E) \rightarrow (R',M',E') \quad (11-3-3)$$

式中：$|R| < |R'|$，$|R|$ 表示初始系统的数量。假设初始系统的复制过程可以表示为时间的相关函数 $\Phi$，则该复制过程可以表示为 $(R',M',E') = \Phi(R,M,E,t)$，其中 $t$ 是复制所需的时间。注意，这里的 M 代替了式(11-3-2)中的 $\alpha$，并且明确包含环境元素，而将复制过程产生的废弃物 $\beta$ 视为复制完成后被改变的环境 $E'$ 的一部分。

根据该模型，式(11-3-1)中的(A + B + C + D)可视为 R，系统所在的环境可以视为 E。根据 R 是否主动控制复制过程，将其分为主动系统或被动系统。自我复制系统首先必须是主动系统。

### 1. 被动复制

在被动复制过程中，系统由外部构造者复制，而系统本身在复制过程中不具有主动功能。比如 DNA 复制是通过 DNA 聚合酶和相关蛋白的相互作用进行的。在此过程中，DNA 扮演指令 D 的角色，但不充当构造者 A 的角色。

### 2. 主动复制

能够在外部构造者的帮助下进行自我复制的主动系统称为主动复制系统（Active Replicating System，ARS）。病毒是一个主动复制系统的例子，单个病毒可以通过将其遗传物质注入宿主细胞来诱导复制出数百个新病毒。根据上述模型，可以定义 R ={病毒}、M ={宿主细胞中可用的营养素}、E ={包括所有转录和翻译机构的宿主细胞}。

### 3. 被动自我复制

如果系统本身没有主动功能，但是存在一个与该系统相关联的复制过程，而没有任何外部构造者，则将这种过程称为被动的自我复制过程。比如，虽然 RNA 拥有遗传信息，但它并不是一个主动系统，而是可以看作是包含复制机构的指令。

#### 4. 主动自我复制

主动自我复制系统（Active Self Replicating System，ASRS）具有足够的功能来自我复制，同时可能需要借助一些被动的环境要素。根据上述模型，用 $\Phi$ 表示自我复制过程，此时 $R = \{细胞\}$，$M = \{向细胞提供的营养素\}$，并且 $E = \{细胞周围的环境要素\}$。自我复制完成后，$R' = \{细胞，细胞\}$，$M' = M - \{用于细胞分裂的营养物\}$，并且 $E' = E + \{复制过程中产生的一些废物\}$。

### 11.3.2　自我复制机器人的分层组装

采用当前制造技术进行机器人地外制造是一件十分困难和复杂的事情，其需要集成的独特零件数以千计。通过自我复制机器人（称为冯·诺依曼探测器）实现指数型的太空探索，可以降低机器人制造的复杂性。Langford 等基于 13 种可逆组装的零件类型，提出了一种用于机器人设计的分层模型，降低了机器人自我复制的复杂性。这些零件构成了太空机器人的电子系统和机械系统的基础集。通过对零件进行标准化和模块化设计，可以极大地减少所需供应链的多样性以及最小有效负载质量。据估计，以只包含大约 105 个零件、总体积与 3U 立方星差不多大小的发射载荷作为种子，就可以装配 100 多个自我复制的装配器[17]。

#### 1. 设计架构

下面将详细介绍分层组装自我复制机器人的体系结构。首先，介绍装配体系结构和零件设计；其次，从组装系统的组装需求出发，介绍利用小尺寸功能性构件组装被动机械系统、执行器和控制电路过程中涉及的设计决策和约束条件。

1）零件类型

分层组装通过增量装配过程将许多离散零件连接成三维结构，如图 11－3－1 所示。通过图 11－3－2 中列举的 13 种零件类型的几何布置，可以组装成各种机器人系统。

这些零件通过与相邻零件互锁以形成规则的格子框架结构。零件接口设计主要考虑的因素包括两个方面，一是要易于组装，二是要具备将机械负载和电子信号传输到相邻零件的能力。采用垂直组装的方式，结构增量建造过程每次只需要一个零件，因此可以使用冲压和层压等二维制造工艺轻松地制造出这些零件。零件之间的简单机械接口也可以拆卸，从而具有可重构性和重复使用性。此外，这些装配件的互锁特性允许通过不同的受力传输路径来分配负载，这意味着装配件的尺寸不受单个零件强度的限制。

这里将毫米级零件的装配设计作为研究重点。零件的最长尺寸设计为 5mm，特征尺寸为 100μm。这个尺度可以在单个零件的功能与组装的密度（每单位体积的零件数）之间取得平衡。此外，在毫米尺度上，电磁驱动仍然具有优势，并且可用的工艺和材料并不会受到限制。

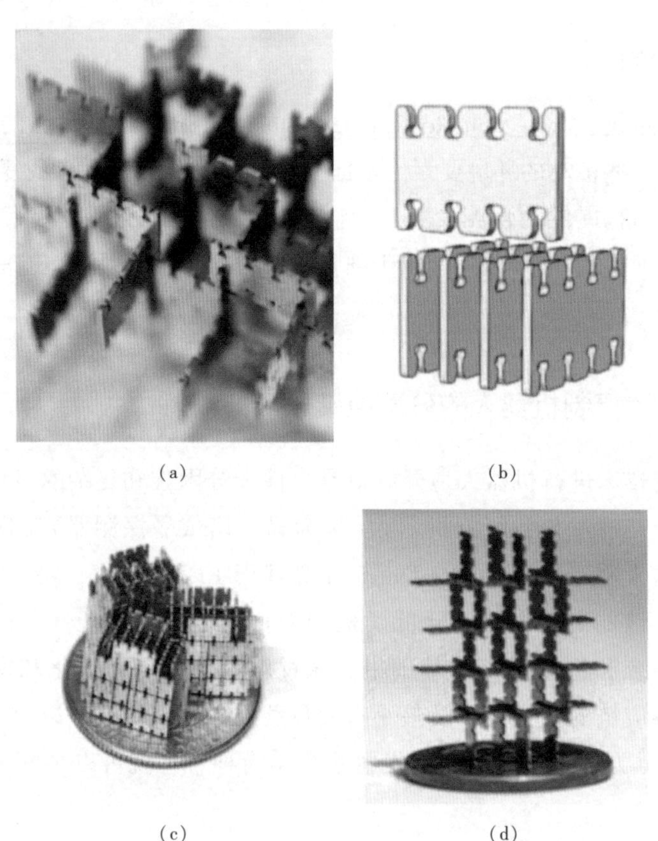

注：图(a)和(d)显示结构由青铜零件组装而成；图(b)显示了连接各部分的互锁槽；图(c)显示了三个组装好的电容器。

图11-3-1　组装各种结构的零件

2)层次结构

通过分层结构和模块化可以搭建更高层级的系统。将系统层级分为零件、模块、子系统和系统四个层次，类似于分子生物学中的一级、二级、三级和四级结构。

1)零件是构成系统的最基本的构建块。在图11-3-2所示的13种零件类型中，每一种都是简单的功能性基元，包括3种驱动基元、6种被动机械基元、2种导电性基元和2种电子基元。这些零件在结构上互锁，从而可以构建更高级别的模块，并最终实现航天器的所有必需功能。

2)模块是零件的组装件，可以执行特定的操作，如运动、部件操作、逻辑和放大等。

3)子系统是实现航天器部分功能的结构，这些功能包括装配、通信、能量存储、能量捕获、计算、结构和机构等。

4)系统是子系统的组合物，是整装的机器，比如航天器系统。

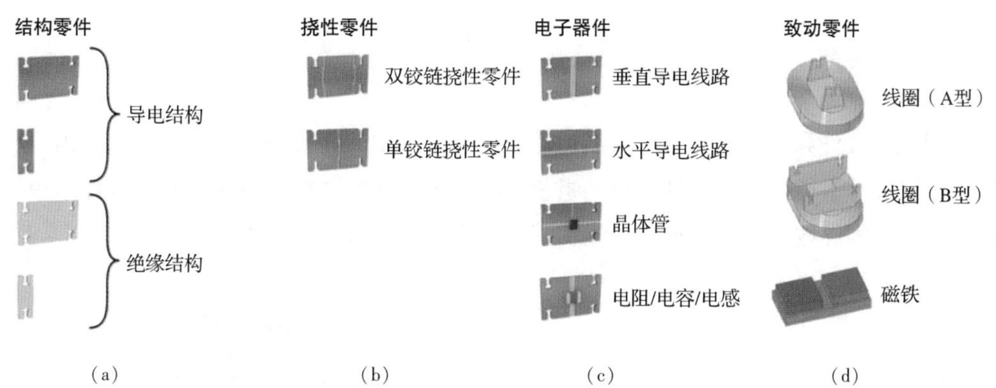


注：构造机器人功能所需的13种零件类型包括：(a)绝缘和传导的结构零件；(b)具有1或2自由度的挠性零件；(c)用于切换和路由信号的电子零件；(d)包括线圈和磁铁的驱动零件。

图11-3-2 零件集合

3)组装器

组装器是能够在提供零件给料的情况下，组装包括另一台组装机在内的各种航天器的机器。因此，组装器需要能够组装和拆卸零件，并能够实现零件的空间定位。

假设一个自动复制航天器由一组零件组成。为实现完全自我复制，这些零件原料需要使用原位材料和工艺来生产。将原位材料转换为可用零件的方法涉及到提炼金属、聚合物、半导体和磁性材料等，这不在本书的讨论范围内。零件的操纵和运动可以只由三种类型的模块组装而成：线性运动、零件抓取和格子框架锚固。这种组装器的初步设计如图11-3-3所示，其中：

1)线性运动：组装器需要能够移动至少一个格子框架间距，其运动精度只需要满足零件的纠错能力；

2)零件抓取：组装器能够移动、操作和组装原始的零件材料；

3)格子框架锚固：在移动和组装过程中，组装器需夹在现有的格子框架几何体上。

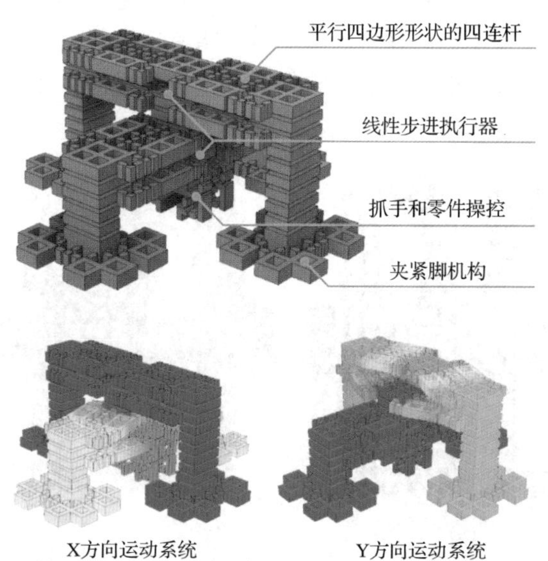


图11-3-3 组装器由大量子系统组装而成，这些子系统包括直线运动模块、夹紧脚机构、可以操纵零件的抓手。组装器通过同时控制两只脚来移动

### 2. 被动机械系统

由刚性连接件和旋转接头产生直线运动是机械设计中的经典问题。本节演示了由三种被动机械零件组成的平行四边形连杆机构的组装过程，这三种被动机械零件分别是刚体、单铰链和双铰链。这些零件按层次结构形成单元，并进一步由这些单元形成机构，如图 11－3－4 所示。

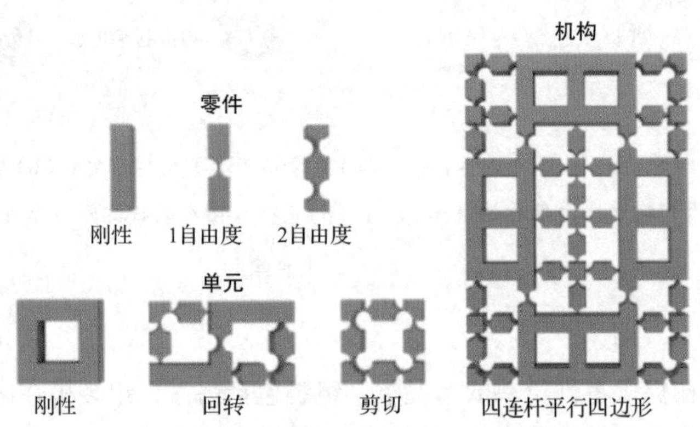


图11－3－4 被动机械系统具有自然层次结构

由于组装结构的各向异性，这里以平面机械结构为例进行介绍。直线机构最少可以由 4 个零件构成，而旋转关节最少可以由 3 个零件构成，但是直线机构的行程较短。通过在增强的运动单元之外构建机械结构，组装体系结构可以实现较大的位移，进而承受更大的负载。

平行四边形连杆机构可以认为是三个运动单元的组合：

(1)剪切单元：四个双铰接零件组合在一起，形成可以沿横轴和纵轴剪切的单元。

(2)旋转单元：单铰链、刚性和双铰链零件形成跨两个单元的增强型旋转关节。

(3)刚性单元：四个刚性零件结合在一起形成一个刚性单元。

平行四边形连杆机构可在小位移角内近似做直线运动。为实现准确的直线运动，可以将两个平行四边形连杆机构彼此堆叠以消除它们的余弦位置误差。此外，也可以使用镜像来增加机构的离轴刚度，如图 11－3－5 所示。

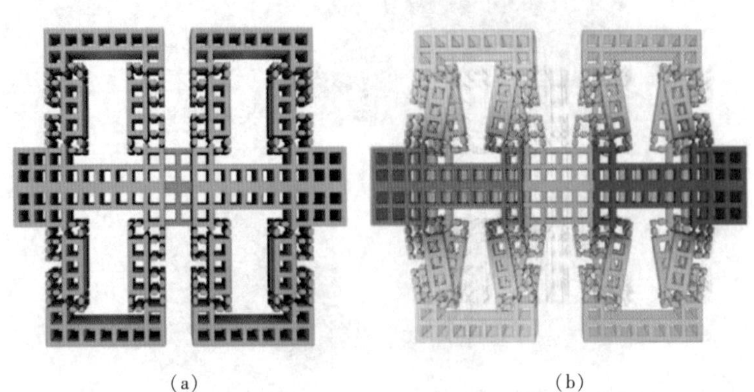


图11－3－5 由三个被动机械零件组成的线性平台的变形

### 3. 主动机械系统

这里介绍用于驱动机械结构运动的驱动部件。驱动方式的选择主要取决于结构的几何尺寸。对于由毫米级零件组装成的结构，最合适的驱动方法是压电和电磁；当机械结构的几何尺寸更大时，压电执行器就无法产生足够的行程，从而无法与电磁执行器的能量密度相匹配；当机械结构的尺寸更小时，电磁驱动就不再合适，而静电驱动成为更可行的选择。

组装的格子框架结构可以采用两种驱动形式：零件内的驱动和零件间的驱动。本节主要研究零件间的驱动，尤其是电磁零件。这些电磁零件可用于组装任意大小、形状和功率的平面步进电机。

为了实现电磁驱动，需要在驱动器中嵌入其他三个部件，包括两个线圈部件和一个磁片，如图 11－3－6 所示。平台运动是通过两个偏置线圈的交变电流来控制的。线圈包裹在无铁磁芯上。因为铁磁芯虽然能够增加磁通密度，但是也会向下产生很大的吸引力，进而可能导致不希望发生的位移。

磁片由高磁导率钢制成，用于增加磁通量，其厚度需要精细设计以避免饱和。当线圈和钕磁铁之间有 250μm 的气隙时，可以产生大约 0.2T 的磁场。流过线圈的电流与磁场的 $Y$ 分量相互作用，并在 $X$ 方向上产生平移力。

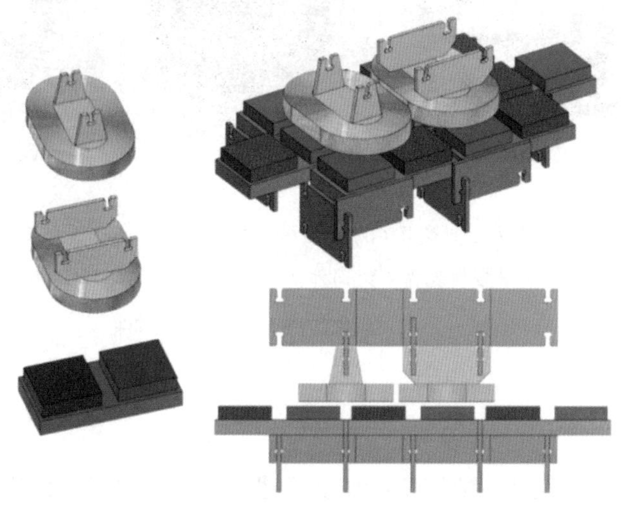

图11－3－6　三种电磁零件组成的驱动结构和线性步进电机

### 4. 电子器件

将自我复制机器人中所需要的控制和计算功能进行分解，并以与被动/主动机械系统类似的方式进行重组。与现有制造集成电路的技术相比，本节所提出的组装体系结构支持电线和控制信号线的三维布设。

Langford 等人展示了由三种单一材料零件类型组成的电子布线和无源电子组件（如电感

器、电容器、电阻器等)的组装过程，如果再增加两个零件类型，包括 N 通道和 P 通道金属氧化物半导体场效应晶体管(Metal-Oxide-Semiconductor Field Effect Transistor，MOSFET)，则可以构建任意逻辑电路。

“与非”门(NAND)运算符在功能上是完整的，因此可以通过 NAND 的组合来实现任意布尔函数。图 11-3-7 描绘了一个由 22 个导电和绝缘部件以及 N 通道和 P 通道 MOSFET 组装而成的 NAND。

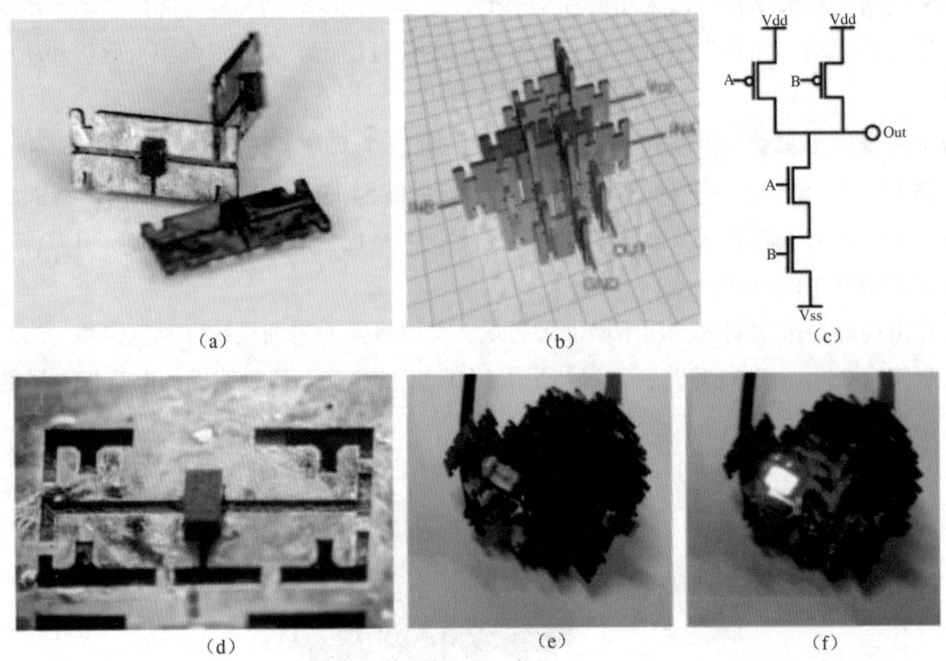


注：图(a)和图(d)显示了用于组装图(b)和图(c)中所示的 NAND 晶体管“GIK”部分；图(e)和图(f)显示了使用常规表面安装部件使 LED 闪烁的分立组装电路。

图 11-3-7　组装成的各种电子结构和零件

## 5. 任务架构

根据前述模型，假定组装器能够使用如上所述的平行四边形挠性连杆机构在 $X$ 和 $Y$ 方向上移动，则一个装配器可能由大约 2000 个零件组成。

1) 被动机械装置

每个装置均由 50 个零件组成，并且可以通过其中的 8 个组装成线性运动平台。每个装配器有 2 个主要运动级，考虑损耗为 10%，总计 900 个零件。

2) 主动机械装置

每个驱动自由度至少需要 2 个线圈和 2 个磁体。为了驱动更大的负载，需要更多的线圈对，估计每个自由度需要 6 个线圈对。这 6 个线圈对在装配器上分解为四个部分，每个部分具有 7 个自由度，这样总共约 200 个零件。

3) 电子器件

每个执行器都需要逻辑和电源开关。可以假设电子复杂度与机械复杂度相等，总共约有 900 个零件。

下面讨论自我复制系统的可能任务架构。假定初始系统为一个 3U 立方星，其中 1U 是组装器，其余 2U 是零件。假设零件尺寸为 5mm × 3mm × 0.25mm、零件平均密度为 2.7g/cm$^3$、零件质量为 10mg、组装器由 2000 个零件构成、组装器质量为 0.02kg。根据立方体卫星(质量 1.33kg，尺寸 10cm × 10cm × 10cm)的有效载荷质量和体积限制以及典型零件的质量和体积，可知每 1U 的有效载荷质量有 133000 个零件，那么 2U 的有效载荷质量(包括 266000 个零件)可以制造大约 133 个装配器。

本节研究两种情况：一种是自复制系统(SRS)尽可能简单地创建自身，另一种是将一部分零件用于创建航天器组件，以使 SRS 能够超越其当前位置，并拥有找到新材料和自我复制的能力，图 11-3-8 描绘了这两种情况。可以对太空机器人的特定功能进行一些假设，包括发电(太阳能板)、蓄电(电池)、推进(无推进剂)、飞行器/整流罩(进入/下降)、导航(星敏感器)、控制(反作用飞轮)、通信(天线)、计算(星载计算机)。目标是将制造航天器所需的零件数量限制为 1U 单元(133000 个零件)的容量。航天器将足够大，以适应 SRS(尺寸为 8cm × 8cm × 8cm 的边界框)的大小。

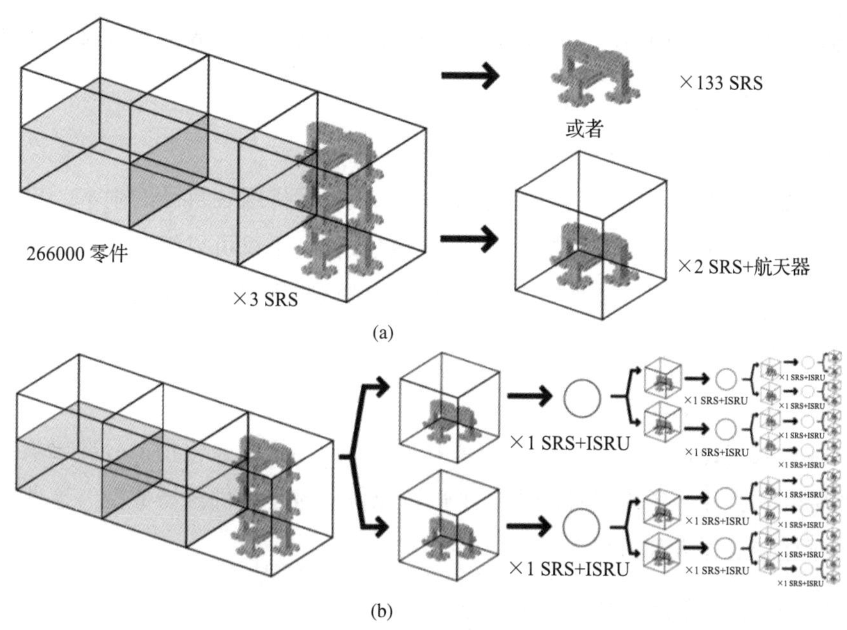


注：图(a)显示了一个场景，其中使用 1U 装满的组装器从 2U 装满的零件中组装 133 个自我复制系统；图(b)显示了一种情况，其中将这些零件的一定百分比分配给航天器系统，使其能够穿越太空。

图 11-3-8　将组装好的组装器从一个立方体中抽出，并有足够的零件来组装更多的系统

### 11.3.3 月球开发自复制机器人

太空可以成为人类无限材料和能源的潜在来源，用于行星探索的太空机器人系统已引起关注。但不幸的是，直接将巨大数量的人类和大型装置送入太空的发射成本以及空间环境的影响令人望而却步。空间原位资源利用技术的发展将会改变这种困境。如果将月球表面用于收集太阳能，并在月球表面进行原位表岩屑和岩石的开采提取，然后就可以以较小的代价将这些能量和材料输送到低地球轨道或太阳系中的其他地方。从月球出发进行空间能源和资源补给的思路，有效避免了从地球表面运输大量物料的巨大能源成本，并避免了不必要的发射对地球大气层所造成的污染。利用月面自主发展的自我复制机器人系统进行自主的、大规模的月球资源提取是空间工业化的关键。当自我复制的机器人工厂在月表扎根时，随着机器人群体不断扩大，月球资源开发能力将大幅度调高。月球将变成空间工业化的材料原产地和发电机。在月球表面提取的原材料和存储的能量将被用于支持深空探测和人类空间活动，这使得其他空间资源的利用变得更加容易。有效利用月球资源可能是未来 50 年内对地球环境产生有利影响的最实用方法。但是，难以通过在月球上直接启动大规模的生产设施来实际利用月球资源。因此，自我复制系统至关重要[18]。

1. 具体设计概念

本书的中心思想是利用自我复制的机器人系统在月球上生产能源和材料。实现太空工业化的几个关键系统包括：

1）多功能自我复制机器人

多功能自我复制机器人能够利用给定的完整未组装零件组装自己的副本。自我复制机器人以同一个移动平台作为基础，并携带附加的操纵载荷，不仅可以组装自身的副本，还可以组装机器人的某一个子系统。增加一套工具夹具，则这些机器人还将用于在一个月球工厂的各个子站之间开展挖掘、运输材料与组件等。

2）月球资源提取与铸造系统

月球资源提取与铸造系统用于从表岩屑中的硅、铝和铁的氧化物中分离出氧元素，同时获得熔融的铝和铁，注入预先设计的模具中进行原位机械零部件浇铸成型。这些铸造产生的零部件将用于建造机器人和月球工厂。

3）太阳能转换、存储与传输系统

太阳能转换与存储系统通过光伏电池和广泛分布的反射镜收集太阳能，太阳能一方面用于为机器人和磁悬浮轨道提供动力，另一方面用于在材料加工厂中电解分离出金属元素与氧化物。系统将转化的电能存储在金属氧化物燃料电池中。太阳能转化与存储系统收集转化的能量远高于其系统自身和月球自主复制工厂的能量需求，因此多余的能量可以通过微波远距离传输，为低地球轨道卫星供能。其中，一个关键问题是储能。如果存在足够的水或元素氢，这将不会有问题，因为燃料电池将是一种选择。而在没有这些资源的情况下，有两种选择：一是根本不存储能量，而仅在产生能量时使用能量；二是将金属元素保持在熔融状态，并将其用作燃料电池材料，当被先前分离的氧气所氧化时，它将产生电能。

4）电磁轨道炮

电磁轨道炮系统用于进行远距离运输(例如，用于向 LEO 运送物料，或将复制的工厂运输至月面其他位置)。在这个概念中，当复制品准备运送到新位置时，其所有组件系统都将被装在铁壳中，并像子弹头火车一样加速。然后将它像炮弹一样沿着弹道射出，直到降落在新位置为止。如果规模足够大，则同类型的电磁轨道炮可能会将材料直接射向 LEO。由于电磁轨道炮由许多重复的相同单元组成，并且在复制过程中不会使用轨道炮的功能，因此无须将完整的轨道炮送入月球，只需要发送轨道炮的一段。该段的模具将在原位建造，并且该段将被复制以建造全轨道炮。

具体体系结构如图 11－3－9 所示。图中的箭头表示组件系统之间的作用或资源转移。整个系统实现自我复制的关键是内部闭环，当铸造的机器人零件可用时，指示机器人进行自我复制，即图 11－3－9 中所示的“自我复制过程”。此处，“机器人操作器”在机器人领域中称为“移动操作器”。它是一种带有机械手设备(如机械臂或抓手)的移动机器人，而不仅仅是一个固定的机械臂。图 11－3－10 所示为一个复制工厂的可能方案。

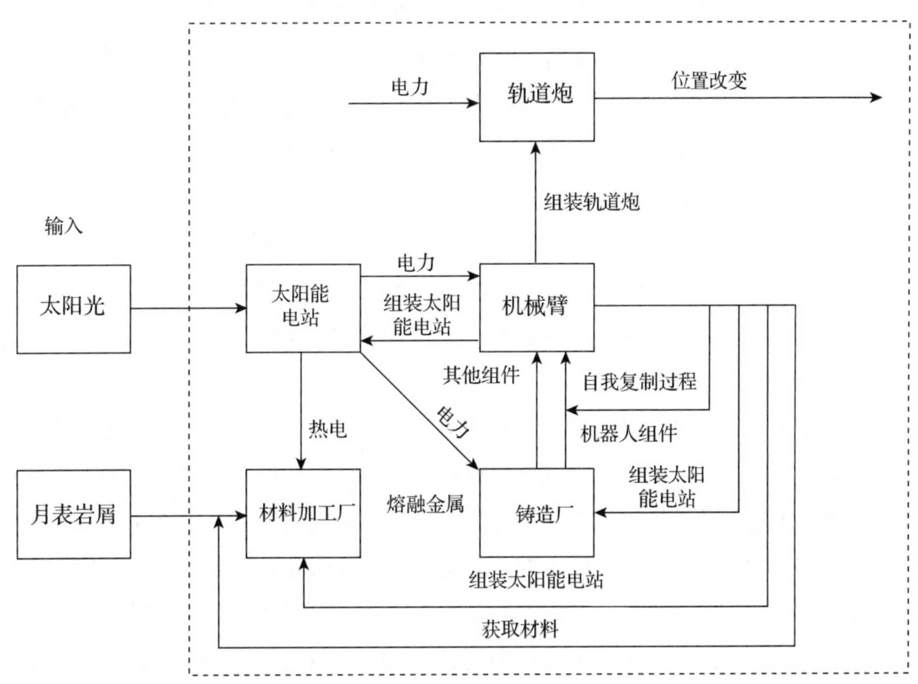


图 11－3－9　自我复制的体系结构

图11－3－10 自复制工厂概念

## 2. 自动复制机器人

多功能自我复制机器人是使本书的概念切实可行的关键部分，这反映在图11－3－9中，其中从机器人回到机器人的内部循环产生了整个系统的自我复制能力。简而言之，如果没有机器人的自我复制，该体系就不会具有自我复制的能源和材料生产能力。因此，本节会详细考虑自动复制机器人的理想特性，讨论机器人完成复制必须的最低智能标准。

在开始研究自我复制机器人的设计标准之前，必须给出可接受的自我复制定义。简单地说，自我复制机器人是可以由一个或多个相同种类的机器人复制的机器人。但是，仔细思考就会出现一些更为复杂的问题，如机器人从何处复制(冯·诺依曼认为在备件库中运行的自动机可以组装自身的复制体)，哪些器件可以成为备件，六自由度机械手是否为备件，直驱直流电动机是否为备件，铝制圆柱棒是否为备件。

为了便于讨论，假定铸造厂生产的任何刚性物体都满足自复制机器人的需求。在复制时，自复制机器人需要能够使用大量的月球资源，从铸造的刚性组件中选择铰接或驱动组件进行组装，对于计算器件以及机械部件来说也是如此。如果要在自复制工厂中生产微处理器，那么必须考虑复制微处理器工厂的能力。为了使概念尽可能简单，此处探讨的机器人概念将不依赖于微处理器。

这里存在一个矛盾，即系统越复杂，基础架构的能力就必须越强，只有这样才能使其成为一个自我复制系统。拿生物学来举例说明这个矛盾：在随机突变和自然选择的帮助下，导致像人类大脑这样的复杂系统进化超过数十亿年；系统必须具有足够的复杂度，才能执行自我复制。这是机器人需要主动完成的任务，比在其他地方已成功证明的被动自组装部件要更加困难。

设计一个简单的自我复制机器人(可能与其他同类机器人协作)，以具有几何特征的刚性组件组装其自身的复制体，通过在模具中浇铸熔融材料来生产。虽然这种零件制造方法不是唯一方法，但很容易想象铸件可以用来制造新模具，而新模具又可以用来制造新铸件。因此，这种组件生产方法适合于整个系统的自我复制。另一种制造技术——激光烧结，需要具有复制激光的能力，而铸造不存在这样的需求。接下来将详细介绍适用于此概念的机械、电

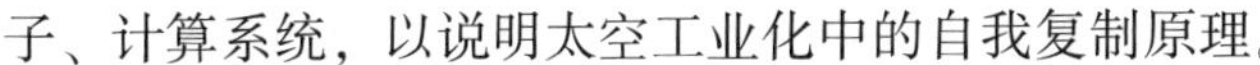

子、计算系统，以说明太空工业化中的自我复制原理。

1) 机械设计

自我复制机器人的机械设计需要综合考虑其自我复制、月面挖掘、系统组装和容错的功能要求。

(1) 机器人必须在自然地形下具有独立运动的能力；

(2) 针对不同的装配任务，机器人可以借助特定的固定装置；

(3) 机器人的执行器必须由刚性子单元组成，每个子单元之间都可以通过简单的操作进行组装连接；

(4) 机器人必须能够将固体物体(即负责组装的所有组件)和一定量的表岩屑类物质运输到平面中的任何所需位置和方向；

(5) 机器人设计必须紧凑且重量轻，从而保证将初始系统运输到月球以及从月球表面运输新的复制品是可行的。

提出这些标准的原因很明确，满足这些要求将使机器人能够执行自我复制以及采矿、建造所需要的各种类型任务。

2) 易于制造的执行器

自我复制机器人工厂的一个基本特征是由某些类型电机驱动的机器人和固定的自动化系统能够组装出相同类型的电动机。这些刚性组件由月球资源提取与铸造工厂生产。直观地考虑，利用原位资源进行电动机设计和组装是比较困难的。

电动机的制备有两种思路。一方面，电动机可以使用镍或铁制成的永久磁体，或者其他从月球上开采的各种合金或稀土材料制成。另一方面，电动机的定子也可以是纯电磁的，其磁场通过带电的线圈产生。定子线圈可以涂有金属氧化物作为绝缘层，也可以通过简单的设计使线圈不接触任何其他导电组件，从而消除短路的危险。电机的转子组件可以是多个凸形的铁铸件，这些铸铁的两端都用环固定在一起。每个铸铁件可以被铝线圈包围，但是铝线圈应与铁铸件和烧结的金属氧化物隔离。

电磁阀是最简单的驱动技术，仅需要一个外部螺旋的铝制导电线圈。当通电时，这种线圈会导致弹簧加载的铁或镍推杆被拉入；当不作动时，弹簧使推杆返回其原始位置。

3) 自我复制的智能计算单元

在真正物理实现这样一个自我复制机器人时，机器人智能的自我复制通过两种形式来实现，一种是通过每个机器人节点独立在线计算，另一种是通过地面集中计算并遥控执行。

自然界中包含病毒在内的许多微生物，其遗传信息非常简单，但是具有非常强的自我复制能力。对自我复制机器人的智能计算的实现也追寻生物学的灵感和动力，采用每个机器人节点独立在线计算的形式。

考虑月面复杂电磁辐射环境以及机器人智能计算单元的复制可行性，月面自我复制机器人放弃了容易受到空间电磁辐射干扰影响的微处理器芯片，而是采用由机电开关、原始真空管和金属条带等构成的简单处理器。自我复制机器人智能计算单元的基本能力如下：

(1)机器人必须能够将数字信号转化为物体的输出力和力矩动作；

(2)机器人必须能够感知和修正其相对于人工标记点的位置；

(3)机器人必须能够评估它们是否损坏，是否组装错误、是否正常运行；

(4)机器人必须能够识别其需要操作的所有零部件；

(5)机器人必须能够将上面的所有能力用于其自身的零部件副本。

以上这些任务都可以在不依赖微电子设备的条件下，通过大型继电器来实现。也就是说，以前使用晶体管实现具有复杂行为的机器人的工作，可以很容易地基于非常强大的继电器来实现。随着时间的推移，机器人执行的任务不会改变。因此，如果从开始就具备良好的机械、感知和任务执行功能，那么就不需要重新对机器人进行编程设计。

### 11.3.4 机器人圈：自我维持的机器人生态系统

将目前对机器人行星探索的“面向任务”的序列方法转变为“基础设施建设”方法，其中机器人的存在是永久的、自我维持的，并且是随着每个任务的发展而成长的，这种自我维持的机器人生态系统称为“机器人圈”(Robosphere)[19]。机器人圈将包含人类探索者所需的许多基础设施，从而降低从机器人探索到人类探索的过渡过程的工作量和风险。

#### 1. 机器人生态系统

机器人探索者和建造者必须先于人类存在于行星表面或深空，从而深入了解有待探索的环境，并为第一批人类探索者准备一个安全的居住区和原位资源利用的技术测试。

机械和能源是长期探索的一个基本挑战。假设可以通过太阳能、核能或其他原位资源提供足够的能量，但是机械故障的存在仍然没有好的应对方案。

1)能够相互修复的小型机器人集群

当前，机器人自我修复的研究主要是基于模块化和可自重构系统的。虽然具有自主更换故障模块能力的模块化机器人系统尚未开发出来，但应该并不遥远。

2)机器人前哨站

鉴于能源供应和自动机械维修的基本挑战，机器人前哨站将需要成为行星机器人持续探索的基本单位。前哨站的功能包括：能源生产和输送；机器人单元的功能化，比如有的单元将专门用于维修，有些单元进行维护、能源生产和分配，有些单元用于科学探索；庇护各种机器人，减少机械性能下降；用于庇护所建造和维修的机器人单元。

前哨站的自主程度可能会逐步提高，专业化也会提高，但是这种演变的速度取决于很多因素，包括当地资源的可获得性、探索或开发的科学和经济驱动力、自主性相对于人为控制的成本，以及在机器人前哨站引入人的存在这一做法是否能够被认可等。

3) 人类探险家

对于人类适宜的行星表面而言，预先开发机器人基础设施能够为人类活动提供条件。为机器人生存而开发的大多数功能将很容易转移到人类探索者的需求中。可转移的主要方面包括能源生产和栖息地的建设。当然，适合人类的栖息地和基础设施将需要对构造单位进行重新整合，但是基本功能已经具备并且得到了良好测试。随着机器人基础设施的自然发展，人类的存在可以得到满足，并且对行星表面上的生存方式也将进行充分的测试。例如，虽然机器人前哨站不需要氧和食品生产来进行自身维持，但是这些任务可以作为长期任务，从而为人类的到来做好准备。

### 2. 机器人架构

机器人“社会”中的体系结构有何作用？智能机器人在行星表面上所需要的庇护所是纯粹的工程问题吗？机器最终将获得高水平的感知和“意识”这一事实是否意味着架构思维也将成为支持这些机器人的环境的一部分？尽管担心机器意识似乎为时过早，但是对于人类而言，边界并不总是很清楚，对于机器而言，边界最终也可能变得越来越模糊。

1) 模块化机器人

大多数机器人研究在解决自主性、路径规划、视觉等问题，但使机器人具备无人监督的复杂任务的研究还很少。机器人的维修和生存能力的研究是最重要的方面，有待进一步研究。

模块机器人是一种最合理的方案。将故障定位到模块，从而能够被其他机器人方便地更换模块来解决故障。如果修理机器人也同样是模块化的，那么从原理上讲在有模块供给的情况下系统就可以无限期地运行。在自重构机器人领域，自动更换模块方面已经取得了很好的进展。

2) 自我复制和多尺度机器人

在系统层面上，需要考虑机器人自我复制的可能性和自我修复的形式。在机器人技术层次上，复制的实体必须是“机器人工厂”。而如果将迄今为止讨论的所有概念推向纳米尺度，包括模块化和自我修复，我们就可以构想出由纳米机器人单元构建的机器人，它们遵循的原理将与多细胞有机体的生物学相同。在这种情况下，每个宏观机器人都可以是纳米机器人的机器人工厂，这些机器人将自己组装成原始宏机器人的复制体。在这里，我们进入了一个新的论述层级，机器人技术和生物学之间的界限变得更加模糊，需要超出本书讨论范围的新的理论和实践。在完全自主的极端情况下，机器人圈需要多个层级的机器人技术。随着技术的不断发展以及资源的重新获取，需要利用更多的基本材料，这变得至关重要。

3) 进化与共生

至少任何成功的自动化构建方法都可以应用于人类环境。更有趣的是，为机器提供庇护的地方应该能够适应人类的存在，从而使体系结构能够从机器使用演变为人类需求。一个更深层次的问题是越来越多的(智能)机器与人共生，尤其是在太空和行星环境中如何实现机器与人共生将影响系统的思维设计和工程实践。我们已经提到了两个方面：作为构造器的机器和作为体系结构的“消费者”机器。第三种方法涉及将机器作为系统介质，从某种意义上讲，任何庇护所(尤其是在太空或者行星环境中)实际上就是一台机器或具有强大的机器功能。这表明，庇护所已成为机器人和人类系统集成过程的自然组成部分，并且必须作为过程的一部分出现，设计者不再能够脱离要庇护的系统而完成设计。

4)机器人圈

地面建筑需要与周围的自然环境和谐相处，太空和行星建筑也需要与人类生活高度依赖的机器环境共同演化。“生物圈-2”试验旨在测试人造生态系统的稳定性，而机器人圈设施将测试自我维持的机器人生态系统的稳定性。按照上述思路，它将测试如何维持人类生命的环境，如何与必要的机器人功能共同发展。需要强调的一点是，人类对太空的任何探索都必然需要经历机器人阶段。换句话说，建造机器人永远是第一步。如果我们开发高效、稳定、长期的机器人探索技术，那么人类开发利用小行星资源、进入新的太空领域将会更加便利。

## 11.4 太空探索合成生物学

### 11.4.1 合成生物学的潜力

人类能否在地球之外发展可持续的自主定居点？在“阿波罗”计划期间，人类降落在月球上。现在，由于技术进步，将人类送往火星成为一个现实的中期目标。针对月球以远的殖民地进行持续补给的发射费用是如此之高，仅靠发射来运送所有必需消耗品是不现实的。

人类在太空中定居的时间取决于人类独立于地球的能力，这可以通过定居点的原位资源利用(In Situ Resource Utilization，ISRU)来实现。ISRU 可以部分依靠物理化学加工过程来实现，但是如果不进行生物加工，就无法生产或回收某些必需产品，例如高蛋白食品。此外，基于物理化学过程的生命支持系统笨重，消耗大量能量，并且需要高温才能使过程发生。在利用物理化学过程实现生命支持的情况下，可以利用生物过程来加以补充，功能重叠将会增量安全冗余。微生物在地外探索中可能非常有用。

在整个人类历史中，人类一直在消耗并使用地球上微生物产生的资源，例如蓝细菌和真核微藻产生的氧气、利用可食用微生物发酵产生的食品和饮料(例如葡萄酒和酸奶)、药物、各种化学品、生物材料、生物燃料、矿物质等。人类还将它们用于许多关键过程，比如废物回收。但是，要像我们在地球上一样使用微生物来满足我们在太空和外行星天体上的日常需求，仍然存在巨大的挑战。这是因为人类目前所知的所有生物都是在地球上进化的，它们无法适应除地球之外的大多数环境。首先，它们生存所依赖的大多数基质在地外天体都不存在；其次，在地球之外发现的条件通常对所有已知微生物都极为苛刻，并且在地外天体上复制类似地球的条件将极其昂贵。

一种可能的解决方案是使用合成生物学来提高地外前哨站中生物的适应性，并赋予其新功能。合成生物学具有实现太空探索的潜力，因此引起了航天领域的关注[20]。本节重点以火星为例说明以下概念：①旅行时间、成本和难度，以及可能进行的科学工作(如寻找生命)，有理由在这里建立永久性的人类前哨基地；②由于地火距离比地月距离远得多，并且具有更高的引力，因此运送物资将更加昂贵和艰巨，增加了对原位资源利用的需求；③在现场可以广泛获得生物系统的关键资源，例如水、二氧化碳和双氮等。当然，使用合成生物学来开发月资源的考虑也是合乎情理的。

随着应用物理学的发展，人类可以走得越来越远。应用生物学的进步可以使我们在太阳系的其他地方定居。合成生物学可以提高我们在其他天体上"远离地球"生活的能力。归根结底，掌握能够从地外天体当地基质中产生生命支持资源的生物体设计可能是引领人类成为多行星物种道路上的关键一步。成为多行星物种和依赖广泛改变的生命形式可能产生的协同效应也是前所未有的，而且难以预测。这些可以是经济的、技术的，也可以是哲学的和心理的：人类对人类在宇宙中的重要性、地球的珍贵性和生命价值的看法将如何受到影响？它将如何改变人类的日常生活？

## 11.4.2　微生物生长的"离地"基质

在不从地球发射物质的条件下，火星上是否存在培育微生物所需要的基质？在火星土壤和岩石中已经探测到了支持生命所需要的大多数元素，包括所有基本元素(C、H、O、N、P、S)以及其他微量元素(Mg、Fe、Ca、Na、K、Mn、Cr、Ni、Mo、Cu、Zn)。火星大气中存在气态碳和氮，并且由于与大气的交换，在二氧化碳冰盖、地表和地下岩石中还发现了其他碳原子。固氮化合物也已经被检测到，不过它们到底是什么以及它们是否可以被活生物体使用还没有确定[20]。

因此，火星岩石和大气似乎包含维持生命所需要的所有基本要素。此外，火星存在水：在北极冰盖和南极碳冰盖之下以及在较温暖地区的地下，都大量检测到了水合矿物质，甚至在大气中检测到了水蒸气。火星也存在太阳能，由于火星距离太阳约1.5 AU，因此平均辐射通量是地球的43%。

因此，尽管所有必需元素都是自然存在的，并且人类活动也会带来一些其他来源，但是它们以大多数生物体无法使用的形式存在。特别是，许多生物(包括人类和大多数微生物)需要有机化合物作为碳和能量的来源，它们在火星上的状态和可利用性仍然鲜为人知，甚至可能很低。大多数生物体也需要固态氮，例如硝酸盐($NO_3^-$)、氨($NH_3$)和氨基酸链(不是大气中的$N_2$)。因此，最主要的问题不在于缺乏生命支持元素，而是它们在火星表面的存在形式能否被微生物所使用。

表 11 -4 -1 火星上基于蓝藻细菌的生物过程主要养分来源

| 来源 | 要素 |
| --- | --- |
| 大气[a] | $CO_2$，$N_2$ |
| 土壤、岩石[a] | P、S、Mg、Fe、Ca、Na、K 以及微量金属营养素 |
| 冰盖、地下冰、大气、水合矿物 | $H_2O$ |
| 太阳辐射[a] | 光合作用的能量及热 |
| 人类排泄物 | 固定氮、有机材料、$CO_2$、$H_2O$ |
| 其他人类活动的副产品(燃料燃烧、生产) | $CO_2$、$H_2O$ |
| 蓝藻细菌(以上述养分来源为生) | $O_2$、固定氮、有机材料、金属营养素 |

a：自然存在，与人类活动无关。

然而，并不是所有的微生物都需要有机化合物才能生长，比如蓝藻细菌这样的自养生物就不需要，表 11 -4 -1 给出了火星上基于蓝藻细菌的生物过程主要养分来源。蓝藻细菌可以像植物一样光合作用，它们利用 $CO_2$ 与太阳辐射作为碳和能源的来源，以生产自己的有机材料。在火星上营养丰富的沙漠中，它们比异养生物具有更强的优势。此外，有些微生物还可以固定火星大气中的 $N_2$。最重要的是，部分微生物具有从火星岩石模拟物中提取和利用养分的能力，因此被建议作为从当地资源生产维持生命的化合物的基础。

当蓝藻细菌产生有机化合物时，是否可以使用它们来培育异养生物？这是一个值得思考的问题。在简单破坏蓝藻细菌细胞之后，它们就可作为培养物使用，研究人员已成功地将溶解的蓝藻细菌生物质用作生产乙醇的酵母的基质。但是，如果能够在不杀死细胞的情况下收获营养，那么过程将更加高效，这可以通过使蓝藻细菌在细胞外介质中释放基质来实现。有研究人员利用鱼腥藻 PCC 7120 分泌蔗糖；蓝藻细菌聚球藻 PCC 7942 经过工程改造，可以生产和分泌葡萄糖、果糖或乳酸盐，然后将其用作培养大肠杆菌的基质。此外，某些蓝藻细菌会自然释放铵($NH_4^+$，大多数微生物可以使用的含氮化合物)。在依赖大气氮作为唯一氮源的鱼腥藻物种培养物中，氨的细胞外浓度可以达到 10mmol/L 以上，而不会杀死蓝藻细菌。以火星玄武岩的地球模拟物进行的一项研究表明，以火星岩石为基质生长的蓝藻细菌会将无机元素(Ca、Fe、K、Mg、Mn 等)释放到水中，使得那些无法从岩石中提取这些元素的物种可以获得这些元素。总的来说，这些研究表明，使用蓝藻细菌生产火星资源中微生物的基质可能是一种可行的选择(图 11 -4 -1)。

蓝藻细菌培养物还可用于支持植物生长。尽管玄武岩是火星风化层中的主要岩石类型，风化的玄武岩可以在地球上产生极富生产力的土壤，但是风化层仍可能需要进行物理化学和或生物处理，才能用作植物的生长基质。造成这种情况的原因包括保水性差(由于其有机碳含量低)，以及难以为植物提供养分。除了碳之外，土壤还需要富含其他元素(包括氮)，因为大多数植物无法固定大气中的氮。由于某些植物在组织中含有特定的细菌，所以共生固氮可以发生在某些植物(主要是豆科植物)中。有研究提出使用蓝藻细菌将地外岩石中的化学

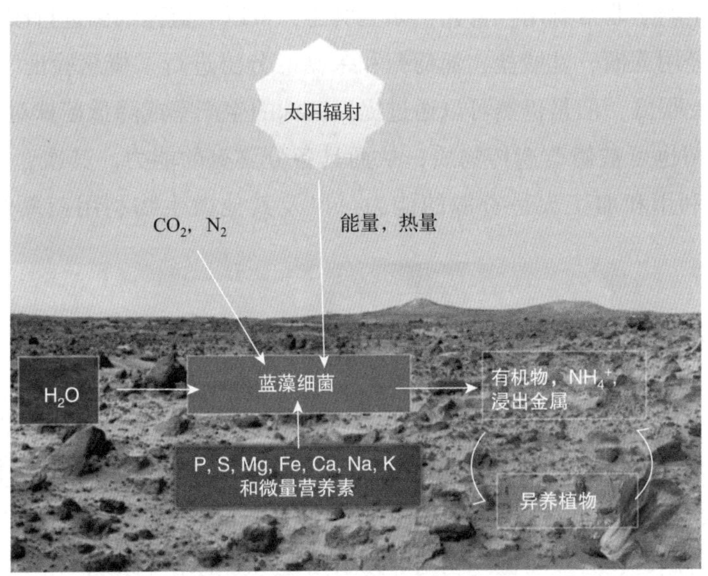


图 11－4－1　使用蓝藻细菌将火星资源加工成其他生物的基质

元素释放到水中，旨在将其掺入水培培养基质中。除这些元素外，蓝藻细菌培养物中产生的固定氮和生物质也可用作植物栽培的基质、水培基质和制造肥沃的土壤。

关于火星特定的基于蓝藻细菌的生物生命支持系统（Cyanobacterium-based Biological Life Support Systems，CyBLiSS）如图 11－4－2 所示。蓝藻细菌具有光合、岩石浸出和固氮的能力，可以将火星上发现的无机化合物加工成其他微生物和植物可以利用的形式。人体废物的回收可能会带来更多营养。如果某些微量营养元素（如某些金属离子）无法进行原位开采或生物合成，那么从地球上运送微量营养元素带来的有效载荷质量增加是微不足道的，因为这些微量营养素的需求量很小。

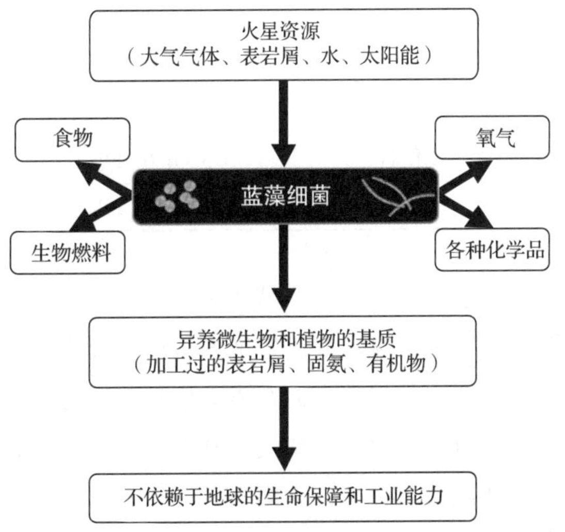


图 11－4－2　蓝藻细菌是火星资源与原位资源生产系统之间的桥梁

为什么合成生物学非常有用？首先，如上所述，可以对蓝藻细菌进行改造以分泌有机基质，这一想法已经用蔗糖、乳酸盐、葡萄糖和果糖的分泌进行了概念验证。即使糖产量低，异养生物的增长率很低，但是仍然可以通过提高菌株的生产率或降低菌株对目标产品的处理来改善。蓝藻细菌也可被修改遗传物质，从而具备分泌氨的能力。其次，合成生物学可用于提高蓝藻细菌利用和加工火星资源的能力，以及其他微生物利用蓝藻细菌产生资源的能力。

### 11.4.3 增强抵抗力和原位资源利用能力

火星表面的环境条件非常恶劣，温度低、压力低(5～11hPa)、包括 UV-C 辐射在内的紫外线通量非常高，如表 11-4-2 所示，任何已知的微生物都难以有效生长。火星大气主要由二氧化碳(95.3%)、少量氮(2.7%)和更少的氧气(0.13%)组成，湿度很低。由于温度、压力和辐射等问题，必须将微生物培养物封闭在适当的培养系统中，以提供屏蔽以及适合新陈代谢和生长的环境。即使对于小规模培养，这一过程的能耗也是十分庞大的，因此发送至火星的成本极其昂贵，并且可能导致失败的原因会很多[20]。

**表 11-4-2 火星和地球表面的环境参数对比**

| 参数 | | 火星 | 地球 |
|---|---|---|---|
| 表面重力加速度/$g$ | | 0.38 | 1.00 |
| 表面平均温度/℃ | | -60 | +15 |
| 表面温度范围/℃ | | -145～+20 | -90～+60 |
| 平均 PAR 光子通量/($1/(m^2s^2)$) | | $8.6\times10^{19}$ | $2.0\times10^{20}$ |
| 紫外线辐射光谱范围/nm | | >190 | >300 |
| 大气压力/ hPa | | 5～11 | 1013(海平面) |
| 大气成分(平均)/% | 氮气 | 2.7(0.189 hPa) | 78 (780 hPa) |
| | 氧气 | 0.13 (0.009 hPa) | 21 (210 hPa) |
| | 二氧化碳 | 95.3 (6.67 hPa) | 0.038 (0.38 hPa) |
| | 氩 | 1.6 (0.112 hPa) | 1(10.13 hPa) |

微生物对环境因素具有一定的耐受范围，特别是一些物种可以在极端环境中茁壮生长，包括具有辐射、岩石成分、干旱和极端温度等特征的沙漠。合成生物学可以用于增加微生物对火星环境的抵抗力，尽管可能不足以使它们在表面生长，但足以减少培养微生物对硬件的需求和培养损失的风险。一种策略是对微生物进行基因编辑，使其表达来自其他生物的一部分基因，这些基因可以使其在应对目标压力方面具有优势，从而提高其在地球以外条件下的适应性。一旦发现特定基因在微生物中表达时，可以赋予靶向应激优势，就可以使用各种计算与分子生物学工具和方法对微生物进行改良。随着 DNA 合成成本的急剧下降、自动基因

组装方法的改进、从系统生物学中获得的知识以及生物计算机辅助设计(Biological Computer Aided Design，BioCAD)和其他计算工具的开发，基因编辑的方法变得越来越有效。

表达其他生物的基因或者对生物本身的基因进行过表达，可能在应对某些苛刻环境方面具有显著优势。但是，对于多因素环境，尽管每个因素的影响相对较弱，这种方法也可能不适用于应对多因素环境。这时，定向进化提供了一种替代方法，该方法无须了解机制的先验信息即可在生物体水平上进行复杂编辑，其大致原理是首先对亲本群体不断进行诱导突变和人工选择，促进随机产生的遗传多样性，其次对突变的种群进行选择以确定最适合的后代。

在实验室中可以使用类似的过程来赋予生物新的或改进的功能。近几十年来，定向进化的动力学已得到广泛研究，并已成功地用于提高生物体特性，包括细菌的抗辐射性。在基于定向进化的设计优化过程中，主要问题之一是需要将优化功能(比如，生产具有工业价值的化合物)与有机体的适应性联系起来，即必须设计策略使细胞茁壮成长的同时消除其他不需要的功能。定向进化可以通过自动化和最新方法来改进，如基因重组和多重基因组工程。

一旦建立了微生物生产系统并实现了自动化，就可以在火星上进行定向进化，以增加其对火星环境的适应性。只要有合适的筛选方法和足够的生物，那么在火星上的进化速度将比地球快很多。但也需要认识到，在地球上对火星可能遇到的某些因素(及其组合)进行预测和试验，是非常困难和昂贵的，并且不能准确地反映各个因素的实际影响。

计算基因工程和定向进化并非相互排斥，实际上它们可以结合使用。可以对工程生物进行定向进化以实现优化。根据从进化生物的基因组测序中获得的数据可以了解哪些突变导致了改良的特性，从而为设计提供基因靶点。图 11－4－3 中给出了将两者结合的策略案例。

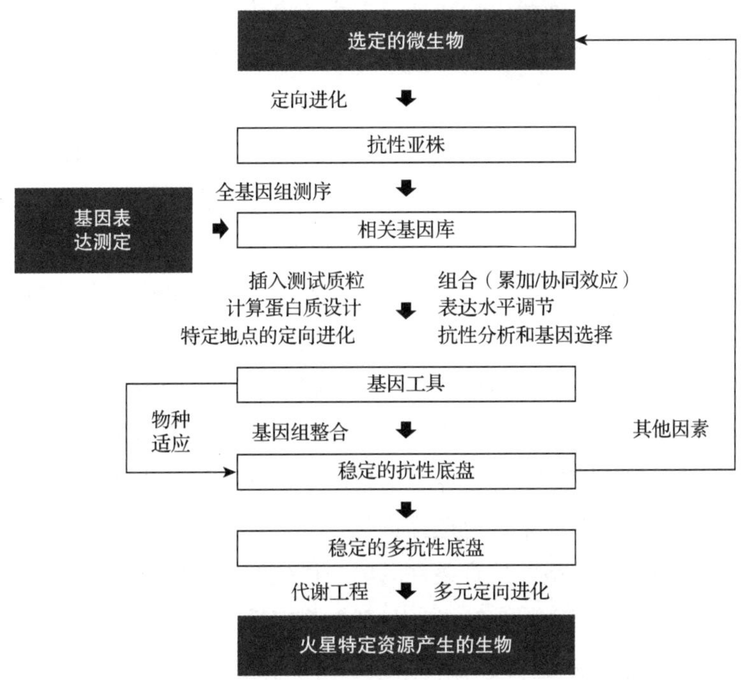


图 11－4－3　基于基因生物学和遗传进化相结合的合成生物学策略示例

简而言之，在存在或不存在环境刺激的情况下，使用定向进化，然后进行测序或比较基因表达分析，可以生成天然的、进化的基因库。然后，使用合成生物学技术对选择的基因进行工程改造，以增强其抵抗力。最终适应了火星生存环境的生物体将被用于原位资源生产。上述方案只是一个示例，可以考虑不同的工作流程。

另一个特别令人感兴趣的研究是增加生物抵抗力，包括：(1)应对长期脱水状态，细胞进入休眠状态，不需要进食，并且通常更能够抵抗极端环境；(2)应对辐射环境，包括电离辐射和紫外线辐射，特别是对于光合微生物而言需要获取太阳辐射中其他谱段的辐射。这意味着，与微生物的抵抗力相比，电离辐射不是很高，紫外线很容易被阻挡或过滤；(3)应对大范围温度变化；(4)应对较低的气压环境；(5)应对上述参数的大幅度、剧烈变化。对大范围物理化学参数的耐受性将会放松对培养条件的要求，比如承受高低 pH 环境、存在氧化性物质等。

然而，低压下的新陈代谢机理仍然不清楚，需要深入研究和阐述。使用的压力尽可能接近火星表面的环境压力(火星环境压力约为 7 ～ 11hPa，随季节变化；地球环境压力约为 1013hPa)，将会最大程度地减少加固结构以承受内部/外部压力差的需求，并最大限度地降低有机物泄漏的风险 ，从而大大降低建筑物的质量和培育系统的成本。研究表明，某些微生物在 50hPa 的压力下仍然能够保持较低但可检测的甲烷产生，从而保持新陈代谢活性。在富含二氧化碳的缺氧条件下，一些细菌可以在 7hPa 压力下生长。但是，这些低压新陈代谢能力并非普遍现象，当环境空气压力低于 25hPa 时，多种微生物无法在半固体培养基上生长。地球上自然存在的生物适应的最低压力约为 330hPa(在珠穆朗玛峰顶部)，远高于火星的表面压力(约 10hPa)。对于目前的地球陆地微生物而言，实际上根本不存在适应这种低压的能力。因此，通过人工进化使微生物在低压下生长更快，可能还有很大的改进空间。有实验已经证明，枯草芽孢杆菌可以适应低压，在 5kPa 下培养 1000 代后，一种分离株在该压力下显示出更高的适应性。

除了增强微生物的抵抗力之外，通过提高微生物(尤其是用于加工原始资源的蓝藻细菌)利用火星上已发现资源的利用能力，也可以实现提高产量的目的，同时降低对培育条件的约束和从地球输入材料的需求。特别是，提高它们在较宽的 pH 值范围内浸出岩石、从岩石中获取大部分养分以及在较低的气压下固定分子氮的能力将是非常有益的。这时，基因工程可能比增加微生物的抵抗性更有效。针对具有生物浸出能力的微生物工程，已有研究提供了技术途径。然而，即使代谢组学在过去十年中取得了长足的进步，合成生物学也从中受益匪浅，但是细胞中发生的复杂相互作用仍然难以预测和建模，全细胞尺度的定向进化仍然非常有用。针对这种情况，在存在目标营养源的情况下循环生长微生物，并稀释它们，然后让生长最快的突变体成为优势个体来进行选择进化。

因此，火星上人类前哨基地的培育条件既要为微生物的新陈代谢提供足够的支持，又要将成本、初始质量、能源消耗和对地球发送材料的依赖性降到最低程度。针对这一综合折中问题，合成生物学可以提供最可持续的解决方案，同时通过提高微生物的原位资源利用能力来减少培养物的损失风险，并提高整个过程的产量。

### 11.4.4　重构跨行星植物

在地球上，人类与植物之间存在密切的联系，在未来地外前哨基地可能也是如此。植物可以提供氧气、固定二氧化碳以及回收废物和水，为维持生物再生的生命支持系统做出贡献，同时还可以在远离地球的地外天体上提供食品以及用于生产药物、材料等。在地球的邻近行星中，火星是最像地球的，它是人类行星探索的下一个目标。可以预期，为了在火星表面实现长期居住并开展探索任务，需要不依赖于来自地球的运输，实现高度的自给自足。为实现这一目标，一种方法是使植物能够在火星的恶劣环境中生存，这就需要采用一系列应对火星挑战的植物合成生物学解决方案，对植物进行工程改造以提高其在火星条件下的生存能力[21]。火星上的重力水平低至0.38 $g$(与地球上的1$g$ 相比)，最近研究表明，重力可能不是植物生长和发育的主要问题，所以这里不讨论重力的影响。

#### 1. 增强光合作用和光防护

光能对于光合作用过程至关重要，该过程使植物能够从二氧化碳和水中产生氧气和新的生物物质。植物的光能转换效率远远没有达到最优程度，因为野生环境中的光合植物进化方向主要选择为成功繁殖，而不是高产量的生物物质。在火星上，日照强度明显低于地球(在相同纬度和当地时间条件下约为地球的43%)，即使使用最好的透明材料建造温室，温室内种植的植物日照水平仍然较低。因此，改善植物光合作用水平是非常必要的。最大限度地利用自然阳光可以节省大量的电力资源，否则必须将其转化为人工照明。因此，提高光合作用效率不仅将增加植物生物量的产量，还可以节省能源(图 11－4－4)。有望提高植物生物量产量的另一种方法是提高光合碳同化的产量。目前正在采取许多策略来实现这一目标，从提高二磷酸核酮糖羧化酶的催化活性，到采用二氧化碳浓缩机制以提高光合作用强度。在这些

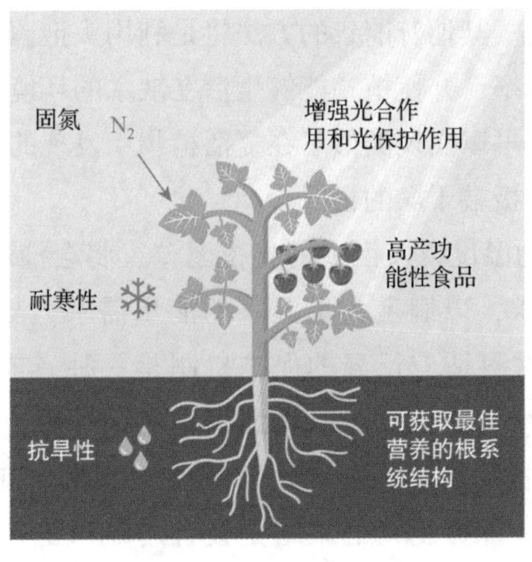


图 11－4－4　合成生物学用于增强植物能力

策略中，建立新的固定二氧化碳的途径最有希望改善光合作用的光能转化效率。考虑到 $CO_2$ 和 $O_2$ 在二磷酸核酮糖羧化酶的活性位点上存在竞争关系，并且火星上的大气 $CO_2/O_2$ 比地球上的高得多，因此二磷酸核酮糖羧化酶在火星上固碳可能会非常有效。

植物只从太阳光的一小段光谱中收集能量，主要集中在 400 ～ 700 nm 波长范围内，因此只能获取约 50% 的入射太阳能。提高植物光能利用效率的一种有效方式是通过设计光收集天线和反应中心复合物来扩展光合作用的可用光谱范围，从 400 ～ 700nm 扩大到紫外线和红外线区域，这意味着当前无法使用的波长的光也可为植物生长提供能量。由于火星没有臭氧层，且大气压力较低，因此火星表面的紫外线辐射量非常大。如果光合作用能够使用太阳光谱的紫外线区域，那么将会大大提高光合作用效率。然而，这种策略需要使用可透过紫外线的温室，并且还需要良好的紫外线保护机制，以最大程度地减少对细胞的损害，这可以通过工程设计高效地依赖于紫外线的合成反应来实现。另外，由于紫外线潜在地损害 DNA、RNA、蛋白质和细胞代谢，因此提高植物的紫外线耐受性通常可能会使其性能更好。同样，当吸收的光能超过光合作用所需要的光能时，会发生光氧化胁迫，因此工程改进的光保护机制可以进一步提高植物的性能。

### 2. 改善耐旱性和耐寒性

水是植物的重要资源，对火星前哨基地来说也是许多应用的关键。由于火星上的水大部分以冰的形式存在，因此需要使用前哨基地的部分能源用于水的提取和回收。同样，如果需要耗能较大的系统(如水培法)来维持植物生长，就需要为此转移更多的能量。因此，开发每单位产量所需水量较少的植物有助于改善火星上水和能源的管理效率(图 11 -4 -4)。

提高耐旱性的一种方法是控制植物表面气孔的打开和关闭，水通过蒸腾作用从气孔中流失。这种方法已被证明可以减少植物的水分损失，如果能够以可编程的方式调节气孔响应干旱行为的信号通路，那么这种方法会更加有效。因此，可以将因压力反应和发展网络之间串扰而产生的生长损失最小化。其他有前景的方法将是利用头孢菌烷酸代谢工程化感兴趣的植物，这可以提高水的利用效率，并使植物能够生活在缺水的环境中，例如半干旱的沙漠。更具进步性的合成生物学方法可以实现类似于在复活植物中发现的耐旱机制，可以承受严峻的干旱条件，甚至适应脱水和极端干燥的情况。

调整火星上较低的平均温度以及巨大的昼夜温差，将会消耗大量的能量。工程抗寒植物有助于减少对能量的需求，以满足火星温室的能量需求。与提高抗旱性一样，感兴趣的工程植物利用其他有机材料适应低温的保护机制是一种有前景的策略。通过表达能够抑制破坏性冰晶生长的冰结合蛋白，可以增强植物的耐寒性。膜不饱和脂肪酸和某些渗透保护剂(比如果聚糖)含量的增加也会导致耐寒性。因此，控制植物的新陈代谢也是一个特别有吸引力的方向。一种更复杂的策略是设计可调节的动态多级冷冻保护反应，这种策略可能是通过生物钟实现的，其中需要预测火星夜晚的大幅降温。根据昼夜日照的振荡变化定时进行低温保护，可以优化能源利用，实现人工合成的植物昼夜节律。由于火星日长度(约 24.5h)与地球日长度(约 24h)相似，因此仅需对植物昼夜节律计时系统进行细微调整即可获得最佳功能。

### 3. 工程高产和功能性食品

火星温室的有限空间以及磷和氮等不可缺少的植物养分的供应，将对火星上的农业系统构成额外挑战。理想的植物应具有较高的产量、较高的收获指数以及最低的园艺种植要求，并能够为人类提供功能性饮食。

为了提高生物物质的产出量，一个可行的方法是通过控制避光响应实现很高的植物栽培密度。但是，这可能会对生产率产生不利影响，因为碳资源被重新定向到茎或叶柄的生长，使生物物质的生产率有所降低。在不同的水平层级上重新设计植物开发架构，可能产生具有特殊收获指数的农作物变种。最近，这种想法已在具有许多架构特征的番茄植物中得到证明，从而提高了生产率。此外，设计根系体系结构以获取最佳养分并提高肥料使用效率，可以进一步转化为更高的产量。在火星上，改变根系结构以提高磷的吸收可能特别重要，因为尚不清楚磷是否对于维持植物生长是现成的，在这种情况下应补充磷作为肥料。

氮是一种重要的植物营养素，它以硝酸盐的形式存在于火星表面，可能是植物在生物化学过程中可以获取的。或者，可以从火星大气中直接吸收氮气。但是，由于固定气态 $N_2$ 的能力仅限于一组特殊的原核生物，而且在植物中不存在这样的生物，因此可以考虑研究如何使某些植物具有直接吸收大气氮的能力。这样，所有固氮所需的微生物设备都可以转移到植物中，这一策略目前已经由不同的实验室采用。尽管在技术上具有挑战性，但是它肯定在现代合成生物学的能力实现范围内。然而，考虑到地球、火星上的大气氮含量存在巨大差异(地球约78%，火星约2.7%)，这种移植的微生物可能无法在火星上有效地发挥作用。应对这一挑战的可能解决方案是利用火星上的氮来增加温室中 $N_2$ 的浓度或采用蛋白质工程技术来增加氮酶的亲和力，并开发出在低氮浓度下具有较高 $N_2$ 固定能力的技术途径。使植物具有吸收大气中氮的能力的替代方法是在与根相关的微生物中固氮，或者与已经能够固氮的微生物发展合成的根 - 微生物共生体系。

为了维持人类在火星上的广泛存在，另一个考虑因素是生产营养食品。营养不良会对健康造成不利影响，并对身体和认知产生不利影响。在长期载人太空探索中，植物对于保持良好营养至关重要。例如，可食用的类胡萝卜素是一组具有抗氧化剂和维生素 A 前体活性的类异戊二烯化合物，已被确定为人类在太空中特别感兴趣的物质。植物可以合成类胡萝卜素，而人类则不产生类胡萝卜素，因此必须将其纳入饮食中。由于类胡萝卜素在植物中的积累是多个过程的结果，因此通过组合各种生物工程方法，有望将农作物的类胡萝卜素含量提高到新的水平，如控制类胡萝卜素的生物合成和存储过程、构建替代的类胡萝卜素生成途径等。从整体的角度来看，在火星上充分利用植物性食品的终极合成生物学方法是，开发具有改良营养特性和增强品质特性的多生物强化农作物，例如延长寿命、降低过敏性等。

### 11.4.5 实现自我复制的月球工厂

关于自我复制的月球工厂技术可行性研究已经持续了近40年，该研究的目的是利用原位资源生产所需的产品，以降低到月球多次运输的巨大成本。与此同时，通过生产月球工厂构成元素的复制体，该工厂还将从初始种子(图11-4-5)向外拓展，从而不断增加其能力[22]。

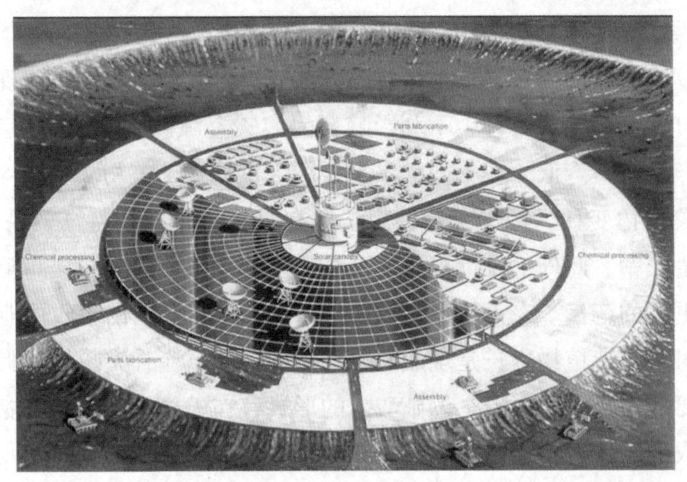


图11-4-5 自我复制的月球工厂概念

但是，机器人的自我复制存在一个基本矛盾：要么因为环境复杂而使自我复制过程"简单"，这样需要现成的零件供组装所用；要么因为环境简单(无序、无结构)而使得自我复制过程变得"复杂"，这时候所需的零件必须采用原位制造。

将合成生物学用于自我复制的太空机器人工厂，相比于非生物方法会大大减少对有效载荷的需求。计算表明，根据不同应用情况可以减少26%～85%的质量。生物技术还可以降低电力需求和发射容量，因为其天生利用太阳能以及仅在激活时才使用可用的目标资源进行增长。在利用生物机器人的太空工厂中，特定任务的生物将对原材料(如表岩屑资源)进行转化，为下游生物提供介质和原料，并将制造结构和维持性任务产品，如推进剂、建筑材料(可以进行3D打印的生物聚合物)、食品和药品等。可以预见，该生物制造系统将从某些种子集中衍生得到。

该系统中的生物部分并不是唯一可以繁殖的东西，需要研究包括生物学在内的工厂种子的自我繁殖和生长。例如，对于农业种植容器，悬而未决的问题包括需要多少生物聚合物才能生产一定尺寸的容器，该容器可以由3D打印机制造。如果该容器用于培养生产更多生物聚合物的微生物，或者用于种植植物，那么产量将成指数级增加。任何自我繁殖的空间生物工厂的部署都需要在航天员到达之前完成，或者在远离航天员监督的情况下进行。因此，机电或基于细胞的控制器必须能确保令人满意的(快速、自主或由机器人遥控)空间生物制造。自复制空间工厂的概念已从最初的概念进入大循环，并将在不久的将来通过工程化和程序化的生物学实现。可以先从小规模开始进行验证，如将可用的呼出二氧化碳转化为燃料或生物聚合物，后续验证将不断扩大生物处理功能和自主性，最终从种子实现近乎完整的生物工厂。

## 11.5 自维持的太空工业化

太阳系资源是人类未来生存与发展的关键。我们的文明对能源和物质资源的需求正迅速增长，并接近地球的极限。越来越多的证据表明，我们开始感觉到一些不可再生能源和矿产资源存在这些限制，而且这些限制无法支持我们在下一个世纪维持目前的人口增长率。面临的挑战是找到一种方法来获取太阳系资源，从而造福于人类。由于太阳系中各个天体之间的距离十分遥远，轨道改变需要的能量极高，导致航天费用如此之高，以至于太空工业化在经济上看起来还不可行。但是，机器人技术和增材制造技术的进步大大改变了太空工业的前景，以合理的成本启动一个自我维持、自我扩展的太空工业已经变得可行[23]。

Metzger 等通过建模仿真对一个完全自我复制、自我扩展的太空工业化可行性进行了研究，认为：在 20 年的时间内，只要将 12t 的物资送到月球上就可以启动太空工业化。在太空工业化的初始阶段，月球上的设备将接受遥控操作，然后逐步过渡到完全自主，并最终扩展到小行星带及太阳系的其他区域。这一策略从一个亚复制系统开始，利用原位技术发展到完全自维持的封闭系统。免费的资产、能源和太空材料资源使得太空工业呈指数级增长，只需要几十年就可以不需要进一步的投资，而其工业能力却可以达到目前世界强国的数百万倍。太空工业将有望彻底改变人类的生活条件，从而推动人类开启一个全新的太阳系文明时代。

### 11.5.1 启动太阳系工业

自复制系统作为一种创新的方法被研究，以便经济地利用空间资源。从理论上讲，自我复制的机器是可行的。增材制造技术可以进一步降低太空制造操作的复杂性，该技术可以尽可能地降低对第一代种子复制器质量的要求。

还有一些其他的策略可以减少种子复制器的启动质量。第一种策略是只识别和使用能够复制的、最简单的系统。第二种是避免完全“封闭”。“封闭”是指在太空中复制系统的所有能力，这样就不需要地球进一步提供物质。近似完全“封闭”要比完全“封闭”容易得多，因为电子产品和计算机芯片的制造需要重型的、高科技的设备，从地球上发射这些设备成本高昂，而且在复制过程中将占用大量资源。然而，随着太空工业的指数级增长，不完全“封闭”将导致后续非常高的发射质量，下面我们将进行说明。第三种策略是，从一个更简单的、亚复制系统开始，逐步发展到具备自我复制能力。据我们所知，这一策略在文献中还没有被讨论过。在这一策略中，进化中的系统即使达到完全"封闭"，也可能永远不会成为自复制机器，这是因为每一代都可以创造出比其自身更高级的东西。

第一批送上月球的硬件将是在地球上制造的高科技设备。然而，高昂的发射成本要求它的质量有限，因此它将没有足够的制造能力来复制自己。它将用劣质材料建造一套原始的硬件，所以第二代实际上比第一代更原始、效率更低。从这一点出发，我们的目标是启动螺旋式进步的技术发展，直到月球达到像地球那样的技术成熟能力。这种螺旋式发展的方法将带来很多好处。首先，月球上的工业发展可能与地球上不同。环境、制造材料、操作员(机器人与人类)、产品和目标市场都是不同的。给月球工业合理的发展时间，将会产生一套适当的技术和方法，自然地适应这些差异。其次，这种螺旋式发展方法支持自动化发展，这样工业就可以扩展到月球以远的地方。技术进步将开发出机器人工人，在工厂中工作。它还将改进自动化制造技术，比如3D打印。再次，也许是最重要的好处是经济上的利益。正如我们在这里所展示的，太空经济可以非常迅速地增长，在达到完全"封闭"之前，它将很快需要大量的电子产品和机器人。随着太空工业的指数级增长，仅仅是微型计算机芯片就已经变得太昂贵了，在几十年内不可能实现从地球发射到太空。因此，我们很快就需要在月球上使用机器来制造电脑芯片。这种进化方法只利用一小部分原始机器作为"殖民者"。随着时间的推移，新兴的月球工业会很快地、逐渐地发展到地球上无力发射的复杂程度。对于第一次接触这个想法的读者来说，这似乎太遥远了，但关键是机器人技术的持续快速发展。再过几十年，机器人的灵活性、机器视觉和自主性将得到改善，机器人将在月球上制造光刻机，就像人类工人在地球上制造光刻机一样容易。考虑到地球工业技术发展的指数级增长速度，这个未来并不遥远。机器人技术专家乐观地认为，必要的自动化水平将得到足够快的发展，以支持我们这里提出的发展进程。

因此，目标是使第一个登上月球的机器人"殖民者"制造出一套18世纪技术水平的机器，然后将它们稳定地推进到19世纪、20世纪的水平，最后发展到21世纪水平，这一过程可以在短短几十年内完成。与地球上实现这种技术发展相比，月球技术发展将更容易、更快，这是有原因的。首先，大多数技术都不需要重新发明，知识将由地球上的技术人员提供。其次，地球将在早期提供物质支持。在实现自维持技术水平之前，地球将发射遥控机器人和复杂的电子组件。另一方面，也会有新的挑战。例如，我们必须在月球环境中积累经验，学习如何使地球技术适应月球环境。

相比之下，在地球各大洲贫瘠的土壤上成功生长的生物最早是单细胞生物，然后是真菌和地衣，这些生物创造了表层土壤，使得不同的植物能够生长，接着是动物、人类、文明以及日益复杂的工业。为了在月球贫瘠的表岩屑层上启动工业化，我们不希望从最原始的起点开始，因为这需要纳米技术作为单细胞生命的类似物，而这种纳米技术目前还不存在。我们也不希望从高级阶段开始，因为这将要求我们启动一个完全网络化的机器人生态系统和工业资产到月球，这是太大的负担。相反，我们希望从中间阶段开始，使用像机器人和3D打印机这样的大型资产，这些资产需要一个复杂的相互依赖的生态系统，但是没有成为完全发展的生态系统。

## 11.5.2　月球工业的硬件要素

在月球工业化过程中，每一代的特征体现在如下方面：使用上一代制造下一代时所用的材料和构造方法的复杂性；在制造下一代产品时可以制造的材料的多样性；每一代拥有的机器人自主程度；为制造下一代而必须依赖从地球发射的机器人和电子设备的数量。表 11－5－1 给出了不同世代进化中的一些特征。

**表 11－5－1　月球工业化的不同世代特征**

| 世代 | 人机交互 | 人工智能 | 工业规模 | 材料制造 | 电子器件来源 |
|---|---|---|---|---|---|
| 1.0 | 人工前哨站遥控操作或在当地操作 | “昆虫”级 | 依赖地球输入的、小规模的、有限多样性 | 气体、水、天然合金、陶瓷、太阳能电池 | 输入完整的机器系统 |
| 2.0 | 遥控操作 | “蜥蜴”级 | 粗生产、低效率，但是生产能力优于世代 1.0 | 与上相同 | 输入电子器件 |
| 2.5 | 遥控操作 | “蜥蜴”级 | 不断多样化，特别是挥发物和金属 | 塑料、橡胶、部分化学物 | 制造原材料和输入电子器件 |
| 3.0 | 具有自主性的遥控操作 | “蜥蜴”级 | 更大更复杂的加工厂 | 多样化金属、简单织物，甚至聚合物 | 原位制造计算机板卡、机箱和简单组件，但是需要输入芯片 |
| 4.0 | 严格监督的自主操作，并存在某些遥控操作 | “老鼠”级 | 化工品、织物和金属大型加工厂 | 夹层材料和其他先进材料 | 生产大件设备，如光刻机 |
| 5.0 | 宽松监督的自主操作 | “老鼠”级 | 可生产电子与机器人的实验室与工厂，具备小行星带输送能力 | 大规模生产 | 原位生产芯片，制造机器人并输出至小行星带 |
| 6.0 | 几乎完全自主 | “猴子”级 | 大规模、自维持的工业化，可输送至小行星带 | 生产所有的必须材料，复杂性增加 | 可生产几乎所有物品，复杂性增加 |
| X.0 | 自主机器人技术在整个太阳系中无处不在，因而人类能够在这些区域存在 | “人类”级 | 太阳系区域内大规模的输出和输入 | 按太阳系区域划分的具有特色的材料工厂 | 在不同的区域制造电子产品 |

下面描述每一代中的资产集。保守起见，通常假设每种资产都在其生产结束时就已淘汰。因此，在之后的生产中，只有新一代的、更现代的资产才参与生产(太阳能电池和机器人除外)。这是过于保守的，但是它允许硬件故障使一些新资产失效而无法修复，这时上一代中的资产将继续运行并取代新资产的位置。之所以引入第2.5代，是因为第2.0代、第2.5代是同时累加的，第2.0代并没有停止使用。我们这样做的原因在于有必要尽快使材料制造多样化，这是通过建立第2.5代硬件实现的。第2.5代硬件能够制造不同的材料，但并不比第2.0代复杂。在地球工业中，已经存在采矿、化学加工和冶金所需的大部分技术。使这些技术适应月球环境的可行性已经并且正在被各种空间利用项目所证明。资产类型包括如下9种：

### 1. 挖掘机

挖掘机将在挖掘现场和资源处理现场之间移动，每小时传递足够的月球表岩屑以维持其他资产的生产率。挖掘机的细节并不重要。出于特殊性，在建模中假设它们很小并且成群运行。它们也可能装有铺路装置。

### 2. 挥发物化工厂

干表岩屑或冰/表岩屑混合物将存放到料斗中，然后送入化工厂。太阳能聚光器提供的热能增加了该过程的电力支持。一种类型的化工厂将涉及生产气体和液体，包括氧气、氢气、水、甲烷等碳氢化合物以及在更先进的世代中用于工业过程的溶剂。到目前为止，NASA仅开发和现场测试了基本的制氧系统，包括氢气还原和碳热系统。已经在地面上开发出更复杂的化学工艺，通过吸取月球项目中积累的经验教训，这些化学工艺可以容易地适应月球环境。为具体起见，在确定数据来源之后，我们使用特定的质量、功率和产量来描述化工厂，其中包括对月球化工厂的分析以及月球化工厂的实际建设与能力，2008年和2010年在莫纳克亚(Mauna Kea)对此进行了实地测试。第3.0代及以后的产品将比前几代产品具有更大的生产量，它们将从规模经济中获益，因为它们将建造更大的化工厂而不是繁殖大量的小型工厂。但是，为保守起见，这里忽略了大规模经济，将化工厂描述为与原始工厂相同的单元。这些代表的是大型工厂而不是独立资产的化学加工能力的“单位”。

### 3. 固体化工厂

需要建造化工厂利用月球极地水冰生产塑料和橡胶。这是可能的，因为水冰中包含大量的碳分子($CO$、$CO_2$等)以及含氮和含氢分子。垫片、密封件和绝缘件可能需要这些材料。随后，将引入片状材料、编织物以及分层复杂材料。同样，出于保守起见，这里也忽略了规模经济。

### 4. 金属和陶瓷精炼厂

制造金属和金属氧化物陶瓷以及提高下一代合金的性能至关重要，已经有研究分析了利用月球表岩屑实现这一目的的过程。从理论上讲，模型中的前几代将通过电解沉积或其他方法生产粗制的“杂种合金”。用这些合金制成的硬件需要足够大才能增加强度，以弥补其较差的机械性能。同时，月球低重力环境也会在一定程度上有利于硬件结构强度的提高。下一代的金属精炼厂将增加工艺流程和物料流，以改善物料的力学性能。金属精炼产生的氧气和其他气体将被送到化工厂，通过太阳能聚光器收集的热能用来增加电力。

### 5. 制造

增材制造有两种模式，一种是3D打印制造的部件足够小，可以适应打印机内部空间，另一种是打印自动移动的大型单元，并将材料添加到自身之外的大型结构上。打印机最终可能会具有多种材料输入流，包括金属和塑料，从而一次性成型制造复杂的组件。但是，较早的一代将需要从地球上输入复杂的组件，例如电子器件和组装机器人。此外，“适当的技术”将要求设计较简单的产品，这样无须过多的复杂或小型化组件即可运行，从而简化了制造过程，并降低了对地球输入产品的要求。为了实现最后几代，增材制造技术需要超越现有技术水平的进步。然而，技术正在迅速进步，这些进步很有可能会支持这里介绍的工业化启动。

### 6. 太阳能电池制造厂

电力将主要由太阳能电池提供，即使在更早期、更原始的月球工业中，也可以在月球上制造太阳能电池。具体来说，我们已经根据先前的研究描述了太阳能电池的质量、功率和容量。研究表明，第一代及后续世代的这些设备产生的可用功率远远超过下一代世代所需的功率。多余的电力容量呈指数级增长。假设太阳能电池是一代又一代地累积增加的。在研究中，尚未明确模拟由于辐射破坏和微流星体造成的太阳能电池故障，但可以从呈指数增长的过程中扣除。

### 7. 发电厂

在第一代中，发运到月球的大量硬件中都包含一个电站，该电站具有功率调节、对接扩展、管理与分配太阳能功能。它还可能包括一个小型核反应堆，以支持人类的存在，并作为备用系统，在系统出现故障时支持重新启动。

### 8. 机器人航天员

机器人航天员执行组装和维护任务。该名称是从通用汽车和NASA约翰逊航天中心开发的特定机器人中借用的，假设未来的月球产业中的机器人是其直接后代。随着行业本身的发展，机器人航天员的数量必将迅速增长。最初的机器人航天员是从地球上输入的。为了使该策略更经济一些，它们不会在以后的每一代中都淘汰。从第三代开始，它们的结构部件是在月球上制造的，而继续从地球上输入相机、计算机、电动机和传感器等。最终，它们会完全在月球上制成。

起初，机器人将从地球上进行遥控操作。即使是精细的机电任务(例如用手将零件拧在一起)，也可以有效控制大约2.5秒的往返通信时间延迟，方法是让地球上的远程操作员与模拟机器人以及其虚拟环境进行交互，而不是与真实世界进行交互。月球机器人将使用现有的机器人自主技术，尽可能地模仿它们在虚拟现实中观察到的行为。在虚拟世界中，将使用专门设计的规则来进行重新同步，以防止操作员混淆。研究人员正在为具有较大通信延迟的远程操作开发类似的方案。这将使遥操作在月球操作中易于管理，但将需要地球上遥操作人员的增加、昂贵的劳动力以及足够的通信带宽，并且它将无法扩展到小行星主带或更远的范围。因此，每一代都需要朝着完全自主的方向发展。

表11－5－1给出了由汉斯·莫拉维克(Hans Moravec)提出的“昆虫”级自主性定义，是指机器人对传感器输入执行简单预编程的响应程度。目前，许多机器人都在昆虫级运行。“蜥蜴”级是指机器人从功能上识别物体，以指导其运动任务。“蜥蜴”级机器人技术已经出现在地球上的实验室中，并且正在朝着更高的能力稳步发展。“老鼠”级是指机器人通过简单的正面和负面反馈来学习并改善其任务能力。这很重要，因为人类工业只能适应地面条件，但是学习型机器人可以适应将来在太阳系中遇到的多种环境。“猴”级是指机器人能够建立对周围环境以及其他行为者的心理认识模型，这使它们能够获取其他行为者的意图。“人类”级是指机器人具有抽象推理的思维能力，可以将特定的学习情况推广到更广泛的应用程序中，从而能够在面对意外情况时做出决策。例如，在不久的将来，当一个机器人建造者正在冥王星上建立科学实验室时，这些更高水平的机器人技术将是必要的，而这需要花费许多小时才能摆脱对人类帮助的依赖。预计到2023年，市场上的小型廉价微处理器计算速度将达到Moravec预测的速度，这是支持人类级机器人技术所必需的。即使摩尔定律已经不再适用，通过并行使用廉价的微处理器和计算机芯片制造商的其他技术进步，也可以轻松实现计算功能。机器人软件和人工智能的不断发展非常乐观地显示出，这些水平的机器人技术将如Moravec所预测的那样实现，“蜥蜴”级将在2020年出现，“老鼠”级将在2030年出现，“猴子”级将在2040年出现，“人类”级将在2050年出现。在月球上完成工业化启动时，只需要“老鼠”级机器人技术，但是取决于执行该策略的速度，发送到小行星带的机器人技术可能处于“猴子”级或更高级别。

### 9. 电子制造

在基准模型中，制造第2.5代时的资产包括电子产品制造机器。这些机器本身是用从地球输入的电子设备制造的，它们只能制造最粗糙、最简单的电子元件，如电阻器和电容器等，因而将不会小型化或高效化。第3.0代及以后的版本具有越来越先进的、多种多样的电子制造机器。在第5.0代之前，我们的目标是在月球上使用从地球输入的计算机芯片建造基本的光刻机，以便在第5.0代之前所有计算机芯片都可以在太空中制造。早期的计算机芯片达不到地球上所制造芯片的晶体管密度，但是它们将足以满足太空中"适当的技术"的需求。更高级别的世代将(这里未进行建模)继续使太空工业变得更加复杂，最终使光刻机和计算机芯片达到地球上最好设备的水平。

### 11.5.3　启动过程的建模分析

本节利用质量平衡方程、能量平衡方程以及各种资产的数量、生产时间等参数，以表格形式对太空工业化启动过程进行建模。该模型通过 6 个世代的发展不断增加硬件系统复杂性，直到完全独立于地面而经济地实现。针对各种资产确定了基准模型的参数，并在较大范围内对其进行了确定。尽管该模型很简单，但仍可得出可靠而合理的结论。改变参数还可以识别系统的依赖性和敏感性，从而确定经济地启动太空工业化的可能性。如果事实证明仅对敏感参数进行了轻松调整即可将其置于更易于管理的范围内，或者如果其他硬件配置可以完全消除这些敏感度，那么经济的太空工业化启动应该很容易实现。表 11－5－2 中给出了第 1.0 代中模型的参数。

在后代建模中，基于"粗略因子"从第一代开始进行外推，这样可以给出由于使用杂种合金和其他表岩屑材料而使每一代的质量有多大。因此，第 2.0 代和第 2.5 代的"粗略因子"为 2.5，这意味着它们的质量是第 1.0 代的 2.5 倍，因此制造时间更长。第 3.0 代的"粗略因子"为 1.5，但是第 4.0 代及其后续世代的"粗略因子"为 1.0。

**表 11－5－2　启动模型中第 1.0 代的基准值**

| 资产集 | 每个资产集的数量 | 质量(不含电子器件)/kg | 电子器件质量/kg | 功率/kW | 原料输入/(kg/h) | 产品输出/(kg/h) |
|---|---|---|---|---|---|---|
| 电源分配与备份 | 1 | 2000 | — | — | — | — |
| 挖掘机(集群) | 5 | 70 | 19 | 0.30 | 20 | — |
| 气体化工厂 | 1 | 733 | 30 | 0.58 | 4 | 1.8 |
| 固体化工厂 | 1 | 733 | 30 | 0.58 | 10 | 1.0 |
| 金属精炼 | 1 | 1019 | 19 | 10.00 | 20 | 3.15 |
| 太阳能电池生产 | 1 | 169 | 19 | 0.50 | 0.3 | — |
| 3D 打印机－小件 | 4 | 169 | 19 | 5.00 | 0.5 | 0.5 |
| 3D 打印机－大件 | 4 | 300 | 19 | 5.00 | 0.5 | 0.5 |
| 机器人航天员组装 | 3 | 135 | 15 | 0.40 | — | — |
| 每组总数 | 约 770 万 t 送至月球 | | | 64.36 | 20<br>表岩屑 | 4<br>产品 |

在月球上制造的电子产品数量也随着世代相传而发展。对于第 3.0、4.0、5.0 和 6.0 代，目标分别是在月球上制造 90%、95%、99% 和 100% 的电子产品。如果这些目标不能实现，那么月球产业的整体指数级增长可以相应地减慢，以保持其经济性。

另一个模型参数是每个月球月的操作时间。如果太阳能电池位于两极附近的“永久光照峰顶”，并被驱动跟随太阳，则在 70% 的月球月内它们可能会获得足够的电力，以供整个月球工业运行。如果太阳能电池更靠近赤道位置的话，它们将仅能支持 40% 的工业运行。

图 11-5-1 给出了该模型的流程图。由于每个世代都向其之前和之后的世代提供信息，因此该模型是递归的，并且每次更改任何参数时都必须进行迭代以确保一致性。挖掘机、太阳能电池制造厂和流体化学工厂的数量尚未优化，而是设置为远远高于所需要的值。挖掘机有很多其他用途，如建筑起降台、稳定道路、为建筑施工准备地基等；为保守起见，太阳能电池布置机器制造了多余的太阳能电池；液体化学工厂生产大量的推进剂或其他消耗品，用于往返地球的运输工具，也可能用于建造有人值守的前哨基地。在启动的早期阶段，人们的存在是非常期望的，但不是强制性的。研究表明，在利用月球资源的情况下，人类前哨基地

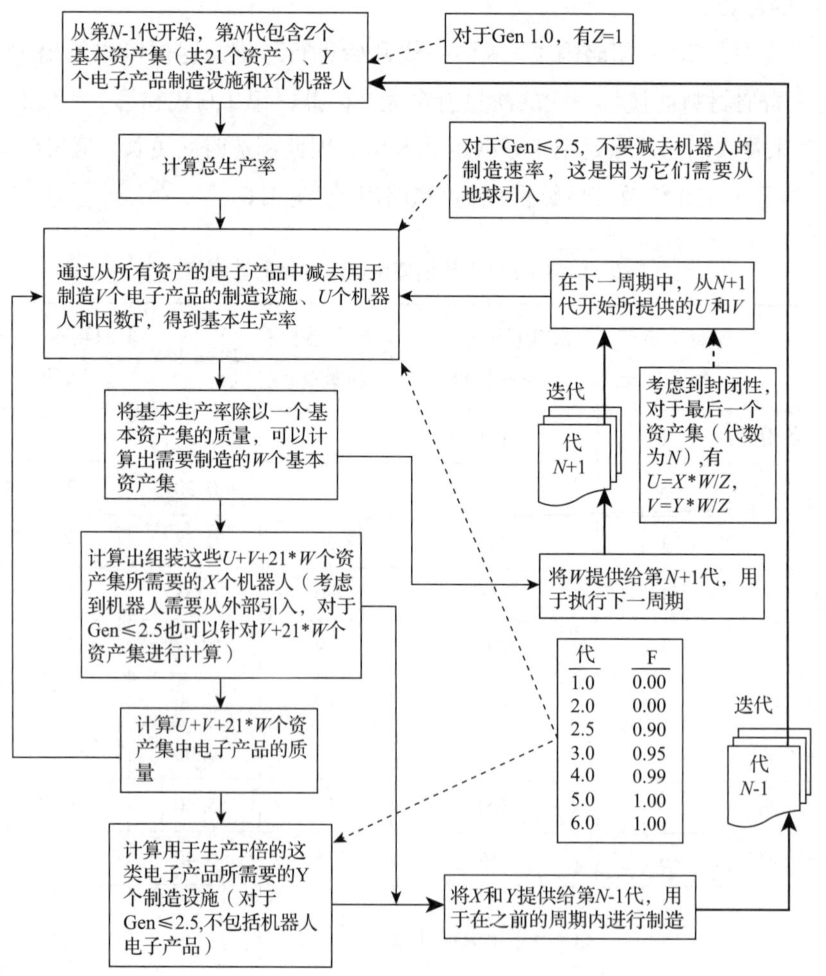

图 11-5-1 模型流程图（显示了第 N 代制造第 N+1 代的过程，粗线表示不同世代之间的迭代关系）

是非常经济实惠的。假定将消耗品提供给前哨站或商业企业，然后以有利可图的方式运输到低地球轨道以进行其他太空操作，因此储罐的建造未包含在生产预算中。

另外，在第 3.0 代中，制造了 80t 的建筑设备。这样，需要从总生产率中减去该设备的生产率，因此减少了该代可以制造的基本资产的数量。这一设备在第 4.0 代中是需要的，以便可以建立无尘实验室，从而容纳更精密的电子制造设备(如光刻机)。在第 4.0 代中，总共预留了 10t 的金属作为加固材料，以便用表岩屑制造这些建筑物。在第 5.0 代中，存储了用于建造航天器集群的材料，以将该工业输出到小行星主带。这支航天器集群可以运输 72t 的工业设备和机器人，作为“主带”产业的种子。假设每个航天器的质量为 20t，并承载 12t 有效载荷，因此在集群中将有 6 个航天器。第 5.0 代将预留总共 120t 的材料。到谷神星的速度增量为 9.5 km/s，氢/氧发动机的比冲约为 455 s。因此，该航天器集群所需的推进剂质量约为 1400t，仅占基准情况下第 6.0 代月球工业生产的流体的 2.8%。建模结果表明，在比较宽泛的参数空间内，根据这种方法启动月球工业可能是可以承受的。

建模结果的细节并不像它描绘的概貌那么重要。如果立即开始，那么就可以在很短的时间内以相对较少的成本实现太空产业的启动。如今，使之成为可能的是，智能机器人技术正在迅速发展，在几十年内将使机器人能够像人类一样具有完成复杂制造任务的能力。自动化能力已经足以支持遥控组装月球上所制造的零件。

发射费用是太空活动的主要障碍之一。近地轨道的发射费用通常为 10000 美元/kg。很难估计将大规模硬件系统运输到月球表面的成本，因为目前人类还不具备这种能力。月球与 LEO 之间的运载质量传递比约为 4:1，这意味着在月球极地附近每着陆 1kg 物质，必须从地球向 LEO 发射约 4kg 物质。以这种传递比评估 LEO 发射成本，在月球表面安装 100t 种子复制器将需要投入 40 亿美元的 LEO 发射费用。通过提出的改进方法把发射到月球表面的质量减少到 12t，这将使 LEO 的发射成本降低到约 5 亿美元。此外，SpaceX 预计在不久的将来，猎鹰重型运载火箭的 LEO 发射成本将在 1500 美元/kg 至 2400 美元/kg 之间。这使 LEO 的发射成本降低到原始成本的 2%～3%。未来的研究可能会评估运输到月球表面的成本以及发展和遥控月球产业的劳动力成本，但是显然启动月球产业的前景比早些年要好得多。

机器人太空产业带来了宏伟愿景。在工业启动之后，可以将其发送到太阳系的其他部分。小行星带具备一切必要的条件：水、碳、硅酸盐、金属、氧气、太阳能(具有更大的收集阵列)等。月球南北极的冰层资源有限，因此尽可能快地将工业中心转移到小行星十分重要。在那里，数十亿倍的资源可能使工业呈指数级增长，在短短几十年之内可能使整个地球的工业规模相形见绌。为了控制和管理如此大的行业，将需要人工智能的持续发展。美国经济每年使用 $10^{20}$ J 能源，包括化石燃料、核能和可再生能源。在 70% 的占空比下，第 5.0 代每年使用 $10^{15}$ J 能量，每年以 3 倍的速度递增，将在 11 年内超过美国的能源使用量。再过 12 年，它将超过美国经济的 100 万倍。再过 10 年，它将超过美国经济的 10 亿倍。在短时间内的某个地方，人类将获得能力在太空中做任何我们能够梦想的事情。

机器人太空产业还将产生巨大的红利。比如，可以在地球轨道上创建太空太阳能卫星。

通常认为，由于发射成本太空太阳能卫星与其他能源没有竞争力。机器人太空工业不仅可以消除发射成本，而且可以消除建造成本，从而将其转变为一种基本免费、清洁且高度可扩展的能源。

该模型还表明太空工业化与国家安全息息相关。在地球上，一个国家的产业受到房地产、能源、矿石、教育程度和劳动力规模等资源的限制。在占领太阳系的机器人产业中，资源和空间要比地球多十亿倍。一旦学习了教育和才能，就可以通过电子方式将其传输给所有机器人劳动者，这些劳动者都是由太空工业本身大量生产的。在工业启动开始到整个太阳系的极限之前，它会成指数增长。如果任何国家首先启动和控制这样的产业，那么它将比其他第二个启动相同能力的国家在工业力量方面处于永久领先地位。

太空工业将从根本上改变人类在太阳系中的地位。人类是一种适应生活在食物链顶端的物种，我们需要类似于太空食物链的某种东西来为我们处理资源。这将使我们摆脱与仅在太空中生存有关的活动，从而使人们更加专注于独特的人类活动。当我们将机器人太空产业扩展到整个太阳系时，它将成为地球生物圈和食物链的类似物，可以称其为机器人圈。机器人生态学家可以研究太空中机器人之间的相互关系，学习如何优化机器人圈以支持人类的目标。机器人还可以在人类艺术家和建筑师的指导下工作，用美丽的作品填补整个太阳系中的前哨站和城市，还可以与生物生命一起参与太阳系及其以外的行星和卫星的地球化改造。这个机器人/生物生态圈将成为后代科学家研究的重点。

在地球上，大多数生命形式都将其资源集中在一处。大多数迁移是按季节进行的，并且一次可以在一个位置获得所需要的一切。在太阳系中，机器人可能不会在任何一个区域获得所需要的一切。比如，金属在小行星带中极为丰富，而挥发物则主要在外部太阳系中。为了发挥其潜力，机器人需要建立物流链，在各个区域之间运输资源。从某种意义上说，机器人圈将作为一个有机体进行工作。通过派出种子飞船去产业化太阳系之外的其他区域，它会在那里产生后代。驾驭这种机器人生物并与其共生，也许是人类跨越恒星系统旅行并将文化扩展到整个银河系的一种方法。

目前尚无法对未来的太空产业进行更详细的建模，但是可以通过这种简单的模型探索其主要特征。当改变其参数以研究它们之间的关系时，该模型看起来非常乐观，这表明启动一个基于太空的、机器人的、自我维持的产业非常可行。如果今天就开始进行这项工作，那么充满活力的太阳系经济将在下一代的有生之年甚至这一代的有生之年中发生。数十亿倍的太空工业能力的所有收益将为人类服务，除了最初投资 12 ～ 41t 登陆月球的硬件系统、达到此目的所需要的适度的机器人技术和制造开发项目的成本以及直到系统变得自主为止的遥操作人工成本外，无须再付出任何代价。凭借自我维持的太空工业力量，我们可以在位于太空中的设施完备的系统中向地球提供资源、清洁地球、改造火星、建造太空殖民地、支持科学研究等，并将机器人产业的复制品输送到太阳系之外的其他空间，在我们到达那里之前它将执行所有相同的操作。

[1] Jeffery C. Chancellor, Rebecca S. Blue, Keith A. Cengel, Serena M. Auñón-Chancellor, Kathleen H. Rubins, Helmut G. Katzgraber, Ann R. Kennedy. Limitations in predicting the space radiation health risk for exploration astronauts[J]. Npj Microgravity, 2018, 4(1): 8.

[2] Theodore W. Hall. Artificial Gravity in Theory and Practice [C]. 46th International Conference on Environmental Systems, 10 – 14 July 2016, Vienna, Austria.

[3] Michael A. Schmidt, Thomas J. Goodwin, Pelligra Ralph. Incorporation of Omics Analyses into Artificial Gravity Research for Space Exploration Countermeasure Development [J]. Metabolomics, 2016, 12(36): 1 – 15.

[4] Joosten, B. Kent. Preliminary Assessment of Artificial Gravity Impacts to Deep-Space Vehicle Design [R]. Houston, Texas, USA: NASA Johnson Space Center, JSC-63743, 2007.

[5] Dale Martin, Melissa Adams, Spencer Aman, Derek Bierly, Andrew Delmont, Caleb Fricke, Simon Hochmuth, Nicolas Levitsky, Neel Patel, Aseel Syed, Skylar Trythall, Peter Wight, David L. Akin. MARSH: Multi-Mission Artificial-Gravity Reusable Space Habitat [C]. 2018 AIAA SPACE and Astronautics Forum and Expositio, 17 – 19 September 2018, Orlando, Florida.

[6] Werner Grandl. Reviews in Human Space Exploration [J]. REACH – Reviews in Human Space Exploration, 2017: 9 – 21.

[7] Michael D. Watson, Stephen B. Johnson, Luis Trevino. System Engineering of Autonomous Space Vehicles [C]. IEEE Conference on Prognostic & Health Management. IEEE, Spokane, WA, 2014.

[8] Jason C. Crusan, R. Marshall Smith, Douglas A. Craig, Jose M. Caram, John Guidi, Dr. Michele Gates, Jonathan M. Krezel, Nicole B. Herrmann. Deep Space Gateway concept: Extending human presence into cislunar space [C]. In Proceedings of the IEEE Aerospace Conference, 3 March, 2018, Big Sky, MT, USA.

[9] Frank J D. Artificial Intelligence: Powering Human Exploration of the Moon and Mars[C]. AAAI 2019 FALL SYMPOSIUM SERIES, Artificial Intelligence in Government and Public Sector, 7 – 9, November, 2019, Washington, DC.

[10] Andreas M. Hein, Stephen Baxter. Artificial Intelligence for Interstellar Travel [J]. Journal of the British Interplanetary Society, 2019, 77: 125 – 143.

[11] R. Bracewell. Communications from superior galactic communities [J]. Nature, 1960, 186: 670 – 671.

[12] Tom Everitt, Gary Lea, Marcus Hutter. AGI Safety Literature Review [C]. International Joint Conference on Artificial Intelligence, 13 – 19 July 2018, Stockholm, Sweden.

[13] A. Bond. Project Daedalus — The Final Report on the BIS Starship Study [R]. Technical report, British Interplanetary Society, 1978.

[14] Andreas M. Hein, Mikhail Pak, Daniel Pütz, Christian Bühler, Philipp Reiss. World Ships-Architectures & Feasibility Revisited. Journal of the British Interplanetary Society, 2012, 65(4): 119 – 133.

[15] Andreas M. Hein. Artificial Intelligence Probes for Interstellar Exploration and Colonization [R]. Initiative for Interstellar Studies, 2016, London, UK.

[16] Kiju Lee, Gregory S. Chirikjian. Robotic Self-Replication [J]. IEEE Robotics & Automation Magazine, 2007, 14(4): 34 – 43.

[17] Will Langford, Amanda Ghassaei, Ben Jenett, Neil Gershenfeld. Hierarchical Assembly of a Self-Replicating Spacecraft [C]// Proc. 2017 IEEE Aerospace, 4 – 11, March, 2017, Big Sky, MT, USA.

[18] Gregory S. Chirikjian, Yu Zhou, Jackrit Suthakorn. Self-Replicating Robots for Lunar Development [J]. IEEE/ASME Transactions on Mechatronics, 2002, 7(4): 462 – 472.

[19] Silvano P. Colombano. Robosphere: Self-Sustaining Robotic Ecologies as Precursors to Human Planetary Exploration [C]// AIAA Space 2003 Conference & Exposition, 23 – 25, September, 2003, Long Beach, California, USA.

[20] Cyprien N. Verseux, Ivan G. Paulino-Lima, Mickael Baqué, Daniela Billi, Lynn J. Rothschild. Synthetic Biology for Space Exploration: Promises and Societal Implications [M]. Kristin HagenMargret EngelhardGeorg Toepfer, Ambivalences of Creating Life-Societal and Philosophical Dimensions of Synthetic Biology. New York: Spring Press, 2016: 73 – 100.

[21] Briardo Llorente, Thomas C. Williams, Hugh D. Goold, The Multiplanetary Future of Plant Synthetic Biology [J]. Genes(Basel), 2018, 9(7): 1 – 16.

[22] Amor A. Menezes. Realizing A Self-Reproducing Space Factory with Engineered and Programmed Biology [C]// Deep Space Gateway Science Workshop 2018, February 27 – March 1, 2018, Denver, Colorado, USA.

[23] Philip T. Metzger, A. M. ASCE, Anthony Muscatello, Robert P. Mueller, A. M. ASCE, James Mantovani. Affordable, rapid bootstrapping of space industry and solar system civilization [J]. Journal of Aerospace Engineering, 2012, 26(1): 18 – 29.